DIE GROSSE GARTEN SCHULE

DAS STANDARDWERK ZUR GARTENPRAXIS

Die Autoren:

Joachim Breschke · Karin Greiner · Helmut Jantra
Peter Klock · Jutta Korz · Ursula Krüger
Jörn Pinske · Ingeborg Polaschek · Angelika Throll-Keller
Dr. Angelika Weber

Inhalt

Vorwort _____ 8

Die Autoren _____ 11

Gartenplanung und Gartenanlage _____ 12

Ein paar Leitgedanken ... _____ 14
Gartenanlage als praktischer Umweltschutz _____ 14
Planen mit Bedacht _____ 14

Standortanalyse und Bestandsaufnahme _____ 16
Makro- und Mikroklima _____ 16
Lichtverhältnisse _____ 17
Temperatur _____ 18
Wasserverhältnisse _____ 18
Boden _____ 18
Schadstoffbelastung _____ 20
Bestandsaufnahme des Grundstücks _____ 21
Lageplan _____ 21

Anforderungen und Wünsche _____ 22
Art der Nutzung _____ 22
Art der Bewirtschaftung _____ 23
Art der Gestaltung _____ 23
Zeit- und Pflegeaufwand _____ 24
Dichte der Bepflanzung _____ 25
Von der Wunschliste zur Planung _____ 25

Bauliche Einrichtungen _____ 26
Wege, Stege, Treppen _____ 26
Sitzplätze _____ 28
Zäune und Umfriedungen _____ 29
Wasser und Licht _____ 30
Lärm- und Sichtschutz _____ 31
Kompostplatz _____ 31

Gartenteile _____ 32
Gehölze _____ 32
Grünflächen _____ 36
Staudenbeete und Rabatten _____ 40
Steiniges Terrain _____ 42
Wasser im Garten _____ 45
Obstgarten _____ 48
Gemüsegarten _____ 50

Gestaltungsbeispiele _____ 54
Reihenhausgarten _____ 54
Pflegeleichter Ziergarten _____ 56
Zier- und Nutzgarten _____ 58
Kindgerechter Garten _____ 60
Naturgarten _____ 62

Allgemeine Gartenpraxis _____ 64

Gartengeräte _____ 66
Die Grundausstattung _____ 66
Spezielle Bodenbearbeitungsgeräte _____ 68
Schnittwerkzeuge _____ 69
Heckenschere _____ 70
Gartenspritze _____ 70
Sonstige Hilfsmittel _____ 71

Bodenpflege und -verbesserung _____ 72
Der Boden als Grundlage des Wachstums _____ 72
Bodenbearbeitung _____ 75
Hilfsstoffe für die Bodenverbesserung _____ 75
Fruchtbarkeitsquell Kompost _____ 77
Mulchen und Gründüngung _____ 80

Pflanzenernährung und Düngung — 82
Mineralisch oder organisch? — 82
Im Blickpunkt:
die Hauptnährstoffe — 83
Düngemittel — 84
Grund- und Kopfdüngung — 86
Naturnahe Pflanzenstärkung — 86

Pflanzenschutz — 88
Kulturfehler und Fehldiagnosen — 88
Vorbeugende Maßnahmen — 89
Nützlinge als Helfer — 90
Biologische Möglichkeiten
des Pflanzenschutzes — 92
Mechanische Maßnahmen — 93
Chemische Pflanzenschutz-
mittel — 93

Häufige Schädlinge und Krankheiten — 95
Tierische Schädlinge — 96
Pilzliche und andere
Krankheitserreger — 103

Pflanzenvermehrung — 106

Wichtige Grundbegriffe — 108
Vermehrung aus Samen — 108
Vermehrung aus Pflanzenteilen — 108
Substrate — 109

Generative Vermehrung — 111
Saatgutkauf und -qualität — 111
Saatgut aus eigener Ernte — 113
Saatgutbeizung — 114
Keimruhe und Keimförderung — 115
Aussaat — 117

Vegetative Vermehrung — 118
Stecklinge — 118
Steckhölzer — 120
Abrisse — 122
Ausläufer — 122
Teilung — 123
Absenken und Ablegen — 123
Wurzelschnittlinge — 125

Vermehrung verschiedener Pflanzengruppen — 126
Laubgehölze — 126
Nadelgehölze — 127
Stauden — 128
Knollen- und Zwiebelpflanzen — 129
Sommerblumen, Gemüse,
Kräuter — 131

Bauen und Baulichkeiten im Garten — 132

Einfache Baumaßnahmen und Einrichtungen — 134
Wege — 134
Treppen — 136
Zäune — 136
Mauern — 138
Pergola und Rankgerüst — 139
Frühbeete — 142

Blütenpracht und zierendes Grün ___ 260

Rasen ___ 262
Bodenvorbereitung ___ 262
Aussaat ___ 263
Rasen mähen ___ 264
Weitere Pflegemaßnahmen ___ 265
Geräte für die Rasenpflege ___ 266
Krankheiten und Schäden im Rasen ___ 268

Blumenwiese ___ 270
Flächenvorbereitung und Aussaat ___ 270
Pflege und Entwicklung ___ 271

Bodendecker ___ 272
Verwendung ___ 272
Bodenvorbereitung ___ 273
Bodenbedeckende Pflanzen im Überblick ___ 274

Ziergehölze ___ 277
Mit Ziergehölzen gestalten ___ 277
Pflanzung und Pflege ___ 279
Gehölzschnitt ___ 284
Laubabwerfende Gehölze ___ 288
Wildgehölze ___ 299
Immergrüne Laubgehölze ___ 301
Nadelgehölze ___ 305
Rhododendren und Azaleen ___ 310
Rosen ___ 314
Klettergehölze ___ 324
Hecken ___ 328

Stauden ___ 334
Langlebige Pflanzenpracht ___ 334
Der richtige Platz im Garten ___ 335
Gestalten mit Stauden ___ 338
Pflanzung und Pflege ___ 343
Stauden für sonnige Standorte ___ 346
Stauden für Halbschatten und Schatten ___ 362
Ausdauernde Ziergräser ___ 376
Farne ___ 380

Gewächshäuser ___ 143
Wie funktioniert ein Gewächshaus? ___ 143
Der geeignete Standort ___ 144
Vorschriften und Klärungsbedarf ___ 145
Gewächshaustypen ___ 146
Materialien für Fundament und Konstruktion ___ 149
Bedachungsmaterialien ___ 152
Tipps für den Eigenbau ___ 155
Türen, Fenster, Tische ___ 157
Wärmebedarf und Heizung ___ 158
Beleuchtung, Schattierung und Lüftung ___ 161

Gemüse, Kräuter, Obst ___ 164

Gemüseanbau ___ 166
Flächenbedarf ___ 166
Der richtige Standort ___ 166
Zur Anbauplanung ___ 167
Hügel- und Hochbeet ___ 171
Gemüse unter Glas und Folie ___ 173
Beetanlage und -vorbereitung ___ 175
Aussaat und Pflanzung ___ 175
Pflegearbeiten ___ 178
Salat- und Blattgemüse ___ 180
Kohlgemüse ___ 185
Wurzel- und Knollengemüse ___ 189
Zwiebelgemüse ___ 195
Hülsenfrüchte ___ 197
Fruchtgemüse ___ 201
Mehrjährige Gemüsearten ___ 205

Kräuteranbau ___ 208
Platzierungs- und Gestaltungsmöglichkeiten ___ 208
Kräutergartenpraxis ___ 210
Ernte und Konservierung ___ 214
Ein- und zweijährige Kräuter im Überblick ___ 218
Ausdauernde Kräuter im Überblick ___ 220

Obst im Hausgarten ___ 223
Niedrige Baumformen ___ 223
Pflanzung von Obstgehölzen ___ 225
Obstgehölzschnitt ___ 226
Düngung der Obstgehölze ___ 231
Kernobst ___ 232
Steinobst ___ 239
Schalenobst (Nüsse) ___ 245
Beerenobst ___ 246

Zwiebel- und Knollenblumen — 382
Winterharte Zwiebel- und Knollenblumen — 382
Nicht winterharte Knollenblumen — 393

Sommerblumen — 396
Unterschiede und Einteilung — 396
Mit Sommerblumen gestalten — 398
Anzucht mit Vorkultur — 401
Freilandsaat — 407
Düngung — 408
Rückschnitt — 408
Einjährige Sommerblumen — 410
Zweijährige Sommerblumen — 425
Kletterpflanzen — 428

Beliebte Gartenbereiche, besondere Gartenformen — 432

Der Gartenteich — 434
Planung eines Gartenteichs — 434
Fertigteiche — 440
Folienteiche — 443
Bachlauf — 448
Das Wasser — 450
Der Bodengrund — 453
Die Bepflanzung — 454
Seerosen — 456
Weitere Schwimmblattpflanzen — 458
Unterwasserpflanzen — 458
Sumpfpflanzen — 461
Pflanzen für den Feuchtbereich — 463
Stauden für den erweiterten Randbereich — 464
Pflege des Gartenteichs — 469

Der Steingarten — 474
Steingartenformen und -elemente — 474
Steine als Bau- und Gestaltungsmaterial — 477
Der richtige Boden — 479
Planung von Steingärten und Trockenmauern — 480
Bau eines Steingartens — 482
Bau einer Trockenmauer — 485
Pflanzplan und Pflanzenauswahl — 488
Laubgehölze für den Steingarten — 490
Nadelgehölze für den Steingarten — 494
Stauden für den Steingarten — 496
Farne für den Steingarten — 502
Gräser für den Steingarten — 504
Zwiebel- und Knollenblumen für den Steingarten — 506
Sommerblumen für den Steingarten — 508
Hinweise zur Düngung — 509
Pflege rund ums Jahr — 510

Der Bauerngarten — 512
Lage und Größe — 512
Typische Bauerngartenformen und -elemente — 515
Gestaltungsbeispiele — 519

Der Naturgarten — 530
Garten, Natur- und Wildgarten, Wildnis — 530
Planungsfaktoren — 531
Bepflanzung — 536
Gestaltungsbeispiele für naturnahe Gartenteile — 538

Register — 550

Vorwort

Ursprünglich wurden Gärten überwiegend zur Produktion von Nahrungsmitteln angelegt. Ein massiver Zaun bot Schutz gegen Tiere und andere unerwünschte „Mitesser". Durch besondere Pflege der so umfriedeten Grundstücke konnte man auf relativ kleiner Anbaufläche in Wohnungsnähe frisches Obst, Gemüse, Kräuter und später dann auch Blumen für den Schmuck der Wohnung erzeugen.

Unter Berücksichtigung der meist geringen Mobilität der Gartenbesitzer und der damit verbundenen Schwierigkeiten bei der Beschaffung dieser Güter war der Garten am Haus eine wichtige Grundlage der Versorgung mit frischen Lebensmitteln, darüber hinaus Lieferant von Rohstoffen für die Aufbereitung von Wintervorräten.

Als Nebeneffekt entwickelte sich der ursprünglich fast ausschließlich als Nutzgarten gedachte Freiraum am Haus zu einem beliebten Platz, an dem man sich geborgen fühlte und der damit auch Rückzug aus den meist beengten Wohnverhältnissen bot. Beschaulichkeit, Ruhe und Einklang mit der Natur eröffneten Erholungsmöglichkeiten für den Einzelnen, aber auch für geselliges Treiben.

Gärtnern im Wandel der Zeit

Das uralte Kulturgut Garten hat sich im Laufe der Zeit verändert und dabei unterschiedliche Wertigkeiten erlangt, war aber stets ein Spiegelbild der menschlichen Gesellschaft. Man denke nur an die strenge Abgeschiedenheit der Klostergärten, die öffentliche Nutzung der mittelalterlichen Krautgärten vor den Stadtmauern, die repräsentative Pracht und Verspieltheit der Lustgärten des Rokoko oder die lebenswichtige Funktion der Obst- und Gemüsegärten der Nachkriegszeit, die oft noch auf den Häuserruinen entstanden. Heute hat der Garten neue Funktionen, die durch die Verstädterung der Siedlungen bedingt sind. Immer mehr Menschen drängen sich auf engstem Raum. Natürliche Land-

Im Mittelalter dienten die Gärten bei den Städten vor allem dem Anbau von Gemüse und Heilkräutern; den Schritt vom Nutz- zum „Lust"-Garten konnten zunächst nur wohlhabende Bürger vollziehen

Die große Gartenschule

Vorwort

schaftselemente werden zunehmend durch technische Bauwerke für Wohnen, Wirtschaft und Verkehr verdrängt. Boten Gärten ursprünglich eher Schutz vor einer weitgehend unkultivierten Natur, können sie heute in einer oft menschenfeindlichen Umwelt als lebende Rückzugsinseln bezeichnet werden, die das Bedürfnis des Menschen nach Naturnähe befriedigen.

Unsere moderne Gesellschaft wird durch hohe Mobilität geprägt, wodurch die Bedeutung des Gartens als Nahrungslieferant gesunken ist. Trotz dieser Mobilität, modernster Technik und schier unendlicher Informationsmöglichkeiten kann man aber den Garten in Wohnungsnähe durch nichts ersetzen. Auch nicht durch eine entfernt liegende große Grünfläche in der Stadt oder durch Urlaub oder Ausflüge in Erholungslandschaften.

Natürlich müssen heute die Gärten aus Gründen der Kostenentwicklung auf dem Grundstücksmarkt klein bleiben, wenn sie für den Durchschnittsbürger erschwinglich sein sollen. Sie erfüllen trotzdem ihren Zweck, wenn sie sorgfältig geplant, ausgeführt und gepflegt werden.

Mehr Spaß und Erfolg durch Garten-Know-how
Um erfolgreich gärtnern zu können, sind gerade unter den schwierigen Bedingungen in den bebauten Siedlungsbereichen fundierte Kenntnisse und Fähigkeiten erforderlich. Man kann solche Erfahrungen aber nicht in kurzer Zeit erwerben; vor allem nicht im Umgang mit Pflanzen. Hier ist eigentlich lebenslanges Lernen notwendig.

Gärtnerisches Grundwissen wurde früher geradezu selbstverständlich von einer Generation an die nächste weitergegeben und durch eigene Erfahrungen ergänzt, weil das Zusammenleben mehrerer Generationen üblich war. Leider geht durch die geänderten Lebensbedingungen diese Informationsquelle zunehmend verloren.

Die **große Gartenschule** ist als umfassendes Lehrbuch einerseits für „Garten-ABC-Schützen" gedacht, die erste Versuche unternehmen wollen; andererseits werden auch fortgeschrittene Gartenliebhaber umfangreich informiert und selbst für alte Gartenhasen hält sie manch wertvollen Tipp bereit.

Das ist nur möglich, weil hier erfahrene Praktiker zu Wort kommen und aus Arbeitsgebieten berichten, in denen sie schon seit langer Zeit tätig sind. Die zehn Autorinnen und Autoren repräsentieren als gelernte Gärtner, Diplomingenieure, Baumschulinhaber und Botaniker eine umfassende und vielseitige Fachkompetenz. Alle Autoren haben sich zudem in der Vergangenheit als versierte Schriftsteller bewährt. Damit ist gewährleistet, dass selbst schwierige fachliche Inhalte klar und verständlich dargestellt werden.

Zuverlässige Hilfestellung für den Gartenalltag
Die Inhalte der **großen Gartenschule** sind so vielfältig wie die Anforderungen an die Gärten selbst. Sie bieten ein umfassendes Rüstzeug für die Bewältigung fast aller Gartenprobleme.

Das Kapitel „Gartenplanung und Gartenanlage" führt systematisch auf die wesentlichen Kriterien hin, die bei der Planung von Gärten zu berücksichtigen sind. So werden nach der Erkundung des Standortes und Hinweisen auf die zukünftigen Nutzungsmöglichkeiten bauliche Einrichtungen und Gartenteile behandelt. Da die Planung ein sehr theoretisches Gebiet darstellt, runden handfeste Beispiele das Kapitel ab. So kann man vorbildliche Pläne eines Reihenhausgartens, eines pflegeleichten Gartens oder eines gemischten Zier- und Nutzgartens nachvollziehen und auf die eigenen Gartenverhältnisse übertragen.

Wer aus einer Planung Wirklichkeit werden lassen will, muss sich zunächst mit sehr praktischen Dingen in der Vorbereitung, Ausführung und Pflege auseinandersetzen. Im Kapitel „Allgemeine Gartenpraxis" lernt man deshalb als Erstes die wichtigsten Gartengeräte kennen. Aber auch wesentliche Grundlagen der Pflanzenernährung und Bodenverbesserung werden dargestellt. Besonderer Wert wird auf die Möglichkeiten gelegt, wie man mit Pflanzen umgeht, um Schädlingen und Krankheiten vorzubeugen oder diese bei Befall möglichst umweltschonend abzuwehren.

Ein besonderes Verhältnis zu Pflanzen im Garten entsteht bestimmt dann, wenn man sie selbst angezogen hat. Im Kapitel „Pflanzenvermehrung" wird gezeigt, wie man mit einfachen Mitteln durch Aussaat oder Bewurzelung von Pflanzenteilen selbst Gehölze, Stauden, Sommerblumen sowie Kräuter anziehen kann.

Ein Garten besteht nicht nur aus Vegetationsflächen, vielmehr sind auch bauliche Maßnahmen notwendig, die im Kapitel „Bauen und Baulichkeiten" erläutert werden. Man kann dort z. B. nachlesen, wie Wege, Treppen, Mauern und Rankgerüste hergestellt werden. Besonders interessant wird dieser Teil der Gartenschule für solche Leser sein, die mit dem Bau eines Gewächshauses im Garten liebäugeln. Man erfährt, welche Bauweisen und Einrichtungen notwendig und sinnvoll sind und

Erfolgreich gärtnern heißt die Vielfalt der Pflanzen kennen und nutzen

worauf beim Kauf oder bei der Selbstherstellung zu achten ist.
Die Liebhaber nützlicher Gärten kommen im Kapitel „Gemüse, Kräuter, Obst" zu ihrem Recht. Neben der Beschreibung der wichtigsten Arten und Sorten finden sich hier auch Hinweise auf die wichtigsten Inhaltsstoffe vieler Nutzpflanzen. Darüber hinaus helfen konkrete Angaben zur Anbauplanung, Pflanzung, Pflege, Ernte und teils auch Konservierung bei der Gartenpraxis.
Für die Gestaltung von Gärten steht eine riesige Anzahl von Pflanzen und Vegetationsformen zur Verfügung. Das Buchkapitel „Blütenpracht und zierendes Grün" weist schon vom Umfang her auf die Bedeutung dieses Themas hin. Man erfährt, wie man Rasen und Blumenwiesen vorbereitet und anlegt und worauf es dann bei der Nutzung und Pflege ankommt. Umfassend wird das Sortiment von Pflanzen bei Laub- und Nadelgehölzen, Stauden, Gräsern, Zwiebelpflanzen und Sommerblumen dargestellt. Die Arten werden ausführlich in ihrem Erscheinungsbild einschließlich spezieller Standortansprüche beschrieben, Entscheidungshilfen für die Verwendung am richtigen Platz im Garten runden die Pflanzenvorstellungen ab.
„Beliebte Gartenbereiche und besondere Gartenformen" sind Inhalt des abschließenden Kapitels. Wer an dem Bau eines Gartenteichs, eines Steingartens, Bauerngartens oder Naturgartens und der Begrünung von Bauwerken interessiert ist, erhält die wichtigsten Informationen für die baulichen und gestalterischen Details. Es werden auch hier die wesentlichen Pflanzen, ihre Ansprüche, Vergemeinschaftung und Pflege vorgestellt und durch vorbildliche Gestaltungsbeispiele ergänzt.

Gärtnern macht deshalb so viel Spaß, weil man sich seinen Garten nach Maß schneidern kann. Das Schöne daran ist auch, dass so ein Garten nicht wie ein Bauwerk statisch verharrt, sondern einer dynamischen Veränderung unterliegt und damit immer wieder neue Gartenerlebnisse bietet.
Wenn man dabei einmal Fehler macht, sollte man sich keinesfalls entmutigen lassen, sondern dies zum Anlass nehmen, aus dieser Erfahrung zu lernen. Die **große Gartenschule** hilft sicher dabei!

Dr. Walter Kolb
Leitender Landwirtschaftsdirektor der Bayerischen Landesanstalt für Weinbau und Gartenbau, Abteilung Landespflege

Die Autoren

Joachim Breschke ist ein versierter Gartenjournalist wie -praktiker und gilt insbesondere als ausgewiesener Sommerblumen-Fachmann. Er betreibt seit vielen Jahren einen Gartenpressedienst und hat sich durch zahlreiche Veröffentlichungen als kompetenter Buchautor profiliert.
Er verfasste das Kapitel „Sommerblumen" (ab S. 396).

Karin Greiner und **Dr. Angelika Weber** sind Biologinnen und verfügen über langjährige Praxiserfahrung in Gartengestaltung und -pflege. Sie leiten ein Institut für botanisch-ökologische Beratung, das schon vielen Hobbygärtnern bei ihren Fragen und Problemen weitergeholfen hat. Als geschätzte Autorinnen konnten sie ihr Wissen bereits in mehreren Büchern vermitteln.
Sie verfassten das Kapitel „Gartenplanung und Gartenanlage" (ab S. 12).

Helmut Jantra hat sich als erfolgreicher Gartenbuchautor sowie als Mitarbeiter bei Presse, Rundfunk und Fernsehen einen Namen gemacht. Er war mehr als 20 Jahre Fachredakteur und Textchef bei „Mein schöner Garten", Europas größter Gartenzeitschrift. Heute genießt er den Ruhestand, indem er sich der Pflege seines großen Gartens widmet. Nebenbei gibt er nach wie vor als Journalist seine umfangreichen Kenntnisse und Erfahrungen weiter.
Er verfasste die Kapitel „Allgemeine Gartenpraxis" (ab S. 64), „Einfache Baumaßnahmen und Einrichtungen" (ab S. 134), „Gemüse, Kräuter, Obst" (ab S. 164), „Rasen", „Blumenwiese", „Bodendecker" (ab S. 262), „Ziergehölze" (ab S. 277), „Stauden" (ab S. 334) sowie „Zwiebel- und Knollenblumen" (ab S. 382).

Peter Klock ist seit rund zwei Jahrzehnten Inhaber einer Baumschule, in der vor allem exotische Pflanzen sowie klein bleibende Obstgehölze vermehrt und angezogen werden. Sein wertvolles Know-how aus der täglichen Arbeit mit Pflanzen hat er schon in mehreren Büchern mit verschiedenen Themenschwerpunkten präsentiert.
Er verfasste das Kapitel „Pflanzenvermehrung" (ab S. 106).

Jutta Korz, gelernte Gärtnerin, Floristin und Gartenbautechnikerin, ist als freie Gartenberaterin tätig. Daneben vermittelt sie ihre Fachkenntnisse im grünen Bereich als Dozentin für Erwachsenenbildung sowie als Buchautorin.
Sie verfasste das Kapitel „Der Naturgarten" (ab S. 530).

Ursula Krüger arbeitet als Gartenjournalistin für verschiedene Zeitschriften und hatte bereits mit mehreren Büchern zu Pflanzen- und Gartenthemen Erfolg. Als begeisterte Gärtnerin ist sie besonders stolz auf ihren eigenen Bauerngarten, den sie nach intensivem Studium traditioneller Vorbilder anlegte.
Sie verfasste das Kapitel „Der Bauerngarten" (ab S. 512).

Jörn Pinske ist Gärtner und Fachjournalist mit Schwerpunkt Gewächshaustechnik und -kultur, wobei er auch selbst Gewächshausplanungen durchführt. Seine langjährigen praktischen Erfahrungen haben ihn zu einem geschätzten Autor zahlreicher Fachbeiträge in Gartenzeitschriften gemacht.
Er verfasste das Kapitel „Gewächshäuser" (ab S. 143).

Ingeborg Polaschek, Naturfotografin und Schriftstellerin, beschäftigt sich seit vielen Jahren mit Gartenteichen und hat schon mehrere erfolgreiche Bücher zum Thema verfasst. Daneben leitete sie mehr als zwei Jahrzehnte eine Auffang- und Pflegestation für wild lebende Tiere.
Sie verfasste das Kapitel „Der Gartenteich" (ab S. 434).

Angelika Throll-Keller, Diplom-Ingenieurin für Gartenbau, arbeitete viele Jahre als Fachredakteurin und Journalistin. Heute ist sie im Lektorat eines großen Natur- und Gartenverlags tätig. Ihr besonderes Interesse gilt seit langem der Anlage und Gestaltung von Steingärten und Trockenmauern.
Sie verfasste das Kapitel „Der Steingarten" (ab S. 474).

GARTENPLANUNG UND GARTENANLAGE

- Ein paar Leitgedanken …
- Standortanalyse und Bestandsaufnahme
- Anforderungen und Wünsche
- Bauliche Einrichtungen
- Gartenteile
- Gestaltungsbeispiele

Ein paar Leitgedanken...

Im ersten großen Kapitel dieses Buchs geht's um Tipps, Techniken und Ideen für die Gartenplanung und -anlage. Die Möglichkeiten, ein Gartengrundstück – gleich welcher Größe – zu gestalten, sind nahezu grenzenlos. Mit dem ständig größer werdenden Angebot an Pflanzen sowie an Gartentechnik, -zubehör und -mobiliar lässt sich beliebig aus dem Vollen schöpfen. Trotzdem soll der eigene Garten weder „beliebig" noch zu „voll" werden und die Entscheidung für bestimmte Gartenelemente nicht zur Qual der Wahl. Um das zu vermeiden, sind ein paar grundsätzliche Überlegungen hilfreich – zu den eigenen Bedürfnissen, zu den Bedürfnissen der Pflanzen, aber auch zu den Bedürfnissen der strapazierten Umwelt, für die „grüne Erholungsräume" immer wichtiger werden.

Gartenanlage als praktischer Umweltschutz

Ohne weitere Erklärung wird jedem der Unterschied zwischen einem grauen Betonplatz inmitten hoher, trister Häuser und einem grünen Wiesenstück unter Bäumen an einem heißen Sommertag deutlich – einerseits staubige, stickige, heiße Atmosphäre und unangenehmes Gefühl, andererseits duftende, kühle Luft und Wohlbefinden. Mit diesem Bild vor Augen wird die Bedeutung von Gärten in unserer zugebauten Umwelt schnell verständlich. Gärten sind nicht nur „Umgebungsdekoration". Selbstverständlich sollen sie schmücken, aber noch viel wichtiger ist ihre Aufgabe als Ersatz für verlorene Natur. Im Garten kann man sich zurückziehen, sich entspannen und auch ausgleichend betätigen. Grün als Farbe mit beruhigender Wirkung herrscht vor, leuchtende Töne dazwischen regen an. Nicht zu unterschätzen sind die Funktionen der Gärten für die Umwelt. Die Pflanzen sorgen für lebenswichtigen Sauerstoff, filtern Schadstoffe aus der Luft, gleichen extreme Klimaschwankungen aus. Gerade in den Städten sind Gärten neben den öffentlichen Grünanlagen „grüne Lungen", die einen wesentlichen Beitrag dazu leisten, ein Leben in Betonwüsten erträglich zu machen.

Jedes Fleckchen Grün ist für unser Wohlbefinden und für die Umwelt wertvoller als eine versiegelte Fläche, jeder Baum ungleich wichtiger als eine Antenne, jede Blume einem Pflasterstein vorzuziehen. Wir können und wollen auf die Errungenschaften der Technik und die damit verbundenen Annehmlichkeiten nicht verzichten. Umso wichtiger ist deshalb der sorgfältige Umgang mit dem Grund und Boden, der für Gartenanlagen reserviert ist. Ein richtig angelegter Garten trägt nicht nur zu einer gesünderen Umwelt bei, sondern erhöht auch die Lebensqualität.

Planen mit Bedacht

Je besser ein Garten geplant und angelegt ist, desto mehr Bestand wird er haben und desto harmonischer wird er sein. Die Ausstattung und Bepflanzung soll allen Anforderungen der Bewohner gerecht werden, gleichzeitig aber auch den Gegebenheiten weitgehend entsprechen. Ein Garten, in dem man oft mit Freunden beisammen sein will und der keine entsprechende Fläche zum gemütlichen Sitzen bietet, ist an den Anforderungen vorbeigeplant; ein Garten, der eigentlich langlebige Blütenpracht entfalten soll und nur aus eintöniger Rasenfläche besteht, ebenso.

Da der finanzielle Aufwand für die Anlage eines Gartens nicht unerheblich ist, sollte man von Anfang an auf die richtige Pflanzenwahl achten.

Gartenpflanzen erfreuen das Auge, verbessern Luft und Kleinklima...

... und erleichtern einer Vielfalt nützlicher Insekten das Leben

Leitgedanken

Gartenanlage als praktischer Umweltschutz

Planen mit Bedacht

Solch eine lauschige Gartenecke will von langer Hand geplant sein: Wo ist der richtige Platz? Soll die Fläche gepflastert werden? Welche Gehölze sollen für Schatten sorgen? Wie groß dürfen sie später werden? Erhält der Teich auch nach Jahren noch genug Sonne?

Welcher Gartenbesitzer hat sich nicht schon über einen teuren Baum geärgert, der vor sich hinkümmerte, nach wenigen Jahren ersetzt werden musste und nie die erwartete optische Wirkung entfaltete? Wäre das Gehölz den Boden- und Lichtverhältnissen entsprechend ausgesucht worden, hätte man sich den Ärger erspart. Und wie oft wurde ein Baum schon nach wenigen Jahren Opfer der Säge, weil er zu viel Licht nahm und andere Pflanzen erstickte? Hätte man bei der Planung seine spätere Wuchskraft bedacht, könnte er noch stehen.

Solche Beispiele der Unbedachtsamkeit oder der Missplanung findet man in der Praxis häufig. Sie verdeutlichen, wie wichtig es ist, beim Einrichten eines Gartens möglichst viele Gesichtspunkte in die Überlegungen einzubeziehen. Man kann ihn leider nicht so einfach umräumen wie ein Zimmer, sein „Mobiliar" steht unverrückbar fest.
Viele Bedingungen gilt es schon vor der Planung zu berücksichtigen, etwa die Standortverhältnisse wie Licht und Boden, die Lage und das Relief, also den Oberflächenverlauf des Geländes. Vorab sollte man, wie erwähnt, auch die Anforderungen an den Garten genau bedenken, z. B. inwieweit er Wünsche nach Abgeschiedenheit und Ruhe erfüllen soll oder welche Form der Bewirtschaftung vorgesehen ist.
Erst wenn über all diese Punkte Klarheit besteht, kann der Garten auf dem Papier entstehen und schließlich in die Realität umgesetzt werden. Dann aber wird der Garten genau das sein, was er sein soll – ein „grünes Wohnzimmer", das diesen Namen verdient.

Standortanalyse und Bestandsaufnahme

Bevor man an die Planung eines Gartens geht, müssen die Standortfaktoren genau beobachtet bzw. untersucht werden. Standortfaktoren nennt man alle Einflüsse, die das Umfeld einer Pflanze oder einer Pflanzengemeinschaft bestimmen, also Licht, Wasser, Boden, Wind, Klima und weitere Gegebenheiten der Umwelt. In freier Natur wird man an verschiedenen Stellen mit unterschiedlichen Faktoren eine stets anders zusammengesetzte Flora und Fauna finden. An trockenen, sonnigen Hängen mit kargem Boden wächst eine speziell diesen Bedingungen angepasste Pflanzengemeinschaft aus Gräsern und Blumen, an feuchten, kühlen Stellen mit fettem, nährstoffreichem Schwemmboden wiederum eine völlig andere.
Im Garten haben wir grundsätzlich zwei Möglichkeiten, den Pflanzen ideale Wachstumsbedingungen zu geben. Die einfachere und oft bessere Lösung ist die Auswahl von Pflanzenarten, die mit den vorgegebenen Standortverhältnissen gut zurechtkommen. Ist der Boden des Gartens z. B. kalkhaltig, werden auch nur Kalk liebende und kalkverträgliche Arten gepflanzt, in schattigen Bereichen werden nur schattenverträgliche Arten verwendet. So kann man weitgehend sicher sein, dass die Pflanzen gut anwachsen und der Garten keine ständigen Änderungen bzw. alljährliches Um- oder Neupflanzen erfordert.
Die andere Möglichkeit ist die Anpassung der Standortbedingungen an eine gewünschte Flora, etwa die Schaffung eines Teichs für Wasserpflanzen oder die Anlage eines Moorbeets für kalkempfindliche Rhododendren auf sonst kalkhaltigem Boden. Lösungen dieser Art sind jedoch immer mit mehr oder minder großem Aufwand verbunden und nur begrenzt durchführbar. Zudem lassen sich manche Standortfaktoren gar nicht ändern oder beeinflussen, allen voran das (Makro-)Klima.

Makro- und Mikroklima

Das Klima spielt bei den Standortfaktoren eine übergeordnete Rolle. Von ihm hängen Witterung, Jahresmitteltemperatur, Niederschlagsmengen sowie die Bodenbildung ab. Bestimmt wird das Klima durch die geographische Breite und die Stärke des Einflusses, den ein Meer auf eine Region hat. So ergibt sich das **Makroklima** eines Landstrichs, das bedingt, welche Pflanze dort angebaut werden können.
Wein oder auch Pfirsich und Aprikose lassen sich z. B. nur im so genannten Weinbauklima erfolgreich kultivieren, einem wintermilden Klima mit vergleichsweise hoher Jahresmitteltemperatur.
Das **Mikroklima**, die besonderen Klimaverhältnisse eines begrenzten Raums bzw. eines kleineren Landschaftsausschnitts, wird von mehreren Faktoren bestimmt. Die Lage, die Bebauung und die Bepflanzung können Temperatur, Licht- und Windverhältnisse beeinflussen. Südseitige Hänge sind meist wärmer als flache Grundstücke, eine Hecke quer zur Windrichtung verhindert übermäßige Austrocknung, Steine wirken innerhalb einer kleineren Fläche als Wärmespeicher.
Das Klima, genauer das Makroklima, kann nur sehr begrenzt verändert bzw. beeinflusst werden, man muss sich weitgehend nach den örtlichen Gegebenheiten richten. Wichtig ist die Beachtung der klimatischen Bedingungen bei der Pflanzenaus-

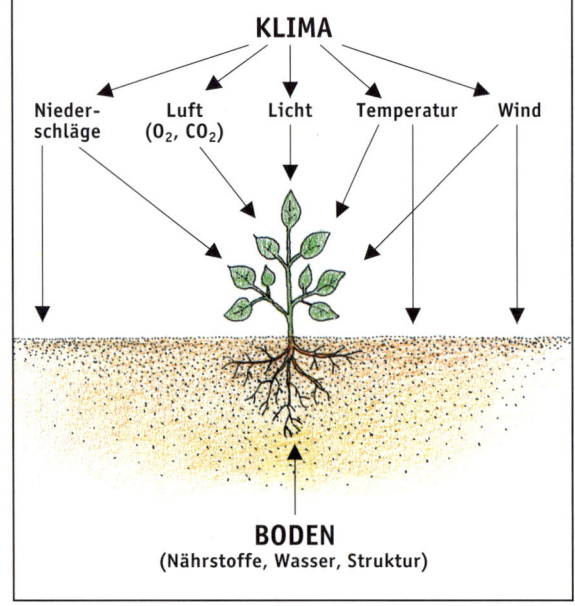

Das Gedeihen der Pflanzen wird vom Zusammenspiel mehrerer Standortfaktoren bestimmt, wobei vielfältige Wechselbeziehungen bestehen. So kann sich z. B. die Bepflanzung auch auf Klima und Boden auswirken

wahl, besonders bei der der Nutzpflanzen. Empfindliche Gehölze dürfen in rauen Höhenlagen nicht frei stehend gepflanzt werden, können dort aber an einer warmen Hausmauer in windgeschützter Lage durchaus gedeihen. Durch die Pflanzung einer Windschutzhecke lässt sich beispielsweise das Kleinklima eines Gemüsegartens verbessern. Die Hauptwindrichtung spielt bei der Anlage eines Sitzplatzes eine große Rolle, denn wer will schon gerne im Zug sitzen? Wenn dort, wo Ihre Terrasse vorgesehen ist, ein scharfer Wind weht, sollten Sie eine Pergola, eine Windschutzpflanzung oder eine Mauer mit einplanen. Durch eine besondere Bebauung der Umgebung können zudem Windkanäle auftreten; der Wind wird dann unangenehm um eine Ecke pfeifen. Auch dies lässt sich durch eine spezielle Pflanzung mildern.

Lichtverhältnisse

Licht ist die Energiequelle für alles Leben. Mit Hilfe des Sonnenlichts wandeln Pflanzen Kohlendioxid und Wasser zu Kohlenhydraten um, erzeugen dadurch Nahrung für Tier und Mensch und setzen dabei Sauerstoff frei. Pflanzen haben sich ganz unterschiedlich an verschiedene Lichtverhältnisse angepasst. Es gibt sonnenhungrige und schattenverträgliche Arten, außerdem alle möglichen Zwischenstufen. Schattenpflanzen verbrennen in voller Sonne, während Sonnenpflanzen im Schatten verkümmern.
Für die Planung ist es deshalb entscheidend, die Lichtverhältnisse für jeden Teil des Gartens zu kennen, um dementsprechend die Bepflanzung auszuwählen. Besonders lichtbedürftig ist unter anderem der Gemüsegarten, hier sollte möglichst von morgens bis abends volles Licht einfallen. Notieren Sie alle Bereiche, in denen überwiegend Schatten herrscht, um dort die Pflanzung einer speziellen Schattenflora zu planen.
Bereiche mit starker Sonneneinstrahlung können durch die Pflanzung Schatten spendender Bäume zu halbschattigen Zonen werden. Unter Laubbäumen fällt im Frühling und Winter volles Licht auf den Boden, Nadelgehölze und immergrüne Laubgehölze sorgen dagegen das ganze Jahr über für Beschattung.

Besondere klimatische Verhältnisse herrschen an exponierten Hängen. Der sonnige, trockene Hang wurde hier als Steingarten gestaltet, eine dicht mit Glyzinen bewachsene Pergola schützt vor Wind und Hitze

Standort-analyse und Bestands-aufnahme

Makro- und Mikroklima

Lichtverhältnisse

I N F O
Lichtbedarf
Zur Kennzeichnung der Lichtansprüche von Pflanzen sind folgende Symbole üblich:
◯ = sonniger Standort
◐ = halbschattiger Standort
● = schattiger Standort
„Halbschattig" kann entweder ganztägig mäßige Beschattung bedeuten oder aber stundenweise Beschattung im Tagesverlauf. Manche Pflanzen sind in ihren Lichtansprüchen variabel und werden dann z. B. mit ◐ – ● oder ◯ – ● gekennzeichnet.

Mauern bieten einen warmen, geschützten Platz; doch zwangsläufig haben sie oft auch eine Schattenseite, auf der sonnenliebende Gewächse kaum gedeihen

Temperatur

Wärme und Kälte werden im Wesentlichen durch das Klima, die Witterung und die landschaftlichen Details der Umgebung bestimmt. Die Höhenlage spielt ebenfalls eine große Rolle, denn mit zunehmender Höhe wird das Klima rauer, die Durchschnittstemperaturen sinken. Besondere Beachtung verlangen die Temperaturverhältnisse in Gärten, die am Hang oder am Hangfuß liegen. Kalte Luft sinkt nach unten, die Senke füllt sich mit ihr; so entsteht hier ein kühleres Mikroklima als an der Hangkuppe.

Die Temperatur lässt sich nur wenig durch Bau- oder Pflanzmaßnahmen beeinflussen, schon eher durch Kulturverfahren (wie z. B. Folienabdeckung). Kleinräumige Wärmespeicher kann man durch Steine schaffen, etwa im Steingarten, wo besonders wärmebedürftige Pflanzen in die Nähe eines Steins gepflanzt werden. Auch eine Mauer oder eine dunkle Wand wirken als Wärmekollektoren; sie strahlen die tagsüber gespeicherte Wärme nachts wieder ab und sorgen so für höhere Lufttemperaturen.

Wasserverhältnisse

Neben dem Licht ist das Wasser einer der wichtigsten Wachstumsfaktoren. Ohne Wasser könnte kein Leben existieren. Feuchtigkeit und Trockenheit bestimmen die Entwicklung der Pflanze, die Wasserverteilung im Boden ist entscheidend für das Gedeihen. Bei der Planung wird der Faktor Wasser vor allem im Zusammenhang mit dem Boden und dessen Beschaffenheit wichtig. Die Niederschlagsmengen kann keiner beeinflussen, wohl aber das Wasserspeichervermögen des Bodens.

Für die Planung gilt es außerdem zu beachten, ob ein bestimmter Gartenteil besonders viel Nässe zeigt, etwa eine feuchte Senke, oder ob es Bereiche gibt, die unter extremer Trockenheit leiden. In solchen Fällen muss durch entsprechende Maßnahmen wie einerseits Dränierung bzw. andererseits Bewässerung Abhilfe geschaffen werden oder eine diesen Bedingungen angepasste Bepflanzung erfolgen.

Boden

Der Boden ist Grundlage des Wachstums; in ihm wurzeln die Pflanzen, aus ihm beziehen sie ihre Nährstoffe und auf ihm leben sie. Boden ist nicht gleich Boden, es gibt zahlreiche verschiedene Typen, die sich in Abhängigkeit von Ausgangsgestein, Klima und anderen Einflüssen über Jahrtausende hinweg gebildet haben. Der Anteil an Sand, Schluff und Ton sowie an Humus entscheidet über die Fruchtbarkeit eines Bodens. Seine Struktur bedingt die Wasserführung und sein Ursprung den Nährstoffhaushalt.

Nur durch Beobachten lässt sich der Zustand eines Bodens nicht hinreichend feststellen. Man kann lediglich prüfen, ob es sich um einen leichten oder einen schweren Boden handelt, wie stark er durchwurzelt ist und ob viele oder wenig Steine enthalten sind. Recht aufschlussreich ist auch die so genannte Fingerprobe, die auf S. 74 erläutert wird. Die „inneren Werte" des Bodens wie Humusgehalt und Nährstoffgehalt lassen sich allerdings – zumindest für den Laien – nicht durch Augenschein wahrnehmen. Da all diese Faktoren aber entscheidend für die Gartenkultur sind, sollte man unbedingt eine Bodenanalyse durchführen lassen.

Bodenuntersuchung

Von etwa zehn gut über das Grundstück verteilten Stellen nimmt man mit dem Spaten Einzelproben aus den obersten 30 Zentimetern, mischt sie nach Entfernen grober Steine und Wurzeln in einem Eimer gut durch und gibt als Probe einen Teil der Mischung (meist etwa 500 g) zur Analyse in ein Bodenuntersuchungslabor. Von dort bekommt man genauen Aufschluss über die Zusammensetzung und den Nährstoffgehalt des Bodens. In Gärten mit deutlich unterschiedlichen Böden sind natürlich mehrere Mischproben notwendig.

Bodenanalysen führen – neben einigen privaten Labors – die landwirtschaftlichen Untersuchungsanstalten der Bundesländer durch. Die Adressen kann man bei den jeweiligen Landwirtschaftskammern oder auch Landratsämtern erfragen. Meist erhält man von den Untersuchungslabors ausführliche Anleitungen zur Entnahme und Aufbereitung der Proben.

Säuregrad, pH-Wert

Der Säuregrad des Bodens bewirkt eine Reihe von Eigenschaften, auf die sich die Pflanzen, die in der freien Landschaft an bestimmten Standorten wachsen, jeweils eingestellt haben. Als Messgröße für den Säuregrad dient der **pH-Wert**, eine Zahl, die von 0 bis 14 reichen kann. Auf saurem Boden (niedriger pH-Wert, unter 5,5) siedeln nur Pflanzen, die keinen Kalk vertragen, auf basischem Boden (hoher pH-Wert, über 7,4) nur Kalk liebende. Die meisten Böden in Mitteleuropa sind schwach sauer bis schwach basisch, ihr pH-Wert schwankt um den Neutralpunkt (pH = 7). Mit Ausnahme spezieller Kulturen gedeihen auf solchen Böden die meisten Pflanzen. Die Bodenuntersuchung eines entsprechenden Labors gibt auch Auskunft über den pH-Wert; dieses Ergebnis ist wichtig für die Wahl der Pflanzen bzw. für die Entscheidung über vorzunehmende Verbesserungen. Basischer Boden kann durch Zugabe etwa von sauer wirkenden Düngern (z. B. Ammonsulfatsalpeter) oder Torf saurer, saurer Boden durch Untermischung von Kalk basischer gemacht werden. Dabei sollte man in beiden Fällen sehr vorsichtig vorgehen, also den pH-Wert nur allmählich senken bzw. anheben. Schließlich sei angemerkt, dass man auf Torf – zumindest in grösseren Mengen – besser verzichtet, da sein Abbau den Bestand der Moorlandschaften gefährdet.

Leichte und schwere Böden

Leichte Böden zeichnen sich durch einen hohen Sandgehalt aus, sie sind leicht zu bearbeiten (daher die Bezeichnung), lassen Wasser schnell abfließen, erwärmen sich rasch und zeigen gute Durchlüftung. Nachteile sind die schlechte Wasser- und Nährstoffspeicherung, dadurch bedingt eine schnelle Austrocknung und Tendenz zu Nährstoffmangel. Leichte Böden können ohne große Mühe verteilt werden, der Teichaushub wird beispielsweise keine große Kraftanstrengung erfordern. Fundamente lassen sich leicht verlegen, Pflanzflächen sind einfach vorzubereiten.

Hoher Tongehalt ist verantwortlich für dicht gelagerte, schlecht durchlüftete, zu Staunässe neigende Böden, die so genannten **schweren Böden**. Sie lassen sich nur mühsam bearbeiten, klumpen leicht und erwärmen sich im Frühjahr nur langsam. Günstige Eigenschaften schwerer Böden sind ihr hohes Wasser- und Nährstoffspeichervermö-

Bodenprobe: 1. An mehreren Stellen im Garten gräbt man ein Loch und sticht dann am Rand spatentief eine Scholle ab

2. Die Probe entnimmt man mit einem Löffel, der diagonal über die Scholle geführt wird. Die oberste Schicht (etwa zwei Finger breit) wird bei der Probenentnahme ausgelassen

3. Die Einzelproben werden gut durchmischt; von der Mischprobe gibt man 500 g in eine Plastiktüte, die einen Aufkleber mit der Anschrift und Angaben zum Grundstück enthält

Standortanalyse und Bestandsaufnahme

Temperatur
Wasserverhältnisse
Boden

gen. Schon beim Bauen sollte man darauf achten, dass schwere Maschinen nur so wenig wie möglich die Erde verdichten und am besten nur auf abgetrocknetem Boden fahren. Nach dem Bau müssen schwere Böden tief gelockert werden, damit der späteren Gartenanlage keine Staunässe zu schaffen macht. Schwere wie leichte Böden sind Extreme, die jedoch in der Praxis ebenso vorkommen wie die unterschiedlichsten Zwischenstufen.

ENTSCHEIDUNGSHILFE
für die Bodenverbesserung

- mittelschwere Böden → Gründüngung
- leichte Böden → Zuschlag von Lehm, Humus, Gesteinsmehlen; Gründüngung
- schwere Böden → Zuschlag von Sand und Humus; Gründüngung
- verdichtete Böden → Umbrechen, Fräsen, Gründüngung
- Böden mit Staunässe → Zuschlag von Sand, Humus; bei Staunässe in der Tiefe: Tiefenlockerung; Dränierung
- saure Böden → Zuschlag von Kalk, Gesteinsmehlen
- basische Böden → Zuschlag von Wurmhumus, Kompost, ungekalktem Rindenkompost, sauer wirkenden Düngemitteln (Superphosphat, Ammoniumsulfat); Torf möglichst nicht oder nur zum Strecken anderer Stoffe

Bodenverbesserung

Schon vor den Bauarbeiten sollte man an die pflegliche Behandlung des Bodens denken, von dem später so viel erwartet wird. Die obere Humusschicht wird abgetragen und zu einem Hügel aufgeschüttet. Diese Erdmiete sollte man unbedingt bepflanzen, damit sie nicht von Wind und Regen weggeblasen, weggeschwemmt und ausgelaugt wird. Schnell wachsende und winterharte Gründüngungspflanzen wie Inkarnatklee *(Trifolium incarnatum)* oder Ölrettich *(Raphanus sativus* var. *oleiformis)* schützen mit ihrem Laub den offenen Boden und führen nach dem Absterben durch ihre Biomasse Nährstoffe zu.

Entsprechend den jeweiligen Gegebenheiten müssen Böden nach dem Bau für die Gartenanlage erst verbessert werden. Alle Baumaßnahmen wie Brunnenbohrung, Gerätehaus- oder Wegebau sollten vor der Bodenverbesserung abgeschlossen sein, damit nicht nachträgliche Arbeiten die verbesserte Erde wieder beeinträchtigen. Statt aufwendiger und teurer Bodenbearbeitungsverfahren bietet auch hier die Gründüngung eine ausgezeichnete Möglichkeit, den Boden optimal vorzubereiten. Extreme Böden müssen zusätzlich durch Einarbeiten entsprechender Zuschlagsstoffe aufbereitet werden (siehe oben stehende „Entscheidungshilfe"). Weitere Informationen und Tipps zu diesem Thema finden Sie im Kapitel „Bodenpflege und -verbesserung" ab S. 72.

Schadstoffbelastung

Leider gar nicht mehr so selten sehen sich Gartenbesitzer im geplanten „grünen Wohnzimmer" mit Schadstoffen konfrontiert. Schwermetalle, organische Schadstoffe, Pestizidrückstände, Stickoxide und Schwefeldioxid, seit Tschernobyl auch verstärkt Radioaktivität, belasten Umwelt und Boden. Bei hohen Konzentrationen wird „gesundes" Gemüse zu einer zweifelhaften Angelegenheit. Verantwortungsbewusste Gartenbesitzer informieren sich über die Vorgeschichte des Gartens und lassen im Zweifelsfall Analysen durchführen. Stellt sich eine erhebliche Belastung mit Schadstoffen heraus, sollte man auf den Nutzgarten verzichten.

Eine dichte, immergrüne Hecke (hier aus Scheinzypressen) hält nicht nur Blicke und Lärm, sondern auch Schadstoffe ab

Nicht immer müssen Schadstoffe gleich hoch konzentriert auftreten. Allerdings sind auch die Abgase des Autoverkehrs, der Industrie, Schädlingsbekämpfungsmittel und sogar Dünger, übermäßig eingesetzt, als Schadstoffe zu betrachten, die Gartenpflanzen unter Umständen negativ beeinflussen können. Rauchgase aus Fabrikschloten und Auspuffen führen erwiesenermaßen zu Pflanzenschäden, ebenso Streusalze. Um Schäden an Pflanzen gar nicht erst auftreten zu lassen, verwendet man bevorzugt so genannte industriefeste oder rauchgasgeeignete Pflanzen. Besonders Gehölze, die sich nicht so einfach austauschen lassen wie Stauden, sollten nach diesen Kriterien ausgewählt werden. Streusalzresistente Gehölze kommen auch an Straßenrändern gut zurecht, wo im Winter oft und viel gestreut wird. Eine dicht beblätterte und auch im Winter belaubte Hecke bietet guten Schutz gegen Schadabgase. Entsprechende Gehölzarten sind auf S. 35 aufgeführt.

Bestandsaufnahme des Grundstücks

Betrachten Sie zunächst Ihren zukünftigen Garten mit kritischen Blicken: Wie ist sein Grundriss, ist er beispielsweise extrem lang und schmal? Gibt es hässliche Blickpunkte (etwa eine alte Mauer, ein Schuppen auf der Nachbarseite) oder sonst etwas, was stört? Haben Sie große Bäume, die trotz der Bauarbeiten stehen geblieben sind, oder eine Hecke, die erhaltenswert scheint? Notieren Sie alles, was bewahrt oder geändert werden soll, diese Hinweise werden bei der späteren Gestaltung von großem Nutzen sein.

Lageplan

Nach der Standortanalyse und Bestandsaufnahme wird ein Plan des Gartens gezeichnet. Normalerweise haben solche Pläne einen **Maßstab** 1:100, das heißt, ein Zentimeter auf dem Papier entspricht einem Meter in Wirklichkeit. Kleine Gärten oder einzelne Gartenteile können auch im Maßstab 1:50 gezeichnet werden. Zur besseren Übersichtlichkeit oder aus technischen Gründen wählt man zuweilen andere Maßstäbe, wenn es um die Veranschaulichung von Sachverhalten geht.

Am einfachsten gehen Sie vom Lageplan Ihres Grundstücks aus. Grundstücksgrenzen und Lage des Hauses sowie bestehende Einrichtungen werden maßstabsgetreu übertragen. Legen Sie sich gleich mehrere Pläne zurecht, damit Sie nachher verschiedene Entwürfe durchprobieren können. Durch eine **Dreiecksmessung** lässt sich die genaue Lage aller Punkte ermitteln. Dazu misst man von zwei feststehenden Punkten (z. B. von den Hausecken) die Entfernung zum Objekt, dessen Position man im Plan festhalten will. Die Messstrecken werden maßstabsgerecht umgerechnet und mit einem Zirkel vom jeweils selben Punkt ausgehend in den Plan eingetragen. Wo sich die Zirkellinien kreuzen, liegt der genaue Standort des Objekts (siehe unten stehende Abbildung). Ihre fertig vorbereiteten Pläne dienen als Grundlage für die Gestaltung. Natürlich müssen auch alle anderen Gartenteile maßstabsgetreu eingezeichnet werden, also Bäume mit ihrem entsprechenden Kronendurchmesser, Wege in ihrer entsprechenden Breite usw.

Standortanalyse und Bestandsaufnahme

Schadstoffbelastung

Bestandsaufnahme des Grundstücks

Lageplan

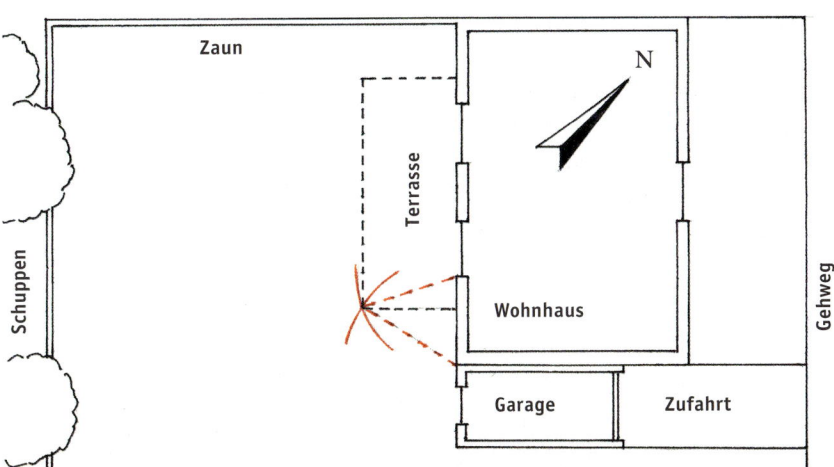

Der Lageplan des Grundstücks dient als Basis der Detailplanung. In diesem Plan werden Grundstücksgrenzen, Wohnhaus und andere bereits vorhandene Objekte festgehalten. Die Abbildung demonstriert das Vorgehen bei der Dreiecksmessung (rote Linien): Um die Lage der Terrasse exakt in den Plan eintragen zu können, misst man die Entfernung zu den Ecken jeweils von zwei Punkten des Wohnhauses aus. Die Messstrecken werden entsprechend dem Maßstab umgerechnet und mit einem Zirkel übertragen. Die Schnittstelle der beiden Zirkellinien zeigt genau und maßstabsgerecht die Lage der Terrassenecke.
Dieser Grundplan eines ca. 400 m² großen Gartens (Maßstab 1:250) wird Ihnen mehrmals in diesem Kapitel begegnen und veranschaulichen, wie sich ein Gartenplan nach und nach konkretisiert

Anforderungen und Wünsche

Nachdem die Standortfaktoren untersucht, die bestehenden Elemente festgestellt und in den Plan eingetragen wurden, kommen die Wünsche an den Garten zum Zuge. Stellen Sie in einer kleinen Liste alle Anforderungen zusammen, die Sie an den Garten haben. Da der Garten für alle Bewohner etwas bieten soll, geschieht dies am besten im Familienkreis, wobei alle Mitglieder sozusagen stimmberechtigt sind. Fragen Sie auch Ihre Kinder, was sie von dem grünen Wohnzimmer erwarten.

Art der Nutzung

Notieren Sie die Ansprüche, die Sie an den Garten stellen. Soll der Garten in erster Linie nur Ziergarten sein oder wollen Sie einen großen Nutzbereich, um selbst Gemüse und Obst anzubauen? Soll der Garten sich vor allem an den Bedürfnissen der Kinder orientieren, eine große Spielfläche aufweisen und viele Spielmöglichkeiten wie Sandkasten, Rutsche oder Schaukel bieten? Wollen Sie den Garten als eine Oase der Ruhe anlegen oder offen sein gegenüber den Nachbarn?

Aus der Art der Nutzung ergeben sich bereits ganz von selbst Gestaltungselemente. Wer im Garten viel werkeln will und reiche Ernte erwartet, muss ein gehöriges Stück Grund für den Gemüsegarten bereitstellen. Wer sich lieber an reicher Vielfalt und Farbenpracht erfreut, sollte großzügige Blumenrabatten einplanen. Wer den Kindern viel Platz einräumen möchte, braucht einen großen, strapazierfähigen Rasen. Wer den Garten vor allem als Ruhe- und Erholungsraum versteht, wird dichte Hecken und andere Sichtschutzmaßnahmen anlegen.

Ein Garten, der eine wohl überlegte „Bedarfsplanung" widerspiegelt: Hochbeet für mühearmen Gemüseanbau in Terrassennähe, ebenso wie der kleine Teich in voller Sonne gelegen; dahinter die große Rasenfläche, die sonnige wie angenehm schattige Aufenthaltsorte bietet

Auch einige Sonderteile des Gartens können schon bei diesen ersten Überlegungen einen festen Platz finden. Ein Zweitsitzplatz, eine Laube, ein Teich oder Sumpfbereich, eine Blumenwiese beispielsweise – das sind Träume, die sich verwirklichen lassen und nun konkret als Gartenteile eingeplant werden.

Art der Bewirtschaftung

Wie ein Garten bewirtschaftet werden soll, stellt häufig einen Streitpunkt dar. Während manche überzeugt sind, dass die alternative, ökologisch ausgerichtete Bewirtschaftung des Gartens heute zur Verantwortung jeden Gärtners gehört, lehnen andere diese Form ab, weil sie das Erlebnis als unordentlich oder gar ungepflegt empfinden. Legen Sie Ihre Richtlinie fest, nach der Sie den Garten anlegen und pflegen wollen. Die klassische Bewirtschaftung verlangt gut gegliederte Gartenteile, die sauber voneinander getrennt sind. Naturnahe Anlage verlangt dagegen eine Vernetzung der Gartenelemente nach dem Vorbild der Natur und eine besonders vielfältige Gartengestaltung. Außerdem soll möglichst weitgehend die natürliche Umgebung nachgestaltet werden. Dazu gehört der Verzicht auf Bereiche mit Pflanzen, die nicht in die jeweilige Landschaft passen und zudem noch eine aufwendige Umgestaltung der Standortbedingungen erfordern würden. Beispiele für solche „Zwangsansiedlungen" wären die Anlage eines Rhododendronbeets auf Kalkboden oder eines Heidegartens in einer Weinbaugegend.

Romantisch-verspielte Gestaltung, bezaubernd umgesetzt: Stauden säumen einen verschlungenen Weg, der seinen Zielort geheimnisvoll „im Dunkeln" lässt

Anforderungen und Wünsche

Art der Nutzung

Art der Bewirtschaftung

Art der Gestaltung

Art der Gestaltung

In der Gartenanlage sollen Ihr Stil und Ihr Geschmack zum Ausdruck kommen, nur so wird sie individuell und unverwechselbar. Ebenso wie Sie eine Ihrem Lebensverhältnis angepasste Möblierung des Hauses vornehmen, sollte auch Ihr Garten eine „Möblierung" entsprechend Ihrem Geschmack aufweisen.
Ein eher kühl-sachlich veranlagter Mensch wird sich in einem romantisch-verspielten Garten kaum wohl fühlen, ebenso wird ein aktiver, lebenslustiger Mensch nichts an einem monotonen Ziergarten finden. Wer die Natur beobachten möchte und sich an jeder Blüte freut, wird sich keinen formalen, zurückhaltenden Garten anlegen, sondern eher einen abwechslungsreichen Naturgarten.
Die möglichen Gestaltungsformen eines Gartens sind so vielfältig wie die von Kunst oder Architektur. Bestimmen Sie eine Grundrichtung, an der sich Ihr Garten orientieren soll. Die Anlage kann als Grundprinzip geometrisch klare Linien haben, streng gegliedert sein und ein übersichtliches Bild bieten. Geschwungene Linien wirken dagegen eher verspielt bis nostalgisch, der Garten erhält weiche Konturen. Entsprechend der Linienführung wird auch die Bepflanzung ausgewählt. Schnitthecken sind für den geometrischen Garten kennzeichnend, frei wachsende Hecken für den Garten mit geschwungenen Linien.
Farben bestimmen grundlegend den Reiz und die Ausstrahlung eines Gartens. Auch hier stehen viele Möglichkeiten offen. Für die spätere Gestaltung sollte auch eine Farbrichtung festgelegt werden. Sie können sich für eine lebensfrohe, bunte Mischung entscheiden oder aber für eine vorherrschende Farbe. Weiß als Hauptfarbe wirkt strahlend, elegant und kontrastreich. Gelb bringt sonnige Wärme und Glanz. Rot lässt den Garten signalartig leuchten. Blau erweitert den Garten optisch, bringt Tiefe und hat gute Fernwirkung.

Robuste Gehölze, blühende Bodendecker, auch etwas geduldeter Wildwuchs – hier hält sich der Pflegeaufwand sehr in Grenzen

Pastellige Töne wie Rosa oder Violett geben dem Garten einen romantischen Anstrich. Eingebettet in ausgleichendes Grün hat jede Farblösung ihr ganz besonderes Flair. Zur Gestaltungsform eines Gartens zählen noch weitere Kriterien. Düfte spielen heute wieder eine große Rolle. Für manche Menschen sind sie so entscheidend am Erlebnis Garten beteiligt, dass sie sich einen Duftgarten wünschen, in dem man eher mit der Nase durch den Garten geht als mit den Augen. Zu einem Duftgarten gehören unbedingt Gewürzkräuter, Duftrosen und aromatische Stauden. In voller Sonne können sich die Düfte besonders intensiv entwickeln.

Für Liebhaber bestimmter Pflanzengruppen ergibt es sich eigentlich ganz von selbst, diesen besonders viel Platz einzuräumen. Rosenfreunde werden den Garten überwiegend mit Rosen gestalten wollen, in aller Formenvielfalt, die die Königinnen der Blumen zu bieten haben. Der Kräuterliebhaber wird Gewürze und Küchenkräuter in allen Bereichen einplanen, wer die Alpenflora schätzt, wird einen großzügig bemessenen Lebensraum für diese Arten anlegen.

Zeit- und Pflegeaufwand

Ein Garten bringt nicht nur Erholung und Ruhe, er fordert auch mehr oder weniger viel Zeit für die Pflege. Da sind Hecken zu schneiden, Rasen muss gemäht, Unkraut muss kurz gehalten werden. Und manche dieser Arbeiten dulden kaum Aufschub oder sind terminlich gebunden. Was der eine als wohltuenden Ausgleich zum Beruf empfindet, mag dem anderen eher lästig erscheinen. Der spätere Aufwand an Zeit und Mühe lässt sich schon bei der Planung in etwa festlegen, da bestimmte Gartenbereiche und Pflanzen deutlich mehr Engagement verlangen als andere.

Pflegeleichte Gärten

Viele Gartenbesitzer wollen möglichst wenig Aufwand bei der Pflege des Gartens haben. Sie verbringen ihre – ohnehin nicht immer üppige – Freizeit lieber mit anderen Dingen oder haben eine Abneigung gegen Gartenarbeiten. Andererseits können sich vor allem ältere oder behinderte Menschen aus gesundheitlichen Gründen nur wenig mit Gartenarbeit beschäftigen. Es gibt zwar keinen Garten, der überhaupt nicht gepflegt werden muss, aber durch geschickte Anlage lässt sich der Aufwand relativ gering halten.

In einem pflegeleichten Garten herrschen robuste, langlebige Pflanzen vor, die wenig gedüngt und geschnitten werden müssen. Ausdauernde Stauden füllen die Beete, Hecken dürfen frei wachsen. Bodendecker unterdrücken Unkraut, naturnahe Pflanzengemeinschaften bilden dichte Teppiche. Je besser die Bepflanzung auf die jeweiligen Standortbedingungen ausgerichtet ist, desto weniger Pflege wird sie erfordern. Die Gartenarbeit beschränkt sich auf Rasenmähen und gelegentliches Ausschneiden der Gehölze; bei anspruchslosen Arten im Staudenbeet genügen ab und an durchgeführte Schnittmaßnahmen. Wer Gartenarbeit betreiben möchte, dies aber aus körperlichen Gründen nur mit Einschränkungen tun kann, sollte den Garten auf besondere Weise einrichten. Hochbeete (siehe S. 51) erleichtern die Arbeit, da sie bequem ohne Bücken zu erreichen sind. Breite Wege bieten sicheres Gehen und Stehen. Schmale Beete sind von allen Seiten einfach zu pflegen. Mehrere gut verteilte Wasserstellen sorgen für kurze Wege und erleichtern so das Gießen. Auch an einige Sitzgelegenheiten für Pausen sollte man denken.

Pflegeintensive Gärten

Wer Zeit und Lust hat, sich im Garten zu betätigen, wird auch Gartenteile einplanen, die mehr Pflege brauchen. Den meisten Zeit- und Arbeitsaufwand erfordert der Nutzgarten. Je intensiver die Nutzpflanzenkultur betrieben wird, desto mehr Aufwand ist nötig. Obstbäume müssen geschnitten, Gemüsepflanzen vorgezogen und regelmäßig versorgt werden. Wer dazu noch Frühbeet und Gewächshaus nutzen will, sollte seine Zeit für die Gartenarbeit reichlich bemessen.

Besonders anspruchsvoll ist meist auch der Steingarten. Nicht nur das Anlegen, sondern auch die Pflege der oft empfindlichen Pflanzen erfordern eine hohe Bereitschaft, täglich im Garten zu arbeiten. Ebenfalls auf die intensive Pflege des Gärtners angewiesen, sind einige weitere Pflanzenarten, z. B. Edelrosen oder Prachtstauden. Empfindliche Pflanzen, wie etwa exotische Gehölze oder nicht winterharte Stauden und Wasserpflanzen, müssen besonders aufmerksam versorgt und umhegt werden, man denke nur an den erforderlichen Winterschutz.

Dichte der Bepflanzung

Schon einen Schritt weiter bei der Gestaltung gehen die Überlegungen zu der Sofortwirkung eines neu angelegten Gartens. Dennoch sollte dies bereits bei der Grundplanung berücksichtigt werden. Wenn der Garten schnell ein geschlossenes Bild bieten soll, wird man zum einen vorwiegend rasch wachsende Arten wählen, zum anderen viele Pflanzen dicht nebeneinander setzen. Besonders bei den Gehölzen ergeben schon große, ältere Exemplare viel schneller eine eingewachsene, dichte Bepflanzung als junge Pflanzen. Für den raschen Erfolg muss allerdings in Kauf genommen werden, dass man schon bald die Bestände auslichten muss und der finanzielle Aufwand für die Bepflanzung sehr viel höher wird.

Hat man dagegen mehr Geduld, um zu warten, bis ein geschlossenes Bild entsteht und der Garten eingewachsen ist, bleiben der Pflanzenbedarf und die Kosten geringer. Anfangs können Sommerblumen helfen, Lücken zu füllen, und für erste Attraktionen sorgen.

Bei der Errechnung des Pflanzenbedarfs geht man von seinem Gartenplan aus. Für kleine Stauden sowie Polsterpflanzen und Bodendecker werden von vielen Gärtnereien Stückzahlen pro Quadratmeter empfohlen, nach denen man sich richten kann.

Von der Wunschliste zur Planung

Am Ende der Überlegungen müssen Sie Ihre Liste genau prüfen. Ist die Wunschliste sehr lang, muss meist aus Platzgründen auf einiges verzichtet werden. Streichen Sie die Wünsche, die Sie nicht favorisieren, bevor Sie zu viel in den Garten hineinpacken. Ein Garten kann ebenso wie ein Zimmer überladen wirken und unwohnlich werden, wenn er mit zu vielen „Möbeln voll gestellt" wird. Oft ist eine sparsame Einrichtung besser als eine zu üppige. Was anfangs noch zusammenpasst, kann durch das Wachstum der Pflanzen mit der Zeit erdrücken – optisch wie auf den Standraum der Einzelpflanze bezogen. Einige Gartenteile lassen sich auch nachträglich im eingewachsenen Garten realisieren, wenn sich doch noch Raum dafür bietet. Einen Gartenteich kann man leicht nach Jahren in die Rasenfläche einfügen, dagegen wird man kaum einen angelegten Teich wieder zuschütten wollen, wenn sich die Rasenfläche als zu klein erweist. Überhaupt ist es ratsam, neben allen sonstigen Erwägungen auch ein wenig in die Zukunft vorauszudenken. Die Wünsche und Anforderungen an den Garten können sich im Laufe der Jahre ändern, z. B. wenn Kinder älter werden und den Rasen als Spielfläche nicht mehr beanspruchen.

> **Anforderungen und Wünsche**
>
> **Zeit- und Pflegeaufwand**
>
> **Dichte der Bepflanzung**
>
> **Von der Wunschliste zur Planung**

Zur Gartenanlage gehört Geduld: Die anfangs noch recht spärlich wirkende Bepflanzung ...

... entwickelt sich bald zu üppigem Grün; vielleicht muss man dann schon hier und da etwas auslichten

Bauliche Einrichtungen

Bei der Ausarbeitung des Gartenplans müssen auch alle Baumaßnahmen berücksichtigt werden. Nachdem ungefähr die Platzierung der Gartenteile und -bereiche feststeht, sind – gleichsam einer Infrastrukturplanung – Wege, Wasseranschlüsse, Gartenhäuschen und andere Einrichtungen festzulegen, bevor die Bepflanzung geplant werden kann. Nachfolgend sollen jeweils nur Anregungen im Rahmen der Planung und Gestaltung gegeben werden, da eine detaillierte Beschreibung aller möglichen Ausführungen den Rahmen dieses Buchs sprengen würde. Gerade bei speziellem Zubehör und Baumaterialien für den Garten ist das umfangreiche Angebot des Handels fast unüberschaubar. Man sollte sich deshalb vor dem Kauf möglichst genau informieren (Zeitschriften, Verbraucherberatung usw.). Weiterführende Praxistipps finden Sie im Kapitel „Einfache Baumaßnahmen und Einrichtungen" ab S. 134.

Wege, Stege, Treppen

Wege erschließen den Garten, auf ihnen gelangt man nicht nur trockenen Fußes von einem Punkt zum anderen, von ihnen aus kann man auch den Garten erleben. Mit einem Weg werden alle wichtigen Punkte des Gartens miteinander verbunden, beispielsweise die Terrasse mit dem Zweitsitzplatz oder der Eingang mit dem Nutzgarten.

Wegeführung und Wegbreiten

Wege sollen niemals einen Garten zerschneiden, sondern die einzelnen Gartenteile verbinden. Durch ihre Führung und Anlage kann man das Gesamtbild des Gartens entscheidend beeinflussen. Die Linie und das Material müssen auf die Gesamtgestaltung abgestimmt sein. Geschwungene oder versetzte Wegeführung lässt einen Garten durch eine längere Wegstrecke großzügiger erscheinen. Gerade, lange Wege wirken in großen Gärten eher teilend, in kleinen Gärten können sie dagegen durchaus eine klare Gestaltungslinie unterstützen. Besonders interessant werden Wege dann, wenn sie scheinbar ins Ungewisse führen. Durch Versetzungen, die mit hohen Gewächsen die Sicht versperren, oder durch gebogene Führung entlang einer Hecke machen sie den Gartenspaziergang spannend. Geleiten Wege dann noch zu einem versteckten Gartenteil, z. B. zu einer Laube, geht man sie gern immer wieder bis zum Ende.
Je nach vorgesehenem Zweck muss ein Weg eine angemessene Breite aufweisen. Ein Hauptweg, der viel begangen wird und auch mit einer Schubkarre bequem zu befahren sein soll, braucht eine Mindestbreite von 90 cm, besser sind 120 cm. Im Eingangsbereich, also im Vorgarten, sollte der Weg 120–150 cm breit angelegt werden, damit auch zwei Personen problemlos nebeneinander gehen können. Im hinteren Gartenbereich sowie im Nutzgarten genügen Wegbreiten von 50–60 cm, zwischen Gemüsebeeten können sie sogar noch schmaler sein.

Langsam wird der Lageplan von Seite 21 zum Gartenplan. Zuvor geklärte Wünsche und Anforderungen haben bereits zu einer ersten, noch skizzenhaften Gartenaufteilung und -einrichtung geführt: so der Wunsch nach viel Platz zum Sitzen mit Freunden ①, andererseits nach einer ruhigen Sitzecke mit Sichtschutz ②; der Traum von einem Teich als Blickfang, der von beiden Sitzplätzen gut einsehbar ist ③. Die Besitzer möchten außerdem frisches Gemüse ernten ④ und Besucher mit einem attraktiven Eingangsbereich ⑤ willkommen heißen. Obwohl sich während der Detailplanung noch einiges ändern kann, sollte man nun bereits an die nötige „Infrastruktur" denken, z. B. an Wege, Wasserleitungen (blau) und Stromleitungen (rot). In diesem vorläufigen Plan werden nur die ungefähre Lage und Größe der vorgesehenen Gartenteile vermerkt

Bauliche Einrichtungen

Wege, Stege, Treppen

Mit seinen geschwungenen Linien wirkt dieser Granitsteinweg großzügig und trägt zu einem harmonischen Gesamtbild bei

Rustikal: unregelmäßige Natursteinplatten, hier als Trittsteine eingesetzt

Wegbeläge und Trittsteine

Wege, die voraussichtlich häufig begangen werden, erhalten einen Belag aus harten, dauerhaften Platten oder Steinen. Das Material sollte man passend zum Charakter des Gartens wählen. Natursteinpflaster, Tonziegel, Bruchsteinplatten und viele andere Belagarten bietet der Handel in reicher Auswahl. Holzpflaster, Bohlen oder Kies wirken natürlich und fügen sich gut in die Bepflanzung ein. Untergeordnete, weniger begangene Wege können auch mit weichem Belag ausgestattet werden, auf Rindenmulch oder auf dem Rasenweg läuft es sich wie auf Samt. Sehr naturnah muten Beläge mit Pflanzfugen oder aus Gittersteinen an; sie lassen viel Raum für durchwachsendes Grün.

Leichter und weniger kompakt als geschlossene Beläge wirken **Trittsteine,** die die gleiche Funktion wie ein Weg erfüllen. Um gut begehbar zu sein, sollten die Trittsteine eine Größe von 40 x 40 cm haben. Einzelne Platten, Natursteine oder flache Findlinge, aber auch Holzscheiben oder Kanthölzer werden in gleichmäßigem Abstand in Rasen, in Beete oder auch über flache Teichzonen verlegt. Dabei ist das richtige Schrittmaß (60–65 cm Abstand von Plattenmitte zu Plattenmitte) zu beachten.

Garageneinfahrt und Autostellplatz

Nur allzu häufig wirken die breiten und versiegelten Garageneinfahrten in einer sonst gelungenen Gartenanlage störend. Werden Einfahrten und Stellplätze allerdings so gestaltet, dass sie nur ein Mindestmaß an Befestigung aufweisen, und ansprechend mit Pflanzen umgeben, drängen sie sich nicht zu stark ins Bild. Rasengittersteine oder schmale Fahrspuren genügen meist schon für eine ausreichende Befestigung. So bleibt der Flächenverlust für die Bepflanzung gering. Bewachsene Pergolen als Überbauung oder die Einfahrt überdachende Baumkronen rücken zusätzlich lebendiges Grün in den Vordergrund.

Ob Terrasse oder Zweitsitzplatz im Garten: Unter einer berankten Pergola lässt's sich auch an heißen Sommertagen gut aushalten

Terrasse

Terrassen liegen „naturgemäß" am Haus. Sonnig und warm, meist nach Süden ausgerichtet, stellt die Terrasse den Platz dar, an dem sich im Sommer das meiste Leben abspielt. Planen Sie Ihre Terrasse nicht zu klein, die Größe orientiert sich an der Anzahl der Bewohner und an der Größe des Gartens. Eine Faustregel besagt, dass eine Terrasse so groß wie ein Wohnzimmer (etwa 30–40 m^2) sein soll – und das ist sie schließlich auch, ein Wohnzimmer unter freiem Himmel.

Um nicht wie auf dem Präsentierteller zu sitzen, sollte man die Terrasse durch eine Pergola oder eine entsprechende Vorpflanzung neugierigen Blicken entziehen. Ein Laubdach oder ein Sichtschutzzaun schützen außerdem noch vor zu viel Sonne an heißen Tagen. Die Möglichkeiten der Ausführung und Einrichtung von Terrassen sind so vielgestaltig wie die Gärten selbst.

Treppen

Höhenunterschiede von mehr als 5 % sollten mit Treppen verbunden werden. Oft liegt die Terrasse gegenüber dem übrigen Gartenniveau erhöht; einige Stufen verbinden dann bequem Haus und Garten. Eine Orientierungshilfe für die Größe der Stufen bietet die „Treppenformel" (vgl. S. 136).

Treppen werden immer mit einheitlicher Tiefe und Höhe der Stufen angelegt, sofern nicht deutlich sichtbare Absätze bewusst eingeplant sind. Ungleich hohe Stufen sind gefährliche Stolperfallen. Man unterscheidet verschiedene Stufentypen. Stellstufen bestehen aus Front- und Auftrittplatten, Legstufen aus aufeinander geschichteten Platten und Blockstufen aus massiven Quadern. Um ein gleichmäßiges Gesamtbild zu erzielen, sollten Treppen stets aus dem gleichen Material gebaut werden, aus denen auch Wege und Mauern bestehen.

Sitzplätze

Sitzplätze sind die Kommunikationsräume im Garten schlechthin. Auf ihnen sitzt man gemütlich beim Kaffee, nimmt ein Sonnenbad oder feiert Feste. Sitzplätze können großzügig bemessen sein und einer großen Runde Platz bieten oder aber nur als lauschiges Fleckchen für eine Person vorgesehen werden. Formen und Bodenbeläge sollten auch bei Sitzplätzen stets zur Gesamtanlage passen.

Zweitsitzplatz

Abwechslung ins Gartenleben bringt ein zweiter Sitzplatz im grünen Wohnzimmer. Als Gegensatz zur sonnigen Terrasse angelegt, kann ein kühler, schattiger Sitzplatz im hinteren Gartenbereich schnell zum Lieblingsaufenthalt im Sommer werden. Ein besonders ruhiges Plätzchen mit einer schönen Bank wird als wahre Oase empfunden, die man bald nicht mehr missen möchte. Ein Zweitsitzplatz kann, muss aber nicht die Ausmaße für eine größere Runde haben. Planen sollte man einen Zweitsitzplatz immer als Kontrapunkt zur Terrasse, also so, dass er völlig andere „Sitzeigenschaften" bietet. Die Ausführung – ob mit lauschiger Bank oder großzügiger Bestuhlung – bleibt ganz Ihren Wünschen überlassen.

Baulicke Einrichtungen

Sitzplätze
Zäune und Umfriedungen

Laube und Pergola

Eine Laube ermöglicht als kleines Häuschen im Garten auch bei Regenwetter den Aufenthalt im grünen Wohnzimmer. Meist in leichter, filigraner Holzbauweise ausgeführt, sind Gartenlauben aus romantischen Gärten gar nicht wegzudenken, können aber auch in modernen Anlagen einen Anziehungspunkt und Blickfang darstellen, wenn sie in ihrem Baustil dem Gartencharakter entsprechen. Als Untergrund sollte immer eine befestigte Fläche vorhanden sein, damit Tisch und Stühle sicher stehen. Zur Laube wird das Häuschen aber erst, wenn es üppig bepflanzt und von einem dichten Laub- und Blütenvorhang umspielt ist.

Die Pergola (italienisch für „Laubengang") setzt attraktive Akzente durch Bauweise und Bepflanzung. Sie kann nicht nur Sicht- und Windschutz an der Terrasse bieten, sondern z. B. auch einen Weg oder eine Einfahrt überdachen. Frei im Garten aufgestellt ist die zweiholmige Pergola als Überdachung eines Sitzplatzes ebenso hübsch wie als Schattenspender für ein besonderes Beet. Einholmige Pergolen dienen wie Rundbögen als begrünte Durchgänge und können als Entree den Eingangsbereich oder einen abgegrenzten Gartenteil schmücken.

Einladender Holzpavillon für Mußestunden. Die Bepflanzung mit Hängepelargonien wirkt fast wie ein Rosenbogen

Zäune und Umfriedungen

Als persönlicher Bereich wird ein Garten von der Umgebung abgegrenzt, im wahrsten Sinne des Wortes „umfriedet". Deutliche Grenzen ziehen Zäune, die aus verschiedenen Materialien bestehen und in verschiedenen Ausführungen gesetzt werden können. Dabei bewährt sich der Grundsatz, dass die einfachsten Zäune meist auch die schönsten sind. Je aufwendiger und ausgefallener sich ein Zaun darstellt, desto weniger wird er sich dem Garten unterordnen, desto mehr wird er Blickfang. Das mag unter Umständen ein beabsichtigtes Gestaltungselement sein, wirkt aber nur allzu oft störend und trennend. Neben solchen geschmacklichen Erwägungen

Der hübsche Zaun ist hier mehr Gestaltungselement denn Abschirmung und rahmt die Sicht- und Lärmschutz bietenden Gehölze

können mancherorts auch behördliche Vorschriften eine Rolle spielen; vor dem Errichten eines Zauns sollte man sich vorsichtshalber nach eventuellen Regelungen im örtlichen Bebauungsplan erkundigen.
Statt eines Zauns gibt es weitere gestalterische Möglichkeiten, die Gartengrenzen zu markieren. Eine schöne Hecke oder ein kleiner Wall, mit Büschen und Stauden bepflanzt, können ebenso eine Alternative sein wie z. B. eine Trockenmauer oder eine üppige Staudenrabatte. Wer sich mit dem Nachbarn gut versteht, kann vielleicht ganz auf eine optische Grenzziehung verzichten. Dadurch wirken vor allem schmale Reihenhausgärten großzügiger. Gerade hier bietet sich als weitere Möglichkeit auch ein Obstspalier an. Mauern halten an stark befahrenen Straßen Lärm und Staub ab, sie schützen schnell und dauerhaft. Während eine Hecke Jahre braucht, sich voll zu entwickeln, gibt eine Mauer sofort den erwünschten Schutz. Allerdings halten Mauern nicht nur Schall und Schmutz fern, sondern auch Licht und sind zudem oft keine besonders ästhetischen Gestaltungselemente. Für die Errichtung einer Mauer müssen gesetzliche Bestimmungen beachtet werden, die in den Gemeinden und Ländern differieren.

Wasser und Licht

Wie im Haus wird man auch im Garten auf Wasser- und Lichtanschlüsse nicht verzichten wollen. Und ebenso wie beim Hausbau müssen solche Installationen sorgfältig vorausgeplant und durchdacht sein; denn ein nachträgliches Verlegen von Leitungen bringt einen beträchtlichen Aufwand mit sich.

Wasseranschlüsse

Bei der Planung sollte bedacht werden, wo man im Garten Wasser braucht. Eine Leitung, die zum Gemüsegarten führt, erspart lästiges Wasserschleppen, ein Wasserhahn an der Terrasse liefert Gießwasser für Kübelpflanzen. Wasserleitungen müssen natürlich vor der Bepflanzung und entsprechend sicher verlegt werden. Ist der genaue Verlauf der Rohre im Plan vermerkt, wird ein eventueller Schaden durch spätere Anlagen, die in die Tiefe gehen (z. B. eine Teichanlage, Pflanzen eines Großgehölzes), von vornherein vermieden. Statt eines grauen Hahns, der ohne Bezug im Garten steht, kann der Anschluss in Verbindung mit einem kleinen Wannenteich oder einem Sumpfbeet auch optisch gut platziert werden.
Ein **Brunnen** spendet das lebensnotwendige Nass in Hülle und Fülle, mit einem Pumpschwengel wird es aus der Tiefe heraufgeholt. Brunnen in den verschiedensten Formen sind nicht nur nützlich, sondern auch hübsche Gestaltungselemente. Vor der Bohrung muss allerdings eine Genehmigung bei der zuständigen Behörde eingeholt werden, eventuell ist auch eine Untersuchung der Wasserqualität erforderlich. Diese kann man teils bei den kommunalen Wasserversorgern in Auftrag geben.

Licht- und Stromanschlüsse

Licht sorgt nachts für Sicherheit, ausreichend beleuchtete Wege und vor allem Stufen stellen keine Gefahrenquellen mehr dar. Zudem lassen sich mit Licht schöne Effekte erzielen, etwa durch die Beleuchtung einer besonders attraktiven Pflanze

> **TIPP**
>
> **Regenwasser …**
> … kostet nichts und ist für die Pflanzen oft besser verträglich als Leitungswasser. Regentonnen gibt es in den verschiedensten Größen und Ausführungen; entsprechendes Zubehör ermöglicht komfortable Wasserentnahme und -verteilung. Noch „eleganter" ist eine komplette Regenwassernutzungsanlage, die auch Brauchwasser fürs Haus liefert.

Beleuchtung sorgt für Sicherheit im Dunkeln und kann den abendlichen Garten effektvoll in Szene setzen

oder einer Wasserglocke. Planen Sie genügend Lichtquellen vor allem entlang der Zugangswege ein, ebenso an allen gefährlichen Stellen wie Schwellen oder Treppen. In größeren Gärten können ein oder mehrere zusätzliche Stromanschlüsse durchaus nützlich sein, etwa für den Einsatz von elektrischen Gartengeräten. Die erforderlichen Leitungen müssen selbstverständlich sicher verlegt und ebenso wie Wasserleitungen im Plan eingezeichnet werden. Absolut wasserfeste und speziell isolierte Kabel sind ebenso unabdingbar wie technisch einwandfreie Leuchten. Die Kabel verlegt man am besten unterirdisch und nur dort, wo später keine Grabarbeiten nötig werden. Durch darüber gelegte Firstziegel oder durch eine Rohrleitung sind sie vor Beschädigung durch Bodenbearbeitungsgeräte geschützt. Oberirdisch verlaufende Kabel sollte man möglichst nicht verwenden. Wenn es sich nicht vermeiden lässt, müssen sie entsprechend sicher verlegt und geschützt werden. In jedem Fall sollte man auch hier einen Fachmann zurate ziehen.

Lärm- und Sichtschutz

Die am häufigsten eingesetzten Lärm- und Sichtschutzvorrichtungen sind Hecken (vgl. S. 33–34). Daneben gibt es weitere Möglichkeiten, sich Schall und Blicken zu entziehen. Besonders der Lärmschutz ist in heutiger Zeit eine häufig erforderliche Einrichtung, denn Lärm kann erwiesenermaßen krank machen. Abgesehen davon stört er einfach beträchtlich und macht jede Erholung zunichte. Der Handel hat schon lange auf die gestiegene Nachfrage nach speziellen Lärmschutzeinrichtungen reagiert und bietet eine Fülle

Sichtschutzwände aus Holz fügen sich gut ein und können z. B. durch hoch wachsende Stauden kaschiert werden

verschiedener Systeme an. Fertigbauelemente aus Holz und Beton sind leicht aufzustellen und bieten wirksamen Schutz, viele von ihnen lassen sich zudem dekorativ bepflanzen. In Selbstbauweise kann auch ein entsprechend hoher Wall oder ein Wall in Kombination mit einem Zaun oder einer Bepflanzung errichtet werden. Unter Umständen gibt es für eine solche Maßnahme sogar finanzielle Unterstützung, sei es durch Zuschuss oder durch steuerliche Ermäßigungen.
Für Sichtschutz kann man mit viel geringerem Aufwand sorgen. Die Terrasse oder der Sitzplatz lässt sich durch einen einfachen Flechtlamellenzaun oder eine berankte Pergola vor störenden Blicken schützen. Ein Sichtschutz sollte nie zu massiv und klobig errichtet werden, da er sonst unproportioniert wirkt und den Lichteinfall mindert. Ein luftiges Scherengitter oder eine durchbrochene Wand wehren ungebetene Blicke hinreichend ab, lassen aber immer noch Licht hindurch. Sichtschutz können auch einzelne ausladende Pflanzen bieten, etwa ein schöner großer Bambus oder eine Strauchrose.

„Holzelemente" anderer Art sind Kompostbehälter – nicht immer schön, aber praktisch und hilfreich

Kompostplatz

Der Komposthaufen stellt die beste Möglichkeit dar, den im Garten anfallenden Abfall nutzbringend zu verwerten. Außerdem entlastet er die Hausmülltonne erheblich, was sich auf die Müllgebühren auswirken kann. Eine Kompostecke hat in jedem noch so kleinen Garten Platz und nimmt Heckenschnitt, Gemüsereste, Laub und Pflanzenabfall auf. Durch die Verrottung wird aus den Abfällen wertvolle Erde, die den Gartenboden nachhaltig verbessert und entzogene Nährstoffe wieder zuführt.
Planen Sie einen Kompostplatz von Anfang an mit ein. Der Kompost braucht einen halbschattigen, geschützten Standort, er darf weder austrocknen noch vernässen. Auf gewachsenem Boden wird der Kompost entweder als Miete (in großen Gärten) oder in speziellen Behältern gesammelt. Sinnvoll ist die Aufstellung von mindestens zwei Kompostbehältern; ist der erste gefüllt, kann der Kompost dort ausreifen, während dann der zweite die Abfälle aufnimmt. Mehr zum Thema Kompost erfahren Sie ab S. 77.

Bauliche Einrichtungen

Wasser und Licht
Lärm- und Sichtschutz
Kompostplatz

Gartenteile

Gehölze

Erst die Vielfalt der Lebensräume macht den Garten so richtig zu einer Oase. Eine Rasenfläche ist noch lange kein Garten, dazu fehlen Blumenbeete, Hecken und Bäume. Entsprechend Ihren zuvor geklärten Wünschen und Anforderungen können Sie nun aus den unzähligen Möglichkeiten wählen und Ihren Garten mit verschiedenen Elementen ausstatten. Gehen Sie dabei wieder ähnlich wie bei der Möblierung einer Wohnung vor.

Nach der Festlegung aller baulichen Einrichtungen verteilen Sie auf der übrigen Fläche die „grünen" Teile des Gartens. In den folgenden Kapiteln finden Sie Hinweise und Anregungen, wie Sie Gehölze, Stauden, Steine und Wasser im Garten gestalterisch einsetzen können. Probieren Sie mehrere Möglichkeiten auf verschiedenen Kopien Ihrer Planskizze aus und entscheiden Sie sich dann für die Lösung, die der ganzen Familie am besten zusagt.

Bäume und Sträucher haben für das Ökosystem unserer Erde eine große Bedeutung; ohne sie wäre kein Leben in der jetzigen Form möglich. Das Waldsterben und die Abholzung der tropischen Regenwälder machen uns die Problematik leider nur allzu deutlich. Umso wichtiger ist es, gerade im eigenen Garten den Gehölzen ihren Platz zu geben und so einen – wenn auch kleinen – Beitrag zur Erhaltung unserer Lebensgrundlagen zu leisten.
Wer freut sich zudem nicht darüber, wenn nach dem langen Winter an

Die Vielfalt macht's: Durch geschickte Ausnutzung des Hangs wurden in diesem Kleingarten verschiedene Gartenbereiche auf begrenzter Fläche kombiniert

Gehölze

den Zweigen das erste zarte Grün erscheint und sich die ersten Blüten öffnen? Wer sitzt nicht gern unter einem schattigen Laubdach, wenn im Sommer die Sonne brennt? Im Herbst leuchten die Blätter in warmen Farben, im Winter beleben immergrüne Gehölze und Sträucher mit bunten Früchten den sonst tristen Garten. Aber nicht nur fürs Auge sind die Gehölze eine Wohltat, sie erfüllen auch vielfältige ökologische Funktionen. Durch die enorme Wasserverdunstung erhöhen sie die Luftfeuchtigkeit und sorgen für ein ausgeglicheneres Klima. Ohne den Sauerstoff, der bei ihrer Photosynthese freigesetzt wird, könnten Menschen und Tiere nicht leben. Vielen Tieren bieten die Gehölze Nahrung und Lebensraum und auch der Mensch profitiert von den Früchten und dem Holz, die sie liefern.

Wie bereits erwähnt, bilden die Gehölze das Grundgerüst des Gartens. Sie umfrieden das Grundstück, teilen Bereiche ab, geben Lärm- und Sichtschutz, schaffen verschwiegene Winkel, gliedern den Garten. Da ein großes Gehölz nur mit ungleich mehr Mühe und Risiko versetzt werden kann als z. B. eine Staude, muss die Auswahl der geeigneten Art für den jeweiligen Standort sehr sorgfältig erfolgen. Berücksichtigen Sie die spätere Größe und die Kronenform. In einem kleinen Reihenhausgarten ist eine große Eiche oder eine Rotfichte sicher fehl am Platz. Lassen Sie sich von einer „niedlich" aussehenden Jungpflanze oder dem Hinweis, das Gehölz könne durch Schnitt klein gehalten werden, nicht täuschen. Allzu oft entwickelt sich das Bäumchen allmählich zu einem Riesen und erschlägt schließlich den Garten. Am besten lassen Sie sich von Fachleuten beraten. Kaufen Sie gerade bei Gehölzen nur Qualitätsware. In einer guten Markenbaumschule können Sie die Gehölze auch gleich besichtigen. Unter der Vielzahl der im Handel angebotenen Arten und Sorten findet jeder seinen „Traumbaum". Eine gute Hilfestellung bietet dabei auch das ausführliche Kapitel „Ziergehölze" ab S. 277.

Herbstfärbung, Fruchtschmuck, immergrünes Laub – Gehölze sorgen auch noch im Spätjahr für Garten-Highlights

Ob die Wahl auf ein Laub- oder Nadelgehölz fällt, ist nicht nur Geschmackssache. Beide haben ihre Vor- und Nachteile. Laubgehölze bieten das Jahr über ein immer wechselndes Schauspiel. Im Sommer schützen die Blätter vor neugierigen Blicken, im Winter lassen die kahlen Zweige die wärmenden Sonnenstrahlen passieren und das Licht durch den Garten fluten; unter einem Laubbaum kann man in der warmen Jahreszeit im Schatten sitzen und spielen. Dafür sind fast alle Nadelbäume auch im Winter grün und bieten das ganze Jahr hindurch Sichtschutz, ein Argument, das häufig die Entscheidung zugunsten der Nadelgehölze beeinflusst. Aber Hand aufs Herz – wie oft sitzen Sie im Winter im Garten und wollen vor neugierigen Blicken geschützt sein?

Hecken

Hecken spielen im Garten eine sehr wichtige Rolle, sei es als Lärm- und Sichtschutz, als Grundstückseinfassung, zur Kaschierung unattraktiver Bereiche wie Mülltonnenplatz, Geräteschuppen o. Ä. Prinzipiell gibt es zwei Möglichkeiten, eine Hecke zu gestalten, zum einen als Schnitthecke, zum anderen als frei wachsende Hecke.

Die **Schnitthecke** wird, wie der Name schon sagt, regelmäßig geschnitten und ist damit natürlich pflegeintensiver als eine frei wachsende Hecke. Dafür benötigt sie weniger Platz. Verbreitete Nadelgehölze für Schnitthecken sind Lebensbaum (*Thuja*-Arten) und Scheinzypresse (*Chamaecyparis*-Arten), unter den Laubgehölzen werden vor allem Liguster und Berberitzen häufig „in Form" geschnitten. Daneben gibt es noch eine ganze Reihe weiterer Arten, die für diesen Zweck infrage kommen (siehe S. 331–333).

Eine **frei wachsende Hecke** ist immer ungezwungener und abwechslungsreicher, kann sie doch von Blütenreichtum während des ganzen Jahres über bunte Herbstfärbung und leuchtende Früchte im Winter alles bieten. Denken Sie jedoch vorher gründlich über die Farbzusammenstellung nach. Eine kunterbunte Hecke wirkt leicht überladen und unruhig, die einzelnen Sträucher kommen so nicht richtig zur Geltung.

Die Kombination von Gehölzarten mit unterschiedlicher Blütezeit taucht die Hecke vom Frühling bis zum Sommer in Blütenwolken. Werden mehrere Arten mit gleicher Blütezeit ausgewählt, ergibt sich ein „Highlight" für ein paar Wochen und ein vergleichsweise ruhiger Hintergrund während der restlichen Vegetationsdauer. Setzen Sie zwischen Arten, die zur selben Zeit auffällig blühen, ein immergrünes, neutrales Gehölz, wie etwa eine Eibe, das beruhigt die Pflanzung. Bedenken Sie auch, dass eine frei wachsende Hecke einen wesentlich höheren Platzbedarf hat als eine Schnitthecke und dass die Pflanzabstände größer gewählt werden müssen.

Eine Auswahl geeigneter Blütengehölze für frei wachsende Hecken finden Sie auf S. 330.

Für einen naturnahen Garten empfiehlt sich die Anlage einer **Wild- oder Naturhecke**, die nicht nur durch eine schöne Blüte besticht, sondern auch Früchte und buntes Laub bietet. Hier wird man auf einheimische oder inzwischen eingebürgerte Arten zurückgreifen und auf Exoten verzichten. Es gibt so schöne heimische Wildgehölze, die auch für Vögel und andere Tiere sehr wertvoll sind, dass Ihnen diese Beschränkung sicher nicht schwer fallen wird. Gut geeignet sind Felsenbirne (*Amelanchier*), Haselnuss (*Corylus avellana*), Deutzie (*Deutzia*), Kolkwitzie (*Kolkwitzia*), Purpurapfelbaum (*Malus* x *purpurea*), Zierkirsche (z. B. *Prunus mahaleb*, *P. cerasifera*), Schlehe (*Prunus spinosa*), Eberesche (*Sorbus*), Spierstrauch (*Spiraea*), Flieder (*Syringa*), Schneeball (*Viburnum*) und Weigelie (*Weigela*). Weitere passende Gehölze werden auf S. 329 genannt.

Holunder und Wildrosen vereinen sich hier zu einer frei wachsenden Blütenhecke

Solitärgehölze

Neben der Hecke sind auch Bäume und Sträucher in Einzelstellung, etwa als Hausbaum, ein wichtiges Gestaltungselement im Garten. Sie stehen am besten im Rasen oder in der Wiese, wo sie ihre ganze Schönheit entfalten können und stets im Blickpunkt sind. Solitärbäume können auch ein Laubdach über dem Sitzplatz bilden oder den Charakter des Vorgartens ausmachen.

Der Hausbaum ist ein solitär stehendes Gehölz in der Nähe des Wohngebäudes, das durch seine Eigenart und Wirkung Haus und unmittelbare Umgebung mehr oder weniger prägt. In ländlichen Gegenden sind Hausbäume noch weit häufiger zu finden als in den Betonwüsten der Städte. Linden, Eichen und Rosskastanien gehören zu den Bäumen, die vielen Bauernhöfen ein eigenes Gesicht geben. Diese Bäume sind jedoch für den Durchschnittsgarten meist zu groß. Trotzdem muss niemand auf seinen Hausbaum verzichten, denn auch für den normalen Stadtgarten gibt es geeignete Gehölze, wie z. B. Ahorn (*Acer*), Apfel (*Malus*) und Birne (*Pyrus*), Süßkirsche (*Prunus avium*-Sorten), Golderle (*Alnus incana* 'Aurea'), Rotdorn (*Crataegus laevigata*) oder Blutbirke (*Betula pendula* 'Purpurea').

Gehölzgruppen

Mit Gehölzgruppen bietet sich eine weitere Möglichkeit, Bäume und Sträucher im Garten einzusetzen, z. B. als Hintergrundpflanzung für ein buntes Staudenbeet oder eine Rosenpflanzung oder als Blickfang in einer ausgedehnten Rasenfläche. Wie bei allen Zusammenpflanzungen muss man darauf achten, dass die gewählten Gehölze ähnliche Ansprüche an den Standort stellen. Berück-

Schöner „Solist" für kleine wie große Gärten: Eschenahorn, Acer negundo 'Flamingo'

Eine Gehölzgruppe, die auch als frei wachsende Hecke durchgeht; Rosen und – im Schatten – Rhododendren setzen blühende Akzente

sichtigen Sie bei der Planung unbedingt auch die Größenverhältnisse der Gehölzgruppe zum gesamten Garten. Ein zu kleines Arrangement im großen Garten ist genauso unpassend wie eine ausladende Pflanzgruppe im Handtuchgarten. Aus wie vielen Elementen die Gehölzgruppe aufgebaut wird, richtet sich also vor allem nach der Gartengröße. Als Anhaltspunkt gilt: ein oder zwei Leitelemente, das können Bäume oder Großsträucher sein, und dazu drei bis sechs Nebenelemente, z. B. kleinere Bäume oder Sträucher. Sie können sich ausschließlich für Laubgehölze entscheiden oder aber eine Kombination aus Laub- und Nadelgehölzen wählen, indem Sie etwa eine Tanne *(Abies)* zusammen mit Rhododendren und Hartriegel *(Cornus)* pflanzen. Mischen Sie in die Gruppe auch Gehölze mit auffälliger Herbstfärbung, wie Ahornarten *(Acer)* oder den Essigbaum *(Rhus typhina)*, das belebt den Garten im Spätjahr.

Industriefeste Gehölze

Die Erfahrung der letzten Jahre hat gezeigt, dass die verschiedenen Gehölze ganz unterschiedlich auf die starke Umweltbelastung reagieren. Manche Arten vertragen Industrieabgase, Stadtluft und Streusalz gut, andere sind ausgesprochen empfindlich. Auch hier gilt wie bei Krankheiten und Schädlingen allgemein, dass ein geschwächtes und damit vorbelastetes Gehölz wesentlich anfälliger ist als ein gesundes, gut ernährtes. Am wichtigsten ist es immer, den richtigen Baum an den richtigen Ort zu pflanzen.
Innerhalb einer Gattung finden sich Arten, die auch mit Abgasen und Salz noch gut leben können, und andere, die zwar mit ihnen eng verwandt sind, aber in belasteten Gegenden nur verkümmern. Von den Nadelgehölzen sind z. B. die Weißtanne *(Abies alba)* und die Balsamtanne *(Abies balsamea)* sehr empfindlich, ebenso Rotfichte *(Picea abies)*, Mähnenfichte *(Picea breweriana)* und Weißfichte *(Picea glauca)*. Die Zirbelkiefer *(Pinus cembra)* gilt als rauchhart und industriefest, während die Föhre *(Pinus sylvestris)* und die Drehkiefer *(Pinus contorta)* für die Stadt ungeeignet sind. Lebensbäume *(Thuja*-Arten), Wacholder *(Juniperus*-Arten) und Eiben *(Taxus*-Arten) vertragen belastete Luft dagegen relativ gut.
Bei den Laubgehölzen verhält es sich ähnlich wie bei den Nadelgehölzen. Während etwa Silberahorn *(Acer saccharinum)* und Spitzahorn *(Acer platanoides)* auch in belasteter Luft in Innenstädten noch wachsen, ist der Fächerahorn *(Acer palmatum)* dafür gänzlich ungeeignet. Auch Buchen *(Fagus*-Arten) sind sehr empfindlich. Am besten erkundigen Sie sich in einer guten Baumschule nach geeigneten Gehölzen. Inzwischen gibt es auch entsprechende Spezialliteratur, die ausführliche Listen enthält.

Farbkleckse im Garten

Neben Gehölzen mit hübschen Blüten oder buntem Herbstlaub gibt es auch Arten, die sich das ganze Jahr über mit farbigen Blättern schmücken. Mit ihnen können Sie Farbakzente im Garten, etwa in der

Die Kupferkirsche (Prunus serrula) bekennt mit ihrer hübschen Rinde selbst noch im Winter Farbe

Gartenteile

Gehölze

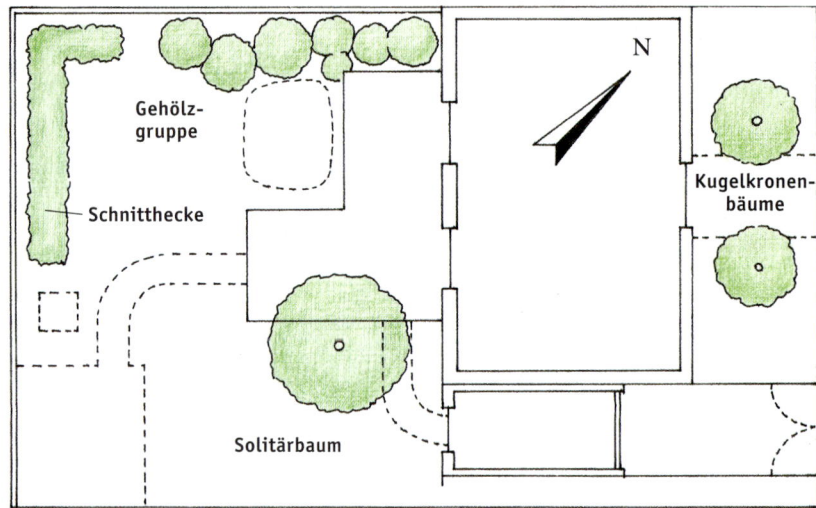

Nachdem die Bestandsaufnahme einerseits des Vorhandenen, andererseits der Gartenwünsche schon zu einer ungefähren Aufteilung geführt hat, erhält der Plan durch Gehölze seine „grüne" Struktur. In unserem Beispiel werden Bäume und Sträucher sparsam und gezielt eingesetzt und erfüllen dabei verschiedene Funktionen: Sichtschutz, Sonnenschutz, Raumgliederung und nicht zuletzt Blickfang und Zierde. Schon in der Planungsphase müssen unbedingt Endgröße und späterer Kronenumfang berücksichtigt werden. Bei Auswahl geeigneter Gehölze spielen zudem die Standortbedingungen eine wichtige Rolle

Hecke, setzen. Aber Vorsicht bei der Kombination verschiedener buntlaubiger Arten und Sorten! Hier gilt: Lieber sparsam dosieren, sonst wirkt der Garten „gescheckt". Ein Sammelsurium blau-, gelb-, grün- und graulaubiger Sorten ist zwar sicher bunt, aber ist es auch schön?

Wenn im Winter die Blätter gefallen sind, bestechen einige Bäume und Sträucher mit farbiger Rinde. Aufgrund ihrer attraktiven Rinde bleibt z. B. die Birke (*Betula*) auch in kahlem Zustand interessant, ebenso die Platane (*Platanus*) und einige Ahornarten (*Acer*). Ein besonderes Schmuckstück ist die Kupferkirsche (*Prunus serrula*), deren Rindenfarbe ihrem Namen alle Ehre macht.

Nicht zu vergessen sind hier natürlich die Gehölze, die mit leuchtenden Früchten nicht nur den Garten beleben, sondern auch den Vögeln in der kalten Jahreszeit Nahrung bieten. Feuerdorn (*Pyracantha*), Vogelbeere (*Sorbus*) und Wildrose (*Rosa*) sind beliebte Fruchtgehölze, die dem Auge eine wohltuende Abwechslung verschaffen, wenn der Garten, ansonsten in gedämpfte Farben gehüllt, im Winterschlaf liegt.

Grünflächen

Grünflächen wie Rasen und Wiesen sind neben Gehölzen Hauptgestaltungselemente. Allen Unkenrufen zum Trotz haben Grünflächen in den Gärten ihre Daseinsberechtigung bewahrt. Wo sonst kann man die Sonnenliege aufstellen, wo sonst können Kinder herumtollen und wo sonst kann man – abgesehen von den meist eher funktional angelegten Wegen – nach Herzenslust durch seinen Garten spazieren, um ihn richtig zu entdecken? In Millionen deutscher Hausgärten sind Rasenflächen die umfangreichsten Gartenteile und noch immer gilt ein gepflegter, sattgrüner Teppich vielen als Aushängeschild für einen wohl gestalteten Garten.

Doch durch das zum Teil erst erwachende, aber ständig zunehmende Umweltbewusstsein hat sich auch das Bild der Grünflächen in den Gärten gewandelt. Das frühere Idealbild einer Grünfläche, nämlich der akkurat geschnittene englische Rasen mit gezirkelten Kanten, sparsam dekoriert mit wenigen Nadelgehölzen, wird heute mehr und mehr abgelöst durch die bunte Vielfalt der Blumenwiesen. Der „aufgeräumte", artenarme Rasen entspricht nicht mehr den zeitgemäßen Vorstellungen von einem belebten, naturnahen Garten.

Zu Rasen und Wiese gesellt sich als dritte Möglichkeit der Flächenbegrünung der Einsatz von Bodendeckern, der sich bei weitem nicht auf den vielfach verwendeten *Cotoneaster* beschränken muss.

Auf den folgenden Seiten werden diese Grünflächenarten vor allem unter gestalterischen und planerischen Gesichtspunkten kurz vorgestellt. Über Anlage, Pflege und Pflanzenauswahl informieren dann entsprechende Kapitel ab S. 262.

Gestalterische Funktionen

Eine Grünfläche wirkt im Garten raumgebend, sie bestimmt durch ihre Ausmaße und Farbe den Charakter eines Gartens. Großzügige Grünflächen lassen auch den Garten großzügig und weiträumig erscheinen, während kleine Rasenstücke eher Flickenteppichen gleichen. Geometrische Grünflächen mit geraden Kanten passen in den architektonisch strengen Garten, geschwungene Umrisse nehmen das weiche

Das satte Hellgrün des Rasens bildet einen ruhigen Pol und unterstreicht die Wirkung der ihn umgebenden Bepflanzung

Element eines romantischen Gartens eher auf. In einem naturnah gestalteten Garten wird man kaum den klassischen englischen Rasen anstreben, die Wildkräuterwiese kommt dem Ambiente und der ökologischen Zielsetzung eines solchen Gartens wesentlich näher.

Die reine Grünfläche wirkt für sich eher langweilig und eintönig; erst wenn sich ihr Grün und die Farben der anderen Gartenteile ergänzen, hat dieses Element gestalterisch betrachtet, seinen wahren Sinn erhalten. Deshalb werden einem Rasen oder einer Wiese bei der Planung stets der unterstreichende Part für Rabatten, Beete und Gehölzgruppen zugewiesen.

Strapazierfähigkeit und Standort

Bei der Planung eines Gartens muss die Anlage einer Grünfläche rechtzeitig berücksichtigt werden. Maßgebend für die Planung sind – wie gehabt – zum einen Ihre Vorstellungen und Wünsche, zum anderen die Standortbedingungen. Je nach Nutzung der Grünfläche sind entsprechende Vorbereitungen zu treffen. Eine Spielwiese, die viel betreten und stark strapaziert wird, muss anders eingesät werden als eine Zierwiese, die man nur hin und wieder begeht. Für eine reine Grünfläche ohne bunte Farbtupfer braucht man andere Pflanzenarten als für eine lebhafte und farbenreiche Blumenwiese. Bedenken Sie auch den späteren Pflegeaufwand; ein Rasen muss häufig geschnitten und sorgsam gepflegt werden, um ansprechend zu bleiben. Eine Wiese mit vielerlei Pflanzen ist dagegen weniger pflegeintensiv.

Die Art der Grünfläche ergibt sich bei Beachtung der Standortbedingungen ganz von selbst. An schattigen, kühlen und stets feuchten Stellen wird man keinesfalls einen englischen Rasen anlegen, der lockeren, tiefgründigen Boden, viel Sonne und gleichmäßige Feuchtigkeit braucht. Statt einer aufwendigen Bodenverbesserung, wie sie für solche anspruchsvollen Grünflächen nötig wäre, sollte man sich lieber für eine standortgerechte Bepflanzung entscheiden (vgl. auch S. 39). An extremen Standorten kommt vielleicht sogar eher eine Begrünung mit trittfesten Bodendeckern in Frage als eine Wiese.

Rasen

Bei einem Rasen handelt es sich immer um eine künstlich angelegte Grasfläche, die kein Vorbild in der Natur hat. Weich wie Samt, dunkelgrün wie Moos, makellos und gleichmäßig – das Idealbild des englischen Rasens wird man in heimischen Gärten nur selten verwirklichen können. Bei uns fehlt das typische englische Klima, stets leicht feucht und ausgeglichen in der Temperatur. Dennoch bleibt der Traum vom grünen Teppich nicht unerfüllbar. Um Enttäuschungen mit einem allzu schnell verunkrauteten und lückenhaften Rasen vorzubeugen, müssen allerdings einige wesentliche Punkte berücksichtigt werden. Dazu gehört zuallererst die Auswahl der geeigneten Grassamenmischung.

Im Fachhandel gibt es inzwischen eine reiche Auswahl verschiedener Rasensaaten. Forschung und Züchtung haben erreicht, dass für fast alle Bedingungen spezielle Rasenmischungen erhältlich sind. Ob auf schweren Böden im Halbschatten oder an feuchten Stellen: die richtige Mischung macht's. Umgekehrt gilt: Die falsche Saat am falschen Ort – der Misserfolg ist vorprogrammiert.

Blumenwiese

Als Wiesen bezeichnet man in der Botanik Gesellschaften aus Gräsern und einjährigen wie ausdauernden Blütenpflanzen, die sich in Flussauen, Waldlichtungen und im Gebirge ansiedeln. In den landwirtschaftlich intensiv genutzten Fluren sind Wiesen Grünlandflächen zur Erzeugung von Viehfutter, das hier, im Gegensatz zu Weiden, durch Mahd gewonnen wird.

Nach der großen Feuchtbiotop-Welle schwappe die Blumenwiesen-Euphorie über deutsche Gärten herein. Die wurde allerdings bald gedämpft. Denn leider ist eine von bunten Blüten geprägte Grasflur – wie man sie von selten gewordenen Almwiesen kennt – im Garten gar nicht so einfach zu kultivieren. Blumensamen, die auf den alten Rasen aufgestreut werden, keimen oft spärlich bzw. gar nicht oder die Blütenpracht ist schon nach einem Jahr wieder verschwunden.

Die künstliche Anlage einer „natürlichen" Blumenwiese ist also nicht so unkompliziert, wie es den Anschein hat. Als Blumenwiese bezeichnen wir aber bereits eine Grasflur aus vielen verschiedenen Grasarten, die von Wegerich, Gänseblümchen, Ehrenpreis, Weißklee und Kuckuckslichtnelke durchsetzt ist. Dazu reicht es, nach der Grassaat etwas Geduld aufzubringen, bis sich die Wildblumen von selbst einstellen.

Die üppige Blumenwiese mit goldgelben Blütenwogen im Frühjahr, roten Tönen im Frühsommer und weißen Schwaden im Hochsommer muss dagegen sorgfältig geplant werden. Typische Wiesengesellschaften sind bei uns die sogenannten Glatthaferwiesen, deren kennzeichnende Grasart der Glatthafer *(Arrhenatherum elatius)* darstellt. Neben zahlreichen anderen Gräsern wie Fuchsschwanz *(Alopecurus pratensis)* und Honiggras *(Holcus lanatus)* siedeln hier Knollenhahnenfuß *(Ranunculus bulbosus)*, Wilde Möhre *(Daucus carota)*, Margerite *(Leucanthemum vulgare)*, Wiesenstorchschnabel *(Geranium pratense)* und viele andere.

Wer sowohl einen strapazierfähigen Rasen als auch eine bunte Blumenwiese möchte, kann durchaus beide Formen der Grünfläche miteinander kombinieren. Lässt man einen Teil der ursprünglichen Rasenfläche ungemäht, siedeln sich schnell Margeriten und Lichtnelken an. Nach deren Blüte wird dann auch die „Blumenecke" gemäht. Am Rand des Rasens gepflanzte Blütenstauden bringen schnell und dauerhaft Farbe ins Grün.

Dauerhafte Freude an einer Blumenwiese verlangt sorgfältige Planung und Vorbereitung

Gartenteile

Grünflächen

Gerade an Böschungen zeigen Bodendecker ihre Stärken; hier sorgen die Rose 'Max Graf', Mauerpfeffer, Steinkraut und Bärenfellschwingel für reizvolle Begrünung

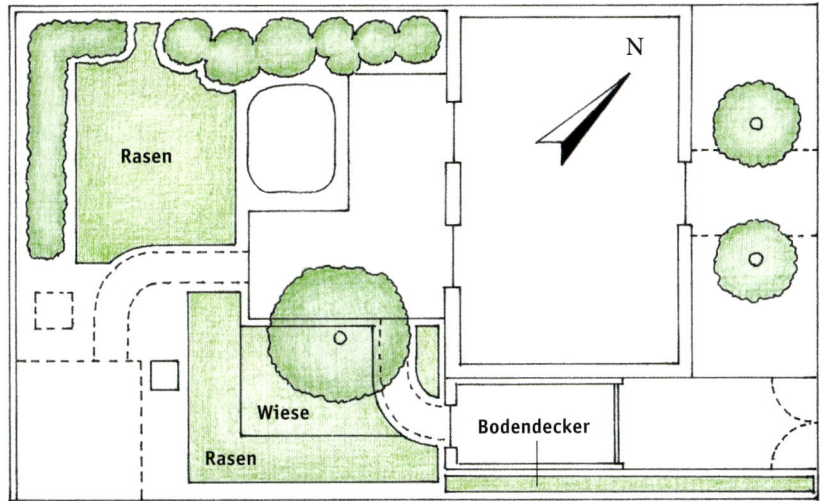

Die ungefähre Einteilung steht fest, mit den Gehölzen erhielt der Garten Struktur und den ein oder anderen Blickfang. Mit dem planerischen Auslegen des grünen – oder auch bunten – Teppichs erhält man schon eine recht konkrete Vorstellung vom späteren grünen Wohnzimmer. Auch beim Verteilen von Rasen, Wiese und Bodendeckerfläche sollte man im Auge behalten, welche Anforderungen an den Garten gestellt werden (z. B. Platz zum Spielen, wenig Pflegeaufwand, ökologisch wertvolle Bereiche)

Bodendecker

Teils völlig neue und ungewöhnliche Effekte lassen sich mit Bodendeckern aller Art erzielen. Viele Gehölze und Stauden wachsen flach ausgebreitet an den Boden geschmiegt, bilden rasch dichte Teppiche und bedecken eine Fläche nicht nur mit Grün, sondern auch mit bunten Tupfern. Mit dieser „lebenden Auslegeware" lassen sich auch Problemzonen mühelos bepflanzen, etwa steile Böschungen oder schattige Bereiche.

Die Vielfalt an Arten und Sorten für blühende Unterpflanzungen, trittfeste Grünpolster oder silbergraue Decken ermöglicht unzählige Einsatzmöglichkeiten im Garten. Besondere Bedeutung kommt den Bodendeckern, insbesondere den Stauden, bei der Anlage von Teichen und Steingärten zu. Durch flächige Ausbreitung vermögen sie z. B. unschöne Teichränder zu verdecken oder Steine mit blühenden Polstern zu überziehen. (Mehr über Bodendecker ab S. 272.)

ENTSCHEIDUNGSHILFE
für die Anlage einer Grünfläche

<u>Standorteignung</u>
Bodenqualität:
- fetter, tiefgründiger und gleichmäßig feuchter Boden → Rasen, alle anderen Formen
- magerer, flachgründiger und trockener Boden → Wiese, Bodendecker

Lichtverhältnisse:
- sonnige Bereiche → alle Formen
- absonnige bis halbschattige Bereiche → Wiese, Bodendecker
- schattige Bereiche → Bodendecker

<u>Anforderungen</u>
Pflegeaufwand:
- hoch → Rasen
- gering → Wiese, Bodendecker

Strapazierfähigkeit:
- hoch → spezielle Rasen, Wildkräuterwiese
- gering → Zierrasen, Bodendecker, Blumenwiese

Ökologischer Wert:
- hoch → Trockenwiese, Feuchtwiese, artenreiche Wiese
- mittel → Wildkräuter- und Fettwiese
- gering → artenarmer Zierrasen

Staudenbeete und Rabatten

Beete mit bunter Blütenfülle dürfen in keinem Garten fehlen. Nach der „Grundausstattung" des Gartens mit Gehölzen und Grünflächen geht es nun ans Ausschmücken. Dafür stehen Stauden und Sommerblumen, Zwiebelgewächse und Ziergräser zur Verfügung, die in ihrer unglaublichen Vielfalt keinen Wunsch offen lassen. Eine Fülle dieser Pflanzen wird im speziellen Ziergartenkapitel ab S. 334 vorgestellt.

Beet mit klassischen Bauerngartenstauden und Buchseinfassung. Hier darf es ruhig bunt zugehen

Blütenpracht in allen Gartenteilen

Für jedes Fleckchen im Garten gibt es eine mehr oder minder große Zahl an Stauden, die sich dort zur Bepflanzung eignen. Geeignete Arrangements lassen sich für Licht wie Schatten, für trockene wie feuchte Böden, für Freiflächen wie Gehölzränder zusammenstellen. Grundvoraussetzung für gutes Wachstum und lange Lebensdauer der Beetanlagen ist die richtige Artenwahl für die entsprechenden Standorte.

Der weitaus wichtigste Raum für Stauden aller Art ist und bleibt das **Staudenbeet.** In voller Sonne gelegen, bietet es einer Vielzahl üppiger Sonnenstauden wie Rittersporn, Mädchenauge und Phlox Platz. Wird es geschickt bepflanzt, kann man sich vom zeitigen Frühjahr bis zum späten Herbst an blühenden Stauden erfreuen.

Mit **Rabatten** entlang von Wegen oder Zäunen winden sich bunte Blumenbänder durch den Garten. Auch hier kommen die vielfältigen Farben und Formen gut zur Geltung. Rabatten dieser Art liegen meist ebenfalls in der Sonne. Aber nicht nur „Sonnenkinder", auch Schatten liebende Blumen bereichern den Garten. Im lichten Schatten der Gehölze oder im tiefen Schatten des Hauses entfalten Blattschmuckstauden und Bodendecker, aber auch einige hoch wachsende Blütenstauden ihren Reiz.

Als große Kunst gilt immer noch, ein Beet zu gestalten, das das ganze Jahr mit Blüten in herrlichen Farben aufwartet. Dabei sollen sich Blütenfarben, Wuchshöhen und Formen ergänzen. Ebenso reizvoll kann andererseits ein Beet sein, das die meiste Zeit nur verhalten blüht, dafür aber plötzlich für ein paar Wochen förmlich explodiert. Die Vorfreude auf diese Blühperiode steigert die Ausstrahlung einer solchen Bepflanzung ungemein. Für ein gelungenes Beet braucht man fast eine Künstlerhand, die mit den verschiedenen Blumen spielerisch umgehen kann und Harmonie schafft. Nicht selten werden schöne Staudenbeete mit Bildern berühmter Maler oder Musikstücken großer Komponisten verglichen – aber vielleicht inspirierte diese umgekehrt gerade das Werk eines begabten Gartenkünstlers?

Staudenbeete wachsen mit der Zeit, sie entwickeln sich weiter. Anfänglich kleine, zierliche Stauden können allmählich dominierend werden, andere mögen vorzeitig verkahlen. Blütentöne sehen neben einer neu hinzukommenden Farbe vielleicht doppelt so strahlend aus wie vorher oder eine nachträglich entstehende eigenwillige Farbkombination gibt den letzten Pfiff. Nicht immer muss ein klassisches Arrangement auch das schönste sein. Licht und Umgebung des eigenen Gartens spielen eine große Rolle für die Wirkung. Und da man bekanntlich über Geschmack nicht streiten soll, entscheidet letztlich das Empfinden des Gartenbesitzers.

Farben, Kontraste, Kombinationen

Probieren Sie aus, was in Ihrer Staudenrabatte oder in Ihrem Beet am schönsten wirkt. Scheuen Sie sich nicht, ungewöhnliche Arten und Sorten miteinander zu kombinieren. Auch bedeutende Gartenkünstler brauchten Jahre, bis die Ergebnisse ihrer Überlegungen und Bemühun-

Gartenteile

Staudenbeete und Rabatten

Fast wie eine Hecke präsentiert sich diese nach Wuchshöhen gestaffelte Rabatte, die vom Blau des Rittersporn dominiert wird

Farben leuchten umso mehr, je stärker die Kontraste sind: Knalliges Rot wirkt neben hartem Weiß doppelt feurig, dagegen neben zartem Orange eher stumpf. Farben bestimmen den Charakter, die Ausstrahlung des Gartens und wirken sich dabei auch auf die Psyche des Gartennutzers aus. Grün beruhigt – da es in der Regel im Garten vorherrscht, trägt es wohl entscheidend dazu bei, dass viele hier Erholung suchen und finden. Ein kunterbunter Garten hat etwas Lebhaftes, Lustiges, während ein pastellfarbener Garten romantisch stimmt.

Oft werden die Stauden entsprechend ihrer Wuchshöhe gestaffelt, vorn die flach wachsenden Polster, in der Mitte die mittelhohen und im Hintergrund die hochwüchsigen Arten. Dadurch sind alle Blüten gut sichtbar, keine Staude verschwindet hinter einer anderen. Bei dieser Gestaltungsmethode zeigen sich leider schnell Lücken, z. B. wenn Früh-

gen zufrieden stellten. Ein kahler Fleck im Frühsommer kann vielleicht noch mit einigen Zwiebelblühern ausgefüllt werden, zuviel Farbdurcheinander im Herbst kann durch Zwischenpflanzen eines Grases gemildert werden.

Allgemein gültige Grundsätze für die Gestaltung und Bestückung eines Staudenbeets gibt es nicht, außer dass die Stauden einer Kombination gleiche Ansprüche haben müssen. Eine Schatten liebende Staude kann man natürlich nicht in ein Sonnenbeet pflanzen. Prinzipiell wird man versuchen, Stauden mit verschiedenen Wuchshöhen, verschiedenen Blütenzeiten und verschiedenen Farben zu einer Pflanzengemeinschaft zu vereinen.

Man kann die Gestaltung beispielsweise auch unter ein bestimmtes Motto stellen, z. B. ein ganz in Weiß und Grün gehaltenes Beet „komponieren" oder die Farben in jeder Jahreszeit wechseln lassen, also etwa im Frühling Weiß und Blau, im Sommer Rot und Orange und schließlich im Herbst Gelb und Braun. Eine Grundbepflanzung in einer vorherrschenden Farbe mit einzelnen kontrastierenden, dadurch besonders auffallenden Farbtupfern ist eine weitere Alternative. Die Möglichkeiten sind ungeheuer vielfältig.

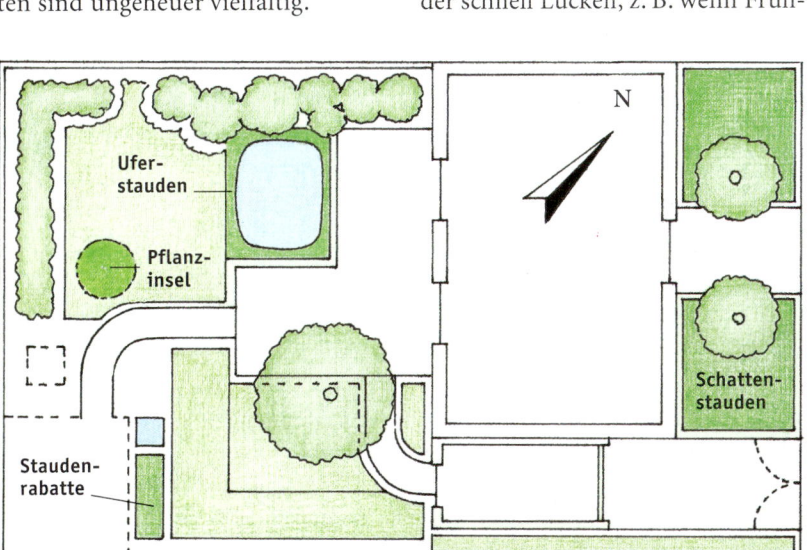

Mit dem Einbeziehen von Stauden ist unser Gartenplan nun fast komplett. Im nordöstlich gelegenen, nicht gerade von Sonne verwöhnten Vorgarten zieren schattenverträgliche Arten den Eingang. Den Gemüsegarten dagegen kann eine Rabatte mit sonnenliebenden Stauden säumen. Diese kommen auch für die Pflanzinsel infrage, die im Rasen blühende Akzente setzt. Um den Teich herum bietet sich natürlich eine Bepflanzung mit Feuchte liebenden Uferstauden geradezu an

Bei den Stauden für schattige Plätze bestimmen zarte Töne sowie zierende Blattformen und -farben das Bild

ENTSCHEIDUNGSHILFE
für die Anlage von Staudenbeeten

Standorteignung
Bodenverhältnisse
- fetter, tiefgründiger und gleichmäßig feuchter Boden → Prachtstauden, Beetstauden
- magerer, flachgründiger und trockener Boden → Wildstauden, spezielle Beetstauden

Lichtverhältnisse:
- sonnige Bereiche → Pracht- und Beetstauden
- absonnige bis halbschattige Bereiche → Beetstauden, Wildstauden
- schattige Bereiche → Beetstauden, Wildstauden, Farne

Anforderungen
Pflegeaufwand:
- hoch → Prachtstauden
- gering → Wildstauden

Ökologischer Wert:
- hoch → Wildstauden, standortgerecht und naturnah zusammengestellt; Beetstauden mit Wildcharakter
- mittel → Beetstauden, Prachtstauden
- gering → hochgezüchtete Prachtstauden aus fremden Florengebieten

lingsblüher einziehen, also nach der Blüte die oberirdischen Pflanzenteile „verschwinden". Pflanzt man jedoch Arten daneben, die sich im Sommer kräftig entwickeln, fallen solche Leerstellen nicht auf, da sie durch üppiges Laub verdeckt werden. Statt nach der Wuchshöhe können Stauden auch entsprechend ihrer Blütezeit gestaffelt werden. Frühlingsblüher stehen im Hintergrund, Sommerblüher in der Mitte und Herbstblüher vorn. So kommen die früh blühenden Arten gut zur Geltung, wenn die anderen Stauden sich noch kaum entwickelt haben. Später im Jahr sorgen dann die im Herbst blühenden Arten dafür, dass die Flächen mit abgeblühten Pflanzen nicht ins Auge fallen.

Steiniges Terrain

Steine und Pflanzen in harmonischer Kombination gehören zu den Wunschvorstellungen vieler Gartenbesitzer. Der Reiz einer den Alpen nachgestalteten Kleinlandschaft liegt in der Farbenpracht und Formenfülle der vielen Pflanzenarten. Polster wallen über Steine, winzige Rosetten schmiegen sich in Ritzen und die intensive Farbe vieler Blüten zieht alle Blicke auf sich.

Steingartenformen

Steingärten können in verschiedenen Formen angelegt werden. Strenge geometrische Linien und Terrassierungen kennzeichnen den **architektonischen Steingarten**. Kleine Trockenmauern, grobe Natursteine oder kurze Palisadenreihen halten die Terrassen, es entstehen so mehrere ebene Flächen zur Bepflanzung. Bei den Pflanzen herrschen Polsterstauden mit verschiedenen, oft kräftigen Bütenfarben vor, dazwischen stehen

höher wachsende alpine Stauden und Zwerggehölze.
Der **natürliche Steingarten** ist, wie sein Name schon besagt, dem Vorbild der Natur nachempfunden. Entsprechend der natürlichen Geländeform (oder auch einer künstlich geschaffenen) wird ein Hang mit Gestein und Pflanzen ausgestattet. Rohe, unbehauene Steine, in unregelmäßigen Abständen platziert, stützen den Hang. Die Bepflanzung muss für diesen Steingartentyp besonders sorgfältig zusammengestellt werden. Abgestimmt auf Gesteinsart und Boden siedeln hier Polsterstauden, Rosettenpflanzen, Gehölze, Gräser und viele andere. Einfacher lässt sich die so genannte **Hohlwegform** im Garten anlegen. Ein schwach geneigter Hang wird am Fuß mit niedrigen Stützmauern zu einem Weg oder zu der Rasenfläche hin abgegrenzt. Im unteren Bereich des Hangs wachsen alpine Pflanzengemeinschaften, im oberen Bereich bilden Sträucher, hohe Stauden oder eine Wiese den Hintergrund.
In kleinen Gärten, in denen kein Platz für eine Hanggestaltung bleibt, lässt sich das Element Steinanlage in Form eines **Mauerbeets** bzw. **Trockenmauerwalls** einbringen. Trockenmauern bilden hier eine Art Hochbeet, auf der Oberseite und in den Pflanzfugen gedeihen viele Pflanzen sehr üppig. Diese Form wird vor allem auch älteren oder behinderten Menschen gefallen, da sich so ein Beet sehr einfach pflegen lässt. **Troggärten** kann man als Miniaturausgabe des Mauerbeets ansehen; dazu werden zwergige Pflanzen aller Art in große, oft mobile Gefäße gesetzt.
Das **Stein-, Geröll- oder Kiesbeet** ist die „Flachausgabe" eines Steingartens. Durch die flächige Verwendung von Steinen mutet es ausgesprochen

Eine kleine, sonnenbeschienene Böschung lässt sich hervorragend für ein Steingärtchen nutzen

nüchtern an, hat aber seinen ganz besonderen Charme. Inmitten eines Flusskiesbeets gepflanzte Zwergkiefern und einzeln gesetzte Blütentuffs wirken leuchtender und ausdrucksvoller. Sanft über Felsplatten fließende Teppichstauden unterstützen die schöne Struktur des Steins, der so fast zum Kunstobjekt wird.

Planung des Steingartens

Am besten wird ein Steingarten an einem sonnigen Südhang angelegt. Er kann an der Terrasse liegen, aber auch am Teich oder im Vorgarten. Einfach ist die Anlage an einem schon vorhandenen Gefälle, sonst muss künstlich ein Hügel oder Abhang geschaffen werden. Planen Sie bei größeren Anlagen stets auch Wege oder Trittsteine mit ein, die durch den ganzen Steingarten oder zu bestimmten Punkten führen.

Innerhalb des Steingartens sollten unterschiedliche Lebensräume zu finden sein, indem sich sonnige und warme Standorte mit halbschattigen und kühlen abwechseln. Selbst eine kleine Feuchtstelle oder einen Bachlauf kann man integrieren. So wird der Steingarten später verschiedensten Lebensgemeinschaften Raum bieten; neben einer Zwergstrauchheide kann eine Schutthalde liegen, neben einer Blumenmatte eine Quellflur.
Der Stein ist für alle Steingärten nicht nur namengebend, sondern ein bewusst eingesetztes, charakteristisches Element der Gestaltung. Niemals dürfen mehrere Gesteinsarten beliebig nebeneinander verwendet werden. Einerseits sieht ein Sammelsurium verschiedener Gesteinsarten durcheinander gewürfelt aus, andererseits kann aufgrund der unter-

Gartenteile

Steiniges Terrain

ENTSCHEIDUNGSHILFE
für die Anlage eines Steingartens

Standorteignung
Boden:
- fetter, tiefgründiger und gleichmäßig feuchter Boden → wenig geeignet; Polsterstauden, Zwerggehölze
- magerer, flachgründiger Boden → ideal für viele Arten

Lichtverhältnisse:
- sonnige Bereiche → gut geeignet
- absonnige bis halbschattige Bereiche → geeignet für spezielle Bepflanzung
- schattige Bereiche → wenig geeignet

Anforderungen
Anlage:
- aufwendig und kostenintensiv → architektonischer Steingarten
- einfach und günstig → natürlicher Steingarten, Steinbeet, Troggarten

Pflegeaufwand:
- hoch → artenreicher Steingarten
- gering → architektonischer Steingarten mit anspruchslosen Polsterpflanzen

Ökologischer Wert:
- hoch → artenreicher, dem natürlichen Vorbild nachgestalteter Steingarten
- mittel → alle Steinanlagen
- gering → artenarme, mit Exoten und dem Standort nicht angepasst bepflanzte Steinanlage

schiedlichen Eigenschaften der Gesteine keine dem Standort angepasste Flora angesiedelt werden. Man unterscheidet grob basische Kalkgesteine, neutrale Schiefergesteine und saure Urgesteine. Entsprechend den Gesteinen entwickelt sich der Boden, wird also basisch, neutral oder sauer reagieren. Und in Abhängigkeit vom Boden siedeln bzw. gedeihen Kalk liebende oder Kalk meidende Pflanzengemeinschaften. Auch im Garten werden deshalb Gesteinsart, Boden und Pflanzen einander zugeordnet.

Pflanzen im Steingarten
Im Steingarten werden naturgemäß andere Pflanzenarten angesiedelt als im Staudenbeet. Vorrangig verwendet man zwergige Arten und Sorten, flachwüchsige Bodendecker oder polsterbildende Blütenstauden, ergänzt durch Knollen- und Zwiebelblumen. Arten, die ihren „wilden" Charakter bewahrt haben, sind vor allem im natürlichen Steingarten den züchterisch bearbeiteten Arten vorzuziehen.

Je nach Standort, also entsprechend den Licht-, Boden- und Wasserverhältnissen, werden die Arten zu Pflanzengemeinschaften zusammengestellt. Blütezeiten, Blütenfarben und Wuchshöhen müssen ebenso aufeinander abgestimmt werden wie in Staudenbeeten.
Mehr zu Bepflanzung, Anlage und Gestaltung „steinigen Terrains" im ausführlichen Kapitel „Der Steingarten" ab S. 474; dort finden Sie auch Planungs- und Bauanleitungen für Steinanlagen und Trockenmauern.

Solch ein Hang bietet sich für eine Gestaltung mit Trockenmauer und Steingartenpolsterpflanzen geradezu an

Wasser im Garten

Während der letzten zwei Jahrzehnte gewann Wasser als Gestaltungselement stetig an Bedeutung und steht heute auf der Wunschliste vieler Gartenbesitzer ganz oben. Wasser als Quell des Lebens übt eine große Anziehungskraft auf den Menschen aus. Man verbindet damit Ruhe, Entspannung und Lebensfreude; ein Teich bringt zudem neue Akzente in den Garten. Durch seine völlig andere Pflanzenwelt und die sich hier rasch ansiedelnde Fauna bietet ein Gewässer Reize ganz eigener Art.

Teich

Die häufigste, weil mit am einfachsten umzusetzende Möglichkeit der Gestaltung mit Wasser ist eine Teichanlage. Ob als kleiner Tümpel auf wenigen Quadratmetern oder großflächig angelegt – Teiche gelten als Inbegriff von Naturerlebnis und Naturschutz im Garten. Spiegelnde Wasserflächen, schwirrende Libellen und sanftes Rauschen von Teichrohrhalmen schaffen eine besondere Atmosphäre, die Teiche als Erholungsraum so attraktiv macht.
Der Handel bietet heute ein breites Sortiment an Baustoffen, das dazu beiträgt, dass kaum Gestaltungswünsche offen bleiben müssen. Mit Fertigwannen, Systembauteilen oder Folien lassen sich Teiche jeder Größe und Tiefe einfach anlegen. Wenn man dabei einige Grundregeln beachtet, stellt sich schnell ein biologisches Gleichgewicht ein und der Teich wird über viele Jahre Freude bereiten.
Der beste Standort für einen Teich ist stets eine sonnige Lage, am besten in einer natürlichen Vertiefung. Gut einsehbar platziert, etwa in der Nähe der Terrasse, bietet der Teich die besten Beobachtungsmöglichkeiten. In einer ruhigeren Gartenecke dagegen kann sich die Tierwelt ungestörter entfalten, seltenere Arten werden sich dort eher ansiedeln.
Je tiefer ein Teich werden soll, desto größer muss die Fläche sein. Flache Teiche frieren im Winter völlig zu, eventuell muss im Herbst das Wasser abgelassen werden. Erst ab Wassertiefen von mindestens 60 cm, besser 80–100 cm lässt sich das Risiko eines vollständigen Zufrierens vermeiden. Die Ufer dürfen nicht zu steil ansteigen; einerseits hätten Erde und Pflanzen keinen Halt, andererseits könnten Tiere wie Amphibien oder Igel keinen Ausstieg finden.
Als grobe Richtlinie gilt: ein Folienteich von 80–100 cm Tiefe sollte etwa 10–15 m² groß sein. Fertigteiche gibt es ab 1 m Durchmesser bis zu ca. 3 x 4 m großen Wannen. Noch mehr Möglichkeiten bieten Stecksysteme, mit denen sich auch größere Fertigteiche installieren lassen. Weitere Informationen dazu und zu anderen Punkten der Teichanlage finden sich im Kapitel „Der Gartenteich" ab S. 434.

Teiche stellen keine isolierten Standorte dar, sie sind eingebunden in die übrigen Lebensräume. Uferstreifen mit wechselndem Wasserstand, feuchte Sumpfzonen und offene Wasserflächen kennzeichnen Teiche in freier Natur; solche Bereiche müssen auch im Garten als Voraussetzung für ein intaktes Kleingewässer angelegt werden. Überdies bereichern gerade die Randzonen den Teich um eine herrliche Blumenpracht, die besonders zu seinem Reiz beiträgt. Planen Sie deshalb dafür genügend große Flächen mit ein.

Bachlauf

Lebendig sprudelndes oder sanft murmelndes Wasser in einem Bach fasziniert immer wieder. Ein Bachlauf windet sich wie eine Ader des Lebens durch den Garten und führt dem Teich stets sauerstoffreiches Wasser zu. Wasser kann allerdings nur fließen, wenn ein Gefälle vorhanden ist. Gelände in sanfter Hanglage, also z. B. ein Terrassenhang oder auch ein Steingarten, sind gut geeignet.

Gartenteile

Wasser im Garten

Ein Gartenteich mit Seerosenbepflanzung, Flachwasser- und Sumpfbereich braucht schon einiges an Platz

Die Anlage eines Bachlaufs muss sehr sorgfältig geplant und durchgeführt werden, allzu leicht verläuft sich der Bach sonst im wahrsten Sinne des Wortes im Sande. Von einer Quelle fließt das Wasser über Folien- und Kiesbett zum Teich oder Sumpf. Mit einer Pumpe schließt man den Wasserkreislauf. Durch kleine Staustufen wird der Bachlauf lebendiger, Senken mit ruhigem Wasser wechseln dann mit Miniaturwasserfällen.

Natürlich wirkt der Bachlauf erst, wenn er in die Umgebung eingepasst ist. Die Uferstreifen werden durch Steine und Pflanzen aufgelockert, hohe Stauden am Rand markieren den Verlauf. Mit Kiesstreifen bildet man ausgetrocknete Bachbettzonen nach. Schmale Brücken oder Trittsteine erleichtern die Überquerung und sind Ausgangspunkte für die Beobachtung des Treibens am und im Wasser.

ENTSCHEIDUNGSHILFE
für die Anlage eines Gewässers

Standorteignung
Lichtverhältnisse:
- sonnige Bereiche → alle Formen
- absonnige bis halbschattige Bereiche → Feuchtwiese, Quelle
- schattige Bereiche → wenig geeignet

Untergrund:
- flachgründige, stark durchwurzelte Bereiche → nicht geeignet
- tiefgründige, sandige bis leichte Böden, auch steinig, ohne Wurzeln; keine Leitungen → geeignet

Anforderungen
Vorgesehene Fläche:
- groß → Bachlauf, Badeteich, Teich mit Sumpfbereich; tiefe Teiche
- klein → Quelle, Tümpel; flache Teiche

Ökologischer Wert:
- hoch → naturnaher Teich, Bachlauf, Feuchtwiese, Sumpfbeet
- mittel → Fertigteich, Sprudelstein
- gering → Wasserbecken

Quellsteine, Wassertröge und Vogeltränken
Wasser bietet weit mehr Gestaltungsmöglichkeiten als nur Teich und Bach. Gerade in kleinen Gärten lässt sich das Thema Wasser mit kleinräumigen Elementen geschickt in den Garten bringen. Quell- oder Sprudelsteine sind schon fast Kunstobjekte, die Stein und Wasser miteinander verbinden. Alte Mühlsteine oder durchbohrte Findlinge, Wasser speiende Skulpturen oder kunstvoll gefasste Wasserquellen entlassen quirliges, gurgelndes oder plätscherndes Wasser zu einer Auffangstelle. Dies kann entweder ein Teich

Links: Ein schattiger Terrassenhang, mit einem Bachlauf zwischen großen Findlingen wunderschön genutzt und angelegt

Gartenteile

Wasser im Garten

Die Umgebung des Teichs ist prädestiniert für Feuchte liebende Stauden wie Primeln und Sumpfschwertlilien

sein oder eine kleine Sumpfzone, unter der ein Auffangbehälter installiert ist, von dem das Wasser wieder zurückgepumpt wird.

Hübsch umpflanzt mit Frauenmantel *(Alchemilla)*, Sibirischer Iris *(Iris sibirica)* oder auch Bambus wird so ein Minigewässer zur Attraktion im Garten. Wer ruhigeres Wasser bevorzugt, kann in einen Trog oder in eine Wanne einige Wasserpflanzen setzen, z. B. Zwergseerosen. Eine gelungene Alternative, die Zierde und Nutzen zugleich darstellt, ist eine Vogeltränke in Form eines Miniteichs. Abgedichtet durch ein Folienstück oder eine Tonschicht, wird ein flacher Tümpel angelegt, mit Feuchtigkeit liebenden Pflanzen bestückt und mit groben Kieselsteinen umgeben.

Feuchtwiese und Sumpfbeet

Als wertvolle Ergänzung zum Teich, aber auch als eigenständige Anlagen sind sumpfige Zonen einzigartige Gartenbereiche, in denen viele Pflanzenraritäten ein Zuhause finden. Einfach anzulegen ist ein **Sumpfbeet** in einer Senke mit verdichtetem, tonigem Boden. Aber auch künstlich, durch eine Untergrundabdichtung mit Teichfolie oder durch ständigen Wasserzulauf, kann ein Sumpf nachgebildet werden. Mehlprimel *(Primula farinosa)*, Sumpfdotterblume *(Caltha palustris)*, Japanische Iris *(Iris ensata)* und viele andere bilden hier einen farbenprächtigen Flor. Die **Feuchtwiese** unterscheidet sich vom Sumpf durch wechselnden Wasserstand; im Sommer kann sie durchaus einmal völlig trockenfallen. Feuchtwiesen können ebenfalls um einen Teich oder in einer nassen Senke angelegt werden. An einem solchen Standort dominieren vor allem Gräser, daneben Blumen wie Trollblume *(Trollius)* und Wiesenknöterich *(Polygonum bistorta)*.

Kleine Obstbaumformen wie Busch oder Spindel lassen sich selbst in den Ziergarten integrieren, zumal sie im Frühjahr auch hübsch blühen

Obstgarten

Statt die Kirschen in Nachbars Garten zu begehren, sollte man lieber selbst Obstbäume pflanzen. Wenn auch das Sprichwort die nachbarlichen Kirschen als die süßesten bezeichnet, geht doch nichts über den selbst gepflückten Kuchenbelag frisch vom eigenen Baum. Neben Blumenschmuck und Erholung zählt die Möglichkeit, eigenes Obst zu ernten, immer noch für viele Gartenbesitzer zu den wichtigsten Kriterien, die ihr Garten erfüllen soll. Obstbäume müssen für beste Fruchtqualität optimalen Stand erhalten, sich gut entfalten können und für die Pflege gut zugänglich sein. Neben den Obstbäumen sollte man bei der Planung auch Beerensträucher berücksichtigen. Die einzelnen Obstarten und ihre Pflege werden im Kapitel „Obst im Hausgarten" (ab S. 223) vorgestellt.

Wohin mit den Obstgehölzen?

Tiefgründiger, nahrhafter Boden, viel Sonne und geschützte, aber dennoch windumspülte Orte sind bei allen Obstarten Grundvoraussetzung für gutes Gedeihen. Manche Obstarten fruchten als Spaliere im Schutz einer warmen Hauswand besser, andere bevorzugen freien Stand. In großen Gärten kann man eine Streuobstwiese anlegen; mehrere Bäume stehen dann in weiten Abständen auf einer Grünfläche. Apfel oder Birne eignen sich auch gut als Hausbaum; dessen Laub spendet Schatten am Sitzplatz, die Früchte fallen einem hier fast in den Schoß.

In kleinen Gärten reduziert der begrenzte Raum das in Frage kommende Obstsortiment; hier sind wuchsschwache Arten und Sorten vorzuziehen (auf entsprechende Unterlagen veredelte Sorten bleiben schwach im Wuchs). Alternativ lassen sich Apfel, Birne und Quitte auch als frei stehendes Spalier, als so genannte Obsthecke, an der Gartengrenze ziehen. Beerensträucher bilden nicht nur fruchttragende, sondern auch zierende Hecken, die als Sicht- und Windschutz eingesetzt werden können.

Gartenteile
Obstgarten

Brombeerhecke als Sichtschutz; sie muss regelmäßig durch Schnitt im Zaum gehalten werden

Obstsortiment

Die Selbstversorgung mit Obst aus dem Garten wird sich wohl heute auf einen mehr oder minder großen Teil des Gesamtbedarfs beschränken. Auf den relativ kleinen Gartenflächen kann kaum noch jemand in Sachen Obstversorgung autark sein. Deshalb wird man vorzugsweise sein Lieblingsobst anbauen. Denn um etwa einen Zentner Kernobst ernten zu können, braucht man schon wenigstens drei bis vier gut tragende Bäume – wobei das eventuell ebenfalls gewünschte Stein- und Beerenobst noch dazu käme.

Für Durchschnittsgärten sind grob gerechnet zwei Kernobstbäume, zwei Steinobstbäume und fünf bis zehn Beerensträucher empfehlenswert. Je nach Wuchsstärke und Kronenaufbau brauchen die Bäume unterschiedlich Platz. Schwach wachsende Buschbäume beanspruchen viel weniger Raum als Hochstämme. Dies ist bereits bei der Pflanzenwahl zu beachten, große Bäume lassen sich später kaum „zurechtstutzen".

Die Auswahl der Obstarten und -sorten hängt entscheidend vom Klima ab. In rauen Gegenden mit Spätfrostgefahr kann der wärmebedürftige Pfirsich nie zufriedenstellend wachsen, wohl aber in milden Gebieten. Äpfel und Birnen gibt es in robusten und empfindlichen Sorten. Der in der Umgebung gepflanzte Baumbestand gibt einen ersten Aufschluss über die Obstarten und -sorten, die gute Erträge erwarten lassen. Lokalsorten, die schon seit langer Zeit in einer bestimmten Gegend kultiviert werden, sind hochgezüchteten Sorten in Widerstandskraft und Geschmack oft überlegen.

Befruchterbäume

Um Früchte ansetzen zu können, müssen fast alle Obstbäume erst von einer anderen Sorte derselben Art bestäubt werden. Dazu ist der Pollen einer geeigneten Sorte nötig, der von Bienen übertragen wird. Äpfel und Birnen sowie viele Steinobstsorten sind selbstunfruchtbar, sie brauchen einen Befruchterbaum in der Nähe. Falls im eigenen Garten kein Platz mehr für einen zweiten Baum ist, kann man sich vielleicht mit den Nachbarn absprechen. Eine weitere Möglichkeit stellt das Einveredeln einer Befruchtersorte in den vorhandenen Baum dar.

Wildobst

Noch viel zu selten wird bei der Planung des Gartens an eine Verwendung der großen Auswahl an Wildobstgehölzen gedacht. Sanddorn *(Hippophaë rhamnoides)*, Kornelkirsche *(Cornus mas)*, Mispel *(Mespilus germanica)* und zahlreiche weitere Arten sind zum einen genügsam, robust und pflegeleicht, zum anderen reich fruchtend, vitaminhaltig und geschmackvoll, und – sie sind ausgesprochen hübsche Ziergehölze. Bei der Planung von Hecken, Gehölzstreifen und Strauchgruppen sollten die Wildobstarten unbedingt berücksichtigt werden. Die meisten zeigen im Frühling oder Frühsom-

ENTSCHEIDUNGSHILFE	
für die Auswahl von Obstgehölzen	
Standorteignung	
Bodenverhältnisse:	
■ fetter, tiefgründiger und gleichmäßig feuchter Boden	→ alle Arten
■ magerer, flachgründiger und trockener Boden	→ Wildobstarten
Lichtverhältnisse:	
■ sonnige Bereiche	→ alle Arten
■ absonnige bis halbschattige Bereiche	→ Sauerkirsche, Haselnuss, Stachelbeere, Himbeere, Brombeere
■ schattige Bereiche	→ nicht geeignet
Wärme:	
■ wintermilde, warme Klimabereiche	→ alle Arten
■ gemäßigte Klimabereiche	→ alle außer Wein, Pfirsich, Aprikose
■ raue, kalte Klimabereiche (Höhenlagen)	→ robuste Sorten; Kernobst, Beerenobst, Wildobst
Anforderungen	
Pflegeaufwand:	
■ hoch	→ anspruchsvolle Sorten
■ gering	→ Beerenobst, Wildobst
Widerstandsfähigkeit (gegen Kälte, Schädlinge, Krankheiten):	
■ hoch	→ Wildobst, Lokalsorten
■ gering	→ anspruchsvolle Sorten

Die Früchte der Mispel sind erst nach Frosteinwirkung roh zu genießen

mer schöne Blüten und tragen im Spätsommer und Herbst dekorative Früchte. Holunder *(Sambucus nigra)*, Eberesche *(Sorbus aucuparia)*, Wildrosen *(Rosa canina, R. rugosa)* u. a. sind außerdem hervorragende Vogelschutzgehölze.

Gemüsegarten

Gesundes Gemüse, frisch auf den Tisch, wollen immer noch zahlreiche Hobbygärtner von eigener Scholle ernten. In vielen Gärten reservieren die Besitzer deshalb eine mehr oder minder umfangreiche Fläche für Gemüse, die bereits bei der Planung berücksichtigt werden muss. Die Praxis wird im Kapitel „Gemüseanbau" ab S. 166 beschrieben.

Größe und Lage

Allgemeine Regeln für die Größe eines Nutzgartens gibt es nicht, denn nur selten wird ausreichend Platz sein, um den gesamten Bedarf der Familie zu decken. Auch der relativ hohe Arbeitsaufwand für eine komplette Eigenversorgung spricht häufig gegen einen umfangreichen Gemüsegarten. Im Durchschnitt werden etwa 20–25 m² pro Person als Gemüsekulturfläche angelegt. Wer nur einige spezielle Gemüsearten oder einen kleinen Teil des Gesamtbedarfs ernten möchte, kommt auch mit weniger Platz aus. Wer sein Gemüse ausschließlich selbst ziehen möchte, muss dafür 50 m² Fläche pro Person bereitstellen. Inklusive Baum- und Beerenobst sowie Kräutern bedarf es für eine Eigenversorgung schon um die 130 m² pro Person.
Fast alle Gemüsearten brauchen für ihre Entwicklung eine freie, sonnige Lage. Schatten soll gar nicht oder nur kurzzeitig auf die Beete fallen. Fördernd auf Wachstum und Ertrag wirken sich Windschutzeinrichtungen aus, etwa umgebende Hecken, Zäune oder Gehölzstreifen. Sie sorgen für ein günstiges Kleinklima im Nutzbereich. Ebene Beete sind leicht zu bewirtschaften, außerdem erhalten sie gleichmäßig viel Sonne und Regen. Steile Hänge werden am besten terrassiert, dies bringt selbst bei nur leichter Neigung Vorteile.

Aufteilung und Einrichtung

Für einfaches Arbeiten und planmäßigen Anbau empfiehlt sich eine übersichtliche Einteilung des Nutzbereichs. Rechteckige Beete von 100–120 cm Breite, durch Wege von allen Seiten gut zugänglich, werden in Nord-Süd-Richtung angelegt. Von einem breiten Hauptweg (Breite 100–120 cm) zweigen die Beete ab,

Gesundes frisch auf den Tisch – praxisgerechte Beetaufteilung und Weganlage erleichtern den Gemüseanbau

die Wege zwischen den Beeten dürfen schmal (30–40 cm) bleiben. Wegbeläge müssen trittsicher und rutschfest sein. Um auch bei schlechtem Wetter und bei aufgeweichtem Boden gut an die Beete gelangen zu können, sollte der Hauptweg mit Platten ausgelegt werden. Die Seitenwege, die nur für Pflegearbeiten benutzt werden, lassen sich auch durch Auslegen von Brettern, Aufstreuen von Rindenmulch oder ähnlich einfache Mittel ausreichend befestigen.

Statt der klassischen Einteilung des Gemüsegartens mit Hauptweg, Seitenwegen und Beeten in Reih und Glied sind auch andere Lösungen praktikabel. Ein Beispiel dafür zeigt die Anlage eines halbkreisförmigen Nutzgartens auf Seite 59. Für Kinder ist ein kleiner Bereich, in dem sie selbst Radieschen und Bohnen ziehen können, eine wertvolle und lehrreiche Einrichtung.

Um sich unnötige Wege und lästige Arbeit beim Gießkannenschleppen zu ersparen, sollte direkt beim Nutzbereich ein Wasseranschluss vorhanden sein. Die Installation eines Brunnens oder eines Regenwassersammlers ist gerade für größere Nutzflächen sinnvoll. Besonders im Gemüsegarten werden viele Geräte gebraucht; deshalb empfiehlt sich ein Gerätehäuschen in unmittelbarer Nähe. Eine Ruhebank oder ein kleiner Sitzplatz laden schließlich zum Verweilen nach getaner Arbeit oder zum Pausieren ein.

Hügelbeet und Hochbeet
Schon bei der Anfangsplanung sollte auch an die Errichtung eines Hoch- oder Hügelbeets gedacht werden. Diese von alters her bewährten Kulturformen sind besonders in kleinen Gärten sinnvoll, denn auf wenig Raum kann so ein Vielfaches dessen erwirtschaftet werden, was auf flachen Beeten wächst. Zudem bieten Hügel- und Hochbeete eine gute Möglichkeit, Gartenabfälle weiterzuverwerten; Gehölzschnitt und Kompost lassen sich hier in reichlichen Mengen nutzen.

Hochbeete brauchen eine dauerhafte Umbauung, die schon bei der Erstanlage einfach errichtet werden kann. Auch wenn Hoch- und Hügelbeete erst später entstehen sollen, ist es ratsam, schon im Voraus einen

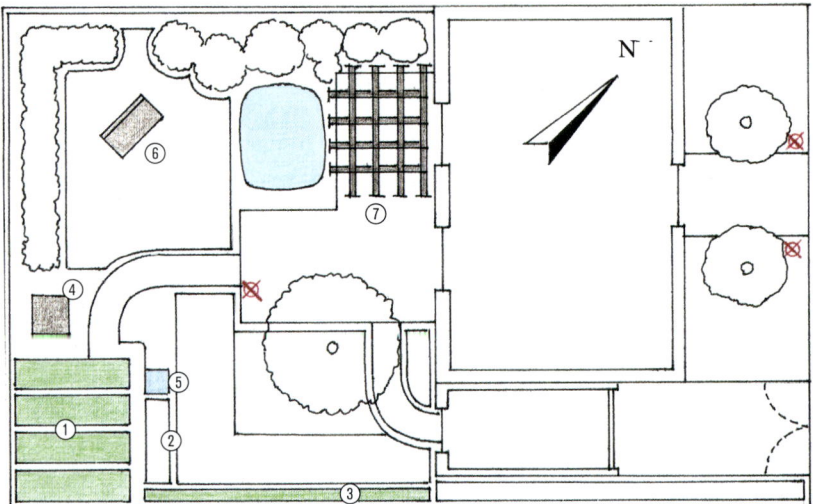

Mit den Überlegungen zur Anordnung der Nutzgartenbereiche erhält unser Beispielsplan sein endgültiges Gesicht: ① Gemüsegarten, ② Kräuter und Stauden in einem Hochbeet, ③ Obsthecke an der Grundstücksgrenze. Nahe beim Nutzgarten findet, wie schon anfangs vorgesehen, der Kompost ④ seinen Platz, ein Brunnen ⑤ direkt neben den Gemüsebeeten wird später das Gießen erleichtern. Der Wunsch nach einer ruhigen Sitzecke ⑥ wurde aufrechterhalten, die Terrasse soll zum Teil mit einer Pergola ⑦ überdacht werden. So haben sich im Laufe der Planung einige Vorstellungen konkretisiert, neue Ideen und Details kamen hinzu. Erst jetzt stehen der endgültige Wegeverlauf und die Ausdehnung der Grünflächen fest

Platz an einem günstigen Standort zu reservieren. Spätere Umbauten, Umpflanzaktionen und Platzverluste werden so vermieden (siehe auch S. 171).

Bücken adé: Ein Hochbeet erleichtert Pflege und Ernte

Gewächshaus und Frühbeet

Für wärmebedürftige Kulturen, zum Vorziehen von Jungpflanzen und für den Winteranbau müssen in unseren Breiten besondere Voraussetzungen geschaffen werden. Empfindliche Gemüse und Wintersalat kann man nur unter Glas kultivieren, ein Frühbeet ist für den versierten Gemüsegärtner unerlässlich. Der so genannte „kalte Kasten" erwärmt sich nur durch die Sonneneinstrahlung, Mistbeete oder gepackte Kästen noch zusätzlich durch Verrottungswärme. Frühbeete können je nach Bedarf mit einfachen Mitteln selbst gebaut oder aber als Fertigbausystem gekauft werden. Teils sind recht „luxuriöse" Modelle im Angebot. Für die meisten Zwecke genügt ein Frühbeet von etwa 1–2 m² Grundfläche. Man sollte es an einem geschützten, vollsonnigen Platz errichten und durch entsprechende Wege leicht zugänglich machen. Ebenfalls am wärmsten und sonnigsten Platz muss ein Gewächshaus stehen, das noch weiter gehende Möglichkeiten bietet. Kleingewächshäuser gibt es als Bausätze im Handel, wahlweise in einfacher oder luxuriöser Ausführung, als frei stehende Konstruktion oder als Anlehnegewächshaus; mehr darüber ab S. 143.

Kräutergarten

Gewürz-, Küchen- und Heilkräuter sind aus einem langen Dornröschenschlaf wieder erwacht, ihre Vorzüge und ihr gesundheitlicher Wert werden heute wieder zunehmend geschätzt. Viele Kräuter helfen nicht nur dem Menschen, die Gesundheit zu fördern, sondern auch den Pflanzen. Als „Rohstoffe" für Würzen und Heilmittel, als schädlingsabwehrende Begleitpflanzen oder für die Gewinnung von Pflanzenschutzmitteln gehören sie in jeden Garten, in dem die Natur den Vorrang hat.

Kräuter sollten keinesfalls stiefmütterlich behandelt und verloren in eine Ecke gepflanzt werden: Erstens sind sie viel zu dekorativ, um unbeachtet zu bleiben, zweitens werden sie umso mehr genutzt, je stärker man sie ins Blickfeld rückt. Kräuter schnell und leicht vom Garten in die Küche geholt: Dieses Prinzip sollte die Lage des Kräutergartens bestimmen. Kräutergärten sind durchaus ästhetische Gartenteile, die gestalterisch eingesetzt werden können. Als Beispiel sei nur die Kräuterschnecke oder Kräuterspirale erwähnt, die auf kleinem Raum viele verschiedene Arten beherbergt und jeder ihren optimalen Standort bietet.

Kräuter werden gewöhnlich auf einem eigenen Beet gepflanzt, das am Rande des Gemüsegartens liegt. Auch sie brauchen volle Sonne. In

Form einer kleinen Rabatte können sie Salat und Wurzelgemüse säumen. Ein mit niedrigen Trockenmauern oder Palisaden errichtetes, lang gestrecktes Hochbeet erleichtert die Pflege und Ernte. Weitere Möglichkeiten zeigt das Kapitel „Kräuteranbau" ab S. 208 auf. Für eine „Standardausstattung" mit Küchen- und Würzkräutern werden etwa 1 m² pro Person benötigt.

Gemüse und Kräuter im Ziergarten

Viele Gemüsearten und vor allem Kräuter sind so dekorativ, dass sie auch als Zierpflanzen dienen können. Gerade hübsch blühende und von Bienen umschwärmte Gewürze wie etwa der Salbei stehen den Zierstauden in nichts nach. Weshalb also keine Kräuter in die Staudenbeete pflanzen? Salbei, Rosmarin und Ysop sind z. B. ausgezeichnete Begleiter für Rosen.

Stangenbohnen, Artischocken sowie andere Gemüse dürfen ohne weiteres zwischen oder hinter Stauden und Sommerblumen gepflanzt werden. Solange sie gut zugänglich für die Pflege und Ernte bleiben, erfüllen sie gleich doppelten Zweck. Vor allem für Leute, die nur zum Spaß ein paar Salatköpfe ziehen möchten, ist das Gemüse zwischen Zierpflanzen gut aufgehoben.

Eine weitere Möglichkeit, Zier- und Nutzbereich miteinander zu verbinden, ist die Zupflanzung von Zierpflanzen zum Gemüse. Nach dem Vorbild der Bauerngärten, wo Salat in schmucker Eintracht neben Ringelblumen wächst, bringt eine kleine Stauden- oder Sommerblumenrabatte entlang des Hauptwegs Pep in den Gemüsegarten. Bunte Farbkleckse hübscher Stauden machen auch den sonst eher eintönig grünen Gemüsegarten attraktiv.

ENTSCHEIDUNGSHILFE
für die Anlage eines Gemüsegartens

Standorteignung
Lichtverhältnisse:
- sonnige Bereiche → gut geeignet
- absonnige bis halbschattige Bereiche → nur für spezielle Kulturen
- schattige Bereiche → nicht geeignet

Bodenverhältnisse:
- schwere, tonige, zu Staunässe neigende Böden → besondere Maßnahmen erforderlich: Dränage, Lockerung mit Sand
- normale, humose, krümelige Böden → gut geeignet
- leichte, durchlässige, schnell austrocknende Böden → Bodenverbesserung erforderlich: Untermischen von Ton oder Lehm

Anforderungen
Grad der Gemüseversorgung:
- volle Selbstversorgung → 50 m² pro Person
- Zusatzversorgung → 25 m² pro Person
- Naschgarten → integriert in den Zierbereich

Ökologischer Wert:
- hoch → vielfältiger Gartenteil mit biologischem Anbau
- gering → ohne Fruchtwechsel betriebener Intensivanbau

Kombinierter Nutz- und Ziergarten auf engstem Raum: Kräuter, Stauden und Beerenobst rahmen einen Miniteich im Kübel

Gestaltungsbeispiele

Konkrete Beispiele anstelle reiner Theorie erweisen sich immer wieder als besonders nützlich. Anhand einiger Pläne für häufig anzutreffende Gartensituationen und -wünsche sollen hier Grundlagen und Möglichkeiten der Gartengestaltung verdeutlicht werden. Die einzelnen Gartenteile, Gehölze, Grünflächen, Staudenbeete und andere, werden in den Plänen beispielhaft zu einem harmonischen Ganzen gefügt. Richten Sie Ihren Garten ähnlich ein wie Ihr Haus oder Ihre Wohnung. Betrachten Sie Bäume, Sträucher und Stauden als Möbelstücke, Wege, Zäune und Wasseranschluss als Installationen, Grünflächen als Teppichware und den Gartengrund als Zimmerfläche. Beginnen Sie mit der Einrichtung, indem zunächst die „großen Möbelstücke" an Ort und Stelle kommen, sprich: Gehölze erhalten zuerst ihren Platz.

Lesen Sie auch die nachfolgenden Beispiele nach diesem Muster. So erhalten Sie schnell ein Gefühl für die Einrichtung eines Gartens, entdecken seinen Charakter und werden sogar die Blütenbilder vor Ihrem geistigen Auge sehen können.

Bei den Plänen wurde darauf verzichtet, die Gehölze, z. B. einer Hecke, einzeln aufzuführen. Im Kapitel Ziergehölze (ab S. 277) finden Sie eine Auswahl geeigneter Arten, die Sie dann nach Ihren Vorstellungen aussuchen können. Grundsätze für die Platzierung von Strom- und Lichtanschlüssen wurden bereits auf Seite 30 genannt. Da hierbei viele Faktoren eine Rolle spielen, wurden sie in den nachfolgenden Plänen nicht berücksichtigt.

Reihenhausgarten

Reihenhausgärten mit ihren recht begrenzten Ausmaßen sollen auf kleinstem Raum ein Höchstmaß an Gartenfreuden bieten. Dass selbst auf nur 240 m² ein abwechslungsreicher und vielfältig bestückter Garten entstehen kann, zeigt dieses Beispiel. Aus Platzgründen wurde auf eine Heckeneinfriedung verzichtet. Ein schlichter Holzlattenzaun umgibt das Grundstück. Wer sich mit den Nachbarn gut verträgt, wird auch den Zaun weglassen; einige höhere Stauden und Gräser in den Rabatten reichen dann als Sichtschutz.

Von der Terrasse mit Natursteinbelag hat man uneingeschränkte Sicht auf einen kleinen Teich mit üppiger Uferbepflanzung. Eine Baumgruppe aus Blumenesche (*Fraxinus ornus*) und Hundsrosen (*Rosa canina*) versperrt allerdings die Sicht in den hinteren Gartenteil. Über Trittplatten im Rasen gelangt man in das

Damit ein harmonisches Ganzes entsteht, geht man am besten vor wie bei der Inneneinrichtung: Gehölze als große Möbelstücke, Rasen als Teppich, gefolgt von passenden „Kleinmöbeln" und vielfältiger Dekoration

Reihenhausgarten

„hintere Gartenzimmer" mit Pergola und Zweitsitzplatz. Sogar ein kleiner Nutzbereich mit Hügel- und Hochbeeten hat noch Platz.
Durch den gestalterischen Trick mit der Sichtblockade aus Gehölzen erreicht man, dass der Garten einen großräumigen Eindruck erweckt. Nur wer hinter die Baumgruppe geht, kann den hinteren Gartenteil betrachten. Durch das Laub sieht man einzelne Farbtupfer leuchten, das weckt die Neugier. Im Winter bilden dann jedoch die kahl gewordenen Bäume kein Hindernis mehr, sondern lassen alles Licht zum Haus durch.

Planbeispiel:
① Wohnhaus
② Terrasse mit Natursteinbelag
③ Teich
④ Uferzone und Staudenbepflanzung
⑤ Blumenesche (Fraxinus ornus)
⑥ Hundsrosen (Rosa canina)
⑦ Rasen
⑧ Rabatte mit Stauden und Sommerblumen
⑨ Zweitsitzplatz mit berankter Pergola
⑩ Hügel- und Hochbeete
⑪ Kompostplatz
⑫ Schwarzer Holunder (Sambucus nigra)
⑬ Eberesche (Sorbus aucuparia)
⑭ Falscher Jasmin (Philadelphus-Hybride)
⑮ Schattenstauden
⑯ Staudenrabatte

Augenweide in Terrassen-Blickweite: kleiner Teich mit Kiesumrandung

Grundstücksgröße ca. 240 m²
Maßstab: 1 : 120

Pflegeleichter Ziergarten

Der knapp 400 m² große Garten liegt inmitten einer Einfamilienhaussiedlung am Rande einer Großstadt. Die Bewohner wollen den Garten vor allem zur Erholung und als Ruhestätte nutzen, vom Stress des Alltags ausspannen. Ungestörtes Sonnenbaden soll ebenso möglich sein wie gemütliches Sitzen im Schatten, abendliches Ruhen und geselliges Feiern, wobei jeweils Einblicke von außen nicht gerade erwünscht sind. Angestrebt wird zudem ein möglichst geringer Pflegeaufwand.

Zur modernen Architektur des Hauses passend wurde eine unkonventionelle Grundrissaufteilung vorgenommen. Entsprechend der Anforderung nach reichlich bemessenem Sitzplatz liegen großzügige Terrasse und Zweitsitzplatz als spiegelverkehrte Pendants gegenüber; ein Weg verbindet die Spitzen der beiden in Form eines Dreiecks gestalteten Anlagen. Als Bodenmaterial wurde schlichtes Holz gewählt.

Sicht- und Windschutz bieten die Gehölze rund um den Garten. Abwechslungsreich zusammengestellt aus Blütensträuchern, fruchttragenden Gehölzen und Arten mit farbigem Laub (z. B. Flieder, Kornelkirsche, Haselnuss, Vogelbeere, Zierapfel, Vogelkirsche, Ahorn), die auch in Wuchshöhe und -form variieren, erscheint die Gehölzkulisse zu jeder Jahreszeit in neuem Gewand. Rhododendren in der halbschattigen, kühlen Nordostecke geben dem Garten im Frühsommer einen besonderen Glanz, wenn sie neben der Terrasse in leuchtenden Farben blühen. Ein großflächiger Rasen bildet die grüne Grundlage zu Füßen der bunten Gehölze. Eine Gruppe aus Solitärstauden und großen Grashorsten

Frühsommerlicher Blickpunkt in Terrassennähe: Rhododendrongruppe

(*Iris-Barbata-Elatior*-Hybriden, *Pennisetum alopecuroides*, *Miscanthus sinensis*) zieht mitten im Rasen alle Blicke auf sich. An den Sitzbereichen erstrecken sich Staudenrabatten, von dort gut einsehbar und wirkungsvoll verteilt. Jeweils eine Hochstammrose der Sorte 'The Fairy' übernimmt die Funktion eines Wegbegleiters an den Sitzplatzecken. Über der Terrasse sorgt eine Pergola mit üppiger Waldrebenbepflanzung (*Clematis*-Hybride 'Lasurstern') für erwünschten Schatten.

Die Bepflanzung wurde so gewählt, dass zu jeder Jahreszeit etwas blüht; die vorherrschenden Farben sind Grün und Blau (*Delphinium*-Hybriden, *Campanula carpatica*, *Leucanthemum maximum*, *Veronica longifolia*, *Erigeron*-Hybriden, *Oenothera missouriensis*, *Geranium x magnificum* u. a. Durch die vielen blauen Stauden wirkt der Garten optisch weiträumiger. Hoch wachsende und Polster bildende Arten wechseln in den Rabatten ab. Im Winter sorgen einige immergrüne Gehölze und trockene Halme der Staudengräser für Abwechslung.

Der Garten ist je nach Wunsch noch erweiterbar, z. B. durch zusätzliche Staudenbereiche vor den Gehölzen oder einen kleinen Teich im Rasen.

Planbeispiel:
① Wohnhaus
② Pergola, bepflanzt mit Clematis
③ Terrasse mit Holzbelag
④ Zweitsitzplatz mit Holzbelag
⑤ Weg mit Holzpflaster
⑥ frei wachsende Hecke aus verschiedenen Sträuchern
⑦ Rhododendren
⑧ Rasen
⑨ Rasen und Blumenwiese
⑩ Gruppe aus Solitärstauden und Gräsern
⑪ Staudenrabatte
⑫ Hochstammrose 'The Fairy'
⑬ Kompostplatz

Gestaltungsbeispiele

Pflegeleichter Ziergarten

Grundstücksgröße: ca. 400 m²
Maßstab: 1:120

Ein Flair von ländlicher Weite: Wiesenstück mit Apfelbaum

Planbeispiel:
① Wohnhaus
② Terrasse mit Natursteinpflaster
③ Gemüsegarten mit Beeten in Dreiecksform
④ Hauptweg mit Kiesbelag
⑤ Schnitthecke aus Liguster
⑥ frei wachsende Hecke
⑦ Beerenstrauchhecke
⑧ Obstspalier
⑨ Staudenbeet mit Gewürzkräutern
⑩ Brunnen mit Wasseranschluss
⑪ Sumpfbeet
⑫ Rasen
⑬ Wiese
⑭ Obstbäume
⑮ Kompostplatz
⑯ Geräteschuppen

Zier- und Nutzgarten

Vorgabe war hier ein etwa 360 m² großes Grundstück, auf dem alle „klassischen" Bereiche eines Gartens verwirklicht sind. Zierde und Nutzwert sollen sich etwa die Waage halten, der Nutzbereich funktionell und zugleich attraktiv gestaltet werden. Runde, weiche Linien herrschen bei der Gestaltung dieses Gartens vor. Terrasse und Nutzgarten sind als Halbkreise angelegt, zu Letzterem gelangt man über einen Kiesweg. Nach Norden schützt eine immergrüne, hohe Schnitthecke aus Schwarzem Liguster (*Ligustrum vulgare* 'Atrovirens') vor kalten Winden und verdeckt den Parkraum der Straße. Am westlichen Grundstücksrand bildet eine frei wachsende Hecke aus Ziergehölzen (Deutzie, Scheinquitte, Pfaffenhütchen) und Nutzgehölzen (Haselnuss, Holunder, Kornelkirsche) die Begrenzung. An der wärmsten und sonnigsten Grundstücksgrenze stehen Beerensträucher und frei wachsende Obstspaliere.

Um einen Teil der Terrasse zieht sich ein der Rundung angepasstes, üppiges Staudenbeet, in das Gewürzkräuter integriert sind (Ysop, Lavendel, Salbei und weitere Kräuter zwischen Schwertlilie, Katzenminze, Taglilie, Lilien u. a.). So können die Kräuter leicht für den Küchenbedarf geerntet werden und erfüllen gleichzeitig eine Zierfunktion. Auch um den halbkreisförmigen Nutzbereich, der durch Holzpflasterwege erschlossen wird, gruppieren sich bunte Stauden- und Kräuterrabatten. Zentral gelegen ist der Brunnen zur Wasserversorgung, überlaufendes und versickerndes Wasser speist gleichzeitig ein kleines Sumpfbeet.
Der Hauptweg trennt die Grünflächen: ein strapazierfähiger Rasen auf der westlichen und eine Streuobstwiese auf der östlich gelegenen Seite. Die Kompostanlage befindet sich im Halbschatten von Obstbäumen, eine kleine Holzhütte beherbergt Werkzeug und Gartengeräte.

In eine frei wachsende Hecke lässt sich auch Wildobst wie die Kornelkirsche integrieren

Gestaltungs-beispiele

Zier- und Nutzgarten

Grundstücksgröße: ca. 360 m²
Maßstab: 1:120

Kindgerechter Garten

Familien mit Kindern, die über einen Garten verfügen, können sich glücklich schätzen. Nirgends werden Kinder mehr Freude am Spiel im Freien haben als im eigenen Garten. Diesen so robust und strapazierfähig zu gestalten, dass er den Anforderungen der Kinder gerecht wird und vielfältige Spielmöglichkeiten eröffnet, ist gar nicht so schwierig. Grundsätzlich gilt besonders für Gärten, in denen sich Kinder aufhalten: keine giftigen Pflanzen verwenden, keine schlecht einsehbaren Spielecken einrichten, keine unsicheren oder gefährlichen Einrichtungen schaffen.

Hier nun ein Beispiel eines etwa 400 m² großen Gartens in einer Einfamilienhaussiedlung: Von der großen, zentral gelegenen Terrasse mit robustem Holzbelag behalten die Eltern die Spiele der Kinder stets im Auge. Eine weiträumige Rasenfläche mit strapazierfähigem Spiel- und Sportrasen ist genau richtig zum Herumtollen. Ein Sandkasten, mit einer Pflasterung umgeben, liegt direkt neben der Terrasse, Kleinkinder bleiben so ständig in Sichtweite. Ein Ahorn *(Acer rubrum)* spendet in der Mittagszeit Schatten. Rund um den Sandkasten laden Palisaden in unterschiedlicher Größe und Höhe zum Klettern ein, von den höchsten führt eine Rutschbahn in den Rasen. Im nördlichen Teil liegt ein kleiner Nutzgarten, Kinder entdecken hier die Gartenarbeit mit viel Freude spielerisch auf ihrem eigenen Beet. Obstbäume liefern im Herbst die heiß begehrten frischen Äpfel und von der Beerenhecke im Osten lässt sich gut naschen!

Den westlichen und südlichen Gartenrand bildet ein kleiner Wall, abwechslungsreich bepflanzt mit Sträuchern und Bodendeckern *(Potentilla fruticosa, Hypericum* 'Hidcote', *Mahonia aquifolium, Rosa rugosa)* eine ansprechende Alternative zum Zaun. Eltern und Kinder werden gleichermaßen Freude haben an den verschieden großen, aber sehr flachen Wasserbecken, begrünt mit Wasserpflanzen in eingepassten Containern. Von einer künstlichen Quelle rinnt das Wasser zu den jeweils niedriger gelegenen Becken und bleibt stets in Bewegung. Rund um die Becken siedeln Stauden. Erweiterungsfähig ist dieser Garten in vielfacher Hinsicht. Ein Baumhaus für größere Kinder, ein Gartenhäuschen für kleinere, ein Planschteich im Rasen, eine Seilrutsche und viele andere kindgerechte „Attraktionen" lassen sich noch unterbringen. Oft ist aber weniger mehr – Kinder brauchen auch die Ruhe und Beschaulichkeit, um z. B. eine Ameise gründlich zu studieren oder ein Gänseblümchen wachsen zu sehen.

Zum kindgerechten Garten gehört auch die passende Schubkarre!

Planbeispiel:
① **Wohnhaus**
② **Terrasse mit Holzbelag**
③ **Rasen**
④ **Sandkasten, umrandet mit einer Pflasterfläche**
⑤ **Ahorn (Acer rubrum)**
⑥ **Palisaden zum Klettern**
⑦ **Rutschbahn**
⑧ **Gemüsegarten**
⑨ **Apfelbäume auf Wiese**
⑩ **gepflasterter Weg**
⑪ **Brunnen**
⑫ **Kompostbehälter**
⑬ **Beerenstrauchhecke**
⑭ **Haselnuss (Corylus avellana)**
⑮ **Bluthasel (Corylus maxima 'Purpurea')**
⑯ **bepflanzter Erdwall**
⑰ **flache Wasserbecken mit Pflanzcontainern**
⑱ **künstliche Quelle**
⑲ **Pumpleitung**
⑳ **Stauden**

Gestaltungs-beispiele

Kindgerechter Garten

Grundstücksgröße: ca. 400 m²
Maßstab: 1:120

61

Naturgarten

Ein Naturgarten oder – besser – ein naturnah gestalteter Garten bietet möglichst viele verschiedene Lebensräume, vom trockenen Kiesbeet bis zum feuchten Ufer. Pflanzen und Tiere sollen ein Rückzugsgebiet erhalten, sich frei entfalten können. Gleichzeitig soll jedoch der Mensch nicht aus dem Garten „verschwinden", sondern in einem harmonischen Miteinander mit der Natur ebenfalls zu seinem Recht kommen. Dem Naturgarten ist in diesem Buch ein eigenes Kapitel gewidmet (siehe ab S. 530). Doch hier zunächst zum Gestaltungsbeispiel:

In dem leicht nach Süden abfallenden Gelände wurden mehrere Lebensbereiche nachgestellt, wie sie auch in der näheren Umgebung in freier Natur existieren. Der Terrassenhang wurde mit zwei kleineren Trockenmauern unterteilt, hier finden Trockenheit und Wärme liebende Polsterstauden und Zwerggehölze Platz. Zwischen den Trockenmauern siedeln auf durchlässigem, kargem Boden Steingartenpflanzen. Der trocken-warme Standort setzt sich auf einem kleinen Wall an der Ostseite der Terrasse fort. Die Gehölzgruppe westlich der Terrasse wurde einem Hainbuchenwäldchen nachempfunden. Unter den Bäumen bilden Bodendecker und Frühlingsblüher einen grünen Teppich. Eine ähnliche Struktur zeigt die Gehölzkulisse im Süden.

Beherrschender Teil des Gartens ist ein großer Wildblumenbereich, teils als Wildkräuterwiese, teils als Staudenwiese gestaltet. Kleine Buschgruppen lockern die Fläche auf. In der ruhigsten Ecke wurde ein großzügig bemessener Folienteich angelegt, der von einer größeren Sumpfzone, einer kleinen Feuchtwiese und einer umfangreichen Uferstaudenpflanzung umgeben ist.

Beerensträucher, Spalierobst, Hoch- und Hügelbeete sowie Gemüsebeete, die natürlich in Mischkultur bepflanzt werden, bilden den Nutzbereich. Eine Kräuterspirale versorgt den Haushalt mit Gewürzen.

Alle Standorte im Garten wurden weitgehend mit heimischen Arten bepflanzt, die an den entsprechenden natürlichen Standorten in der Umgebung vorkommen. Wildarten wurden züchterisch bearbeiteten Formen vorgezogen. Einige Bereiche (Sandhang am Trockenstandort, Holz- und Steinhaufen) bleiben sich selbst überlassen.

Die Tierwelt dankt's: Holzhaufen mit Wildkrautbewuchs als Unterschlupf

Planbeispiel:
① **Wohnhaus**
② **Terrasse**
③ **Trockenmauer**
④ **Steingartenpflanzen**
⑤ **trockenmauerähnlicher Wall**
⑥ **Steinhang**
⑦ **Sandhang**
⑧ **Gehölzgruppe mit Hainbuchen, darunter Schattenstauden**
⑨ **Wildkräuter- und Staudenwiese**
⑩ **Buschgruppe**
⑪ **Wiesenweg**
⑫ **Teich**
⑬ **Sumpfzone**
⑭ **Feuchtwiese**
⑮ **Uferstauden**
⑯ **Gehölzgruppe**
⑰ **Holz- und Steinhaufen**
⑱ **Kompostplatz**
⑲ **Beerensträucher und Spalierobst**
⑳ **Hügelbeet**
㉑ **Hochbeet**
㉒ **Gemüsebeet mit Mischkulturanbau**
㉓ **Kräuterspirale**

Die Kräuterspirale – ein Schmuckstück ganz besonderer Art

Gestaltungs-beispiele

Naturgarten

Grundstücksgröße: ca. 360 m²
Maßstab: 1:120

Gartengeräte

Bodenpflege und -verbesserung

Pflanzenernährung und Düngung

Pflanzenschutz

Häufige Schädlinge und Krankheiten

ALLGEMEINE GARTENPRAXIS

Gartengeräte

Einen Gartenneuling könnte beinahe der Mut verlassen. Da möchte er darangehen, aus der Wüstenei rings ums schmucke, neue Haus ein kleines Paradies zu gestalten. Und nun öffnet der gartenerfahrene Nachbar von nebenan seinen Schuppen und präsentiert stolz eine Vielzahl verschiedenster Geräte, deren Zweck ein Laie nur zum Teil erraten kann. Doch davon sollte sich weder der Anfänger noch ein weniger gut bestückter Gartenbesitzer entmutigen lassen.

Zur Pflege der blitzsauberen Bauerngärten früherer Tage genügten meist Spaten, Hacke und Rechen, um die Gemüsepflanzen in Reih und Glied und die bunten Blumenrabatten von Unkraut frei zu halten. Mit diesen drei Geräten und außerdem Schaufel und Schubkarren kommt jeder Gartenbesitzer auch heute für den Anfang aus. Zwei Dinge sollten bei der Anschaffung der Gartengeräte beachtet werden: niemals blind drauflos kaufen und sich etwas aufschwatzen lassen, dessen Funktion nicht einleuchtend ist. Und was die Qualität betrifft, nicht am falschen Ende sparen – das kommt hinterher umso teurer. Die meisten Gartengeräte werden härtesten Beanspruchungen ausgesetzt, fast das ganze Jahr über.

Wer mit der genannten Grundausstattung die ersten Arbeiten beginnt, stellt bald schon von selbst fest, was ihm fehlt, womit er seine Kräfte schont und was ihm gleichzeitig nützt. Bei dem Riesenangebot technischer Heinzelmännchen fällt es nicht schwer, nach und nach das zu kaufen, was wirklich gebraucht wird. Die zunehmende Erfahrung hilft bei der richtigen Auswahl, die auch eine Qual werden kann. Denn je vielfältiger die Bepflanzung im Laufe der Jahre wird, desto mehr Geräte sind notwendig. Andererseits kommen ständig neue Hilfsmittel und Varianten auf den Markt; um deren Nutzen zu beurteilen, ist Erfahrung ebenfalls der beste Ratgeber.

Am Anfang, wenn die Hecken noch klein und niedrig, die Gehölze licht sind, kann man sich Schere und Astsäge sparen. Zum Ausheben der Pflanzlöcher genügt der Spaten, zum Abtragen des Aushubs reichen Schubkarre und Schaufel.

Da alle Gewächse zum Leben Wasser brauchen, werden sich allerdings bald Gießkanne und Gartenschlauch hinzu gesellen. Eine Kanne aus Metall ist langlebiger als eine aus Kunststoff, aber auch schwerer. Kunststoffschläuche sind am billigsten. Sie werden jedoch bei kaltem Wetter leicht starr, bei Frost brüchig. Gummischläuche neigen dazu, unter hohem Druck an heißen Sommertagen zu platzen. Besser – und natürlich teurer – sind Gummischläuche mit Gewebeeinlage. Diese zwei kleinen Beispiele zeigen bereits, wie schwierig es ist, ohne Kenntnisse das Richtige zu kaufen.

Die Grundausstattung

Was von Anfang an nötig ist, wurde gerade erwähnt. Sehen wir uns im Folgenden die wichtigsten Geräte etwas genauer an. Darunter findet sich auch die Grabegabel, die in immer mehr Gerätehäuschen ihren festen Platz hat.

Spaten

Der Spaten wird bei der Gartenarbeit zweifellos stark beansprucht und muss vor allem in schwerem Boden sowie beim Umpflanzen von großen Gewächsen höchsten Anforderungen genügen. Dabei zeigen sich immer wieder zwei Schwachstellen: der Stiel, der unter der Hebelwirkung brechen oder splittern kann, und die Verbindung von Stiel und Blatt.

Etwas Ordnung im „Gerätepark" erleichtert die Arbeit. Mit Aufhängeleisten lassen sich die Gartengeräte platzsparend und übersichtlich verstauen

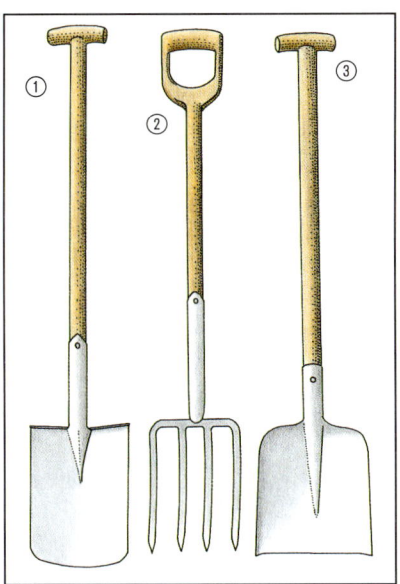

① **Spaten mit T-Griff,** ② **Grabegabel mit D-Griff,** ③ **Schaufel**

① **Breiter Holzrechen,** ② **Eisenharke,** ③ **Fächerbesen oder -rechen**

Bewährt haben sich für den Stiel Eschen- oder Buchenholz. Der Tüllenhals des Blatts, in dem der Stiel steckt, muss stabil und kompakt, das Spatenblatt aus gut gehärtetem Stahl sein. Blätter aus Chrom-Nickel-Stahl sehen zwar elegant aus, lohnen den Aufwand aber nicht.

Der dritte wichtige Punkt ist der Griff. Drei Formen sind üblich: T-Griff, D-Griff und Knopfgriff. Die beiden ersten dürften mit gutem Recht die gebräuchlichsten sein, nur muss man darauf achten, dass die Öffnung des D-Griffs groß genug ist, damit man mit der ganzen Hand hineingreifen kann. Der Knopfgriff ist nicht so gut geeignet, weil er zu wenig Halt bietet.

Grabegabel

Die Grabe- oder Spatengabel wird heute häufig anstelle des Spatens verwendet, weil mit ihr Bodenlockerung ohne Umgraben möglich ist (siehe auch S. 75). Für dieses Gerät gelten die gleichen Kriterien wie für den Spaten. Zum Ernten von Wurzelgemüse ist die Grabegabel in jedem Fall viel besser geeignet als der Spaten, das Erntegut lässt sich damit leichter „heraushebeln".

Schaufel

Die Schaufel wird, wenn man sich zunächst auch mit dem Spaten behelfen kann, spätestens mit Beginn der ersten eigenen „Bauarbeiten" im Garten unentbehrlich. Bei allen Arbeiten mit Sand kann sie der Spaten kaum ersetzen. Ob beim Bau von Treppenstufen, Plattenwegen, Mauern oder bei der Kompostverteilung – mit einer Schaufel lässt sich jedes lockere Krümelmaterial leichter und in größeren Mengen bewegen als mit einem Spaten.

Harke, Rechen

Die Harke sollte man immer in zwei Größen haben, eine breite, um z. B. Beete für die Saat vorzubereiten oder grobes Material am Kompostplatz zusammenzurechen, und eine schmale, die auch noch unzugängliche Stellen wie den schmalen Streifen zwischen den Pflanzenreihen erreicht.

Der Holzrechen wurde inzwischen durch eine Eisenharke verdrängt, tut aber immer noch gute Dienste, wenn langer, trockener Rasenschnitt oder Laub beseitigt werden müssen. Auch das Schnittgut einer Blumenwiese, die nur zweimal im Jahr gemäht wird, lässt sich mit einem Holzrechen besser erfassen als mit irgendeinem anderen Gerät.

Zum Sauberhalten von Wegen und Plätzen und Abrechen des normalen Rasenschnittguts eignet sich am besten ein Fächerbesen oder Fächerrechen.

Hacke

Die Hacke sollte man ebenfalls in verschiedenen Breiten zur Hand haben. Man lockert damit den Boden auf den Gemüsebeeten, zwischen den Reihen, unter Sträuchern und in der Blumenrabatte (Vorsicht,

① **Einfache Hacke,** ② **Pendelhacke mit beweglichem Blatt,** ③ **zweiteilige Hacke**

Gartengeräte

Grundausstattung

beim Hacken zwischen Pflanzen Wurzelschäden vermeiden!). Unter den Hacken gibt es Spezialausführungen, so genannte Pendelhacken, die man ziehend besonders zum Entfernen von Unkraut einsetzen kann und deren Hackenblatt deshalb beweglich ist. Manche Hacken sind zweiteilig, mit dem Hackenblatt auf der einen Seite und Zinken auf der anderen.

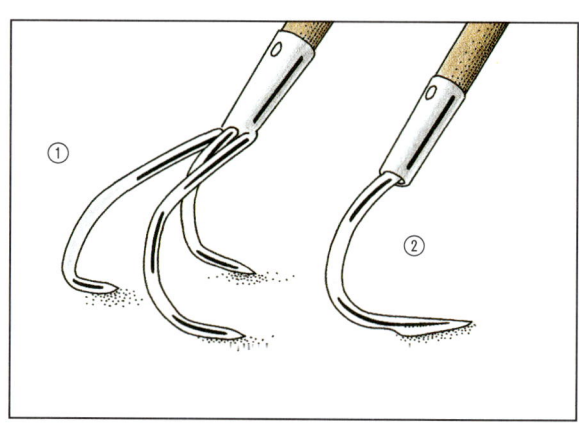

① **Grubber mit drei Zinken,** ② **Sauzahn zur schonenden Bodenlockerung**

Schubkarre

Die Schubkarre darf man bei der Geräteausstattung nicht vergessen; ihre Unentbehrlichkeit stellt man erst fest, wenn man sie einmal besitzt. Sie präsentiert sich heute meist als Leichtgewicht auf Ballonreifen. Es gibt die verschiedensten Modelle mit sehr unterschiedlicher Qualität. Vor allem die Verbindung zwischen Wanne und Untergestell ist ein möglicher Schwachpunkt, erweist sich bei Verschraubung als rostgefährdet, bei Vernietung oft als instabil. In der täglichen Gartenpraxis macht es sich unangenehm bemerkbar, wenn die Holme für die eigene Körpergröße bzw. Armlänge zu kurz oder zu lang sind; eine kleine „Probefahrt" vor dem Kauf, am besten mit beladener Karre, kann deshalb nichts schaden.
Gerätehersteller bieten zunehmend auch andere Transportmittel für den Garten an, z. B. Rollwagen mit herausnehmbaren Wannen. Die „klassische" Schubkarre ist allerdings nach wie vor am weitesten verbreitet, da besonders vielseitig und selbst auf schmalen Pfaden einsetzbar.

Gießkanne und Wasserschlauch

Gießkanne und Wasserschlauch gehören in jedem Garten zum Inventar. Wie bei fast allen Gartengerätschaften gibt es die unterschiedlichsten Ausführungen und Preislagen, wobei man gerade bei Schläuchen auf gute Qualität achten sollte. Tipps zur Materialwahl bei Kanne und Schlauch wurden bereits auf S. 66 genannt. Das beste Material nützt übrigens nichts, wenn die eventuell noch wassergefüllten Gießhilfen im Winter dem Frost ausgesetzt sind; Schläuche wie Kannen sollten im Spätherbst entleert und in den Schuppen oder Keller geräumt werden. Das gilt auch für die verschiedenen Brausenaufsätze und Gießstäbe, die auf Schläuche montiert werden und für einen fein dosierten Strahl unerlässlich sind. Der Umgang mit langen Schläuchen wird durch Führungsrollen, die man mit spitzem Metallstab einfach in die Erde steckt, deutlich erleichtert. Auch ein Schlauchwagen, von dem der Schlauch je nach Bedarf abgerollt wird, ist recht hilfreich.
Die verschiedenen Arten von Regnern kommen vor allem bei größeren Rasenflächen zum Einsatz (vgl. S. 267). Im übrigen Garten können sie Kanne oder Schlauch kaum ersetzen, da gezieltes Gießen mit ihnen nicht möglich ist und ein größerer Teil des Wassers verdunstet, bevor es auf die Erde und zu den Pflanzen gelangt.

Spezielle Bodenbearbeitungsgeräte

Grubber (Kultivator) und Sauzahn lockern den Boden schonend. Der **Grubber** sieht aus wie eine Harke mit drei bis fünf langen Rundzinken. Teils wird zwischen Grubber und Kultivator, je nach Zahl oder Länge der Zinken, ein Unterschied gemacht; die Arbeitsweise ist jedoch in beiden Fällen dieselbe.
Der **Sauzahn** hat nur einen Zinken in Form eines breiten, spitz zulaufenden, gebogenen Blatthakens. Das Gerät wurde zunächst unter Anhängern des Bioanbaus populär, da es –

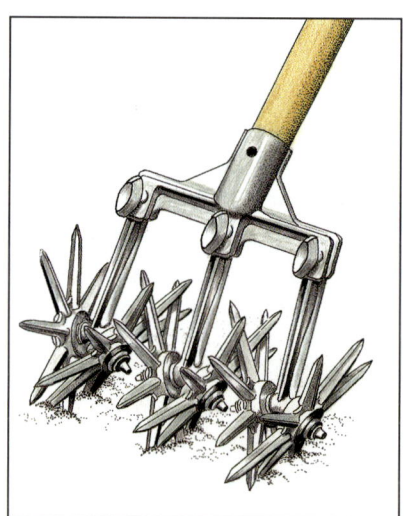

Rollkrümler, auch Sternfräse oder Gartenwiesel genannt

im Verein mit der Grabegabel – Lockern ohne Umgraben erlaubt. Mittlerweile schätzen viele Gärtner den Sauzahn, der eine tiefer reichende Bodenbearbeitung mit relativ wenig Kraftaufwand ermöglicht.
An der Oberfläche arbeitet dagegen der **Rollkrümler,** auch Sternfräse oder Gartenwiesel genannt, bei dem mehrere gezähnte Rädchen den Boden zerkleinern und krümeln. Das ist vor allem dann hilfreich, wenn man größere Flächen für eine Aussaat direkt ins Gemüse- oder Blumenbeet vorbereiten will. Außerdem lassen sich damit Unkräuter ganz gut im Zaum halten, auch für das oberflächliche Einarbeiten von Kompost und Dünger ist dieses Gerät gut geeignet.
Die großen Gerätehersteller haben darüber hinaus **Kombinationssysteme** entwickelt, die es erlauben, für alle Gartengeräte ihrer Produktion ein und denselben Stiel zu verwenden. Da es diese Stiele in verschiedenen Längen gibt, kann man sie je nach zu verrichtender Arbeit und Körpergröße mit einem Griff wechseln.

Schnittwerkzeuge

Scheren, mit denen man Blumen, dünnere Äste und verholzte Stengel entfernen kann, sind im Garten unentbehrlich. Angeboten werden einschenklige, sogenannte Ambossscheren, bei denen nur das Obermesser beweglich ist, sowie zweischenklige Scheren, bei denen sich beide Schenkel bewegen. Letztere sind schon immer für die verschiedensten Gartenarbeiten verwendet worden. Wichtig sind erstklassige Qualität und – möglichst auswechselbare – rostfreie Messer aus Edelstahl. Bei Scheren sollte man deshalb

① **Ambossschere,** ② **zweischenklige Schere,** ③ **langschenklige Astschere**

Gartengeräte

Spezielle Bodenbearbeitungsgeräte

Schnittwerkzeuge

TIPP
Gerätepflege
Alle Handgeräte sollte man regelmäßig, spätestens aber vor dem Winter mit Wasser und rauer Bürste reinigen und mit Zeigungspapier trockenreiben. Vor der „Winterpause" werden alle Metallteile dünn eingeölt. Diese Maßnahmen sowie ein trockener Aufbewahrungsort verlängern deutlich die Nutzungsdauer der Gartengeräte.

auf jeden Fall Markenfabrikate kaufen, das lohnt sich, auch wenn sie etwas teurer sind.
Wenn in einem größeren Garten mit vielen Gehölzen das Auslichten unumgänglich wird, empfiehlt sich die Anschaffung einer langschenkligen Astschere. Damit lässt sich selbst stärkeres Holz bis ca. 3 cm Durchmesser mühelos beseitigen.
Die verschiedenen Ausführungen von **Baumsägen** spielen vor allem im Obstanbau eine Rolle, ihr Einsatz kann allerdings auch bei eingewachsenen Ziergehölzen nötig werden. In den meisten Fällen genügt eine Baumbügelsäge von 30–40 cm Länge, deren Sägeblatt einfach zu verstellen und zu spannen sein sollte. Wo's eng wird, kommt man allerdings mit einer bügellosen Gärtnersäge am besten hin. Daneben bietet der Handel allerlei spezielles Schnittwerkzeug und Zubehör an, wie Sägen und Astscheren mit Teleskopstiel oder handliche Klappsägen. Ein kritischer Blick auf den eigenen Gehölzbestand muss letztendlich entscheiden, was wirklich gebraucht wird und sinnvoll ist.

① **Baumbügelsäge,** ② **bügellose Gärtnersäge**

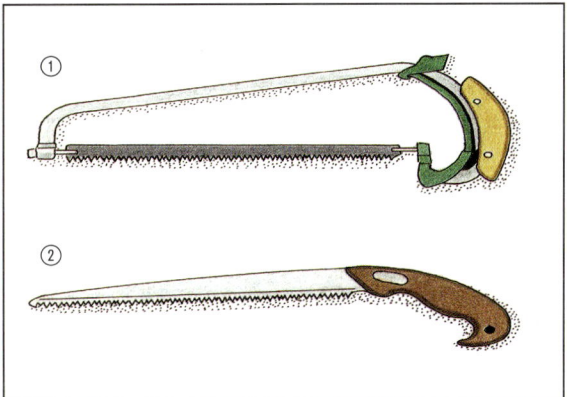

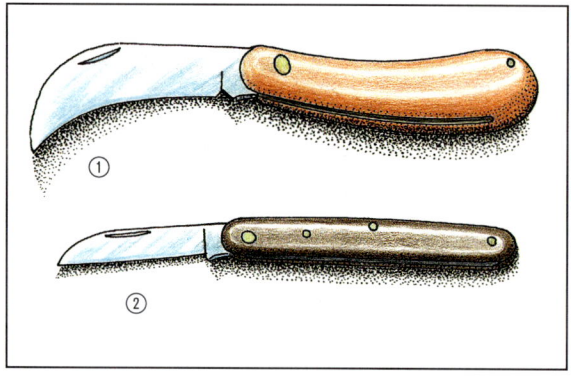

① **Hippe,**
② **einfaches Gärtnermesser**

Zur unverzichtbaren Grundausstattung dagegen gehört – neben einer Qualitätsschere – ein gutes, robustes **Gärtnermesser,** das schnell zum ständigen Begleiter bei jedem Gang in den Garten wird.

Heckenschere

Wie bei allen Gartengeräten wird auch hier das Angebot ständig erweitert. Bei den Heckenscheren haben sich Geräte mit dem so genannten Wellenschliff der Schneidblätter mittlerweile immer mehr durchgesetzt, weil mit ihnen das Wegrutschen des Schnittgutes kaum mehr möglich ist. Auch Klingen mit Einkerbungen werden angeboten und sind vor allem für hartes Holz bestimmt, das durch die Kerben besonders gut festgehalten wird. Sehr praktisch ist ein in der Schere eingegliederter Astschneider für Zweigdurchmesser, die von der Schere nicht mehr bewältigt werden können. Das erspart einen Werkzeugwechsel während der Arbeit. Einige Firmen haben sogenannte „Damenscheren" auf den Markt gebracht, die leichter als die Normalmodelle und mit weniger Kraftaufwand zu handhaben sind.
Ob man Hand- oder Motorscheren den Vorzug gibt, hängt letztlich von der Größe und der Art der zu pflegenden Hecke ab. 20 oder mehr Meter mit einem manuellen Gerät in Form zu bringen, erfordert einiges an Kraft und Geduld. Hier ist man mit einer Elektroschere zweifellos besser bedient. Allerdings ist sie teuer. Man muss also abwägen, ob sich eine derartige Investition wirklich lohnt.
Angeboten werden heute fast nur noch beidseitig schneidende Modelle, mit denen man an der Hecke in zwei Richtungen arbeiten kann. Unter 400 Watt sollte die Motorstärke nur bei dünnästigen Hecken liegen, denn nichts verärgert mehr als ein Gerät, das immerzu stecken bleibt, weil die Leistung zu gering ist. Die Länge der Schneidmesser variiert je nach Modell, bewegt sich im Hobbybereich jedoch meist zwischen 40 und 60 cm. Gerade bei elektrischen Heckenscheren sollte man wegen der Verletzungsgefahr auf höchste Sicherheit achten. Empfehlenswert sind Geräte mit einem „Blitzstopp" der Messer. Scheren mit Benzinmotor kommen für den Hausgebrauch kaum in Betracht.

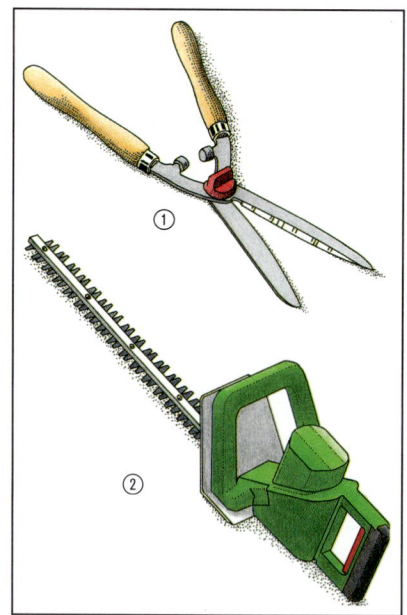

① **Handheckenschere,**
② **Motorheckenschere**

Gartenspritze

Ganz ohne Spritzgerät kommt wohl kein Gartenbesitzer aus – nicht einmal der überzeugte Biogärtner. Auch er muss schließlich seine ungiftigen Pflanzenpflegemittel möglichst gleichmäßig und fein über den Gartengewächsen versprühen.
Die Handsprühflaschen oder schlicht **Blumenspritzen** sind jedem Zimmergärtner bekannt. Auch im Garten leisten sie gute Dienste, wenn man nur einige wenige Pflanzen gezielt einnebeln will. Die einfachsten Modelle funktionieren nach dem Pumpsystem, bei dem bei Fingerdruck auf einen gefederten Bügel Flüssigkeit in feinen Tröpfchen aus der Düse sprüht.
Druckpumpen, die es sowohl im Kleinformat wie auch als größere Geräte mit 5 oder auch 10 Liter Fassungsvermögen gibt, arbeiten nach dem System des Überdrucks durch in den Zylinder gepresste Luft. Ist der Überdruck hergestellt, kann so lange gespritzt oder gesprüht werden, bis die Druckleistung nachlässt und der Pumpvorgang wiederholt werden muss.

① **Rückenspritze mit Pumpe,**
② **Blumenspritze (Zerstäuber)**

Daneben sind auch akku- oder batteriebetriebene Kleinspritzgeräte im Angebot, bei denen ein Elektromotor das Pumpen ersetzt. Bestmögliche Betriebs- und Anwendersicherheit bieten Sprüh- oder Spritzgeräte, die TÜV-geprüft sind und das GS-Zeichen tragen.
Die größeren Gartenspritzen werden an Tragevorrichtungen entweder über der Schulter oder als Rückenpumpe getragen. Das erleichtert die Arbeit, vor allem aber hat man beide Hände für das Zuleitungsrohr mit der Düse frei und kann die Sprühflüssigkeit gezielt dort zum Einsatz bringen, wo sie erforderlich ist. Es muss also nicht ein ganzes Gehölz tropfnass gespritzt werden, wenn nur ein einzelner Ast eine derartige Maßnahme erfordert. Alle größeren Spritzgeräte haben Verlängerungsrohre, mit denen sich auch höher gelegene Gehölzpartien erreichen lassen.

Sonstige Hilfsmittel

Pflanzschaufeln, Mini-Kultivatoren, Pflanzhölzer, Blumenzwiebelpflanzer, Unkrautstecher, Siebe, Etiketten, Bindedraht und -schnur – dies ist nur eine kleine Auswahl aus dem Angebot an Kleinwerkzeug und Zubehör, das hier nicht im Einzelnen erläutert werden muss.
Aber zwei – auf den ersten Blick nebensächliche – Dinge verdienen doch eine Extra-Erwähnung: Wer selber mit dem Garten zu tun hat, weiß, dass man gar nicht genug Eimer, Körbe und sonstige tragbare Behältnisse in Reserve haben kann. Daran sollte also von Anfang an kein Mangel herrschen. Außerdem sehr wichtig, da ganz entscheidend für zügiges Arbeiten und doch oft vergessen: ein Haufen Erde und ein Haufen Sand in einer nicht einsehbaren Gartenecke. Beides wird ständig benötigt und sollte immer zur Hand sein.
Ob Anschaffungen sinnvoll sind, hängt ansonsten von Art und Ausmaß des Gartens sowie von seiner Bepflanzung ab, besonders was größere, motorbetriebene Geräte betrifft. Die wichtigste Rolle hierunter spielt sicherlich der Rasenmäher, der zusammen mit anderen Rasenpflegegeräten ab S. 266 beschrieben wird. Bei großer Rasenfläche mag sich auch ein eigener Vertikutierer lohnen, wenn viel Gehölzschnitt anfällt, vielleicht ein eigener Häcksler. In den meisten Fällen ist es allerdings sinnvoller, solche selten eingesetzten Geräte bei Bedarf auszuleihen oder auch mit befreundeten Gartenbesitzern gemeinsam anzuschaffen und im Wechsel zu nutzen.

INFO

Motorgeräteverleih
Ob Häcksler oder Motorhacke, Gartenfräse oder gar Rasenmäher – häufig kann man solche Geräte vorübergehend leihen, z. B. bei manchen Bau- oder Landmaschinenfirmen, beim Landhandel, teils auch bei Gartenbaufirmen und Gartencentern.

Gartengeräte

Heckenschere
Gartenspritze
Sonstige Hilfsmittel

**Zur Grundausstattung kommen mit der Zeit allerlei Kleingeräte und Zubehör.
Unverzichtbar: Eimer und Körbe verschiedener Größe**

Bodenpflege und -verbesserung

Wenn wir in unserem Garten Radieschen säen oder Gurken pflanzen, dann sind es von der Scholle, auf der wir stehen, bis zum Erdmittelpunkt etwa 6000 km. Dieser Mittelpunkt besteht wahrscheinlich aus einem festen Kern, der von einer flüssigen Schale umgeben ist. Der weitaus größte Teil dieser 6000 km langen Strecke ist für die Existenz der Gewächse dieser Erde bedeutungslos. Alles Leben spielt sich in und auf einem hauchdünnen „Parkett" von etwa 1 m Dicke ab, und selbst hier sind es eigentlich nur die oberen 60 cm, die dem Gärtner, dem Acker- und dem Weidebauern, dem Forstwirt und dem Obstproduzenten Ernte und Ertrag sichern.

Wenn wir vom Boden der Gemüsebeete sprechen, von Fruchtbarkeit, von Humus, wenn es um das Für und Wider des Umgrabens geht, um Bodenbearbeitung, um Gießen und Düngen – stets ist diese im Vergleich hauchdünne Schicht unter unseren Füßen gemeint. Was sich dort abspielt, ist in der Tat erstaunlich, wenn auch keineswegs mehr geheimnisvoll. Hier beweisen sich die perfekt aufeinander abgestimmten Abläufe im Bereich des Lebendigen, zeigt sich die notwendige Wechselwirkung zwischen belebter und unbelebter Materie.

Der Boden als Grundlage des Wachstums

Was hat es nun mit dem Boden wirklich auf sich, woher kommt die nahezu unerschöpfliche Kraft dieser 60 cm? Um das zu verstehen, muss diese Schicht noch einmal in drei „Horizonte" oder „Etagen" aufgeteilt werden: die nur wenige Zentimeter starke Rotte- und Abbauschicht, die Humus- oder Aufbauschicht und die Mineralschicht, die, je nach Bodenbeschaffenheit, ober- oder unterhalb der entscheidenden 60 cm beginnen kann. Eine andere Schematisierung greift weiter und teilt das gesamte Profil in drei große Etagen ein: den fruchtbaren Oberboden (bis 60 cm), bestehend aus dem 20 cm dicken, obenauf liegenden Mutterboden und einer darunter befindlichen, ebenfalls humosen, 40 cm starken Übergangsschicht. Dann folgt der weitgehend mineralische Unterboden von 60–80 cm Dicke, der schließlich auf dem steinigen Untergrund (teilweise bereits Muttergestein oder Fels) mit dem Grundwasser ruht.

Lebendige Erde

Wenn wir eine Handvoll Erde aus dem Gemüsebeet oder der Blumenrabatte holen, zerkrümelt buchstäblich ein Mikrokosmos zwischen unseren Fingern. In diesem Häufchen Erde leben, vermehren sich und sterben Milliarden von Mikroorganismen, von denen man die kleinsten nur unter dem Elektronenmikroskop identifizieren kann. Es wurde ausgerechnet, dass in einem 1 m² großen und 20 cm tiefen Stück Wiesenboden 650 g tierische Organismen leben. Umgerechnet auf 1 Hektar, also 10 000 m², haben diese Insekten, Würmer, Ameisen, Spinnen, Raupen, Larven und Kleinstlebewesen ein Gewicht von 6,5 Tonnen, so viel wie 13 Kühe (nach v. Heinitz/Mertens). Nach dem Gesetz „fressen und gefressen werden" unterliegt diese Masse lebender Zellverbände einem stetigen Umwandlungsprozess. Würde man sich den geschilderten Quadratmeter Wiesenboden als ein geschlossenes biologisches System vorstellen, wie es ein Mensch, ein Tier und natürlich auch eine Pflanze darstellen, wäre der hier stattfindende Stoffwechsel so einfach zu verstehen wie der Umsetzungsprozess einer menschlichen Mittagsmahlzeit aus Schnitzel mit grünen Bohnen in Baustoffe des Körpers. Was wir zu uns nehmen, wird verwandelt, in kleinste Teile zerlegt, die jedes für sich wiederum „Brennstoffe" für die Körperfunktionen liefern. Bausteine, mit denen nach den fest in den Genen verankerten Plänen bis zu unserem Tod gearbeitet und geformt wird.

Nichts anderes spielt sich im Grunde genommen in den Milliarden von Lebewesen ab, die unsere Handvoll Gartenerde bevölkern. Weil vielleicht auch ein Regenwurm darunter ist, kann man an diesem vergleichsweise großen, in jedem Fall für uns im Gegensatz zu den Mikroben „fassbaren" Organismus gut demonstrieren, was sich dort stündlich, ja in jeder Minute und Sekunde abspielt.

In einer Hand voll Erde leben unzählige Mikroorganismen, die die Krume „beackern"

Bodenpflege und -verbesserung

Boden als Grundlage des Wachstums

Auch der Regenwurm muss, um leben zu können, Nahrung zu sich nehmen. Das kann beispielsweise das Blatt einer Hortensie sein, die in einer sonnigen Gartenecke wächst. Der Regenwurm zieht ein angewelktes Blatt in seine Erdröhre hinein und frisst es. Im Darm des Wurms werden die Blattbestandteile zerlegt und chemisch so verändert, wie sie der Organismus des Tiers benötigt. Andere Stoffe gelangen über die Ausscheidung wieder in den Boden zurück. Wir finden diese Stoffwechselprodukte als kleine Erdhäufchen auf unserem gepflegten Rasen wieder und ärgern uns darüber. Vom ursprünglichen Hortensienblatt ist natürlich nichts mehr zu erkennen, aber was in ihm enthalten war, präsentiert sich durch die erfolgte Umwandlung, Aufspaltung und Anreicherung im Darm des Wurms als eine Kombination von Stoffen, die den Pflanzen für ihre Ernährung sehr willkommen sind. Nachdem zuerst die Gärtner, und hier vor allem die biologisch arbeitenden, die positive Wirkung der Regenwürmer auf die Bodenbeschaffenheit, Fruchtbarkeit und Pflanzenernährung erkannt hatten, begann sich auch die Wissenschaft mit diesem unscheinbaren, aber allgegenwärtigen Nützling zu beschäftigen. In Untersuchungen stellte man fest, dass der Wurmkot ein Vielfaches mehr an Phosphat, Kalk, Stickstoff und verschiedenen Spurenelementen enthielt als die ihn umgebende Erde. Und dies alles in Verbindungen, die direkt von den Pflanzenwurzeln aufgenommen werden können.
Stirbt der Wurm, wird er seinerseits von Bakterien, Pilzen und anderen Mikroorganismen zersetzt und umgewandelt. Aus der abgestorbenen Materie entstehen Stoffe und Verbindungen, werden Elemente

Wenn Regenwürmer & Co. gute Bedingungen vorfinden, ist die obere Bodenschicht humusreich, krümelig und dunkel gefärbt. Die Pflanzenwurzeln reichen bis in die hellbraune Übergangsschicht zum mineralischen Unterboden

freigesetzt, die wiederum Lebensgrundlage für Pflanzen und andere Organismen sind. Dieser Kreislauf besteht, seitdem es tierisches und pflanzliches Leben auf der Erde gibt. Aber zum Funktionieren braucht er Antriebskräfte, die ihn in Schwung halten.
Diese Antriebskräfte sind Licht, Luft, Wasser und Wärme, die gleichen Energieträger, ohne die unsere fruchtbaren Böden gar nicht hätten entstehen können. Denn das Erdreich, auf dem seit undenklichen Zeiten Pflanzen wachsen, ist in seinem Grundbestandteil nichts weiter als im Laufe der Zeit zu feinem Sand vermahlenes Urgestein. In Jahrmillionen haben Hitze und Kälte den Fels gespalten, haben Stürme, Sintfluten, Eis und Gletscher die Gesteinsteile weiter zerkleinert und vor sich her geschoben. Die Humusbildung begann mit der Ansiedlung von Algen, Flechten und schließlich von Moosen.

> **INFO**
>
> **Humus**
>
> Alles abgestorbene organische Material in und auf dem Boden wird als Humus bezeichnet. Ein Teil davon ist schwer zersetzbar und verbessert als Dauerhumus die Bodenstruktur. Der leicht zersetzbare Anteil dagegen, der so genannte Nährhumus, dient den Bodenlebewesen als Nahrung und – als Folge davon – auch den Pflanzen als Nährstoffquell.

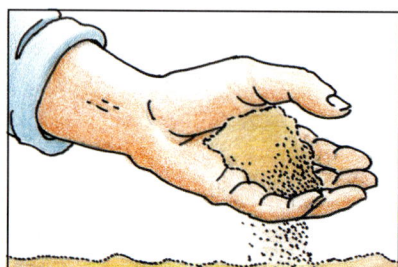

Sandboden rinnt durch die Finger

Lehmboden zerfällt in größere Krümel

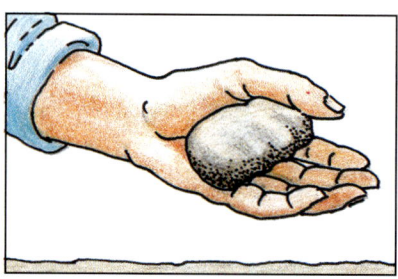

Tonboden lässt sich formen

Nur im ausgewogenen Zusammenspiel von Licht, Luft, Wasser und Wärme können das Leben und mithin auch der Boden Bestand haben. Wohl kennt man heute Mikroorganismen, die extreme Hitze und Kälte ebenso überstehen wie mit Mineralsalzen überfrachtete Flüssigkeiten. Aber das **Edaphon,** wie man die Kleinlebewelt des Bodens, von der Mikrobe bis zur Pflanzenwurzel, bezeichnet, reagiert auf ein Zuwenig ebenso empfindlich wie auf ein Zuviel, und so ist auch im Garten Ausgewogenheit das Maß aller Dinge.

Bodenarten und -eigenschaften
Das eben kurz beschriebene Zusammenspiel verschiedener Kräfte hat – im Verein mit tauenden Gletschern und Flussüberschwemmungen – dazu geführt, dass sich unser Gartenboden aus Körnchen verschiedener Größenanteile zusammensetzt. Die gröbsten darunter kennt man als Sand, die etwas feineren werden Schluff genannt und die ganz feinen, nicht mehr als Einzelkörner wahrnehmbaren Teilchen bilden die Tonfraktion. Je kleiner die Körner, desto kleiner sind auch die Zwischenräume. Dies hat entscheidende Auswirkungen auf den Luft- und Wasserhaushalt eines Bodens, was man sich z. B. angesichts eines meist feuchten, schlecht durchlüfteten Tonbodens gut vorstellen kann.

Je nach Anteil an Sand-, Schluff- und Tonkörnchen unterscheidet man Sand-, Lehm- und Tonböden. Einen Hinweis auf die Bearbeitbarkeit der Böden gibt die einfache Unterteilung in „leichte" und „schwere" Böden (siehe S. 19). Um festzustellen, welche Beschaffenheit die Erde im eigenen Garten hat, braucht man kein Labor. Das lässt sich recht zuverlässig mit einer Handprobe erkennen.

Sandboden ist leicht, feinkörnig und wenig fruchtbar. Wasser rinnt durch ihn hindurch wie durch ein Sieb und nimmt die wenigen vorhandenen Nährstoffe beim ersten Regen gleich mit in den Untergrund. Derartige Böden erwärmen sich ebenso leicht, wie sie wieder abkühlen. In die Hand genommen, verrinnt Sandboden zwischen den Fingern.

Lehmboden ist eigentlich das für den Garten ideale Substrat. Viele Hobbygärtner stufen ihn falsch ein, weil sie ihn mit dem Tonboden verwechseln. Ein lehmiger Boden mit jeweils etwa gleichen Anteilen an Sand, Schluff und Ton speichert Nährstoffe und Wasser, ohne dass unbedingt die Gefahr von Staunässe besteht. Aufgenommene Wärme wird nur allmählich wieder abgegeben. Ist ein derartiges Erdreich zu sehr verdichtet, lässt sich das durch Zugabe von Sand oder Kompost relativ schnell korrigieren. Bei der Handprobe zeigt Lehmboden eine gute Krümelstruktur.

Tonboden lässt sich dagegen nicht so ohne weiteres verbessern. Er ist schwer, in starkem Maße wasserundurchlässig, verdichtet und birgt akute Staunässegefahr. Das ist für empfindliche Wurzeln besonders kritisch, da sich eine Erde dieser Art noch dazu nur schwer erwärmt. Mit der Hand lassen sich aus Tonboden mühelos Figuren formen.

Es gibt verschiedene Möglichkeiten, ungünstige Bodenarten zu verbessern, die im Folgenden beschrieben werden. Längerfristig ist eine gute Humusversorgung bzw. -anreicherung am sinnvollsten, wenn es darum geht, Extreme auszugleichen. Das gilt auch für eine bereits auf S. 19 vorgestellte Kenngröße des Bodens, den pH-Wert oder Säuregrad. Stete Humuszufuhr hilft den pH-Wert zu stabilisieren, in einem humosen Gartenboden kommt es kaum zu starken Schwankungen des Säuregrads.

Bodenbearbeitung

Von der Bodenart hängt es schließlich auch ab, wie und mit welchen Geräten die Gartenerde gelockert wird. Früher galt das Umgraben als Muss, im Herbst präsentierten sich alle Gartenbeete mit säuberlich nebeneinander liegenden Schollen, die bis zum Frühjahr unter Einwirkung des Frosts zerkrümeln sollten. Im Zuge der zunehmenden Verbreitung des Bioanbaus wurde vom Umgraben immer häufiger abgeraten und eine schonende Lockerung der oberen Bodenschicht mit Grabegabel, Ziehhacke und/oder Sauzahn propagiert. Denn durch das Wenden der Erde beim Umgraben befördert man die so wichtigen Kleinlebewesen nach unten, wo das Nahrungsangebot für sie gering ist und ihnen die Luft zum Atmen vorenthalten wird. Dafür liegt die weniger fruchtbare Krume dann obenauf und es dauert seine Zeit, bis sich hier wieder genügend Leben und Humus als Voraussetzung für die Bodenfruchtbarkeit eingestellt haben.

Nun ist die Sache weniger dramatisch, als sie sich anhört; wenn man durch Kompost und Mulchen für stetige Humuszufuhr sorgt, regeneriert sich das Gleichgewicht im Boden trotz Umgrabens doch recht zügig. Das Umgraben mit dem Spaten wird vor allem erforderlich bei schweren, tonhaltigen Böden, denen man mit Grabegabel oder Sauzahn kaum beikommt. Mit der Zeit und regelmäßiger Zufuhr organischen Materials lässt sich dann eventuell auch bei solchen Böden auf sanftere Bearbeitung umstellen. Empfehlenswert ist das Umgraben außerdem bei starker Verunkrautung; es hilft aber nur, wenn die Wurzeln und Rhizome von Quecke & Co. gründlich entfernt werden.

Umgegraben wird im Herbst, im Frühjahr zerkleinert man Reste der Schollen mit der Grabegabel oder Hacke. Dann können je nach Bedarf Grubber, Rollkrümler und Rechen folgen. Bei diesen wie bei allen anderen Maßnahmen der Bodenpflege sollte die Erde nur mäßig feucht sein; ein nasser Tonboden lässt sich ohnehin nicht bearbeiten.

> **TIPP**
> **Arbeitsrichtung**
> Eine einfache Grundregel lautet: stets „rückwärts" arbeiten, das heißt so, dass die bereits gelockerte Fläche vor einem liegt und nicht mehr betreten bzw. festgetreten wird.

Bei schonender Bodenlockerung mit der Grabegabel sticht man das Gerät etwas schräg in die Erde und rüttelt es hin und her, so weit das die Bodenbeschaffenheit zulässt. Die Einstiche müssen möglichst nah nebeneinander erfolgen, um eine gleichmäßige Lockerung zu erzielen. Den Sauzahn zieht man dann in Abständen von etwa 10 cm durch die Erde, dies quer zur Arbeitsrichtung, in der die Grabegabel geführt wurde. Dieser Schritt lässt sich ersatzweise auch mit einem Kultivator durchführen, wenn der Boden nicht allzu dicht ist.

Hilfsstoffe für die Bodenverbesserung

Die segensreiche Wirkung des Komposts als Humus- und Nährstofflieferant wurde bereits mehrfach erwähnt. Doch gerade in der Anlage- und Anfangsphase eines Gartens verfügt man kaum über eigenen Kompost; erst recht nicht über hinreichende Mengen, um Bodenprobleme zu lösen. Ähnlich verhält es sich mit geeignetem Mulchmaterial für die Bodenbedeckung.

Allerdings gibt es auch **käuflichen Kompost,** bei kommunalen Abfallverwertern teils sogar in größeren

Bodenpflege und -verbesserung

Bodenbearbeitung

Hilfsstoffe für die Bodenverbesserung

Umgraben, also spatentiefes Wenden der Scholle, ist meist nur bei schweren Böden erforderlich

Bei der Bodenbearbeitung mit der Grabegabel sollten die Einstiche nah nebeneinander erfolgen

Den Sauzahn mit seinem kräftigen Zinken zieht man rückwärts gehend durch die Erde

Die Pflanzstelle für Rhododendren muss häufig mit Torf angereichert werden, weil die Pflanzen einen sauren, kalkfreien Boden benötigen

Mengen zu recht günstigen Preisen. Mancher misstraut jedoch solchen Recyclingprodukten, die nicht „auf dem eigenen Mist gewachsen" sind. Gerade bei abgepackter Komposterde bemüht man sich deshalb, über Gütesiegel anerkannter Stellen Orientierungshilfen zu geben, ebenso bei den nachfolgend genannten Rindenprodukten.

Lange Zeit war **Torf** konkurrenzloses Bodenverbesserungsmittel, kaum ein Gärtner mochte ohne ihn auskommen. Seine Wasser haltenden, auflockernden Eigenschaften sind jedem Gartenbesitzer bekannt. Torf besteht zu fast 100 % aus pflanzlichen Stoffen, die in den Mooren im Laufe von Jahrtausenden verrotteten und unter Luftabschluss zusammengepresst wurden.

In den Boden eingebracht, fördert Torf die Humusbildung und bindet Kalk. Wo Kalk fliehende Gewächse wie Rhododendron oder Freilandazaleen wachsen sollen, kann man die Erde mit Torf anreichern und damit „saurer" machen.

INFO

Düngetorf
Dass der fast nährstofflose Torfmull unter der Bezeichnung „Düngetorf" im Handel ist, sollte niemanden irreführen, er enthält tatsächlich keinen zugesetzten Dünger. Anders verhält es sich mit den Torfmischdüngern, bei denen dem Weißtorf organische oder mineralische Nährstoffe und Spurenelemente zugefügt wurden.

Zunehmend wurde von Seiten der Naturschützer vor der Verwendung von Torf im Garten gewarnt, weil der umfangreiche Abbau über Jahrzehnte hinweg den Bestand unserer Moore gefährdete.

Als umweltfreundliche Alternative zum Torf gewannen **Rindenprodukte** auch im Hausgarten immer mehr an Bedeutung. Infrage kommen Rindenmulch (als Mulchdecke) und Rindenhumus. Rindenmulch verfügt aufgrund besonderer Inhaltsstoffe über keimhemmende Eigenschaften, drängt also Unkrautwuchs zurück und macht die Anwendung von Herbiziden (Unkrautvernichtungsmitteln) überflüssig – die freilich im Hausgarten ohnedies nichts zu suchen haben sollten. Wie jede Mulchdecke schützt auch das Rindenprodukt den Boden vor Austrocknung, verbessert seinen Wärmehaushalt und unterbindet Verschlämmungen.

Rindenhumus, der wie Kompost flach in die Erde eingearbeitet wird, aktiviert die Kleinstlebewesen, erhöht dadurch die Fruchtbarkeit und unterstützt auf diese Weise das Wachstum der Pflanzen. Es handelt sich hier also nicht um einen Dünger, sondern um ein Substrat, das die Bodenbeschaffenheit günstig beeinflusst.

Die keimhemmenden Substanzen, die beim Rindenmulch zu erwünschten Nebenwirkungen führen, wurden im Rindenhumus durch Kompostierung und eine Spezialbehandlung abgebaut.

Während Torf und Rindensubstrate rein organischer Herkunft sind, handelt es sich bei zwei anderen Produkten zur Bodenverbesserung um **Kunststoffe,** also um rein chemische Erzeugnisse. Dennoch sollte das Reizwort Chemie in diesem Fall niemanden davon abhalten, je nach

Bedarf Styromull oder Hygromull in den Boden einzuarbeiten, denn diese beiden Substanzen haben durchaus ihre Vorteile.

Styromull wird aus aufgeschäumtem Polystyrol hergestellt, einem weißen Kunststoff, wie er auch in der Verpackungsindustrie in ähnlicher Form Verwendung findet. Styromull nimmt keinerlei Wasser auf, enthält aber fast 98 % Luft. Das Material ist in Kugel- oder Flockenform im Handel, lockert schwere Böden auf, sorgt damit für Erwärmung, bessere Durchlüftung und begünstigt die Wasserführung. Es besitzt also eine Dränagewirkung.

Das genaue Gegenteil bewirken Hygromull-Flocken. Die offenen Poren des porösen Materials saugen wie ein Schwamm bis zu 70 % ihres eigenen Volumens an Feuchtigkeit auf und geben sie nach und nach an die Pflanzen ab. Hygromull ist also vor allem für leichte, sandige Böden ein geeignetes Mittel, schnell abfließendes Wasser festzuhalten und dadurch eine Austrocknung zu verhindern. Das kommt nicht nur den Gewächsen direkt zugute, sondern fördert auch das Bodenleben und damit die Fruchtbarkeit, die gerade in leichten Böden oft zu wünschen übrig lässt.

Beide Materialien werden in der Erde nur langsam abgebaut, Hygromull etwas rascher als Styromull. Bodenverbesserungsmittel **mineralischen Ursprungs** sind die Gesteinsmehle, mit denen sich Sandböden verbessern und leichte pH-Wert-Anhebungen erreichen lassen. Da sie auch als Düngemittel eingesetzt werden, mehr dazu im nächsten Unterkapitel (S. 86).

Der Vollständigkeit halber sei zudem Sand erwähnt, ein preiswerter Hilfsstoff zum Lockern schwerer, stark tonhaltiger Böden.

Fruchtbarkeitsquell Kompost

Die Gewinnung von Kompost, seine Pflege und Verwendung begleiten den Gartenbau seit Anbeginn. Die verschiedensten Methoden der Kompostbereitung sind ausgetüftelt worden, seine Zusammensetzung wurde erforscht, seine Wirkung in zahllosen Experimenten untersucht.

Im eigenen Garten brauchen wir uns auf dieses Verwirrspiel der Meinungen und Anwendungsvarianten nicht einzulassen. Wir stellen uns lediglich die Fragen der Praxis und die sind nicht schwer zu beantworten.

Standort

Der Kompost sollte sich natürlich im Garten befinden und nicht in voller Sonne liegen. Zwar produzieren die im Kompost wirkenden Kleinstlebewesen durch ihre Tätigkeit selber Wärme, aber austrocknende Hitze lähmt sie ebenso, wie die winterlichen Fröste ihren Arbeitseifer vorübergehend zum Erliegen bringen. Wer sich nicht der heute überall als Fertigprodukt erhältlichen und viel Platz sparenden Kompostlegen, -tonnen oder -silos bedient, sondern eine Miete herkömmlicher Art aufsetzt, sollte den Flächenbedarf eines solchen Hügels nicht unterschätzen. Schon das notwendige Umsetzen, die Neuschichtung also, bei der das Unterste nach oben kommt, setzt reichlich Platz voraus. Außerdem muss die Kompoststelle mit der Schubkarre befahrbar sein und sie muss ungehinderten Zugang zum Beschicken mit Rohmaterial gewährleisten.

Ein Hauklotz zum Zerkleinern anfallenden Gehölzschnitts sollte möglichst direkt neben der Miete stehen. Einen Schredder oder Gartenhäcksler wird man ebenfalls am zweckmäßigsten in Kompostnähe seine Zerkleinerungsarbeit verrichten lassen. Ob vorgefertigte Lege oder freie Miete – beides muß auf „gewachsenem Boden" stehen, damit eine Verbindung zwischen Erde und Kompost hergestellt ist. Eventuell vorhandenen Plattenbelag muss man also vorher entfernen.

Kompostmaterial und Kompostzusätze

Grundsätzlich gilt: Man muss jedes grobe Material zerkleinern, bevor man es aufschichtet. Das betrifft besonders Äste und Zweige, aber auch Zeitungspapier oder Karton. Geeignet ist ansonsten – fast – alles, was sich zersetzt und was nicht mit irgendwelchen Chemikalien behandelt wurde; also Abfälle aus Küche, Haus und Garten, die zur Verrottung zusammengeführt und gemischt auf den Kompost gegeben werden. Knochen und Fleischabfälle zersetzen sich zwar auch, dieser Vorgang ist jedoch wenig appetitlich und lockt unter Umständen durch den damit verbundenen Geruch Ratten oder streunende Haustiere an. Kranke Pflanzen sollten vorsichtshalber nicht auf den Komposthaufen

Der Kompostplatz sollte wenigstens einen Teil des Tages beschattet sein

Bodenpflege und -verbesserung

Fruchtbarkeitsquell Kompost

Kompostanlage, -bereitung und Verwendung auf einen Blick.
Wichtig: Kompostgut so schichten bzw. mischen, dass grobes mit feinem, trockenes mit feuchtem Material wechselt. Als unterste Lage empfiehlt sich eine Schicht aus grob zerkleinerten Ästen

> **TIPP**
>
> **Keimfreier Kompost**
> Wer kleinere Mengen seines Komposts für spezielle Pflanzenkulturen absolut keimfrei machen will, muss das Material vor der Ausbringung mit hohen Temperaturen dämpfen. Dafür gibt es Spezialgeräte, zur Not tut es aber auch der auf 200° C aufgeheizte Backofen.

gegeben werden, weil die Keime vieler Krankheitserreger erhalten bleiben und mit dem Kompost wieder in den Garten gelangen. Unkraut, das bereits geblüht und Samen angesetzt hat, lässt man auf einem separaten Haufen völlig verrotten. Wenn auch viele Samenkörner diesen Vorgang im gut angelegten Kompost nicht überstehen, bleiben doch genug übrig, die ihre Lebenskraft keineswegs einbüßen und später im Garten wieder auskeimen.

Eine saubere, geruchfreie Verrottung ist nur möglich, wenn genügend Luft an das in der Umwandlung befindliche Material gelangen kann. Luftabschluss führt unweigerlich zu Fäulnis, es entsteht kein fruchtbarer Kompost, sondern eine stinkende, schmierige Masse ohne jeden Wert. Die Forderung nach Belüftung setzt eine lockere Schichtung und Mischung des Rottematerials voraus. Wer darauf achtet, für den sind die häufig erhobenen Fragen nach der Eignung dieses oder jenes Zusatzes weitgehend gegenstandslos. Grasschnitt, Kastanien- oder Walnusslaub können bedenkenlos kompostiert werden, wenn sie stets nur ein Teil von vielen anderen Teilen sind. Wer ganz sichergehen will, lässt diese Materialien etwas antrocknen oder verwelken, ehe er sie auf den Kompost gibt.

Wird immer wieder hauchdünn Kalk oder Gesteinsmehl zwischen die einzelnen Lagen gestreut, fördert das eine „saubere" Verrottung. Gesteinsmehle und hier vor allem die Tonminerale (vgl. S. 86) binden darüber hinaus Feuchtigkeit und regen die Aktivität der Mikroorganismen an. Das gleiche gilt für Zusätze organischen Düngers oder die Einbringung sogenannter Kompoststarter (im Handel erhältliche Produkte), mit denen der Verrottungsprozess beschleunigt werden soll. Wunder darf man von ihnen nicht erwarten. Sie können die natürlichen Abläufe unterstützen, möglicherweise fördern, nicht aber einen „Blitzkompost" zustande bringen.

Wer es sich ganz einfach machen will, wirft immer zwischendurch eine Schaufel Gartenerde oder – falls verfügbar – reifen Kompost auf das Rottematerial. Das sind die preisgünstigsten „Kompoststarter"; die darin enthaltenen Kleinstlebewesen kurbeln regelrecht die Verrottung an.

Kompostgröße

Für die Größe eines Komposthaufens lassen sich keine festen Regeln aufstellen. Bei Legen, Silos oder Komposttonnen sind die Maße vorgegeben. Der Haufen wächst mit der Menge des anfallenden Materials. Schon aus arbeitstechnischen Gründen wird man sich aber in der Höhe beschränken und keinen mannshohen Berg aufschichten. Die Länge dagegen spielt keine Rolle. In mehreren Hektar großen, ausschließlich biologisch bewirtschafteten Gemüseanlagen sind 5 m lange Mieten keine Seltenheit.

Umsetzen

Mieten diesen Ausmaßes umzusetzen, das heißt, aus dem nunmehr angerotteten Material einen neuen

Kompostmieten brauchen recht viel Platz. Ein daneben gepflanzter Kürbis schützt mit seinen großen Blättern vor Sonne und Austrocknung

Komposthaufen aufzubauen, bedeutet viel Arbeit, vom dafür benötigten Platz nicht zu reden. Umgeschichtet wird etwa 1 bis 2 Monate nach dem ersten Aufsetzen. Genaue Zeitangaben sind nicht möglich, denn der Ablauf der Verrottung hängt von der Schichtung und Art des verwendeten Rohmaterials, von der Temperatur und damit auch von der Jahreszeit ab.

„Reif", das heißt völlig in fruchtbare Erde umgewandelt, ist ein Kompost dann, wenn er eine feinkrümelige Struktur und eine dunkelbraune bis braunschwarze Farbe angenommen hat und angenehm nach Walderde duftet. Im Hausgarten wird es kaum notwendig sein, diesen Zeitpunkt in jedem Fall abzuwarten, weil sich auch die noch nicht bis zur letzten Faser verrotteten organischen Materialien als natürliche Nährstoffquelle in den Boden einbringen lassen. Die Umwandlung setzt sich dort an Ort und Stelle fort. Für empfindliche Pflanzenkulturen und Jungpflanzen

Bodenpflege und -verbesserung

Fruchtbarkeitsquell Kompost

sollte freilich noch in der Entwicklung begriffener Kompost nicht verwendet werden.

Kompostverwendung
Oberstes Gebot bei der Verwendung von Kompost: er wird nie untergegraben, sondern über die Beete verteilt und dann flach eingeharkt. Denn die Lebewesen im Kompost, die den Gartenboden fruchtbar machen, entfalten sich nur in einem luftumspülten Milieu. In den Tiefen des Bodens bewirkt Kompost überhaupt nichts.

Ideal wäre es, den natürlichen Dünger im Herbst fingerbreit auf die abgeernteten Beete zu streuen und die gesamte Fläche anschließend mit organischem Material – Laub, Stroh, zerkleinerte Gartenabfälle oder Rindenmulch – abzudecken. In der Praxis wird das allenfalls auf ausgesuchten kleinen Beetstücken möglich sein, weil das notwendige Abdeckmaterial (Mulch) nicht verfügbar ist. Ähnlich funktioniert die so genannte **Flächenkompostierung**, bei der das im Garten anfallende Grünmaterial nicht den Umweg über den Kompost nimmt, sondern im Herbst direkt auf die frei gewordenen Beete gebracht und dort nach und nach verrottend zu Kompost wird. Zwischen Flächenkompostierung und Mulchen besteht im Grunde genommen kaum ein Unterschied.

Mulchen und Gründüngung

Auch bei diesen beiden Methoden der Bodenpflege folgt der Gärtner der Natur, die, außer in Felsregionen, kein Stück Erde unbedeckt lässt. Alles, was verwelkt und vergeht, bleibt liegen, verrottet allmählich und schafft dadurch die gewünschte immer währende Humusschicht mit stetiger Fruchtbarkeit.

Nichts anderes streben wir an, wenn wir unseren Beeten eine Mulchdecke geben. Beim **Mulchen** wird die oberste Bodenschicht mit organischem Material abgedeckt, unter dem die Erde feucht und locker bleibt, Unkraut nicht so schnell hochkommt und durch die Verrottung ein oberflächiges Nährstoffpotential aufgebaut wird. Als Mulchmaterialien kommen unter anderen infrage: Grasschnitt, bei der Ernte oder beim Säubern anfallende Pflanzenteile, Stroh, Kompost, Stallmist oder Rindenmulch.

Im Gegensatz zur Flächenkompostierung im Herbst wird das ganze Jahr über gemulcht. Und da es während der Vegetationsperiode kaum ein Beet gibt, das längere Zeit nicht bebaut wird, bedeutet das: man gibt die Mulchabdeckung vor allem wachsenden Kulturen, streut überall dort organisches Material auf den Boden, wo er nicht direkt vom Blattwerk der angebauten Gewächse beschattet wird und unzugänglich ist, zwischen die Reihen der Gemüsepflanzen ebenso wie auf das Staudenbeet, die Blumenrabatte und die Gewürzkräuterecke.

Dass gemulchte Beete zunächst nicht so blitzsauber aussehen wie unabgedeckte, ist bald vergessen, wenn nach dem Abräumen ein lockerer, feuchter und „duftender" Boden zum Vorschein kommt, der keiner besonderen Pflege mehr bedarf. Außerdem ist vom Mulch schon bald nichts mehr zu sehen, wenn die auf ihm stehenden Pflanzen größer und dichter werden und die Verrottung voranschreitet.

Bei der **Gründüngung** werden spezielle, schnell wachsende Pflanzen oder Pflanzenmischungen auf freie Flächen und Beete ausgesät, beschatten mit ihrem Blattwerk schon bald den Boden, während die Wurzeln das Erdreich, teilweise einige Meter tief, durchdringen und auflockern.

Nach dem Abschneiden oder Abfrieren erhöhen die verrottenden Pflanzenreste den Humus- wie Nährstoffgehalt des Bodens, deshalb die Bezeichnung „Gründüngung".

Eine Mulchdecke sorgt im Blumen- wie im Gemüsebeet für Humusnachschub und unterdrückt zudem Unkräuter

Bodenpflege und -verbesserung

Mulchen und Gründüngung

Gründüngungsmischungen aus verschiedenen Pflanzen tragen häufig bezeichnende Namen wie „Schnellgrüner"

Phacelia, eine zierende Gründüngungspflanze und gute Bienenweide

Sät man Leguminosen wie Alexandrinerklee oder Bitterlupine aus, nehmen die an ihren Wurzeln lebenden Knöllchenbakterien den Stickstoff der Luft auf und reichern den Boden in erheblichem Maße mit diesem lebensnotwendigen Nährstoff an.

Besondere Bedeutung kommt der Gründüngung auf Neubaugrundstücken zu, deren Böden durch die Bauarbeiten häufig extrem verdichtet sind. Hier vollbringen lockerndes Wurzelwerk mit Tiefenwirkung und Humus bildende, verrottende Grünmasse wahre Wunder der Fruchtbarmachung, die alle anderen Bodenverbesserungsmaßnahmen in den Schatten stellen.

Die im Samenfachhandel erhältlichen, fertigen Gründüngungsmischungen sind so zusammengestellt, dass sie auf jeweils verschiedene Bodenarten oder Gartensituationen eine ganz spezielle Einwirkung haben. So gibt es Pflanzenkombinationen für leichte wie für schwere Böden, solche, die besonders schnell wachsen und für eine rasche Begrünung sorgen und wieder andere, mit denen der Boden „desinfiziert" wird. Diese entseuchende Wirkung richtet sich vor allem gegen die winzigen Bodenälchen, die im Hausgarten nur schwer zu bekämpfen sind.

Die meisten Gründüngungspflanzen können von April bis August, teils auch noch Anfang September ausgesät werden. Frühjahrs- oder Sommeraussaat kommt vor allem bei Neuanlagen infrage, im Gemüsegarten wird man dagegen meist den Spätsommertermin wählen, da die Beete ja während des Jahres genutzt werden.

Nicht winterharte Gründüngungspflanzen wie Phacelia, Lupine oder Sommerwicke gehen mit den ersten Frösten zugrunde, ihre Reste sind bis zur Frühjahrsbestellung weitgehend verschwunden und stören beim Anbau ebenso wenig wie die noch im Boden befindlichen Wurzelstücke.

Zu den Boden verbessernden, meist winterharten Gründüngungsgewächsen, die man im Herbst aussät und auf dem Beet bis zum Frühjahr weiterwachsen lässt, gehören Raps, Ölrettich, Winterwicke, Serradella sowie unsere bekannten Blattgemüse Feldsalat und Spinat. Hier sind es vor allem die Wurzeln, die das Erdreich lockern, die Bodengare fördern und die winterliche Auswaschung der Nährstoffe mindern.

All diese Pflanzen werden im Frühjahr abgeschnitten. Die Grünmasse wandert auf den Kompost oder wird zum Mulchen verwendet. Was an Blatt- und Stängelresten danach noch übriggeblieben ist, kann man schließlich mit der Grabegabel flach einarbeiten.

> **INFO**
>
> **Vorsicht bei Kreuzblütlern**
> Die Gründüngungspflanzen Senf, Ölrettich und Raps gehören wie Kohlgemüse zur Familie der Kreuzblütler. Man sollte sie nicht direkt vor Kohl einsetzen, um dem Auftreten der Kohlhernie vorzubeugen. Diese schwer bekämpfbare Krankheit wird durch Daueranbau von Kreuzblütlern gefördert.

Pflanzenernährung und Düngung

Wildpflanzen kommen häufig mit geringem Nährstoffangebot aus. Sollen Wildblumen im Garten gedeihen, muss oft zuerst der Boden „abgemagert" werden

Wie jedes andere Lebewesen auch benötigt die Pflanze zum Leben Nährstoffe, die wir unseren Kulturgewächsen durch Dünger zur Verfügung stellen. Pflanzen in freier Natur brauchen das nicht, weil sie durch den schon geschilderten Kreislauf von Vergehen und wieder neu Aufbauen genügend Reserven im Boden vorfinden, die sich ständig ergänzen. Kulturböden verfügen wegen der intensiven Nutzung in der Regel nicht über derart „unerschöpfliche Vorräte"; der Bedarf der hier angebauten Gewächse unterscheidet sich jedoch grundsätzlich nicht von dem der Wildpflanzen.

Die **Hauptnährstoffe** der Pflanzen sind Stickstoff, Phosphor und Kalium. Jeder dieser Nährstoffe hat für die einzelnen Funktionen der Pflanze eine ganz spezielle Bedeutung, auf die im Folgenden noch näher eingegangen wird. Deshalb ist auch eine Unterversorgung z. B. mit Stickstoff nicht durch eine entsprechend höhere Dosis Phosphor oder Kalium auszugleichen – und umgekehrt. Der Chemiker Justus von Liebig hat das schon vor mehr als 100 Jahren in seinem berühmten „Gesetz vom Minimum" formuliert. Es besagt nichts anderes als: mögen auch – bis auf einen – alle für das Pflanzenleben notwendigen Nährstoffe im Überfluss vorhanden sein – das Fehlen dieser einen Komponente wird zum Verkümmern des Gewächses führen. Das gilt mehr oder weniger auch für alle anderen Nährstoffe und -elemente, die nicht zu den Hauptnährstoffen zählen. Neben diesen brauchen Pflanzen, wenn auch in geringerer Menge, Kalzium, Magnesium und Eisen. Teils werden sie ebenfalls zu den Hauptnährstoffen gerechnet. **Spurenelemente** benötigen die Pflanzen nur in geringster Dosierung, in Spuren eben. Hierzu zählen unter anderen Zinn, Zink, Mangan, Bor und Kupfer.

Mineralisch oder organisch?

Die meisten der eben genannten Nährstoffe können nur über die Wurzeln in die einzelnen Pflanzenteile gelangen, wohin sie mit dem Saftstrom transportiert werden. Verfügbar sind sie allein in anorganischer, also mineralisierter Form. In der Natur wird diese Umwandlung von organischer in anorganische Materie durch die Bodenlebewesen vollzogen. Damit das funktioniert, damit auch die für die Aufnahme zuständigen feinen Wurzelhärchen und Saugwurzeln ihre Aufgabe wahrnehmen können, muss der Boden feucht und sauerstoffhaltig, also locker sein. Das gilt auch für die Aufnahme von Mineraldüngern, die industriell so aufgeschlossen werden, dass es einer Umsetzung durch die Bodenorganismen nicht mehr bedarf. Die Wurzeln säßen andernfalls sozusagen vor „vollen Fleischtöpfen", aus denen sie sich aber nicht bedienen können, weil die Nährstoffe nur über das Transportmittel an ihren Bestimmungsort gelangen können. Auch Mineraldünger wird erst dann voll wirksam, wenn Bodenbeschaffenheit und Wasserführung stimmen.

Hier schließt sich also der Kreis. Und dabei sollte deutlich werden, dass der teilweise leidenschaftlich ausgetragene Streit um herkömmliche oder organische Düngung in dieser Schärfe gar nicht geführt werden muss. Um die Bedeutung eines gesunden, fruchtbaren Gartenbodens weiß jedermann. Ein vernünftiger Einsatz mineralischer Düngemittel steht dem keineswegs entgegen, denn sie sind nicht „künstlicher" als die Stoffe, die die Kleinlebewesen aus organischer Materie produzieren. Das Endprodukt, auf das es den Pflanzen allein ankommt, ist in jedem Fall identisch. Ein guter Mittelweg ist, wie in so vielen Dingen, der richtige.

Wer die Erde in seinem Garten regelmäßig mit organischem Material anreichert, Kompost- und Gründüngungswirtschaft betreibt, abgeernteten Beete sofort wieder neu bestellt, um Austrocknung, Auswaschung und Verarmung zu vermeiden Mulchdecken aufbringt und Monokulturen meidet, wird getrost auch mineralisch düngen können, ohne dass Ertrag und Fruchtqualität darunter leiden. Dies selbstverständlich unter der Voraussetzung, dass nicht im Übermaß und jeweils zum richtigen Zeitpunkt gedüngt wird.

Im Blickpunkt: die Hauptnährstoffe

Beim Wachstum und Stoffwechsel der Pflanzen fallen den einzelnen Nährstoffen verschiedene Aufgaben zu, jeder für sich ist für ganz unterschiedliche Lebens- und Wachstumsprozesse verantwortlich. Hier können nur kurz die Hauptnährstoffe vorgestellt werden, wobei auch Kalk als wichtiger „Bodendünger" mit berücksichtigt ist. Die Abkürzungen der Nährelemente sind jeweils in Klammer angefügt, man stößt auf sie z. B. in Prospekten oder auf Düngemittelpackungen.

Stickstoff (N)

Stickstoff ist etwas in Verruf geraten, weil er zur Bildung von Nitraten beiträgt, die wiederum im Körper in gesundheitsschädigende Nitrosamine umgewandelt werden. Dennoch ist gerade Stickstoff für jede Pflanze lebenswichtig, denn er fördert die Blattbildung, ist zum Aufbau der Eiweißverbindungen unabdingbar und regt das Wachstum an. Diese letztgenannte Eigenschaft ist übrigens der Grund dafür, weshalb man Gehölze im Herbst nicht mehr mit stickstoffbetonten Düngern versorgen soll. Werden verholzte Gewächse vor dem Winter zum Wachstum angeregt, kann das Holz nicht mehr ausreifen, die Bäume und Sträucher tragen eher Frostschäden davon. Auch die ohnedies etwas umstrittene letzte Rasendüngung im Oktober sollte, wenn überhaupt, nur mit stickstoffarmen Nährstoffkombinationen vorgenommen werden.

Um eine übermäßige Nitratanreicherung vor allem bei Blattgemüse zu vermeiden, kann man bereits vorsorglich einiges tun: nicht zu eng säen oder pflanzen; etwa ab 2 Wochen vor der voraussichtlichen Ernte die Beete häufiger gießen und nicht mehr hacken; Gemüse voll ausgereift ernten, am besten nach einigen Sonnentagen und abends. Treibgemüse ist in der Regel nitrathaltiger als solches vom Freilandbeet, deshalb die Kulturzeit unter Glas und Folie möglichst verkürzen und diese Hilfsmittel nur zur Jungpflanzenanzucht und für empfindliches Fruchtgemüse nutzen (wie Auberginen, Tomaten, Paprika und Melonen).

Gehölze sollten im Herbst keine Stickstoffdüngung mehr erhalten, sonst drohen Frostschäden am unausgereiften Neuaustrieb

---

Pflanzenernährung und Düngung

Mineralisch oder organisch?

Hauptnährstoffe

Phosphor (P)

Phosphor ist bereits im Samenkorn enthalten, wo er zur Keimung benötigt wird. Außerdem fördert er die Blütenbildung und ist unerlässlich für die Photosynthese. Dünger für Blütenpflanzen enthalten deshalb mehr Phosphor als Stickstoff, während sein Anteil in den Mehrnährstoffdüngern nicht so hoch bemessen ist. Unsere Gartenböden verfügen meist über so viel Phosphor, dass nur Verbrauchtes ersetzt, also nicht aufgedüngt werden muß.
In der Pflanzenernährung geht es nicht um reinen Phosphor, sondern um dessen Salze, die **Phosphate**; man findet dafür zuweilen das Kürzel P_2O_5.

Kalium (K)

Kalium kräftigt das Pflanzengewebe und ist entscheidend an der Bildung der Kohlenhydrate beteiligt. Deshalb ist Kalium nach Stickstoff und Phosphor als dritte Komponente in allen Misch- oder Mehrnährstoffdüngern enthalten. Bei der Ausbringung spezieller Kalidünger muss man etwas vorsichtig sein, weil bei zu viel Kalium das Magnesium nicht mehr zum Zuge kommt und dadurch Mangelerscheinungen bei den Gartenpflanzen hervorgerufen werden können.
Weil der Nährstoff als Kalium- bzw. Kalisalz gedüngt wird, spricht man oft auch von **Kali** (Kürzel: K_2O).

Kalzium (Ca)

Anders als mit den Vorgenannten verhält es sich mit Kalzium (Kalk), das eigentlich kein Düngemittel im herkömmlichen Sinne ist. Doch ohne genügend Kalk gibt es keinen fruchtbaren Boden, weil Kalk Struktur, Säuregrad und Gare des Erdreichs entscheidend mit beeinflusst. Für Pflanzen schädliche Säuren werden durch Kalk gebunden, die Erde erhält eine gute Krümelstruktur und schließlich stabilisiert und kräftigt er das pflanzliche Gewebe.
Eine so genannte Erholungskalkung, bei der man den verbrauchten Kalkgehalt des Gartenbodens wieder ergänzt, kann jährlich mit 5 g/m² kohlensaurem Kalk vorgenommen werden. Alternativ können auch kalkhaltige Gesteinsmehle (vgl. S. 86) zum Einsatz kommen.

Beispiel Tomate: Stickstoff ist für das Wachstum notwendig, Phosphor fördert Blüte, Fruchtansatz und Abreife, Kalium verbessert unter anderem die Haltbarkeit

Düngemittel

Grob unterteilt stehen uns zwei Arten von Düngern zur Verfügung: mineralische und organische Düngemittel. Das Ziel, unsere Pflanzen mit Nahrung zu versorgen, wird mit beiden erreicht, nur die Wege dorthin unterscheiden sich voneinander. Wie das im Einzelnen vor sich geht, wurde bereits auf S. 82/83 kurz beschrieben. Mineraldünger enthält demnach die für die Gewächse lebensnotwendigen Elemente in „reiner" Form, sie sind so weit „aufgeschlossen", dass sie von den Wurzeln sofort aufgenommen werden können, also bereits bald nach der Ausbringung Wirkung zeigen.
Bei organischen Düngern – früher waren das in erster Linie Stallmist und Jauche – dauert es länger. Hier müssen die Elemente Stickstoff, Phosphor, Kalium und auch andere Nährstoffe zunächst einmal freigesetzt, aus dem Trägermaterial herausgelöst werden. Das bewerkstelligen die Lebewesen des Bodens, vom Regenwurm bis zum mikroskopisch kleinen Einzeller. Erst nach diesem Zersetzungsprozess können die Pflanzenwurzeln sich holen, was sie für die richtige Ernährung des Gewächses brauchen.

Mineralische Mehrnährstoffdünger

Alle Düngemittel, die Stickstoff (N), Phosphor (P) und Kalium (K) enthalten, werden heute als Mehrnährstoff- oder NPK-Dünger bezeichnet, wobei die jeweiligen Anteile an Hauptnährstoffen unterschiedlich sein können. Früher trugen sie das Etikett Misch- oder Volldünger. Den meisten dieser modernen Mischungen sind außerdem noch geringe Mengen Magnesium (Mg), Eisen (Fe) und Spurenelemente beigegeben. Zu ihnen gehören Zink, Mangan, Bor und Kupfer. Die Pflanzen benötigen davon nur winzige Mengen, Mangelerscheinungen durch eine Unterversorgung mit diesen Stoffen fallen im Garten meist nicht so stark ins Gewicht bzw. zeigen sich erst längerfristig.

Einzeldünger

Außer den Mehrnährstoffdüngern gibt es Einzeldünger, bei denen das Schwergewicht auf einem einzigen Nährstoff liegt, so z. B. reine Stick-

> **TIPP**
>
> **Tierische Düngemittel**
> Frischer Mist sollte, soweit überhaupt verfügbar, nicht direkt aufs Beet gelangen, sondern zunächst kompostiert werden oder zumindest eine Vorrotte durchmachen. Trockenmist bzw. -dung ist wegen der relativ hohen Nährstoffgehalte nur sparsam auszubringen oder wird als Jauche angesetzt und dann verdünnt ausgebracht.

Pflanzenernährung und Düngung

Düngemittel

Flüssigdünger werden einfach mit der Gießkanne ausgebracht, gekörnte Düngemittel oberflächig eingearbeitet. Man sollte nur bei trübem Wetter und auf leicht feuchten Böden düngen

stoffdünger wie Ammoniumsulfat oder -nitrat, Kalksalpeter oder schwefelsaures Ammoniak. Unter den Phosphordüngern sind Superphosphat und Thomasmehl zu nennen, Letzteres mit gleichzeitig hohem Kalkanteil, bei den Kaliumdüngern Patentkali und Kaliumsulfat. Branntkalk, kohlensaurer Kalk und Löschkalk sind die geläufigsten Kalkdünger.

Weiterhin fallen in diese Kategorie Magnesiumdünger wie Bittersalz sowie Eisendünger. Meist flüssig ausgebracht, dienen sie zur Behebung akuter Mangelerscheinungen.

Organische Dünger

Organische Handelsdünger werden industriell aus tierischen Abfallprodukten (Blutmehl, Horn- und Knochenspäne bzw. -mehl) und aus Tierexkrementen hergestellt (getrockneter Rinder-, Hühner- und Pferdemist, Peru-Guano aus dem Kot von Seevögeln). Sie enthalten meist viel Stickstoff und Phosphor, sind aber kaliumarm. Um diesen Mangel auszugleichen, werden organischen Düngemitteln Kaliumsalze beigemischt. Sie gelangen dann als so genannte organisch-mineralische Dünger in den Handel.

Organisch gebundene Nährstoffe haben den Vorteil, dass eine Überdüngung mit ihnen kaum möglich, eine Versalzung des Bodens also ausgeschlossen ist. Organische Dünger tragen wesentlich zur Bodenfruchtbarkeit bei, weil sie die Mikroorganismen aktivieren.

Neben all diesen Kombinationen – organische und organisch-mineralische sowie mineralische Handelsdünger – gibt es noch die **Wirtschaftsdünger** wie Stallmist, die heute allerdings im Hausgarten kaum mehr eine Rolle spielen. Auch den Gartenkompost kann man als „Wirtschaftsdünger" ansehen, wobei der Gehalt an Hauptnährstoffen recht gering ausfällt und sehr stark vom jeweiligen Ausgangsmate-

Nährstoffgehalte organischer Düngemittel in %

Dünger	N	P	K	Ca	Mg
Blutmehl	10–14	1,5	0,8	1,0	–
Hornmehl	10–12	5,0	–	6,0	–
Knochenmehl	6	20	0,3	29,0	–
Peru-Guano	6	12	2	–	–
Hühnermist (getrocknet)	5	5	1	–	0,2
Rindermist (frisch)	0,6	0,2	0,4	0,4	0,2
Pferdemist (frisch)	0,5	0,2	0,4	–	–

rial abhängt. Als Lieferant der ganzen Palette an Spurenelementen ist Kompost allerdings unschlagbar; auch deshalb sollte er möglichst als Ergänzung bzw. Grundlage jeglicher Art von Düngung eingesetzt werden. Weitere Möglichkeiten der organischen Düngung sind, wie bereits beschrieben, Mulchen und Gründüngung sowie Gesteinsmehle und Pflanzenjauchen.

Grund- und Kopfdüngung

Die Düngemittel kann man den Gartenpflanzen auf zwei Wegen zukommen lassen: in Form der Grunddüngung oder als Kopfdüngung. Die **Grund- und Vorratsdüngung** wird vor der Aussaat oder Pflanzung in den Boden eingearbeitet. Da eine Grunddüngung die Kulturen möglichst über die ganze Vegetationszeit hinweg kontinuierlich mit Nährstoffen versorgen soll, sind organische, langsam wirkende Dünger dafür besonders gut geeignet. Bei mineralischen Mehrnährstoffkombinationen muss man sich vor einer Überdosierung in Acht nehmen, weil eine zu hohe Salzkonzentration im Boden die Pflanzen rasch schädigt.

Leider verführt die Vorstellung, der Dünger müsse das ganze Jahr über reichen, nur zu leicht zu Fehleinschätzungen. Als Faustregel kann gelten: 50 g/m² Mineraldünger nicht überschreiten. Dieser Wert kann nach oben oder unten variieren, je nachdem, ob man es mit Stark- oder mit Schwachzehrern zu tun hat. Eine Grunddüngung mit Einzeldüngern sollte nur vorgenommen werden, falls durch eine Bodenuntersuchung exakt ermittelt wurde, ob und woran tatsächlich akuter Mangel herrscht. Bei einer kontinuierlichen Versorgung mit organischen oder mineralischen Volldüngern wird eine Einzeldüngung kaum notwendig sein.

Eine zweite Möglichkeit, die Pflanzen zu ernähren, ist die so genannte **Kopfdüngung**. Sie wird gezielt während der Vegetationszeit dort gegeben, wo die Nährstoffe der Grunddüngung allein nicht mehr ausreichen. Gurken und Zucchini z. B. sollen immer wieder nachgedüngt werden, damit es keine Unterbrechung bei der Fruchtausbildung gibt. Für eine derartige Düngung kommen z. B. Pflanzenjauchen oder in Wasser aufgelöste mineralische Mittel infrage. Wird der Dünger trocken ausgestreut, muss sofort nachgewässert werden, damit keine Ätzschäden auf den Blättern auftreten. Grundsätzlich werden bei der Kopfdüngung nur geringe Gaben bzw. schwache Konzentrationen verabreicht, um eine schädliche Überversorgung zu vermeiden.

Naturnahe Pflanzenstärkung

Gesteinsmehle und Pflanzenjauchen, um die es hier gehen soll, stellen quasi das Bindeglied zum nachfolgenden Kapitel „Pflanzenschutz" dar. Sie werden teils als Dünger, teils zur Schädlings- und Krankheitsbekämpfung eingesetzt. Ursprünglich von Biogärtnern erprobt, finden diese Hilfsmittel heute in vielen Gärten Verwendung, auch dort, wo nicht streng „alternativ" gewirtschaftet wird.

Gesteinsmehle

Weder die zu feinem Staub zermahlenen Granit- oder Basaltsteine noch die Tonmehle, nach ihren Vorkommen in Frankreich und den USA als „Montmorillonit" oder „Bentonit" im Gartenfachhandel erhältlich, sind im eigentlichen Sinne Dünger. Aber durch ihren Gehalt an Mineralstoffen und Spurenelementen sowie die hohe Quellfähigkeit (Tonmehle bzw. -minerale) üben sie eine positive Wirkung auf den Gartenboden und sein Mikroleben aus. Außerdem werden Wasser und Nährstoffe gespeichert, was vor allem leichten Sandböden zugute kommt.

Der große Vorteil der Gesteinsmehle besteht auch darin, dass man mit ihnen eigentlich nichts falsch machen kann. Nur sollte man einem kalkhaltigen Boden nicht noch kalkbetontes Steinmehl zuführen. Ausgebracht werden diese Mineralien das ganze Jahr über, z. B. vor der Aussaat fein über das Beet gestäubt oder ins Pflanzloch gegeben. Der Kompost erhält immer wieder eine Steinmehlprise auf die einzelnen Lagen, der Zusatz zu Pflanzenjauchen hat nicht nur geruchsmindernde, sondern auch die Düngekraft verstärkende Wirkung und schließlich werden Gesteinsmehle auch bei der Krankheits- und Schädlingsbekämpfung angewendet. Das beginnt bereits mit der Schnecken-

Gesteinsmehle werden oft als Zugabe zu stärkenden Pflanzenjauchen verwendet

abwehr. Dünn rings um gefährdete Kulturen ausgestreut, hindert der trockene Staub diese Tiere am Darüberkriechen. Dies funktioniert freilich nur bis zum ersten Regen. In einen porösen Stoffbeutel gefüllt und über die Pflanzen gestäubt, sollen Steinmehle vor Pilzbefall schützen, ebenso als Spritzbrühe mit Wasser verdünnt Blattläuse vertreiben. Schließlich wird von erfahrenen Biogärtnern empfohlen, den zur Schädlingsbekämpfung ausgebrachten Wildkräuterkonzentraten stets etwas Gesteinsmehl zuzusetzen.

Neben den Steinmehlen mit ihren den Boden stabilisierenden Wirkungsweisen gibt es heute eine Reihe weiterer biologischer Produkte, die indirekt oder direkt der Pflanzenernährung dienen. Dazu gehören Algendünger ebenso wie die bereits erwähnten Horn-, Knochen- und Blutmehle. Wer die unmittelbare Ausbringung dieser Einzeldünger nicht riskieren möchte, gibt sie dem Kompost zu, der dadurch noch vielseitiger wird.

Pflanzenjauchen

Versierte Biogärtner haben aufgrund jahrelangen Experimentierens spezielle Konzentrationen und Mischungen ausgetüftelt, die verschiedensten Anwendungsmöglichkeiten als Dünge-, Krankheits- und Schädlingsbekämpfungsmittel ausprobiert. Da hinsichtlich der Wirkung, vor allem aber ihrer Ursachen noch wenige gesicherte wissenschaftliche Erkenntnisse vorliegen, bleibt die Arbeit mit pflanzlichen Konzentraten weitgehend der Experimentierfreudigkeit des Einzelnen überlassen.

Stellvertretend für alle anderen möglichen, aus speziellen Gewächsen hergestellten Jauchen soll hier die Brennnesseljauche stehen. Sie wird

Herstellung von Brennnesseljauche

am häufigsten verwendet, ihre Wirkung als Düngungs- und Kräftigungsmittel ist kaum umstritten und das Ausgangsmaterial, die Kleine und Große Brennnessel, am leichtesten zu beschaffen. Gesammelt wird, bevor die Pflanzen Samen angesetzt haben, weil dann die meisten Wirkstoffe in den grünen Teilen, Blättern wie Stängeln, gespeichert sind. Als Faustregel, von der sich andere Mengen ableiten lassen, gilt: 10 kg grüne Brennnesselteile auf 100 Liter Wasser. Um die Wirkung zu erhöhen, sollte Regenwasser verwendet werden. Ist das nicht möglich, lässt man das Leitungswasser vor Gebrauch einige Tage abstehen. Als Behälter eignen sich Plastik-, Holz- oder Steingutgefäße. Bei Metall können durch chemische Reaktionen unerwünschte Nebenwirkungen auftreten.

Am besten aufgehoben ist der Jauchebehälter in der Nähe des Komposthaufens, jedenfalls nicht in der Nachbarschaft von Terrasse oder Sitzplatz, weil sich die Geruchsentwicklung des Gärwassers auch durch Hinzufügen von ein paar Handvoll Gesteinsmehl oder einigen Tropfen Baldrianextrakt nicht ganz unterbinden lässt. Auf das Gefäß kommt eine luftdurchlässige Abdeckung! Mindestens einmal täglich, besser morgens und abends, muss man die Mischung kräftig umrühren. Sauerstoff beschleunigt den Gärvorgang. Je nach Witterung ist die Gärung nach 1 bis 2 Wochen beendet, die Brühe wird klar und kann nun im Verhältnis 1 : 10 mit Wasser verdünnt direkt an die Pflanzen gegossen werden.

Wer die Brennnesseljauche mit der Spritze ausbringen möchte, seiht sie vor Gebrauch durch. Die vergorenen Pflanzenteile sind ein hervorragender Zusatz für den Kompost.

Pflanzenernährung und Düngung

Grund- und Kopfdüngung

Naturnahe Pflanzenstärkung

INFO

Weitere „Rohstoffe" ...
... für stärkende Pflanzenjauchen sind: Ackerschachtelhalm, Beinwell, Hirtentäschelkraut, Tomatenblätter, Zwiebel und Knoblauch.

Pflanzenschutz

Es klingt einigermaßen paradox, im Zusammenhang mit Pflanzenschutz darauf hinzuweisen, dass Schädlinge ein notwendiges Übel sind, wobei die Betonung auf „notwendig" liegt. Einen Gärtner mit einer derartigen Behauptung zu konfrontieren, während er gerade seine von Raupen zerfressenen Kohlköpfe betrachtet, wäre unklug. Wenn man aber diesen Standpunkt mit Blick auf das große Zusammenspiel der natürlichen Abläufe vertritt, stimmt er. Das „Ökosystem Garten" ist allerdings immer ein künstliches, auch wenn naturnah gegärtnert wird. Man kann sich zwar erstaunlich oft, aber eben doch nicht immer darauf verlassen, dass sich ein Gleichgewicht zwischen allen Organismen im Garten einstellt, die wir aus gutem Grund in nützliche und schädliche unterteilen. Zumindest kommt dieser Ausgleich nicht unbedingt rechtzeitig genug, um die bedrohten Gemüsepflanzen oder Stauden zu retten.

Gut gemeinte Toleranz gegenüber allem, was da kreucht und fleucht, ist nur die eine Seite der grünen Medaille, vernünftige Fürsorge, die den Kulturpflanzen gilt, die andere. Beides schließt einander keineswegs aus, gefragt ist die Verhältnismäßigkeit der angewandten Mittel und Methoden und das Wissen um die Zusammenhänge.

Hat man mutmaßliche Schädigungen festgestellt, muss zunächst einmal der Verursacher bestimmt werden und man muss abwarten und abwägen, ob es überhaupt notwendig ist, dagegen anzugehen. Einige Blätter mit Fraßstellen, eine kleine Blattlauskolonie an einem Rosentrieb müssen noch kein Alarmzeichen sein, sollten aber sorgfältig beobachtet werden. Manchmal verschwindet der Spuk aus unerklärlichen Gründen von selber oder der Befall bleibt weiterhin unerheblich. Nicht selten jedoch bahnt sich auch ein gefährlicher Befallsdruck an.

Kulturfehler und Fehldiagnosen

Längst nicht alle mit Sorge beobachteten Störungen im Pflanzenleben werden von tierischen Schädigern oder pilzlichen Krankheitserregern, durch Viren oder Bakterien hervorgerufen. Die Ursachen können auch andere sein.

Frost- und Trockenschäden beispielsweise machen sich oft erst bemerkbar, wenn der Winter längst vorüber ist. Gießfehler über einen längeren Zeitraum hinweg werden nur selten als solche erkannt und Nährstoffmangel oder Überdüngung als Grund für Fehlentwicklungen übersehen.

Am häufigsten werden falsche Diagnosen bei Nadelbäumen gestellt. Nichtparasitäre Nadelanomalien oder Nadelfall kommen hier relativ häufig vor und können verschiedene Ursachen haben. Düngefehler sind ebenso möglich wie Schädigungen wegen eines falschen Standorts, vor allem aber wird immer wieder ein gestörter Wasserhaushalt im Boden als Schadensursache ausgemacht. Erfahrene Dendrologen (Gehölzkundler) empfehlen deshalb, bei offensichtlich kränkelnden Koniferen ohne sichtbaren Schaderreger neben dem Stamm aufzugraben und die Bodenbeschaffenheit im Wurzelbereich zu überprüfen. Ist die Erde hier sehr nass oder krümelig trocken, muss man durch Einbringen einer Dränageschicht bzw. nachhaltiges Wässern Abhilfe schaffen. Verheerende Folgen im Garten hat das unsachgemäße Ausbringen von Herbiziden (Unkrautvernichtungsmitteln). Manchmal soll nur ein Plattenweg oder ein Wäschetrockenplatz hinter dem Haus auf diese arbeitssparende Art von lästigen Unkräutern gesäubert werden. Dabei

Kein Garten bleibt ganz von Schädlingen und Krankheiten verschont. Doch durch Vorbeugung und „Früherkennung" lassen sich Plagegeister meist ohne rabiate Methoden im Zaum halten

> **INFO**
>
> **Natürlicher Nadelfall**
> Wenige Hobbygärtner wissen, dass auch alle Nadelgehölze nach einer gewissen Zeit ihre Blättchen fallen lassen und das Nadelkleid wechseln. Das kann, je nach Gehölzart, alle 3, 6 oder auch 10 Jahre der Fall sein.

Pflanzenschutz

Kulturfehler und Fehldiagnosen

Vorbeugende Maßnahmen

Genügend große Pflanzenabstände, Mischkultur und gute Bodenstruktur lassen Gemüsekrankheiten und -schädlingen wenig Chancen

wird dann nicht an die Abdrift durch Wind beim Spritzen oder die Ausschwemmung von Giftstoffen in nahe gelegene Gartenteile beim Gießen gedacht. Vertrocknen danach plötzlich an den Ziersträuchern die Blätter oder welken die Prachtstauden in der Rabatte dahin, gibt der Gartenbesitzer nicht selten noch „eins drauf", indem er wahllos und „für alle Fälle" ein Insektizid über die ohnedies um ihre Existenz ringenden Pflanzen sprüht.

Vorbeugende Maßnahmen

Wie wichtig ein lebendiger, gesunder Boden für das Pflanzenleben ist, wurde bereits mehrfach betont. Doch das allein genügt noch nicht. Der beste Pflanzenschutz ist nach wie vor das Wissen um die jeweils richtige Kulturmethode, um die Ansprüche der einzelnen Arten und Sorten, die im Garten wachsen sollen.

Wer z. B. einen Obstbaum pflanzt, sollte sich vorher darüber informieren, ob das Gehölz kalkverträglich ist, welchen Boden es wünscht, ob Sonnenlage notwendig ist oder auch noch etwas Schatten vertragen wird. Das trifft im weitesten Sinne auf alle Gartenpflanzen zu, an die nicht nur wir spezielle, meist hohe Anforderungen stellen, sondern die auch uns gegenüber ihre Ansprüche haben. Gesunde Gewächse können wir nur erwarten, wenn diese Wünsche erfüllt werden.

Diese Vorsorge macht auch vor dem Gemüsebeet nicht Halt. Neben einer guten Bodenstruktur spielen hier die Abstände zwischen den Pflanzen

Hier waren weder Insekten noch Schadpilze am Werk, der Rhododendron zeigt vielmehr Trockenschäden

hinsichtlich des Befalls durch Krankheiten und Schädlinge eine entscheidende Rolle. Im Zweifelsfall ist der weitere Abstand immer der richtigere, denn nichts begünstigt tierische oder pilzliche Schaderreger mehr als schwülwarmes Klima zwischen Stängeln und Blättern. Deshalb ist auch ein von allen Seiten durch Hecken oder Mauern umschlossenes Gemüsebeet keineswegs ein idealer Platz. Schließlich kommen die fortlaufenden Kulturmaßnahmen hinzu, von denen die Gewächse profitieren und durch die ein Schadensbefall gemindert oder verhindert wird. Wässern in ausreichender Menge und zur richtigen Zeit kann im Sommer das ausschlaggebende Kriterium für Erfolge oder Mißerfolge beim Anbau sein.

Ein weiteres Problem, das es zu lösen gilt, ist das der richtigen Düngung. Eine Überversorgung mit Nährstoffen kann sich ebenso ver-

Wer dichte Hecken anbietet, kann mit Helfern wie der Gartengrasmücke und ihrem hungrigen Nachwuchs rechnen

hängnisvoll auswirken wie ein Mangel. Obgleich die Zusammensetzung der modernen mineralischen Volldünger so ausgewogen ist, dass sie praktisch von allen Pflanzen schadlos aufgenommen werden können, ist eine akute Überdüngung oder eine schädliche Salzkonzentration im Boden bei falscher Ausbringung nicht auszuschließen.

Mit organischen Düngemitteln, die langsamer wirken, kann das kaum passieren. Die beste Nährstoffquelle ist daher immer noch der eigene Kompost. Aber auch die zahlreichen organischen Handelsdünger machen es vor allem dem noch unerfahrenen Anfänger heute doch relativ leicht und befreien ihn weitgehend vom Risiko falscher Anwendung.

Nicht zuletzt gehört zur Vorbeugung auch, die natürlichen Helfer bei der Schädlingsbekämpfung zu schonen und zu unterstützen, wo immer es möglich ist. Diese Nützlinge sind es sicherlich auch wert, in einem eigenen Kapitel kurz vorgestellt zu werden.

Nützlinge als Helfer

Es ist nur natürlich, dass wir über all dem Ärger, den tierische Schädlinge im Garten bereiten, das Heer der Nützlinge meist nicht wahrnehmen. Dabei stellen sie eine schlagkräftige Truppe dar, die im Biogarten viel dazu beiträgt, dass man dort auf giftige Chemikalien verzichten kann.

Kein Platz für Tiere

Sicherlich sind es nicht nur die Pflanzenschutzmittel, mit denen wir die Zahl der nützlichen Kleintiere systematisch reduzieren. Der Garten selbst bietet der Tierwelt oft keinen Anreiz, in ihm zu verweilen. Das gilt zuallererst für die emsigsten Schädlingsvertilger überhaupt, die Vögel. Nistkästen, in blitzsauberer Umgebung aufgehängt, in der kein dicht belaubter Busch, kein Gehölz mit verzweigtem Geäst Zuflucht bietet, können ihren Zweck nicht erfüllen. Im Rasengarten, eingefasst von akkurat geschnittenen Nadelholzhecken, ist nun mal kein Platz für Tiere. So ist es kein Wunder, dass Igel, Kröten und Spitzmäuse nur in Ausnahmefällen einmal in diesem oder jenem Garten auftauchen und dort nächtlich Jagd auf Kerbtiere machen. Fledermäuse sind wegen mangelnder Schlafplätze fast gänzlich aus den Wohngebieten verschwunden.

Eifrige Schädlingsvertilger

Wo sich Florfliegen mit ihren zarten, grün geäderten Flügeln auf Blüten oder Halmen ausruhen, kann man ihrer Nachkommenschaft und damit der Larven sicher sein, deren Hauptnahrung die verschiedenen Blattlausarten sind. Beim Marienkäfer sind es sowohl die Larven als auch der Käfer selbst, die räuberisch in Blattlauskolonien hausen. Zu den Schädlingsvertilgern gehören auch die verschiedenen Stadien der Kurzflügler, einer Käferart, die außerdem die Eigelege diverser Gemüsefliegen dezimiert.

Über die Nützlichkeit der Ohrwürmer kann man geteilter Meinung sein, denn es ist kein Geheimnis, dass sie in Ermangelung anderer Nahrung auch zarte Pflanzenteile verzehren. Andererseits haben sie

Pflanzenschutz

Nützlinge als Helfer

Florfliege – zartes Geschöpf mit gefräßigen Larven

Gedeckter Tisch: Marienkäfer in einer Blattlauskolonie

INFO

Enorme Fraßleistungen

Nur 2 Wochen währt der Lebenszyklus einer Florfliegenlarve; in dieser kurzen Zeit vertilgt sie bis zu 500 Blattläuse. Etwa 50 Läuse verspeist ein Marienkäfer pro Tag, 400 frisst seine Larve in 3 Wochen, bevor sie sich verpuppt.

sich durch ihre Jagd auf Blattläuse so beliebt gemacht, dass man ihnen im Biogarten sogar bei der Quartiersuche behilflich ist. Als Tagesunterschlupf werden die nachtaktiven Tiere in mit Holzwolle oder Heu gefüllte Blumentöpfe gelockt, die man mit der Öffnung nach unten in von Läusen bedrohte Obstgehölze hängt. Sicher dürfte dort ihr Nutzen den gelegentlichen Schaden bei weitem überwiegen.

Ebenfalls auf Blattläuse abgesehen haben es einige Arten der winzigen Schlupfwespe. Sie legen ihre Eier in lebende Läuse, die dann den Larven der Wespe als Nahrung dienen und zugrunde gehen. Andere Schlupfwespen parasitieren auf die gleiche Weise Schmetterlingsraupen und weitere Schädiger.

Fast unsichtbar wie ihre Beutetiere wirken Raubmilben, die die gleichfalls zu den Spinnentieren gehörenden Spinnmilben als Opfer ausersehen haben. Räuberisch zum Nutzen des Gärtners beteiligen sich außerdem Laufkäfer, Raubwanzen, einige Spinnen und die Larven der Schwebfliegen.

Nützlinge schützen und fördern

Wer die Dienste der natürlichen Helfer in Anspruch nehmen will, muss und kann einiges für sie tun. Das eingangs geschilderte Szenario des „aufgeräumten" Gartens zeigte bereits auf, wo vordringlich Bedarf besteht: Anpflanzung dichter, einheimischer Sträucher, Bodendeckung, Liegenlassen des Falllaubs, Einrichtung kleiner Wasserstellen. Auch durch die Entscheidung für eine Blumenwiese anstelle des Rasens und Naturbelassenheit einiger Gartenecken mit Gestrüpp, Steinen und Brennnesseln sollen und werden Vögel, Nutzinsekten und Vierfüßler wie Igel und Spitzmaus zum Bleiben verleitet.

Der Fachhandel bietet mittlerweile auch spezielles Zubehör für den Nützlingsschutz an, so etwa Florfliegenkästen und Nisthilfen für verschiedene Insekten.

Wer auf natürliche Helfer setzt, muss auf Rundumschlag-Insektizide verzichten, sie lassen den Nützlingen kaum eine Überlebenschance. Sofern überhaupt der Einsatz chemischer Mittel nötig wird, sollte man möglichst so genannte selektive Präparate wählen, die ausgewiesenermaßen nur den festgestellten Schaderreger bekämpfen. Doch auch damit darf man nicht z. B. jede Blattlaus gleich totspritzen. So paradox es klingen mag: Ein gewisser „Grundstock" an Schädlingen ist Voraussetzung, dass Nützlinge wirksam werden – schließlich sind die von uns ungeliebten Tierchen ihre Nahrungsgrundlage. Übrigens können nicht nur chemische, sondern auch „biolo-

Im blitzsauberen Garten hat man „Kammerjäger" wie den Igel kaum zu Gast

gische" Mittel auf pflanzlicher Basis Nutzinsekten beeinträchtigen. Auch hier ist also Zurückhaltung geboten, das heißt vor allem: nur im Notfall anwenden und nur direkt auf befallene Pflanzen ausbringen.

Biologische Möglichkeiten des Pflanzenschutzes

Ob man nun ganz auf chemische Präparate verzichten oder ihren Einsatz so gering wie möglich halten will – Grundlagen eines Pflanzenschutzes, der sich nicht auf die „Giftspritze" verlässt, sind stets vorbeugende Maßnahmen, wie auf S. 89 beschrieben, sowie Schonung und Förderung der Nützlinge. Trotzdem bleibt selbst der nach diesen Maßstäben vorbildlich bewirtschaftete Garten nicht ganz von Schädlingen und Krankheiten verschont. Denn für ihr Auftreten sind auch Faktoren verantwortlich, die sich nicht beeinflussen lassen, wie etwa die Witterungsverhältnisse. Zur möglichst umweltschonenden Bekämpfung stehen eine Reihe von Maßnahmen zur Verfügung, die oft etwas vereinfacht als „biologisch" zusammengefasst werden.

Pflanzenzubereitungen

Die Zubereitung von Pflanzenjauchen wurde am Beispiel der Brennnessel bereits auf S. 87 beschrieben. Daneben kann man auch Brühen, Tees und Auszüge aus verschiedenen Kräutern zur vorbeugenden und akuten Schädlings- und Krankheitsbekämpfung einsetzen. Hauptbestandteile solcher Zubereitungen sind Brennnessel, Schachtelhalm, Rainfarn, Wurmfarn, Adlerfarn und Schafgarbe. Aus dem Reformhaus kann man sich, allerdings für viel Geld, diese Grundstoffe auch in

Zubereitungen aus Rainfarn werden gegen Insekten und Milben eingesetzt

getrockneter Form besorgen oder, z. B. Baldrian, als Öl. Die Rezepturen sind nicht einheitlich, häufig wird auch kombiniert. Ebenso unterschiedlich ist die Anwendung als Spritz- oder Gießmittel, verdünnt oder unverdünnt und einmal oder mehrmalig. In der umfangreichen Literatur über den biologischen bzw. naturgemäßen Gartenbau kann man das alles nachlesen. Die dort angegebenen Verfahren und Dosierungen müssen wahrscheinlich aufgrund der eigenen Praxis variiert und ergänzt werden.

Präparate auf pflanzlicher Basis

Es gibt auch eine Reihe industriell hergestellter biologischer Pflanzenbehandlungsmittel, die ebenfalls eine schädlings- und krankheitsabweisende Wirkung haben und – jedenfalls für Warmblüter – ungiftig sind. Dazu gehören die verschiedenen, auf Pyrethrumbasis aufgebauten Präparate, die als Kontaktgifte in den Körper der Schadinsekten – aber auch in den der Nützlinge – gelangen und dort Nervenlähmungen hervorrufen.

Pyrethrumhaltige Mittel sind hoch fischgiftig und dürfen keinesfalls in der Nähe eines Gartenteichs oder Gewässers zum Einsatz kommen. Aufgrund des Misstrauens gegen chemische Mittel wird seit einiger Zeit verstärkt nach Pflanzenwirkstoffen geforscht, die sich gegen Schädlinge und Krankheiten anwenden lassen. So kommen immer häufiger neue Präparate, z. B. auf Rapsöl- oder Kräuterbasis, auf den Markt, mit denen teils recht gute Bekämpfungserfolge erzielt werden.

Gezielter Nützlingseinsatz

Seit einiger Zeit hat der Hobbygärtner die Möglichkeit, gegen spezielle Schadinsekten gezielt andere tierische Organismen einzusetzen, weil es gelungen ist, diese lebenden Bekämpfungsmittel in Verpackungseinheiten auf den Markt zu bringen. Es handelt sich dabei um bestimmte Gallmücken, Schlupfwespen, Raubmilben und um die Florfliege, also um „Bekannte" aus dem vorangegangenen Nützlingskapitel. Allerdings ist eine Anwendung nur in geschlossenen Räumen, vor allem also im Gewächshaus möglich. Lediglich die Florfliegen kann man in begrenztem Umfang auch auf Freilandbeeten zum Einsatz bringen. Bekämpft werden: durch Schlupfwespen die Weiße Fliege, durch Raubmilben die Rote Spinne, durch Florfliegen und Gallmücken verschiedene Blattläuse.
In Gartenfachgeschäften und Gartencentern mit Biosortiment liegen Bestellkarten der Vetreiber aus, mit denen man sich diese natürlichen Helfer ins Haus schicken lassen kann. Das sollte so schnell wie möglich nach dem Auftreten der ersten Schädlinge geschehen.
Im Erwerbsgartenbau ist ein Organismus, der bei der Raupenbekämp-

fung eingesetzt wird, schon seit längerer Zeit erfolgreich erprobt. *Bacillus thuringiensis* kauft man als Spritzmittel und bringt es auf die befallenen Kulturpflanzen aus. Es gelangt über die Kauwerkzeuge in den Darm der Raupen und wirkt hier zellzerstörend. Die Tiere stellen ihre Fraßtätigkeit meist schon nach 24 Stunden ein und gehen zugrunde. Menschen, Haustiere, Vögel oder andere Insekten können vom *Bacillus thuringiensis* nicht befallen werden. Neuerdings können die Larven des gefürchteten Dickmaulrüsslers mit Nematoden (Älchen) bekämpft werden, die ebenfalls über den Handel zu beziehen sind und im Gießverfahren ausgebracht werden.

Das lockende Gelb der Leimtafeln kann Gewächshausschädlingen ebenso wie der Kirschfruchtfliege zum Verhängnis werden

Pflanzenschutz

Biologische Möglichkeiten

Mechanische Maßnahmen

Chemische Pflanzenschutzmittel

Mechanische Maßnahmen

Mit diesem etwas abstrakten Begriff werden Bekämpfungsmöglichkeiten zusammengefasst, die erfahrene Gärtner schon lange selbstverständlich einsetzen: von Schutznetzen gegen Vogelfraß und Gemüsefliegen über Wühlmausfallen und Schneckenzäune bis hin zum Absammeln von Schädlingen und Abschneiden kranker Pflanzenteile. Dazu gehören auch der „Kohlkragen" gegen Kohlfliegen sowie Leimtafeln und -ringe, die nachfolgend bei den jeweiligen Schaderregern beschrieben werden.

Chemische Pflanzenschutzmittel

Der Einsatz chemischer Pflanzenschutzmittel im Hausgarten, und hier insbesondere bei Obst und Gemüse, wird von umweltbewussten Hobbygärtnern zunehmend abgelehnt. Darüber hinaus zeichnet sich in den einzelnen Bundesländern die Tendenz ab, derartige Präparate im Bereich des häuslichen Grüns generell zu verbieten und nur noch solche Produkte zuzulassen, die nachgewiesenermaßen nützlingsschonend und für Menschen wie Haustiere ungefährlich sind. In einigen Bundesländern ist das bereits geschehen. Wo eine Bekämpfung tierischer oder pilzlicher Schaderreger dennoch unumgänglich erscheint, sollte man sich mit seinen Problemen an den Fachhandel wenden und eines der im jeweiligen Bundesland erhältlichen Präparate kaufen. Wenn man sich gar nicht mehr zu helfen weiß, beispielsweise in besonders hartnäckigen Fällen, kann sich jedermann an die nächstgelegene Pflanzenschutzdienststelle wenden, wo kostenlos beraten und Hilfe geleistet wird. Die dort tätigen Fachleute identifizieren auch Schadorganismen, wenn man die befallenen Pflanzenteile vorlegt. Da die Gefährdung durch giftige Pflanzenschutzmittel – die Mehrzahl von ihnen gehört übrigens keiner Gefahrenklasse an – erst im Augenblick der Anwendung akut wird, können Leichtsinn beim Umgang mit ihnen oder Unkenntnis zu gesundheitlichen Schädigungen des Hobbygärtners, bei Nichtbeachtung der so genannten Wartezeiten auch aller derjenigen führen, die gespritztes Obst und Gemüse verzehren. Die Einstufung nach verschiedenen Giftklassen und deren Kennzeichnung wird aus den Gefahrensymbolen auf S. 94 ersichtlich.

Wirkungsweise

Neben den Ködermitteln unterscheiden wir bei den Insektiziden zwischen Kontaktgiften, Atemgiften, Fraßgiften und systemisch wirkenden Mitteln.
Systemische Mittel werden zunächst von der mit ihnen behandelten Pflanze über die Wurzeln (durch Gießen) oder über die Blätter (durch Spritzen) aufgenommen und gelangen dann mit dem Saftstrom erst in das Laub und die Triebe, dann von dort in den Organismus der beißenden oder saugenden Schädlinge.

T+
Sehr giftig

T
Giftig

Xn
Gesundheitsschädlich

Xi
Reizend

C
Ätzend

Die wichtigsten Gefahrensymbole und Giftklassen bei Pflanzenschutzmitteln

Bienenschutz

Vor Gebrauch muss sich der Anwender darüber informieren, ob das zu verwendende Mittel bienengefährlich oder bienenungefährlich ist und ob man es in der Nähe von Gewässern ausbringen darf. Auch die Fischgiftigkeit unterliegt der Kennzeichnungspflicht.

Für Bienen gefährliche Präparate dürfen nicht an blühende Gewächse gelangen, davon ist auch in Blüte stehendes Unkraut betroffen. Im Hausgarten, in dem blühende und nicht blühende Frühlings- und Sommerblumen, Balkon- und Kübelpflanzen, Stauden und blühendes Baum- und Beerenobst dicht beieinander stehen, kommt das einem Anwendungsverbot zumindest während der Frühjahrsmonate gleich und auch im Sommer muss man mit Spritzungen vorsichtig sein. Wenn irgend möglich, sollte auf bienengefährliche Pflanzenschutzmittel völlig verzichtet werden.

Anwendung

Das Problem der richtigen Dosierung, ein früher von den Herstellern zu wenig beachtetes Problem bei der Anwendung von Pflanzenschutzmitteln durch den Laien, ist mittlerweile bei fast allen Kleinpackungen zufriedenstellend gelöst. Umständliche Umrechnungen werden durch Skaleneinteilung an der Verschlusskappe bei Flüssigpräparaten oder Beilegung von Messlöffeln bei Spritzpulvern meist überflüssig. Manche Fabrikate sind auch bereits in fertigen Portionspackungen im Handel.

Am Anwender liegt es nun, nicht nach der in diesem Fall riskanten Devise „viel hilft viel" vorzugehen. Entscheidend ist vielmehr, dass die Dosierungsvorschriften peinlich genau beachtet werden. Mischungen von zwei Präparaten sind nur dort möglich, wo die Anwendungsbeschreibung dies ausdrücklich vermerkt.

Wer giftige Chemikalien im Spritz- oder Sprühverfahren ausbringt, sollte am besten Schutzbekleidung, zumindest jedoch einen Mundschutz tragen. Auf keinen Fall darf man bei Wind spritzen und auch nicht in der größten Mittagshitze. Nach der Anwendung unbedingt Gesicht und Hände abwaschen!

> **INFO**
> **Einteilung der Mittel**
> Nach Art der zu bekämpfenden Schadorganismen unterscheidet man: <u>Insektizide</u> – gegen Schadinsekten; <u>Akarizide</u> – gegen Milben (z. B. Rote Spinne); <u>Fungizide</u> – gegen Pilzkrankheiten; <u>Herbizide</u> – gegen Unkräuter.
> <u>Antibiotika</u> gegen Bakterien werden derzeit nur nach behördlicher Sonderverfügung bei Feuerbrandfall (siehe S. 103) eingesetzt.

Alle Pflanzenschutzmittel, auch die nicht ausdrücklich als giftig ausgewiesenen, sind unerreichbar für Kinder und Haustiere aufzubewahren. Reste dürfen nicht in den Müll oder Ausguss gegeben werden. Die meisten Gemeinden stellen zu bestimmten Zeiten Behälter bereit, die zur Aufnahme von Sonderabfällen bestimmt sind.

Zusammenfassend soll noch einmal betont werden, dass man sorgfältig und sparsam mit Pflanzenschutzmitteln umgehen und in jedem Fall die Packungsbeilagen genau befolgen muss.

Wartezeiten

Alle im Handel befindlichen Pflanzenschutzmittel müssen durch eigens dafür zuständige Ämter und Behörden zugelassen sein. In Deutschland z. B. geschieht das durch die Biologische Bundesanstalt in Zusammenarbeit mit dem Bundesgesundheitsamt. Die Zulassung setzt mehrjährige wissenschaftliche und praktische Prüfungen voraus. Um eine Gesundheitsgefährdung durch Rückstände von Giften in behandeltem Obst oder Gemüse auszuschließen, wurden so genannte „Wartezeiten" ermittelt. Nach deren Ablauf sind alle giftigen Stoffe so weit abgebaut, dass die festgelegten Höchstmengengrenzen nicht mehr überschritten werden.

Die je nach Präparat unterschiedlichen Wartezeiten geben also den Mindestzeitraum zwischen letzter Ausbringung und dem Verzehr des Ernteguts an. Sie sind in den Gebrauchsanweisungen der Mittel angegeben und müssen unbedingt beachtet werden.

Häufige Schädlinge und Krankheiten

Im Folgenden werden die häufigsten bzw. wichtigsten Schädlinge und Krankheiten an Pflanzen und die Möglichkeiten der Schadensverhütung bzw. -bekämpfung beschrieben. In der Regel sind keine Produktbezeichnungen von Bekämpfungsmitteln genannt, weil die von der Biologischen Bundesanstalt bzw. entsprechenden Institutionen in Österreich und der Schweiz stets aufs Neue überprüfte Zulassung aufgehoben werden kann. Da in den einzelnen Ländern und Bundesländern außerdem unterschiedliche Verordnungen existieren, Präparate schließlich vom Hersteller selbst vom Markt genommen werden, ist die Palette der Pflanzenschutzpräparate einem ständigen Wandel unterworfen. Wurden früher oft bedenkenlos Pestizide aller Art eingesetzt, bestimmen heute mehr und mehr „sanftere" Methoden den Pflanzenschutz. In diesem Kapitel werden deshalb hauptsächlich vorbeugende und „sanfte" Methoden der Schadensbegrenzung beschrieben. Nach gezielt wirkenden Präparaten muss man im Fachhandel fragen.

Häufige Schädlinge und Krankheiten

Wissenswertes

Werden Spritzungen nötig, sollten bienenungefährliche Mittel stets den Vorzug erhalten

1) Blasenfußschaden an Gladiolenblüte
2) Blattläuse an Rose
3) Fraßstellen des Dickmaulrüsslers
4) Drahtwürmer
5) Schadbild von Erdflöhen an Radieschen
6) Fraßschaden durch Erdraupen (darüber gesunder Rettich)
7) Frostspannerschaden an Kirschblättern

Tierische Schädlinge

Blasenfüße (Thripse)

An Zimmerpflanzen, vor allem an großblättrigen Gummibäumen, ist das durch die Saugtätigkeit der Blasenfüße hervorgerufene Schadbild besonders deutlich zu erkennen: das Laub bekommt einen silbrigen Glanz, weil sich die leer gesaugten Zellen mit Luft füllen.
Blasenfüße sind nur etwa 1 mm groß und als Vollinsekt geflügelt. Sie treten an verschiedenen Kulturpflanzen im Garten auf, besonders häufig an Zwiebeln. Gefürchtet ist der Gladiolenblasenfuß, der die beliebten Stauden schwer schädigen kann. Vorbeugend unter Glas viel lüften. Pflanzen öfter überbrausen. Befallene Triebe wegschneiden, Blattunterseiten mit Wasser abspritzen. Gladiolenknollen mit einem Insektizid bestäuben.

Blattläuse

Hierbei handelt es sich um die wohl umfangreichste und am weitesten verbreitete Schädlingsfamilie, die unsere Kulturpflanzen befallen kann. Die meisten Arten haben sich auf bestimmte Gewächse spezialisiert oder sind wirtswechselnd wie die Schwarze Bohnenblattlaus, die eigentlich auf Schneeball und Pfaffenhütchen zu Hause ist, im Sommer aber auf die Bohnen überwechselt und hier erhebliche Schäden verursacht.
Der direkte Schaden entsteht durch die Saugtätigkeit der Tiere, der indirekte wirkt sich bisweilen noch gravierender aus. Zum einen können durch die Sauginstrumente der Läuse Viren von Pflanze zu Pflanze

übertragen werden, zum anderen scheiden die Tiere einen süßklebrigen Stoff, den Honigtau aus, auf dem sich sehr bald Rostpilze ansiedeln und die Spaltöffnungen der Blätter verstopfen. Dass dieser Honigtau von Ameisen äußerst begehrt ist, wäre für sich allein nicht weiter schlimm, würden sie nicht durch Berühren der Läuse mit ihren Fühlern („Betrillern" genannt) die Schädlinge zu einer verstärkten Saugtätigkeit animieren. Außerdem transportieren sie die Schädlinge von Pflanze zu Pflanze.

Mit Blattläusen wird man durch den Einsatz von Kontakt- oder systemischen Mitteln einigermaßen fertig. Nur sollte überlegt werden, ob eine derartige Radikalkur auch in jedem Fall notwendig ist, da viele der gestäubten oder gespritzten Präparate bienengefährlich sind und im Gemüsegarten die Einhaltung der angegebenen Wartezeiten erfordern. Außerdem kann man durch Insektizideinsatz auch die zahlreichen, natürlichen Feinde der Blattläuse schädigen.

Dickmaulrüssler

Die Rüsselkäfer befressen nachts die Blätter vieler Zierpflanzen und Gehölze wie Rhododendron, ebenso von Kübelpflanzen wie z. B. Engelstrompete.
Die Käfer lassen sich nach Eintritt der Dunkelheit mit Hilfe einer Taschenlampe absammeln. Viel schwieriger ist es, an die wurzelfressenden, über 1 cm langen, weißen Larven im Boden heranzukommen, die den Pflanzen noch gefährlicher werden. Kübelpflanzen kann man aus ihrem Behälter herausnehmen und versuchen, die Larven im Wurzelbereich zu entfernen.

Bei ausgepflanzten Ziersträuchern ist das nicht möglich. Hier muss notgedrungen zu härteren Maßnahmen gegriffen und zweimal im Abstand von 2 Wochen mit einem zugelassenen Insektizid gegossen werden. Versuche der Landesanstalt für Pflanzenschutz von Baden-Württemberg mit speziellen Nematoden, die Dickmaulrüsslerlarven parasitieren und töten, sind erfolgsversprechend verlaufen, so dass diese ungiftige Bekämpfungsmaßnahme mittlerweile praxisreif ist. Vorbeugend sollte der Boden häufig bearbeitet werden; Igel und Spitzmaus sind als natürliche Feinde zu fördern.

Drahtwürmer

Es handelt sich dabei um die unterirdisch Wurzeln, Zwiebeln und Knollen befressenden Larven von Schnellkäfern. Die Käfer haben ihren Namen von der Fähigkeit, aus der Rückenlage mit einem knackenden Geräusch der Kopf-Körper-Spalte emporzuschnellen.
Recht gute Erfolge gegen die Larven erzielt man mit Ködern. Man gräbt halbierte Kartoffeln mit der Schnittseite nach unten 5–10 cm tief ein. Nach einiger Zeit kann man die Drahtwürmer vom Köder absammeln. Bei starkem Befall oder auf Jungpflanzenanzuchtbeeten empfiehlt sich das leichte Einarbeiten eines für Bienen ungefährlichen Insekten-Streumittels.

Erdflöhe

Sie haben mit Hunde-, Vögel- oder Menschenflöhen nichts zu tun, sondern es handelt sich dabei um winzig kleine Käfer, die Blätter von Rettichen und Radieschen punktförmig durchlöchern. Auch andere, vor allem Jungpflanzen, werden befallen. Die Bekämpfung erfolgt mit bienenungefährlichen Pulvern oder Spritzmitteln. Bodenfeuchte vertreibt die Schädlinge.

Erdraupen

Die Raupen der nachtaktiven Eulenfalter schädigen sowohl Wurzeln als auch, bei nächtlichem Fraß, oberirdische Pflanzenteile.
Ihre Lebensweise ermöglicht es einem, durch vorsichtiges Nachgraben unmittelbar neben den geschädigten Pflanzen die bis zu 5 cm langen Raupen ans Tageslicht zu befördern und zu vernichten. Auch unter ausgelegte Brettchen, Steine oder feuchte Tücher ziehen sie sich gern zurück.
Chemisch können Erdraupen durch Ausbringen eines Streuköders oder durch „Neudorffs Raupenspritzmittel" bekämpft werden.

Frostspanner

Schädiger sind die sich katzbuckelnd fortbewegenden Räupchen, nicht der Schmetterling selbst. Sie befressen nach dem Schlüpfen im Frühjahr die Blätter, Blüten und jungen Triebe der Obstgehölze, schwächen dadurch die Bäume und mindern den Ertrag. Frühjahrsspritzungen gegen die Räupchen mit „Neudorffs Raupenspritzmittel" oder „Spruzit flüssig" sind möglich, bei hohen Obstgehölzen jedoch schwierig.
Viel wirkungsvoller, ungiftig und dem Befall vorbeugend sind die guten alten Leimringe, wie sie früher üblich waren und jetzt wieder in Gebrauch kommen. Ihr Erfolg beruht darauf, dass Frostspanner-

Häufige Schädlinge und Krankheiten

Tierische Schädlinge

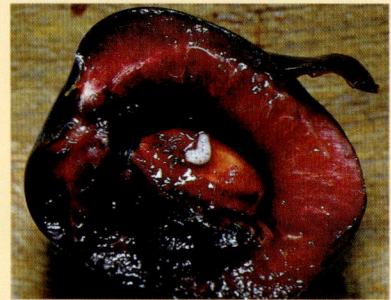

1) Gallmilben an Ahornblättern
2) Kohlfliege am Wurzelhals
3) Knospenschwellung durch Johannisbeergallmilbe
4) Eigelege des Kartoffelkäfers
5) Larve der Kirschfruchtfliege
6) Kohlweißlingsraupen mit Fraßloch
7) Lilienhähnchen
8) Maulwurf

weibchen flugunfähig sind und zur Eiablage im Spätherbst an den Baumstämmen in Richtung Krone emporwandern. Eine um den Stamm gelegte Leimbarriere ist für die Tiere unüberwindlich. Man muss nur darauf achten, dass der Ring an der Rinde fest anliegt und es keinen Durchschlupf gibt.
Die Ringe werden etwa Anfang Oktober befestigt und bleiben bis zum Frühjahr am Stamm. Den Winter über sollte man ihren einwandfreien Sitz und Zustand immer wieder kontrollieren. Nach dem Abnehmen ist die Rinde mit einer Drahtbürste zu säubern, um eventuell anhaftende Eier des Frostspanners zu beseitigen. Die Leimringe gehören in den Müll.

Gallwespen, Gallmilben und Gallmücken

Deformierungen an Blättern, Knospen oder Stielen deuten meist auf den Befall mit Gallwespen, -milben oder -mücken hin, wobei der Schaden schlimmer aussieht, als seine Auswirkungen auf die Gesundheit der Pflanzen tatsächlich sind. Oft handelt es sich um Auswüchse, in denen die Larven der verschiedenen Verursacher heranwachsen, oder es sind Gallen, die durch die Saugtätigkeit der Schädlinge entstehen. Eine chemische Bekämpfung ist nicht notwendig, es genügt, wenn man die Gallen entfernt und vernichtet.

Häufige Schädlinge und Krankheiten

Tierische Schädlinge

Gemüsefliegen

Kohl-, Möhren- und Zwiebelfliegen sind schwierig zu bekämpfen. Bei Möhren und Zwiebeln hat sich eine Zusammenpflanzung der beiden Gemüse in Mischkultur als Abwehrmaßnahme beider Fliegenarten recht gut bewährt. Auch ein sorgfältiges Abdecken der Beete mit Vlies ab Mitte April, wenn die Flugzeit und damit die Eiablage der Zwiebel- und Möhrenfliege beginnt, kann die Tiere abwehren. Wichtig ist ein lichter Stand der Pflanzen, da den Fliegen Luftbewegungen nicht behagen. Auch sollte man auf eine Düngung mit Stallmist verzichten. Bei Kohl werden gute Erfolge mit dem Unterlegen eines „Kohlkragens" erzielt. Das ist eine runde, etwa 10–15 cm große Scheibe aus festem Karton, die man bis zur Hälfte einschneidet und dicht am Boden aufliegend unter die Kohlpflanze schiebt. Der Wurzelhals ist damit vor der Eiablage geschützt. Auch ein frühes oder spätes Pflanzen empfiehlt sich, weil es außerhalb der Flugzeit der Kohlfliege erfolgt. Außerdem sollte man möglichst tief setzen und anschließend anhäufeln.

Johannisbeergallmilben

Runde und ballonartig angeschwollene Knospen im Frühjahr sind ein sicheres Befallszeichen. Besonders betroffen von der Gallmilbe sind schwarze Johannisbeeren. Werden die deformierten Knospen sofort ausgebrochen, ist damit der Schaden dann meist auch schon behoben. Andernfalls wird mit dem ungiftigen Netzschwefel gespritzt, sobald man die Gallen entdeckt hat. Zugelassene Insektizide anderer Art gibt es bis heute leider noch nicht.

Kartoffelkäfer

Der gelbe, mit schwarzen Längsstreifen gezeichnete Käfer ist durch Blattfraß an Kartoffeln ebenso schädlich wie seine rosafarbene, seitlich schwarz gepunktete Larve. Das attraktive Paar war früher als Massenschädling gefürchtet und noch während des Zweiten Weltkriegs wurden ganze Schulklassen zum „Kartoffelkäfersammeln" auf die Äcker abkommandiert.
Im Hausgarten ist auch heute noch das Absammeln der Käfer und Larven und der orangefarbenen, länglich-ovalen Eier die beste Methode. Ein gründliches, mehrmaliges Bestäuben der Pflanzen mit Algen- oder Gesteinsmehl erfasst auch versteckt sitzende Larven.

Kirschfruchtfliegen

Dieses Insekt, erkennbar an dem gelben Fleck hinter dem Rückenschild, legt seine Eier, aus denen später die Larven schlüpfen und die Kirschen vermaden, direkt in die reifenden Früchte.
Anstelle chemischer Bekämpfungsmittel werden heute Leimfallen verwendet, die man in die Zweige der Kirschbäume hängt, vorzugsweise an der Südseite. Diese grellgelben Leimtafeln sind mit einem Lockstoff bestrichen, der die Fliegen anzieht. Je nach Baumgröße benötigt man bis zu zehn derartige Fallen.

Kohlweißlinge

Die Raupen mehrerer Schmetterlinge haben sich auf Kohl spezialisiert, doch die des Großen Kohlweißlings fallen am meisten auf, nicht zuletzt, weil sie häufig in Gruppen fressen. Da der Schmetterling wegen seiner auffälligen Weißfärbung kaum zu übersehen ist, sollte man vor jede chemische Bekämpfung zu dieser Zeit das Absammeln der Eier und Raupen setzen. Die Räupchen wie die gelben, nach oben spitz zulaufenden Eier sind gut zu erkennen und vor allem auf den Blattunterseiten zu finden. Zur direkten Bekämpfung der Raupen kann man bienenungefährliche Insektizide wie beispielsweise „Spruzit flüssig" oder *Bacillus-thuringiensis*-Präparate anwenden. Haben sich die Raupen erst einmal in das Innere der Kohlköpfe gefressen, ist jedes weitere Vorgehen zwecklos.

Lilienhähnchen

Die leuchtend roten bis orangeroten, 6 mm großen Käfer und deren Larven zerfressen im Frühjahr die Blätter der verschiedenen Lilienarten und können bei starkem Befall beträchtliche Schäden verursachen. Hier ist das Absammeln die beste Methode, falls die Pflanzenbestände nicht zu umfangreich sind. Eine chemische Bekämpfung mit Insektiziden ist ebenfalls möglich.

Maulwürfe

Ein Problem besonderer Art stellt der Maulwurf dar. Da er zu den schützenswerten Tieren zählt, darf man ihn nicht in Fallen fangen, geschweige denn töten. Dass er bei seinen Patrouillengängen durch das ausgedehnte Gangsystem auch Schadorganismen wie etwa Larven, Engerlinge oder Schmetterlingspuppen mit verzehrt, ist zwar richtig, seine Hauptnahrung stellen allerdings die im Garten gern gesehenen

1) **Maulwurfsgrille (Werre)**
2) **Nematodenschaden (Blattälchen) an Begonie**
3) **Pflaumenwicklerraupe**
4) **Schildläuse an Stachelbeertrieb**
5) **Rote Wegschnecke**
6) **Saugschäden durch Rote Spinne an Bohnenblättern**

Regenwürmer dar, was ihn nicht gerade als „Nützling" qualifiziert. Durch seine Wühltätigkeit ist dieses samtschwarze Pelztier in der Lage, ganze Gartenpartien zu verwüsten. Ein Zierrasen, unter dem ein Maulwurf seiner unermüdlichen Wühl- und Fraßtätigkeit nachgeht, verdient diesen Namen schon bald nicht mehr.

Es bleibt einem nur der Versuch der Vertreibung mit allerlei hausgemachten oder käuflichen Vergrämungsmitteln, die auf unangenehme Gerüche setzen (petroleumgetränkte Lappen, Duftpräparate etc.). Ein durchschlagender Erfolg wird damit selten erzielt. Am ehesten kann wohl noch eine gleichzeitige Verwendung mehrerer Mittel helfen, wobei man über einen längeren Zeitraum ständig alle neuen Gänge mit Abwehrstoffen bestücken muss.

Maulwurfsgrillen (Werren)

Diese immerhin die respektable Größe von 5 cm erreichenden Grillen mit den maulwurfähnlichen Vordergliedmaßen schädigen sowohl durch Wurzelfraß als auch durch die Wühltätigkeit in den fingerdicken Gängen.

Die nachtaktiven Tiere kommen erst nach Einbruch der Dunkelheit an die Erdoberfläche, um auch dort ihre Fraßtätigkeit fortzusetzen. Dies ist die Zeit, während der man sie in ebenerdig eingegrabenen Blumentöpfen oder anderen, nicht zu flachen Gefäßen fangen kann. Außerdem gibt es einige Ködermittel, die im Gartenfachhandel angeboten werden.

Häufige Schädlinge und Krankheiten

Tierische Schädlinge

Nematoden (Älchen)

Man nennt sie auch Fadenwürmer oder, wegen der schlängelnden Fortbewegung, Älchen; je nach Lebensort unterscheidet man Bodenälchen, Blatt- und Stengelälchen oder Wurzelälchen. Gesehen hat sie wohl noch kein Gartenbesitzer, da sie nur 1 mm groß sind.
Desto sichtbarer sind dagegen die von ihnen an Wurzeln, Stengeln und Blättern hervorgerufenen Schädigungen. Die Gewächse kümmern, entwickeln sich nicht weiter, der Wuchs stockt.
Im Hausgarten kann man in diesem Fall lediglich die betroffenen Pflanzen entfernen, Fruchtwechsel vornehmen und Gemüse in Mischkultur anbauen. Gute Erfolge bei der Bekämpfung werden der Sommerblumenmischung „Gartendoktor" nachgesagt, die vor allem Tagetes (Studentenblumen) und andere Korbblütler enthält. Man kann diese Mischung Mitte Juli aussäen und hat dann bis zum Frostbeginn einen Teppich blühender Blumen, die durch ihre Wurzelausscheidungen bis zu 95 % der im Boden vorhandenen Nematoden vernichten sollen. Auch einige Ölrettichsorten (vgl. „Gründüngung", S. 81) helfen bei nematodenverseuchten Böden.

Pflaumenwickler

Wenn Pflaumen und Zwetschen rot werden und vorzeitig abfallen, ist meist das Räupchen des Pflaumenwicklers schuld daran. Bis zum Verpuppen im Boden halten sich die Raupen dieses Kleinschmetterlings im Innern der Früchte auf und unterbrechen deren Entwicklung. Abgefallene Früchte muß man aufsammeln und vernichten.
Im Folgejahr des Pflaumenwicklerschadens sollte man die Bäume zweimal im Abstand von 14 Tagen ab Ende Juni mit bienenungefährlichen, zugelassenen Spritzmitteln wie „Spruzit flüssig" behandeln.

Schildläuse

Diese saugenden Schädlinge sind schwer zu bekämpfen, weil die Tiere unter den harten Schilden von den meisten Insektiziden nicht erreicht werden. Schildläuse treten an vielen Laub- und Nadelgehölzen auf, unter den Kübelpflanzen besonders am Oleander.
Bei geringem Befall niedrig wachsender Gehölze kann man die Läuse mit der Hand entfernen. Ansonsten kommen ölhaltige Insektizide infrage, die den Schild durchdringen und die darunter lebenden Läuse abtöten. Auch eine Austriebsspritzung bei warmem Wetter im März kann erfolgreich sein.

Schnecken

Vor allem Nacktschnecken können in Jahren mit viel Niederschlag und feuchten Witterungsperioden zu einer regelrechten Plage werden. Es gibt nur wenige Pflanzen, die sie nicht durch ihren Fraß gefährden; teilweise schädigen sie so stark, dass nur die Blattrippen übrig bleiben. Das regelmäßige, am besten tägliche Absammeln nach Einbruch der Dämmerung ist eine zwar etwas mühsame, aber durchaus Erfolg versprechende Methode, die Schädlinge sehr stark zu dezimieren. Auch mit dem Auslegen von Brettern oder Steinplatten kann man den dämmerungs- und nachtaktiven Weichtieren ein Tagesquartier anbieten, das sie gern aufsuchen. Dort kann man sie dann einsammeln und vernichten. Ein altes Hausrezept sind mit Bier gefüllte und ebenerdig in den Boden gefährdeter Kulturen eingegrabene Joghurtbecher. Das Umstreuen der Beete oder Pflanzenquartiere mit Säge- oder Gesteinsmehl funktioniert nur, solange es nicht regnet. Der Handel bietet außerdem Ködermittel in Form von Schneckenkorn an. Das dickflüssige Präparat „Limagard" besteht aus verschiedenen Pflanzenextrakten und Aethyl-Alkohol und wird einfach in kleine, mit der Hand gegrabene Mulden gegossen, ohne dass es darin versickert. Nach erfolgtem Fang schiebt man die Löcher dann einfach wieder zu. Außerdem gibt es so genannte Schneckenzäune aus Kunststoff, in denen ein von einer Taschenlampenbatterie gespeister Draht mit schwacher elektrischer Ladung eingezogen ist, der die Mollusken am Überkriechen dieser Barriere hindert. Biogärtner empfehlen zur Abwehr noch folgende, etwas unappetitliche Methode: abgesammelte Schnecken zerschneiden, in ein Gefäß mit Wasser geben und dort verwesen lassen. Diese Jauche muss man dann über die Gemüsekulturen gießen.

Spinnmilben (Rote Spinnen)

Diese nur 0,5 mm großen, zu den Spinnentieren gehörenden Allerweltsschädlinge haben ihr Betätigungsfeld überall, wo Pflanzen wachsen; im Zimmer, im Gewächshaus und im Garten.
Larven und ausgewachsene Tiere halten sich an den Blattunterseiten auf und zerstören dort durch ihre Saugtätigkeit die Zellen. Bei starkem Befall kann man an den betroffe-

1) Weiße Fliegen an Primelblatt
2) Kleine Wühlmaus (Erdmaus)
3) Birnengitterrost
4) Feuerbrand an Cotoneaster
5) Grauschimmel an Erdbeere

nen Pflanzenteilen feine Gespinste erkennen. Im Zimmer sind Spinnmilben eine typische Winterplage der Topfgewächse, weil ihnen die trockene, warme Luft unserer zentralbeheizten Räume besonders zusagt. Davon leitet sich ab, dass auch im Garten bei niederschlagsarmem Sommerwetter der Spinnmilbenbefall besonders heftig ist, wobei die Tiere kränkelnde oder wegen Nährstoffmangel geschwächte Pflanzen bevorzugt heimsuchen. Gelbliche, welkende Blätter deuten auf die Tätigkeit diese Schädlinge hin, die bei genauer Kontrolle der Blattunterseite mit dem bloßen Auge zu erkennen sind. Bei Befall kann mit einem bienenungefährlichen Insektizid aus dem Fachhandel gespritzt werden. Im Gewächshaus und im Wohnzimmer empfiehlt sich der Einsatz von Raubmilben. Wo es möglich ist, sollte man durch Sprühen die Luftfeuchtigkeit erhöhen. Spinnmilben an Einzelpflanzen wird man los, indem man die Gewächse nach tüchtigem Gießen in festverschlossene, durchsichtige Plastiktüten setzt. Die sich dort bildende Luftfeuchtigkeit wird von den Tieren nicht vertragen, und nach 3 Tagen ist die Pflanze schädlingsfrei. Allerdings werden eventuell vorhandene Eier mit dieser Maßnahme nicht vernichtet. Man muss sie also entweder wiederholen oder vor dem „Eintüten" ein chemisches Mittel anwenden.

Weiße Fliegen (Mottenschildläuse)

Die Weiße Fliege ist ein Problemschädling, weil sie nur wirksam mit Mitteln zu bekämpfen ist, die auch Bienen gefährlich werden. Mottenschildläuse schädigen die Pflanzen durch ihre Saugtätigkeit und för-

dern, ähnlich wie Blattläuse, mit ihren Ausscheidungen die Ansiedlung von Rostpilzen.
Im Gewächshaus ist eine Bekämpfung durch den Einsatz von Schlupfwespen möglich, die die Larven der Weißen Fliege parasitieren. Biogärtner spritzen im Freiland mit Rainfarntee oder einem Mittel auf Pyrethrum-Basis, das im Abstand von 10 Tagen am besten frühmorgens ausgebracht wird. Vorbeugend sollte man den Boden durch regelmäßiges Gießen und Mulchen feucht halten.

Wühlmäuse

Schon ein einziges Exemplar dieses wohl von allen Gartenbesitzern am meisten gefürchteten Schädigers reicht aus, um den Gemüseanbau zu einem qualvollen Unternehmen werden zu lassen. Wurzeln und Zwiebeln vor allem der Jungpflanzen werden weggefressen und dadurch ganze Beetkulturen vernichtet. Ebenso gefährdet sind frisch gepflanzte Obstbäume, Stauden und Ziergehölze.
Am erfolgversprechendsten ist der Fallenfang, dem aber eine so genannte Verwühlprobe vorangehen muss. Mit ihr soll festgestellt werden, ob der aufgefundene Gang noch benutzt wird. Zunächst legt man einen kleinen Teil der Röhre frei. Ist eine Maus hier aktiv, schiebt sie die Öffnung innerhalb kürzester Zeit wieder zu und die Falle kann dann sofort gemäß der Gebrauchsanweisung aufgestellt werden. Es gibt verschiedene Fanggeräte, die man nach und nach ausprobieren sollte, wenn der eine oder andere Mechanismus kein Ergebnis brachte. Am gebräuchlichsten ist die Bayrische Drahtbügelfalle.

Außer Fallen werden im Gartenfachhandel Ködermittel angeboten, die man so in die Gänge legen muss, dass sie von Vögeln und Haustieren nicht aufgespürt werden können. Schließlich kann man Begasungspatronen gegen Wühlmäuse einsetzen, wobei genau nach Gebrauchsanweisung zu verfahren ist.
Schall erzeugende Geräte, die seit einiger Zeit mit viel Reklameaufwand von sich reden machen, haben sich in zahlreichen Versuchen als unwirksam erwiesen und können angesichts des Preises von mehreren hundert Mark nicht empfohlen werden.
Auch die Anpflanzung angeblich wühlmausabwehrender Gewächse wie Knoblauch, Wolfsmilcharten oder Kaiserkronen ist kein Allheilmittel und außerdem unpraktikabel, weil man sehr viele dieser Pflanzen ziehen müsste. Mit natürlichen Feinden wie Greifvögeln oder Wieseln können wir in unseren Gärten kaum rechnen.

Pilzliche und andere Krankheitserreger

Birnengitterrost

Meist ist das Schadbild dieses Pilzes bedrohlicher als seine Folgen. Auf den Blattoberseiten bilden sich gelbliche bis rote Flecken, denen auf der Unterseite pockenartige Auswüchse, die Sporenlager, entsprechen.
Der Pilz benötigt, um sich ausbreiten zu können, eine Wirtspflanze. Es handelt sich dabei um verschiedene Wacholderarten, bevorzugt um den Sadebaum *(Juniperus sabina)*. Wer vom Gitterrost verschont bleiben möchte, sollte also Wacholder – außer dem Säulenwacholder *(Junipe-*

rus communis 'Hibernica') – aus seinem Garten entfernen. Andernfalls kann man bei regelmäßig starkem Befall ab Blühbeginn bis Anfang Juni mit „Saprol" spritzen. Das ist jedoch nur erforderlich, wenn zu der angegebenen Zeit regnerisches, trübes Wetter herrscht, weil nur dann die Pilzsporen vom Wacholder auf die Birne übertragen werden können. Man spritzt fünf Mal in einem Abstand von einer Woche.

Feuerbrand

Der Feuerbrand ist keine Pilz-, sondern eine Bakterienkrankheit, die an Kernobst und Ziergehölzen epidemisch auftreten kann. Die Blätter verfärben sich braun bis schwarz, ebenso die Blattstiele. Typisch ist das Herunterhängen der Triebspitzen, die Gehölze sehen aus, als seien sie verbrannt.
Feuerbrand kann man selbst nicht bekämpfen, sein Auftreten muss unverzüglich der zuständigen Pflanzenschutzdienststelle gemeldet werden, weil eine Ausbreitung verheerende Folgen haben kann.

Grauschimmel

Der Grauschimmelerreger Botrytis gilt als ausgesprochener Schwächepilz, der besonders häufig in Jahren mit feuchter Witterung an Obst, Gemüse und Zierpflanzen auftritt. Man sieht einen grauen Schimmelrasen, der die Pflanzenteile überzieht, Früchte ungenießbar macht und befallene Triebe absterben lässt. Durch weite Pflanzabstände lässt sich der Befallsdruck mindern, weil damit einem feuchtwarmen Klima zwischen den Gewächsen vorgebaut wird. Bei Erdbeeren, die besonders häufig von Botrytis heimgesucht werden, empfiehlt sich unmittelbar vor Blühbeginn eine Spritzung mit bienenungefährlichen Fungiziden, die man zweimal in wöchentlichem Abstand wiederholen muss.

Kohlhernie

Die Krankheit wird häufig bereits mit den gekauften Jungpflanzen eingeschleppt und es ist schwer, den einmal im Boden befindlichen Erreger wieder loszuwerden. In jedem Fall dürfen auf demselben Platz 4 bis 5 Jahre keine Kohlgewächse mehr stehen.

Die Herniegefährdung ist auch der Grund, weshalb bei Kohl stets ein Fruchtwechsel vorgenommen werden sollte. Außerdem sollte ein Boden mit niedrigem pH-Wert vor dem Kohlanbau aufgekalkt werden, bei schwerem Erdreich mit 200 g/m² Branntkalk, bei leichtem mit derselben Menge kohlensaurem Kalk. Man kann auch 2 Wochen vor dem Pflanzen 100 g/m² Kalkstickstoff auf dem Kohlbeet einarbeiten und den Boden in der Folgezeit stets feucht halten. Unreifer Kompost und Stallmist sollten als Dünger nicht verwendet werden.

Ist Kohlhernie, erkenntlich an den Wurzelanomalien, einmal aufgetreten, muss man alle Wurzelstrünke sofort vernichten, sie dürfen auf keinen Fall in den Kompost, da die Erreger hier nicht vernichtet werden können und sie beim Ausbringen des Komposts möglicherweise in den ganzen Garten gelangen.

Durch ein Aufschneiden verdickter Wurzelteile kann man überprüfen, ob eventuell der harmlose Kohlgallrüssler am Werk war; in diesem Fall sind die Gallen innen hohl und teils mit Larven besetzt.

1) **Wurzelmissbildung durch Kohlhernie**
2) **Kräuselkrankheit des Pfirsichs**
3) **Kraut- und Braunfäule an Tomate**
4) **Echter Mehltau an Mahonie**
5) **Falscher Mehltau an Stiefmütterchen**
6) **Wucherung infolge von Obstbaumkrebs**
7) **Rosenrost, Sporenlager auf Blattunterseite**

Kräuselkrankheit

Bereits im zeitigen Frühjahr kräuseln sich die jungen Blätter des Pfirsichs, werden blasig, vertrocknen und fallen ab. Meist ist die Deformierung mit einer Rotfärbung verbunden. Wenn die Kräuselkrankheit nach dem Jahr des ersten Befalls nicht bekämpft wird, ist zumindest bei feuchtem Frühjahrswetter mit einer erneuten Infektion durch den an den Knospen überwinternden Pilz zu rechnen. Man muss daher Gegenmaßnahmen ergreifen, bevor der Erreger in die sich öffnende Knospe eindringen kann. Dafür eignen sich Spritzungen mit bienenungefährlichen, zugelassenen Grünkupferpräparaten. Sicherheitshalber sollte man die Behandlung nach 10 Tagen wiederholen.

Kraut- und Braunfäule

Braunfleckige Tomatenblätter, die auf der Unterseite einen grauweißen Schimmelbelag aufweisen, deuten auf diese Krankheit hin. Später kann der Pilz auch auf die Früchte übergreifen und sie durch Fäulnis ungenießbar machen.
Bei den ersten Anzeichen des Befalls, meist an den bodennahen Blättern, die man daher schon vorbeugend entfernen sollte, muss gespritzt werden. Geeignet sind bienenungefährliche Grünkupferspritzmittel sowie andere zugelassene Fungizide. Die Behandlung muss man nach 14 Tagen wiederholen.
Derselbe Pilz befällt auch Kartoffeln. Man sollte deshalb Kartoffeln und Tomaten nicht in unmittelbare Nachbarschaft pflanzen.

Mehltau, Echter

Er tritt an verschiedenen Gewächsen auf, im Gemüsegarten ebenso wie an Zierpflanzen und an Obst, und äußert sich in Form von weißlichen, wie mit Mehl bestäubten Blättern. Dieser „Schönwetterpilz" liebt Temperaturen über 20° C, braucht aber nicht, wie viele andere Pilze, eine hohe Luftfeuchtigkeit, um sich zu entwickeln.
Bekämpfungsmöglichkeiten bieten sich mit dem bienenungefährlichen Fungizid „Saprol" oder mit Netzschwefel an. Außerdem sollte man beim Anbau mehltauresistenten Züchtungen den Vorzug geben und entsprechende Hinweise auf den Samentütchen bzw. in den Versandkatalogen berücksichtigen.

Mehltau, Falscher

Vor allem in Jahren mit feuchter Witterung und wechselnden Temperaturen kann sich der Pilz im Gemüsegarten stark ausbreiten, sucht aber auch Zierpflanzen heim. Man erkennt den Befall an rötlichen oder bräunlichen Flecken auf der Blattoberseite, denen, besonders bei feuchter Witterung, ebensolche mit weißlichem Schimmelrasen überzogene auf der Blattunterseite gegenüberstehen.
Bei der Bekämpfung haben sich Spritzungen mit bienenungefährlichen Fungiziden als erfolgreich erwiesen.

Obstbaumkrebs

Absterben und Einsinken der Rinde an Ästen und Zweigen zeigen den Befall durch den Obstbaumkrebs, eine Pilzerkrankung, an. Die danach auftretenden Wucherungen und Missbildungen sind eine Folge davon, dass der Baum versucht, die entstandenen Wunden durch verstärktes Zellwachstum wieder zu schließen. Durch Schnittmaßnahmen oder Frost hervorgerufene Beschädigungen der Rinde oder des Holzes verschaffen den Pilzsporen Eintritt ins Gewebe. Befallene Stellen muss man bis ins gesunde Holz ausschneiden und mit einem Wundverschlussmittel sorgfältig verstreichen. Nach dem Blattfall, bei dem ebenfalls kleine Wunden entstehen können, ist mit einem Grünkupferpräparat zu spritzen. Diese Behandlung wird im Frühjahr während des Austriebs wiederholt.

Rosenrost

Eine häufig an Rosen auftretende Pilzkrankheit, die sich durch gelbe bis rostrote Flecke auf der Blattoberseite und erhabene Sporenträger auf der Unterseite darstellt.
Soweit möglich, muss man befallene Blätter absammeln und wiederholt mit den bienenungefährlichen Fungiziden „Baymat flüssig" oder „Saprol" spritzen. Gleichzeitig wirkt man damit dem von diesen Präparaten ebenfalls erfassten Echten Mehltau entgegen. Will man den Pilz nachhaltig bekämpfen, muss man die Spritzungen über einen längeren Zeitraum hinweg regelmäßig wöchentlich wiederholen. Abgefallenes Laub sollte im Herbst zusammengelesen und vernichtet werden.

Häufige Schädlinge und Krankheiten

Pilzliche und andere Krankheitserreger

Wichtige Grundbegriffe

Generative Vermehrung

Vegetative Vermehrung

Vermehrung verschiedener Pflanzengruppen

Wichtige Grundbegriffe

Wann beginnt eine Pflanze zu leben? Mit der Befruchtung und dem sich daraufhin bildenden Samen? Oder mit der Keimung des Samens? Oder irgendwann dazwischen?

Vermehrung aus Samen

Das Leben einer Pflanze beginnt eigentlich schon mit der Befruchtung. Denn nur dann entwickelt sich der Samen, der bereits alle Merkmale der zukünftigen Pflanze enthält. Sie befindet sich nur noch in einer Art Schlaf, aus der sie erweckt werden muss, z. B., indem man die notwendigen Keimbedingungen schafft. Ein fortpflanzungsfähiges Samenkorn besteht im Prinzip aus drei Dingen, dem Embryo, auch **Keimling** genannt, einem **Nährgewebe** und der **Samenschale**. Die Reservestoffe befinden sich im Nährgewebe und bestehen zur Hauptsache aus Stärke, wenn es sich um Getreide bzw. Grassamen handelt (Roggen, Gerste, Hafer, Reis, Bambus), aus Eiweißen bei Hülsenfrüchten (z. B. Bohnen, Lupinen) und aus Fetten bei Ölfrüchten (z. B. Oliven). Der Embryo befindet sich gewöhnlich direkt im Nährgewebe. Gelegentlich werden die Reservestoffe auch, wie bei der Erbse, in seinen Keimblättern gespeichert.

Befindet sich an den Keimlingen ein Keimblatt, handelt es sich um **einkeimblättrige Pflanzen** (*Monocotyledoneae*). Dazu zählen unter anderen Gräser (*Gramineae*), Liliengewächse (*Liliaceae*), Irisgewächse (*Iridaceae*) und Orchideen (*Orchidaceae*). Entwickelt der Keimling zwei Keimblätter, handelt es sich um **zweikeimblättrige Pflanzen** (*Dicotyledoneae*). Dazu gehören z. B. die Laubgehölze sowie die meisten Gartenstauden und Gemüsepflanzen. Die Nadelgehölze, die zu den Nacktsamern (*Gymnospermae*) zählen, haben gewöhnlich mehrere Keimblätter, sie werden **mehrkeimblättrige Pflanzen** genannt.

Die jeweilige **Art der Keimung** wird unterschieden in unterirdische oder hypogäische Keimung und in oberirdische oder epigäische Keimung. Zu den Arten, die unterirdisch keimen, zählt z. B. die Eiche. Ihre Reservestoffe enthaltenden dicken Keimblätter mit dem **Hypokotyl** (Keimspross der Samenpflanze, Übergang von der Wurzel zum Spross) bleiben im Erdboden.

Oberirdisch befindet sich der aus dem Epikotyl (blattloser Sprossabschnitt) bestehende Keimling mit seinen Laubblättern.

Oberirdisch keimen beispielsweise Buschbohne und Buche. Hier befindet sich das Hypokotyl oberhalb des Bodens, es folgen die Keimblätter, daran anschließend das Epikotyl und die Laubblätter.

Wenn Pflanzen über Samen vermehrt werden, spricht man von **generativer** oder **geschlechtlicher Vermehrung**.

Vermehrung aus Pflanzenteilen

Neben der generativen Vermehrung ist im Pflanzenreich auch die **vegetative, ungeschlechtliche Vermehrung** aus Teilen der Mutterpflanze verbreitet. Da sie ausschließlich aus den Zellen der Mutterpflanze erfolgt, sind so vermehrte Pflanzen erbgleich.

Verschiedene ausdauernde (perennierende), krautige Pflanzen bilden **Rhizome** (Erdspross mit Speicherfunktion) aus, in denen sie während der Vegetationsruhe, nachdem sie eingezogen haben, ohne oberirdische Pflanzenteile überdauern. Die Rhizome können nach mechanischer Durchtrennung neue Sprosse bilden und so zu neuen Pflanzen heranwachsen. Gartenunkräuter mit

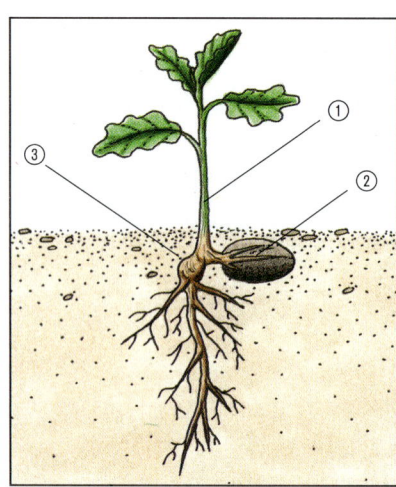

Unterirdische (hypogäische) Keimung:
① **Epikotyl mit Laubblättern,** ② **Keimblätter mit Reservestoffen,** ③ **Hypokotyl**

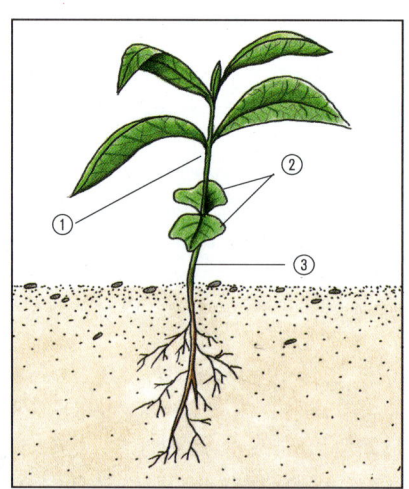

Oberirdische (epigäische) Keimung:
① **Epikotyl mit Laubblättern,** ② **Keimblätter mit Reservestoffen,** ③ **Hypokotyl**

Rhizomen wie die Quecke oder die Winde lassen sich daher sehr schwer bekämpfen.

Weitere vegetative Vermehrungsorgane sind **Zwiebeln,** die aus einem verkürzten Spross bestehen und ihre Reservestoffe in verdickten Blättern bzw. Blattabschnitten lagern. Außerdem gibt es **Knollen.** Diese unterteilen sich in Sprossknollen, bei denen sich das Ende eines Sprosses verdickt wie bei der Kartoffel, und in Wurzelknollen wie bei der Dahlie. Letztere hat Erneuerungsknospen nur am Wurzelhals. Darauf muss beim Pflanzen besonders geachtet werden. Neben diesen Speicherorganen stehen für die erbgleiche Vermehrung auch verschiedene oberirdische Pflanzenteile zur Verfügung. Mehr dazu im Kapitel „Vegetative Vermehrung" ab S. 118.

Substrate

Das Wort „Substrat" bedeutet eigentlich Grundlage bzw. Nährmedium. Solche Grundlagen für die Vermehrung sind normalerweise verschiedene Erdmischungen, obwohl einige Stecklinge auch problemlos in Wasser bewurzeln.

Der spezielle Begriff Substrat deutet darauf hin, dass an Vermehrungserden besondere Ansprüche gestellt werden. Sie müssen nährstoffarm und locker sein, dürfen weder verdichten noch vernässen und sollen trotzdem möglichst gut die Feuchtigkeit halten. Diesen Ansprüchen kann am ehesten Torf entsprechen, weshalb er nach wie vor kaum ersetzbarer Grundstoff von Anzuchterden ist. Verbreitete Vermehrungssubstrate sind die so genannten Einheitserden und Torfkultursubstrate (TKS). Es gibt darunter Mischungen für verschiedene Zwecke, wobei für Aussaat und Anzucht jeweils die ungedüngten oder schwach gedüngten Varianten infrage kommen. Angeboten wird auch speziell Erde fürs Pikieren (vgl. S. 117), die etwas mehr Nährstoffe enthält.

Anzuchtsubstrat kann man auch selbst herstellen. Ein einfaches Rezept: ein Teil nicht zu feiner sauberer bzw. gereinigter Quarzsand (Bausand) und ein Teil feinfaseriger Torf. Feiner Sand würde zum Verschlämmen neigen oder beim Gießen herausgespült werden. Die Wichtung der einzelnen Substanzen kann erheblich schwanken. Viele Kultivateure haben ihre eigenen Mischungen, einige halten sie sogar streng geheim, insbesondere was mögliche Zusatzstoffe betrifft. Ist der Torfanteil hoch oder wird gar ausschließlich in Torf gesteckt, sollte dieser nicht zu sauer sein. Erforderlichenfalls muss auf einen pH-Wert von 5–6,5 aufgekalkt werden. Bei der Mischung eigener Anzuchtsubstrate sollten die folgenden Punkte berücksichtigt werden:

- Das Substrat muss Feuchtigkeit halten können, darf jedoch nicht verschlämmen. Stecklinge in nassem Substrat können nicht atmen und faulen deshalb sehr schnell. Außerdem werden sie wegen der Schwächung leicht Opfer von Schädlingen oder Pilzinfektionen.
- Der Mischung sollen keine Nährstoffe zugesetzt werden: Nur in nährstoffarmen Substraten sind die junge Pflanze oder der Keimling bemüht, intensiv Wurzeln zu bilden, um sich mit Nährstoffen versorgen zu können.
- Das Substrat darf keine Schadorganismen und Unkrautsamen enthalten: Solche Beimengungen können die jungen, zarten Pflanzen erheblich schädigen oder gar abtöten.

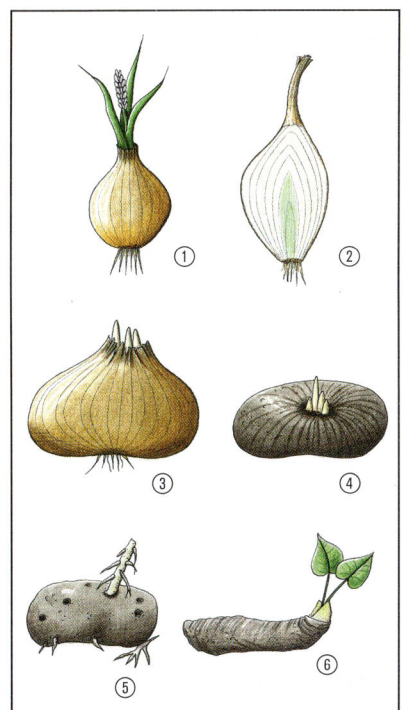

Vegetative Vermehrungsorgane:
① **Zwiebel, keimend,** ② **Zwiebel, Querschnitt,** ③ **Zwiebelknolle (Krokus),** ④ **Wurzelknolle (Anemone),** ⑤ **Sprossknolle (Kartoffel),** ⑥ **Rhizom (Aronstab)**

Selbst gemischte Erden mit Kompostanteil sollten daher durch ausreichendes Erhitzen in hitzebeständiger Folie sterilisiert werden. Am einfachsten und sichersten ist es, gute Anzuchterden zu kaufen. Diese sind auf die Bedürfnisse der Sämlinge und junger Stecklinge abgestimmt und unkrautsamen- sowie schädlingsfrei.

T I P P

Pflanzenerde sterilisieren
3 bis 5 Liter selbst gemischte Erde eine halbe Stunde bei 140–160° C im Backofen oder 10 Minuten in der Mikrowelle bei einer Leistung von etwa 800 Watt erhitzen. So werden die Keime zuverlässig abgetötet.

Wichtige Grundbegriffe

Vermehrung aus Samen

Vermehrung aus Pflanzenteilen

Substrate

Generative Vermehrung

Die meisten Pflanzen können aus Samen vermehrt werden. Im Gegensatz zur ungeschlechtlichen Vermehrung, bei der die neuen Pflanzen nur die Erbmerkmale der Mutterpflanze aufweisen, tragen Pflanzen aus geschlechtlicher Vermehrung die Erbinformationen sowohl der Mutter- als auch der Vaterpflanze. Nachdem von den männlichen Blütenorganen, den Staubgefäßen, Pollen auf die weibliche Narbe übertragen wurden und es zu einer Befruchtung gekommen ist, bilden sich anschließend in unterschiedlicher Weise Samen aus.

Verschiedene Pflanzenarten sind selbstbestäubend. Bei den **zwittrigen Arten** befinden sich gewöhnlich die männlichen und die weiblichen Blütenorgane innerhalb einer Blüte. Durch Insektenbesuch oder durch Windbewegungen wird der männliche Pollen auf die weibliche Narbe übertragen und somit kann nach erfolgreicher Befruchtung der Samen ausgebildet werden. Zu diesen Pflanzen zählen z. B. Bohnen, Tomaten, die meisten Sommerblumen und viele weitere Gartenpflanzen. Natürlich ist auch hier Fremdbefruchtung möglich.

Eine weitere Variante stellen die **einhäusigen Pflanzen** dar, die zwar selbstbestäubend sind, deren Blüten jedoch entweder rein weiblich oder rein männlich sind – an derselben Pflanze. Hier erfolgt die Bestäubung durch Übertragung der Pollen von der männlichen zur weiblichen Blüte. Zu diesen Pflanzen zählen z. B. Gurken und Kürbisse. Auch hier ist Fremdbestäubung selbstverständlich möglich.

Und schließlich gibt es die so genannten **zweihäusigen Pflanzen**, die entweder weiblich oder männlich sind. Sie müssen immer in einem von verschiedenen Faktoren abhängigen Abstand zusammenstehen, damit eine gegenseitige erfolgreiche Befruchtung gewährleistet ist. Die meisten dieser Pflanzen sind auf Insekten als Pollenüberträger angewiesen. Zu diesen Pflanzen zählen der Sanddorn (*Hippophaë rhamnoides*), die Kiwi (*Actinidia chinensis*), die Skimmie (*Skimmia japonica*) und der Spinat.

Außerdem gibt es manche Besonderheiten, z. B. bei den Süßkirschen und der Avocado (*Persea americana*), bei denen nur Pollen ganz bestimmter Pflanzen, die in Gruppen zusammengefasst sind, andere weibliche Blüten befruchten können. Und bei der Walnuss befinden sich zwar weibliche und männliche Blüten an einer Pflanze, nur reifen sie zu unterschiedlichen Zeiten, sodass eine Selbstbestäubung in den meisten Fällen ausgeschlossen ist.

Die Mischerbigkeit ist für viele Pflanzen überlebenswichtig. Nur so sind beispielsweise viele Baumarten überhaupt erst in der Lage, sich den häufig ändernden Umweltbedingungen immer wieder erneut anzupassen, ohne Schaden zu nehmen oder gar auszusterben. Natürliche Selektionen lassen auf Dauer nur die kräftigsten und an die jeweiligen Umweltbedingungen angepassten Individuen bestehen.

Links: Ein durchlässiges, nährstoffarmes Substrat mit stabiler Struktur ist Voraussetzung für erfolgreiche Pflanzenvermehrung

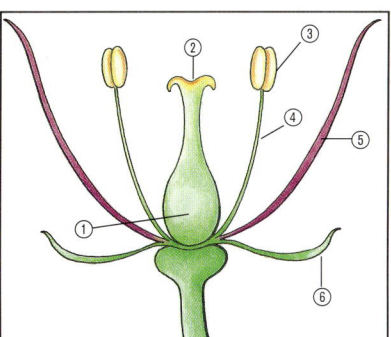

Schematischer Aufbau einer Blüte: ① **Fruchtknoten**, ② **Narbe**, ③ **Pollensäcke**, ④ **Staubblätter**, ⑤ **Blütenblätter (Kronblätter)**, ⑥ **Kelchblätter**

Saatgutkauf und -qualität

Von einer großen Anzahl von Pflanzen sind Sämereien nahezu jederzeit erhältlich. Sowohl in Fachgeschäften als auch in vielen anderen Verkaufsstellen sind sie zu finden. Saatgutversender haben sich oftmals auf ganz bestimmte Sämereien spezialisiert oder bieten ein riesiges Spektrum besonderer Sämereien an. Strengen gesetzlichen Regelungen unterliegen viele Gemüse- und landwirtschaftliche Sämereien. So müssen eine bestimmte Keimfähigkeit und – eigentlich selbstverständlich – auch Sortenechtheit gewährleistet sein. Sehr hilfreich ist die auf manchen Samentüten angegebene Mindesthaltbarkeit. Sie gilt natürlich nur bei ordnungsgemäßer Lagerung des Saatguts in der ursprünglichen Verpackung. Neuerdings ist auf einigen Samentüten auch die Anzahl der zu erwartenden Pflanzen genannt. Sämereien in Keimschutzpackungen sind vor Klimaschwankungen geschützt. Die für getrocknetes Saatgut schädliche hohe Luftfeuchtigkeit kann ihnen nichts anhaben. Spezialsamenversender packen das zu versendende Saatgut häufig individuell ab. Oft handelt es sich um

Sehr feine Samen, z. B. von Möhren, lassen sich in pillierter Form viel einfacher im richtigen Abstand verteilen

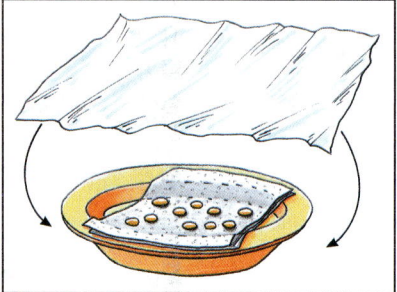

Keimprobe: Die Samen werden auf feucht zu haltendes Vliespapier gelegt und mit einer Folie abgedeckt

Samen von exotischen Pflanzen, die aus aller Herren Länder importiert wurden. Die Keimquote solcher Samen liegt erheblich unter der heimischer Sämereien.

Saatgutformen

Besonders bei Gemüse und Sommerblumen werden die Samen oft auf verschiedene Art und Weise aufbereitet, um die exakte Aussaat zu erleichtern. Das hat z. B. bei Radieschensamen oder dem feinen Möhrensatgut den Vorteil, dass später nicht mehr vereinzelt werden muss. **Kalibriertes Saatgut** hat durch mehrfaches Sieben eine einheitliche Korngröße, was die mechanische Ausbringung mit einem Sägerät erleichtert. Ebenfalls von einheitlicher Größe, außerdem rund, ist **pilliertes Saatgut,** das von einer Hüllmasse umgeben wird, die sich nach der Aussaat zersetzt.
Die Aussaat wird auch durch **Samenteppiche** erleichtert; hier liegen die Samen im Endabstand zwischen Zelluloseschichten oder anderen wasserlöslichen Materialien. Ähnlich verhält es sich mit **Saatbändern** aus Spezialpapier, die einfach in den vorbereiteten Boden ausgelegt und angegossen werden. Schließlich gibt es noch die **Quick-Sticks,** etwa streichholzbreite Pappstreifen, an deren Enden die Samen sitzen; ein Markierungsstrich auf dem Streifen gibt die richtige Saattiefe an.

Keimprobe

Um die Keimfähigkeit von Saatgut zu testen, kann man einen kleinen Teil der Samen unter kontrollierten Bedingungen aussäen. Dabei zeigt sich, wie viel Prozent bestimmter Sämereien innerhalb einer vorgegebenen Zeit keimen.

> **TIPP**
>
> **Samenlagerung**
> - Hinweise auf den Samenverpackungen beachten.
> - Für die meisten Arten ist trockene und kühle Lagerung richtig.
> - Exotische Sämereien möglichst bald verbrauchen.

Wann ist eine Keimprobe sinnvoll? Älteres Saatgut kann einer Keimprobe unterworfen werden, weil mit der Zeit die Keimfähigkeit nachlässt und anhand der Testergebnisse die nötige Aussaatdichte festgelegt werden kann. Auch zur Qualitätskontrolle erworbenen Saatguts kann man eine Keimprobe machen, wenn bekannt ist, wie hoch die Keimquote üblicherweise ist.
Zur Ermittlung der Qualität des Saatgutes muss die übliche Keimfähigkeit in Prozent und die Zeit der Keimfähigkeit in Monaten oder Jahren bekannt sein, ferner die durchschnittliche Keimdauer in Tagen oder Wochen. Der Versuch sollte bei der für die betreffende Art optimalen Temperatur vorgenommen werden. Die Durchführung der Keimprobe kann auf verschiedene Weise erfolgen. Recht einfach ist folgendes **Verfahren:** In ein ungelochtes Aussaatgefäß oder einen Teller wird zwei- oder dreischichtiges Vliespapier (Küchenpapier) gelegt und durchgehend befeuchtet. Darauf wird eine bestimmte Anzahl von Samenkörnern gelegt. Es muss sich um eine durchschnittliche Probe handeln, keinesfalls um besonders ausgewählte Samen. Je mehr Samen man verwendet, desto genauer ist das hochzurechnende Ergebnis. Üblich sind

etwa 10 bis 100 Korn. Bei besonders feinem Saatgut muss unter Umständen nach Volumen abgemessen und hochgerechnet werden. Sehr großes Saatgut (Bohnen, Erbsen) kann man auch in reinem Sand auslegen. Nach dem Auslegen der Samen wird das Gefäß mit einer Glasscheibe oder einer durchsichtigen Folie abgedeckt. So entsteht darunter eine hohe Luftfeuchtigkeit, die verhindert, dass die Samen austrocknen. Das Probegefäß wird anschließend an einem 18–24° C warmem Platz – z. B. im Zimmer – aufgestellt. Es muss ausgesprochen sauber und hygienisch einwandfrei gearbeitet werden, denn die Keimbedingungen sind auch für unerwünschte Pilzsporen optimal. Nach Ablauf der Vorgabezeit wird die Anzahl der aufgelaufenen Samen gezählt und ins Verhältnis zu der Gesamtzahl der Samen aus dem Versuch gesetzt. Die daraus ermittelte Prozentzahl entspricht der Keimfähigkeit der Samen aus der Probe. Die Vorgabezeit ist die Zeit, die normalerweise erforderlich ist, bis Samen der betreffenden Art auflaufen. Man kann die Zählung aber auch nach einer etwas längeren Zeit vornehmen. Gurken z. B. laufen gewöhnlich nach 10 Tagen auf, man kann die Anzahl der aufgelaufenen Samen auch erst nach 15 Tagen ermitteln.

Liegt die Keimfähigkeit bei Gemüse- und Kräutersämereien unter 20–25 %, lohnt sich eine Aussaat kaum, es sei denn, die Samen sind nicht mehr im Handel erhältlich. Manche Blumen- und Gehölzsämereien lassen sich nicht ohne weiteres mit einer Keimprobe testen. Dazu gehören besonders solche Arten, die zum Keimen Wechseltemperaturen benötigen, und solche, die sehr langsam keimen bzw. stratifiziert werden müssen (vgl. S. 115).

Zum Zeitpunkt der Ernte müssen die Samen gut ausgereift sein, danach werden sie langsam getrocknet

Generative Vermehrung

Saatgut aus eigener Ernte

Saatgut aus eigener Ernte

Lohnt es überhaupt, Samen selbst anzuziehen, wenn von Fachbetrieben gezüchtetes Saatgut schon sehr preiswert abgegeben wird? Gerade bei Blumen- und Gemüsesorten sind die Zuchtbetriebe stets bemüht, hochwertiges Saatgut mit den jeweils gewünschten und erwarteten Eigenschaften heranzuziehen.

Viele Gemüse- und Sommerblumenzüchtungen sind so genannte F_1-**Hybriden.** Sie entstehen durch Kreuzen zweier Zuchtlinien, deren Eigenschaften sie vereinigen. Man braucht immer wieder Elternpflanzen beider Zuchtlinien, um identische Pflanzen zu erhalten. Vermehrt man die F_1-Hybriden selbst über Samen, spalten sich die Nachkommen auf und zeigen in unterschiedlichen Anteilen die Eigenschaften der ursprünglichen Zuchtlinien, z. B. ganz unterschiedliche Blütenfarben. Verschiedene Arten können allerdings ohne große Probleme aus selbst gesammelten Samen vermehrt werden. Wichtig ist stets, dass die geernteten Samen ausgereift sind. Einige Arten reifen zwar auch nach, doch bei vielen ist die Keimfähigkeit nur zufriedenstellend, wenn das Saatgut bei der Ernte ausgereift war. Oftmals reifen die Samen allerdings unregelmäßig aus, man muss bei solchen Pflanzen also mehrmals ernten.

Weiter gibt es Pflanzen, deren reife Samen ganz plötzlich freigegeben werden. Hierzu zählen die in Kapseln reifenden Samen des Stiefmütterchens und des Fleißigen Lieschens, das deshalb auch „Springkraut" heißt. Es kommt also auf den richtigen Erntezeitpunkt an. Sehr wertvolle bzw. seltene Samen, die zwar ausreifen müssen, dann aber plötzlich freigegeben werden können, müssen geschützt werden. Zu diesem Zweck werden die Samenstände mit Pergament oder einem Gewebe umwickelt, indem man die Samen auffängt.

Samen in fleischigen Früchten wie Tomaten oder Gurken müssen vor dem Trocknen vom Fruchtfleisch befreit und gereinigt werden. Bei

Bei Koniferen werden die fast reifen, aber noch geschlossenen Zapfen geerntet

> **TIPP**
>
> **Saatgut einfrieren**
> Gut getrocknetes Saatgut vieler Pflanzen kann bei –20° C eingefroren und auf diese Weise lange aufbewahrt werden. Vor der Aussaat ist es dann langsam aufzutauen. Bei den meisten tropischen Sämereien lässt sich dies allerdings nicht anwenden.

Saatgut ist unterschiedlich lange lagerfähig. Dazu muss man wissen, dass der Embryo im Samen atmet. Dadurch werden eingelagerte Reservestoffe mehr oder weniger schnell abgebaut, und das bewirkt schließlich die Dauer der Keimfähigkeit des Samenkorns. Um die Lagerfähigkeit zu verbessern, wird der Wassergehalt des Samens durch langsames Trocknen verringert. Die Atmungsenzyme werden weniger stark aktiviert, der Abbau der Kohlenhydrate nimmt ab, die Lagerfähigkeit steigt. Da die Atmungsaktivität auch durch die Temperatur bestimmt wird, sollten die Samen kühl, optimal bei gerade über 0° C, gelagert werden.

kleinem Bedarf bereitet es keine großen Schwierigkeiten, die einzelnen Samenkörnern dem Fruchtfleisch zu entnehmen, abzuspülen und zu trocknen. Ansonsten werden die ganzen Früchte oder bei Gurken das herausgeschnittene Mark mit den eingelagerten Samen in Wasser kurz vergoren. Dabei ist darauf zu achten, dass keine zu hohen Temperaturen auftreten, die sich negativ auf die Keimfähigkeit auswirken können. Der Gärvorgang muss sofort abgebrochen werden, sobald sich das Fruchtfleisch verflüssigt hat. Die Flüssigkeit wird durch ein Sieb mit geeigneter Maschenweite abgegossen. Anschließend sammelt man die Samen ein und spült sie ab. Schließlich werden sie ausgebreitet und bei Temperaturen um 20–30° C getrocknet. In Säckchen, Gläsern, Kisten oder anderen Behältern dürfen die Samen nur gelagert werden, wenn sie wirklich trocken sind. Ansonsten können sie leicht von Schimmel befallen werden, der das Saatgut innerhalb kürzester Zeit vernichtet. Die Samen mancher Nadelgehölze reifen in Zapfen, die plötzlich aufspringen und auf den Boden fallen. Hier müssen die fast reifen, aber noch geschlossenen Zapfen geerntet werden. Durch so genanntes Klengen werden die Samen freigegeben. Dazu werden die Zapfen in Kisten gelegt und sehr warm aufgestellt. Schon nach recht kurzer Zeit öffnen sich die Segmente der Zapfen, aus denen die Samen herausfallen. Hilfreich ist auch ein kräftiges Schütteln der geöffneten Zapfen.

Aufbereitung und Lagerung

Wichtig ist zunächst eine gute Reinigung des Saatguts und das Entfernen aller Fremdstoffe. Dann kann nach Korngröße sortiert werden (Kalibrierung), was ein mechanisches Aussäen erleichtert.

Saatgutbeizung

Saatgut wird gebeizt, um den Keimling vor Schadorganismen, in erster Linie vor Pilzinfektionen, zu schützen. Schadorganismen befinden sich häufig im Pflanzsubstrat, das nicht sterilisiert worden ist oder direkt an den Samen. Wenn Abpackbetriebe ihre Sämereien beizen, müssen die verwendeten Mittel auf den Samenpackungen angegeben werden. Selbst gezogenen oder ungebeizt erworbenen Samen kann man behandeln. Es dürfen nur jeweils zugelassene Mittel verwendet werden. Dabei handelt es sich meist um pulverförmige Zube-

TIPP

Vorsicht mit Chemikalien
Bei allen Arbeiten, bei denen man mit chemischen Substanzen in Berührung kommen kann, sind entsprechende Schutzmaßnahmen zu treffen. So müssen beim Beizen Schutzhandschuhe getragen werden, die Chemikalien dürfen nicht eingeatmet werden.

reitungen, die zusammen mit dem Saatgut in ein Gefäß gegeben und anschließend kräftig geschüttelt werden. Das überschüssige Beizmittel siebt man ab. Zugelassene Beizmittel bleiben nur in kleinen Mengen an den Samen haften. Dies reicht gewöhnlich für einen Schutz vor Auflaufkrankheiten. Die Beizmittel sind bis zur Ernte abgebaut. Dennoch ist nicht jeder Gartenfreund bereit, Beizmittel einzusetzen. In einem solchen Fall ist es ratsam – wenn auch erheblich aufwendiger –, gedämpftes Substrat (mit heißem Dampf sterilisiert) zu verwenden und sehr sauber zu arbeiten. Die Samen können vor der Aussaat in einer Desinfektionslösung gebadet werden (z. B. Chinosol). Abgedeckte Anzuchtschalen sollten von Zeit zu Zeit gelüftet werden.
Eine Hilfe kann auch inkrustiertes Saatgut („Inkrusaat") sein, bei dem die Samen mit Natur- und anderen Pflanzenschutzstoffen überzogen sind. Diese Schicht löst sich nach der Aussaat auf und bietet dem auflaufenden Keimling Schutz.
Einige Pflanzen- und Samenversender haben sich auf nicht oder nur mit Pflanzenextrakten behandeltes Saatgut spezialisiert.

Keimruhe und Keimförderung

Häufig keimen die Samen nicht, selbst wenn die Keimbedingungen vermeintlich optimal sind. Verschiedene Ursachen bewirken eine Keimhemmung. Für bestimmte Pflanzenarten ist sie sogar überlebenswichtig. Folgende Ursachen können, teils auch gleichzeitig, vorliegen:
- Die Samenschale ist sehr hart und wasserundurchlässig, sodass die Aktivität des Embryos nicht gesteigert werden kann.
- Die Embryoanlage ist noch nicht voll entwickelt, sie benötigt eine zusätzliche Zeit (Nachreife).
- Die keimhemmenden Stoffe im Sameninneren oder im Fruchtfleisch sind noch nicht abgebaut.

Sollen Pflanzen durch Aussaat angezogen werden, ist es wichtig, dass die Keimhemmung ihrer Samen durchbrochen wird. Dafür gibt es zahlreiche Verfahren. Bei sehr hartschaligem Saatgut, z. B. von Leguminosen, hat sich das **Einritzen** vor der Aussaat sehr gut bewährt. Dazu werden

Hartschalige Leguminosensamen, hier von Prunkbohnen, kann man vor der Aussaat ritzen

die zu behandelnden Samen zusammen mit Glasscherben oder Eisenspänen in eine Trommel gegeben und, je nach Schalenbeschaffenheit, etwa 15 bis 45 Minuten gedreht. Manche Samen kann man auch einige Zeit mit Glaspapier bearbeiten. Auch das Übergießen mit **warmem oder kochendheißem Wasser** kann bei manchen Arten die Keimhemmung beenden (z. B. bei Robinien- und Eukalyptusarten). Obgleich nicht unüblich, sollte ein Behandeln mit konzentrierter Schwefelsäure unterbleiben.
Ist die embryonale Entwicklung noch nicht abgeschlossen, müssen die Samen eine mehr oder weniger lange Zeit liegen. In feuchtem Sand setzt die Entwicklung besonders deutlich ein. Allerdings muss nach erfolgter Keimung sofort ausgesät werden, ein anschließendes Trocknen ist dann nicht mehr möglich.

Stratifikation

Manche Samen keimen nur dann sicher, wenn sie zuvor stratifiziert wurden. Stratifizieren bedeutet schichtförmig lagern. Während der Lagerzeit wird nachgeahmt, was in freier Natur mit den Samen passieren würde. Sehr viele heimische Gehölze werden vor der Aussaat stratifiziert. Zu diesem Zweck werden die Samen der betreffenden Arten mit erdfeuchtem Quarzsand gemischt, in entsprechend große Behälter oder Kästen gefüllt und kühl gelagert (siehe auch Abb. auf S. 116). Bei längerer Stratifikationsdauer kann man auch Torfmull verwenden, weil er die Feuchtigkeit besser hält. Das Substrat sollte keimfrei sein. Die Lagerung kann sowohl an einem schattigen Platz im Freien als auch im Kühlhaus unter kontrollierten Bedingungen erfolgen. Der günstigste Temperaturbereich liegt zwischen

---

Generative Vermehrung

Saatgutbeizung

Keimruhe und Keimförderung

Bei Gemüse hat sich die Reihensaat bewährt

0 und 5° C. In einem Haushaltskühlschrank ist Stratifikation also gewöhnlich nicht möglich. Die übliche Stratifikationszeit beträgt etwa 4 bis 16 Wochen, manchmal auch wesentlich länger. Am Schluss des Stratifikationsprozesses beginnen die Samen zu keimen. Sie müssen dann gleich ausgesät werden. Bei längerer Wartezeit können die Wurzeln oder Triebe brechen, oder der Wurzelhals wächst auffällig krumm.

Obgleich in der Natur normal, ist Frosteinwirkung auf die geschichteten Samen nicht von Vorteil, wenn auch nicht schädlich.

Frost- bzw. Kaltkeimer
Auch für diese Gruppe ist Frost nicht unbedingt nötig, wohl aber Kälteeinwirkung über einen gewissen Zeitraum, um die Keimhemmung aufzuheben. Hierunter zählen vor allem Stauden wie Adonisröschen *(Adonis)*, Eisenhut *(Aconitum)*, Enzian *(Gentiana)*, Nieswurz *(Helleborus)* und Trollblume *(Trollius)*. Des weiteren sind z. B. Tulpen, Lilien, einige

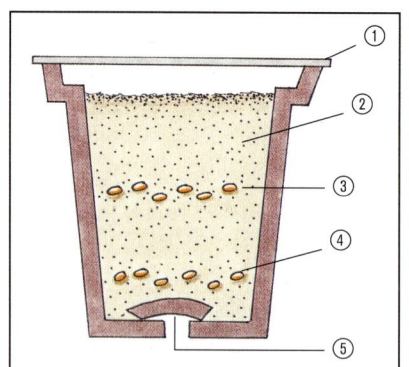

Stratifikation in einem Blumentopf:
① **Schutzabdeckung,** ② **Sandschichten,** ③ + ④ **Samen,** ⑤ **Abzugsloch mit Tonscherbe**

zweijährige Sommerblumen und Gehölze wie die Ahornarten Kaltkeimer.

Am sichersten laufen sie auf, wenn sie warm vorgequollen und anschließend in ihren Anzuchtgefäßen ins Freie gestellt werden, wo dann winterliche Temperaturen auf sie einwirken können. Auch ein Stratifizieren ist häufig möglich.

Dunkel- und Lichtkeimer
Die Samen vieler Gartenpflanzen vertragen oder brauchen als Dunkelkeimer sogar eine Abdeckung mit Erde, um zur Keimung zu kommen. Lichtkeimer dagegen keimen bei Abdeckung nicht, sie werden nur auf das Substrat aufgestreut und leicht angedrückt. Hierzu zählen einige Kräuter wie Basilikum, Thymian, Kamille, Stauden wie Rittersporn

und Glockenblume (*Campanula*) sowie mehrere Sommerblumen, z. B. Petunie, Löwenmäulchen (*Anthirrhinum*), Ziertabak (*Nicotiana*) und Fleißiges Lieschen (*Impatiens*). Andere, etwa Mohn (*Papaver*) und Mittagsgold (*Gazania*) oder verschiedene Koniferenarten, brauchen nur eine hauchdünne Substrat- oder Quarzsandschicht.

Aussaat

Im Hausgarten spielt die Aussaat vor allem beim Anbau von Gemüse und Sommerblumen eine Rolle und soll detaillierter in den entsprechenden Kapiteln beschrieben werden (ab S. 175 bzw. 401). Grundsätzlich gibt es zwei Möglichkeiten: zum einen das Aussäen an Ort und Stelle im Garten, zum andern die Aussaat an einem geschützten Ort, wobei die Pflanzen dann nach dem Anwachsen und einer gewissen Zeit der Abhärtung ins Freie gesetzt werden. Das letztere Verfahren nennt man auch Vorziehen oder Vorkultur.

Bei **Freilandaussaat** werden die Samen meist in Reihen ausgelegt, was später die Bodenbearbeitung zwischen den auflaufenden Pflänzchen erleichtert. Sofern man sich nicht spezieller Saatgutformen (vgl. S. 112) bedient, muss nach dem Aufgang der Saat oft vereinzelt bzw. ausgedünnt werden, sobald die Pflänzchen etwa 5 cm groß sind. Das heißt, man zieht die schwächsten Exemplare heraus, sodass zwischen den verbleibenden ein optimaler Abstand besteht.

Die **Vorkultur** wendet man in erster Linie bei empfindlicheren Arten an, aber auch, um z. B. im Frühjahr möglichst zeitig über Jungpflanzen zu verfügen oder bei zwischenzeitlichem Platzmangel auf den Beeten.

Aussaaten müssen stets feucht (aber nicht nass!) gehalten werden

Vorgezogen wird im Frühbeet, im Zimmer oder – falls vorhanden – im Gewächshaus. Im Frühbeet sät man meist direkt in die Erde, ansonsten kommen diverse Gefäße und Töpfe infrage. Vor dem späteren Auspflanzen liegt häufig noch ein Zwischenschritt, das **Pikieren**. Wenn es in den Anzuchtgefäßen oder im Frühbeet zu eng wird, setzt man die kräftigsten Sämlinge einzeln in kleine Töpfe und lässt sie dort zu Jungpflanzen heranwachsen.

Wichtig: Bewässerung

Der Boden, in dem Saatgut ausgelegt wird und in dem Jungpflanzen heranwachsen, darf nicht austrocknen. Recht schnell können Keimlinge und Pflänzchen sonst absterben. Andererseits ist es auch sehr schädlich, wenn der Boden zu nass ist. Dann können die oft fleischigen Sämlinge leicht faulen oder durch Schwächung Pilzinfektionen zum Opfer fallen; austreibende Samen ersticken an Sauerstoffmangel oder verfaulen. Man muss also stets für einen ausgewogen feuchten Boden sorgen. Wird bei Gefäßkultur eine gute Aussaaterde genommen, kann es eigentlich keine Probleme geben, denn dieses Substrat ist wasserabführend, ohne zu schnell auszutrocknen. Außerdem ist Qualitätsaussaaterde strukturstabil und neigt somit nicht zum Verschlämmen.

Die Aussaaten dürfen nicht mit scharfem Strahl gegossen werden, sondern nur mit feiner Brause. Andernfalls können sie aus der Erde gespült und junge Pflänzchen geschädigt werden. Das gilt insbesondere für Lichtkeimer wie diverse Kräuter (Basilikum, Kamille, Thymian), die nicht oder nur sehr gering mit Erde abgedeckt werden. Hier muss der Boden äußerst behutsam befeuchtet werden.

Ein leichtes Düngen der jungen Pflänzchen ist nur dann erforderlich, wenn die Anzuchterde frei von Nährstoffen ist. Ansonsten genügen bis zum Pikieren die üblicherweise untergemischten Düngemittel oder bei selbst zubereiteten Erden der Kompostanteil. Ein Zuviel an Dünger schadet nur.

Vegetative Vermehrung

Die ungeschlechtliche Vermehrung aus Pflanzenteilen ist im Gartenbau die weitaus verbreitetste. Sie hat gegenüber der geschlechtlichen Vermehrung in mancher Hinsicht wesentliche Vorteile. Aus folgenden Gründen wird vegetativ vermehrt:

- Die so angezogenen Pflanzen sind identisch mit der Mutterpflanze. Die Eigenschaften und das äußere Erscheinungsbild der neuen Pflanzen sind im Voraus bekannt. Bestimmte Selektionen werden merkmalerhaltend vermehrt.
- Zweihäusige Pflanzen können wunschgemäß nach Geschlecht vermehrt werden, z. B. Kiwi (*Actinidia*).
- Die Altersformen mancher Pflanzen kommen gewöhnlich erst nach vieljähriger Kultur zum Tragen. Bei ungeschlechtlicher Vermehrung können schon Jungpflanzen die betreffenden Merkmale zeigen, z. B. Eucalyptus (*Eucalyptus*).
- Je nach gewähltem Verfahren lassen sich durch ungeschlechtliche Vermehrung erheblich schneller große Pflanzen heranziehen als durch Aussaat.

Neben den nachfolgend vorgestellten Möglichkeiten gibt es noch einige weitere Arten der vegetativen Vermehrung, die vor allem bei Zimmerpflanzen Bedeutung haben, so etwa das Abmoosen und die Blattstecklingsvermehrung. Obstbäume und einige andere Gehölze, z. B. Rosen, werden hauptsächlich über Veredelung vermehrt. Eine ausführliche Erläuterung dieses Verfahrens würde allerdings den Rahmen dieses Buchs sprengen.

Stecklinge

Stecklinge sind von einer Mutterpflanze abgetrennte Teile, die nach der Abtrennung zum Bewurzeln gebracht werden. Auf diese Weise entsteht eine neue selbstständige Pflanze.

Gewöhnlich versteht man unter Stecklingen beblätterte Triebe oder Triebstücke. Dazu zählen jedoch auch Knospen, einzelne Blätter oder Teile davon. Allgemein werden laubabwerfende Pflanzen – dazu gehören viele heimische Gehölze – durch krautartige, also noch nicht verholzte Stecklinge vermehrt. Stecklinge von immergrünen Pflanzen bewurzeln sich oft besser, wenn die Stecklinge bereits ausgereift sind.

Schneiden von Stecklingen

Grundsätzlich können von jeder Pflanze Teile abgetrennt werden, die zur Anzucht neuer Pflanzen verwendet werden sollen. Abgesehen davon,

Stecklingsvermehrung:
1. Kopf- oder Stammsteckling unterhalb einer Blattknospe abschneiden, untere Laubblätter entfernen

2. Mit der Schnittstelle nach unten ins Substrat stecken; eine Kunststoffhaube dient anfangs als Verdunstungsschutz

Für die Stecklingsvermehrung verwendet man krautige, beblätterte Triebspitzen (Kopfsteckling, ①) oder Teilstücke aus der Triebmitte (Stammsteckling, ②)

dass sich Stecklinge von einigen Pflanzen leicht bewurzeln, von anderen schwer oder gar nicht, ist besonders die Mutterpflanze entscheidend. Es hat sich herausgestellt, dass das Alter der Mutterpflanze bei verschiedenen Pflanzenarten von ausschlaggebender Bedeutung bei der Bewurzelung von Stecklingen ist. Bei vielen Arten sind jüngere Mutterpflanzen vorzuziehen. Im Gartenbau schneidet man sogar Stecklinge von anderen, gerade erst austreibenden und bewurzelten Stecklingen, um besonders gute Bewurzelungserfolge zu erzielen.

Wichtig ist der gute Zustand der Mutterpflanze. Sie soll optimal ernährt und wüchsig sein und immer wieder verjüngt, das heißt zurückgeschnitten werden. Die Bewurzelungsfähigkeit von Stecklingen älterer Mutterpflanzen nimmt oft deutlich ab. Stehen jedoch keine anderen Pflanzen zur Verfügung, kann man den Erfolg der Stecklingsbewurzelung durch gezielte Düngung der Mutterpflanze vor dem Stecklingsschnitt erhöhen.

Geschnitten wird der Steckling unterhalb einer Blattknospe, einem Auge (oder Nodium), weil dort eine hohe Nährstoffkonzentration vorherrscht und dadurch die Adventivwurzelbildung (Wurzelbildung am Spross) positiv beeinflusst wird.

Im Gegensatz zur landläufigen Meinung ist zum Schneiden kein besonders scharfes Messer erforderlich. Mit einer Schere geht der Stecklingsschnitt einfacher und auch wesentlich schneller vonstatten. Auch ist das Einkürzen von Blättern – wegen der Verdunstungsverringerung zwar häufig üblich – nicht unbedingt immer zu empfehlen. Denn durch den Rückschnitt werden zugleich in den Blättern gespeicherte Aufbaustoffe entfernt, die dem späteren Wachstum der Pflanze förderlich wären.

Zeitpunkt des Steckens

Der optimale Termin ist von vielen Faktoren abhängig; darum können für die verschiedenen Arten keine festen Zeiten genannt werden. Grundsätzlich ist man bei leicht bewurzelnden Arten weniger an einen bestimmten Zeitraum gebunden, manche Arten können sogar nahezu ganzjährig gesteckt werden.

> **T I P P**
> **Günstige Tageszeiten**
> Stecklinge sollten am frühen Morgen oder nachmittags geschnitten werden. Morgens ist die Pflanze besonders gut mit Wasser versorgt (optimaler Turgordruck), was sich positiv auf das Anwachsen auswirkt. Nachmittags ist die Kohlenhydratkonzentration höher. Das wirkt eher positiv auf die Bewurzelung. Kann gleich nach dem Schneiden gesteckt werden, empfiehlt sich der Nachmittag.

Bei schwer bewurzelnden Arten muss man den optimalen Zeitpunkt möglichst genau treffen, um Erfolg zu haben.

Forschungen haben ergeben, dass der günstigste Steckertermin offensichtlich dann vorliegt, wenn die Stärkekonzentration und der Kohlenhydratanteil im Steckling möglichst hoch sind. Doch diese Fakten sind nur schwer zu bestimmen und natürlich für den Hobbygärtner in der Praxis nicht nachvollziehbar. Daher ist es ratsam, frisch geschnittene Stecklinge ohne Zeitverzug gleich zu stecken.

Stecken in Erdkultur

Gewöhnlich wird mindestens ein Auge bzw. Augenpaar gesteckt. Hin und wieder wird dazu geraten, zusätzlich die Rinde zu verletzen. Dadurch wird angeblich eine bessere und beschleunigte Bewurzelung erzielt.

Es dürfen auch mehrere Augen gesteckt werden, besonders dann, wenn die Abstände zwischen ihnen, die **Internodien,** ausgesprochen kurz sind. Die Schnittstelle kann mit feiner Holzkohle gepudert werden, einem Material, das desinfizierend und fäulnishemmend wirkt. Mindestens ein Auge sollte nach dem Stecken aus der Erde herausschauen. Gesteckt wird in ein Anzuchtsubstrat. Dieses Substrat besteht aus Sand und/oder Torf; üblich ist ein Gemisch aus beiden Substanzen im Verhältnis 1:1. Das Substrat sollte ungedüngt sein und keine Nährstoffe enthalten (siehe Seite 109). Zu empfehlen ist die Zugabe von Stoffen wie z. B. Perlite oder Vermiculit, wodurch die Wasserspeicherungsfähigkeit erhöht wird. Es ist wichtig, nach dem Stecken die Erde leicht anzudrücken. So haben die Stecklinge Bodenschluss.

Stecklinge benötigen zum Bewurzeln Bodenwärme und ausreichende Luftfeuchtigkeit. Daher ist es ratsam, sie häufig zu übersprühen oder mit einer durchsichtigen Haube aus Kunststoff oder Glas abzudecken. Darunter kann sich dann eine hohe Luftfeuchtigkeit bilden. Besonders nicht heimische Arten sollte man daher in einem Frühbeetkasten oder Gewächshaus anziehen. Auch kleine Zimmergewächshäuser eignen sich dafür gut, vorzugsweise solche mit regelbarer Bodenheizung.

Stecklingsanzucht im Wasserglas

Die Stecklinge mancher Pflanzen bewurzeln sich sehr leicht und tun dies sogar problemlos in Wasser. Zu diesem Zweck werden von den betreffenden Pflanzen 15–25 cm lange Stecklinge geschnitten. Die Blätter im unteren Bereich werden entfernt und die Stecklinge in ein mit klarem, nährstofffreiem Wasser gefülltes Glas gestellt. Nach einiger Zeit bilden sich Wurzeln, anschließend kann man die jungen Pflänzchen topfen und abhärten oder auspflanzen.

Die zarten glasigen Wurzeln sind besonders empfindlich. Daher darf mit dem Auspflanzen nicht allzu

Vegetative Vermehrung

Stecklinge

lang gewartet werden, weil die dann bereits längeren Wurzeln leicht abbrechen könnten.

Pflanzen, die sich besonders gut durch Stecklinge im Wasser vermehren lassen sind: Scheinquitte (*Choenomeles*), Forsythie (*Forsythia*), Efeu (*Hedera*), Fleißiges Lieschen (*Impatiens*), Liguster (*Ligustrum*) Oleander (*Nerium oleander*), Weide (*Salix sp.*), Dreimasterblume (*Tradescantia*).

So bewurzelt sich ein Steckling

Die Pflanzen besitzen im Wachstumsbereich ihrer Triebe gewöhnlich Wurzelanlagen. Nach dem Stecken bildet sich an der Schnitt- bzw. Verletzungsstelle aus dem austretenden Zellsaft heraus ein mehr oder weniger stark ausgebildeter fetthaltiger Wundverschluss. Aus dem **Kambium,** der Wachstumszone des Triebes, bildet sich Wundgewebe, **Kallus** genannt. In geeignetem Substrat und bei günstigen Bedingungen wachsen durch den Kallus hindurch oder aus ihm heraus neue Wurzeln, so genannte **Adventivwurzeln.** Die Dicke der Kallusbildung ist sowohl artspezifisch als auch abhängig von verschiedenen äußeren Faktoren.

Kurzes Eintauchen in Bewurzelungspuder fördert das Anwachsen

> **TIPP**
> **Adventivwurzeln**
> Wenn Stecklinge stark wachsen, ohne dass sich Wurzeln bilden, kann eine mechanische Verletzung des Kallusgewebes die Bildung von Adventivwurzeln anregen.

Gewöhnlich ist es nicht von Vorteil, wenn sich eine besonders dicke Kallusschicht bildet. Dadurch kann die Wurzelbildung erheblich behindert werden, weil die Wurzelsprosse zumeist unterhalb der Kallusschicht gebildet werden. Doch ist der Steckling in der Lage, sich durch den Kallus hindurch mit Wasser und Nährstoffen zu versorgen, sein Überleben ist also gewährleistet. Frisch gesteckte Stecklinge, die vorerst einen fetthaltigen Wundabschluss gebildet haben, sind an der Wasseraufnahme stark gehindert. Die Kallusbildung bedeutet den ersten erfolgreichen Schritt zur Bewurzelung des Stecklings und schließlich zum Anwachsen.

Manche Stecklinge schießen nach einiger Zeit deutlich in die Höhe und bilden neue Blätter, jedoch keine Wurzeln. Ursache kann eine Überversorgung des Stecklings mit Stickstoff sein.

Steckhölzer

Eine besondere Art von Stecklingen ist das Steckholz. Hierunter versteht man verholzte, meist einjährige Triebe in unbelaubtem Zustand. Diese werden gewöhnlich im Spätherbst, vor den ersten starken Frösten, von sommergrünen Laubgehölzen geschnitten und im Frühjahr gesteckt. In der Zwischenzeit werden sie kühl und bei hoher Luftfeuchtigkeit gelagert. Wenn keine Kühlungseinrichtung zur Verfügung steht, kann man Steckhölzer auch an einer schattigen Stelle im Garten eingraben. Zur Lagerung geeignet sind auch ein kühler Schuppen oder eine Garage. Die Hölzer sollten in feuchtem Sand und in Plastikfolie aufbewahrt werden. Von einer Lagerung im Keller ist wegen zu hoher Temperaturen (5–10° C) im Allgemeinen abzuraten. Wird bei Frost geschnitten, dürfen die Hölzer keinesfalls in einen beheizten Raum gebracht werden. Es ist oft ratsam, vorbeugende Schutzmaßnahmen gegen Schädlings- und Pilzbefall sowie gegen Wühlmausfraß zu treffen.

Die Steckhölzer werden auf mindestens zwei, üblicherweise aber fünf bis sechs Augen zurechtgeschnitten; sie haben dann eine Länge von etwa 15–25 cm. Am besten geeignet ist das Holz aus der Mitte der Rute, weil in dem Bereich die Knospen besonders gut ausgebildet sind. Für den Zuschnitt reicht eine Gartenschere vollkommen aus. Üblich ist auch die Bündelung von Steckholzruten, die anschließend mit der Bandsäge auf die gewünschte Länge gekürzt werden. Allerdings sollte bei schlechter bewurzelnden Arten der Schnitt direkt unterhalb einer Knospe erfolgen. Die dort in größeren Mengen vorhandenen Reservestoffe begünstigen die Bewurzelung. Zurechtgeschnittenes Steckholz sollte an der oberen Schnittstelle mit einem Baumwachs gegen Verdunstung und Schädlingsinfektion geschützt werden. Außerdem ist so auch nach längerer Zeit die Polarität des Holzes leicht zu erkennen. Es ist unbedingt erforderlich, den basalen (unteren) Teil des Steckholzes zu stecken.

Die Vermehrung aus Steckholz hat viele Vorteile, auch wenn dieselben

Vegetative Vermehrung

Steckhölzer

Vermehrung durch Steckhölzer:
1. Im Spätherbst schneidet man Teilstücke von verholzten Trieben

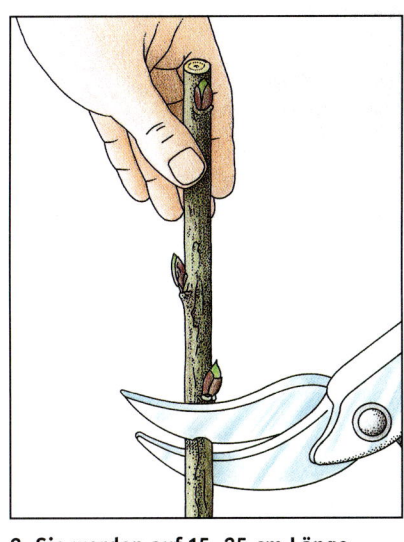

2. Sie werden auf 15–25 cm Länge zurechtgeschnitten und müssen mindestens zwei Augen (Knospen) haben

3. Über Winter lagert man die Steckhölzer, in feuchten Sand eingeschlagen, an einem kühlen Ort

4. Ende März werden die Hölzer mit etwa 15–20 cm Abstand in den zuvor angelegten Pflanzgraben gesteckt

5. Erde auffüllen und andrücken; die oberste Knospe muss über dem Bodenniveau liegen

6. Wenn sich die Hölzer bewurzelt haben, nimmt man sie heraus und pflanzt sie an den gewünschten Platz

Pflanzen ebenso aus Stecklingen vermehrt werden könnten. So kann man im Winter schneiden, einer Zeit, in der im Garten gewöhnlich weniger zu tun ist. Außerdem ist das Steckholz wesentlich unempfindlicher, und schließlich ist die Anzucht bei vielen Arten im Freiland ohne großen Aufwand und ohne besondere Einrichtungen möglich.

Der übliche Stecktermin liegt Ende März, einer Zeit, in der keine starken Fröste mehr zu erwarten sind. Das Stecken in geschützt aufgestellten Töpfen kann dagegen wesentlich früher erfolgen.
In sehr großem Umfang werden Obstveredelungsunterlagen durch Steckholz vermehrt, ferner viele Ziergehölze.

Pflanzen, die durch Steckhölzer vermehrt werden können:
Schönfrucht *(Callicarpa)*, Scheinquitte *(Choenomeles)*, Waldrebe *(Clematis)*, Kornelkirsche *(Cornus)*, Perückenstrauch *(Cotinus)*, Zwergmispel *(Cotoneaster)*, Quitte *(Cydonia oblonga)*, Deutzie *(Deutzia)*, Forsythie *(Forsythia)*, Sanddorn *(Hippophaë rhamnoides)*, Liguster *(Ligus-*

trum), Geißblatt (*Lonicera*), Wilder Wein (*Parthenocissus*), Pfeifenstrauch (*Philadelphus*), Platane (*Platanus*), Knöterich (*Polygonum*), Pappeln (*Populus*), Fingerkraut (*Potentilla*), Johannisbeeren, Stachelbeeren (*Ribes*), Wildrosen (*Rosa multiflora, Rosa nitida, Rosa rugosa*), Weide (*Salix*), Holunder (*Sambucus*), Spierstrauch (*Spiraea*), Schneebeere (*Symphoricarpos*), Flieder (*Syringa*), Tamariske (*Tamarix*), Ulme (*Ulmus*), Kulturheidelbeere (*Vaccinium corymbosum*), Gemeiner Schneeball (*Viburnum opulus*), Weinrebe (*Vitis*), Weigelie (*Weigela*)

> **TIPP**
>
> **Wuchsstoffe**
> Verschiedene Stecklinge und Steckhölzer bewurzeln sich nur schwer. Hier hilft häufig die Verwendung spezieller Wuchsstoffe, wie sie im Handel angeboten werden. Die Pflanzenteile werden vor dem Stecken einfach kurz in die meist pulverförmigen Mittel gestippt.

Abrisse

Die Vermehrung von Pflanzen durch Abrisse ist eine einfache und wirtschaftliche Methode der Anzucht sortenechter Gehölze. Diese auch „Anhäufelmethode" genannte Vermehrung wird in erster Linie von Baumschulen durchgeführt; sie kann jedoch auch von jedem Pflanzenliebhaber angewendet werden.
Die Mutterpflanze wird im Herbst kräftig zurückgeschnitten, wodurch man die Ausbildung von Basisknospen fördert. Die sich im nächsten Jahr bildenden Triebe werden bis Juni mehrfach mit Erde angehäufelt, sodass schließlich eine Erdschicht

Vermehrung durch Abrisse:
1. Die Jungtriebe der im Herbst zuvor kräftig zurückgeschnittenen Mutterpflanze werden bis Juni mit Erde angehäufelt

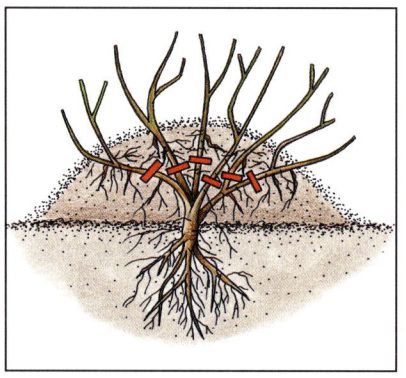

2. Nach dem Blattfall im Spätherbst wird abgehäufelt. Die bewurzelten Triebe schneidet man unmittelbar an der Basis ab

3. Das Einpflanzen der bewurzelten Triebe erfolgt entweder sofort oder erst im nächsten Frühjahr

von 20–30 cm aufliegt. Die Basis der sich bildenden Triebe bleibt dadurch weich und wird angeregt, Adventivwurzeln zu bilden.
Nach vollständigem Ausreifen der Triebe im Spätherbst – sämtliche Blätter müssen bis dahin abgefallen sein – wird abgehäufelt. Die dann freiliegenden, bewurzelten Triebe werden unmittelbar an der Basis abgeschnitten und sofort oder im nächsten Frühjahr aufgeschult. Manche Triebe lassen sich auch einfach mit einem Ruck abziehen, deshalb der Name „Abrisse". Die Mutterpflanze deckt man mit humusreicher Erde wieder ab. Auf diese Weise werden in erster Linie Apfel-, Quitten- und Kirschveredelungsunterlagen angezogen, ebenso die Goldjohannisbeere (*Ribes aureum*), Stachelbeeren und Hortensien (*Hydrangea*).

Ausläufer

Eine besonders einfache Methode, an neue, mit der Mutterpflanze identische Pflanzen zu gelangen, ist die Gewinnung von Ausläufern. Verschiedene, zumeist ältere Gehölze neigen dazu, Ausläufer zu bilden. Diese werden nach vollständiger Ausreife im späten Herbst von der Mutterpflanze abgenommen. Üblich ist bei vielen Arten das Abstechen mit einem scharfen Spaten. Manchmal ist es auch ratsam, die Wurzeln freizulegen und die Ausläufer anschließend mit einer Schere abzutrennen.
Zur Bildung von Ausläufern neigen viele Obstbaumarten und Ziergehölze, z. B. Pflaume (*Prunus domestica*), Kirschpflaume (*Prunus cerasifera*), Schlehe (*Prunus spinosa*), Quitte (*Cydonia oblonga*), Scheinquitte (*Choenomeles*), Apfelbaum (*Malus*), Sanddorn (*Hippophaë*

Ausläufer an einem Obstbaum mit den günstigsten Schnittstellen

Vegetative Vermehrung

Abrisse

Ausläufer

Teilung

Absenken und Ablegen

rhamnoides), Apfelbeere *(Aronia)* und Essigbaum *(Rhus)*.
Sollen Obstbäume durch Ausläufer sortenecht vermehrt werden, müssen die Bäume auf eigener Wurzel stehen und dürfen nicht veredelt sein. Andernfalls handelt es sich bei den Ausläufern um Triebe der Unterlage, nicht um die der Sorte.
Ausläufer oder Stolonen bildet bekanntlich auch die Erdbeere.

Teilung

Die Teilung von Gehölzen zu Vermehrungszwecken ist heute eigentlich kaum noch üblich, weil die Ausbeute nur gering ist. Allerdings können auf diese Weise besonders schnell kräftige Pflanzen herangezogen werden. Diese Methode eignet sich insbesondere für Berberitze *(Berberis buxifolia)*, Teppichhartriegel *(Cornus canadensis)* und – auch heute noch angewandt – Buchsbaum *(Buxus sempervirens)*. Wichtig bei dieser Art der Vermehrung ist die Fähigkeit der Pflanze, aus ihrem Wurzelstock Neutriebe auszubilden. Verbreitet ist diese Methode vor allem bei der Vermehrung von Stauden sowie von Gräsern und Knollen- und Zwiebelpflanzen (siehe S. 128–129).

Absenken und Ablegen

Absenken und Ablegen sind der bereits beschriebenen Abrissmethode sehr ähnlich. Durch Absenken und Ablegen können recht sicher Pflanzen vermehrt werden; auch solche, die sich sonst nur schwer bewurzeln. Bei beiden Verfahren sollten im Umkreis von mindestens 1 m keine weiteren Pflanzen stehen, weil dieser Platz zur Vermehrung benötigt wird.
Beim **Absenken** wird ein Trieb der Mutterpflanze veranlasst, selbst Wurzeln zu bilden. Folgendermaßen geht man vor: Die Mutterpflanze wird im Frühjahr vor dem Austrieb kräftig, das heißt bis auf den Boden zurückgeschnitten. Im Laufe des Jahres bildet die Pflanze neue Triebe. Diese werden dann im zeitigen Frühjahr des folgenden Jahres rund um die Pflanze in einem Bogen gesenkt und dort – am besten mittels eines Hakens – befestigt. Den oberen Teil des Triebs richtet man auf.

Die meisten Stauden lassen sich durch Teilung vermehren. Hierzu zertrennt man den Wurzelballen in zwei oder mehr Stücke, die jeweils einige Blätter oder Triebknospen aufweisen müssen

Vermehrung durch Absenken:
1. Die Triebe werden heruntergebogen, die Triebspitze richtet man auf

2. Man kann die Bewurzelung fördern, indem man die Triebe in einer Mulde fixiert und dann Erde auffüllt

3. Das bewurzelte Triebstück wird abgetrennt und verpflanzt

Sind die Ruten sehr kräftig oder spröde oder handelt es sich um eine Pflanzenart, die sich nur schwer bewurzelt, sollte man den Trieb an der Stelle drehen, an der er am stärksten gebogen und im Boden festgehakt wird. Dadurch entstehen in der Rinde in Längsrichtung Risse, die ein Brechen der Ruten unterbinden und zudem die Wurzelbildung an dieser Stelle anregen. Bei den meisten Arten ist es aber auch nicht schädlich, wenn die abgesenkten Triebe leicht anbrechen. Abbrechen dürfen sie jedoch nicht, weil sie dann während der Bewurzelung – das kann bis zu 3 Jahren dauern – nicht von der Mutterpflanze versorgt werden können und absterben.

Obwohl das Absenken ein recht umständliches und langwieriges Verfahren ist, wird es bei manchen Pflanzen noch immer angewendet. Besonders gut bewurzeln sich Brombeeren unter Anwendung dieses Verfahrens, aber auch der Gemeine Schneeball *(Viburnum opulus)*. Rhododendronarten und -sorten *(Rhododendron)* benötigen gewöhnlich 2 Jahre zum Bewurzeln, Magnolien *(Magnolia)* und die Zaubernuss *(Hamamelis)* sogar 3 Jahre.

Mit einer Variante dieses Verfahrens werden Gehölze wie Perückenstrauch *(Cotinus coggygria)* und Flieder *(Syringa vulgaris)* vermehrt. Dabei werden nicht die verholzten Jahrestriebe abgesenkt, sondern die diesjährigen, wenn sie eine Länge von etwa 30 cm erreicht haben. Sie sind noch weich und lassen sich ohne Probleme biegen. Die Triebspitzen müssen aus der Erde herausschauen, eventuell muss man später ein zweites Mal feuchte, humose Erde anhäufeln.

Durch **Drahtung** kann die Bewurzelung bei dieser Vermehrungsart sowie beim Absenken und bei der Pflanzengewinnung durch Abrisse erzwungen werden. Dazu wickelt man einen kräftigen, aber weichen Draht (z. B. Kupferdraht) um die Basis der Triebe. Mit deren Wachstum und damit durch die Zunahme der Triebdicke kommt es allmählich zu einer Abschnürung im Leitungsbahnensystem. Dadurch entsteht an dieser Stelle ein Assimilat- und Nährstoffstau, was schließlich die Wurzelbildung auslöst.

Durch **Ablegen** können von einer Mutterpflanze erheblich mehr Klone erzeugt werden als durch das zuvor beschriebene Verfahren. Die Vorbereitungen hierzu entsprechen denen beim Absenken. Nachdem die Mutterpflanze im Winter bis zum Boden zurückgeschnitten wurde, treibt sie kräftig aus und bildet lange Ruten. Diese werden im übernächsten Frühjahr waagerecht auf den Boden gelegt und befestigt. Hierzu eignen sich besonders gut kräftige Haken. An diesen abgelegten Ruten bildet sich aus den Knospen (Nodien) eine größere Anzahl junger Triebe. Diese werden dann im Laufe des Jahres – abhängig von ihrem Längenzuwachs – mit feuchter, humoser Erde angehäufelt, wobei die Triebspitze aus der Erde herausschauen sollte. Das kann drei- oder viermal nötig werden; die Erdschicht hat dann eine Höhe von 20–30 cm erreicht.

Magnolien, hier Magnolia stellata, lassen sich durch Absenken vermehren; bis zur Bewurzelung dauert es jedoch etwa 3 Jahre

Man nimmt die Ableger im Spätherbst oder Winter ab, wenn sie vollständig ausgereift sind. Die ganzen Ruten werden dann ausgegraben und die einzelnen Ableger anschließend abgeschnitten. Die Mutterpflanze hat in der zurückliegenden Vegetationsperiode erneut Triebe ausgebildet, die jetzt wieder abgelegt werden können. Die abgetrennten Ableger werden gleich aufgeschult (ausgepflanzt) oder in Töpfe gepflanzt. Es ist aber auch üblich, sie im Kühlhaus bis zum Pflanztermin im Frühjahr zu lagern oder sie locker einzugraben.

Mit dieser Methode können Haselnussarten und -sorten sehr einfach vermehrt werden.

Wurzelschnittlinge

Manche Pflanzen lassen sich vegetativ durch Wurzelschnittlinge (Wurzelstücke) vermehren; im Garten sind das vor allem Meerrettich *(Armoracia rusticana)*, Scheinquitte *(Choenomeles)*, Kugeldistel *(Echinops)*, Spindelstrauch *(Euonymus)*, Mädesüß *(Filipendula)* und Storchschnabel *(Geranium)*.

Die dazu vorgesehenen Pflanzen werden nach ihrer Ausreife im Spätherbst oder Winter ausgegraben. Anschließend trennt man einige mindestens bleistiftstarke Wurzeln ab. Die Mutterpflanzen werden, sofern es das Wetter zulässt, wieder ausgepflanzt oder bis zum Frühjahr eingeschlagen und kühl gelagert. Von sehr großen Pflanzen legt man nur einige Wurzeln frei und schneidet sie anschließend ab. Die so gewonnenen Wurzeln werden gereinigt und in 4–8 cm lange Stücke geschnitten. Es ist wichtig, auf die Polarität zu achten, denn auch Wurzelschnittlinge regenerieren am oberen Ende Sprosse, am unteren Adventivwurzeln. Durch unterschiedliche Schnittführungen (z. B. Schrägschnitt am unteren Ende) kann man auch später noch sicher sein, welcher Wurzelteil beim Pflanzen nach oben und welcher nach unten wachsen muss. Die zurechtgeschnittenen Wurzelstücke werden in eine Kiste mit feuchtem Torf oder Sand-Torf-Gemisch gelegt, damit abgedeckt und bis zum gewünschten Pflanztermin im darauf folgenden Frühjahr kühl gelagert.

Man steckt die Wurzeln dann in einen Kasten mit Glasabdeckung oder in Töpfe. Gut geeignet ist ein feuchtes Anzuchtsubstrat aus einer Mischung aus Torf und Sand. Kräftige Wurzelschnittlinge werden senkrecht oder auch schräg gesteckt. Es kann von Vorteil sein, den oberen Teil der Wurzelstecklinge nicht mit Erde zu bedecken. So wird der Schnittling angeregt, eine Triebknospe und im unteren Bereich Adventivwurzeln zu bilden. Schlankere Wurzelschnittlinge können auch waagerecht ausgelegt und gut 1 cm mit Erde abgedeckt werden. Das Substrat darf während der ganzen Zeit nicht austrocknen, aber auch nicht zu nass gehalten werden. Manche Arten neigen dazu, schnell eine Triebknospe und einen Austrieb zu bilden; die zum Anwachsen notwendigen Adventivwurzeln werden jedoch manchmal nicht in ausreichender Anzahl gebildet. In diesem Fall empfiehlt es sich, den Austrieb anzuhäufeln. Das kann dazu führen, dass der Neuaustrieb früher Wurzeln bildet als der Wurzelschnittling selbst.

Die auf diese Weise gewonnenen Pflanzen werden im Laufe des Frühjahrs langsam abgehärtet und dann ins Freiland oder an die sonst vorgesehene Stelle gepflanzt.

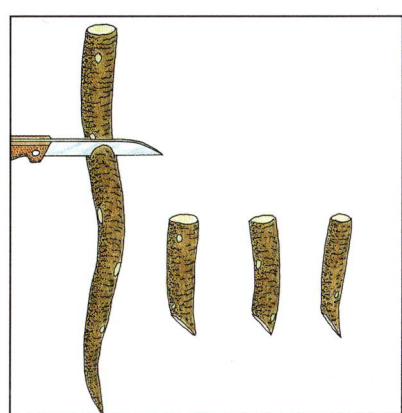

**Vermehrung durch Wurzelschnittlinge:
1. Von der Mutterpflanze werden gut entwickelte Wurzeln abgetrennt**

2. Man zerteilt sie in 4–8 cm lange Stücke und kennzeichnet das untere Ende durch Schrägschnitt

3. Kräftige Wurzelschnittlinge kann man einzeln in Töpfe stecken, das obere Ende muss nicht abgedeckt werden

Vegetative Vermehrung

Wurzelschnittlinge

Vermehrung verschiedener Pflanzengruppen

Wurden Pflanzen geschützt angezogen, ist vor dem Setzen im Freien ein allmähliches Abhärten, z. B. auf der Terrasse, empfehlenswert

Welche Gartenpflanzen man im Einzelnen mit den jeweiligen Verfahren vermehren kann, wurde vielfach bereits erwähnt. Hier folgen nun zusätzliche Informationen und spezielle Hinweise für die verschiedenen Pflanzengruppen. Kompliziertere Vermehrungsmethoden, die teils besondere Kultureinrichtungen erfordern, können in diesem Rahmen leider nicht berücksichtigt werden. Das betrifft vor allem die Sporenvermehrung von Farnen sowie die Veredelung von Obstbäumen und manchen Ziergehölzen.

Laubgehöze

Heimische Laubgehölze können durch **Aussaat** vermehrt werden. Der Aussaattermin wird gewöhnlich von der Natur vorgegeben. Die Samen vieler Arten reifen im Herbst oder Winter und fallen auf den Boden und werden dort bedeckt. Im nächsten Frühjahr können sie auflaufen. Sie waren dann nahezu ein halbes Jahr den Witterungsbedingungen ausgesetzt. Dadurch wird gewöhnlich die Keimruhe des Samens durchbrochen. Der Keimling entwickelt sich gut und beginnt auszutreiben, wenn ihm die äußeren Bedingungen zusagen. Doch auf diese Weise geregelte Pflanzenvermehrung zu betreiben ist natürlich nicht möglich. Nur ein Bruchteil der Samen würde tatsächlich auflaufen. Viele dienen als Nahrung für Tiere, andere finden keine geeigneten Keimbedingungen vor. Es ist daher üblich, die im Herbst gesammelten Gehölzsamen zu reinigen und ordnungsgemäß zu lagern bzw. zu stratifizieren (siehe dazu S. 115). Die vorbereiteten Samen kann man natürlich auch gleich an Ort und Stelle aussäen. Ansonsten werden diese Arbeiten im zeitigen Frühjahr vorgenommen.

Die meisten Ziergehölze werden durch **Steckholz** (siehe S. 120) aus dem mittleren Teil einjähriger verholzter Triebe vermehrt. Der beste Schnitttermin hierfür ist der frühe Winter, bevor die Pflanzen starken Frösten ausgesetzt waren. Das Steckholz wird kühl bei hoher Luftfeuchtigkeit eingelagert.

Gesteckt wird im Frühjahr nach den stärksten Frösten in einen humosen, durchlässigen Boden. Die Verwen-

---

TIPP

Krankheiten und Schädlinge
Häufiger auftretende Krankheiten an Sämlingen sind Umfallkrankheiten und Schwarzbeinigkeit (Dunkelfärbung des Stiels mit nachfolgendem Absterben). Unerlässlich ist Vorbeugung durch Hygiene, Vermeiden von Staunässe und gute Luftzufuhr. Auch Saatgutbeizung beugt dem Befall vor.
Gefürchtete Schädlinge bei Anzuchten sind Nacktschnecken, Dickmaulrüssler, Blattläuse und Nematoden (vgl. Kapitel „Pflanzenschutz"). Beim Auftreten der Letztgenannten hilft nur ein kompletter Bodenaustausch, z. B. im Frühbeet. Aussaaten im Freien sollten durch Vogelnetze geschützt werden.

Holunderarten, hier der Traubenholunder, werden über Stecklinge vermehrt

Hartriegel-Nachwuchs lässt sich durch Stecklinge gewinnen

Bei Rotfichten ist Samen- wie Stecklingsvermehrung möglich

Vermehrung verschiedener Pflanzengruppen

Laubgehölze
Nadelgehölze

dung von Wuchsstoffen kann die Wurzelbildung bei den meisten Arten fördern.
Arten, bei denen Steckholzvermehrung üblich und aussichtsreich ist, wurden bereits auf S. 121–122 genannt. Viele Gehölze können auch über **Stecklinge** (vgl. S. 118) vermehrt werden. Dazu gehören: Ahorn (*Acer*), Sommerflieder (*Buddeleja*), Buchsbaum (*Buxus*), Heidekräuter (*Calluna* und *Erica*), Hartriegel (*Cornus*), Deutzie (*Deutzia*), Forsythie (*Forsythia*), Efeu (*Hedera*), Hortensie (*Hydrangea*), Magnolien (*Magnolia*), Feuerdorn (*Pyracantha*), Alpenrose (*Rhododendron*), Flieder (*Syringa*), Schneeball (*Viburnum*) und Glyzine (*Wisteria*).

Nadelgehölze

Für Nadelgehölze ist die **Frühjahrsaussaat** vorzuziehen. Das Land sollte im Herbst umgegraben und vorbereitet worden sein. Vor der Aussaat wird nur noch leicht oberflächlich gelockert und ggf. abgelagerter Kompost eingearbeitet. Das Saatgut sollte in Reihen und nicht zu dicht ausgebracht werden. So ist die später erforderliche Bodenbearbeitung deutlich einfacher. Die Saattiefe sollte 2–5 cm betragen, sie ist abhängig von den äußeren Gegebenheiten und der Samendicke.
Als Faustregel kann man sich merken: Aussaattiefe = zwei- bis dreifache Samendicke, mindestens jedoch 2 cm; Letzteres deshalb, weil bei zeitweiliger Trockenheit die obere Krume sehr schnell austrocknet und der Keimling Schaden nehmen könnte.
Im Frühjahr werden die Samen nur in die oberste Bodenschicht eingearbeitet, nicht mehrere Zentimeter tief. Anschließend deckt man die Beete mit mittelfeinem Sand ab. Er bildet einen zusätzlichen Schutz vor Austrocknung und vor Windabdrift. Obgleich viele der Nadelholzarten als Lichtkeimer bezeichnet werden, ist es nicht erforderlich und praktisch auch gar nicht möglich, deren Samen einfach nur auf den Boden zu legen und anzudrücken.
Kleinere Mengen von Gehölzsamen kann man ebenso in Töpfen aussäen und anziehen. Die Jungpflanzen werden dann ins Freie gepflanzt oder, bei empfindlicheren Arten, unter Glas aufgestellt und feucht gehalten.

Die meisten Nadelgehölze lassen sich auch über **Stecklinge** vermehren, was häufig einfacher und erfolgversprechender ist als die Aussaat.
Die im Herbst einjährigen Sämlinge – oder bei vegetativ erfolgter Anzucht die Stecklinge – werden nach ihrer Ausreife gerodet, im Kühlhaus gelagert, vorläufig im Freiland locker eingegraben oder endgültig an den vorgesehenen Ort gepflanzt.
Fichten (*Picea*) werden schon mit Beginn des Herbstes gerodet und gleich anschließend verschult. So können sie noch im selben Jahr einwurzeln und verkraften Trockenperioden im Frühjahr erheblich besser. Das gilt auch für den Lebensbaum (*Thuja*) und einige Tannenarten (*Abies*). Andere Nadelgehölze wie die Lärche (*Larix*), die Douglastanne (*Pseudotsuga menziesii*), Kiefernarten (*Pinus*) und Eiben (*Taxus*) werden auch im Frühjahr gepflanzt, wenn sie sich noch in Winterruhe befinden. Den Ginkgo (*Ginkgo biloba*), eine den Nadelgehölzen zuzurechnende Art, obgleich die typischen „Elefantenohrblätter" nicht daran denken lassen, sollte man im Frühjahr pflanzen.

Stauden

Stauden werden sowohl generativ durch Aussaat als auch vegetativ vermehrt. Die wichtigste vegetative Methode ist sicher die Teilung, weitere wichtige Möglichkeiten sind auch die Anzucht aus Stecklingen, durch Ausläufer und aus Wurzelschnittlingen.

Anzucht aus Samen

Sehr viele Arten kann man aus Samen selber ziehen. Das ist insbesondere üblich bei Wildformen, aber auch viele Kulturformen werden in der Regel aus Samen gezogen. Sehr robuste Arten können im Winter im Freiland ausgesät werden. Die so genannten Frost- oder Kaltkeimer benötigen winterliche kalte und danach ansteigende Temperaturen, um die Keimhemmung zu überwinden und auszutreiben (vgl. S. 116). Viele andere Staudensamen bedürfen keiner winterlichen Kälteeinwirkung, um sicher aufzulaufen. Bei diesen Arten ist der Aussaattermin nicht von so großer Bedeutung. Dennoch sollte die Aussaat zu einem Zeitpunkt erfolgen, der es den Pflanzen ermöglicht, noch im selben Jahr zur Blüte zu kommen. Das ist gewöhnlich der Frühlingsbeginn Ende März. Da die meisten dieser Arten höhere Temperaturen zum Keimen benötigen, ist die Aussaat in Töpfen zu empfehlen, die dann einige Zeit in einem Gewächshaus oder im Zimmer vor einem Fenster aufgestellt werden. Wenn die Pflanzen eine Größe von etwa 10 cm erreicht haben, kann man sie pikieren. Sie dürfen nicht zu warm und zu dunkel stehen, weil sie sonst vergeilen können, das heißt, sie entwickeln lange dünne Stängel mit großen Internodien. Vor dem Auspflanzen ins Freiland – etwa Mitte bis Ende Mai – müssen sie abgehärtet, also langsam an die raueren Freilandsbedingungen gewöhnt werden.

Die Samen des Adonisröschens brauchen Kälteeinwirkung, um zu keimen

Vermehrung durch Teilung

Die meisten Stauden kann man sortenecht durch Teilung vermehren. Dieses Verfahren hat auch weitere Vorteile. So lassen sich innerhalb sehr kurzer Zeit neue blühfähige Horste heranziehen, die im Folgejahr erneut geteilt werden können. Manche Arten können schon mit den Händen auseinandergezogen werden, z. B. Maiglöckchen (*Convallaria majalis*). Bei anderen benötigt man bereits ein Messer oder zwei kräftige Hände zum Auseinanderbrechen des Horstes, wie bei der Gemswurz (*Doronicum*) und schließlich kann bei älteren Exemplaren, z. B. von Phlox auch schon einmal ein scharfer Spaten notwendig werden. Wichtig ist immer, die Trennstellen sauber zu schneiden. Es dürfen keine angerissenen Pflanzen- oder Wurzelteile herabhängen; sie könnten faulen. Frühjahrsblüher werden nach der Blüte geteilt und gleich anschließend in humosen Boden gepflanzt. Sie ergeben dann bis zum Herbst prächtige Pflanzen. Herbstblüher teilt man entsprechend später oder, wie auch viele Staudengräser, Bambus und Farne, im Frühjahr vor dem Austrieb.

Durch **Rhizomteilung** werden Pflanzen wie Iris (*Iris*) und Fackellilie (*Kniphofia*) vermehrt. Dazu gräbt

Einige Schwertlilien, z. B. Iris sibirica, kann man durch Rhizomteilung vermehren

man die Pflanzen im Spätsommer aus und schneidet sie in Stücke. Jeder Spross, aus dem eine neue Pflanze hervorgehen soll, muss mindestens eine Knospe aufweisen. Nur unter dieser Bedingung ist ein Austreiben möglich.

Stecklinge und Wurzelschnittlinge
Manche Stauden können auch durch **Stecklinge** angezogen werden. Diese Vermehrungsart ist jedoch weniger üblich. Die Stecklinge werden im Austrieb bis Juni als Kopfstecklinge geschnitten und sollten, abhängig von Art und Knospenabstand, eine Länge bis etwa 10 cm haben (zur weiteren Anzucht siehe S. 119). So kann man z. B. Schafgarbe (*Achillea*), Schleierkraut (*Gypsophila paniculata*), Bartfaden (*Penstemon*) und Veilchenarten (*Viola*) vermehren. Durch **Wurzelschnittlinge** (siehe S. 125) können Arten wie die Silberdistel (*Carlina acaulis*) und Staudenmohn (*Papaver*) vermehrt werden.

Knollen- und Zwiebelpflanzen

Knollen- und Zwiebelpflanzen lassen sich generativ aus Samen und vegetativ vermehren. Sortenecht und schneller gelingt es meist auf vegetativem Wege, am einfachsten durch Knollenteilung, Brutzwiebeln, Brutknollen, Bulben und Stecklinge. Wichtig ist, stets mit größter Sauberkeit zu arbeiten. Werden kranke Pflanzenteile angeschnitten, können die Krankheiten mit dem Messer auf gesundes Gewebe übertragen werden. Im Zweifelsfall sollte man daher unbedingt das Messer desinfizieren. Große Schnittstellen können durch Bestäuben mit Holzkohlepulver geschützt werden.

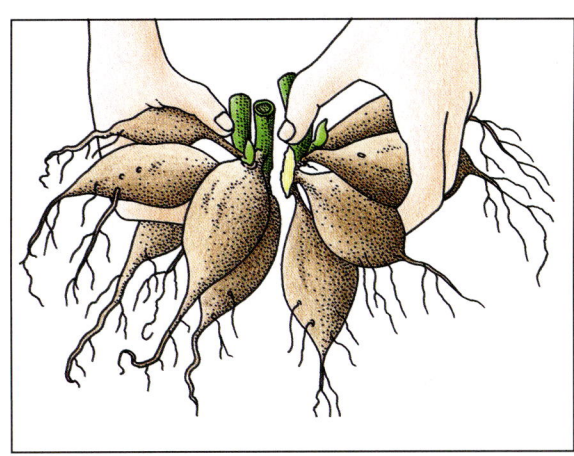

Will man Dahlien vermehren, schneidet man die Knollenbüschel in Teilstücke, die mindestens ein Auge aufweisen müssen

Pflanzen, die in ihrer Vegetationsruhe vermehrt werden, müssen ausgereift sein. Das ist meist daran zu erkennen, dass sie vollständig eingezogen haben. Das manchmal unansehnliche Laub von Zwiebel- und Knollenpflanzen sollte man nach der Abblüte nicht abschneiden. Es muss an der Pflanze verbleiben, weil die in den Blättern enthaltenen Aufbau- und Reservestoffe in den Wurzelbereich zurückfließen und diesen stärken und ebenfalls ausreifen lassen. Nur dann kann man befriedigende Ergebnisse bei der Vermehrung dieser Pflanzen erwarten.

Knollenteilung oder Knollenvereinzelung
Verschiedene Pflanzen lassen sich nach dem Einziehen im Winter einfach durch Knollenteilung oder Knollenvereinzelung vermehren. So werden diese Pflanzenorgane beim Winterling (*Eranthis*) oder auch bei der bekannten Kartoffel in Teile zerschnitten, wobei an jedem Teilstück zumindest ein Auge (Knospe) verbleiben muss. Bei Kartoffeln genügt oft sogar nur die abgeschälte Schale, um daraus neue Pflanzen anzuziehen. Dahlien (*Dahlia*-Hybriden) setzen im Laufe der Vegetationszeit mehrere Knollen an, diese werden vorsichtig vereinzelt. Die Knospe darf dabei nicht abbrechen. Auch Kartoffeln können auf diese Weise vermehrt werden.

Brutzwiebeln
Bei Zwiebelgewächsen ist die Ausbildung von Brutzwiebeln sehr verbreitet. Dabei handelt es sich um größere oder kleine Tochterzwiebeln, die sich in großer oder geringerer Anzahl um die Zwiebelbasis bilden. Große, allerdings nur wenige Brutzwiebeln bildet die Narzisse (*Narcissus*), die Tulpe (*Tulipa*) und die Hauszwiebel (*Allium cepa*), während Blausternchen (*Scilla*), Schachbrettblume (*Fritillaria meleagris*), Blutblume (*Haemanthus*), Präriekerze

Die kleinen Brutzwiebeln kann man einfach von der Mutterpflanze abtrennen und dann einpflanzen

---

Vermehrung verschiedener Pflanzengruppen

Stauden

Knollen- und Zwiebelpflanzen

Feuerlilien bilden in den Blattachseln Bulben, die man im Herbst abnimmt und im Frühjahr topft

(*Camassia*) und auch die Hyazinthe (*Hyacinthus*) mehrere, aber kleine Tochterzwiebeln bilden. Insbesondere bei Hyazinthen und bei Kaiserkronen (*Fritillaria imperialis*) lässt sich die Bildung dieser kleinen Zwiebeln noch fördern. Dazu schneidet man den Zwiebelboden vor dem Pflanzen mehrfach quer mit einem Messer ein. Man kann die Zwiebeln auch „falsch herum", das heißt mit dem Boden nach oben, einpflanzen. Dadurch wird die Brutzwiebelbildung noch zusätzlich gefördert. Tochterzwiebeln werden nach dem Einziehen des Laubs von der Mutterpflanze abgenommen und sogleich gepflanzt. Man kann sie aber auch trocken lagern und später in die Erde bringen. Ein nächstjähriges Blühen ist jedoch nicht immer zu erwarten – es können auch 2 oder 3 Jahre vergehen.

Etwas Besonderes ist die Vermehrung aus **Bulben**. Manche Lilien bilden in den Blattachseln oder an unterirdischen Stängelteilen kleine Zwiebeln aus, die so genannten Bulben. Diese werden im Herbst vorsichtig ausgebrochen und bis zum Frühjahr in Torf oder Anzuchterde gelagert. Dann pflanzt man sie an der vorgesehenen Stelle oder zieht sie in einem Töpfchen vor.

Brutknollen

Brutknollen sind Brutzwiebeln ähnlich. Sie unterscheiden sich lediglich in der Struktur ihres Gewebes. Während Zwiebeln aus mehreren Schichten fleischiger, blattähnlicher Schalen oder Schuppen bestehen, die Wasser und Nährstoffe gespeichert haben, den Stängel sowie Blatt- und Blütenanlagen umschließen und vom Zwiebelboden zusammengehalten werden, sind bei Brutknollen die Schalen zu einem Gewebe zusammengewachsen, das den gleichen Zweck erfüllt. In ihm ist der Trieb. Vergleichbar den Brutzwiebeln bilden Pflanzen wie Krokus (*Crocus*), Ranunkel (*Ranunculus*) Hundszahn (*Erythronium*), Herbstzeitlose (*Colchicum*) und die Zigeunerblume (*Sparaxis*-Hybriden) Brutknollen. Bei der Vermehrung von Pflanzen durch Brutknollen müssen die Mutterpflanzen während der Vegetationszeit sehr gut ernährt werden und vollständig ausreifen. Andernfalls bleiben die Brutknollen sehr klein und sind anfällig gegen Kulturfehler.

Stecklinge

Einige Sorten lassen sich einfach und sortenecht durch Stecklinge vermehren. Im kommerziellen Gartenbau werden in großem Stil Dahlien auf diese Weise angezogen. Die Knollen werden im Winter angetrieben.

Nachdem die Triebe eine Länge von 10–20 cm erreicht haben, trennt man sie ab und steckt sie unter Glas. Dabei darf man nicht alle Triebe abschneiden bzw. bis zur Basis entfernen; die Mutterpflanze muss sich von dem Eingriff auch wieder erholen können.

Aussaat

Auch durch Aussaat können viele Arten vermehrt werden. Allerdings gehen dadurch unter Umständen manche angezüchteten Sorteneigenschaften verloren. Das im Sommer oder Herbst geerntete Saatgut wird gereinigt, getrocknet und in Tüten oder verschließbaren Gläsern gelagert. Im Frühjahr oder Sommer sät man in einen Kasten oder direkt ins Freiland aus. Manche Arten sind Frost- bzw. Kaltkeimer. Diese sollten schon im Herbst ausgesät oder zuvor stratifiziert werden (siehe S. 115). Im ersten Jahr entwickeln sich die Pflanzen oft nur spärlich. Ein erstes Blühen lässt nicht selten 2 Jahre oder länger auf sich warten.

Botanische bzw. Wildtulpen kann man durch Aussaat vermehren

Vermehrung verschiedener Pflanzengruppen

Sommerblumen, Gemüse, Kräuter

Gemüse-, Kräuter-, Sommerblumenbeet – hier wird meist gesät

Sommerblumen, Gemüse, Kräuter

Ein- und zweijährige **Sommerblumen** werden fast ausschließlich durch Aussaat vermehrt, was im entsprechenden Kapitel (ab S. 401) beschrieben ist. Teils kann man Triebspitzen, die beim Entspitzen von Jungpflanzen anfallen, als Stecklinge kultivieren, z. B. beim Feuersalbei *(Salvia splendens)*. Üblicher ist die Stecklingsvermehrung bei Pelargonien und Fuchsien, bei denen es sich eigentlich um Halbsträucher bzw. Sträucher handelt.

Auch beim **Gemüse** spielt Aussaat die Hauptrolle (siehe S. 175–178). Ausnahmen bilden mehrjährige Arten wie Spargel und Rhabarber (Teilung bzw. Rhizomteilung), Meerrettich (Wurzelschnittlinge) sowie Zwiebeln, Knoblauch und Kartoffeln (Brutzwiebeln bzw. Knollenteilung).

Ein- und zweijährige **Kräuter** werden ebenfalls meist ausgesät; bei den ausdauernden Arten ist häufig Teilung möglich, bei manchen, wie Thymian, Salbei und Ysop, auch Stecklingsvermehrung oder Absenken. Einige, z. B. die Pfefferminze, bilden Wurzelausläufer.

BAUEN UND BAULICHKEITEN IM GARTEN

Einfache Baumaßnahmen und Einrichtungen

Gewächshäuser

Einfache Baumaßnahmen und Einrichtungen

Der Garten, wie er zu Beginn aufgeteilt, gestaltet und bepflanzt wurde, erweist sich meist schon recht bald als ergänzungsbedürftig. Zwar war alles gut geplant und wohl überlegt, doch erst, wenn man ihn auch wirklich benutzt, in und mit ihm lebt, merkt man, was noch fehlt, was anders oder besser gemacht werden könnte. Oft kommen die Anstöße auch von außen, aus anderen Gärten oder öffentlichen Anlagen.

Nur sollte man sich vor zu viel Nachahmung hüten, ein Garten ist kein Trödlerladen oder Flohmarkt, wo sich alles mögliche in kunterbuntem Durcheinander versammelt. Was aber wirklich fehlt, ob nur zweckmäßig oder einfach schön, kann nach und nach hinzukommen. Meist handelt es sich um gestalterische Elemente, für die nicht unbedingt ein Fachmann benötigt wird. Einen einfachen Weg, eine kleine Mauer, ein paar zusätzliche Treppenstufen von der Terrasse zum Rasenplatz, sogar eine Pergola kann man mit etwas Geschick und Überlegung, vielleicht unterstützt von einem kundigen Nachbarn, selber erstellen.

Wege

Gartenwege müssen und sollen keine aufwendigen Konstruktionen sein. Schon einige Trittplatten im Rasen, über die man trockenen Fußes von der Terrasse an den Sitzplatz gelangt, sind ein Weg.

Trittplatten und -steine

Es lassen sich dafür, je nach persönlichem Geschmack und Gartencharakter, Natur- oder Kunststeine, Rasengittersteine oder Waschbetonplatten verwenden.

Die Verlegung erfordert keinerlei handwerkliche Fähigkeiten. Es genügt meist, aus dem Rasen Soden in Form der vorgesehenen Steine auszuheben; auf den Grund der Mulden wird 2–3 cm dick Sand aufgebracht und die Steine werden so in dieses Bett eingepasst, dass sie bodengleich mit der Rasenfläche abschließen. So kann man mit dem Mäher einfach darüber hinwegfahren. Den Abstand der Platten sollte man zweckmäßigerweise der Schrittlänge von etwa 60–65 cm anpassen, günstig ist eine Plattengröße von ca. 40 x 40 cm.

Gute Begehbarkeit und schöner Anblick: gepflasterter, geschwungen angelegter Hauptweg, der durch einen Rosenbogen nach draußen geleitet wird

Trittplatten: mit geringem Verlegeaufwand trockenen Fußes über den Rasen

Ein Kiesweg ist preiswert, einfach herzustellen und fügt sich gut in vielerlei Gartensituationen ein

T I P P

Wegbreite
Faustzahl für die Breite von Gartenwegen: etwa 50–60 cm pro Person. Ein einfacher Trittpfad, der gewöhnlich nicht als Promenade benutzt wird, braucht also kaum breiter als einen halben Meter zu sein. Beim Hauptweg dagegen wird man 120 cm vorsehen, weil möglicherweise mit „Gegenverkehr" zu rechnen ist.

Einfache Baumaßnahmen und Einrichtungen

Wege

Durchgehende Wege

Etwas sorgfältiger muss man bei einem Weg mit durchgehendem Belag vorgehen. Hier ist ein einfacher Unterbau erforderlich, der den Platten Stabilität verleiht und das Versickern des Regenwassers gewährleistet. Diese Schicht kann aus Schotter, Kies, Schlacke oder Ziegelbruch bestehen und sollte nach einer Seite hin ein kaum merkliches Gefälle haben. Wichtig ist ein sorgfältiges Feststampfen des Unterbaus, bevor eine etwa 4 cm dicke Schicht Sand darauf kommt, die ebenfalls verfestigt werden muss. Dann hat das Plattenmaterial einen ausreichend stabilen Untergrund. Grundsätzlich ist bei allen befestigten Flächen und Plätzen in Hausnähe, das gilt besonders für die Terrasse, darauf zu achten, dass das Wasser stets vom Mauerwerk weg abfließen kann, die Schrägen also zum Garten hin verlaufen. Um das zu gewährleisten, sollte man – als Faustregel – 2 cm Gefälle auf den laufenden Meter vorsehen.

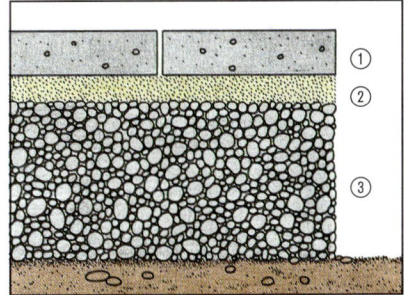

Durchgehender Plattenweg mit Unterbau: ① **Platten, z. B. aus Naturstein,** ② **Sandschicht, ca. 3 cm dick,** ③ **Kies- oder Schotterschicht, 15–20 cm dick**

Kies als Wegbelag

Bei den vielen Materialien, die für den Wegbau zur Verfügung stehen, ist eines, und das billigste noch dazu, ein wenig in Vergessenheit geraten: Kies. Sicher passt ein Kiesweg nicht in jeden Garten, aber dort, wo er sich harmonisch einfügt, wirkt er allemal natürlicher als ein Belag mit künstlichen Form- oder Verbundsteinen. Der Unterbau erfolgt auch beim Kiesweg wie schon beschrieben, nur sollte auf die unterste Lage aus wasserdurchlässigem Schotter noch eine Schicht Lehmerde kommen, darauf noch einmal etwas Splitt oder Schotter. Das alles wird festgestampft, damit sich die Kiesauflage nicht nach unten drückt. Der Kiesweg muss zur Mitte hin eine leichte Wölbung aufweisen, und zwar bereits im Unterbau, weil das Wasser hier zwischen den Kieseln sofort versickert und erst auf der festen Unterlage ablaufen kann. Außerdem ist der Kiesweg auf beiden Seiten durch Kantensteine zu begrenzen, damit die Kiesel beim Begehen nicht seitlich weggetreten werden.
Verläuft der Weg durch den Rasen, muss man ihn so tief anlegen, dass die Oberkante der Randsteine mit dem Rasenboden plan abschließt. Dann gibt es auch hier beim Mähen wenig Schwierigkeiten.

Treppen

Beim Bau von Treppen, z. B. im Terrassenhang hinunter zum Garten, braucht man die so genannte „Treppenformel" nicht in allen Einzelheiten zu berücksichtigen. Diese Formel lautet: doppelte Steighöhe plus Stufentiefe muss eine Schrittlänge ergeben. Die Steighöhe, also die Höhe einer Stufe, sollte 10–15 cm betragen, als Schrittlänge nimmt man 60–65 cm. Anders ausgedrückt: die Differenz zwischen doppelter Stufenhöhe und 65 cm Schrittlänge ergibt die Tiefe einer Stufe, also das Maß von der Auftrittkante der einen bis zur Auftrittkante der nächsten. Bei der Treppenbreite kann man sich an den Wegmaßen orientieren (vgl. „Tipp"-Kasten S. 135).

Unterbau

Ob man für den Treppenbau ein Fundament verwendet, hängt von der Bodenbeschaffenheit, der Länge bzw. der Höhe der Treppe ab und davon, wie intensiv sie genutzt wird. Für einige Stufen an der Terrasse, die nicht den Hauptweg zum Garten bilden, sondern nur ein zusätzlicher Abgang sind, wird man bei nicht zu leichtem oder sandigem Erdreich auf ein Fundament ganz verzichten können und einen einfachen Unterbau aus Kies oder Sand wählen. Andernfalls stellt man eine Betonmischung aus vier Teilen Sand und einem Teil Zement her, auf der man die Stufen verlegt.

Auf jeden Fall muss sehr genau gearbeitet werden, vor allem bei der untersten Stufe als Grundelement, damit die Sache nicht schief und krumm wird. Der Einatz einer Wasserwaage empfiehlt sich dringendst. Die Trittplatte einer jeden Stufe sollte eine minimale Schräge nach vorn haben.

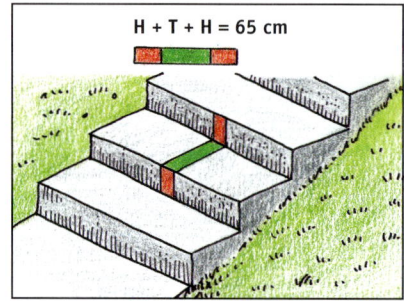

Mit der „Treppenformel" lässt sich die optimale Stufentiefe einfach errechnen. Stufentiefe (T) = 65 cm Schrittlänge – 2 × Steighöhe (H).
Bei einer vorgesehenen Steighöhe von 12 cm kommt man so zu einer wünschenswerten Tiefe von 41 cm

Materialien

Als Material bieten sich Fertigteile für Steintreppen an, die im Baustoffhandel erhältlich sind. Dabei handelt es sich um Natursteinplatten, Hohlblocksteine, Waschbetonplatten und Klinker, die allerdings in jedem Fall ein solides Betonfundament erhalten müssen. Außerdem kann man Eisen-

Mit den Jahren, etwas „Patina" und entsprechenden Begleitpflanzen wird manch Treppe zum reizvollen Gestaltungsdetail

bahnschwellen oder Karlsruher Gartensteine für den Treppenbau verwenden.

Am einfachsten herzustellen sind Erdstufen, die man freilich nicht allzu stark belasten darf. Dazu werden an jedem Stufenende zwei starke imprägnierte Kant- oder Rundhölzer in den Boden getrieben, die man mit dagegen genagelten Hölzern verbindet. Der Zwischenraum zwischen Holzkonstruktion und Stufe ist mit Kies oder Schlacke aufzufüllen, auf die Trittfläche kommt Kies.

Bei jedem Treppenbau spielt das Gewicht des verwendeten Materials eine herausragende Rolle. Es kann bei Kunststeinplatten, besonders bei vorgefertigten Blockstufen groß sein und ist beim Unterbau zu berücksichtigen.

Der schwache Punkt jeder Treppe sind die Vorderkanten der Trittfläche, die auf dem sogenannten Riegel oder der nächstunteren Stufe aufliegen. Ist dieser Bereich nicht stabil, kann die ganze Treppe ins Rutschen geraten.

Zäune

In vielen Stadtrandsiedlungen sieht man heute überhaupt keine Zäune mehr, weil sie von der örtlichen Baubehörde verboten wurden. Allenfalls nicht einmal 50 cm hohe Mäuerchen oder niedrige Hecken sind erlaubt. Das mag in einzelnen Fällen dem Gesamtbild eines geschlossenen Wohngebiets mit Einfamilienhäusern zugute kommen, für den Hausbesitzer kann dieser Zwang zur offenen Bauweise eine starke Einschränkung bedeuten.

Für den Bau eines Zauns bieten sich heute in der Hauptsache zwei **Materialien** an: Maschendraht und Holz. Massive schmiedeeiserne Ungetüme

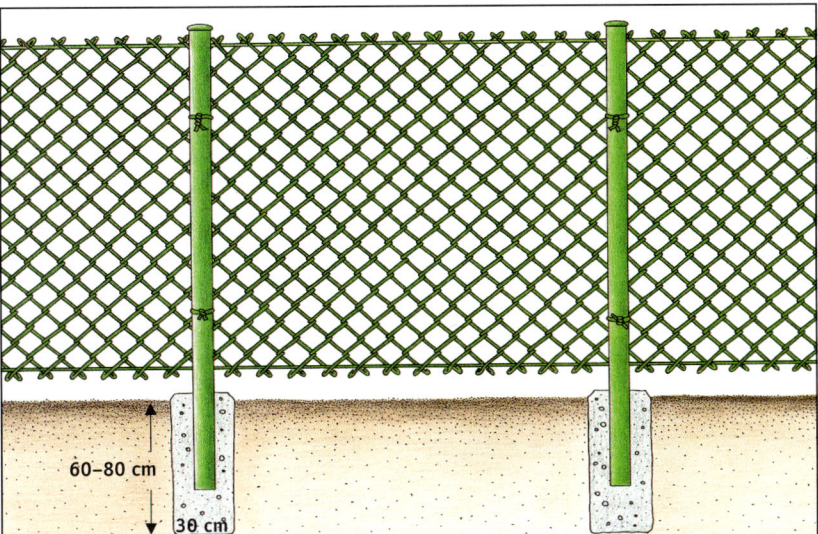

Maschendrahtzaun mit Metallrohrstützen

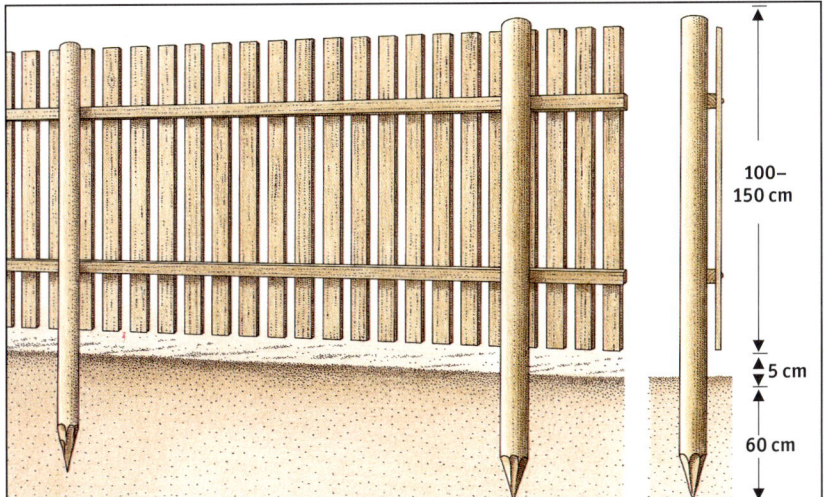

Einfacher Lattenzaun mit in die Erde geschlagenen Pfosten

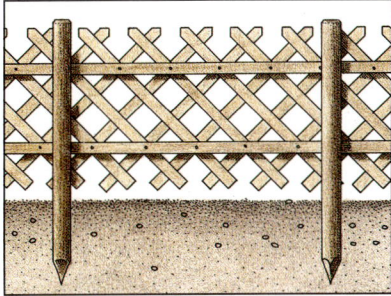

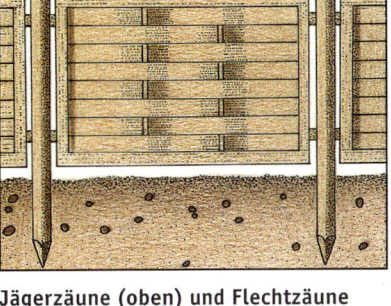

Jägerzäune (oben) und Flechtzäune (unten) kann man mit Fertigelementen errichten; die Befestigungspfosten kommen ca. 60 cm tief in die Erde

Palisadenzaun aus in den Boden gerammten Rundhölzern; bei dünneren Pfählen empfiehlt sich ein Betonfundament

Eisenbahnschwellen werden 60–80 cm tief in groben Kies eingestellt

Einfache Baumaßnahmen und Einrichtungen

Treppen

Zäune

früherer Herrenhäuser wird sich kaum jemand mehr leisten, sie passen auch nirgendwo hin. Plastikzäune sind problematisch, weil das Material fast immer im Laufe der Zeit brüchig wird.

Zäune aus **Maschendraht,** für sich allein wenig schön, verlieren etwas von ihrem Schrecken, wenn von vornherein geplant ist, eine Hecke davor zu pflanzen. Wegen der stabileren Befestigung der Drahtbahn empfiehlt es sich, die Metallrohrstützen in einem durchgehenden Betonfundament im Abstand von 2–3 m zu verankern oder für jeden Pfosten einen separaten Betonsockel zu gießen. Die Rohre mit angeschweißten Ösen für die Führungsdrähte gibt es fertig zu kaufen, ebenso die Spanner, um die Drähte fest anzuziehen.

Bei **Holzzäunen** muss eine Form gewählt werden, die nicht aus dem nachbarlichen Rahmen fällt und dem Charakter des Gartens angepasst ist. Ein rustikaler Zaun aus

Hübsch macht sich ein Bogenzaun, dessen unterschiedlich hohe Latten eine gerundete Oberkante ergeben

horizontal an Pfähle geschraubten, dicken, unregelmäßigen Schalbrettern, ein so genannter Rancherzaun, macht sich schlecht vor einem modernen Fertighaus und englischem Zierrasen mit abgezirkelten Blumenrabatten.

Nahezu stilneutral sind die guten alten Latten- oder Staketenzäune, die heute wieder immer mehr Freunde finden. Latten, oben abgerundet, zugespitzt oder mit Schrägschnitt kann man fertig kaufen oder sich in einer Schreinerei zuschneiden lassen. Sie werden senkrecht an Querverstrebungen, den so genannten Riegeln, angenagelt, die wiederum an senkrechten, in den Boden eingelassenen Pfosten verschraubt sind. Pfostenabstand ist 2 m, der Abstand von Latte zu Latte entspricht der Lattenbreite. Werden die Pfosten in die Erde getrieben, ist unbedingt darauf zu achten, dass das im Boden befindliche Stück, wenn es nicht bereits druckimprägniert wurde, einen Holzschutzanstrich erhält. Damit der Bodenabstand von etwa 5 cm strikt eingehalten werden kann, wird beim Annageln ein entsprechend dickes Brett unter die Latten gelegt. Natürlich kann man auch hier mit einem Betonfundament arbeiten. In den Beton zementiert man dann Eisenträger ein, die mit den Riegeln verschraubt werden.

Eine weitere Möglichkeit für eine Holzkonstruktion ist der bekannte Jäger-, Diagonal- oder Polygonzaun. Gartengestaltern braucht man diese Einfriedungsform gar nicht erst vorzuschlagen, sie mögen sie ebenso wenig wie Architekten das traditionelle Haus mit Türen zwischen den Zimmern. Dabei spricht gegen den Jägerzaun eigentlich nur, dass er so häufig anzutreffen ist. Errichtet ist er jedenfalls schnell, weil man ihn Stück für Stück fertig vorfabriziert kaufen kann.

Als Fertigelemente bekommt man auch die Einzelsegmente für den Flechtzaun, bei dem die dünnen Latten dicht bei dicht vor und hinter den senkrechten Verstrebungen verlaufen. Beim Palisadenzaun schließlich werden beliebig starke Kant- oder Rundhölzer senkrecht und ohne Zwischenraum in den Boden gerammt. Schwächere Pfähle zementiert man besser in ein durchgehendes Betonfundament ein, für sehr starke, wie etwa Eisenbahnschwellen o. Ä., wird ein tiefer Graben ausgehoben, die Bohlen werden hineingestellt und mit grobem Kies umschüttet, den man vor dem Auffüllen des Grabens feststampft.

Mauern

Bei selbst gebauten Mauern im Hausgarten wird es sich meist um mörtellose Steinaufschichtungen zur Befestigung eines Hangs handeln. Im Grunde genommen handelt es sich um Trockenmauern, wie sie im Kapitel „Der Steingarten" (ab S. 474) beschrieben sind.

Wird der Wall nicht höher als 1 m, kann man auf ein Fundament verzichten. In einen dem Mauerverlauf entsprechenden Graben von etwa 50 cm Tiefe kommt dann nur eine Schicht Kies oder Schotter als Unterbau für die Steine. Man muss darauf achten, dass die Steine in etwa rechteckig sind und nie hochkant aufgeschichtet werden.

Hinsichtlich dieses Formats gibt es allerdings eine Ausnahme. Überraschenderweise sieht nämlich ein Stützwall aus großen quadratischen (15 x 15 cm) Pflastersteinen mit glatter, leicht gewölbter Oberfläche ganz und gar nicht künstlich, ja sogar recht attraktiv aus. Freilich dürfte die Beschaffung derartigen Steinmaterials auf einige Schwierigkeiten stoßen.

Höhere Mauern brauchen unbedingt ein Betonfundament, das 80–120 cm tief in eine frostfreie Erdschicht reichen muss.

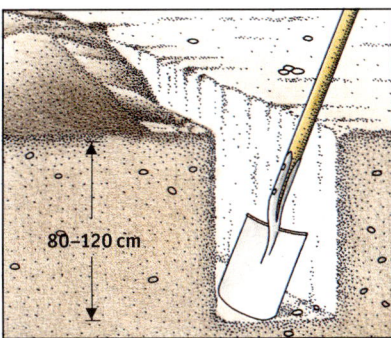

Fundament für höhere Mauern:
1. Der Boden wird 80–120 cm tief und in der vorgesehenen Mauerbreite ausgeschachtet

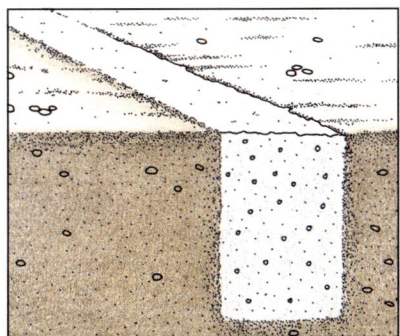

2. Bei festem Boden und sauberen Wandungen kann man den Beton ohne Verschalung in den Graben gießen

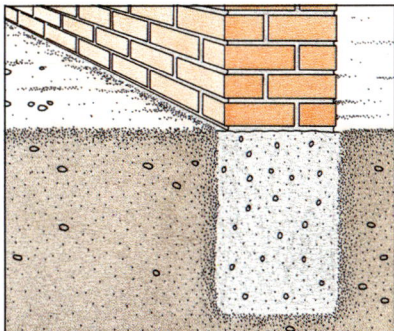

3. Nach Aushärten des Betons wird direkt über dem Fundament hochgemauert

Die Abmessungen einer Pergola sollten auf die Größe von Haus und Terrasse abgestimmt sein

Bei festem Boden und sauberem Aushub ist eine Verschalung nicht notwendig, weil die Wandungen des Fundamentgrabens dem Beton genügend Halt geben. Auf einem Unterbau dieser Art kann dann hochgemauert werden, beispielsweise, um aus einem simplen, gepflasterten Wäschetrockenplatz hinterm Haus eine Art Atrium zu machen, ein Pflanzenquartier für südländische Kübelgewächse, die hier umschlossen von blendend weißem Mauerwerk eine ihnen zusagende Bleibe finden. Von außen, zum Garten hin, lässt sich diese doch etwas fremd wirkende Konstruktion dann mit Kletterpflanzen begrünen und verschwindet im Laufe der Jahre gänzlich unter dem dichten Blattwerk von Efeu, Wildem Wein und Knöterich.

Die Errichtung einer Betonmauer sollte dem Handwerksbetrieb vorbehalten bleiben. Hier sind spezielle Fachkenntnisse erforderlich, vor allem aber die umfangreichen Materialien für die sachgemäße Schalung.

Pergola und Rankgerüst

Eine Pergola wird selten frei im Garten stehen. Meist bildet sie den nachträglichen Überbau der Terrasse oder lehnt sich an eine Haus- bzw. Garagenwand an. Die Größe ist also weitgehend vorbestimmt.

Abmessungen und Material

Da so ein „Laubengang", wie der Name schon sagt, später von Kletter- und Rankpflanzen bewachsen sein soll, die ganze Konstruktion zudem schon aus optischen Gründen nicht aus zu dünnen Hölzern bestehen darf, werden die senkrechten Stützpfosten einiges an Gewicht auszuhalten haben. Sie müssen also stabil und tragfähig sein. Auf ihnen ruhen außer der Grünmasse der Kletterpflanzen die ebenfalls schweren Längsbalken (Pfetten), die wiederum eine Vielzahl von quer verlaufenden Sprossen zu tragen haben.

Außerdem muss eine Pergola in ihren Abmessungen auf das Volumen des Hauses abgestimmt sein. Nichts

---

Einfache Baumaßnahmen und Einrichtungen

Mauern

Pergola und Rankgerüst

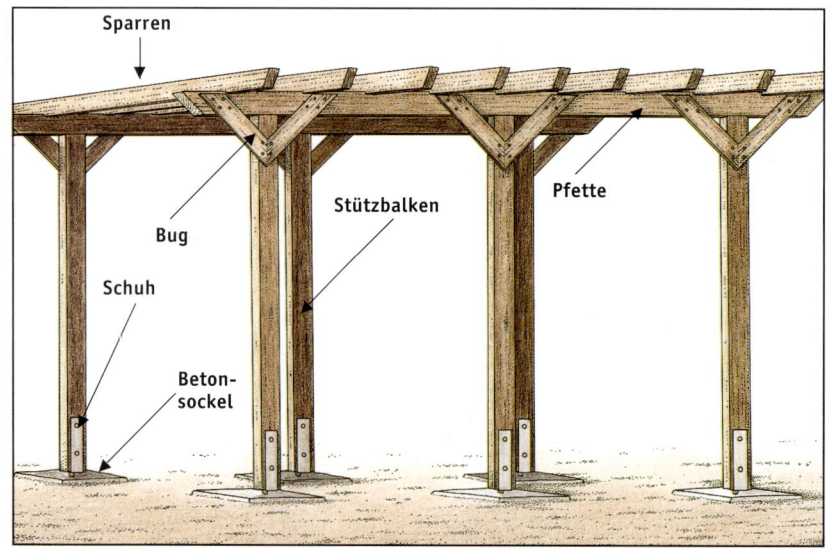

Bauteile einer Pergola

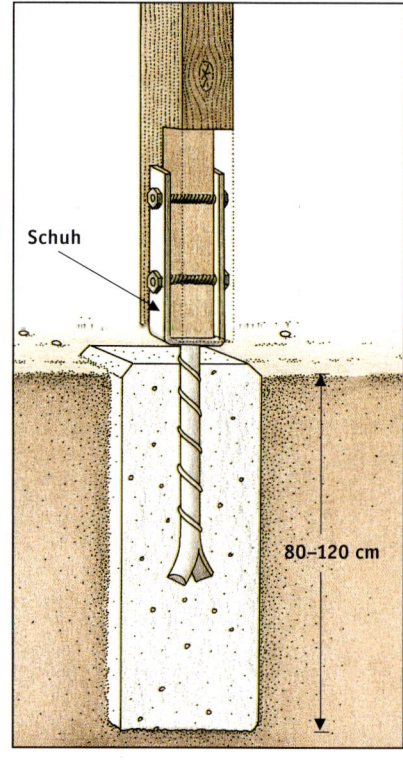

Der Betonsockel reicht bis in frostfreie Tiefen und fixiert den Schuh

sieht lächerlicher aus als eine „Fischgräten-Pergola" über der großen Terrasse eines massiven Eigenheims. Bei einer 3 x 6 m messenden Terrasse können die Stützbalken, in diesem Fall auf jeder Seite drei, ruhig einen Durchmesser von 15 x 15 cm haben, die beiden Pfetten dieselbe Stärke aufweisen und die oben in einem Abstand von 30–50 cm hochkant aufliegenden Sprossen 13 x 9 cm dick sein. Diese Abmessungen sind kein Muss, sondern sollen nur Anhaltspunkte liefern.

Als Holz kommt, auch nur ein Beispiel, Weißtanne infrage, massives Hartholz wie Eiche oder Buche ist praktisch unbezahlbar und auch nicht notwendig. Für die Stützbalken und Pfetten sollte man sich das Holz „herzgetrennt" zuschneiden lassen, damit es später nicht reißt. Im übrigen aber sind derartige Risse, die bis zu Bleistiftstärke erreichen können, nicht weiter schlimm und für die Stabilität der Pergola ohne Belang. Dass sämtliche Holzteile einen Schutz mit einem pflanzenverträglichen Anstrich erhalten müssen, versteht sich von selbst.

Tipps zum Pergolabau

Für die Stützpfosten muss man Betonsockel gießen, in die man sogenannte „Schuhe" einzementiert, auf die die Pfosten zu stehen kommen. Diese Schuhe, die 1–2 cm über das Bodenprofil hinausreichen, verhindern, dass das Holz unmittelbar mit dem Erdreich in Berührung kommt.

Wem das Gießen der Fundamentsockel zu mühsam ist, der kann auch fertige Postamente verwenden. Diese pyramidenförmigen Betonklötze gibt es in verschiedenen Abmessungen im Baustoffhandel. Sie haben an ihrer

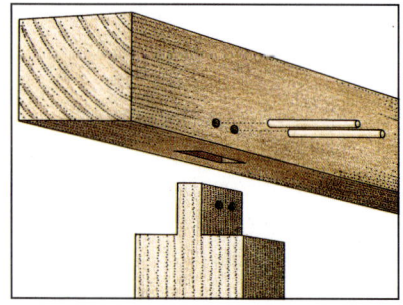

Verbindung von Pfette und Stützbalken durch Verzapfen

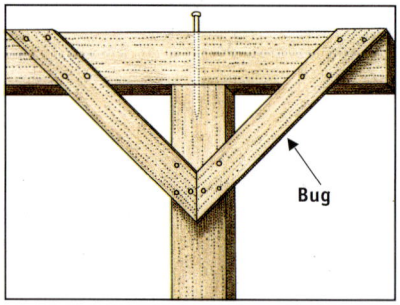

Verbindung von Pfette und Stützbalken durch Nageln

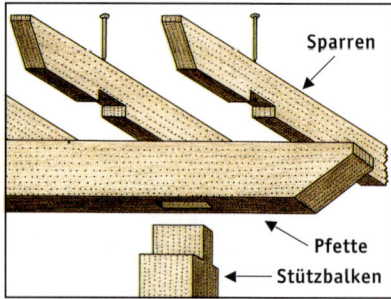

Aufsetzen und Aufnageln der Sparren auf die Pfette

stumpfen Spitze eine breite Öffnung zum Einzementieren der Schuhe oder sonstiger Eisenhalterungen für die Pergolastützpfosten.
Die beiden Pfetten oben rechts und links werden an den Stellen, an denen sie den Pfosten aufliegen, verzapft. Weniger elegant, aber ebenfalls ausreichend ist eine Vernagelung. Allerdings sollte man dann als zusätzliche Stabilisierung zwischen Pfosten und Pfette diagonal verlaufende „Bugs" annageln, mit denen diese beiden Trägerelemente noch einmal verbunden werden. Die Sparren erhalten an der Unterseite, dort wo sie auf den Pfetten liegen, eine Aussparung entsprechend der Pfettenbreite und werden dann mit ein oder zwei Nägeln an ihnen befestigt. Rankgerüste, die einer Pergola nachgebildet sind, gibt es in Hobby- und Heimwerkermärkten fertig zu kaufen. Hier liegt auf einem oder mehreren Stützpfosten, je nach Länge der Konstruktion, nur eine Pfette, auf die oberseits kurze Quersparren genagelt werden. Diese Gerüste eignen sich auch gut als Durchgänge, wenn man an ihnen Kletterpflanzen oder Rosen hochranken lässt.

Rankgerüste und Kletterhilfen
Kletterhilfen an glatten Mauern kann man aus Latten, Bambus oder zwischen Holzstäben gespannten Drähten gut selber herstellen und andübeln. Oder man kauft fertige Kleingerüste, die nicht allzu viel kosten. Für größere Flächen haben sich Baustahlgitter recht gut bewährt.
Frei stehende, bepflanzte Rankgerüste, die einen hervorragenden Sichtschutz abgeben, können ebenfalls ohne besondere handwerkliche Fertigkeiten und großen Materialaufwand im Eigenbau hergestellt werden. Man verwendet dazu zwei starke Rund- oder Kanthölzer, die so bemessen sein müssen, dass sie etwa 60 cm tief in den Boden getrieben werden können. Dazwischen werden waagerecht verlaufende Latten genagelt, so dass sich eine Art Zaunelement ergibt. Es hält, mit Schutzanstrich versehen, viele Jahre.

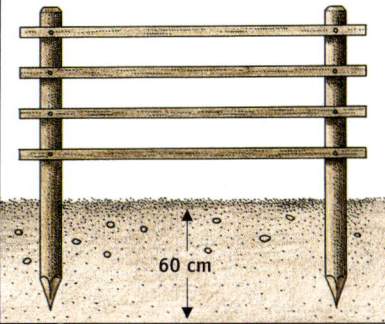

Einfaches frei stehendes Rankgerüst

> **TIPP**
>
> **Holzschutz**
> Ganz gleich, für welchen Zweck Holz im Garten auch immer Verwendung findet, es muss durch einen Schutzanstrich vor Verwitterung bewahrt werden Es gibt heute eine Reihe von Spezialanstrichen, bei denen keine Schädigung der Pflanzen zu befürchten ist. Man sollte beim Kauf unbedingt die Hinweise auf der Packung beachten.
> Wenn Zweifel an der Verträglichkeit für die Pflanzen bestehen, ist es besser, mit der Bepflanzung zu warten, damit ärgerliche Ausfälle vermieden werden. Dafür ist dann allerdings eine Zeitspanne von mindestens einem halben Jahr zu veranschlagen.

Einfache Baumaßnahmen und Einrichtungen

Pergola und Rankgerüst

Das schönste Rankgerüst für Kletterpflanzen wie die Glyzine ist freilich immer noch eine Pergola ...

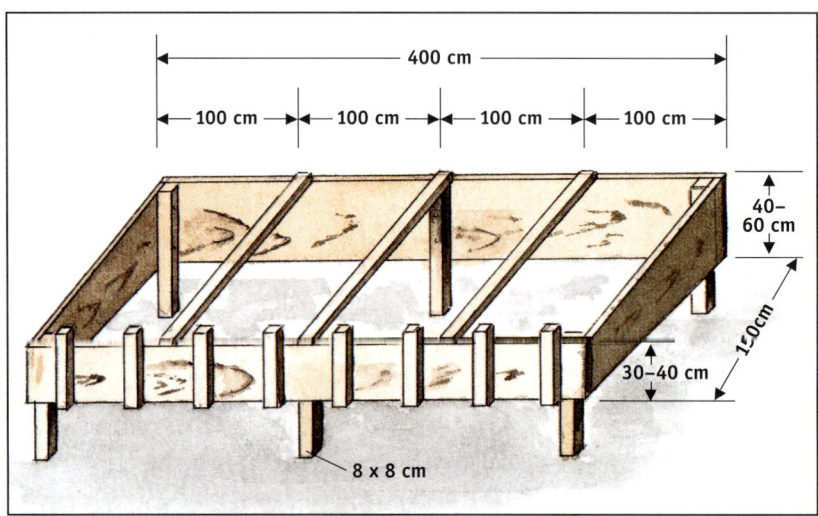

Aufbau eines Frühbeets; die genannten Maße haben sich in der Praxis als günstig erwiesen und können beim Eigenbau als Orientierung dienen

Frühbeete

Bevor Kleingewächshäuser samt ausgefeilter Technik und Heizmöglichkeit Einzug in den Privatgarten hielten, wurde die Jungpflanzenanzucht hauptsächlich in Frühbeetkästen betrieben. Als Wärmepackung diente frischer, strohiger Pferdemist. Er wurde in den Kasten gefüllt, festgetreten, die Fenster hielten die sich entwickelnde Wärme fest. Nach einigen Tagen presste man das Füllmaterial noch einmal zusammen und bedeckte es mit einer etwa 20 cm dicken Schicht guter Erde. Dann konnte gesät und gepflanzt werden. Auf diese Methode geht die Bezeichnung Mistbeet zurück.

Frühbeetbeheizung

Heute ist auch hier alles viel leichter, weil sich die benötigte Wärme im Frühbeet durch den Einbau von Heizmatten oder Heizkabeln mühelos erzeugen lässt. Matte wie Kabel gibt es im Gartenfachhandel zu kaufen, verlegen kann man sie selbst. Damit die Wärme nicht nach oben und zu den Seiten entweicht, kleidet man den ganzen Frühbeetkasten mit 1–2 cm dicken Styroporplatten, im Heimwerkermarkt erhältlich, aus. Auf die Bodenplatte kommt eine Schicht Sand, in der das Heizkabel verlegt wird. Man kann einen Thermostat installieren, der für die Einhaltung der eingestellten Temperaturwerte sorgt. Ist genügend Laub vorhanden, sollte man dem ganzen Frühbeet damit eine zusätzliche Wärmepackung von außen verpassen. Das Lüften, hier ebenso wichtig wie im Gewächshaus, können automatische Fensterheber übernehmen.

Frühe Ernten und eigene Anzuchten – der geringe Aufwand für den Frühbeetbau wird schnell belohnt

Eigenbau und „Fertigbeete"

Um einen Frühbeetkasten aus Brettern selber zu bauen, bedarf es keiner besonderen handwerklichen Fähigkeiten. Man muss lediglich darauf achten, dass die Rückwand, die am endgültigen Standort des Beets nach Norden zeigen sollte, etwas höher als die vordere Längsseite ist, damit Regen- und Schmelzwasser ablaufen können und ein günstiger Lichteinfallswinkel entsteht.

Bei den Abmessungen sollte die Größe der genormten Fenster berücksichtigt werden, sofern man sich nicht auch den Fensterrahmen selber aus ein paar Latten zurechtzimmert und mit Folie bespannt. Fertige Frühbeetfenster haben die Ausmaße 100 x 150 cm (Normalfenster).

Dass man sein Frühbeet auch mit Back- oder sonstigen Steinen mauern oder die Wandungen aus Beton gießen kann, sei nur am Rande vermerkt.

Mittlerweile bietet der Handel eine Vielzahl von fertigen Frühbeeten der verschiedensten Materialien und in unterschiedlichen Abmessungen an. Sie sind meist aus druckimprägniertem Holz, Metall oder Kunststoff. Viele dieser Produkte sind so genannte „Wanderkästen" oder als solche zu nutzen, das heißt, sie werden einfach auf den Boden gesetzt und können jederzeit den Platz wechseln. Für den Hobbygärtner, der die Möglichkeiten für frühe Pflanzenkulturen ausschöpfen, aber keine großen Summen investieren will, ist das Frühbeet eine durchaus akzeptable Alternative zum Kleingewächshaus.

Gewächshäuser

Frisches selbst gezogenes Gemüse ernten, während es draußen stürmt und schneit? Das ist möglich – vorausgesetzt, man ist stolzer Besitzer eines Gewächshauses. Wenn man ein Gewächshaus richtig nutzt, kann man nicht nur rund ums Jahr eine schöne Gemüseernte „einfahren", sondern auch den Garten mit selbst angezogenen Blumen schmücken, hervorragend Kübelpflanzen überwintern oder bei Bedarf exotische Pflanzen heranziehen. Für alle, die gern gärtnern, ist ein Gewächshaus eine lohnenswerte Angelegenheit.

Wie funktioniert ein Gewächshaus?

Motor des Gewächshauses ist das Licht. Vereinfacht ausgedrückt basiert der so genannte **Treibhauseffekt** auf unterschiedlichen Wellenlängen des Lichts. Durch ein transparentes Material (Glas, Folie oder andere Kunststoffe) können die kurzwelligen Sonnenstrahlen in das Gewächshaus eindringen. Dort werden sie zu einem Teil absorbiert, zum anderen reflektiert. Dabei entstehen langwellige Wärmestrahlen, die je nach Art der Bedachung das Material nicht mehr passieren. Es bleibt also Wärme im Haus. Leider kann man die Wärme nicht unendlich lange festhalten. Wärme bewegt sich, dabei strebt sie immer zum kältesten Punkt hin. Es spielt keine Rolle, ob dieser Punkt oben oder unten liegt. Stoffe, die Wärme schlecht leiten, werden nur langsam durchdrungen. Die **Wärmeleitung** bezeichnet man auch als Konduktion. Weiterhin spielt noch die **Wärmeströmung,** die Konvektion, eine Rolle. Warme Luft steigt auf, kalte Luft fällt. Die warme Luftschicht um das Haus wird zerstört und muss aus dem Haus ersetzt werden. Dies geht umso schneller, je größer die Temperaturdifferenz zwischen außen und innen ist. Die dritte Art, auf die Wärme aus dem Gewächshaus entweicht, geschieht durch **Wärmestrahlung.** Dabei werden die Wellen direkt von Körper zu Körper gegeben. Diese Wärme lässt sich speichern: im Boden, in Mauern oder in den Pflanzen. Damit viel Wärme eindringt und entsprechend gespeichert werden kann, dürfen diese Körper selbst nicht reflektieren, also Strahlen abweisen. Dunkle Körper reflektieren am wenigsten. Das kann man praktisch nutzen, z. B. durch schwarze Wasserbehälter, dunkle Fliesen oder dunkle Wände. Über Wärmeleitung und Wärmeströmung geben die Körper die Wärme verzögert wieder ab, z. B. in der Nacht. In ein Gewächshaus muss also viel kurzwelliges Licht hineingelangen und möglichst wenig langwelliges darf hinaus. Dieses Prinzip ist aus-

Gewächshäuser

Funktionsprinzip

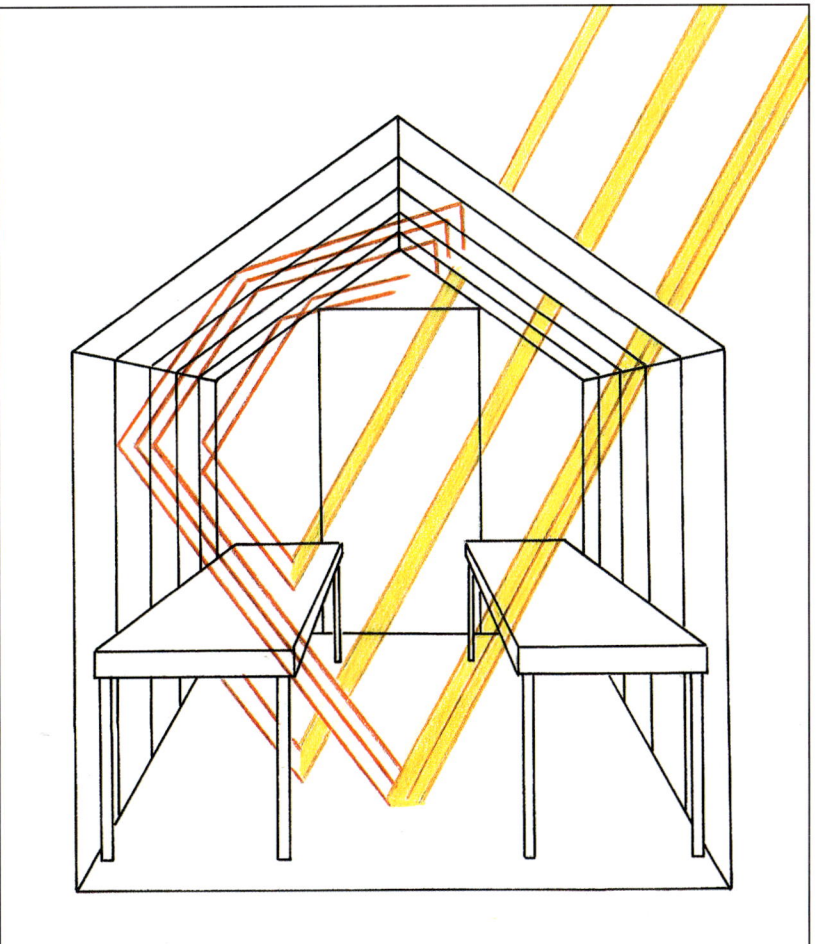

Treibhauseffekt: Die kurzwelligen Sonnenstrahlen (gelb) werden beim Auftreffen auf Boden und Einrichtungsgegenstände teils in langwellige Wärmestrahlen (rot) umgewandelt, die das Bedachungsmaterial nicht mehr durchlässt

Das Gewächshaus sollte einen möglichst hellen, vor rauen Winden und Frösten geschützten Platz erhalten – und sich dabei auch noch gut in das Gesamtbild des Gartens integrieren

schlaggebend für die Beurteilung der Bedachungsmaterialien und Werkstoffe, die man für den Bau verwendet. Deshalb tauchen die eben erklärten Begriffe in diesem Kapitel immer wieder auf.

Der geeignete Standort

Bei Anlehngewächshäusern entscheiden die baulichen Gegebenheiten über den Standort. Denn Wände, Gartenmauern, Türen, Fenster oder der Keller sind ja bereits vorhanden. So beziehen sich die nachfolgenden Angaben auf frei stehende Häuser. Wobei natürlich, wenn möglich, auch für Anlehnhäuser alle Bedingungen Beachtung finden sollten.

Die wichtigsten Punkte

Licht ist das A und O beim Gewächshaus, demnach wäre schlicht der lichtreichste Standort auch der beste. Doch ganz so einfach ist es leider nicht, denn es gilt noch einige entscheidende Punkte zu beachten:

- Der Platz für das Gewächshaus darf nicht in einer frostgefährdeten Senke liegen, so genannte Frostlöcher kommen also nicht infrage.
- Ungeeignet ist auch freies Gelände, über das der Wind ständig bläst und pfeift.
- Auch nicht gut: Hanglage. Feucht und uneben darf es ebenfalls nicht sein. Nässe am Standort bedeutet Verdunstung, die aber erzeugt Kälte.
- Die Versorgungsleitungen für Wasser, Strom oder Gas sollten nicht weit entfernt liegen. Soll das Gewächshaus an das Heizungssystem des Wohnhauses angeschlossen werden, sind kurze Entfernungen angebracht, um Energieverlust zu vermeiden. Zudem ist die fachgerechte Isolierung der Zuleitungen sehr teuer.
- Und nicht zuletzt: Das Gewächshaus muss sich so harmonisch wie möglich in den Garten einfügen. Es darf nicht einfach irgendwo „in der Gegend" stehen. Wegverlauf und die Ausrichtung des Wohnhauses sind zu berücksichtigen, ebenso, dass man zum Lüften, Gießen und Pflegen häufige Wege in Kauf nehmen muss.

Meist muss man beim Standort Kompromisse eingehen, denn nicht alle optimalen Voraussetzungen lassen sich gleichzeitig erfüllen.

Den Standort beobachten

Man markiert den Wunschstandort in den Maßen des zukünftigen Hauses durch Holzlatten oder Eisenstäbe. Ideal wäre es, wenn man nun diese Position über den Zeitraum eines Jahres beobachtet. Wie lange liegt der Standort im Licht – im Sommer und im Winter? Halten sich hier Fröste lange? Welchen Einfluss hat der Wind in diesem Bereich? Sammelt sich an dieser Stelle nach jedem Regen das Wasser? In der Praxis wird kaum jemand die Geduld aufbringen, den gewählten Standort so lange zu beobachten. Die meisten kennen ja ohnehin ihren Garten. Auf jeden Fall sollte man versuchen, die genannten Fragen einigermaßen genau zu beantworten.

Licht und Schatten: Gut wäre es, wenn man den Standort wenigstens einen Herbst und Winter lang beobachtet. Dieser Zeitraum ist schon recht aussagekräftig. Die Sonne steht jetzt tief. Trifft sie trotzdem das Gewächshaus möglichst lange? Welche Dinge (Bäume, Gebäude, Zäune, Hecken) werfen Schatten auf den möglichen Standort? Die Schattenlänge ist abhängig vom Gegenstand, seiner Größe und von der Sonnenhöhe. Je niedriger der Sonnenstand, desto länger der Schatten. Hinzu kommt, dass das Licht bei einem niedrigeren Sonneneinstrahlwinkel einen längeren Weg zurücklegen muss und somit an Kraft verliert. Alle Kulturen verlangen im Winter Licht, während im Sommer die Lichtmenge für manche Pflanzen sogar zu viel werden kann. Dann muss man für Schatten sorgen. Ein guter Schattenspender ist ein in der Nähe stehender Laubbaum. Ungeeignet sind Nadelbäume, weil sie auch im Winter Schatten werfen.

Wind: Der sonnenreiche Standort darf natürlich nicht völlig ungeschützt sein. Wind bzw. jede Luftbewegung verursacht Abkühlung. Um das Haus herum entsteht eine warme Luftschicht, die sich aus dem Haus aufbaut, vor allem beim beheizten Gewächshaus. Immer wenn diese Schicht durch Luftbewegung zerstört wird, muss aus dem Haus Wärme nachgeführt werden. An stürmischen Tagen mit Temperaturen knapp über dem Gefrierpunkt verbraucht das Gewächshaus mehr Energie als bei –5° C an windstillen Tagen. Als Windschutz können z. B. Hecken dienen. Natürlich darf der Windschutz keinen Schatten auf das Haus werfen.

> **INFO**
>
> **Sicherheitsvorschriften**
>
> Zur eigenen Sicherheit sollte man einige Vorschriften sehr genau beachten: Gewächshäuser gehören danach zur Gruppe der „feuchten und nassen Räume". Nur der Fachmann darf Zuleitungen und Anschlüsse verlegen. Alle Geräte müssen mindestens der Schutzart „tropfwassergeschützt" angehören (Symbol: ein Tropfen). Leuchten müssen zur Schutzart „regengeschützt" zählen (Symbol: ein Tropfen in einem Quadrat). Bei direkter Spritzwassereinwirkung ist die Schutzart „spritzwassergeschützt" anzuwenden (Symbol: ein Tropfen im Dreieck). Ein Fehlerstromschutzschalter ist für Gewächshäuser unentbehrlich. Gas darf, vor allem bei fest installierten Anlagen, von der Zuleitung bis zur Verbrennungsstelle nur vom Fachmann angeschlossen werden.

Himmelsrichtung: Das Gewächshaus wird in der Regel mit seiner größten Fläche, Dach und Stehwand, zur Südseite ausgerichtet aufgestellt. In besonders windgefährdeten Gebieten darf ein beheiztes Haus nur mit der kleinsten Fläche zur Windrichtung stehen.

Exotische Gemüse, wie z. B. Auberginen, Melonen oder Andenbeeren, brauchen im Laufe des Sommers unbedingt gleichmäßiges Licht zur Reifung. Wer überwiegend solche Arten kultiviert, sollte das Gewächshaus in Nord-Süd-Richtung aufstellen, weil so das Licht gleichmäßiger über den Tag verteilt an die Pflanzen gelangt.

Vorschriften und Klärungsbedarf

Ob eine **Baugenehmigung**, nur eine Bauanzeige oder andere Vorschriften für den Bau eines Gewächshauses infrage kommen, lässt sich leider nicht verbindlich sagen. Selbst Behörden geben widersprüchliche Auskünfte. Grundsätzlich ist auch ein Gewächshaus ein Gebäude und damit genehmigungspflichtig.

Um mögliche Probleme zu vermeiden, sollte man bei der zuständigen unteren Bauaufsichtsbehörde eine Bauvoranfrage einreichen. Man beschreibt dafür das Bauvorhaben und legt einen Lageplan bei. Wo die zuständige Behörde zu finden ist, erfährt man bei der Gemeinde- oder Stadtverwaltung. Anhand der Bauvoranfrage wird man dann über alle örtlichen Vorschriften informiert. Keine Angst, bis auf wenige Ausnahmen werden Gewächshäuser ohne Probleme genehmigt. Schwierigkeiten gibt es allerdings zunehmend bei Anlehngewächshäusern. Diese dürfen nämlich nicht zum ständigen

> **Gewächshäuser**
>
> **Geeigneter Standort**
>
> **Vorschriften und Klärungsbedarf**

Aufenthalt geeignet sein, weil dann besondere Vorschriften wie für einen Wintergarten gelten.

Örtliche Vorschriften: Sie müssen immer beachtet werden. So kann ein Gewächshaus in einer Kleingartenanlage verboten sein oder es darf nur eine bestimmte Größe haben. Häufig sind Folienhäuser und selbst gebaute Gewächshäuser, vor allem wenn sie optisch „aus dem Rahmen fallen", nicht gestattet.

Nachbarn: Die meisten Nachbarn haben Verständnis für den Gewächshauswunsch, weil sie oft selbst aktive Gärtner sind. Doch ein informierendes Gespräch vor dem Bau vermeidet spätere Auseinandersetzungen. Der Grenzabstand von 2,50 m muss eingehalten werden!

Als Mieter: Man sollte den Grundstückseigentümer in jedem Fall um Erlaubnis bitten. Vertraglich vereinbaren lässt sich, dass ein Gewächshaus Eigentum des Mieters bleibt, auch wenn es durch ein Fundament fest mit dem Boden des Gartens verbunden ist. Man sollte dies schriftlich festlegen, denn sonst kann das Gewächshaus bei eventuellen Streitigkeiten in den Besitz des Vermieters übergehen.

Überlegungen vor dem Kauf

Vergleichen und bewerten kann man nur, wenn man vergleichbare Größen kennt. Wenn in den Katalogen der Gewächshaushersteller oder -lieferanten neben stimmungsvollen Bildern auch Angaben über die verwendeten Materialien zu finden sind, hat man schon eine ganz gute Grundlage. Bei zu mageren Informationen sollte man sich keinesfalls scheuen nachzufragen. Immer zu empfehlen ist der Besuch einer Musterausstellung.

Das Gewächshaus wird als Bausatz geliefert, deshalb sollte man sich folgende Frage selber stellen: Kann man sich die Montageanleitung vor dem Kauf anschauen? Ist sie verständlich? Traut man sich zu, das Haus fachgerecht aufzubauen? Stehen genügend Helfer zur Verfügung? Allein kann man nämlich das Haus nicht aufbauen. Manche Hersteller oder Lieferanten bieten an, das Haus fachgerecht aufzubauen. Doch die Preise für eine „schlüsselfertige" Lieferung sind sehr unterschiedlich. Also vorher unbedingt die Angebote vergleichen!

Gewächshaustypen

Frei stehende Gewächshäuser gibt es ebenso wie die Anlehngewächshäuser in unterschiedlichen Größen und Bauweisen. Empfehlungen für die Größe des Hauses sind schwer zu geben. Schließlich kommt es immer darauf an, wie viel Geld, Zeit und Arbeit jemand für sein Gewächshaushobby aufwenden möchte. Generell kann man aber sagen: In einem Gewächshaus, in dem man mindestens bequem stehen kann, lässt es sich auch arbeiten.

Satteldachgewächshaus

Bei Kleingewächshäusern wird dieser Haustyp am häufigsten verwendet.

Vorteil: Das Haus steht frei und kann an jedem geeigneten Platz im Garten aufgebaut werden. Der rechteckige Grundriss erlaubt eine gute Raumausnutzung. Satteldachgewächshäuser gibt es in unterschiedlichen Längen, Breiten und Höhen, so dass man für jeden Garten das passende findet. Viele Modelle können auch später noch gut verlängert werden.

Lichtausnutzung: Optimal ist das Lichtangebot, das allerdings abhängig ist vom Neigungswinkel des Dachs (gemessen zwischen der horizontalen Grundlinie des Giebels und der Dachschräge, vgl. Abb. S. 149). Je größer der Winkel, je steiler also das Dach, desto mehr Licht kann auch im Winter in das Haus eindringen. Die im Handel angebotenen Hobbygewächshäuser haben einen Dachneigungswinkel zwischen 24,5° und 30°. Individuelle Dachneigungswinkel lassen sich nur realisieren, wenn man das Gewächshaus selbst baut.

Hausbreite: Kleingewächshäuser kann man schon ab einer Breite von 1,60 m erhalten. Allerdings ist die Flächenausnutzung in einem breiteren Haus günstiger. Dazu ein Beispiel:

Zwei Gewächshäuser haben eine Grundfläche von 10 m². Das eine ist 2 m breit und 5 m lang, das andere 2,50 m breit und 4 m lang. In beiden Häusern wird der notwendige Weg angelegt, der nicht weniger als 0,60 m breit sein sollte.

Bei dem ersten Haus nimmt der Weg 3 m² Fläche in Anspruch, beim zweiten Haus nur 2,40 m². Die gewonnene Nutzfläche beträgt hier zwar nur 0,60 m², doch wenn die Häuser breiter sind, macht sich die gewonnene Fläche deutlicher bemerkbar.

Satteldachgewächshaus

Anlehngewächshaus, Marke „Eigenbau"

Ist ein Haus allerdings breiter als 3,20 m, werden zwei Wege erforderlich, damit man auch an alle Pflanzen herankommt. Besser ist dann ein längeres Haus.

Anlehngewächshaus
Dieser Haustyp ist bei Wintergärten die Regel. Viele Hersteller bieten aber auch Gewächshausmodelle in unterschiedlichen Größen an. Häuser mit einer Firsthöhe unter 2,30 m lassen sich nicht optimal bewirtschaften. Angelehnt wird das Haus meist an die Hauswand, seltener an eine frei stehende Mauer.
Vorteile: Dazu zählt bei diesem Haustyp der geringere Energiebedarf im Vergleich zu einem frei stehenden Haus. Der Grund dafür: Die Glasfläche ist kleiner und die Abstrahlungswärme des Gebäudes wird genutzt. Vorteilhaft auch: kurze Wege. Praktisch ist es, wenn man das Anlehngewächshaus z. B. vor die Kellertür baut. Dann kann man es unabhängig vom Wetter jederzeit bequem betreten. Wegen dieser Vorteile wird dieser Gewächshaustyp vor allem von vielen Orchideen- oder Kakteenliebhabern sehr geschätzt (Dauerkulturen).
Nachteile: Im Anlehngewächshaus steht 50 % weniger Lichtmenge zur Verfügung. Für den Gemüseanbau im Winter reicht das Licht nicht aus. Leider bieten die Hersteller der Kleingewächshäuser serienmäßig meist nur recht schmale Typen an. Das schränkt die Nutzung ein.

Rundgewächshaus
Eigentlich besteht dieser Haustyp aus sechs, acht, zwölf oder sogar 16 eckigen Grundformen. Eine runde Glaskuppel wäre kaum zu bezahlen und schwierig zu produzieren.
Vorteil: Ein Rundgewächshaus mit einer Aluminium- oder Holzkonstruktion ist sehr dekorativ. Manche Modelle sehen aus wie eine kleine Glaspagode.
Nachteile: Für eine rein gärtnerische Nutzung sind Rundhäuser nicht so gut geeignet. Man benötigt spezielle, der Form angepasste Tische und Hängeregale. Die Schwierigkeiten bei der Be- und Entlüftung sind viel größer als in anderen Häusern. Es erfordert aufwendige Konstruktionen, eine effektive Lüftung in die Dachspitze einzubauen. Und wer einfach auf die Lüftung verzichtet, wird wenig gärtnerische Erfolge zu verzeichnen haben. Eine Seitenlüftung oder die Tür sind nämlich kein ausreichender Ersatz.

Foliengewächshaus
Das ist ein Haustyp in Leichtbauweise. Die oft tunnelförmige Konstruktion besteht aus Stahlrohren, die fest in der Erde verankert werden. Bedacht wird mit speziellen Gartenbaufolien. Sie sind nur begrenzt haltbar. Je nach Folienart reicht das Licht für die meisten Pflanzen aus.

Erdhaus
Bei diesem Haustyp befinden sich die Seitenwände weitgehend unter der Erde. Die Wände werden aus Ziegeln gemauert. Meist werden die Häuser mit Satteldach gebaut, einige auch mit einem Pultdach. Erdhäuser sind leichter zu beheizen als frei stehende Gewächshäuser. Im Schutz der Erde benötigen sie weniger Energie. Je mehr Mauerwerk allerdings vorhanden ist, desto weniger Licht gelangt in das Haus. Die Lichtmen-

Rundgewächshaus (Pavillon)

Gewächshäuser

Gewächshaustypen

Erdgewächshaus

ge ist jedoch immer noch größer als beim Anlehngewächshaus. Der finanzielle Mehraufwand beim Bau macht sich durch die Energiekostenersparnis schnell bezahlt. Gut geeignet ist das Erdhaus für Pflanzen, die an höher gelegenen Standorten der Erde beheimatet sind und im Sommer weniger Wärme vertragen. Dazu gehören manche Orchideen oder Alpenpflanzen. Auch für die Anzucht vieler Pflanzen im Frühjahr eignet sich dieser Haustyp gut.

Vielfalt der Begriffe

Neben den Bezeichnungen für die verschiedenen Haustypen gibt es noch einige andere Begriffe, die manchmal für Verwirrung sorgen. Hier die wichtigsten:

Kleingewächshaus: Besagt nur, dass es sich um ein Hobbygewächshaus handelt. „Kleingewächshäuser" können auch recht groß sein.

Treibhaus: Wird im Sprachgebrauch oft mit Gewächshaus gleichgesetzt. Genau genommen sind es Gewächshäuser, die ausschließlich zum Vortreiben von Pflanzen eingerichtet werden, mit dem Ziel bei speziellen Pflanzen Blüten- oder Fruchtbildung zu verfrühen.

Glashaus: In manchen Gegenden des deutschsprachigen Raums bezeichnet man alle Gewächshäuser als Glashäuser, auch die mit Kunststoffen eingedeckten.

Wintergarten: Hier gibt es wohl die verwirrendsten Angaben. Viele Hersteller bezeichnen ihre Anlehngewächshäuser als Wintergarten. Diese Bezeichnungen haben sie aber meist nicht verdient. Wintergärten müssen bestimmte Kriterien beim Wärmeschutz erfüllen, für die Art der Abdeckung bestehen genaue Vorschriften und sie bedürfen in jedem Fall einer Baugenehmigung.

Solarhaus: Eine klare Definition ist schwierig. Der Architekt bezeichnet damit ein Wohnhaus, dessen Kern mit einem oder mehreren Glasanbauten umgeben wird. Pflanzen sind meist nur zur Regelung des Raumklimas vorgesehen. Manche Gewächshaushersteller bieten unter diesem Namen gelegentlich Häuser an, bei denen lediglich die südliche Dachfläche besonders groß ausgefallen ist oder der Dachneigungswinkel über 30° liegt.

So ganz falsch ist die Bezeichnung „solar" für ein Gewächshaus ja nicht. Schließlich werden Lichtstrahlen in Wärmestrahlen umgewandelt und im Haus gespeichert, aber eben nur kurzfristig. In den USA, selten auch bei uns, nennt man Häuser erst Solarhäuser, wenn die langfristige Speicherung dieser Wärmestrahlung möglich ist. Dies trifft auf unsere Gewächshäuser noch nicht zu.

„Solar-" oder „Energiespar"-Haus

Materialien für Fundament und Konstruktion

Jedes Gewächshaus steht auf einem Fundament und besteht aus einer tragenden Konstruktion und der Bedachung. Die Konstruktion kann, je nach Größe des Hauses, aus den tragenden Teilen, Binder, Pfetten und den Sprossen bestehen. Binder und Pfetten sind nur bei großen Häusern erforderlich. Fundament, First, Dachrinne, Windverstrebungen und Sprossen reichen für die gängigen Kleingewächshäuser aus.

Das Fundament

Durch das Fundament wird die Last des gesamten Hauses auf den Boden übertragen. Es muss daher fest auf ihm stehen und der Untergrund muss diese Last aufnehmen können. Außerdem schützt das Fundament, zumindest wenn es als Streifenfundament angelegt ist, die Pflanzen im Haus vor Einflüssen von außen. Neben Kälte, Hitze und Feuchtigkeit hält es tierische Schädlinge fern, z. B. Mäuse.

Bei der Erstellung des Fundaments hilft der Fundamentplan des Herstellers. Spätestens bei der Auftragserteilung sollte man diesen Plan anfordern. Die darin angeführten Maße sind genau einzuhalten, auch das erforderliche geringe Gefälle ist zu beachten. Geringe Unebenheiten lassen sich später noch durch ein beschichtetes Aluminiumband oder Bitumenstreifen ausgleichen.

Fertigfundament: Zu vielen Kleingewächshäusern werden Fertigfundamente angeboten. Oft bilden sie einen Teil der Konstruktion. Meist sind es Rahmen aus Aluminium oder Stahl. In der Regel sind sie stabil und tragfähig, jedoch reichen solche Fundamente als Schutz vor Kälte und Schädlingen nicht aus.

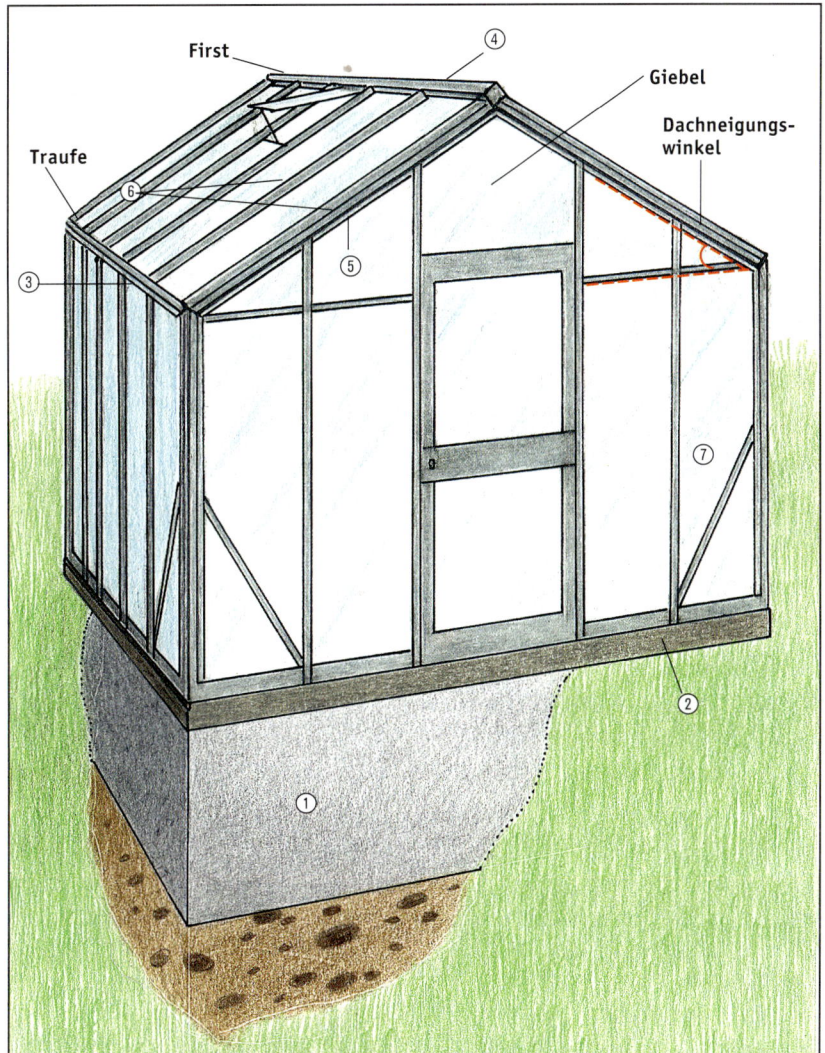

Gewächshausbauteile: ① Streifenfundament, mindestens 80 cm tief, ② Sockel mit Sockelpfette, ③ Traufenpfette, ④ Firstpfette, ⑤ Binder, ⑥ Sprossen, ⑦ Eckverstrebung

Streifenfundament: Günstiger als ein Fertigfundament ist ein festes, mindestens 10 cm breites Streifenfundament aus Ziegel oder Beton, frostfrei gegründet, das heißt, es muss so tief angelegt werden, dass es auf frostfreiem Boden ruht (mindestens 80 cm). Die Oberkante muss besonders Wasser abweisend gefertigt werden, am besten durch eine Abdeckung aus Hartbrandklinkern oder frostsicheren Bodenfliesen.

Infrage kommen spezielle Fundamentsteine oder so genannte U-Schalen. Sie werden später mit Beton ausgefüllt, meist sind sie 25 cm breit und 50 cm lang. Eine andere Möglichkeit sind so genannte Tiefbordsteine. Man bekommt sie in einer Breite von 10 cm und einer Länge von 50 oder 100 cm. Verlegt in ein Magerbetongemisch sind sie nicht die beste Lösung, aber immer noch besser als jedes Aluminiumfertigfundament.

Ein „gründliches" Punktfundament mit 18 Tiefenverankerungen, das fast ein durchgehendes Streifenfundament ersetzt

Hohe Fundamente: Die Firsthöhe des Gewächshauses kann man erhöhen, wenn das Fundament so hoch angelegt wird, dass es z. B. 30 cm aus dem Erdboden ragt.
Allerdings gibt es dann an der Tür eine unangenehme Schwelle. Die Folge: ein erschwerter Zugang mit einer Schubkarre. Und es besteht Stolpergefahr! Abhilfe schafft eine kleine Rampe von außen und innen oder eine abgesenkte Tür. Einige Hersteller bieten Gewächshäuser an, bei denen sich die Tür so weit absenken lässt, bis sie wieder ebenerdig ist. Dies ist auf Wunsch ohne Probleme und große Kosten möglich.
Die gewonnene Höhe kann für die Montage eines Hängeregals über dem Kulturtisch genutzt werden. Dadurch gewinnt man viel zusätzlichen Platz, z. B. für Sämlinge. Für sie ist solch ein lichtreicher Standort im Frühjahr ideal.

Erdhausfundament: Dieses Fundament muss besonders sorgsam ausgeführt und berechnet werden, da man möglicherweise eine ganze Reihe von Schwierigkeiten zu bewältigen hat. Beispielsweise kann der Erddruck zum Problem werden. Die Beschaffenheit des Bodens (Sand, Lehm oder Felsen), auch eine Hanglage können sich als schwierig erweisen. Neben dem Oberflächenwasser kann auch das Grundwasser Probleme bereiten. Beim Bau eines Erdhauses sollte man deshalb für die Fundamentarbeiten unbedingt einen Fachmann hinzuziehen.

> **T I P P**
> **Energie sparen**
> Je besser das Fundament isoliert wird, desto mehr Energie spart man. Styrodurplatten, außen und/oder innen am Fundament angebracht, sind eine zusätzliche Isolierung. Je tiefer das Fundament in das Erdreich reicht, desto mehr Schutz bietet es. Ein tief gegründetes Fundament spart Energie: Kälte aus dem Boden kann nicht eindringen, Wärme geht nicht an den Boden verloren. Außerdem schützt es ausgezeichnet vor Mäusen, die sonst zu rechten Plagegeistern werden können.

Punktfundament: Es wird meist nur an den Eckpunkten des Hauses gesetzt, erreicht also nur dort 80 cm Tiefe bzw. festen Untergrund. Dies genügt für unbeheizte Häuser und Folienhäuser. Dazwischen kann man Bordsteine setzen, die in erster Linie der Abdichtung dienen.
Schon bei der Fundamentplanung sollte man an die Möglichkeit denken, ein **Regenwasser-Sammelbecken** einzubauen. Gießwasser kann über die Dachrinne gesammelt und im Gewächshaus oder außerhalb bevorratet werden.
Vorteilhaft ist es, wenn man das Sammelbecken unterirdisch anlegt. So verliert man keinen Kulturraum. Sammelbecken aus Kunststoff gibt es im Gartenfachhandel zu kaufen. Man kann es aber auch mauern oder aus Beton gießen. Nach dem Einbau wird das Becken gefliest – z. B. mit preiswerten Restfliesen aus dem Baumarkt – oder mit einem wasserfesten Anstrich versehen. Wichtig: Das Becken muss oben verschlossen, aber zur Reinigung zugänglich sein. Gieß- oder Tropfwasser aus den Kulturen darf nicht eindringen, sonst besteht Infektionsgefahr für das gesamte Gewächshaus.
Eine andere Möglichkeit, Wasser zu sammeln, ist das Aufstellen von Behältern, die gleichzeitig als Kulturtisch dienen. Man nimmt möglichst schwarze, weil sie die Wärme speichern. Man kann dafür Fertigbecken aus Kunststoff einsetzen oder einen Behälter mit dem Fundament zusammen mauern. Das Sammelbecken wird dann mit Tischplatten abgedeckt. Alle hier beschriebenen Möglichkeiten sind aufwendig und setzen handwerkliches Geschick voraus. Der Aufwand lohnt sich also nur, wenn das Gewächshaus intensiv genutzt wird und der Gießwasserbedarf entsprechend hoch ist.

Die Konstruktion

An das Material für die Gewächshauskonstruktion werden hohe Anforderungen gestellt: Es muss stabil und haltbar sein und trotzdem in den Ausmaßen nicht zu gewaltig. Licht muss möglichst ungehindert ins Haus gelangen, schließlich ist es der Motor für das Wachstum der Pflanzen. Die Beanspruchung des Materials ist also äußerst groß. Innen- und Außentemperatur können im Gewächshaus erheblich differieren: im Extremfall bis zu 50°C und mehr. Gering muss die Wärmeleitfähigkeit sein, das heißt, die Geschwindigkeit, mit der Wärme durch einen festen, gasförmigen oder ruhenden flüssigen Stoff geleitet wird. Bei isolierenden Stoffen sollte sie also gering, bei Wärme leitenden, wie bei Heizungen, möglichst hoch sein.

Unterschiedliche Materialien stehen für die Konstruktion zur Auswahl.

Aluminium: Dieser Werkstoff hat sich im Bereich der Kleingewächshäuser durchgesetzt. Aluminium gehört zu den Leichtmetallen. Es ist fast unbegrenzt formbar und es kann so hinreichend belastet werden. Die Wärmeleitfähigkeit ist hoch, jedoch wird dieser Nachteil durch die extreme Haltbarkeit – ohne aufwendige Erhaltungsarbeiten – wettgemacht. Die Herstellung von Aluminium verbraucht viel Energie und ist damit teuer. Da es voll recycelbar ist, lässt sich seine Verwendung trotzdem rechtfertigen.

Für Kleingewächshäuser ist Aluminium der optimale Werkstoff. Sprossen aus diesem Material lassen sich schon bei der Herstellung beliebig formen. So haben fast alle Sprossen an der Innenseite einen Schlitz zur Aufnahme der Befestigungsschrauben. Außen lassen sich Abdichtungsgummiprofile problemlos einschie-

Aluminiumbauteile haben viele Vorteile, dürfen aber nicht zu dünn sein

ben, Abdeckleisten aus Kunststoff einsetzen und vieles andere mehr. Die Hersteller von Gewächshäusern haben eigene Profile entwickelt oder geeignete Typen aus dem Erwerbsgartenbau übernommen. Die Sprossen sind teilweise so geformt, dass sie verschiedene Bedachungen aufnehmen können, von Glas bis Kunststoff, sogar in unterschiedlichen Stärken. All das hat natürlich seinen Preis. Die Investition lohnt aber vor allem dann, wenn man das Gewächshaus wirklich rund ums Jahr nutzen will.

Leider wird manchmal an der Materialmenge gespart. Dann sind die Sprossen kaum belastbar und halten dem Winddruck nicht stand. Ist das Bedachungsmaterial in so einem Fall nicht richtig fest verlegt, kommt es schnell zu Schäden. Vor allem kleine Glasscheiben gehen oft schon durch die Eigenbewegung der Sprossen zu Bruch. Auch Fenster und Türen sind gefährdet. Was nützt es da, dass so ein Haus preiswert war?

Früher war im Gewächshausbau Eisen in Form von Gusseisen üblich. Die Formteile für Sprossen oder Verbindungen wurden gegossen. **Stahl**, also Eisen mit bestimmten Zusätzen, ist dagegen ohne weitere Behandlung formbar. Es kann geschmiedet und geschweißt werden. Die Qualität richtet sich nach bestimmten DIN-Normen. Wird Stahl zusätzlich verzinkt, ist er sehr haltbar. Gewächshäuser aus Stahl sind heute in der Regel immer verzinkt.

Beim Werkstoff Stahl halten sich Pro und Kontra die Waage. Gewächshäuser aus Stahl sind relativ preiswert, aber durch die einfachen Formen der Teile recht klobig. Für Kleingewächshäuser werden einfache T-Sprossen verwendet. Die sonst übliche, kittlose Verglasung in Gummiprofilen ist nicht möglich. Stahlhäuser sind für bestimmte Verwendungen trotzdem gut geeignet und stabil, vor allen Dingen auch als Konstruktionsteile für Folienhäuser. Stahl leitet

Schema einer Aluminiumsprosse mit Abdeckleiste als Halterung für die Bedachung

Schema einer Stahlsprosse als Halterung für die Bedachung

Gewächshäuser

Materialien für Fundament und Konstruktion

Wärme, ist also eigentlich nicht ideal für ein Gewächshaus. Seine Belastbarkeit jedoch macht diesen Nachteil wett.

<u>Vorsicht:</u> Eine Beschädigung der Verzinkung durch Sägen oder Bohren muss sofort geschützt werden. Entweder durch eine so genannte Kaltverzinkung oder durch einen Korrosionsschutzanstrich. Unbehandelter Stahl muss unbedingt durch mehrmalige Schutzanstriche haltbar gemacht werden.

Holz: Ein Gewächshaus mit einer Holzkonstruktion fügt sich sehr harmonisch in das Gesamtbild des Gartens ein. Holz hat eine geringe Wärmeleitfähigkeit. Bestimmte Holzarten sind sehr stabil. Und wer sein Gewächshaus selber bauen möchte, ist mit dem Werkstoff Holz gut beraten. Die tragenden Teile müssen allerdings groß sein, sie schlucken demzufolge Licht. Die Haltbarkeit ist begrenzt und lässt sich nur verbessern durch einen schützenden Anstrich, der von Zeit zu Zeit wiederholt werden muss. Dafür kommen Pflanzen schädigende Holzschutzmittel natürlich nicht infrage.

Das wiederum verringert die Wirksamkeit des Schutzes und erhöht die Häufigkeit der Behandlung. Hohe Temperaturen in Verbindung mit hoher Luftfeuchtigkeit können dem Baumaterial Holz schwer zu schaffen machen.

Exotische Hölzer, die früher häufig verwendet wurden, kommen heute nur infrage, wenn sie nachweislich aus Forstkulturen stammen.

Kunststoff: Dieses Material wird für die tragende Konstruktion eines Gewächshauses noch selten verwendet. Lediglich manche Folienhäuser werden aus biegbaren Kunststoffstangen gebaut. Eigentlich wären Kunststoffe wegen ihrer schlechten Wärmeleitfähigkeit gut geeignet. Kunststoff ist beliebig formbar und in bestimmten Varianten auch haltbar. Im Wintergartenbau sind Kunststoffe häufiger.

Für den Gewächshausbau sind sie wahrscheinlich noch zu teuer. Sicherlich wird die Entwicklung noch ein vollständiges Kunststoffhaus bringen, nicht nur bei der Konstruktion, sondern auch in der Bedachung, wo sich Kunststoff bereits durchsetzt.

Ein Holzgewächshaus ist ein Schmuckstück, braucht aber regelmäßig einen neuen Schutzanstrich

Bedachungsmaterialien

Für die Bedachung eines Gewächshauses benötigt man Materialien, die viel Licht (kurzwellige Strahlen) einlassen und den drei Kräften Wärmeleitung, Wärmeströmung und Wärmestrahlung (langwellige Strahlen) viel entgegenzusetzen haben. Ebenfalls wichtig ist das Verhalten der Stoffe gegenüber dem ultravioletten Licht. Die mittelwelligen UV-Strahlen sind für das Streckenwachstum und für bestimmte Reifeprozesse verantwortlich, ebenso für die Farb- und Geschmacksentwicklung der Blüten und Früchte.

Glas z. B. lässt keine UV-Strahlen durch, trotzdem wachsen, blühen und fruchten Pflanzen unter Glas. Mit zunehmender UV-Strahlung lassen sich jedoch bessere Resultate erzielen. So schmecken beispielsweise Tomaten unter UV-durchlässigem Material wie aus dem Freiland und die Blütenfarbe mancher Orchideen zeigt sich intensiver.

Glas

Dieses klassische Bedachungsmaterial hat keineswegs ausgedient. Sein Nachteil, die Bruchgefahr bei mechanischer Einwirkung, wird wettgemacht durch die Haltbarkeit gegenüber chemischen Einflüssen und die relativ umweltfreundliche Herstellung. Langwellige Wärmestrahlen und UV-Strahlen können Glas nicht passieren. Je nach Lichteinfallswinkel kann die Lichtausbeute zwischen 89 und 92 % betragen. Die Lichtdurchlässigkeit wird langfristig kaum beeinträchtigt.

Heute unterscheidet man im Gewächshausbau zwischen zwei Glasarten:

Blankglas: Dieses Glas ist auf beiden Seiten glatt, gleichmäßig dick und völlig durchsichtig.

Klarglas: Das ist einseitig geriffeltes Glas, auch Nörpelglas genannt. Man geht davon aus, dass die Riffelung das Licht besser streut, die diffuse Strahlung Verbrennungen bei den Pflanzen vermeidet und durch die vergrößerte Oberfläche mehr Licht eindringt. Untersuchungen mit modernen Messinstrumenten haben allerdings gezeigt, dass die Unterschiede zwischen den beiden Glasarten kaum wahrnehmbar sind und nur bei sehr großen Häusern zum Tragen kommen. Klarglas wird so verlegt, dass die geriffelte oder genörpelte Seite nach innen, also ins Gewächshaus, weist.

Früher waren die Glastafeln in Dicke und Außenmaßen genormt. So kann man in Gartenbüchern noch Begriffe wie DD = doppelte Dicke = 3,8 mm finden.

Heute werden meist **Glasstärken** von 2–5 mm angeboten. Aus Sicherheitsgründen sollte man Glas mit mindestens 3 mm Dicke verwenden, besser noch 4 oder 5 mm.

Für preiswerte Häuser werden die Scheiben aus Transport- und damit Kostengründen in Kartons verpackt

Wärmeeinsparung bei verschiedenen Bedachungsmaterialien

Material	Wärme-durchgang %	Wärme-einsparung %
Einfachglas 4 mm	100	0
Isolierglas 15 mm	51	43
Stegdoppelplatten 16 mm	48	45
PE-Folien ohne Abstand	100	0
PE-Folie 15 mm Abstand	64	31
Schattierungsgewebe außen	79	38

geliefert. Dabei wird als maximale **Scheibengröße** das Maß 60 x 60 cm bevorzugt. Größere Scheiben müssten nämlich, um Bruch zu vermeiden, in festen Holzkisten transportiert werden. Die kleinen Scheiben werden in der so genannten Schindelverglasung eingesetzt. Dabei liegt eine Scheibe über der anderen. In den Zwischenräumen, die nie richtig dicht sind, sammelt sich schnell Schmutz, der nur mühselig entfernt werden kann.

Ganze Tafeln für das Dach- oder ein Seitenfeld sind der Schindelverglasung unbedingt vorzuziehen.

<u>Wichtig:</u> Prüfen Sie, ob alle Scheiben schon für Ihr Gewächshaus passend zugeschnitten sind. Es soll Hersteller geben, die dem Bausatz lediglich einen Glasschneider beilegen!

Isolierglas: Vermehrungshäuser, Warmhäuser mit erhöhtem Wärmebedarf, hat man um die Jahrhundertwende mit zwei Scheiben verglast. Die erste Scheibe saß außen in einem Kittwulst, die zweite innen in einem Holzrahmen. Dieser konnte zur Reinigung entfernt werden. Das ist beim Selbstbau auch heute noch eine interessante Lösung.

Für die heutigen Gewächshausbausätze gibt es Isolierglasscheiben, die luftdicht, häufig mit Kohlendioxid befüllt, verschweißt oder verklebt werden. Die Isolierung entspricht der von Stegdoppelplatten. Solche Scheiben haben ein enormes Gewicht. Schon aus statischen Gründen können sie bei den meisten Gewächshausmodellen daher nur für die Seitenwände benutzt werden.

Kunststoffplatten, Stegdoppelplatten

Im Hobbybereich wird in Deutschland die Glasbedachung langsam durch Kunststoffe abgelöst. Derzeit haben sich zwei Materialien durchgesetzt: Polycarbonat und Acryl. Angeboten werden diese Kunststoffe unter verschiedenen Markenbezeichnungen, z. B. „Macrolon", „Plexiglas" oder „Longlife". Erfolgreich auf dem Markt durchsetzen konnten sich die

Für das „Glashaus" werden vor allem im Hobbybereich immer häufiger Kunststoffbedachungen verwendet

Stegdoppelplatten sind auch als so genannte Hohlkammerplatten im Handel

Stegdoppelplatten, auch Hohlkammerplatten genannt. Hergestellt werden sie aus Polycarbonat oder Acryl. Sie bestehen meist aus zwei, manchmal sogar aus drei Platten, die durch senkrechte Stege voneinander getrennt sind.

Bei diesen Zwei- und Dreikammerplatten werden im Wintergarten- und Gewächshausbereich Stärken von 4–32 mm angeboten. Der Abstand der Stege ist jeweils unterschiedlich, er richtet sich nach der Materialstärke der Schichten. Für Gewächshäuser und Wintergärten gibt es die Platten farblos mit einer so genannten „no-drop"-Beschichtung. Diese Schicht kann beiderseits aufgetragen werden, meist wird sie jedoch nur auf der für innen vorgesehenen Fläche angebracht. Das bewirkt dann, dass Wasser – meist Kondenswasser – auf der Innenseite der Platten einen Wasserfilm bildet. Dadurch verdunstet es oder läuft gleichmäßig verteilt, nicht als Einzeltropfen, nach unten ab.

Platten aus Polycarbonat: Dieser Kunststoff ist dehnbarer und weicher als Acryl und fast unzerbrechlich. Vor allem in Gebieten mit Hagelgefahr, unter Bäumen oder bei großen Spannweiten sind Platten aus Polycarbonat angebracht. Das Material ist nur geringfügig durchlässig für UV-Strahlung. Bei einer 16-mm-Stegdoppelplatte, die gebräuchlichste Dicke, beträgt die Lichtdurchlässigkeit 77 %, bei der Dreifachplatte noch 72 %. Wärmedurchgangszahl (K-Wert): 2,9 bzw. 2,4 bei der Dreifachplatte. Je nach Dicke der Platten müssen die Sprossenabstände gewählt werden.

Bei Winddruck kann eine 3,5 mm starke Platte leicht durchbiegen, wenn ein Sprossenabstand von 60 cm vorliegt. Eine 8 mm starke Platte wird sich kaum durchbiegen.

Platten aus Acryl: Dies war wohl der erste Kunststoff, der wirklich als Konkurrenz zu Glas gelten konnte. Acryl ist spröder als Polycarbonat, hat aber den Vorteil, dass bei der Plattenstärke von 16 mm die Lichtdurchlässigkeit 86 % beträgt, bei der Dreifachplatte 81 %. Damit ist dieses Material für Pflanzen gut geeignet, zumal die UV-Strahlen fast ungehindert passieren können. Die Wärmedurchgangszahl entspricht der von Polycarbonat bei gleicher Dicke.

Bei Bausätzen mit speziellen Aluminiumsprossen kann man die Platten einfach lose einschieben

Verarbeitung: Die Platten sollten kittlos verglast, nicht geklebt werden. Man verwendet dafür Gummi- und Kunststoffschienen. Bei speziellen Aluminiumsprossen werden die Platten nur lose eingeschoben. In jedem Fall muss genügend Spielraum vorhanden sein für die Ausdehnung der Platten bei Wärme, sonst gibt es Bruch.

Für Acryl- und Polycarbonatplatten wird eine Haltbarkeitsgarantie gegeben. Vorausgesetzt, man beachtet die Verlegehinweise! Unterschiedlich sind Biegefestigkeit und statische Belastung der Materialien und der Stärken. Alle Platten dürfen nur senkrecht bzw. mit Gefälle verlegt werden. Sie sind geringfügig gas- und dampfdurchlässig, daher bildet sich ein Kondensat in den Platten, das ablaufen muss. Stegdoppelplatten dürfen niemals unten vollständig verschlossen werden, oben natürlich schon. Von einigen Gewächshausherstellern werden Stegdoppelplatten ohne Verschlussmöglichkeit verlegt. Hier sollte man sich selbst im Baustoffhandel Aluminiumschienen oder -klebeband beschaffen und die Platten zumindest oben verschließen. Zum Verlegen dürfen nur bestimmte Klebestoffe, Kunststoff- oder Gummidichtungen benützt werden. Unbedingt die Hinweise der Hersteller beachten, wenn man vor Überraschungen sicher sein will!

Folien

Kunststofffolien sind nicht unbegrenzt haltbar. Folienbedachungen eines Gewächshauses müssen deshalb nach einer bestimmten Zeit ausgetauscht werden.

Ihre Verwendung schließt also schon von Anfang an das Entsorgungsproblem mit ein. Im Gartenbereich darf man nur Folien verwenden, die speziell für den Einsatz im Freien geeig-

Folienhäuser werden häufig in der einfach zu errichtenden Tunnelform angeboten; die Folien sollten möglichst straff gespannt und windfest angebracht werden

net sind. Sie müssen UV-stabil und gegen Hitze und Kälte einigermaßen widerstandsfähig sein und bleiben. Nicht einmal für den Bau eines provisorischen Tomatenhäuschens sollte man Verpackungsfolie verwenden, sie löst sich schon nach kurzer Zeit in tausend Einzelteile auf.

PE-Folien (Polyethylen): Diese Folien sind unproblematisch zu entsorgen. Die Beurteilung, ob sie für den Einsatz im Garten geeignet sind, ist schwierig. Grundsätzlich sind sie es nicht, es sei denn, sie wurden UV-stabilisiert. Dann allerdings lassen sie nur geringfügig UV-Licht durch. Langwellige Wärmestrahlen lassen sie passieren. Dagegen helfen Zusätze (Absorber), wodurch die Folie aber eingetrübt wird, was wiederum die Lichtdurchlässigkeit verringert.

Spezielle PE-Folien für Gewächshäuser werden manchmal mit einem Gitternetz verstärkt. Sie sind dann mindestens 5 Jahre haltbar. Die Hersteller gewähren auf solche Spezialfolien eine entsprechende Haltbarkeitsgarantie.

Damit wird die eigentlich preiswerte PE-Folie jedoch teuer. Neben den Einflüssen von Sonne, Wärme und Kälte sorgt der Wind für die Zerstörung der Folie.

Noppen- oder Luftpolsterfolien sind aus UV-stabilisiertem PE, wenn sie für den Gebrauch im Gewächshaus gedacht sind. Wie bei allen Folien kommt es auch bei der Luftpolsterfolie auf die sichere Befestigung an. Dafür wurden spezielle Halterungen entwickelt. Entfernt man die Folien

T I P P

Folienanbringung
Alle Folien müssen möglichst windfest angebracht werden. Scheuerstellen sollten vermieden werden, denn sie bilden die ersten Bruchstellen. Man kann vorbeugend zusätzliche Folienstücke zur Verstärkung an gefährdeten Punkten befestigen. Durch straffes Spannen und eventuell großflächiges Eingraben verbessert man insgesamt die Stabilität des Gewächshauses.

im Sommer, halten sie über mehrere Jahre. Man muss sie nur dunkel lagern.

PVC-Folien (Polyvenylchlorid): Das sind eigentlich die idealen Folien für Gewächshäuser, weil sie langwellige Strahlen nicht passieren lassen. Das UV-Licht kann zwar nur bedingt eindringen, trotzdem wachsen viele Pflanzen hervorragend, vor allem einige Gemüsearten. Leider lassen sich die Folien meist nur schwer entsorgen. Deshalb bemühen sich die Hersteller, einen Kreislauf durch Wiederverwendung zu erreichen. Umweltbewusste Hobbygärtner sollten auf den Einsatz von PVC-Folien noch so lange verzichten, bis sie sicher entsorgt werden können (wie es bereits im Erwerbsgartenbau der Fall ist).

Tipps für den Eigenbau

Wenn man sich die preiswerten Angebote in den Baumärkten und Versandhauskatalogen anschaut, lohnt es sich vom Preis her wohl kaum, ein Gewächshaus selbst zu bauen. Doch manche geschickte Bastler und „leidenschaftliche" Tüftler lassen sich den Eigenbau nun mal nicht nehmen.

Gewächshäuser, die von Gewächshausherstellern individuell gebaut wurden, gab es schon immer. Doch sie waren (und sind) eine teure Angelegenheit. Hobbygärtner konnten oder wollten sich eine solch hohe Ausgabe meist nicht leisten. Bis vor noch gar nicht so langer Zeit musste man Kleingewächshäuser und gewächshausähnliche Bauten grundsätzlich selbst bauen. Denn auf dem deutschen Markt gab es keine Fertighausangebote. Bevorzugtes Grundmaterial waren ausgemusterte Fenster. Mit dem Aufkommen der

Gewächshäuser

Tipps für den Eigenbau

Der Eigenbau ermöglicht individuelle Lösungen; hier z. B. die Kombination mit einem Gartenhäuschen samt Sonnenkollektor und Dachbegrünung

Kunststoffe kamen dann die vielen Folienhäuser, die man häufig direkt über den Tomatenpflanzen errichtete. So versuchte man, die Ernte vor allem in verregneten Sommern zu retten. Im Winter garnierten dann zerrissene Folien den Garten. Ein Anblick, den z. B. die Vorstände von Kleingartenvereinen nicht lange duldeten. Und wer sich heute an solchen Eigenkonstruktionen versucht, wird damit oft auch wenig Anklang bei seinen Nachbarn finden.

Einfache Selbstbaulösungen

Die handwerklich Geübten unter den Gärtnern betrachten heute ihren Garten auch unter ästhetischen Gesichtspunkten. Ihre Eigenbauten sehen dann in der Regel schön aus und passen in den Garten. Wer noch wenig Erfahrung beim Selberbauen hat, sollte es besser erst einmal mit einem „Tomatenhaus" versuchen. Dafür gibt es im Versandhandel und in vielen Gartencentern einen Selbstbausatz aus Folie und Kunststoffverbindungselementen. Für die tragenden Teile, die Konstruktion, ist Holz vorgesehen. Bis auf das Holz werden alle Teile fertig in einem Karton angeliefert. Das Holz muss man noch selbst besorgen und nach einem Plan, der mitgeliefert wird, zuschneiden. Dann ist es nicht mehr schwer, die Holzteile mithilfe der Steckelemente zu verbinden.
Als Übung im Selberbauen oder als Einstieg in die Gewächshausgärtnerei ist das eine brauchbare und preiswerte Lösung.

Material für den Eigenbau

Eigenbauten werden überwiegend aus Holz gefertigt. Nur bei ungewöhnlichen Maßen und Formen, so etwa bei Anlehngewächshäusern oder echten Solarhäusern, kann ein Selbstbau aus Stahl oder Aluminium nötig und sogar preiswerter sein (Sondergrößen sind teuer). Ein ungeübter Handwerker sollte sich daran nicht versuchen! Aber auch hier gibt es einen Mittelweg: Im Erwerbsgartenbau sind Sprossen aus Stahl und Aluminium eingeführt, die – unabhängig von Gewächshausbauern – von den Vorlieferanten produziert werden. Dazu sind auch die passenden Verbindungselemente erhältlich. Manchmal sind diese Sprossen für kleine Häuser dann zwar überdimensioniert, aber so lassen sich geeignete Abdicht- und Abdeckelemente mitverwenden. Um Kataloge für diese Gartenbedarfsartikel aus dem Erwerbsgartenbau kann man einen freundlichen Erwerbsgärtner bitten.

Unter den Hölzern eignen sich gut abgelagerte Lärche, nordische Kiefer und Fichte, amerikanische Pitchpine, Meranti und Teak aus Forstkulturen. Man verwendet beste Qualität, also nur Kernholz. Äste oder Risse im Holz führen bei der extremen Belastung schnell zu Bruch. Solange man Folie und andere Kunststoffe als Bedachungsmaterial einsetzt, gibt es keine statischen Probleme. Wer jedoch Isolierglas verwendet, muss mit erheblichen Gewichten rechnen (unbedingt einen Fachmann zu Rate ziehen!). Übliche Holzverbindungen, wie das Zapfen, sind zu vermeiden. Man muss Metallwinkel und Schrauben aus korrosionsbeständigem Material nehmen. Darauf achten, dass Wasser innen und außen ungehindert abfließen kann. Der so genannte Wasserschenkel im Fensterbau dient hier als Vorbild. Erfahrenen Heimwerkern wird das sicher bekannt sein. Allen Selbstbauern sei ans Herz gelegt: Beim Gewächshaus gelten extreme Bedingungen, die mit keiner Situation im Wohnungsbau verglichen werden können.

Komfortabel und praktisch: Gewächshaus mit großer Tür, reichlich Fensterfläche sowie geschützter „Veranda"

Türen, Fenster, Tische

Bereits in einer „bedachten Hülle", der Grundausführung des Gewächshauses, lassen sich Pflanzen pflegen. Trotzdem: Mit etwas Zubehör wird die Gewächshausgärtnerei deutlich komfortabler.

Türen und Fenster

Schon Fenster und Türen erleichtern die Arbeit. Dass sie vorhanden sind, dazu noch – im Verhältnis zur Hausgröße – groß genug ausfallen, ist nicht selbstverständlich. Vor allem bei Folienzelten und Kleinstgewächshäusern ist das häufig nicht der Fall.

Als **Faustregel** gilt: 20 % der Gesamtglasfläche sollen der Lüftung dienen. Fenster und Türen sind also eine wichtige Voraussetzung, wenn das Gewächshaus funktionieren soll. Sie müssen dicht schließen und so stabil sein, dass der Wind sie nicht aus den Angeln reißen kann. Beim Kauf eines Bausatzes muss man das sorgfältig prüfen. Wenn Türen und Fenster schon beim Musterhaus nicht schließen oder klapprig wirken, sollte das zu denken geben. Mit solch einem Modell wird man wahrscheinlich wenig Freude, dafür eine Menge Ärger haben.

Neben einer stabilen Ausführung sollte die **Tür** in jedem Fall Karrenbreite haben, also mindestens 70 cm breit sein. Um Pflanzen zu transportieren oder den Boden auszutauschen, muss man eine Schubkarre bequem ins und aus dem Haus fahren können. Um Kältebrücken zu vermeiden, isoliert man Stahl- und Aluminiumtüren am besten zusätzlich. Isolierende Styroporplatten lassen sich mit Spezialklebern gut an Metalltüren befestigen.

Meist sind die **Fenster** in den First geschoben, so sind sie gut gesichert. Wenn dann noch eine ausreichende Seitenverkleidung, eine Gummidichtung und eine solide Öffnungsstange vorhanden sind, kann man schon zufrieden sein.

Auf automatische Fensteröffner, die ab einer eingestellten Temperatur die Lüftungsfenster öffnen, sollte man nach Möglichkeit nicht verzichten.

T I P P
Bruchvermeidung
Türen, die vom Wind dauernd auf- und zugeschlagen werden, gehen schnell zu Bruch. Aus Sicherheitsgründen sollten Drehtüren mit Kunststoffverglasung, Acryl- oder Polycarbonatplatten ausgerüstet werden.
Um zu verhindern, dass der Wind die Tür aufschlägt und der Türgriff gegen die Gewächshauswand knallt, muss ein Türstopper angebracht werden. Denn so manche Scheibe oder Platte wurde schon vom Türgriff stark beschädigt.

Man muss ja nicht alle Fenster damit ausrüsten, um bei Bedarf auch von Hand lüften zu können. Die Fensteröffner funktionieren stromlos mit einer Metallfeder oder einem mit Öl gefüllten Zylinder. Feder und Öl dehnen sich bei Wärme aus und heben so das Fenster (bei der eingestellten Temperatur). Eine weitere Feder holt das Fenster später bei Abkühlung zurück.

Tische
Reich ist die Auswahl an Kultur-, Hänge- und Arbeitstischen. Bei allen sollte man auf eine stabile und ausreichend belastbare Ausführung achten. Man muss ja darauf Töpfe und Kisten mit Pflanzen abstellen. Und sie können durch Feuchtigkeit und Erde schnell mehrere Kilogramm wiegen.
Kulturtische mit weniger als 60 cm Tiefe und solche mit mehr als 100 cm sind nicht wirtschaftlich. Bei den ersten bleibt zuviel ungenutzter Raum, bei den zweiten kann man die in der letzten Reihe aufgestellten Pflanzen nicht mehr sehen und nur schwer erreichen, also auch nicht pflegen.
Ob Gitter- oder Plattenauflagen gewählt werden, ist von der Kultur abhängig. Platten müssen aus wasserbeständigem Material sein. Geeignet sind asbestfreies Eternit oder wasserfeste Tischlerplatten. Gitter aus Holz, Aluminium oder Stahl lassen viel Luft an die Pflanzen und das Wasser kann immer gut ablaufen. Für Anstau- oder Mattenbewässerung sind nur Platten geeignet. Auch Kakteen fühlen sich mit einer Substratauflage auf dem Tisch wohler.
Hängetische findet man mit Gitter-, Glas- oder Kunststoffplatten, also lichtdurchlässigem Material, belegt. Das ist von Vorteil während der Zeiten, in denen sie gerade nicht genutzt werden. Das Licht kann dann wenig behindert an die Bodenkulturen gelangen.
Arbeitstische haben eine etwa 20 cm hohe Umrandung, damit die Erde beim Topfen nicht herunterfallen kann. Im Arbeitstisch kann man auch Fächer für Zubehör wie Etiketten, Etikettenstift, Feinsieb, Bodenthermometer und Andrückbrettchen ausgezeichnet unterbringen.

Wärmebedarf und Heizung

Bis hierher drehte sich alles um den äußeren Rahmen, das Gewächshaus selbst. Bevor es nun an die Innenausstattung geht, sollte man sich ein paar Gedanken zur Gewächshausnutzung machen. Damit hängt z. B. auch die Frage der Heizung zusammen, an die viele Gewächshausbesitzer zunächst einmal nicht denken und auf die es viele mögliche Antworten gibt.

Platz ist in der kleinsten Hütte: Mit Hilfe von Hängetischen lässt sich allerhand unterbringen

Wer ganzjährig empfindliche Pflanzen kultivieren möchte, muss das Haus im Winter zumindest frostfrei halten

Nutzung und Temperatur
Die meisten Gewächshäuser werden für die Kultur von Gemüse genutzt, weniger für spezielle Hobbys wie Orchideen und Kakteen oder zur Anzucht von Zierpflanzen. Für die einzelnen Nutzungsmöglichkeiten sind unterschiedliche Temperaturbereiche nötig.
Das unbeheizte Haus: Seine Nutzung ist in der Regel auf die frostfreien Monate des Jahres beschränkt.
Das zeitweise beheizte Haus: Dazu gehört das Gewächshaus, das ab März oder April erwärmt wird. Hier muss noch nicht einmal eine Heizung vorhanden sein, es kann auch eine Packung aus Mist oder Laub eingesetzt werden. Einfacher ist natürlich eine Heizung. Gewächshäuser, die ab März/April der Anzucht dienen, müssen über genügend Wärme verfügen. Man kann während dieser Zeit zunächst nur einen Teil des Hauses beheizen und den unbeheizten Teil mit einer Luftpolsterfolie abtrennen.

Das **Kalthaus** ist nicht mit dem unbeheizten Haus zu verwechseln, sondern wird notfalls beheizt, damit es stets frostfrei bleibt. Es wird häufig zur Überwinterung der Kübelpflanzen genutzt. Allerdings fühlen sich hier nicht alle Arten von Kübelpflanzen wohl, Zitronen oder Orangen beispielsweise verlangen etwas mehr Wärme.

Das temperierte Haus: Hier sorgt man im Winter für Temperaturen zwischen 12 und 14 °C. Nachts kann die Temperatur um 3 °C abfallen.

Das Warmhaus: Tropische Pflanzen und exotische Gemüse brauchen das ganze Jahr über Wärme. Nötig sind Temperaturen zwischen 18 und 21 °C, in der Nacht reichen 3 °C weniger.

Die Heizwerte müssen immer den jeweiligen Ansprüchen der angebauten Pflanzen angepasst werden – ganz abgesehen vom Einfluss der Sonne, die nicht nur im Sommer, sondern auch im Winter zur Erwärmung beiträgt. Teils muss im temperierten und im Warmhaus auch im Sommer geheizt werden, unser Sommer reicht den tropischen Pflanzen nicht immer. Die Ansprüche mancher Pflanzen an die Temperatur sind in der Wachstumsphase sogar noch höher.

Heizungstypen

Optimal fürs Gewächshaus ist eine Rohrheizung, als Warmwasserheizung betrieben. Sie kann mit Strom, Gas oder Öl betrieben und über Heizrohre gleichmäßig im Haus verteilt werden. Rohrheizungen erfüllen am besten die Forderung, dass die Wärme im Haus gleichmäßig wirksam sein sollte. Direktheizer wie Kohleöfen geben die Wärme nur in die unmittelbare Umgebung ab. Sie müssen also möglichst in der Mitte des Gewächshauses platziert werden.

> **TIPP**
>
> **Nachtabsenkung und Frostwarnung**
>
> Bei allen Heizungen soll – wenn möglich – die Nachtabsenkung der Temperatur über eine Fotozelle gesteuert werden. Wenn sie tagsüber bei Schneegestöber oder Dauerregen in Aktion tritt, macht das nichts. Das Licht reicht dann zur Photosynthese ohnehin nicht aus, die Nachttemperatur genügt. Nur wenn die Heizung auch funktioniert, können die Pflanzen überleben. Ein Frostwarngerät (im Fachhandel erhältlich) gehört zur Grundausstattung eines jeden Gewächshauses. Es warnt bei Untertemperatur und Stromausfall.

Ein Elektrogebläseofen dagegen verteilt die Wärme, der Standort kann ruhig der Giebel des Gewächshauses sein.

Alternative Heizmöglichkeiten: Heizenergie, die aus Sonne, Wasser oder Wind gewonnen und gespeichert werden kann, hat heute bei Gewächshäusern noch keine große Bedeutung. Kleinere Windräder z. B. würden sicher genügend Leistung erbringen, um ein Gewächshaus zumindest frostfrei zu halten. Zahlreiche Versuche berechtigen zur Hoffnung, dass in absehbarer Zeit eine wirtschaftliche Nutzung möglich sein wird.

Warmwasserheizung: Diese Rohrheizung ist umso träger, je größer der Rohrquerschnitt und die Wassermenge sind und je geringer die Fließgeschwindigkeit ist. Die Pflanzen bevorzugen diese langsame Wärmeverteilung, die eine niedrige Abgabetemperatur am Rohr möglich macht.

Wird die Heizung an die Wohnhausversorgung angeschlossen, muss bei Niedertemperaturkesseln daran gedacht werden, dass ein Gewächshaus vor allem nachts Wärme benötigt. Eine eigene Umwälzpumpe und die Vorrangschaltung des Gewächshauses sind vorzusehen. Vom Fachmann ausführen lassen!

Bodenheizung: Bodenwärme fördert das Gedeihen der Pflanzen. Sinnvoll ist es, einen Teil des Gewächshauses,

Gewächshäuser

Wärmebedarf und Heizung

Für den ambitionierten Gewächshausgärtner kann sich die Installation einer Warmwasserheizung lohnen

z. B. ein Vermehrungsbeet, mit einer Heizung zu versehen, die den Boden erwärmt.

So genannte Vegetationsheizungen mit Kunststoffschläuchen werden bei meist geringer Leistung mithilfe eines Warmwasseraufbereiters und einer Umwälzpumpe betrieben. Die Schläuche, durch die erwärmtes Wasser fließt, liegen zwischen den Pflanzenreihen und geben so die Wärme in der direkten Umgebung der Pflanzen ab. Bei leistungsstarken Anlagen sollte man unbedingt einen Heizungsfachmann zurate ziehen. Bei einer Vegetationsheizung muss der Boden nach unten mit Polystyrolplatten nicht unter 30 mm Stärke isoliert werden. Auch für die Heizkabel ist, wie auch für die mit Niederspannung betriebene Maschendrahtheizung, eine Isolierungsschicht nötig. Die Heizungen werden an die Steckdose angeschlossen. Für kleine Beete sind sie sehr praktisch.

Elektrische Gebläseheizung: Diese Heizer werden sehr häufig verwendet. Beim Kauf muss man unbedingt darauf achten, dass die Geräte die nötigen Sicherheitsvorschriften erfüllen. Am besten geeignet sind Geräte, die unmissverständlich als Gewächshausheizungen deklariert sind. Sie werden aus korrosionsfreiem Material gefertigt.

Da man Gebläseheizungen nicht ganzjährig betreibt, kann es bei manchen Geräten in der Feuchtigkeit des Gewächshauses zu einer Korrosion des Gebläses kommen. Wenn nach der langen Sommer- oder Winterruhe geheizt werden soll, versagt das Gebläse und die Heizbrennstäbe verschmoren. Die Gefahr eines Feuers ist nicht auszuschließen! Nicht benutzte Geräte also in trockenen Räumen einlagern! Nachteil aller Geräte ist, dass die erwärmte Luft gegen die kalten Flächen bewegt wird und dadurch ständig erneuert werden muss. Auf dem Markt ist ein Gerät, das diesen Nachteil etwas mildert. Es heizt zunächst nur mit einem Heizwendel und einer sehr langsamen Gebläsestufe. Erst wenn die Temperatur 3°C unter die eingestellte Solltemperatur fällt, wird die volle Leistung zugeschaltet.

Gasheizung: Heizgeräte dieser Art haben einen hohen technischen Standard erreicht, sowohl in der Steuerung als auch in der Sicherheit. Über 99 % der eingesetzten Energie wird zu Wärme. Die offene Flamme verbraucht Sauerstoff, es entstehen keine giftigen Gase im Gewächshaus, lediglich die CO_2-Konzentration erhöht sich, was für das Pflanzenwachstum grundsätzlich günstig ist. Wird diese allerdings zu hoch, können vor allem blühende Pflanzen geschädigt werden. Wer also überwiegend blühende Pflanzen in seinem Gewächshaus kultivieren will, muss eine Abgasvorrichtung installieren. Sie wird zu allen Geräten angeboten.

Werden die Geräte ohne Abgasvorrichtung verwendet, muss die Sauerstoffzufuhr sichergestellt sein. Alle Geräte sind aus Sicherheitsgründen mit einer Sauerstoffmangelsicherung ausgerüstet, die von einem eingestellten Wert an die Gaszufuhr automatisch unterbindet. Man muss die

> **INFO**
> **Abgasführung**
> Bei der Verwendung von Öl, Kohle oder Holz dürfen auf keinen Fall Abgase in das Gewächshaus gelangen, eine gute Abführung über Rohre oder Schornsteine ist nötig. Entsprechende Beratung, Genehmigung und Bauaufsicht erfolgt durch den örtlichen Schornsteinfeger.

Geräte aber unbedingt regelmäßig kontrollieren, vor allem in Gewächshäusern, die nur wenig beheizt werden, die man also z. B. zur Überwinterung von Kübelpflanzen benützt. Gas kann selbstverständlich auch der Energielieferant einer typischen Warmwasserheizung sein, die mit einem Boiler betrieben wird.

Beim Ölofen mit Schalenbrenner wird nur die Luft erhitzt. Ein Ölvorratsbehälter verlängert die Wartungszeiträume. Solche Öfen lassen sich teilweise schon thermostatisch regeln. Noch mehr Komfort bietet ein Ölofen mit Gebläsebrenner, er ist optimal zu regeln. Man muss Ölöfen so aufstellen, dass die Wärme gleichmäßig im Raum verteilt wird.

Kohle- und Holzöfen sind die einfachsten Heizungen. Sie werden direkt beheizt und geben die Wärme direkt in den Raum ab. Der Schornstein wird mehr oder weniger unmittelbar nach außen durch das Glas/Kunststoff geführt. Als Schutz wird ein Blech oder eine feuerfeste Platte in das Sprossenfeld eingebaut. Kohle- und Holzöfen müssen ständig beaufsichtigt werden, ggf. auch nachts. Für Hobbygärtner, die sich nicht andauernd um das Gewächshaus kümmern können, ist diese Art von Heizung natürlich nicht sehr praktisch.

In vielen Gartenkatalogen werden **Petroleumöfen** angeboten. Sie haben vorwiegend in England Tradition, werden aber auch bei uns immer wieder mal als spezielle Gewächshausheizungen kräftig angepriesen. Die einfache Regelung, die sparsame Verbrennung und der günstige Anschaffungspreis lassen sie tatsächlich als ideale Alternative zu Öl erscheinen. Doch ist bei uns der Preis für Petroleum in Haushaltsmengen viel zu hoch. Trotzdem lohnt die Anschaffung eines Petroleumofens als Notheizung, da er unabhängig vom Strom arbeitet und die entstehenden Abgase (CO_2 = Kohlendioxid) in das Gewächshaus geleitet werden können.

Beleuchtung, Schattierung und Lüftung

Alles tut der Hobbygärtner, um Licht für die Pflanzen ins Gewächshaus zu bringen. Und doch reicht es manchmal nicht aus, ein andermal ist es zu viel des Guten. Die richtige Lichtmenge zur rechten Zeit ist für Pflanzen die entscheidende Lebensgrundlage.

Licht ist lebensnotwendig

Für das Werden und Wachsen der gesamten Pflanzen, ihrer Blätter, Blüten, Samen und Früchte, sorgt die Photosynthese oder Assimilation. Bei diesem Vorgang werden anorganische Stoffe (Kohlendioxid = CO_2) in organische Substanzen (Kohlenhydrate) umgewandelt, die Aufbau und Entwicklung der Pflanze ermöglichen. Die auslösende und treibende Energie dabei ist das Licht. Unentbehrliche „Zutaten" sind Luft und Nährstoffe. Licht, das auf die Pflanze trifft, wird reflektiert und zu einem Teil absorbiert. Pflanzen absorbieren vorzugsweise Rot- und Blaulicht in ihren Assimilationspigmenten (Chlorophyll). Ohne Licht als Treibstoff und Wärmequelle kommt die Photosynthese erst gar nicht in Gang. Kurz gesagt: ohne Licht kann keine Pflanze leben und wachsen. Jedes Jahr aufs Neue kann man beobachten, wie die Lichtmenge im Verein mit der Tageslänge das Wachstum der Pflanzen steuert. Bei zunehmendem Licht im Frühjahr „erwachen" die Pflanzen aus ihrer lichtarmen Ruhezeit und ein verstärktes Wachstum setzt ein. Ihre volle Kraft erreichen sie im hellen Licht des Sommers. Im Herbst bei sinkender Lichtmenge kommt es schließlich zur Reife und Bildung von Speicherstoffen.

Der Lichtbedarf der Pflanzen ist jedoch unterschiedlich. Blumenkohl z. B. braucht viel weniger Licht als Tomaten, Kakteen brauchen mehr als Bromelien usw. (immer von Ausnahmen in Arten und Sorten abgesehen).

Spezielle Pflanzenleuchten fördern in lichtarmen Monaten das Wachstum der Anzuchten und Jungpflanzen

Geeignete Zusatzbeleuchtung

Da Pflanzen – wie gesagt – nur einen Teil der Lichtstrahlen benötigen, wurden spezielle Pflanzen- oder Wachstumslampen entwickelt. Im Gewächshaus leisten sie sehr gute Dienste.

Wichtig: Alles, was zur Lampe oder einer Leuchte gehört, ob Fassung, Vorschaltgerät oder Reflektor, muss unbedingt den auf Seite 145 („Info"-Kasten) genannten Sicherheitsbestimmungen entsprechen!

Die Beleuchtungsstärke

Wer nicht irgendeine Lampe über seine Pflanzen hängen will, sollte sich ein wenig mit der Beleuchtungsstärke beschäftigen. Sie wird in Lux gemessen. 1 Lux entspricht 1 Lumen, abgekürzt lm, das ist der Lichtstrom einer Lampe, der auf eine Flächeneinheit fällt, also: $1\ lm/m^2 = 1\ Lux$. Allerdings haben Lampen nur einen beschränkten Wirkungsgrad, man rechnet mit dem Faktor 0,1, das heißt, nur 1/10 wird wirklich nutzbar. Reflektoren verbessern den Wirkungsgrad auf 0,5. In der Praxis setzt man, um Verschmutzung zu berücksichtigen, einen Wirkungsgrad von 0,4 an.

Für Zusatzlicht werden mindestens 2000 Lux benötigt. Das erreicht man bei Verwendung der Speziallampen etwa mit 120 bis 200 Watt pro Quadratmeter.

Schattieren

Strahlt im Sommer zu viel Licht in das Gewächshaus, reagieren viele Pflanzen mit Wachstumsstillstand, manche Arten gehen sogar ein. Vor allem die auf den ersten Blick Wärme liebenden Pflanzen wie Palmen, Bromelien, Begonien und die meisten Orchideen brauchen dann Schatten. Ein erster Hinweis für Lichtüberschuss ist die Rotfärbung der Blätter. Man kann von außen oder von innen für Schatten bzw. Sonnenschutz sorgen.

Außenschattierung: Sie hat den Vorteil, dass sich Wärme im Gewächshaus erst gar nicht aufbaut. Die Außenschattierung muss dem Wind standhalten, der auch im Sommer heftig sein kann. Es gibt verschiedene Möglichkeiten, eine Außenschattierung einzusetzen:

Spezielle Schattierfarbe: Sie wird von außen auf die Scheiben gestrichen und lässt sich leicht abwaschen oder sie wird im Laufe der nächsten Wochen vom Regen abgespült.

Schattenmatten: Diese im Gartenfachhandel als Meterware erhältlichen Matten aus Rohrgeflecht oder Kunststoff sind eine weitere recht einfache Möglichkeit für eine Außenschattierung.

Bewegliche Schattierungen: Hier hat man die Wahl zwischen verschiedenen ganz schlichten Rollos, die per Zugseil mit der Hand bedient werden, und mehreren Modellen von „motorisierten" Schattierungen. Sie werden in Leitschienen geführt. Manche sind sogar mit Luxmeter oder Fotozelle ausgestattet, die bei Bedarf die Schattierung automatisch herablassen und wieder einziehen.

Innenschattierung: Für kleine Bereiche genügt oft schon ein Bogen Zeitungs- oder Seidenpapier oder eine alte Tüllgardine. Man kann sie ohne Aufwand über eine Saatschale oder die gerade frisch ausgepflanzten Gemüse- oder Zierpflanzen legen. Bei größeren Flächen oder einem großen Pflanzenbestand ist eine Innenschattierung allerdings oft nur mühselig anzubringen.

> ### TIPP
> **„Klare Sicht"**
> Grundvoraussetzung für gute Lichtverhältnisse sind saubere Scheiben und Folien. Zumindest im Herbst sollte man sie gründlich reinigen, damit in der dunklen Jahreszeit jeder Lichtstrahl genutzt werden kann. Schattierfarbe, aber auch der ganz normale Schmutz, Staub oder Algen müssen von innen wie außen entfernt werden. Meist genügt warmes, klares Wasser. Andernfalls kann man Farbe oder Schmutz auch mit einer milden Seifenlauge vom Glas oder Kunststoff lösen. Auf gar keinen Fall dürfen ätzende, scharfe Reinigungsmittel verwendet werden, sie gelangen leicht in den Boden und schädigen dort die Pflanzen. Außerdem können sie sogar Kunststoffe, Gummidichtungen oder das Aluminium angreifen.

Vor greller Sonneneinstrahlung kann Schattierfarbe schützen, die von außen auf die Scheiben gestrichen wird

Die Weinrebe lässt sich im Kalthaus gut als „lebende Innenschattierung" einsetzen

Pflanzen als Schattierung: Einige hübsche Pflanzen, die man teils als Zimmergewächse kennt, können für die Innenschattierung eingesetzt werden.

Infrage kommen z. B.:

- im Kalthaus: Leuchterblume *(Ceropegia sandersonii)*, Kranzschlinge *(Stepanotis floribunda)*, Kletterficus *(Ficus pumila)* und Weinrebengewächse wie *Cissus*-Arten und echte Weinrebe *(Vitis vinifera)*
- im temperierten Haus: Dipladenie *(Dipladenia sanderi)*, Wachsblume *(Hoya bella)*
- im Warmhaus: Goldtrompete *(Allamanda carthica)*, Pfeifenwinde *(Aristolochia grandiflora, A. littoralis)*, Losbaum *(Clerodendrum splendens)*

Die Lüftungsfläche, also Fenster u. Ä., sollte rund 20 % der Gesamtoberfläche eines Gewächshauses ausmachen

Sie zieren und schattieren nicht nur, sondern erhöhen auch die Luftfeuchtigkeit. Immergrüne, wie Kranzschlinge, Kletterficus, Wachsblume und *Cissus*-Arten, sind allerdings für Gemüseanzucht ungeeignet, für die Kultur tropischer Pflanzen dagegen ideal. Nicht verschweigen darf man, dass solch eine lebendige Schattierung auch von Schädlingen heimgesucht werden kann. Abhilfe bringt der Einsatz von Nützlingen wie Florfliegen (siehe S. 92). Auch „lebende" Schattierung von außen ist möglich, indem man Kletterpflanzen hochranken lässt.

Luft und Belüftung

Der Sauerstoff und das Kohlendioxid, die in der Luft enthalten sind, beeinflussen wesentlich das Pflanzenwachstum. Die Zufuhr „unverbrauchter" Luft und ein ausreichender Gasaustausch sind im Gewächshaus unabdingbar. Belüftet wird meist über Dach- und Seitenfenster sowie die Tür. Die Lüftungsfläche muss etwa 20 % der Gesamtfläche ausmachen.

Das Lüften beeinflusst auch das Kleinklima im Gewächshaus und dient somit der Temperatursteuerung in der wärmeren Jahreszeit. Zudem werden die Pflanzen durch Lüftung abgehärtet; das ist vor allem bei Jungpflanzen wichtig, die später ins Freiland kommen. Kurz bevor man sie draußen auspflanzt, sollte wenn möglich auch über Nacht gelüftet werden. Ansonsten beendet man das Lüften in der Regel gegen 16 Uhr, damit genügend Wärme für die Nacht gespeichert werden kann. Das Lüften muss so erfolgen, dass keine Zugluft entsteht und beim Öffnen der Fenster weder kräftige Windstöße noch schlagartig kalte Winterluft ins Haus gelangen. Empfehlenswert sind automatische Fensteröffner, die ab einer bestimmten einstellbaren Temperatur die Lüftungsfenster in Bewegung setzen.

Zwangslüftung: In manchen Fällen muss durch Einsatz eines Ventilators zwangsbelüftet werden. Das kann 20-mal, aber auch bis zu 50-mal in der Stunde geschehen. So lässt sich die Temperatur niedrig halten und die Luftfeuchtigkeit regulieren. Für die Luftumwälzung benötigt man einen Ventilator mit entsprechender Leistung. Ein Beispiel: Bei einem Rauminhalt des Gewächshauses von 40 m^3 und gewünschter 20facher Luftumwälzung muss die Leistung des Ventilators so bemessen sein, dass er 20 x 40 m^3, also 800 m^3 Luft umwälzen kann. In der Praxis wird man ein Gerät mit größerer Leistung nehmen, das sich mit Hilfe eines Drehzahlstellers stufenlos regulieren lässt. So kann man die Häufigkeit der Luftumwälzung variieren und unterschiedlichen Situationen und Erfordernissen der Pflanzenpflege anpassen.

GEMÜSE, KRÄUTER, OBST

Gemüseanbau
Kräuteranbau
Obst im Hausgarten

Gemüseanbau

Zuallererst stellt sich die Frage: Wie groß muss der Gemüseanteil am Garten sein? Strebt man nicht gerade völlige Selbst-, sondern Teilversorgung und vorrangig Freude am Anbauen und Ernten an, dann machen allgemeingültige Faustzahlen wenig Sinn. Die Antwort hängt immer auch von der zur Verfügung stehenden Gartenfläche ab.

Flächenbedarf

Die allgegenwärtige Statistik bietet uns Zahlen an, wie viel Kilogramm Tomaten, Gurken, Mohrrüben, Kohlrabi usw. der einzelne Bürger im Jahr verspeist. Aus diesem Bedarf lässt sich dann rechnerisch ermitteln, wie viele Quadratmeter pro Gemüseart und Person im Hausgarten zu veranschlagen sind. Solche Rechenexempel mögen für den Statistiker von Bedeutung sein, mit der Realität, wie sie sich für den Gartenbesitzer darstellt, haben sie nichts zu tun.

In der Praxis wird man sich nach der Gesamtgröße des Grundstücks richten, besondere Liebhabereien und Neigungen in punkto Pflanzen und Garten berücksichtigen und sich im Übrigen überlegen, welche Gemüsearten die Familie bevorzugt und erst danach berechnen, wie viel Raum man dem Nutzgarten zugesteht. Richtet man sich allein nach der Statistik, müssten das für eine Teilversorgung mit Gemüse 30–40 m² Beetfläche pro Person, bei einer vierköpfigen Familie also 120–160 m² Anbauland sein.

Je weniger Platz für eigenes Gemüse zur Verfügung steht, umso sorgfältiger muss man planen und wirtschaften, um die wenigen Beete optimal zu nutzen. Einige Grundkenntnisse über Pflanzenansprüche und Anbaupraxis sind erforderlich, damit befriedigende Ernten erzielt werden und das Ergebnis sich auch qualitativ sehen lassen kann. Letztlich geht es auch, zumindest für den „Einsteiger", um das Erfolgserlebnis, das zu weiteren Versuchen ermuntert und den Gemüseanbau lohnend erscheinen lässt.

Der richtige Standort

Fast alle der bei uns kultivierten Gemüsearten brauchen so viel **Sonne** wie nur möglich. Kühler Schatten verzögert das Wachstum, schwächt die Pflanzen, macht sie damit weniger widerstandsfähig gegen Schädlinge und Krankheiten, erhöht den Nitratgehalt und mindert die Erträge. Ungeeignet sind windige Standorte und Beete in der Nähe viel befahrener Straßen, weil hier mit einer Belastung der Gewächse durch Luftschadstoffe zu rechnen ist.

Andererseits sollte man ein Terrain meiden, in das kein Lufthauch gelangen kann, wie es bei von Mauern oder sehr dichten Hecken umschlossenen Arealen der Fall ist. Hier bleibt die Feuchtigkeit nach einem Regen länger an den Pflanzen haften, was wiederum zahlreichen Schadorganismen zugute kommt. Außerdem kann im Nachwinter und Frühjahr die Kaltluft nicht zügig abziehen, es bilden sich so genannte Kaltluftseen, die frühe Kulturen gefährden oder zumindest in der Entwicklung hemmen.

Sonnig und luftdurchströmt, aber nicht dem Wind preisgegeben, so könnte man den idealen Gartenplatz für Gemüse definieren. Hier sollte es ungestört von unmittelbar benachbarten Bäumen oder Sträuchern heranwachsen können, um nicht in Licht-, Wurzel-, Wasser- und Nahrungskonkurrenz zu den robusteren Gehölzen treten zu müssen – eine Konkurrenz, in der das Gemüse der Verlierer wäre. Gegen eine Randbepflanzung des Gemüsegartens beispielsweise mit Beerensträuchern ist dagegen nichts einzuwenden. Sofern sie die Beete nicht beschatten, bieten Sträucher sogar vielleicht erwünschten Sichtschutz und können aus-

Für reiche Ernten sollte man gerade bei Kohl genügend große Pflanzabstände und entsprechende Flächen einplanen

Möglichst viel Sonne ist Voraussetzung für gesundes Wachstum und gut ausgereifte, aromatische Früchte

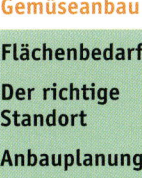

Gemüseanbau

Flächenbedarf
Der richtige Standort
Anbauplanung

Eine optimale Nutzung des Gemüsegartens verlangt gute Planung – gemäß den Vorlieben des eigenen Gaumens

trocknende Winde abhalten. Denken Sie aber daran, dass sich hier, in direkter Nachbarschaft zum Gemüse, Pflanzenschutzmaßnahmen mit chemischen Präparaten schon mit Rücksicht auf die eigene Gesundheit strikt verbieten.

Generell kann man sagen, dass fast alle Gemüsearten auf jedem guten, „normalen" **Gartenboden** gedeihen. Das heißt, das Erdreich sollte sandig-lehmig sein, damit Wasser und Nährstoffe festgehalten werden, es sollte einen guten Humusgehalt besitzen, damit sich die Kleinlebewesen entwickeln können, die ihrerseits durch ihre Tätigkeit für die Freisetzung organischer Substanzen und ihre Umwandlung in für die Pflanzen aufnehmbare Nährstoffe sorgen. Der Gartenboden muss andererseits genügend durchlässig sein, damit keine wurzelschädigende Staunässe entsteht und Luft an die Wurzeln gelangen kann.

Näheres zum Boden, seinen Eigenschaften und seiner Pflege wird in einem gesonderten Kapitel (ab S. 72) ausgeführt.

Zur Anbauplanung

Anstatt gute Erträge gesunden, schmackhaften Gemüses zu erzielen, wird man bei wahllosem Drauflossäen und -pflanzen zumindest ab dem zweiten oder dritten Jahr mit dem Beginn herber Enttäuschungen rechnen müssen. Gute Nährstoffversorgung und regelmäßiges Gießen können dann so genannte Kulturfehler oder Fruchtfolgeschäden nicht mehr ausgleichen.

Entscheidend: der Bedarf

Es wurde bereits darauf hingewiesen: Je kleiner der Gemüseteil, desto genauer muss man überlegen, was man dort unterbringt, das heißt, welche Gemüsearten bevorzugt auf den Tisch kommen. Wenn sich niemand im Haushalt bzw. keines der Familienmitglieder so recht für Spinat oder Grünkohl erwärmen mag, kann man sich den Anbau sparen und räumt dafür einer allseits beliebten Art mehr Platz ein. Ob man gerade im räumlich beengten Gemüsegarten die Beetaufteilung maßstabsgetreu auf Millimeterpapier festhalten sollte, sei dahingestellt. Einigt sich die Familie darauf, was und wie viel davon jeweils auf die Beete kommen soll, lässt sich das bei überschaubarer Fläche auch ohne Reißbrettplanung umsetzen.

Wer schon längere Zeit Gemüse anbaut, weiß ziemlich genau, was der Familie schmeckt und wie viel Platz er für die einzelnen Arten reservieren muss. Dem Anfänger fehlen diese Erfahrungswerte, er vermag auch nicht abzuschätzen, wie viele Früchte ein einzelner Tomatenstock, eine Gurken- oder Paprikapflanze, zwei Buschbohnenreihen produzieren. Die Folge davon ist, dass häufig zu viel gesät oder gepflanzt wird. Der Satz: „Gemüse kann man gar nicht genug haben" verliert dort seine Berechtigung, wo der Überfluss auch durch Konservieren nicht mehr zu bewältigen ist. Wie schnell es dazu kommen kann, lässt sich am Beispiel Zucchini demonstrieren. Für eine vierköpfige Familie dürften zwei Exemplare dieser ständig neue Früchte entwickelnden Pflanzen ausreichen, die mit ihren riesigen, langgestielten Blättern außerdem viel Platz beanspruchen.

Etwas Orientierung bieten Angaben, die den durchschnittlichen Ertrag einzelner Gemüsearten nach Stückzahl oder Gewicht pro Quadratmeter beziffern. Die nachfolgende Übersicht zeigt einige Beispiele.

Als Starkzehrer hinterlassen Kartoffeln wenig Nährstoffe, dafür allerdings einen gut gelockerten Boden

INFO

Erträge pro Quadratmeter	
Kopfsalat:	12–16 Stück
Möhren:	4–5 kg
Sellerie:	4–6 kg
Rettiche:	10–14 Stück
Rote Rüben:	4–5 kg
Steckzwiebeln:	3–4 kg
Buschbohnen:	1,5–1,8 kg
Stangenbohnen:	2–3 kg
Gurken:	2–3 kg
Tomaten:	7–10 kg
Paprika:	2–3 kg

Regeln, aber kein Reglement

Wenn im Folgenden einige wichtige Begriffe des Gemüseanbaus erläutert werden, ergibt sich zumindest für den Anfänger zunächst ein vielleicht etwas verwirrendes Bild. Aber denken Sie daran: Es wird auch in der Gartenpraxis nichts so heiß gegessen, wie es gekocht wird; Ratschläge, Empfehlungen, Hinweise orientieren sich stets am Optimum, Abweichungen davon im eigenen grünen Bereich sind nicht die Ausnahme, sondern die Regel. Es sollen lediglich Zusammenhänge aufgezeigt werden, aus denen man dann seine individuell orientierten Schlüsse ziehen kann, sowie Anhaltspunkte, die eigene Entscheidungen erleichtern.

Fruchtfolge

Man versteht darunter den für mehrere Jahre geplanten Anbau wechselnder Gemüsearten auf einem Beet. Die meisten Gemüse sind mit sich selbst unverträglich, weil artspezifische Wurzelausscheidungen, einseitiger Nährstoffentzug, bestimmte Krankheitskeime und Schädlinge Pflanzen der gleichen Art oder Familie im Laufe der Zeit zunehmend beeinträchtigen und schädigen würden. Langfristige Fruchtfolge nach Plan lässt sich im kleinen Garten mangels Platz kaum konsequent durchführen, man sollte aber dennoch versuchen, beispielsweise Kohlgewächse, Frühkartoffeln oder Zwiebelgemüse nicht jedes Jahr auf dasselbe Beet zu setzen, also Fruchtwechsel betreiben.

Fruchtwechsel

Anders als bei der für einen Zeitraum von mehreren Jahren festgelegten Fruchtfolge handelt es sich beim Fruchtwechsel um den jährlich wechselnden Anbau auf dem gleichen Beet. Neben der Verringerung des Schädlings- und Krankheitsbefalls durch jährlichen Fruchtwechsel spielen dabei auch die Nährstoffan-

INFO

Starkzehrer
- Kohlarten
- Gurken, Kürbisse, Zucchini
- Tomaten
- Sellerie
- Kartoffeln
- Porree

Schwachzehrer
- Erbsen und Bohnen
- Möhren
- Rettiche und Radieschen
- Salate und Spinat
- Zwiebelgemüse

sprüche der einzelnen Gemüsearten eine Rolle, wobei zwischen **Starkzehrern** und **Schwachzehrern** unterschieden wird. Gelegentlich wird noch feiner differenziert und eine Gruppe der Mittelzehrer dazwischen geschoben, die aber nur beim penibel über mehrere Jahre geplanten und konsequent durchgeführten Gemüseanbau eine Rolle spielen und von denen einige in der Fachliteratur den Starkzehrern, andere wiederum den Schwachzehrern zugerechnet werden. Eine andere Aufteilung operiert mit höher- und minderbedürftigen Starkzehrern sowie höher- und minderbedürftigen Schwachzehrern. Die Experten sind sich dabei keineswegs einig. Genannt seien hier die wichtigsten Arten bzw. Gruppen, bei deren Einstufung weitgehend Übereinstimmung herrscht (vgl. „Info"). Schon aufgrund dieses unterschiedlichen Nährstoffbedarfs lassen sich Schlüsse für den Fruchtwechsel ziehen. So wäre es ungünstig, Starkzehrer nach Starkzehrern, also beispielsweise Tomaten nach Gurken anzubauen, weil die Pflanzen dieses Jahres das Beet schon ziemlich „leer gefressen" haben. Auf das Gurkenbeet kommen im nächsten Jahr also besser Schwachzehrer, denen die im Boden vorhandenen Nährstoffreste, zumindest für die Anfangszeit, ausreichen.

Natürlich ist auch dies nur Theorie, um die Zusammenhänge zu verdeutlichen. Denn in der Praxis lässt man ja die Beete, auch die für Schwachzehrer vorgesehenen, nicht so wie sie sind, sondern man wird ihnen neue Nährstoffe in Form von Kompost, einer Mulchdecke oder durch Gründüngereinsaat zuführen. Baut man allerdings über Jahre hinweg auf demselben Beet nur Starkzehrer an, reicht organische Düngung dieser Art nicht mehr aus, und man wird den „Verstoß" gegen diese Anbauregel zumindest mit zunehmenden Ausgaben für Düngemittel bezahlen müssen.

Kulturfolge

Etwas anders als bei Fruchtfolge und -wechsel verhält es sich mit der Kulturfolge, unter der man den aufeinander folgenden Anbau auf ein- und demselben Beet während einer Vegetationsperiode versteht. Diese Kulturfolge spaltet sich in **Vorkultur**, **Hauptkultur** und **Nachkultur** auf. Ein Beispiel: frühe Radieschen als Vorkultur, der eine lange Entwicklungszeit beanspruchende Blumenkohl als Hauptkultur und Feldsalat, der auf dem Beet überwintern kann, als Nachkultur.

Theoretisch könnte man also von ein und demselben Beet dreimal im Jahr ernten. Da dies aber eine genaue Kenntnis der geeigneten Sorten, der Saat- und Pflanztermine und viel Glück mit dem Wetter voraussetzt, wird man im Hausgarten die Hauptkultur meist nur entweder mit einer Vor- oder mit einer Nachkultur kombinieren und sich mit zwei Ernten begnügen.

Mischkultur

Man versteht darunter den Mischanbau verschiedener Gemüsearten auf einem Beet oder einer gemeinsamen Fläche, teilweise in abwechselnden Reihen oder sogar innerhalb ein und derselben Zeile. Doch so simpel, wie sich das liest, ist die Sache nicht. Denn das Prinzip der Mischkultur basiert auf der Erkenntnis, dass sich bestimmte Pflanzen im Wachstum, im Ertrag und teilweise sogar im Geschmack gegenseitig positiv beeinflussen, andere dagegen miteinander eher unverträglich sind. Einschränkend muss hinzugefügt werden, dass sich ungefähr die

Mit höchstens 7 Wochen zwischen Aussaat und Ernte eignen sich Radieschen hervorragend als Vorkultur

Gegenseitiger Schutz vor Gemüsefliegen: Zwiebeln und Möhren als „Partner"

Gemüseanbau

Anbauplanung

Hälfte unserer Gemüsearten untereinander neutral verhält.

Über die gegenseitige Beeinflussung (Allelopathie) von Pflanzen weiß man noch nicht allzu viel. Es ist aber nachgewiesen, dass bestimmte Wurzelausscheidungen und Düfte von Blättern oder Blüten bei Nachbarkulturen gewisse Wirkungen hervorrufen können, vor allem aber, und das ist das eigentlich Entscheidende beim Mischanbau, Schädlinge abhalten und bestimmte Krankheiten zurückdrängen. Das immer wieder angeführte Beispiel ist die Abwehr der Möhrenfliege durch den Geruch dazu gepflanzter Zwiebelgewächse, während der Duft der Möhren wiederum Zwiebelfliegen in die Flucht schlägt.

Dass man Kartoffeln und Tomaten nicht nebeneinander anbauen soll, liegt an der Anfälligkeit beider Nachtschattengewächse für die Kraut- und Braunfäule, hat also nichts Geheimnisvolles. Bei der Kombination Gurken mit Tomaten wartet die Fachliteratur mit drei verschiedenen Versionen auf: gegenseitig neutral, gegenseitig unverträglich, gegenseitig verträglich. Ähnliche Widersprüche hinsichtlich der Empfehlungen zur Mischkultur finden sich allenthalben.

Damit soll diese Anbaumethode keineswegs abgewertet, sondern nur deutlich gemacht werden, dass es sich dabei vor allem um Erfahrungswerte, selten um wissenschaftlich gesicherte Erkenntnisse handelt. Denn selbst was beim einen Hobbygärtner durch jahrelange Anbaupraktiken als erwiesen scheint, klappt ein paar Gärten weiter möglicherweise schon nicht mehr. Mischkultur funktioniert nicht automatisch dann, wenn man die vorgeblich zueinander passenden Nachbarn sät und pflanzt, man muss vor allem

Verträgliche Kombination: Eis- und Kopfsalat, Fenchel, Rotkohl in Mischkultur

Arten und Sorten wählen, die sich nicht gegenseitig bedrängen, darauf achten, dass sich niedrig wachsende nicht im Schatten größerer Nachbarn ducken müssen, bevor sie erntereif geworden sind. Den richtigen Pflanzen- und Reihenabständen ist also besonderes Augenmerk zu schenken. Da sich beim Nebeneinander unterschiedlicher Arten die Anbaufolge von Stark- und Schwachzehrern nicht aufrechterhalten lässt, muss der Boden kontinuierlich humos und fruchtbar sein, ggf. sind Starkzehrer bei Bedarf gesondert flüssig zu düngen.

Wer Mischkultur betreibt, muss also einiges über die Pflanzen, mitsamt ihren Wuchseigenschaften, Ansprüchen und Kulturzeiten wissen, die er in enger Nachbarschaft anbauen möchte. Das vorausgesetzt, ergeben sich bei dieser Methode eine Reihe positiver Aspekte, die zumindest zu Versuchen animieren sollten:

- Günstige Beeinflussung des Bodens durch Pflanzenvielfalt
- Ständige Bedeckung der Beete unterdrückt Unkrautwuchs, hält die Feuchtigkeit und sorgt für lockere Krume
- Weniger Schädlingsbefall durch wechselseitigen Selbstschutz der Pflanzen
- Bei überlegtem Anbau relativ hohe Erträge auf kleinem Raum

> **INFO**
>
> **Schlechte Partner**
>
> Die wenigen ungünstigen Kombinationen kann man sich leichter merken als die zahlenmäßig größeren günstigen oder gar neutralen. Nicht gut vertragen sollen sich vor allem:
> - Zwiebeln und Buschbohnen
> - Kopfsalat und Petersilie
> - Fenchel und Bohnen
> - Kohlgewächse und Knoblauch
> - Gurken und Radieschen

Gemüseanbau

Hügel- und Hochbeet

Praktische Überlegungen, klimatische Notwendigkeiten oder einfach Freude am Experimentieren haben zu Anbauformen geführt, die vom üblichen Flachbeet abweichen.
Im häuslichen Nutzgarten wie in gärtnerischen Versuchsanlagen haben Hügel- und Hochbeet mittlerweile einen festen, wenn auch nicht herausragenden Platz. Sie stellen keinen Ersatz für den üblichen Flachbeetanbau dar, können aber als Alternative dort empfohlen werden, wo die Umstände es erfordern; Hochbeete beispielsweise, wenn das Bücken schwerfällt und die Herrichtung des Gartenlandes Mühe bereitet. Es versteht sich fast von selbst, dass beide Anbauformen nicht nur Vor-, sondern auch Nachteile haben. Der Aufbau der Beete bedeutet harte Arbeit und erfordert, insbesondere beim Hochbeet, seine Zeit. Sofern die Füllmaterialien nicht im eigenen Garten anfallen, muss man sie sich bei Nachbarn besorgen, eventuell hilft auch das städtische Gartenamt oder die Gemeindeverwaltung.

Das Hügelbeet

Der günstigste Zeitpunkt für den **Aufbau** ist der Herbst, weil dann viel organisches Material aus dem Garten anfällt, das man für den „harten" Beetkern benötigt.
Zunächst wird eine spatentiefe Grube von 1,50–1,60 m Breite ausgehoben, deren Länge beliebig sein kann, erfahrungsgemäß aber nicht unter 4 m liegen sollte. Andernfalls gibt es später Pflanzengedränge an den Längs- und Schmalseiten und der erwünschte Effekt, nämlich hohe Erträge von geringer Grundfläche, ist dahin.
Diese Grube füllt man nun mit grobem, schwer verrottbarem organischem Material wie Gehölz- und Heckenschnitt, verholzten Staudenteilen, trockenen Zweigen und Ästen, alles auf etwa 40 cm Länge zerkleinert. Es muss so gearbeitet werden, dass zwischen diesem Kern und dem Grubenrand noch etwa 50 cm frei bleiben, da ja die Stärke des Mantels mit jeder weiteren Schicht zunimmt. Ist eine Höhe von etwa 40 oder 50 cm erreicht, tritt man alles so gut es geht fest und legt die nächste Schicht auf, die aus ausgestochenen Rasensoden, Wurzeln nach oben, besteht. Ersatzweise – wer hat schon immer Rasensoden griffbereit? – tun es auch Grasschnitt, Häckselstroh, Gartenabfälle, mit Erde gemischt etwa 15 cm dick. Eine 20 cm starke Lage aus feuchtem Laub ist der nächste Schritt; auch hier gibt es ein Ersatzmaterial: ebenfalls gut angefeuchtetes Stroh. Die halbrunde Form des wachsenden Hügels sollte jetzt schon erkennbar sein bzw. durch Korrekturen der Schichtung hergestellt werden.
Mit einer 15 cm starken Lage ungesiebten Grobkomposts ist der innere Aufbau des Beets abgeschlossen. Ummantelt wird das Ganze mit einem ebenfalls 15 cm dicken Gemisch aus guter Gartenerde und reifem Kompost, das zusammen mit dem darunter befindlichen Grobkompost das Wurzelbeet für die Kulturen darstellt.
Durch den je nach Außentemperatur allmählich in Gang kommenden Rotteprozess im Beetinnern entsteht Wärme, die dem Pflanzenwachstum zugute kommt und einen etwas zeitigeren Start im Frühjahr erlaubt, als dies auf Normalbeeten möglich ist. Je weiter sich das Material im Laufe der Zeit zersetzt, desto flacher verläuft die Temperaturkurve, desto mehr sackt der Hügel in sich zusammen, bis er nach etwa 6 Jahren nahezu ganz verschwunden ist. Was übrigbleibt, ist eine dicke Schicht Humuserde.

Nutzung: Da man das Beet rundum besäen und bepflanzen kann, ist die Ertragsfläche größer als die Grundfläche, man spart also Platz. Wegen der Wärmeentwicklung und der guten Durchlässigkeit des Bodens, die zugleich reichlich Sauerstoff an die Wurzeln gelangen lässt, wachsen die Kulturen hier besonders gut und gesund heran, was sich auch, wie

Schematischer Aufbau eines Hügelbeets. Der Maschendraht schützt gegen Wühlmäuse allerdings nur begrenzt, da diese auch von den Seiten her eindringen können

Auf einem Hügelbeet lässt sich bei geschickter Platzausnutzung schon allerhand unterbringen

Hügelbeet-Praktiker hervorheben, auf den Geschmack positiv auswirkt. Zudem machen kühle sommerliche Regenperioden den Pflanzen des Hügels weniger zu schaffen als denen auf Flachbeeten. Fassen wir die Vor- und Nachteile des Hügelbeets kurz zusammen.

Vorteile:
- Optimale, Platz sparende Nutzung der Gesamtanbaufläche
- Anbau- und damit Ernteverfrühung aufgrund der Verrottungswärme
- Zügiges Wachstum erleichtert bei richtiger Sortenauswahl den Anbau von Folgekulturen
- Düngung kaum nötig
- Im Vergleich zur Grundfläche hohe Erträge
- Bequemes Arbeiten im oberen Bereich
- Umgraben und Tiefenlockerung entfallen

Nachteile:
- Hoher Nährstoffüberschuss durch Verrottung in den ersten beiden Jahren; in diesem Zeitraum deshalb Starkzehrer wie Tomaten, Gurken, Zucchini, Sellerie, Porree anbauen und Gemüsearten, die zu Nitratanreicherungen neigen meiden, z. B. Salate, Spinat, Petersilie, Rote Rüben
- Ausspülung des Saatguts durch Regenfälle; in den ersten beiden Jahren, bis sich das Beet etwas gesenkt und die Krume stabilisiert hat, besser nur vorgezogene Jungpflanzen verwenden
- Gefahr rascher Austrocknung, da das Regen- und Gießwasser nach unten abläuft, Bodenfeuchtigkeit im lockeren Kernmaterial aber nicht aufsteigen kann; eine waagerecht verlaufende Regenmulde auf der Kammmitte schafft etwas Abhilfe, eine Tröpfchenbewässerung löst das Problem
- Zuwandern von Mäusen und Wühlmäusen über die ungeschützten Flanken lässt sich kaum verhindern

Das Hochbeet

Im Grunde genommen handelt es sich hierbei um ein Hügelbeet mit Rahmenkonstruktion. Allerdings wird für die unterste, teilweise in der 40 oder 50 cm tiefen Grube befindliche Schicht noch gröberes Material verwendet als beim Hügelbeet, bis hin zu zersägten Baumstämmen und Holzbohlen; wer will, kann darauf noch alte Zeitungen und zerrissene Pappkartons werfen. Einer 20 cm dicken Lage aus Pflanzenabfällen folgt dann eine 15–20 cm hohe Schicht aus halbfertigem Kompost, Laub oder Stroh. Den Abschluss bildet ein etwa 15 cm hohes Gemisch aus Garten- und Komposterde. Wie beim Hügelbeet ist auch die Länge des Hochbeets unbegrenzt, die Breite sollte mit 1,20 m (Innenmaß) allerdings der eines herkömmlichen Flachbeets entsprechen, damit man die Mitte bequem von beiden Seiten erreichen kann. Als Höhe sind, vom Bodenniveau aus gemessen, 80 cm empfehlenswert.

Als **Ummantelung** des Beets eignet sich alles, was stabil genug ist, dem aufgeschichteten Inhalt einen festen Rahmen und Halt zu geben: druckimprägnierte Rundhölzer, Kanthölzer, Eisenbahnschwellen, Ziegel- oder Hohlblocksteine, Beton-Traversen, Eternit-Wellplatten. Je nach Länge des Beets und Mantelmaterials wird man im Bedarfsfall Versteifungen einziehen oder zusätzliche senkrechte Stützpfosten installieren. Dank der stabilen, rechteckigen Konstruktionsform lässt sich das Hochbeet mit etwas handwerklichem Geschick in ein „**mobiles Gewächshaus**" umwandeln, indem man es

Gärtnern ohne krummen Rücken: Das Hochbeet macht's möglich

mit einer schnell wieder zu entfernenden Folienüberdachung versieht. Dann lassen sich zeitiger als im Freiland Frühgemüse anbauen und Spätgemüse kann länger draußen bleiben und zur Vollreife gelangen. Die Wärmeentwicklung im Rottematerial tut dazu ein Übriges.

Anders als das Hügelbeet kann man das Hochbeet recht wirkungsvoll vor dem Besuch von Feld- und Wühlmäusen schützen. Einmal muss die Ummantelung fugendicht schließen, um ein Zuwandern von den Seiten her zu verhindern, zum anderen wehrt eine engmaschige Drahtmatte den Besuch der unerbetenen Gäste ab, wenn sie gleich nach dem Aushub der Beetmulde auf deren Grund ausgelegt und bis zum Beginn des Rahmenmantels hochgezogen wird. Diese Mäusesicherung ist dringend zu empfehlen, weil die Tiere, einmal in der behaglichen Wärme des Beets eingenistet und den gedeckten Tisch sozusagen vor der Nase, die ganze Mühe des Beetaufbaus und schließlich auch die Freude an den zu erwartenden Erträgen zunichte machen.

Gemüse unter Glas und Folie

Ehedem hieß das Frühbeet wegen seiner Erwärmung mit Hilfe von Stalldung „Mistbeet", eine Anbauerleichterung, die von den Gärtnern ausgiebig genutzt wurde. Auch heute hat das Frühbeet keineswegs ausgedient, nur ist die Mistpackung einer elektrischen Bodenheizung gewichen. Das Kleingewächshaus erfuhr durch die moderne Technik ebenfalls so viele praktische, den Anbau erleichternde Verbesserungen, daß der Hobbygärtner darin fast schon wie ein Profi Gemüse kultivieren kann. Hinzu kommen die Produkte der Kunststoffindustrie, also Folien der verschiedensten Art und für die unterschiedlichsten Zwecke und Vliese, hauchdünne Leichtgewichte aus Kunststoffendlosfasern mit besonderen Vorteilen. Über Frühbeete und Gewächshäuser wird an anderer Stelle ausführlich berichtet (ab S. 142), so dass es hier vorrangig um die Nutzung von Folien und Vliesen gehen soll.

Tipps zum Frühbeet

Frühbeete gibt es in verschiedenen Ausführungen, Maßen und Preisen, wobei der Eigenbau eines größeren Beets immer noch am kostengünstigsten und nicht allzu kompliziert ist, besonders wenn sich Fenster aus einer Althaussanierung mit verwenden lassen. Auch wenn man das Beet dann nur als sogenannten „kalten Kasten", also unbeheizt nutzt, kann man hier unempfindliches Gemüse bis zu 4 Wochen früher anbauen, als dies im Freiland möglich wäre. Entsprechend lange zieht sich die Kultur bis in den Spätherbst hinein. Eine zusätzliche Vliesabdeckung, die Licht und Wasser hindurchlässt, verlängern die Nutzungsdauer oder gibt Schutz bei Kälteeinbrüchen.

Eine besondere Bedeutung hat das Frühbeet für die Kultur Wärme liebender Gemüse wie Gurken, Melonen, Auberginen, Paprika und Tomaten. Bei den hoch wachsenden Arten muss man die Fenster abnehmen, sobald die Pflanzen gegen das Glas stoßen, oder auf senkrecht in den Boden gerammten, kräftigen Latten hochlegen. Außerdem eignet sich so ein Beet hervorragend für die Jungpflanzenanzucht und im Herbst und Winter als Lager für Wurzel- und Kohlgemüse, wenn man an den Seiten eine Laubanschüttung aufhäuft und die Fenster mit Schilf- oder Strohmatten abdeckt.

Folien

Diese zuerst in der Landwirtschaft eingesetzten Materialien hatten sehr bald auch Eingang in den Hausgarten gefunden, aus dem sie, wenn es um Ernteverfrühung und Kälteschutz geht, nicht mehr wegzudenken sind. Es handelt sich dabei um Polyethylen-(PE)-Folien, die aufgrund der UV-Strahlung des Sonnenlichts nicht unbegrenzt haltbar

Äußerst praktisch: Folientunnel, die man beliebig ein- und versetzen kann

sind. Die Lebensdauer lässt sich aber verlängern, wenn man die Bahnen nach Gebrauch gesäubert in einem dunklen Quartier aufbewahrt.

Als sehr praktisch haben sich **Folientunnel** erwiesen, die man je nach Bedarf an jedem beliebigen Platz im Garten aufstellen oder über schon bestehende Kulturen setzen kann. Der Handel bietet verschiedene Modelle an, aber auch der Selbstbau aus einigen Holzlatten, über die man dann die Folie spannt, bereitet keine Schwierigkeiten. Die Konstruktion muss lediglich so beschaffen sein, dass jederzeit ausgiebiges Lüften gewährleistet ist. Dann kann der Tunnel während der ganzen Kulturdauer über den Pflanzen bleiben. Anders als der Tunnel muss eine **flache Folienabdeckung** beim Einsetzen höherer Tagestemperaturen von den heranwachsenden Kulturen entfernt werden. Zwar entsprechen die Aussaat- bzw. Pflanztermine denen beim ungeschützten Anbau, doch führt die höhere Bodentemperatur unter der Abdeckung, verbunden mit Luftfeuchte, zu guten Keim- und Anwachsergebnissen. Da hohe Luftfeuchte eine Schädigung der zarten Pflänzchen durch Sonneneinstrahlung verhindert, muss gerade im Frühjahr durch ausreichendes Gießen für stets feuchten Boden gesorgt werden. Entfernen Sie die Bahnen nur bei bedecktem Himmel, damit die Kulturen keinen „Sonnenschock" erleiden.

Folgende **Spezialgartenfolien** – und nur die kommen infrage – sind im Handel erhältlich:

Transparente Lochfolie aus PE mit etwa 500 Löchern/m². Da sie für Regen- und Gießwasser nicht genügend durchlässig ist, muss die Bahn zum Wässern zurückgeschlagen werden.

Schlitz- oder mitwachsende Folie, ebenfalls aus PE hergestellt und mit 30 000 Schlitzen je m² versehen. Die Folie wird von den emporwachsenden Pflanzen mit angehoben, wobei sich die Schlitze immer weiter dehnen und zunehmend mehr Luft und Wasser hindurchlassen. Sie kann daher länger auf den Kulturen bleiben als Lochfolie.

Mulchfolie aus schwarz eingefärbtem PE dient als Bodenabdeckung bei Erdbeeren, Gurken, Zucchini, Auberginen, Paprika und Tomaten, weil sich das Erdreich darunter schneller erwärmt und nicht verschlämmt, sich die Feuchtigkeit länger hält und Unkraut unterdrückt wird. Zum Pflanzen wird die Folie an den dafür vorgesehenen Stellen mit Kreuzschnitten versehen, durch die man auch wässert und bei Bedarf flüssig düngt. Mulchfolie ermöglicht Ernteverfrühung und teilweise beträchtliche Ertragssteigerungen.

Faservlies

Auf die Eigenschaften dieses Kunststoffgewebes wurde bereits hingewiesen: Wasser-, Licht- und Luftdurchlässigkeit, außerordentlich leichtes Gewicht. Hinzu kommen Witterungs- und Verrottungsfestigkeit, was wesentlich zur langen Lebensdauer beiträgt. Die günstige Beeinflussung für die unter Vlies heranwachsenden Gemüsekulturen gleicht der von Folien, denen gegenüber es aber einen entscheidenden Vorteil hat: Da bei Frost die im Gewebe befindliche Feuchtigkeit gefriert und einen hauchdünnen Schutzfilm bildet, werden die Pflanzen vor Kälte bewahrt – bis zu 7 Minusgrade sollen auf diese Weise abgehalten werden. Wegen seiner Leichtigkeit und Durchlässigkeit kann das Vlies verhältnismäßig lange über den Kulturen bleiben, bei niedrigen Arten wie Salaten und Radieschen sogar bis zur Ernte.

Gemüseanbau

Beetanlage und -vorbereitung

Aussaat und Pflanzung

Rechteckig ist Trumpf: Die übliche Beetanlage erleichtert Reihensaat bzw. -pflanzung ebenso wie Pflege und Ernte

Beetanlage und -vorbereitung

Obgleich man theoretisch jedes Gemüsebeet so anlegen könnte, wie es einem passt – rund, oval, mehreckig, quadratisch, sternförmig oder was auch immer ein ornamentaler Garten hergibt –, ist es in der Praxis meist bei den rechteckigen, durch schmalere, 30 cm breite Trittpfade voneinander getrennten Beeten geblieben. Ihre Länge richtet sich nach dem zur Verfügung stehenden Platz und der geplanten Aufteilung, die Breite sollte 1,20 m nicht überschreiten, weil man die Beetmitte mit den Händen von beiden Seiten erreichen sollte. Damit die Ränder nicht schief und krumm werden, spannt man zur Orientierung beim Festtreten der Pfade am besten eine Schnur.

Während man die Beete im Frühjahr unmittelbar vor der ersten Bestellung anlegt, muss die Bearbeitung schwerer Böden bereits im Herbst erfolgen. Hier ist spatentiefes Umgraben die einzige Möglichkeit, das Erdreich in einen für Gemüse bebaubaren, lockeren und krümeligen Zustand zu bringen, wobei der Frost durch Aufbrechen der grob liegen gebliebenen Schollen wertvolle Hilfe leistet; man spricht in diesem Zusammenhang von der so genannten Frostgare. Die heute manchmal recht hitzig geführte Debatte über die Frage „umgraben oder nicht umgraben" ist demnach bei schweren Böden mit hohem Tonanteil gegenstandslos. Hierzu sowie zu Details der Bodenvorbereitung finden sich nähere Informationen im Kapitel „Bodenpflege und -verbesserung (siehe ab S. 72).

Aussaat und Pflanzung

Wärme liebende Gemüse wie Tomaten, Gurken, Melonen, Zucchini, Paprika, Auberginen können erst nach den „Eisheiligen", also nach Mitte Mai ins Freiland kommen. Bei Direktsaat aufs Gartenbeet würden unsere Sommer nicht ausreichen, um die Früchte ausreifen zu lassen. Man kauft also entweder Jungpflanzen beim Gärtner, auf dem Wochen-

Gutes Hilfsmittel: einfacher Anzuchtkasten mit Abdeckhaube

markt, im Gartencenter oder zieht sie bei Wärme selber aus Samen heran. Geeignet hierfür ist ein heller, jedoch nicht direkt der Frühjahrssonne ausgesetzter Platz auf dem Fensterbrett oder im temperierten Gewächshaus (12–14°C).

Jungpflanzenanzucht
Hilfreich sind Anzuchtkästen mit Bodenheizung und Abdeckhaube, die man auch in kühlen Räumlichkeiten aufstellen kann. Vor Mitte März sollte der Hobbygärtner, der ohne Pflanzenleuchten arbeitet, keine Anzuchten vornehmen, da die Sämlinge auf der Suche nach Licht in die Höhe wachsen und umknicken würden.
Gesät wird am besten in flache **Saatschalen** aus Kunststoff, die es ebenso im Gartenhandel zu kaufen gibt wie fertige Anzuchterde. Natürlich tun es auch andere Behälter oder kleine Plastikblumentöpfe, die aus Platzgründen viereckig sein sollten. Will man das Substrat selber mischen, nimmt man Torf, Sand und feinkrümelige Gartenerde zu gleichen Teilen. In jedem Fall muss das Saatbeet leicht feucht sein und auch künftig immer wieder mit der Blumenspritze eingesprüht werden, da Feuchtigkeit für die Keimung ebenso wichtig ist wie Wärme und – nach dem Erscheinen der ersten grünen Blattspitzen – Licht.
Größere Samenkörner, z. B. Gurken, Zucchini, Kürbisse oder Bohnen (Pflanzbohnen) können auch gleich in kleine **Töpfe** ausgelegt werden. Torfpress-, Torf- oder Papptöpfe aus dem Handel sind besonders praktisch, weil sie später mitsamt den Setzlingen in den Gartenboden kommen, die Wurzeln also durch Umpflanzen nicht mehr gestört werden.
Bei allen Anzuchten empfiehlt sich ein Abdecken mit Folie oder Glas, um die feuchte Atmosphäre zu erhalten; sobald die Sämlinge aus dem Boden sind, muss allerdings gelüftet werden.

Pikieren
Dann dauert es auch meist nicht mehr lange, bis man die zu dicht stehenden Pflänzchen pikieren muss. Überstürzen Sie diese wichtige Arbeit aber nicht, Winzlinge würden Schaden nehmen, wenn man sie mit den Fingern am Schopf packt. Der richtige Zeitpunkt ist gekommen, wenn sich nach den Keimblättern die ersten „richtigen" Laubblätter gebildet haben und man die Sämlinge gut fassen kann. Sie werden dann einzeln in kleine Töpfe gesetzt und weiterhin mit lüftbaren Abdeckungen geschützt.

Pikieren: 1. Wenn sich über den Keimblättchen das erste Laubblattpaar gebildet hat, werden die Sämlinge vorsichtig herausgenommen

2. Dann setzt man sie einzeln in Töpfe. Die Wurzel darf dabei nicht geknickt werden. Anschließend behutsam andrücken und Erde anfeuchten

Direktsaat: 1. Die Oberfläche des zuvor gut gelockerten Saatbeets fein zerkrümeln und Unebenheiten ausgleichen

2. Mit der Rückseite des Rechens kann man die Saatfläche zusätzlich ebnen und glätten

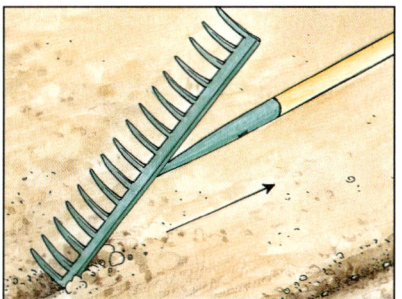
3. Mit Rechenkante, Stöckchen o.Ä. Reihen ziehen (Tiefe je nach Samendicke 1–4 cm) und Samen auslegen

4. Saatrillen mit Rechen zuziehen, ggf. Erde leicht andrücken; dann mit feiner Brause übergießen

Erst wenn sichtbares Wachstum einsetzt, sind Glas- oder Folienschutz zu entfernen, damit sich die Kulturen langsam an die Umgebung gewöhnen und abgehärtet dem Auspflanzen ins Freiland entgegenwachsen.

Direktsaat ins Freiland

Bei vielen robusten Gemüsearten lohnt sich der Aufwand der Jungpflanzenanzucht nicht, man sät besser gleich aufs gut vorbereitete, das heißt gelockerte und feinkrümelige Freilandbeet. Hierzu gehören unter anderen Spinat und Feldsalat, Möhren, Radieschen und Rettiche, Bohnen und Erbsen, Säzwiebeln, Pflück- und Schnittsalat. Erste Freilandaussaaten können in der Regel ab März erfolgen, für wärmebedürftige Arten wie Stangenbohnen gilt der bereits genannte Termin nach den Eisheiligen. Der **Reihensaat** ist in jedem Fall der Vorzug gegenüber breitwürfiger Saat zu geben, selbst bei Feldsalat. Mit Schwung ausgestreute Samen kommen häufig ungleich tief in den Boden und keimen demzufolge auch unregelmäßig; Jät- und Hackarbeiten werden erschwert, die Pflanzen stehen viel zu dicht, manchmal in kleinen Inseln zusammen, während andere Partien fast leer bleiben. Aber auch bei der Reihensaat sollte man die Samen so dünn wie möglich in die Zeilenrinnen lassen. Dennoch wird auch der geübte Gärtner kaum um das **Vereinzeln,** das heißt Ausdünnen der Reihen auf den vorgeschriebenen Endabstand der Pflanzen, herumkommen. Abhilfe kann die Verwendung speziell aufbereiteter Samen schaffen. Pilliertes Saatgut oder Samenbänder erleichtern die Ablage auf Endabstand (vgl. S. 112). Produkte dieser Art sind zwangsläufig teurer als Abpackungen mit losen Körnern, können den Mehraufwand aber durchaus lohnen.

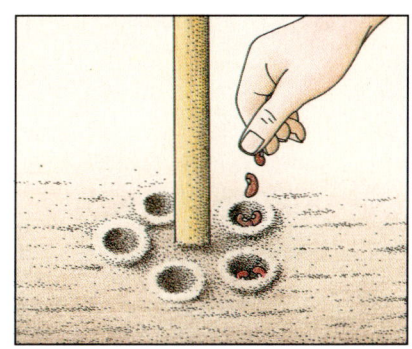
Horstsaat: die Bohnensamen werden rund um die Stange ausgelegt

Für die meisten Samen ist eine **Saattiefe** von 2–3 cm gerade richtig, weil sie hier nicht so stark einem Wechsel von Trockenheit und Feuchtigkeit ausgesetzt und vor Ausschwemmung bewahrt sind. Größere Körner können etwas tiefer zu liegen kommen, jedoch nicht mehr als 5 cm; Ausnahme: die ebenfalls großen Samen von Bohnen und Gurken werden eher flach gelegt. Bei Bohnen hat sich übrigens die so genannte **Horstsaat** eingebürgert, wobei man die Samen in Horsten zu vier bis acht Stück in den Boden bringt.

Das Auspflanzen

Tomaten, Gurken & Co., also die meisten Fruchtgemüse, pflanzt man, wie bereits erwähnt, erst nach Mitte Mai ins Freiland. Vorgezogene Salat- und Kohlpflänzchen beispielsweise kann man bereits im März setzen, sofern der Boden nicht mehr zu nass ist, um die Beete vorzubereiten. Ob beim Gärtner gekaufte oder selbst herangezogene Jungpflanzen – die Entwicklung verläuft stets reibungsloser und besser, wenn die Setzlinge mit Ballen statt mit losen Wurzeln in den Boden kommen.

Gemüseanbau

Aussaat und Pflanzung

Gerade die ersten Versuche mit Selbstanzuchten ergeben – da vorsichtshalber zu viel gesät bzw. pikiert wird – häufig mehr Pflänzchen, als man auf dem Beet unterbringen kann. Trotzdem sollten die empfohlenen Reihenabstände (vgl. Kulturanleitungen ab S. 180) eingehalten werden; andernfalls läuft man Gefahr, sehr wenig oder nur Unansehnliches zu ernten, weil die Pflanzen um Platz und Nährstoffe konkurrieren.

Bei der üblichen **Reihenpflanzung** stehen die Setzlinge jeder Reihe nebeneinander, bei der **Verbandpflanzung** dagegen kommen sie gegeneinander versetzt in die Erde, so dass die Pflänzchen der einen Reihe „auf Mitte" zwischen denen der beiden benachbarten Reihen stehen. Dies hat den Vorteil, dass man die Reihen etwas näher aneinanderrücken kann, ohne dass sich der Abstand zwischen den Pflanzen verringert, und wird vor allem bei Gemüse wie Kohl, die viel Platz brauchen, praktiziert.

Wie beim Säen ist das Beet vorher gut zu lockern, wo nötig, der Boden mit reifem Kompost zu verbessern. Wird mit losen Wurzeln gepflanzt, muss das Pflanzloch so geräumig sein, dass die zarten Versorgungsorgane ohne abzuknicken in ihrer ganzen Länge und Breite hineinpassen. Wählen Sie zum Pflanzen einen trüben Tag oder die Nachmittagsstunden, pralle Sonne wird von den noch mehr oder weniger zarten Setzlingen nicht so gut vertragen und kann zu Ausfällen führen.

Abschließendes Überbrausen der Kulturen ist unerlässlich, weil damit zugleich auch mögliche Hohlräume im Wurzelbereich zugespült werden. Bei sehr kräftigen Jungpflanzen erfolgt das Gießen vorsichtig ohne Brause.

> **INFO**
> **Die „Eisheiligen"**
> Pankraz, Servaz, Bonifaz und die „kalte Sophie" – diese vier Kirchenheiligen stehen für die Tage vom 12. bis 15. Mai, an denen es häufig kühler wird, nachts manchmal auch die letzten Spätfröste auftreten. Eventuell durch langfristige Klimaänderungen bedingt, scheinen die Eisheiligen immer häufiger „auszufallen" bzw. sich in einer weniger frostigen Version auf die Tage um den 21. Mai zu verschieben. Trotzdem ist es immer noch ratsam, diese Stichtage bei empfindlichen Arten zu beachten.

Pflegearbeiten

Im Mittelpunkt der Gemüsepflege und -hege stehen zunächst Bodenbearbeitung und Düngung. Diesbezüglich sei auf das Kapitel „Allgemeine Gartenpraxis" verwiesen, wo beides ausführlich behandelt wird (ab S. 72). Dort finden sich auch Hinweise zu häufigen Gemüseschädlingen und -krankheiten und ihrer Bekämpfung (ab S. 95). In Ergänzung zu den allgemeinen Ausführungen im genannten Einleitungskapitel folgen hier noch ein paar Tips zur Kompost- und Mulchpraxis.

Kompost- und Mulchverwendung
Im Allgemeinen ist der Rottehaufen nach 9 oder sogar weniger Monaten vererdet, also „reif", je nachdem, wann er aufgesetzt wurde; denn in der kalten Jahreszeit laufen die Zersetzungsprozesse in seinem Innern auf Sparflamme oder ruhen ganz. **Reifekompost** bringt man im Herbst oder Frühjahr auf die Beete, wo er nur oberflächlich eingeharkt wird. So genannten **Rohkompost,** in dem die Verrottung noch nicht abgeschlossen ist, kann man im Herbst überall dort ausbringen, wo das Gemüse bereits abgeerntet wurde. Als Mulchdecke gibt er das in ihm noch wirkende Leben an den Boden weiter; bei Ausbringung im Frühjahr dagegen würde er die noch zarten Wurzeln der Jungpflanzen schädigen.

Weil im **Mulchmaterial** ein ständiger Verrottungsprozess stattfindet, darf

Solch eine Strohmulchdecke erspart so manchen Durchgang mit der Hacke und bewahrt die Bodenfeuchte länger

es nur dünn, etwa 2–3 cm stark, ausgebracht werden; denn um Fäulnis zu vermeiden, muss wie beim Kompost immer reichlich Sauerstoff in die Schicht eindringen können. Das gilt insbesondere für frisches, saftiges Grünzeug wie Rasenschnitt oder Wildkräuter. Weitere Mulchmaterialien sind Torf, besser Rindenmulch, sowie zerkleinerter Gehölzschnitt und Stroh. Papier und Pappe werden vor dem Ausbringen als Mulch gut angefeuchtet.

Es soll allerdings nicht verschwiegen werden, dass sich unter der feuchten, warmen und schattigen Mulchdecke auch Schnecken pudelwohl fühlen. Neben den üblichen Abwehrmaßnahmen (Aufstellen von Bierfallen oder Absammeln nach Eintritt der Dämmerung) sollte man vorbeugend Folgendes beachten: Den Mulch nur dünn, dafür aber öfter ausbringen, sobald die Schicht verrottet ist. Grasschnitt und andere grüne Pflanzenteile vor dem Bedecken antrocknen lassen; Rindenmulch oder Häckselgut von Gehölzen bietet den Schnecken weniger Unterschlupf als eine dicke, dichte Abdeckung.

Gießen, Wässern

Zuallererst gilt der Grundsatz: nicht in den heißesten Stunden des Tages und prinzipiell so gießen, dass die Blätter nicht feucht in die Nacht gehen, um Krankheiten keinen Vorschub zu leisten. Wo immer möglich, sollte luftwarmes, kalkarmes Wasser, am besten Regenwasser zum Gießen verwendet werden. Fruchtgemüse wie Tomaten, Gurken, Paprika, Kürbisgewächse werden ohne Brause unmittelbar an die Wurzel gegossen. Geben Sie außerdem nicht immer mal ein bisschen, sondern seltener, dafür aber durchdringend Wasser, damit die Wurzeln etwas davon

Wo nicht gemulcht wurde, sollte regelmäßig die Hacke zum Einsatz kommen

haben. Andernfalls pflegen Sie nur die Unkräuter und das Wasser ist verdunstet, ehe es tiefere Bodenschichten erreicht.

Hacken

Im Feldanbau gehört die Lockerung der bestellten Fläche mit der Hacke auch heute noch zu den mühevollen, aber unerlässlichen Handarbeiten, im konventionell bewirtschafteten Gemüsegarten werden die günstigen Auswirkungen des Hackens häufig unterschätzt oder nicht erkannt. Der stets lockere Boden des Biogartens sieht die Hacke ohnehin meist nur, wenn es um die Beetvorbereitung geht, ähnlich verhält es sich, wenn

Durch Anhäufeln erreicht man, dass die Porreestangen weiß bleiben

alle Flächen mit Mulch bedeckt sind. Hacken trägt nicht nur dazu bei, dass vor allem schweres Erdreich immer wieder oberflächlich aufgebrochen wird, so dass Luft und Wasser in die Krume gelangen; es verschließt gleichzeitig die feinen Kapillarröhrchen im Boden und mindert damit die Verdunstung der Feuchtigkeit. Insbesondere nach sommerlichen Schlag- und Gewitterregen verschlämmt lehmig-toniges Erdreich so stark, dass nach dem Abtrocknen tiefe Risse aufbrechen und die obere Schicht steinhart wird. Alles Gründe, die Hacke nicht zu weit wegzustellen.

Anhäufeln

Wenn man zwischen Tomaten oder Kohl mit der Hacke zugange ist, kann auch gleich das Anhäufeln folgen. Man zieht die gelockerte Erde zwischen den Reihen an die Sprossbasis heran und drückt sie etwas an. Das erhöht bei größeren, schon schweres Erntegut tragenden Pflanzen nicht nur die Standfestigkeit, sondern fördert auch die Bildung so genannter Adventivwurzeln. Diese zusätzlichen Wurzeln im erdbedeckten Sprossbereich kommen der Nährstoff- und Wasseraufnahme zugute.

Was bei Tomaten, Gurken, Bohnen und Kohl günstig ist, wird bei Kartoffeln zum Muss: Hier sorgt die Erdbedeckung außerdem dafür, dass die Knollen nicht vergrünen. Ein weiterer Anhäufelkandidat ist Porree. Die Erdanhäufung schützt vor Frösten und verhilft zudem zu weißen Porreestangen.

Gemüseanbau

Pflegearbeiten

Salat- und Blattgemüse

Es gibt wohl kaum einen Garten mit Gemüseteil, in dem auf Kopf- oder Blattsalat völlig verzichtet wird. Schließlich steht uns dieses frische, vitaminreiche Grün vom Frühsommer bis in den Herbst in vielen Farbvarianten zur Verfügung. Der Weg des Salats oder Lattichs *(Lactuca)* lässt sich von den Altägyptern über Griechen und Römer bis in unsere mittelalterlichen Klostergärten verfolgen. Um die Mitte des vorigen Jahrhunderts kannte man in Mitteleuropa bereits 65 verschiedene Salatsorten, wie viele es heute weltweit sind, vermag wohl niemand genau zu sagen.

Die Stammform *(Lactuca sativa)* präsentiert sich in vielen Varietäten (Abkürzung var.), wie Kopf-, Pflück- oder Bindesalat, und gehört zur großen Pflanzenfamilie der Korbblütler. Zu dieser zählen auch weitere Salatlieferanten wie Endivie, Radicchio sowie das Bleichgemüse Chicorée. Arten, deren Blätter man vorzugsweise kocht bzw. dünstet, hat vor allem die Familie der Gänsefußgewächse zu bieten, mit Spinat als prominentestem Vertreter.

Lactuca sativa var. *capitata*
Kopfsalat, Häuptelsalat

Diesen Klassiker unter den Salaten kann man in Folgesätzen von Frühjahr bis Herbst anbauen; man muss dabei jedoch unbedingt auf die richtige Sortenwahl achten, da Früh- bzw. Herbstsorten im Sommer leicht schießen, das heißt in Blüte gehen.
Ansprüche: Kopfsalat gedeiht auf allen guten, humosen, durchlässigen und nicht sauren Gartenböden an sonnigen Standorten; Schattenlagen beeinträchtigen die Kopfbildung.

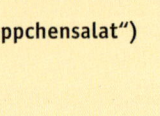

1) Kopfsalat („Rotkäppchensalat")
2) Eissalat
3) Schnittsalat 'Hohlblättriger Butter'
4) Pflücksalat
5) Bindesalat
6) Endivie

Salat- und Blattgemüse

Der Nährstoffbedarf ist wegen der kurzen Kulturzeit eher mäßig, in der Regel kommt Kopfsalat mit gut verrottetem Kompost aus.
Anbau: Unterglasanbau ist bereits ab Februar möglich, die erste Freilandpflanzung im März/April mit Folgeaussaaten bis etwa Mitte August. Pflanzabstand 25 x 25 cm. Für Früh- und Spätkulturen empfiehlt sich ein Schutz mit Vlies oder Folie bzw. Folientunneln. Der Anbau von Winterkopfsalat im Gewächshaus oder Frühbeet ist dem Hobbygärtner nicht zu empfehlen, da ohne professionelle Gewächshauseinrichtung (automatische Bewässerung, Schattierung, Heizung) selten von Erfolg gekrönt und zudem mit starkem Blattlausbefall zu rechnen ist.
Ernte: Die Kulturzeit beträgt etwa 8 bis 10 Wochen, im Sommer etwas weniger.
Sorten: für Anbau von Frühjahr bis Herbst: 'Cindy', 'Merveille des quatre saisons' ('Rotkäppchensalat'), 'Pirat'; für Frühjahrs- und Herbstanbau: 'Reskia', 'Mona'

Lactuca sativa var. *capitata*
Eissalat, Krachsalat

Nahe mit dem Kopfsalat verwandt, bildet der Eissalat größere und festere Köpfe, auch die Blätter sind etwas härter und rechtfertigen seinen weiteren Namen „Krachsalat".
Ansprüche: Wie Kopfsalat.
Anbau: Da die Pflanzen weniger zum Schossen neigen, kann Eissalat sortenunabhängig von Ende April bis Ende Juli ins Freiland gesät oder gepflanzt werden. Standweite 30 x 30 bis 30 x 40 cm.
Ernte: Nach 10 bis 14 Wochen.
Sorten: 'Grazer Krauthäuptl', 'Great Lakes', 'Laibacher Eis', 'Saladin', 'Minetto', 'Sioux', 'Timo'

Lactuca sativa var. *crispa*
Schnittsalat

Diese keine Köpfe, sondern aufrecht stehende Blätter bildende Form dient vor allem als Frühjahrsgemüse.
Ansprüche: Wie bei den anderen Salaten, allerdings wird auch Halbschatten vertragen.
Anbau: Man sät ab März in mehreren Sätzen im Wochenrhythmus ins Freiland; Reihenabstand 15 cm, nach dem Aufgehen etwas ausdünnen. Da die Pflanzen im Sommer schnell schießen, kommt nur Frühkultur in Frage; Spätaussaat im September ist möglich, der Kulturverlauf aber von der Witterung abhängig. Wenn alles gut geht, kann man unterm Folientunnel noch bis in den November ernten.
Ernte: Man nimmt, anders als beim Pflücksalat, stets die ganze Pflanze. Die Kulturdauer beträgt etwa 4 Wochen.
Sorten: 'Gelber Runder', 'Krauser Gelber', 'Hohlblättriger Butter'

Lactuca sativa var. *crispa*
Pflücksalat, Blattbatavia

Auch dies ist vor allem ein Frühlingssalat, mit dem Vorteil, dass über einen längeren Zeitraum hinweg geerntet werden kann.
Ansprüche: Wie bei den anderen Salaten.
Anbau: Aussaat in Reihen mit 30 cm Abstand und späterer Pflanzweite von ebenfalls 30 cm ab Ende März bis Ende Juli ins Freiland.
Ernte: Kulturzeit 5 bis 6 Wochen, meist können die ersten Blätter aber schon früher geschnitten werden. Man erntet stets die untersten Blätter, so dass andere nachwachsen können und sich die Nutzungszeit verlängert.
Sorten: 'Amerikanischer Brauner', 'Australischer Gelber', 'Lollo Rossa' (Blattbatavia), 'Lollo gelb' (Blattbatavia), 'Salad Bowl' (Gelber Eichblattsalat), 'Red Salad Bowl' (Roter Eichblattsalat)

Lactuca sativa var. *longifolia*
Bindesalat, Römischer Salat

Wegen seiner Schossfestigkeit eignet sich dieser Salat mit langen, teilweise zum Kopf schließenden Blättern gut für den Sommeranbau. Bei älteren Sorten muss man der Kopfbildung durch Zusammenbinden etwas nachhelfen, daher der Name. Bindesalat lässt sich auch als Kochgemüse verwenden.
Ansprüche: Wie bei den anderen Salaten.
Anbau: Freilandaussaat ab Mitte März in Reihen mit 35 cm Abstand, später auf 30 cm vereinzeln; letzter Pflanztermin Ende Juli.
Ernte: Nach 8 bis 10 Wochen.
Sorten: 'Kasseler', 'Little Leprechaun' (rotblättrig), 'Verde degli ortolani'

Cichorium endivia
Endivie

Als so genannte Langtagspflanze sollte dieser Korbblütler nicht vor Mitte Juni gesät werden. Andernfalls besteht die Gefahr, dass er unter dem Einfluss der langen Sommertage schießt, das heißt in Blüte geht, ohne die gewünschte Blattmasse zu entwickeln.
Ansprüche: Gewünscht wird ein tief gelockerter, durchlässiger, humoser Boden ohne Vernässung in sonniger, geschützter Lage. Der Nährstoffbedarf ist nicht sehr hoch.
Anbau: Aussaat in Reihen mit 30 cm Abstand Mitte bis Ende Juni,

1) Chicorée (Treiberei)
2) Radicchio
3) Zuckerhutsalat
4) Feldsalat

der Abstand in der Reihe beträgt ebenfalls 30 cm. Pflanzung Mitte Juli bis Anfang August.

Ernte: Bis zum ersten Pflücktermin vergehen etwa 8 Wochen, wenn man besonders zarte Blätter mit wenig Blattgrün ernten will, bindet man die Pflanzen mit einem Gummiband zusammen; heute werden aber auch schon selbst bleichende Sorten angeboten.

Sorten: krausblättrige Winterendivie (var. *crispum*): 'Grüne große krause', 'Sally', 'Wallone'; breitblättrige Winterendivie (var. *latifolium*): 'Bubikopf' (selbstbleichend, nicht gut lagernd), 'Jeti' (selbstbleichend), 'Eskariol grüner', 'Eskariol gelber'

Cichorium intybus var. foliosum
Chicorée, Treibzichorie

Chicorée, Radicchio und Zuckerhutsalat haben dieselbe Stammart, die häufig vorkommende Wegwarte (*C. intybus* var. *intybus*), auch Wildzichorie genannt.

Ansprüche: Die Pflanzen gedeihen in jedem guten durchlässigen Gartenboden. Eine lockere Krume ist für Chicorée besonders wichtig, damit die Wurzel in die Tiefe wächst, ohne „beinig" zu werden.

Anbau: Aussaat in der zweiten Maihälfte, Reihenabstand 40 cm, in der Reihe auf 10 cm vereinzeln.

Ernte: Nach 18 bis 22 Wochen, also im Oktober/November, gräbt man die Rüben aus und lässt sie etwa eine Woche lang auf dem Beet liegen, damit letzte Reservestoffe aus dem Blattwerk in die Rüben gelangen können. Dann schneidet man die Blätter 3–4 cm über den Rüben ab, die anschließend kühl, aber frostfrei in Sand oder Erde eingeschlagen werden.

Gemüseanbau

Salat- und Blattgemüse

Nun beginnt die Treiberei, durch die man nach einigen Wochen das eigentliche Erntegut, die bleichen und zarten Triebknospen, erhält.
Treiberei: Je nach Sorte können die Chicoréewurzeln mit oder ohne Deckerde angetrieben werden, wozu sich jedes wasserdichte Gefäß mit Abzugslöchern im Boden eignet.
Bei der Treiberei mit Deckerde werden die Wurzeln senkrecht dicht bei dicht in das Treibgefäß gestellt, dessen Boden man vorher 10 cm dick mit Erde bedeckte. Danach wird noch einmal Erde nachgefüllt und mit Wasser eingespült, damit sich die Zwischenräume füllen. Schließlich ist das Ganze 20 cm hoch mit Erde abzudecken. Bei Temperaturen zwischen 12 und 18°C kann man nach 5 bis 6 Wochen die gebleichten Triebe ernten.
Die Treiberei ohne Deckerde erfolgt zunächst genauso, nur dass die Abdeckung hier durch Lichtabschluss mit Hilfe eines über das Treibgefäß gestülpten zweiten Eimers oder mit schwarzer Folie erfolgt. Natürlich klappt das auch in einem total abgedunkelten Raum.
Sorten: zum Treiben ohne Deckerde: 'Rouge Carla', 'Magnum', 'Mitado', 'Zoom'; mit Deckerde: 'Edelloof', 'Flash', 'Produktiva'

Cichorium intybus var. *foliosum*
Radicchio, Kopfzichorie

Radicchio ist eine rotblättrige Form des Chicorée und bildet feste Köpfe, die für Rohkostsalat Verwendung finden.
Ansprüche: Wie Chicorée.
Anbau: Radicchio kann innerhalb einer Vegetationsperiode angebaut und geerntet oder aber überwintert und erst im darauf folgenden Frühjahr verwertet werden. Aussaat ins Freiland von Ende Mai bis Anfang August; für Pflanzungen ab Ende April bis Mitte Juni müssen Jungpflanzen vorkultiviert werden, da die Temperaturen für Direktsaaten in dieser Zeit noch zu niedrig liegen. Reihenabstand 20 cm, in der Reihe 25 cm, bei überwinternden Pflanzen eher weniger.
Ernte: Je nach Anbautermin dauert die Kulturzeit 4 bis 7 Monate. Geerntet werden die geschlossenen, kleinen Köpfe, die sich bei überwinternden Sorten erst im Frühjahr entwickeln.
Sorten: für die Überwinterung: 'Roter Veroneser', auch 'Verona' oder 'Roter von Verona' genannt. Nicht winterhart, für die Sommer- und Herbsternte: 'Marina', 'Palla Rossa', 'Prima Rossa'

Cichorium intybus var. *foliosum*
Zuckerhutsalat, Fleischkraut

Von dieser Form des Chicorée werden die großen, grünen Blätter geerntet und wie frischer Salat zubereitet.
Ansprüche: Wie Chicorée und Radicchio.
Anbau: Aussaat Ende Juni in 30 cm voneinander entfernten Reihen, der Endabstand in der Reihe beträgt 30 cm.
Ernte: Nach 10 bis 14 Wochen; Zuckerhut verträgt bis zu 7 Minusgrade, er kann lange auf dem Beet bleiben und später im Keller in Sand eingeschlagen werden.
Sorten: 'Sperlings Kristallkopf', 'Scarpia', 'Zuckerhut'

Valerianella locusta
Feldsalat, Rapunzel

Der Feldsalat zählt zu den Baldriangewächsen und ist aufgrund seiner Frosthärte und des recht hohen Vitamin-C-Gehalts ein empfehlenswertes Spätgemüse.
Ansprüche: Feldsalat gedeiht auf allen guten, am besten etwas kalkhaltigen, nicht nassen Gartenböden an möglichst sonnigen Standorten. Der Nährstoffbedarf ist gering, meist genügt, was die vorhergehenden Kulturen übrig ließen.
Anbau: Man sät von Mitte August bis Mitte September, wobei die letzte Saat auf dem Beet überwintern kann, eventuell unter etwas Reisigschutz. Reihenabstand 10–15 cm mit demselben Abstand in der Reihe nach dem Ausdünnen. Um die Keimung nicht durch Austrocknung zu gefährden, kommt der Samen 2 cm tief in den Boden. Auch breitwürfige Saat ist möglich, aber nur auf völlig unkrautfreien Beeten ratsam.
Ernte: Die ersten Blätter kann man meist schon ab 4 Wochen nach der Saat ernten.
Sorten: 'Dunkelgrüner Vollherziger', 'Verte de Cambrai', 'Vit'

Spinacia oleracea
Spinat

Die meisten Spinatsorten sind nur für Früh- oder Spätanbau geeignet. Wer auch im Sommer Spinatähnliches ernten will, kann auf andere Gänsefußgewächse wie Mangold zurückgreifen oder die Lücke mit Neuseeländer Spinat überbrücken. Einer eventuellen Nitratanreicherung im Erntegut sollte man durch sonnigen Stand, zurückhaltende Stickstoffdüngung und Ernte am Abend vorbeugen.

1) Spinat
2) Neuseeländer Spinat
3) Stielmangold, Sorte 'Vulkan'
4) Blatt- und Stielmangold 'Lukullus'
5) Weißkohl

Ansprüche: Spinat gehört, was den Boden anbelangt, zu den anspruchsvollsten Gemüsearten. Da er tief wurzelt, muss auch das Beet tief gelockert, durchlässig und humos sein. Betont saure und staunasse Böden hemmen die Entwicklung und führen ebenso zu Missernten wie Trockenheit. Gedüngt wird am besten mit Kompost oder einem organischen Handelsdünger, da hohe Stickstoffgaben zwar das Wachstum und appetitliches Blattgrün fördern, aber auch die Krankheitsanfälligkeit erhöhen.

Anbau: Da die Samen zum Keimen einen innigen Bodenkontakt benötigen, muss sehr lockeres Erdreich vor der Aussaat mit einem Brett verfestigt werden. Weil Spinat fast ausschließlich als Früh- oder Spätkultur angebaut wird und kälteunempfindlich ist, kann bereits von Februar bis Mai und dann wieder ab Ende August bis Mitte September gesät werden, wobei die letzte Saat auf dem Beet unter Reisigschutz überwintert und im Frühjahr geerntet werden kann. Aussaat nicht zu dicht in Reihen mit 20 cm Abstand; Saattiefe 3 cm.

Ernte: Kulturzeit 4 Wochen, bei Überwinterung 12 Wochen. Zum Ernten schneidet man entweder die ganze Rosette oder nur einzelne Blättchen ab, damit eine zweite Ernte erfolgen kann.

Sorten: 'Atlanta', 'Monnopa', 'Medania', 'Subito'

Tetragonia tetragonioides
Neuseeländer Spinat

Mit dem „richtigen" Spinat hat dieses Eiskrautgewächs nur die Zubereitung gemeinsam.

Ansprüche: Was die Pflanze braucht, sind Sonne, Wärme und Feuchtigkeit sowie humosen, nicht austrocknenden Boden. Neuseeländer Spinat hat einen ziemlich hohen Nährstoffbedarf, sodass man das Beet vor dem Anbau gut mit organischen Düngern versorgen und im Verlauf der Kultur enventuell noch einmal mit Pflanzenjauchen nachdüngen sollte. Wie bei Spinat sollte Stickstoff nur in Maßen gegeben werden.

Anbau: Der frostempfindliche Neuseeländer Spinat wird am besten gegen Ende April im Haus oder Gewächshaus vorkultiviert und Ende Mai, wenn keine Fröste mehr zu erwarten sind, im Abstand von 70 x 50 cm ausgepflanzt. Auch Direktsaat ins Freiland ist erst Ende Mai möglich. In kühlen Sommern empfiehlt sich eine Übertunnelung, damit die Entwicklung nicht gestoppt wird. Hierdurch ist auch der Standort festgelegt: warm und sonnig.

Ernte: Nach ungefähr 8 Wochen können die ersten zarten Triebspitzen und Blätter geerntet werden. Wenn man die Pflanze nicht leerpflückt, sind unter Tunnelschutz ab September bis in den November hinein Erträge möglich.

Sorten: Bei uns werden keine Sorten angeboten.

Beta vulgaris var. *vulgaris*, *Beta vulgaris* var. *flavescens*
Mangold

Während Blattmangold (*B. vulgaris* var. *vulgaris*) wie Spinat verwendet wird, bereitet man die Stiele des Stielmangold (*B. vulgaris* var. *flavescens*), auch Krautstiel genannt, wie Spargel zu.

Ansprüche: Geeignet ist jeder humose Gartenboden in sonniger bis halbschattiger Lage, eine gute Versorgung mit organischen Düngern empfehlenswert. Von Mineraldüngern ist wegen der möglichen Stickstoffbelastung eher abzuraten. Wichtig außerdem: gleichbleibende Bodenfeuchtigkeit.

Anbau: Aussaat von April bis Juli, Blattmangold in Reihen mit 30 cm, in der Reihe nach dem Vereinzeln mit 20–25 cm Abstand. Stielmangold 40 x 30 cm. Eine Überwinterung mit Reisigschutz gegen Kahlfröste für eine Ernte im Frühjahr ist in der Regel gut möglich.

Ernte: Blattmangold nach 8, Stielmangold nach 10 Wochen. Man erntet in beiden Fällen nur nach und nach, damit die Pflanzen wieder neu austreiben, bei Stielmangold stets die äußeren Stängel.

Sorten: Blattmangold: 'Grüner Schnitt', 'Gelber Schnitt', 'Lukullus' (auch als Stielmangold verwendbar); Stielmangold: 'Glatter Silber', 'Krauser Silber', 'Vulkan' (rotrippig)

Kohlgemüse

Kohl war schon den alten Mittelmeervölkern bekannt, allerdings noch nicht in der kopfbildenden Form, sondern als Gemüse mit lockerem Blattaufbau. Die Pflanzen aus der Familie der Kreuzblütler haben in den vergangenen Zeiten auch bei uns als „Sattmacher", vor allem der Landbevölkerung, eine wichtige Rolle gespielt, heute dient ein großer Teil der Weiß- und Spitzkohlerzeugung der Herstellung von Sauerkraut.

Alle Kohlarten brauchen einen ausreichend feuchten, nährstoffhaltigen Boden und neben der Grundversorgung mit Humus bildenden, organischen Düngern eine zusätzliche Nachdüngung (Kopfdüngung) in Form schnell löslicher mineralischer Düngesalze oder mit Brennnesseljauche. Trotz des hohen Nährstoffbedarfs sollte man eine Überdüngung, vor allem mit Stickstoff, vermeiden, sonst kommt es beim Kochen zu dem bekannten üblen „Kohlgeruch" und auch der Geschmack wird beeinträchtigt. Organische Dünger, wie Kompost, getrockneter Rinderdung, verrotteter Stallmist, Horn-, Blut-, Knochenmehl, müssen bereits im Herbst eingearbeitet werden. Kohlarten sollten nie nach sich selbst und auch nicht nach anderen Kreuzblütlern wie Rettichen und Radieschen oder den Gründüngungspflanzen Senf und Ölrettich angebaut werden.

Brassica oleracea var. *capitata*
Weißkohl, Weißkraut, Kabis

Bei der Sortenwahl ist der jeweilige Anbautermin zu beachten (früh, mittelfrüh oder spät). Daneben kann man sich für Sorten mit länglicher Kopfform und etwas lockerer aufeinanderliegenden Blättern, den so genannten Spitzkohl, entscheiden.

Ansprüche: Zusätzlich zur oben beschriebenen organischen Düngergabe bei der herbstlichen Beetvorbereitung muss zu Beginn der Kopfbildung meist nachgedüngt werden. Alle Kohlarten außer Grünkohl, der es auch noch im Halbschatten aushält, brauchen viel Licht. Der Boden sollte eher schwer, gut wasser- und nährstoffhaltend sein.

Anbau: Jungpflanzen kann man ab Mitte März im Haus selber heranziehen und Anfang bis Mitte April in ein Frühbeet oder mit Übertunnelung ins Freiland pflanzen. Einfacher ist ein Zukauf von Setzlingen beim Gärtner. Pflanzweite für Frühkohl 40 x 35 cm. Mittelfrüher Kohl für die Ernte von Juli bis September wird Ende Mai/Anfang Juni ausgepflanzt, Standweite 60 x 60 cm.

Gemüseanbau

Kohlgemüse

1) Rotkohl
2) Wirsingkohl
3) Grünkohl
4) Blumenkohl
5) Brokkoli
6) Rosenkohl

Spätkohlsorten mit derselben Pflanzzeit erhalten einen Abstand von 50 x 40 cm, um die Köpfe nicht zu groß werden zu lassen. Im räumlich beengten Hausgarten lohnt ihr Anbau meist nicht, da man zur Erntezeit im Oktober/November im Handel preiswerte Ware erhalten kann.

Ernte: Je nach Sorte beträgt die Kulturzeit zwischen 10 und 20 Wochen. Frühe Kohlsorten müssen schnell verbraucht werden, da sie nicht lange haltbar sind, auch den Sommerkohl sollte man nicht zu lange auf dem Beet lassen, weil er jung am besten schmeckt. Lagersorten kommen Ende Oktober/Anfang November vom Beet, leichte Fröste schaden, außer bei der Ernte, nicht.

Sorten: früh: 'Allfrüh', 'Chessma', 'Erstling' (Spitzkohl); mittelfrüh: 'Freshma', 'Picolo', 'Marner Julico'; Herbst- und Lagersorten: 'Marner Lagerweiß', 'Amager', 'Dauerweiß'

Brassica oleracea var. *capitata*
Rotkohl, Rotkraut

Abgesehen von der Blattfarbe und geschmacklichen Nuancen gibt es zwischen Rot- und Weißkohl kaum Unterschiede.

Ansprüche: Wie Weißkohl.
Anbau: Auch hier kann man sich an Weißkohl orientieren. Bei zeitiger Frühjahrspflanzung empfiehlt sich eine Übertunnelung, da Rotkohl bei Kälte leicht schießt.
Ernte: Je nach Sorte und Pflanztermin ab Ende Juni bis Oktober/November für Lagerkohl. Kulturdauer beträgt 10 bis 20 Wochen.
Sorten: früh: 'Marner Frührotkohl', 'Langendijker Allerfrühester', 'Frührot'; mittelfrüh: 'Marner Septemberrot', 'Rodima'; Herbst- und Lagersorten: 'Marner Lagerrot', 'Dorota'

Brassica oleracea var. *sabauda*
Wirsingkohl, Wirz

Auch bei der Wahl zwischen Wirsing und Weißkohl lautet das Hauptkriterium: Geschmackssache.

Ansprüche, Anbau, Ernte: Die Kultur ist mit der von Weiß- und Rotkohl identisch. Späte Wirsingsorten können lange, auch bei geringen Frösten, auf dem Beet bleiben, bei Bedarf mit Reisigschutz. Der so genannte Adventswirsing, der im Freiland überwintert und im zeitigen Frühjahr geerntet wird, lohnt sich nur in ausgesprochen klimamilden Gebieten.

Sorten: früh: 'Vorbote', 'Eisenkopf', 'Praeco'; mittelfrüh: 'Marner Grünkopf', 'Vertus'; Herbstsorten: 'Arisma', 'Vertus', 'Winterfürst'

Brassica oleracea var. *sabellica*
Grünkohl, Krauskohl

Dieses deftige Spätgemüse, in Norddeutschland seit jeher beliebt, gilt in südlichen Landstrichen häufig noch als Rarität.

Ansprüche: Im Gegensatz zu anderen Kohlarten gedeiht der frostharte Grünkohl auch noch im Halbschatten, benötigt aber ebenso wie seine Verwandten reichlich Nährstoffe und Feuchtigkeit.

Anbau: Jungpflanzenanzucht auf einem Freiland-Saatbeet von Mitte Mai bis Mitte Juni, Pflanzung von Ende Juni bis Anfang August im Abstand von 50 x 50 cm.

Ernte: Ab Oktober bis ins Frühjahr hinein; Grünkohl schmeckt am besten, wenn die Blätter Frost abgekommen haben. Kulturdauer 16 bis 28 Wochen.

Sorten: 'Halbhoher grüner krauser', 'Niedriger grüner krauser', 'Lerchenzungen', 'Fribor', 'Hammer'

Brassica oleracea var. *botrytis*
Blumenkohl, Karfiol

Der Anbau von Blumenkohl verlangt etwas Fingerspitzengefühl.

Ansprüche: Hoher Wasser- und Nährstoffbedarf, wobei vor allem auf eine solide Grundversorgung des Bodens mit organischen Düngern geachtet werden muss. Blumenkohl reagiert empfindlich auf Pflegefehler oder Mängel, besonders während der Blumenbildung. Das Erdreich muss gleichmäßig feucht gehalten werden, darf aber nicht vernässen.

Anbau: Frühsorten werden in der ersten Aprilhälfte, Sommersorten von Mitte Mai bis Anfang Juni, Herbstsorten in der zweiten Junihälfte gepflanzt. Die Setzlinge für den Frühanbau kauft man am besten beim Gärtner, die Folgesätze kann man selber heranziehen. Anzuchtzeit 4 bis 5 Wochen, späterer Pflanzabstand 50 x 50 cm, bei den Herbstsorten 50 x 65 cm.

Ernte: Geerntet wird, sobald sich die Blume am Rand etwas zu lockern beginnt; damit sie ihre weiße Farbe behält, kann man einige Blätter vor der Ernte umknicken und über die Blume legen, um Sonnenstrahlen abzuhalten. Kulturdauer ab Pflanzung 8 bis 12 Wochen.

Sorten: Frühsorten: 'Erfurter Zwerg', 'Mechelner', 'Opal'; Sorten für Sommer- und Herbstanbau: 'Alpha', 'Calabrais', 'Celesta', 'Danova', 'Neckarperle'

Brassica oleracea var. *italica*
Brokkoli, Spargelkohl

Brokkoli ähnelt in manchem dem Blumenkohl. Er bildet jedoch keine geschlossenen „Blumen", seine Blütenknospen sind locker über die Pflanze verteilt.

Ansprüche: Sie gleichen denen des Blumenkohls.

Anbau: Freilandaussaat Anfang April bis Mitte Juni in Reihen mit 40–50 cm Abstand, in der Reihe 50–60 cm. Pflanzung von Ende Mai bis Ende Juli, Abstand 50 x 50 cm.

Ernte: Man schneidet die Sprosse bei 15–20 cm Länge und bevor sich die Knospen geöffnet haben – was bei warmem Wetter schnell der Fall sein kann. Deshalb sollte man täglich die Reihen durchgehen, da die Seitentriebe bis zum Herbst immer wieder nachwachsen. Die Kulturdauer von der Aussaat bis zum ersten Schnitt beträgt 10 bis 12 Wochen.

Sorten: 'Atlantic', 'Calabrese', 'Corvet', 'Septal', 'Sparko'

Brassica oleracea var. *gemmifera*
Rosenkohl, Sprossenkohl

Ähnlich wie Grünkohl bereichert der Rosenkohl im Spätherbst und Winter den Speiseplan.

Ansprüche: Geeignet ist mittelschweres bis schweres, humus- und nährstoffhaltiges Erdreich, das vor dem Anbau gut mit organischen Düngern versorgt wurde. Auf leichten Sandböden besteht die Gefahr, dass die Röschen keine festen Knospen bilden, sondern locker bleiben, weil das Wachstum nicht zügig genug verläuft.

Anbau: Für die Pflanzung zwischen Mitte Mai und Anfang Juni mit einer Standweite von 60 x 60 cm können Setzlinge Mitte April auf einem Freiland-Saatbeet herangezogen werden. Sowohl zu weiter als auch zu enger Stand mindern die Qualität der Röschen. Haben die Pflanzen bis Mitte September noch keine Röschen angesetzt, kann man genau zu diesem Zeitpunkt an jeder Pflanze

1) **Chinakohl**
2) **Kohlrabi**
3) **Radieschen**
4) **Rettiche**

die Spitzenknospe ausbrechen. Eine Methode, die freilich nicht ganz unumstritten ist, da sie die Frosthärte mindern soll.

Ernte: Rosenkohl hat eine lange Entwicklungszeit von mindestens 20 Wochen; wenn er im Winter auf dem Beet bleibt, kann man wesentlich länger ernten – entweder nach und nach oder, bei den modernen Sorten, alles auf einmal. Aber Vorsicht: Wiederholtes Gefrieren und Wiederauftauen kann die Röschen schädigen. Sicherer ist es deshalb, die Pflanzen im Dezember auszugraben und mitsamt den Blättern an einem schattigen Platz einzuschlagen.

Sorten: 'Hilds Ideal', 'Hossa' (beide sicher frosthart), 'Abunda', 'Citadel'

Brassica rapa ssp. chinensis
Chinakohl

Als Langtagspflanze, die im Sommer schnell in Blüte geht, ist der Chinakohl ein typisches Gemüse für die Nachkultur.

Ansprüche: Die Art gedeiht in jedem nahrhaften, humosen Gartenboden, braucht aber viel Licht.

Anbau: Aussaat an Ort und Stelle von Mitte Juli bis Anfang August in 40 cm voneinander entfernten Reihen, später auf 30 cm in der Reihe vereinzeln.

Ernte: Die erste Ernte ist nach 8 bis 10 Wochen möglich, bei Temperaturen unter –15°C müssen die Pflanzen in jedem Fall vom Beet genommen und ggf. im Keller in feuchten Sand oder in Erde eingeschlagen werden.

Sorten: 'Chorus' (kohlhernietolerant), 'Nippon', 'Granat'

Gemüseanbau

Wurzel- und Knollengemüse

Brassica oleracea var. gongylodes
Kohlrabi, Oberkohlrabi

Wegen der Gefahr des Verholzens baut man Kohlrabi am günstigsten in kleineren Mengen und in Folgesätzen an.

Ansprüche: Reichlich organische Düngergaben und ein humoser, gleichmäßig feuchter Boden sind Voraussetzungen für zarte, nicht platzende Knollen.

Anbau: Kohlrabi ist tagneutral und kann daher vom Frühjahr bis Anfang August angebaut werden. Erste Freilandpflanzung Ende März mit gekauften Jungpflanzen, die man für die Folgesätze im Monatsrhythmus selber heranziehen kann. Pflanzenabstand 25 x 30 cm.

Ernte: Die Kulturdauer beträgt 10 bis 12 Wochen. Man sollte die Knollen nicht zu groß werden lassen, damit sie nicht verholzen.

Sorten: 'Lanro', 'Blaro' (blau), 'Primavera', 'Azur Star' (blau), 'Blusta' (alle vom Frühjahr bis zum Herbst); 'Superschmelz' (Knolle bis 10 kg schwer, Pflanzabstand 60 x 60 cm, Aussaat März bis Anfang Juni)

Wurzel- und Knollengemüse

Die bekannteste, wenn auch im Hausgarten nicht wichtigste Knollenpflanze ist die Kartoffel. Wer allerdings einmal selbst gezogene Frühkartoffeln probiert hat, weiß, was für eine Delikatesse da auf dem Beet heranwächst. Mohrrüben und Radieschen, vielleicht auch Rettiche, dürften in kaum einem Garten fehlen, sie sind, richtig gepflegt und frühzeitig geerntet, in Geschmack und Zartheit den Produkten des Handels um Längen voraus. Bei Möhren, Rettichen, Knollensellerie und Roten Rüben handelt es sich zudem um Gemüse, die sich ziemlich problemlos für den Verbrauch im Winter einlagern lassen – für eine gewisse Zeit sogar in dafür eigentlich weniger geeigneten Räumen. Andere hier angeführten Arten, wie beispielsweise Knollenfenchel, Speiserüben oder Schwarzwurzeln, wird man im beengten Hausgarten seltener finden, doch zumindest einen Versuch lohnen sie allemal.

Raphanus sativus var. sativus
Radieschen

Bei den schnell wachsenden Radieschen empfiehlt sich ein Anbau in Folgesätzen. Sie eignen sich auch hervorragend als Vor- oder Nachkultur.

Ansprüche: Radieschen brauchen einen lockeren, humosen, vor allem aber gleichmäßig feuchten Boden und im Frühjahr viel Sonne; im Sommer kann der Standort auch halbschattig sein. Für die Nährstoffversorgung genügt Kompost oder ein anderer organischer Dünger; man darf jedoch auf keinen Fall frischen Stallmist verabreichen.

Anbau: Radieschen sind wenig kälteempfindlich und schnell wachsend, deshalb kann schon frühzeitig ausgesät und in Folgesätzen alle 2 bis 3 Wochen fortlaufend angebaut werden. Man sät von März/April bis September in Reihen mit 10–15 cm Abstand und dünnt die Pflänzchen dann auf 5–8 cm aus. Für den Früh- und Spätanbau sollte bei Bedarf Schutz mit Folie oder Vlies gegeben werden, der gleichzeitig vor Befall durch die Gemüsefliege bewahrt.

Ernte: Kulturdauer im Frühjahr 6 bis 7 Wochen, im Sommer 3 bis 4 Wochen. Mit der Ernte sollte man nicht zu lange warten, da die Knollen sonst pelzig werden.

Sorten: Frühanbau: 'Cyros', 'Carnita', 'Prinz Rotin', 'Eiszapfen', 'Knacker', 'Cherry Belle'; Sommeranbau: 'Parat', 'Carnita', 'Sora', 'Prinz Rotin', 'Cherry Belle'; Herbstanbau: 'Knacker', 'Cherry Belle', 'Sora', 'Neckarperle'

Raphanus sativus var. niger
Rettich, Radi

Rettich gehört wie Radieschen zu den Kreuzblütlern. Neben den weißen und roten Sorten gibt es auch schwarze Winterrettiche, die gelagert werden können.

Ansprüche: Wie bei allen Wurzelgemüsen sollte der Boden vor allem tiefgründig gelockert und durchlässig sein. Wasser- und Nährstoffbedarf sind relativ gering, Stallmist ist zu meiden, weil er Gemüsefliegen anlockt. Meist reicht gut verrotteter Kompost als Düngung aus. Standort für Früh- und Spätrettich sonnig, im Sommer ist auch Halbschatten möglich.

Anbau: Man unterscheidet zwischen Früh-, Sommer- und Herbstanbau. Frühe Aussaaten, eventuell unter Folie oder Vlies, von März bis Mai; Sommeranbau von Mai bis Ende Juni; Herbstanbau von Anfang Juli bis Anfang August. Reihenabstand 25–30 cm, in der Reihe nach dem Ausdünnen 15–20 cm.

Ernte: Frührettiche nach etwa 12, Sommerrettiche nach 10 Wochen, Herbstrettiche, die sich frostfrei in feuchtem Sand lagern lassen, nach 12 bis 16 Wochen.

Sorten: für Frühanbau: 'Hilds Neckarruhm', 'Ostergruß', 'Münchner weißer Treib', 'Rex', 'Aspro'; für Sommeranbau: 'Halblanger weißer Sommer', 'Aspro', 'Rex'. Die japanischen

1) **Möhren**
2) **Wurzelpetersilie**
3) **Blattpetersilie**
4) **Knollensellerie**
5) **Bleichsellerie**
6) **Schnittsellerie**

Hybridsorten 'Minowase Summer' und 'April Cross' entwickeln bis zu 50 cm lange Wurzeln, brauchen einen Abstand von 30 x 30 cm und werden erst ab Mitte Mai gesät, um Schossen zu vermeiden.
Für Herbstanbau: 'Hilds Neckarruhm', 'Ostergruß'; Lagersorten mit Aussaat um Mitte/Ende Juli: 'Runder schwarzer Winter', 'Langer schwarzer Winter', 'Münchner Bier'

Daucus carota ssp. sativus
Möhre, Mohrrübe, Karotte

Aufgrund des hohen Carotingehalts in den Rüben zählt dieser Doldenblütler mit Recht zu den gesündesten Gemüsen.
Ansprüche: Möhren wollen einen lockeren, durchlässigen, gut mit Kompost versorgten Boden, in dem sich die Rüben besser ausbilden als in lehmig-tonigem Erdreich. Wasser- und Nährstoffbedarf sind nicht sonderlich hoch, nur sollte die Krume gleichmäßig feucht sein, um ein Platzen der Wurzeln zu verhindern.
Anbau: Möhren sind nicht frostempfindlich und können manchmal bereits Ende Februar gesät werden, sobald der Boden offen und abgetrocknet ist. Reihenabstand 20–25 cm, in der Reihe 3–5 cm. Frühe Sorten werden von Ende Februar bis Anfang April, Sommersorten von Anfang März bis Mitte Juni, späte Sorten bereits von Mitte April bis Anfang Mai gesät, weil sie die längste Entwicklungszeit beanspruchen. Mit Möhren muss man zunächst Geduld haben, die Keimdauer kann bis zu 3 Wochen betragen. Ein paar untergemischte Radieschensamen keimen schneller und markieren so die Möhrenreihen.
Ernte: Frühe und Sommersorten haben eine Entwicklungszeit von

Gemüseanbau

Wurzel- und Knollengemüse

10 bis 14 Wochen, späte Möhren brauchen 22 bis 26 Wochen, ehe man sie ernten kann. Lagersorten sollten so lange wie möglich auf dem Beet bleiben, kurzzeitige Nachtfröste schaden nicht.
Sorten: früh: 'Amsterdamer Treib', 'Pariser Markt' (rund), 'Rotin', 'Gonsenheimer Treib', 'Suko'; Sommersorten: 'Nantaise'-Typen wie 'Nandor', 'Montana', 'Tip Top', 'Decora'; Spät- und Lagersorten: 'Rote Riesen', 'Juwarot', 'Rothild', 'Lange rote stumpfe ohne Herz'

Petroselinum crispum convar. radicosum
Wurzelpetersilie

Gerade unter den Doldenblütlern gibt es einige Gemüsearten, von denen sowohl Rüben oder Knollen als auch die Blätter genutzt werden können. So auch bei der Petersilie, die als Blattpetersilie *(convar. crispum)* in Gemüse- wie in Kräuterbeeten zu finden ist.
Ansprüche: Die weitgehend winterharte Petersilie liebt einen lockeren, tiefgründigen Boden ohne Verdichtungen und Nässe, aber mit gleichmäßiger Feuchtigkeit. Sehr leichtes oder sehr schweres Erdreich sind gleichermaßen ungeeignet. Als Düngung genügen in der Regel Kompostgaben, frischer Stallmist sollte nicht verwendet werden. Blattpetersilie gedeiht auch noch im Halbschatten.
Anbau: Wurzelpetersilie: Aussaat Mitte März bis Mitte April in Reihen mit 25 cm Abstand, später auf 5 cm in der Reihe ausdünnen. Die Keimdauer kann mehrere Wochen in Anspruch nehmen.
Blattpetersilie: Aussaat im April/Mai oder Ende Juli/August in Reihen mit 15–20 cm Abstand, nach dem Aufgang nur bei sehr dichtem Stand etwas ausdünnen. Auch hier können bis zur Keimung einige Wochen vergehen.
Ernte: Die Kulturzeit von Wurzelpetersilie beträgt 20 bis 24 Wochen. Man erntet gewöhnlich ab Oktober, kann aber Wurzel- wie Blattpetersilie mit Reisigschutz auch auf dem Beet überwintern und bei Bedarf ernten. Sinken die Temperaturen nicht zu sehr ab, bleibt Blattpetersilie auch in der kalten Jahreszeit grün. Von Blattpetersilie schneidet man die Würzblättchen, sobald die Pflanzen kräftig genug sind und reichlich Grünmasse gebildet haben. Petersilie darf frühestens nach 3 Jahren wieder auf demselben Platz angebaut werden.
Sorten: Wurzelpetersilie: 'Halblange', 'Lange Glatte', 'Kurze Dicke'; Blattpetersilie: 'Hamburger Schnitt', 'Einfache Schnitt' (beide glattblättrig), 'Edelstein', 'Mooskrause', 'Grüne Perle' (krausblättrig)

Apium graveolens var. rapaceum
Knollensellerie

Dieser Doldenblütler bietet sogar drei Nutzungsmöglichkeiten, indem je nach Varietät Knollen, Blätter oder Stiele geerntet werden können. Blatt- und Stangensellerie werden im Anschluss an den Knollensellerie kurz vorgestellt.
Ansprüche: Schwere, feuchte, nährstoffhaltige Böden und kühle, regnerische Sommer wären ideal für Knollensellerie. Da man sich das Wetter nicht aussuchen kann, ist es wichtig, für gleichmäßige Bodenfeuchtigkeit, besonders während der Knollenbildung und in sommerlichen Trockenperioden, zu sorgen.
Wegen des hohen Nährstoffbedarfs ist eine gute Versorgung mit organischen Düngern unumgänglich; auch Stallmist kommt infrage, muss allerdings im Herbst vorher eingearbeitet werden. Während des Wachstums kann man mit Horn-, Blut- oder Knochenmehl, aufgelöstem, getrocknetem Rinderdung oder Brennnesseljauche nachdüngen.
Anbau: Wegen der langen Entwicklungszeit von 20 bis 24 Wochen müssen Jungpflanzen in der zweiten Märzhälfte unter Glas bei 18–20° C selbst herangezogen werden, sofern man nicht lieber Setzlinge beim Gärtner kauft. Ende Mai wird im Abstand 40 x 40 cm gepflanzt, Setzlinge nicht zu tief einsetzen.
Ernte: Ab Ende Oktober bis in den November hinein können die Knollen mit der Grabegabel aus dem Boden geholt und in einem kühlen, frostfreien Raum in Sand gelagert werden.
Sorten: 'Alba', 'Apia', 'Bergers weiße Kugel', 'Monarch', 'Mars'
Schnitt- oder Blattsellerie *(Apium graveolens* var. *secalinum)* wird Mitte/Ende Mai in Reihen mit 10 cm Abstand ausgesät und später auf 25 cm in der Reihe vereinzelt. Sorten: 'Aromatischer', 'Gewöhnlicher Schnitt'
Bleich- oder Stangensellerie *(Apium graveolens* var. *dulce)* sät man im März/April unter Glas bei Wärme aus und pflanzt die Setzlinge Anfang Juni im Abstand von 30 x 30 cm. Nicht selbst bleichende Sorten werden in 20 cm tiefe Furchen gepflanzt, Abstand 40 x 20 cm. Ernte etwa ab September. Sorten: 'Goldgelber Selbstbleichender', 'Utah'

1) Knollenfenchel, Sorte 'Zefa Fino'
2) Schwarzwurzel, Ernte
3) Rote Bete
4) Speiserübe (Mairübe)

Foeniculum vulgare var. azoricum

Knollenfenchel, Gemüsefenchel

Auch der letzte Doldenblütler dieser Gruppe ist eine „Mehrnutzungspflanze". Auf die Fenchelvarietäten, die als Gewürz- und Heilpflanzen dienen, soll hier jedoch nicht eingegangen werden (siehe „Kräuter", S. 221).

Ansprüche: Fenchel ist eine ausgesprochene Langtagspflanze, das heißt, beim Hineinwachsen in sommerliche Wärme und lange Lichtdauer bilden sich Blüten, jedoch keine Knollen. Der Boden sollte warm, humos, locker und tiefgründig sein, den Ansprüchen der Pflanzen mit reichlich eingearbeitetem Kompost oder gut verrottetem Stallmist Rechnung getragen werden.

Anbau: Warme Vorkultur im Gewächshaus oder auf dem Fensterbrett im April, Pflanzung Juni bis Mitte Juli. Direktsaat ins Freie ebenfalls ab Juni bis spätestens Anfang August für die Herbsternte. Da Fenchel kälteempfindlich ist, müssen späte Kulturen eventuell mit Vlies oder einer Übertunnelung geschützt werden. Man sät in 40 cm voneinander entfernte Reihen und dünnt dann auf 25 cm Pflanzenabstand aus; Pflanzung also 40 x 25 cm.

Ernte: Knollenfenchel hat eine Kulturdauer von etwa 12 Wochen und sollte wegen seiner Frostempfindlichkeit das Beet spätestens Anfang November geräumt haben. Im kühlen Keller oder frostsicheren Frühbeet-Einschlag halten sich die Knollen bis zu 8 Wochen.

Sorten: 'Zefa Fino' (Ganzjahres-Fenchel, der unter Glas schon Anfang Februar ausgesät, aber auch im Sommer angebaut werden kann), 'Latina', 'Sirio', 'Cantino'

Gemüseanbau

Wurzel- und Knollengemüse

Scorzonera hispanica
Schwarzwurzel, Winterspargel

Wer ab März bis in den Winter hinein ein Beet nur für diesen Korbblütler reservieren kann, wird mit gesundem, schmackhaftem Feingemüse belohnt, das manche sogar dem Spargel vorziehen.
Ansprüche: Schwarzwurzeln gedeihen in jedem guten, humosen Gartenboden, in dem die Wurzeln unbehindert nach unten wachsen können. Als Düngung reichen reifer Kompost oder organische Handelsprodukte. An einem sonnigen Platz, an dem bei Trockenheit gewässert werden muss, entwickeln sich die Pflanzen am besten. Vorsicht beim Hacken, damit die Wurzeln nicht beschädigt werden! Eine Mulchdecke zwischen den Reihen ist günstiger.
Anbau: Da Schwarzwurzeln bis zur Ernte 28 bis 32 Wochen benötigen, muss früh, bereits ab Mitte/Ende März ins Freiland gesät werden. Reihenabstand 25–30 cm, in der Reihe 5–8 cm. Es mindert die Qualität der Wurzeln nicht, wenn die Pflanzen in Blüte gehen.
Ernte: Ab Ende Oktober werden die Schwarzwurzeln vorsichtig mit der Grabegabel geerntet und an einem schattigen Platz am Haus eingeschlagen oder im kühlen Keller in Sand gelagert. Da die Wurzeln frosthart sind, kann man bei nicht gefrorenem Boden den Winter über auch direkt vom Beet ernten.
Sorten: 'Hoffmanns schwarze Pfahl', 'Einjährige', 'Prodola'

Beta vulgaris var. vulgaris
Rote Rübe, Rote Bete

Eng mit dem Mangold verwandt, hat dieses auch als Rande oder Rahne bekannte Gänsefußgewächs seit einiger Zeit wieder an Beliebtheit gewonnen und wird vor allem gerne für Rohkostsalate verwendet.
Ansprüche: Rote Rüben stellen weder an den Boden noch an die Lage besondere Ansprüche, gedeihen auch noch im Halbschatten und haben einen mittleren Nährstoffbedarf. Allerdings sollte man das Beet vor der Saat oder Pflanzung gut lockern.
Anbau: Gesät wird ab Ende April direkt ins Freiland in Reihen mit 25 cm Abstand, nach Aufgang in der Reihe auf 10 cm vereinzelt. Zur selben Zeit, mit demselben Reihenabstand und ebenfalls im Freiland, sät man, wenn späteres Verpflanzen vorgesehen ist. Hierfür eignen sich nur Sorten mit runden Rüben, weil Wurzelverletzungen bei ihnen ohne Folgen bleiben; gepflanzt wird gegen Ende Juni. Ein zweiter Aussaattermin Mitte Juni dient dem Anbau von Lagerrüben.
Ernte: Die Kulturdauer beträgt etwa 14 bis 20 Wochen. Etwa ab August kann geerntet werden, kleine Rüben zum Einlegen – die so genannten „Baby Beets" – bereits wesentlich früher. Lagergut lässt man bis Ende Oktober/Anfang November auf dem Beet, falls nötig mit Abdeckung. Um ein „Bluten" der Rüben zu verhindern, wird das Laub nicht abgeschnitten, sondern abgedreht.
Sorten: rund: 'Rote Kugel', 'Libero'; zylindrisch: 'Loma', 'Forono'

Brassica rapa ssp. rapa
Speiserübe, Weiße Rübe

Hierher gehören Mairüben, Herbstrüben mit den Teltower Rübchen und Rübstiel oder Stielmus, das sind die jungen Blätter spezieller, schnellwüchsiger Mairübensorten.
Ansprüche: Diese Kreuzblütler sind in jeder Beziehung anspruchslos und mit nahezu jedem Boden zufrieden. Das Teltower Rübchen gedeiht besonders gut in leichtem Erdreich. Speiserüben und all ihre Formen dürfen nicht mit den zur selben Familie gehörenden Kohlarten kultiviert werden.
Anbau: Ausgesät wird direkt aufs Beet, Speiserüben lassen sich nicht verpflanzen. Die Saatzeit für Mairüben ist März/April, Reihenabstand 20 cm, in der Reihe 10 cm. Man kann auch breitwürfig säen, muss dann jedoch ausdünnen. Herbstrüben und Teltower Rübchen werden Anfang Juli bis Anfang August gesät, Herbstrüben mit einem Abstand von 30 x 30 cm; Teltower Rübchen können enger stehen, weil sie kleiner sind, Reihenabstand hier 10–15 cm, in der Reihe auf 8 cm vereinzeln. Rübstiel wird von März bis Mai gesät, breitwürfig oder eng in Reihen mit 10 cm Abstand.
Ernte: Mairüben sollen nicht zu lange im Boden bleiben, damit sie Zartheit und Geschmack behalten; die Ernte fällt je nach Aussaattermin in den Mai oder Juni. Herbstrüben und Teltower Rübchen sind erst im Herbst ab Oktober an der Reihe. Rübstiel schneidet man 5 bis 6 Wochen nach der Aussaat.
Sorten: Mairüben: 'Goldball' (goldgelb), 'Schneeball' (weiß), 'Tokyo Cross'; Herbstrüben: 'Teutoburger', 'Weseler', 'Goldwalze'; Teltower Rübchen: 'Teltower kleine Märkische'; Stielmus: 'Namenia', 'Hymenia'

Solanum tuberosum
Frühkartoffel

Die mittelspät bis spät reifenden Sorten dieses Nachtschattengewächses sind vor allem für die Lagerung geeignet, ihr Anbau macht nur auf großen Flächen Sinn. Frühkartoffeln dagegen kommen auch für den Hausgarten üblichen Zuschnitts in Frage.

Ansprüche: Kartoffeln gedeihen in jedem humosen, lockeren, mildfeuchten Gartenboden an sonnigen Plätzen. Zur Nährstoffversorgung wäre im Herbst eingearbeiteter Stallmist ideal, aber auch Kompost oder organische Handelsdünger, die man im Frühjahr ausbringt, erfüllen ihren Zweck.

Anbau: Bei Frühkartoffeln empfiehlt sich das Vorkeimen, weil man den Erntebeginn dadurch um 2 bis 3 Wochen verfrühen und den Ertrag steigern kann. Dazu werden die Knollen dicht bei dicht in flache Kistchen mit einer Schicht Torf als Unterlage gelegt, und zwar so, dass die Partie mit den meisten Augen (Knospen) nach oben weist. Die Steigen kommen dann in einen hellen, luftigen Raum mit Temperaturen zwischen 12 und 15° C. Mit dem Vorkeimen beginnt man Anfang März, gepflanzt wird etwa 5 bis 6 Wochen später, also gegen Mitte April. Vorsicht beim Setzen! Die dünnen Keime brechen leicht ab. Mitte April ist auch der Termin für das Legen nicht vorgekeimter Knollen. Sie kommen in Reihen mit 60 cm Abstand 10 cm tief in den Boden, Abstand in der Reihe 40 cm. Die weiteren Kulturarbeiten bestehen im Hacken, um Unkraut zu entfernen und den Boden zu lockern, und im Anhäufeln, sobald die Kartoffeln etwa 15 cm hoch gewachsen sind. Weiteres Anhäufeln soll dazu

1) Frühkartoffeln
2) Kartoffelblüte
3) Steckzwiebeln
4) Verschiedene Zwiebeln und Schalotten

führen, dass die Knollen schließlich sicher mit Erde bedeckt sind und nicht vergrünen.

Ernte: Die Frühkartoffelernte erfolgt etwa 8 bis 10 Wochen nach dem Legen, also ab der zweiten Junihälfte, wenn man eine frühe Sorte gewählt hat. Ab Ende Juli sollte die Kartoffelernte beendet sein, damit das Beet frei wird für den Anbau von Spätgemüse.

Sorten: Aus der Fülle der bei uns für den Anbau zugelassenen Sorten können hier nur einige wenige Frühsorten genannt werden: 'Christa', 'Gloria', 'Sieglinde', 'Ukama', 'Ostara'. Erhältlich sind diese oder andere, gleichwertige Sorten am ehesten im Landhandel (Raiffeisen bzw. BayWa).

Zwiebelgemüse

Die Zwiebel ist eine uralte Kulturpflanze, bildliche Darstellungen kennen wir schon aus dem Ägypten des Alten Reichs um 3000 v. Chr. Der Weg dieser vor allem früher auch wegen ihrer Heilkräfte geschätzten Pflanze lässt sich über die Griechen und Römer bis in die mittelalterlichen Klostergärten nördlich der Alpen verfolgen. Der Knoblauch (*Allium sativum* var. *sativum*) nimmt in der medizinischen Literatur einen breiten Raum ein, gilt aber auch in der Volksmedizin seit alters als ein Allheilmittel bei den unterschiedlichsten Gebrechen. Daran hat sich bis heute nichts geändert, seine Inhaltsstoffe haben in Drageeform Hochkonjunktur. Andere Zwiebelgewächse, denken wir nur an Schnittlauch oder Porree, gehören zu den gängigen Würzkräutern oder Gemüsen des Hausgartens. Im biologischen Anbau werden Zwiebel und Knoblauch außerdem wichtige Funktionen bei der Abwehr von Krankheiten und Schädlingen zugesprochen.

Botanisch gesehen gehören die Zwiebelgemüse zur Familie der Liliengewächse und sind somit entfernte Verwandte von Lilien, Hyazinthen, Tulpen & Co.

Allium cepa var. *cepa*
Speise-, Küchenzwiebel

Zwiebeln können auf verschiedene Weise kultiviert werden und stehen uns bei gestaffeltem Anbau nahezu ganzjährig zur Verfügung.

Ansprüche: Vollsonnige Lage und ein eher leichter, durchlässiger, ausreichend tief gelockerter, mit organischen Düngern versorgter Boden sind die besten Voraussetzungen für den Zwiebelanbau. Nasses, kühles, lehmig-toniges Erdreich ist ungeeignet. Der Wasserbedarf ist zwar nicht besonders hoch, dennoch muss in sommerlichen Trockenperioden durchdringend gewässert werden.

Anbau: Pflanzenanzucht: Aussaat unter Glas oder am Zimmerfenster im Februar, Pflanzung ins Freiland im April. Frühsaat: Ab Ende März mit 25 cm Reihenabstand, in der Reihe auf 25 cm vereinzeln. Winterzwiebeln: Aussaat in der zweiten Augusthälfte in 25 cm voneinander entfernten Reihen, vereinzeln in der Reihe erst im Frühjahr, etwa ab Mitte März, auf 8–10 cm. Steckzwiebeln: Pflanzung im März/April, Reihenabstand 25 cm, in der Reihe 8–10 cm. Steckzwiebeln sollen etwa Haselnussgröße besitzen, große Exemplare neigen eher zum Schossen. Hat man nur solche zur Verfügung, unterzieht man sie 4 Wochen vor der Pflanzung einer Wärmebehandlung bei etwa 30 °C, um die Schossneigung zu mindern. Zwiebeln zum Stecken kann man auch selber heranziehen. Dazu wird Anfang April auf ein Beet gesät, Reihenabstand 15 cm, und Anfang Juli geerntet. Die dicht stehenden, ungedüngten Zwiebelchen sind dann ausgereift und können bis zum nächsten Frühjahr kühl und trocken gelagert werden. Winterheckzwiebeln dienen nur der Gewinnung von aromatischem Zwiebellaub. Aussaat ins Freiland im April oder August in Reihen mit 25 cm Abstand, in der Reihe 10 cm. Ernte ab Juni/Juli bzw. von überwinterten Spätsaaten ab dem zeitigen Frühjahr. Wenn man so sparsam schneidet, dass die Pflanzen gut weiterwachsen, kann fortlaufend geerntet werden.

Ernte: Frühsaaten im August/September. Es empfiehlt sich übrigens nicht, wie manchmal empfohlen, das Zwiebellaub zur Erzielung einer zeitigeren Ernte herunterzutreten, weil dies die Lagerfähigkeit beeinträchtigt. Besser ist es, mit der Ernte zu warten, bis das Laub von selber welkt. Steckzwiebeln aus Frühjahrsanbau sind ab etwa Juli reif, erste Winterzwiebeln bisweilen schon im Mai für die Küche verwertbar. Der Vollständigkeit halber sei noch auf die ziemlich neuen Wintersteckzwiebeln hingewiesen, deren Anbau aber wegen des notwendigen Winterschutzes aufwendig und mit einem Risiko belastet ist. Gesteckt wird gegen Ende September im Abstand von 26 × 6 cm, vor Frosteintritt muss angehäufelt werden. Zusätzlich empfiehlt sich eine Reisigabdeckung und im zeitigen Frühjahr der Schutz mit Vliesauflage. Ernte etwa ab Mitte Mai.

Schalotten bilden keine Zwiebeln aus, sondern einen verdickten Schaft, der ebenso wie die Blätter meist als würzige Zutat verwendet

1) Porree
2) Knoblauchzehen
3) Knoblauchblüte und -brutzwiebeln
4) Schnittlauch

wird. Üblich ist die Pflanzung kleiner Brutzwiebeln im März/April im Abstand von 15 x 15 cm.
Sorten: Frühjahrs-Säzwiebeln: 'Stuttgarter Riesen', 'Birnenförmige', 'Juwarund'; Winterzwiebeln: 'Express Yellow', 'Weiße Frühlingszwiebel', 'Senshyu Yellow'; Steckzwiebeln: 'Stuttgarter Riesen', 'Birnenförmige', 'Juwarund'

Allium porrum var. *porrum*
Porree, Lauch

Man unterscheidet Sommer-, Herbst- und Winterporree mit unterschiedlichen Pflanzterminen.
Ansprüche: Wichtig für den Anbau sind ein sonniger Platz und tiefgründiger, lockerer, humusreicher und gut Wasser haltender Boden ohne Nässebildung. Gedüngt werden sollte organisch, entweder mit im Herbst einzuarbeitendem Stallmist oder mit reichlich Kompost im Frühjahr. Wegen der langen Kulturzeit können Nachdüngungen mit Pflanzenjauchen oder in Wasser aufgelöstem Trockenmist, auch Gaben von Horn-, Blut-, Knochenmehl notwendig werden.
Anbau: Sommerporree sät man im Frühbeet oder mit Übertunnelung gegen Mitte März mit Pflanzung aufs Beet Mitte April; unter Umständen ist eine Abdeckung mit Folie oder Vlies erforderlich, in jedem Fall aber sicherer. Die Pflanzweite beträgt 30 x 15 cm. Herbstporree wird Anfang April direkt aufs Beet gesät, Reihenabstand 30 cm, von Pflanze zu Pflanze auf 15 cm vereinzeln. Winterporree sät man im Juni im Freiland aus und pflanzt dann Ende Juli bis Mitte August. Die Pflanzen müssen vor Frosteintritt angehäufelt und zusätzlich mit Reisig oder Vlies abgedeckt werden.

Ernte: Sommerporree kann ab Anfang Juli, Herbstporree ab September bis in den Dezember geerntet werden. Winterporree lässt sich bis ins Frühjahr hinein ernten.
Sorten: Sommerporree: 'Bavaria', 'Titan', 'Tropita'; Herbstporree: 'Herbstriesen'; 'Elefant', 'Carentan'; Winterporree: 'Blaugrüner Winter', 'Genita', 'Winterriesen'

Allium sativum var. sativum
Knoblauch, Knofel

Die Pflanze mit den heilkräftigen, intensiv aromatischen, nicht von jedem geliebten Nebenzwiebeln (Zehen) wird mit Blütenstengel bis zu 1 m hoch.
Ansprüche: Knoblauch braucht zum Gedeihen einen möglichst warmen, sonnigen und geschützten Platz und nahrhaften, durchlässigen Boden; verdichtetes Erdreich führt leicht zu Misserfolgen.
Anbau: Man pflanzt die Zehen bereits im Februar oder im September/Oktober in Reihen mit 20 cm Abstand, in der Reihe 10–15 cm. Die Spätpflanzung überwintert sicherer, wenn man etwas Schutz mit Reisig gibt.
Ernte: Ab Ende Juli, sobald das Laub vergilbt, kann man die Pflanzen aus dem Boden holen und die Zwiebeln an einem luftigen, trockenen Platz aufbewahren – einige Zehen auch für den eigenen Anbau. Knoblauch aus Spätanbau (Herbstpflanzung) ist kaum früher reif.
Sorten: Bei uns werden keine Namenssorten angeboten; man sollte deshalb qualitativ besonders gute Zehen von eigenen Pflanzen für den Folgeanbau reservieren.

Allium schoenoprasum
Schnittlauch

Den Schnittlauch könnte man ebenso gut auch ins Kapitel „Mehrjährige Gemüsearten" stellen, denn die Staude liefert 2 bis 3 Jahre gute Ernten und lässt sich dann durch Teilung verjüngen.
Ansprüche: Die Pflanzen gedeihen in jedem guten, tiefgründigen, lockeren Gartenboden, in der Sonne wie im Halbschatten. Da der Nährstoffbedarf ziemlich hoch ist, sollte man im Frühjahr reichlich Kompost einarbeiten.
Anbau: Freilandaussaat, zur schnelleren Keimung unter Vliesschutz, kann bereits im März vorgenommen werden; die gut entwickelten Pflänzchen nimmt man dann in Büscheln zu 10 bis 20 Stück aus dem Boden und setzt sie mit 25 x 25 cm Abstand an den endgültigen Platz. Im April lässt sich bereits vorhandener Schnittlauch auch teilen und im angegebenen Abstand neu pflanzen.
Ernte: Je nach Anbautermin im Laufe des Sommers, wenn die Pflanzen kräftig herangewachsen sind und ausreichend Blätter entwickelt haben. Schnittlauch zum Treiben im Winter darf nicht beerntet und muss besonders gut gepflegt, also bei Trockenheit gewässert und gelegentlich nachgedüngt werden. Man nimmt die Pflanzen dann vor Frosteintritt aus dem Boden und lässt sie auf dem Beet liegen, bis sie durchgefroren sind. Im Haus kommen die Klumpen für einige Stunden in ein Wasserbad (30–40° C), werden danach getopft und hell und warm aufgestellt.
Sorten: 'Hilds Polycross', 'Sperlings Grolau', 'Wagners Fero'

Hülsenfrüchte

Leguminosen oder Schmetterlingsblütler, und hier vor allem Bohnen, gehören zu den wichtigen Nahrungspflanzen des Menschen. Linsen, im Hausgarten heute nicht mehr präsent, wurden in Altägypten bereits 3000 v.Chr. angebaut. Die Bohne taucht bei uns als Kulturpflanze erst im Mittelalter auf, war den südamerikanischen Indios damals aber schon seit Jahrtausenden bekannt. Die Erbse breitete sich wahrscheinlich vom Vorderen Orient kommend, wo sie schon seit undenklichen Zeiten bekannt gewesen sein muss, nach Westen aus.
Erbsen und Bohnen sind für die Ernährung vor allem wegen ihres hohen Gehalts an Eiweiß und Kohlehydraten von Bedeutung. Dass Busch-, Stangen- und Feuerbohnen ausschließlich gekocht verzehrt werden, ist nicht nur Geschmackssache: Die rohen Samen enthalten den Giftstoff Phasin, der nur durch Kochen zerstört wird.
Leguminosen können mit Hilfe so genannter Knöllchenbakterien, die sich an ihren Wurzeln ansiedeln, den Luftstickstoff binden und an den Boden abgeben. Hülsenfrüchtler düngen sich also sozusagen selbst und zählen deshalb zu den Schwachzehrern; eine hohe Stickstoffdüngung würde sich sogar nachteilig auswirken, da sie die Knöllchenbakterien beeinträchtigt. Da der gesammelte und nicht verbrauchte Stickstoff über das Erdreich auch den Nachkulturen zugute kommt, sind Leguminosen wie verschiedene Kleearten, Lupinen oder Wicken so wertvoll für die Gründüngung und Bodenverbesserung.

Gemüseanbau
Hülsenfrüchte

Phaseolus vulgaris var. *nanus*
Buschbohne, Fisole

Buschbohnen sind genügsamer als Stangenbohnen und kommen ohne Rankhilfe aus, allerdings fallen auch die Ernten etwas bescheidener aus.

Ansprüche: Buschbohnen gedeihen auch noch im Halbschatten und in jedem Gartenboden, sofern er nicht extrem trocken oder nass ist; wegen der weit reichenden Wurzeln sollte er möglichst locker und durchlässig sein. Für Nährstoffgaben genügen Kompost oder organische Handelsdünger, Stallmist sollte keine Verwendung finden. Bei der Kultur ist die Frostempfindlichkeit der Pflanzen zu berücksichtigen, die keine Minusgrade vertragen.

Anbau: Da eine Direktsaat erst möglich ist, wenn sich der Boden bereits etwas erwärmt hat, also nicht vor Mitte/Ende Mai, stellt die Jungpflanzenanzucht eine Alternative zum späten Aussaattermin dar. Das gilt ganz besonders für ohnedies ungünstige Lagen. Man legt dazu Mitte/Ende April vier Bohnenkörner in kleine Töpfe und lässt sie auf dem Fensterbrett keimen. Erst ab Mitte Mai kommen die vorgezogenen Pflanzen dann aufs Freilandbeet. Für die Direktsaat bieten sich zwei Möglichkeiten an: Aussaat in 40 cm voneinander entfernte Reihen, in der Reihe 6–8 cm; bei der so genannten Horst- oder Stufensaat kommen immer vier bis sechs Körner im Abstand von 40 cm in den Boden. Saattiefe in allen Fällen etwa 2 cm. Bei den ersten Bohnen empfiehlt es sich, stets Vlies oder Tunnel bereitzuhalten. Die Aussaat von Folgesätzen ist bis in die erste Juliwoche hinein möglich.

Ernte: Bis zur ersten Ernte vergehen etwa 8 Wochen. Bohnen für den Frischverzehr sollten bald geerntet

1) Buschbohnen
2) Stangenbohnen
3) Feuer- oder Prunkbohnen
4) Puffbohnen, Dicke Bohnen

werden, damit sie zart und schmackhaft bleiben, deshalb ist immer wieder durchzupflücken.
Sorten: 'Atlanta' (Trockenkochbohne), 'Dufrix', 'Annabel', 'Delinel', 'Montana', 'Pergousa' (alle grünhülsig und fadenlos); 'Greta', 'Golddukat', 'Hildora' (fadenlose Wachsbohnen); 'Admires' (Schwertbohne); 'Purple King', 'Purpiat', 'Purple Teepee' (fadenlose, blauhülsige, grünkochende Buschbohnen)

Phaseolus vulgaris var. vulgaris
Stangenbohne

Den Stangenbohnen sehr ähnlich sind die im Anschluss kurz vorgestellten Feuerbohnen, die mit ihren auffälligen Blüten einen zusätzlichen Zierwert haben und Rankgerüste schmücken können.
Ansprüche: Stangenbohnen bringen im Vergleich zu Buschbohnen höhere Erträge, stellen allerdings auch höhere Ansprüche als ihre nicht rankenden Verwandten. Schwere Böden eignen sich nicht, lockeres, tiefgründiges, humoses Erdreich und ein warmer, geschützter Standort sind Voraussetzungen für reiche Ernten. Man sollte bei Stangenbohnen mit Kompost nicht sparen und vor allem während der Blüte für einen stets ausreichend feuchten Boden sorgen. Die Frostempfindlichkeit entspricht der von Buschbohnen.
Anbau: Kletternde Bohnen brauchen eine Rankhilfe in Form von Holz- oder Metallstangen, die man entweder senkrecht in den Boden rammt, schräg stehend mit sich überkreuzenden Enden und einer waagerecht darüber befestigten Stabilisierungslatte errichtet oder in Wigwamform aufstellt und oben zusammenbindet. Lassen Sie die Bohnen nicht an zu hohen Rankhilfen in den Himmel wachsen, das erschwert nur die Erntearbeiten. Pro Stange kommen ringsum sechs bis acht Körner in den Boden, der Horst- bzw. Stangenabstand sollte 80 x 60 cm betragen. Aussaatzeiten in Folgesätzen wie Buschbohnen.
Ernte: Stangenbohnen benötigen eine Entwicklungszeit von 12 bis 16 Wochen, ab Reifebeginn wird fortlaufend durchgepflückt, bei den letzten, Anfang Juni gesäten Sätzen bis in den Herbst hinein.
Sorten: 'Neckarkönigin', 'Hiltrud', 'Hilda', 'Rakker' (alle grünhülsig und fadenlos); 'Juwagold', 'Wachs Neckargold', 'Wachs Goldhilde' (fadenlose Wachsbohnen); 'Blauhilde' (fadenlose, blauhülsige, grünkochende Stangenbohne)
Feuer- oder Prunkbohnen (*Phaseolus coccineus*) sind robuster als Stangenbohnen und stellen geringere Ansprüche an die Bodenqualität. Sie sollten aber nur bis Anfang Juni gesät werden, da sie eine um 2 bis 3 Wochen längere Entwicklungszeit als Stangenbohnen haben. Die äußerlich rauhen Hülsen bieten jung geerntet ein besonders intensives Bohnenaroma. Sorten: 'Butler' (rotblühend), 'Desiree' (weißblühend, beide fadenlos)

Vicia faba
Puffbohne, Dicke Bohne, Saubohne

Im Vergleich zu den anderen Bohnen kommt die Puffbohne ausgesprochen kräftig daher – sowohl im Geschmack wie auch in ihrer Robustheit als Pflanze. Allerdings wird sie häufig von der Schwarzen Bohnenlaus befallen.
Ansprüche: Dieses kälteunempfindliche Gemüse nimmt mit nahezu jedem Boden vorlieb und reagiert nur empfindlich auf Trockenheit in leichten Böden. Wegen des frühen Anbautermins muss das Beet für Puffbohnen bereits im Herbst mit Kompost versorgt und hergerichtet werden, sodass man es im Frühjahr nur aufzulockern braucht.
Anbau: Da einige Frostgrade vertragen werden, sät man so früh wie möglich, in günstigen Lagen schon Mitte Februar, sonst im März. Nur in sehr rauen Klimagebieten wird man sich für einen späteren Termin

Gemüseanbau
Hülsenfrüchte

Verschiedene Möglichkeiten für Stangenbohnengerüste

1) Erbsen
2) Cocktailtomaten
3) Stangentomaten

entscheiden müssen. Bei einer Vorkultur legt man in der zweiten Februarhälfte jeweils zwei Körner in einen Blumentopf, lässt nach dem Aufgehen aber nur die kräftigste Pflanze stehen; Auspflanzung etwa 3 Wochen später mit einem Abstand von 60 x 20 cm. Direktsaat ins Freie in Reihen mit 60 cm Abstand, in der Reihe 20 cm. Bei Horstsaat legt man jeweils zwei Bohnen im oben genannten Abstand aus und entfernt nach dem Aufgehen die überzählige Pflanze. Mit Blühbeginn kann angehäufelt werden, da Puffbohnen bis zu 70 cm hoch wachsen und dann nicht immer sicher stehen. Wegen des hohen Nährstoffbedarfs der Pflanzen empfiehlt sich eine Nachdüngung im April oder Mai bei Trockenheit ist zu wässern.

Ernte: Bei einer Kulturdauer von 10 bis 12 Wochen kann meist ab Ende Mai geerntet werden. Es wird mehrmals durchgepflückt, damit die Hülsen stets zart und grün, die Körner noch halbreif, weich und saftig sind.

Sorten: 'Dreifach Weiße', 'Bianka', 'Hedosa', 'Con Amore'

Pisum sativum
Erbse

Diesen buschig wachsenden Hülsenfrüchtlern muss man reichlich Platz einräumen; ihre rankenden Triebe können sich und eventuellen Mischkulturpartnern kräftig ins Gehege kommen.

Ansprüche: Erbsen gedeihen auf jedem humosen, tiefgründigen Gartenboden, nur Staunässe wird nicht vertragen, schweres Erdreich muss entsprechend verbessert und aufgelockert werden. Für die Nährstoffversorgung sind natürliche Dünger wie Kompost ausreichend.

Anbau: Man unterscheidet drei Formen: <u>Pal- oder Schalerbsen</u>, von denen man die runden, noch unreifen oder getrockneten Körner verwendet. Sie sind am wenigsten kälteempfindlich und können schon gegen Ende März gesät werden. <u>Markerbsen</u> haben besonders zarte, runzelige Körner, sollten wegen ihrer etwas größeren Kälteempfindlichkeit erst nach den Palerbsen, etwa Mitte April in den Boden kommen. <u>Zuckererbsen</u> werden im Hausgarten am häufigsten angebaut, da man von ihnen wegen der fehlenden Pergamenthaut auch die jungen, grünen Hülsen mitsamt den noch nicht ausgereiften Körnern essen kann. Aussaat ab Ende März. Gesät wird in 40 cm voneinander entfernte Reihen mit einem Abstand von 5 cm in der Reihe, Saattiefe ebenfalls 5 cm, um die Kultur vor Vogelfraß zu schützen. Eine andere Möglichkeit, vor allem bei höher wachsenden Sorten, ist der Anbau in 10 cm auseinander liegenden Doppelreihen mit 80 bis 100 cm Abstand zueinander. Alle aufstrebenden Sorten, so genannte Reisererbsen, brauchen Rankhilfen in Form von fein verzweigten Ästen oder Maschendrahtkonstruktionen direkt daneben oder zwischen den Doppelreihen.
Ernte: Bei einer Kulturdauer von 8 bis 12 Wochen beginnt die Ernte, je nach Aussaattermin, schon gegen Ende Mai. Es wird immer wieder durchgepflückt, um junge, zarte Erbsen ernten zu können.
Sorten: Palerbsen: 'Rheinperle', 'Maibote', 'Feldham First'; Markerbsen: 'Ator', 'Markana', 'Nova' (alle selbststützend, Rankhilfe meist nicht notwendig), 'Progress Nr. 9'; Zuckererbsen: 'Denise', 'Nofila', 'Rheinische Zucker', 'Zuga'

Fruchtgemüse

Bei dieser Gemüsegruppe handelt es sich um Vertreter der Nachtschatten- und Kürbisgewächse. Die Tomate kann geradezu als Paradebeispiel für den Fleiß der Züchter stehen: Von mehr als faustgroßen Fleischtomaten bis zu gerade Kirschenformat erreichenden Minifrüchten, von kräftig roten, runden, ovalen, länglichen, gerippten bis zu leuchtend gelben, kugel- oder birnenförmigen Sorten reicht die Palette. Dabei gibt es spezielle Züchtungen nicht nur für das Freiland, sondern auch für Gewächshaus, Balkonkasten oder Blumentopf.
Über ein mangelndes Angebot braucht man sich auch bei Paprika und Auberginen nicht zu beklagen, letztere schon etwas abgeschlagen, weil ein risikofreier Anbau eigentlich nur unter Glas möglich ist.
Exotisch kommt die Kürbisfamilie daher mit Zucchini, Squash, Patisson- und Spaghettikürbis und Rondinikürbis. Natürlich gehören auch die Gurken hierher, die durch krankheitsresistente, bitterfreie sowie rein weibliche und damit ertragreichere Sorten noch beliebter und für den Hausgarten interessanter geworden sind.

Lycopersicon esculentum var. esculentum
Tomate, Paradeiser

Wie bereits erwähnt, lässt das Angebot an Formen und Züchtungen kaum Wünsche offen. Wer auf Besonderheiten und Raritäten Wert legt, muss allerdings die Tomaten aus Samen selbst heranziehen, denn Jungpflanzen gibt es in der Regel nur von gängigen Marktsorten zu kaufen.

Ausgeizen: Die neu gebildeten Triebe in den Blattachseln werden ausgebrochen

Ansprüche: Da Tomaten frostempfindlich sind, brauchen sie vor allem einen warmen, geschützten, sonnigen Standort. Wo das Klima zu wünschen übriglässt, setzt man sie am besten vor eine die Wärme reflektierende Wand oder Mauer und hält für Frühjahr und Spätsommer so genannte Tomatenhauben aus Folienmaterial bereit. In sehr ungünstigen Gegenden mit langen Wintern, kühlen Sommern und einem frühen Herbst sollte man für Tomaten von vornherein das Gewächshaus vorsehen. Weniger hohe Ansprüche werden an den Boden gestellt. Ist er durchlässig, humos, nahrhaft und warm – desto besser. Der Bedarf an Wasser und Nährstoffen ist relativ hoch.
Anbau: Sofern nicht Jungpflanzen beim Gärtner gekauft werden, zieht man sich seine Setzlinge aus Samen im März bei etwa 20° C Luft- und Bodentemperatur in Töpfen, Kistchen oder Schalen selber heran. Ab 20. Mai, wenn keine Fröste mehr zu erwarten sind und der Boden sich schon etwas erwärmt hat, wird im Abstand von 60 x 60 cm ausgepflanzt, wobei man in die Grube vorher als Starthilfe reichlich reifen Kompost und Horn-, Blut-, Knochenmehl gibt. <u>Stabtomaten</u> brauchen außerdem einen kräftigen Pfahl oder Spiralstab, bei <u>Buschtomaten</u>

1) Gemüsepaprika
2) Gewürzpaprika
3) Auberginen
4) Einlegegurken

empfiehlt sich eine solche Stütze ebenfalls, auch wenn auf den Samentütchen etwas anderes steht. Pflanzen Sie tief, ruhig bis zum Blattansatz, damit sich reichlich Seitenwurzeln (Adventivwurzeln) bilden, die nicht nur die Standfestigkeit erhöhen, sondern der Pflanze auch zusätzliche Nährstoffe zuführen. Die weiteren Kulturmaßnahmen bestehen in wiederholtem Nachdüngen – entweder mineralisch oder in Form von Pflanzenjauchen, Guano oder aufgelöstem Trockendung. Stabtomaten sind außerdem regelmäßig auszugeizen, das heißt, man knipst immer wieder die in den Blattachseln entstehenden Seitentriebe ab (siehe auch Zeichnung auf S. 201).

Bei Buschtomaten ist das ebenso wenig erforderlich wie das Kappen der Spitze des Mitteltriebs über der obersten Blütentraube, wie manche Gärtner empfehlen. Besser ist es, nur zu dicht stehende Blütentrauben auszudünnen, damit die verbliebenen desto sicherer und gleichmäßiger fruchten.

Auf keinen Fall aber darf man die Pflanze entblättern, was ebenfalls manchmal zu hören ist. Sie brauchen ihr volles Laub für die Assimilation, den lebenswichtigen Stoffaufbau aus Kohlensäure und Wasser.

Ernte: Je nach Aussaat- bzw. Pflanztermin, Kultur und Witterung benötigen Tomaten eine Entwicklungszeit zwischen 10 und 16 Wochen. Geerntet werden die möglichst vollreifen Früchte von August bis September. Im Spätsommer nicht mehr ganz reif gewordene Tomaten reifen an einem dunklen Platz im Haus bei 15–20°C nach.

Sorten: Stabtomaten: 'Hildores', 'Moneymaker', 'Luxor', 'Harzfeuer', 'Rheinlands Ruhm', 'Goldene Königin' (gelb); Buschtomaten: 'Rentita',

'Patio', 'Balkonstar', 'Luca'; Kirsch- oder Cocktailtomaten (kleinfrüchtig): 'Phyra', 'Minibelle', 'Bistro', 'Sweet Cherry'

Capsicum annuum
Gemüsepaprika

Auch beim Paprika kann der Hobbygärtner mittlerweile aus einem beachtlichen Sortiment wählen, wobei zwischen Gemüse- und Gewürzpaprika zu unterscheiden ist.
Ansprüche: Verglichen mit der Tomate stellt der Paprika noch höhere Ansprüche an Klima und Boden. Sofern man nicht von vornherein den sicheren Unterglasanbau vorzieht, muss der Platz ganztägig sonnig, warm und vor Wind geschützt, der Boden durchlässig, humushaltig, gut mit Kompost versorgt und frei von nässebildenden Verdichtungen sein.
Anbau: Bei der Jungpflanzenanzucht ab Anfang März in Schalen oder Töpfen sind Bodentemperaturen von 22–25° C erforderlich, wie sie auf dem Fensterbrett über einem Heizkörper vorherrschen; noch günstiger ist ein beheizbarer Anzuchtkasten mit Abdeckung. Ab Mitte Mai bis Anfang Juni wird dann im Abstand von 40 x 40 cm ins Freiland ausgepflanzt.
Ernte: Bei einer Kulturdauer von 8 bis 10 Wochen beginnt die Ernte gegen Ende Juli; von da ab kann entsprechend dem Reifegrad der Früchte fortlaufend geerntet werden, solange die Witterungsverhältnisse dies zulassen. Paprika sind bereits bei der so genannten Grünreife genussfertig, verfärben sich bei Vollreife je nach Sorte rot oder gelb.
Sorten: 'Merit' (rot), 'Feher' (gelb), 'Golden Bell' (gelb), 'Bell Boy' (rot), 'Esterel' (rot)

Gewürzpaprika oder Spanischer Pfeffer hat schmale, längliche, im Reifezustand rote Früchte, die wesentlich schärfer schmecken und frisch oder getrocknet verwendet werden. Seine Ansprüche gleichen denen des Gemüsepaprika. Sorten: 'De Cayenne', 'Red Chili', 'Westlandse Lange Ronde'

Solanum melongena
Aubergine, Eierfrucht

Mehr noch als beim Paprika handelt es sich bei diesem Nachtschattengewächs um eine Gemüseart für risikofreudige Gärtner oder für Gewächshausbesitzer.
Ansprüche: Sie gleichen denen von Paprika, nur dass die aus dem tropischen Ostindien stammende Pflanze extrem wärmebedürftig ist und ein Freilandanbau selbst im klimabegünstigten Weinbaugebiet stets unsicher bleibt.
Anbau: Die Jungpflanzenanzucht erfolgt ab Mitte März bei Temperaturen zwischen 22 und 25° C in Töpfchen; Auspflanzen ins Freiland mit einem Abstand von 50 x 50 cm nicht vor Ende Mai.
Ernte: Die schönsten und qualitativ besten Früchte erzielt man, wenn pro Pflanze nur drei Haupttriebe mit jeweils zwei oder drei Blüten belassen werden. Die Früchte sind reif, wenn sie den charakteristischen fettigen Glanz besitzen, was je nach Kultur ab Anfang September, bei Freilandanbau wesentlich später der Fall sein kann.
Sorten: 'Blacky', 'Lange violette', 'Negro'

Cucumis sativus
Gurke

Man unterscheidet zwischen den zahlreichen Sorten der Salatgurken, Einlegegurken und Schälgurken für die Herstellung von Senfgurken. Außerdem ist zwischen Freiland-, Gewächshaus- und Frühbeetgurken zu differenzieren. Wo möglich, sollten krankheitsresistente oder zumindest -tolerante, reinweibliche und bitterfreie Sorten gewählt werden.
Ansprüche: Gurken sind genauso kälteempfindlich wie Tomaten, können also erst nach den letzten Frösten, wenn sich der Boden erwärmt hat, ins Freiland, oder man baut sie im Gewächshaus bzw. Frühbeet an. Die Keimtemperaturen müssen mindestens 15° C betragen. Erforderlich ist also ein sonniger, warmer, geschützter Platz mit lockerem, humosem Boden, da die Wurzeln lufthungrig sind. Obgleich der Nährstoffbedarf relativ hoch ist, dürfen Mineraldünger wegen der Salzempfindlichkeit der Pflanzen während der Fruchtbildung nur in sparsamsten Dosen gegeben werden; besser ist eine Versorgung mit organischen Handelsdüngern und reichlich Kompost, der schon vor der Bestellung in den Boden eingearbeitet werden muss; nachgedüngt werden kann dann mit Pflanzenjauchen, Guano oder aufgelöstem Trockenmist.
Anbau: Wegen der Witterungsempfindlichkeit hat sich bei der Freilandkultur eine Pflanzung in die Kreuzschnitte schwarzer Mulchfolie bewährt, wobei man zu Beginn zusätzlich mit Vlies oder Schlitzfolie abdecken kann; gute Dienste leistet auch ein Folientunnel. Bei Anbau unter Flachfolie ist eine gute Grunddüngung notwendig, da später nur über die Kreuzschnitte flüssig gedüngt werden kann.

Gemüseanbau

Fruchtgemüse

1) Salatgurke
2) Zucchini
3) Squash, Melonenkürbis
4) Artischocke

Mit der eigenen Jungpflanzenanzucht im warmen Raum kann man ab Anfang April beginnen, am besten legt man 2 Samenkörner in kleine Töpfe und lässt nach dem Aufgehen nur das kräftigste Pflänzchen stehen. Sobald sich zwei oder drei Laubblätter gebildet haben und die Außentemperaturen nicht mehr unter 15° C sinken, kann man auf ein gut vorbereitetes Beet auspflanzen, eine Reihe pro 1,10 m Beetbreite, Abstand in der Reihe 30 cm. Bei Direktsaat ab der zweiten Maihälfte werden in der Reihe alle 30 cm drei Samenkörner 2 cm tief ausgelegt, später ist auf zwei Pflänzchen auszudünnen. Wer will, lässt die Pflanzen nicht kriechen, sondern an einem Maschendrahtgestell emporwachsen, was vor allem bei den kleinen Einlegegurken vorteilhaft ist, weil die Früchte sauber bleiben und sich bequemer ernten lassen. Bei dieser Methode müssen die Triebe der Jungpflanzen anfangs ins Gitter eingehängt oder angebunden werden.

Ernte: Die Kulturdauer beträgt bei Freilandgurken je nach Aussaat- oder Pflanztermin, Kultur und Witterung 10 bis 18 Wochen. Man sollte die Früchte nicht zu lange an der Pflanze hängen lassen, sondern immer wieder durchpflücken, weil sich dadurch der Gesamtertrag erhöht.

Sorten: Salatgurken: 'Hayat' (bitterfreie Minigurke), 'Flamingo', 'Klaro', 'Sprint', 'Burpless Tasty Green'; Einlegegurken: 'Mepram', 'Bimbostar', 'Eva', 'Bidretta'; Schälgurken: 'Dickfleischige gelbe', 'Fatum', 'Riesen Schäl'

Gemüseanbau
Mehrjährige Gemüsearten

Cucurbita pepo
Zucchini, Gartenkürbis

Unter der Bezeichnung Zucchini (auch: Zucchetti) werden Speisekürbisse mit teils recht unterschiedlich geformten Früchten zusammengefasst: Neben den länglichen Zucchini zählen hierzu Spaghettikürbis, Squash oder Melonenkürbis, Patissonkürbis und Rondinikürbis.

Ansprüche: Die Pflanzen wünschen Wasser haltende, jedoch nicht staunasse, warme und humose Böden in sonniger Lage.

Anbau: Jungpflanzenanzucht gegen Ende April auf dem Fensterbrett im Blumentopf, jeweils zwei Körner je Topf, nach dem Aufgehen bleibt nur die kräftigere Pflanze erhalten. Auspflanzen ab Ende Mai.
Bei Direktsaat ab Mitte Mai werden in den 80 cm voneinander entfernten Reihen Abstände von 80 cm eingehalten, bei der Pflanzung vorgezogener Exemplare geht man ebenfalls auf 80 x 80 cm; den Spaghettikürbis setzt man wegen seiner langen Ranken besser etwas weiter auseinander, auf 100 x 100 cm.

Ernte: Die Ernte der rankenlosen Zucchini beginnt bereits 6 bis 8 Wochen nach der Pflanzung, weil die Früchte am besten schmecken, wenn sie noch jung und zart, in Zahlen: etwa 15–20 cm lang, sind. Werden sie in diesem Zustand gepflückt, ist fortlaufender Nachwuchs garantiert, wird dagegen die rechtzeitige Ernte versäumt, entwickeln sich die Früchte zu großen „Keulen", ohne dass die Pflanze fortblüht und neue Zucchini produziert. Der Spaghettikürbis, dessen Fleisch beim Kochen der ganzen Früchte zu nudelähnlichen Fasern zerfällt, sollte geerntet werden, wenn sich die Fruchtschale mit dem Fingernagel leicht eindrücken lässt.

Sorten: 'Black Jack' (schwarz-grüne Zucchini), 'Gold Rush' (goldgelbe Zucchini), 'Custard White' (Patissonkürbis, flachrund, daher auch 'Fliegende Untertasse', 'Ufo'), 'Diamant' (grüne Zucchini), 'Early Butter Nut' (Melonen-Squash), 'Tondo chiaro di Nizza' (Rondinikürbis, runde Früchte), 'Sperlings Bologneser' (Spaghettikürbis)

Mehrjährige Gemüsearten

Obgleich auch Rhabarber mit einem Quadratmeter pro Pflanze nicht gerade bescheiden in seinen Raumansprüchen ist, wird sich für diese schattenverträgliche Staude wohl immer irgendwo ein Platz finden lassen – notfalls als Begrenzung einer Staudenrabatte im Ziergarten. Anders sieht es im Hausgarten schon mit einer Spargelkultur aus. Dem Liliengewächs muss man ein separates Dauerareal einräumen, das ausschließlich diesem Feingemüse zur Verfügung steht.
Artischocken schließlich sind ein Sonderfall und ihr Anbau im eigenen Garten bleibt wohl nur Gourmets vorbehalten; denn wer diese prächtige Großstaude einmal in voller Blüte erlebt hat, wird sich schwer tun, die Knospen für die Verwertung in der Küche abzuschneiden und damit auf den beeindruckenden Flor zu verzichten.

Cynara scolymus
Artischocke

Dieser Korbblütler wird vor allem im mediterranen Raum angebaut, ist aber nicht ganz so wärmebedürftig wie etwa Paprika und kommt nach Rückschnitt und gut geschützt meist heil über den Winter.

Ansprüche: Die Artischocke wünscht einen gepflegten, nahrhaften, humosen und tiefgründigen Boden, der die Wärme gut hält. An einem geschützten, sonnigen Platz entwickeln sich Artischocken zu eindrucksvollen, bis über 2 m hohen Pflanzen, von denen für die Küche nur die noch geschlossene Blütenknospe verwendet wird. Wichtig ist eine gute Versorgung des Bodens mit organischen Düngern wie Stallmist im Herbst oder Kompost vor dem Anbau.

Anbau: Mit der Jungpflanzenanzucht bei Zimmertemperatur beginnt man im März, ab Mitte Mai kann dann im Abstand von 100 x 100 cm ausgepflanzt werden. Auch Direktsaat ins Freiland ist ab April möglich, wobei vier Körner im Abstand von 100 cm ausgelegt werden und nach dem Aufgehen nur eine Pflanze stehen bleibt. In diesem Fall ist mit der Blüte erst im darauf folgenden Jahr zu rechnen. In Süddeutschland werden Artischockenjungpflanzen übrigens auf Wochenmärkten angeboten, sodass die ganze Anzuchtprozedur entfallen kann. Da Artischocken bei uns nicht sicher frosthart sind, schneidet man die Blütenstängel im Herbst bodennah ab, kürzt die Blätter ein und umhüllt die ganze Pflanze mit Fichtenreisig. Eine Überwinterung des Wurzelballens im Haus in feuchtem Sand ist ebenfalls möglich.

Ernte: Ab Anfang August und meist den ganzen September hindurch können die knospigen Blütenköpfe geschnitten werden, bevor sie sich ins Violette verfärben.

Sorten: 'Große grüne von Laon', 'Green Globe'

1) **Bleichspargel**
2) **Grünspargel**
3) **Rhabarber**

Asparagus officinalis
Spargel

Spargel steht nicht zu Unrecht im Ruf, ein schwierig anzubauendes Gemüse zu sein, was vor allem auf die Kultur von Bleichspargel zutrifft.

Ansprüche: Der Boden sollte tiefgründig und nährstoffhaltig, vor allem aber in gutem Kalkzustand sein. Sandige Böden sind keineswegs Voraussetzung für die Spargelkultur, werden jedoch durchaus akzeptiert. Als Standort wähle man eine sonnige, geschützte und warme Lage.

Anbau: Zieht man sich seine Jungpflanzen aus Samen selbst heran, vergehen bis zur Ernte 3 Jahre. Beim Kauf von Setzlingen spart man das Anzuchtjahr ein. Ausgesät wird im April in Reihen mit 30 cm Abstand auf ein Saatbeet im Freien. Dort bleiben die Pflänzchen, nachdem sie auf 20 cm Abstand vereinzelt wurden, bis zur Pflanzzeit im darauf folgenden zeitigen Frühjahr stehen. Bis zu diesem Zeitpunkt ist das vorgesehene Beet tief umzugraben und mit einer organischen oder mineralischen Grunddüngung zu versehen. Im so vorbereiteten Beet hebt man im Abstand von 150 cm Pflanzgräben aus, die etwa 40 cm tief und oben 50 cm breit sein sollen.

Die Sohle kann man noch einmal lockern und Kompost oder einen anderen Dünger einarbeiten. Nun legt man in 40 cm Abstand voneinander die Spargelpflänzchen so aus, dass die Wurzeln nach allen Seiten flach verteilt sind.

Anschließend werden etwa 5 cm Erde aufgefüllt und die Wurzeln völlig damit bedeckt. Zuletzt gießt man die Jungpflanzen kräftig an. Die weiteren Pflegearbeiten bestehen in diesem Jahr darin, dass man die Pflanzgräben leicht feucht hält und organisch oder mineralisch nach-

Mehrjährige Gemüsearten

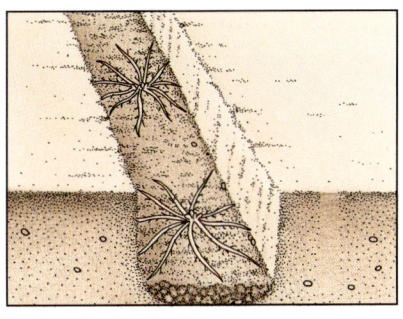

Anbau von Bleichspargel:
1. Die Pflanzen setzt man in einen 40 cm tiefen und 50 cm breiten Graben

2. Die Jungpflanzen werden etwa 5 cm hoch mit Erde abgedeckt; dann Erde andrücken und gießen

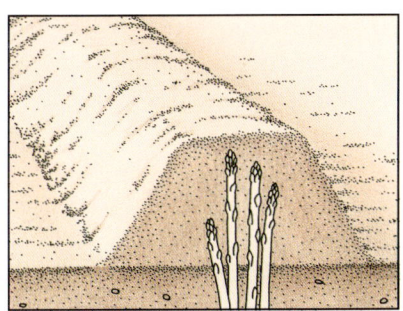

3. Im März des zweiten Jahres nach der Pflanzung wird der Graben aufgefüllt und über den Spargeln ein 40 cm hoher Wall angehäufelt

düngt. Im Herbst ist alles Laub bodengleich abzuschneiden und zu vernichten.

Im zweiten Jahr nach der Pflanzung bzw. im dritten, falls man selber Setzlinge herangezogen hat, ist es dann so weit: Im März werden die Gräben mit Erde aufgefüllt und mit einem 40 cm hohen Hügel überbaut, der an der Basis etwa 80 cm, auf dem Scheitel 40 cm breit ist. Im April sollte man noch einmal eventuell aufkommendes Unkraut beseitigen und den Damm mit dem Spatenblatt glattklopfen.

Ernte: Die hoch wachsenden Spargelstangen lassen sich an der Wölbung auf der Hügelfläche erkennen. Sobald die Köpfe dieser Stangen die Erdoberfläche gerade erreichen, wird der Trieb mit einem Spargelmesser gestochen. Anschließend ist der Hügel wieder zu glätten, da man von einer Pflanze mehrere Stangen ernten kann. Im ersten Erntejahr sollte man das Stechen Anfang Juni beenden, damit die Jungpflanzen genügend Zeit erhalten, Laub zu bilden und sich zu kräftigen. In den folgenden 10 bis 12 Jahren wird bis Ende Juni geerntet, traditionell letzter Termin ist der 24. Juni. Die jährlich wiederkehrenden Arbeiten nach der Ernte bestehen im Einebnen der Hügel, damit die Pflanzen wieder voll ins Wachstum kommen, und im Nachdüngen. Im Spätherbst ist das Laub bodennah abzuschneiden und zu vernichten, im Frühjahr werden die Hügel wieder neu aufgebaut. Grünspargel wird genauso gepflanzt und gepflegt, nur dass dabei die aufwendige Hügelwirtschaft entfällt.

Sorten: Bleichspargel: 'Schwetzinger Meisterschuss', 'Lukullus', 'Huchels Leistungsauslese'; Grünspargel: 'Sperlings Merrygreen', 'Spaganiva'

Rheum rhaponticum
Rhabarber

Das aus Ostasien stammende Knöterichgewächs hat sich schon lange einen festen Platz vor allem in ländlich gelegenen Hausgärten erobert.

Ansprüche: Gewünscht wird ein nahrhafter, tiefgründiger und genügend feuchter Boden, wo Rhabarber auch noch im Halbschatten gedeiht. Stallmist und Kompost fördern das Wachstum, bei Trockenheit muss reichlich gewässert werden.

Anbau: Rhabarber wird vegetativ durch Teilung vermehrt, bei der man so genannte „Klumpen" abtrennt, von denen jeder mindestens eine gut ausgebildete Knospe und ein Gewicht von etwa 500 g besitzen muss. Gepflanzt wird im März/April oder, noch günstiger, im Oktober mit 100 x 100 cm Abstand in eine ausreichend geräumige, mit Kompost und Horn-, Blut- oder Knochenmehl angereicherte Grube. Nach der Ernte gegen Ende Juni ist erneut kräftig zu düngen und bei Bedarf zu wässern, damit die Pflanze neue Kräfte sammeln kann.

Ernte: Die ersten Stiele kann man im April des zweiten Jahres nach der Pflanzung herausdrehen (nicht abschneiden), auch ab dem Folgejahr sollte der Pflanze nur soviel weggenommen werden, dass genügend Blattmasse zum Weiterwachsen erhalten bleibt.

Besonders frühe Ernten werden erzielt, wenn man dem Stock ab Anfang Februar eine Kiste oder einen genügend großen Eimer überstülpt, zusätzlich mit alten Decken oder ähnlichem für Wärme sorgt und als Regenschutz mit Folie abdeckt. Dann lassen sich oft schon im März erste zarte Stiele ernten.

Sorten: 'Holsteiner Blut', 'The Sutton', 'Roter Prinz'

Kräuteranbau

Gewürz- und Heilkräuter – häufig sind sie beides in einem – begleiten den Menschen seit alters und finden sich heute in fast jedem Garten, selbst dort, wo ansonsten auf Nutzpflanzen verzichtet wird. Wer einmal frische Blätter und Triebe aus dem Garten geerntet hat, weiß, dass sie jeder abgepackten Handelsware überlegen sind. Auch getrocknet oder eingefroren schmecken sie noch einmal so gut und wecken mit ihrem unverfälschten Duft Erinnerungen an erlebte Sonnentage und Sommer.

Außerdem: Wo aromatische Kräuter wachsen, schafft man Insekten wie Bienen und Schmetterlingen ein Refugium und lockt allerlei Nützlinge an – ein Grund mehr, Gewürzpflanzen in den Garten zu holen. Dabei wird man auch selbst den Duft zu schätzen lernen, den viele dieser Gewächse bereits an Ort und Stelle verströmen, wo sie zum Verweilen einladen. Manche sehen mit ihren Blüten sogar so hübsch aus, dass sie ohne weiteres neben Sommerblumen und Stauden bestehen können. So demonstrieren sie nebenbei sehr anschaulich die Verbindung des Angenehmen mit dem Nützlichen.

Platzierungs- und Gestaltungsmöglichkeiten

Das eben Gesagte legt nahe, Kräuter nicht ausschließlich auf das Beet im Gemüseteil zu verbannen, sondern sie als eigenständiges Element in die Gestaltung von Garten und Terrasse mit einzubeziehen.

Doch bleiben wir kurz beim Gemüsegarten, dem traditionellen Platz für Küchenkräuter. Gerade bei klei-

Augen- und Nasenweide: Kräuter-Steingärtchen mit Oregano, Salbei, Thymian, Lavendel & Co.

Kräuteranbau

Platzierungs- und Gestaltungsmöglichkeiten

ner Nutzgartenfläche ist kein eigenes „Kräuterabteil" nötig. Vor allem die Einjährigen lassen sich gut an den Beeträndern unterbringen, wo sie teils sogar Schädlinge von den Gemüsepflanzen fernhalten. So soll etwa Bohnenkraut die Schwarze Bohnenlaus und Borretsch den Kohlweißling vertreiben, Basilikum die Tomaten und Gurken vor Schadinsekten schützen. Für ausdauernde und hohe Kräuter findet sich vielleicht ein – nicht beschatteter – Platz in Kompostnähe, am Rande der Beetwege oder eines Zauns, der den Gemüsegarten abgrenzt.

Kräuter im Ziergarten

Arten mit zierenden Blüten und Blättern kann man in größeren Tuffs oder Horsten in den Ziergarten integrieren und mit höher wachsenden Stauden oder anderen Zierpflanzen kombinieren. Lavendel und Salbei beispielsweise passen sehr gut zu Rosen, Pflanzungen mit Einjährigen lassen sich gut durch Ringelblumen, Melisse und Ysop ergänzen, Borretsch besticht durch seine hübschen blauen Blüten zwischen Sommerblumen wie Stauden. Mit auffallend hellen, silbergrauen oder bläulichen Blättern schmücken sich unter anderen Wermut, Eberraute und Weinraute, Zuchtsorten etwa von Thymian, Oregano, Salbei und Minze warten mit goldgelbem, rötlichem oder gemustertem Laub auf. Manche Gartenbereiche eignen sich ganz besonders für das Anpflanzen bestimmter Kräuter. Der Steingarten ist ein wahres Paradies für vielerlei Arten, die pralle Sonne lieben und mit wenig Feuchtigkeit auskommen, z. B. Bergbohnenkraut, Feldthymian, Tripmadam, Salbei, Weinraute und Ysop. Und der Aufenthalt am Gartensitzplatz gewinnt an zusätzlichem Reiz, wenn in seiner Umgebung aromatische Kräuter für eine besondere Duftnote sorgen, so etwa verschiedene Arten von Thymian, Minze und Salbei, Basilikum, Zitronenmelisse und Oregano.

Rosmarin wirkt in einem dekorativen Terrakottagefäß ebenso ansprechend wie andere Kübelpflanzen. Daneben lassen sich zahlreiche, wenn auch nicht ganz so schmucke Küchenkräuter in Töpfen und Gefäßen kultivieren, ob nun auf der Terrasse oder auf dem Balkon.

Die Kräuterspirale ist eine besonders hübsche Möglichkeit, Würz- und Heilpflanzen in den Garten einzugliedern

Gestalten mit Kräutern

Schließlich eröffnen Kräuter ganz spezielle Einsatzmöglichkeiten bei der Gartengestaltung. Vor allem mit Römischer Kamille *(Chamaemelum nobile)*, Feldthymian *(Thymus serpyllum)* oder Poleiminze *(Mentha pulegium)* lässt sich ein einheitlich bepflanzter, gelegentlich betretbarer Kräuterrasen anlegen. In der Wildkräuterwiese dagegen versammeln sich verschiedene Kräuter- und Wildblumenarten. An Beet- oder Rabattenrändern kommen niedrig wachsende Kräuter als Einfassung infrage, höhere Arten wie Engelwurz, Liebstöckel und Beifuß können den Hintergrund von Rabatten bilden. Mit verholzenden Kräutern wie Lavendel, Ysop und Weinraute kann man halbhohe duftende Hecken anlegen. Niedrig oder flach wachsende Arten wiederum können Treppen und Wege säumen oder zwischen den Platten und Stufenfugen gedeihen und den „Begeher" duftend begleiten.

Kräuterecken und -beete erlauben von kunterbunt-naturnah bis kunstvoll-ornamental die unterschiedlichsten Möglichkeiten. Ein bauerngartenähnliches Kräuterbeet mit Buchseinfassung und einer Hochstammrose in der Mitte, ein Kräuterrondell als Zentrum der Gemüsefläche oder inmitten des Rasens, ein Kiesbeet mit Kräuterbewuchs – das sind nur ein paar Alternativen zum, allerdings sehr praktischen, Kräuterbeet in Rechteckform. Erwähnt sei schließlich die Kräuterspirale, bei der Natursteine, schneckenhausförmig, zur Mitte hin leicht ansteigend und ohne Mörtelverbindung verlegt, den Rahmen bilden. Die Zwischenräume der Spirale werden mit guter Erde aufgefüllt, der innere Bereich eventuell zuvor mit einer Dränage (Kies, Schotter) versehen. Ganz unten, an den Anfang der Spirale pflanzt man dann die mehr Feuchtigkeit liebenden Gewächse wie Minze und Liebstöckel, weiter oben finden zunehmend Trockenheit vertragende, sonnenbedürftige Kräuter wie Oregano, Salbei oder Thymian ihren Platz. Für das Ganze sollte wenigstens eine Fläche von 2–3 m² zur Verfügung stehen, sonst entsteht leicht ein unförmiger Turm, auf dem sich die Pflanzen schnell ins Gehege kommen.

Kräutergartenpraxis

Im Vergleich mit vielen anderen Gartenpflanzen sind Kräuter ziemlich anspruchslos und gedeihen am besten, wenn sie weitgehend in Ruhe gelassen werden. Da sie als Kulturgewächse jedoch im Gesamtbild des häuslichen Grüns ihren Platz finden und sich ein- oder unterordnen müssen, sind Eingriffe durch die Hand des Gärtners unerlässlich. Außerdem ist pflegeleicht nicht mit pflegelos gleichzusetzen, was bedeutet, dass auch unsere Küchenkräuter nur zufriedenstellend wachsen und die erwünschte Würze liefern, wenn man ihnen das gibt, was sie nun einmal verlangen. Das ist zwar nicht sehr viel, aber einige Grundanforderungen müssen erfüllt werden.

Die meisten Kräuter brauchen Sonne und Wärme, um die gewünschten Aroma-, Würz- und Wirkstoffe zu bilden

Lage und Licht

Die meisten Kräuter sind lichtbedürftig und brauchen einen möglichst sonnigen Platz. Das bedeutet nicht volle Sonne vom Morgen bis zum Abend, aber für die Dauer von mindestens 5 Stunden täglich sollte die direkte Bestrahlung gesichert sein. Besonders günstig sind Plätze vor einer hellen Mauer oder Hauswand, vor dicht bepflanzten Zäunen oder vor Hecken, wo die Wärme reflektiert wird und sich länger hält. Dasselbe gilt für nach Süden oder Westen weisende Hanglagen, beispielsweise unterhalb einer Terrasse, aber auch für ein Beet im Schutz eines Kleingewächshauses.
Gerade bei den Würz- und Duftkräutern fördert ein sonniger Standort nicht nur das Pflanzenwachstum, sondern auch die Bildung der erwünschten Aromastoffe. Sie sind umso intensiver, je mehr Wärme und Sonne der Pflanze vergönnt waren, was besonders ins Gewicht fällt, wenn die Blätter konserviert werden sollen. Man kann diese wetterbedingte Duftentwicklung im eigenen Garten selber feststellen, wenn man das Kräuterbeet mal bei Sonne und mal bei Regen einem Geruchstest unterzieht. Auch eine mit Wildkräutern durchsetzte Wiese duftet am stärksten um die Mittagszeit eines sonnigen Hochsommertags, wenn sich die in den Pflanzen enthaltenen ätherischen Öle in der Wärme verflüchtigen.

Der Boden

Im Allgemeinen werden Kräuter in jeder humushaltigen, gut durchlässigen Gartenerde zufriedenstellend gedeihen. Ungünstig sind vor allem schwere, stark lehm- und tonhaltige Böden, die man durch Zusätze von Sand und Kompost bzw. verrottetem Stallmist verbessern kann. Extrem durchlässige, leichte Sandböden erhalten zur Strukturverbesserung ebenfalls Kompost und/oder Stallmist, außerdem kann ein Zusatz von Lehm sehr nützlich sein. Steinmehle, sparsam aufgestreut und leicht eingehackt, wirken sich positiv auf die Krümelstruktur aus. Ist das Erdreich so stark verdichtet, dass kein Wasser abfließen kann, wird man um eine Dränage im Untergrund kaum herumkommen. Hier muss dann tief aufgegraben und zunächst eine dicke Schicht Schotter oder grober Kies aufgebracht werden. Steine in der Oberschicht braucht man im Kräuterbeet nicht unbedingt abzusammeln; sie beeinträchtigen das Wachstum der Pflanzen kaum, können allerdings beim Hacken und beim Abstechen wuchernder Exemplare hinderlich werden.

Wässern und düngen

Kräuter sind in der Regel eher bescheiden, was den Bedarf an Feuchtigkeit angeht.
Wie oft gegossen werden muss, hängt von verschiedenen Faktoren,

Kräuteranbau

Kräutergartenpraxis

nicht zuletzt natürlich auch vom Wetter ab. Dass in hochsommerlichen Trockenperioden die Gießkanne verstärkt in Aktion zu treten hat, versteht sich von selbst, dass aber auch die Bodenbeschaffenheit den Gießrhythmus mit bestimmt, muss erst leidvolle Erfahrung lehren. Ist nämlich das Erdreich sehr sandig und durchlässig, der Untergrund ebenfalls nicht verdichtet, bleibt die Bodenfeuchtigkeit auch nach Dauerregen nicht lange erhalten, und der Gärtner muss rechtzeitig für Nachschub sorgen.

In gutem, humusreichem Gartenboden wird man sich gerade bei Kräutern mit dem Gießen nicht schwer tun, weil die Gewächse immer noch eine Restfeuchte im Untergrund finden. Zu Welkeerscheinungen sollte es dennoch nicht kommen; zwar wird kein Kraut gleich absterben, wenn es einmal kurzzeitig die Blätter während der heißen Mittagsstunden hängen lässt. Aber man muss die Pflanzen nicht unbedingt einem unfreiwilligen Härtetest unterziehen und sollte besser rechtzeitig zur Kanne greifen.

Gegen Wasser aus der Leitung sind die robusten Kräuter im Gegensatz zu vielen Zimmer- und Kübelpflanzen wenig empfindlich. Selbst ein relativ hoher Kalkanteil im Gießwasser wird meist schadlos verkraftet, wenn die Gewächse frei ausgepflanzt im Gartenboden stehen. Allerdings sollte das lebensnotwendige Nass nicht eiskalt aufs Beet kommen; ein Kälteschock auf den sonnenwarmen Blättern könnte die Folge sein. Füllen Sie das Wasser also in Kannen oder Schöpfgefäße ab, in denen es sich erwärmen und Lufttemperatur annehmen kann. Wo die Pflanzen genügend weit auseinander stehen, empfiehlt es sich, den freien Boden zwischen ihnen mit einer Mulch-

Im humosen Gartenboden, z. B. am Rande des Gemüsebeets, werden Kräuter ohne mineralische Zusatzdüngung satt

schicht zu bedecken oder öfter zu hacken, um die feinen Kapillarröhrchen im Erdboden zu verschließen. Beides setzt die Verdunstung herab, sodass man seltener zu gießen braucht. Gewässert wird im Allgemeinen reichlich und durchdringend, 10 l/m² sollten es nach einer Faustregel schon sein.

Noch anspruchsloser sind Kräuter hinsichtlich der **Nährstoffversorgung**. Mineralische Volldünger sollten nur im Notfall verabreicht werden, wenn die Pflanzen durch nachlassendes Wachstum und klein bleibende, aufhellende Blätter akuten Mangel – vor allem an Stickstoff – anzeigen. In einem guten, humusreichen Gartenboden passiert das freilich kaum. Dort reicht es völlig aus, wenn im Frühjahr Kompost zwischen und unter den Kräutern ausgestreut und ganz flach, in die oberste Schicht, eingearbeitet wird. Wo es an diesem Naturdünger mangelt, kann man sich gut mit Hornspänen, Blut- und Knochenmehl behelfen oder einen anderen organischen, im Gartenfachhandel erhältlichen Dünger einsetzen.

Generell sollte man sich bei Kräutern an den Grundsatz halten, eher zu wenig als zu viel zu geben; eine Überdüngung schadet nicht nur den meist genügsamen Pflanzen, sondern mindert auch Würzkraft und Aroma und erhöht außerdem die Anfälligkeit für verschiedene Krankheiten und Schädlinge.

TIPP

Richtig gießen

Gießen Sie möglichst am frühen Vormittag, dann bekommen die Wurzeln, was sie brauchen, bevor ein Teil des Wassers ungenutzt verdunstet ist. Außerdem sind die Blätter dann schnell abgetrocknet und können weniger von Pilzkrankheiten befallen werden. Aus demselben Grund sollte man beim Gießen am Abend, wenn es denn unvermeidlich ist, das Laub möglichst wenig benetzen, damit es nicht feucht in die Nachtkühle geht.

Manchen Schädlingen „stinkt's", wenn Lavendel, Weinraute und Salbei mit vereinten Kräften duften

Pflanzenschutz

Bei den Küchenkräutern des Gartens verbietet sich die Anwendung von Pestiziden (chemischen Pflanzenschutzmitteln) von selbst. Würzpflanzen werden täglich frisch und für den Sofortverbrauch geschnitten und müssen schon deshalb frei von jeglichen Schadstoffen sein. Glücklicherweise sind die meisten Kräuter wenig anfällig für Schadorganismen und dass gar ein ganzer Bestand geschädigt wird, kommt äußerst selten vor. Ein Grund dafür mag in der natürlichen, den Wildpflanzen eigenen Resistenz zu suchen sein – artgerechte Pflege immer vorausgesetzt –, ein anderer liegt vielleicht in der intensiven Geruchs- und Aromaentwicklung, ein weiterer möglicherweise darin, dass auf dem Kräuterbeet viele, ganz unterschiedliche Gattungen und Arten auf engem Raum beieinander stehen. Treten dennoch einmal vermehrt Schädlinge oder Krankheiten auf, die sich durch Absammeln bzw. durch Entfernen befallener Pflanzenteile nicht beseitigen lassen, hält der Fachhandel ungiftige, nützlingsschonende Alternativmittel bereit. Bei Problemfällen wende man sich an den örtlichen Pflanzenschutzdienst (bei der Ortsverwaltung erfragen), der kostenlos berät.

Vermehrung

Sofern nur einige wenige Exemplare bestimmter Kräuter benötigt werden, ist es zweckmäßig, im Gartencenter, in einer Baumschule oder einer Staudengärtnerei nach Jungpflanzen Ausschau zu halten. Containerware ist auch außerhalb der üblichen Pflanzzeiten erhältlich und kann, den Winter ausgenommen, jederzeit in den Boden kommen. Sicherlich macht aber auch die eigene Anzucht Freude – sofern sie gelingt – und bei einem größeren Pflanzenbedarf lohnt sie sich auch aus Kostengründen.

Die allermeisten Kräuter lassen sich **aus Samen** heranziehen. Allerdings findet man Saatgut besonderer Arten häufig nur bei speziellen Versendern. Bei der Aussaat geht man grundsätzlich vor, wie beim Gemüse beschrieben (S. 175–177). Eine Vorkultur bzw. warme Anzucht ab März ist unter anderem günstig für Basilikum, Lavendel, Majoran, Rosmarin, Salbei, Thymian und Ysop. Ab April/Mai kann eine Freilandaussaat auf ein extra Saatbeet erfolgen, das vor kühlen Nächten mit Folie geschützt wird; dies z. B. bei Borretsch, Dill, Kerbel, Kresse, Kümmel und Petersilie. Später werden dann die kräftigsten Exemplare an den gewünschten Endstandort verpflanzt. Direktsaat aufs Kräuterbeet ab Mitte Mai ist z. B. bei Bohnenkraut, Kapuzinerkresse, Majoran oder Portulak möglich; die Samen robusterer Arten kann man in günstigen Lagen bereits im April in den Boden bringen. Saattermine sind jeweils bei den nachfolgenden Pflanzenübersichten (ab S. 218) genannt.

Basilikum und andere wärmebedürftige Kräuter sollte man im Zimmer oder Gewächshaus vorziehen

Bei den ausdauernden Kräuter, ihrer „Natur nach" meist Stauden, lassen sich verschiedene Arten der **vegetativen Vermehrung** anwenden. Die einzelnen Verfahren werden im Kapitel „Pflanzenvermehrung" (ab S. 118) ausführlich beschrieben; hier seien nur die infrage kommenden Methoden und jeweils ein paar Beispiele genannt:

- Stecklinge: Bergbohnenkraut, Estragon, Lavendel, Rosmarin, Salbei, Thymian, Ysop
- Teilung: Estragon, Oregano, Schnittlauch, Zitronenmelisse
- Absenker: Bergminze, Majoran, Salbei, Thymian, Winterbohnenkraut, Ysop
- Ableger und Ausläufer: Beinwell, Estragon, Liebstöckel, Pfefferminze

Überwinterung

Die meisten unserer Würz- und Küchenkräuter können den Winter über auf ihrem Platz im Garten bleiben. Eine Ausnahme bilden Lorbeer und Rosmarin, die man nur in sehr milden Klimaten in einer von Winden geschützten Ecke im Freien lassen darf. Meist werden sie aber vor Eintritt strengerer Fröste ins Haus geholt und dort in einem hellen, kühlen Raum bei etwa 6–10° C überwintert. Lorbeer ist als immergrüne Blattschmuckpflanze ohnedies mehr den Zier- als den Würzgewächsen zuzuordnen, sein aromatisches Laub eher eine willkommene Beigabe. Ihn kann man ebenso wie den Rosmarin mit seinen hübschen Blüten auch als Kübelpflanze halten.

Für viele andere Kräuter oder Kleinsträucher, die mediterranen, klimamilden Gegenden entstammen, sollte man im Herbst Reisig bereitlegen, falls der Winter strenge Fröste bringt. Bergbohnenkraut, Estragon, Fenchel (oft nur zweijährig kultiviert), Oregano, Salbei oder selbst Thymian sind nicht sicher frosthart und unter einer Schutzdecke aus Zweigen im Falle eines Falles besser aufgehoben. Beifuß, Liebstöckel, Petersilie, Sauerampfer, Schnittlauch, Tripmadam, um nur einige zu nennen, kommen ohne jeden Schutz aus.

Frisches Grün lässt sich auch gewinnen, wenn man einige der Kräuter, die den Winter sonst draußen verbringen, im Herbst ins Haus holt. Bergbohnenkraut, Lavendel, Salbei und Thymian beispielsweise halten es gut in einem hellen, mäßig warmen Raum aus, sofern sie nicht erst im Herbst, sondern bereits im Spätsommer eingetopft und vor Frosteintritt in ihr Winterquartier gebracht werden. Sie bekommen in dieser Zeit der Ruhe keinen Dünger, werden nur sehr mäßig gegossen und ihrer Blätter äußerst sparsam beraubt.

Auch von Petersilie kann man im Herbst einige Pflänzchen aus dem Boden nehmen und in Töpfe mit sandiger Erde setzen. Am hellen Küchenfenster bleiben sie uns einige Zeit als Würzlieferanten erhalten. Bei zum Treiben bestimmtem Schnittlauch wählt man einen relativ späten Termin, weil er nach dem Ausgraben auf dem Beet abtrocknen und ruhig auch etwas Frost abbekommen soll. Im Blumentopf am hellen Fenster und bei mäßiger Wärme sprießt dann schon bald neues Zwiebellaub. Für Basilikum ist Topfkultur von Anfang an eh das Beste. Wegen ihrer Kälteempfindlichkeit holt man einige dieser Pflanzen bereits im September ins Haus, wo sie es bei viel Licht auch im beheizten Zimmer noch eine Weile aushalten und für die Küche genutzt werden können. Theoretisch ließe sich das einjährige Basilikum den ganzen Winter über am Fenster kultivieren, wenn man sich aus Stecklingen neue Pflanzen heranzöge. Erfolgversprechend ist das jedoch nur, sofern zusätzlich Kunstlicht gegeben wird – ein Aufwand, der sich kaum lohnt.

Wieweit es gelingt, Kräuter im Innenraum weiter zu ziehen und am Leben zu erhalten, hängt von mehreren Faktoren, nicht zuletzt von viel Fingerspitzengefühl bei der Pflege ab. Es darf weder zu reichlich noch zu wenig gegossen werden, Temperatur und Lichtverhältnisse müssen stimmen, die richtigen Standorte gefunden werden. Auch hier gilt: Je länger man Erfahrungen sammelt, desto mehr Erfolg wird man mit der Zeit haben.

> **T I P P**
>
> **„Wintergrüne" Petersilie**
> Wird Petersilie übertunnelt oder mit Fichtenreisig etwas abgedeckt, behält sie ihre Blätter länger und man kann noch bis weit in den Dezember hinein Würzkraut für die Küche schneiden.

Kräuteranbau

Kräutergartenpraxis

Schnittlauch für den Winterbedarf kann man an einem hellen Fenster im Topf kultivieren

Ernte und Konservierung

Kräuter für den Sofortverbrauch in der Küche werden das ganze Vegetationsjahr über geschnitten, solange Blätter und Triebe noch grün und aromatisch sind. Anders als bei zum Konservieren bestimmten Teilen kommt es hier nicht vorrangig auf den Zeitpunkt des höchsten Wirkstoffgehalts, sondern vor allem auf die Frische an. Mangelt es an Aroma, wird eben nach dem Abschmecken etwas mehr in die Speisen gegeben, um den gewünschten Würzeffekt zu erzielen. Beblätterte Triebe, z. B. von Petersilie, kann man übrigens mit den Stängelenden ruhig für eine Weile in ein Glas mit Wasser stellen und so lange verwenden, wie sie noch frischgrün sind. In Alufolie oder Frischhaltebeuteln lassen sich Kräuter mehrere Tage im Gemüsefach des Kühlschranks aufbewahren, eventuell verlorene Würzkraft ist dann durch Menge auszugleichen.

Erntezeitpunkt

Bei der Kräuterernte für die Konservierung gelten allerdings andere Kriterien, hier macht es durchaus Sinn, den richtigen Pflücktermin ebenso zu berücksichtigen wie die Tageszeit und das Wetter. Achten Sie in diesem Fall auch peinlich genau darauf, nur wirklich frische, gesunde und unbeschädigte Pflanzenteile durch Abknipsen mit einem scharfen Messer oder einer Schere zu ernten, damit es später nicht zu Schimmel oder Geschmacksbeeinträchtigungen kommt.

Und vor allem: Plündern Sie Ihre Pflanzen nicht aus! Wenn zum Konservieren größere Mengen erwünscht sind, besteht immer die Gefahr, mehr zu pflücken oder zu schneiden, als die Gewächse verkraften können. Anders verhält es sich, wenn mit Blick auf die Konservierung so reichlich angebaut wurde, dass einige Exemplare für den laufenden Sofortverbrauch reserviert sind, während die anderen ausschließlich der Haltbarmachung vorbehalten bleiben. In diesem Fall kann man großzügig ernten, ausdauernde Pflanzen bis auf die Hälfte zurückschneiden, einjährige sogar noch etwas mehr.

Bei der Mehrzahl der Kräuter haben sich die meisten Aromastoffe **kurz vor der Blüte** angesammelt. Danach braucht die Pflanze ihre Kräfte für den Flor und die Fruchtausbildung, was zulasten der Geschmacksintensität geht. Zum Ernten wählt man einen sonnigen Tag und die Vormittagsstunden, wenn der Tau verdunstet ist, die Blätter aber andererseits noch nicht durch die Mittagshitze in Mitleidenschaft gezogen wurden. Dies zu berücksichtigen liegt in unserer Hand; einen kühlen, verregneten Sommer dagegen muss man hinnehmen und akzeptieren, dass die Aromaentwicklung der Kräuter in so einem Fall hinter den Erwartungen zurückbleibt. Mit dem Wärme liebenden Basilikum ist dann im Freien überhaupt kein Staat zu machen, es wird besser, Topfkultur vorausgesetzt, gleich ins Gewächshaus oder an ein helles Zimmerfenster gebracht. Samen, z. B. von Kümmel oder Fenchel, erntet man, wenn sie reif sind, also kurz bevor die Körner von selbst ausfallen, ganze Pflanzen zum Trocknen in der Regel kurz vor der Blüte. Was nicht sofort verarbeitet wird, ist an einem schattigen, luftigen Platz für die Zwischenlagerung am besten aufgehoben. Achten Sie beim Ernten darauf, dass grüne Teile locker in den Behälter, vorzugsweise ein Körbchen oder durchlöcherter Karton, zu liegen kommen und bald auf einem Bogen Papier ausgebreitet werden. Plastiktüten oder Folienbeutel sind auch kurzfristig ungeeignet, weil sich in ihnen Verdunstungsfeuchtigkeit sammelt und ein Hitzestau zur Welke des grünen Ernteguts führt.

Trocknen

Die einfachste, schonendste und natürlichste Methode, Kräuter zu konservieren, ist die Lufttrocknung. In früheren Zeiten, als es noch keine

Zum Trocknen wird Majoran – wie viele andere Kräuter – kurz vorm Blühen geschnitten

Beim Oregano kann man ebenso wie bei Ysop mit dem Schneiden bis zur Blüte warten

elektrischen Dörrapparate, Küchenherde oder gar Mikrowellengeräte gab, legte man sich auf diese Weise einen Vorrat für die kalte Jahreszeit und für die Hausapotheke zu. Wo ein luftiger Schuppen, Speicher, Dachboden oder ein Gartenhäuschen zur Verfügung stehen, kann man sie auch heute noch als Trockengelegenheit nutzen.

Da **Luftzirkulation** noch wichtiger ist als Wärme, muss man in geschlossenen Räumen die Fenster öffnen oder sonstwie einem Hitzestau entgegenwirken. Zur Not tut es ein in der Nähe des Trockenplatzes aufgestellter Ventilator. Pralle Sonne ist in jedem Fall zu meiden, weil sich dann die ätherischen Öle mitsamt den Aromastoffen rasch verflüchtigen. Die zum Konservieren bestimmten Pflanzenteile sollten vor dem Trocknen nicht gewaschen, sondern nur vorsichtig ausgeschüttelt werden, um Kleintiere und lose Blättchen zu entfernen. Wenn sich der Garten jedoch in einem Industriegebiet mit vermutlich hoher Luftverschmutzung befindet, muss man von dieser Regel abweichen und die Kräuter unter einem sanft fließenden Wasserstrahl abspülen. Danach werden die Pflanzenteile behutsam mit Küchenkrepp oder einem weichen, saugfähigen Tuch abgetupft. Eine nachfolgende Vortrocknung ist nur bei ganzen, buschigen und dicht belaubten Pflanzen sinnvoll, deren Restfeuchte man nicht erst auf dem endgültigen Trockenlager abtropfen lassen möchte.

Sofern es sich nicht um bereits abgezupfte Einzelblätter, Triebspitzen oder Blüten handelt, kann man die Kräuterstängel mit einem Faden zusammenbinden und kopfunter, beispielsweise an einer Wäscheleine, **zum Trocknen aufhängen**. Achten Sie dabei darauf, dass sich die Pflanzen gegenseitig nicht berühren. Ein unter die Leine gebreitetes weißes Tuch oder ein Bogen Papier nimmt die während des Trockenvorgangs abfallenden Blättchen auf. Übrigens, so hübsch und nostalgisch es auch aussehen mag – die Küche ist als Trockenraum ungeeignet.

> **TIPP**
>
> **Trocknung in Kisten**
> Eine weitere Möglichkeit des Trocknens bieten Obststeigen oder einfache flache Holzkistchen, wie man sie als Leergut in Supermärkten erhält. Sind die Eckpfosten zur luftigen Stapelung nicht ohnehin bereits verlängert, was bei Obstkisten meist der Fall ist, legt man beim Aufeinanderstellen kleine Hölzchen zwischen die Steigen – es sei denn, Sie besitzen einen so geräumigen Speicher oder Dachboden, dass die Behälter nebeneinander platziert werden können.

Ziemlich viel Platz beanspruchen mit Mull oder einem anderen luftigen Gewebe bespannte **Holzrahmen**, auf denen sich das Trockengut bequem ausbreiten lässt. Derartige Rahmen sind schnell zusammengenagelt, wobei man die passende Größe selber bestimmen und sozusagen „nach Maß" anfertigen kann. Fliegenfenster sind weniger empfehlenswert, lassen sich aber durchaus verwenden, wenn Loch- oder Schlitzfolie die Kräuter vor direkter Berührung mit dem Metallgitter bewahren. Trockenrahmen eignen sich hervorragend für Miniblättchen, Triebspitzen und zarte Blüten, die man, wie immer beim Trocknen, niemals übereinander schichten darf. Sehr fleischige Teile müssen unter Umständen ein- oder mehrmals gewendet werden, damit sie nicht faulen.

Samenkörner mit meist harten Schalen sind weitaus weniger empfindlich als zarte Blätter und Blüten und können deshalb auch an der Sonne

Kräuteranbau

Ernte und Konservierung

Aroma und Duft, konserviert nur durch Luft – pralle Sonne hat allerdings beim Trocknen nichts zu suchen

getrocknet werden. Da die Reife für die Aromaentfaltung von entscheidender Bedeutung ist, bereitet es mitunter einige Schwierigkeiten, den richtigen Termin für die Ernte herauszufinden. Ein sicheres Anzeichen für den Reifezustand ist das Herausfallen der Körner aus den Samenständen – womit sie gleichzeitig für die Trocknung verloren, weil unauffindbar sind. Erfahrene Kräutergärtner empfehlen deshalb, die Samen frühmorgens zu ernten, wenn ihnen noch Feuchtigkeit anhaftet und sie sich weniger leicht lösen.

Eine andere, effektivere Methode: Umhüllen Sie die Samenstände mit einem luftdurchlässigen Gewebe oder Seidenpapier, das unten zugebunden wird. Abfallende Samen werden auf diese Weise sicher aufgefangen, eventuell hilft man durch leichtes Schütteln der „Tüte" ein bisschen nach. Schließlich kann man bei beginnendem Körnerfall auch die gesamten Samenstände vorsichtig abschneiden und, an einer Leine kopfunter aufgehängt, über einem weißen Tuch trocknen lassen oder auf eine helle Unterlage legen. Hier werden die Körner dann herausgeklopft, durch Ausblasen von Verunreinigungen befreit und in der Sonne oder auch an einem schattigen, luftigen Platz wie die Blätter zu Ende getrocknet.

Neben der natürlichen Trocknung durch Frischluft besteht auch die Möglichkeit, **Elektrogeräte** dafür zu Hilfe zu nehmen, beispielsweise den Backofen im Küchenherd. Dazu legt man Alufolie über einen der Roste und sorgt dafür, dass höchstens 35° C Wärme erzeugt werden, weil die Pflanzenteile mit ätherischen Ölen nicht mehr als 40° C Hitze vertragen. Um diese Temperatur zu halten, muss die Ofentür während der gesamten Trocknung geöffnet bleiben, gleichzeitig entweichen dadurch die Verdunstungsdämpfe. Für kleinere Mengen Trockengut kommt auch die Mikrowelle in Frage. Hier erfolgt der Feuchtigkeitsentzug besonders schnell, nach wenigen Minuten kann man die Portion bereits entnehmen und die nächste hineingeben.

Die **abgeschlossene Trocknung** erkennt man an wie Glas splitternden Stängeln und brüchigen, zerbröselnden Blättern oder Triebspitzen. Alles, was einen nicht ganz einwandfreien Eindruck macht, ist auszulesen und wegzuwerfen, denn nur hochwertige Qualität garantiert lange Haltbarkeit und makelloses Aroma. Dann werden die Stängel in kleine Stücke zerbrochen, die Blätter mit der Hand zerrieben, alles kommt in fest verschließbare Schraubgläser, in weithalsige, gut zu verstöpselnde Flaschen oder Deckeldosen. Stehen die Glasbehälter später nicht an einem dunklen, kühlen Ort, wählt man besser braune oder grüne Gefäße, da das Trockengut unter Lichteinfluss leicht an Qualität verliert. Vergessen Sie auch nicht, alles zu etikettieren und das Jahr der Ernte ebenfalls zu vermerken.

Einfrieren

Einige Kräuter lassen sich durch Einfrieren haltbar machen, wenn dabei auch häufig Aroma verloren geht. Geeignet sind unter anderen so beliebte Würzpflanzen wie Basilikum, Bohnenkraut, Dill oder Petersilie. Voraussetzung ist, dass man bei dieser Methode stets nur kleine Mengen konserviert, da die Grünteile nach dem Auftauen sofort verbraucht werden müssen; nochmaliges Frosten ist ebenso wenig ratsam wie eine spätere Verwendung einmal aufgetauten Gefrierguts.

Zunächst werden die vorgesehenen Blätter und Triebteile schonend unter fließendem Wasser abgespült, mit einem saugfähigen Tuch oder Papier trockengetupft und dann im Tiefkühlfach schockgefroren. Danach kommen die nun erstarrten Pflanzenteile in Gefrierbeutel, Plastikdosen oder -becher, wo man sie in der Kühltruhe bis zum jeweiligen Verbrauch aufhebt. Denken Sie auch hier an die Beschriftung!

Auf einem Holzrahmen mit luftigem Gewebe lassen sich selbst kleine Teile sowie Blüten hervorragend trocknen

Kräuteranbau

Ernte und Konservierung

Einlegen in Essig und Öl

Das Prinzip dieser Konservierungsmethode ist es, den Kräutern die Aroma- und Duftstoffe zu entziehen und sie über ein anderes Medium, nämlich Essig oder Öl, in der Küche zu nutzen. Dafür eignen sich besonders Basilikum, Estragon, Dill, Salbei und Thymian, sicher aber auch noch das eine oder andere Kraut, das Ihnen besonders zusagt.

Zunächst müssen die für die Konservierung vorgesehenen Flaschen und sonstigen Gefäße mit reinem Wasser – ohne Spülmittel – sorgfältig gesäubert und dann so gründlich getrocknet werden, dass sich auch im Innern keine Feuchtigkeit mehr befindet. Am besten stellt man die gereinigten Behälter im Freien in die Sonne, damit auch der letzte Wasserrest verdunstet. Wer auf optisches Ambiente Wert legt, wählt nicht die erstbeste Flasche, sondern achtet auf ansprechende, originelle Formen, die auch sehr gefällig wirken, wenn man daraus direkt bei Tisch würzt.

Die frisch gepflückten Blätter und Stängel der gewählten Kräuter werden behutsam gewaschen, trockengetupft und dann in die Flaschen gefüllt. Meist genügt es, wenn der Flaschenboden zwei Fingerbreit mit Kräutern bedeckt ist bzw. zwei oder drei Stängel ins Gefäß gegeben werden. Die Menge ist letztlich Erfahrungs- und Geschmackssache und hängt vom jeweiligen Kraut und der Intensität seiner Würzkraft ab. Verwenden Sie zum Einlegen nur besten Obst- oder Weinessig, damit das Kräuteraroma voll zur Geltung kommt und nicht verfälscht wird. Damit füllt man die Gefäße so weit auf, dass alle grünen Teile vollständig bedeckt sind. Anschließend wird das Ganze leicht geschüttelt, damit den Kräutern anhaftende Luftbläschen entweichen können, dann fest verkorkt oder zugeschraubt, schließlich stellt man die Behälter an ein sonniges Fenster.

Durch die Dauer des Ziehens lässt sich die Aromaentwicklung noch einmal beeinflussen, denn je länger das Gemisch der Sonne ausgesetzt ist, desto intensiver wirken die Geschmacksstoffe. Nach einigen Wochen oder Monaten kommt der Essig an einen dunklen, kühlen Platz, wo er nahezu unbegrenzt haltbar ist. Die Kräuter brauchen nicht abgesiebt zu werden; sie wirken in hellen Gläsern sehr dekorativ.

Bei der Herstellung von Kräuteröl wird fast ebenso wie beim Einlegen in Essig verfahren; allerdings sollten die Behälter, solange sie auf dem Fensterbrett in der Sonne stehen, gelegentlich leicht geschüttelt werden, damit sich die Aromastoffe im dickflüssigen Öl verteilen. Außerdem werden die Kräuter – anders als beim Essig – durch ein Sieb abgeseiht, bevor die Behälter ebenfalls an einen dunklen, kühlen Platz kommen. Wählen Sie auch bei dieser Variante nur Produkte allererster Qualität, also kalt geschlagenes Pflanzenöl.

Feine Sache: Kräuter in Essig und Öl. Nebenbei sind solche Flaschen auch schöne, individuelle Geschenke

Estragon eignet sich gut zum Einlegen in Essig oder Öl

Ein- und zweijährige Kräuter im Überblick

Deutscher und botanischer Pflanzenname	Freiland- aussaat	Standort	Höhe in cm	Verwendete Teile/Ernte
Einjährige Kräuter				
Dill, *Anethum graveolens*	ab IV in Folgesaaten	○	50–120	Blätter, fortlaufend bis zum Herbst; Blütenstände, ab Blühbeginn; Samen
Kerbel, *Anthriscus cerefolium*	III–IV	○–◐	bis 60	junge Blätter, fortlaufend
Schnittsellerie, *Apium graveolens* var. *secalinum*	ab Mitte V (L)	○–◐	20–30	Blätter, fortlaufend; Einfrieren und Trocknen möglich
Borretsch, *Borago officinalis*	IV–VI	○–◐	60–80	junge Blätter, fortlaufend; Einfrieren möglich
Kamille, *Chamomilla recutita*	IV–VI	○	20–50	Blüten, bis IX
Koriander, *Coriandrum sativum*	Ende III– Anfang IV	○	50–80	Samen (Früchte)
Kresse, *Lepidium sativum*	ab III in Folgesaaten	○–●	40–50	junge Blätter, fortlaufend
Winterportulak, *Montia perfoliata*	IV oder VIII–IX	○–◐	20	junge Blätter, fortlaufend
Basilikum, *Ocimum basilicum*	ab Mitte V (L)	○	15–60	Blätter und junge Triebe, den ganzen Sommer über; Einfrieren oder Einlegen in Olivenöl möglich

(L) = Lichtkeimer; nur hauchdünn mit Erde abdecken

Borretsch

Kamille

Portulak

Ein- und zweijährige Kräuter im Überblick (Fortsetzung)

Deutscher und botanischer Pflanzenname	Freiland-aussaat	Standort	Höhe in cm	Verwendete Teile/Ernte
Majoran, *Origanum majorana*	ab Mitte V (L)	○	30–50	Triebspitzen und Blätter, fortlaufend; ganze Triebe zum Trocknen
Anis, *Pimpinella anisum*	IV–V	○	30–60	Samen, VIII–IX
Portulak, *Portulaca oleracea*	ab Mitte V (L)	○	20–30	Kraut, stets frisch verwenden
Bohnenkraut, *Satureja hortensis*	ab Mitte V (L)	○	bis 40	Blätter, den ganzen Sommer über; ganze Triebe zum Trocknen
Weißer Senf, *Sinapis alba*; Schwarzer Senf, *Brassica nigra*	III–V	○	80–120	junge Blätter, fortlaufend; Samen, ab VII–VIII
Kapuzinerkresse, *Tropaeolum majus*	ab Mitte V	○	bis 300 (Ranken)	Blätter und Blüten, fortlaufend
Zweijährige Kräuter				
Kümmel, *Carum carvi*	III–IV (L)	○–◐	bis 120	Samen, VI-VII des zweiten Jahres
Löffelkraut, *Cochlearia officinalis*	III–IV oder VIII–IX	○	10–20	frische Blätter, ganzjährig
Petersilie, *Petroselinum crispum* convar. *crispum*	IV–V oder VII–VIII	○–◐	15–20	Blätter, ab VI bis Blüte; Trocknen und Einfrieren möglich

(L) = Lichtkeimer; nur hauchdünn mit Erde abdecken

Kräuteranbau

Ein- und zweijährige Kräuter

Basilikum

Kapuzinerkresse

Ausdauernde Kräuter im Überblick

Deutscher und botanischer Pflanzenname	Freiland-aussaat/Pflanzung	Standort	Höhe in cm	Verwendete Teile/Ernte
Schafgarbe, *Achillea millefolium*	Aussaat: IV–V	○	30–50	junge Blätter; ganzes Kraut zum Trocknen (Tee)
Knoblauch, *Allium sativum*	Stecken der Zehen im Frühjahr oder Herbst	○–◐	bis 100	Knolle, im Frühjahr oder Sommer nach dem Stecken
Schnittlauch, *Allium schoenoprasum*	Aussaat: III–IV	○–◐	35	Röhrenblätter, fortlaufend, Einfrieren möglich
Bärlauch, *Allium ursinum*	Aussaat: VIII–II (Kaltkeimer)	●	20–50	frische Blätter, bis kurz vor der Blüte
Engelwurz, *Angelica archangelica*	Aussaat ab III	◐	bis 250	frische Blätter ab V; Samen und Wurzeln im Herbst
Meerrettich, *Armoracia rusticana*	Pflanzen von Wurzelstücken („Fechsern") im Frühjahr	◐–●	60–80	Wurzeln, Sommer bis Herbst
Wermut, *Artemisia absinthium*	Pflanzung im Frühjahr	○	bis 150	junge Blätter, fortlaufend; obere Triebteile zum Trocknen
Eberraute, *Artemisia abrotanum*	Pflanzung ab Mitte V	○	bis 100	junge Triebspitzen, den ganzen Sommer über
Estragon, *Artemisia dracunculus*	Pflanzung ab V; Russischer Estragon Aussaat: IV (L)	○–◐	60–150	frische Triebspitzen, fortlaufend; Einfrieren möglich
Beifuß, *Artemisia vulgaris*	Aussaat: V (L)	○	bis 200	junge Blätter, nur bis zur Blüte; Blütenknospen

(L) = Lichtkeimer; nur hauchdünn mit Erde abdecken

Engelwurz

Meerrettich, Erntegut

Ysop

Ausdauernde Kräuter im Überblick (Fortsetzung)

Deutscher und botanischer Pflanzenname	Freiland-aussaat/Pflanzung	Standort	Höhe in cm	Verwendete Teile/Ernte
Gänseblümchen, *Bellis perennis*	Aussaat im Frühjahr bis Herbst	◐	bis 20	junge Blätter im Frühjahr
Fenchel, *Foeniculum vulgare* var. *dulce*	Aussaat: III–IV	○	bis 200	Blätter, fortlaufend; halbreife Früchte ab dem zweiten Jahr
Waldmeister, *Galium odoratum*	Pflanzung, im Frühjahr	●	15–30	Kraut, erst ab dem zweiten Jahr
Ysop, *Hyssopus officinalis*	Pflanzung ab Mitte V	○	40–60	Blätter, fortlaufend; Kraut zum Trocknen
Lavendel, *Lavandula angustifolia*	Pflanzung ab Mitte V	○	30–40	zarte Triebspitzen im Sommer; ganze Triebe zum Trocknen
Liebstöckel, *Levisticum officinale*	Aussaat: III–IV; Pflanzung (Kauf, Wurzelstücke) empfehlenswert	◐	bis 200	Blätter, fortlaufend; Wurzelstücke im Frühjahr oder Herbst
Zitronenmelisse, *Melissa officinalis*	Pflanzung im Frühjahr	◐	bis 100	Blätter, fortlaufend; Kraut zum Trocknen
Echte Pfefferminze, *Mentha x piperita*	Pflanzen der Wurzelableger im Frühjahr	◐–●	40–80	Blätter, fortlaufend; ganze Triebe zum Trocknen
Brunnenkresse, *Nasturtium officinale*	ab Mitte V	◐–●; in Wassernähe	bis 40	Blätter und Triebspitzen, fortlaufend
Oregano, *Origanum vulgare*	Aussaat: IV–V	○	30–60	Triebspitzen, fortlaufend; ganze Triebe zum Trocknen

Kräuteranbau

Ausdauernde Kräuter

Liebstöckel

Die Brunnenkresse bevorzugt schattige, stets feuchte Plätze

Ausdauernde Kräuter im Überblick (Fortsetzung)

Deutscher und botanischer Pflanzenname	Freiland-aussaat/Pflanzung	Standort	Höhe in cm	Verwendete Teile/Ernte
Rosmarin, *Rosmarinus officinale*	Pflanzung, nur im Kübel (nicht frosthart)	○	bis 150	Triebspitzen, den ganzen Sommer über; ganze Triebe zum Trocknen
Sauerampfer, *Rumex acetosella*	Aussaat: ab III	○–●	bis 100	junge Blätter, fortlaufend
Weinraute, *Ruta graveolens*	Aussaat: IV	○	bis 100	junge Blätter, fortlaufend; ganze Triebe zum Trocknen
Salbei, *Salvia officinalis*	Aussaat: ab V	○	30–70	junge Blätter, fortlaufend; ganze Triebe zum Trocknen
Pimpinelle, *Sanguisorba minor*	Aussaat: III–IV	○	30–60	junge Blätter, fortlaufend; Einfrieren möglich
Bergbohnenkraut, *Satureja montana*	IV–V (L)	○	50	Blätter, ganzjährig; ganze Triebe zum Trocknen
Tripmadam, *Sedum reflexum*	Pflanzung im Frühjahr	○	20–30	Triebspitzen, das ganze Jahr über; Einfrieren möglich
Beinwell, *Symphytum officinale*	Pflanzen von Wurzelstücken	◐	50–100	frische Blätter, vom Frühjahr bis zum Herbst
Löwenzahn, *Taraxacum officinale*	Aussaat: III–IV	○–◐	bis 30	junge Blätter im Frühjahr
Thymian, *Thymus vulgaris*	Aussaat: ab IV (L)	○	20–40	junge Blätter, bis zum Herbst; ganze Triebe zum Trocknen
Brennnessel, *Urtica dioica*	Pflanzen von Wurzelstücken	○–◐	bis 150	junge Blätter, fortlaufend

(L) = Lichtkeimer; nur hauchdünn mit Erde abdecken

Beinwell

Thymian ist auch im Steingarten gut aufgehoben

Obst im Hausgarten

Die Verfechter des Naturgartens plädieren seit einiger Zeit wieder für die Anpflanzung großkroniger Apfel- und Birnbäume im Hausgarten, wie sie früher üblich waren. Man verweist auf die Schönheit derartiger Gehölze und auf ihre ökologische Bedeutung nicht zuletzt im Hinblick auf den Vogelschutz. Vor allem die Höhlenbrüter sind aus unserer Kulturlandschaft weitgehend verschwunden, weil alte Bäume, sobald sie im Ertrag etwas nachlassen, rigoros gerodet werden.

In kleineren Gärten – und dazu gehören immer Gartengrundstücke – muss man allerdings wohl oder übel Kompromisse schließen. Bei Obstgehölzen bleibt kaum eine andere Wahl, als auf niedrige Baumformen auszuweichen, die wenig Platz beanspruchen. Ein **Apfelhochstamm,** bei dem das Astwerk in etwa 2 m Höhe beginnt, hat ausgewachsen einen Kronendurchmesser von 10–12 m und bei der Birne ist es nicht viel anders. Ist man dennoch bereit, so viel Platz zu opfern, müssen leider einige Nachteile in Kauf genommen werden.

Das beginnt schon damit, dass die großen, auf Sämlingen wachsenden Sorten manchmal 10 und mehr Jahre brauchen, bis sie in Vollertrag kommen. Früher pflanzte der Vater so einen Obstbaum für den Sohn, weil erst die nächste Generation in den Genuss des ganzen Erntesegens kam. Und wenn es dann so weit ist, dass der Baum richtig trägt, stellt sich bereits das nächste Problem: Wohin mit den 10 oder 15 Zentnern Obst, die so ein Baum Jahr für Jahr hergibt? Und das auch noch innerhalb eines eng begrenzten Zeitraums, je nachdem, ob man eine frühe oder späte Sorte gepflanzt hat. Schnitt, Pflanzenschutzmaßnahmen und Ernte sind nur mit Hilfe langer Leitern möglich. Wie sich solche Baumriesen mit dem Nachbarschaftsrecht unter einen Hut bringen lassen, steht dazu noch auf einem anderen Blatt.

Niedrige Baumformen

Die Vorteile der heute gebräuchlichen kleinen Baumformen von Spindel oder Busch liegen klar auf der Hand. Denn auch der früher vielerorts verwendete **Halbstamm** ist mit 1–1,20 m Höhe unter dem Astgerüst zwar etwas niedriger als der Hochstamm, sonst aber mit diesem vergleichbar. Was die Kronenbreite anlangt, trifft das auch auf den **Nieder- oder Meterstamm** zu. So bleiben also für den Hausgarten **Spindel- oder Buschbäume** mit einer Stammhöhe von 40–60 cm und geringer Kronenausdehnung.

Man bedenke: Wo ein Hochstamm Platz findet, können bis zu zehn Spindeln gepflanzt werden, das heißt zehn verschiedene Arten und Sorten mit unterschiedlicher Reifezeit und verschiedenen Fruchteigenschaften. **Apfelbäumchen** auf schwach wach-

Selbst die nur meterhohen Niederstämme tragen mit den Jahren Kronen von beachtlicher Breite

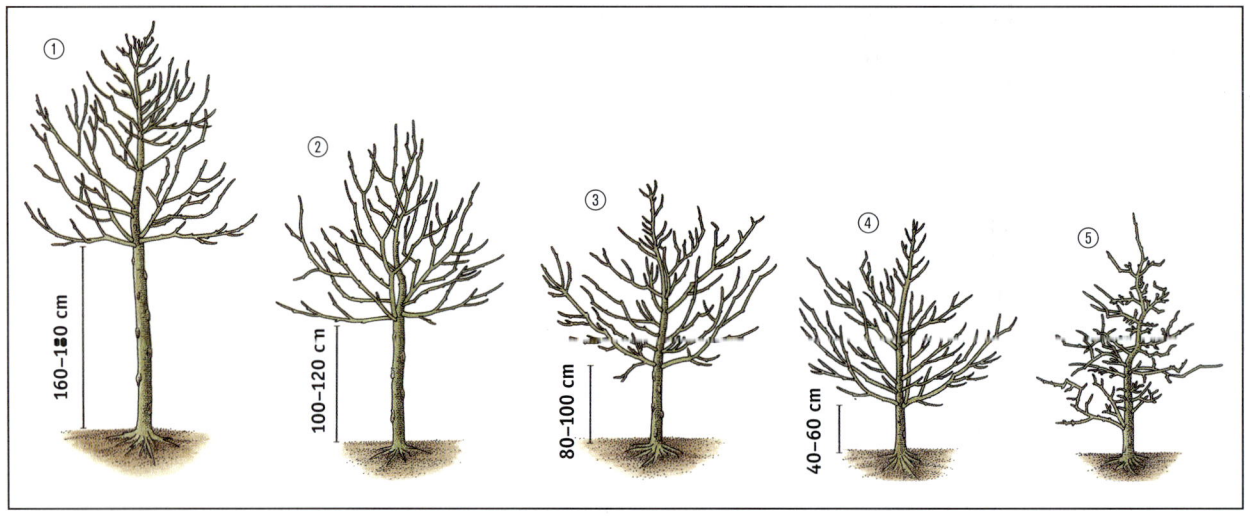

Obstbaumformen: ① **Hochstamm**, ② **Halbstamm**, ③ **Niederstamm**, ④ **Buschbaum**, ⑤ **Spindel**

sender Unterlage kommen bereits im zweiten Jahr nach der Pflanzung in Ertrag, bei **Birnen** auf der am häufigsten verwendeten Unterlage Quitte A dauert es 1 oder 2 Jahre länger. Die Bäumchen werden dabei kaum höher und breiter als 2,50 m. Bei Apfelspindeln kann man durch richtigen Schnitt Formen erziehen, bei denen ein gegenseitiger Abstand von 1,50 m ausreicht und die dennoch ab dem zweiten Standjahr regelmäßig 30–40 kg Früchte bringen – geeigneten Boden und gute Pflege vorausgesetzt.

Beim Steinobst ist die **Sauerkirsche** mit den kleinwüchsigsten Formen vertreten. Kommt noch ein sachgemäßer Schnitt hinzu, werden Zwergsauerkirschen tatsächlich nicht umfangreicher als ein großer Busch und können sogar wie Ziersträucher im Garten, etwa an der Terrasse, angepflanzt werden. Zum Pflücken und Pflegen braucht man nicht einmal eine Haushaltsleiter und die Gehölze lassen sich zum Schutz gegen hungrige Amseln bequem mit einem Vogelschutznetz umhüllen. Obgleich es den Züchtern gelungen ist, auch bei Süßkirschen kleinere Baumformen heranzuziehen, lässt der zwergige Kirschbusch seit eh und je auf sich warten. Auch Bäume mit nur 60 cm hohem Stamm haben immer noch vergleichsweise breite Kronen. Durch Schnittmaßnahmen kann etwas Abhilfe geschaffen werden und es ist damit zu rechnen, dass der Unterlagenforschung schon bald der Durchbruch zum wirklich kleinen Süßkirschenbaum gelingt.

Bei den Zwergformen, die in den Gartenabteilungen der Supermärkte gelegentlich angeboten werden, handelt es sich allerdings um Bäume unbekannter Herkunft, deren Widerstandsfähigkeit und Ertrag unsicher sind. Wenn glückliche Umstände zusammentreffen, kann man aber durchaus Erfolg mit ihnen haben.

Bei **Pflaumen, Zwetschen, Mirabellen** und **Reneklöden** stehen besonders kleine Buschformen ebenfalls noch aus. Doch auch die Züchtungen auf schwach wachsenden Unterlagen werden kaum höher als 3 m bei einer Stammhöhe von 0,60–1 m und können schon ab dem zweiten oder dritten Standjahr erste Erträge bringen. **Pfirsiche** und erst recht **Aprikosen** gedeihen und fruchten zufriedenstellend nur in günstigen Klimagebieten, in denen Spätfröste die Blüten nicht zerstören können. Auch als Buschbäume erreichen die Kronen dieser Gehölze immerhin einen Durchmesser von 4 oder 5 m. Beide lassen sich am Spalier ziehen. Vor allem bei Aprikosen ist es günstig, wenn man dazu eine warme geschützte Hauswand wählt, an der die Fröste in kalten Wintern etwas von ihrem „Biss" verlieren.

I N F O

Grenzabstände

Wenn Obstgehölze an der Grundstücksgrenze gepflanzt werden sollen, müssen ggf. Regelungen des Nachbarrechts beachtet werden. Vor allem bei größeren Baumformen kann es Schwierigkeiten geben, wenn die Krone im Laufe der Jahre einen Durchmesser von 8 m oder mehr erreicht. Die vorgeschriebenen Grenzabstände differieren je nach Bundesland, am besten erkundigt man sich bei kommunalen Behörden bzw. Gemeindeverwaltungen oder Ordnungsämtern.

Walnüsse sind für den Hausgarten ungeeignet, obgleich sie in Erwartung reicher Ernten immer wieder angepflanzt werden. Eine Baumkrone von 15 m Durchmesser und ein Standraum von 60–100 m² sprengen den vorhandenen Platz bei weitem, und man wird sich eines Tages dann doch zur Rodung des Riesen entschließen müssen. Auch veredelte Sorten, die etwas schwächer wachsen als Sämlingsbäume, sind für den kleinen Garten immer noch zu groß. Das Ziel, bei der Walnuss ebenfalls zu Buschformen zu kommen, wird schon seit Jahrzehnten angestrebt, aber ein praxisreifes Ergebnis zeichnet sich noch nicht ab. Die **Haselnuss** dagegen passt mit ihrem buschartigen Wuchs auch dorthin, wo nicht allzu viel Platz zur Verfügung steht. Man kann das Gehölz recht gut als Begrenzung und Sichtschutz an den Grundstücksrand setzen, sollte sich allerdings auch bei der Hasel über die Größe und den Umfang nicht täuschen – schon wegen des Friedens mit dem Nachbarn. Ausgewachsene Sträucher können gut und gern bis zu 7 m hoch und 4 m breit werden. Wird auf eine Nussernte Wert gelegt, muss man mindestens zwei verschiedene Sorten anpflanzen, da zur Befruchtung ein Partner notwendig ist.

Pflanzung von Obstgehölzen

Obstbäume kann man von Herbst bis Frühjahr pflanzen, wobei für die besonders wärmebedürftigen Arten, also Pfirsiche und Aprikosen, eine Frühjahrspflanzung vorzuziehen ist. Der Pflanzschnitt (siehe S. 228) wird ausschließlich, also auch bei Herbstpflanzung, erst im Frühjahr vorgenommen.

Bodenvorbereitung

Schon vor dem eigentlichen Pflanztermin müssen wir uns um den Boden des vorgesehenen Standorts kümmern: Auf einer Fläche von etwas 2 m² wird zunächst einmal spatentief umgegraben. Bei sehr verfestigtem, undurchlässigem Erdreich muss man doppelt so tief gehen und die Erde nicht nur wenden, sondern als Aushub am Rand der Grube ablegen. Die Sohle ist dann noch einmal mit dem Spaten so gründlich wie möglich zu lockern, dann werden pro Quadratmeter etwa 100 g Thomasphosphat oder Thomaskali eingearbeitet. Der Aushub wird mit organischen Düngern, Kompost, verrottetem Stallmist und/oder Rindenhumus durchmischt und wieder in die Grube gefüllt.
Bei dem einfachen Umgraben verfährt man genauso, nur kann die während des Umgrabens verbesserte Erde dann bleiben, wo sie ist. Es wird also eigentlich nichts anderes als ein großes Beet hergerichtet, auf dem der Baum später wachsen soll. Jetzt ist nur noch dafür zu sorgen, dass dieser Platz bis zum Pflanzen nicht austrocknet.

Vorgehen bei der Pflanzung

Gehölze, die direkt in der Baumschule gekauft wurden, erst recht aber angelieferte Gehölze, sollten vor dem Pflanzen mindestens über Nacht mit den Wurzeln in Wasser gestellt werden, damit ein eventueller Feuchtigkeitsverlust ausgeglichen wird. Beschädigte oder faule Wurzelstücke werden vorher weggeschnitten. Ist eine sofortige Pflanzung nicht möglich, wenn z. B. im Herbst gekaufte Gehölze erst im Frühjahr gesetzt werden sollen, schlägt man die Bäumchen an schattiger Stelle im Garten ein, das heißt, es wird eine Grube bzw. ein Graben ausgehoben, in die man die Gehölze leicht schräg hineinsetzt und die Wurzeln wieder mit Erde bedeckt.

Das eigentliche Pflanzen geht am besten zu zweit. Zunächst hebt man an der vorher wie beschrieben behandelten Stelle das **Pflanzloch** aus, etwa 50 cm tief und so groß, dass die Wurzeln bequem darin Platz finden. Wenn man anschließend einen Baumpfahl einschlägt, ist das niemals verkehrt, bei Spindelbüschen auf schwach wachsender Unterlage ist es sogar notwendig. Dann wird das Bäumchen senkrecht ins Pflanzloch gestellt und während der eine Helfer den Stamm festhält, füllt der andere den Aushub ein. Gelegentliches Rütteln oder leichtes Anheben während dieser Arbeit schließt mögliche Lücken und Löcher rings um die Wurzeln.

Obstbaumpflanzung: 1. Zu zweit ist es einfacher, das Bäumchen gerade und in der richtigen Höhe auszurichten

2. Nach dem Einsetzen Erde festtreten und gründlich angießen. Den Stamm locker an den Stützpfahl binden

Anschließend muss man nur noch die Erde leicht festtreten, mit der Schaufel einen kleinen **Gießrand** aufwerfen, damit das Wasser nicht abfließen kann, und gründlich wässern.

Wenn man die Pflanzstelle mit Kurzstroh, Grasschnitt, Rindenmulch oder anderem organischem Material abdeckt, bleibt sie länger feucht. Den Stamm selbst sollte die Mulchschicht nicht berühren, da eine Infektionsgefahr durch Krankheitskeime zu befürchten ist. Die knotige **Veredelungsstelle** muss etwa eine Handbreit über dem Erdniveau bleiben, grundsätzlich sollte das Gehölz aber nie tiefer stehen als vorher in der Baumschule. Das Bäumchen darf nur locker an den Stützpfahl gebunden werden, damit es keine Spannungen gibt, falls sich der Baum noch etwas senkt.

Obstgehölzschnitt

Wer seinen Garten neu angelegt hat und als Laie etwas hilflos all den Problemen gegenübersteht, die damit auf ihn zukommen, wird beim Thema Obstgehölzschnitt vollends kapitulieren. Die Ratschläge, die ihm in Büchern und Fachpublikationen zuteil werden, tragen nur selten zur Aufklärung bei, und zwangsläufig wird sich der Neuling die berechtigte Frage stellen, warum er seine Äpfel, Birnen oder Kirschen überhaupt schneiden muss.

Nun würden die robusten Obstgehölze ohne Schnitt zwar nicht eingehen, aber sie hätten ihren Zweck verfehlt. Denn schließlich setzen wir sie ja wegen der Früchte in den Garten, die wir zu ernten hoffen. Erträge aber sind nur zu erwarten, wenn wir dem Baum die Möglichkeit geben, statt von Jahr zu Jahr immer dichteres Ast- und Blattwerk möglichst viele und wohlschmeckende Früchte zu produzieren. Eben das soll durch richtigen Schnitt erreicht werden. Ein Lichthalten der Baumkrone mindert zudem den Schädlingsbefall und das Auftreten von Pilzkrankheiten. Nun braucht man sich im Hausgarten nicht von den teilweise recht komplizierten, zudem auch noch kontrovers interpretierten Schnittregeln des Erwerbsobstbaus abschrecken zu lassen. Ebenso wenig ist es notwendig, dass man sich die Terminologie des Obstbaumschnitts aneignet, die für den Laien ohnehin unverständlich, ja oft genug missverständlich ist. Auch wenn es nicht „fachgerecht" erscheint, wird deshalb hier darauf verzichtet, von „Anschneiden", „Ableiten", „Kronenabwurf" oder „Abgangswinkel" zu sprechen. Es genügt, sich einiger allgemein verständlicher Ausdrücke zu

Der Schnitt soll gewährleisten, dass möglichst viel Licht an alle Kronenpartien kommt. Nur dann werden aus Blüten auch große, aromatische Früchte

Obst im Hausgarten

Obstgehölzschnitt

Aufbau einer Obstbaumkrone: ① **Mitteltrieb**, ② **Leittriebe**, ③ **Konkurrenztriebe**, ④ **Steiltrieb**, ⑤ **Fruchtholz**

bedienen, auch wenn sie im Wortschatz der erwerbsmäßigen Obstanbauer nicht vorkommen oder dort eine ganz andere Bedeutung haben. Gänzlich lässt sich auf spezielle Fachausdrücke jedoch auch hier nicht verzichten. Um zu verstehen, was bei den folgenden Schnitthinweisen gemeint ist, muss man sich zunächst mit dem Kronenaufbau bzw. den Kronenteilen eines Obstgehölzes vertraut machen.

Kronenteile und Schnittziele

Der oberirdische Teil eines Baums besteht zunächst aus dem Stamm, dessen schmale Fortsetzung nach oben als **Stammverlängerung** oder **Mitteltrieb** bezeichnet wird. Die diesem Stamm unmittelbar entspringenden **Leitäste** tragen wiederum Nebenäste mit noch dünneren Zweigen und Trieben; das sind diejenigen Organe, an denen sich Blüten und Früchte entwickeln. Früchte wachsen aber nur an den jüngeren Trieben, die deshalb auch als **Fruchttriebe** oder -spieße, als Fruchtholz oder – wenn mehrere dicht zusammenstehen – als Fruchtquirle bezeichnet werden.

Diese allen Obstgehölzen gemeinsame Eigenschaft macht bereits ein Hauptziel jeden Schnitts deutlich: Es geht darum, den Baum zur Bildung von möglichst viel Fruchtholz zu bewegen, und je mehr Triebe man einem Gewächs – ob es sich nun um Gehölze, Blumen oder Gras handelt – wegnimmt, desto angestrengter ist es bemüht, das Verlorengegangene durch neuen Zuwachs zu ersetzen. Das ist zwar sehr allgemein ausgedrückt, hilft aber dem Laien zu verstehen, warum ein Baum geschnitten wird.

Da Zweige, Blätter und letztlich auch die Früchte zu ihrer Entwicklung Licht benötigen, leuchtet ein, dass im Innern einer dichten und abgedunkelten Baumkrone nicht mehr viel wachsen kann. Würden wir uns mit den paar Äpfeln und Birnen begnügen, die nur außen an den Zweigspitzen und -partien sitzen, wo sie genügend Sonne abbekommen, dürfte sich der Anbau von Obst bald nicht mehr lohnen. Mit dem Schnitt soll also auch erreicht werden, dass man zu dicht stehendes Zweigwerk auslichtet, damit die Krone locker und hell wird und aus den Ästen und Zweigen immer neue Triebe hervorwachsen, die später Früchte tra-

> **T I P P**
>
> **Wunderverschluss**
> Beim Entfernen starker Äste müssen die Schnittflächen mit einem Wundverschlussmittel (Baumwachs o.Ä.) verstrichen werden, damit keine Krankheitskeime eindringen können.

gen sollen. Man schneidet älteres Holz deshalb immer so weit zurück, bis man auf einen jungen Zweig stößt. Er wächst nach dem Schnitt besonders rasch und übernimmt damit die Funktion des gekappten Altzweigs. Aus ihm sprießt nun frisches Fruchtholz, an dem uns gelegen ist.

Im Großen und Ganzen ähneln sich die Schnittmethoden, was die beiden Obstgehölzgruppen Kern- und Steinobst betrifft. Aber es gibt einige Varianten, auf die bei den Einzelbeschreibungen hingewiesen wird. Gemeinsam sind allen Obstgehölzen drei Schnittarten, die der Entwicklung des Baums angepasst wurden: Pflanzschnitt, Erziehungsschnitt und Ertrags- oder Instandhaltungsschnitt.

Pflanzschnitt

Diese Behandlung des jungen, im Herbst oder Frühjahr gepflanzten Gehölzes bezweckt zweierlei: Zum einen geht es darum, ein Gleichgewicht zwischen den vorhandenen Wurzeln und den oberirdischen Pflanzenteilen herzustellen. Beim Ausgraben aus dem Baumschulquartier musste das Bäumchen zwangsläufig Wurzeln lassen, die nun zur Versorgung der Zweige und Blätter mit Wasser und Nährstoffen fehlen. Also werden die Triebe reduziert, damit das Wurzelwerk nicht überfordert ist. Zum anderen sorgt man mit dem Wegschnitt schon zu diesem Zeitpunkt dafür, dass das spärliche Astgerüst, aus dem später eine Krone werden soll, von Anfang an die gewünschte Gestalt annimmt, also locker und breit wächst.

In der Praxis bedeutet das: Es werden dem Bäumchen nur die drei oder vier kräftigsten Triebe, die späteren Leitäste, belassen. Man wählt dafür möglichst gleich weit voneinander entfernte Äste aus und nimmt die anderen, die dazwischenstehen, weg. Damit ist die Gestalt der späteren Krone in ihren Grundzügen bereits festgelegt. Vor allem muss der so genannte **Konkurrenztrieb** der Stammverlängerung entfernt werden – ein langer Zweig, der meist im spitzen Winkel parallel zu dieser Verlängerung nach oben wächst. Wenn die verbliebenen Leitäste zu steil stehen, werden sie mit Schnüren, die man am Stamm befestigt, waagerecht gebunden; denn an ihrer Oberseite entwickeln sich weitere Zweige, aus denen sich später das Fruchtholz aufbaut.

Zur Verdeutlichung dieses Vorgangs kann man sich folgendes vorstellen: Würde ein Seitenzweig so gebogen, dass er ein umgekehrtes „U" darstellte, erfolgte der Neuaustrieb oben auf dem kurzen Stück des Bogens. Steht der Zweig jedoch gleichmäßig waagerecht, treiben alle Knospen, die dem Licht zugewandt sind, aus.

Schema des Pflanzschnitts: drei bis vier Leitäste stehen lassen, Konkurrenztriebe entfernen, Mitteltrieb und Leittriebe einkürzen

Weil das so ist, bringen senkrecht aus den Leitästen nach oben wachsende Triebe, die so genannten **Steiltriebe**, nichts; man schneidet sie daher direkt an der Basis ab. Dieser Grundgedanke der Austriebsförderung bestimmt also sämtliche Schnitt- und Bindemaßnahmen, die ein Obstbaumleben begleiten. Zuletzt werden beim Pflanzschnitt die drei oder vier verbliebenen Leitäste um etwa ein Drittel oder bis zur Hälfte eingekürzt. Der Mitteltrieb wird so weit gestutzt, dass er die anderen Äste nur um ungefähr 10 cm überragt. Und noch etwas ist wichtig: Aus der Stellung der Knospen an Ästen und Zweigen kann man bereits erkennen, in welche Richtung der neue Trieb wachsen wird. Da die Krone ja locker und breit werden soll, schneidet man immer so weit zurück, bis man auf eine nach außen weisende Knospe stößt. Setzt man den Schnitt bei einem ins Innere gerichteten Auge an, würde der Trieb ins Dunkel der Krone hineinwachsen, müsste der Schere später also ohnedies zum Opfer fallen. Der Pflanzschnitt wird grundsätzlich, also auch bei im Herbst gesetzten Gehölzen, im Frühjahr durchgeführt.

Erziehungsschnitt

Er ist genau das, was der obstbauliche Begriff aussagt, auch wenn dem Laien das Wort in diesem Zusammenhang etwas unpassend erscheint: Der Jungbaum wird zu einem möglichst reich tragenden Obstgehölz „erzogen". Die Mittel dazu gibt uns wiederum der Schnitt an die Hand, der über mehrere Jahre durchgeführt wird, bis der Baum erwachsen und die Krone in Form gebracht ist. Die drei oder vier Seitentriebe, die wir beim Pflanzschnitt stehen gelassen haben, werden nach und nach

Obst im Hausgarten

Obstgehölzschnitt

Beim Erziehungsschnitt kürzt man Mitteltrieb und Leitäste je nach Wuchsstärke; Konkurrenz-, Steil- und zu dicht stehende Triebe werden weggeschnitten

dicker; es bilden sich die erwähnten Leitäste. Vor allem an ihrer Oberseite haben sich zahlreiche neue Triebe gebildet, die sich gegenseitig behindern. Man nimmt also einige davon weg, damit der Abstand zwischen den verbleibenden größer wird. Wachsen die Triebe ohnehin schon ziemlich waagerecht, ist es gut; andernfalls werden sie durch Binden in diese Lage gebracht. Oft hat sich in der Zwischenzeit auch ein Trieb gebildet, der aus dem Leitast heraus und in spitzem Winkel zu ihm wächst. Er macht ihm nur unnötige Konkurrenz (wie der senkrechte Konkurrenztrieb, der dem Pflanzschnitt zum Opfer fiel) und wird deshalb ebenfalls entfernt.
Ist das alles erledigt, werden sowohl der Mitteltrieb, also die Stammverlängerung, als auch die Leitäste zurückgeschnitten. Aber wie stark? Diese Frage lässt sich nicht generell beantworten. Die Lösung des Problems wird aber etwas leichter, wenn

wir uns an die Auswirkungen erinnern, die ein Rückschnitt nach sich zieht: Je stärker man schneidet, desto mehr neues Holz wird gebildet, je weniger die Schere in Aktion tritt, desto langsamer wächst der Baum. Wird beispielsweise von einem Leitast nur gerade die Spitze gekappt, treiben zwar die Knospen unmittelbar hinter der Schnittstelle vehement aus, zum Stamm hin jedoch werden die neuen Triebe immer kürzer und spärlicher. Nehmen wir dagegen ein gehöriges Stück des Leitasts weg, sprießt es aus dem ganzen verbliebenen Rest. Allerdings bringt das nicht viel, da hier nur lange Holztriebe ohne Blütenansätze entstehen, die dann wiederum entfernt werden müssen. Eine schwierige Sache also, die letztlich nur durch Erfahrung in den Griff zu bekommen ist. Doch es ist tröstlich zu wissen, dass dem Baum ein falscher Schnitt nicht schadet, zumal er im nächsten Winter korrigierbar ist.
Der Erziehungsschnitt muss nun Jahr für Jahr wie beschrieben durchgeführt werden. Allerdings entstünde auf diese Weise noch keine richtige Krone, der Baum sähe ziemlich komisch aus, so als wäre er in einer Art Jugendstadium stecken geblieben. Wäre dies der Fall, würde man die Kräfte, die in ihm stecken, schlecht nutzen. Es kommt also in der Folgezeit darauf an, die Krone voller werden zu lassen; dabei darf sie aber nicht zu dicht und undurch-

T I P P

Keine „Huthaken"
Für den Wegschnitt stärkerer Äste gilt eine alte Gärtnerregel: Man muss so dicht an der Basis schneiden, dass am verbleibenden Zapfen kein Hut mehr aufgehängt werden kann.

Instandhaltungsschnitt: Zu dicht Stehendes wird ausgelichtet, Abgestorbenes entfernt, altes Fruchtholz auf Jungtriebe zurückgeschnitten

lässig werden. Man braucht also noch einige kräftige Seitenäste, die an den Leitästen entstehen und mit ihnen zusammen ein stabiles, tragfähiges Astgerüst bilden sollen. Für diese Funktion werden ein paar nicht zu steil stehende Zweige bestimmt, die mindestens 60 cm vom Stamm entfernt an den Leitästen sitzen und zueinander etwa 1 m Abstand wahren sollten. Alle zu dicht stehenden Jungruten, die sich im Laufe des Jahres an Leit- und Seitenästen bilden, müssen dezimiert werden, damit die Krone licht und locker bleibt.

Instandhaltungsschnitt

Noch besser trifft der ebenfalls gebräuchliche Begriff **Erhaltungsschnitt,** was gemeint ist: Man muss dafür sorgen, dass die nach 5 bis 8 Jahren aufgebaute Krone so bleibt, wie sie ist.
Man schneidet von nun an in jedem Winter nur noch weg, was zu dicht

steht, und entfernt alle Fruchtäste, die 3 oder 4 Jahre alt und unproduktiv geworden sind. Sie werden dabei nicht einfach weggeschnitten, sondern bis zu der Stelle gekürzt, an der aus ihnen ein Jungtrieb entspringt, der dann die Aufgabe des vorherigen Fruchtasts übernimmt.

Schnitt der Spindelbäume

Im Großen und Ganzen verfährt man bei einer Spindel genau so wie beim üblichen Schnitt, nur sollten von Anfang an alle Triebe, die direkt dem Mitteltrieb, also dem Stamm entspringen, bis zu einer Höhe von etwa 50 cm ab Boden entfernt werden. Erst hier beginnt also die Verzweigung, die bei dieser kleinen Baumform nur eine wenig ausgeprägte Krone bildet. Selbstverständlich muss dabei auch der obere Konkurrenztrieb der Stammverlängerung weggeschnitten werden. Insgesamt verbleiben hier vier Triebe, die den schon beschriebenen späteren Leitästen entsprechen und beim Pflanzschnitt waagerecht gebunden werden. Der Mitteltrieb wird so weit eingekürzt, dass nur noch etwa fünf Knospen über dem obersten Seitentrieb übrigbleiben. Der Stamm bleibt also immer etwas länger als die späteren Leitäste. Bilden sich im Laufe der Zeit aus dem Stamm weitere seitliche Verzweigungen, lässt man sie gewähren und nimmt in der Folgezeit nur solche weg, die zu dicht beieinander stehen und sich gegenseitig stören.

In den folgenden Jahren besteht die Formierung lediglich darin, ältere Seitenäste auf einen jungen Trieb zurückzuschneiden. Später kann man auch die Zweige, die Früchte getragen haben, geringfügig einkürzen, und zwar immer so, dass die unteren Astpartien länger sind als die darüber liegenden. Ein richtig geschnittener Spindelbusch soll so aussehen wie ein gut gewachsener Weihnachtsbaum: unten breit, nach oben hin sich verjüngend.

Schnitttermine

Alle bis jetzt beschriebenen Schnittarbeiten werden herkömmlich im Winter durchgeführt, und zwar an Tagen, an denen die Temperaturen nicht unter -4° C liegen. Eingriffe bei durchgefrorenem Holz können die Bäume schädigen. Im Allgemeinen legt man die Schnittarbeiten an Obstgehölzen in den so genannten **Nachwinter,** das ist meist Mitte Februar. Der **Vorwinterschnitt** fällt in die Monate November und Dezember.

Die beiden Termine wirken sich auf die Entwicklung des Gehölzes unterschiedlich aus. Das hängt damit zusammen, dass sich der Hauptteil der Wuchs- und Nährstoffe jeweils an unterschiedlichen Orten befindet. Im Vorwinter sind sie in dicken Ästen, im Stamm, vor allem aber in den Wurzeln eingelagert, der Schnitt tangiert sie kaum. Bei Wachstumsbeginn werden die Reservestoffe dann in die Vegetationspunkte der Krone transportiert und sorgen dort für einen starken Austrieb. Der Nachwinterschnitt dagegen dämpft den Austrieb; er greift zu einem Zeitpunkt ein, zu dem die Reservestoffe bereits in den Triebspitzen sitzen und so beim Schnitt zum Teil mit entfernt werden. Deshalb lassen sich z. B. Gehölze auf stark wachsender Unterlage durch Nachwinterschnitt etwas bremsen.

An zunehmender Bedeutung hat mittlerweile der **Sommerschnitt** gewonnen. Im Grunde genommen handelt es sich dabei um einen teilweise vorgezogenen Winterschnitt, das heißt, die gröbsten Arbeiten werden bereits bei angenehm warmen Temperaturen erledigt. Man kann also schon im Sommer alle überalterten, zu dicht oder zu steil stehenden Triebe entfernen bzw. waagerecht binden und Zweige, die ins Kroneninnere wachsen, wegschneiden; dasselbe geschieht mit den Konkurrenztrieben an Stammverlängerung und Seitenästen.

Beim Steinobst lässt sich durch den Sommerschnitt die Formierung im Winter nahezu ersetzen, Beerenobst wird ohnedies am besten gleich nach der Ernte ausgeglichen. Äpfel und Birnen profitieren davon, wenn die Krone schon frühzeitig aufgelockert wird, weil das wiederum ein besseres Ausreifen der Früchte zur Folge hat. Der Sommerschnitt stellt somit eine sinnvolle Ergänzung zu den Schnittmaßnahmen im Winter dar.

Schnitttechnik

Hier gibt es ein paar einfache Grundregeln, deren Beherzigung zum Schnitterfolg beiträgt:

- Die verwendeten Werkzeuge – Scheren, Sägen, Messer – müssen scharf sein, damit ein glatter Schnitt gewährleistet ist; zerfranste oder gequetschte Wundränder heilen schlechter und langsamer.
- Beim Zurückschneiden setzt man die Schere stets nahe über einer Knospe oder einem Trieb an, damit keine hässlichen Stummel stehen bleiben und der Neuaustrieb gleich unterhalb der Schnittstelle erfolgt.

> **I N F O**
> **Spalierobstschnitt**
> Der Sommerschnitt ist gerade bei Spalierobst unentbehrlich. Man entspitzt dabei die jungen Holztriebe, die an den vorjährigen Astverlängerungen entstanden sind.

Schnittführung: Der Schnitt erfolgt schräg, etwa 0,5 cm über einem Auge bzw. einer Knospe. Die Schnittfläche darf nicht zur Knospe hinweisen ① und weder zu weit ② noch zu dicht ③ an der Knospe liegen

Entfernen dicker Äste: ① Um ein Abbrechen zu vermeiden, sägt man den Ast nahe beim Stamm zur Hälfte von unten an. ② Dann wird er in ca. 10 cm Abstand vom Stamm von oben abgesägt. ③ Schließlich den Stummel direkt am Stamm entfernen

- Andererseits sollte man nicht zu dicht an der Knospe schneiden, um sie nicht zu schädigen.
- Den Wegschnitt führt man direkt an der Entstehungsstelle des zu entfernenden Asts oder Zweigs aus; dadurch wird eine schnellere Heilung gefördert. Man kann aber auch wie früher üblich „auf Astring" schneiden, das ist die verdickte Stelle, wo der Ast dem Stamm entspringt; dadurch wird die Wundfläche etwas verkleinert.
- Nach dem Schnitt werden die Wundränder mit einem Messer glatt geschnitten, vor allem, wenn mit der Säge gearbeitet wurde.
- Stärkere Äste werden immer etappenweise abgesägt, um Astbruch zu vermeiden.
- Größere Wunden sind mit einem Verschlussmittel zu verstreichen, damit Pilzsporen und anderen Holzschädlingen das Eindringen verwehrt wird.

Düngung der Obstgehölze

Wie alle Kulturgewächse benötigen auch unsere Obstbäume eine ausgewogene Versorgung mit den Hauptnährstoffen Stickstoff, Phosphor und Kali. Man düngt mit organischen oder mineralischen Mehrnährstoff-Kombinationen, die zusätzlich meist auch noch die erforderlichen Spurenelemente enthalten.

Als Faustregel kann gelten: bei organischer Düngung die doppelte Menge des mineralischen Nährstoffs ausbringen. Düngezeitpunkt sind die Wochen der Schneeschmelze, die meist in den März fällt. Man rechnet pro Baum mit 50 g/m² Mineraldünger, der im Bereich der Krone ausgestreut und eingewässert wird.

Bei Bäumen, die im Rasen wachsen, muss flüssig gedüngt werden. Dazu löst man etwa 200 g Mineraldünger in einer 10-Liter-Kanne auf, sticht mit der Grabegabel durch leichtes Hin- und Herbewegen Schlitze in den Boden des gesamten Kronenbereichs und gießt in jede Öffnung etwa 1 Liter der Nährlösung. Anschließend werden die Schlitze durch Festtreten wieder geschlossen. Bei Bäumen mit starkem Fruchtansatz kann Anfang Juni mit einer etwas kleineren Menge nachgedüngt werden.

Auch im Zusammenhang mit dem Obstanbau im Hausgarten wird immer wieder empfohlen, Bodenproben zu entnehmen und an ein landwirtschaftliches Institut zur Untersuchung einzuschicken. Man kann das natürlich tun, und wenn sich bei den Gehölzen unerklärliche Wachstumsverzögerungen oder andere Anomalien zeigen, ist eine Bodenanalyse sogar empfehlenswert. Solange alles normal gedeiht, Blüte und Ertrag befriedigend sind, besteht allerdings kein Anlass regelmäßig oder gar jährlich solche Untersuchungen durchführen zu lassen. Außerdem muss man chemische Analysen zu lesen verstehen; ein festgestellter, geringfügiger Mangel im Einzelfall verführt manchen dazu, das vermutlich Fehlende durch viel zu große Düngermengen wieder auszugleichen.

Kernobst

Apfel

Der Apfel, dessen Heimat in Westasien liegt, gehört heute auch wirtschaftlich zu den wichtigsten Obstarten und nimmt im Hausgarten ebenfalls eine Vorzugsstellung ein. Die Zahl der weltweit verbreiteten Sorten ist unübersehbar, bei uns kommt man auf 80 bis 100 anbauwürdige Züchtungen. Das Spektrum hinsichtlich Frucht- und Baumgröße, Geschmack und Reifezeit ist so breit, dass sich für jeden Garten und jeden Anspruch die geeignete Sorte ausfindig machen lässt.

Da Äpfel, von Ausnahmen abgesehen, in jedem normalen Boden gedeihen und wenig klimaabhängig sind, braucht man sich um den Anbauerfolg keine großen Sorgen zu machen.

Klein bleibende Formen beanspruchen nur wenig Platz; man kann Äpfel also auch als Hecke pflanzen oder am Spalier ziehen. Spindeln und Spindelbüsche, nur 2 m hoch und breit, passen als überreich blühende Gehölze des Frühlings sogar an die Terrasse oder neben den Hauseingang, sofern sie genügend besonnt sind. Auch Bäumchen mit zwei oder drei aufveredelten Sorten kommen dafür infrage. Seit einiger Zeit wird das Angebot ergänzt durch die aus England stammenden „Ballerina-Bäume", die nur bis 4 m hoch und lediglich 40–50 cm breit wachsen, da die kronenlosen Stämme unverzweigt bleiben. Sie brauchen wenig Pflege, Schnittarbeiten entfallen weitgehend und beschränken sich auf das Entfernen gelegentlich erscheinender Seitentriebe. In dieser Gruppe gibt es auch einige Sorten für den Sofortverzehr, wie 'Bolero' oder 'Polka'.

Mit Apfelspindeln kann man sogar fruchtende Hecken anlegen

Befruchtung: Schwierigkeiten können auftreten, weil Äpfel selbstunfruchtbar sind, das heißt, es muss ein Pollenspender gefunden werden. Stehen in den Nachbargärten ebenfalls Apfelbäume, erledigt sich dieses Problem meist von selbst. Andernfalls muss man mindestens zwei Bäumchen in den Garten setzen oder eine als Befruchter geeignete Sorte zusätzlich einveredeln. Leider ist nämlich nicht jede Apfelsorte als Pollenspender zu verwenden. Alle so genannten triploiden Züchtungen, also solche mit dreifachem anstatt des sonst üblichen doppelten (diploiden) Chromosomensatzes, fallen für die Befruchtung aus, obgleich sie selbst vom Blütenstaub diploider Sorten profitieren, also befruchtet werden.

Zu diesen unsicheren Kandidaten gehören 'Boskoop', 'Gravensteiner', 'Karmijn' oder 'Mutsu'. Wer demnach einen triploiden 'Gravensteiner' zu einem diploiden 'James Grieve' setzt, wird zwar vom 'Gravensteiner' die bekannt aromatischen Früchte ernten können, bei der Sorte 'James Grieve' aber leer ausgehen – vorausgesetzt, es blühen in den Nachbargärten keine anderen geeigneten Bäume.

Noch ein weiterer Punkt kommt hinzu, der bei der Anpflanzung bedacht werden muss: die Blütezeit. Eine frühe und eine späte Sorte, deren Blühtermine so weit auseinanderliegen, dass keine Überschneidung stattfindet, können sich auch nicht gegenseitig befruchten. Am sichersten ist es, mindestens drei unterschiedliche Sorten zu pflanzen, weil es durchaus vorkommen kann, dass die Blüte des einen Baumes einmal nur spärlich ausfällt oder ganz unterbleibt. Diese jährlichen Ertrags-

> **TIPP**
>
> **Ausdünnen**
> Es kommt dem Ertrag keineswegs zugute, wenn ein Apfelbaum überreich trägt. Die Früchte bleiben dann kleiner und sind qualitativ nicht so gut. In einem solchen Fall ist Ausdünnen besser, wobei nur zwei Äpfel pro Fruchtstand belassen werden.

schwankungen werden als **Alternanz** bezeichnet und können verschiedene Gründe haben. Außerdem sind sie sortenabhängig. Schließlich kann man bei einer Mehrfachpflanzung durch geschickte Sortenwahl erreichen, dass sich die Ernte über einen langen Zeitraum hinzieht, also vom Sommer bis zum Spätherbst frische Äpfel zur Verfügung stehen.

Pflück- und Genussreife: Besonders bei Äpfeln, weniger bei Birnen, unterscheidet man zwischen Baum- oder Pflückreife und Genussreife. Das bedeutet nun nicht, dass frisch gepflückte Äpfel ungenießbar wären. Mit dem Loslösen der Frucht vom Trieb erlischt jedoch nicht schlagartig jegliches „Leben" im Apfel. Vielmehr finden weiterhin Veränderungen in den Zellen und im Gewebe statt, die sich positiv auf den Geschmack auswirken. Man könnte einen etwas gewagten Vergleich mit dem Wein ziehen, der ja ebenfalls „nachreift".

Die in der Liste ab S. 234 angeführten Reifezeiten sind Annäherungswerte, die sich je nach Lage, Witterung und anderen äußeren Einflüssen verschieben können. Ähnlichen Schwankungen ist übrigens auch der Geschmack unterworfen.

Für den Zeitpunkt des Pflückens, der Baumreife also, gibt es beim Apfel mehrere Anhaltspunkte: leichtes Lösen des Stiels vom Fruchtholz, Aufhellung der Grundfarbe und intensive Färbung der Deckfarbe, Abfallen gesunder Früchte. Sommersorten schmecken am besten, wenn man sie am Baum nicht völlig ausreifen lässt, sondern etwa eine Woche vorher pflückt und die Früchte dann noch einige Tage liegen lässt. Bei spät reifenden Lageräpfeln macht es nichts, wenn sie von leichtem Frost überrascht wurden; allerdings wird dadurch meist die Lagerfähigkeit beeinträchtigt. Die Temperaturen am Aufbewahrungsort sollten um 5° C liegen, bei viel Frischluft und hoher Luftfeuchtigkeit.

Als Anhaltspunkt für die **Sortenwahl** werden in der Übersicht auf den nächsten Seiten einige bewährte bzw. verbreitete Sorten vorgestellt. Es gibt darüber hinaus eine Vielzahl weiterer Züchtungen, die infrage kommen. Besonders interessant sind neuere Sorten mit Resistenz gegen bzw. geringer Anfälligkeit für Schorf, Mehltau, Feuerbrand oder Obstbaumspinnmilben. Dazu gehören z. B. 'Retina', 'Remo', 'Reglindis' sowie 'Piros', 'Pilot' (Winterapfel) und 'Pinova'.

Einen anderen Weg gehen Gärtner, die auf robuste, ältere Sorten oder Lokalsorten zurückgreifen, wie etwa 'Winterrambour' oder 'Landsberger Renette'. Dabei hat man es allerdings meist mit starkwüchsigen Bäumen zu tun, die häufig auch mit dem Ertrag spät einsetzen.

Die Blühtermine verschiedener Apfelsorten können so weit auseinander liegen, dass eine gegenseitige Befruchtung nicht möglich ist

Apfelsorten

Sorte	Pflückreife/Genussreife [1]	Geschmack, Fruchtfärbung, Eigenschaften
'Alkmene'	X/X–E XI	süß-fruchtig, aromatisch; Frucht goldgelb bis ziegelrot; wenig krankheitsanfällig
'Berlepsch'	E IX/XI–II	würzig mit angenehmer Säure; Frucht fleischfarben bis dunkelrot; anfällig für Krebs und Kragenfäule, im Ertrag schwankend (alternierend)
'Boskoop' [2]	X/XI–II	kräftig-würzig mit feiner Säure; Frucht orangefarben bis rot; bei schwankenden Wintertemperaturen im Holz etwas empfindlich
'Cox Orange'	X/XI–XII	würzig mit feiner Fruchtsäure; Frucht gelblichgrün bis rötlich; anfällig für Blattläuse, Krebs und Kragenfäule
'Discovery'	M VIII/M VIII–A IX	aromatisch mit angenehmer Säure; Frucht rötlich bis dunkelrot; sehr robust und pflegeleicht
'Elstar'	A X/A X–E XII	aromatisch, süßsäuerlich; Frucht verwaschen rötlich bis rostrot; vermutlich selbstfruchtbar
'Gloster'	E X/XII–II	sehr aromatisch; Frucht länglich-kantig, dunkelrot mit Gelb; anfällig für Schorf und Krebs
'Golden Delicious'	E X/II–IV	süßlich aromatisch; Frucht goldgelb mit leichter Rötung; stark schorfanfällig; keine Befruchtersorte für die verwandten 'Maigold', 'Jonagold', 'Mutsu'

[1] Römische Ziffern = Monat; A = Anfang, M = Mitte, E = Ende; [2] Triploide Züchtung

'Alkmene'

'Boskoop'

Apfelsorten (Fortsetzung)

Sorte	Pflückreife/Genussreife [1]	Geschmack, Fruchtfärbung, Eigenschaften
'Goldparmäne'	E IX/X–XII	fruchtig-süß; Frucht gelblich, rötlich geflammt; anfällig für Schorf, Krebs, Feuerbrand und Blattläuse
'Granny Smith'	A XI/I–III	saftig, ohne Aroma; Frucht grasgrün; anfällig für Krebs, alternierend; Anbau nur im Weinbauklima möglich
'Gravensteiner' [2]	A IX/A IX–XI	hocharomatisch, intensiver Apfelduft; Frucht gelb mit leichter Rötung; anfällig für Schorf und Mehltau, Blüten spätfrostgefährdet
'Holsteiner Cox' [2]	E IX/E IX–XII	aromatisch, feinsäuerlich; Frucht gelblichgrün mit leichter Rötung; krebsanfällig, gut für kühlere Klimate
'Idared'	E X/I–IV	wenig aromatisch, angenehm säuerlich; Frucht satt rot
'Ingrid Marie'	E IX/X–I	leicht säuerlich, wenig Aroma; Frucht rot bis braunrot; sehr krebsanfällig, alternierend
'Jamba 69'	E VIII/A IX–E X	fruchtig, aromatisch, frisch; Frucht gelblichgrün mit roter Flammung; sehr robust, kaum alternierend
'James Grieve'	A IX/A IX–M X	würzig, fein säuerlich; Frucht gelblich bis orange; anfällig für Zweigmonilia, Kragenfäule, Blattläuse
'Jonagold' [2]	A X/XI–I	süß, aromatisch, angenehm säuerlich; Frucht gelb, rötlich geflammt; Wärme liebend, schorfanfällig

[1] Römische Ziffern = Monat; A = Anfang, M = Mitte, E = Ende; [2] Triploide Züchtung

Obst im Hausgarten

Kernobst

'Elstar'

'Gravensteiner'

Apfelsorten (Fortsetzung)

Sorte	Pflückreife/Genussreife [1]	Geschmack, Fruchtfärbung, Eigenschaften
'Jonathan'	A X/XII–III	süßlich, fein säuerlich, wenig Aroma; Frucht rötlich-gelb; sehr mehltauanfällig
'Klarapfel'	VII/M VII–M VIII	frisch, leicht säuerlich, angenehm; Frucht gelb, sehr glattschalig; anfällig für Blutläuse und Krebs
'Maigold'	E X/I–III	süß mit angenehmer Fruchtsäure und leichtem Birnenaroma; Frucht goldgelb mit roter Flammung; wenig krankheitsanfällig; keine Befruchtersorte für 'Golden Delicious' und 'Boskoop'
'Melrose'	A X/I–IV	süßsäuerlich, aromatisch; Frucht orange- bis rostrot; anfällig für Krebs, Mehltau und Feuerbrand, schlechter Pollenspender
'Mutsu' [2]	E X/E X–II	saftig, angenehm fruchtig, wenig Aroma; Frucht gelbgrün bis orangefarben; schorfanfällig, nur für warme Lagen
'Oldenburg'	IX/IX–XI	süßlich, angenehme Säure, wenig Eigenaroma; Frucht orangerot mit dunkelroter Flammung; sehr anfällig für Krebs
'Ontario'	X/I–V	angenehm fruchtig-säuerlich, wenig Eigenaroma; Frucht kantig, grüngelb bis orangerot; anfällig für Blattläuse, Mehltau, Schorf; häufig alternierend, Holz bei starken Frösten gefährdet
'Summerred'	A IX/A IX–E IX	leicht säuerlich, mild aromatisch; Frucht rostrot mit weißer Punktierung; keine Anfälligkeiten bekannt, nicht für extrem warme Lagen geeignet
'Tumanga'	A X/XI–III	süßsäuerlich, aromatisch; Frucht rötlich bis gelb gesprenkelt; anfällig für Mehltau
'Zabergäu' [2]	A X/XI–II	würzig-fruchtig; Frucht goldgelb, sonnenseits rötlich, rauhschalig; anfällig für Krebs und Stippe

[1] Römische Ziffern = Monat; A = Anfang, M = Mitte, E = Ende; [2] Triploide Züchtung

'Jonathan'

'Summerred'

Obst im Hausgarten

Kernobst

Birne

Birnen sind insgesamt wärmebedürftiger als Äpfel, und vor allem die besonders aromatischen Spätsorten bleiben im Geschmack oft fade, wenn ihnen während der Reife nicht genügend Sonne/Wärme zur Verfügung steht. Dagegen bietet sich als Alternative die Pflanzung am Spalier einer Südwand an. Sommerliche Kühle kann außer der Geschmacksminderung auch zur Folge haben, dass sich vermehrt Steinzellen rund ums Kerngehäuse bilden, was teilweise aber auch sortenbedingt ist. Solche Birnen erhalten dann nicht mehr die Prädikate „schmelzend" oder „vollschmelzend".

Bei der für Birnen geeigneten Bodenbeschaffenheit spielt die jeweilige Unterlage eine gewisse Rolle. Birnen auf Sämlingsunterlagen sind hinsichtlich der Bodenqualität wenig wählerisch, während die klein bleibenden Bäume auf der Quitte A die wohlschmeckendsten Früchte bringen, wenn sie in humusreichem, sandig-lehmigem Erdreich stehen. Man wird mit ihnen aber auch in ganz gewöhnlichem Gartenboden keine Enttäuschung erleben, solange im Untergrund keine Nässe vorherrscht oder die Erde extrem schwer und dadurch kühl ist. Die anspruchsloseren Sämlingsbäume, die sich zu Halb- oder Hochstämmen auswachsen, sind für kleinere Gärten nicht so gut geeignet.

Befruchtung: Die Befruchtungsverhältnisse bei der Birne gleichen denen des Apfels, es müssen also, wenn in der Nachbarschaft kein Birnbaum wächst, mindestens zwei Sorten gepflanzt werden. Auf die so genannte **Jungfernfrüchtigkeit** (Parthenokarpie), die bei mehreren Birnensorten wie 'Williams Christ', 'Alexander Lucas', 'Trevoux' oder der 'Vereinsdechantsbirne' vorkommen

Ein Spalier an einer sonnigen Hauswand bietet beste Voraussetzungen für eine gute Birnenernte

kann, darf sich der Gärtner nicht verlassen. In diesem Fall bilden sich Früchte, ohne dass die Blüten von Fremdpollen bestäubt worden sind; meist sind es aber äußere Einflüsse wie z. B. Blütenfröste, die diese Erscheinung auslösen. Die Sortenwahl fällt bei Birnen leichter als bei Äpfeln, da es hier keine so große Rolle spielt, ob man eine Früh- und eine Spätsorte nebeneinanderpflanzt. Die Blütezeiten überschneiden sich so stark, dass in jedem Fall mit einer Befruchtung gerechnet werden kann.

Schnitt: Beim Schnitt der Birne geht es neben den üblichen Maßnahmen noch darum, das Längenwachstum der Stammverlängerung einzudämmen; denn diese Obstart neigt von Natur aus dazu, in die Höhe zu wachsen. Man schneidet den Mittelast deshalb immer wieder bis zu einem weiter unten befindlichen Konkurrenztrieb zurück. Auch die Verlängerungstriebe der Leitäste können im zeitigen Frühjahr stark eingekürzt werden, Langtriebe sollte man im Spätsommer waagerecht binden.

Birnensorten

Sorte	Reifezeit [1]	Bemerkungen
'Alexander Lucas'	A–M X	bevorzugt für wärmere Lagen, durch frühe Blüte spätfrostgefährdet; wenig krankheitsanfällig; als Befruchtersorte ungeeignet
'Clairgeau'	E IX	robust und pflegeleicht, auf Quitte A sehr schwach wachsend
'Clapps Liebling'	E VIII	für warme, geschützte Lagen; schorfanfällig; sollte 2 Wochen vor der Vollreife geerntet werden
'Conference'	E IX	pflegeleicht, wenig krankheitsanfällig; jährliche Fruchtausdünnung wegen starken Behangs empfehlenswert
'Frühe von Trevoux'	M VIII	anspruchslos, auch für weniger günstige Lagen; als Bestäuber für 'Williams Christ' und 'Gute Luise' ungeeignet
'Gellerts Butterbirne'	M IX	anspruchslos, in regenreichen Sommern etwas schorfanfällig
'Gute Luise'	A IX	hoch schorfanfällig, daher freier Stand und lichte Krone erforderlich; Ertragsschwankungen (Alternanz) wird durch Fruchtausdünnung entgegengewirkt; keine Befruchtersorte für 'Frühe von Trevoux' und 'Williams Christ'
'Köstliche aus Charneu'	E IX	schorfanfällig; der Alternanzneigung wird durch Fruchtausdünnung begegnet
'Madame Verté'	E X	auch für klimatisch weniger günstige Lagen geeignet; gute Lagerqualität
'Tongern'	E IX	anspruchslos mit hohen Erträgen, im Holz etwas frostempfindlich; volle Genussreife zwei Wochen nach der Ernte
'Vereinsdechantsbirne'	A X	Vollertrag nur in warmem Klima; Delikatessbirne
'Williams Christ'	E VIII	für warme, geschützte Lagen; schorfanfällig; keine Befruchtersorte für 'Gute Luise' und 'Frühe von Trevoux'

[1] Römische Ziffern = Monat; A = Anfang, M = Mitte, E = Ende

'Conference'

'Gute Luise'

'Vereinsdechantsbirne'

Quitte

Ab dem dritten Standjahr kann man bei dieser Kernobstart mit Blüten und Früchten rechnen. Von diesem Zeitpunkt an ist der Baum oder Busch, der sich gegen Ende Mai in einem rosaweißen Flor präsentiert, zugleich auch ein ansehnliches Ziergehölz. Mit 2 m Höhe und Breite passt die Quitte in jeden Garten. Besondere Ansprüche werden weder an den Boden noch an das Klima gestellt, doch zieht das aus dem Orient und dem Mittelmeergebiet stammende Gehölz warme, sonnige Plätze vor. Die unvergleichlich duftenden gelben Früchte werden ab Mitte Oktober gepflückt und zu Gelee, Saft, Most oder Likör verarbeitet; oftmals gibt man sie auch anderen sehr süßen Fruchtmarmeladen zu. Für den Rohgenuss sind sie nicht geeignet.

Quitten werden auf der Quitte A, neuerdings auch auf der Eberesche veredelt. Da sie selbstfruchtbar sind, kommt man mit einem Exemplar aus. Der Schnitt besteht im gelegentlichen Auslichten, wenn die Krone zu dicht wird. Der Fruchtform nach unterscheidet man zwischen rundlichen Apfel- und länglichen Birnenquitten; zu den Apfelquitten gehören die Sorten 'Konstantinopeler', 'Reas Mammuth' und die 'Riesenquitte von Lescovac'; zu den Birnenquitten 'Portugiesische Quitte' und 'Bereczkiquitte'.

Ab Mitte Oktober können die Quitten – hier eine birnenförmige Sorte – geerntet und verarbeitet werden

Steinobst

Aprikose

Aprikosen sind besonders wärmebedürftig, in Blüte und Holz durch Fröste, vor allem aber auch nachwinterliche Wechseltemperaturen gefährdet und anfällig für pilzliche Erkrankungen während regenreicher Sommer. Es ist also zu überlegen, ob man seinen Aprikosenbaum nicht unter ein vorspringendes Dach pflanzen sollte, am besten als Spalier an einer Süd- oder geschützten Westwand. Aber wer hat das schon? Außerhalb von Weinbaugebieten mit mildem Klima lohnt deshalb der Anbau nicht, zumindest wird man in raueren Gegenden kaum mit regelmäßigen jährlichen Erträgen rechnen können.

Die Ansprüche an den Boden sind nicht sehr hoch, er sollte nur humos und gut durchlüftet, also locker sein. Mit der Bestäubung wird man kaum Schwierigkeiten haben, da Aprikosen selbstfruchtbar sind. Weil sich die meisten Früchte an einjährigen Trieben entwickeln, kann man älteres Fruchtholz bis auf einen Neuaustrieb

Aprikosen reagieren auf Spätfröste während der Blütezeit sehr empfindlich

zurückschneiden, ansonsten sollte man für eine lockere, lichte Krone sorgen, indem man die Konkurrenz- und Steiltriebe entfernt. Aprikosen reifen im Juli und August.

Von den wenigen geeigneten Sorten aus dem Baumschulsortiment sind zu nennen: 'Heidesheimer Frühe Heidi', die als Einzige schon im Juni reif wird; die Frucht ist mittelgroß, dunkelgelb, das Fleisch saftig und aromatisch. 'Ungarische Beste' hat mittelgroße, sehr saftige und würzige Früchte; geerntet wird in der ersten Augusthälfte. 'Temporao de Villa Franca' stammt aus Portugal, die Reifezeit der mittelgroßen, orangegelben Früchte (mit ebensolchem Fleisch) fällt in die zweite Julihälfte; der Geschmack lässt sich als süßsäuerlich und besonders aromatisch beschreiben.

Pfirsich
Diese Obstart aus China ist ebenfalls sehr wärmebedürftig und deshalb ungeeignet für kalte Klimate oder Gegenden, in denen Spätfröste die Regel sind. Die sichersten Erfolge hat man dort, wo auch Wein angebaut wird. Wenn man dem heimischen Klima nicht traut, zieht man Pfirsiche besser am Spalier an einer Südwand. Ansonsten empfiehlt es sich, klein bleibende Buschbäume zu wählen, die mit 4 oder 5 m Kronendurchmesser auch noch in kleinere Gärten passen; an ihnen lässt sich durch scharfen Rückschnitt, der beim Pfirsich ohnedies erwünscht ist und vorzeitiger Vergreisung vorbaut, noch ein Übriges tun.

Während sowohl das Holz als auch die im März/April erscheinenden Blüten durch Fröste gefährdet sind, werden an die Bodenbeschaffenheit keine besonderen Ansprüche gestellt. Leichteren Böden wird gegenüber schweren der Vorzug

'Red Haven', eine bewährte, ertragreiche Pfirsichsorte mit wohlschmeckenden, gelbfleischigen Früchten

gegeben, wenn sie ausreichend Humus enthalten und nicht über einer wasserundurchlässigen Schicht liegen.

Bei **Nektarinen,** die nichts anderes als glattschalige, unbehaarte Pfirsiche darstellen, sind Ansprüche und Pflege identisch. Nektarine wie Pfirsiche befruchten sich selbst, die Anpflanzung eines weiteren Baums ist also nicht notwendig.

Beim **Schnitt** muss man darauf achten, dass ständig die Bildung neuer Zweige gefördert wird, denn der Pfirsich entwickelt nur an den vorjährigen Trieben Früchte. Die beim Pflanzschnitt übrig gebliebenen drei oder vier Leitäste werden im darauf folgenden Jahr um etwa die Hälfte gekürzt, Konkurrenz- und Oberseitentriebe muss man stets entfernen. Nach der Ernte wird alles abgetragene und das schwache Holz der Leit- und Nebentriebe bis auf einen Neutrieb zurückgeschnitten. Schnittmaßnahmen nimmt man am besten im Sommer vor. Wichtig für den Schnitt beim Pfirsich ist die Unterscheidung zwischen „wahren" und „falschen" Fruchttrieben. Wahre Fruchttriebe sind kräftig, etwa 50 cm lang und dicht mit Knospen besetzt; man kürzt sie um etwa die Hälfte ein, was der Größe und Qualität der Früchte zugute kommt und zur Bildung von neuem Fruchtholz führt. Falsche Fruchttriebe sind schwächlich und meist blattlos; sie werden gänzlich entfernt.

Pfirsichbäume zählen zu den besonders wärmebedürftigen Obstgehölzen; in rauen Lagen lohnt die Pflanzung kaum

Pfirsichsorten

Sorte	Reifemonat	Fruchtbeschaffenheit
'Amsden'	VII	mittelgroß, Fleisch gelblich weiß
'Cumberland'	VII–VIII	sehr groß, Fleisch gelblich weiß
'Früher Alexander'	VII	mittelgroß, Fleisch gelblich weiß
'Früher Roter Ingelheimer'	VII	mittelgroß, Fleisch weiß
'Haba Finessa'	VIII–IX	sehr groß, Fleisch weiß
'Red Haven'	VIII	groß, Fleisch gelb
'Rekord von Alfter'	VIII–IX	sehr groß, Fleisch grünlich gelb
'Roter Ellerstädter' ('Kernechter vom Vorgebirge')	IX	groß, Fleisch gelblich weiß
'South Haven'	VIII	sehr groß, Fleisch goldgelb
'Spätgold'	IX	mittelgroß, Fleisch gelb

Nektarinensorten: Nektarinen haben neben ihrer besonderen Wärmebedürftigkeit im Vergleich zum Pfirsich den Nachteil, dass sie besonders anfällig sind für Kräuselkrankheit (vgl. S. 104) und Monilia. Dementsprechend spärlich ist das Angebot der Baumschulen: Hier und da trifft man die aus Amerika stammenden Sorten 'Crimson Gold', 'Fire Gold' und 'Independence', die alle im August reifen.

Pflaume, Zwetsche, Reneklode und Mirabelle

Im Gegensatz zu den vorgenannten Obstarten ist diese Gruppe der Steinobstgehölze wenig anspruchsvoll. Akzeptiert wird jeder normale Gartenboden, wenn er nur humos und nicht extrem kühl oder trocken ist. Eine sonnige Lage ist zu bevorzugen, zu viele tägliche Schattenstunden beeinträchtigen Süße und Aroma der Früchte.
Bei Zwetschen, Renekloden und Mirabellen handelt es sich um Unterarten der Pflaume, sie unterscheiden sich in Aussehen, Reifezeit und Geschmack voneinander. **Pflaumen** sind rund bis oval, meist großfrüchtig, teilweise früh reifend und blau, violett oder rötlich gefärbt; die 'Ontario-Pflaume' und einige andere, weniger bekannte Sorten sind gelb. **Zwetschen** (auch Zwetschgen, Quetschen) sind meist kleinfrüchtiger, später reifend, länglich bis spitz zulaufend geformt; die Farbe ist Blau bis Violett, seltener Gelb.
Renekloden, auch Reineclauden oder Ringlotten genannt, haben eine grüngelbe bis violettrötliche Haut, eine kugelig runde Form und kommen ebenfalls spät zur Reife. **Mirabellen** schließlich erreichen nur etwa Kirschgröße, sind wie diese rund, in Schale und Fruchtfleisch gelb, ihre Reife fällt in den August.
Befruchtung: Bei der Pflaumengruppe sind die Befruchtungsverhältnisse unterschiedlich. Es gibt selbstfruchtbare Sorten und andere, die ohne einen Pollenspender nicht auskommen. Bei einigen ist eine

Für konstant reiche Ernten ist – entgegen früherer Meinungen – auch bei Pflaumen ein regelmäßiger Schnitt nötig

Pflaumen-, Zwetschen-, Renekloden- und Mirabellensorten

Sorte	Reifezeit [1]	Fruchtmerkmale	Befruchtersorten
'Althans Reneklode'	A VIII–E IX	groß, kugelig, bläulichrot	'Große Grüne Reneklode', 'Kirkes Pflaume', 'Lützelsachser'
'Bühler Frühzwetsche'	A–E VIII	mittelgroß, länglich, blauviolett	selbstfruchtbar
'Cacaks Beste' (Zwetsche)	M–E VIII	groß, oval, dunkelblau	selbstfruchtbar
'The Czar'	A–M VIII	klein, rund, dunkelblau und bläulich bereift	selbstfruchtbar
'Deutsche Hauszwetsche'	A IX–M X	mittelgroß, violett und bläulich bereift	selbstfruchtbar
'Ersinger Frühzwetsche'	E VII–A VIII	klein bis mittelgroß, rötlich bis dunkelviolett, hellblau bereift	'Lützelsachser', 'The Czar', 'Wangenheims'
'Große Grüne Reneklode'	E VIII–M IX	sehr groß, rundlich, bräunlich rot oder gelb, gefleckt	'Althans', 'Bühler', 'Kirkes', 'Mirabelle von Nancy', 'The Czar'
'Kirkes Pflaume'	E VIII–A IX	groß, rund, dunkelviolett	'Althans', 'Ontario', 'Wangenheims', 'Zimmers'
'Lützelsachser Frühzwetsche'	M–E VII	klein, länglich oval, dunkelviolett bis dunkelblau	'Bühler', 'Ersinger', 'Ontario', 'Stanley', 'The Czar'
'Mirabelle von Nancy'	M–E VIII	klein, rundlich, braungelb, mit roter Fleckung	selbstfruchtbar
'Ontario-Pflaume'	A–M VIII	sehr groß, oval, goldgelb	selbstfruchtbar
'Stanley Zwetsche'	A–M IX	mittel- bis sehr groß, dunkelviolett, weißlich blau bereift	selbstfruchtbar
'Wangenheims Frühzwetsche'	E VIII–M IX	klein, oval, schwarzblau, hellblau bereift	selbstfruchtbar
'Zimmers Frühzwetsche'	E VII–M VIII	klein, rundlich-oval bis länglich, schwarzblau, hellbau bereift	'Ersinger', 'Lützelsachser', 'The Czar', 'Wangenheims', 'Hauszwetsche'

[1] Römische Zahlen = Monat; A = Anfang, M = Mitte, E = Ende

Klein, aber köstlich: Mirabellen werden im August reif

Eigenbestäubung wahrscheinlich, aber nicht sicher, daher können die Erträge solcher Sorten Schwankungen unterliegen. In der oben stehenden Übersicht wurden sie daher zu den selbstunfruchtbaren Sorten gestellt und passende Pollenspender angegeben.

Schnitt: Alle Pflaumenbäume, die nicht älter als 8 oder 10 Jahre sind, schneidet man am besten gleich nach der Ernte, ältere Bäume auch im Nachwinter. Dabei kommt es darauf an, die Krone auszulichten und Triebe, die auf der Oberseite der

Leitäste wachsen, zu entfernen. Fruchtholz an diesen Ästen sollte nach vier Jahren eingekürzt werden, damit der Baum zur Bildung neuer, tragender Zweige angeregt wird. Wo sich am Ende starker Äste so genannte „Quirle" gebildet haben, also mehrere dicht nebeneinanderstehende Triebe, lässt man nur einen davon stehen.

Sauerkirsche, Weichsel
Von all unseren Baumobstarten ist die Sauerkirsche die wohl anspruchsloseste. Trockenheit im Untergrund verträgt sie besser als Bodennässe oder Verdichtungen; es bestehen also Ähnlichkeiten mit der Birne. Der Standort kann sonnig bis leicht beschattet sein, doch Extreme wie pralle Sonne an der Südseite und schattenkühle Nordlagen sind nicht geeignet. Im Garten wird man sich heute überwiegend für die kleinen Buschformen entscheiden, die mit wenigen Metern Standraum auskommen und ganz bequem vom Boden aus geschnitten und gepflückt werden können.
Befruchtung: Obgleich das Sortiment auch Züchtungen aufweist, die auf einen Pollenspender angewiesen sind, ist die Auswahl an hervorragenden selbstfruchtbaren Sorten so groß, dass man im Hausgarten ausschließlich solche Bäume anpflanzen sollte. Sie fruchten außerdem sicherer und der Ertrag ist höher.
Die beliebte 'Schattenmorelle', ebenfalls selbstfruchtbar, gibt es seit bereits fast 200 Jahren, früher hieß sie auch 'Große Lange Lotkirsche'. Sie kann durch Schnitt noch kleiner als die vorgegebene Buschform gehalten werden. Der Name leitet sich vom französischen Château du Moreille ab, hat also nichts mit ausgeprägter Schattenverträglichkeit zu tun. Leider ist diese Sorte sehr stark

Anspruchslos und auch in Buschform erhältlich: Sauerkirschen machen den Obstgenuss im Hausgarten leicht

durch die **Monilia-Spitzendürre** gefährdet; das Entfernen erkrankter Triebe bis ins alte Holz und regelmäßiger Schnitt können dieser Pilzinfektion entgegenwirken.
Schnitt: Sauerkirschen, besonders ausgeprägt die 'Schattenmorellen', entwickeln vorwiegend lange dünne Peitschentriebe, die nur an den jährlich zuwachsenden Verlängerungen Früchte tragen. Diese fruchttragenden Triebenden werden von Jahr zu Jahr kürzer. Deshalb empfiehlt sich regelmäßig ein mittelstarkes Auslichten kurz nach der Ernte, damit stets Neutriebe nachwachsen.
Alle nach innen wachsenden sowie zu dicht stehenden starken Triebe werden entfernt. Die bogenartigen

I N F O

Sauer- und Süßkirschen
Zwar können sich Sauerkirschen und Süßkirschen teilweise gegenseitig befruchten; da die Blütezeiten jedoch weit auseinanderliegen, lässt sich das für die Praxis kaum nutzen.

Fruchttriebe sollten spätestens nach 4 Jahren an der Ansatzstelle weggeschnitten werden.
Nach 3 bis 4 Standjahren ist der Kronenaufbau beendet, Mitteltrieb und Leitäste werden nicht mehr eingekürzt. Es reicht dann, im oberen Kronenbereich jährlich auszulichten. Nach dem zehnten Standjahr schneidet man alle kräftigen Endverzweigungen in der Krone auf schwächere Seitenäste zurück, damit sich die Krone nicht weiter ausdehnt.
Reife- und Erntezeit: Für den Laien zunächst unverständlich ist die bei Kirschen in so genannten **Kirschwochen** angegebene Reifezeit. Diese Periode entspricht nun keineswegs einer Kalenderwoche, sondern umfasst jeweils einen Abschnitt von 11 bis 12 Tagen. Dabei geht man vom Reifetermin der frühesten Sorte aus, der, je nach Witterung und Lage, in die erste Junihälfte fällt. Gegen Ende August endet die Erntezeit mit der 7. Kirschwoche.
Selbstfruchtbare Sauerkirschsorten: 'Ludwigs Frühe', 2.–3. Kirschwoche (KW); 'Schwäbische Weinweichsel', 3.–4. KW; 'Heinemanns Rubin', 5. KW; 'Morellenfeuer', 5. KW; 'Cerelle', 'Nabella', 'Successa', alles verbesserte Weiterzüchtungen der 'Schattenmorelle' und in der 6. KW reifend; 'Schattenmorelle', 6.–7. KW; 'Kelleris 14', 7. KW.
Die sehr zeitig tragende Sorte 'Ludwigs Frühe' hat mittlerweile durch die ungarische Züchtung 'Favorit' Konkurrenz bekommen. Sie wurde seit 1979 an der Universität Stuttgart-Hohenheim aufgepflanzt und genau beobachtet. Die Früchte sind zinnoberrot und bestechen durch ihre Größe und den Glanz. Das Fleisch der selbstfruchtbaren 'Favorit' ist hellrot und saftreich, hat eine angenehme Säure und relativ hohen Zuckergehalt.

Süßkirschensorten

Sorte [1]	Reifezeit [2]	Befruchtersorten (Auswahl)
'Anabella' (KK)	5. KW	'Schneiders Späte'
'Bigarreau' (HK)	2. KW	'Büttners Rote', 'Große Schwarze Knorpel', 'Hedelfinger', 'Schneiders Späte'
'Büttners Rote' (KK)	4.–5. KW	'Bigarreau', 'Germersdorfer', 'Kassins Frühe', 'Schneiders Späte', 'Van'
'Burlat' (HK)	1.–2. KW	'Büttners Rote', 'Hedelfinger', 'Schneiders Späte'; 'Burlat' soll auch selbstfruchtbar sein
'Germersdorfer' (KK)	5. KW	'Büttners Rote', 'Große Prinzessin', 'Hedelfinger', 'Kassins Frühe', 'Schneiders Späte'
'Große Prinzessin' (KK)	4. KW	'Bigarreau', 'Germersdorfer', 'Hedelfinger', 'Kassins Frühe', 'Van'
'Hedelfinger' (KK)	4.–5. KW	'Bigarreau', 'Büttners Rote', 'Große Prinzessin', 'Große Schwarze Knorpel', 'Kassins Frühe', 'Van'
'Große Schwarze Knorpel' (KK)	5.–6. KW	'Bigarreau', 'Große Prinzessin', 'Kassins Frühe', 'Schneiders Späte', 'Van'
'Kassins Frühe' (HK)	1.–2. KW	'Bigarreau', 'Büttners Rote', 'Große Prinzessin', 'Große Schwarze Knorpel', 'Hedelfinger', 'Schneiders Späte'
'Schneiders Späte' (KK)	5.–6. KW	'Bigarreau', 'Germersdorfer', 'Große Prinzessin', 'Große Schwarze Knorpel', 'Hedelfinger', 'Kassins Frühe', 'Van'
'Souvenir des Charmes' (HK)	2.–3. KW	'Büttners Rote'
'Van' (KK)	4.–5. KW	'Büttners Rote', 'Große Prinzessin', 'Große Schwarze Knorpel', 'Hedelfinger'

[1] HK = Herzkirsche, KK = Knorpelkirsche; [2] KW = Kirschwoche, vgl. S. 243.

'Schneiders Späte Knorpelkirsche', auch 'Nordwunder' genannt, liefert sehr große, saftige Früchte mit festem Fleisch

'Büttners Rote', eine reich tragende, recht platzfeste Sorte

Herzkirschen reifen früher als Knorpelkirschen, sind platzfester und haben weiches, saftiges Fruchtfleisch

Süßkirsche

Eine den Sauerkirschen ähnlich kleinwüchsige Form der Süßkirsche ist bisher ins offizielle Sortiment unserer Markenbaumschulen noch nicht aufgenommen worden. Lediglich durch spezielle Schnittmaßnahmen über mehrere Jahre hinweg lassen sich große Bäume verkleinern. Dazu zieht man am besten einen Obstbaufachmann zu Rate.

Auch die Befruchtungsverhältnisse sind bei der Süßkirsche nicht so einfach wie bei der Sauerkirsche, da nicht jede Sorte für jede beliebige andere als Pollenspender infrage kommt.

Von diesen weniger günstigen Aspekten abgesehen ist aber auch die Süßkirsche hinsichtlich des Bodens und der Lage nicht sonderlich anspruchsvoll; nur wünscht sie im Gegensatz zur Sauerkirsche einen möglichst sonnigen Platz, und wie bei dieser ist schweres, nasses, kühles Erdreich für eine Pflanzung nicht geeignet. Die Wurzeln sollen leicht und möglichst ungehindert wachsen können, wobei steiniger Untergrund ebenso wenig als störend empfunden wird wie Höhenlagen oder gelegentliche Trockenheit.

Bei Süßkirschen unterscheidet man zwei große Gruppen: **Knorpelkirschen,** die später reifen, festfruchtiger und aromatischer im Geschmack sind, und **Herzkirschen,** die weich und saftig im Fruchtfleisch sind und früher zur Reife kommen. Sie platzen bei anhaltenden Regenfällen nicht so leicht auf wie die Knorpelkirschen.

Schnitt: Beim jährlichen Schnitt, am besten unmittelbar nach der Ernte, geht es vor allem darum, die Krone licht und luftig zu halten; Steiltriebe, die aus den Astoberseiten herauswachsen, werden entfernt, ebenso älteres Fruchtholz. Diese Sommerbehandlung kommt in der Regel nur für stark wachsende, ältere Bäume infrage, die in der Entwicklung etwas gebremst werden sollen. Bei jüngeren Süßkirschen genügt es, zu steil stehende Seitentriebe waagerecht zu binden, um die Fruchtholzbildung zu fördern.

> **TIPP**
> **Weißanstrich**
> Da Süßkirschen durch Wechseltemperaturen im Nachwinter Holzschäden davontragen können, empfiehlt sich in klimatisch ungünstigen Gebieten ein Weißanstrich der Stämme.

Schalenobst (Nüsse)

Haselnuss

Diese heimischen Großsträucher wachsen in jedem Boden und brauchen praktisch keine Pflege. Im Garten haben sie meist eine Doppelfunktion als Frucht- und Sichtschutzgehölz; besonders die Bluthasel ist mit ihrem schwarzroten Laub eine Zierde für jeden Garten. Da die Kätzchen des männlichen Exemplars sehr früh – teils schon im Februar – erscheinen, kann die Befruchtung in spätfrostgefährdeten Lagen gestört werden. Es sind stets zwei Sträucher anzupflanzen, damit eine Pollenübertragung stattfindet. Bei einer

Nussiger Genuss: Haselsträucher fruchten ab August

Pflanzung an die Grundstücksgrenze müssen die Wuchseigenschaften der Haselnuss bedacht werden, die leicht 8 m hoch und halb so breit wird. Die Reifezeit erstreckt sich, je nach Sorte, von August bis Oktober. Bei der Ernte schüttelt man die Früchte ab oder pflückt sie einzeln. Empfehlenswerte **Sorten** sind: 'Cosford', 'Englische Riesen', 'Hallesche Riesen', 'Webbs Preisnuss' und 'Wunder von Bollweiler'.

Walnuss

Wir haben es hier mit einem Gehölz zu tun, das nur für wärmere Gegenden infrage kommt, in denen Blüten und junge Triebe vor Spätfrösten sicher sind. Der Boden soll warm und durchlässig sein, dann kann man bereits ab dem dritten oder vierten Standjahr mit ersten Erträgen rechnen. Allerdings sollte man sich eine Anpflanzung gut überlegen, denn auch Walnussveredelungen brauchen einen Standraum von 8 x 10 m; der Riesenwuchs der noch ausladenderen Sämlinge wurde bereits erwähnt (vgl. S. 225).

Leider nur etwas für große Gärten: Walnüsse liefern gesunde Knabbereien für lange Winterabende

Bei Walnüssen sitzen männliche und weibliche Blüten an ein und demselben Baum, sie sind also nicht wie bei den anderen Obstgehölzen zwittrig. Zu schneiden gibt es nicht viel; wenn dennoch Zweige und Äste, die zu dicht stehen oder durch Frost geschädigt worden sind, herausgenommen werden müssen, wird das am besten im Sommer, etwa im August, erledigt. Schneidet man im Spätwinter, ist zu befürchten, dass der Baum stark blutet.
Sortenbeispiele (Veredelungen): 'Esterhazy II', 'Weinsberg 1', 'Nr. 26', 'Nr. 120', 'Nr. 139', 'Nr. 286'.

Beerenobst

Abgesehen davon, dass auch Beerensträucher wie alle anderen Kulturpflanzen von Krankheiten und Schädlingen befallen werden und dass es bei extrem schlechten Böden oder ungeeigneten Lagen Schwierigkeiten geben kann, bereiten diese Gehölze im Garten die geringsten Probleme. Wo man aus Platzmangel auf Baumobst verzichten muss, kann man sich an ein paar Johannis- oder Stachelbeersträuchern, an Himbeeren oder Brombeeren schadlos halten.
Die Pflegemaßnahmen erfordern kaum Aufwand, der Schnitt ist schnell durchgeführt und zur Nährstoffversorgung genügen einige Handvoll Mineraldünger und/oder reichlich Kompost bzw. entsprechender Naturdünger.
Was den Wert für unsere Gesundheit angeht, steht Beerenobst dem Baumobst in nichts nach und lediglich auf eine Frischlagerung muss man bei Beeren (außer bei Kiwis) verzichten. Dafür bieten sich vielfältige Konservierungsmöglichkeiten und nicht zuletzt das Tiefgefrieren an.

Das Sortenspektrum erlaubt eine reiche Auswahl je nach Geschmack, Eigenschaften und Reifezeit, obgleich die Reife einzelner Sorten nicht so weit auseinander liegt wie teilweise beim Baumobst. Soweit auf Unterlagen veredelt wird, braucht sich der Hobbygärtner darüber keine Gedanken zu machen.

Rote und Weiße Johannisbeere, Ribisel

Sie sind wohl die Beerensträucher, die man am häufigsten im Hausgarten antrifft. Das mag daher kommen, dass Johannisbeeren in jedem guten, mit Humus versorgten Boden gedeihen und, bis auf die schwarzfrüchtigen Sorten, auch noch bei leichter Beschattung zufriedenstellend fruchten. Dennoch sollte man vollsonnige Standorte vorziehen. Vor allem vermeide man Plätze, die Frösten leicht zugänglich sind, da das die Erträge gefährden könnte. Sonst haben die Sträucher keine übertriebenen Wärmeansprüche. Botanisch besteht zwischen roten und weißen Sorten kein Unterschied, im Geschmack sind die hellfrüchtigen Züchtungen meist ansprechender und süßer, tragen dafür aber doch etwas weniger als die roten.
Pflanzung: Als Pflanzzeit ist der Herbst dem März oder April vorzuziehen, weil der Strauch dann bis zum Austrieb im zeitigen Frühjahr bereits Fuß gefasst hat und Anwuchsschwierigkeiten vermieden werden. Rote und Weiße Johannisbeeren pflanzt man nur wenig tiefer, als sie in der Baumschule standen. Stämmchen, die es in verschiedenen Höhen als Fuß-, Halb- oder Hochstämme gibt, brauchen unbedingt einen Stützpfahl. Sie werden auf verschiedenen geeigneten Abkömmlingen von *Ribes aureum*, der Goldjohannisbeere, veredelt.

Rote Johannisbeersorten

Sorte	Eigenschaften/Bemerkungen
'Heinemanns Rote Spätlese'	kleine mittelrote Früchte, sehr sauer und samenreich, für den Rohgenuss wenig geeignet, spät reifend
'Heros'	wertvolle ältere Sorte mit großen Beeren, mittelfrüh
'Herosta'	lange Trauben mit großen Beeren, hoher Ertrag, mittelfrüh
'Jonkheer van Tets'	gilt als beste Frühsorte mit sehr langen Trauben und sehr großen, glänzend roten Beeren
'Mulka'	sehr hoher Ertrag mit hoher Saftausbeute, keine Blattkrankheiten, rieselfest, spät reifend
'Red Lake'	bis zu 12 cm lange Trauben mit großen Beeren und hohem Ertrag, mittelfrüh
'Rolan'	große Beeren und hoher Ertrag, Blüte spät, Reife mittelfrüh
'Rondom'	große Beeren und hoher Ertrag, mittelspät
'Rotet'	Neuzüchtung mit festen, intensiv roten Beeren und hohem Ertrag, regen- und rieselfest, mittelspät bis spät
'Rovada'	lange Trauben, regenunempfindlich, spät reifend

Weiße Johannisbeersorten

Sorte	Eigenschaften/Bemerkungen
'Weiße aus Jüterbog'	altbekannte Sorte, wohlschmeckend und aromatisch; Beeren mittelgroß, Ertrag gering, früh reifend
'Weiße Versailler'	aus Frankreich stammend und schon seit Mitte des 19. Jahrhunderts bekannt, gilt als wertvollste Weiße Johannisbeere, angenehmer Geschmack, guter Ertrag, früh reifend

Gerade frühe Johannisbeersorten wie 'Jonkheer van Tets' sollten unbedingt einen frostgeschützten Platz erhalten

'Rolan' wird als „mittelfrüh" eingestuft, das heißt, sie wird in der ersten Julihälfte erntereif

Die Sorte 'Weiße Versailler' gedeiht am besten auf etwas feuchten, aber nicht zu schweren Böden

Schwarze Johannisbeersorten

Sorte	Eigenschaften/Bemerkungen
'Daniels September'	mittelspät mit langen Trauben, sichere und hohe Erträge, selbstfruchtbar
'Lissil'	sehr große Früchte, starkwüchsig, Blüte mittelspät, Reife mittelfrüh
'Roodknop'	große Beeren, sichere und hohe Erträge, wenig krankheitsanfällig, mittelfrüh reifend, selbstfruchtbar
'Rosenthals Langtraubige'	Beeren groß, Blüten wenig frostgefährdet, früh reifend
'Silvergieters Schwarze'	lange Trauben mit großen Beeren, wertvolle Frühsorte, jedoch frostgefährdet, selbstfruchtbar
'Strata'	große Beeren und hoher Ertrag, Blüte kaum frostgefährdet, frühe Reife, selbstfruchtbar
'Tsehma'	neuere Züchtung mit langen Trauben, großen Beeren und hohen Erträgen, mittelspäte Reife

Die meisten Johannisbeersorten sind selbstfruchtbar, bei den schwarzen Züchtungen empfiehlt sich jedoch ein Pollenspender, auch wenn er nicht unbedingt notwendig ist; so fallen die Erträge höher aus.

Düngung: Damit die Johannisbeere gut gedeiht, lohnt es sich, wenn man in jedem Frühjahr reichlich Kompost oder humusbildende organische Dünger ausbringt. Zusätzlich kann mit einem mineralischen Volldünger von etwa 50–100 g pro m² oder pro Strauch nachgeholfen werden, und zwar je ein Drittel davon beim Austrieb, ein zweites während der Blüte und das letzte etwa Anfang Juli. Danach wird nicht mehr gedüngt, um die Holzausreifung nicht zu gefährden, was wiederum zu einer Frostanfälligkeit der Triebe führen würde.

Schnittmaßnahmen: Bei der Pflege ist vor allem auf den richtigen Pflanzschnitt zu achten. Dabei kommt es darauf an, den jungen Strauch kräftig zu stutzen, damit ein desto stärkerer Austrieb erfolgt. Man schneidet im Herbst alle Triebe bis auf fünf oder sechs bodennah heraus und kürzt die verbliebenen dann noch um die Hälfte ein. In der Folgezeit wird das Gehölz so geschnitten, dass es nicht mehr als zehn oder zwölf Zweige behält. Da Rote Johannisbeeren nicht länger als 4 oder 5 Jahre an ein und demselben Trieb Früchte tragen, sind, am besten gleich nach der Ernte, regelmäßig ältere Zweige zu entfernen, damit die nachwachsenden jungen für gleich bleibende Erträge sorgen. Bei Sträuchern, die sehr schwach im Wuchs sind, können neu gewachsene Triebe im Vor- oder Nachwinter bis zur Hälfte eingekürzt werden; diese Maßnahme führt dann zu einer besseren Verzweigung.

Beim Stämmchen muss man auf einen lichten Kronenaufbau achten, der aus nicht mehr als sechs bis acht Leitästen bestehen sollte. Diese Hauptäste und deren Verzweigungen soll man jedes Jahr kräftig einkürzen. Mehr als zwei Knospen brauchen an ihnen nicht übrig zu bleiben. Alle Johannisbeeren reifen von Juni bis August.

Schwarze Johannisbeere
Bei der Kultur gibt es gegenüber den roten und weißen Sorten einige Abweichungen. Wegen der hohen Frostempfindlichkeit der Blüten sollte nur an einem geschützten, vollsonnigen Platz gepflanzt werden. Im Garten steht die Schwarze Johannisbeere so tief, dass die Basis sämtlicher Triebe mit Erde bedeckt ist. Dadurch wird ein möglichst großer Neuzuwachs angeregt. Da die Sträucher hauptsächlich am einjährigen Holz fruchten, sollte man gleich nach der Ernte die abgetragenen

Die großen, schwarzen Beeren von 'Tsehma' reifen in der zweiten Julihälfte

Triebe bodennah herausschneiden, vorausgesetzt, es sind genügend junge vorhanden. Andernfalls schneidet man lediglich bis auf einen Jungtrieb zurück. Diese Schnittmaßnahmen zielen auf eine permanente Regenerierung des Strauchs mit der Folge konstanter Erträge ab.
Befruchtung: Es wurde schon erwähnt, dass die Befruchtungsverhältnisse der Schwarzen Johannisbeere komplizierter sind als die der roten. Wir kennen selbstfruchtbare, teilselbstfruchtbare und selbstunfruchtbare Züchtungen. Sicherheitshalber empfiehlt sich daher die Pflanzung von zwei oder mehreren Sträuchern, wenn über die Sorte Zweifel bestehen.

Stachelbeeren lassen sich ebenso wie Johannisbeeren als Hochstämmchen ziehen

Stachelbeere
Als Waldpflanze liebt die Stachelbeere humosen, im Garten auch lehmhaltigen Boden, der nicht so schnell austrocknet. Leichte Beschattung schadet nicht, daher ist auch eine Pflanzung unter lichten Baumkronen möglich. Da Stachelbeeren wie unsere meisten Beerenobstarten Flachwurzler sind, sollte unter den Sträuchern nicht gehackt, dafür aber regelmäßig gemulcht werden. Dadurch wird gleichzeitig Unkraut unterdrückt und der Boden bleibt länger feucht. Die Pflanztiefe entspricht dem Stand in der Baumschule; Hochstämmchen benötigen einen Stützpfahl.
Der Pflanz- und Pflegeschnitt gleicht dem der Johannisbeere. Zu dicht stehende Triebe werden entfernt, sodass der Strauch schließlich nur etwa zehn davon behält. Ältere Ruten sind regelmäßig herauszuschneiden, da der Ertrag bei ihnen ab dem dritten Jahr nachlässt.
Stachelbeersorten: Bei den selbstfruchtbaren Stachelbeeren unterscheidet man zwischen grünweißen, gelben und roten Sorten. Die ersten, noch unreifen Früchte zur Kompottzubereitung kann man oft schon gegen Ende Mai pflücken.
Rote Sorten: 'Achilles', 'Maiherzog', 'Mauks Frühe Rote', 'Rolanda' (mehltaufrei); 'Rote Orleans'; 'Rote Preis'; 'Rote Triumph'
Gelbe Sorten: 'Early Sulphur'; 'Gelbe Triumph'; 'Hönings Früheste'; 'Lauffener Gelbe'; 'Rixanta' (mehltaufrei)
Grünweiße Sorten: 'Grüne Kugel'; 'Lady Delamere'; 'Weiße Neckartal'; 'Weiße Triumph'; 'Reflamba' (mehltaufrei)

Jostabeere
40 Jahre Züchtungsarbeit stecken in dieser Kreuzung aus Schwarzer Johannisbeere und Stachelbeere, die 1975 endlich für den Markt freigegeben werden konnte. Das Ergebnis ist beeindruckend und prädestiniert den Strauch geradezu für die Anpflanzung im Hausgarten. Die tief schwarzen, außerordentlich Vitamin-C-haltigen Beeren liegen in der Größe zwischen den beiden Elternteilen. Auch der Geschmack entspricht einer Mischung aus Johannis- und Stachelbeere, wobei das Aroma der einen mit der frischen Säure der anderen gepaart ist. Da der Strauch stark wächst, sollte man ihm einen Standraum von 3 m ringsum zugestehen.
Die **selbstfruchtbare** Jostabeere gedeiht auf jedem Boden und bringt bereits im zweiten oder dritten

Anspruchlos und robust: die Jostabeere, eine Kreuzung aus Johannis- und Stachelbeere

Wo genügend Platz ist, können Brombeeren als fruchtliefernde Hecken eingesetzt werden

Brombeere

Bei unseren Gartenbrombeeren handelt es sich fast ausnahmslos um Sorten, die in Amerika entstanden. Aus Kreuzungen entwickelte Hybriden wie Boysenbeere, Loganbeere, Youngbeere oder Taybeere sind in den klimabegünstigten Gebieten der USA durchaus auch wirtschaftlich von Bedeutung, werden bei uns dagegen wegen mangelnder Frosthärte kaum angebaut. Vereinzelt tauchen Logan- und Taybeere in Baumschulen südlich des Mains auf, vor allem aber sind sie in den Katalogen des Pflanzenversandhandels zu finden. Versuche mit ihnen im Hausgarten sind stets risikobelastet. Eine gewisse Empfindlichkeit haftet auch vielen Brombeerzüchtungen an, und damit wird die **Platzwahl** im Garten so wichtig: Brombeeren sollten sonnig und möglichst geschützt stehen, „Frostlöcher" müssen vermieden werden. Die Ansprüche an den Boden dagegen sind gering, selbst leichtes Erdreich wird vertragen, jedenfalls eher als schwerer, lehmiger und daher kühler Boden; bei letzterem muss man mit reichlich Kompost und organischen Düngern für eine Aufbesserung sorgen. In jedem Fall empfiehlt es sich bei den rankenden Sorten, die Langtriebe im Herbst vom Draht des Gerüsts zu lösen, auf den Boden zu legen und mit Fichtenreisig, Stroh, Laub oder einem anderen schützenden Material zu bedecken.

Pflanzung: Wegen ihrer Frostempfindlichkeit ist bei Brombeeren eine Frühjahrspflanzung im März oder April der Herbstpflanzung vorzuziehen. Am günstigsten sind zweijährige Exemplare, die man in der Baumschule mit Topfballen kauft; die Ballen müssen so tief gesetzt werden, dass die Triebknospen am Wurzelhals unter die Erde kommen.

Standjahr die ersten Erträge, die sich später auf 5–10 kg Beeren je Strauch steigern. Lediglich die Blüten können, wie bei Johannisbeeren auch, durch Spätfröste gefährdet werden. Ein planmäßiger **Schnitt** ist nicht notwendig, da junges wie älteres Holz durchgehend Früchte trägt. Es bleibt dem Gartenfreund überlassen, zu dicht erscheinenden Wuchs gelegentlich auszulichten oder zu lang überhängende Triebe einzukürzen. Das kann gleich nach der Ernte oder im Winter erfolgen.

Ebenso anspruchslos ist der Strauch hinsichtlich der **Düngung.** Meist finden die Wurzeln in jedem guten Gartenboden, was sie brauchen; nur wenn Mangelerscheinungen wie schwächliches Triebwachstum auftreten, kann man im Frühjahr mit zwei Handvoll eines blauen Volldüngers Unterstützung geben. Und schließlich ist diese Züchtung völlig resistent gegen die verschiedenen bei Johannisbeeren und Stachelbeeren auftretenden Schädlinge, Krankheiten und Virosen.

Mittlerweile gibt es auch von der ursprünglichen Hybride abweichende **Sorten:** 'Dr. Bauers Jogranda' mit um die Hälfte größeren Beeren und schwächerem Wuchs, früh reifend; ferner 'Dr. Bauers Jostine', mittelspät mit dichtem Fruchtbehang. Die Geschmacksmerkmale beider Sorten sind die gleichen wie bei der 'Josta' von 1975.

Wie bei Himbeeren empfiehlt es sich, die Pflanzstelle nach dem Angießen mit organischem Material abzudecken. Der Pflanzenabstand beträgt bei den rankenden Sorten mit teilweise bis zu 10 m langen Trieben etwa 2,50 m, der Reihenabstand 3 m und mehr.

Die aufrecht wachsenden Züchtungen, von denen bei uns nur eine im Handel ist, begnügen sich mit 50 cm Pflanzen- und 2 m Reihenabstand. Im kleinen Hausgarten wird man kaum so viele Exemplare benötigen, dass Doppelreihen erforderlich sind, zumal man bei den selbstfruchtbaren Brombeeren auf mehrere Pflanzen verzichten kann.

Das Gerüst für Brombeersträucher muss stabiler sein als bei den wesentlich leichteren und kaum in die Breite wachsenden Himbeeren. Die Haltepfähle für den Spanndraht sollten schon einiges aushalten können und deshalb fest im Boden verankert sein. Zwischen die Pfähle werden drei bis sechs starke Drähte im Abstand von 50 oder 60 cm gezogen, an denen die langen Ranken später festzubinden sind. Bei aufrecht wachsenden Sorten kann man auf ein derartiges Gerüst verzichten.

Für die **Düngung** und Bodenpflege gelten folgende Grundregeln: möglichst viel organisches Material in den Boden einarbeiten, Kompost und Naturdünger bevorzugen, im Bedarfsfall jedoch mit Mineraldünger fehlende Nährstoffe ergänzen, 100 g/m² auf zwei Gaben im zeitigen Frühjahr und nach der Blüte verteilt.

Schnittmaßnahmen: Nach der Frühjahrspflanzung werden die Ruten entweder auf 40 cm Länge zurückgenommen oder ungeschnitten – so wie sie sind – an den unteren Drähten befestigt. Was im Sommer hier an Seiten- oder Geiztrieben erscheint, ist bei 40 cm Länge auf zwei bis vier Knospen einzukürzen, die heranwachsenden Jungtriebe sind fortlaufend am Draht nach rechts und links zu führen und anzubinden. Mehr als sechs bis acht solcher kräftigen Ruten braucht man dem Strauch nicht zu belassen und dem Gerüst nicht zuzumuten.

Zeitig im Frühjahr werden dann alle Ranken abgeschnitten, die im Sommer Früchte getragen haben, denn Brombeeren tragen wie Himbeeren nur am jungen Holz. Noch besser ist es, die abgetragenen Ranken sofort nach der Ernte dicht am Boden zu kappen, sie jedoch bis zum Frühjahr im Gerüst hängen zu lassen. Da ihre Blätter zwar vertrocknen, aber nicht abfallen, bieten sie einen gewissen Winterschutz – sofern man die Ranken im Herbst nicht ohnedies abbindet und auf den Boden legt. Auch Triebe, die zu lang geworden sind, werden am besten kräftig eingekürzt, denn 10 m Seitenausbreitung müssen wirklich nicht sein, und an den Triebenden bleibt der Fruchtansatz meist sowieso spärlich.

Bei den aufrecht wachsenden Sorten ist der Schnitt einfach: Wenn man alljährlich sämtliche Tragruten nach der Ernte abschneidet, ist nur noch ein gelegentliches Auslichten nötig, damit der Strauch nicht zu dicht wird.

Brombeersorten: Wir unterscheiden drei Gruppen: rankende Sorten, die mehr oder weniger stark bedornt sind; rankende, aber dornenlose Sorten; und dazu noch nichtrankende Sorten, die aufrecht wie Himbeeren wachsen und meist wenig bedornt sind. Botanisch exakt ausgedrückt, dürfte man bei Brombeeren nicht von Dornen sprechen, sondern von Stacheln, wie sie die Stachelbeere korrekt ja auch in ihrem Namen trägt.

Unsere bekannteste rankende und mit starker Bestachelung versehene Brombeere ist 'Theodor Reimers' oder 'Sandbrombeere'. Trotz ihres deutsch klingenden Namens stammt sie aus den USA und wurde bereits Ende des vorigen Jahrhunderts bei uns eingeführt. Ihre Ranken können

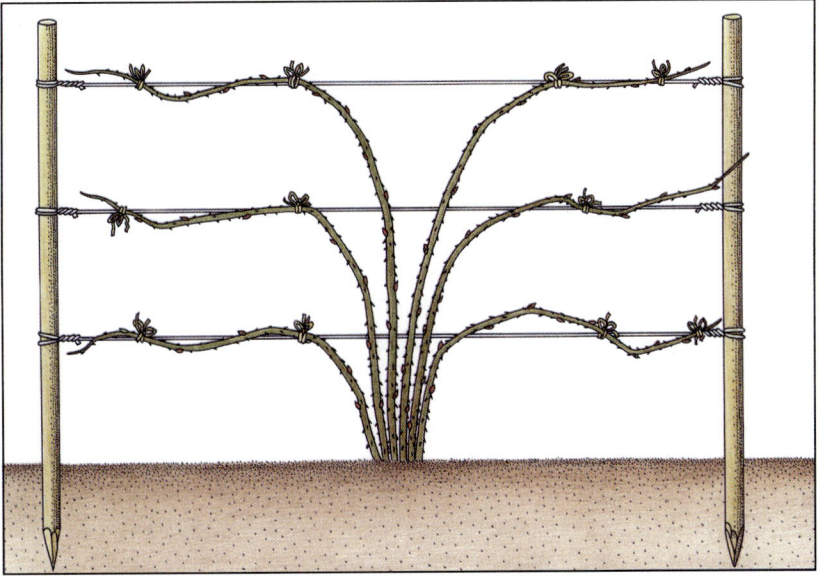

Die rankenden Brombeersorten brauchen ein stabiles Drahtgerüst, an dem die langen Triebe angebunden werden

Obst im Hausgarten

Beerenobst

bis zu 10 m Länge erreichen und sollten deshalb immer wieder eingekürzt werden. Die Spätsorte, die von August bis September heranreift, stellt keine besonderen Ansprüche, gedeiht auch noch auf Sandböden (man denke an den Namen), ist aber leider frostempfindlich; man sollte daher ihre Ranken im Herbst abbinden und mit Fichtenreisig schützen. Eine neuere Sorte aus der rankenden Gruppe ist 'Bedfort Giant', deren kugelige, rotschwarze Früchte im Juli reifen.

Unter den dornenlosen Brombeeren macht eine Sorte aus der Schweiz von sich reden: 'Jumbo', deren Früchte doppelt so groß sind wie die von 'Theodor Reimers'; sie reifen von Anfang August bis Ende September und sind sehr aromatisch. Besondere Ansprüche werden nicht gestellt.

'Black Satin' ist eine stark wachsende, dornenlose Brombeere mit großen, sehr aromatischen Früchten, die von Ende Juli bis in den September hinein reifen.

'Hull Thornless', eine Sorte, die ebenfalls stark wächst, trägt im August wohlschmeckende, süße Beeren. Die Pflanze ist gesund und winterhart.

'Thornfree' wächst nur mittelstark, die süß aromatischen Beeren werden im August/September reif und haben leichtes Weinaroma.

'Thornless Evergreen', bereits 1926 in den USA entstanden, ist der Vorläufer aller anderen, bei uns jetzt erhältlichen dornenlosen Züchtungen. Die im August/September reifenden Beeren haben ein ansprechendes Aroma und sind festfleischig. Frostschutz für die Ruten ist bei dieser Sorte im Winter angebracht.

'Wilsons Frühe' ist die einzige aufrecht wachsende, nur wenig bestachelte Brombeere im hiesigen Sortiment. Die mittelgroßen, süßen Beeren reifen gegen Ende Juli. Diese Sorte ist winterfest.

Die Reifezeit der Brombeeren liegt je nach Sorte zwischen Ende Juli und Oktober

Himbeere

In der Natur kommen Himbeeren auf Waldlichtungen, an besonnten Hängen und als Begleitpflanzen am Gehölzrand vor. Das gibt bereits Hinweis darauf, was diese Halbsträucher im Garten wünschen: sonnigen Stand und lockeren, humusreichen Boden.

Pflanzung und Schnitt: Die günstigste Pflanzzeit ist der Herbst; wird das Frühjahr dafür gewählt, sollte man die Sträucher so zeitig wie möglich in den Boden bringen. Da die empfindlichen Wurzeln der frisch gekauften Jungpflanzen rasch austrocknen, müssen sie, wenn nicht sofort gesetzt wird, die Überbrückungszeit in einer Wanne mit Wasser verbringen. Achten Sie beim Pflanzen darauf, dass die an den Wurzeln erkennbaren Triebknospen nicht verletzt werden, denn aus ihnen wachsen die Ruten hervor, die bereits im darauf folgenden Jahr eine erste bescheidene Himbeerernte gewährleisten.

Gepflanzt wird in 1,50 m voneinander entfernte Reihen, der Abstand in der Reihe beträgt 50 cm. Wenn man in jede Pflanzgrube Torf gibt, den man mit Hornspänen oder reifem Kompost vermischt hat, fördert das die Wurzelbildung und beschleunigt

'Himbostar', eine bewährte Sorte mit großen, festen, aromatischen Früchten

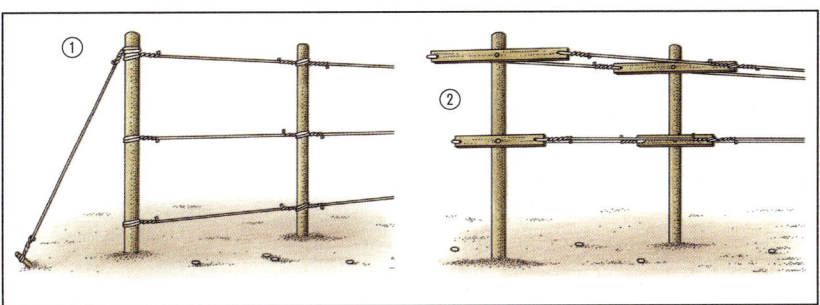

① Einfaches Drahtgerüst für Himbeeren. ② Parallel verlaufende Spanndrähte an Querhölzern ersparen das Anbinden der Triebe

das Anwachsen. Die Triebknospen an den Wurzeln sollen beim Setzen etwa 5 cm tief unter die Erde kommen; anschließend wird gewässert und jede Pflanzstelle mit organischem Material wie Grasschnitt, Kurzstroh, Rindenmulch, grobem Kompost, verrottetem Stallmist oder Pflanzenabfällen aus dem Garten abgedeckt, also gemulcht.

Schon vor dem Setzen oder gleich danach sind die vorhandenen Ruten kräftig einzukürzen, etwa um 50 cm. Die Blätter, die danach noch austreiben, dienen zur Kräftigung der Junggehölze. Sie sterben nach einiger Zeit ab und die Restruten können dann bodennah weggeschnitten werden.

Dasselbe Schicksal erfahren alle Ruten, nachdem sie getragen haben und im Juli abgeerntet wurden. In der Zwischenzeit haben sich neue Ruten gebildet, die als Träger der nächsten Ernte dienen; von ihnen lässt man nur acht bis zehn je laufendem Meter stehen (das sind vier oder fünf Ruten pro Pflanze) und nimmt auch bodengleich, also ohne Stummel, weg, was schief wächst oder weit entfernt von der Mutterpflanze und der Reihe aus dem Boden kommt. Auf diese Weise bleibt der Bestand luftig und licht, Krankheitserreger und Schädlinge haben weniger Angriffsflächen.

> **INFO**
>
> **Himbeerkäfer**
> Ein an Himbeeren häufiger Schädling ist der Himbeerkäfer, dessen Larven die Früchte vermaden. Dagegen kann man zur Blütezeit mit einem giftfreien, bienenungefährlichen Insektizid spritzen.

Die Ruten werden mit Bast oder Gärtnerschnur an Spanndrähten befestigt, für die man einige kräftige Pfähle längs der Reihe in den Boden treibt. Meist sind zwei Drähte in 0,70 und 1,50 m Höhe völlig ausreichend. Weit über die Drähte hinausragende Ruten können auf 2 m Länge eingekürzt werden. Wenn man an den Stützpfosten ein Querholz und daran zwei parallel zueinander verlaufende Drähte anbringt, zwischen denen die Pflanzen stehen, erübrigt sich das Anbinden.

Düngung: Bei der Bodenpflege und Düngung ist gerade für Himbeeren das Einbringen organischer, humusbildender Stoffe und das Abdecken mit ebensolchem Material besonders wichtig. Da es sich um Flachwurzler handelt, unter denen nicht gehackt werden sollte, unterdrückt man mit Hilfe der Mulchdecke Unkrautwuchs und mindert die Wasserverdunstung. Zusätzlich zur Einbringung von Kompost und Naturdünger kann noch eine mineralische Nährstoffversorgung erfolgen; dazu werden im zeitigen Frühjahr 70 g/m² und dann nach der Blüte noch einmal 30 g/m² eines chloridfreien blauen Mineraldüngers gegeben, der Magnesium enthalten sollte.

Himbeersorten: Neben den einmal tragenden Himbeersorten gibt es auch solche, die zweimal jährlich Früchte bringen, im Sommer und noch einmal im Herbst. Auch bei ihnen müssen im Herbst alle abgetragenen Ruten entfernt werden, von den jungen Trieben lässt man ebenfalls nur acht oder zehn pro laufendem Meter stehen. Beide Sortengruppen sind selbstfruchtbar und wegen der relativ späten Blüte im Frühjahr nur selten durch Spätfröste gefährdet.

<u>Einmal tragende Himbeersorten:</u>
'Gelbe Antwerpen': mittelfrüh, gelbfrüchtig; 'Gigant': früh; 'Glen Clova': früh; 'Golden Everest': früh, gelbfrüchtig; 'Golden Queen': mittelspät, gelbfrüchtig; 'Himbostar': spät; 'Kelleris 5': spät; 'Malling Admiral': spät; 'Malling Promise': früh; 'Multiraspa': früh; 'Rucami': spät; 'Rumilo': spät; 'Rutrago': spät; 'Schönemann': spät; 'Zefa 1': mittelfrüh; 'Zefa 2': mittelfrüh

<u>Zweimal tragende Himbeersorten:</u>
'Erntesegen'; 'Korbfüller'; 'Pechts Herbstfreude'; 'Zefa 3' (auch als 'Zefa Herbsternte' bekannt)

Gelbfrüchtige Himbeere

Obst im Hausgarten

Beerenobst

Heidelbeere

Die bis zu 2 m hohen Sträucher der Kulturheidelbeere, die sich im Mai mit weißen bis rosafarbenen Glockenblüten schmücken, sind zugleich auch recht hübsche Zierpflanzen außerhalb des Nutzgartenbereichs. Obgleich die Sträucher in unserem Klima gut gedeihen und auch Fröste ihnen kaum etwas anhaben können, gibt es mit diesem Erikagewächs, das ursprünglich aus lichten Wäldern stammt, im Hausgarten immer wieder Probleme. Gemäß ihrer Herkunft verlangen nämlich auch die Zuchtsorten ein saures, durchlässiges, mit viel Humus angereichertes Erdreich. Böden mit einem erforderlichen pH-Wert um 4,5 aber sind in unseren Gärten kaum anzutreffen. Erfolg mit Heidelbeeren ist also nur möglich, wenn der Boden der Pflanzstelle entsprechend hergerichtet wird.

Dafür bieten sich zwei Möglichkeiten an: Entweder hebt man pro Strauch eine etwa 1,5 m² große und 50 cm tiefe Grube aus, die man mit einem Gemisch aus feuchtem Torf, Sand und Rindenkompost wieder auffüllt; oder man pflanzt in große Kübel, Fässer, Betonringe mit derselben Mischung; so halten es Heidelbeeren jahrelang aus.

Pflanzung: Gepflanzt wird im Herbst oder Frühjahr an einen sonnigen Platz, der Abstand von Strauch zu Strauch sollte 2–3 m betragen. Man setzt etwas tiefer, als das Gehölz in der Baumschule stand. Obgleich Heidelbeeren sich selbst befruchten, kommt es dem Ertrag zugute, wenn mehrere Exemplare beisammenstehen. Nach der Pflanzung sollte der Boden über den Wurzeln mit einer dicken Mulchschicht aus organischem Material abgedeckt, von Zeit zu Zeit auch mit Torf bestreut werden, um einer Kalkanreicherung entgegenzuwirken.

Mit ersten Erträgen, die sich später auf über 5 kg pro Pflanze steigern können, ist ab dem dritten Standjahr zu rechnen. Die Reifezeit dauert je nach Sorte von Juli bis in den September hinein.

Pflege: Schnittmaßnahmen, bei denen lediglich altes, nicht mehr tragendes Holz zu entfernen und der Strauch damit auszulichten ist, werden erst ab dem fünften Jahr fällig. Bei der Nährstoffversorgung sollte man stets organischen Düngern den Vorzug geben, von denen ein Teil schon durch die ständige Mulchdecke entsteht. Machen sich Mangelerscheinungen bemerkbar, kann man im zeitigen Frühjahr mit 30 g eines

> **INFO**
> **„Mitesser"**
> Schädlinge kommen an Heidelbeeren kaum vor, dennoch kann der Ertrag durch tierische „Feinschmecker" dezimiert werden: Vögel haben für die blauen Beeren eine besondere Vorliebe. Die kompakten Sträucher lassen sich aber gut durch Netze schützen.

Die Früchte reifen meist ungleichmäßig ab, sodass es 4 bis 6 Wochen lang immer etwas zu pflücken gibt

Oft muss der Pflanzplatz für Heidelbeeren mit Torf, Sand und Rindenkompost „präpariert" werden

mineralischen Volldüngers (plus Magnesium, sofern nicht enthalten) pro Strauch nachhelfen.

Heidelbeersorten: Außer den in Deutschland entwickelten Sorten 'Ama' und 'Heerma' bieten unsere Baumschulen vor allem Züchtungen an, die aus Amerika stammen. Aus dem großen Sortiment sind – nach Reifezeit geordnet – zu nennen: 'Bluette': sehr früh, gleichmäßig reifend; 'Bluecrop': mittelfrüh, große Beeren, sehr frosthaft und trockenresistent; 'Berkeley': mittelspät, sehr große, feste Beeren: 'Herbert': spät, großfrüchtig; 'Coville': spät, sehr aromatisch und platzfest; 'Jersey': Beeren groß, hellblau.

Die immergrüne Preiselbeere 'Koralle' liefert hohe, regelmäßige Ernten und gibt zudem einen hübschen Bodendecker ab

Obst im Hausgarten
Beerenobst

Preiselbeere

Als Massenträger kommt dieses genügsame Erikagewächs wohl kaum infrage; dafür sind die Erträge pro Quadratmeter zu gering, die herben Beeren zudem für den Rohgenuss ungeeignet und nur als Marmelade, Gelee oder Konfitüre zu verwenden. Preiselbeeren brauchen ebenso wie Heidelbeeren einen sauren, dazu aber auch noch mageren, sandigen, eher trockenen Boden. Man muss die Pflanzstelle also im Herbst oder Frühjahr vorbereiten, wie es bei den Heidelbeeren beschrieben wurde; dem Torf sollte aber noch mehr Sand, eventuell sogar Sägespäne, zugemischt werden. Am günstigsten ist es, wenn man die im Mai und manchmal noch einmal im Juli/August mit rotweißen Glockenblütchen geschmückten, meist immergrünen und nur 30 cm hohen, kriechenden Kleinsträucher als Bodendecker im Ziergartenbereich verwendet und die Beeren als leckere Beigabe betrachtet.

Da Preiselbeeren in Sonne wie auch noch in Halbschatten gut wachsen, ist der Anwendungsbereich ziemlich breit. Mulchen mit organischem Material und gelegentliches Bedecken mit Torf tragen zur kalkfeindlichen Humusbildung bei, sodass sich eine zusätzliche Düngung erübrigt. Wo die Pflanzen doch einmal Nahrungsmangel anzeigen, kann mit organischen Düngern nachgeholfen werden, bei akuten Mangelsymptomen auch einmal mit 10 g/m² eines blauen mineralischen Volldüngers, der etwas Magnesium enthalten sollte.

Preiselbeerensorten: Das Preiselbeersortiment ist recht karg und

TIPP
Stecklinge
Die Vermehrung von Preiselbeeren durch Stecklinge ist einfach und lohnend, wenn man eine größere Fläche damit begrünen will. Die Stecklinge werden im September geschnitten und in einem Torf-Sand-Gemisch zum Bewurzeln gebracht. Im Frühjahr muss man umtopfen und im Jahr darauf pflanzen.

wird es wegen der geringen Nachfrage wohl auch bleiben. Hier und da findet man folgende Sorten im Angebot: 'Aberdeen', 'Erntedank', 'Erntekrone' und 'Erntesegen'. 'Pilgrim' wird nur 10 cm hoch, ist zur Bodenbegrünung also besonders gut geeignet, jedoch nicht immergrün, im Winter wird das Laub abgeworfen. Bei der immergrünen 'Koralle' handelt es sich um eine Auslese aus Wildpflanzen, was ihrer Anbauwürdigkeit jedoch keinen Abbruch tut.

Erdbeere

Einmal tragende, großfrüchtige Erdbeersorten – sie werden im Garten am häufigsten angebaut – müssen bis spätestens Mitte August gepflanzt sein, soll die Ernte im kommenden Jahr reichlich ausfallen. Der frühe Pflanztermin hat seinen guten Grund. In der kurzen Zeitspanne von August bis September bereitet sich die Erdbeerstaude auf die Vegetationsperiode des nächsten Jahres vor. Das Wachstum der Wurzeln setzt jetzt verstärkt ein und stellt die Wasser- und Nährstoffauf-

Mulchmaterial zwischen den Erdbeeren sorgt für Humusnachlieferung, gleichmäßige Bodenfeuchte und saubere Früchte

nahme noch vor dem Winter sicher. Wenn im September die Tage immer kürzer werden, mit abnehmender Lichtmenge und kühleren Temperaturen, dann löst das bei der Erdbeerpflanze die Bildung der Blütenanlage aus, womit der Ertrag des kommenden Sommers vorprogrammiert ist. Wenn man später setzt, schadet das zwar den Pflanzen selbst nicht, aber der Anbauer hat praktisch ein Jahr verschenkt.

Anders verhält es sich bei den **mehrmals tragenden Sorten** wie 'Ostara' oder 'Hummi Gento'. Sie fruchten mit geringem Behang im Juni, blühen dann ein zweites Mal und bringen den Hauptertrag von August bis Herbst. Man kann sie also getrost auch noch etwas später, im September pflanzen, da die Juniernte ohnehin nur mit spärlichen Ergebnissen aufwartet. In diese Gruppe der mehrfach tragenden Sorten gehören auch die **Klettererdbeeren**, deren Ranken man allerdings an einem Gerüst aufbinden muss. **Monatserdbeeren** wiederum fruchten ohne Unterbrechung von Juni bis zum Frostbeginn, sind zwar keine Massenträger, dafür aber besonders aromatisch. Diese Sorten bilden keine Ausläuferranken, können im Frühjahr auf dem Fensterbrett aus Samen angezogen werden und tragen dann noch im selben Sommer.

Pflanzung: Anders als bei den meisten Baumobstarten braucht man sich bei Erdbeeren nicht um spezielle Befruchtersorten zu kümmern; alle modernen Züchtungen sind selbst-

> **T I P P**
>
> **Grauschimmel vorbeugen**
> Die Gefahr des Grauschimmelbefalls (vgl. auch S. 103) verringert sich durch weite Pflanzung der Erdbeeren und Vermeidung stickstoffbetonter Düngung im Herbst.

fruchtbar. Nur bei der altbekannten und wegen ihres unerreichten Geschmacks heute wieder gefragten selbstunfruchtbaren 'Mieze Schindler' ist ein Partner als Bestäuber unerlässlich.

Alle Erdbeeren lieben Sonne, an den Boden stellen sie normale Ansprüche. Wenn er nicht bereits sehr feinkrümelig und humos ist, sollte er vor der Pflanzung tiefgründig gelockert, eventuell sogar zwei Spatenstich tief umgegraben und nach dem Glattziehen in der oberen Schicht mit Kompost, organischem Dünger oder Torfmischdünger angereichert werden. Bei der üblichen Beetbreite von 1,20 m werden drei Reihen Erdbeeren im Abstand von 40 cm angelegt, von Pflanze zu Pflanze sollte der Abstand etwa 20 cm betragen. Wer den Bestand schon bald durch eigene Jungpflanzen ergänzen und verjüngen möchte, sollte von vornherein weitere Abstände wählen, um den Ausläufern genügend Platz zur Entwicklung zu bieten.

Beim Setzen der Erdbeeren kommt es auf die richtige Pflanztiefe an. Der Blattstielansatz muss sich mit der Bodenoberfläche auf gleichem Niveau befinden. Man hebt also das Pflanzloch so tief aus, dass die Wurzeln in ihrer ganzen Länge darin Platz finden.

Pflege: Wie bei anderen Kulturen auch sollte der Boden zwischen den Reihen durch gelegentliches, aber sehr vorsichtiges Hacken (Wurzelschäden!) locker und unkrautfrei gehalten werden. Nach dem Pflanzen und während der Wurzel- und Blütenknospenbildung ist für ausreichende Feuchtigkeit zu sorgen, ebenso in der Zeit der Fruchtreife. Unmittelbar nach der Ernte und dann nochmals Anfang September arbeitet man 50 g/m² eines Volldüngers leicht in den Boden zwischen die Pflanzen ein. Kompost sollte auf das Beet gestreut werden, wann immer er zur Verfügung steht, um das Bodenleben zu aktivieren und den Humusgehalt kontinuierlich zu ergänzen; demselben Zweck dient das sommerliche Mulchen der Beete, das nicht genug empfohlen werden kann.

Auch eine Folienpflanzung ist möglich. Unter der Kunststoffdecke kommt kein Unkraut auf und die Erde erwärmt sich schneller; aber es gibt auch Nachteile: Ausläufer bekommen ohne Hilfe keinen Erdkontakt, Spätfröste sind für die Blüten gefährlicher, da der Boden keine Wärme abstrahlt. Ob man einjährig, zweijährig oder, wie es früher üblich war, mehrjährig zieht, bleibt jedem selbst überlassen. Länger als 4 Jahre sollten die Pflanzen jedenfalls nicht auf dem Beet stehen, weil dann die Erträge so stark zurückgehen, dass sich der Anbau nicht mehr lohnt.

Vermehrung: Bei der Anzucht von Jungpflanzen nehmen uns die Erdbeeren selbst einen großen Teil der Arbeit ab, indem sie ihre Ausläufer bereits mit dem Nachwuchs besetzen. Von solchen Erdbeerjungstauden ist schon im Jahr darauf eine Rekordernte zu erwarten, sofern sie von einer gesunden, reich tragenden Mutterpflanze abstammen und einen guten Start hatten. Deshalb sollten geeignete Altgewächse während der Fruchtausbildung mit einem Hölzchen gekennzeichnet werden.

Und so wird's gemacht: Man senkt einen mit Nährsubstrat gefüllten Blumentopf neben den gewählten Ausläufern bodengleich in die Erde, setzt die Jungpflanze darauf und fixiert sie mit einem Drahtbügel. Ist der Ableger im Topf angewachsen, wird er von dem zur Mutterpflanze

Erdbeerpflanzung: Nicht zu tief setzen, die Herzknospe muss über der Erdoberfläche bleiben. Nach dem Pflanzen gründlich angießen

führenden Spross getrennt. Wenig später kann man die kleine Erdbeere austopfen und mit dem Ballen auf den vorgesehenen Beetplatz umquartieren. Wird kein Wert auf Ballenpflanzung der jungen Erdbeeren gelegt, kann man die ausgewählten Ausläufer auch direkt auf dem Beet bewurzeln lassen. Danach werden sie von der Mutterpflanze abgetrennt und neu gesetzt.

Erdbeersorten: Das riesige Erdbeersortiment ist kaum mehr überschaubar, und vor allem der Liebhabergärtner fühlt sich bei der Sortenwahl alleingelassen. Hinzu kommt, dass viele Züchtungen speziell für den Erwerbsgartenbau entwickelt wurden, die dort geforderten Eigenschaften im Hausgarten jedoch nicht gefragt sind.

Eine besonders festfleischige Beere beispielsweise eignet sich hervorragend für die Konservierung und kann wegen ihrer Transportunempfindlichkeit auch gut vermarktet werden. Diese Vorzüge sind jedoch im Privatgarten kaum von großem Interesse. Wer Erdbeeranbau zu seinem Hobby macht, wird wahrscheinlich nach und nach mehrere Sorten ausprobieren, um herauszufinden, welche ihm besonders zusagt, das heißt zum einem gut schmeckt, zum anderen robust gedeiht.

<u>Einmal tragende Erdbeersorten:</u>
- Reifezeit früh: 'Deutsch Everns Finessa'; 'Elvira'; 'Gorella'; 'Hummi Grande'; 'Karina'; 'Macherauchs Frühernte'; 'Regine'; 'Senga Gigana'; 'Senga Precosa'; 'Senga Precosana'

Die Ausläuferpflänzchen kann man einfach abtrennen, mitsamt den Wurzeln ausgraben und umpflanzen

Obst im Hausgarten

Beerenobst

- Reifezeit mittelfrüh: 'Hummi Ferma'; 'Hummi Stugarta'; 'Korona'; 'Red Gauntlet'; 'Senga Dulcita'; 'Senga Litessa'; 'Senga Sengana'; 'Splendida'; 'Vigerla'
- Reifezeit spät: 'Asieta'; 'Deutsch Everns Famosa'; 'Deutsch Everns Solveta'; 'Elista'; 'Senga Fructarina'; 'Tago'

Mehrmals tragende Erdbeersorten: 'Hummi Eroma'; 'Hummi Gento'; 'Ostara'; 'Klettererdbeere Hummi'
Monatserdbeersorten: 'Baron Solemacher'; 'Rimona-Hummi'; 'Rügen'

Kiwi

Seit die Chinesische Stachelbeere oder der Strahlengriffel, so die deutschen Bezeichnungen, vor etwa 30 Jahren zum erstenmal in unseren Baumschulen und Gartencentern auftauchte, hat es viel Wirbel um diese Schlingpflanze mit den hühnereigroßen, aromatischen, Vitamin-C-reichen Beerenfrüchten gegeben – und ebenso viele Missverständnisse. Mittlerweile ist es um die Kiwi etwas ruhiger geworden und in milden Gegenden, wo auch Wein gedeiht, findet man des öfteren Pergolen und Rankgerüste, die unter den zierenden großen, ovalrunden Kiwiblättern fast verschwinden.

Standort: Wärme braucht der Strahlengriffel aus drei Gründen: Einmal ist es der relativ frühe Austrieb, der durch Spätfröste gefährdet werden kann; zweitens wird vor allem das Holz junger Pflanzen durch winterliche Wechseltemperaturen gefährdet, es kann zu Stammrissen kommen, aber auch der Verlust der ganzen Pflanze ist möglich; drittens schließlich kann die späte Fruchtreife im Oktober und November in Gegenden mit zeitig einsetzenden Frösten empfindlich gestört werden.
Gerade diese Frostempfindlichkeit ist aber auch eine der Ursachen dafür, dass man Kiwis nicht in die pralle Sonne einer Südwand setzen soll, an der die winterlichen Wechseltemperaturen zwischen Tag und Nacht das Holz zum Platzen bringen. Die wärmende Frühjahrssonne wiederum veranlasst die Triebe zu einem noch früheren Wachstum, das dann durch Frosteinbrüche jäh gestoppt wird und das zarte Grün zum Absterben bringt. Außerdem ruft intensive Sonneneinstrahlung auf den Früchten ledrige Flecken hervor, unter denen das Fleisch zu faulen beginnt. Sehr günstig sind dagegen Westlagen oder Spaliere und Pergolen in Nord-Süd-Richtung.

Pflanzung und Befruchtung: Gepflanzt werden sollten Kiwis stets im späteren Frühjahr oder Sommer, wenn keine Frostgefahr mehr droht. Bei der heute üblichen Containerware stellt das kein Problem dar. Da der Strahlengriffel – mit Ausnahme der Sorte 'Jenny' – zweihäusig ist, männliche und weibliche Blüten sich also an getrennten Pflanzen entwickeln, muss ein Pärchen gesetzt werden. Bei größeren Anpflanzungen kann ein männliches Exemplar bis zu 10 weibliche Pflanzen befruchten.
Wegen der Kalkempfindlichkeit der Kiwis wird man in den meisten Fällen nicht um eine Bodenverbesserung zur sauren Seite hin herumkommen. Am günstigsten sind pH-Werte zwischen 5,5 und 6,5, also dicht unterhalb des Neutralpunkts pH 7. Wir müssen bei der Verbesserung des Bodens ähnlich verfahren wie bei der Vorbereitung eines Pflanzplatzes für Heide- und Moorbeetgewächse, der Boden muss also reichlich mit Torf angereichert werden. Auch in den Folgejahren sollte man immer wieder Torf auf den Wurzelbereich streuen und möglichst nur mit Regen- oder wenigstens mit abgestandenem Wasser gießen. Kiwis brauchen gerade während der Zeit der Fruchtausbildung viel Feuchtigkeit und vertragen keine Trockenheit im Boden. Mit einer Mulchdecke hilft man den Pflanzen, sommerliche Hitzeperioden besser zu überstehen.

Temperaturen um den Gefrierpunkt schaden Kiwifrüchten nicht; allerdings darf man nur an frostfreien Tagen ernten

Obst im Hausgarten
Beerenobst

Beim Sommerschnitt belässt man am fruchttragenden Triebteil etwa vier bis sechs Blätter

Da Kiwis als Schlinger eine Kletterhilfe brauchen, wird man im kleinen Garten kaum mehr als ein männliches und ein weibliches Exemplar unterbringen können; denn von Pflanze zu Pflanze sollte immerhin ein Abstand von 3–4 m eingehalten werden. Lässt man den Strahlengriffel mit seinen bis zu 10 m langen Ranken extrem hochwachsen, z. B. an einer Hauswand, können die Abstände zwar geringer sein, dafür hat man dann aber Schwierigkeiten bei der Ernte. Am günstigsten untergebracht und optisch besonders ansprechend sind Kiwis, wenn sie an und unter einer Pergola entlangranken, wo einem im günstigsten Fall dann auch noch die Früchte in den Mund wachsen.

Düngung: Neben der regelmäßigen Einbringung organischer Dünger ist eine Zusatzversorgung mit mineralischen Nährstoffen besonders hinsichtlich der gleichmäßigen Fruchtausbildung angebracht. Für das Jahr der Pflanzung reichen Horn- und Knochenspäne aus, die man beim Setzen der Erde untermischt. Danach werden im Frühjahr, während der späten Blüte im Juni und dann noch einmal Anfang August jeweils 40 g eines blauen Volldüngers pro Pflanze ausgestreut und eingewässert. Nach August hat jede weitere Nährstoffgabe zu unterbleiben, um die Holzreife und damit die Widerstandsfähigkeit gegen Fröste nicht zu beeinträchtigen.

Schnitt: Blüte und erste Erträge sind frühestens im dritten Standjahr zu erwarten. Erst dann braucht man auch mit den Schnittmaßnahmen zu beginnen. Beim Schnitt im Sommer, etwa im August, werden die Triebe oberhalb der Früchte nach dem vierten bis sechsten Blatt gekappt. Damit verfolgt man den Zweck, dass die Nährstoffe nicht an den Beeren vorbei in die Spitzen der Ranken geleitet werden, sondern dem Ertrag zugute kommen. Im Winter kann man dann zusätzlich alle zwei- bis dreijährigen, abgetragenen Ranken bis auf einen aus ihnen entsprießenden Jungtrieb zurückschneiden. Ziel ist – wie generell im Obstbau – ein lichter, lockerer Wuchs.

Kiwisorten: Die Notwendigkeit, jeweils ein weibliches und ein männliches Exemplar zu pflanzen, sowie der Wärmebedarf dämpften die anfängliche Kiwi-Begeisterung. In beiden Punkten sind jedoch Zuchterfolge zu verzeichnen. So wurden im Versuchsbetrieb der Technischen Universität München die so genannten „Bayern-Kiwis" (Sorte 'Weiki') entwickelt, die zwar kleiner als die neuseeländische Stammart, dafür aber absolut frostfest sind. In Aroma und Vitamingehalt übertreffen die stachelbeergroßen Früchte sogar das Original. Pro Pflanze ist in einem guten Jahr mit einem Ertrag von etwa 10 kg zu rechnen.

Noch interessanter für den Hausgarten ist die einhäusige Kiwisorte 'Jenny' der Züchterfirma Deraplant in Nettetal. Hier wird kein Pollenspender mehr benötigt, da der Strauch selbstfruchtbar ist. 'Jenny' entstand aus einer spontanen Mutation, die im Meristemverfahren, also aus Gewebezellen im Reagenzglas, vermehrt wurde. Die hieraus hervorgegangenen Pflanzen waren das virose- und bakteriosefreie Ausgangsmaterial für die neue Züchtung. Die Pflege unterscheidet sich nicht von der altbekannter Sorten, doch die Winterhärte ist deutlich besser und mit der von 'Weiki' vergleichbar.

Die am meisten bei uns angebaute und wohl auch beste, allerdings auch die am stärksten wachsende Kiwisorte ist nach wie vor 'Hayward' mit später Blüte und großen, aromatischen Früchten, die – wie bei allen anderen Sorten – ab Ende Oktober reifen. 'Abbot' blüht etwas früher, hat mittelgroße, längliche und weniger aromatische Früchte. Die Beeren von 'Monty' sind auf beiden Seiten abgeplattet, der Geschmack ist süßsäuerlich, das Aroma ebenfalls nicht sehr ausgeprägt. Annähernd dieselben Geschmackseigenschaften weisen die langen, ziemlich großen Früchte von 'Bruno' auf.

Ernte: Temperaturen um den Gefrierpunkt schaden den Kiwifrüchten nicht. Mit der Ernte muss man allerdings bis zu einem frostfreien Tag warten. Bei kühlen Temperaturen lassen sich Kiwifrüchte monatelang lagern, andernfalls halten sie in jedem Fall bis Weihnachten.

Rasen
Blumenwiese
Bodendecker
Ziergehölze
Stauden
Zwiebel- und Knollenblumen
Sommerblumen

Rasen

Einen Hausgarten ohne ein Stück Rasen, und sei es noch so klein, wird man lange suchen müssen. Der grüne Teppich ist die einzige Möglichkeit, eine freie Fläche in der Mitte des Gartens einigermaßen ansehnlich auszustaffieren. Was auch sonst sollte da wachsen? Die oft zitierten, niedrig bleibenden Bodendecker, wie Efeu oder *Cotoneaster dammeri*, immer wieder als „Rasenersatz" herausgestellt, sind nur in den seltensten Fällen und unter besonderen Umständen anstelle des Rasens zu verwenden.

Der Rasen hat also bei der Gartengestaltung ein gewichtiges Wort mitzureden, wobei ihm, im Gegensatz zu den verschiedenen Gehölzen, der Blumenrabatte oder dem Staudenbeet, sein Platz fast immer von vornherein zugewiesen ist. Denn kein Hausbesitzer würde Bäume und Sträucher in die Mitte seines Gartens pflanzen und den Rasen darum herum.

Für den Rasen als Mittelpunkt ist andererseits die Rahmengestaltung von entscheidender Bedeutung. Es gibt kaum etwas Langweiligeres als einen Garten, der außer der grünen Graslandschaft nichts zu bieten hat. Auch der kostbarste Teppich kann ein Zimmer nicht wohnlich machen, solange die Möblierung zu wünschen übrig lässt.

Umgekehrt kommt das Mobiliar erst dann so richtig zur Geltung, wenn es durch einen passenden, ansehnlichen Bodenbelag unterstrichen wird. Und was könnte die Wirkung bunten Blütenflors besser unterstützen und betonen als die angenehme Grundfarbe des grünen Teppichs?

Bodenvorbereitung

In der Regel wird es sich beim Rasen um eine Dauerbepflanzung handeln, die allenfalls im Laufe der Jahre hier oder dort etwas verkleinert wird, weil man den Platz für ein neues Gehölz, die Erweiterung der Staudenrabatte oder irgendeinen ähnlichen Zweck benötigt. Es kommt also schon vor der Einsaat darauf an, dem künftigen Rasen seine Bleibe so angenehm wie möglich einzurichten. Auf gut Deutsch: der Boden muss so beschaffen sein, dass sich die Hunderttausende von kleinen Graspflanzen hier wohl fühlen und Jahr um Jahr unermüdlich grünen.

Liest man hierzu die einschlägige Fachliteratur, kann einem bereits vor Beginn schwindelig werden. Da wird man belehrt, welche Struktur der Boden des Rasenbetts haben muss, welchen pH-Wert, wie viel Liter Wasser ein einziges Graspflänzchen während der Saison benötigt und wie viel das für so und soviel Quadratmeter Fläche bedeutet, ob und wann Kalk nach einer natürlich regelmäßig vorzunehmenden Bodenanalyse zu geben ist und anderes mehr. Wer das Pech hatte, ein englisches Rasenbuch unbearbeitet in deutscher Sprache zu erwischen, ist vollends arm dran. Dort kann er dann zusätzlich zu dem Verwirrspiel um das geliebte „Green" noch erfahren, dass er seine Gräser nach einer taureichen Nacht mit einem Spezialbesen abzufegen hat, damit den zarten Halmen nichts Arges widerfährt.

Wir können uns bei unserem gutmütigen, robusten Hausrasen derartige Extravaganzen getrost sparen. Als Boden genügt jede normale Erde, wie sie in den meisten Gärten vorhanden ist oder bei Neuanlagen in Form von Mutterboden herbei-

Ob als Fläche oder Fleckchen – der grüne Teppich macht den Garten „wohnlich" und unterstreicht die Wirkung der übrigen Bepflanzung

geschafft wird. Der pH-Wert sollte zwischen 6 und 7 liegen.
Man muss die Fläche vor der Aussaat umgraben, von Unkräutern und Steinen befreien und glatt harken. Wer genügend Zeit hat, wartet mit dem Säen nach dieser ersten Bearbeitung noch einen Monat und jätet dann ein zweites Mal durch.
Die Empfehlung, statt dem Jäten ein Herbizid auszubringen und mit Hilfe chemischer Substanzen die Unkräuter total zu vernichten, sollte nicht befolgt werden. Nur wer die „Formulierung", das heißt die genaue chemische Zusammensetzung derartiger Präparate kennt, um ihre Wirkung und Gefahren weiß, kann einen derartigen Rundumschlag riskieren. Aus seinem künftigen Rasen zunächst einen Kartoffelacker zu machen, ist dagegen durchaus sinnvoll, weil das eine tiefgründige Bodenlockerung zur Folge hat, Luft ins Erdreich dringt und die Humusproduktion der Kleinstlebewesen ankurbelt. Dann muss man sich allerdings mit dem Auslegen des grünen Teppichs ein Jahr gedulden.

Aussaat

Die besten **Aussaattermine** sind April/Mai und Mitte August/September. Bei Frühjahrsaussaat ist der Boden bereits leicht erwärmt und abgetrocknet, bei Saat im fortgeschrittenen Sommer sind die Hitzeperioden vorbei, die Gräser haben bis zum Winter noch genügend Zeit, dichtes Wurzelwerk zu bilden und fest einzuwachsen. Einer Aussaat im Hochsommer steht eigentlich nur die zu befürchtende Trockenheit entgegen, die zusammen mit der langen Tagesdauer den jungen, zarten Graspflanzen doppelt zu schaffen machen kann.

Raseneinsaat: 1. Fläche umgraben und gründlich säubern, danach glatt rechen

3. Der Samen wird nur oberflächlich eingeharkt

Saatmischungen

Beim Kauf des Saatguts ist dringend zu empfehlen, nicht auf die billigste Mischung zurückzugreifen. Das hat seinen guten Grund.
Es sind vor allem vier Grasarten und hiervon wieder verschiedene Sorten, die in unterschiedlichem Verhältnis die Bestandteile jeder käuflichen Rasenmischung darstellen: Rotes Straußgras *(Agrostis capillaris)*, Rotschwingel *(Festuca rubra)*, Wiesenrispe *(Poa pratensis)* und Deutsches Weidelgras *(Lolium perenne)*.
Diese Gräser unterscheiden sich durch einige Merkmale, die im Rasen alle ihr Für und Wider haben und durch das Mischungsverhältnis ausgeglichen werden. Wenn auch auf den Packungen der prozentuale Anteil der Grasarten meist angegeben wird, ist der Laie doch völlig überfordert, sollte er hieraus die Qualität des Produkts ableiten oder

2. Bei größeren Flächen ist der Einsatz eines Säwagens ratsam

4. Anschließend mit Brettern oder einer Walze andrücken

5. Die eingesäte Fläche muss 1 bis 2 Wochen stets feucht gehalten werden

gar entscheiden, welche Samenmischung seinen individuellen Wünschen am ehesten entspricht. Man verlasse sich also entweder auf eine sachkundige Beratung im Fachgeschäft – was heutzutage leider nicht selbstverständlich ist – oder greife gleich zu einem Markenprodukt, das dann etwas teurer ist.
Nicht minder verwirrend ist die Vielzahl der verschiedenen **Rasentypen:** Teppichrasen, Zierrasen, Spielrasen,

Rasen

Bodenvorbereitung
Aussaat

Wo gelegentlich Bälle fliegen und Indianerzelte gebaut werden, ist eine Spielrasenmischung die richtige Wahl

Wohnrasen, Exquisit-Rasen, Strapazierrasen, Gebrauchsrasen und Sportplatzrasen. Für den Hausgebrauch wird man je nach Beanspruchung Zierrasen oder Spielrasen wählen.

Spielrasen ist etwas härter im Nehmen, erlaubt das zeitweilige Herumtoben, trägt kaum etwas nach und ist das Richtige für eine Familie, die ihre Kinder nicht aus dem Garten auf den Spielplatz verbannt. **Zierrasen** ist eine Idee „vornehmer", kann natürlich ebenfalls betreten, will aber in erster Linie betrachtet werden. Was wiederum nicht bedeutet, Spielrasen sei unansehnlich.

INFO

Lichtbedarf

Die üblichen Rasenmischungen brauchen schon einige Stunden Sonne am Tag, um sich gut zu entwickeln. Andernfalls drohen sie leicht zu vermoosen. Für überwiegend beschattete Flächen empfehlen sich spezielle Schattenrasenmischungen.

Vorgehen beim Säen

Bei der Frage nach der Menge des auszubringenden Saatguts gibt es ebenfalls Schwierigkeiten. Eine Faustregel lautet: 25–30 g pro m². Ist eine große Fläche einzusäen, kann in der Tat ein etwas umständliches Verfahren hilfreich sein. Dazu steckt man 1 m² Fläche probeweise ab, wiegt die erforderliche Saatmenge entsprechend der genannten Faustregel auf der Briefwaage ab und streut sie aus. Jetzt hat man ein Gefühl dafür, wie breitwürfig man in etwa säen muss.
Einfacher und gleichmäßiger geht es mit einem Säwagen, bei dem man die Saatdichte einstellen kann. Die exakteste Verteilung des Samens erreicht man, wenn dünn gesät und die Fläche einmal längs, einmal quer abgefahren wird. Die Anschaffung dieses kleinen Geräts lohnt sich auch deshalb, weil man es später genauso gut zum Düngen verwenden kann. Nach der Ausbringung wird der Grassamen eingeharkt, das heißt nur leicht bedeckt. Das anschließende Walzen sorgt dafür, dass die einzelnen Samenkörner fest in den Boden gedrückt werden und die gesamte Fläche eine letzte, abschließende Glättung (Planierung) und Festigung erfährt.
Die Anschaffung einer speziellen Walze für diesen Zweck kann man sich sparen. Mit zwei einfachen Holzbrettern unter den Füßen wird derselbe Effekt erzielt. Wichtig in den nächsten 1 bis 2 Wochen Keimdauer ist ein ständiges Feuchthalten der Rasensaat. Wird die Keimung durch Austrocknung einmal unterbrochen, stirbt das Samenkorn ab. Deshalb ist eine Neuanlage, wie schon gesagt, im Hochsommer sehr riskant.

Rasen mähen

Bis zum ersten Mal der Mäher in Aktion tritt, können einige Wochen vergehen. Es hängt vom Wetter, also hauptsächlich von der Temperatur ab und davon, wie schnell die Gräser wachsen. Ist es im Frühjahr noch sehr kühl, der Spätsommer kalt und verregnet, brauchen die Graspflänzchen mehr Zeit, ehe sie die für den ersten Schnitt erforderliche Höhe von 8–10 cm erreicht haben.
Im Zusammenhang mit der weiteren Dauerpflege tauchen unweigerlich die Fragen auf: Wie oft soll man mähen und kann man das Mähgut liegen lassen?
Gräser reagieren auf die Wegnahme der für sie lebensnotwendigen Blätter genauso wie Gehölze, nämlich mit erhöhter Produktion von Grünmasse, um das Verlorene zu ersetzen. Wer einen dichten, frischgrünen Rasen haben möchte, wird ihn also kurz halten. Um den Rasen betretbar kurz und gesund zu halten, hat sich das wöchentliche Mähen als völlig ausreichend erwiesen.

Es gibt heute praktisch keinen Motormäher mehr, der ohne Fangsack oder -box verkauft wird, selbst komfortablere Handmäher verfügen über diese nützliche Zusatzeinrichtung. Wer noch mit einem alten Gerät ohne Grasfangkorb arbeitet, sollte das abgemähte Gras grundsätzlich zusammenrechen und entfernen. Nur bei extrem kurzem Rasen, also wenn man quasi zweimal wöchentlich mäht, kann man die winzigen Halmspitzen liegen lassen – sofern nicht Regen droht, bevor sie vertrocknet sind. Andernfalls bilden die Schnittrückstände im Laufe der Zeit eine verdichtete Schicht, die den Pflanzen das Licht raubt, der Luft den Zugang zum Boden und den Wurzeln der Graspflanzen versperrt.

TIPP
Grasschnitt...

... lässt sich – in nicht zu hohen Lagen – gut zum Mulchen verwenden. Da er schnell verrottet, ist wöchentlich anfallendes Schnittgut meist auf den Beeten unterzubringen. Als Kompostmaterial sollte vor allem feuchter Rasenschnitt möglichst mit gröberem Material (Laub, Häcksel, größere Pflanzenreste) vermischt werden, um luftarme, faulende Partien im Kompost zu vermeiden.

Weitere Pflegemaßnahmen

Trockenheit verträgt der Rasen länger, als man glaubt, und wen die allmählich zunehmende Gelb- oder Braunfärbung nicht stört, der braucht den Sprenger wirklich nur bei lange anhaltenden Trockenperioden im Hochsommer einzusetzen. Wenn mit dem Boden alles in Ordnung ist, erholen sich die Gräser nach dem ersten erfrischenden Regen erstaunlich schnell. Wem freilich an einer zu jeder Zeit makellosen Fläche gelegen ist, der wird es kaum so weit kommen lassen.

Beregnen

Beim Beregnen mit dem Sprenger sollte man berücksichtigen, was übrigens generell für das Wässern aller Gewächse im Garten gilt: nicht in der größten Mittagshitze und bei strahlendem Sonnenschein mit dem kühlen Nass herumhantieren und nicht öfter ein bisschen, sondern lieber in größeren Abständen, dann aber reichlich und durchdringend wässern. Beim Gießen in der Wärme verdunstet die Feuchtigkeit ebenso schnell, wie sie wieder entweicht, wenn sie nur die oberste Bodenschicht benetzt. Bis zu den Wurzeln dringt das benötigte Wasser gar nicht erst vor, während man selber meint, die Gewächse ausreichend versorgt zu haben. Wässern bei Sonnenschein kann außerdem Sonnenbrand auf den benetzten Blättern hervorrufen.

Düngung

Dass eine Massenansammlung kleiner Pflanzen, eine Monokultur wie aus dem Lehrbuch also, einen hohen Bedarf an Nährstoffen hat, leuchtet ein. Der Rasen muss folglich immer wieder gedüngt werden, damit Verbrauchtes ersetzt werden kann. Am billigsten und einfachsten ist die Verwendung eines mineralischen Volldüngers, der in drei Gaben von etwa 40 g/m^2 im Frühjahr nach dem ersten oder zweiten Schnitt, dann im Juli und schließlich noch einmal Anfang Oktober ausgestreut wird. Um die Humusbildung zu fördern, kann man zusätzlich im zeitigen Frühjahr, sobald sich der Boden zu erwärmen beginnt, einen organischen Torfmischdünger oder, falls

Ab und an durchdringend zu wässern bringt wesentlich mehr, als häufig kurz mal den Regner anzuschmeißen

vorhanden, Kompost ausbringen. Wer es besonders genau nimmt, verwendet Spezial-Rasendünger, meist Markenfabrikate mit gezielt für den Bedarf von Gräsern zusammengestellten Nährstoffkomponenten und mit Langzeitwirkung. Die Menge des auszubringenden Konzentrats ist auf den Packungen angegeben.

Nicht ganz unproblematisch ist eine Spätherbstdüngung, zu der von manchen Experten geraten wird. Sie sollte besser auch wirklich Sache der Experten bleiben, die ihren Rasen ganzjährig gezielt mit Nährstoffen versorgen und genau abschätzen können, was ihm außerdem noch bekommt. Vertut man sich so spät im Jahr in der Menge oder gibt gar zu viel Stickstoff, legen die Gräser noch einmal los, werden „mastig" und haben den Frösten und anderen Winterunbilden nicht mehr viel entgegenzusetzen. Ein normal ernährter Rasen braucht eine derartige Herbstdüngung nicht und für den zügigen Start im Frühjahr sind allemal genügend Nährstoffreserven im Boden enthalten.

Vertikutieren

Der Handel bietet neben technisch immer verfeinerten Mähern ein weiteres Gerät für den Rasen an, das keineswegs eine Spielerei, sondern ein äußerst nützlicher Gegenstand für die Pflege des grünen Teppichs ist: den Vertikutierer.

Unter Vertikutieren versteht man die Auflockerung des Rasenfilzes aus vertrockneten Halmen und Wurzeln und die Entfernung von Moos und Kleinunkräutern unmittelbar am Boden. Durch das Vertikutieren wird diese verdichtete Schicht aufgerissen und zerschnitten, sodass die Gräser wieder atmen und sich ausbreiten können und die Wurzeln Luft bekommen.

Wer die Ausgabe für einen motorbetriebenen „Messerschneider" scheut, kann sich auch eines preiswerteren Handgeräts bedienen, das Ähnlichkeit mit einer Harke hat. Das ist dann allerdings echte Knochenarbeit, denn die scharfen Blätter dieses Vertikutierrechens gleiten nicht wie ein Fächerbesen über die Halme hinweg, sondern müssen tief in den Rasenfilz hineingedrückt und hindurchgezogen werden.

Der beste Termin für eine derartige Säuberungsaktion ist das Frühjahr unmittelbar vor der ersten Düngung, die dann durch den aufgelockerten Boden automatisch auch näher an die Wurzeln gelangt.

Vor und nach dem Urlaub

Während der Urlaubszeit stellt der Rasen ein geringeres Problem dar als etwa die pflegeabhängigeren Kübel- oder Balkonpflanzen. Man muss ihn natürlich unmittelbar vor Reiseantritt noch einmal mähen, extrem kurz jedoch nur dann, wenn man sicher sein kann, dass es bald darauf ausgiebig regnen wird. Da aber eine derartige Aussage meist unmöglich ist, schneidet man wie üblich, während anhaltender Hitze sogar eine Stufe höher als sonst. Längere Halme beschatten den Boden und setzen damit die Verdunstung herab. Nach wochenlanger Abwesenheit wird sich der Rasen als Wiese präsentieren, die man in zwei oder drei Mähintervallen, beginnend mit der höchsten Schnittstufe, wieder auf „Gardemaß" trimmen muss. Dass bei Trockenheit anschließend auch der Regner in Betrieb genommen wird, versteht sich von selbst.

Geräte für die Rasenpflege

Viele Geräte, die für die Rasenpflege notwendig sind oder zumindest die Arbeit erleichtern, sind uns bei der Schilderung der einzelnen Pflegemaßnahmen bereits begegnet. Hier sollen ihre Funktionen noch einmal kurz erläutert werden.

Rasenmäher

Dies ist zweifellos das wichtigste Requisit, das auch durch kein anderes ersetzt werden kann. Auf dem Markt findet sich eine Vielzahl von Modellen in allen möglichen Ausführungen bis hin zu Geräten der Luxusklasse, auf die man getrost verzichten kann.

Bei der Auswahl des geeigneten Mähers sollten allein drei Faktoren ausschlaggebend sein: die Rasenart (exquisiter Teppichrasen, üblicher Zierrasen oder Spielrasen), die Flächengröße sowie die Geländeart (z. B. Hangrasen oder weitgehend ebener Rasen).

Früher wurde den **Spindelmähern,** bei uns für den Hobbygärtner lange Zeit nur als Handgerät erhältlich, die sanfteste und beste Schnittqualität nachgesagt. Bei diesem Mähertyp sitzen die geschwungenen Langmesser auf einer horizontalen Ache, drücken die Gräser gegen ein feststehendes Gegenmesser und rasieren sie dort ab. Heute gibt es diese Geräte auch für den Hausgarten mit Motorantrieb und Fangkorb. Für den kleinen Vorgarten mit einigen Quadratmetern Rasen ist der motorlose, einfach über die Fläche zu schiebende, vergleichsweise billige Spindelmäher immer noch das Praktischste, leicht

Funktionsprinzip von Rasenmähern: ① **Spindelmäher als Handgerät; die geschwungenen Langmesser arbeiten ähnlich wie eine Schere.** ② **Die üblichen Sichelmäher kappen das Gras mit rotierenden Messern**

zu handhaben, wendig und flach. Mit ihm kommt man auch unter überhängende oder dicht am Boden befindliche Gehölzzweige.
Am meisten Verwendung aber findet heute der mit Elektro- oder Benzinmotor angetriebene **Sichelmäher,** bei dem die Messer auf einem horizontalen Mäharm festgeschraubt sind, der um eine vertikale Achse rotiert. Die Geräte gibt es, wie übrigens auch die Spindelmäher, in verschiedenen Schnittbreiten und mit oder ohne Radantrieb. Diese Selbstfahrer lohnen sich nur im großen Garten oder dort, wo man beim Mähen Höhenunterschiede bewältigen muss. Steigt der Rasen hangartig zum Haus hin an, hat man bei dem selbst fahrenden Gerät wenig Mühe, die schwere Maschine bergauf zu bewegen. Grasfangeinrichtungen sind, es wurde schon gesagt, heute bei allen diesen Mähern selbstverständlich, einige Modelle haben elektrische Startvorrichtungen, bei allen lässt sich die Schnitthöhe, teilweise mit Knopfdruckautomatik, einstellen.
Unter den **Benzinmähern** kann man zwischen Zwei- oder Viertaktmotoren wählen. Viertakter sind laufruhiger als Zweitakter, wegen höherer Produktionskosten allerdings auch etwas teurer. Für das Mähen großer Hangflächen ist ein Zweitakter empfehlenswerter, weil hier das Öl zum Schmieren des Motors bereits dem Benzin zugemischt wird, während es der Viertakter aus einer Ölwanne erhält, die bei starker Schrägstellung des Geräts unter Umständen nicht mehr sicher funktioniert.
Für nicht zu große Rasenflächen ist ein leiser und leichter **Elektromäher** in jedem Fall ausreichend. Allerdings hat man hier immer etwas Ärger mit dem Elektrokabel, das nicht unter die Räder geraten darf. Eine so genannte „Aufrollautomatik" schal-

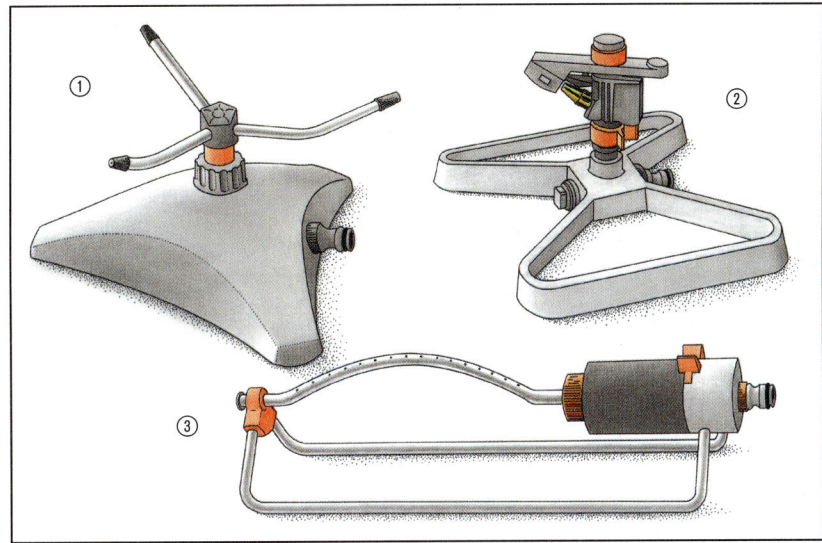

Verbreitete Regnertypen: ① **Kreisregner,** ② **Impulsregner,** ③ **Viereckregner**

Rasen

Geräte für die Rasenpflege

tet diese Gefahr zwar weitgehend aus, doch wenn auf dem Rasen verschiedene Hindernisse zu umfahren sind, ist die elektrische Zuleitungsschnur dennoch ständig im Weg.
Luftkissenmähern, die statt auf Rädern zu rollen von einem Polster aus gestauter Luft getragen werden und bei ihrem ersten Auftritt erhebliches Aufsehen erregten, ist der große Durchbruch nicht gelungen. Das mag sowohl an der etwas umständlichen Schnitthöheneinstellung als auch an der fehlenden Grasfangeinrichtung liegen. Diese Geräte gibt es mit Elektro- wie mit Benzinmotor.
In den Bereich des Mähens im weitesten Sinn fällt auch das **Schneiden der Rasenkanten.** Wenn man sich dabei nicht einer speziellen Handschere bedienen will, die allerdings bei längerem Gebrauch schmerzende Gelenke zur Folge hat, kann man strombetriebene Geräte verwenden. Sie arbeiten entweder mit einer messerähnlichen Vorrichtung oder mit einem schnell rotierenden Nylonfaden, der die Gräser auch an schwer zugänglichen Stellen erfasst.

Regner
Sehr umfangreich ist das auf dem Markt befindliche Angebot an Rasensprengern. Auch in diesem Fall sollte die Größe, Lage und Form der zu pflegenden Fläche bei der Anschaffung den Ausschlag geben. In der Hauptsache sind es Viereck-, Kreis- und Impulsregner, zwischen denen man wählen kann. Bei den meisten Modellen lässt sich der zu versorgende Sektor mit einem Handgriff einstellen, sodass man z. B. in einem schmalen Vorgarten nicht das Haus oder die halbe Straßenseite mit beregnet.

Vertikutierer
Auf die Bedeutung des Vertikutierens wurde bereits hingewiesen. Motorbetriebene Vertikutierer machen diese mit einem Handgerät schweißtreibende Arbeit zu einem angenehmen Spaziergang über den Rasen.
Äußerlich sehen sie aus wie ein Rasenmäher und haben auch ungefähr dieselbe Größe. Ihr Clou ist eine an der Unterseite befindliche horizontale Achse, die mit mehreren,

① **Ob mit oder ohne Räder: Handvertikutierer erfordern Muskelkraft.** ② **Beim motorbetriebenen Vertikutierer rotieren die Messerzinken um die horizontale Achse**

sichelähnlich gebogenen, kleinen Messern besetzt ist. Diese Messer zerschneiden, wie schon beschrieben, Wurzelfilz und andere pflanzliche Verdichtungen, fördern dabei aber gleichzeitig Moos und andere Unkräuter zutage. Wer seinen Rasen zum ersten Mal einer derartigen Kur unterzieht, wird erstaunt vor den Bergen von Pflanzenresten stehen, die der Vertikutierer dem Rasenuntergrund entrissen hat. Elektrovertikutierer sind kaum billiger als die entsprechenden Mäher, und so ist es verständlich, dass die Werbung einen wiederholten Einsatz des Vertikutierers während des Jahrs empfiehlt. Wer seinem Rasen dagegen nur einmal jährlich im Frühjahr durch Vertikutieren Luft verschafft, wird sich die Investition eines solchen Geräts in der Tat reiflich überlegen. Viele Gartencenter, der Gerätehandel und landwirtschaftliche Genossenschaften verleihen deshalb Vertikutierer.

Krankheiten und Schäden im Rasen

Krankheiten

Leider ist es eine Tatsache, dass auch der Rasen von Krankheiten nicht verschont bleibt. Zu den bekanntesten unliebsamen Erscheinungen gehören die sogenannten **Hexenringe,** kreisförmig wachsende Pilzansammlungen, meist des essbaren Wiesenschwindlings. Das allein wäre noch nicht so schlimm, schieden die Pilze nicht einen Stoff aus, der den Rasen absterben lässt. Wenn regelmäßig und ausgeglichen gedüngt und ausreichend gelüftet (vertikutiert) wird, hat man vorbeugend schon viel gegen das Auftreten von Hexenringen getan.

Erscheinen sie dennoch plötzlich, muss man ein dafür zugelassenes Fungizid in der auf der Packung angegebenen Konzentration gießen. Die Behandlung ist noch etwa 1 m über den Hexenring hinaus durchzuführen, da sich das Pilzmyzel unterirdisch weiter hinzieht, als die sichtbaren Pilzköpfe vermuten lassen. Besonders nach Wintern, in denen der Rasen lange Zeit unter einer dichten Schneedecke lag, zeigen sich die Gräser im Frühjahr nicht im zarten Grün, sondern gelblichbraun verfärbt. Die Schuld an diesen Schadensmerkmalen trägt ebenfalls ein Pilz, der so genannte **Schneeschimmel.** Wird im Frühjahr gedüngt und vertikutiert, schließen sich die entstandenen Lücken meist von selbst. Im schlimmsten Fall muss man die befallenen Stellen nachsäen.

Auch **Rostpilze,** die auf den Grashalmen braunrote Flecken hinterlassen und die befallenen Blättchen zum

Hexenring

Absterben bringen, verschwinden bei sorgsamer Pflege meist von selbst. Da hoch wachsendes Gras häufiger befallen wird als kurz geschnittenes, ist allein schon das regelmäßige Mähen eine wirkungsvolle Vorbeugungsmaßnahme.

Moos und Unkraut

Moos im Rasen ist immer ein Zeichen von mangelnder Pflege, das heißt meist unzureichender Versorgung des Bodens mit Dünger, und von Luftabschluss. Auch auf beschatteten Partien, z. B. unter Bäumen, macht sich Moos schnell breit. Soll also eine Vermoosung verhindert bzw. ein bestehender Befall beseitigt werden, ist zunächst für eine gute Durchlüftung zu sorgen. Dafür bietet das bereits mehrfach beschriebene Vertikutieren die beste Handhabe mit der nachhaltigsten Wirkung. Ein Teil der Moospolster wird dabei bereits aus dem Boden gerissen. Anschließend kann man scharfen Sand über die ganze Fläche oder die befallenen Stellen streuen. Erst dann ist eine Düngung fällig, in diesem Fall mit einem Kombinationsdünger, dem gleichzeitig ein Moosvernichter (Eisen-II-Sulfat)

Starke Vermoosung

beigemischt wurde. Diese Dünger gibt es im Fachhandel. Unwirksam bleibt das Ausstreuen eines Anti-Moos-Präparats, wenn dem Moos nicht bereits vorher durch Pflegemaßnahmen der geschilderten Art die Lebensgrundlage entzogen wurde. Wenn man Unkraut im Rasen entdeckt, sollte man es sofort manuell entfernen. Dabei muss die ganze Wurzel mit herausgezogen werden. Der Fachhandel bietet für solche Zwecke spezielle Unkrautstecher an.

Maulwurfshaufen

Rasenschäden durch Tiere

Unter den tierischen Rasenbewohnern ist es vor allem der **Maulwurf**, der zwar nicht direkt schädlich ist, aber mit seinen Erdhaufen doch mehr als lästig werden kann. Da diese unermüdlichen Wühler unter Artenschutz stehen, also nicht mit Fallen gefangen, geschweige denn durch Giftköder getötet werden dürfen, bleibt nur die Vertreibung. Man kann es mit terpentingetränkten Lappen versuchen, die in die Gänge gestopft werden, oder mit anderen geruchsintensiven Substanzen. Schließlich bietet der Gartenfachhandel die so genannten Vergrämungsmittel an, vor denen der Maulwurf Reißaus nehmen soll. Da diese Flucht jedoch kaum woanders als in Nachbars Garten enden wird, erhebt sich die Frage, wer nachhaltiger vergrämt ist, der Maulwurf oder der Nachbar.

Ein anderer Erdbewohner, den vor allem eingeschworene Rasenenthusiasten gar nicht so gern sehen, ist der hochgelobte **Regenwurm.** Über den Nutzen dieses den Boden regenerierenden Ringlers braucht man nicht zu streiten, eine Regenwurm-„Bekämpfung" wäre unsinnig. Wer also die kleinen Erdhäufchen, die der Wurm im Rasen hinterlässt, nicht absammeln und als den besten Naturdünger von allen für seine Topfpflanzen oder Gemüseanzuchten nutzbringend verwenden will, entledige sich des Regenwurms auf „humane" Weise. Die geräusch- und erschütterungsempfindlichen Tiere erscheinen fast vollständig an der Oberfläche, wenn man im Befallsgebiet mit dem flachen Spatenblatt mehrmals auf den Boden klopft. Dann kann man sie einsammeln und im Komposthaufen oder Gemüsegarten ihre segensreiche Tätigkeit weiter verrichten lassen.

Rasen

Krankheiten und Schäden

Blumenwiese

Als vor etlichen Jahren von findigen Samenzüchtern die Idee einer Wildblumenwiese anstelle des üblichen Zierrasens publik gemacht und die fertige Wiesenblumenmischung auf den Markt gebracht wurde, kannte die Begeisterung der naturbeflissenen Gartenbesitzer keine Grenzen. Mittlerweile ist der erste Überschwang längst einer ruhigeren Betrachtungsweise gewichen, sind die Dinge wieder ins Lot gebracht. Denn inzwischen haben die Erfahrungen gezeigt: Ganz so einfach ist die Sache mit der Wildwiese im Hausgarten nun doch nicht.

Flächenvorbereitung und Aussaat

Zunächst einmal beginnt alles mit viel Geduld. Wildblumen wachsen nämlich oft nur auf nährstoffärmeren Böden. Für den Gartenbesitzer heißt das, dass die für die Wiese vorgesehene Fläche mindestens 1 Jahr lang keinen Krümel Dünger sehen darf. Der Boden muss „abmagern". Wo jahrelang ein Rasen intensiv gepflegt, also auch reichlich und regelmäßig mit Dünger versorgt wurde, dauert das seine Zeit.
Will man einen schon bestehenden Rasen zum Blühen bringen, also dort Wildblumen aus einer im Handel erhältlichen Mischung einsäen, wird man vom gewohnten Bild des kurz geschnittenen, gepflegten Zierrasens Abschied nehmen müssen. Zwar ist ein „Blumenrasen" nicht wie eine Wiese nur ein- oder zweimal im Jahr zu mähen, weil eben auch noch etwas Rasencharakter übrig bleiben soll. Doch hier liegt die Würze nicht in der Kürze. Man hat bei dieser Lösung vielmehr weder einen richtigen grünen Teppich noch eine üppig blühende Wildblumenfläche am Haus, sondern – bestenfalls – von jedem etwas.

Wer das Risiko eingehen will und in Kauf nimmt, dass während des obligatorischen „Abmagerungsjahrs" sein grüner Rasen immer grauer und schütterer wird, muss nach Ablauf dieser Frist die Fläche mit einem Vertikutierer zunächst einmal gründlich lockern, die verfilzte Narbe bis in die oberste Bodenschicht hinein aufreißen und danach alles, was zum Vorschein gekommen ist, wegharken. Anschließend mischt man den Blumensamen mit feuchtem Sand oder Sägespänen und streut ihn breitwürfig aus. Da die in Keimung befindliche Saat niemals austrocknen darf, muss unter Umständen mehrere Wochen lang beregnet werden.
Die Anlage einer Blumenwiese läuft genauso ab wie die einer Rasenneuanlage. Die Mischung besteht neben langsam wachsenden und niedrig bleibenden Rasengräsern aus 30 bis 40 verschiedenen Wildblumenarten. Damit schon im Jahr der Aussaat einige Blüten sichtbar werden, enthalten diese Gemenge auch einjährige, wilde Ackerkräuter wie etwa Klatschmohn, Kamille und Kornblume, die dann bald wieder verschwinden und in der nächsten Vegetationsperiode von einer anderen Wildflora abgelöst werden. Wichtig ist es, den Samen nach dem Ausbringen nicht tief einzuharken, weil es sich bei verschiedenen

Im Aussaatjahr dominieren bei vielen Mischungen Klatschmohn, Kamille, Kornblume und andere Einjährige

Gewächsen der Mischung um Lichtkeimer handelt, die für den Keimvorgang Helligkeit benötigen. Dunkelkeimern schadet Licht weniger als Lichtkeimern die Dunkelheit.

Pflege und Entwicklung

Gemäht wird im Jahr der Neuanlage überhaupt nicht oder bei Frühjahrssaat allenfalls im Herbst. Später reicht gewöhnlich ein einmaliger Schnitt im Juni/Juli aus. Es gibt allerdings auch die Stimmen, die die Meinung vertreten, eine Wiese sollte nie ungemäht in den Winter gehen. Hier muss wohl jeder seine eigenen Erfahrungen sammeln.
Wer einen modernen, kräftigen Benzinrasenmäher besitzt, braucht für diese Arbeit keine Sense, wie oft behauptet wird. Im Übrigen soll man eine fest etablierte Blumenwiese durchaus auch düngen, aber nur einmal im Jahr, am besten nach dem sommerlichen Schnitt und vorzugsweise mit organischen Düngern oder Kompost, auf jeden Fall aber stickstoffarm.
Wie eine Blumenwiese sich schließlich präsentieren wird, wie viel und was auf ihr blüht, lässt sich nie voraussagen. In jedem Fall ist sie für Überraschungen gut, denn sie wechselt ständig ihr Gesicht, und während diese oder jene Wildpflanze nach kurzer Pracht unwiederbringlich verschwunden ist, treten wieder andere an ihre Stelle, die man gar nicht erwartet hat. Dafür gibt es mehrere Gründe. Zum einen liegen manche Samen so lange reglos im Boden, bis die ihnen zusagenden Lebensbedingungen durch unmerkliche Veränderungen im Erdreich gegeben sind, oder anhaltende Dürre mit nachfolgenden Regenzeiten sie aufweckt. Zum anderen siedelt sich auf dem Magerboden das eine oder andere Kraut an, dessen Samen vom Wind herbeigetragen oder durch Vögel verschleppt wurden.

Zwiebelblumen wie Narzissen können den Blütenreigen der Blumenwiese eröffnen

Um die Blütenpracht zu verstärken, kann man in eine Wiese sehr gut Zwiebeln der Frühlingsblumen setzen. Sie entwickeln sich dort prächtig, außerdem wird erst geschnitten, wenn das Zwiebelkraut längst von allein eingezogen und vorher die Zwiebel mit den notwendigen Nahrungsreserven versorgt hat. Im Rasen steht diese Zeitspanne wegens des Zwangs zum regelmäßigen Mähen nie zur Verfügung.
Daneben gibt es die Möglichkeit, Wildblumen aus Samen selber heranzuziehen und später in die Blumenwiese zu pflanzen oder sich in einer Staudengärtnerei derartige Gewächse zu kaufen.
Über eines muß sich der Gartenbesitzer freilich im Klaren sein: Die Blumenwiese, wenn es denn eine geworden ist, darf nur auf Zehenspitzen betreten werden, sie ist also alles andere als ein Spielplatz und daher auch niemals Rasenersatz.
An die Nachbarn sollte man übrigens ebenso schon vor der Anlage denken wie an die eigene Staudenrabatte, den Steingarten oder die Gemüsebeete. Denn der von einer funktionstüchtigen Wildblumenwiese ausgehende Samenflug kann in anderen Gartenanlagen zu einer höchst unerwünschten Verunkrautung führen. Alternative: Ist die Rasenfläche groß genug, wird nur ein separater Teil davon als Wiese gestaltet, der kann dann sogar als blühende Insel mittendrin liegen, aber auf jeden Fall in Distanz zum nächsten Kulturland.

I N F O

Wildpflanzen

Auf Spaziergängen in Wald und Flur sieht man so manches, das man sich gut in der Blumenwiese zu Hause vorstellen könnte. Allerdings handelt es sich häufig um gefährdete und daher vom Gesetzgeber geschützte Arten, die nicht der freien Natur entnommen werden dürfen. Zudem gehen „Zwangsansiedlungen" wild gewachsener Blumen im Garten oft schief, weil sie dort nicht die entsprechenden Verhältnisse vorfinden.

Bodendecker

Johanniskraut (Hypericum calycinum) bildet selbst über Winter eine grüne Decke und blüht den ganzen Sommer

Selbst wenn immer wieder das Gegenteil behauptet wird: Bodenbedeckende Pflanzen sind kein Rasenersatz für den Hausgarten. Was ein Bodendecker eigentlich ist, definiert sich ausschließlich nach seinem Verwendungszweck. Der Efeu beispielsweise wird erst zum bodenbedeckenden Gehölz, wenn man ihn flach kriechen lässt. Geht er steil an einer Mauer hoch, handelt es sich eindeutig um eine Kletterpflanze.

Am ehesten noch wird man alle niedrigen, sich dicht an der Erde ausbreitenden oder große Polster bildende Pflanzen Bodendecker nennen können. Ob es sich um Stauden oder Gehölze handelt, spielt dabei keine Rolle. Nur die Ein- und Zweijahrsblumen lassen wir hier ganz außer Acht. Zwar sind viele von ihnen durchaus in der Lage, Gartenpartien den Sommer über flächig zu bedecken – z. B. das Fleißige Lieschen (*Impatiens*) –, doch da sie im Winter absterben, haben sie für eine Dauerbegrünung keine Bedeutung.

Andererseits kennen wir Gehölze, die 100 cm und höher werden und dennoch in den Listen der Bodendecker auftauchen. Dazu gehören beispielsweise Sorten des Feuerdorn (*Pyracantha*), einige Geißblätter (*Lonicera*), *Skimmia*-Arten und die Zierquitte (*Choenomeles*). Es geht letztendlich darum, dass sich mit solchen Gehölzen auf größeren Flächen geschlossene Pflanzungen anlegen lassen, die ein einheitliches, harmonisches Bild bieten und nach wenigen Jahren kaum noch Unkraut hochkommen lassen. Dabei sind höher wachsende Bodendecker auch tatsächlich nur für entsprechend große Flächen geeignet und nur für solche zu empfehlen.

Sofern Bodendecker nicht durch Ausläufer Teppiche und Polster bilden, sollen sie zumindest durch liegenden Wuchs, durch flach nach den Seiten sich ausbreitende Äste, Zweige oder Triebe, durch breitbuschigen Habitus oder kriechende Eigenschaften den ihnen zugedachten Zweck erfüllen. Dem werden auch eine ganze Reihe von Rosen gerecht (siehe S. 319).

Generell erwartet man von Bodendeckern, ob hoch oder niedrig wachsend, dass unter ihnen Unkrautwuchs weitgehend zum Erliegen kommt, dass sie anspruchslos sind und auch schwierige Standorte, z. B. trockene oder Schattenplätze, begrünen, dass sie Ausdauer zeigen und ohne besondere Pflegemaßnahmen viele Jahre an ihrem Platz bleiben können.

Verwendung

Man wird Bodendecker im Garten vor allem zur Unterpflanzung von Gehölzen verwenden, die Polster bildenden an Rabattenränder setzen und höhere mit breit ausladendem Wuchs, wie z. B. *Picea abies* 'Procumbens', an einen Terrassenhang oder als breite Solitärpflanze in den Vorgarten. Lavendel passt gut vor oder, bei weitem Stand, unter und zwischen Rosen; Heide kann für sich allein an einem sonnigen Platz und in kalkarmem Boden eine größere Fläche bedecken; Efeu breitet sich im Schatten von Rhododendren aus und hält den Boden dort unkrautfrei.

Besonders erwünscht sind natürlich immergrüne Bodendecker wie die Goldnessel (*Lamiastrum*), Efeu (*Hedera*) oder Johanniskraut (*Hypericum*). Zu warnen ist allerdings vor dem Immergrün (*Vinca*). Zwar sehen die blauen und weißen Blütenteppiche sehr ansprechend aus, zwar wächst die Pflanze in Sonne wie in Schatten, aber ihr Hang zu starker Vermehrung kann sich bald schon als lästig erweisen. Zumindest das Große Immergrün, *Vinca major*, sollte man meiden. Seine kleinere

Gerade an Schattenplätzen leisten Bodendecker gute Dienste; hier Schattengrün (Pachysandra terminalis), auch Dickmännchen oder Ysander genannt

Ausgabe, *Vinca minor,* mag noch angehen. Auch andere Ausläufer bildende sowie sich selbst aussäende Arten können mit der Zeit überhand nehmen und müssen im Zaum gehalten werden.

Bodenvorbereitung

Die Bodenbearbeitung ist schon vor der Anpflanzung bei allen flächendeckenden Gewächsen der entscheidende Punkt. Sind die Pflanzen erst einmal fest eingewurzelt und ist der Bestand dicht geworden, lässt sich kaum noch etwas korrigieren. Der Platz muss also tiefgründig gelockert und sämtliches Unkraut mitsamt Wurzelresten entfernt werden. Heidekräuter brauchen reichlich Torf im Pflanzbeet, für alle Gewächse ist eine Grunddüngung mit Horn- oder Knochenprodukten oder anderen organischen Düngern von Vorteil, weil dadurch der Humusanteil wächst. Später kann, wenn notwendig, im Frühjahr mit einem flüssigen Volldünger für Nachschub gesorgt werden. Mehr noch als in der Staudenrabatte kommt es bei den Bodendeckern also darauf an, optimale Startbedingungen zu schaffen und die Pflanzung in der Phase des Zusammenwachsens genau zu beobachten, solange Eingriffe und Korrekturen noch möglich sind. Was den Pflanzenabstand betrifft, sind hier vor allem der Faktor Zeit und, damit zusammenhängend, die zur Verfügung stehenden finanziellen Mittel maßgebend. Beides wiederum hängt von der Wuchsfreudigkeit der verwendeten Gewächse und der Größe der zu bepflanzenden Fläche ab. Wer es nicht eilig hat, wird weiter auseinander pflanzen und dadurch Geld sparen, weil die Stückzahl des Pflanzenmaterials geringer ist. Je enger man setzt, desto teurer wird die ganze Angelegenheit, desto schneller ist aber auch der Platz begrünt.

All dies gilt natürlich nur für eine Flächenpflanzung. Bei größeren Gehölzen, die lediglich dank ihrer breit ausladenden Wuchseigenschaften zur Bedeckung des Bodens verwendet werden, entfällt das Argument der großen Zahl ebenso wie die genaue Bodenvorbereitung. Sie wurden deshalb in der folgenden Pflanzenliste klein bleibender Bodendecker auch nicht berücksichtigt, ausgenommen die in allen Gartensituationen in dieser Funktion unübertroffene Zwergmispel, *Cotoneaster dammeri.*

Bei den meisten der nachfolgend aufgeführten Pflanzen handelt es sich um Stauden; einige davon werden im entsprechenden Kapitel (ab S. 334) näher vorgestellt.

Bodendecker

Verwendung

Bodenvorbereitung

Geranium sanguineum bedeckt sonnige wie halbschattige Flächen

Bodendeckende Pflanzen im Überblick

Deutscher Name	Botanischer Name	Höhe in cm	Blüten-schmuck	Pflanz-weite in cm	Immer-grün	Standort
Stachelnüsschen	*Acaena*-Arten	10	■	40	■	◐
Kriechender Günsel	*Ajuga reptans*	10		30	■	◐
Frauenmantel	*Alchemilla mollis*	30	■	40		◐
Steinkraut	*Alyssum*-Arten	25	■	40		○
Katzenpfötchen	*Antennaria dioica*	15	■	25		○
Gänsekresse	*Arabis caucasica*	15	■	20		○
Bärentraube	*Arctostaphylos uva-ursi*	25		40	■	◐
Silberraute	*Artemisia stelleriana*	30	■	45		○
Haselwurz	*Asarum europaeum*	10		20	■	●
Blaukissen	*Aubrieta*-Hybriden	10	■	30		○
Bergenie	*Bergenia*-Hybriden	35	■	40		◐—●
Kaukasusvergissmeinnicht	*Brunnera macrophylla*	40	■	40		◐—●
Heidekraut	*Calluna vulgaris*	30	■	30	■	◐
Glockenblumen, niedrige	*Campanula*-Arten	20	■	30		◐
Zwergglockenblume	*Campanula portenschlagiana*	10	■	30		◐
Hornkraut	*Cerastium tomentosum*	15		40		○
Maiglöckchen	*Convallaria majalis*	25	■	30		●
Teppichhartriegel	*Cornus canadensis*	20	■	40	■	◐

274 Stachelnüsschen, Acaena microphylla   Haselwurz, Asarum europaeum

Bodendeckende Pflanzen im Überblick (Fortsetzung)

Deutscher Name	Botanischer Name	Höhe in cm	Blüten-schmuck	Pflanz-weite in cm	Immer-grün	Standort
Teppichzwergmispel	*Cotoneaster dammeri* var. *radicans*	20		50	■	○–◐
Nelken	*Dianthus*-Arten	20	■	30		○
Indische Erdbeere	*Duchesnea indica*	10	■	40		○–◐
Elfenblumen	*Epimedium*-Arten	30	■	30		◐–●
Storchschnabel	*Geranium*-Arten	30–90	■	40		○–◐
Efeu	*Hedera helix*	30		90	■	◐–●
Sonnenröschen	*Helianthemum*-Hybriden	20	■	40		○
Funkien	*Hosta*-Arten	50	■	50		◐–●
Johanniskraut	*Hypericum calycinum*	30	■	50	■	○–●
Schleifenblume	*Iberis sempervirens*	30	■	40	■	○
Goldnessel	*Lamiastrum galeobdolon*	20	■	30	■	●
Gefleckte Taubnessel	*Lamium maculatum*	10	■	30		●
Waldmarbel	*Luzula sylvatica*	25	■	30	■	◐–●
Pfennigkraut	*Lysimachia nummularia*	5	■	20		○–◐
Schattenblume	*Maianthemum bifolium*	10	■	30		●
Katzenminze	*Nepeta x faassenii*	25	■	30		○
Gedenkemein	*Omphalodes verna*	15	■	30		◐

Bodendecker

Boden-deckende Pflanzen im Überblick

Indische Erdbeere, *Duchesnea indica*

Gefleckte Taubnessel, *Lamium maculatum*

Bodendeckende Pflanzen im Überblick (Fortsetzung)

Deutscher Name	Botanischer Name	Höhe in cm	Blüten-schmuck	Pflanz-weite in cm	Immer-grün	Standort
Waldsauerklee	*Oxalis acetosella*	15	■	20		◐–●
Schattengrün	*Pachysandra terminalis*	25	■	30	■	◐–●
Teppichphlox	*Phlox*-Arten	10	■	20		○
Schneckenknöterich	*Polygonum affine*	25	■	25		○–◐
Weißes Fingerkraut	*Potentilla alba*	20	■	20		○–◐
Braunelle	*Prunella grandiflora*	10	■	30		○–◐
Lungenkraut	*Pulmonaria*-Arten	25	■	30		◐–●
Steinbrech	*Saxifraga*-Arten	ab 3	■	20		◐
Teppichsedum	*Sedum spurium*	10	■	20		○–◐
Wollziest	*Stachys byzantina*	30	■	20		○
Beinwell	*Symphytum grandiflorum*	20	■	30		◐
Feldthymian	*Thymus serpyllum*	10	■	20	■	○
Schaumblüte	*Tiarella cordifolia*	20	■	30		●
Preiselbeere	*Vaccinium vitis-idaea*	15	■	20	■	○–◐
Ehrenpreis	*Veronica prostrata*	5	■	25		○
Kleines Immergrün	*Vinca minor*	15	■	40	■	●
Veilchen	*Viola*-Arten	15	■	25		◐–●
Golderdbeere	*Waldsteinia*-Arten	20	■	25		◐–●

Waldsauerklee, Oxalis acetosella

Duftveilchen, Viola odorata

Ziergehölze

Gehölze schaffen für jede Art von Gestaltung den nötigen Rahmen und tragen häufig selbst mit Blüten- oder Fruchtschmuck zum Farbenspiel bei

Ob man bereits bei der Planung mit der Positionierung von Gehölzen sozusagen das Gerüst des Gartens errichtet oder einer schon bestehenden Anlage einige markante Bäume und Sträucher hinzufügen möchte – schon mit diesem Entschluss ist gleichzeitig der Wandel des Gartens eingeleitet und eine schrittweise, sanfte Umgestaltung, die sich nur zum kleinen Teil lenken lässt, vorprogrammiert. Denn selbst wenn man sich vorab über die Wüchsigkeit, die spätere Höhe und Breite der ausgewählten Gehölze informiert, lässt sich der Schattenwurf nur selten genau einkalkulieren, schon gar nicht, falls es sich um eine Strauchgruppe unterschiedlicher Arten handelt. Außerdem will man ja nicht jahrelang Plätze freihalten, bis sie, von den Gehölzen überwachsen, Schattenpflanzungen prädestiniert sind.

Bäume und Sträucher sind also nicht nur mitbestimmend für das Gesamtbild des Gartens, sie übernehmen irgendwann einmal auch die Regie bei der Neugestaltung bestimmter Partien in ihrer unmittelbaren Umgebung. Dem Gärtner bleibt nichts weiter übrig, als der Situation Rechnung zu tragen und sich dem Diktat der Natur zu fügen, ein Zwang, dem sich jeder, der Freude am eigenen Garten hat, gerne beugen wird; denn ist es nicht so, dass man ohnedies ständig dabei ist umzupflanzen, neue Elemente ins Grün am Haus zu bringen, andere Akzente zu setzen, mit Pflanzen und Interieur zu modellieren? Gärtnern heißt ja auch, die eigene Phantasie zu mobilisieren, Geschautes oder Erfahrenes abgewandelt im eigenen Garten zu realisieren – Bäume und Sträucher geben lediglich die Leitlinie vor.

Mit Ziergehölzen gestalten

Es gibt nur wenige Bereiche des Ziergartens, in denen Gehölze generell fehl am Platz wären. Selbst schmale Durchgänge erhalten durch Kletterpflanzen zusätzlichen Charme, der kleine Sitzplatz durch einen Blütenbusch Geborgenheit, durch einen breitkronigen Baum Schatten, durch eine Hecke oder ein Rankgitter Sichtschutz; dasselbe gilt für den Terrassen- und Eingangsbereich, und auch im räumlich meist beengten Vorgarten können Sträucher eine grüne Kulisse bilden oder als Kleinform Auflockerung bringen. Von ausgesprochenen **Solitären,** also Pflanzen für Einzelstellung, abgesehen, die beispielsweise inmitten einer größeren Rasenfläche als unübersehbarer Blickpunkt ihren Platz finden, wird Bäumen und Sträuchern im Hausgarten schon aus räumlichen und gestalterischen Gründen meist der Randbereich zugewiesen, was noch viel mehr auf Hecken zutrifft. Hier sind die im Nachbarrecht der einzelnen Bundesländer festgelegten Grenzabstände unbedingt zu berücksichtigen. Dabei können optisch herausragende, freigestellte Charakterbäume ungewöhnlich schön aussehen und alle Blicke auf sich ziehen. Denken wir nur an den Trompetenbaum (*Catalpa bignonioides*), den Pagodenhartriegel (*Cornus controversa*), den Japanischen Angelikastrauch (*Aralia mandshurica* 'Silver Umbrella') oder die 3 m hohe und ebenso breite Strauchkastanie (*Aesculus parviflora*); sie setzen markante Akzente in jedem Garten. Der so genannte **Hausbaum,** in ländlichen Gegenden früher als mächtige Linde oder Kastanie Kennzeichen bäuerlicher Anwesen, ist in den modernen Wohnsiedlungen fehl am Platz und musste kleineren Gehölzformen weichen; ob man so eine Pflanzengestalt nun als „Hausbaum" bezeichnet, ist eine Frage der Definition und Auslegung. Weniger traditionsbewusste Gartenbesitzer werden darin einfach eine dekorative Verschönerung des Vorgartens oder Eingangsbereichs sehen.

Gehölze am Sitzplatz

Meist wird die Terrasse in ihrer verbindenden Funktion zwischen Haus und Garten als „grünes Wohnzimmer" genutzt, sodass sich ein zweiter Sitzplatz im Garten erübrigt. Das kann sich jedoch ändern, sobald lauschige Plätzchen entstehen oder gar ein Teich hinzukommt. Dann möchte man die Stimmung in unmittelbarer Nähe dieser verwunschenen Partien nicht nur im Vorbeigehen genießen, sondern an solchen Orten auch für kurze Zeit dem Trubel am Haus entfliehen, einfach mal allein sein. Um sich hier etwas abzuschirmen, gleichzeitig Blüten, Düfte, reizvoll gefärbte oder gezeichnete Blätter genießen zu können, bedarf es keiner größeren Strauchgruppen; schon ein einziges Sichtschutz gewährendes Gehölz erfüllt seinen Zweck und sorgt für Atmosphäre. Felsenbirne (*Amelanchier*), Hartriegel (*Cornus*), Schmetterlingsstrauch (*Buddleja*) oder Zierquitte (*Choenomeles*) sind nur einige Gattungen, die in ihren Arten oder Sorten neben vielen anderen an einem Gartensitzplatz angepflanzt werden können. Wenn der Gartensitzplatz vom Haus oder der Terrasse aus gut einsehbar ist, sollten bei der Gehölzauswahl auch noch andere Aspekte eine Rolle spielen. Die Partie am Sitzplatz ist ja Bestandteil des Gesamtgartenbildes, so dass man auch von daher etwas fürs Auge tun muss – nicht zuletzt

Ziergehölze für den Sichtschutz, Stauden für bunten Flor und Äpfel frisch auf den Tisch – so sitzt es sich im Sommer recht angenehm …

im Herbst, wenn man sich dort seltener aufhält. Sträucher, die zum Abschied des Gartenjahrs mit buntem Laub noch einmal aufleuchten, bestimmen dann die Szenerie, und da viele von ihnen zu anderen Zeiten auch mit Blüten nicht sparen, wäre dieser doppelte optische Reiz ein weiteres Auswahlkriterium.
An herbstlicher Leuchtkraft kaum zu überbieten sind die verschiedenen Ahornarten und -sorten in allen Variationen von Gelb, Rot und Orange, außerdem Berberitzen, Zwergmispeln, Spindelsträucher, Essigbäume, um nur einige zu nennen. Auffälliger Fruchtschmuck, wie ihn z. B. Eberesche und Schneeball zu bieten haben, erfreut nicht nur das Auge, sondern auch die Vögel, oftmals bis weit in den Winter hinein.
Wie an anderen Stellen im Garten darf man auch am Sitzplatz Bäume und Sträucher nicht gesondert von anderen Pflanzungen sehen. Im Hoch- und Spätsommer geht die Gehölzblüte deutlich zurück, sodass schon aus diesem Grund das Grün der Gehölze durch bunte Sommerblumen und Stauden ergänzt und aufgelockert werden sollte. Öfter blühende Rosen wären ebenfalls in der Lage, die Lücke im Gehölzflor zu füllen, außerdem von Juni bis August die *Spiraea-Bumalda*-Hybriden und als Klettersträucher spät blühende Clematis.

Gehölze an Haus und Terrasse

Wo hier die Grenzen liegen könnten, wurde bereits beim Thema Hausbaum angedeutet: Große, mächtige, breitkronige Baumgestalten passen nur selten in den heute räumlich eher beengten Hausgarten; außerdem sollte man bedenken, dass so ein Riese vor der Fensterfront mit zunehmendem Alter immer mehr Licht schluckt, bis man schließlich buchstäblich im Dunkeln sitzt. Andererseits ist eine gewisse Schattenwirkung, besonders am sonnigen Sitzplatz der Südterrasse, durchaus erwünscht. Außer einer die Terrasse überspannenden Pergola mit Schatten spendenden Klettergehölzen können in einigem Abstand vorgepflanzte Bäume, es dürfen auch Koniferen sein, hier Abhilfe schaffen. Der Raum darunter lässt sich mit Farnen, Schattenstauden, mit Lorbeerkirsche (Prunus laurocerasus) oder, bei entsprechender Bodenvorbereitung, auch mit Rhododendren begrünen.

Des weiteren sollte man gerade am Haus, wo man die Situation ja in der Regel ganzjährig vor Augen hat, auch an den Herbst und Winter denken, das heißt, sich die Pflanzung einiger immer- oder wintergrüner Gehölze überlegen. Neben Nadelbäumen kämen hierfür unter anderen immergrüne Berberitzen, Buchs, *Cotoneaster*-Arten, Stechpalme (*Ilex*), Lorbeerkirsche in Frage. Schließlich gibt es ungewöhnliche bis skurrile Wuchsformen, die sicher nicht jedermanns Geschmack sind, aber als Solitäre so außergewöhnlich wirken, dass der eine oder andere Gartenbesitzer Gefallen an ihnen findet, nämlich Korkenzieherhasel (*Corylus avellana* 'Contorta'), Korkenzieherrobinie (*Robinia pseudoacacia* 'Tortuosa') und Gespensterbuche (*Fagus sylvatica* 'Tortuosa').

TIPP

Teichproblemen vorbeugen
Generell sollte man darauf achten, nicht so zu pflanzen, dass der Gartenteich eines Tages in den Schattenbereich heranwachsender Bäume oder Großsträucher gerät. Man muss also bei der Standortwahl die Himmelsrichtung und die Endgröße der Gehölze berücksichtigen.
Nachteilig, doch zu tolerieren ist der herbstliche Laubfall, dem man bei kleineren Teichen durch kurzzeitiges Abdecken mit Netzen, bei größeren durch regelmäßiges Abfischen begegnen kann.

Rhododendren passen gut in die Umgebung des Gartenteichs und sorgen hier für frühsommerliche Attraktionen

Ziergehölze
Pflanzung und Pflege

Gehölze am Gartenteich

Zwar gibt es Bäume wie Erlen oder Weiden, die in der freien Natur typisch für einen Stand in Wassernähe sind, im Hausgarten jedoch wählt man nach anderen Kriterien aus. Nur wenige Gehölze wie beispielsweise Edelrosen passen nicht in die mittelbare oder unmittelbare Nachbarschaft des Gartenteichs, und auch bei ihnen kann man im Einzelfall durchaus geteilter Meinung sein. Rhododendron wiederum wird für eine gepflegte Teichanlage als Begleitgehölz allgemein empfohlen. Geradezu prädestiniert für einen Wassergarten sind die zahlreichen Sorten des Fächerahorns (*Acer palmatum*) mit ihrem lindgrünen, tiefroten oder panaschierten (gemusterten) Laub und dem ausgebreiteten Wuchs, wobei die Zweige häufig zierlich überhängen. Hinzu kommt bei einigen Sorten eine leuchtend rote oder gelbe Herbstfärbung.

Das Licht- und Schattenspiel zwischen Blättern und Zweigen, die Spiegelungen der Gehölze insbesondere während der Blütezeit im stillen Wasser, die geheimnisvollen Konturen, wenn bei Dunkelheit die Flachstrahler rings am Teich aufleuchten und Wasser- wie Randpflanzen verfremden, das leise Rascheln der Blätter, wenn der Abendwind durch sie hindurchfährt – Gehölze spielen bei alledem ihren unverwechselbaren Part und gehören schon deshalb dazu. Ganz abgesehen davon, dass sich im liegen gelassenen Laub ein quirliges Bodenleben entfaltet, das wiederum Vögel anlockt; ein dichtes Blätterdach gewährt ihnen Schutz und Nistmöglichkeiten.

Pflanzung und Pflege

Richtigen Standort und zusagende Bodenverhältnisse vorausgesetzt, hat man mit Ziergehölzen meist weniger Arbeit als z. B. mit Stauden, die auszuputzen, zu teilen und zurückzuschneiden sind, oder mit Sommerblumen, die man jedes Jahr neu aussäen, heranziehen und pflanzen muss. Verglichen damit sind Ziergehölze nach der Pflanzung fast

Pflanztermine im Überblick

Gehölzgruppe	Pflanzware	Jahreszeit
Laubabwerfende Bäume und Sträucher	im Container	ganzjährig
Laubabwerfende Bäume und Sträucher	mit nackten Wurzeln, mit Ballen	Herbst, zeitiges Frühjahr
Immergrüne Laub- und Nadelgehölze	im Container, mit Ballen	Spätsommer, Frühherbst

„Selbstläufer". Auch Krankheiten und Schädlinge, wie sie bei den Obstgehölzen leider an der Tagesordnung sind, treten hier, von Nadelbäumen abgesehen, kaum oder in meist vernachlässigbaren Größenordnungen auf. Ganz ohne Pflege geht es freilich auch bei den Bäumen und Sträuchern des Ziergartens nicht.
Das beginnt bereits bei der Pflanzung, denn Fehler, die hier gemacht werden, können die ganze Weiterentwicklung des Gehölzes negativ beeinflussen.

Pflanzzeit

Obgleich sich der Herbst als „klassische" Pflanzzeit für alle laubabwerfenden Gehölze eingebürgert hat, ist eine Pflanzung im zeitigen Frühjahr bei abgetrocknetem und erwärmtem Boden ebenso gut möglich, bei kälteempfindlichen Arten sogar empfehlenswerter. Bäume und Sträucher, die im Container (Kunststofftopf oder -hülle) angeboten werden, lassen sich das ganze Jahr über in den Boden bringen; sie haben den Vorteil, dass man sich die Ware in belaubtem oder sogar blühendem Zustand anschauen und auswählen kann und genau weiß, was man kauft. Immergrüne Laub- und Nadelgehölze sind ausschließlich mit Ballen oder im Container erhältlich. Der Grund: Da sie auch im Winter über ihr Laub Wasser verdunsten, benötigen sie möglichst viele und intakte Saugwurzeln, um den Verlust wieder auszugleichen. Damit sie noch vor den ersten Frösten gut anwachsen, sollten Immergrüne deshalb schon im Spätsommer oder Frühherbst gepflanzt werden. Ganz anders verhält es sich bei den anderen Holzgewächsen. Als Pflanzzeit steht für sie nur die kurze Spanne der Vegetationsruhe zwischen Herbst und Frühjahr zur Verfügung, in der die Lebensabläufe stark reduziert sind, sodass ein Verpflanzen meist ohne größere Schwierigkeiten überstanden wird. Ein milder Herbst bietet dann zusätzlich den Vorteil, dass noch vor Frosteintritt Saugwurzeln gebildet werden, die den Austrieb im Frühjahr mit allem Nötigen versorgen. Da sich die Baumschulen auf eine Herbstpflanzung eingestellt haben, ist das Angebot um diese Zeit am reichhaltigsten.

Einkauf

Wer per Katalog über den Versandhandel kauft, hat keine Möglichkeit, die Ware vorher in Augenschein zu nehmen und die Qualität zu prüfen. Die prächtigen Farbabbildungen informieren allenfalls über den Endzustand der Pflanze, sind zudem meist geschönt und zeigen nur optimal gepflegte Top-Exemplare. Das ist durchaus legitim, sagt jedoch nichts über die Güte der bestellten Ware aus. Der Kunde muss sich also bei Käufen dieser Art auf das Qualitätsbewusstsein des jeweiligen Versenders verlassen.
Beim Kauf in einer Markenbaumschule kann man im Allgemeinen sicher sein, qualitativ einwandfreie, gesunde und sortenechte Pflanzen zu erhalten, die den strengen, bis ins Detail festgelegten Gütebestimmungen berufsständiger Interessengemeinschaften (in Deutschland z. B. BdB = Bund deutscher Baumschulen) entsprechen. Natürlich hat Qualitätsware ihren Preis. Da jedoch Bäume und Sträucher über Jahre oder Jahrzehnte hinweg das Bild des Gartens mitbestimmen und eigentlich mit zunehmendem Alter immer schöner werden, sollte man an Investitionen dieser Art nicht sparen.

Bodenvorbereitung

Die meisten Gehölze gedeihen in jedem guten, humosen, lockeren Gartenboden; eine Ausnahme machen Kalk liebende Alpine des Steingartens und andererseits kalkunverträgliche Heidekrautgewächse wie Rhododendren. In der Regel kann also ohne größere Vorbereitungen und Eingriffe gleich nach dem Kauf bzw. dem Erhalt der Bäume oder Sträucher gepflanzt werden. Wichtig ist, dass man unter Berücksichtigung der Endgröße den richtigen Abstand zu anderen Pflanzungen oder Baulichkeiten wahrt und die Bestimmungen des Nachbarrechts beachtet. Über Letztere erhält man in der Regel beim Ordnungsamt oder bei der Gemeindeverwaltung Auskunft.
Auf Neubaugrundstücken mit häufig stark verdichtetem Erdreich sowie bei sehr sandigen, leichten oder ausgesprochen tonig-schweren Böden wird man allerdings um eine großräumige Bodenbearbeitung der Pflanzstelle kaum herumkommen.

Ziergehölze

Pflanzung und Pflege

Gehölzpflanzen im Container können nahezu das ganze Jahr über gepflanzt werden

Dabei geht es nicht nur um eine langfristige Verbesserung der unzulänglichen Krümelstruktur, sondern bei schweren Böden vor allem um eine Auflockerung, damit Wasser abfließen kann und keine Staunässe entsteht.

Sofern es sich nicht um extreme Verdichtungen handelt und genügend Zeit bis zur Pflanzung zur Verfügung steht, ist die Einsaat von Gründüngungspflanzen (siehe S. 81) ein bewährtes Mittel, das Erdreich nachhaltig zu lockern, Nährstoffe zuzuführen und das Bodenleben zu aktivieren. Allerdings wird man seinen Boden auch in der Folgezeit durch regelmäßige Zufuhr Humus bildender Stoffe, wie Kompost oder verrotteter Stallmist, sowie durch Mulchen der Baumscheibe pflegen müssen. Wo eine Gründüngung nicht möglich ist oder wegen sehr schlechter Bodenverhältnisse als nicht ausreichend erscheint, kann man auf andere Methoden der Strukturverbesserung zurückgreifen.

An erster Stelle steht hier wiederum die Einarbeitung von Kompost, während frischer Stallmist für diesen Zweck nicht geeignet ist. Von Torf sollte mit Rücksicht auf unsere durch Abbau gefährdeten Moore abgesehen werden, ersatzweise haben sich jedoch Rindenhumus und als Material für die Bodenbedeckung Rindenmulch bewährt. Auch das Humuskonzentrat „Humobil" ist als Zuschlagstoff zur Pflanzerde geeignet, weil es zur Aktivierung der Kleinstlebewesen des Bodens beiträgt und dadurch die Fruchtbarkeit der Krume erhöht. Schwere, bindige, tonhaltige Böden können und sollten durch Zugabe von Sand aufgelockert werden.

Pflanzung

Unballierte Gehölze mit nackten Wurzeln sollten vor dem Pflanzen einige Stunden in Behälter mit Wasser gestellt werden, um die unterirdischen Organe gut anzufeuchten. Ware, die nicht sofort in den Boden gelangt, kann man im Garten einschlagen, das heißt, die Wurzeln werden mit Erde bedeckt; so halten sie es lange Zeit, bei Spätherbstlieferung oder -kauf sogar den ganzen Winter über aus. Wichtig dabei ist, dass der Boden nicht austrocknet, man wird also kontrollieren und bei Bedarf wässern müssen.

Die **Pflanzgrube** wird so breit und tief ausgehoben, dass die Wurzeln bequem hineinpassen, ohne an die Wandungen zu stoßen und abzuknicken. Zusätzlich ist die Bodensohle mit dem Spaten aufzulockern. Die Pflanztiefe entspricht der in der

Baumschule, besser setzt man etwas höher, weil das Gehölz im lockeren Boden meist noch geringfügig absinkt. Rosen werden dagegen so tief gepflanzt, dass die Veredelungsstelle etwa zwei Fingerbreit unter Bodenniveau zu liegen kommt.
Der **Pflanzschnitt** beschränkt sich auf das Entfernen beschädigter oder vertrockneter, auch überlanger Wurzelstränge bis ins gesunde Holz. Fallen sehr viele Wurzeln dem Schnitt zum Opfer, muss man die Triebe ebenfalls um ungefähr ein Drittel kürzen, damit das Gleichgewicht zwischen den Pflanzenorganen wieder hergestellt wird. Schwache, verkümmerte Seitentriebe sind bis auf wenige Augen zurückzunehmen. Sommerblüher wie Bartblume, Hortensie, Johanniskraut und Buddleja schneidet man bis auf kurze Triebstummel zurück. In der Baumschule werden diese Maßnahmen häufig bereits vom Fachpersonal vorgenommen. Bei Ballen- oder Containerware entfällt natürlich jeglicher Schnitt. Das Ballentuch wird nicht entfernt, sondern nur am Wurzelhals gelöst. Die Pflanzgrube befüllt man nach **Einsetzen des Gehölzes** mit nährstoffreicher, feinkrümeliger Erde. Bei Bedarf setzt man als Füllmaterial noch reifen Kompost oder Rindenhumus zu, um der Pflanze optimale Startbedingungen zu verschaffen. Damit keine Hohlräume entstehen, wird das Gehölz beim Einfüllen des Pflanzsubstrats immer wieder leicht gerüttelt. Nach dem Festtreten der Erde wird gründlich eingeschlämmt, am besten mit dem Schlauch, aus dem man das Wasser herausrieseln lässt. Eine Abdeckung des Wurzelbereichs mit Rindenmulch, Grasschnitt oder Kompost beendet den Pflanzvorgang und hilft die Bodenfeuchte zu bewahren.

Falls ein **Stützpfahl** erforderlich ist, z. B. bei höheren Stämmchen, wird er bereits vor der Pflanzung senkrecht in den Bodengrund getrieben, bei Ballenware dagegen erst nach dem Setzen, und zwar schräg zum Stamm, damit es keine Wurzelverletzungen gibt.

Düngung
Frisch gepflanzte Gehölze sollten im ersten Vegetationsjahr überhaupt keinen Dünger erhalten, weil die in der Pflanzerde enthaltenen Nährstoffe ausreichen. Mineralische Düngesalze würden zu Verätzungen der noch zarten Faserwurzeln führen. Ob in der Folgezeit Düngergaben organischer oder mineralischer Art notwendig sind, muss man vor Ort entscheiden; sofern die Baumscheibe regelmäßig mit verrottendem Material, am besten mit Kompost, bedeckt wird, kann man im Hausgarten bei Bäumen und Sträuchern auf zusätzliche Nährstoffgaben in der Regel verzichten.
Eine Ausnahme machen wüchsige Klettergehölze wie Glyzine *(Wisteria)*, Schlingknöterich *(Fallopia aubertii)* oder Baumwürger *(Celastrus orbiculatus)*, die ihren Bedarf durch ein Aufhellen der grünen Blätter oder durch Laubfall anzeigen. Hier schafft ein chloridfreier, blauer Volldünger Abhilfe; davon streut man am besten im März bzw. April 50 g/m² aus und wässert ihn gut ein. Nach Ende Juni dürfen keine stickstoffreichen Mineraldünger mehr gegeben werden, weil das Wachstum dadurch so stark angeregt wird, dass das Holz vor dem Winter nicht mehr vollständig ausreifen kann.
Die Notwendigkeit einer Düngung hängt auch von den Bodenverhältnissen ab. Aus sehr leichtem, sandi-

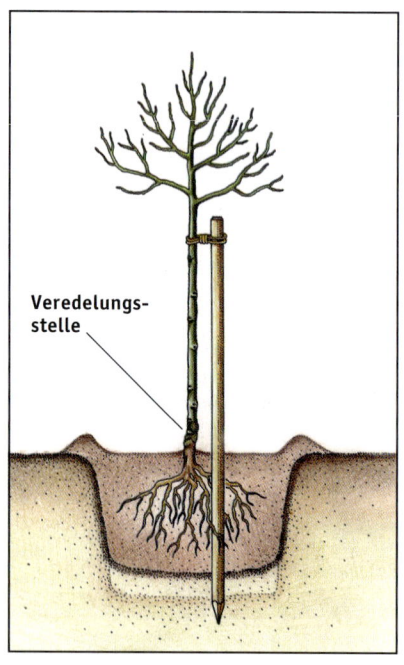

Die Pflanzgrube muss unbedingt genug Platz für die Wurzeln bieten; die Pflanztiefe sollte – nach dem Absetzen der Erde – dem vorherigen Stand in der Baumschule entsprechen

Für die Versorgung mit Mulch und Kompost ist eine Baumscheibe, also eine freie Fläche um das Gehölz, günstig

gem, humusarmem Erdreich werden die Nährstoffe eher ausgespült, sodass man hier eventuell öfter für Nachschub sorgen muss.
Wenn sich bei Koniferen die Spitzen der Nadeln bräunlich bis gelblich verfärben, muss das kein Alarmsignal für Schädlings- oder Krankheitsbefall sein. Es handelt sich häufig um erste Anzeichen von **Magnesiummangel**, der sich durch Spezialpräparate relativ problemlos beseitigen lässt. Bei akuten Symptomen dieser Art hilft das schnell wasserlösliche Bittersalz, von dem man 4 g/l Wasser spritzt. Eine langsam und lange Zeit wirkende Magnesiumdüngung mit Kieserit hat sich als vorbeugende Maßnahme gegen Mangelerscheinungen in der Praxis bewährt und sollte am besten alle 1 oder 2 Jahre durchgeführt werden. Beide Düngemittel sind im Gartenfachhandel erhältlich.

Bewässerung

Ältere, gut eingewurzelte Gehölze brauchen selbst in längeren Trockenperioden nur auf sehr durchlässigen Böden gelegentliche Wassergaben. Anders verhält es sich mit erst kürzlich gepflanzten, noch nicht richtig angewachsenen Bäumen und Sträuchern, die im Sommer öfter bewässert werden müssen. Wie schon bei der Pflanzung beschrieben, bedient man sich dafür am besten des Gartenschlauchs, den man auf die Baumscheibe legt und so sanft rieseln lässt, dass eine Verschlämmung des Bodens vermieden wird. Wichtig ist eine durchdringende, bis an die Wurzeln reichende Durchfeuchtung. Immergrüne Laub- und Nadelgehölze müssen vor Frosteintritt noch einmal gründlich und nachhaltig gewässert werden, da sie über ihr Laub auch im Winter Feuchtigkeit verdunsten.

Winterschutz

Weil die Mehrzahl der aus milderen Klimagebieten stammenden, besonders attraktiven Pflanzen bei uns nicht winterhart ist, werden sie im Kübel kultiviert und im Herbst in einen frostsicheren Raum gebracht. Die meisten der in Baumschulen angebotenen Ziergehölze sind dagegen winterhart, was jedoch nicht bedeutet, dass sie sämtlichen ungünstigen Witterungsfaktoren oder extremer Kälte schadlos widerstehen. Vor allem Jungpflanzen reagieren teilweise noch sehr empfindlich, während sie ausgewachsen unproblematisch sind. Es hat deshalb etwas für sich, in Baumschulen vor Ort zu kaufen, weil man dort ziemlich genau weiß, was in der Gegend gedeiht und wann Winterschutz nötig wird.
Vorsorge vor eventuellen Schäden kann schon bei der **Standortwahl** getroffen werden, bei der das Kleinklima im Garten Berücksichtigung finden muss. Bei Immergrünen sollte man offene, dem Wind und der Wintersonne ausgesetzte Plätze vermeiden; denn Wind und Sonne fördern die Verdunstung, sodass die Gewächse Gefahr laufen, in der kalten Jahreszeit zu vertrocknen, wenn das Bodenwasser gefroren ist. Der

Wüchsige Kletterer wie die Glyzine haben einen etwas höheren Nährstoffbedarf als die meisten anderen Gehölze

Ziergehölze
Pflanzung und Pflege

Fachmann bezeichnet diese Schäden als **Frosttrocknis**. Insbesondere Jungpflanzen bewahrt man durch Schattierung vor solchen Erscheinungen, indem die Gehölze an der Südseite mit Sackleinen, Jute oder einem anderen durchlässigen Material eingehüllt oder durch vorgehängte Fichtenzweige vor Austrocknung geschützt werden.

Bei den sommerblühenden Sträuchern wie Säckelblume (*Ceanothus*), Bartblume (*Caryopteris*) oder Sommerflieder (*Buddleja*), die am einjährigen Holz blühen, schadet ein Zurückfrieren der oberirdischen Teile nichts, sie treiben in der Regel neu aus, nachdem das alte Holz im Frühjahr zurückgeschnitten wurde. Der Wurzelbereich lässt sich im Bedarfsfall durch eine **Laubaufschüttung** schützen. Auf keinen Fall dürfen zum Einhüllen der oberirdischen Pflanzenteile Folien oder ähnlich luftundurchlässige Materialien verwendet werden; sie führen bei Sonneneinstrahlung zu einem Hitzestau und fördern im Frühjahr einen zeitigen Austrieb, der nachfolgender Kälte zum Opfer fällt. Wie man bei Rosen und Rhododendren Vorsorge für den Winter trifft, steht bei den entsprechenden Pflanzenbeschreibungen (S. 322 bzw. S. 311).

Gehölzschnitt

Der meist schon in der Baumschule vorgenommene Pflanzschnitt wurde bereits beschrieben; er dient dem besseren Anwachsen und der Gesunderhaltung der Junggehölze. Die weiteren Schnittmaßnahmen werden unter den Begriffen Aufbauschnitt, Erhaltungsschnitt und Verjüngungsschnitt zusammengefasst. Abgesehen von den Hecken ist das Schneiden bei Ziergehölzen längst nicht so wichtig wie bei den Obstbäumen und -sträuchern, wo es auf den Ertrag ankommt. Es sollen keine rigorosen Eingriffe vorgenommen werden, die den Gehölzen nichts nützen, sondern nur ihren natürlichen Habitus verfälschen würden; der Schnitt ist vielmehr als korrigierende und unterstützende, die Blüte fördernde und eventuell Krankheiten abwehrende Maßnahme anzusehen.

Zu wenig, möglicherweise sogar gar nicht zu schneiden ist in jedem Fall besser als aufs Geratewohl und zu viel an Ästen und Zweigen herumzuschnippeln. Das gilt insbesondere für alle **Bäume**; diese werden in der Regel ebenso wenig geschnitten wie **immergrüne Laub- und Nadelgehölze**. Dass man allerdings erfrorene, abgestorbene, verletzte oder kranke Partien entfernt, versteht sich von selbst. **Rhododendren**, die bereits verkahlen, vertragen nach der Blüte einen Schnitt ins alte Holz, mit dem der Neuaustrieb angeregt werden soll.

Wann und wie schneiden?

Wie bei Obstgehölzen fällt auch bei den meisten Ziersträuchern der Schnitt in die Zeit der Vegetationsruhe; zweckmäßig ist es, im zeitigen Frühjahr zu Schere oder Säge zu greifen, wenn die strengsten Fröste vorbei sind und der Austrieb noch nicht begonnen hat.

Eine Ausnahme machen alle **im Frühjahr blühenden Arten**, die ihre Knospen bereits im Vorjahr angelegt haben. Hier wartet man den Flor ab, um mit dem Entfernen von Trieben nicht auch zugleich die künftigen Blüten mit wegzunehmen. Hierzu gehören unter anderen Flieder und Forsythien, Deutzien und frühblühende Spiersträucher, Blutjohannisbeere (*Ribes sanguineum*) und Kornelkirsche (*Cornus mas*).

Die Grundlagen der **Schnitttechnik** bei Obstgehölzen, wie sie ab S. 230 beschrieben sind, gelten ebenso für Ziergehölze.

Hier sei nochmals betont, dass scharfe Scheren, Sägen und Messer unerlässlich sind, um einen sauberen Schnitt zu erzielen und die Voraussetzung für eine schnelle Wundverheilung zu schaffen. Ein Wundverschlussmittel wie Baumwachs o. Ä. sollte man auch beim Schnitt von Ziergehölzen bereithalten, um größere Wunden vor Infektionen zu schützen. Sollte es bei Zierbäumen einmal nötig werden, einen stärkeren Ast zu entfernen, empfiehlt sich das etappenweise Vorgehen, wie auf S. 231 dargestellt, um Astbruch sowie das Abreißen der Rinde am Stamm zu vermeiden.

Eine Laubaufschüttung kann über Winter den empfindlichen Wurzelbereich schützen

Rechts: Frühblüher wie der Flieder sind mit dem Schnitt bereits im Sommer, nach Beendigung des Flors, dran

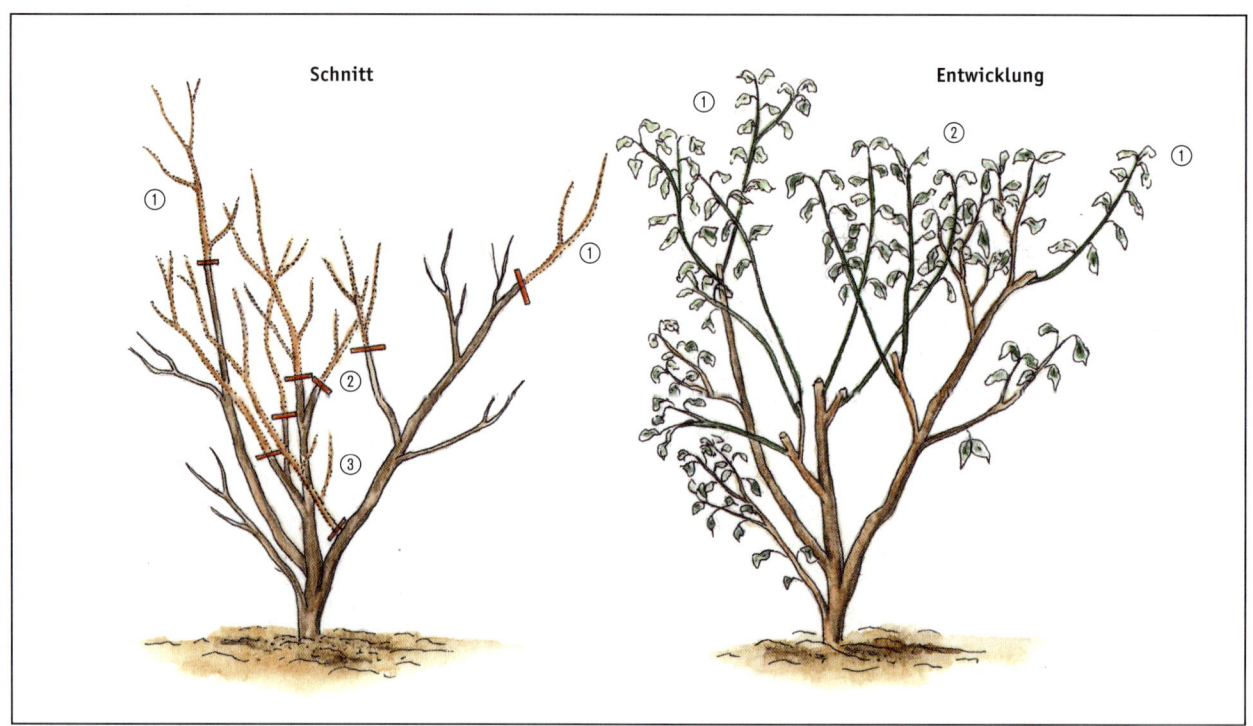

Aufbauschnitt: ① Schwacher Rückschnitt bei kräftigen, langen Trieben bewirkt schwachen Zuwachs. ② Starker Rückschnitt bei schwächeren Trieben bewirkt starken Zuwachs. ③ Bei zu dicht stehenden, sich überkreuzenden und nach innen wachsenden Trieben wird ausgelichtet

Aufbauschnitt

Er dient vor allem dazu, die Sträucher auf dem Weg zu ihrer späteren Wuchsform zu unterstützen, den arteigenen Habitus zu fördern. Das wird erreicht, indem man im zeitigen Frühjahr alle abgeknickten, unnatürlich platzierten, erfrorenen oder sichtbar zu dicht stehenden, nach innen wachsenden oder sich überkreuzenden Triebe herausschneidet. Solche Triebe werden direkt an ihrer Entstehungsstelle weggeschnitten.

Überlange Zweige können auf das Maß der übrigen zurückgenommen, schwache stärker eingekürzt werden als wüchsige. Dabei folgt man einer Grundregel jeden Schnitts: Je rigoroser der Eingriff, desto stärker der Neuaustrieb. Denn die Pflanzen sind bemüht, das Verlorene so schnell wie möglich zu ersetzen.

Erhaltungsschnitt

Da auch Gehölze mit zunehmendem Alter „vergreisen", das heißt die Blüte an überalterten Zweigen zurückgeht, ist es wichtig, durch Schnitt für einen Neuaustrieb zu sorgen.

Das betrifft in erster Linie Gehölze, die ihre **Triebe aus der Basis,** also direkt am Boden bilden. Hier schneidet man alle paar Jahre einen Teil der alten Äste bis auf kurze Stummel zurück, damit das neue Holz Platz zum Sprießen, Wachsen und Verzweigen erhält. Im Zweifelsfall sollte man diese Maßnahme lieber öfter durchführen, als in einem Durchgang radikal auszulichten, damit die Wuchsform erhalten bleibt und der Strauch seine Schönheit nicht einbüßt. In diese Gruppe gehören sommergrüne Berberitzen (*Berberis*), Hasel, (*Corylus*), Deutzien (*Deutzia*), sommergrüne Spindelsträucher (*Euonymus*), Forsythien (*Forsythia*), Kerrien (*Kerria japonica*), Pfeifensträucher (*Philadelphus*), Weigelien (*Weigela*).

Sträucher und Halbsträucher, die im Sommer und Herbst **an einjährigen Trieben end- oder achselständig blühen,** schneidet man im Frühjahr bis dicht über den Boden zurück, damit sie neu austreiben und in Flor kommen. Hierzu gehören z. B. Sommerflieder (*Buddleja davidii*), Säckelblume (*Ceanothus*), Hibiscus, Johanniskraut (*Hypericum*) und Spierstrauch (*Spiraea-Bumalda-*Hybriden).

Sträucher oder strauchartige Bäume, die **keine Bodentriebe** bilden, sondern sich erst im oberen Bereich zu verzweigen beginnen, also ziemlich locker und aufrecht wachsen, werden nur bei Bedarf von abgestorbenen

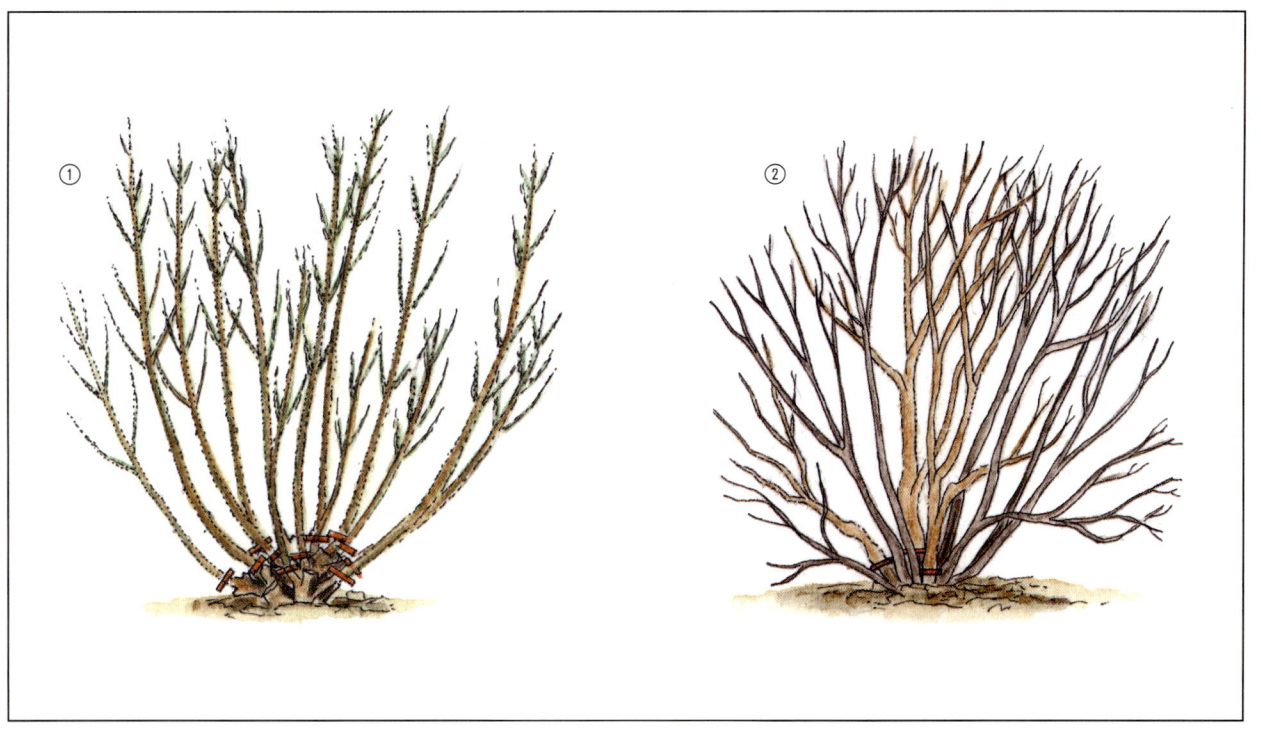

Erhaltungsschnitt: ① Bei den meisten Sträuchern mit Bodentrieben genügt es, wenn man alle paar Jahre einige ältere Triebe entfernt, z. B. bei Forsythie und Deutzie. ② Sträucher, die an den jeweils neugebildeten, also einjährigen Trieben blühen, werden im Frühjahr bis dicht über den Boden zurückgeschnitten, z. B. Sommerflieder (Buddleja davidii), Säckelblume, Hortensie

oder deformierten Ästen und Zweigen befreit, ansonsten jedoch nicht geschnitten. Das trifft unter anderem zu auf die Ahorne *(Acer)*, Aralien *(Aralia)*, Hartriegelarten *(Cornus)* Perückenstrauch *(Cotinus)*, sommergrüne Stechpalmen *(Ilex)* und Essigbäume *(Rhus)*.

Klettergehölze werden in der Regel nur ausgelichtet oder, wie Wilder Wein *(Parthenocissus)*, Schlingknöterich *(Fallopia aubertii)*, Efeu *(Hedera helix)*, Baumwürger *(Celastrus)*, Geißblatt *(Lonicera)*, je nach Bedarf mehr oder weniger stark zurückgeschnitten. Waldreben *(Clematis)* sind durchaus schnittverträglich, wobei man wie bei anderen Ziergehölzen verfährt: Frühjahrsblüher können nach dem Flor unter Schonung des alten Holzes behutsam ausgelichtet, Sommerblüher im Frühjahr kräftig eingekürzt werden. Beim Blauregen *(Wisteria)* ist es wichtig, dass die Kurztriebe als Blütenholz erhalten bleiben.

Verjüngungsschnitt
Es handelt sich hierbei um eine durchgreifende Maßnahme, die man bei geschädigten, wegen fehlenden Schnitts rundum überalterten oder auch stark vom Frost mitgenommenen Sträuchern mit an der Basis entspringenden Trieben durchführen kann. Dabei werden die Äste und Zweige auf etwa 30–40 cm Länge zurückgeschnitten, mit dem Ziel, dass das Gehölz sich danach wieder selbst aufbaut. **Sommerblüher** unterzieht man dieser Radikalkur im zeitigen Frühjahr, **Frühjahrsblüher** nach dem Flor.

Verjüngungsschnitt: Überalterte oder stark beschädigte Sträucher nimmt man stark zurück. Mit dem Neuaustrieb verfährt man danach wie beim Aufbauschnitt

1) Japanischer Ahorn, Acer japonicum 'Aconitifolium'
2) Fächerahorn, Acer palmatum
3) Strauchkastanie, Aesculus parviflora
4) Kupferfelsenbirne, Amelanchier lamarckii
5) Aralie, Aralia mandshurica
6) Thunbergs Berberitze, Berberis thunbergii

Laubabwerfende Gehölze

Im Gegensatz zu den Immergrünen auch als **sommergrün** bezeichnet, umfasst diese Gruppe eine Vielzahl von Gehölzen mit herrlichen Blüten oder attraktiver Blattfärbung, was für den Verlust des Laubs zum Winter hin voll entschädigt. Zu den laubabwerfenden Gehölzen zählen auch einige der in den nachfolgenden Kapiteln vorgestellten Pflanzen, so die Wildgehölze, die Mehrzahl der Kletterpflanzen, die Rosen und die sommergrünen *Rhododendron*-Hybriden.

Acer
Ahorn

Der meist breitkronige, häufig mehrstämmige **Feuerahorn** *(A. ginnala)* wird selten höher als 6 m, bleibt häufig sogar darunter und hat wegen seiner Anspruchslosigkeit einen festen Platz in den Gärten gefunden. Besonders auffällig ist die leuchtend rote bis gelbe Herbstfärbung, die das glänzende Grün der Sommerbelaubung ablöst.

Mit seiner zimtroten Rinde, die sich in Streifen aufrollt, ist der **Zimtahorn** *(A. griseum)* eine Besonderheit unter den Ahornen. Sehr schön wirkt auch die purpurrote Herbstfärbung. Da der Baum langsam wächst, eignet er sich bei entsprechender Einkalkulierung der Endgröße von 6–8 m auch für den kleinen Garten.

Tief eingeschnittene, sieben- bis elflappige Blätter, die sich im Herbst hochrot färben, zeichnen den **Japanischen Ahorn** *(A. japonicum)*, einen bei uns meist nur 5 m hohen Baum, aus. Kleiner und schöner mit noch feiner eingeschnittenem Laub ist die Gartenform 'Aconitifolium'.

Ziergehölze

Laubabwerfende Gehölze

Beim **Eschenahorn** (*A. negundo*) sind es die Sorten mit panaschierten Blättern, denen man im Garten den Vorzug geben sollte. Sie wachsen außerdem nicht so stark wie die bis zu 15 m hohe Art. Die Blätter sind drei- bis fünfzählig gefiedert und hängen leicht über. 'Aureomarginatum' hat gelb gefleckte, 'Flamingo' weiß gerandete und betupfte Blätter, bei 'Variegatum' ist das Laub wegen der breiten, unregelmäßigen weißen Ränder besonders auffällig. *A. negundo* sollte anders als die übrigen Ahornarten möglichst sonnig stehen. Rein grünblättrige Zweige, die sich bei den bunten Formen immer wieder dazwischenschieben, können weggeschnitten werden.

Der **Fächerahorn** (*A. palmatum*) ist eine langsam wachsende Kostbarkeit unter den Gehölzen und wünscht einen guten, humosen, durchlässigen und eher sauren Boden sowie leicht beschattete Standorte. Es gibt aufrecht wachsende, bei uns selten über 4 m hoch werdende Fächerahorne sowie die besonders reizvollen, teilweise fast zwergigen Gartenformen mit flach ausgebreitetem Astwerk, die beispielsweise dem Teichrand einen unverwechselbaren Zauber verleihen.

Die Sträucher sind je nach Sorte rotlaubig mit ebenfalls roten Zweigen oder zeigen ein zartes Lindgrün, wobei diese Farben besonders eindrucksvoll zur Geltung kommen, wenn man zwei oder mehrere Sorten nebeneinander setzt; die vielappigen, tief geschlitzten und fast filigran wirkenden Blätter haben unter den Ziergehölzen nichts Vergleichbares. Häufig zeigt auch der Austrieb verschiedene Rot- oder Rosatöne, während die Ahorne im Herbst flammend gelb, orange oder rot aufleuchten. Obwohl es eine fast unübersehbar große Anzahl von Sorten gibt, werden bei uns nur einige wenige angeboten, die aber ausreichen, um alle Ansprüche an Laubfärbung und Wuchsform zu erfüllen: 'Atropurpureum', aufrecht wachsend, 6–8 m hoch, rotblättrig; 'Aureum', 3 m, buschig, goldgelbe Blätter; 'Dissectum', 3 m, ausgebreitete Äste mit graziös überhängenden Zweigen, filigran geschnittene Blätter grün, im Herbst gelborange; 'Dissectum Garnet', 2 m, rotlaubig.

Aesculus parviflora
Strauchkastanie

Bis 3 m hoch und durch zahlreiche Ausläufer mehrere Meter breit wird dieser nordamerikanische Busch. Seine großen, bis 20 cm langen, fünf- bis siebenteiligen typischen Kastanienblätter sind recht ansprechend. Besonders eindrucksvoll präsentieren sich die im Juli erscheinenden, bis zu 30 cm langen, rosaweißen Blütenrispen mit herausstehenden, purpurnen Staubbeuteln. Als Waldpflanze braucht die Strauchkastanie einen lockeren, humosen Boden, im Garten verlangt sie nach Einzelstellung in gut einsehbarer Position.

Amelanchier
Felsenbirne

Vor allem zwei Arten haben als anspruchslose, im April/Mai reich blühende Gehölze mit goldgelber bis orangeroter Herbstfärbung hohen Gartenwert. *A. laevis*, die **Kahle Felsenbirne**, und *A. lamarckii*, die **Kupferfelsenbirne**. Bei beiden sind die ausgetriebenen jungen Blätter kupferrot, die Blüten erscheinen in weißen Trauben. Die purpurroten bis blauschwarzen, etwa kirschkerngroßen Früchte beider Arten sind essbar. Es handelt sich um 5–10 m hohe, buschig wachsende Großsträucher, die in jedem Gartenboden in sonniger wie halbschattiger Lage gedeihen.

Aralia mandshurica
Aralie

Diese Art wird häufig noch unter ihrer alten Bezeichnung *A. elata* angeboten und fällt durch die mächtigen, bis 1 m langen, doppelt gefiederten Blätter auf. Der bis zu 5 m hohe Strauch mit stark bestachelten Trieben öffnet von August bis Oktober cremeweiße, rispige Blütendolden. 'Variegata' ist eine beliebte Sorte mit unterschiedlich breiten, weißen Blatträndern; bei 'Aureovariegata' sind die Ränder gelb.

Berberis
Berberitze

B. x *ottawensis* 'Superba' ist ein wunderschöner, bis 4 m hoher Solitärstrauch mit rotbraunen, silbrig überhauchten Blättern und gelben Blüten an bogig überhängenden Zweigen. Die attraktive Hybride belebt auch eine Gruppenpflanzung grünlaubiger Gehölze durch ihr dunkles Laub, das allerdings an einem Schattenplatz vergrünen kann.

Kleine, bis 2 m hohe, häufig auch zwergige, dicht verzweigte Sträucher mit grüner oder bei den Sorten auch purpurroter Belaubung bietet **Thunbergs Berberitze** (*B. thunbergii*). Die Art nimmt im Herbst eine rote bis orangefarbene Färbung an und schmückt sich mit leuchtend roten Früchten. Ihre Sorte 'Pink Queen' hat rosafarbene, im Herbst karminrote Blätter.

1

2

3

4

5

6

7

8

1) Strauchbirke, **Betula humilis**
2) Sommerflieder, **Buddleja davidii**
3) Schönfrucht, **Callicarpa bodinieri**
4) Bartblume, **Caryopteris x clandonensis**
5) Trompetenbaum, **Catalpa bignonioides**
6) Säckelblume, **Ceanothus x delilianus**
7) Zierquitte, **Choenomeles japonica**
8) Blasenstrauch, **Colutea arborescens**

Betula
Birke

Birken gehören mit ihrer meist weißen Rinde, dem schlanken, grazilen Wuchs und dem zartgrünen Blattaustrieb zu den reizvollsten, in vielem auch schönsten Bäumen. Leider sind sie mit 15–20 m Höhe zumindest für den kleinen Garten weniger geeignet.
Ausnahmen machen allerdings die 5 bzw. 2 m hohen **Strauchbirken** *B.* x *fennica* und *B. humilis* sowie die gerade 1 m hohe **Zwergbirke**, *B. nana*. Die **Weißrindige Himalajabirke**, *B. jaquemontii*, deren Reiz in blendend weißer, sich in Fetzen ablösender Rinde schon an jungen Exemplaren besteht, wird mit 15 m bereits wieder recht groß. Eine Gartenform der **Sandbirke**, *B. pendula* 'Dalecarlica', begnügt sich mit 10 m Höhe und wirkt durch die geschlitzten Blätter an überhängenden Zweigen besonders apart.

Buddleja
Sommerflieder

4 m Breite und Höhe muss man bei ausgewachsenen Sträuchern der starkwüchsigen *B. alternifolia* schon veranschlagen und den sonnigen Standort entsprechend großzügig wählen. Dafür dankt sie im Juni mit zahlreichen purpurlila Blüten entlang der peitschenförmig überhängenden Zweige. Ältere Äste sollten immer wieder herausgeschnitten werden, damit sich junge Blütentriebe entwickeln können.
Im Gegensatz zur vorher Genannten sind bei *B. davidii* die 2–4 m langen Triebe gerade aufgerichtet und tragen im Juli/August endständige, bis zu 20 cm lange Blütenrispen, die von Faltern förmlich belagert werden.

Da *B. davidii* am jungen Holz blüht, schneidet man die abgeblühten Triebe im zeitigen Frühjahr stark zurück. Diese Art will ebenfalls sonnig stehen und ist recht trockenheitsverträglich. Es gibt eine Reihe von Sorten mit blauen, violetten, purpur- und rosaroten sowie weißen Blüten.

Callicarpa bodinieri var. giraldii
Schönfrucht ○–◐

Der in China beheimatete, höchstens 2 m hohe Strauch ist vor allem wegen seines hübschen, violetten Fruchtschmucks interessant, der sich etwa ab September ausfärbt, bis weit in den Winter hinein hält und von den Vögeln meist verschmäht wird. Besonders reich fruchtet die Sorte 'Profusion'. Wegen der perlenartigen Früchte kennt man *Callicarpa* auch als „Liebesperlenstrauch".
Das Gehölz sollte einen geschützten Platz erhalten. Erfrorene Zweige (aber nur diese!) schneidet man im Frühjahr heraus.

Caryopteris x clandonensis
Bartblume ○

Die Sträucher oder Halbsträucher werden gerade meterhoch und sind wegen ihrer späten, im August/September erscheinenden dunkelblauen Blüten wertvoll. Diese stellen zugleich eine vorzügliche Bienenweide dar. Dass die Pflanzen nicht ausreichend frosthart sind und im Winter meist zurückfrieren, ist in diesem Fall hinzunehmen; denn blau blühende Gehölze gehören zu den Seltenheiten. Gewünscht wird ein warmer, geschützter, sonniger Platz und etwas kalkhaltiger Boden.

Catalpa bignonioides
Trompetenbaum ○

Im Juni/Juli öffnen sich die an Orchideen erinnernden, 5 cm breiten, weißen, im Innern gelb und purpurn gezeichneten Blüten in 15–20 cm langen Rispen, aus denen sich die 35 cm langen Fruchtschoten entwickeln; die herzförmigen Blätter sind bis zu 25 cm lang. Der breitkronige Baum wird 15–20 m hoch und stellt eine ausgesprochene Attraktion dar. Das Gehölz ist erst als ausgewachsenes Exemplar zuverlässig frosthart. Es sollte deshalb einen warmen, geschützten Platz und in den Anfangsjahren gründlichen Winterschutz erhalten. Darüber hinaus ist der hübsche Baum recht anspruchslos und nimmt mit jedem normalen Gartenboden vorlieb.

Ceanothus x delilianus
Säckelblume ○

Alles, was zu *Caryopteris* gesagt wurde, trifft auch auf diese von Juli bis Oktober ebenfalls blau blühende, etwa 1 m hohe Hybride mit ihren Sorten zu, unter denen 'Gloire de Versailles' die wohl am reichsten blühende ist. Bei *C. x pallidus* finden sich auch rosa blühende Züchtungen. Die Sträucher brauchen außer einem sonnigen Platz humosen, eher leichten Boden.
Mit ihrem niedrigen Wuchs fügt sich die Säckelblume auch ins Staudenbeet ein; ebenso wie *Caryopteris* lässt sie sich außerdem gut mit Rosen kombinieren.

Choenomeles
Zierquitte, Scheinquitte ○–◐

Die anspruchslosen Ziersträucher werden 1–3 m hoch und blühen im April/Mai in den verschiedensten Rot- und Rosatönen sowie in Weiß. Die Früchte sind essbar und lassen sich zu Gelee oder Marmelade verarbeiten.
C. japonica, die **Japanische Zierquitte,** 1 m hoch und breit, blüht ziegelrot und wirkt sowohl in Einzelstellung wie auch als Bodendecker, z. B. an Terrassenhängen.
C. speciosa, die **Chinesische Zierquitte,** 2–3 m hoch, wächst aufrecht, die einzelnen Sorten tragen weiße, rosa oder rote Blüten.
C. x superba ist eine Hybride aus den beiden anderen Arten und wird in vielen Sorten mit einfachen, halb und ganz gefüllten Blüten vorwiegend in verschiedenen Rottönen angeboten. Schön sind z. B. 'Nicoline' (scharlachrot), 'Fire Dance' (leuchtend rot mit gelben Staubgefäßen) sowie die feuerrote 'Elly Mossel', die früh blüht und dann oft mit einem zweiten Flor überrascht.

Colutea arborescens
Blasenstrauch ○

Der etwas sparrig wachsende, sehr genügsame, 3–4 m hohe Strauch für sonnige Plätze und eher trockene, karge Böden blüht gelb von Juni bis August, wobei stets nur einzelne Blüten erscheinen, aus denen sich die blasig aufgetriebenen Fruchthülsen entwickeln.
Für trockene, prallsonnige, steinige Böschungen oder Hänge, auf denen sonst nichts so recht gedeihen will, ist der Blasenstrauch prädestiniert.

Ziergehölze

Laubabwerfende Gehölze

1

2

3

4

5

6

7

8

1) Blumenhartriegel, Cornus florida
2) Scheinhasel, Corylopsis pauciflora
3) Perückenstrauch, Cotinus coggygria
4) Zwergmispel, Cotoneaster multiflorus
5) Elfenbeinginster, Cytisus x praecox
6) Seidelbast, Daphne mezereum
7) Deutzie, Deutzia gracilis
8) Flügelspindelstrauch, Euonymus alata

Cornus
Hartriegel ○–◐

Der breitwüchsige, bis 3 m hohe **Tatarische Hartriegel** *(C. alba)* fällt durch die blutroten Triebe besonders auf; die gelblich weißen Blüten des Strauchs erscheinen im Mai/Juni, aus ihnen entwickeln sich später weiße bis bläuliche Früchte. Interessanter als die Art sind einige Gartenformen: 'Elegantissima' hat weiß gerandete Blätter, die sich im Herbst karminrot färben; 'Sibirica' gefällt durch leuchtende, korallenrote Rinde, die insbesondere im Winter einen hohen Schmuckwert besitzt; 'Spaethii' hat im Austrieb gelbe, danach goldgelb gerandete Blätter. Die großen und cremeweißen Blütenstände des **Pagodenhartriegel** *(C. controversa)* öffnen sich im Mai/Juni auf den waagerechten, in Etagen angeordneten und fast wie flache Schirme ausgebreiteten Ästen des 8–10 m hohen Baums; 'Variegata' ist mit weißbunten Blättern besonders dekorativ.

Der **Blumenhartriegel** *(C. florida)* ist ein 5–6 m hoher Baum oder Strauch mit kleinen, unscheinbaren Blüten im Mai, die das Gehölz jedoch durch ihre bis zu 4 m langen, weißen Hochblätter in einen leuchtenden Mantel kleiden. Im Herbst erfreut der Blumenhartriegel durch das Rot der Blätter und ebenfalls rote Früchte. Neben weißblühenden Sorten gibt es auch solche mit rosafarbenem Flor wie 'Royal Red' oder 'Rubra' und Gartenformen mit farbigem Laub, zu denen 'First Lady' gehört.

Beim **Japanischen Blumenhartriegel** *(C. kousa)* setzt die Blüte etwas später ein als bei *(C. florida* und dauert bis in den Juni an, ist aber ebenso reich. Im Herbst präsentiert sich das Gehölz in scharlachrotem Blattschmuck. Auch von diesem 4–5 m hohen Blumenhartriegel gibt es einige Sorten, darunter 'Satomi' mit rosa Blüten und 'Snowboy' mit weißbunten Blättern.

Corylopsis pauciflora
Scheinhasel ◐–◑

Der Vorteil der Scheinhasel, dass die zartgelben Blüten bereits im März/April erscheinen, bringt den Nachteil ihrer Frostgefährdung mit sich. Es empfiehlt sich daher, den 2–3 m hohen Strauch an einen geschützten Platz, z. B. in Haus- oder Terrassennähe, zu pflanzen, wo der Frost nicht so hart zupacken kann. Auch für die Bepflanzung von Innenhöfen eignet sich das Gehölz gut.
Die Scheinhasel wächst langsam und wird ca. 2 m breit. Das Laub ist im Austrieb rötlich und verfärbt sich im Herbst gelb.

Cotinus coggygria
Perückenstrauch ○

Es sind vor allem die großen, fedrigen Fruchtstände, die sich im Juni/Juli aus den unscheinbaren Blüten entwickeln und den Reiz des 3–5 m hohen Strauchs ausmachen. Die Herbstfärbung ist orange- bis flammend rot. Das Gehölz wird desto schöner, je sonniger und wärmer der Standort ist. Wegen der karminrosa behaarten Fruchtstände ist die Sorte 'Purpureus' besonders auffällig, während 'Royal Purple' mit schwarzrotem Laub vom Frühjahr bis zum Herbst einen attraktiven Kontrast zu anderen Gehölzen bildet.
Der Perückenstrauch bevorzugt kalkhaltige, nährstoffreiche Böden. Mit Sommertrockenheit kommt er ausgesprochen gut zurecht.

Cotoneaster multiflorus var. calocarpus
Vielblütige Zwergmispel ◐–◑

Es handelt sich hier um einen der schönsten, aufrecht wachsenden *Cotoneaster*, der 3–4 m hoch wird und dessen im Mai dicht mit weißen Blüten besetzte Zweige später elegant überhängen. Im Herbst schmückt sich der Strauch überreich mit kleinen roten Früchten. Der Standort sollte nur wenig beschattet, der Boden humos und durchlässig sein.

Cytisus x praecox
Elfenbeinginster ◐–◑

Wirklich attraktiv ist der bis 1,50 m hohe, dichte Strauch im April/Mai, wenn die etwas überhängenden Zweige über und über mit cremeweißen bis gelblichen Schmetterlingsblüten besetzt sind. Alte, sehr groß gewordene Exemplare sollte man nicht durch Schnitt verjüngen, sondern durch Jungpflanzen ersetzen. 'Allgold' blüht in reinem Gelb, 'Hollandia' purpurrot mit weißem Rand.

Daphne mezereum
Gemeiner Seidelbast ◐–◑

Die purpurrosa bis purpurlila Blüten öffnen sich bereits im März/April in dichten, duftenden Büscheln. Ihnen folgen im Laufe des Sommers die leuchtend roten, giftigen Beerenfrüchte. Der Strauch wird nur etwa 1 m hoch, zählt zu den schönsten Frühjahrsblühern und liebt humose, durchlässige Böden, die auch kalkhaltig sein können.

Deutzia
Deutzie ◐–◑

Diese Gattung 1–2 m hoher Sträucher mit weißen oder rosa überhauchten Blütentrauben oder -rispen bzw. Schirmrispen ist in unseren Gärten mit zahlreichen Hybriden und Sorten vertreten. *D. gracilis* wird nur knapp 1 m hoch und blüht weiß im Mai/Juni; *D. x hybrida* 'Mont Rose', etwa 2 m hoch, öffnet im Juni große, malvenfarbene Blüten; *D. x kalmiiflora*, 1,5 m hoch, Blüten innen weiß, außen rosa im Juni; sehr ähnlich ist die reich blühende und stark wachsende, 1 m hohe Sorte 'Grandiflora' von *D. x rosea*. Alle werden am besten in humosen, frischen bis feuchten Boden gesetzt. In längeren Trockenperioden sollte unbedingt gegossen werden.

Euonymus alata
Flügelspindelstrauch ◐–◑

Kennzeichen des bis zu 3 m hohen, dichten und im Alter weit ausladenden Strauchs sind die mit vier flügelförmig verbreiterten Korkleisten versehenen Zweige und die brennend rote, weithin leuchtende Herbstfärbung des Laubs. Während die kantigen Zweige im Sommer kaum auffallen, stellen sie im Winter eine interessante Ergänzung zu Trockensträußen dar.
Die Zwergform 'Compactus' ist in der Herbstfärbung ebenso eindrucksvoll wie die Art. Obwohl sie nur meterhoch wird, muss man bei der Standortwahl berücksichtigen, dass sie stark in die Breite wächst.

Ziergehölze

Laubabwerfende Gehölze

Forsythia x intermedia
Forsythie, Goldglöckchen ○

Die 2–3 m hohen und ausgewachsen fast ebenso breiten Sträucher sind im April und Mai die Frühlingsboten schlechthin. Am sonnigen Standort blühen sie jedes Jahr regelmäßig und überreich, wenn man alte Triebe regelmäßig direkt über dem Boden herausnimmt. Von der Hybride gibt es einige Sorten, deren Flor in den verschiedensten Gelbvarianten leuchtet: 'Spectabilis', 'Goldzauber', 'Melisa', 'Weekend'.
Nach der Blüte haben Forsythien allerdings nicht mehr allzu viel zu bieten, weshalb man sie am besten mit Sommer- und Herbstblühern kombiniert.

Hamamelis
Zaubernuss ○–◐

Bis auf eine Art handelt es sich hier um Winterblüher, die ihre gelben, orange- oder kupferroten Blüten bei nicht zu kühlem Wetter bereits im Januar öffnen und die schmalen, etwas zerknittert aussehenden Blütenblätter bei Frost wieder einrollen. Die relativ langsam wachsenden, später recht breiten Sträucher erreichen Höhen von 2–5 m.
Von der Hybride *H.* x *intermedia* gibt es einige, in der Blütenfarbe voneinander abweichende Sorten: 'Barmstedt Gold', Blüten sehr groß, goldgelb mit Purpur; 'Feuerzauber', Blüten karminrot; 'Winterbeauty', Blüten orangegelb. 'Hitlingbury' ist vor allem wegen der außergewöhnlich intensiven, leuchtend gelbroten Herbstfärbung empfehlenswert.
H. japonica, die **Japanische Zaubernuss**, bleibt im Wuchs etwas kleiner; *H. mollis*, die **Chinesische Zaubernuss**, wird etwa 5 m hoch und hat

1

2

3

4

5

6

7

8

1) **Forsythie,** Forsythia x intermedia
2) **Zaubernuss,** Hamamelis mollis
3) **Straucheibisch,** Hibiscus syriacus
4) **Gartenhortensie,** Hydrangea macrophylla
5) **Ranunkelstrauch,** Kerria japonica 'Pleniflora'
6) **Goldregen,** Laburnum x watereri 'Vossii'
7) **Magnolie,** Magnolia x soulangiana
8) **Zierapfel,** Malus-Hybride 'Van Eseltine'

große, wohlriechende Blüten in Hell- oder Orangegelb. Bereits im September/Oktober, unmittelbar vor oder während des Laubfalls, blüht *H. virginiana*, die **Virginische Zaubernuss**, die ebenfalls bis 5 m hoch wächst.

Hibiscus syriacus
Straucheibisch ○

Die Blüten in Weiß, Rosa, Rot, Blau oder Violett, häufig mit fein gestricheltem, kontrastierendem Schlund, ähneln denen des bekannten Topf-Hibiskus, *H. rosa-sinensis*, und öffnen sich bei genügend warmem Sommerwetter im August und September. Dieser späte Flor macht den Wärme und Sonne liebenden, bis 2 m hoch wachsenden, dicht verzweigten Strauch zu einem wertvollen Gartengehölz. Es gibt eine Fülle einfach, halb oder ganz gefüllt blühender Sorten, und da der Straucheibisch von den Gärtnereien in Töpfen herangezogen wird, sucht man sich am besten bereits blühende Exemplare aus. Der Standort sollte humos und durchlässig sein.

Hydrangea macrophylla ssp. macrophylla
Gartenhortensie ◐

Hortensien vertragen keine Trockenheit, brauchen also frische Humusböden und wollen etwas beschattet stehen. *H. macrophylla*, zu der auch die bekannten Topfhortensien gehören, wächst zu einem 1–3 m hohen Strauch mit weißen, rosa, roten oder blauen, ball- oder schirmförmigen Blütenständen im Juni/Juli heran. Die Blütenfarbe wird übrigens von der Bodenreaktion beeinflusst: Auf sauren Böden werden die Blüten blau, auf alkalischen rosa oder rot.

Kerria japonica 'Pleniflora'
Kerrie, Ranunkelstrauch ○–●

Diese gefüllt blühende Form des bis zu 3 m hohen Strauchs ist heute in vielen Gärten zu finden, wo ihre im April/Mai dicht mit gelben Blüten besetzten Triebe bogig über Zäune oder Mauern hängen. Die Kerrie verträgt sowohl Sonne wie Schatten, kann mit ihrem Flor also auch Plätze aufhellen, an denen es viele andere Blütengehölze schwer haben.

Laburnum x watereri 'Vossii'
Goldregen ○

Da der Goldregen in allen Teilen giftig ist, wird von einer Anpflanzung in Gärten, in denen sich kleine Kinder aufhalten, abgeraten. Davon abgesehen handelt es sich jedoch um einen im Mai/Juni unvergleichlich schön und reich blühenden, 5–9 m hohen Großstrauch, dessen gelbe Blüten in lockeren, hängenden, bis zu 50 cm langen Trauben zusammengefasst sind. Goldregen bevorzugt einen sonnigen, allenfalls leicht beschatteten Standort und kalkhaltigen Boden. Geschnitten werden sollte möglichst wenig.

Magnolia
Magnolie ○

Unter den vielen Arten und Hybriden sind die beiden folgenden in unseren Hausgärten am häufigsten zu finden:
M. x soulangiana, volkstümlich als **Tulpenbaum** bezeichnet, obgleich dieser Name korrekt dem bis zu 30 m hohen *Liliodendron tulipifera* gehört, ist ein 3–6 m hoher Großstrauch oder kleiner Baum. Die 15–20 cm langen, innen weißen, außen rosa überhauchten bis roten, tatsächlich an Tulpen erinnernden Blüten öffnen sich im April/Mai und bis in den Juni hinein. Es gibt verschiedene Sorten mit abweichenden Blütenfarben, 'Lennei' z. B. blüht dunkel purpurrot, 'Brozzonii' fast reinweiß.
M. stellata, die **Sternmagnolie**, ist mit dem Flor der strahlend weißen, etwa 8 cm breiten, duftenden Blüten noch früher dran, nämlich bereits im März/April vor dem Austrieb. Der kompakte, langsam wachsende Strauch wird nur 2–3 m hoch und braucht wegen des zeitigen, frostgefährdeten Flors einen sonnigen, vor allem aber warmen und geschützten Platz. 'Royal Star' hat gefüllte Blüten.

Malus
Zierapfel ○

Die kleinen, meist 4–6 m hohen Bäume gedeihen in jedem guten Gartenboden und brauchen einen möglichst sonnigen Platz. Anders als z. B. bei den Zierkirschen (*Prunus*) kommt hier zur Blütenpracht im Mai/Juni noch der bunte Fruchtschmuck des Herbsts, wobei sich die größeren Äpfel gut in der Küche verwerten lassen. Das Blütenspektrum umfasst außer Weiß alle Rosa- und Rotvarianten, die Früchte färben sich gelb, orange oder rot.
Experten schätzen, dass es mittlerweile bereits über 400 Zierapfelsorten gibt. Eine Art mit dunkelrotem Laub wird in den Baumschulen als *M. x purpurea* oder *M. moerlandsii* 'Nicoline' angeboten. Zieräpfel sind absolut winterhart.

Ziergehölze

Laubabwerfende Gehölze

Philadelphus-Hybriden
Pfeifenstrauch, Falscher Jasmin

Intensiv duftende, weiße Blüten im Juni/Juli haben den 1–3 m hohen Pfeifenstrauch zu einem gern und oft gepflanzten Ziergehölz werden lassen. Unter den Gartenformen gibt es auch Sorten mit gefüllten Blüten wie 'Bouquet Blanc', 'Schneesturm' oder 'Virginal'. *Philadelphus* gedeiht in jedem Gartenboden, in Sonne wie Halbschatten.

Potentilla fruticosa
Fingerkraut

Der besondere Vorteil dieser selten höher als 1 m werdenden Kleinsträucher ist der von Mai bis zum Herbst andauernde Flor der gelben oder weißen Blüten. An den Boden werden keine besonderen Ansprüche gestellt, der Platz sollte sonnig sein, ein gelegentlicher Rückschnitt bis dicht zum Boden sorgt für Verjüngung und Fortdauer der Blüte. Unter den zahlreichen Sorten gilt 'Abbotswood' als die beste weiß blühende; 'Jolina', gelb blühend, wird nur etwa 40 cm hoch.

Prunus serrulata
Zierkirsche

Die japanischen Zierkirschen gehören mit ihrer Blütenfülle zu den beliebtesten Ziergehölzen unserer Gärten. Der rosa oder weiße Flor zieht im April und Mai alle Blicke auf sich. Mit Wuchshöhen von 4–8 m sind die Bäume oder Sträucher je nach Sorte auch für den kleinen Garten geeignet, sofern der Boden etwas kalkhaltig und die Lage eher sonnig als beschattet ist. Es gibt zahlreiche

1

2

3

4

5

6

7

8

1) Pfeifenstrauch, Philadelphus-Hybride
2) Fingerkraut, Potentilla fruticosa
3) Zierkirsche, Prunus serrulata 'Kanzan'
4) Essigbaum, Rhus typhina
5) Blutjohannisbeere, Ribes sanguineum
6) Borstige Robinie, Robinia hispida
7) Salweide, Salix caprea 'Pendula'
8) Spierstrauch, Spiraea nipponica

Sorten mit zumeist japanischen Namen, wobei 'Kanzan' mit gefüllten rosa Blüten die bei uns wohl populärste ist. Fast säulenförmig wächst die 4 m hohe, schlanke Sorte 'Amanogawa', die gegen Ende April halb gefüllte, duftende, hellrosa Blüten öffnet.

Rhus typhina
Essigbaum, Hirschkolbensumach ○

Große, gefiederte Blätter, die sich im Herbst leuchtend orange und rot färben, malerischer, wenig verzweigter, breit ausladender Wuchs und lange haltende, karminrote Fruchtstände verhalfen dem 3–5 m hohen Hirschkolbensumach zu seiner Beliebtheit als Gartengehölz. Heiße, sonnige Standorte auf staunässefreien Böden sagen dem Baum oder großen Strauch am meisten zu. Nachteilig sind die zahlreichen Ausläufer, die häufig meterweit vom Standort entfernt aus dem Boden sprießen.

Ribes sanguineum
Blutjohannisbeere ○–◐

Die aufrechten, dicht beieinander stehenden Triebe wachsen 2–3 m hoch und schmücken sich im April/Mai mit 8 cm langen roten oder rötlichen Blütentrauben; der ganze Strauch verströmt den Duft Schwarzer Johannisbeeren. *R. sanguineum* nimmt mit jedem Gartenboden an sonnigen oder halbschattigen Plätzen vorlieb. Reich blühende Sorten sind unter anderen 'Atrorubens' und 'Pulborough Scarlet'. 'King Edward VII' wächst schwächer und gedrungener und bleibt meist unter 2 m Höhe.

Robinia
Robinie ○

Die 1–1,50 m hohe, nur mäßig verzweigte **Borstige Robinie** (*R. hispida*) liebt sonnige, warme Lagen, die wegen der Brüchigkeit des Holzes auch windgeschützt sein sollten. Die großen, purpurrosa Blütentrauben entfalten sich im Juni mit einem Nachflor bis in den September hinein, die Zweige sind dicht mit roten Borsten besetzt. Sofern der Strauch nicht auf *R. pseudoacacia* veredelt ist, vermehrt er sich durch Ausläufer, was ähnlich wie beim Essigbaum etwas lästig werden kann. Aufgrund ihrer Anspruchslosigkeit ist die industriefeste **Scheinakazie** (*R. pseudoacacia*) ein geschätzter Straßen- und Parkbaum im innerstädtischen Bereich, während sie mit bis zu 25 m Höhe und breiter Krone für den Garten meist zu groß wird. Die schmalkronige, weniger stark wachsende und nur 10–15 m hohe Sorte 'Frisia' ist dagegen durchaus als Zierbaum für sonnige Plätze geeignet; sie schmückt sich im Juni mit bis zu 25 cm langen Trauben weißer, duftender Blüten und vom Austrieb gegen Ende Mai bis hin zum Herbst mit goldgelben Blättern. Etwa ebenso hoch wird *R. pseudoacacia* 'Tortuosa', die **Korkenzieherrobinie** mit bizarr gewundenen und verdrehten Zweigen.

Salix caprea 'Pendula'
Salweide ○–◐

Es handelt sich hier um die auf Stämmchen veredelte Mutation der Salweide mit bogig bis zum Boden herabhängenden Zweigen und großen, silbrigen, mit gelben Staubbeuteln versehenen Kätzchen im März/April vor dem Austrieb. Der Kleinbaum verlangt unbedingt nach Einzelstellung, um im Frühling voll zur Geltung kommen zu können, und sollte alle 2 Jahre vom alten Holz befreit werden.

Spiraea
Spierstrauch ○

Die Gattung umfasst sowohl zwergige wie auch höher wachsende, von Juni/Juli bis September/Oktober weiß, rosa oder auch rot blühende, anspruchslose Sträucher für möglichst vollsonnige Lagen. Unter den 0,50–1,20 m hohen *S.-Bumalda*-Hybriden fand die bekannte Sorte 'Anthony Waterer' mit teilweise panaschierten Blättern in 'Sapho' mit rein grünem Laub und karminroten Blüten in endständigen Doldentrauben eine deutliche Verbesserung. Weitere bewährte, ebenfalls rot blühende Sorten sind unter anderem 'Crispa', etwas schwächer wachsend, und 'Froebeli'. Alle eignen sich auch gut für niedrige Hecken.
Den Bumalda-Hybriden sehr ähnlich, im Wuchs aber häufig zierlicher sind die *S. japonica*-Sorten; ein Zwerg ist hier 'Alpina', nur 30 cm hoch und im Juni/Juli rosa blühend; 'Shirobana' trägt gleichzeitig rosa und weiße Blüten. Bei *S. nipponica* ist vor allem die Sorte 'Snowmound' durch mit Blüten übersäte, bogig überhängende Triebe hervorzuheben.

Ziergehölze

Laubabwerfende Gehölze

Syringa vulgaris
Flieder ○

Purpurrot, Purpurblau, Lila, Primelgelb, Rosa, Weiß und alle Zwischentöne umfasst das Farbspektrum der einfachen oder gefüllten Sorten des Flieders, deren Zahl auf annährend 1000 geschätzt wird. Die bis zu 5 m hohen, aufrecht wachsenden Sträucher oder kleinen Bäume öffnen ihre 15–20 cm langen Blütenrispen im April/Mai. Der Standort sollte vollsonnig, der Boden möglichst durchlässig und nährstoffhaltig sein; Wildtriebe sind regelmäßig an der Basis zu entfernen.

Leider macht der Flieder nur während der Blütezeit etwas her, die übrige Zeit des Jahres wirkt er eher langweilig. Trotz der gewaltigen Auswahl an attraktiv blühenden Sorten ist es deshalb ratsam, sich auf ein oder zwei Exemplare zu beschränken.

Tamarix
Tamariske ○

Der lockere Wuchs mit den graziös überhängenden Zweigen, die im April/Mai von rosa Blüten in büscheligen Trauben gesäumt sind, machen den 3–5 m hohen *T. tetranda* zu einem Star des Frühlingsgartens. Am sonnigen Standort werden leicht saure, durchlässige Böden bevorzugt. Wo ein Rückschnitt erforderlich scheint, ist er nach dem Flor vorzunehmen.

Etwas später, im Mai/Juni blüht die **Frühlingstamariske** *(T. parviflora)* mit zartrosa oder rosaroten Blütentrauben. Anders als die Erstgenannte gedeiht sie eher in leicht kalkhaltigen Böden, ansonsten sind die Ansprüche gleich.

Wer Sommerblüher bevorzugt, kann auf die **Heide- oder Sommertama-**

1) Flieder, Syringa-Vulgaris-Hybride
2) Tamariske, Tamarix parviflora
3) Schneeball, Viburnum x bodnantense
4) Weigelie, Weigela-Hybride
5) Gemeine Felsenbirne, Amelanchier ovalis
6) Kornelkirsche, Cornus mas
7) Haselnuss, Corylus avellana

riske *(T. ramosissima)* zurückgreifen. Ihr Flor präsentiert sich ähnlich wie der der anderen Arten, entfaltet sich aber erst ab Juli.

Viburnum
Schneeball

Unter den gartenwürdigen Arten nimmt die Hybride *V.* x *bodnantense* wegen ihres aus dem Rahmen fallenden Blührhythmus eine Sonderstellung ein. Die weißrosa, duftenden Blüten öffnen sich häufig schon im Dezember oder Januar, dann setzt der Flor wegen zu tiefer Minustemperaturen aus, um im März/April seine Fortsetzung zu finden. Der etwa 3 m hohe Strauch ist robust und anspruchslos. Ebenfalls 3 m Höhe erreicht *V. plicatum*, der **Japanische Schneeball**, mit attraktiven weißen, 8 cm breiten Blütenkugeln im Mai/Juni.

Weigela florida
Weigelie

Die meist 1–2 m hohen Sträucher mit purpurroten oder in verschiedenen Rosatönen prangenden, großen Trichterblüten im Mai/Juni sind starkwüchsig, anspruchslos und müssen lediglich von Zeit zu Zeit vom alten Holz befreit werden. Bei den 2–3 m hohen *W.*-Hybriden gibt es einige besonders reich blühende Sorten wie 'Lucifer', leuchtend dunkelrot, oder 'Styriaca', karminrosa. 'Eva Rathke' erreicht nur 1,50 m Höhe, wächst relativ schwach, wird aber in der Fülle ihrer karminroten Blüten von kaum einer anderen Züchtung übertroffen. Obgleich die Sträucher schattenverträglich sind, blühen sie in der vollen Sonne am reichsten und schönsten.

Wildgehölze

Hier sind nur solche heimischen Arten aufgeführt, die auch im üblichen Ziergarten nicht aus dem Rahmen fallen und dort als Vogelschutzgehölze wichtige Aufgaben zu erfüllen haben. In einer bewusst als Naturgarten konzipierten Anlage ist das Spektrum anbauwürdiger Gehölze verständlicherweise weitaus größer, nicht zuletzt, weil man hier auf die reinen Zierformen weitgehend verzichten wird. Einige – mit den Jahren oft „raumgreifende"– Gehölze, die unter solchen Umständen infrage kommen, seien hier nur erwähnt: Feldahorn *(Acer campestre)*, Grünerle *(Alnus viridis)*, Hainbuche *(Carpinus betulus)*, Faulbaum *(Frangula alnus)*, Mispel *(Mespilus germanica)*, Schlehe *(Prunus spinosa)*, Salweide *(Salix caprea)*. Wie die im vorangegangenen Kapitel vorgestellten Gehölze sind auch die folgenden Arten **sommergrün**, also laubabwerfend.

Amelanchier ovalis
Gemeine Felsenbirne

An einem sonnigen Platz, wo der Boden ruhig auch relativ trocken sein kann, ist dieser mehrstämmige, 1–3 m hohe, anspruchslose Strauch gut aufgehoben. Die Felsenbirne blüht weiß im April/Mai und trägt etwa ab Juli blauschwarze, beerenartige Früchte. Auffällig ist die schöne orangefarbene bis scharlachrote Herbstfärbung.
Da die Gemeine Felsenbirne in ihren Ausmaßen recht bescheiden bleibt, eignet sie sich sehr gut, um das Element „Wildgehölze" auch in kleineren Gärten umzusetzen.

Cornus mas
Kornelkirsche

Kleine gelbe, in Dolden vereinte Blüten im März/April werden im August von roten Steinfrüchten abgelöst, die sich in der Küche zu Saft oder Gelee verarbeiten lassen. Der 3–6 m hohe, später breitbuschig wachsende Strauch gedeiht in Sonne wie lichtem Schatten auf allen durchlässigen Böden und ist ein gutes Vogelnist- und -nährgehölz.

Corylus avellana
Haselnuss

Weniger der frühen, oft schon im Februar erscheinenden männlichen Blüten, der „Kätzchen" wegen, sondern vor allem als Sichtschutz und Gehölz frei wachsender Hecken, das zugleich die begehrten Nüsse liefert, wird die Hasel heute wieder häufiger in den Gärten, vor allem in naturnahen Anlagen, angepflanzt. Wo der Platz beengt ist, sollte man bedenken, dass die Sträucher immerhin bis zu 6 m hoch und entsprechend breit werden können. Da sie aus der Basis immer wieder neue Triebe entwickeln, ist regelmäßig auszulichten. *C. avellana* 'Contorta' ist die so genannte **Korkenzieherhasel**, deren bizarr verkrümmte und in verschiedene Richtungen wachsende Zweige besonders im blattlosen Zustand die Blicke auf sich ziehen.
C. maxima 'Purpurea', die **Bluthasel**, hat die ganze Vegetationsperiode über schwarzrotes Laub und ebenfalls essbare Früchte.

1) **Weißdorn, Crataegus monogyna**
2) **Pfaffenhütchen, Euonymus europaea**
3) **Sanddorn, Hippophaë rhamnoides**
4) **Schwarzer Holunder, Sambucus nigra**
5) **Eberesche, Sorbus aucuparia**
6) **Berberitze, Berberis x frikartii**
7) **Buchsbaum, Buxus sempervirens**
8) **Besenheide, Calluna vulgaris**

Crataegus monogyna
Eingriffliger Weißdorn

Der 2–6 m hohe Strauch oder kleine Baum verträgt Sonne wie Halbschatten und blüht weiß im Mai/Juni. Das Vogelnähr- und -schutzgehölz trägt ab September kleine, dunkelrote, essbare, doch nicht sehr schmackhafte Früchte. Weißdorn ist feuerbrandanfällig (vgl. S. 103) und sollte in gefährdeten Gebieten deshalb nicht angepflanzt werden.

Euonymus europaea
Gemeines Pfaffenhütchen

Das auffälligste an dem 2–6 m hohen, meist locker aufgebauten Strauch sind die karminroten Fruchtkapseln mit ihren orangeroten Samenhüllen ab August. Leider sind die hübschen Früchte hochgiftig, allerdings nicht für Vögel. Das Kalk liebende Gehölz gedeiht in Sonne wie Halbschatten.

Hippophaë rhamnoides
Sanddorn ○

Wegen seiner Höhe von 5–10 m, des sparrig verzweigten, Ausläufer treibenden Wuchses und der dornigen Zweige ist der Sanddorn eigentlich nur im weiträumigen Naturgarten unterzubringen. Anders als die unscheinbaren Blüten haben die im August/September reifenden, orangeroten, etwa erbsengroßen Früchte mit dem außerordentlichen hohen Vitamin-C-Gehalt durchaus Schmuckwert. Der Strauch gedeiht zufriedenstellend nur in voller Sonne auf kalkhaltigen Böden. Zur Fruchtbildung sind männliche und weibliche Exemplare erforderlich.

Sambucus nigra
Schwarzer Holunder

Als Überbleibsel bäuerlicher Wohnstätten, angelehnt an alte Schuppen oder Stallungen, findet man den Schwarzen Holunder in ländlichen Gegenden auch heute noch, so wie er sich in verwilderten Gärten, auf Neubebauung harrenden Grundstücken als Relikt vergangener Zeiten gehalten hat. In modernen Ziergärten ist der 2–8 m hohe Strauch oder knorrig verästelte Baum kaum zu Gast. Mit dem Aufkommen des Naturgartens erlebte er allerdings eine Renaissance. Mit seinen großen, flachen Trugdolden weißer Blüten im Mai/Juni kann es der Holunder mit jedem anderen Ziergehölz aufnehmen, hinzu kommen die schwarzen Beeren ab September, die sich in der Küche zu Saft verarbeiten lassen.

Sorbus aucuparia
Gemeine Eberesche, Vogelbeere

Der häufig mehrtriebig wachsende Baum wird 5–15 m hoch, besitzt fiederblättriges Laub, das sich im Herbst herrlich gelb bis rot färbt, und blüht weiß im Mai/Juni. Die leuchtend roten, etwa erbsengroßen Früchte schmücken das Gehölz ab August/September und lassen sich in der Küche z. B. zu Gelee verarbeiten. Wem es vor allem um die Fruchtverwertung geht, sollte die **Mährische Eberesche**, *S. aucuparia* 'Edulis', mit größeren und besonders ergiebigen „Beeren" wählen. Es gibt einige Gartenformen, die in Wuchs und Fruchtqualität variieren.

Immergrüne Laubgehölze

Vom botanischen Standpunkt ist zwischen immergrünen und wintergrünen Gehölzen zu unterscheiden. Während die **Immergrünen** Teile ihres alten Laubs in unregelmäßigen Intervallen verlieren und durch neues ersetzen, wechseln die so genannten **Wintergrünen** ihre Blätter zusammen mit dem Neuaustrieb. Für den Hausgarten bzw. für den Betrachter spielt das kaum eine Rolle: Gehölze beider Gruppen tragen in der kalten Jahreszeit das erwünschte grüne Kleid.
Obgleich für einige Arten auch ein sonniger Standort als geeignet angegeben wird, sollte man im Garten den Immergrünen so weit möglich einen eher etwas beschatteten Platz geben, da es an der von den meisten gewünschten erhöhten Luftfeuchtigkeit in unseren Klimazonen mangelt. Ausreichende Bodenfeuchte auch im Winter ist Voraussetzung für das Gedeihen dieser Pflanzen, da sie ganzjährig über die Blätter Kohlendioxid aufnehmen, für dessen Assimilation sie Wasser brauchen. Zudem wird über die Spaltöffnungen der Blätter stets Wasser verdunstet. Es empfiehlt sich daher, vor Frosteintritt noch einmal gründlich zu wässern.
Weil sie für die Gartengestaltung häufig unverzichtbar, außerdem besonders reizvoll und attraktiv, als Pflanzen für Schalen, Tröge oder Steingarten wichtig sind, werden in der folgenden Zusammenstellung auch einige immergrüne Kleingehölze und Bodendecker beschrieben.

Berberis x frikartii
Berberitze

Gut und dicht verzweigte, 1–1,50 m hohe Hybride mit glänzend grünen, ledrigen Blättern und gelben Blüten im Mai/Juni. Eine bekannte Sorte ist 'Verrucosa'.
Diese anspruchslosen Berberitzen eignen sich gut für die Begrünung von Böschungen und lassen sich im Stein- wie im Heidegarten einsetzen.

Buxus sempervirens
Buchsbaum

Hierzu gehört auch der bekannte Einfassungsbuchs, *B. sempervirens* 'Suffruticosa'. Andere Gartenformen des anspruchslosen, schattenverträglichen Gehölzes sind u. a. 'Bullata', gut 1 m hoch, 'Latifolia', 4–5 m hoch, und 'Blauer Heinz' mit bläulichem Austrieb.

Calluna vulgaris
Besenheide

Die 15 bis über 50 cm hohen, dicht verzweigten Sträucher blühen je nach Sorte im August/September, teilweise bis in den November hinein in Weiß, Lila, Rosa und verschiedenen Rottönen. Da sie einen humosen, durchlässigen, sauren Boden mit pH-Werten zwischen 4 und 5 brauchen, wird man das Erdreich am Pflanzplatz ähnlich wie bei Rhododendren aufbereiten (siehe S. 310). Um ein Verkahlen zu verhindern und den buschigen Wuchs zu fördern, muss in jedem Frühjahr bis fast zum Boden zurückgeschnitten werden.

Ziergehölze

Immergrüne Laubgehölze

1

2

3

4

5

6

7

8

1) Teppichzwergmispel, Cotoneaster dammeri
2) Rosmarinseidelbast, Daphne cneorum
3) Schneeheide, Erica carnea
4) Johanniskraut, Hypericum calycinum
5) Stechpalme, Ilex aquifolium
6) Berglorbeer, Kalmia latifolia
7) Mahonie, Mahonia aquifolium
8) Lavendelheide, Pieris japonica

Cotoneaster dammeri
Teppichzwergmispel

Bei der Mehrzahl der Sorten handelt es sich um niederliegende, teilweise kriechende Kleingehölze, die sich hervorragend als Bodendecker oder zur Begrünung vegetationsloser Flächen verwenden lassen. Dabei stellt die Teppichzwergmispel kaum Ansprüche an die Bodenverhältnisse. Die bekannte Sorte 'Skogholm' wird häufig über 1 m hoch, während 'Holsteins Resi' gerade 25 cm Höhe erreicht und ebenso resistent gegen den gefürchteten Feuerbrand ist wie die noch niedrigere 'Thiensen'. Die Kleinformen eignen sich auch sehr gut zur Bepflanzung von Kästen und Schalen, wo sie sich im Herbst mit hellroten oder schwarzen, beerenförmigen Früchten schmücken.

Daphne cneorum
Rosmarinseidelbast

Die nur um die 30 cm hohen, flachkugelige Polster bildenden Kleinsträucher schmücken sich ab Ende April überreich mit in Büscheln stehenden, karminrosa und angenehm duftenden Blüten. Da magere, warme Kalkböden und sonnige Lagen bevorzugt werden, ist der Rosmarinseidelbast prädestiniert für Steingärten oder Trockenmauern. Die Blätter von 'Variegata' sind gelb gerandet. Achtung, die Pflanze ist in allen Teilen stark giftig und sollte deshalb nicht an Stellen gepflanzt werden, die kleinen Kindern zugänglich sind.

Erica
Heidekraut ○–◐

Wie die meisten anderen Arten ist auch die **Schneeheide** (*E. carnea*) vornehmlich für flächige Pflanzungen des Heidegartens vorzusehen, kann aber, da sie kalkverträglicher ist als die übrigen, überall ihren rosa bis lachsrosa Flor entfalten. Die ersten Blüten öffnen sich häufig schon im Spätherbst, machen dann eine frostbedingte Pause und erblühen im März oder April erneut. Von den 15–40 cm hohen Kleinsträuchern gibt es eine Vielzahl von Sorten, bei denen die Blütezeiten teilweise etwas variieren. 'Snow Queen' blüht weiß, die bekannte 'Winter Beauty' leuchtend rosa.

Bei etwa gleicher Wuchshöhe wie *E. carnea* ist die Kalk fliehende **Grauheide** (*E. cinerea*) ein Sommerblüher, dessen Flor sich sortenbedingt von Juni bis September/Oktober erstreckt. Die Farbskala der Blüten reicht von Weiß über Rosa und Rot bis zu Lila.

Hypericum calycinum
Johanniskraut ○–●

Der Kleinstrauch wird nur etwa 30 cm hoch, bildet zahlreiche Ausläufer und ist daher ein guter Bodendecker für sonnige bis schattige Lagen. Die sehr großen, goldgelben Schalenblüten erscheinen von Juli bis Oktober, und das jedes Jahr regelmäßig und reich, wenn man die Triebe im Frühjahr bis fast zum Boden zurückschneidet. 'Hidcote' ist eine Hybride, die der beschriebenen Art gleicht – bis auf die Wuchshöhe: Sie erreicht etwa 1,50 m.

Ilex aquifolium
Stechpalme ◐

Während die bei uns heimische Art bei freiem Stand bis zu 10 m hoch werden kann, bleiben die zumeist angepflanzten zahlreichen Gartenformen deutlich darunter. Kennzeichnend für die Stechpalme sind die glänzend dunkelgrünen, am Rand gezähnten Blätter und die bis weit in den Winter haltenden, auffälligen roten Beeren. Formen mit weiß oder gelb gerandetem Laub sind unter anderen 'Argenteomarginata' und 'Madame Briot'; 'I.C. van Tol' fruchtet besonders üppig. Die Sträucher wünschen einen halbschattigen Standort.

Kalmia latifolia
Berglorbeer ◐

Die Kulturformen dieses Kalk fliehenden, im Mai/Juni prachtvoll in rosa oder roten Tönen blühenden Strauchs werden selten höher als 2–3 m. Ein absonniger bis halbschattiger Standort ist günstiger als Sonnenlagen, was *Kalmia* als ideale Begleitpflanze für Rhododendren ausweist; mit diesen hat sie auch die besonderen Ansprüche an die Bodenvorbereitung gemein (siehe S. 310). Obgleich es eine ganze Reihe vor allem amerikanischer Sorten gibt, wird man auf das meist nicht sehr umfangreiche Sortiment der Baumschulen vor Ort zurückgreifen müssen.

Mahonia aquifolium
Mahonie ◐–●

Der kaum mehr als 1 m hohe, aufrecht wachsende Strauch trägt im April/Mai kleine gelbe, in rispigen Trauben zusammenstehende Blüten und bereits ab Sommer purpurschwarze, blau bereifte, etwa erbsengroße Früchte. Bei 'Atropurpurea' ist die Herbstfärbung der Blätter rotbraun.

Da er gleich mit mehreren zierenden Eigenschaften aufwartet und andererseits mit widrigen Verhältnissen zurechtkommt, ist der Strauch ein beliebter „Problemlöser": Er verträgt nicht nur Schatten, sondern auch den Wurzeldruck eingewachsener Fichten oder Birken, unter denen sonst wenig wachsen will.

Pieris japonica
Lavendelheide ◐

Als Angehöriger der *Erica*-Familie, also der Heidekrautgewächse, wünscht der 2–3 m hohe, im März/April mit hängenden Rispen weiß blühende Strauch einen humosen, kalkfreien Boden in halbschattiger Lage. 'Valley Rose' hat hellrosa Blüten.

Etwas kleiner bleibt das verwandte **Schattenglöckchen**, *P. floribunda*, das dieselben Standortansprüche stellt. Seine in aufrecht stehenden Trauben aufgereihten Blütchen entfalten sich ab April.

In Bezug auf Kinder ist Vorsicht geboten: Alle Pflanzenteile der *Pieris*-Arten enthalten Giftstoffe.

Ziergehölze

Immergrüne Laubgehölze

Prunus laurocerasus
Lorbeerkirsche, Kirschlorbeer ○–●

Als schnittverträgliche, attraktive Heckenpflanze mit glänzend grünen Blättern ist die Lorbeerkirsche ebenso geschätzt wie als Strauch zur Unterpflanzung großer Bäume oder zur freundlichen Ausgestaltung problematischer Schattenplätze in Haus- und Terrassennähe. Die meisten der im April/Mai in dichten Trauben weiß blühenden Sorten werden zwischen 1 und 2 m hoch, die schwarzroten Früchte sind giftig. Von den zahlreichen Sorten wird die ausgebreitet und flach wachsende Zwergform 'Mount Vernon' nur 30 cm hoch, während 'Schipkaensis Macrophylla' mit 3 m Höhe und 20 cm langen Blütentrauben das Standardmaß überschreitet.

Pyracantha-Hybriden
Feuerdorn ○

Das 3–4 m hohe Gehölz mit in Doldenrispen erscheinenden, kleinen weißen Blüten im Juni zeichnet sich durch seine Genügsamkeit, Trockenheitsresistenz und den reichen leuchtend roten, orangefarbenen oder gelben Fruchtbehang ab September aus. Gewünscht wird ein möglichst sonniger Standort, die Ansprüche an den Boden sind gering. Die neueren Sorten haben sich als einigermaßen widerstandsfähig gegen den Feuerdornschorf erwiesen, allerdings wird die Winterhärte als unterschiedlich ausreichend beurteilt. In dieser Hinsicht empfehlenswert sind 'Navaho' und 'Orange Charmer' mit orangeroten sowie 'Soleil d'Or' mit gelben Früchten.

1) Lorbeerkirsche, Prunus laurocerasus
2) Feuerdorn, Pyracantha-Hybride
3) Schneeball, Viburnum x burkwoodii
4) Großes Immergrün, Vinca major
5) Koloradotanne, Abies concolor

Viburnum x burkwoodii
Schneeball ○–◐

Die weißen, duftenden Blüten öffnen sich im März/April mit einem weiteren Flor im Herbst. Der meist wintergrüne, 1–2 m hohe, im Wuchs eher sparrige Strauch braucht nährstoffreiche, etwas feuchte Böden in sonniger bis leicht beschatteter Lage. Der im Mai/Juni ebenfalls weiß blühende **Runzelige Schneeball**, *V. rhytidophyllum*, wird 3–4 m hoch, verträgt auch kalkhaltige Böden und sollte als Solitär einen herausragenden Platz im Garten erhalten.

Vinca major
Großes Immergrün ◐–●

Im April/Mai mit Nachblüte bis zum September erscheinen an den 0,40–0,80 m langen Trieben die relativ großen, blauen Blüten, die den Reiz des kleinen Rabattenstrauchs für schattige bis halbschattige Lagen ausmachen. Obgleich *V. major* im Winter häufig zurückfriert, erfolgt nach einem starken Schnitt im Frühjahr schon bald der neue Austrieb. Dass das Große Immergrün bei flächiger Verwendung als Bodendecker problematisch werden kann, wurde bereits auf S. 272 beschrieben.
Von *V. minor*, dem **Kleinen Immergrün**, einem nur 15 cm hohen Bodendecker, gibt es die weißblühende Sorte 'Alba' und 'Atropurpurea' mit weinroten Blüten.

Nadelgehölze

Wir kennen die mächtigen Baumgestalten aus Ferienaufenthalten in unseren Waldregionen ebenso wie als beeindruckende, immergrüne Gartengehölze, wo sie allerdings weit hinter den Laubbäumen und -sträuchern zurückstehen müssen. Obgleich es große Unterschiede in Habitus und Färbung wie Aussehen der Benadelung gibt, können es die Nadelbäume bei weitem nicht mit der Formenvielfalt von Laubgehölzen aufnehmen, vor allem aber fehlt ihnen das zierende Merkmal der Blüten.
Man wird sich im Garten deshalb in der Regel mit der Pflanzung von Koniferen eher etwas zurückhalten und sie vor allem in Einzelstellung an exponierter Stelle gestalterisch einsetzen; hier sind sie Blickfang und unterbrechen die Eintönigkeit des Winters. Als Hausbaum im Vorgarten – wie z. B. die vielgeliebte „Blautanne", die eigentlich eine Fichte ist – haben sie sich als Statussymbol der Nachkriegsjahre mittlerweile wohl überlebt, wobei es ihnen nicht besser erging als der Waschbetonplatte und dem Jägerzaun.
Zum immergrünen Nadelkleid gesellen sich bei manchen Gehölzen auch zierende Zapfen, z. B. bei der Koreatanne. Die Eiben *(Taxus)* haben statt dessen beerenähnliche, rote Samenhüllen zu bieten, weshalb sie wie auch der Wacholder *(Juniperus)* nicht zu den **Koniferen** (= Zapfenträger), wohl aber zu den Nadelgehölzen zählen.
Dass bei Nadelsträuchern und -bäumen des öfteren von **Belaubung** gesprochen wird, mag überraschen. Tatsächlich ist diese Bezeichnung auch für die nadelförmigen Blättchen üblich; im engeren botanischen Sinn werden sie sogar zu den Laubblättern gerechnet, was in dem Zusammenhang einen Sammelbegriff für alle „Hauptblätter" (im Gegensatz zu den Keimblättern) darstellt. In der nachfolgenden Auswahl wurden nur solche Arten und Sorten berücksichtigt, die auch im kleinen Garten Platz finden, außerdem Zwergformen für Terrassenhänge, Stein- und Heidegärten oder Gefäßpflanzung. Grundsätzlich sollten größer werdende Nadelgehölze so viel Raum haben, dass sie unbeengt von anderen Bäumen oder Sträuchern heranwachsen können und ausreichend Licht von allen Seiten erhalten. Bis auf ganz wenige Ausnahmen, die in den jeweiligen Kurzbeschreibungen genannt sind, wird also eine Beschattung nachteilig sein, weshalb sich die Anführung von Licht- und Schattensymbolen hier erübrigt.

Abies
Tanne

Ganz reizend macht sich *A. balsamea* 'Nana', eine Zwergform der **Balsamtanne**, in Stein- oder Heidegärten, wo die kaum 50 cm hohen, kugelig wachsenden Bäumchen für passende Abwechslung sorgen.
Obgleich die **Koloradotanne** (*A. concolor*) in ihrer nordamerikanischen Heimat bis zu 30 m Höhe erreichen kann, wird sie in unseren Gärten in 15 Jahren kaum 8 m hoch. Weil es sich um einen sehr schönen, durchgehend gleichmäßig beasteten Baum mit kegelförmiger Krone und blaugrün bereiften Nadeln handelt, hat er einen hohen Gartenwert. Trockenheit wird von *A. concolor* besser vertragen als von anderen Tannen. 'Compacta' ist eine nur 2 m hohe, strauchige Form mit silberblauen Nadeln.

Ziergehölze

Nadelgehölze

1) Koreatanne, Abies koreana
2) Scheinzypresse, Chamaecyparis lawsoniana 'Minima Glauca'
3) Nutka-Scheinzypresse, Chamaecyparis nootkatensis 'Pendula'
4) Leylandzypresse, x Cupressocyparis leylandii
5) Wacholder, Juniperus chinensis 'Old Gold'
6) Säulenwacholder, Juniperus communis 'Suecica'

Auffallend sind bei der **Koreatanne** (A. koreana) die violettpurpurne Färbung der jungen Zapfen und die glänzend grüne, unterseits weiße Benadelung. Die einen gleichmäßigen Kegel bildende Art wächst langsam und erreicht ihre Endgröße von 10 m erst nach vielen Jahren. 'Piccolo' kommt bei einer Höhe von nur 30 cm auf einen Breitenwuchs von bis zu 1,5 m.

Die verbreitete Zwergform der **Felsengebirgstanne**, A. lasiocarpa 'Compacta' erreicht erst im Alter ihre allenfalls 5 m messende Endgröße und beeindruckt mit ihrer graugrünen, dichten Benadelung. Wegen seines langsamen Wuches eignet sich der kleine Baum auch für die Trogbepflanzung und Steingärten.

Bei der **Silbertanne** (A. procera 'Glauca') bestechen die blauweißen Nadeln und die dicken, grünen, später gelbbräunlichen Zapfen, die oft schon an jungen Exemplaren erscheinen. Der Baum wächst häufig in Buschform und wird dann kaum höher als 3 m. In Aussehen und Wuchs ähnlich ist A. procera 'Nobel'.

Chamaecyparis
Scheinzypresse

Von der gern verwendeten C. lawsoniana gibt es eine Vielzahl von Gartenformen, die sich im Wuchsbild und in der Benadelung voneinander unterscheiden und erst im fortgeschrittenen Alter bis zu 10 m hoch werden können: 'Alumii', 8–10 m hoch, hat blaugrüne Schuppenblätter. 'Columnaris' wächst als straff aufrechte Säule 5–10 m hoch und ist silbergrau bis graugrün belaubt. 'Elwoodii', 2–3 m hoch, hat stahlblaue Schuppenblätter. 'Golden Wonder', erst im Alter bis zu 6 m hoch, fällt durch tief goldgelb

gefärbte Blätter besonders auf. 'Minima Glauca' ist ein blaugrün belaubter, kompakt kugel- bis kegelförmiger, höchstens 1,50 m hoher Kleinstrauch. 'Spek' wächst als kegelförmige Säule 8–10 m hoch und trägt graublaue Schuppenblätter; goldgelbe, im Winter grünlichgelbe Schuppenblätter sind das Kennzeichen der bis 10 m hohen, kegelförmig wachsenden 'Stewartii'.
Die im Alter 10–15 m hohe **Nutka-Scheinzypresse** (*C. nootkatensis* 'Pendula') fällt durch die sichelförmig aufgerichteten Äste mit senkrecht herabhängenden Zweigen und dunkelgrüner Belaubung auf. Der dekorative Baum sollte einen bevorzugten Platz in Einzelstellung erhalten.
Die **Muschelzypresse** (*C. obtusa* 'Nana Gracilis'), eine Zwergform der Hinoki-Scheinzypresse, wächst erst kugelig, später kegelförmig, bleibt viele Jahre mit 50 cm Höhe sehr niedrig und erreicht erst im Alter 2 oder 3 m Höhe. Die glänzend dunkelgrün belaubten Zweige sind muschel- bis tütenförmig gedreht. Der Baum sollte nicht in voller Sonne stehen.
Ausgesprochen langsam wächst die **Zwerg-Fadenzypresse** (*C. pisifera* 'Filifera Nana'). Der Zwergstrauch mit den fadenförmigen, gleichmäßig nach allen Seiten überhängenden Zweigen und frischgrüner Benadelung kommt im Laufe von 20 Jahren kaum über eine Größe von 80 cm in der Höhe und Breite hinaus. Im Wuchs ganz ähnlich, jedoch goldgelb belaubt, ist 'Filifera Aurea'.

x Cupressocyparis leylandii
Leylandzypresse

Als Einzelbaum kann die Hybride bis zu 30 m hoch werden, bei uns wird sie vor allem für dichte Heckenpflanzungen verwendet, da sie an Boden und Lage keine besonderen Ansprüche stellt und sich jeden Schnitt gefallen lässt.

Juniperus
Wacholder

Die aus Japan und China stammende, bis zu 20 m hohe Art *J. chinensis* wird bei uns nicht kultiviert, dafür gibt es von ihr zahlreiche, als Säulen oder breitbuschig wachsende Gartenformen, die überall anzutreffen sind.
'Blaauw' wird kaum 2 m hoch, ist graublau benadelt und sehr variabel in der Wuchsform. 'Hetzii' wächst mit trichterförmig aufsteigenden oder spitzwinklig ansteigenden Ästen 3–4 m hoch und breit; die Belaubung ist blaugrün. 'Old Gold' ist ein breit ausladender Zwergstrauch mit bronzegelben Schuppenblättern auch im Winter. 'Pfitzeriana' wird bis 4 m hoch und breit und baut sich in unregelmäßigen Etagen auf; der Busch kann einen kleineren Vorgarten völlig mit Beschlag belegen und weitere Pflanzungen erübrigen. 'Pfitzeriana Aurea' wächst ähnlich, ist aber gelbgrün belaubt; die Farbe wechselt im Laufe des Sommers zu Grün. 'Pfitzeriana Compacta' wird nur 60 cm hoch, aber 2 m breit. 'Plumosa Aurea' ist ein 1–2 m hoher, breitbuschig aufrecht wachsender Zwergstrauch, die Schuppenblätter sind goldgelb, im Winter braun- bis bronzegelb.
Der **Gemeine Wacholder**, (*J. communis*), eine sehr variable Art mit hohen Bäumen oder breitwüchsigen Sträuchern, hat ebenfalls zahlreiche Gartenformen hervorgebracht. 'Hibernica', der Irische Säulenwacholder, wächst straff aufrecht 3–4 m hoch und schmückt sich mit blaugrünen Nadeln. Bei 'Hornibrookii' handelt es sich um eine 50 cm hohe und 2 m breite Zwergform mit dem Boden aufliegenden Ästen und leicht ansteigenden Zweigspitzen; die hellgrünen Nadeln sind silbrig gestreift. 'Suecica', der Schwedische Säulenwacholder, wird als straffe Säule im Alter bis zu 6 m hoch, die Nadeln an den mit den Spitzen überhängenden Zweigen sind blaugrün.
Wie der Name sagt, handelt es sich beim **Kriechwacholder** (*J. horizontalis*) um niedrige, dem Erdreich flach aufliegende, breitwüchsige Sträucher, die sich an passenden Stellen als Bodendecker, aber auch im Stein- und Heidegarten oder für Trogpflanzungen verwenden lassen. 'Blue Ship', 50 cm hoch, ist blau benadelt, 'Glauca', etwas niedriger, hat stahlblaue Nadeln. 'Wiltonii' ist ein 10 cm hoher Zwerg mit silberblauen Nadeln.

Picea
Fichte

Die **Rotfichte** (*P. abies*) ist eigentlich ein bis zu 50 m hoher Forstbaum. Von ihr gibt es jedoch auch einige kleiner bleibende Gartenformen, die von den Baumschulen angeboten werden: 'Acrocrona' wird 4–6 m hoch und trägt schon im Jugendstadium 10 cm lange, rote Zapfen an den Triebspitzen. Der Wuchs ist breit kegelförmig, die Zweige hängen bogig über. 'Echiniformis', die Igelfichte, macht ihrem Namen mit dem kissenförmigen Wuchs alle Ehre; die Pflanzen werden 20–50 cm hoch,

Ziergehölze

Nadelgehölze

1) Fichte, Picea abies 'Acrocrona'
2) Serbische Fichte, Picea omorika 'Nana'
3) Rotkiefer, Pinus densiflora 'Pumila'
4) Bergkiefer, Pinus mugo ssp. mugo
5) Eibe, Taxus baccata
6) Lebensbaum, Thuja occidentalis 'Danica'
7) Hemlocktanne, Tsuga canadensis

bis zu 80 cm breit, mit feinen, gelb- bis graugrünen Nadeln. 'Inversa' ist eine bizarre, etwa mannshohe, im Alter bis zu 8 m messende Hängeform mit herabgebogener Mitteltriebspitze und fast senkrecht abwärts weisenden Zweigen. 'Little Gem' ist ein 30 cm hoher, flachkugeliger Zwerg mit nestartig vertiefter Mitte. Ganz ähnlich wächst 'Nidiformis', die Nestfichte, die auch im Alter selten höher als 80 cm und 150 cm breit wird. Ebenfalls eine flachkugelige bis breitkegelige Zwergform ist 'Pumila Glauca' mit bläulichgrünen Nadeln. 'Pygmaea', die Gnomenfichte, bleibt viele Jahre nur 20–30 cm hoch und überschreitet auch im Alter kaum die 50-cm-Marke.

Nicht ganz so klein, aber ebenfalls langsam wachsend ist die **Zuckerhutfichte** (P. glauca 'Conica'). Der erst im Alter 3–4 m hohe Baum bringt es fertig, die strenge, dichte, kegelförmige Form unbeirrt beizubehalten, was ihm wahrscheinlich zu seiner Beliebtheit als Gartengehölz verholfen hat. P. glauca 'Echiniformis', eine flachkissenförmige bis flachkugelige Zwergsorte, 50 cm hoch und bis zu 100 cm breit, hat blaugrüne, silbrig bereifte Nadeln. Trotz ihrer Endgröße von 20–25 m ist die **Serbische** oder **Omorikafichte** (P. omorika) wegen ihres schmalen, mitunter fast säulenartigen Wuchses auch für kleinere Gärten, sogar Vorgärten geeignet. An den sichelförmigen, aufwärts gerichteten Zweigen sitzen dunkelgrün glänzende, unterseits weiß gestreifte Nadeln. Die bis 4 m hohe Zwergform 'Nana' wächst dagegen breit kegelförmig. Die aus Nordamerika stammende **Stechfichte** (P. pungens) ist der Hauptlieferant unserer Weihnachtsbäume und gleichzeitig die schon erwähnte „Blautanne" der Ziergärten. Die Art und ihre Gartenformen zeichnen sich durch Robustheit und Winterhärte aus. 'Glauca Globosa' ist eine silberblau benadelte Zwergform, die selten höher als 2 m wird. Silbrigblaue Nadeln hat 'Hoopsii', eine im Alter 10–15 m hohe Sorte. Sehr ähnlich präsentiert sich die ebenfalls breit kegelig wachsende alte Sorte 'Koster'.

Pinus
Kiefer

P. densiflora 'Pumila', eine strauchartig wachsende Form der **Rotkiefer**, braucht Jahrzehnte, bis sie eine Höhe von 3 m bei bis zu 5 m Breite erreicht hat, und besitzt einen flachkugeligen Habitus. Sie wird auch unter der Formenbezeichnung 'Umbraculifera' angeboten.
Von der **Berg-** oder **Krummholzkiefer** *(P. mugo)* gibt es mehrere kleinbleibende Sorten. Die Zwerge 'Laurin' und 'Mops' werden 0,50–1 m, 'Gnom' bis 2 m hoch, wachsen kugelig bis kegelförmig und sind ideale Pflanzen für Tröge, Kübel oder Balkonkästen. Nach Bedarf lassen sich die jungen Triebe im Frühjahr einkürzen, sodass man den ohnehin schon schwachen Wuchs zusätzlich reduzieren kann, falls erforderlich. Ihr lockerer Wuchs tut der Schönheit der **Mädchenkiefer** *(P. parviflora* 'Glauca') keinen Abbruch. Der kleine, häufig mehrstämmige Baum mit den silbrigblauen Nadeln und hübschen, hellbraunen Zapfen wird auch im Alter selten höher als 3 m. Mit 'Fastigiata' bietet die **Gemeine Kiefer** *(P. sylvestris)* eine in dieser Gattung seltene Säulenform. Sie erreicht im Alter eine Höhe von 10 m, bleibt aber meist kleiner; die bis zu 6 cm langen, spitzen Nadeln haben eine blaugrüne Färbung.

Taxus baccata
Gemeine Eibe

Aus dem großen Sortiment der Gartenformen zwergiger bis mehrere Meter hoher Bäume kann hier nur eine kleine Auswahl zusammengestellt werden. Für eine Anpflanzung im Hausgarten sprechen Schnittverträglichkeit, Robustheit und gutes Wachstum auch in Schattenlagen. Vorsicht jedoch bei Kindern: Der rote Samenmantel ist zwar harmlos, sein Inhalt jedoch und alle anderen Pflanzenteile sind hochgiftig. Empfehlenswerte Sorten: 'Aureovariegata', breitbuschig, 3–5 m hoch, goldgelbe Nadeln; 'Dovastoniana', bis 8 m hoher, breit kegelförmig wachsender Baum oder Strauch mit überhängenden Seitenzweigen, Nadeln dunkelgrün. 'Dovastoniana Aurea' bleibt kleiner und hat gelbgrüne Nadeln mit gelbem Rand. 'Fastigiata' ist eine bis 5 m hohe, aufrecht wachsende Säulenform, Nadeln schwarzgrün. 'Nissens Corona' wird 3 m hoch und 6 m breit, wächst mit waagerecht abstehenden Ästen als breiter Busch ohne Mitteltrieb und hat kräftig grüne Nadeln. 'Repandens' ist ein Zwerg unter den Eiben, der nur 80 cm hoch, aber bis zu 4 m breit wird. 'Semperaurea' ist ebenfalls breitbuschig, wächst aber mit aufrechten Ästen und wird bis 2 m hoch; die Nadeln sind goldgelb.

Thuja occidentalis
Abendländischer Lebensbaum

Ihre größte Bedeutung hat diese Art als Heckenpflanze, da sie außerordentlich schnittverträglich ist und kaum etwas übel nimmt, solange man mit der Schere nicht ins alte Holz kommt und der Standort ausreichend Licht erhält. Auch beim Lebensbaum gibt es eine große Anzahl sehr unterschiedlicher Gartenformen. 'Columna' hat nicht nur als säulenförmiger, bis 8 m hoher Abgrenzungs- und Heckenbaum Bedeutung, sondern wirkt wegen seines aufrechten, dichten Wuchses und der glänzend dunkelgrünen Benadelung auch in Einzelstellung sehr schön. 'Danica' fällt mit kugeligem Wuchs und nur 30 cm Höhe etwas aus dem Rahmen; die frischgrünen Nadeln verfärben sich im Winter ins Bräunliche. 'Holmstrup' ist ein 3–4 m hoher, kegelförmiger Baum, der seine grüne Farbe auch im Winter behält. 'Smaragd' wird in 15 Jahren nur etwa 2 m hoch, kann später aber 5–6 m erreichen; die Sorte wächst kompakt-kegelförmig, ihre Nadeln sind frischgrün. 'Tiny Tim' ist eine 30 cm hohe, kugelige, grün benadelte Zwergform, die z. B. in kleinen Gruppen gepflanzt recht reizvoll wirkt.

Tsuga
Hemlocktanne

Die Äste der **Kanadischen Hemlocktanne** *(T. canadensis)* sind breit ausladend und in unregelmäßigen Etagen angeordnet, die Spitzen hängen leicht über. 'Jeddeloh' wächst ohne Mitteltrieb mit ausgebreiteten Ästen und wird bei 2 m Breite bis 1 m hoch. 'Pendula' ist eine 3 m hohe und 5 m breite Hängeform, deren dunkelgrün benadelten Zweige bogenförmig überhängen.
Die **Silberhemlocktanne** *(T. mertensiana* 'Argentea') ist ein 5–6 m hoher Baum mit an den Spitzen leicht überhängenden Zweigen. Er fällt durch seine bis 3 cm langen, silberblauen Nadeln auf; die langen, anfangs bläulichroten Zapfen erscheinen erst an älteren Exemplaren.

Ziergehölze

Nadelgehölze

Rhododendren und Azaleen

Dass man diese prachtvollen, teils immer-, teils sommergrünen Blütengehölze nicht in jedem zweiten Garten antrifft, hängt wahrscheinlich mit der Kalkempfindlichkeit der Sträucher zusammen. Da sie einen pH-Wert zwischen 4,2 und 5,5 sowie humosen, nicht zu trockenen Boden und einen Stand in lichtem Schatten, eventuell mit Teilbesonnung verlangen, sind Misserfolge bei unbedachter Pflanzung vorprogrammiert. Vor der Pflanzung sollte man eine pH-Wert-Untersuchung (vgl. auch S. 19) durchführen, z. B. mit Indikatorstäbchen aus der Drogerie oder speziellen Testsets aus dem Fachhandel. Liegt der pH-Wert für Rhododendron & Co. zu hoch, bleibt nur der Griff zum Torf, der – je nach pH-Wert der Pflanzstelle – mehr oder weniger reichlich unter die Erde gemischt wird.

Bei sehr kalkhaltigem Boden empfiehlt sich sogar das Ausheben einer Grube von ca. 70 cm Tiefe, die dann mit einem Torf-Erd-Gemisch oder einem speziellen Rhododendronsubstrat befüllt wird – sofern man in diesem Fall nicht lieber doch auf standortgerechtere, kalkverträgliche Gehölze zurückgreift.

Auch bei der Düngung muss auf die Empfindlichkeit Rücksicht genommen werden, das heißt, man verwendet tunlichst nur organische Handelsprodukte oder Spezialdünger. Bei empfindlichen Arten und Sorten ist zudem Winterschutz gegen Wechseltemperaturen und Sonneneinstrahlung, vor allem im zeitigen Frühjahr, angesagt.

Im Hausgarten beliebt und wohl auch am häufigsten zu finden sind die **großblumigen, immergrünen Hybriden** unterschiedlicher Abstammung. Die meist breiten Büsche werden 1–3 m, in Ausnahmefällen bis zu 5 m hoch. Aber auch die so genannten **Japanischen Azaleen**, ebenfalls buschig und kaum höher als 1 m, in unserem Klima meist wintergrün, sind gärtnerisch von Bedeutung, während die in Kultur genommenen Wildarten vorzugsweise Liebhabern vorbehalten bleiben. Schließlich gibt es noch die **sommergrünen Rhododendron-Hybriden,** die im Herbst ihr Laub abwerfen, 1,20–2 m hoch werden und beim Flor teils mit leuchtenden Orange- und Gelbtönen aufwarten.

Die Hauptblühzeit der Rhododendren fällt in die Monate April und Mai, bei spät blühenden Sorten auch bis weit in den Juni hinein. Viele Blüten zeigen einen reizvollen Kontrast zwischen Grundfarbe und anders getönter, oft nur angedeuteter Zeichnung. Diese ist in den nachfolgenden Sortenübersichten hinterm Schrägstrich genannt.

Im lichten, luftfeuchten Schatten von Laubbäumen finden Rhododendren gute Wachstumsbedingungen

Ziergehölze

Rhododendren und Azaleen

Die immergrünen Rhododendren sollten gut vor der intensiven Sonneneinstrahlung im Spätwinter geschützt werden, am besten durch Fichtenzweige an einem einfachen Gerüst

Großblumige Rhododendron-Hybriden
Aus der Vielzahl von Sorten lässt sich hier nur eine kleine Auswahl älterer wie neuerer Züchtungen vorstellen. Fast alle gehören zum Standardsortiment, sind also in Baumschulen erhältlich bzw. können beschafft werden.

Großblumige Rhododendron-Hybriden, Sortenauswahl

Sorte	Blütenfarbe/Zeichnung
'Album Novum'	weiß/lila Hauch
'Bernstein'	bernsteingelb/rotbraun
'Brasilia'	orangerot/gelb
'Catawbiense Boursault'	helllila/schwach gelb
'Cunningham's White'	weiß/zartgelb
'Dr. H. C. Dresselhuys'	purpurrot/braun
'Furnivall's Daughter'	hellrosa/dunkelrot
'Goldsworth Yellow'	hellgelb/braunrot
'Hachmann's Feuerschein'	leuchtend rot/schwach schwarz
'Humboldt'	lilarosa/dunkelrot
'Jacksonii'	weißlich rosa/gelb
'Kokardia'	rubinrosa/schwarzrot
'Lee's Dark Purple'	dunkelviolett/gelbbraun
'Nova Zembla'	leuchtend rot/schwarz
'Old Port'	violett/dunkelbraun
'Progres'	weißrosa/dunkelrot
'Roseum Elegans'	rosalila/rotbraun
'Sammetglut'	tiefrot/mit weißen Staubgefäßen
'Scintillation'	hellrosa/gelbbraun

'Cunningham's White'

'Dr. H. C. Dresselhuys'

Japanische Azaleen

Diese besonders reichblütigen Sorten, häufig nahezu kissenartig wachsend, sind empfindlicher als die meisten anderen Rhododendren und sollten auf keinen Fall an sonnige oder dem Wind ausgesetzte Standorte gepflanzt werden. In Gegenden mit kalten Wintern ist ein Schutz aus Fichtenreisig, der bis nach den Frühjahrsfrösten verbleibt, empfehlenswert.

Japanische Azaleen, Sortenauswahl

Sorte	Blütenfarbe/Zeichnung
'Blaue Donau'	dunkelviolett/schwach rot
'Diamant'	Gruppe mit Sorten in verschiedenen Rot- und Rosatönen sowie Weiß
'Favorite'	leuchtend rosa/schwach rotbraun
'Hatsugiri'	purpurviolett
'John Cairns'	dunkelrot/schwach dunkel
'Kermesina'	dunkelrosa/schwach dunkel
'Kermesina Rose'	rosa/weißer Saum
'Muttertag'	leuchtend karminrot/schwach braun
'Orange Beauty'	hellrot/schwach braun
'Rosalind'	tiefrosa/schwach bräunlich
'Rubinetta'	leuchtend dunkelrosa/schwach bräunlich
'Schneeglanz'	rein weiß/gelbgrün
'Signalglühen'	leuchtend rot/schwach dunkelrot
'Vuyk's Scarlet'	leuchtend karminrot/braun

'Kermesina'

'Rosalind'

'Vuyk's Scarlet'

Sommergrüne Rhododendron-Hybriden, Sortenauswahl

Sorte	Blütenfarbe/Zeichnung
'Adrian Koster'	rein gelb
'Berryrose'	rosa/gelb
'Cecile'	lachsrosa/gelber Fleck
'Coccinea Speciosa'	orangerot/rotgelb
'Daviesii'	cremeweiß/gelb
'Fanal'	leuchtend rot/orange
'Fireball'	tiefrot/orange
'Gibraltar'	orange/gekräuselter Saum
'Golden Sunset'	goldgelb/orangefarbener Fleck
'Klondyke'	orangegelb/rötliche Flammung
'Parkfeuer'	rein rot/orange
'Persil'	rein weiß/gelber Fleck
'Sarina'	lachsrosa/orangeroter Fleck
'Schneegold'	rein weiß/gelber Fleck, gewellter Rand rosa überhaucht

Sommergrüne Rhododendron-Hybriden

Kennzeichen dieser laubabwerfenden Sorten ist die Leuchtkraft der Blütenfarben, die sie von den meisten immergrünen Hybriden unterscheidet und eine Zusammenpflanzung dieser beiden Gruppen verbietet. Da die Pflanzen im Winter keine Blätter besitzen, können ihnen Fröste weniger anhaben als den immer- oder wintergrünen Rhododendren.

Ziergehölze

Rhododendren und Azaleen

'Persil'

'Golden Sunset'

'Gibraltar'

Viele Rosensorten blühen fast ohne Unterbrechung von Juni bis in den Herbst hinein

Rosen

Um diese umfangreiche Pflanzengruppe mit unterschiedlichen Wuchsformen, Arten und Sorten einigermaßen übersichtlich in den Griff zu bekommen, wurden im Laufe der Zeit immer neue Klassifizierungssysteme ersonnen, und es mag Sache der Experten bleiben, der einen oder anderen Auffassung zuzuneigen. Für den Gartenbesitzer kommt es darauf an, die wichtigsten Gruppen zu kennen und davon die Möglichkeiten der Pflanzung im eigenen Garten abzuleiten. Die nachfolgenden Kurzvorstellungen orientieren sich an der handelsüblichen Einteilung.

Licht, Luft und trockene Füße
Abgesehen von den robusten Wildarten zählen Rosen eher zu den anspruchsvolleren Gehölzen. Zwar

INFO

Gütesiegel ADR
Diese Bezeichnung tragen Züchtungen, die die „Alldeutsche Rosen-Neuheiten-Prüfung" mit Erfolg bestanden haben und die deshalb als „Anerkannte Deutsche Rose" (ADR) gelten dürfen. In einem Langzeittest müssen die Rosen ihre Robustheit bei wechselnden Bedingungen unter Beweis stellen, was natürlich keine Garantie dafür sein kann, dass die geprüften Sorten völlig gegen Krankheiten und Schädlinge gefeit sind.

wird Halbschatten wie pralle Sonne von den meisten Sorten gut vertragen, wärmereflektierende Wände oder Bodenbeläge am Pflanzort führen jedoch fast unweigerlich zu Blattfall und Schädlingsbefall. Ebenso ungünstig ist ein Standort, an dem die Blätter nach Niederschlägen nicht schnell abtrocknen können, z. B. unter großen Bäumen oder in schlecht durchlüfteten Gartenecken. Solche Plätze begünstigen das Auftreten von Pilzkrankheiten. Lehmige Böden sind am besten geeignet, es darf jedoch keinesfalls zu Staunässe kommen. Im Zweifelsfall empfiehlt sich eine Dränageschicht aus Kies am Grund des Pflanzlochs. Wo vorher bereits Rosen wuchsen, sollte der „rosenmüde" Boden zwei Spatenstich tief ausgetauscht werden.

Sorten: die Qual der Wahl

Die Sortenvielfalt bei Rosen kann einen regelrecht erschlagen, zumal ständig neue Züchtungen hinzukommen. Die folgende, nach Rosengruppen geordnete Auswahl beschränkt sich auf einige wenige bewährte Sorten und kann lediglich Anhaltspunkte geben. Entscheidend für die Auswahl wird meist die Blütenfarbe sein, obwohl gerade bei Rosen der Duft ebenfalls ein wichtiges Kriterium darstellt. Viele Rosensorten blühen mehrmals, oft fast ohne Unterbrechung vom Frühsommer bis September oder gar bis zum Frosteintritt. Die einmal blühenden dagegen lassen eher die Herkunft von Wildrosen oder Alten Rosen erkennen: Sie warten meist im Mai/Juni mit prächtigem Flor auf, der danach verebbt, gelegentlich jedoch von einer schwächeren Nachblüte gefolgt wird.

Beetrosen

Diese eher kompakt wachsenden Sträucher lassen sich mit der Schere auf Höhen zwischen 40 und 100 cm halten. Es gibt zahlreiche Sorten in allen Rosenfarben, die Blüten sind einfach, halb- oder ganz gefüllt und teilweise duftend.

Beetrosen, Sortenauswahl

Sorte	Blütenfarbe	Höhe in cm	Hinweise
'Allgold'	goldgelb	50–70	öfter blühend
'Amsterdam'	leuchtend rot	70–80	
'Bonica 82'	rosa	70–80	öfter blühend; ADR
'Dalli Dalli'	blutrot	50–70	öfter blühend; ADR
'Friesia'	goldgelb	60–70	duftend; ADR
'Goldtopas'	gelborange	40–50	
'Insel Mainau'	dunkelrot	30–50	
'Lilli Marleen'	leuchtend rot	50–70	öfter blühend
'Ludwigshafen am Rhein'	lachsorange	50–70	öfter blühend, stark duftend; ADR
'Ponderosa'	rotorange	50–60	duftend
'Prominent'	lachsorange	60–90	gut duftend
'Schloß Mannheim'	scharlachrot	60–70	öfter blühend; ADR
'Travemünde'	dunkelrot	50–70	öfter blühend; ADR

Ziergehölze

Rosen

'Ponderosa'

'Friesia'

Edelrosen, Sortenauswahl

Sorte	Blütenfarbe	Höhe in cm	Hinweise
'Alec's Red'	kirschrot	60–80	öfter blühend, stark duftend
'Carina'	rein rosa	80–100	duftend; ADR
'Duftwolke'	korallenrot	50–70	öfter blühend, stark duftend; ADR
'Erotika'	dunkelrot	60–80	stark duftend; ADR
'Evening Star'	rein weiß	80–100	öfter blühend, gut duftend
'Gloria Dei'	gelbrosa	100–120	öfter blühend, duftend
'Harmonie'	lachsrosa	70–80	öfter blühend, stark duftend
'Königin der Rosen'	lachsorange mit Gelb	50–70	duftend; ADR
'Lolita'	orangegelb	70–80	stark duftend; ADR
'Mainzer Fastnacht'	fliederfarben	60–80	stark duftend
'Mildred Scheel'	blutrot	60–80	stark duftend; ADR
'Rebecca'	leuchtend gelb mit Rot	70–90	ADR

Edelrosen

Der Unterschied zu Beetrosen besteht vor allem darin, dass die großen, edel geformten Blüten vielfach einzeln auf längeren Stielen sitzen. Sie sind, sparsam verwendet, ein aparter Vasenschmuck. Man kann Edelrosen in kleinen Gruppen kombinieren oder auch solitär stellen und mit passenden Begleitstauden wie z. B. Salvien umrahmen.

'Evening Star'

'Duftwolke'

Öfter blühende Strauchrosen, Sortenauswahl

Sorte	Blütenfarbe	Höhe in cm	Hinweise
'Angela'	rosarot	130–150	duftend
'Bonanza'	leuchtend gelb	150–200	ADR
'Conrad Ferdinand Meyer'	silbrigrosa	200–300	stark duftend
'Elmshorn'	kräftig rosa mit Rot	150–200	duftend; ADR
'Fontaine'	dunkelrot	150–200	duftend; ADR
'Freudentanz'	geranienrot	60–80	gut duftend
'Ilse Haberland'	karminrot	100–150	stark duftend
'Lichtkönigin Lucia'	zitronengelb	100–150	duftend; ADR
'Mozart'	rosa mit weißem Auge	80–100	duftend
'Romanze'	dunkelrosa	100–150	duftend; ADR
'Schneewittchen'	rein weiß	60–80	duftend; ADR
'Westerland'	lachsfarben mit Gelb	150–200	duftend; ADR

Ziergehölze

Rosen

Strauchrosen
Sie werden breiter und höher als Beetrosen und können, wenn man sie wachsen lässt, leicht 3 m Höhe und mehr erreichen. Es gibt wie bei den vorgenannten Gruppen einmal sowie mehrfach bis zum Herbst blühende Sorten, die man wie andere Ziersträucher des Gartens behandelt und einsetzt. Am besten wirken sie als Solitäre oder in kleinen Gruppen.

'Schneewittchen'

'Lichtkönigin Lucia'

Kletterrosen, Sortenauswahl

Sorte	Blütenfarbe	Höhe in cm	Hinweise
'Bobby James'	cremeweiß	400–500	stark duftend
'Compassion'	kupferapricot	200–300	öfter blühend, stark duftend; ADR
'Coral Dawn'	korallenrosa	200–300	öfter blühend, starkduftend
'Flammentanz'	blutrot	300–400	sehr frosthart; ADR
'Golden Showers'	zitronengelb	200–300	öfter blühend
'Goldstern'	goldgelb	200–300	öfter blühend
'Gruß an Heidelberg'	feuerrot	200–300	öfter blühend, duftend; ADR
'Harlekin'	cremeweiß	200–250	öfterblühend, gut duftend
'New Dawn'	weißlichrosa	300–400	öfter blühend, gut duftend
'Pauls Scarlet Climber'	blutrot	200–350	besonders frosthart
'Sympathie'	dunkelrot	300–400	öfter blühend, ADR

Kletterrosen

Das sind Rosen, deren Triebe 6 m und länger werden können. Als Spreizklimmer besitzen sie keine Haftorgane und brauchen deshalb ein Gerüst oder eine andere Kletterhilfe. Man kann auch hier zwischen einmal und mehrfach blühenden Sorten wählen. Besonders schön wirken Kletterrosen an einer Pergola oder an einem Rosenbogen.

'Flammentanz'

'New Dawn'

Bodenbedeckende Rosen, Sortenauswahl

Sorte	Blütenfarbe	Höhe in cm	Wuchs	Hinweise
'Bonica 82'	rosa	50–60	buschig	öfter blühend; ADR
'Fiona'	blutrot	70–80	aufrecht, teils überhängend	öfter blühend
'Heidekönigin'	rein rosa	20	niederliegend	duftend
'Heidesommer'	rein weiß	60–70	steil aufrecht	duftend
'Moje Hammarberg'	violettrot	70–80	breitbuschig, aufrecht	stark duftend
'Nozomi'	zartrosa	30	niederliegend	öfter blühend
'Pink Meidiland'	lachsrosa	80–100	straff aufrecht	ADR
'Repandia'	leuchtend rosa	30–50	niederliegend	duftend; ADR
'Sommerwind'	rein rosa	50–60	buschig	ADR
'Swany'	weiß	60–70	buschig	öfter blühend
'The Fairy'	hellrosa	50–60	buschig	öfter blühend

Bodenbedeckende Rosen

Der Begriff ist etwas verwirrend, weil auch 80–100 cm hohe, mit ausgebreiteten oder abwärts geneigten Trieben wachsende Sorten zu dieser Gruppe gezählt werden. Um die Wuchsform zu definieren, wurden die „Rosen für flächige Pflanzung" z. B. in steil aufrecht wachsende, niedrig buschig oder flach niederliegend wachsende eingeteilt.

'Sommerwind'

'The Fairy'

Zwergrosen, Sortenauswahl

Sorte	Blütenfarbe	Höhe in cm
'Alberich'	karminrot	30–40
'Baby Maskerade'	goldgelb mit Karminrot	40–50
'Daniela'	zartrosa	20–25
'Scarletta'	scharlachrot	30–35
'Sonnenkind'	tief goldgelb	30–40
'Starina'	lachsrot	20–30
'White Gem'	rein weiß	30–40

'Baby Maskerade'   **'Starina'**

Bei Trauer- oder Kaskadenrosen werden Kletterrosen auf Stamm veredelt; hier die Sorte 'Rosarium Uetersen'

Zwergrosen
Die reich verzweigten Sträucher werden nur etwa 30–50 cm hoch, blühen teilweise den ganzen Sommer über und erfreuen sich wieder größerer Beliebtheit. Duft ist bei ihnen allerdings selten. Man kann sie in Töpfe oder Balkonkästen setzen oder auch als Einfassungspflanzen verwenden. Alle nebenstehend genannten Sorten sind Dauerblüher, jedoch nicht duftend.

Spezielle Rosengruppen
Die zuvor aufgeführten Gruppen bzw. Rosenklassen unterscheiden sich in der Hauptsache durch Wuchsform und Verwendung. Daneben gibt es einige „Spezialitäten" unter den Rosen, die nach ganz unterschiedlichen Gesichtspunkten zusammengefasst werden.
Bei **Stammrosen** und **Trauerrosen** handelt es sich um auf Stämme veredelte Rosen. Auf 40 cm (Zwerg- oder Fußstamm), 60 cm (Halbstamm) oder 80 cm (Hochstamm) hohen Wildstämmen sitzen „Kronen" von Beet- oder Edelrosen. Bei Trauerrosen werden auf 140 cm hohe Stämme langtriebige Kletterrosen veredelt. Solitär oder in einer kleinen Gruppe gepflanzt, setzen solche Rosenstämmchen – z. B. auf einer Rasenfläche – reizvolle Akzente.
Zu den **Alten Rosen** zählt man alle Sorten, die es bereits vor 1867, dem Einführungsjahr der ersten Teehybride 'La France', gab. Jedenfalls haben sich die Experten, teilweise wohl widerstrebend, auf diese Zäsur weitgehend geeinigt. Schon seit einiger Zeit werden solche Formen von Liebhabern besonders geschätzt, sodass sich einige Rosenschulen auf Alte Rosen spezialisiert haben und mit einem umfangreichen Angebot aufwarten. Da für die Zuordnung

letztendlich nur das Einführungsjahr entscheidend ist, finden sich in dieser Gruppe hoch wachsende Strauchrosen wie Kletterrosen, Sorten mit Beetrosen- wie mit Edelroseneigenschaften. Strauchrosen sind es vor allem, die als **Englische Rosen** angeboten werden. Dabei handelt es sich um Kreuzungen von Alten Rosen mit modernen Sorten.

Ein Comeback erfuhren auch die **Wildrosen,** die im Naturgarten ihren festen Platz erhalten haben. Die meist im Juni/Juli erscheinenden einfachen, bei einigen Abkömmlingen auch gefüllten Blüten haben einen ganz besonderen Charme, die Sträucher selbst sind robust, gesund und schmücken sich nach der Blüte teilweise mit leuchtenden Hagebutten. Dem Wuchs nach handelt es sich um ausladende Strauchrosen, je nach Art mit Höhen zwischen 0,80 und 3 m. Genügend Platz vorausgesetzt, eignen sie sich gut für die Anlage von Strauchgruppen und frei wachsenden Hecken.

Wer sich für Wildrosen entscheidet, kann sich im Herbst an leuchtenden Hagebutten erfreuen

Ganz ähnlich präsentieren sich – als direkte Abkömmlinge verschiedener Wildrosenarten – die **einmal blühenden Strauchrosen,** auch Park- und Moosrosen genannt.

Rosenschnitt

Einmal blühende Strauchrosen und **Wildrosen** brauchen überhaupt keinen Schnitt, sie sollen ihren natürlichen Habitus behalten bzw. entwickeln. Wie bei vielen anderen Gartengehölzen entfernt man im Frühjahr lediglich abgestorbene, abgeknickte oder kranke, eventuell auch allzu dicht stehende Triebe. Alle paar Jahre kann dann noch überaltertes Holz dicht am Boden weggenommen werden, was einem Erhaltungsschnitt entspricht.

Bei **öfter blühenden Strauchrosen,** die im Wuchs nachlassen, kann man schwache Triebe im Frühjahr auf ein Drittel, stärker wachsende auf zwei Drittel ihrer ursprünglichen Länge einkürzen. Sehr schwache, dünne Triebe werden direkt am Ansatzpunkt entfernt.

Das Entfernen kranker und abgestorbener Triebe bis ins alte Holz ist auch die für **Beet- und Edelrosen** wichtigste Schnittmaßnahme. Sollen Beetrosen niedrig und buschig blei-

Ziergehölze

Rosen

Schnitt öfter blühender Strauchrosen: ① In der Regel wird lediglich etwas ausgeputzt und leicht gelichtet. ② Wenn der Wuchs nachlässt, erfolgt ein Verjüngungsschnitt, bei dem man auch die Haupttriebe einkürzt

Schnitt der Edel- und Beetrosen: Nach Entfernen abgestorbener oder störender Triebe nimmt man die Haupttriebe auf etwa 20 cm zurück

Bei **Stammrosen** bindet man die Krone zusammen, nachdem Holzwolle oder Kurzstroh hineingestopft wurden. Dann folgt ringsum eine Schicht Fichtenreisig, und zwar so weit nach unten reichend, dass auch die verdickte Veredelungsstelle unterhalb der Krone damit bedeckt ist. Denselben Zweck erfüllen Jutetücher oder Sackleinen, keinesfalls jedoch Folie. Das früher häufig praktizierte Herunterbiegen des Stämmchens und Bedecken der entblätterten Krone samt Veredelungsstelle mit Erde ist wegen möglichen Stammbruchs – gerade wenn von Laien durchgeführt – immer etwas riskant und in Fachkreisen zudem umstritten.

ben, kürzt man die Triebe in jedem Frühjahr ein, und zwar stärkere so weit, dass etwa 20 cm übrig bleiben, schwache auf eine Länge von 10 cm. Der Schnitt der **Zwergrosen** entspricht dem der Beetrosen.

Von **Kletterrosen** entfernt man im Frühjahr lediglich Langtriebe, die abgestorben oder sichtbar überaltert sind. Die der Basis entspießenden Jungtriebe sind keine Wildschosse, sondern die Träger neuer Blüten, die an ihren seitlichen Verzweigungen erscheinen. Diese Blüten tragenden Seitenzweige werden nur weggeschnitten, wenn sie zu dicht stehen oder wegen Überalterung im Flor nachlassen.

Bei den **Stammrosen** geht es nur darum, die gefällige Form der Krone zu erhalten, indem man zu lang gewordene Triebe einkürzt.

Für die **Schnitttechnik** gelten die auf S. 230 genannten Grundregeln. Hinzu kommt, dass der Rückschnitt leicht schräg etwa 1 cm über einem nach außen weisenden Auge erfolgen sollte. Die beste **Schnittzeit** ist das Frühjahr, je nach Witterung Ende Februar oder März. Ab Mai kommt bei den veredelten Sorten das Entfernen von Wildtrieben, die unterhalb der Veredelungsstelle entspringen, hinzu. Im Juli/August folgt der so genannte Sommerschnitt bei öfter blühenden Rosen: Verwelkte Blüten bzw. Blütenstände werden zusammen mit den obersten zwei oder drei Blättern entfernt, damit es einen neuen Blütenansatz und damit schönen Herbstflor gibt.

Winterschutz

Der wichtigste und beste Schutz gegen Frost ist das Anhäufeln. Das sollte nicht zu früh geschehen, denn je länger die Pflanzen Licht und Sonne bekommen, desto besser reifen sie aus. Zusätzlich kann man frisch gepflanzte Rosen mit Fichtenreisig abdecken, um sie vor Austrocknung durch Sonne und Wind zu bewahren.

Koniferenzweige verwendet man auch als Schutz für **Kletterrosen**, indem man sie dachziegelartig am Rankgerüst befestigt oder zwischen die Triebe hängt und anheftet.

Edel-, Beet- und Zwergrosen häufelt man im Oktober an; am besten werden sie auch gleich mit Fichtenreisig abgedeckt

Rechts: Die exponierten Kronen der Stammrosen müssen über Winter besonders sorgfältig geschützt werden

Klettergehölze

Es sind nicht allzu viele winterharte Arten, die man als Klettergehölze in unseren Gärten anpflanzen kann; aber das Angebot genügt, um allen Ansprüchen und Anforderungen gerecht zu werden, und reicht von der reinen Wandbegrünung bis zu herrlichen Blütengewächsen, die Pergolen und andere Klettergerüste beranken und schmücken. Die meisten von ihnen brauchen Rankhilfen, an denen sie sich nach oben arbeiten können, einige schaffen das aber dank besonderer Haftorgane auch allein und bedecken Wände und Mauern aus eigener Kraft. Während die Mehrzahl – teils nach prächtiger Herbstfärbung – ihr Laub verliert, vermögen Efeu, Kletterspindel und Immergrünes Geißblatt *(Lonicera henryi)* auch im Winter Fassaden mit grünem Laub zu verschönern.

Actinidia chinensis
Chinesischer Strahlengriffel, Kiwi ○

Als Fruchtgehölz mit fast bis zu hühnereigroßen, ovalen oder walzenförmigen, braun behaarten Beeren erfreut sich die Kiwipflanze in klimatisch günstigen Regionen steigender Beliebtheit. Attraktiv sind auch die herzförmigen, großen sattgrünen Blätter, die eine dichte Belaubung gewährleisten. Die zuerst weißlich gelben, später gelb bis bräunlich verfärbten Blüten erscheinen im Juni, die Beeren reifen meist erst Ende Oktober/November. Für die Fruchtbildung ist bei den gängigen, zweihäusigen Sorten allerdings ein Pärchen nötig (vgl. auch S. 259). Kiwis klettern bis zu 10 m hoch, lieben leicht sauren Boden und einen hellen, aber nicht prallsonnigen Stand-

1) **Strahlengriffel, Actinidia kolomikta**
2) **Pfeifenwinde, Aristolochia macrophylla**
3) **Trompetenblume, Campsis radicans**
4) **Baumwürger, Celastrus orbiculatus**
5) **Clematis-Hybride 'Jackmanii'**

ort. Von derselben Gattung gibt es weitere interessante Arten, die gelegentlich angeboten werden: Die winterharte *A. arguta* hat kleinere, glattschalige, aber ebenfalls essbare Früchte. Die eher strauchig wachsende *A. kolomikta* wird kaum höher als 3 m und fällt durch die von Grün zu Rosa mit Weiß wechselnde Blattfärbung auf.

Aristolochia macrophylla
Pfeifenwinde

Kaum eine andere Schlingpflanze ist so gut für die Schaffung von Sichtschutz geeignet wie die Pfeifenwinde. Ihre herzförmigen, bis zu 30 cm großen, tiefgrünen Blätter liegen dachziegelartig übereinander und verwehren damit jeden Einblick. Dagegen nehmen sich die 3 cm langen, pfeifenförmig gebogenen, purpurbraunen Blüten im Juni/Juli eher bescheiden aus.
A. macrophylla schlingt 8–10 m hoch und bevorzugt beschattete Standorte; an sonnigen Plätzen muss ausreichend gewässert werden.

Campsis radicans
Trompetenblume, Klettertrompete

Orangerote, innen ins Gelbliche spielende, bis zu 8 cm lange Trichterblüten und fein gefiederte, attraktive, 25 cm lange Blätter verhalfen der Trompetenblume zu ihrem guten Ruf als gartenwürdige Kletterpflanze. Robust und wüchsig, wird dieser Schlinger 5–10 m hoch. Der mit Hilfe von Haftwurzeln selbst klimmende Strauch blüht von Juli bis September und wünscht einen sonnigen, warmen Platz. Die Sorte 'Flava' hat gelbe Blüten.

Celastrus orbiculatus
Baumwürger

Die erbsengroßen, gelben Früchte mit auffälligem orangerotem Samenmantel werden nur gebildet, wenn ein Pollenspender für die weibliche Pflanze zur Verfügung steht. Der Baumwürger erreicht 8–12 m Höhe, wobei ein Jahreszuwachs von bis zu 1 m nicht zu den Ausnahmen gehört; im Herbst färbt er sich leuchtend gelb. Sonnige wie halbschattige Standorte werden gleichermaßen akzeptiert. Junge Bäume sollte man dem wüchsigen Schlinger besser nicht als Klettergerüst anbieten, sonst könnte er seinem Namen alle Ehre machen.

Clematis
Waldrebe

Man unterscheidet hier zwischen den eher anspruchsvollen großblumigen **Hybriden** und den robusten **Wildarten**, und beide haben ihre Liebhaber unter den Gartenbesitzern gefunden. Die 2–4 m hoch kletternden Hybriden brauchen wie die Wildarten eine Rankhilfe und einen sonnigen oder halbschattigen, warmen Platz, wobei der Wurzelbereich beschattet sein sollte, was durch Vorpflanzung von Stauden oder immergrünen Kleingehölzen erreicht werden kann. Der Boden sollte humos, nahrhaft und gut durchlässig sein, stauende Nässe wird nicht vertragen und kann leicht zu Ausfällen führen. Während man bei den Wildarten auf einen regelmäßigen Schnitt verzichten kann, fördert ein Rückschnitt bei den Hybriden Blühfreudigkeit und Triebwachstum. Dabei ist eine Faustregel zu beachten: Alle früh blühenden Sorten werden sofort nach dem Flor, die im Sommer und Spätsommer blühenden im Nachwinter zurückgeschnitten.

Zu den häufig in den Gärten anzutreffenden *Clematis*-Wildarten gehören *C. alpina*, die **Alpenwaldrebe**, die 2–3 m hoch klettert und im Mai/Juni in verschiedenen Blauvarianten blüht. Es gibt einige Sorten, u. a. auch 'White Moon' mit rein weißem Flor. *C. x jackmanii* wächst etwas höher und hat große violettpurpurfarbene Blüten im Juli/August. *C. montana*, die **Bergwaldrebe**, ist die wohl robusteste und am häufigsten angepflanzte Art, die mit bis zu 8 m Wuchshöhe auch einen gewaltigen seitlichen Ausbreitungsdrang besitzt; weiße bis rosa überhauchte Blüten hüllen die Pflanze im Mai förmlich ein. *C. tangutica*, die **Mongolische Waldrebe**, rankt 3–5 m hoch und hat glockige, später weit gespreizte, gelbe Blüten ab Juni bis August mit einem Nachflor im September/Oktober.

Die großblumigen *Clematis*-**Hybriden** und ihre Sorten werden im allgemeinen in sechs Gruppen eingeteilt, die nach dem wichtigsten Elternteil benannt sind, z. B. nach *C. florida*, *C. patens* oder *C. lanuginosa*. Das Spektrum der einfachen oder gefüllten Blüten umfasst die ganze Farbskala, ergänzt durch kontrastierende Streifen, Bänder, Schattierungen oder Staubgefäße. Sortenbeispiele: 'Elsa Späth', violettblau mit Purpur; 'Ernest Markham', leuchtend rot; 'Henryi', weiß mit rotbraunen Staubgefäßen; 'H. F. Young', mittelblau mit weißen Staubgefäßen; 'Jackmanii', leuchtend violettblau; 'Lasurstern', tiefblau mit gelben Staubgefäßen; 'Nelly Moser', zart lilarosa; 'The President', dunkelviolett; 'Ville de Lyon', karminrot.

Ziergehölze

Klettergehölze

Euonymus fortunei
Kletterspindel

Unter den zahlreichen immergrünen Gartenformen finden sich niederliegende Zwerge von gerade 30 cm Höhe und Wurzelkletterer, die bis zu 5 m emporklimmen. Interessant sind vor allem die buntlaubigen Sorten wie 'Emerald'n Gold', bei denen man den Eindruck hat, sie wären nicht mit goldgelb gerandeten Blättern, sondern mit Blüten übersät. Die Sträucher sind sehr schattenverträglich, halten es aber auch an sonnigen Plätzen aus, wenn der Boden dort nicht zu trocken ist.

Fallopia aubertii
Schlingknöterich

Dieser schnellwüchsige Kletterstrauch kann innerhalb nur eines Jahres große Flächen in Besitz nehmen und völlig mit seinen Blättern und Trieben bedecken. Dazu kommen von Sommer bis Herbst die kleinen, weißen, in lockeren Rispen stehenden Blüten, die in so großer Fülle erscheinen, dass der Strauch in eine weiße Wolke eingehüllt zu sein scheint. Bei einem jährlichen Zuwachs von 2 und mehr Metern überwindet der Schlingknöterich eine Distanz von 10 m. Angesichts dieses Ausbreitungsdrangs ist es tröstlich, dass die Pflanze jeden Schnitt hinnimmt, eine Maßnahme, um die man nur selten herumkommt. Gelegentliche Düngung sowie Wässern bei Trockenheit sind angebracht.

1

2

3

4

5

6

7

8

1) **Kletterspindel**, Euonymus fortunei
2) **Schlingknöterich**, Fallopia aubertii
3) **Efeu**, Hedera helix
4) **Kletterhortensie**, Hydrangea anomala ssp. petiolaris
5) **Winterjasmin**, Jasminum nudiflorum
6) **Jelängerjelieber**, Lonicera caprifolium
7) **Wilder Wein**, Parthenocissus tricuspidata
8) **Glyzine**, Wisteria sinensis

Ziergehölze

Klettergehölze

Hedera helix
Efeu

Das bekannte, als Bodendecker wie als Kletterpflanze häufig verwendete, immergrüne Gehölz entwickelt bis zu 30 m lange Triebe und hat die Besonderheit, dass die Jugendblätter drei- bis fünfmal gelappt, die Altersformen dagegen ungelappt und rauten- bis herzförmig sind. Der zunächst sehr langsam wachsende Efeu braucht kaum Pflege und kann beliebig geschnitten werden. Obgleich als Wurzelkletterer selbstklimmend, sollte man die Triebe zunächst an Mauer oder Wand anheften, um ihnen den Start in die Höhe zu erleichtern. An den Boden werden keine besonderen Ansprüche gestellt, der Standort sollte halbschattig bis schattig sein.
Von den zahllosen, in Wuchs und Blattfärbung wie -form variierenden Efeusorten ist 'Arborescens' erwähnenswert, weil es sich hier um einen aufrecht wachsenden, immergrünen Strauch mit ungelappten Altersblättern handelt.

Hydrangea anomala ssp. petiolaris
Kletterhortensie

Ebenfalls ein Wurzelkletterer, der Wände oder Mauern ohne Hilfe bis zu einer Höhe von 10 m erklimmt, fallen hier die etwas an Holunder erinnernden, bis zu 25 cm großen, weißen Doldenblüten im Juni/Juli und die großen, herzförmigen, im Herbst gelb gefärbten Blätter auf. Die rötliche, abblätternde Rinde verleiht der Pflanze auch im Winter, zusammen mit den großen, bereits ausgebildeten Blütenknospen, ein attraktives Äußeres. Leider wachsen Kletterhortensien in der Jugend recht langsam und bis zur ersten Blüte kann es mehrere Jahre dauern. Günstig sind ein etwas beschatteter bis schattiger Platz und stets ausreichend feuchter Boden.

Jasminum nudiflorum
Winterjasmin

Die kleinen gelben, sternförmigen Blüten öffnen sich häufig bereits im Dezember und nach einer kältebedingten Pause im Februar/März dann noch einmal. Der Spreizklimmer mit bis zu 4 m langen Trieben macht sich besonders apart, wenn die peitschenförmigen Zweige graziös über eine Mauer oder am Gerüst herabhängen. *J. nudiflorum* liebt sonnige, allenfalls leicht beschattete Lagen und sollte gelegentlich nach dem Flor zurückgeschnitten werden.

Lonicera
Geißblatt, Jelängerjelieber

Es gibt mehrere Arten und Sorten dieses dicht belaubten Schlingers, die alle eine Kletterhilfe brauchen und Höhen bis zu 6 m erreichen. Die Blütenstände zeigen rosa, rote, gelbe oder weiße Färbung, die roten oder schwarzen Früchte sind giftig. Durch den teils recht intensiven Blütenduft werden Bienen magisch angezogen, so auch von *L. caprifolium*, unserem heimischen **Jelängerjelieber**, das schon deshalb in keinem Naturgarten fehlen sollte. *L. henryi* ist eine immergrüne, 4–6 m hoch wachsende Art mit gelben bis roten Blüten im Juni/Juli, *L. x tellmanniana* ziert um dieselbe Zeit mit leuchtend orangegelbem Flor.

Parthenocissus
Wilder Wein, Jungfernrebe

Man unterscheidet hier die fünflappige (*P. quinquefolia*) und die dreilappige Art (*P. tricuspidata*), die beide 15–25 m in die Höhe wachsen und Wände oder Mauern völlig mit ihrem Laub bedecken können. Bei sonnigem Stand überzieht sich die Pflanze mit leuchtend gelber oder glühend roter Herbstfärbung, für die sie berühmt ist. Je schattiger die Lage, desto weniger ausgeprägt ist diese Pracht. Ein Schnitt bis ins alte Holz kann problemlos durchgeführt werden.

Wisteria
Glyzine, Blauregen, Wistarie

Bei den beiden in unseren Gärten anzutreffenden Arten handelt es sich um 8–10 m hoch schlingende, im Mai/Juni blau oder weiß blühende Kletterpflanzen für sonnige, warme, geschützte Plätze und nährstoffreichen, ausreichend feuchten Boden. In Trockenperioden ist also zu gießen und gelegentlich zu düngen. *W. floribunda* stammt aus Japan und hat 20–50 cm lange, violettblaue Blütentrauben, die bei der etwas kälteempfindlicheren Sorte 'Macrobotrys' sogar 90 cm erreichen können; 'Alba' blüht weiß. *W. sinensis* aus China hat dichtere, aber nur 20–30 cm lange, licht- bis violettblaue oder weiße Blütentrauben. Beim Kauf muss man darauf achten, dass man veredelte Pflanzen erhält; aus Samen gezogene Exemplare lassen mit der Blüte oft viele Jahre auf sich warten.

Hecken

Die Definition des Begriffs „Hecke" erlaubt eine ganze Reihe von Deutungen, wenn man die geschichtliche Entwicklung dieser Form einer Gehölzanpflanzung einmal außer Acht lässt. Sicher, wo mit der Schere auf Form getrimmte Lebensbäume in Reih und Glied nebeneinander paradieren, handelt es sich zweifellos um eine Hecke – wie überhaupt bei streng ausgerichteten Einfriedungen aus lebenden Pflanzen die Einstufung als Hecke keinen Widerspruch finden dürfte.

Stehen jedoch mehrere Ziersträucher beieinander, bleibt es dem Gartenbesitzer selbst überlassen, ob er diese Pflanzung nun als Hecke oder einfach als Strauchgruppe betrachten möchte. An der Funktion als Sicht-, Wind- oder auch Lärmschutz ändert die Begriffsbestimmung nichts. Erstreckt sich so eine Gehölzpflanzung über eine längere Strecke, ist die Bezeichnung als Hecke ohnehin gerechtfertigt.

Grob kann man zwischen Schnitt- oder Formhecke und frei wachsender Hecke unterscheiden, wobei sich in beiden Fällen Laub- wie Nadelgehölze einsetzen lassen. Immergrüne Pflanzungen haben den Vorteil, ganzjährig Schutz zu bieten und gut auszusehen; hier ist es eine Frage der Gestaltung und der Abstimmung mit dem übrigen Garten, ob man dafür Laub- oder Nadelgehölze wählt. Bei Bäumen oder Sträuchern, die im Winter ihre Blätter abwerfen, ist wiederum die Auswahl – gerade an attraktiven Blühern – größer.

Naturhecken

Unter Beachtung der unterschiedlichen Ansprüche und Wuchseigenschaften kann nahezu jedes Gehölz auch im Verbund, das heißt mit

Gemischte Gehölzgruppen lassen sich durchaus als Hecken einstufen, wenn sie den Zweck der Abschirmung erfüllen

anderen zusammen, als frei wachsende Hecke verwendet werden. Das trifft freilich, was den Garten anbelangt, nur in der Theorie zu, weil Hecken bestimmte Aufgaben zu erfüllen haben; sie sollen einerseits möglichst dicht sein, dürfen andererseits durch zu enge Pflanzung auch nicht verkahlen oder dahinkümmern. Das ist insbesondere bei den ökologisch wertvollen Naturhecken zu berücksichtigen, die inzwischen viele Freunde gefunden haben. Unter den infrage kommenden Wildgehölzen finden sich zahlreiche Arten mit ausgeprägten Raumansprüchen, denen man bei der Pflanzung Rechnung tragen muss. Man darf die Einzelexemplare also nicht zu dicht setzen, muss aber auch an die spätere Endgröße denken, die nicht nur im Höhen–, sondern auch im Breitenwachstum zum Ausdruck kommt. Eine Mischpflanzung von Feldahorn, Vogelkirsche, Haselnuss, Pfaffenhütchen und Schwarzem Holunder setzt einen geräumigen Garten voraus, weil auch der Randstreifen vor diesen Gehölzen wegen Schattenwurf und Durchwurzelung gärtnerisch nur begrenzt nutzbar ist. Die Bedeutung der frei wachsenden Hecke beschränkt sich nicht nur auf gestalterische Aspekte; man könnte sie durchaus als ein Naturschutzgebiet im Miniformat bezeichnen, in dem sich vielfältiges tierisches Leben tummelt. Der Wert von Laubgehölzen für die Fauna wird deutlich, wenn man weiß, dass eine Eiche bis zu 300 verschiedenen Insektenarten Lebensraum bietet, bei der Weide sind es 260, bei Eberesche und Hainbuche immerhin noch 30 Arten. Was sich in der Bodenhumusschicht aus abgefallenen Blättern und verrottenden Holzteilen alles tut, von für das Auge unsichtbaren Kleinstlebewesen bis zu Würmern, Larven, Käfern, lässt sich zahlenmäßig kaum erfassen. Für nistende oder nach Nahrung suchende Vögel stellen Heckengehölze deshalb einen gedeckten Tisch dar – und sie machen dann auch im Garten reichlich davon Gebrauch.

Gehölze für Naturhecken: Neben den im Kapitel „Wildgehölze" (ab S. 299) beschriebenen Arten eignen sich weitere heimische Bäume oder Sträucher für eine natürlich wachsende Hecke, wobei Feldahorn (*Acer campestre*), Hainbuche (*Carpinus betulus*) oder auch die Eberesche (*Sorbus aucuparia*) wegen ihrer Größe eine Sonderstellung einnehmen. Sofern nicht anders angegeben, können die nachfolgenden Arten sonnig wie beschattet stehen und stellen keine besonderen Bodenansprüche.

- Gemeine Berberitze (*Berberis vulgaris*): 1–2 m hoch, gelbe Blüten im Mai; da diese seit alters in der Volksmedizin genutzte Pflanze als Zwischenwirt für den Getreiderostpilz dient, sollte man sie nicht in Gärten verwenden, die an Getreidefelder grenzen.
- Roter Hartriegel (*Cornus sanguinea*): 3–4 m hoch, weiße Blüten im Mai/Juni, rote Zweige im Winter; starke Ausbreitung durch Ausläufer.
- Besenginster (*Cytisus scoparius*): 1–2 m hoch, gelbe Blüten im Mai/Juni; es gibt eine große Anzahl besonders reich und in verschiedenen Farbvarianten blühender Gartenformen. Der Strauch braucht sonnige Plätze.
- Gemeiner Goldregen (*Laburnum anagyroides*): 5–6 m hoch, 30 cm lange, lockere Blütentrauben im Mai/Juni. Vorsicht, Goldregen ist sehr giftig!
- Rainweide (*Ligustrum vulgare*): 4–5 m hoch, weiße Blüten im Juni/Juli; die schwarzen Früchte sind giftig. 'Lodense' wird gerade 50 cm hoch.
- Blaue Heckenkirsche (*Lonicera caerulea*): 1–2 m hoch, cremeweiße Blüten im April/Mai; die blau bereiften Früchte sind giftig.
- Gemeine Heckenkirsche (*Lonicera xylosteum*): 2–3 m hoch, weißlichgelbe Blüten im Mai/Juni; die roten Früchte sind giftig.
- Holzapfel (*Malus sylvestris* ssp. *sylvestris*): 6–8 m hoch, weiße oder rosa Blüten im April/Mai; Früchte z. B. für Geleezubereitung geeignet.

Traubenholunder, Sambucus racemosa

- Traubenholunder (*Sambucus racemosa*): 2–4 m hoch, gelblich grüne Blüten im April/Mai; die korallenroten Beeren sind erst nach dem Kochen genießbar, die Steinkerne sind giftig.
- Gemeiner Schneeball (*Viburnum opulus*): 2–4 m hoch, cremeweiße Blüten im Mai/Juni, Herbstfärbung rot; lange haltende, scharlachrote, giftige Früchte.

Besenginster, Cytisus scoparius

Ziergehölze

Hecken

329

Gehölze für Blütenhecken

Deutscher Name	Botanischer Name	Höhe in m	Blütenfarbe	Blütezeit
Felsenbirne	*Amelanchier laevis*	8–10	weiß	IV–V
Schmetterlingsstrauch	*Buddleja alternifolia*	2–4	lila	VI–VII
Zierquitte	*Choenomeles japonica*	2–3	rosa, rot, weiß	III–IV
Hartriegel	*Cornus alba*	2–3	weiß	V–VI
Deutzie	*Deutzia*-Arten	1–3	weiß, rosa	VI–VII
Ölweide	*Eleagnus multiflora*	2–3	cremeweiß	V
Spindelstrauch	*Euonymus planipes*	3–5	unscheinbar; rote Früchte	V
Forsythie	*Forsythia*-Arten	3–4	gelb	IV–V
Kerrie	*Kerria japonica*	1–2	gelb	IV–V
Kolkwitzie	*Kolkwitzia amabilis*	2–3	lachsrosa	V–VI
Geißblatt	*Lonicera*-Arten	1–4	weiß, rot	V–VII
Zierapfel	*Malus*-Arten/Sorten	2–8	weiß, rosa, rot	V–VI
Pfeifenstrauch	*Philadelphus*-Arten	1–3	weiß	VI–VII
Fingerstrauch	*Potentilla fruticosa*	1	weiß, gelb	V–IX
Zierkirsche	*Prunus*-Arten/Sorten	4–10	weiß, rosa	IV–V
Feuerdorn	*Pyracantha*-Hybriden	3–4	weiß; rote, gelbe Früchte	V–VI
Blutjohannisbeere	*Ribes sanguineum*	2–4	rosarot	IV–V
Wildrosen	*Rosa*-Arten/Sorten	1–5	weiß, gelb, rot	V–IX
Spierstrauch	*Spiraea*-Arten	1–3	weiß, rosa, rot	IV–IX
Flieder	*Syringa*-Arten/Sorten	2–6	weiß, lila, rosa	V–VI
Schneeball	*Viburnum*-Arten/Sorten	1–4	weiß, rosa	I–XII
Weigelie	*Weigela*-Hybriden	2–3	rosa, weiß	V–VI

Frei wachsende Blütenhecken
Die in der oben stehenden Übersicht noch einmal als Heckengehölze zusammengefassten Sträucher oder Bäume sind fast alle bereits an anderer Stelle im Buch beschrieben. Die Übersicht, wiederum nur eine Auswahl, dient der Kurzinformation auf einen Blick. Ob man eine Mischpflanzung verschiedener Arten mit unterschiedlicher Blütenfarbe und -zeit, interessanter Blatt- bzw. Herbstfärbung vornimmt oder das Gleichmaß vorzieht, bleibt dem eigenen Geschmack überlassen, hängt nicht zuletzt aber auch von dem zur Verfügung stehenden Platz ab.
Je länger eine Heckenzeile, desto gerechtfertigter und optisch reizvoller ist eine abwechslungsreiche Anordnung der verwendeten Gehölze. Man kann dann durch geschickte Kombination dafür sorgen, dass die Hecke vom Frühjahr bis zum Spätherbst pausenlos neue Attraktionen bietet.

Schnitthecken
Anders als bei frei wachsenden Hecken ist die Zahl der für streng geschnittene Hecken geeigneten Gehölze relativ gering. Die Prozedur des permanenten Trieb- und Blattverlusts überstehen nur solche Arten, die zur ständigen Regeneration der eingebüßten Grünmasse fähig, andererseits aber auch nicht so wüchsig sind, dass sie dem Gärtner gewissermaßen unter den Händen wegwachsen und der Schere Dauer-

Ziergehölze

Hecken

Blutjohannisbeeren und Forsythien in einer gemischten Blütenhecke

einsatz abverlangen. Das andere Extrem, ein ausgesprochen langsames Wachstum, ist genauso ungünstig, weil man dann lange warten müsste, bis die gewünschte Höhe erreicht ist. Laubgehölze mit betont großflächigen Blättern wiederum haben den Nachteil, dass sie nach dem Stutzen unschön aussehen, weil das Laub an den Schnittstellen verbräunt. Um besonders reich und attraktiv blühende Bäume und Sträucher schließlich wäre es schade, würde man sie ihrer Pracht durch die Schere berauben. Doch wer auf den Flor nicht so großen Wert legt, findet auch hierunter einige für den Schnitt geeignete Arten (siehe Übersicht auf S. 332).

Nadelgehölze für Hecken: Lebensbaumhecken *(Thuja occidentalis)* als Sichtschutz und Abgrenzung prägten lange Zeit das Straßenbild der Neubaugebiete, weil die immergrünen Wände dicht schlossen und Thujen äußerst schnittverträglich sind. Ihre säulenartig wachsenden Gartenformen geben aber auch ohne Schnitt allen Ansprüchen genügende Hecken ab, beispielsweise T. occidentalis 'Columna', 'Fastigata' oder 'Malo-nyana'. Dasselbe trifft auf die Serbische Fichte *(Picea omorika)* und die Scheinzypresse *(Chamaecyparis lawsoniana)* mit den entsprechenden Sorten zu. Wenn man sie jedoch im Zaum halten will, kann man Schnitthöhen zwischen 1,50 und 4 m wählen.

Zumindest in Gebieten mit nicht zu strengen Wintern hat die Leylandzypresse (x *Cupressocyparis leylandii*), eine in England entstandene Hybride, dem Lebensbaum den Rang abgelaufen. Zu Recht: denn der rasche Wuchs sowie Schnittverträglichkeit (Schnitthöhe 2–4 m) und Trockenresistenz sind die hervorstechenden Merkmale dieses Nadelgehölzes. Die Sorte 'Castlewellan Gold' behält auch im Winter ihre goldgelbe Färbung. Leider werden diese bis zu 30 m hohen Bäume ähnlich manch anderen Koniferen viel zu selten als Solitäre verwendet; sie sind nun einmal als charakteristische Heckenpflanzen abgestempelt, von ihren weiteren Qualitäten ist immer noch viel zu wenig bekannt.

Picea abies, unsere heimische Waldfichte, lässt sich recht gut als 2–4 m hohe Schnitthecke verwenden, benötigt wegen des Breitenwuchses aber mehr Platz als andere Nadelgehölze. Etwas in den Hintergrund getreten

Immergrüne Schnitthecke aus Lorbeerkirsche

ist die Eibe *(Taxus baccata)*, neben dem immergrünen Buchs die „klassische" Heckenpflanze schlechthin. In England dient sie wegen ihrer Schnittverträglichkeit zur Schaffung von Pflanzenskulpturen bis hin zu aus den Eibenhecken herausgeschnittenen kompletten Jagdszenen. Zudem nimmt die Eibe sogar mit Schatten vorlieb.

Laubgehölze für Schnitthecken

Deutscher Name	Botanischer Name	Schnitthöhe in m
Feldahorn	*Acer campestre*	2–4
Feuerahorn	*Acer ginnala*	2–4
Berberitze	*Berberis gagnepainii* var. *lanceifolia*	0,50–1
Berberitze	*Berberis julianae*	1–2
Berberitze (rotlaubig)	*Berberis* x *ottawensis* 'Superba'	1–3
Berberitze (rotlaubig)	*Berberis thunbergii* 'Red Pillar'	0,50–1
Buchsbaum	*Buxus sempervirens*	0,50–1
Hainbuche	*Carpinus betulus*	1–4
Kornelkirsche	*Cornus mas*	1–4
Zwergmispel	*Cotoneaster bullatus*	1–3
Weißdorn	*Crataegus monogyna*	1–3
Rotbuche	*Fagus sylvatica*	2–4
Stechpalme	*Ilex aquifolium*	1–4
Liguster	*Ligustrum ovalifolium*	0,50–2
Rainweide	*Ligustrum vulgare* 'Atrovirens'	2–4
Rote Heckenkirsche	*Lonicera xylosteum*	1–2
Lorbeerkirsche	*Prunus laurocerasus*	0,50–1,50
Feuerdorn	*Pyracantha*-Arten	1–2
Alpenjohannisbeere	*Ribes alpinum* 'Schmidt'	0,50–1
Spierstrauch	*Spiraea-Bumalda*-Hybriden	0,50–1

Fichtenhecken brauchen wegen ihres Breitenwuchses recht viel Platz

Hainbuchen als streng geschnittene Heckenpflanzen

Rotbuchenhecke

Pflanzung und Schnitt

Schnitthecken sollen gut schließen, um ausreichenden Sichtschutz zu gewähren, und müssen deshalb enger als beispielsweise frei wachsende Hecken gepflanzt werden. Je kleiner die ausgewählten Gehölze sind, desto dichter wird man sie setzen, damit keine Zwischenräume entstehen.

Beim 50–100 cm niedrigen Einfassungsbuchs *(Buxus sempervirens* 'Suffruticosa') kann man dabei auf 10 bis 15 Pflanzen pro laufenden Meter kommen, bei auf etwa 2 m Höhe gehaltenen Berberitzen auf 3 bis 4/lfd. m; dieselbe Anzahl wird für *Thuja-* und Leylandzypressen-Hecken empfohlen; allerdings haben eigene Erfahrungen mit 3 m hohen Hecken dieser Arten gezeigt, dass es völlig ausreicht, wenn man einen Abstand von 90 cm von Pflanze zu Pflanze einhält.

Ob man seine Hecke einmal oder mehrmals im Jahr schneidet, hängt von der Wüchsigkeit des Pflanzenmaterials und der Einstellung des Gartenbesitzers zu seiner grünen Einfriedung ab. Für einen einmaligen Schnitt ist der Juli günstig, wenn das Brutgeschäft der Vögel weitgehend beendet ist. Weitere Termine für nicht frostgefährdete Gehölze sind das Frühjahr und der Spätsommer/Herbst. Neu gepflanzte Laubhecken werden erst ab dem zweiten Jahr nach der Pflanzung, Nadelgehölzhecken ab dem dritten Standjahr geschnitten. Damit die unteren Zweigpartien im Laufe der Zeit nicht verkahlen, empfiehlt sich eine leicht konische Form, das heißt, die Hecke sollte an der Basis etwas breiter als in der Krone sein. Bei der Schnittführung hilft ein einfaches Lattengerüst mit längs gespannten Schnüren, wie es die nebenstehende Abbildung demonstriert.

Ziergehölze

Hecken

Heckenpflanzung: Nach dem Einsetzen Ballentuch oben lösen, die Pflanzen mit Erde anhäufeln, anschließend gut festdrücken und angießen

Längs gespannte Schnüre an einem einfachen Lattengerüst erleichtern den akkuraten Schnitt

Stauden

Im allgemeinen Sprachgebrauch wird der Begriff „Stauden" zuweilen für hoch wachsende, ausladende Gewächse verwendet. Diese Eingrenzung hat jedoch mit Stauden im gärtnerischen Sinn wenig zu tun. Die korrekte Definition lautet: Stauden sind ausdauernde, im Gegensatz zu den Gehölzen jedoch krautige Pflanzen, die im Frühjahr aus Überwinterungsknospen neu austreiben. Diese Knospen können sich über dem oder direkt am Boden wie auch unter der Erdoberfläche befinden. Wurzelstücke, Rhizome, Rüben, Zwiebeln oder Knollen sichern die Nährstoff- und Wasseraufnahme und dienen gleichzeitig als Speicherorgane, in denen notwendige Reserven eingelagert werden. Je nach Art verlieren Stauden im Herbst ihr Laub oder bleiben wintergrün.

Langlebige Pflanzenpracht

Wenn man bei Stauden auch von ausdauernden bzw. perennierenden Pflanzen spricht, so bedeutet das jedoch nicht, dass ihre Lebensspanne unbegrenzt ist. Sie stehen in dieser Beziehung zwischen den ein- oder zweijährigen Sommerblumen und den Gehölzen, von denen es einige Arten auf mehrere hundert Jahre bringen können. Untersuchungen zur Lebensdauer verschiedener Stauden kamen zu folgenden Ergebnissen: Kaiserkronen, Narzissen und Pfingstrosen können 78 Jahre alt werden, Schneeglöckchen und Blausternchen erreichen bis zu 60, Eisenhut, Phlox und Rittersporn 50, Krokus, Staudenaster, Taglilie sowie Veilchen 47 und schließlich Goldrute, Leberblümchen, Primel immerhin noch 30 Jahre.

Zweijahrspflanzen, die im Jahr der Aussaat Blätter und erst im darauf folgenden Frühling Blüten bilden, werden gelegentlich auch als **Halbstauden** bezeichnet. Bekanntester Vertreter dieser Gruppe ist das Stiefmütterchen, aber auch Fingerhut, Goldlack und Königskerze gehören hierher; sie halten es häufig mehrere Jahre aus und rechtfertigen den Namen Halbstauden daher doppelt. Schließlich gibt es noch „richtige" Stauden, die winterhart und ausdauernd sind und dennoch unter die gärtnerische Rubrik der **Zweijährigen** fallen. Der Grund: da Wert auf eine stets wiederkehrende, reiche Blüte gelegt wird, ist bei manchen Arten jährliche Neusaat besser und sicherer als Weiterkultur. Hier wäre an erster Stelle das Gänseblümchen oder Tausendschön zu nennen.

Eine Zwischenstellung nehmen auch die **Halbsträucher** ein; das sind Pflanzen, bei denen die unteren bzw. älteren Sprossteile verholzen, während jüngere Sprosse krautig bleiben und im Winter zurückfrieren können. Zu dieser Gruppe gehört z. B. der Lavendel, in Gartenkatalogen häufig unter den Stauden aufgeführt. Zahlreiche **Zwergsträucher**, botanisch eigentlich Gehölze, werden in der Gartengestaltung ebenfalls den Stauden zugerechnet, weil sie den krautigen Gewächsen viel mehr ähneln als den verholzenden. Dies gilt z. B. für Heiligenkraut (*Santolina*), Immergrün (*Vinca*), Heide-

Häufig haben Stauden kräftig ausgebildete Speicherorgane, mit deren Hilfe sie den Winter überdauern: ① Zwiebel (Lilie), ② Sprossknolle (Krokus), ③ Rhizom (Pfingstrose), ④ fleischige Wurzeln (Funkie), ⑤ Pfahlwurzel (Lupine)

kraut *(Erica)*, Sonnenröschen *(Helianthemum)* und die Schleifenblume *(Iberis)* – wer denkt bei diesen Namen schon an Sträucher? Beschränkt man sich auf die Stauden im engeren Sinne, bleibt immer noch eine schier unüberschaubare Fülle von Pflanzen übrig; denn neben ausdauernden Blühern für Beete und Rabatten gehören zu dieser Gruppe auch Sumpf- und Wasserpflanzen, Farne, zahlreiche Steingartenpflanzen und Staudengräser sowie die winterharten Zwiebel- und Knollengewächse. Sie werden jeweils in den entsprechenden Extra-Kapiteln vorgestellt.

Der richtige Platz im Garten

Das wichtigste Kriterium für die Staudenpflanzen im Hausgarten sind die Lichtverhältnisse an den infrage kommenden Plätzen. Hinsichtlich des Bodens gibt es in ein und demselben Garten keine allzu großen Unterschiede, von Extremfällen abgesehen ist er entweder durchgehend eher feucht, nämlich wenn das Erdreich schwer und lehmhaltig ist, oder eher trocken, was bei hohem Sandanteil der Fall ist und mit größerer Durchlässigkeit der Krume einhergeht. Dieses Manko kann durch häufigeres Gießen wieder ausgeglichen werden, braucht also die Auswahl der Gewächse ebenso wenig zu beeinflussen wie verdichteter Boden, der sich gegebenenfalls durch Zusätze von Sand und Kompost verbessern lässt. Stauden mit ausgesprochener Abneigung gegen Dauerfeuchtigkeit um die Wurzeln bleibt der Steingarten vorbehalten, einer Sonderform der Pflanzung und zugleich einer besonderen Liebhaberei des Gärtners (siehe ab S. 474).

Stauden, die mit wenig Sonne auskommen, sind die „heimlichen Stars"; ohne sie gäbe es viele triste Schattenplätze

Stauden

Langlebige Pflanzenpracht

Der richtige Platz im Garten

Bleibt also das Thema Licht und Schatten. Auch hier kommt uns die Anpassungsfähigkeit und Toleranz der Gattungen und Arten entgegen, die nicht nur fließende Übergänge, sondern auch ganz gegensätzliche Standortsituationen zulassen. Grundsätzlich muss man zwischen sonnenliebenden Stauden, Schattenstauden und solchen, die auch Schatten vertragen, unterscheiden. In den Katalogen des Pflanzen- und Samenhandels werden letztere als geeignet für Sonne wie Halbschatten ausgewiesen, meist dargestellt durch ein ungefülltes und ein halb gefülltes Kreissymbol (◯–◐). Zu den Schattengewächsen, denen diffuses, durch das dichte Blätterdach von Bäumen und Sträuchern dringendes Licht die besten Wachstumsbedingungen bietet, gehören alle ursprünglich im Wald beheimateten Pflanzen wie Leberblümchen *(Hepatica nobilis)*, Buschwindröschen *(Anemone nemorosa)* oder Lungenkraut *(Pulmonaria*-Arten). Auch die meisten Farne scheuen das direkte Sonnenlicht; an geeigneten Stellen dagegen breiten sie sich von selbst aus, wenn die Wurzeln lockeren, humosen Boden vorfinden.

Schattenverträgliche Stauden halten es meist auch durchaus an sonnigen Standorten aus, brauchen dann allerdings eine relativ hohe, gleichmäßige Bodenfeuchtigkeit. Anders als bei den an volle Sonne gewöhnten Arten muss der Gärtner hier also häufig zur Gießkanne greifen, um die Unzulänglichkeit des hellen Quartiers auszugleichen und es für die Gewächse annehmbar zu machen. Zu den Pflanzen, denen man unter diesen Voraussetzungen auch Sonne zumuten kann, gehören

Stauden

Der richtige Platz im Garten

unter anderen Akelei (Aquilegia), Bergenie (Bergenia-Hybriden), Frauenmantel (Alchemilla mollis), Silberkerze (Cimicifuga) und Tränendes Herz (Dicentra spectabilis). Alle hier genannten Gattungen werden uns neben vielen anderen im Kapitel „Stauden für Halbschatten und Schatten" wiederbegegnen.

Den wichtigsten Part im Garten spielen zweifellos die **Pracht- oder Beetstauden** voll besonnter Standorte, die auf Beeten und Rabatten aller Art, im Eingangs- und Vorgartenbereich, an der Terrasse und an allen anderen gut einsehbaren, optisch bevorzugten Stellen Platz finden. Hier breitet sich die ganze Vielfalt des farbenprächtigen Sommerflors aus, die entsprechenden Seiten in den Stauden- und Gartenkatalogen sind am buntesten und verführerischsten, die Wahl wird bei der angebotenen Vielfalt aber auch mitunter zur Qual. Sonnenbraut (Helenium), Sonnenauge (Heliopsis), Sonnenhut (Rudbeckia), Sonnenblume (Helianthus) tragen Blütenfarbe und Lichtanspruch im Namen, aber auch Sommerphlox und Sommermargerite, Goldrute und Taglilie sind Repräsentanten langer, lichter Tage; ebenso liegt bei Schafgarbe und Rittersporn, Mädchenauge oder Mohn nichts ferner als der Gedanke an dämmernden Schatten.

Ebenfalls meist sonnenliebende, manchmal auch Halbschatten tolerierende Arten umfasst eine ganz andere Gruppe von Stauden: niedrig bleibende Pflanzen wie Blaukissen, Steinkraut oder Ehrenpreis, als **Kleinstauden,** teils auch als **Polsterstauden** bezeichnet. Sie bieten sich an für Wegränder, Beeteinfassungen, sonnige Hänge, für den Steingarten und die Trockenmauer. Dort wachsen sie zu Kissen, Teppichen oder Minirasen zusammen, quellen aus Ritzen und Fugen, überwallen Steine mit ihren farbigen Blütenpolstern oder plustern sich längs eines sonnigen Pfads zu kleinen Büschen. Da die meisten dieser Zwerge eher mageren, durchlässigen Boden lieben, in dem sie ihre wärmebedürftigen Wurzeln flach ausbreiten, wird man ihnen viel Sonne gönnen müssen und wirklich nur diejenigen in den lichten Schatten setzen, die derartige Standorte nachweislich akzeptieren.

Ein weiterer Gartenbereich für die Staudenpflanzung ist der Teich mit Wasser- und Sumpfzone sowie dem Teichrand. Dieser Randbereich ist meist nicht feuchter als das übliche Staudenbeet, verlangt jedoch wegen der unmittelbaren Nähe zum Wasser nach Gewächsen, die in diese Umgebung passen. Während Flachwasser- und Sumpfgewächse (s. auch

> **INFO**
>
> **Wildstauden**
> Hierbei handelt es sich um natürlich vorkommende Arten, die zwar in Staudengärtnereien vermehrt, jedoch nicht oder kaum züchterisch bearbeitet werden; das heißt z. B. keine rigide Auslese, keine Sortenkreuzungen. Dazu gehören unter anderem manche Schattenstauden und Gräser, Stauden für die Teichumgebung sowie Steingartenpflanzen. Bietet man ihnen den passenden Standort, sind sie besonders pflegeleicht.

Das feuchte „Kleinklima" in der Teichumgebung ist für manche Arten genau das Richtige

S. 461) nur in nassem bis feuchtem Erdreich gedeihen, kann man die übrige Bepflanzung vorwiegend nach gestalterischen Kriterien zusammenstellen. Beetstauden wie Salvien, Rittersporne, Lupinen oder Pfingstrosen passen weniger in die direkte Nachbarschaft des natürlichen Biotops, während Gräser, allen voran Bambus sowie Farne und zahlreiche Wildstauden einen angemessenen Rahmen bilden.

Anders als Sommerblumen, die ihre Blüten nur eine Saison lang öffnen und jederzeit ausgetauscht werden können, sollen Stauden ja längere Zeit an ihrem Platz bleiben und das Bild des Gartens mit prägen. Für den Gärtner sind deshalb vor Beginn der Pflanzung zwei Gesichtspunkte zu berücksichtigen und miteinander in Einklang zu bringen: für jede Art einen Standort mit den passenden Lichtverhältnissen zu finden und die dafür geeigneten Stauden so auszuwählen, dass sie optisch zu den eigenen Vorstellungen passen und sich gleichzeitig in die gestalterische Gesamtplanung einfügen.

Links: Sonnenbraut (orange) und Sonnenhut (gelb) – gäbe es treffendere Namen für diese sonnenliebenden Stauden mit ihren leuchtenden Farben?

Gestalten mit Stauden

Die außerordentliche Vielfalt der Farben und Formen, Anspruchslosigkeit und geringer Pflegebedarf und natürlich die recht lange Lebensspanne – dies alles macht Stauden zu einer Pflanzengruppe, ohne die Gartengestaltung kaum denkbar ist. Stauden prägen das Bild besonderer Gartenbereiche wie Teich oder Steingarten, Stauden sorgen als Begleitpflanzen von Rosen dafür, dass die „Königin der Blumen" richtig zur Geltung kommt, Stauden können in Form kleiner Züchtungen sogar Pflanzgefäße zieren und so den mobilen Garten auf Balkon und Terrasse bereichern. Nach wie vor sind es jedoch die Beete sowie Rabatten, also schmalere Pflanzungen am Rand von Wegen, Terrassen, Rasenflächen und Gehölzgruppen, in denen Stauden die Hauptrolle spielen. Daneben gibt es einige Arten und Gattungen, denen als Solitärstauden eine besondere Funktion zukommt.

Solitärstauden – herausragende Akzente

Wohl jeder Staudenliebhaber wird den Begriff Solitärstaude etwas anders definieren, wenn er sich seinen eigenen Garten und die jeweiligen Standorte der dort wachsenden Pflanzen vor Augen hält. Es handelt sich um Gewächse, die wegen ihrer Größe und ihrer Gestalt sowie durch Blüte oder Blattfärbung besonders auffallen. Einzeln oder in kleinen Gruppen gepflanzt, können sie überall optische Schwerpunkte setzen, wo sie genügend Platz haben und geeignete Standortbedingungen vorfinden: im Rasen, vor einer grünen Gehölzkulisse, an einem Weg, im Hintergrund einer Rabatte, am Gartenteich oder auch im Vorgarten –

Akzent am Wegrand: solitär eingesetzte Funkien mit markanter Wirkung

fast überall lässt sich die besondere Wirkung dieser Pflanzen nutzen. Dazu gehören z. B. das Riesenschleierkraut (*Crambe cordifolia*), die Artischocke (*Cynara scolymus*), der Federmohn (*Macleaya cordata*), Funkien (*Hosta*) oder das Mammutblatt (*Gunnera manicata*). Bevor man sich zum Pflanzen solcher eindrucksvoller Gestalten entschließt, sollte man sich jedoch genau erkundigen, wie viel Platz die Pflanze im ausgewachsenen Zustand einnimmt und ob sie eventuell besondere Ansprüche an Standort und Pflege hat.

Da es keine feststehenden Regeln gibt, die besagen, ab wie viel Zentimeter der Status einer Solitärstaude beginnt, bieten sich auch einige andere, im Porträtteil dieses Kapitels vorgestellte Arten für eine exponierte Stellung an: Waldgeißbart (*Aruncus*), Silberkerze (*Cimicifuga*), Taglilie (*Hemerocallis*), Ligularie (*Ligularia*) sowie einige Staudengräser sind ebenfalls recht stattliche Erscheinungen.

Staudenbeete und Rabatten

Ungeachtet der Ausnahmen, die überall vorkommen, empfiehlt sich für das Staudenbeet und die Rabatte die Faustregel: höher wachsende Arten in den hinteren Bereich, niedrige nach vorn. Das trifft auf nahezu alle Pflanzsituationen zu, im übertragenen Sinn auch auf das Rondell, in dem sich große Stauden in der Mitte gruppieren, kleinere die Flächen ringsherum einnehmen. Mit der durch die Wuchshöhe vorgegebenen Anordnung wird aber gewissermaßen nur der äußere Rahmen abgesteckt, der später das Bild aufnehmen muss. Und dieses Bild wiederum setzt sich trotz seiner Vielfalt vor allem aus zwei Komponenten zusammen: Blütenfarbe und Blütezeit.

Das gilt ganz besonders – aber nicht nur – für die Anlage einer größeren Staudenrabatte. Auch wo diese ausdauernden Pflanzen nur an bestimmten Plätzen im Garten auftreten, hier oder dort als kleine Gruppe oder entlang eines Wegs, am

Gestalten mit Stauden

Rasenrand, vor Gehölzen, am Terrassenhang – stets sollte man darauf achten, dass nicht alles auf einmal erblüht, in einem einzigen Farbenrausch seinen Höhepunkt erlebt und für den Rest des Jahres allenfalls noch mit einem vergleichsweise bescheidenen Nachflor aufwartet. Über die Bedeutung von Farben und Farbzusammenstellungen haben sich berühmte und weniger berühmte Gartengestalter zur Genüge ausgelassen und in ihren eigenen Kompositionen den widersprüchlichen Meinungen zu diesem Thema sichtbaren Ausdruck verliehen. Die wissenschaftliche Farbenlehre hilft hier schon gar nicht weiter, denn neben dem persönlichen Geschmack spielen die Jahres- oder sogar Tageszeiten, die ganz unterschiedlich mit hartem oder weichem Licht aufwarten, eine Rolle, ebenso der Charakter des Gartens selbst, seine Größe wie auch die Umgebung. All diese Gegebenheiten haben ihrerseits Einfluss auf die optische Gesamtwirkung. Schließlich sind die Abstufungen und feinen Nuancierungen der Blütentöne so vielschichtig und variabel, dass Primärfarben wie etwa Rot, Blau oder Gelb nur einen winzigen Anteil am Gesamtspektrum repräsentieren.

Nur Erfahrung und immer wieder erneutes Ausprobieren, Umsetzen, Experimentieren können dazu führen, dass man sich eines Tages am Ziel wähnt, dass der Kontrast oder der Fluss der Farben das Auge des Gärtners schließlich befriedigt – zumindest für einige Zeit! Dann beginnt das kreative Spiel von neuem, denn jeder Garten lebt von seinen Wandlungen, verändert sich auch ohne unser Zutun und fordert damit unsere Phantasie heraus, den ständig fließenden Konturen mit eigenen Einfällen zu folgen.

Das klingt alles ungeheuer kompliziert und scheint sich dem für den Besitzer eines schlichten Hausgartens eher abschreckenden Begriff „Gartenkunst" zu nähern. Verständlich, dass in diesem Zusammenhang die Frage auftaucht, ob hier nicht Bücher großer Gärtner weiterhelfen könnten, die dank ihrer gestalterischen Kreativität berühmt wurden. Besonders die Engländer haben sich auf diesem Gebiet hervorgetan, und Namen wie Beth Chatto, Penelope Hobhouse oder gar die der legendären Gestalterinnen Gertrude Jekyll und Vita Sackville-West stehen für gärtnerisches Engagement und Können. Einige ihrer Bücher sind auch bei uns erhältlich – aber helfen sie wirklich weiter? Der Anfänger, der unerfahrene Neuling, der Gartenbesitzer, der sich erst allmählich mit dem vielgestaltigen Reich der Stauden bekannt macht, wird von der Lektüre zunächst kaum profitieren können, möglicherweise verwirrt sie ihn nur noch mehr und bestärkt ihn im Gefühl des eigenen Unvermögens. Denn in solchen Büchern wird vorausgesetzt, was nur eigenes Erleben und Erfahren bringen kann, werden Kenntnisse zugrunde gelegt, die man noch erwerben muss. Eine verständlichere Sprache spricht da wohl eher der deutsche Altmeister der Staudenzüchtung Karl Foerster, hinter dessen oft recht gefühlvollen Formulierungen stets die Praxis eines langen Gärtnerlebens steht, mit Ratschlägen, die bis heute nichts von ihrer Aktualität eingebüßt haben.

Doch Werke berühmter Gartenkünstler hin oder her, die Staudenpflanzung im eigenen Garten beginnt mit Katalogen und/oder ausgiebigen Besuchen der nahe gelegenen Gärtnereien. Nur so kann man sich einen ersten Eindruck davon verschaffen, was angeboten wird und was davon für das Grün am Haus infrage käme. Dabei soll auch dieses Buchkapitel Hilfestellung bieten.

Blau und Gelb: eine bewährte Kombination für das Staudenbeet, hier durch rote Rosen und Pelargonien andeutungsweise zum Farbdreiklang erweitert

Gestaltungsbeispiel Sonne 1
(Beetlänge ca. 5 m, Breite ca. 3 m)

① Glattblattaster, Aster novi-belgii 'Dauerblau', 2 Stück
② Rittersporn, Delphinium-Elatum-Hybriden in blauen Farben, 8 Stück
③ Hohe Bartiris, Iris-Barbata-Elatior-Gruppe in blauen Tönen, 6 Stück
④ Sonnenhut, Rudbeckia nitida 'Juligold', 2 Stück
⑤ Raublattaster, Aster novae-angliae 'Rubinschatz', 2 Stück
⑥ Pfingstrose, Paeonia-Lactiflora-Hybriden 'Claire Dubois' oder eine andere rosafarbene Sorte, 3 Stück
⑦ Flammenblume, Phlox-Paniculata-Hybriden 'Wilhelm Kesselring', 5 Stück
⑧ Flammenblume, Phlox-Paniculata-Hybriden 'Frauenlob' oder 'Landhochzeit', 3 Stück
⑨ Prachtscharte, Liatris spicata 'Picador', 2 Stück
⑩ Sonnenhut, Rudbeckia fulgida var. sullivantii 'Goldsturm', 4 Stück
⑪ Bergaster, Aster amellus 'Veilchenkönigin', 4 Stück
⑫ Sommersalbei, Salvia nemorosa, 8 Stück

Gestaltungstipps für sonnige Beete und Rabatten

Für lichtverwöhnte Plätze bietet sich die breite Palette der mittelhohen bis hohen, sonnenliebenden Stauden an, denen sich auch große Zweijährige wie Stockrose oder der leichten Schatten vertragende Fingerhut zugesellen können. Bei einer größeren Pflanzung darf auch der Grundsatz, alles Hohe in den hinteren Bereich zu setzen, durchbrochen werden; denn in einem ausgedehnten Staudenbeet soll es ja vom Frühjahr bis zum Herbst blühen, sodass die zeitig in Flor gehenden, jedoch im Sommer unansehnlichen Arten wie Gemswurz oder Frühlingsmargerite besser nicht den Platz im vordersten Glied einnehmen, auch wenn sie wegen ihrer bescheidenen Wuchshöhe dorthin passen würden. Sofern es die Verhältnisse zulassen, ist auch nichts gegen Zwiebelblumen oder Einjährige einzuwenden, mit denen man den Flor verfrühen bzw. Lücken zwischen hohen, weiter auseinander stehenden Stauden füllen kann. Damit es kein heilloses Durcheinander mehr oder minder willkürlich platzierter Arten gibt, sollte das Beet ein lockeres Gerüst aus in kleinen Gruppen beisammen stehenden so genannten **Leitstauden** erhalten. Das sind besonders ausdrucksstarke, ins Auge fallende Arten, die Schwerpunkte bilden und optisch so weit dominieren, dass auch farblich eine Konzeption erkennbar wird. Gärtnerisch verwendet man für solche herausragenden, in den Farben weithin leuchtenden, großen Blumen auch die Bezeichnung „Prachtstauden" – ein Begriff, der sich freilich nicht exakt definieren lässt.

Ein Tipp noch zur farblichen Gestaltung, der nicht nur für das Staudenbeet Gültigkeit hat: Unterschätzen Sie die Bedeutung von Weiß nicht! Weiße Blütenpartien haben überall dort Trennfunktion, wo Farben nicht zusammenpassen, lockern auf und setzen Lichtmarkierungen zwischen dunklen, dumpfen Tönen. Weiß macht den Schatten hell und grelle Buntheit erträglich, kräftigt aber andererseits zu blasse Töne benachbarter Pflanzen und hebt sie stärker hervor.

Weil es trotz anschaulichen Bildmaterials nicht einfach ist, die richtigen Zusammenstellungen auf dem Staudenbeet herauszufinden, sollen zwei Beispiele mit Pflanzplänen bei der Auswahl und Positionierung helfen. Hier handelt es sich um Rabatten, die größtenteils sonnig liegen und die vorzugsweise Sommerblühern vorbehalten wurden.

Stauden

Gestalten mit Stauden

Gestaltungsbeispiel Sonne 2
(Beetlänge ca. 3–4 m, Breite ca. 2 m)

① **Schafgarbe, Achillea millefolium** 'Sammetriese', 6 Stück
② **Flockenblume, Centaurea dealbata** 'Steenbergii', 2 Stück
③ **Sommermargerite, Chrysanthemum maximum** 'Polaris', 2 Stück
④ **Mädchenauge, Coreopsis lanceolata** 'Goldfink', 4 Stück
⑤ **Rittersporn, Delphinium-Elatum-Hybriden**, hellblaue Sorten, 3 Stück
⑥ **Feinstrahl, Erigeron** 'Blaue Grotte', 4 Stück
⑦ **Sonnenauge, Heliopsis helianthoides var. scabra** 'Lohfelden', 2 Stück
⑧ **Hoher Sommerphlox, Phlox-Paniculata-Hybriden** 'Starfire', 1 Stück
⑨ **Hoher Sommerphlox, Phlox-Paniculata-Hybriden** 'Orange', 1 Stück
⑩ **Hoher Sommerphlox, Phlox-Paniculata-Hybriden** 'Düsterlohe', 1 Stück

Gestaltungstipps für Schattenrabatten

In vielen Gärten gibt es kleine oder auch größere Schattenpartien, auf denen Sonnenstauden nur schlecht gedeihen würden. Eine etwas umfangreichere Schattenrabatte, wie sie das Gestaltungsbeispiel zeigt, kann entstehen, wenn man einen bereits vorhandenen Platz noch erweitert. Das kann zum Beispiel vor einer Schatten werfenden Sträucherkulisse, vor einer Hecke oder im lichten Schatten größerer Bäume der Fall sein. Die vorliegende Zusammenstellung wurde so konzipiert, dass hier von Frühling bis Spätsommer/Herbst immer etwas blüht. Das Beet ist etwa 5 m lang und 3 m breit, kann aber in seinen Dimensionen mit entsprechend weniger Pflanzen fast beliebig verkleinert, natürlich auch ausgeweitet werden. Bei einer noch großräumigeren Pflanzung könnten Farne, die hier nicht genannt sind, einen wichtigen Part übernehmen.

Gestaltungsbeispiel Schatten
(Beetlänge ca. 5 m, Breite ca. 3 m)

① Frauenmantel, Alchemilla mollis, 6 Stück
② Waldgeißbart, Aruncus dioicus, 2 Stück
③ Prachtspiere, Astilbe-Japonica-Hybriden, rosa Sorte, z. B. 'Bremen', 'Möwe', 3 Stück
④ Lerchensporn, Corydalis lutea, 16 Stück
⑤ Windröschen, Anemone hupehensis, 2 Stück
⑥ Gemswurz, Doronicum orientale, 2 Stück
⑦ Tränendes Herz, Dicentra spectabilis, 2 Stück
⑧ Kaukasusvergissmeinnicht, Brunnera macrophylla, 6 Stück
⑨ Akelei, Aquilegia-Hybriden, z. B. 'Blue Star', 4 Stück
⑩ Eisenhut, Aconitum napellus in blauen Sorten, 3 Stück
⑪ Storchschnabel, Geranium endressii, 8 Stück
⑫ Prachtspiere, Astilbe-Thunbergii-Hybriden 'Moerheimii', 4 Stück
⑬ Prachtspiere, Astilbe-Simplicifolia-Hybriden 'Sprite' oder eine ähnliche Sorte, 4 Stück
⑭ Weißrandfunkie, Hosta sieboldii 'Alba' oder 'Weihenstephan', 2 Stück
⑮ Schaumblüte, Tiarella cordifolia 'Moorgrün', 10 Stück

Pflanzung und Pflege

Vor allem unter den Stauden des Steingartens und Alpinums gibt es viele Arten, die besondere Ansprüche stellen, in der Pflege etwas heikel sind. Die überwiegende Mehrzahl unserer ausdauernden Gartenblumen jedoch lässt sich ziemlich viel gefallen, und es müssen schon arge Unachtsamkeiten passiert sein, wenn es zu Misserfolgen kommt. Hier folgen grundsätzliche Hinweise zur Staudenkultur, die helfen sollen, gravierende Fehler zu vermeiden. Abweichungen von der üblichen Pflege sind in den einzelnen Pflanzenbeschreibungen vermerkt.

Boden

Stauden gedeihen in jedem guten, nährstoffhaltigen, durchlässigen, also nicht staunassen Gartenboden. Wo das Erdreich extrem leicht (sandig) oder schwer (lehmig-tonig) ist, lässt es sich durch Zusätze verbessern (siehe auch ab S. 75). Sandkrume mischt man lehmigen Mutterboden und Kompost bei; sehr schwere, nasse Erde wird mit Sand und ebenfalls Kompost durchlässiger gemacht. Anstelle von garteneigener Rotte können auch Rindenkompost oder -humus verwendet werden, die heute den Torf aus vom Abbau bedrohten Moorlandschaften ersetzen und überall erhältlich sind. Man sollte sie auch für Säure liebende Arten ins Beet einarbeiten, während die Pflanzstelle Kalk liebender Spezies mit Kalkzugaben angereichert wird.

Pflanzzeit und Pflanzdichte

Topf- oder Containerpflanzen, wie sie heute in Gärtnereien und Gartencentern im Angebot sind, kann man das ganze Jahr über in den Boden bringen, solange er nicht gefroren ist. Sonst sind Frühjahr und

Staudenpflanzung:
1. Die Pflanzen werden auf der Fläche verteilt. Dabei sollte man bereits auf genügend große Abstände achten

2. Der Ballen wird vorsichtig aus dem Topf gelöst. Bei Pflanzware ohne Ballen schneidet man die Wurzeln um ein Drittel zurück

3. Mit einer Pflanzkelle oder Handschaufel hebt man das Loch so groß aus, dass der Ballen bzw. die Wurzeln darin gut Platz finden. Die Pflanze wird so eingesetzt, dass der Ballenrand mit der Erdoberfläche abschließt

Stauden

Pflanzung und Pflege

Und wenn sie noch so eifrig blühen – ab Mitte Juli sollten Stauden keinen Dünger mehr erhalten

Herbst die „klassischen" Zeiten zum Setzen. Für die etwas frostempfindlicheren Arten und Ziergräser ist der Frühling empfehlenswerter. Bei der Neuanlage eines Staudenbeets besteht verständlicherweise die Neigung, in der Hoffnung auf eine überreiche Blütenfülle dichter als notwendig zu setzen. Sind die Stauden dann herangewachsen, bedrängen und beschatten sie sich gegenseitig, hoch wachsende Arten strecken sich auf unnatürliche Weise nach dem Licht. Nach 2 oder 3 Jahren wird man also einen Teil des mühsam Angepflanzten zwangsläufig wieder entfernen müssen. Es ist deshalb wichtig, sich schon vor dem Setzen über die Endgröße der einzelnen Arten und Sorten zu informieren und genügend weite Abstände einzuhalten.

Düngen

Mit den mineralischen Voll- oder Mehrnährstoffdüngern ist dem Hobbygärtner viel Arbeit abgenommen worden, denn sie enthalten alle Nährstoffe, die die Pflanzen zum Gedeihen benötigen, in einem abgewogenen Verhältnis zueinander. Wo Staudenbeete und Rabatten regelmäßig mit Kompost oder einem anderen organischen Dünger versorgt werden, wird man auf Mineraldünger freilich weitgehend verzichten können und diese Nährsalze, eventuell in flüssiger Form, nur als „Feuerwehr" bei akuten Mangelerscheinungen einsetzen. Nach dem Ausbringen sind die Pflanzen gut abzuduschen, damit die Salzteile von den Blättern abgewaschen werden und die Düngestoffe rasch in den Boden gelangen.

Bester Termin für das Düngen ist das Frühjahr, etwa von Ende April bis Mitte Mai. Nach Mitte Juli sollte außer mit dem milden Kompost nicht mehr gedüngt werden, da die Gefahr besteht, dass die Wurzeln unausgereift in den Winter hineinwachsen und Frostschäden auftreten. Vorsicht ist auch beim – ohnedies schwer erhältlichen – Stallmist, gleich welcher Art, geboten: Er darf nur in gut verrottetem Zustand ausgebracht werden.

Gießen

Dass das Staudenbeet wie alle anderen Pflanzungen bei Trockenheit gegossen werden muss, versteht sich eigentlich von selbst. Wasser ist für pflanzliches wie tierisches und menschliches Leben unerlässlich, und wenn die Wurzeln für die über das Laub verdunstete Feuchtigkeit keinen Ersatz aus dem trockenen Boden herbeischaffen können, kommt es zu ernsthaften Schädigungen. Deshalb sollte man mit dem Gießen nicht so lange warten, bis die Gewächse Blüten und Blätter hängen lassen, sondern rechtzeitig zu Kanne oder Schlauch greifen. Wird dabei nur eben gerade der Boden befeuchtet, profitieren zwar die flach wurzelnden Unkräuter davon, nicht aber die Kulturpflanzen. Also: kräftig wässern, eine 10-Liter-Kanne pro Quadratmeter ist nicht zuviel. Dies geschieht, wie in allen Gartenbereichen, vorzugsweise morgens oder auch abends, keinesfalls jedoch in der prallen Mittagssonne.

Unkrautbekämpfung

Besonders wichtig ist es, von Anfang an Unkrautwuchs so gut wie möglich auszuschalten. Das beginnt bereits bei der Bodenvorbereitung, während der Wurzelreste und Rhizome unerwünschter Kräuter und Gräser gründlich beseitigt werden müssen. Denn später ist es ungemein schwierig, diese unliebsamen Gäste, deren Wurzeln die Ballen der Stauden durchwachsen, wieder loszuwerden. Eine chemische Unkrautbekämpfung verbietet sich dabei von selbst, andernfalls würden die Stauden in Mitleidenschaft gezogen. Bis sich die Lücken zwischen Stauden im frisch angelegten Beet geschlossen haben, empfiehlt sich eine permanente Bodenbedeckung, z. B. mit Rindenmulch. Trotzdem muss die ordnende Hand des Gärtners regelmäßig eingreifen, weil für manche hartnäckige Unkräuter die Mulchdecke nur ein geringes Hindernis darstellt.

Sonstige Pflegemaßnahmen

Ordnende Eingriffe werden auch bei der gut eingewachsenen Staudenpflanzung nötig. Wüchsige Arten breiten sich mit den Jahren kräftig aus und müssen im Zaum gehalten werden, damit sie andere Pflanzen nicht unterdrücken. Meist kann man durch Teilung (siehe S. 123) Abhilfe schaffen und die Teilstücke an verschiedenen Stellen neu einsetzen oder einfach die Ausläufer bzw. Teile großer Horste samt zugehörigem Wurzelballen abstechen. Manche Arten sollte man regelmäßig alle paar Jahre teilen, damit sie sich verjüngen, z. B. Bergaster (*Aster amellus*), Nelkenwurz (*Geum*) und Hornveilchen (*Viola-Cornuta*-Hybriden). Das Entfernen verblühter Teile dient bei Prachtstauden nicht nur dem gepflegten Aussehen, sondern kann auch eine Nachblüte fördern, etwa bei Salbei (*Salvia nemorosa*) oder Bergflockenblume (*Centaurea montana*). Prachtstauden schneidet man in der Regel im Herbst bis knapp über dem Boden zurück, bei Wildstauden kann man damit auch bis zum Frühjahr warten.

Für hohe oder zum Auseinanderfallen neigende Pflanzen, z. B. Sonnenhut (*Rudbeckie*) oder Rittersporn (*Delphinium*), empfehlen sich Stützringe bzw. -stäbe. Schließlich sollte man bei empfindlichen Arten wie Fackellilie (*Kniphofia*-Hybriden) und Tränendem Herz (*Dicentra*) an Winterschutz in Form von trockenem Laub und Fichtenreisig denken. Das ist generell auch bei anderen Stauden im ersten Winter nach der Pflanzung ratsam.

Stauden

Pflanzung und Pflege

Um eine Nachblüte anzuregen, sollte man Verblühtes regelmäßig entfernen

(Seitentriebe mit neuen Blütenknospen)

Beetstauden schneidet man im Herbst bis knapp über dem Boden zurück

1) Schafgarbe, Achillea filipendulina
2) Schafgarbe, Achillea millefolium
3) Alpenaster, Aster alpinus
4) Bergaster, Aster amellus 'Kobold'
5) Glattblattaster, Aster novi-belgii

Stauden für sonnige Standorte

Achillea
Garbe, Schafgarbe

Diese Gattung umfasst anspruchslose, robuste Stauden, die volle Sonne lieben und am besten in kleinen oder größeren Gruppen zusammengepflanzt wirken. Es sind hervorragende Schnittblumen, die sich auch für Trockengestecke eignen. *Achillea* blüht je nach Art und Sorte von Juni bis September.
Die Schafgarbe bevorzugt durchlässigen, warmen Boden, ihre Pflege beschränkt sich auf das Entfernen verwelkter Blütenstände. Gute Partner sind hohe Salbeiarten, die Pfirsichblättrige Glockenblume *(Campanula persicifolia)* und hochwüchsige Staudengräser.

Achillea filipendulina: Mit ihren großen, gelben Blütendolden und dem graugrünen Laub gehört die Art zu den wichtigsten Vertretern der Schafgarbe. Einige bewährte Sorten: 'Golden Plate', goldgelb, 100 cm; 'Parker', leuchtend gelbe Blütendolden, aromatisch duftendes Laub, 100 cm; 'Sonnengold', goldgelb, 40 cm.

Achillea millefolium: unsere heimische Schafgarbe mit fein gefiederten Blättern und großen, flachen Blütendolden. Bei den Sorten fallen die verschiedenen Rot- und Rosatöne auf: 'Cerise Queen', kirschrot, 50 cm; 'Fanal', kirschrot, 60 cm; 'Kelway' dunkelrot, 50 cm; 'Lachsschönheit', lachsrosa, 60 cm; 'Red Beauty', purpurn, 70 cm; 'Sammetriese', tiefrot, 80 cm.

Achillea ptarmica 'Schneeball': weiß, dicht gefüllt, 60 cm.

Achillea-Hybriden: Die wahrscheinlich aus Hybriden hervorgegangenen Gartensorten sollten auf Beet oder

Rabatte wegen ihrer unvergleichlichen Leuchtkraft den Vorzug erhalten. Ein kraftvoller Farbkontrast ergibt sich, wenn man diesen Hybriden Salvien wie Salvia officinalis 'Purpurascens' oder S. nemorosa 'Blaukönigin' zugesellt. Sortenbeispiele: 'Altgold', goldgelb mit Braun, 60 cm; 'Coronation Gold', lichtgelb, silbergraues Laub, 60 cm; 'Sunshine', schwefelgelb, 60 cm.

Aster
Aster

Die Blütezeit dieser Staudengruppe reicht von Frühjahr bis Herbst und aus dem Garten ist sie, zumindest im Spätjahr, eigentlich nicht wegzudenken. Das Sortenangebot ist riesig, sodass im eigenen Garten immer nur eine kleine Auswahl Platz finden kann. Damit die nachfolgende Zusammenfassung übersichtlich bleibt, wurde die gärtnerisch übliche Einteilung in Frühjahrs-, Sommer- und Herbstastern zugrunde gelegt. Nahezu alle hier aufgeführten Sorten werden von der „Arbeitsgemeinschaft Staudensichtung" aufgrund ihrer positiven Eigenschaften für den Garten empfohlen.

Frühjahrsastern
(Blütezeit Mai bis Juni)
Aster alpinus, **Alpenaster:** Die niedrige, besonders für Steingärten, Geröllfugen und Trockenmauern geeignete Art wünscht sandig-durchlässigen, kalkhaltigen Boden und volle Sonne. Sorten: 'Albus', weiß, 20 cm; 'Dunkle Schöne', tiefviolett, 20 cm; 'Happy End', rosa, 20 cm.
Aster tongolensis: 'Berggarten', lilablau mit gelber Mitte, 50 cm; 'Leuchtenburg', violettblau, 50 cm; 'Wartburgstern', violett mit gelber Mitte, 50 cm.

Sommerastern
(Blütezeit Juli bis September)
Aster amellus, **Bergaster:** Auch sie bevorzugt leicht kalkhaltigen, durchlässigen Boden und einen vollsonnigen Platz. Frühjahrspflanzung ist der Herbstpflanzung vorzuziehen. Nach einigen Jahren sollten die Horste, ebenfalls im Frühjahr, geteilt werden, damit sie sich erneuern können. Sorten: 'Blütendecke', silberblau, 50 cm; 'Breslau', blauviolett, 40 cm; 'Kobold', violettblau, 40 cm; 'Lady Hindlip', rosa, 60 cm; 'Sternkugel', lavendelblau, 40 cm.
Aster frikartii 'Wunder von Stäfa', hellblau mit gelber Mitte, 60 cm.

Herbstastern
(Blütezeit August bis Oktober)
Für den Garten haben hier vor allem vier Arten Bedeutung, die sowohl mit niedrigen, Kissen bildenden wie auch mit hohen, große Büsche bildenden Sorten vertreten sind. Alle wünschen nährstoffreichen, humosen Boden und einen Platz in voller Sonne.
Aster dumosuss, **Kissenaster:** Da die Pflanzen sich rasch ausbreiten, eignen sie sich gut für Einfassungen, Beetränder und den Steingarten. Um eine gute Farbwirkung zu erzielen, wird stets in größeren Gruppen gepflanzt, die sich gut zu Füßen hoher Astern ausbreiten können. Auch Kombinationen mit weiß blühenden Herbstmargeriten (*Chrysanthemum arcticum*), Prachtscharten oder Rudbeckien bringen den spätsommerlichen Garten noch einmal zum Leuchten.
Bewährte Sorten sind z. B. 'Herbstgruß vom Bresserhof', leuchtend rosa, 50 cm; 'Jenny', rosa, gefüllt, 30 cm; 'Kassel', karminrot, halb gefüllt, 40 cm; 'Lady in Blue', sattblau, halb gefüllt, 25 cm; 'Prof. A. Kippenberg', lavendelblau, 40 cm; 'Schneekissen', rein weiß, 30 cm; 'Silberblaukissen', blausilbrig, 40 cm.
Aster ericoides, **Myrtenaster:** Charakteristisch sind die vielen kleinen Blütenköpfchen, die an reich verzweigten Stengeln sitzen, sodass die einzelne Pflanze einem in Blau, Weiß oder Rosa getauchten Busch gleicht. Gartenchrysantheme, Goldrute und Sonnenbraut passen gut in die Nachbarschaft von Myrtenastern, die auch als Schnittblumen gefragt sind. Sorten: 'Erlkönig', hellviolett, 120 cm; 'Blue Star', rein blau, 90 cm; 'Golden Spray', weiß mit gelber Mitte, 80 cm; 'Herbstmyrte', weiß, 100 cm; 'Schneetanne', weiß, 120 cm.
Aster novae-angliae, **Raublattaster:** Der deutsche Name ist auf die behaarten, lanzettlichen Blätter zurückzuführen. Die Staude wächst zu mächtigen, bis zu 180 cm hohen Horsten heran, denen man an einem kräftigen Pfahl Halt geben muss. Hohe Rudbeckien, Staudenphlox, Goldrute, Sonnenbraut oder die Staudensonnenblume liefern leuchtende Kontraste in der Umgebung. Sorten: 'Alma Pötschke', lachsrot, 100 cm; 'Andenken an Paul Gerber', karminrot, 140 cm, 'Barr's Blue', tiefblau, 150 cm; 'Herbstschnee', cremeweiß, 120 cm; 'Rudelsburg', lachsrosa, 120 cm.
Aster novi-belgii, **Glattblattaster:** Anders als die Raublattastern breiten sich Glattblattastern durch ihre kriechenden Wurzeln aus, sodass man sie durch Teilung, die ihnen als Verjüngungsmaßnahme ohnedies gut bekommt, problemlos vermehren kann. Zu hoch gewordene Pflanzen kann man gegen Ende Juni bis zur Hälfte zurückschneiden, um ihnen mehr Standfestigkeit zu geben; bei späterem Schnitt ist die Blüte gefährdet. Sorten: 'Dauerblau', lilablau, halb gefüllt, 150 cm; 'Fellowship', rosa, 90 cm; 'Gayborder Splendour',

Stauden

Stauden für sonnige Standorte

1) Bergflockenblume, Centaurea montana 'Rosea'
2) Bunte Margerite, Chrysanthemum coccineum 'Eileen May Robinson'
3) Gartenchrysantheme, Chrysanthemum-Indicum-Hybride 'Anastasia'
4) Sommermargerite, Chrysanthemum maximum 'Wirral Supreme'

rosa, halb gefüllt, 80 cm; 'Marie Ballard', hellblau, gefüllt, 90 cm; 'Royal Blue', tiefblau, 120 cm; 'Schöne von Dietlikon', dunkelblau mit gelber Mitte, 100 cm.

Centaurea
Flockenblume

Die volkstümlichste Art dieser Gattung ist *C. cyanus,* unsere einjährige Kornblume. Bei den staudigen Formen handelt es sich um dekorative Vorsommer- und Sommerblüher, die zugleich auch begehrte Schnittblumen abgeben. Da sich die Flockenblumen ihren Wildpflanzencharakter weitgehend bewahrt haben und außerdem Trockenheit recht gut vertragen, passen sie gut in natürliche Gartenteile, an Hänge, Böschungen und vor Mauern. Dort zählen sie zu den wertvollsten Bienenfutterpflanzen. An den Boden werden keine besonderen Ansprüche gestellt.

Centaurea dealbata 'Steenbergii', purpurrote Blüten im Juni/Juli, 60 cm.

Centaurea hypoleuca 'John Coutts', rosa, lange, von Juni bis Oktober blühend, 60 cm.

Centaurea macrocephala, **Riesenflockenblume:** Aus dicken, braunschuppigen Knospen entwickeln sich von Juni bis August gelbe Blüten; 130 cm.

Centaurea montana, **Bergflockenblume:** Die blauen Blüten der Art ähneln denen unserer Kornblume; Blütezeit Mai bis Juli, 30–50 cm. Hiervon gibt es einige Sorten: 'Alba', weiß; 'Grandiflora', leuchtend blau, großblumig; 'Parham', große, purpurlavendelfarbene Blüten; 'Rosea', rosa, 'Violetta', dunkelviolett.

Chrysanthemum
Chrysantheme, Wucherblume, Margerite

Nachdem Botaniker die gesamte, ungefähr 200 Arten zählende Gattung *Chrysanthemum* einer eingehenden Prüfung unterzogen und ihre Erkenntnisse 1991 in einer zusammenfassenden Arbeit veröffentlicht haben, wird man sich künftig an neue Zuordnungen im botanischen System gewöhnen müssen.

So gehören die auch als Winterastern bekannten Gartenformen nun nicht mehr zu den *Chrysanthemum-Indicum*-Hybriden, sondern zu *Denthranthema* x *grandiflorum*; *Chrysanthemum leucanthemum*, die Wiesenmargerite, heißt jetzt *Leucanthemum vulgare* und *C. maximum*, die Sommermargerite, trägt die Bezeichnung *Leucanthemum* x *superbum*.

Andere Chrysanthemen-Arten gehen in den Gattungen *Coleostephus*, *Hymenostemma* und *Tanacetum* auf. Aber so wie man heute noch von Gloxinie und Amaryllis spricht, obwohl diese Gattungen schon vor Jahrzehnten in *Sinningia* und *Hippeastrum* umbenannt wurden, wird sich auch die Chrysantheme kaum aus dem Bewusstsein der Blumenfreunde und professionellen Gärtner tilgen lassen. Da zudem kaum ein Staudenbetrieb zunächst etwas mit den neuen Benennungen anzufangen wissen dürfte, werden die bekannten, herkömmlichen Bezeichnungen im Folgenden beibehalten. Neben den niedrigen Wildarten, die in erster Linie für Steingärten infrage kommen und ausgesprochene Liebhaberpflanzen darstellen, sind vor allem die hoch wachsenden Gartenformen interessant, weil sie ähnlich den Astern je nach Art von Frühjahr bis Herbst blühen. Alle Chrysanthemen geben auch hervorragende Schnittblumen ab und wollen nahrhaften, tiefgründigen Boden mit gutem Humusgehalt und volle Sonne. Um Ausfälle durch Frost zu vermeiden, sollten vor allem die spät blühenden *Chrysanthemum-Indicum*-Hybriden im Frühling oder Frühsommer gepflanzt und vor Eintritt winterlicher Temperaturen mit Fichtenreisig bedeckt werden. Aus dem Riesensortiment kann hier nur eine Auswahl besonders empfehlenswerter, größtenteils mit Eignungsprädikat versehener Sorten genannt werden.

Chrysanthemum arcticum, **Nordlandmargerite:** Es handelt sich um Pflanzen der nördlichen bis arktischen Zone mit gedrungenem, buschigem Wuchs und einer Höhe zwischen 40–50 cm. Die Blütezeit dieser besonders für den Steingarten geeigneten Art erstreckt sich von September bis November. Bewährte Sorten: 'Roseum', zartrosa; 'Schwefelglanz', hellgelb.

Chrysanthemum coccineum, **Bunte Margerite:** Die Frühlingsmargeriten öffnen ihre in allen Rot- und Rosatönen leuchtenden Blüten im Mai/Juni und sind wegen ihrer langen Stiele auch als Schnittblumen begehrt. Sorten: 'Dark Crimson', rot, 80 cm; 'Eileen May Robinson', rein rosa, 80 cm; 'Granatsonne', karminrot mit gelber Mitte, 70 cm; 'Regent', rot, 80 cm; 'Robinsons Rosa', rosa, 90 cm; 'Rosabella', dunkelrosa, gefüllt, 70 cm.

Chrysanthemum-Indicum-Hybriden, **Gartenchrysantheme, Winteraster:** Hierunter sind *Indicum*-Hybriden, *Koreanum*-Hybriden und *Rubellum*-Hybriden zusammengefasst, in manchen Staudenkatalogen wird auch noch die ältere Bezeichnung *Chrysanthemum* x *hortorum* verwendet. Es handelt sich um die gärtnerisch wichtigste Gruppe mit Blütezeit von Ende August/September bis November. Die Züchtung dieser Chrysantheme lässt sich über 2000 Jahre zurück nach China verfolgen, wurde später in Japan fortgesetzt und ab dem 19. Jahrhundert vor allem in England vervollkommnet. Heute dürfte es weit über 5000 Sorten geben, von denen ein Großteil freilich auf die nicht winterharten Schnittblumenzüchtungen entfällt. Auf Sortenbeispiele muss hier verzichtet werden, selbst eine halbwegs repräsentative Auswahl würde viel Platz beanspruchen.

Aus dem herbstlichen Garten wie aus Sträußen sind diese Prachtstauden nicht wegzudenken. Sie benötigen einen sonnigen, warmen und möglichst geschützten Platz mit kalkhaltigem Boden und sollten alle paar Jahre im Frühling geteilt werden, damit Blütenreichtum und Wachstum nicht nachlassen.

Chrysanthemum leucanthemum, **Wiesen- oder Frühlingsmargerite:** Diese Wildblume mit wenigen in Kultur befindlichen Sorten ist äußerst anspruchslos und wächst auf jedem nicht zu nassen Gartenboden, bevorzugt auch in der Blumenwiese. Die 50–90 cm hohen Kultursorten blühen im Mai/Juni und passen auch in Blumenbeete oder Rabatten, wo man die langen Stiele für die Vase schneiden kann. Sorten: 'Maikönigin', weiß, 70 cm; 'Maistern', weiß, 50 cm; 'Rheinblick', weiß, 90 cm.

Chrysanthemum maximum, **Sommermargerite:** Die bis zu 90 cm hohen Rabatten- und Schnittblumen, mit langer Haltbarkeit in der Vase, gibt es nur in Weiß als einfache, halbgefüllte und gefüllte Sorten. Ihre strahlende Helle setzt auf dem Staudenbeet unübersehbare Akzente, dient als optische Trennung zwischen verschiedenfarbigen Gruppen-

Stauden

Stauden für sonnige Standorte

1) Mädchenauge, Coreopsis verticillata
2) Mädchenauge, Coreopsis lanceolata 'Sterntaler'
3) Artischocke, Cynara scolymus
4) Rittersporn, Delphinium-Belladonna-Hybride 'Piccolo'
5) Rittersporn, Delphinium-Elatum-Hybride 'Schneespeer'

blühern oder kontrastiert und betont die Wirkung kräftiger Blüher wie Mohn, Lupine, Feuerlilie, Rittersporn, Skabiose, Staudenphlox. Hier einige bewährte Sorten: 'Alaska', einfach blühend, früh, 80 cm; 'Beethoven', einfach, mittel, 80 cm; 'Gruppenstolz', einfach, spät, 70 cm; 'Harry Pötschke', einfach, mittel, 100 cm; 'Julischnee', halb gefüllt, mittel, 80 cm; 'Polaris', einfach, mittel, 80 cm; 'Septemberschnee', halb gefüllt, spät, 80 cm; 'Sieger', einfach, früh, 100 cm; 'Wirral Supreme', gefüllt, früh/mittel, 90 cm.

Coreopsis
Mädchenauge

Vom nur 25 cm hohen Zwerg bis zu 200 cm messenden Großstauden reicht die Bandbreite dieser Gattung, die buschig aufrecht wächst und ihre Blüten lange hält. Gemäß ihrer Herkunft aus den Prärien Nordamerikas wünschen *Coreopsis* einen Standort in voller Sonne, wo sie in jedem guten Gartenboden ohne besondere Ansprüche den ganzen Sommer über mit ihrem leuchtenden Gelb einen auffälligen Schmuck für Beete und Rabatten, für Terrassenhänge und an sonnigen Plätzen vor Gehölzen darstellen.

Eine hübsche Farbwirkung ergibt sich bei Kombination mit blau blühenden Stauden wie Rittersporn, Salbei oder Ehrenpreis. Auch Sommermargeriten und -astern passen gut in diese Gesellschaft.

Coreopsis grandiflora: Meist großblumige, mittelhohe bis hohe Pflanzen mit hervorragender Eignung als Schnittblumen, weil sie auch in der Vase ihre Knospen willig öffnen. 'Badengold' ist die wohl bekannteste Sorte, die ihre 10 cm großen, goldgelben Blüten auf 80 cm hohen Stielen von Juli bis September öffnet; weitere Züchtungen derselben Blütenfarbe: 'Domino', mit schwarzer Mitte, 40 cm; 'Louis d'Or', gefüllt, 90 cm; 'Sonnenkind', 40 cm; 'Tetragold', 80 cm.

Coreopsis lanceolata: Die leuchtend gelben, bei den Züchtungen häufig mit dunklem Rand oder Auge versehenen Blüten erscheinen von Juli bis September. Als Schnittblume kommt diese Art weniger infrage, die vorher beschriebene *C. grandiflora* eignet sich hierfür besser. Es handelt sich meist um niedrige Sorten für die Beetpflanzung: 'Goldfink', schwachwüchsige, niedrige Sorte, 25 cm; 'Lichtstadt', rotbraunes Auge, 30 cm; 'Rotkehlchen', braunes Auge, 30 cm; 'Sterntaler', brauner Innenring, 40 cm.

Coreopsis tripteris: Mit 200 cm die größe *Coreopsis*-Art und deshalb vorzugsweise als Solitärstaude zu verwenden, beispielsweise am Gehölzrand, da auch absonnige, eher trockene Plätze vertragen werden. In größeren Gärten ergeben die hellgelben Blüten in Verbindung mit rot blühenden Sonnenhüten *(Echinacea purpurea)* oder Herbstastern farbliche Höhepunkte. Blütezeit Juli bis September.

Coreopsis verticillata: eine dankbare, anspruchslose Sommerstaude, deren gelbe Blüten zu mehreren beisammenstehen und sich von Juni bis September öffnen. Sorten: 'Grandiflora', goldgelb, 60 cm; 'Moonbeam', hellgelb, 50 cm; 'Zagreb', goldgelb, 25 cm, besonders trockenheitsverträglich und auch für Behälterpflanzung geeignet.

Cynara scolymus
Artischocke

Während sie als Delikatessgemüse wohl bekannt ist, findet man die Artischocke im Ziergarten nur selten. Dabei hat die 2 m hohe Staude mit den 40 x 80 cm großen, tief eingeschnittenen, silbergrünen Blättern und den faustgroßen, violettblauen Blütenköpfen (August bis Oktober) einen hohen Schmuckwert. Man setzt sie möglichst sonnig vor eine weiße Mauer, wo sie wegen ihrer imposanten Gestalt auch in der Vorblütezeit eine Attraktion darstellt, in den Hintergrund eines Staudenbeets, an den Rasenrand oder an einen Gartenweg in humosen, nahrhaften Boden. Reichlich Wasser und Dünger fördern die Blüten, die sich im schuppigen Knospenstadium oder voll geöffnet hervorragend in großen Sträußen und Gestecken verwenden lassen. In Gegenden mit kalten, langen Wintern wird das Laub im Spätherbst bodennah abgeschnitten und die Pflanzstelle dick mit Laub oder Stroh bedeckt.

Delphinium
Rittersporn

Mit Sorten von Übermannshöhe und dem Inbegriff für Blau im Garten schlechthin hat der Rittersporn die Züchter seit Mitte des 19. Jahrhunderts nicht mehr ruhen lassen. Mittlerweile geht die Zahl der Sorten in die Abertausende, sind zum Blau in allen nur denkbaren Variationen auch weiße, rosafarbene, rotviolette Züchtungen hinzugekommen; besonders reizvoll sind Sorten, bei denen eine farblich kontrastierende Blütenmitte den optischen Eindruck noch steigert. Gartenrittersporne werden stets in Gruppen gepflanzt, wobei man die zur Verfügung stehenden Farben von Gruppe zu Gruppe verändern oder andere passende Stauden dazusetzen kann. Auch mit Blütensträuchern, und hier an erster Stelle mit Rosen, ergeben sich eindrucksvolle Kombinationen. Wichtig ist ein möglichst freier Stand in voller Sonne, ein lehmig-humoser, nährstoffreicher Boden, wo der Rittersporn bei ausgeglichener Düngung viele Jahre an seinem Platz bleiben kann. Um einen Nachflor zu erreichen, schneidet man die Staude nach der ersten Blüte auf 10 cm über dem Boden zurück und gibt dann 50 g/m² eines mineralischen Volldüngers. Auf diese Weise lässt sich ein sommerlanger Flor, je nach Sorte von Juni bis Oktober, erzielen, mit kurzer Pause nach dem Rückschnitt. Rittersporne können nicht nur Beete und Rabatten, sondern auch Vasen zieren; als Schnittblumen halten sie allerdings nicht sehr lange.

Delphinium-Belladonna-Hybriden: Von allen Rittersponen brauchen diese Formen die meiste Wärme und sollten deshalb an einen geschützten, durchsonnten Platz, beispielsweise vor eine Mauer oder eine Windschutz bietende Hecke, gepflanzt werden. Belladonna-Hybriden wirken durch ihren verzweigten Wuchs und die locker verteilten Blüten zierlicher als andere Sorten und bleiben insgesamt niedriger. Durch Ausbrechen abgeblühter Triebe lässt sich der Flor verlängern. Blütezeit Juni bis Juli und August bis Oktober. Sorten: 'Bellamosum', dunkelenzianblau, 120 cm; 'Capri', hellblau, Auge weiß, 80 cm; 'Casa Blanca', weiß, 150 cm, 'Clivedon Beauty', hellblau, 150 cm, 'Kleine Nachtmusik', dunkellila, 80 cm; 'Moerheimii', weiß, 100 cm; 'Piccolo', azurblau, 80 cm; 'Völkerfrieden', enzianblau, Auge violett, 100 cm.

Stauden

Stauden für sonnige Standorte

1) Rittersporn, Delphinium-Pacific-Hybride
2) Federnelke, Dianthus plumarius
3) Roter Sonnenhut, Echinacea purpurea
4) Kugeldistel, Echinops ritro
5) Feinstrahl, Erigeron-Hybride 'Dunkelste Aller'

Delphinium-Elatum-Hybriden: Die teils übermannshohen Sorten der Edelrittersporne können mit ihren straff aufrechten, turmartigen Blütenständen die Leitpflanzen jeder Rabatte stellen. Blütezeit Juni bis August und September bis Oktober. Sorten: 'Abgesang', azurblau, 160 cm; 'Berghimmel', hellblau mit weißem Auge, 180 cm, 'Blauwal', dunkelblau, 200 cm; 'Fernzünder', leuchtend blau mit weißem Auge, 140 cm, 'Finsteraarhorn', dunkelblau mit braunem Auge, 170 cm; 'Lanzenträger', enzianblau mit weißem Auge, 200 cm; 'Schneespeer', weiß mit Grün, 130 cm; 'Sommernachtstraum', dunkelblau, 170 cm; 'Waldenburg', dunkelblau mit schwarzem Auge, 150 cm; 'Zauberflöte', blau mit weißem Auge, 180 cm.

Delphinium-Pacific-Hybriden: Dem Vorteil dieser besonders großblütigen, mit schweren und üppigen Blütentrauben besetzten, amerikanischen Züchtungen gesellen sich leider als Nachteile ihre Kurzlebigkeit und mangelnde Standfestigkeit hinzu. Die 160–180 cm hohen, von Juni bis Juli und September bis Oktober, teilweise halb gefüllt blühenden Hybridsorten sollten unbedingt eine Stütze erhalten. Neuerdings wurden sie durch niedrigere (75–80 cm) und standfestere Sorten ergänzt: 'Stand Up' und 'Blue Springs', beide blau blühend. Zu den hohen Züchtungen gehören 'Black Night', dunkelviolett, Auge schwarz; 'Blue Bird', mittelblau, weißes Auge; 'Blue Dawn', dunkelblau; 'Camelliard', lavendel; 'Galahad', rein weiß; 'Guinivere', rosalavendel, weißes Auge; 'King Arthur', dunkelviolett, weißes Auge; 'Percival', weiß, schwarzes Auge; 'Summer Skies', hellblau.

Stauden

Stauden für sonnige Standorte

Dianthus plumarius
Federnelke

Die 20–30 cm hohen, im Mai und Juni meist gefüllt blühenden Stauden eignen sich gleichermaßen für Stein- und Bauerngärten wie für Beeteinfassungen und als Vorpflanzung auf Rabatten, wo sie sich dank ihres Polsterwuchses schnell ausbreiten. Zudem liefern sie dankbare, duftende Schnittblumen für Sommersträuße.
Sorten: 'Diamant', rein weiß, gefüllt; 'Doris', hell lachsfarben mit roter Zone; 'Heidi', dunkelrot, gefüllt; 'Helen', lachsrosa, gefüllt; 'Ine', weiß mit rotem Auge, gefüllt; 'Lotte Frojahn', dunkelrosa, gefüllt; 'Munot', leuchtend rot mit dunklem Auge; 'Roseus Plenus', dunkelrosa, gefüllt.

Echinacea purpurea
Roter Sonnenhut

Wegen ihrer engen Verwandtschaft mit den Rudbeckien wird diese Art in Staudenkatalogen häufig noch unter *Rudbeckia purpurea* geführt. Die 80–100 cm hohen Pflanzen mit rau behaarten Stängeln und Blättern sind anspruchslos, ausdauernd und blühen lange, von Juli bis September. Auf den steifen Stängeln sitzen einzeln die Strahlenblüten, die bei den meisten Sorten eine rote oder rosa Färbung aufweisen; aber auch weiße Züchtungen werden angeboten.
Sorten: 'Abendsonne', lachskarminrot; 'Alba', weiß; 'Leuchtstern', purpurrot; 'The King', dunkelrot.

Echinops
Kugeldistel

Durch seine stahlblauen, bisweilen auch weißlichen, zu borstigen Kugeln vereinten Einzelblüten fällt *Echinops* etwas aus dem Rahmen und hebt sich von den Nachbarpflanzen im Staudenbeet in Farbe wie Form kontrastreich ab. Die Blütezeit dauert von Juli bis September. Schleierkraut, Schafgarbe, Sonnenbraut und Sonnenauge oder auch höhere Ziergräser sind gute Partner dieser ansehnlichen, bis 160 cm hohen Staude. Sie gibt sich mit jedem, im Zweifelsfall eher trockenen Gartenboden in sonniger Lage zufrieden. Als dekorative Beigabe in Trockengestecken wird die Kugeldistel außerordentlich geschätzt.
Echinops bannaticus: Die großen, stahlblauen Kugelköpfe dieser bis zu 160 cm hohen Staude mit graufilzigen Blättern und Stängeln öffnen sich im Juli und August. Sorten: 'Blue Ball', große, dunkelblaue Blüten, 120 cm; 'Blue Globe', sehr große, dunkelblaue Blütenköpfe, 160 cm; 'Taplow Blue', intensiv blau, 120 cm.
Echinops ritro: Blüte von Juli bis September; eine besonders anspruchslose, widerstandsfähige Art, die im Wuchs niedriger bleibt als *E. bannaticus*. Da sie auch mit mageren Böden vorlieb nimmt, lässt sie sich gut im Naturgarten verwenden, wo sie verwildern kann. Die bekannteste Sorte ist 'Veitchs Blue', 100 cm hoch, mit leuchtend stahlblauen Blütenköpfen, die sich fortlaufend neu bilden.
Echinops sphaerocephalus: 150–200 cm hoch; die Art kommt bei uns auch wild wachsend vor und ist eine gute Bienenfutterpflanze. Im Juli/August trägt die Sorte 'Niveus' rein weiße Blütenköpfe.

Erigeron-Hybriden
Feinstrahl, Berufkraut

Die 60–70 cm hohen Hybriden dieser reich verzweigten Prachtstaude warten mit asternähnlichen Blüten in Weiß, Rosa, Rot und Violettblau oder Lila an hohen Stielen auf. Von Juni bis August kann man die Strahlenblüten bewundern, bei einem Rückschnitt nach der Hauptblüte noch einmal im September. Die Stauden brauchen einen nährstoffreichen, lehmig-humosen Boden und von Zeit zu Zeit Düngernachschub. Um die Blühwilligkeit und vor allem den zweiten Flor sicherzustellen, sollte alle 3 Jahre im Frühling geteilt werden.
Erigeron ist eine hervorragende Schnittblume und Beetstaude, die man gut mit Schleierkraut, Rudbeckie, Phlox, Indianernessel, Salbei oder Nachtkerze, Sonnenbraut und Sonnenauge auf der Rabatte kombinieren kann.
Sorten: 'Adria', dunkelviolett, halb gefüllt; 'Dunkelste Aller', dunkelviolett; 'Foersters Liebling', rosa, halb gefüllt; 'Lilofee,', dunkelviolett, halb gefüllt; 'Rosa Triumph', rosa, halb gefüllt; 'Rosenballett', rosa, halb gefüllt; 'Rotes Meer', rot; 'Schwarzes Meer', dunkelviolett; 'Sommerneuschnee', weiß; 'Violetta', dunkelviolett, gefüllt; 'Wuppertal', dunkelviolett, halb gefüllt.

Gaillardia-Hybriden
Kokardenblume

Im Handel sind nur Hybriden, bei denen es neben den 60–70 cm hohen Sorten auch Zwergformen gibt, die sich für Steingärten und kleinere Beete eignen. Die Pflanzen blühen zwar ununterbrochen von Juni bis September, sind aber leider nicht sehr langlebig. Braune, rote und gelbe Töne bestimmen das Bild der meist zweifarbigen Strahlenblüten auf kräftigen Stängeln, die sich auch gut zum Schnitt für die Vase eignen.

Wichtig ist ein durchlässiger, humoser, nahrhafter Boden in warmer, geschützter und sonniger Lage; schweres, feuchtes Erdreich dagegen verkürzt die ohnehin schon geringe Lebensdauer noch mehr. Gegen Ende September sollten die Blütentriebe bis kurz über dem Laub abgeschnitten und die nicht ganz empfindlichen Pflanzen vor Eintritt stärkerer Fröste sicherheitshalber mit Fichtenreisig abgedeckt werden.

Rittersporn, Mädchenauge, Sommerastern *(Aster amellus)* und Roter Sonnenhut sind passende Nachbarn.

Niedrige Sorten: 'Büble', rot mit gelbem Rand, 15 cm; 'Goldkobold', tiefgoldgelb, 25 cm; 'Kobold', gelb mit rotem Rand, 30 cm.

Hohe Sorten (60–70 cm): 'Bremen', dunkelscharlachrot mit gelben Spitzen; 'Burgunder', tiefrot; 'Fackelschein', dunkelrot mit gelbem Rand; 'Sonne', goldgelb; 'Sonnengold', hellrot mit breitem gelbem Rand; 'Wirral Flame', gelb mit orangerotem Ring.

1) Kokardenblume, Gaillardia-Hybride 'Burgunder'
2) Riesenschleierkraut, Gypsophila paniculata 'Perfecta'
3) Sonnenbraut, Helenium-Hybride
4) Sonnenauge, Heliopsis scabra 'Spitzentänzerin'
5) Taglilie, Hemerocallis-Hybride 'Sammy Russell'

Stauden für sonnige Standorte

Gypsophila paniculata
Riesenschleierkraut

In der Floristik ist das Riesenschleierkraut als Beiwerk in Sträußen und Gestecken nahezu unentbehrlich, im Garten schweben die winzigen, einfachen oder gefüllten, weißen oder rosa überhauchten Blüten wie duftige Wolken zwischen anderen Stauden. Riesenschleierkraut, von dem es auch niedrigere Sorten gibt, braucht einen sonnigen Platz in tiefgründigem, durchlässigem und etwas kalkhaltigem Boden. Die breit ausladenden Pflanzen können ohne weiteres einen Quadratmeter Fläche für sich in Anspruch nehmen und die leeren Plätze früh einziehender Zwiebelblumen dekorativ füllen.
Niedrige Sorten: 'Compacta Plena', zartrosa bis weiß, gefüllt, 30 cm; 'Pink Star', dunkelrosa, gefüllt, 60 cm; 'Rosenschleier', zartrosa, gefüllt, 50 cm.
Hohe Sorten (80–120 cm): 'Bristol Fairy', weiß, gefüllt; 'Flamingo', weißlichrosa, halb gefüllt; 'Perfecta', weiß, gefüllt; 'Plena', weiß gefüllt; 'Schneeflocke', weiß, gefüllt.

Helenium-Hybriden
Sonnenbraut

Gelb, Braun, Rot in allen Abstufungen: Das sind die Hauptfarben dieser je nach Sorte von Juni bis September blühenden, ausdauernden und dankbaren Stauden für Rabatten und nahezu alle Gartenplätze, in denen Farben aufleuchten sollen. *Helenium* fühlt sich auf jedem gepflegten Boden, der nicht zu Austrocknung neigt, wohl. Als optische Ergänzung bieten sich Astern, Goldrute, Indianernessel, Phlox, Rittersporn oder Rudbeckien in passenden Farbtönen an.

Früh blühende Sorten (Juni bis Juli): 'Goldene Jugend', gelb mit gelber Mitte, 80 cm; 'Moerheim Beauty', rotbraun, 80 cm; 'Waltraud', goldbraun, 100 cm. Mittelfrüh blühende Sorten (Juli bis August): 'Bressingham Gold', dunkelgelb mit schwarzer Mitte, 100 cm; 'Flammenrad', gelb, rot geflammt, 130 cm; 'Königstiger', goldgelb mit rotem Rand, 120 cm; 'Kupferzwerg', rotbraun, 60 cm; 'Margot', rotbraun mit gelbem Rand, 80 cm; 'Zimbelstern', altgold, braun geflammt, 130 cm. Späte Sorten (August bis September): 'Baudirektor Linné', samtigrot mit brauner Mitte, 110 cm; 'Goldrausch', goldgelb mit brauner Mitte, 140 cm; 'Septembergold', leuchtend gelb, 110 cm.

Heliopsis helianthoides var. *scabra*
Sonnenauge

Ins sommerliche Gelb auf Beeten und Rabatten reiht sich auch das Sonnenauge mit seinen 80–170 cm hohen Sorten unübersehbar ein. Die einfachen, halb oder ganz gefüllten Blüten öffnen sich auf straffen Stängeln von Juli bis September. Gelegentliche Trockenheit wird recht gut vertragen, vor der Blüte sollte man es jedoch nicht so weit kommen lassen und gegebenenfalls zur Gießkanne greifen. Sonniger Stand in nährstoffreichem, frischem Boden und gelegentliche Volldüngergaben fördern die Blütenfülle, sodass auch für die Vase stets genügend Blumen zur Verfügung stehen. Als Partner kommen Phlox, Rittersporn, Indianernessel, Feinstrahl und Astern infrage. In den Katalogen und Gärtnereien wird diese Art meist unter der vereinfachten Bezeichnung *Heliopsis scabra* angeboten.

Sorten: 'Goldgefieder', goldgelb, gefüllt, 140 cm; 'Hohlspiegel', dunkelorange, halb gefüllt, 130 cm; 'Jupiter', orangegelbe Riesenblüten, 170 cm; 'Karat', leuchtend gelb, 120 cm; 'Lohfelden', goldorange, halb gefüllt, 150 cm; 'Sonnenglut', goldorange, 80 cm; 'Sonnenschild', goldgelb, gefüllt, 110 cm; 'Spitzentänzerin', tiefgoldgelb, halb gefüllt, 140 cm; 'Venus', goldgelb, 80 cm.

Hemerocallis-Hybriden
Taglilie

Auf Taglilien spezialisierte Staudengärtnereien bieten teilweise über 1000 verschiedene *Hemerocallis*-Sorten an, und jedes Jahr werden etwa 500 neue Züchtungen registriert. Für ausgesprochene Raritäten muss man 300 Mark und mehr auf den Tisch legen.
Es würde wenig Sinn machen, hier aus dem Riesensortiment ein paar Züchtungen aufzulisten, zumal trotz etlicher bewährter Sorten das Angebot ständig aktualisiert wird. Am besten informiert man sich über den Katalog bzw. vor Ort, was die jeweilige Gärtnerei zu bieten hat und wählt nach gewünschter Wuchshöhe, Blütezeit und -farbe. Bei Letzterer hat man die Wahl zwischen vielfältigen Gelb-, Orange- und Rottönen, daneben kommen Rosa, Weiß und Braun vor, dies alles teils in mehrfarbiger Zeichnung.
Die Hybriden erreichen Wuchshöhen zwischen 40 und 120 cm und blühen, je nach Sorte, von Mai bis September, mit Höhepunkt im Juli. Obgleich die Einzelblüte nur einen Tag lang hält, öffnen sich fortlaufend neue Kelche und sichern einen dauerhaften Flor.
Die sich im Laufe der Zeit zu großen Horsten auswachsenden Pflanzen

1) Taglilie, Hemerocallis-Hybride 'Violet Hour'
2) Hohe Bartiris, Iris-Barbata-Elatior-Hybriden
3) Mittlere Bartiris, Iris-Barbata-Media-Hybride
4) Niedrige Bartiris, Iris-Barbata-Nana-Hybriden
5) Fackellilie, Kniphofia-Hybride 'Goldelse'
6) Lupine, Lupinus-Polyphyllus-Hybride

gedeihen in leicht saurem wie kalkhaltigem Boden, in Sonne wie in Halbschatten und sind dankbar für gelegentliche Düngergaben. Wegen des zu erwartenden Umfangs der Büsche verbietet sich eine zu dichte Pflanzung, in der Praxis haben sich 60–90 cm Abstand als günstig erwiesen. Ansonsten sind *Hemerocallis* anspruchslos, kommen allerdings mit ihren strahlenden Farben in kühlen, verregneten Sommerperioden nicht recht zum Zuge. Obgleich sie keinen besonders feuchten Boden brauchen, passen Taglilien gut in die nächste Umgebung des Gartenteichs, wirken aber auch schön als Gruppen in Rabatten oder am Rasenrand vor der Kulisse grüner Gehölze. Farbliche Abstimmung vorausgesetzt, können als Begleitpflanzen unter anderem Eisenhut, Feinstrahl, Iris oder Ziergräser Verwendung finden.

Iris germanica var. *germanica*
Bartiris

Mehr als 200 Arten der Gattung Iris sind bekannt, die Zahl der Sorten ist ähnlich wie bei *Hemerocallis* riesengroß und kaum mehr zu überblicken. Für den Hausgarten lohnt sich vor allem die Beschäftigung mit der Bartiris, deren Sorte- und Formenfülle in drei Gruppen unterteilt wird: Barbata-Elatior-Gruppe (hohe Bartiris, 60–100 cm), Barbata-Media-Gruppe (mittlere Bartiris, 30–50 cm) und Barbata-Nana-Gruppe (niedrige Bartiris, 15–30 cm).

Nach Süden geneigte Terrassenhänge, Beete vor sonnigen Mauern oder andere trockene Partien sind als Standort für diese Steppenpflanzen ideal. Pfingstrosen, Rittersporne, Gartenchrysanthemen und Taglilien können die Irisblüte der hohen und mittleren Formen begleiten bzw. nach deren Flor die Lücken im Sommer und Spätsommer füllen. Letztlich bleibt es dem Geschick des Gärtners überlassen, die optisch passenden Nachbarn zu finden oder das grüne, blütenlose Irislaub mit anderen Stauden zu kombinieren, die ebenfalls Trockenheit vertragen. Die günstigste Pflanzzeit liegt in den Monaten August bis Anfang Oktober, aber auch der März kann dafür noch genutzt werden. Man legt die Rhizome flach in den Boden, bedeckt sie nur mit wenig Erde, drückt sie fest an und gießt kräftig. Im April vor der Blüte kann ein mineralischer Volldünger verabreicht werden. Bartiris gedeihen in jedem normalen, nicht sauren und feuchten Gartenboden und wünschen einen sonnigen Stand. Wenn der Flor nachlässt, wie es vor allem bei den großblumigen Sorten nach 4 bis 5 Jahren oft der Fall ist, wird durch Teilung der Rhizome verjüngt.

Für die Sortenwahl gilt das bei den Taglilien Gesagte, auf Einzelnennungen sei im Folgenden verzichtet.

Barbata-Elatior-Gruppe (hohe Bartiris): Im Mai und Juni öffnen sich die Blüten der 60–100 cm hohen Bartiris. An Farben kommt außer reinem Rot nahezu alles vor, durch Zwischentöne wirken die Blüten oft mehrfarbig.

Barbata-Media-Gruppe (mittlere Bartiris): Nicht nur der Größe nach, sondern auch mit ihrer Blütezeit im Mai liegt diese Gruppe zwischen den niedrigen und den hohen Züchtungen. Bei einer Höhe von 30–50 cm sind diese Iris zugleich wertvolle Schnittblumen, die man in der Vase reizvoll mit anderen mittelhohen Frühjahrsblühern kombinieren kann. Das Farbspektrum ist ähnlich groß wie bei den hohen Bartiris.

Barbata-Nana-Gruppe (niedrige Bartiris): In dieser Gruppe sind kleine, bis 30 cm hohe Frühjahrsblüher zusammengefasst, deren Flor im April und Mai erscheint. Ob Blau, Violett oder Gelb, Weiß oder Braun- bzw. Rottöne: Auch hier findet man alles, was das Herz begehrt. Die Miniformen lassen sich vorzüglich in Steingärten eingliedern, passen in Tröge oder andere natürlich wirkende Pflanzbehälter, z. B. zusammen mit Steinbrech (*Saxifraga*), Fetthenne (*Sedum*) oder Dachwurz (*Sempervivum*).

Höher wachsende, dichte Horste bildende Sorten sind schöne Stauden für den Rabattenvordergrund, sofern der Platz vollsonnig und der Boden trocken ist. Als Begleitpflanzen kann man Polsterstauden wählen, die jedoch die Irishorste nicht überwuchern dürfen: Blaukissen (*Aubrieta*), niedrige Sonnenröschen (*Helianthemum*) und Glockenblumen (*Campanula*), Mittagsblumen (*Delosperma*) oder Teppichphlox (*Phlox douglasii*).

Kniphofia-Hybriden
Fackellilie

Diese nicht zuverlässig frostharten Liliengewächse aus Südafrika brauchen etwas Winterschutz, wobei man die schilfähnlichen, meist wintergrünen Blätter nur um etwa ein Drittel einkürzt, zusammenbindet und ringsherum trockenes Laub anhäuft. Das Herz der Pflanze soll frei bleiben. Zusätzlich kann dann noch mit Fichtenreisig abgedeckt werden. Fackellilien wünschen einen durchlässigen, eher sandigen, leicht feuchten Boden in sonniger, warmer, geschützter Lage. Die Pflanzstelle sollte bereits einige Zeit vor dem Setzen mit einem organischen Dünger wie Kompost versorgt werden.

Im Sommer erheben sich dann aus dichten Blatthorsten die zwischen 60 und 150 cm hohen Blütenkerzen mit roten, orangefarbenen, gelben und rosaweißen Farbkombinationen. Der Flor beginnt je nach Sorte im Juni und dauert bis September, sodass man den ganzen Sommer über Schnittblumen zur Verfügung hat. Besonders attraktive Partner sind Madonnenlilien (*Lilium candidum*) und Tigerlilien (*Lilium-Tigrinum*-Hybriden), außerdem Säckelblume (*Ceanothus* 'Gloire de Versailles') oder Riesenschleierkraut (*Gypsophila paniculata*).

Aus der Vielzahl angebotener Sorten hier einige wenige Beispiele: 'Bronzeleuchter', bronzefarben mit Gelb, 60 cm; 'Express', orange mit Lachsrot, 80 cm; 'Goldelse', gelb, 70 cm; 'Royal Standard', gelb mit Scharlachrot, 100 cm; 'Safranvogel', weißrosa, 80 cm.

Lupinus-Polyphyllus-Hybriden
Lupine

Wegen ihrer herausragenden Farbwirkung sollte man Lupinen einzeln oder in kleinen Gruppen mitten ins Staudenbeet setzen, wo die etwa 80–100 cm hohen, dem Rittersporn entfernt ähnlichen, vielfarbigen Blütentürme von Ende Mai bis Juli unübersehbar die Szenerie beherrschen. Es sei denn, man überlässt diesen Prachtstauden bewusst das Feld und baut allein auf ihre Wirkung. Dann sollte man im Vordergrund der Rabatte jedoch Platz für andere Ausdauernde lassen, die nach dem Verblühen der Lupinen deren Part übernehmen können. Allerdings haben diese Schmetterlingsblütler, die den Boden durch die in ihren Wurzeln lebenden

Stauden

Stauden für sonnige Standorte

1) **Pfingstrose, Paeonia-Lactiflora-Hybride 'Duchesse de Nemour'**
2) **Pfingstrose, Paeonia-Lactiflora-Hybride 'Dresdener Pink'**
3) **Türkischer Mohn, Papaver orientale 'Rosenpokal'**
4) **Sommerphlox, Phlox-Paniculata-Hybride**
5) **Gelenkblume, Physostegia virginiana**

Knöllchenbakterien mit Stickstoff anreichern, einige Sonderwünsche. So sollte das Erdreich kalkarm und eher mager, keinesfalls aber frisch gedüngt sein. Schwere, nasse Böden führen zunächst zu Blattvergilbungen und verkürzen schließlich die Lebensdauer. Wo Lupinen nicht für sich allein wirken und alle Nachbarpflanzen mit ihrer Farbenvielfalt überspielen, kann man Federmohn, hohe Schwertlilien, Sonnenauge oder auch Rittersporne dazusetzen. Sorten: 'Abendglut', rot mit gelber Fahne; 'Blue Crest', dunkelblau mit weißer Fahne; 'Edelknabe', karminrot; 'Fräulein', cremeweiß; 'Kastellan', marineblau mit weißer Fahne; 'Kronleuchter', leuchtend gelb; 'Mein Schloss', rot; 'Minarette', verschiedene Farben; 'Roggli Rot', weinrot; 'Schlossfrau', rosa mit weißer Fahne.

Paeonia-Lactiflora-Hybriden
Edelpäonie, Pfingstrose

Pfingstrosen gehören mit zu den schönsten Gartenstauden und benötigen, wenn sie einmal Fuß gefasst haben, kaum noch Pflege. Wenn es dennoch immer wieder zu Misserfolgen kommt, ist die Ursache meist in unzulänglicher Bodenbeschaffenheit und Fehlern bei der Pflanzung und Ernährung zu suchen. Im Gegensatz zu den meisten anderen Gartengewächsen brauchen Päonien einen schweren, lehmhaltigen und eher kalkarmen Boden, der andererseits aber keine Staunässe im Untergrund aufweisen darf. Am besten gräbt man die Pflanzstelle bereits einige Wochen vor dem Pflanzen tiefgründig um, damit sich die Erde wieder setzen kann, und mischt gut verrotteten Rindermist oder Kompost mit ein. Päonien sollten stets im Spätsommer oder Frühherbst (zwischen

September und Oktober) gepflanzt werden, und zwar so flach, dass die Augen an der Basis nur 3 cm mit Erde bedeckt sind. Nach dem Anwachsen erhalten die Pflanzen jeweils im Frühjahr und im Herbst eine Nährstoffgabe in Form von gut verrottetem Mist oder mit einem handelsüblichen natürlichen Volldünger, den man etwas entfernt vom Wurzelhals flach einarbeitet. Sonst sollte man die Päonien weitgehend in Ruhe lassen. Gießen ist wegen der tief reichenden Wurzeln in der Regel nur in Trockenperioden vor der Blüte notwendig. Geschickt angebrachte Stäbe verhindern ein Umfallen der bis zu 1 m hohen und mit schweren Blüten besetzten Triebe. Etwas Schutz durch Fichtenreisig, das man im Spätherbst über die dicht bis über den Boden zurückgeschnittenen Pflanzen legt, ist nur im ersten Winter nach der Pflanzung erforderlich.

Da pro Exemplar 1 m² Standraum zur Verfügung stehen muss und Päonien über Jahrzehnte hinweg an ihrem Platz bleiben, ein Versetzen darüber hinaus stets mit Risiken verbunden ist, hat die Wahl des Standorts ähnlich wie bei Großgehölzen etwas Endgültiges und will gut überlegt sein.

Päonien entfalten ihre einfachen, halb oder ganz gefüllten Blüten im Mai/Juni und haben eine Wuchshöhe zwischen 60 und 100 cm. Bei der Klassifizierung wird zwischen halb oder ganz gefüllten Blüten meist kein Unterschied gemacht. Sorten mit gefüllten Blüten, alle zwischen 70 und 100 cm hoch: 'Adolphe Rousseau', dunkelrot; 'Avelanche', weiß; 'Bunker Hill', kirschrot; 'Claire Dubois', zartrosa; 'Dresdener Pink', rosarot; 'Duchesse de Nemour', weiß; 'Felix Crousse', karminrot; 'Heimburg', kirschrot; 'Karl Rosenfield', purpurrot; 'Lady Alexandra Duff', zartrosa; 'Mme. De Verneville', weiß; 'Noemie Demay', zartrosa; 'Reine Hortense', lachsrosa; 'Sarah Bernhardt', hellrosa; 'Wiesbaden', hellrosa. Sorten mit einfachen Blüten, alle zwischen 80 und 100 cm hoch: 'Angelika Kauffmann', weiß; 'Clairette', weiß; 'Hogarth', purpurrot; 'Holbein', rosa; 'King of England', karminrot; 'Murillo', zartrosa; 'Rembrandt', rot; 'Surugu', tiefrot; 'Torpilleur', purpurrot.

Papaver orientale
Türkischer Mohn

Die Blütezeit der 60–110 cm hohen Züchtungen erstreckt sich je nach Sorte von Ende Mai bis Juli. Verlangt wird ein vollsonniger Platz in nährstoffreichem, lockerem Boden. Da die Einzelblüte nicht sehr lange hält, die Pflanze im Sommer ihre Blätter einzieht und erst im Herbst neues, wintergrünes Laub treibt, sollte man die Lücken im Beet durch daneben gepflanzte Rittersporne oder Salvien zu verdecken suchen.
Sorten: 'Aladin', leuchtend rot, 90 cm; 'China Boy', weißorangerot, 70 cm; 'Feuerriese', ziegelrot, 80 cm; 'Rosenpokal', lachsrosa, 100 cm; 'Türkenlouis', leuchtend rot, 70 cm.

Phlox-Paniculata-Hybriden
Hoher Sommerphlox, Flammenblume

Die 80–140 cm hohen, duftenden Hybriden gehören zu den üppigsten und farbenprächtigsten Sommerstauden überhaupt. Ihre herausragende Blütenfülle macht andererseits Nachbarpflanzungen etwas problematisch, weil vor allem die Rosa- und Rottöne des Phlox alle anderen Farben ins Abseits geraten lassen. Hübsche, kontrastreiche Wirkungen können sich aber mit gelb oder blau blühenden Pflanzen wie Sonnenbraut und Goldrute oder Rittersporn ergeben. Auch eine grüne Strauchkulisse hebt die Wirkung von Phlox hervor, allerdings dürfen dabei die Gehölze den Stauden nicht die Sonne nehmen.

Auf nährstoffreichen, humosen, im pH-Wert neutralen bis leicht sauren Böden blüht der Sommerphlox je nach Sorte von Juli bis September, wobei sich die Züchtungen in frühe, mittlere und späte Blüher einteilen lassen. Das Sortenangebot ist so vielfältig, dass hier auf Einzelnennungen verzichtet werden muss. Neben Rosa und Rot in allen Schattierungen finden sich Blau- und Violetttöne sowie Weiß als Blütenfarben.

Physostegia virginiana
Gelenkblume

Ihren Namen verdankt diese sonnenliebende, anspruchslose, von Juli bis September blühende Staude der Beweglichkeit ihrer Einzelblüten. Diese kann man tatsächlich hin und her drehen, als säßen sie in Gelenken. Geeignet ist jeder nicht zu trockene Gartenboden, wo man *Physostegia* mit Ziergräsern oder Kissenastern zusammensetzen kann. Eine Verjüngung durch Teilung nach drei Jahren erhält die Blühfreudigkeit.
Sorten: 'Alba', weiß, 70 cm; 'Bouquet Rose', leuchtend violettrot, 70 cm; 'Summer Snow', rein weiß, 90 cm; 'Summer Spire', dunkelrosa, 100 cm; 'Vivid', purpurrosa, 60 cm.

Stauden

Stauden für sonnige Standorte

Rudbeckia
Sonnenhut

Zur Gattung *Rudbeckia* gehören einige mittelhohe bis hohe, in der Mehrzahl gelb blühende, anspruchslose Stauden, die sich gut für Rabatten eignen, aber auch in Einzelstellung sehr attraktiv sind.

Vor allem während der Blütezeit von Juli bis Oktober sollte der Boden ausreichend feucht sein. Da die Standfestigkeit der hohen Formen häufig zu wünschen übrig lässt, empfiehlt sich die Verwendung von Stützstäben oder speziellen Staudenringen. Wenn die Pflanzen nach einigen Jahren von innen her verkahlen, ist es Zeit, zu teilen und die Einzelstücke neu zu setzen.

Gute Kombinationen dieser auch für den Schnitt begehrten Staude ergeben sich mit Rittersporn, Staudensonnenblume, Sonnenauge, Goldrute und hohen Astern.

Rudbeckia fulgida var. *sullivantii:* 'Goldsturm' ist eine bekannte, 60 cm hohe, reich und lang von Juli bis Oktober blühende Rabattenstaude mit großen, sattgelben Blüten und schwarzem Kopf.

Rudbeckia laciniata: 'Goldkugel', goldgelb, gefüllt, August bis Oktober, 160 cm; 'Goldquelle', zitronengelb, gefüllt, August bis Oktober, 70 cm.

Rudbeckia nitida: 'Herbstsonne', leuchtend gelb, Juli bis September, 200 cm; 'Juligold', goldgelb, Juli bis August, 200 cm.

Rudbeckia purpurea: siehe *Echinacea purpurea* (Roter Sonnenhut), S. 353.

1) **Sonnenhut, Rudbeckia fulgida 'Goldsturm'**
2) **Sommersalbei, Salvia nemorosa**
3) **Goldrute, Solidago-Hybride**
4) **Ehrenpreis, Veronica austriaca ssp. teucrium**
5) **Ehrenpreis, Veronica longifolia, mit Schafgarbe**

Salvia
Salbei, Salvie

Bekannt ist diese Gattung vor allem als hellviolett blühendes Würzkraut und als einjährige Balkon- und Beetpflanze mit leuchtend rotem Flor. Aber *Salvia* hat auch hübsche Zierstauden zu bieten, so den Sommersalbei (*S. nemorosa*) und die wegen ihrer bunten Blätter hervorstechenden Sorten des Garten- bzw. Edelsalbeis (*S. officinalis*), in seiner reinen Art eine alte Heil- und Würzpflanze der Bauerngärten.

Salvia nemorosa, **Sommersalbei:** Auf sonnigen, kalkhaltigen Freiflächen oder Rabatten blüht der Sommersalbei von Juni bis Ende September, wenn man den noch nicht ganz verwelkten Hauptflor im Juli/August zurückschneidet. Trockenheit wird gut vertragen, als Düngung reichen Kompostgaben im Frühjahr. Sehr schön wirkt *S. nemorosa* zusammen mit Schafgarbe, Türkischem Mohn, Rittersporn oder Steppenkerze. Sorten: 'Blaukönigin', blauviolett, 40 cm; 'Mainacht', schwarzblau, Blüte sehr früh, bereits ab Mitte Mai bis Oktober, 50 cm; 'Ostfriesland', tiefviolettblau, 50 cm; 'Rosea', rosa, 60 cm; 'Rügen', mittelblau, 40 cm; 'Tänzerin', tiefviolett, 80 cm; 'Viola Klose', dunkelblau, sehr früh, bereits ab Mai, 40 cm.

Salvia officinalis, **Gartensalbei:** Die von Juni bis August lila blühenden, 40–50 cm hohen Halbsträucher werden gern von Bienen und anderen Insekten angeflogen, haben im Staudengarten jedoch vor allem wegen des Blattschmucks der Zuchtformen Bedeutung. Diese wintergrünen Sorten, die auch ein eher eintöniges Kräuterbeet beleben können, brauchen einen warmen, sonnigen Platz und etwas Frostschutz durch Fichtenreisig.

Sorten: 'Berggarten', graue Blätter, sehr buschig wachsend; 'Purpurascens', stumpfviolette Blätter; 'Tricolor', dreifarbige Blätter: graugrün-gelblichweiß-rosa; 'Variegata', Blätter gelb-grün gescheckt.

Solidago-Hybriden
Goldrute

Diese anspruchslosen, robusten Stauden bringen mit ihren flauschigen, an den Spitzen der Triebe über dem Blattwerk sitzenden, gelben Blütenrispen leuchtende Farben in den spätsommerlichen Garten. Herbstastern (*Aster dumosus*), Sonnenbraut oder auch Rudbeckien passen gut in die Nachbarschaft der 50–90 cm hohen Hybriden. Ebenso bunter Sommerphlox, der das Gelb heraushebt und es gleichzeitig in seiner Dominanz zurückdrängt. Sonniger Stand, normaler, durchlässiger Gartenboden und Verjüngung durch Teilung nach etwa 4 Standjahren sichern eine jährliche reiche Blüte. Sorten: 'Golden Gate', hellgelb, 50 cm; 'Golden Shower', dunkelgelbe, dichte Rispen, 80 cm; 'Goldwedel', goldgelbe, lockere Rispen, 90 cm; 'Strahlenkrone', goldgelb, säulenförmig, 60 cm.

Veronica
Ehrenpreis

Während die niedrigen *Veronica*-Arten vor allem für Steingärten geeignet sind, bringen die halbhohen und hohen Formen das begehrte Blau in den unterschiedlichsten Tönungen auf Sommerbeete und Rabatten, wo sie, je nach Art, von Ende Mai bis September ihre endständigen Blütentrauben oder -ähren öffnen. Diese müssen allerdings nicht immer blau sein, auch weiße und rosafarbene Sorten sind im Angebot. Geeignet ist jeder neutrale bis etwas kalkhaltige Gartenboden. Hübsche Farbkombinationen ergeben sich mit Schafgarbe, Brennender Liebe, Salbei oder Feinstrahl.

Veronica austriaca ssp. *teucrium:* in den Staudengärtnereien und Katalogen meist als *V. teucrium* angeboten. Die im Juli blühende Pflanze bevorzugt kalkhaltige, eher trockene Böden und ist auch für Naturgärten geeignet, wo man sie verwildern lassen kann. Sorten: 'Blue Fountain', leuchtend blau, 60 cm; 'Kapitän', enzianblau, 25 cm; 'Knallblau', tiefenzianblau, 25 cm; 'Königsblau', tiefblau, 45 cm.

Veronica longifolia: Blütezeit Juli bis August; diese Art braucht mehr Bodenfeuchtigkeit als die anderen und bildet meist einige Seitentriebe, an denen sich die Blüten nach und nach öffnen. Die Sorten erreichen eine Höhe von 80 cm: 'Blauriesin', leuchtend blau; 'Schneeriesin', weiß.

Veronica spicata ssp. *spicata:* Blütezeit von Juli bis September. Die Art liebt leichte, durchlässige Böden und passt daher auch in Heide- oder Steingärten. Sorten: 'Blaufuchs', blauviolett, 40 cm; 'Erika', dunkelrosa, 30 cm; 'Heidekind', weinrot, 20 cm; 'Romiley Purple', dunkelviolett, 30 cm; 'Rotfuchs', leuchtend rosarot, 30 cm. Sehr ähnlich präsentiert sich die Unterart *V. spicata* ssp. *incana* (vgl. S. 502).

Stauden

Stauden für sonnige Standorte

Stauden für Halbschatten und Schatten

Schön im Schatten: Akeleien, Waldsteinien & Co.

1) Eisenhut, Aconitum x arendsii
2) Adonisröschen, Adonis amurensis
3) Frauenmantel, Alchemilla mollis

Die Gärtner haben sich bemüht, den Begriff „Schatten" hinsichtlich der Standortansprüche von Stauden möglichst genau zu definieren und kamen dabei zwangsläufig zu der Lösung, die Lichtverhältnisse mit anderen Faktoren in Beziehung zu setzen: absonnig mit trockenem Boden, schattig mit frischem Boden, schattig mit feuchtem Boden beispielsweise. Ausgegangen wird dabei von den natürlichen Standorten, die sich etwa als „Lebensbereich sonniger oder absonniger Gehölzrand" oder als „Lebensbereich Gehölz" charakterisieren lassen. Zum Letztgenannten gehören Plätze im tiefen Dauerschatten unmittelbar unter Bäumen oder Sträuchern, wo nur wenige Stauden ihr Auskommen finden, z. B. Haselwurz *(Asarum)*, Sauerkleearten *(Oxalis)* oder der Buchenfarn *(Thelypteris phegopteris)*. Im Garten wird man allerdings solche differenzierten Standortbedingungen weniger zu bieten haben; man muss notgedrungen mit gröberer Elle messen, und wenn man zwischen volle Sonne verlangenden und schattenverträglichen Stauden unterscheidet, kann kaum etwas schiefgehen. Viele Arten vertragen sowohl Sonne als auch Halbschatten, einige wollen ausschließlich halbschattig bis schattig stehen. Auch Letztere kommen ohne eine gewisse, wenn auch geringe Lichtmenge nicht aus. Es handelt sich meist um ursprünglich am Gehölzrand beheimatete, den Wildpflanzen noch nahe stehende Gewächse, die demzufolge lockeren, humusreichen und etwas feuchten Boden lieben. Doch auch dieses Kriterium lässt sich nicht verallgemeinern, denn es gibt vegetationsreiche Waldsäume, die, nur zu bestimmten Tageszeiten beschattet, einiges an Sonne abbekommen und daher eher trocken sind. Plätze für schattenverträgliche Stauden finden sich im Hausgarten vor Zäunen, Pergolen, Hecken, Mauern, entlang von Haus, Garage oder anderen Baulichkeiten. Je nach Himmelsrichtung und Jahreszeit kann vor eine lichtundurchlässige Wand, wo die Pflanzstellen zudem noch im so genannten „Regenschatten" liegen, also relativ trocken sind, kaum ein Sonnenstrahl hingelangen. Hier wird man zunächst den Boden mit Humus anreichern und später häufiger gießen müssen, um den Gewächsen zusagende Bedingungen zu schaffen. Standorte, die morgens und nachmittags im Schatten, über Mittag jedoch in voller Sonne liegen, sind für lichtgenügsame Arten wenig geeignet.

In einem neu angelegten Garten wird man meist Schwierigkeiten haben, passende Plätze für Stauden dieser Gruppe zu finden, weil Bäume, Sträucher oder Hecken erst heranwachsen müssen, bis sie den notwendigen Schatten spenden. Ist es dann soweit, kehrt sich das Problem um: eines Tages merkt man, dass sich die Lichtverhältnisse gewandelt haben, besonnte Stellen allmählich in den Schatten wandern und somit eine Neuorientierung bei der Bepflanzung notwendig wird. Dann bieten sich all diejenigen Stauden an, die sowohl volle Sonne als auch Halbschatten vertragen – und das sind gar nicht so wenige. In den folgenden Porträts werden die Standortwünsche per Symbol am Kopf sowie teils – differenzierter – im beschreibenden Text genannt, wobei in Grenzfällen letztendlich eigene Erfahrungen die Verträglichkeit der einzelnen Arten zeigen müssen.

Aconitum
Eisenhut ◐–●

Die stattlichen, teils knapp mannshohen Stauden mit den charakteristischen blauen Blütenhelmen brauchen feuchten, kühlen, nährstoffreichen Boden und reichlich Stickstoff in Form natürlicher Dünger. *A. napellus,* der einheimische Sturm- oder Eisenhut, war eine wichtige Pflanze der Bauerngärten; seine zahlreichen Sorten, darunter auch weiß blühende, eignen sich für Pflanzung in Rabatten, für Einzelstellung vor Zäunen und Mauern sowie zur Gestaltung von Naturgärten. Silberkerze, Japanische Anemone, Roter Fingerhut oder der stattliche Waldgeißbart sind gute Nachbarpflanzen.

Aconitum x *arendsii* (*A. carmichaelii* var. *arendsii*): azurblaue, bis zu 120 cm hohe Blütenstände im September und Oktober.

Aconitum x *cammarum:* zwischen 100 und 120 cm hoch, im Juli und August blühend. Sorten: 'Bicolor', 120 cm, mit blau-weißen Helmen; 'Coeruleum', 100 cm, lockerer, dunkelblauer Blütenstand; 'Doppelgänger', reich verzweigt, bis 160 cm, dunkelblau; 'Sternennacht', bis 140 cm, sehr große, locker angeordnete, tiefviolette Blüten.

Aconitum carmichaelii var. *wilsonii* 'Barker': bis 200 cm, rein violettblaue, große Blüten im September.

Aconitum henryi 'Spark': bis 150 cm, reich verzweigt, tiefviolettblaue Blüten im Juli und August.

Aconitum lamarckii: 130 cm hoch, gelbe Blütenstände im August und September.

Aconitum napellus ssp. *lobelianum:* 'Bergfürst', 150 cm, dunkelblaue Blüten; 'Gletschereis', 120 cm, weiße Blüten; beide blühen von Juni bis August.

Aconitum napellus ssp. *pyramidale* 'Newry Blue': bis 150 cm hoch, dichte, aufrechte, marineblaue Blütentrauben, auch zum Schnitt gut geeignet, im Juli und August.

Adonis amurensis
Adonisröschen ◐

Die goldgelben Blütenschalen dieses kleinen Frühjahrsblühers erscheinen noch vor der Blattentfaltung bereits im Februar/März. Neutrale bis leicht saure, lehmhaltige Böden im lichten Schatten von Laubbäumen oder immergrünen Rhododendren sind geeignete Standorte, an denen es auch im Sommer nicht zu warm wird. Hier kann das Adonisröschen seinen Flor in Gesellschaft weiterer Winter- bzw. Frühjahrsblüher entfalten, etwa im Verein mit Christrosen (*Helleborus niger*) und mit Schneeglöckchen (*Galanthus nivalis*) oder unter einer Zaubernuss (*Hamamelis mollis*). Ende Juni ziehen die Pflanzen schon ihre fein gefiederten Blätter ein. 'Pleniflora' blüht gefüllt und grüngelb, 'Ramosa' braunrot.

Alchemilla mollis
Frauenmantel ◐

Eine 30 cm hohe, schön beblätterte, im Juni/Juli grüngelb blühende Staude für Einfassungen, kleine Winkel an Treppen oder Terrassen, die sich auch als Beiwerk für die Blumenvase eignet. Unter dem lichten Blätterdach von Laubgehölzen fühlt sich diese anspruchslose Pflanze ebenfalls wohl; sie kann außerdem als Vorpflanzung für andere, höher wachsende Stauden wie Rittersporn, Päonien oder Bergenien dienen. Standort halbschattig bis leicht besonnt.

Stauden

Stauden für Halbschatten und Schatten

1) Buschwindröschen, Anemone nemorosa
2) Japananemone, Anemone-Japonica-Hybride
3) Akelei, Aquilegia-Hybride
4) Waldgeißbart, Aruncus dioicus
5) Astilbe-Arendsii-Hybride 'Gloria'
6) Astilbe-Simplicifolia-Hybride 'Rosea'

Anemone
Anemone, Windröschen

Für den Hausgarten sind vor allem zwei Gruppen dieser reizvollen Blütenstauden interessant: Die niedrigen Frühjahrsblüher, *A. blanda* und *A. nemorosa*, sowie die mittelhohen bis hohen Sommer- und Herbstblüher, nämlich *A. hupehensis* und die *A.-Japonica*-Hybriden. Alle lieben einen durchlässigen, nicht zu trockenen, humosen Boden und halbschattige Lagen.

Frühjahrsblüher

<u>*Anemone blanda*,</u> **Strahlenanemone:** 10–15 cm hohe Kleinstauden mit knolligen Wurzeln und meist dem Boden aufliegenden Blättern; blaue, rosa oder weiße Blüten im März/April. Sorten: 'Blue Star', leuchtend blau; 'Charmer', dunkelrosa; 'Radar', leuchtend karminrot; 'Rosea', sehr früh, rosa; 'White Splendour', sehr große, schneeweiße Blüten.

<u>*Anemone nemorosa*,</u> **Buschwindröschen:** weiße, blaue und rosafarbene, 15–20 cm hohe Sorten, ebenfalls im März/April blühend, die an trüben Tagen und gegen Abend ihre Blüten schließen. Wie auch bei *A. blanda* sollte stets in kleinen Gruppen gepflanzt werden, beispielsweise auf die Frühlingsblumenrabatte oder im Naturgarten an den Rand von Büschen und Bäumen. Dort entsteht durch liegen gelassenes Laub ein humusreicher Boden, der den Pflanzen günstige Lebensbedingungen bietet. Sorten: 'Alba Plena', weiß, gefüllt; 'Allenii', blau, großblumig; 'Blue Beauty', zartblau, Außenseite silbrigblau, großblumig; 'Lytchett Variety', weiß, großblumig; 'Rosea', rosa; 'Royal Blue', dunkelblau; 'Vindobenensis', hellcreme.

Stauden für Halbschatten und Schatten

Sommer- und Herbstblüher

Anemone hupehensis: Von August bis Oktober schmücken sich diese 80–100 cm hohen Frühherbstanemonen mit Blüten in verschiedenen Rosatönen. Sorten: 'Praecox', dunkelrosa; 'September Charme', hellrosa; 'Splendens', hellrot.

Anemone-Japonica-Hybriden; **Herbst-** oder **Japananemone:** Auf Rabatten, zusammen mit Eisenhut, Silberkerze, Farnen oder im Schatten von Gehölzen, kommen diese 80–120 cm hohen, im September und Oktober blühenden Stauden gut zur Geltung. In den ersten Standjahren ist ein Winterschutz aus Laub oder Pflanzenmulch empfehlenswert. Sorten: 'Honorine Jobert', weiß; 'Prinz Heinrich', purpurrot, halb gefüllt; 'Rosenschale', dunkelrosa; 'Wirbelwind', weiß, halb gefüllt.

Aquilegia-Hybriden
Akelei

Diese Hybriden beeindrucken durch den Farbenreichtum ihrer auffälligen, meist gespornten Blüten. Neben den niedrigen Arten für den Steingarten sind die 50–70 cm hohen A.-Caerulea-Hybriden die für den Staudengarten wichtigsten Formen, die im Juni und Juli blühen und sich auch für den Schnitt eignen. Sofern der Boden genügend feucht ist, können die Pflanzen auch sonnig stehen, sollten aber nach der Blüte zurückgeschnitten werden, um den kräftezehrenden Samenansatz zu verhindern. Sorten: 'Crimson Star', rot mit Weiß; 'Heterosis Olympia' mit einigen Farbsorten; 'Kristall', reinweiß; 'MacKana', eine sehr großblütige Farbenmischung; 'Maxistar', leuchtend gelb; 'Musik', Serie mit vielen Farbkombinationen.

Aruncus dioicus
Waldgeißbart

Die bis zu 200 cm hohe, ausladende Staude hat ihren großen Auftritt von Juni bis Juli mit weißen, 50 cm langen Blütenrispen, die sich auch für den Schnitt eignen. Anspruchslos und ausdauernd, ist der Waldgeißbart eigentlich für jeden Garten geeignet. Die Pflanze ist zweihäusig, männliche und weibliche Blütenstände erscheinen also an getrennten Exemplaren, wobei der männliche Flor eleganter und zarter wirkt. Verblühtes sollte man wegschneiden, 'Kneiffii' hat elegant überhängende Triebe und feines Laub.

Astilbe
Prachtspiere

Bei richtiger Sortenwahl kann man sich an den attraktiven, fedrigen Blütenständen in allen Rot- und Rosafarbschattierungen oder auch in Weiß vom Frühsommer bis fast zum Herbstbeginn erfreuen. Die Wuchshöhe reicht je nach Sorte von 40–120 cm. In der Vase wirken die Rispen sehr ansehnlich, halten allerdings nicht lange. Astilben sind hervorragende Rabattenpflanzen, passen jedoch ebenso in den Randbereich des Teichs oder vor das Grün von Gehölzen. Der Boden sollte humos, feucht und nahrhaft, der Standort halbschattig bis schattig sein. Für den Garten sind vor allem die Hybridgruppen von Interesse.

*Astilbe-Arendsii-*Hybriden: Sie bieten das breiteste Spektrum an Farben und Sorten, die nach Blütezeiten unterteilt werden können. Sorten mit früher Blüte (Juni/Juli): 'Amethyst', purpurlila, 80 cm; 'Brautschleier', rein weiß, 60 cm; 'Fanal', granatrot, 60 cm; 'Gloria', dunkelrosa, 80 cm; 'Irrlicht', weiß, 40 cm; 'Obergärtner Jürgens', karminrot, 50 cm; 'Spinell', rot, 80 cm. Sorten mit mittlerer Blüte (Juli/August): 'Anita Pfeiffer', lachsrosa, 70 cm; 'Bergkristall', weiß, 100 cm; 'Bressingham Beauty', leuchtendrosa, 120 cm; 'Else Schluck', karminrot, 70 cm; 'Rotlicht', leuchtend rot, 70 cm; 'Spartan', dunkelrot, 60 cm. Sorten mit später Blüte (August/September): 'Augustleuchten', rot, 60 cm; 'Cattleya', lilarosa, 120 cm; 'Feuer', lachsrot, 80 cm; 'Glut', leuchtend rot, 80 cm; 'Lilli Goos', korallenrot, 80 cm; 'Weiße Gloria', weiß, 100 cm.

*Astilbe-Japonica-*Hybriden blühen im Juni/Juli und brauchen feuchten, humosen Boden sowie Halbschatten. Sorten: 'Bremen', dunkelrosa, 60 cm; 'Deutschland', weiß, 40 cm; 'Europa', hellrosa, 50–60 cm; 'Mainz', lilarosa, 50–60 cm; 'Möwe', lachsrosa, 50–60 cm; 'Montgomery', dunkelrot, 60–70 cm.

*Astilbe-Simplicifolia-*Hybriden: Die Sorten dieser Gruppe sind zierlicher und meist noch niedriger als die vorhergehenden, haben leicht überhängende Blütenrispen und blühen im Juli. Sorten: 'Atrorosea', dunkelrosa, 40–50 cm; 'Aphrodite', hellrot, bronzefarbenes Laub, 40–50 cm; 'Dunkellachs', lachsrosa, kupferfarbenes Laub, 30 cm; 'Praecox Alba', weiß, 40–50 cm; 'Rosea', hellrosa, 40 cm; 'Sprite', rosa, 40–50 cm.

*Astilbe-Thunbergii-*Hybriden: Die 80–120 cm hohen Sorten blühen mit lockeren, überhängenden Rispen im Juli und August. Sorten: 'Betsy Cuperus', hellrosa; 'Moerheimii', weiß; 'Prof. van der Wielen', weiß; 'Straußenfeder', lachsrosa.

1) Bergenie, Bergenia-Hybride 'Sunningdale'
2) Kaukasusvergissmeinnicht, Brunnera macrophylla
3) Glockenblume, Campanula latifolia 'Macrantha'
4) Glockenblume, Campanula persicifolia 'Grandiflora Alba'
5) Julisilberkerze, Cimicifuga racemosa var. racemosa

Bergenia-Hybriden
Bergenie ●–○

Große, ledrige, meist wintergrüne Blätter und Blüten in Weiß, Rosa oder Rottönen im April und Mai kennzeichnen diese 20–60 cm hohen Stauden. Da sie weder an den Boden noch an die Lichtverhältnisse besondere Ansprüche stellen, lassen sie sich eigentlich überall im Garten verwenden, in voller Sonne ebenso wie im Schatten, auf Rabatten, an Beeträndern, im Randbereich des Teichs, vor oder unter Gehölzen. Ein zusätzlicher Schmuck sind die winterlichen Blattfärbungen einiger Sorten, die sich rot, zartrosa, bläulich oder grünbraun präsentieren.
Sorten: 'Abendglocken', dunkelrot, 40 cm; 'Abendglut', dunkelrot, 30 cm; 'Morgenröte', leuchtend rosa, 40 cm; 'Oeschberg', frisch rosa, 60 cm; 'Purpurglocken', purpurrot, 40 cm; 'Silberlicht', weißrosa, 40 cm; 'Sunningdale', tiefrosa, 50 cm.

Brunnera macrophylla
Kaukasusvergissmeinnicht ◐–●

Naturnahe Pflanzungen, Staudenbeete, Gartenteichrand, Problempartien unter Gehölzen – das sind nur einige Bereiche, die von dieser 40–50 cm hohen, im April und Mai blau blühenden Staude eingenommen werden können. Die dichten Horste mit herzförmigen, dunkelgrünen Blättern sehen auch nach dem Flor noch attraktiv aus und füllen Lücken auf schattigen Plätzen, besonders, wenn sich *Brunnera* durch Selbstaussaat weiter verbreitet. Hübsche Kombinationen ergeben sich zusammen mit Frühlingszwiebelblumen, Primeln, Elfenblumen oder Gemswurz.

'Variegata' ist eine Sorte mit weißbunten, 'Langtrees' eine mit silbrig gefleckten Blättern. Die Pflanze gedeiht in jedem normalen, nicht zu trockenen, lehmig-humosen Gartenboden.

Campanula
Glockenblume

Neben den niedrigen, teilweise Polster bildenden Arten für den Steingarten, für Ritzen und Fugen oder auch für Wildgartenpartien gibt es mittelhohe und hohe Glockenblumen für Rabatten und Zusammenpflanzungen mit anderen Stauden wie Margeriten, Lilien, Mohn, Schafgarbe, Mädchenauge oder Nachtkerze. Schatten liebende *Campanula* machen sich hübsch in Gemeinschaft mit Fingerhut, Astilbe, Geißbart oder Farnen. Je nach Art und Sorte erreichen die hier genannten Glockenblumen Höhen zwischen 30 und 150 cm und gedeihen in jedem frischen, nährstoffreichen Gartenboden in sonniger bis halbschattiger Lage.

Campanula glomerata, **Knäuelglockenblume:** Die Blüten dieser 40–60 cm hohen, im Juli und August blühenden Art sitzen in dichten Schöpfen in den oberen Blattachseln. Etwas kalkhaltige, durchlässige Böden werden bevorzugt. Sorten: 'Acaulis', dunkellila, Zwergsorte, 15 cm; 'Alba', weiß, 80 cm; 'Dahurica', dunkelblau, 60 cm; 'Joan Elliott', tiefviolett, gute Schnittsorte, sehr früh, bereits ab Mai blühend, 40 cm; 'Schneekrone', rein weiß, 50 cm; 'Superba', dunkelviolett, wichtigste Schnittsorte, 60 cm.

Campanula lactiflora: Auf halbschattigen Rabatten, vor Gehölzen oder an Zäunen und Mauern kommen die verzweigten, dicht besetzten Blütenrispen besonders gut zur Geltung. Diese Art braucht ziemlich feuchten Boden und muss in Trockenzeiten reichlich gegossen werden. Blütezeit Juni bis Juli/August. Sorten: 'Alba', weiß, 80 cm; 'Loddon Anne', lilarosa, 90 cm; 'Prichards Varietät', amethystviolett, 50 cm; 'Pouffé', lichtblau, 30 cm; 'Rosea', zartrosa, 140 cm.

Campanula latifolia, **Breitblättrige Waldglockenblume:** Die bei uns heimische, bis 100 cm hohe Art zeigt im Juni und Juli ihre großen Glockenblüten. Sorten: 'Alba', weiß; 'Gloaming', blassblau; 'Macrantha', violett.

Campanula persicifolia, **Pfirsichblättrige Glockenblume:** Die großen, im Juni/Juli sich öffnenden Glockenblüten erscheinen in lockeren Trauben und eignen sich auch für den Schnitt. Diese Art verträgt Sonne wie Halbschatten, liebt lehmig-humose, durchlässige Böden und wird 80–100 cm hoch. Sorten: 'Blaukehlchen', blau, gefüllt; 'Grandiflora Alba', weiß; 'Grandiflora Coerulea', leuchtend blau; 'Highcliff Variety', tiefviolettblau; 'Moerheimii', weiß, gefüllt; 'Porzellan', porzellanblau; 'Telham Beauty', blau.

Campanula trachelium, **Nesselglockenblume:** Die heimische, Halbschatten bis Schatten vertragende Art fügt sich sehr gut in Naturgärten ein. Feuchten Boden bevorzugend, ist sie in der Teichumgebung bestens aufgehoben, passt aber auch in Rabatten mit entsprechenden Standortverhältnissen. Sie blüht lila von Juli bis August/September und wird etwa 80 cm hoch.

Cimicifuga
Silberkerze

Eisenhut, Astilben, immergrüne Bodendecker, aber auch Farne und Laubgehölze erhöhen als Partner oder Hintergrund die Wirkung der reinweißen oder cremefarbenen Blütenstände, die je nach Art von Juli bis Oktober erscheinen und 150–200 cm hoch werden. Die robusten, sehr langlebigen Stauden entfalten ihre volle Schönheit häufig erst nach einigen Jahren, wünschen einen feuchten, humosen Boden und halbschattigen bis schattigen Stand.

Cimicifuga dahurica, **August- oder Kandelabersilberkerze:** Die schneeweißen, duftenden Blütenstände sind rispig verzweigt, bei den männlichen Pflanzen lockerer und dichter als bei den weiblichen.

Cimicifuga racemosa var. *cordifolia,* **Lanzensilberkerze:** Der straff aufrechte, schmale Blütenstand verzweigt sich erst im oberen Bereich und trägt weiße Trauben. Blütezeit August bis September/Oktober.

Cimicifuga racemosa var. *racemosa,* **Julisilberkerze:** Die leicht überhängenden Blütentrauben sind bis zu 60 cm lang und verströmen einen unangenehmen Duft. Der Blütenstand ist nur wenig verzweigt. Wertvollste sommerblühende Art.

Cimicifuga ramosa, **Septembersilberkerze:** 40 cm lange, aufrechte oder geneigte, cremeweiße Blütenkerzen; die Sorte 'Atropurpurea' hat zusätzlich zur Blüte kontrastierendes, braunrotes Laub zu bieten.

Cimicifuga simplex, **Oktobersilberkerze:** Weiße Blüten in wenig verzweigten, leicht überhängenden Trauben im September und Oktober. Besser verzweigt sind die Sorten 'Armleuchter' und 'White Pearl'; 'Braunlaub' hat auffällig dunkle Blätter.

Stauden

Stauden für Halbschatten und Schatten

1

2

4

3

5

Dicentra
**Herzblume,
Tränendes Herz**

Niedrige bis halbhohe Stauden mit fein geteilten Blättern und herzförmigen Blüten, die je nach Art und Sorte von Mai bis in den September hinein blühen. Geeignet ist jeder humose Gartenboden; der Standort sollte halbschattig sein, nur bei genügend Bodenfeuchte kann das Tränende Herz auch sonnig stehen.
Dicentra eximia, **Herzblume:** Diese nur 20 cm hohe Art mit feinem, farnartigem Laub und rosaroten Blüten lässt sich an einem halbschattigen Platz auch als Bodendecker zwischen anderen, höheren Stauden verwenden. Blütezeit Mai bis Juli; 'Alba' ist eine weiße Form, die unter günstigen Bedingungen bis in den Herbst hinein blüht.
Dicentra formosa ssp. *oregana:* etwas höher als *D. eximia* und ebenfalls von Mai bis Juli blühend. Sorten: 'Adrian Bloom', große, kirschrosa Blüten; 'Bountiful', dunkelrosa, Laub silbriggrau; 'Luxuriant', rot; 'Silver Smith', rein weiß; 'Stuart Boothman', dunkelrot.
Dicentra spectabilis, **Tränendes Herz:** Eine sehr dauerhafte Pflanze, die man, einmal an ihren Platz gesetzt, nicht mehr stören sollte. Die charakteristischen roten, herzförmigen, an kurzen Stielchen hängenden Blüten mit weißer „Zunge" erscheinen im Mai bis Juni. Die Staude zieht meist schon kurz nach dem Flor ein, das sollte man bei der Gestaltung einer Rabatte berücksichtigen, damit es keine Leerflächen gibt. 'Alba' ist eine weiß blühende Sorte.

1) **Tränendes Herz, Dicentra spectabilis**
2) **Fingerhut, Digitalis purpurea 'Excelsior'**
3) **Gemswurz, Doronicum orientale**
4) **Elfenblume, Epimedium grandiflorum**
5) **Storchschnabel, Geranium x magnificum**

Digitalis
Fingerhut

Hohe, schlanke, 80–180 cm große, von Juni bis August blühende Stauden für Naturgärten, Rabatten und Gruppenstellung in anderen Pflanzenquartieren, sehr schön zusammen mit hohen Glockenblumen, Farnen und Schattengräsern. Diese alten Bauerngartenblumen sind allerdings nicht sehr langlebig, sondern häufig nur zweijährig. Sie können aber problemlos aus Samen nachgezogen werden.

Digitalis ferrugenia 'Gigantea', **Rostfarbiger Fingerhut:** 180 cm hoch blüht diese Sorte mit gelben, rostbraun geaderten, großen Blumen von Juli bis August. Diese Art ist zweijährig.

Digitalis grandiflora, **Großblütiger Fingerhut:** Die großen gelben, innen braun genetzten, weitglockigen Blüten erscheinen von Juni bis August an 60–80 cm hohen Stielen. Eine ausdauernde Wildstaude, die sich gern selbst aussät.

Digitalis purpurea, **Roter Fingerhut:** Eine zweijährige, im Juni bis Juli blühende Art, deren Sorten 120–150 cm hoch werden und auch für den Schnitt geeignet sind. In rosa, roten und weißen Farbtönen blühen die Mischungen 'Excelsior' und 'Gloxiniaeflora', während 'Gelbe Lanze' hellgelbe Blüten trägt.

Doronicum
Gemswurz

Zusammen mit Tulpen, Kaukasusvergissmeinnicht, Lungenkraut, Primeln und anderen Frühjahrsblühern kann diese anspruchslose Zier- und Schnittstaude mit ihren gelben Margeritenblüten von April bis Mai Beete und Rabatten bereichern. Geeignet ist jeder, am besten etwas lehmhaltige und nährstoffreiche Gartenboden in sonniger bis halbschattiger Lage.

Doronicum orientale: je nach Sorte 25–50 cm hoch. 'Finesse', gelb, 50 cm; 'Frühlingspracht', goldgelb, gefüllt, 50 cm; 'Goldzwerg', goldgelb, 25 cm; 'Magnificum', goldgelb, 40 cm; 'Riedels Goldkranz', goldgelb, halb gefüllt, 30 cm.

Doronicum plantagineum 'Excelsum': Mit 80 cm ist dies die höchste *Doronicum*-Sorte. Ihre bis zu 10 cm großen, goldgelben Blumen öffnet sie im Mai. Nach dem Flor hinterlässt sie Lücken, da sie dann ihr Laub einzieht.

Epimedium
Elfenblume

Die 20–30 cm hohen, teilweise kriechenden und daher auch als Bodenbegrüner geeigneten Pflanzen sind wertvolle Schattenstauden, die durch ihr dunkelgrünes bis bronzefarbenes Laub bis in den Winter hinein ansehnlich wirken. Zusammen mit Farnen, Primeln, Bergenien, Tränendem Herz und Lungenkraut oder Astilben ergeben die meist gelben, je nach Art auch roten oder weißen Blüten im April und Mai ein hübsches Bild.

Diesen zierlichen Frühjahrsblühern sagt humoser, mäßig feuchter Boden an halbschattigen bis schattigen Standorten zu.

Epimedium grandiflorum: Hübsch sind bei dieser Art die im Austrieb bronzenen, herzförmigen Blätter, zu denen bei den Sorten verschiedenfarbige, große, lang gespornte Blüten hinzukommen. Sorten: 'Elfenkönig', rahmweiß; 'Lilafee', purpurviolett; 'Rose Queen', tiefrosa, 'Violaceum', dunkelviolett.

Epimedium perralderianum: im Austrieb ebenfalls bronzefarben, Blüten leuchtend gelb mit braunem Sporn.

Epimedium pinnatum 'Elegans' (*E. pinnatum* ssp. *colchicum*): rein gelbe Blüten mit gelbem oder braunem Sporn, Blätter winter- oder immergrün.

Epimedium x *rubrum:* leuchtend rote Blüten und hübsch gezeichnete, im Austrieb rötliche Blätter.

Epimedium x *versicolor* 'Sulphureum': Blätter wintergrün und im Austrieb rot, Blüten hellgelb.

Epimedium x *youngianum* 'Niveum': Blüten rein weiß in lockeren Trauben, die Sorte 'Roseum' hat hellviolette Blüten.

Geranium
Storchschnabel

Die sehr umfangreiche Gattung umfasst eine Reihe von Arten, die insbesondere im Steingarten, als Bodendecker und zum Verwildern im Naturgarten geeignet sind. Höhere Arten und Sorten mit auffallenden Blüten in Blau, Purpur, Rosa oder Weiß, häufig mit feiner, kontrastierender Aderung, kommen auch als Rabattenstauden oder vor bzw. unter Gehölzen infrage. Reizvoll ist zudem die Herbstfärbung des teilweise immergrünen Laubs, mit der einige dieser Pflanzen aufwarten. Die hier beschriebenen Arten gedeihen an besonnten wie halbschattigen Plätzen in humosem, mäßig feuchtem Gartenboden, wobei gelegentliche Trockenheit relativ gut vertragen wird.

Geranium endressii: Die etwa 30 cm hohe, von Mai bis August frischrosa blühende, trockenheitsverträgliche Art bildet im Laufe der Zeit dichte Polster, die auch dem Wurzeldruck von Bäumen oder Sträuchern in

Stauden

Stauden für Halbschatten und Schatten

1) Nelkenwurz, Geum-Hybride 'Feuerball'
2) Christrose, Helleborus niger
3) Leberblümchen, Hepatica nobilis
4) Graublattfunkie, Hosta fortunei

schattiger Lage standhalten. In milden Wintern bleiben die Blätter grün. Sorten: 'A. T. Johnson', silbrigrosa; 'Claridge Druce', rosaviolette Blüten im Juni und Juli, wintergrün, 60 cm; 'Wargrave Pink', lachsrosa.
Geranium himalayense: eine sich durch Rhizome flächig ausbreitende Art mit ansprechendem Laub. Sorten: 'Alpinum' (*G. grandiflorum*), violettblau, helle Aderung; 'Johnsons Blue', violettblau, rote Aderung; 'Plenum', blau, gefüllt. Alle 30 cm hoch und von Mai bis Juli blühend.
Geranium x magnificum: blauviolette Blüten im Juni bis Juli, 60 cm hoch, rote und gelbe Blattfärbung im Herbst.
Geranium pratense, **Wiesenstorchschnabel:** Mit 60 cm Wuchshöhe und leuchtend blauvioletten, hell geaderten Blüten ist die reine Art gut zum Verwildern auf Freiflächen geeignet, während die Sorten eine Bereicherung des Staudenbeets darstellen. Sorten: 'Kashmir White', weiß; 'Mrs. Kendall Clark', perlgrau mit Rosa; 'Striatum', weiß und violettblau.

Geum-Hybriden
Nelkenwurz

Die 25–50 cm hohen Hybriden aus *G. chiloense* und *G. coccineum* blühen von Mai bis August mit anemonenähnlichen Blüten und sind immergrün. Sie verlangen frischen, lehmig-humosen Boden und einen sonnigen bis halbschattigen Standort, wo sie zusammen mit Schafgarbe, Kaukasusvergissmeinnicht, Sibirischer Iris, Nachtkerze oder Glockenblume hübsche Arrangements abgeben. Da die Pflanzen nicht sehr langlebig sind, sollte man sie alle 2 bis 3 Jahre durch Teilung verjüngen.

Halb gefüllte, großblumige Sorten: 'Borisii', zinnoberrot, Mai bis Juli, 40 cm; 'Dolly North', orangegelb, Mai bis Juli, 50 cm; 'Feuerball', karminrot, Juni bis August, 50 cm; 'Fire Opal', rotorange, Mai bis Juli, 50 cm; 'Goldball', goldgelb, Juni bis August, 50 cm; 'Rubin', karminrot, Mai bis Juli, 40 cm.

Helleborus niger
Christrose, Schneerose ◐–●

Häufig zusammen mit Frühlingszwiebelblumen, niedrigen Waldstauden oder Farnen gepflanzt, gehört diese 25–30 cm hohe Art mit ihren weißen, oft rosa überhauchten Blüten zu den begehrtesten Winter- und Vorfrühlingsblühern unserer Gärten. In lehmig-humoser, kalkhaltiger Erde an einem halbschattigen bis schattigen, windgeschützten Platz wollen Christrosen ungestört wachsen und bleiben uns dort über viele Jahre erhalten. Während der Wachstums- und Blütezeit muss das Erdreich ausreichend feucht sein, im Hochsommer dagegen wird Trockenheit durchaus vertragen und scheint die nächste Blüte sogar zu fördern. 'Praecox', die **Allerheiligenchristrose,** blüht bereits ab November, hat jedoch einen Nachteil: Sie ist für die bei allen Christrosen gefürchteten pilzlichen Blattfleckenkrankheiten besonders empfänglich. Unter den Hybriden, den **Frühlingsschneerosen,** gibt es einige Sorten mit besonders schön gefärbten und gezeichneten Blüten, deren Flor sich über die Monate März und April erstreckt: 'Brunhilde', cremeweiß; 'Frühlingsfreude', dunkelrosa, gepunktet; 'Hyades', weiß mit rosa Punkten; 'Pluto', dunkelrot mit bläulichem Schein; 'Taurus', weiß bis zartrosa, stark gepunktet.

Hepatica nobilis
Leberblümchen ◐–●

Die kleinen, 10–15 cm hohen Waldblumen mit blauen oder violetten Anemonenblüten im März bis April wünschen sehr humosen, nicht zu trockenen Boden und einen halbschattigen bis schattigen Stand. Als Unter- oder Zwischenpflanzung bei Gehölzen schaffen sie eine frühlingshafte Waldszenerie. Man kann sie zusammen mit Anemonen, Kissenprimeln, Seidelbast *(Daphne mezereum)* oder Gedenkemein *(Omphalodes verna)* setzen. Vorsicht, die Pflanze enthält Giftstoffe.
Sorten: 'Alba', weiß; 'Plena', blau, gefüllt; 'Rosea', rosa; 'Rubra', rot; 'Rubra Plena', rot, gefüllt.

Hosta
Funkie, Herzblattlilie ◐–●

Das anspruchslose Liliengewächs, dessen Arten vorwiegend in Japan beheimatet sind, gehört zu unseren schönsten und vielgestaltigsten Blattschmuckpflanzen mit einfarbig grünem, stahlblauem, goldgelbem oder weiß und gelb panaschiertem Laub. Die weißen, helllila oder violettblauen Blüten, die von Juni bis September erscheinen, haben zwar ebenfalls ihren Reiz, treten jedoch hinter den interessanten Blättern zurück.
Man pflanzt Funkien in Gruppen, flächig oder auch in Einzelstellung – je nachdem, wie viel Platz zur Verfügung steht und was einem unter gestalterischen Gesichtspunkten gefällt.
Für den Liebhaber steht ein Riesensortiment mit Preisen zwischen 4 und 400 Mark bereit, das man allerdings nur in Spezialgärtnereien voll wird ausschöpfen können. Hier reicht das überwältigende Angebot von den 8–10 cm niedrigen Miniatur-*Hosta* bis zu einigen Hybriden, die eine Höhe von 160 cm erreichen. Solche Riesen sind allerdings die Ausnahme, meist bewegen sich die *Hosta*-Hybriden im Bereich zwischen 40 und 60 cm.
Funkien sind Gewächse des Halbschattens und Schattens, vertragen allerdings auch eine etwas stärkere Besonnung, wenn der Boden ausreichend feucht ist bzw. feucht gehalten wird.
Hosta crispula, **Riesenweißrandfunkie:** 50–70 cm hoch, große, dichte Horste bildend; Blätter grün, lang gespitzt mit weißem, stark gewelltem Rand.
Hosta elata, **Grüne Riesenfunkie:** 80–90 cm hoch, länglich-herzförmige, am Rand gewellte Blätter in großen, dichten Horsten; diese Art wird auch als *H. fortunei* var. *gigantea* gehandelt.
Hosta fortunei, **Graublattfunkie:** 40–90 cm hoch, Blätter herzförmig, mattgrün in großen Horsten. Sorten: 'Aureomaculata', Weiße Grünrandfunkie, 40–70 cm, Blätter im Austrieb hellgelb mit grünem Rand, später grün; 'Aureomarginata', Grüne Goldrandfunkie, 50–70 cm, große dunkelgrüne Blätter mit gelbem Rand; 'Gold Standard', 50 cm, wie 'Aureomaculata', doch nicht vergrünend; 'Marginato-Alba', Große Weißrandfunkie, 50–80 cm, große Blätter mit unregelmäßigem, weißem Rand, große Horste bildend; 'Obscura', Schattenfunkie, 50–80 cm, Blätter dunkelgraugrün, waagerecht abstehend und den Boden deckend; 'Viridis', 40–70 cm, Blätter grün, wenig bereift.
Hosta lancifolia, **Lanzenfunkie:** 20–40 cm, Blätter lanzettlich, dunkelgrün, beidseits glänzend, Blattstiele purpurn gefleckt.

Stauden

Stauden für Halbschatten und Schatten

1) Wellblattfunkie, Hosta undulata
2) Ligularie, Ligularia dentata 'Othello'
3) Indianernessel, Monarda-Hybride
4) Monarda-Hybride 'Beauty of Cobham'
5) Salomonssiegel, Polygonatum x hybridum

Hosta sieboldiana, **Blaublattfunkie:** 40–50 cm, Blätter blaugrün, schwach bereift. Sorten: 'Aureomarginata', Blaue Gelbrandfunkie, 40–50 cm, Blätter breit, gelb gerandet; 'Elegans', Große Blaublattfunkie, 70–90 cm, Blätter grau bereift, runzelig, breit herzförmig.

Hosta sieboldii, **Weißrandfunkie:** 20–30 cm, Blätter beidseits grün mit schmalem, weißem Rand. Sorten: 'Alba', 40 cm, Blätter hellgrün, zierlich; 'Weihenstephan', 50 cm, Blätter klein, rein grün, beide rein weiß und reich blühend.

Hosta undulata, **Wellblattfunkie:** 60–70 cm, 40 cm lange, ovallanzettliche, stark gewellte Blätter. Sorten: 'Albomarginata', Weißrandige Wellblattfunkie, 40–80 cm, weiß gerandete, gewellte Blätter; 'Erromena', Grüne Wellblattfunkie, 50–100 cm, rein grüne, wenig gewellte Blätter; 'Undulata', Weißgrüne Wellblattfunkie, 20–30 cm, Blätter weiß mit unterschiedlich breitem, grünem Rand; 'Univittata', Schneefederfunkie, 20–40 cm, Blätter an der Mittelrippe weiß gezeichnet, in weißen Streifen auslaufend.

Hosta-**Hybriden:** 'Betsy King', 60 cm, Blätter hellgrün; 'France', 60 cm, Blätter dunkelgrün mit schmalem, weißem Rand; 'Gold Edger', 40 cm, Blätter im Austrieb gelb, dann hellgrün; 'Gold Standard', 60 cm, Blätter innen goldgelb, schmaler, grüner Rand; 'Ground Master', 50 cm, Blätter grün mit großem, weißem Rand; 'Krossa Regal', 160 cm, Blätter blaugrau, breit lanzettlich, überhängend – eine imposante Pflanzengestalt für Einzelstellung; 'Wide Brim', 50 cm, Blätter grün mit gelbem Rand, der sich mit zunehmendem Wachstum verbreitert.

Ligularia
Ligularie ◐–○

Diese bis fast 2 m hohen, ornamentalen Blatt- und Blütenstauden benötigen feuchten, humosen Boden. Mit ihren straff aufrechten, gelben oder orangefarbenen Blütenkerzen passen sie gut in die Nähe eines Teichs, in naturnahe Gärten, aber auch in die Staudenrabatte oder als Einzelpflanzen an einen herausragenden Platz, wo sie die Blicke auf sich ziehen. Ligularien blühen von Juni bis September und lassen sich an halbschattigen Standorten schön mit Eisenhut kombinieren.

Ligularia dentata: Die Blüten stehen von August bis September über den großen, rundlichen bis herzförmigen, oftmals schön gefärbten Blättern. Sorten: 'Desdemona', Blüten rot-orange, Blätter bräunlich-purpurrot, 100 cm; 'Moorblut', Blüten hellorange, Blätter tiefrötlich braun, 80 cm; 'Othello', Blüten orange, Blätter dunkelbräunlich, 100 cm; 'Sommergold', Blüten leuchtend gelb, Blätter grün, 80 cm.

Ligularia x *hessei:* gelbe, kolbenartige Blütenstände von Juli bis August, länglich herzförmige Blätter, 180 cm.

Ligularia przewalskii: gelbe Blüten von Juli bis August und tiefdunkelgrünes, eingebuchtetes, attraktives Laub, 120–150 cm. Bis 190 cm kann die Sorte 'The Rocket', mit strahlend gelben Blüten, erreichen.

Ligularia stenocephala: gelbe Blüten in einem dichten, flaumig behaarten Blütenstand von Juli bis August, Blätter herz- bis pfeilförmig und scharf gezähnt, 120 cm.

Monarda-Hybriden
Indianernessel ◐–○

Die Hauptfarben dieser dankbaren, ausdauernden Rabattenstaude für Sonne und Halbschatten sind verschiedene Rottöne, die in Gemeinschaft mit anderen Blühern leuchtende Akzente setzen. Monarden sind vorzügliche Schnittblumen, die dichte Horste bilden und sich in jedem guten, nicht zu schweren oder sehr feuchten Boden wohl fühlen. Sorten: 'Adam', kirschrot, Juli bis August, 100 cm; 'Beauty of Cobham', Juni bis August, lilarosa, 100 cm; 'Cambridge Scarlet', dunkelscharlach, Juni bis August, 100 cm; 'Donnerwolke', purpurrot, Juli bis August, 100 cm; 'Morgenröte', lachsrosa, Juni bis Juli, 100 cm; 'Präriebrand', tieflachsrot, Juli bis August, 120 cm; 'Prärienacht', purpurlila, August bis September, 150 cm; 'Schneewittchen', weiß, August bis September, 100 cm.

Polygonatum x *hybridum* 'Weihenstephan'
Salomonssiegel

Diese bekannte starkwüchsige Auslese von *Polygonatum* wird bis zu 90 cm hoch und blüht mit cremeweißen, in den Achseln der Blätter sitzenden Blütenglöckchen im Juni/Juli an halb- bis vollschattigen Plätzen, wo sie schon bald große Horste bildet. Die dekorativen Schattenstauden wünschen einen lehmigen, frischen Boden, der leichte Kalkanteile haben darf. An wenig besonnten Partien kann man das Salomonssiegel zusammen mit Türkenbundlilie (*Lilium martagon*), Farnen, schattenverträglichen Ziergräsern oder auch mit dem dekorativen Schaublatt (*Rodgersia*) pflanzen.

Primula
Primel ◐

Die Gattung *Primula* ist mit über 500 Arten so umfangreich, dass die Botaniker diese Pflanzengruppe in einzelne Sektionen gegliedert haben. In den Katalogen der Staudengärtnereien finden sich wiederum davon abweichende Einteilungen, entweder alphabetisch nach Arten oder nach Wuchsformen (Kissenprimeln, Kugelprimeln, Glockenprimeln usw.) geordnet. Für den Hobbygärtner ist das alles ziemlich verwirrend und bei der Auswahl wenig hilfreich zumal einige Arten in zahlreichen Sorten angeboten werden. Die nachfolgende Aufstellung beschränkt sich deshalb auf die Arten, die für den Garten am wichtigsten sind. Bekannt und beliebt, auch für Balkonkästen und Schalen, sind die bunten Frühlingsprimeln. Es gibt aber auch andere, höher wachsende Arten, die ihren Flor in den Sommermonaten Juni und Juli entfalten. Abgesehen von den hier nicht genannten, besondere Ansprüche stellenden Arten für den Liebhaber von Steingartengewächsen, gedeihen Primeln in jedem guten, humosen, nicht zu trockenen Gartenboden. Im Allgemeinen werden folgende Wuchsformen unterschieden: Etagenprimeln tragen ihre Blüten in mehreren Etagen übereinander; bei Doldenprimeln erhebt sich ein mehrblütiger Stängel aus einer Blattrosette; Glockenprimeln haben glockige, nickende Blüten an langen Stielen, sie wachsen am besten auf feuchten, schattigen Plätzen; Kissenprimeln sind die beliebten niedrigen, in vielen bunten Farben blühenden Frühlingsstauden; Kugelprimeln haben kugelige Blütenstände. Alle hier genannten Arten sind, wie erwähnt, recht anspruchslos und für

Stauden

Stauden für Halbschatten und Schatten

1) Etagenprimeln, Primula bulleyana
2) Primula polyneura
3) Lungenkraut, Pulmonaria angustifolia 'Azurea'
4) Schaumblüte, Tiarella cordifolia
5) Hornveilchen, Viola cornuta 'Gustav Wermig'
6) Golderdbeere, Waldsteinia ternata

den Garten geeignet. Aus der Fülle verschiedener Züchtungen werden im Folgenden einige herausragende Sorten genannt. Die römischen Ziffern geben hier jeweils die Blühmonate an.

Primula beesiana: Etagenprimel, samtpurpur, 40 cm, VI–VII.

*Primula-Bullesiana-*Hybriden: Etagenprimel, verschiedene Pastelltöne, 40 cm, VI–VII.

Primula bulleyana: Etagenprimel, orangegelb bis orangerot, 40 cm, VI–VIII.

Primula denticulata: Kugelprimel, 30 cm, III-IV. Sorten: 'Alba', weiß; 'Cameriana Rubin', rubinrot; 'Grandiflora', rosa bis violett.

*Primula-Elatior-*Hybriden: Doldenprimel, 20 cm, IV–V. Sorte: 'Vierländer Gold', leuchtend goldgelb.

Primula florindae: Glockenprimel, hellgelb, Hybriden auch in verschiedenen Rot- und Brauntönen, 50–80 cm, VI–VIII.

Primula japonica: Etagenprimel, 60 cm, V–VII. Sorten: 'Alba', weiß; 'Atropurpurea', purpurrot; 'Firy Red', leuchtend hellrot; 'Millers Crimson', scharlachrot.

*Primula-Juliae-*Hybriden: Kissenprimel, in den Katalogen häufig als *P.* x *pruhoniciana* geführt, 5–10 cm, III-V. Sorten: 'Frühlingsfeuer', purpurrot; 'Gruß an Königslutter', purpurblau; 'Ostergruß', bläulichpurpur; 'Schneetreiben', rein weiß; 'Wanda', rot.

Primula polyneura: rosa bis karminrot, 20 cm, V–VI.

Primula x *pubescens,* **Gartenaurikel:** viele Farben, 15–20 cm, IV–VI. Sorten: 'Blue Wave', violettblau, gelbes Auge; 'Christine', altrosa; 'Kingscote', karminrot; 'Mrs. J.H. Wilson', violett, weißes Auge; 'Nigel', lila, gefüllt; 'Rufus', leuchtend rotbraun, gelbes Auge; 'Zambia', schwarzrot, gefüllt.

Primula rosea, **Rosenprimel:** karminrosa, 20 cm, III–IV, für feuchte Böden. Sorten: 'Gigas', 'Grandiflora', beide sehr großblütig.
Primula sieboldii: rosa, rot, lila, weiß, 20–30 cm, V–VI.
Primula sikkimensis, **Sumpfprimel** (Glockenprimel): schwefelgelb, die Hybriden wie 'Crimson and Gold' sind häufig zweifarbig, 50 cm, VI–VII.
Primula veris, **Schlüsselblume:** gelb, 20 cm, IV–V.
Primula vialii, Orchideenprimel: scharlachrot bis purpurviolett, 30–50 cm, VI–VIII.
Primula-Vulgaris-Hybriden: Kissenprimel, viele Farben, einfache und gefüllte Sorten unterschiedlicher Rassen, 5–10 cm, III–IV.

Pulmonaria
Lungenkraut ◐–●

Mit ihren blauen, roten oder weißen Blüten vermag diese hübsche Staude von März bis Mai halbschattige bis schattige Plätze, z. B. unter Gehölzen, zu zieren. Der wertvolle Frühjahrsblüher wird 25–30 cm hoch und liebt humose, frische Böden. Dort kann das Lungenkraut zusammen mit Leberblümchen, Buschwindröschen, Primeln oder dem Salomonssiegel wachsen und durch Selbstaussaat mit den Jahren die Fläche bedecken.
Pulmonaria angustifolia: 30 cm, April bis Mai. Sorten: 'Alba', weiß; 'Azurea', leuchtend enzianblau; 'Blaues Meer', enzianblau; 'Munstead Blue', leuchtend blau.
Pulmonaria officinalis: 25 cm, Blüten erst rosa, dann blauviolett, April bis Mai; die Sorte 'Alba' blüht weiß.
Pulmonaria rubra: 30 cm, Blüten ziegelrot, März bis April. Sorte: 'Redstar', korallenrot.
Pulmonaria saccharata: 30 cm, Blätter silbern gefleckt, März bis April. Sorten: 'Frühlingshimmel', himmelblau; 'Mrs. Moon', leuchtend rot; 'Pink Dawn', rosa.

Tiarella cordifolia
Schaumblüte ●

Auf feuchten, humosen Böden schattiger Plätze bildet dieser 15–20 cm hohe Bodendecker durch seine kriechenden Erdstämme frischgrüne Teppiche, die sich zum Herbst kupfern färben. Im April und Mai schmückt er sich zudem mit zarten weißen Blütenkerzen. Sorten: 'Moorgrün', sattgrünes Laub; 'Purpurea' mit purpurnen Blättern.

Viola
Veilchen ○–◐/◐–●

Bei genauem Hinschauen sieht man den Blüten dieser kleinen Stauden die Stiefmütterchen-Verwandtschaft an. Während das Hornveilchen, *V. cornuta*, einen sonnigen Platz bevorzugt und vom Frühjahr bis in den Spätsommer hinein blüht, bevölkert das Duftveilchen, *V. odorata*, schattige Partien vor oder unter Gehölzen, wo es seinen Flor von März bis April entfaltet. Diese reizende Kleinstaude sollte sich an genanntem Standort in Ruhe ausbreiten dürfen. Man kann sie aber auch neben beschattete Gartenwege oder zu den Gehölzen des Terrassenhangs setzen.
Viola cornuta, **Hornveilchen:** Von dieser großblütigen, von Mai bis September blühenden, 15–25 cm hohen Art gibt es einige sehr schöne Sorten in verschiedenen Farbvarianten; einige Beispiele: 'Altona', cremegelb; 'Angerland', lilablau; 'Blaue Schönheit', leuchtend blau; 'Famös', weinrot; 'Gustav Wermig', veilchenblau; 'Ilona', purpurviolett; 'Jutta', marineblau; 'Northfield Gem', violettpurpur; 'White Perfection', rein weiß.
Viola odorata, **Duftveilchen:** In leichtem Schatten wird jeder Gartenboden, kalkreich oder kalkarm, lehmig oder sandig, akzeptiert, sodass sich diese 10–15 cm hohe Kleinstaude an ihr zusagenden Plätzen zu weiträumigen Teppichen ausbreiten kann. Zwischen anderen Beetpflanzen ist das nicht immer erwünscht, da die Ausläufer überallhin kriechen und das Veilchen schließlich zum „Unkraut" machen. Sorten: 'Alba', weiß; 'Heidi', blau, gefüllt; 'Königin Charlotte', hellviolettblau; 'Rubra', purpurrot; 'Sulphurea', aprikosengelb.

Waldsteinia
Waldsteinie, Golderdbeere ◐–●

Wintergrün, mit gelben Blüten von April/Mai bis Juni, gehören diese Stauden zu den wertvollen Bodendeckern und Flächenbegrünern halbschattiger oder schattiger Lagen. Da sie trockene Böden recht gut vertragen, lassen sich Waldsteinien auch an weniger günstigen Plätzen einsetzen. Gärtnerisch von Bedeutung sind zwei Arten: *Waldsteinia geoides*, 25 cm, und *Waldsteinia ternata*, bis 10 cm hoch.

Stauden

Stauden für Halbschatten und Schatten

Miscanthus sinensis 'Silberfeder' ist eine besonders schöne Chinaschilfsorte, die im September mit auffälligen Ähren alle Blicke auf sich zieht

Ausdauernde Ziergräser

Lange Zeit beschränkte sich der Einsatz von Staudengräsern im Wesentlichen auf das eindrucksvolle Pampasgras (*Cortaderia selloana*), das dann allerdings Mitte der 80er-Jahre vielerorts unter harten Wintern litt und fast schlagartig aus den meisten Gärten verschwand. Ein Jahrzehnt später kam der nächste schwere Rückschlag für Liebhaber eindrucksvoller Grasgestalten: den beliebten Garten- oder Schirmbambus, *Fargesia (Sinarundinaria) murielae*, ereilte das große „Bambussterben", das in der Presse gewaltig Furore machte. Doch das sind spektakuläre Ausnahmen, die meisten Ziergräser haben sich als recht problemlos, robust und pflegeleicht erwiesen. Im Zuge der Teichbegeisterung erhielt dann auch das ein oder andere Gras seinen Platz am Gewässerrand, die kugeligen Polster des Bärenfellschwingel (*Festuca scoparia*) zieren heute so manchen Vorgarten, zierliche Seggen-Arten (*Carex*) fanden ebenso ihre Anhänger wie das stattliche Chinaschilf (*Miscanthus sinensis*). Allerdings werden Ziergräser im privaten Grün immer noch sehr sparsam eingesetzt, was angesichts der Vielzahl an Arten und Sorten, die zur Verfügung steht, in der Tat verwunderlich ist. Eine ausführliche Beschreibung der zahlreichen Ziergräser würde den Rahmen dieses Buchs sprengen, statt dessen soll die Übersicht auf den nächsten Seiten einen Eindruck von der Fülle an Arten und Verwendungsmöglichkeiten geben. Weitere Gräser, die sich ausschließlich für den Wasser- oder Steingarten eignen, werden in den entsprechenden Kapiteln (S. 466, S. 504) vorgestellt.

Auch **Bambusarten** wurden hier nicht berücksichtigt. Das Sortiment ist bei dieser Pflanzengruppe etwas in Bewegung geraten, nachdem 1996 der verbreitete Garten- oder Schirmbambus (*Fargesia murielae*, auch *Sinarundinaria murielae*) zur Blüte kam. Schuld daran ist ein Phänomen, das den Botanikern bis heute Rätsel aufgibt: Nach jahrzehnte- oder gar jahrhundertelangem blütelosem Wachstum beginnen bestimmte Bambusgattungen bzw. -arten plötzlich zu blühen – gleichzeitig auf der ganzen Welt, unabhängig davon, wo sie wachsen und wie alt sie sind. Viele brauchen dann durch die Blüte ihre gesamten Kräfte auf und sterben schließlich ab, so auch der Gartenbambus.

Als Ersatz für das hübsche, pflegeleichte Gras werden vor allem verschiedene *Phyllostachys*-Arten empfohlen, die zwar gute Winterhärte zeigen, allerdings kräftig Ausläufer treiben. Das macht den Einsatz einer Rhizomsperre aus Kunststoff rund um den Wurzelbereich der Pflanzen nötig. Bei Interesse für die Großpflanzen mit dem exotischen Flair sollte man sich in Staudengärtnereien oder Baumschulen gründlich beraten lassen.

Nicht nur manchen Bambusarten, sondern auch anderen Großgräsern können **winterliche Fröste** zusetzen. Sie sollten durch eine Laubaufschüttung und eventuell mit Fichtenzweigen geschützt werden. Beim Pampasgras hat es sich zudem bewährt, die langen Halme zu einem Schopf zusammenzubinden, damit das Wasser an ihnen herablaufen kann, ohne den Wurzelballen zu vernässen.

Staudengräser im Überblick

Deutscher Name	Botanischer Name	Standort	Höhe* in cm	Einzelstellung	Rabatte	Steingarten	Wassergarten
Silberährengras	Achnatherum calamagrostis	○	100		■		
Magellan-Blaugras	Agropyron magellanicum	○	50/100		■		
Pfahlrohr, Riesenschilf	Arundo donax	○	300–400	■			■
Moskitogras	Bouteloua oligostachia	○	30		■	■	
Herzzittergras	Briza media	○–◐	50		■		
Gartensandrohr	Calamagrostis x acutiflora 'Karl Foerster'	○–◐	150	■	■		
Fuchsrote Segge	Carex buchananii	○	50		■	■	
Morgensternsegge	Carex grayi	○–●	70	■			■
Erdsegge	Carex humuilis	○	15		■	■	
Bergsegge	Carex montana	○	20		■	■	
Japansegge	Carex morrowii 'Variegata'	○–◐	30		■		
Palmwedelsegge	Carex muskingumensis	○–◐	80		■		
Riesensegge	Carex pendula	◐–●	50/150	■	■		
Breitblattsegge	Carex plantaginea	◐–●	10			■	
Schattensegge	Carex umbrosa	◐–●	40			■	
Goldbartgras	Chrysopogon nutans	○	150	■	■		
Pampasgras	Cortaderia selloana	○	200–300	■			■

* Zwei Angaben = Halmhöhe/Blütenstandhöhe

Rückschnitt: Zurückgeschnitten werden alle großen Gräser erst im Frühjahr. Das hat zwei Gründe: Einmal sehen sie im Winter auch dann imposant aus, wenn sie nicht immergrün sind, dafür aber Raureif oder Schnee die Halme und Blätter silberweiß überzieht.
Zum anderen jedoch, und das ist der Hauptgrund dafür, die Riesengräser im Herbst zufrieden zu lassen, vertragen sie die Winternässe nur schlecht. Regen, vor allem aber Tauwasser, würde in den von schützenden Halmen entblößten Horsten versickern und dort Fäulnis hervorrufen.

Gartensandrohr, Calamagrostis x acutiflora 'Karl Foerster'

Stauden

Ausdauernde Ziergräser

Staudengräser im Überblick (Fortsetzung)

Deutscher Name	Botanischer Name	Standort	Höhe* in cm	Einzelstellung	Rabatte	Steingarten	Wassergarten
Rasenschmiele	*Deschampsia cespitosa*	◐–●	50/150	■	■		■
Riesenstrandhafer	*Elymus racemosus*	○	150	■	■		■
Liebesgras	*Eragrostis curvula*	○	120		■		
Regenbogenschwingel	*Festuca amethystina*	○	50		■	■	■
Blauschwingel	*Festuca cinerea*	○	20			■	
Atlasschwingel	*Festuca mairei*	○	60/120	■	■		
Bärenfellschwingel	*Festuca scoparia*	◐	10		■	■	■
Zwergblauschwingel	*Festuca valesiaca*	○	15			■	
Blaustrahlhafer	*Helictotrichon sempervirens*	○	50/100	■	■	■	
Flaschenbürstengras	*Hystrix patula*	○	60		■		
Blaukammschmiele	*Koeleria glauca*	○	40		■	■	
Schneemarbel	*Luzula nivea*	◐–●	40		■	■	
Haarmarbel	*Luzula pilosa*	◐–●	25		■	■	
Waldmarbel	*Luzula sylvatica*	◐–●	25		■	■	
Riesenperlgras	*Melica altissima*	◐	100	■	■		
Wimperperlgras	*Melica ciliata*	○	40		■	■	
Nickendes Perlgras	*Melica nutans*	◐–●	50		■		
Siebenbürger Perlgras	*Melica transsilvanica*	○–◐	40			■	

* Zwei Angaben = Halmhöhe/Blütenstandhöhe

Links: Rasenschmiele, Deschampsia cespitosa

Bärenfellschwingel, Festuca scoparia

Staudengräser im Überblick (Fortsetzung)

Stauden
Ausdauernde Ziergräser

Deutscher Name	Botanischer Name	Stand-ort	Höhe* in cm	Einzel-stellung	Rabatte	Stein-garten	Wasser-garten
Riesenmiscanthus	*Miscanthus floridulus*	◐–●	300–400	■			■
Silberfahnengras	*Miscanthus sacchariflorus*	○	200	■			■
Chinaschilf	*Miscanthus sinensis*	○–◐	200	■			■
Pfeifengras	*Molinia caerulea*	○–◐	50/250	■	■		
Rutenhirse	*Panicum virgatum* 'Strictum'	○	150		■		
Australisches Lampenputzergras	*Pennisetum alopecuroides*	○	100		■		
Orientalisches Lampenputzergras	*Pennisetum orientale*	○	40		■		
Rohrglanzgras	*Phalaris arundinacea*	○	150		■	■	■
Herbstkopfgras	*Sesleria autumnalis*	◐	30		■	■	
Grünes Kopfgras	*Sesleria heufleriana*	◐	50		■	■	
Goldleistengras	*Spartina pectinata* 'Aureomarginata'	○–◐	150	■	■		■
Reiherfedergras	*Stipa barbata*	○	80		■	■	
Büschelfedergras	*Stipa capillata*	○	100		■	■	
Riesenfedergras	*Stipa gigantea*	○	50/250	■			
Prachtfedergras	*Stipa pulcherrima*	○	100		■	■	
Plattährengras	*Uniola latifolia*	○–◐	80		■		

* Zwei Angaben = Halmhöhe/Blütenstandhöhe

Wimperperlgras, Melica ciliata

Rechts: Lampenputzergras, Pennisetum alopecuroides, im Raureif

Farne

Schon Ziergräser trifft man, wie gesagt, in unseren Gärten nicht allzu häufig an, Farne aber sind eine Seltenheit. Nun lassen sich diese Urweltpflanzen in der Tat nicht so ohne weiteres in eine Staudenrabatte oder ein anderes Blumenbeet wie Margeriten oder Phlox eingliedern. Schließlich sind es keine Blütenschönheiten und auch die meist gefiederten Wedel passen nicht in jede Nachbarschaft. Dennoch verdienten Farne, vor allem in Gärten mit Bäumen und Sträuchern, mehr Beachtung.

Sie alle lieben schattige Plätze, ein Dach aus dichten Blättern ist genau das Richtige. Als Bewohner lichter Wälder vertragen sich Farne gut mit Blütenpflanzen des leichten Schattens, die sich den Wildblumencharakter noch bewahrt haben. Das sind z. B. Akelei, Anemone, Veilchen und Immergrün, und im Frühling könnte man Maiglöckchen unter ihren Wedeln läuten lassen.

Farne, die sich nicht durch Samen, sondern mittels Sporen und über eine daraus hervorgehende Zwischenform (Vorkeime oder Prothallien) vermehren, wünschen gemäß ihren Naturstandorten humosen, durchlässigen, feuchten Boden. Wer vor dem Pflanzen im Farnbett noch eine Portion Laub verrotten lassen kann, ist gut dran. In jedem Fall gehört reichlich Kompost in den Boden, damit die Humusbildung gefördert wird. Wo nicht ohnehin das Herbstlaub beschattender Bäume für eine Bodenbedeckung sorgt, ist eine Mulchschicht ratsam.

Für den Garten geeignete Farne, die meist um 50 cm hoch wachsen, kann man heute in Staudengärtnereien kaufen, einige wenige gibt es sogar im Pflanzenversand per Katalog.

1

2

3

4

5

6

7

8

1) **Frauenhaarfarn, Adiantum pedatum**
2) **Streifenfarn, Asplenium trichomanes**
3) **Frauenfarn, Athyrium filix-femina**
4) **Rippenfarn, Blechnum spicant**
5) **Wurmfarn, Dryopteris filix-mas**
6) **Königsfarn, Osmunda regalis**
7) **Hirschzungenfarn, Phyllitis scolopendrium**
8) **Schildfarn, Polystichum aculeatum**

Auch in die Züchtung haben sie Eingang gefunden, sodass es von verschiedenen Arten weiterentwickelte Sorten gibt.
Hier sollen nur die verbreitetsten Farne für den Garten vorgestellt werden, weitere Spezialisten für Teich und Steingarten finden sich in den entsprechenden Themenkapiteln.

Adiantum pedatum
Frauenhaarfarn

40–50 cm lange, gefiederte Wedel bringt *Adiantum pedatum* hervor, dessen früher Austrieb manchmal mit Spätfrösten zu kämpfen hat. Die Sorte *A. pedatum* 'Imbricatum' ist mit 20 cm noch kleiner und zierlicher. Um diese Farne herum können im feuchten Gehölzschatten sehr gut Frühlingszwiebelblumen blühen.

Asplenium trichomanes
Streifenfarn, Steinfeder

Nur etwa 15 cm messen die Blätter von *Asplenium trichomanes*. Die kleine Pflanze macht sich gut im Alpinum im Schatten größerer Steine oder als Bewohner eines Troggärtleins.

Athyrium filix-femina
Frauenfarn

Athyrium filix-femina tritt mit einer Vielzahl verschiedener Gartenformen auf. Die Sorte 'Minutissima', der Kleine Frauenfarn, wird 20–40 cm groß und lässt sich, will man ihn vermehren, gut teilen. Mit seinen hellgrünen, fein gefiederten Wedeln passt 'Minutissima' gut zu klein bleibenden Wildstauden an einem absonnigen Platz.

Blechnum spicant
Rippenfarn

An besonders schattigen Plätzen, wo selbst wenig lichtbedürftige Gewächse Schwierigkeiten mit dem Fortkommen haben, fühlt sich der Rippenfarn immer noch wohl. Die derben, glänzend grünen, einfach gefiederten Wedel bringen Leben ins Dämmerlicht unter eingewachsenen Laubgehölzen. Leichter Schutz durch Fichtenzweige wird in schneearmen Wintern für den Rippenfarn empfohlen. Er braucht sauren, feuchten Boden. Die horstbildende Pflanze ist meist wintergrün und wächst etwa 20 cm hoch. Im Handel sind verschiedene Sorten mit teils längeren Wedeln erhältlich.

Dryopteris
Wurmfarn

Der Gemeine Wurmfarn, *Dryopteris filix-mas,* ist ein kosmopolitischer Waldbewohner mit bis zu 140 cm hohen Wedeln, besonders hart und anspruchslos, und verträgt auch Sonne, sofern der Boden genügend Dauerfeuchte garantiert.
Zur gleichen Gattung gehören der Goldschuppenfarn, *D. affinis,* bis zu 120 cm hoch, und der Breite Wurmfarn oder Breitwedelfarn, *D. dilatata,* dessen bogig überhängende Wedel eine Höhe bis zu 150 cm erreichen. Alle drei Arten sind wintergrün und sowohl aufgrund ihrer Anspruchslosigkeit als auch wegen ihres Zierwerts hervorragend für den Garten geeignet.

Osmunda regalis
Königsfarn

Alle überragt der Königsfarn, der sich, wenn ihm Boden und Standort behagen, zu einer gewaltigen Pflanze von 200 cm Höhe und 300 cm Breite auswachsen kann. Wo genügend Platz vorhanden ist, lässt sich dieser Farn gut in die Nähe des Gartenteichs setzen. Die Sorte 'Purpurascens' dehnt sich weniger stark aus, wird nur 120 cm hoch und wesentlich schmäler als die Art.

Phyllitis scolopendrium
Hirschzungenfarn

Vom Hirschzungenfarn gibt es eine ganze Reihe empfehlenswerter Sorten. Mit seinen länglichen, ungefiederten, 30–60 cm messenden, dunkelgrünen Blättern gehört *Phyllitis* zu den wichtigsten Gartenfarnen. Am hübschesten ist wohl *P. scolopendrium* 'Angustifolia', der Schmale Hirschzungenfarn, 40 cm groß mit nur 3 cm breiten, am Rand gebuchteten Wedeln.

Polystichum
Schildfarn

Polystichum ist absolut winterhart. *P. aculeatum*, der Glanzschildfarn, entwickelt 80 cm lange, gefiederte Wedel, die ihre glänzend grüne Farbe bis weit in das Frühjahr hinein behalten. Der Farn ist deshalb ein reizvoller Begleiter für Christrosen, Krokusse und andere zeitige Frühjahrsblüher.
Schattenplätze ziert auch *P. setiferum* 'Plumosum Densum', der Filigranfarn, bis 50 cm hoch und mit sehr fein gefiederten, wintergrünen Blättern ausgestattet.

Stauden

Farne

Zwiebel- und Knollenblumen

Ein Garten mit dem Anspruch des „Durchblühens" wäre ohne Zwiebel- und Knollengewächse nicht denkbar und unvollkommen. Das beginnt mit Schneeglöckchen und Winterling, die ihre weißen und gelben Blütenköpfchen bereits durch die letzten Schneereste schieben, setzt sich dann mit dem Paukenschlag von Hyazinthen, Narzissen, Tulpen fort, denen im Sommer verschiedene Zierlaucharten, Lilien, Dahlien und Gladiolen folgen, bis schließlich Zeitlose und Herbstkrokusse im Spätjahr den Reigen beschließen. Alle überdauern mit Hilfe ihrer verdickten Speicherorgane den Winter und sind deshalb zu den Stauden zu zählen. Das gilt im Grunde genommen auch für Knollenbegonien, Blumenrohr, Dahlien und Gladiolen, die allerdings den Winter in unserem Klima draußen kaum überstehen würden. Somit kommt ihnen eine Sonderrolle zu, weshalb sie als nicht winterharte Knollenblumen ab S. 393 getrennt vorgestellt werden. Im Staudenbeet bedient man sich gern der Frühjahrsblüher, um für einen ersten Blütenhöhepunkt zu sorgen. Dabei empfiehlt es sich, die Zwiebeln nicht alle im Beetvordergrund zu platzieren, damit das nach dem Flor welkende Laub von den später austreibenden Stauden verdeckt wird.

Winterharte Zwiebel- und Knollenblumen

An den Boden stellen diese Stauden keine hohen Ansprüche. Er sollte neutral bis leicht sauer sein, mit pH-Werten zwischen 6,5 und 7. Im Frühjahr wird ausreichende Feuchte benötigt, danach aber ein eher trockener Boden, damit die Zwiebeln reifen können. Nicht vertragen wird sehr schweres, dauernasses Erdreich, in dem die unterirdischen Organe leicht faulen.

Pflanzzeit für alle Frühjahrsblüher sind Spätsommer oder Herbst, also die Monate September und Oktober; Sommer- und Herbstblüher kommen im Juli bis August in den Boden. Für die Pflanztiefe gilt die Faustregel: doppelt bis dreimal so tief legen, wie die Zwiebeln oder Knollen hoch sind. In leichten, sandigen Böden geht man etwas tiefer, in schwerem Erdreich pflanzt man flacher.

Wurde der Boden vor dem Pflanzen gut mit Kompost oder Humusdünger versorgt, brauchen im ersten Jahr danach in der Regel keine weiteren Nährstoffe mehr zugeführt zu werden. Später wird dann jährlich im zeitigen Frühjahr erneut mit Kompost oder einem handelsüblichen organischen Volldünger für Nahrungsnachschub gesorgt. Bei akuten Mangelerscheinungen gibt man vor der Blüte einen flüssigen Mineraldünger.

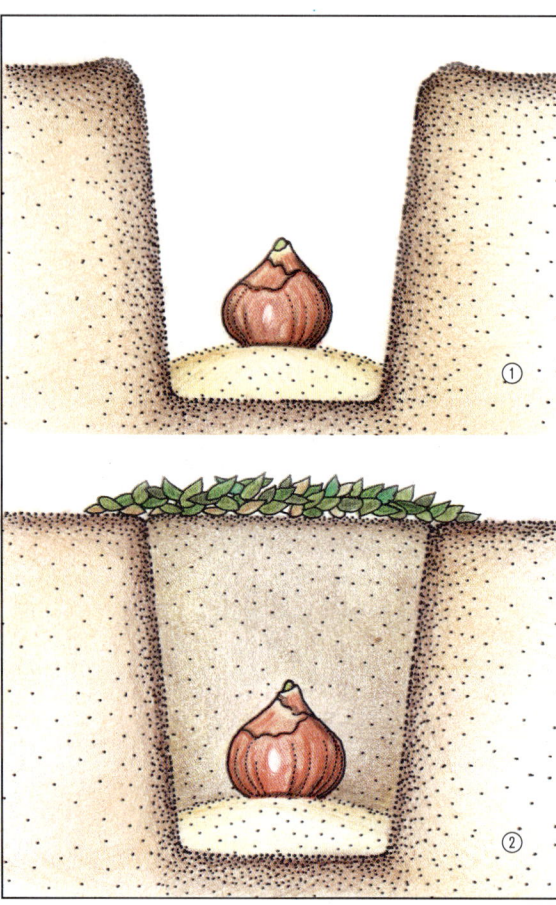

Zwiebelpflanzung:
① **Pflanzloch genügend tief ausheben, bei schweren Böden die Zwiebel auf eine Dränageschicht setzen;**
② **Erde auffüllen; bei Herbstpflanzung kann eine Laubschicht als Winterschutz ausgebracht werden**

Rechts: Obwohl aus Zwiebeln und Knollen auch herrliche Sommer- und Herbstblüher hervorgehen, spielt diese Pflanzengruppe im Frühling eine herausragende Rolle

1) Riesenlauch, Allium giganteum
2) Schneeglanz, Chionodoxa luciliae
3) Herbstzeitlose, Colchicum autumnale
4) Krokus, Crocus chrysanthus 'Eyecatcher'
5) Prachtkrokus, Crocus speciosus
6) Gelber Winterling, Eranthis hyemalis, mit Zwergiris und Schneeglöckchen
7) Steppenkerze, Eremurus-Hybride

Allium
Zierlauch ○

Je nach Art erstreckt sich die Blütezeit von Mai bis August, die Höhe schwankt zwischen 20 und 180 cm. Zierlauch lässt sich als Einfassungspflanze oder zur Gruppenpflanzung in Beeten und Rabatten verwenden. Die niedrigen Arten passen auch gut in den Steingarten. Alle sind anspruchslose Stauden für leichte, durchlässige bis sandige Böden und sonnigen Stand.

Allium caeruleum, **Blaulauch:** himmelblaue Blütenbälle auf 60 cm hohen Stängeln, Juni bis Juli.

Allium cernuum, **Nickender Lauch:** hellrote bis lilarosa, hängende Dolden, 30–45 cm hoch, Juni bis Juli.

Allium christophii, **Sternkugellauch:** 30–40 cm hohe, silbrig-lilafarbene Kugeldolden im Juni bis Juli.

Allium flavum, **Schwefellauch:** gelbe, glockig herabhängende Blüten im Juni bis August, 30 cm hoch.

Allium giganteum, **Riesenlauch:** große, violettrosa Blütenkugeln an bis zu 180 cm hohen Stängeln im Juni bis Juli.

Allium karataviense, **Blauzungenlauch:** Laub stahlblau; kugelige, grauweiße, manchmal rosa überhauchte Blütendolden im Mai bis Juni, 30 cm hoch.

Allium moly, **Goldlauch:** goldgelbe, schirmförmige Blütendolden an 20–30 cm hohen Stängeln im Mai bis Juni. Die Art liebt etwas feuchteren Boden und gedeiht auch im Halbschatten.

Allium rosenbachianum, **Paukenschlegellauch:** unterseits weiß behaarte Blätter bis 7 cm breit, lilapurpurfarbene Kugelblüten im Mai bis Juni, bis 100 cm hoch.

Chionodoxa
Schneeglanz, Schneestolz

Im März bis April bilden diese anspruchslosen, sich selbst aussäenden, 10–25 cm hohen Zwiebelblumen strahlend blaue Teppiche an sonnigen wie halbschattigen Plätzen.
Chionodoxa gigantea: Der Name bezieht sich nicht auf die Wuchshöhe, sondern auf die blaue, mit weißem Auge versehene Blüte, die größer ist als bei den anderen Arten. Die Sorte 'Alba' blüht rein weiß.
Chionodoxa luciliae: Sternblüten hellblau oder violett mit weißer Mitte, erscheinen bereits im März. Sorten: 'Alba', rein weiß; 'Pink Giant', altrosa.
Chionodoxa sardensis: enzianblaue Blüten ohne Auge im April.

Colchicum
Zeitlose, Herbstzeitlose

Charakteristisch bei den für den Garten wichtigen, im Spätsommer und Herbst meist lilarosa blühenden Arten ist die Blattlosigkeit; der Laubaustrieb erfolgt erst im Frühjahr. Die Herbstzeitlosen, die bis 40 cm Höhe erreichen können, lieben einen frischen, leicht feuchten Boden und wollen an ihnen zusagenden Plätzen ungestört wachsen.
Colchicum autumnale, **Herbstzeitlose:** Die im September bis Oktober lilablau blühenden, giftigen Stauden kann man in großer Zahl auf feuchten Wiesen bewundern, wo sie ein seltsam anmutendes, fast unwirkliches Flair umgibt. Für den Garten werden einige hübsche Sorten angeboten: 'Album', rein weiß; 'Plenum', gefüllt, rosa; 'Albi-Plenum', schneeweiß.
Colchicum speciosum: große, schalenförmige Blüten in Lila mit weißem Grund, 20 cm hoch und große, dichte Horste bildend.
Colchicum-Hybriden: 'Lilac Wonder', fliederfarben, reichblütig und spät; 'Prinzess Astrid', rubinviolett auf weißem Grund, früh; 'The Giant', große malvenlila Blumen mit weißer Mitte; 'Violett Queen', dunkelviolett mit weißer Mitte; 'Water Lily', leuchtend lila, spät.

Crocus
Krokus

Abgesehen von den reizenden Wildarten, die vor allem Liebhaber von Stein- und Naturanlagen interessieren, sind für den Garten in erster Linie die Frühlings- und Herbstblüher von Bedeutung. In humosem, durchlässigem Boden und auf sonnigen Plätzen blühen die Vorfrühlings- und Frühlingsarten oft bereits im Februar, die späten Krokusse im September/Oktober.
Crocus chrysanthus: Von dieser Art stammen die meisten unserer bekannten Frühlingsblüher ab. Sie sind im Handel mit vielen Sorten und in zahlreichen Farbspielarten vertreten. Sie eignen sich für Kästen, Schalen und andere Behälter genauso wie für freie Pflanzung im Garten. Bei der Kultur im Rasen, was besonders hübsch aussieht, darf erst gemäht werden, wenn das Laub eingezogen hat. Aus der Vielzahl von Sorten hier eine kleine Auswahl: 'Blue Bird', blau mit Weiß, innen gelb; 'E.P. Bowles', goldgelb mit roter Aderung; 'Eyecatcher', violettpurpur mit Weiß; 'Goldilocks', gelb mit Rotbraun; 'Pincess Beatrix', lilablau mit Gelb; 'Saturnus', gelb mit Dunkelrot; 'Uschak Orange', dunkelorange; 'White Beauty', weiß mit Rot.

Crocus speciosus, **Prachtkrokus:** die gärtnerisch wichtigste, im September bis Oktober blühende Art, deren Blätter wie bei der Herbstzeitlosen erst im Frühjahr erscheinen. Die anspruchslosen Pflanzen verbreiten sich leicht durch Selbstaussaat. Sorten: 'Albus', rein weiß mit gelbem Schlund; 'Artabir', hellblau mit dunklerer Aderung und gelblichem Schlund; 'Cassiope', hellviolettblau; 'Oxonian', tiefviolettblau.

Eranthis hyemalis
Winterling

Letzte Schneereste missachtend, spitzen die gelben Blütenköpfchen des Winterlings bereits im Februar/März aus dem frostklammen Boden und eröffnen zusammen mit Schneeglöckchen und ersten Krokussen den Frühlingsblumenreigen. Man sollte die kleinen, nur 10–12 cm hohen Stauden an halbschattigen bis schattigen, bodenfeuchten Plätzen stets in Gruppen zusammensetzen, um eine bessere Wirkung zu erzielen. Im Laufe der Jahre samen sie dann von selbst aus und verbreiten sich ohne unser Zutun.

Eremurus-Hybriden
Steppenkerze, Lilienschweif

Vollsonniger Standort und sehr durchlässiger Boden, in dem sich keine Nässe sammeln darf, sind die Voraussetzungen für das Gedeihen dieser bis 3 m hohen Liliengewächse. Man legt die verdickten Rhizome 15–20 cm tief im Sommer oder Herbst, am besten sternförmig ausgebreitet, auf eine gute Kiesdränage, um Fäulnis vorzubeugen. Besonders wertvoll und schön in ihren ro-

Zwiebel- und Knollenblumen

Winterharte Arten

1

4

2

5

3

6

1) Schachbrettblume, Fritillaria meleagris
2) Schneeglöckchen, Galanthus nivalis
3) Blaustern, Hyacinthoides hispanica
4) Hyazinthe, Hyacinthus orientalis 'Carnegie'
5) Hyacinthus orientalis 'Bismarck'
6) Märzbecher, Leucojum vernum

ten, rosa, gelben oder cremeweißen Pastellfarben sind die Ruiter- und Shelford-Hybriden (E. x *isabellinus*), von denen gelegentlich auch Namenssorten wie 'Feuerfackel' (orangerot), 'Moonlight' (zartgelb), 'Rosalind' (strahlend rosa) oder 'White Beauty' (schneeweiß) angeboten werden.

Fritillaria
Kaiserkrone, Schachbrettblume

Was zuvor bei *Eremurus* über Boden und Dränage gesagt wurde, gilt auch für die beiden im Garten am häufigsten angepflanzten *Fritillaria*-Arten, die Kaiserkrone und die Schachbrettblume. Beste Pflanzzeit ist der Spätsommer.

Fritillaria imperialis, **Kaiserkrone:** Auffällig ist hier der Kranz rotorangegefarbener oder gelber Glockenblüten an der Spitze des bis zu 100 cm hohen, kahlen Stängels mit dem darüber befindlichen Blattbüschel. An sonnigen Standorten in Gruppen gepflanzt, halten es Kaiserkronen – wie früher in den Bauerngärten – lange Jahre am selben Platz aus. Im April bis Mai blühen die Sorten 'Aurora', rotorange; 'Lutea Maxima', gelb; 'Orange Brillant', orange; 'Rubra Maxima', große rote Blüten.

Fritillaria meleagris, **Schachbrettblume:** Die heimische, ebenfalls im April bis Mai blühende Staude fällt durch die karoförmige Musterung der 4 cm langen, an 20–30 cm hohen, dünnen Stängeln sitzenden Blütenglocken aus dem Rahmen des Üblichen. Sonne bis lichter Schatten und nicht zu trockener Boden sind Voraussetzungen dafür, dass die Pflanze nicht nur alljährlich wiederkommt, sondern sich im Laufe der Zeit auch weiter ausbreitet.

Bei den Sorten ist nicht nur die Färbung, sondern auch die Intensität der Karoausbildung sehr variabel: 'Aphrodite', rein weiß; 'Artemis', schwärzlich purpurn; 'Orion', mattpurpurn; 'Pomona', weiß, violett gescheckt; 'Purple King', purpurrot; 'Saturnus', rötlich violett.

Galanthus nivalis
Schneeglöckchen

Man kann das Schneeglöckchen als den wohl bekanntesten Vorfrühlingsblüher unserer Gärten bezeichnen. Bereits im Februar/März schickt er seine vertrauten weißen Blütenglöckchen auf bis zu 15 cm hohen Stängeln in die meist noch winterlich kalte Luft. In humosem, lockerem Boden und an halbschattigen Stellen, z. B. unter Gehölzen oder auch im Rasen des Vorgartens, verwildern die kleinen Stauden und bilden im Laufe der Zeit ganze Teppiche weißer Glockenblüten. Zusammen mit anderen Frühblühern wie Forsythien, *Rhododendron* x *praecox,* Seidelbast *(Daphne mezereum),* mit Krokussen, Winterlingen oder Wildtulpen steuert *G. nivalis* seinen Part zum ersten bunten Konzert im Garten bei. Es gibt eine Reihe von Sorten, teilweise gefüllt und mit grünen Flecken oder mit besonders augenfällig geformten Blüten.

Hyacinthoides
Blaustern

Was in der botanischen Fachliteratur für stimmige Ordnung sorgt, kann im Gärtneralltag Verwirrung stiften: Die hier beschriebenen Pflanzen wurden früher der Gattung *Scilla* zugerechnet, aufgrund neuerer Erkenntnisse „firmieren" sie nun als *Hyacinthoides*. Die ebenfalls Blausternchen genannten *Scilla siberica*, unter gärtnerischen Gesichtspunkten sehr ähnlich, durfte den alten Gattungsnamen behalten und wird auf S. 391 vorgestellt. Die anspruchslosen Stauden bevorzugen humosen, nahrhaften Boden; durch Selbstaussaat kann es zu großen Beständen kommen.

Hyacinthoides hispanica: Die pyramidenförmigen, den Hyazinthen nicht unähnlichen Blütenstände auf den 20–30 cm hohen Schäften erscheinen im April bis Mai. Sorten: 'Dainty Maid', purpurrosa; 'Excelsior', tieflavendelblau; 'Myosotis', rein blau; 'Queen of the Pinks', tiefrosa; 'Rosabella', rosa; 'Skyblue', dunkelblau; 'White Triumphator', rein weiß.

Hyacinthoides non-scripta, **Hasenglöckchen:** der vorher Beschriebenen sehr ähnlich, jedoch mit kleineren, weniger reich besetzten Blütentrauben auf 20 cm hohen Schäften im Mai. Die Pflanze kommt auch bei uns wild wachsend im Schatten lichter Wälder und Gebüsche vor, ist aber vor allem in England als „Blue Bell" bekannt und beliebt.

Hyacinthus orientalis
Hyazinthe

Starker Duft und dicht besetzte, 15–25 cm hohe, rosafarbene, rote, blaue, cremegelbe oder weiße Blütenstände – so präsentieren sich diese beliebten Frühlingszwiebelblumen im April und Mai in vielen Gärten, vor allem aber auch als Topfpflanzen. Hyazinthen gedeihen in humosem, durchlässigem und nahrhaftem Boden und sollten in den Genuss der vollen Frühlingssonne kommen.

Aus der Vielfalt von Sorten einige Beispiele: 'Amethyst', violett; 'Bismarck', blau; 'Carnegie', weiß; 'Gipsy Queen', aprikosenfarbig; 'La Victoire', rot; 'Lord Balfour', violett; 'Orange–König', orange; 'Pialanda', nachtblau; 'Pink Pearl', rosa; 'Yellow Hammer', gelb; 'Violet Pearl', violett.

Leucojum vernum
Märzbecher

Am 15–25 cm hohen Stängel sitzen meist einzeln glockenförmige, weiße Blüten mit einem grünen oder gelbgrünen Fleck auf der Blattspitze. Der Flor fällt in den März/April. An schattigen Standorten und in feuchtem, eher schwerem Boden sät sich die Staude selbst aus.

Lilium
Lilie

Man zählt heute an die 100 Arten und über 3000 Hybriden und Sorten dieser Gattung, die mit die schönsten Blütenstauden für den Garten hervorgebracht hat. Arten für Steingärten und Tröge finden sich hier ebenso wie solche für den Naturgarten oder für die Prachtstaudenrabatte. Botaniker haben die umfangreiche Gattung *Lilium* systematisiert, indem sie eine Unterteilung in Sektionen vornahmen, in denen miteinander verwandte Arten zusammengefasst wurden. Auch bei den Hybriden wurde eine acht Abteilungen umfassende Gliederung aufgestellt, die eine übersichtliche Zuordnung erlaubt.

Für den Hobbygärtner ist die schwierige Materie kaum durchschaubar, für den praktischen Umgang mit Lilien im Garten auch von

Zwiebel- und Knollenblumen

Winterharte Arten

1) Königslilie, Lilium regale
2) Madonnenlilie, Lilium candidum
3) Gelber Türkenbund, Lilium henryi
4) Türkenbundlilie, Lilium martagon

geringer Bedeutung, zumal hier nur wenige Arten wirklich infrage kommen. Neben den zahllosen Hybriden sind das vor allem die nachfolgend näher beschriebenen Arten, nämlich Goldbandlilie, Feuerlilie, Madonnenlilie, Goldtürkenbund, Gelber Türkenbund oder Mandarinlilie, Tigerlilie, Türkenbundlilie, Königslilie und Prachtlilie.

Von den Züchtungen ist die Gruppe der so genannten „Asiatischen Hybriden" die für den Garten wichtigste. Dennoch wird sich der Hobbygärtner schwer tun, bestimmte Sorten ausfindig zu machen oder überhaupt eine Orientierungshilfe für das Riesensortiment zu erhalten. Das liegt nicht zuletzt am unüberschaubaren Markt, auf dem die Sorten kommen und gehen, weil viele Züchtungen schon ein Jahr nach ihrer Einführung durch andere, bessere ersetzt worden sind. So unterliegt das Angebot, vor allem amerikanischer Herkünfte, einem steten Wandel. Aus diesem Grund beschränken sich die Staudengärtnereien bei Lilien auf verhältnismäßig wenige Sorten, und von einem Standardsortiment wie bei vielen anderen Gattungen kann man hier nicht sprechen. Allerdings gibt es einige Betriebe, die sich auf Lilien spezialisiert haben und eine Fülle der schönsten und interessantesten Züchtungen offerieren.

Lilien lieben einen halbschattigen bis besonnten Standort, wobei sie, ähnlich wie *Clematis* und andere Kletterpflanzen, im Idealfall mit beschatteter Wurzel, aber sonnigem „Kopf" stehen. Obgleich es auch bei dieser Gattung kalktolerante und Kalk fliehende Arten gibt, sagt den meisten ein neutraler Boden mit Tendenz zum sauren Bereich zu. Besonders wichtig ist jedoch die Durchlässigkeit des Erdreichs, da Verdichtungen und

Staunässe nicht vertragen werden. Die Zwiebeln kommen im Herbst (Oktober/November) oder im Frühjahr in die Erde. Dazu wird der Boden der Pflanzgrube gut gelockert und zusätzlich mit einer Dränageschicht aus Kies bedeckt; darauf folgen Sand und dann erst die Zwiebel; sie soll so tief sitzen, dass die darüber liegende Erdschicht das Doppelte ihrer Höhe beträgt. Auf leichten, sandigen Böden setzt man etwas höher, auf schweren, lehmigen tiefer. Mit Hilfe ihrer Zugwurzel transportiert sich die Zwiebel später selbst in die ihr am meisten zusagende Position. Eine Ausnahme macht die Madonnenlilie *(L. candidum)*, deren Zwiebeln nur dünn, etwa 3 cm hoch mit Erde abzudecken sind; außerdem liegt ihre Pflanzzeit deutlich früher, nämlich im August.
Gedüngt wird im Spätherbst bzw. im zeitigen Frühjahr, entweder mit reifem Kompost oder mit einem blauen, chloridfreien, mineralischen Volldünger: 50–80 g/m² vor dem Austrieb und noch einmal die gleiche Menge nach der Blattentfaltung. Empfehlenswert ist das Mulchen der Pflanzstelle, also das Abdecken mit organischem Material wie Laub oder Gehölzschnitt, das um die Pflanze ausgebracht wird. Diese Mulchschicht schützt vor austrocknender Sonne ebenso wie vor winterlichen Frösten.

Lilium auratum, **Goldbandlilie:** Die Art, aus der auch einige Sorten hervorgegangen sind, wird zu den schönsten der Gattung gezählt. Sie ist allerdings bei uns in der Kultur nicht sehr langlebig, da sie die feuchte Luft meernaher Regionen bevorzugt. Am problemlosesten wächst die aus Japan stammende Goldbandlilie deshalb auch in den norddeutschen Küstengebieten Schleswig-Holsteins, wo sich die Blüten mit einiger Sicherheit von August bis September öffnen. Dann präsentieren sie, auf 90–240 cm hohen Stängeln sitzend, die ganze Pracht ihrer wachsweißen, mit einem goldenen Mittelstreifen und karminroten Tupfen und Papillen versehenen Kronblätter, die in eindrucksvollen Blüten mit einem Durchmesser von bis zu 30 cm vereint sind. Diese Lilien gehören zu den Kalkfliehern, brauchen also einen leicht sauren, humosen, durchlässigen Boden, der sonnig bis halbschattig liegen kann. Besonders kontrastreich mit Streifen und Punkten besetzt sind die 140–180 cm hohen Sorten 'Imperial Crimson', 'Imperial Silver', 'Platyphyllum', 'Rubrovittatum', 'Rubrum', 'Virginale'.

Lilium bulbiferum, **Feuerlilie:** Diese hübsche, 60–120 cm hohe Art mit orangegelben bis orangeroten, braun oder schwarz gesprenkelten Blüten findet man bei uns auch wild wachsend. Sie wünscht einen sonnigen Stand und stört sich nicht am Kalkgehalt des Bodens. Blütezeit Juni bis Juli.

Lilium candidum, **Madonnenlilie:** Zwischen 80 und 170 cm Höhe erreicht diese alte Garten- und Bauerngartenpflanze, deren bis zu 15 cm lange, blendend weiße Trichterblüten im Mittelalter Sinnbild für Reinheit und Keuschheit waren. Der Flor erstreckt sich über die Monate Juni bis Juli, günstig sind sonniger Standort und kalkhaltiger Boden. Im Gegensatz zu anderen Lilien wird sie bereits im August und nur etwa 3 cm tief gepflanzt. Da nach der Blüte auch die Blätter absterben, ist es empfehlenswert, das im September erscheinende neue, wintergrüne Laub bei Frost mit Fichtenreisig abzudecken. *L.-Candidum-*Hybriden: 'Ares', rotorange; 'Artemis', rosa; 'Zeus', ziegelrot.

Lilium hansonii, **Goldtürkenbund:** Die Art gehört zu den wenigen Lilien, die in voller Sonne nicht so gut gedeihen wie an beschatteten Plätzen, wo humoser, nicht zu trockener Boden verlangt wird. Die bei der reinen Art goldgelben, rötlich braun gesprenkelten Blüten erscheinen im Juni auf 60–150 cm hohen Stielen. *L.-Hansonii-*Hybriden: 'Album', weiß mit dunkler Mitte; 'Grandiflorum', orangegelb; 'Marhan', gelb und orange mit dunklen Flecken; 'Mrs. R.O. Backhouse', orangegelb mit braunen Flecken; 'Rubrum', weiß mit roter Zeichnung.

Lilium henryi, **Gelber Türkenbund,** Mandarinlilie: Die 140–240 cm hohe, Kalk liebende Staude zeigt von Juli bis August ihre gelben bis orangefarbenen Blüten, die mit braunen Sprenkeln und Papillen (kleinen Ausstülpungen) versehen sind. Die Zwiebel erreicht bis zu 15 cm Durchmesser, sodass etwa 30 cm tief gepflanzt werden muss. An einem ihr zusagenden, überwiegend sonnigen Standort ist diese Art sehr blühwillig und ausdauernd.

Lilium lancifolium syn. *tigrinum,* **Tigerlilie:** Die orangezinnoberroten, stark zurückgerollten Blütenblätter mit kräftiger, brauner Sprenkelung erscheinen im August/September auf 100–200 cm langen Stielen. Am besten gedeiht die Pflanze auf frischem, nahrhaftem Boden im neutralen bis leicht sauren Bereich. Sorten: 'Splendens', orange, purpurn gepunktet, 100 cm; 'Flaviflorum', hellgelb, rot gepunktet, mit orangeroten Staubbeuteln.

Lilium martagon, **Türkenbundlilie:** Eine auch bei uns heimische, seit langem in Kultur befindliche Art, 60–180 cm hoch und mit weinroten bis unrein purpurfarbenen, häufig braun gefleckten, unangenehm duftenden Blüten im Juni und Juli. Die

Zwiebel- und Knollenblumen

Winterharte Arten

Pflanze liebt kalkhaltigen Boden in sonniger bis halbschattiger Lage. Wertvoller als die Art sind die meist 80–100 cm hohen Sorten: 'Album', rein weiß; 'Albiflorum', weiß mit karminroten Punkten; 'Cattaniae', dunkelweinrot; 'Purpureum', dunkelviolett.

Lilium regale, **Königslilie:** Im Juli präsentiert sich die 80–120 cm hohe Königslilie mit bis 12 cm langen, waagerecht abstehenden, weißen, an den Außenrippen rosapurpurfarben überlaufenen und im Schlund chromgelben Blütentrichtern, die neben ihrer Schönheit auch angenehmen Duft zu bieten haben. Gepflanzt wird an einem sonnigen Standort in nahrhaften, humosen Boden, darüber hinaus ist *L. regale* anspruchslos. Die berühmteste Sorte ist die goldgelbe 'Royal Gold'.

Lilium speciosum, **Prachtlilie:** Schon der deutsche Name weist darauf hin, dass diese Art neben der Goldbandlilie zu den schönsten der Gattung gehört. Allerdings macht ihr die späte Blütezeit im August bis September bisweilen zu schaffen, besonders wenn der Sommer kühl und verregnet ist. In manchen Regionen und Jahren wäre eine Kultur im kalten Glashaus oder im Topf angebrachter. Lehmig-humoser Boden und etwas Streuschatten von Laubgehölzen sind ideale Bedingungen für die 90–200 cm hohe Staude mit weißen, zur Mitte hin zartrosa gefärbten, karminrot gepunkteten Blüten, deren gewellte, weit zurückgeschlagene Blätter sich in der Vollblüte berühren. Sorten: 'Album' und 'Album Novum', beide rein weiß; 'Gloriosides', weiß mit Scharlachrot; 'Rubrum', karminrot; 'Uchida', rosa.

1) Traubenhyazinthe, Muscari armeniacum
2) Großkronige Schalennarzissen
3) Poeticus-Narzisse
4) Alpenveilchen-Narzisse, Narcissus cyclamineus
5) Blausternchen, Scilla siberica

Muscari armeniacum
Traubenhyazinthe

Die duftenden, kobaltblauen Blüten erscheinen im April und sitzen in kurzen Trauben auf 20–25 cm hohen, kräftigen Stängeln. Akzeptiert wird jeder gute, durchlässige Gartenboden an sonnigen bis halbschattigen Plätzen. Der Handel bietet einige Sorten an: 'Blue Spike', zartblau, gefüllt; 'Cantab', himmelblau, spät blühend; 'Early Giant', kobaltblau, großblütig, sehr früh; 'Heavenly Blue', himmelblau.

Narcissus
Gartennarzisse

Unter den Frühlingszwiebelblumen nehmen Narzissen vor allem in der Züchtung einen herausragenden Platz ein, wobei Holland in der Erzeugung von Massenware führend ist. Bei der ständig zunehmenden Zahl der Sorten – heute sind es mehr als 10 000 – war es notwendig, durch Kategorisierung einen Überblick möglich zu machen. So wurden die unterschiedlichen Formen in zehn Klassen eingeteilt, außerdem entwickelte man einen Kurzschlüssel für die Beschreibung der Blütenfarbe. Eine auch nur auszugsweise Auflistung der zu den einzelnen Klassen gehörenden Sorten muss der Spezialliteratur vorbehalten bleiben, der sich Narzissen-Experten bedienen können. Für den Gartenfreund, der diese Zwiebelblumen als Ergänzung anderer Frühjahrsblüher in seinen Garten setzt, genügt zur Vorabauswahl die Kenntnis der wichtigsten Klassenmerkmale, die nachfolgend beschrieben werden.

Bis auf die Tazetta-Narzissen sind alle Gartenformen ausreichend winterhart und anspruchslos. Sie gedeihen in jedem guten, durchlässigen Boden an sonnigen bis halbschattigen Plätzen.

Die Blütezeit der 10–60 cm hohen Pflanzen erstreckt sich je nach Art von März bis Juni mit Schwerpunkt im April/Mai. Viele der auch für den Steingarten geeigneten Wildarten und -formen sind kälteempfindlich und brauchen ausreichend Winterschutz.

1. Klasse: Trompetennarzissen (Osterglocken): 40–50 cm hoch, Blütezeit März bis April; weiß, gelb oder zweifarbig.

2. Klasse: Großkronige Schalennarzissen: 40–50 cm, April bis Mai, Blütenkrone mehr als ein Drittel so lang wie der Blütenkranz; besonders reizvoll sind die zweifarbigen Sorten mit roter, rosa, orangefarbener oder gelber Krone.

3. Klasse: Kleinkronige Schalennarzissen: 35–45 cm, April bis Mai, Blütenkrone weniger als ein Drittel so lang wie der Blütenkranz; meist zweifarbig gelb-orange oder weißorange.

4. Klasse: Gefüllte Narzissen: 30–40 cm, April bis Mai, Blütenkrone und -kranz nicht voneinander abgehoben; weiß, gelb, rot, meist zweifarbig.

5. Klasse: Triandrus-Narzissen: 25–60 cm, April bis Mai, meist mehrblütig; weiß und gelb.

6. Klasse: Cyclamineus-Narzissen (Alpenveilchen-Narzissen): 10–40 cm, März bis April, Blütenkranz zurückgeschlagen, meist einblütig; weiß, gelb; manche Sorten sind zweifarbig.

7. Klasse: Jonquilla-Narzissen: 20–50 cm, Mai bis Juni, mehrere, meist intensiv duftende Blüten pro Stiel; Grundfarbe: verschiedene Gelbtöne.

8. Klasse: Tazetta-Narzissen (Poetaz-Narzissen): 30–45 cm, April bis Mai, mehrere, duftende Blüten pro Stiel; weiß, gelb, oft mit Orange oder Rot gemischt. Beliebte Schnitt- und Topfblumen, die bei Pflanzung im Garten Winterschutz brauchen.

9. Klasse: Poeticus-Narzissen (Dichternarzissen): 40–60 cm, Mai, meist nur eine weiße, duftende Blüte mit andersfarbiger Krone.

10. Klasse: Verschiedene Arten und Wildformen: Hierzu zählt unter anderen die bezaubernde Alpenveilchen-Narzisse, *N. cyclamineus,* nur 10–15 cm hoch, mit weit zurückgeschlagenen, gelben Blütenblättern im März bis April. Die kleine Staude braucht feuchten, humosen, schwach sauren Boden und gedeiht auch im Halbschatten.

Scilla siberica
Blausternchen

Vieles erinnert bei diesem Frühjahrsblüher an die auf S. 387 vorgestellten *Hyacinthoides*-Arten, die vor der botanischen Umgruppierung zur näheren Verwandtschaft gehörten. Ebenso wie diese gedeiht *Scilla siberica* auf humosen Böden am besten und bringt das seltene Blau in den Frühlingsgarten, das einen hübschen Kontrast zu den gelben, weißen oder roten Tönen anderer Frühjahrsblüher bietet.

Die kleinen, leuchtend blauen Blütensternchen der nur 10–15 cm hohen Pflanze öffnen sich im März/April. Einmal im Garten gepflanzt, sät sich *S. siberica* selbst aus und kann im Laufe der Jahre größere Flächen mit ihrem Flor überziehen. 'Alba' besitzt rein weiße Blüten, 'Spring Beauty' (*S. siberica* var. *taurica*) hat besonders große, tiefblaue Blüten.

Zwiebel- und Knollenblumen

Winterharte Arten

Tulipa
Gartentulpe

Ähnlich wie bei den Narzissen hat man auch die unübersehbare Vielzahl der Tulpen-Arten und -sorten in Klassen unterteilt, die sich wiederum verschiedenen Blütezeiten zuordnen lassen. Auch hier ist dem Gartenliebhaber mit der Aufzählung einiger der vielen tausend Sorten nicht gedient, man sucht sich besser direkt in der Staudengärtnerei oder in den Katalogen von Spezialversendern aus, was gefällt. Die Einteilung der Gartentulpen, wie nebenstehend aufgeführt, kann dabei ein wenig Orientierungshilfe geben.

Obgleich sie auch noch im Halbschatten gedeihen, sollte der Platz für Tulpen doch möglichst sonnig sein, weil sie hier am besten blühen und die Farben besonders leuchtend präsentieren. Geeignet ist jeder gute, durchlässige, mit Nährstoffen versorgte Gartenboden, der nicht sauer und vor allem nicht nass sein darf. Gedüngt wird beim Austrieb im Frühjahr mit einem Volldünger oder man streut ihn auf den letzten Schnee, sodass die Nährstoffe der Zwiebel mit dem Schmelzwasser zugeführt werden. Das Einarbeiten von Hornspänen für die Langzeitversorgung ist bereits während der Pflanzung im September/Oktober günstig, bei saurem Erdreich (Bodenprobe!) sollte etwas Kalk zugegeben werden.

Tulpen sind in der Regel ausdauernd und bilden jedes Jahr neue Brutzwiebeln, sodass die Fortblüte langfristig gesichert ist. Dennoch kann es passieren, dass der immer dichter werdende Bestand im Flor nachlässt; dann ist es Zeit, die Nebenzwiebeln nach dem Vergilben des Laubs herauszunehmen und an anderer Stelle neu einzupflanzen.

1

2

3

4

1) Triumph-Tulpe 'Arabian Mystery'
2) Darwin-Tulpe 'Olympic Flame'
3) Begonia-Knollenbegonien-Hybriden
4) Knollenbegonie 'Nonstop Gelb'

Tulpen-Klassen im Überblick:
Frühe Tulpen, von Mitte bis Ende April blühend:
 1. Klasse: Einfache Frühe Tulpen, 25–30 cm
 2. Klasse: Gefüllte Frühe Tulpen, 25–35 cm

Mittelfrühe Tulpen, von Ende April bis Anfang Mai blühend:
 3. Klasse: Triumph-Tulpen, 40–60 cm
 4. Klasse: Darwin-Tulpen, 55–75 cm

Späte Tulpen, im Mai blühend:
 5. Klasse: Einfache Späte Tulpen, 30–70 cm
 6. Klasse: Lilienblütige Tulpen, 50–65 cm
 7. Klasse: Gefranste oder Cottage-Tulpen, 40–70 cm
 8. Klasse: Rembrandt-Tulpen, 35–50 cm
 9. Klasse: Papagei-Tulpen, 50–60 cm
 10. Klasse: Gefüllte Späte Tulpen (Päonienblütige Tulpen), 40–65 cm.

Dazu kommen die zahlreichen Wildtulpen, auch botanische Tulpen genannt. Neben den „reinen" Arten fallen hierunter einige Hybridzüchtungen, die im Garten ebenfalls eine größere Rolle spielen. Als wichtige Gruppen mit großer Sortenvielfalt wären zu nennen: *Tulipa*-Fosteriana-Hybriden, *T.*-Greigii-Hybriden und *T.*-Kaufmanniana-Hybriden.

Nicht winterharte Knollenblumen

Da sie zum Winter hin das Beet räumen, ähneln die Knollenpflanzen dieser Gruppe gewissermaßen den im nächsten Kapitel vorgestellten Sommerblumen. Tatsächlich werden gerade die Knollenbegonien oft in einem Atemzug mit Petunien, Fleißigen Lieschen & Co. genannt, weil sie häufig als Balkonpflanzen Verwendung finden. Auch von Dahlien gibt es spezielle Formen für Kästen und Kübel, doch im Folgenden soll es vorrangig um die Beetbepflanzung gehen.

Begonia – *Knollenbegonien-Hybriden*
Knollenbegonie ◐–●

Knollenbegonien gehören zu den wenigen Blütenpflanzen, die am liebsten im Halbschatten bis Schatten stehen und nur dort ihre ganze Farbenpracht entfalten. Es sind also ideale Blumen für Kästen und Schalen an der Nord- oder Ostseite des Hauses, wo sich oft der Eingang befindet, oder für Rabatten in sonnenarmer Lage.

Abgesehen von Blau warten die Blüten mit allen Farben vom reinen Weiß über Gelb, Creme und Orange bis zu tiefen Rottönen auf. Nach Wuchshöhe und Blütengröße unterscheidet man: bis zu 60 cm hohe, „riesenblütige" Begonien; 30–50 cm hohe Formen mit immer noch beachtlich großen Blüten; kleine Sorten, 20–30 cm hoch, mit entsprechend kleineren, aber oft sehr zahlreichen Blüten; außerdem Hängebegonien, die sich in Ampeln sehr hübsch machen.

In humosem, nahrhaftem Gartenboden und bei genügender Feuchtigkeit

Überwinterung der Knollenbegonien;
1. Vor dem ersten Frost, wenn das Laub verwelkt ist, nimmt man die Knollen aus dem Boden und säubert sie von Erde und Pflanzenresten. Dann werden sie in trockenem Sand oder Torf gelagert

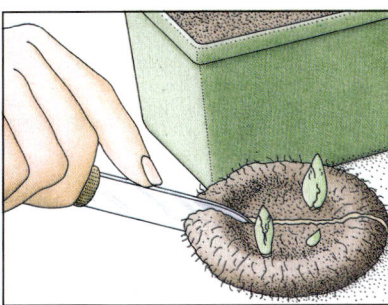

2. Bevor sie im Mai ausgepflanzt werden, kann man große Knollen teilen. Dabei muss jedes Teilstück eine Triebknospe besitzen

blühen Begonien den ganzen Sommer über bis zum Frostbeginn, müssen aber wöchentlich mit flüssigem Blumendünger versorgt werden. Da die Knollen frostempfindlich sind, werden sie im Herbst, wenn ihr Laub verwelkt, aus dem Boden genommen, nach dem Abtrocknen von Erde und Pflanzenresten gesäubert und in trockenem Torf oder Sand in einem frostfreien Raum gelagert. Nach Mitte Mai wird wieder ausgepflanzt, oder man treibt die Knollen ab Februar/März in einem feuchten Torf-Sand-Gemisch bei etwa 20° C an einem hellen Platz an und kann dann bereits voll entwickelte Pflanzen ins Beet setzen.

1) Indisches Blumenrohr, Canna-Indica-Hybride 'Luzifer'
2) Kaktus-Dahlie 'Match'
3) Orchideenblütige Dahlie 'Giraffe'
4) Einfache Dahlie 'Weißer Kobold'
5) Gladiolen, Gladiolus-Hybriden

Canna – Indica-Hybriden
Indisches Blumenrohr

Selten in Weiß, meist in Tiefrot blüht die mitunter fast mannshoch aufragende Canna von Juni bis Oktober als weithin leuchtende Prachtstaude. Auch gelbe und rosa Töne kommen vor.

Im Garten ist dieses nicht winterharte Gewächs aus Mittel- und Südamerika nicht ganz so bescheiden wie viele andere Knollenblüher. Die *Canna* will einen feuchten, nahrhaften Boden und einen geschützten Platz in voller Sonne. Besonders gut kommt diese stattliche Pflanze zur Wirkung, wenn man sie zu mehreren in einer Reihe vor eine Hausmauer oder an einen Zaun setzt. Schmuckwert haben auch die großen grünen bis bronzefarbenen Blätter, die an langen Stielen sitzen.

Im Spätherbst schneidet man das Laub eine Handbreit über dem Boden ab und lässt die ausgegrabenen Knollen einige Zeit abtrocknen. Frostfrei können sie dann in trockenem Sand oder Torf überwintern. Bei höheren Temperaturen sollte der Einschlag leicht feucht sein, damit die Knollen nicht vertrocknen.

Dahlia-Hybriden
Dahlie

Diese Knollenpflanze blüht das ganze Jahr bis zum Frostbeginn. Dahlien werden 50–180 cm hoch. An einem sonnigen Platz wollen diese Pflanzen in nahrhaftem, lockerem und etwas feuchtem Boden stehen. Während der Wachstumszeit muss man gelegentlich düngen und bei Trockenheit wässern. Bis auf die niedrigen Arten müssen sie an Stäben aufgebunden werden, weil sonst ein Auseinanderfallen der Stöcke

Dahlienüberwinterung;
1. Vor dem ersten Frost schneidet man alle Stängel zurück. Die Knollen werden aus der Erde genommen. Dann hängt man die Stängelreste mit den Knollen einige Tage verkehrt herum auf und lässt sie trocknen

2. Überwintert werden die Dahlien in einem kühlen und frostfreien Raum. Dort kommen sie in Sand, Torf oder einige Lagen Zeitungspapier

unvermeidlich ist. Alles Verblühte muss man laufend entfernen, haben sich Samenkapseln entwickelt, müssen sie ebenfalls bald abgeschnitten werden.

Außer reinem Blau lassen Dahlienblüten keine Farbvariante aus, wir kennen die unglaubliche Vielfalt des Flors aus den Gärten. Wer erleben will, was Dahlien wirklich können, sollte im Spätsommer unbedingt die große Dahlienschau auf der Bodenseeinsel Mainau besuchen.

Vor dem ersten Frost schneidet man alle Stängel bis auf eine Handbreit über dem Boden zurück, nimmt die Knollen mit der Grabegabel aus der Erde und lässt sie, Stängelreste nach unten, einige Tage im Freien abtrocknen. Überwintert wird in einem frostfreien, kühlen Raum. Dort kommen die Knollen nebeneinander auf trockenen Sand bzw. Torf oder eine Lage Zeitungspapier. Um etwas Ordnung in das umfangreiche Dahlienangebot zu bringen, wurden die Pflanzen in Gruppen eingeteilt: Kaktus-Dahlien, Zwerg-Dahlien, Mignon-Dahlien, Paeonien-, Anemonen- und Orchideenblütige Dahlien, Pompon-Dahlien, Semicactus-Dahlien, Ball-Dahlien und Halskrausen-Dahlien.

Gladiolus-Hybriden
Gladiole

Die Blütezeit der Gladiolen deckt sich mit dem Dahlienflor, ebenso ihre Ansprüche. Nur mit ihrer Wuchshöhe von 150 cm kommen sie nicht ganz an die Dahlien heran. Gladiolen sind die wohl wichtigsten Schnittblumen des Sommers, und damit es mit dieser Vasenpracht nicht ein vorzeitiges Ende nimmt, ist hier Verblühtes regelmäßig zu entfernen.

Um die Standfestigkeit zu erhöhen, sollte nicht zu flach gepflanzt werden, besonders in leichten Böden nicht unter 15 cm. Überwintert werden diese Pflanzen ähnlich wie Dahlien (vgl. nebenstehende Abbildung).

Wie bei den Dahlien ist das Sortenangebot bei Gladiolen außerordentlich umfangreich und es kommen ständig neue Züchtungen und Farbvarianten auf den Markt. Fast alle nur denkbaren Blütenfarben sind vertreten, auch mehrfarbige Sorten sind im Angebot.

Gladiolenüberwinterung;
1. Wenn die Blätter gelb geworden sind, nimmt man die Knolle aus dem Boden. Dann werden die Stiele direkt über der Knolle abgeschnitten

2. Falls Brutknöllchen vorhanden sind (links), entfernt man diese, ebenso wie die alte, eingeschrumpfte Knolle (rechts)

3. Die äußerste Haut pflückt man ab. Die Knollen werden dann in Sand, Torf oder einigen Lagen Zeitungspapier in einem kühlen, frostfreien Raum überwintert

Zwiebel- und Knollenblumen

Nicht winterharte Knollenblumen

Sommerblumen

Sommerblumen blühen vom zeitigen Frühjahr bis in den späten Herbst, ja es gibt einige Arten, die sogar milde Winterwochen hindurch ihre Blüten geöffnet halten, manche sogar bei Frost. Der Name hat also nichts mit der Blütezeit zu tun, sondern fasst alle krautigen Zierpflanzen zusammen, die nur einmal ihre volle Pracht entfalten. Sommerblumen schmücken im Freiland auf Rabatten und Beeten, in Pflanzgefäßen, Kübeln und Kästen, meist mit starken, reinen Farben, aber auch bunt. Sie wachsen bodendeckend flach, kissenförmig oder auch 2–3 m hoch wie z. B. Sonnenblumen *(Helianthus annuus)* und Stockrosen *(Alcea rosea)*.

Unterschiede und Einteilung

Obwohl durch das Kennzeichen der einmaligen Blütenpracht geeint, finden sich bei Sommerblumen Pflanzen mit unterschiedlichen Lebenszyklen und botanischen Eigenschaften. Bei manchen Arten zieht lediglich unser kalter Winter die Grenzlinie zu den mehrjährig kultivierten Freilandstauden und Kleingehölzen.

Einjährige

Als einjährig bezeichnet man Zier- und Nutzpflanzen, deren Triebe nicht verholzen. Sie werden im Frühjahr ausgesät, blühen tatsächlich nur einen Sommer und vergehen nach der Samenreife. Die meisten von ihnen sind anspruchslos und wetterfest, blühen reich und früh. Es gibt allerdings auch Sommerblumen aus fernen Ländern, die sich hier eingebürgert haben. Sie vertragen kein kühles Saatbeet und brauchen 3 bis 4 Monate bis zur ersten Blüte. Man unterscheidet deshalb zwei Gruppen:
Zu den **Einjahrsblumen mit Vorkultur** unter Glas zählen alle, die man auf der Fensterbank, im beheizten Kleingewächshaus oder Frühbeet aussät und in Töpfen bis zur Pflanzreife heranzieht. Je nachdem wie lange die Vorkultur dauert, wird ab Januar oder Februar zwischen 18 und 20°C ausgesät und langsam abkühlend, aber immer noch lauwarm, auf den Wechsel ins raue Leben in der frischen Luft vorbereitet. Eine solche Vorbehandlung brauchen beispielsweise Astern *(Callistephus chinensis)*, Goldlack *(Cheiranthus cheiri)*, Studentenblumen *(Tagetes)*, Zinnien *(Zinnia elegans)* und manche andere. Wer eine solche Anzuchtgelegenheit nicht hat, das Risiko oder die Mühen scheut, kauft diese Jungpflanzen besser beim Gärtner. Sie direkt ins Freiland zu säen bringt nichts.
Freilandsaat lohnt sich nur bei der zweiten Gruppe, die an Ort und Stelle gesät wird, sobald der Boden im März oder Anfang April abgetrocknet ist. Einige können in milden Gebieten sogar schon im Herbst ausgesät werden. Dazu gehören so robuste Sommerblüher wie Kornblume *(Centaurea cyanus)*, Rittersporn *(Delphinium ajacis)* und Schleifenblume *(Iberis amara)*.

Zweijährige

Im Vorjahr werden alle zweijährigen Sommerblumen ausgesät, weil sie in der ersten Vegetationsperiode nur Stängel, Blätter, Wurzeln, Rüben oder Knollen bilden. Erst nach der Winterpause entstehen die Blütenknospen. Viele Gemüsearten sind zweijährig, zeigen aber auch, dass es Ausnahmen gibt: Sie „schießen", wenn Klima und Kultur nicht stimmen, fangen also vorzeitig an zu blühen. Bartnelken *(Dianthus barbatus)*, Stiefmütterchen *(Viola)* und einige andere zweijährige Sommerblumen fangen nach der regulären Aussaat, zwischen Mai und Juli im Frühbeet oder im halbschattigen Freilandbeet,

Die Kornblume zählt zu den Einjährigen und kann im Frühjahr direkt ins Freie gesät werden

Das Stiefmütterchen ist zweijährig, die Hybridsorten blühen aber schon im Herbst des Aussaatjahrs

Für ihre kurze Lebensdauer und die Mühe des jährlichen Nachpflanzens entschädigen die Sommerblumen mit überwältigender Blütenpracht

schon im Herbst an zu blühen. Die Grenzen lassen sich im blühenden Pflanzenleben nie ganz exakt festlegen.

Das Tausendschön *(Bellis perennis)* wächst in feuchten Sommern nach dem Abblühen weiter und bildet eine sehr kräftige Rosette. Es gibt einige andere zweijährige Arten, die nach der Samenbildung nicht gleich absterben, sondern ein drittes Jahr aushalten. Einige Bartnelken *(Dianthus barbatus)* werden sogar noch älter. Es lohnt sich gleichwohl nicht, sie länger zu pflegen, denn ihre Blüte fällt im dritten Jahr vergleichsweise kümmerlich aus.

Auch davon gibt es wieder Ausnahmen. Bestimmte Malvenarten (z. B. *Alcea rosea*) sind wie Stauden mehrjährig kultivierbar.

Einjährig kultivierte Stauden
Es gibt mehrjährig wachsende Stauden, die in unserem Klima nicht im Freien überwintern können. Sie werden als Sommerblumen wie Einjährige kultiviert. Das Blaue Gänseblümchen *(Brachycome iberidifolia)* z. B. wächst in seiner australischen

INFO

Selbstaussaat
Stiefmütterchen vermehren sich an guten Stellen reichlich aus verstreuten Samen. Die daraus entstehenden Jungpflanzen wachsen jedoch schwächer als ihre Eltern, blühen kleiner und mischfarben. Es lohnt sich also, statt dessen neue Spitzensorten in den Garten zu holen.

Heimat ausdauernd, der Ziertabak *(Nicotiana alata)* ist ursprünglich eine Staude aus Amerika.
Aus *Salvia farinacea* sind in Frankreich einige Kompaktsorten gezüchtet worden, die nicht wie der heimische Salbei *(Salvia nemorosa)* ausdauernd als Wiesenblume, Heilkraut und Zierstaude gedeihen. In ihrer Heimat New Mexico und Texas wächst die Stammart mehrjährig; wo es im Winter kälter wird, blüht sie nur bis zum ersten Frost.
Weil sich die längere Kultur nicht lohnt, nennt man die Zweijährigen (Biennen) auch Halbstauden. Die richtigen Stauden unterscheiden sich davon botanisch gesehen nur in einem Punkt: Sie blühen öfter und beenden ihre Lebensbahn nicht mit der Samenreife.

Nicht winterharte Sträucher
Die gärtnerische Praxis schlägt botanischen Einteilungen manchmal ein Schnippchen, und so reihen sich auch Gehölzartige, die mehrjährig kultiviert werden können, in den Sommerblumenreigen ein. Fuchsien und Pelargonien sind eigentlich Halbsträucher bzw. Sträucher, die die kalte Jahreszeit draußen nicht überstehen. Meist zieht man sie nur als Einjährige, bei erfolgreicher Überwinterung im Haus können sie aber auch jedes Jahr aufs Neue mit ihrer Blütenpracht erfreuen.

Mit Sommerblumen gestalten

Auf die vielfältigen Möglichkeiten, Sommerblumen in Balkonkästen, Ampeln, Schalen und Kübeln zu kombinieren, kann im Folgenden leider nicht eingegangen werden. Hier soll es vorrangig um den eigentlichen Garten gehen, obwohl sich z. B. die Hinweise zur Farbzusammenstellung auch auf dem Balkon nutzen lassen.

Eine kleine Farbenlehre
Trotz der reinen Blütenfarben vor allem neuer Sommersorten – oder vielleicht gerade deswegen – muss man aufpassen, dass sich die Farben von Nachbarpflanzen nicht „beißen". Kritisch wird es, wenn sich zwei Farben so nahestehen, dass sie im Auge einen Mischton erzeugen, wie Rinderblut und Rosalila oder manche weißlich gelbe und rötlich grüne Zusammenballung. Die harmonische Farbwirkung entsteht durch Gegensätze und Abstufungen, auch innerhalb einer Gruppe verwandter Farbtöne.
In gemischten Pflanzungen stellt man die größeren Arten und Solitäre

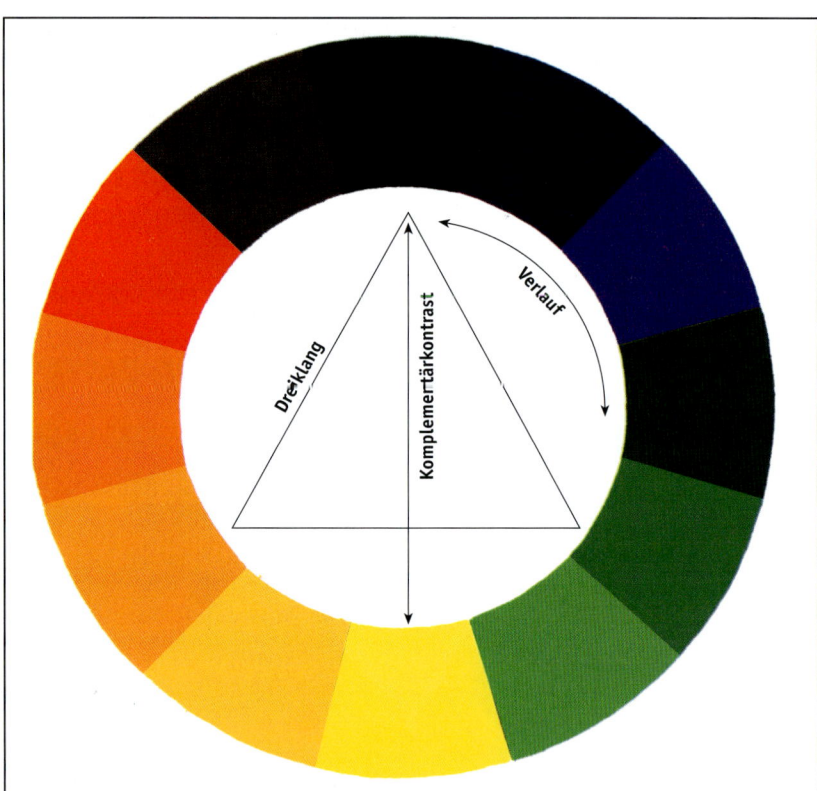

Farbkreis als praktische Kombinationshilfe: Bei beliebiger Ausrichtung eines Dreiecks, eines Gegensatzpfeils oder eines Verlaufspfeils ergeben sich Zusammenstellungen, die grundsätzlich harmonieren: Farbdreiklänge, Komplementärkontraste oder Farbverläufe. Dabei jedoch auch Farbwert und -intensität beachten: Helles Rot, also Rosa, passt z. B. nicht zu kräftigem Orange, obwohl die Grundtöne im Verlauf nebeneinander liegen

Farbwirkungen

Farbe	Wirkung
Gelb	Warm, heiter, leicht, lebhaft; starke Kontraste mit der Komplementärfarbe Blauviolett erzeugen Spannung aus dem Gegensatz hell-dunkel
Blau	Kühl, frisch, vornehm, distanzierend; mit der Komplementärfarbe Orange spannungsreich, in Weiß elegant
Rot	Aufregend, aggressiv, lebhaft; Komplementärfarbe Blaugrün; mit Grün entsteht Spannung, aus dem Gegensatz von aktiv zu passiv
Grün	Neutralisiert, harmonisiert; Komplementärfarbe Purpurrot, zusammen mit den Nachbarfarben Gelb und Blau erfrischend, belebend
Weiß	Hilft allen Farben, stärker zu erscheinen und schwächt Gegensätze zwischen ihnen, weil selbst eine „unbunte" Farbe

in den Hintergrund, die kleineren davor und stimmt die Farben aufeinander ab. Dabei ist es hilfreich, die Farbwirkungen zu kennen. Der Farbkreis kann hierbei eine Orientierung bieten. An ihm kann man die jeweiligen Nachbar- und Komplementärfarben ablesen und entsprechende Farbkombinationen planen. Als Nachbarfarben werden dabei die auf dem Kreis nebeneinander liegenden Töne bezeichnet. Komplementärfarben stehen sich im Farbkreis gegenüber.

Nur gut, dass reine Blütenfarben immer zur Grundfarbe des Gartens, einem ruhigen Grün, passen. Für die Sommerblumen im Garten genügt die Grundregel: Nicht zu bunt werden! Drei Farben höchstens. Sicherer ist es, Gruppen mit Spielarten einer vorherrschenden Farbe zusammenzustellen. Man kann dann schön sehen, wie sich eine Farbe verändert, wenn neben ihr ein Nachbar steht, der sie heraushebt oder aber zurückdrängt. Warme Farben überdecken kalte. Als warm gelten Rot- und Goldgelb, in abnehmender Tendenz auch noch Rot, Orange und Rotviolett. Dann wird es kühler bis zum Blau und Grün. Das „eisige" Weiß macht benachbarte Farben kälter. Damit die verschiedenen Farben sich in den Garten einfügen, muss ihre Leuchtkraft stimmen. Setzt man Weiß gleich 100, dann hat z. B. Gelb noch 90 Lichtpunkte, Blauviolett dagegen nur knapp über 10.

Sommerblumen

Mit Sommerblumen gestalten

Es muss nicht immer bunt sein: Diese Kombination aus Marienglockenblumen und Bartnelken überzeugt gerade durch ihre „vornehme Zurückhaltung"

Beete und Rabatten

Keine andere Blumengruppe bringt so leuchtende, kräftige und reine Farben in den Garten wie die Sommerblumen. Sie werden deshalb gern als reine Farbflächen im Garten verteilt, vor allem im Vorgarten. Könner legen flächendeckende Pflanzenteppiche aus, die schon früh im Jahr anfangen zu blühen und notfalls mit einer zweiten Besetzung bis in den Winter hinein leuchten. Besonders kurzlebige Einjährige wie z. B. *Phlox* und zweijährige Frühjahrsblüher werden durch Sommerblumen ersetzt, die voll erblüht verpflanzt werden können. Die Pflanzung von Teppichbeeten führt beinahe zwangsläufig zu immer wieder denselben Mustern, Linien und Dreiecken. Das passiert, wenn man versucht, die Mindestabstände genau einzuhalten, also in den Nachbarreihen immer auf Lücke pflanzt. So entstehen dreieckige Verbände, die den Anschein naturnahen, freien Wuchses stören. Deshalb sollte man die vorgeschriebenen Mindestabstände nicht zu eng sehen. Innerhalb einer Gruppe kann man trupp- und tuffweise ruhig enger pflanzen. Das wirkt, als ob die Blumen sich selbst angesiedelt hätten. Am Wegrand und in Hausnähe sind dagegen gerade Linien und strenge Muster zulässig. Über den Geschmack lässt sich nicht streiten. Wenn man trotzdem einen zeitgemäßen Trend erkennen möchte, muss man den Meistern über die Schulter schauen. Auf den Gartenschauen werden Arrangements gezeigt, wie sie vollkommener kaum komponiert sein können. Auf dem Killesberg in Stuttgart z. B. sind sieben solcher Kombinationsbeispiele aufgepflanzt worden:

- *Lobularia* 'Snow Crystals', *Callistephus* 'Starlight Rose', vier Nelkensorten *(Dianthus)*
- *Lobularia*, *Pelargonium*, 'Orange Appeal', *Impatiens* 'Mega Orange Star', *Cosmos* 'Sonata', *Nierembergia* 'Mont Blanc'

- *Begonia*-Knollenbegonien-Hybride 'Pin Up', *Verbena* 'Peaches and Cream', *Verbena* 'Imagination', *Viola tricolor* 'Frosty Rose', *Lobularia* 'Snow Crystals'
- *Viola tricolor*, *Lobularia* 'Snow Crystals', *Eschscholzia* 'Dalei'
- *Lobularia*, *Salvia*-Topsorten wie 'Lady in Red' und 'Victoria', *Bellis*, *Viola tricolor*, *Centaurea*, *Lobelia*
- *Gazania*, *Coreopsis*, drei Sorten *Tagetes*, *Sanvitalia procumbens*
- *Limonium* 'Forever Gold', *Tagetes* 'España Mix' und 'Orange Jacket', *Lobularia* 'Snowdrift'

Sommerblumen im Naturgarten

Längst nicht alle Sommerblumen kommen als Züchtungen mit riesigen, kräftig getönten Blüten daher. Manche haben sich die natürliche Anmut ihrer Stammformen bewahrt und passen so auch in naturnahe Gartenbereiche. Oft handelt es sich um ein- oder zweijährige Verwandte bekannter Stauden; sie konnten teils im nachfolgenden Porträtteil nicht berücksichtigt werden, seien hier jedoch kurz erwähnt.

Viele ein- und zweijährige Sommerblumen vermehren sich auf geeigneten Freilandflächen von selbst. Auf der Blumenwiese behaupten sich am ehesten Gänseblümchen (*Bellis*), Margeriten (*Chrysanthemum*), wunderschön blühende Kleearten (*Trifolium*) und Flockenblume (*Centaurea*), Storchschnabel (*Geranium*), Hahnenfuß (*Ranunculus*), Schafgarbe (*Achillea*), Wegerich (*Plantago*) und Knöterich (*Polygonum*). Sie kommen praktisch auf jedem Boden zurecht.

Doch es gibt bei den urwüchsigen Arten, die ihren Wildcharakter bewahrt haben, auch einige mit Sonderwünschen. In frischem Lehm gedeihen Glockenblumen (*Campanula*), Wiesenkümmel (*Carum*) und Kuckuckslichtnelke (*Lychnis*). Kalkhaltigen Boden wünschen Glockenblumen (*Campanula*), Königskerze (*Verbascum*), Nelkenarten (*Dianthus*), Skabiose (*Scabiosa*) und die aufrechte Trespe (*Bromus erectus*). Die Lupine (*Lupinus*) dagegen verträgt keinerlei Kalk.

Damit sie sich selbst aussäen können, müssen die Samen an der Pflanze voll ausreifen, ihre Kapseln sprengen oder vom Blütenboden wegfliegen. Schwere Körner müssen mit der Hand verteilt werden. Viele Sommerblumen, wie Ringelblumen (*Calendula*), Margeriten (*Chrysanthemum*), Rittersporn (*Delphinium*), Silberling (*Lunaria*) und Schwarzkümmel (*Nigella*), sind in ihren Samenkörnern frostfest geschützt; zum Teil sind sie sogar auf einige Fröste angewiesen, damit sie im nächsten Frühjahr voll aufgehen. Die folgenden zweijährigen Sommerblumen sind für Selbstaussaat besonders gut geeignet: Königskerze (*Verbascum*), Nachtkerze (*Oenothera*), Silberblatt (*Salvia*), Stockmalve (*Alcea*), Fingerhut (*Digitalis*), Bärenklau (*Heracleum*), Bartnelke (*Dianthus barbatus*), Tausendschön (*Bellis*) und Vergissmeinnicht (*Myosotis*). Nach allen Erfahrungen geht die Artenvielfalt in der Blumenwiese schnell zurück. In Versuchen sind von rund 60 breitblättrigen Arten im zweiten Jahr keine 10 % übrig geblieben. Es empfiehlt sich also, jedes Frühjahr ein, zwei Tüten Wildblumensamenmischung auszusäen, leicht abzudecken und feucht zu halten. In solch einer Mischung sind 25 wilde Feldblumen enthalten, die während des Sommers blühen.

Der einjährige Ackerrittersporn und Ringelblumen passen gut in naturnahe Gartenbereiche

Vergissmeinnicht verbreitet sich gern durch Selbstaussaat

Anzucht mit Vorkultur

Zahlreiche Sommerblumen werden auf der Fensterbank oder im Kleingewächshaus vorgezogen, ehe man sie ins Freiland pflanzt. Das verlangt etwas Aufwand, macht aber auch sehr viel Freude, wenn die Anzucht gelingt. Dazu sollen die Tipps in diesem Abschnitt beitragen.

Anzuchtgefäße

„Bei Aussaaten muss vor Plastiktöpfen gewarnt werden, die Erde versauert darin zu schnell." Solche Irrtümer sind heute noch weit verbreitet, obwohl seit über 50 Jahren nachgewiesen ist, dass die Luftdurchlässigkeit der Tontöpfe und ähnlicher „atmender" Gefäße gleich Null ist. Die Erde versauert in **Plastiktöpfen** nicht, weil sie wie alle anderen mit Abzugslöchern versehen sind. Mit ihren glatten, undurchlässigen Wänden lassen sie es nicht zu, dass sich Schädlingslarven und Krankheitskeime festsetzen. Nach der Verwendung genügt es, sie mit heißem Wasser abzuspülen, und schon können sie neu bepflanzt werden.

Die Wurzeln wachsen im Plastiktopf nach unten und bilden auf dem Topfboden einen kegelförmigen Ballen. Weil keine Verdunstungskälte an der Topfwand entsteht, ist es im Innenraum relativ warm. Es muss deshalb natürlich mehr gegossen werden.

Dünnwandige Töpfe sollten schwarz gefärbt sein, da seitlich belichtete Wurzelballen weniger gut wachsen. Sogar die Blätter entwickeln sich dann schwächer. Wenn kein Licht durch die Topfwand dringt, färben sich die Blätter dunkler und das Wurzelgewicht liegt höher.

Im **Tontopf** streben die Wurzeln auf kürzestem Wege zur Wand, um dort kreisförmig aneinander gedrängt zu

Will man große Flächen oder viele Balkonkästen mit Sommerblumen bestücken, lohnt sich ein Gewächshaus für die Anzucht

verfilzen. Rund 90 % der Wurzelmasse wächst immer an der Wand entlang, innen tut sich so gut wie nichts. Die Wurzeln wachsen aber auch in die offenen Poren des gebrannten Tons hinein, sodass sie beim Austopfen abreißen oder der Topf zerschlagen werden muss. Neue Tontöpfe müssen vor Gebrauch 3 Tage lang gewässert werden, damit alle scharfen Säuren (vor allem Salpetersäure), die beim Brennen entstehen, ausgelaugt werden. Die Topfwand soll mit Wasser gesättigt sein, bevor Erde eingefüllt wird. Sie „atmet" dann nicht mehr, aber es tritt Wasser hindurch und die Verdunstung auf der Außenseite erzeugt Kälte. Wurzelballen in Tontöpfen stehen immer kühler als in wasserdichten Gefäßen. Die Pflanzen gedeihen allerdings besser mit „warmem Fuß", also wenn es die Wurzeln wärmer haben. Weiterer Nachteil: Gelöste Nährstoffe wandern mit in den Ton aus und verblühen zu weißlichen Flecken, auf denen sich Algen und Moos ansiedeln.

Anzuchtgefäße (von links nach rechts): Saatschale, Plastiktöpfe, Quelltöpfe in Tonuntersetzer, daneben Jiffy-Pots, im Hintergrund Tontöpfe

Aus mechanisch aufbereiteter schwefelfreier Stapelzellulose und humusreichem Sphagnum-Weißtorf werden **Jiffy-Pots** – einzeln und in Platten, rund und eckig – hergestellt. Das Bindemittel enthält 25 % Zellulose, 5 % Urea-Stickstoff und Spuren von Nährstoffen, die bei der Aufbereitung anfallen. Die Wurzeln wachsen auch hier sternförmig zur Topfwand, durchstoßen sie und legen sich außen an. Sie trocknen an der Spitze ein, das Wachstum stockt und regt damit im Innern des Ballens zur Verzweigung an. Das wiederholt sich immer schneller, bis ein dichter, fester Ballen entstanden ist, der mit der schützenden Topfwand ausgepflanzt oder eingetopft wird.

Jiffy-Pots und verwandte Produkte werden in Pikier- oder Saatkisten so aufgestellt, dass die Wurzeln nicht von einem Topf in den anderen wachsen. Deshalb werden sie auch nicht eingefüttert. Sie müssen immer doppelt gegossen werden, einmal für die Topfwand, das zweite Mal für den Wurzelballen. Da sich in der saug- und speicherfähigen Topfwand die Nährstoffe sammeln, darf nur stickstoffarm und sehr zurückhaltend gedüngt werden. Und das auch erst, nachdem die Wurzelspitzen durchgewachsen sind.

Viele Millionen Beet- und Balkonpflanzen werden alljährlich in umweltfreundlichen **Altpapiertöpfen** in den Garten gepflanzt. Früh- und Sommerblüher, die in den Gewächshäusern in Töpfen aus 100 % Altpapier herangezogen wurden, kommen komplett mit Papiertopf in die Erde. Die Wurzelballen bleiben vollkommen unversehrt, weil sie nicht erst ausgetopft werden müssen. Die Pflanzen wachsen ohne zu stocken weiter, während ihre Umhüllung zu nahrhaftem Humus zerfällt. Außerdem bleiben der Umwelt die bisher üblichen Plastiktöpfe erspart.

Topfwand und Topfinhalt in einem: Das bieten **Quelltöpfe**. Trocken sehen sie wie eine große Tablette aus. Wenn sie sich mit Wasser vollgesogen haben, gleichen sie eher einer kurzen Substratwurst im Nylonstrumpf. Sie werden aus jüngstem Weißtorf hergestellt, der auf 1 Liter mit 1 g Volldünger und so viel Kalk angereichert ist, dass der pH-Wert zwischen 5,5 und 6,3 liegt. Die Fasern werden fein zermahlen, auf 10–15 % Wassergehalt getrocknet und dann mit hohem Druck von 10 cm auf 1 cm Schichtstärke gepresst. Daraus werden Scheiben von 4,5 cm Durchmesser gestanzt und mit einem Kunststoffnetz oder Ähn-

Torfquelltöpfe: 1. Im trockenen Zustand erinnern die gepressten Quelltöpfe an große Tabletten

2. Nach dem Gießen dehnen sie sich aus, Kunststoffnetze halten die Ballen zusammen

3. Die Sämlinge können mitsamt Ballen eingesetzt werden, da die Wurzeln später die Maschen sprengen

lichem in Form gehalten. Innerhalb von 5 Minuten dehnen sie sich fast wieder auf die ursprüngliche Höhe aus, wenn man sie in einem flachen Gefäß mit Wasser übergießt. Jeder Quelltopf saugt 70 bis 100 Milliliter Wasser auf, zehn Tabletten brauchen also höchstens einen Liter.

Das Kunststoffnetz hält den Wurzelballen fest zusammen und gibt ihm Halt. Es hindert die Wurzeln jedoch nicht hindurchzuwachsen und die Maschen später zu sprengen. Während der Anzuchtdauer sind Quelltöpfe stets feucht zu halten, ohne dass stauende Nässe entsteht. Das gelingt am besten in Plastikschalen und Topfplatten, die gelocht oder mit stegförmigen Dränageleisten überzogen sind.

Substrate

Früher wuchsen auch die Jungpflanzen in „Erde" heran, heute nennt man alle Nährböden „Substrate". In jenen „erdverbundenen" Zeiten holte man sich im Frühjahr die Erde der Maulwurfshaufen von Viehweiden. Diese wurde zu gleichen Teilen mit reinem Weißtorf und grobkörnigem Quarzsand (0,5–1,5 mm) gemischt. Heute verwendet man zweckmäßigerweise überwiegend fertig gemischte Aussaaterden, die sich nach den Nährstoffgehalten gliedern. Dabei steigen die Gehalte an Stickstoff, Phosphor und Kalium von der nährstoffarmen Vermehrungserde über die Anzuchterde bis zur recht nährstoffreichen Pflanz- und Topferde.

Aussaaterde ist immer auch zur Anzucht von Stecklingen und zum Pikieren geeignet. Sie garantiert sicheres Auskeimen und kräftige Wurzelbildung, weil der Spezialhumus mit Untergrundton und vulkanischem Gestein gemischt ist. Die naturfeuchte Aussaaterde mit Haupt- und Spurennährstoffen hat einen pH-Wert von 5,5 bis 6,5. Sie bleibt auch voll durchnässt locker, ohne zu verschlämmen. Diese Erdarten werden im Zierpflanzenbau eingesetzt, die Vermehrungserde vor allem für Feinsamen, z. B. *Semperflorens*-Hybriden der Begonien (*Begonia*), Petunien (*Petunia*) und Primelarten (*Primula*).

Die sterilen Substrate sind weitgehend keimfrei und sie enthalten keine **Wuchsstoffe** für die Wurzelbildung. Man hat deshalb wurzelbildende Hormone isoliert und künstlich hergestellt. Es sind zahlreiche Pulver- oder Flüssigpräparate im Handel, die klingende Namen haben wie „Wurzelfix", „Wurzelaktiv Agrosil LR" oder „Rhizopon", mit Buchstaben- und Ziffernkombinationen, die die Eignung für weiche, mittelharte oder harte Zierpflanzen anzeigen. Es gibt Mittel für bestimmte Gruppen von Sommerblumen und ganz spezielle wie „Chryzoplus" nur für Chrysanthemen. Im Grunde sind es immer die gleichen Butter- und Essigsäuren, an denen nur die wissenschaftlichen Namen kompliziert sind. Sie wurden von der Biologischen Bundesanstalt zur „Förderung der Bewurzelung" anerkannt.

Nährstoffe

Nährstoffarme Substrate fördern die Wurzelbildung. Die geringen Vorräte in den Anzuchterden sind daher rasch verbraucht. Es muss alsbald nachgedüngt werden.

Die Nährstoffversorgung der Jungpflanzen ist stark vereinfacht worden, seit es Mehrnährstoffdünger für einzelne Gruppen von Zierpflanzen gibt. Im Angebot sind Volldünger für Einzelkulturen wie Blumen allgemein und Balkonkästen. Die Dünger sind wahlweise flüssig, gekörnt oder pulverisiert, biologisch oder organisch-mineralisch. Nur eines gibt es noch nicht, einen speziellen Jungpflanzendünger. Für den Anfang tut es denn auch jeder normale Volldünger. Nur auf die Dosis kommt es an, damit am Anfang kein Überangebot an Stickstoff das Bodenwasser belastet. Man wählt deshalb einen Blühdünger oder vergleichbar stickstoffarme Produkte. Bei Flüssigdüngung dosiert man mit ca. 1–3 g oder cm^3 je Liter, je nach Art und Entwicklung der Pflanzen.

Wenn man statt dessen einen Dauerdünger ins Substrat mischt, der sich langsam auflöst oder von einer Dosierhülle über Monate verteilt wird, kann das Bodenwasser nie versalzen. Ein Beispiel für viele ist der „intelligente Dauerdünger für Blühpflanzen" mit je 14 % Phosphat und Kaliumoxid. Davon gibt man Jungpflanzen einen halben Teelöffel voll, etwa 2,5 g. Einen neuen Weg gehen die Biodünger, die neben je 4 % organisch gebundenem Stickstoff und Kalium 1 % Magnesium sowie „wuchsfördernde Vitamine und Fermente" enthalten. Mit diesen Zusätzen soll erreicht werden, dass die Pflanzen widerstandsfähiger werden gegen Hitze, Kälte und andere Witterungseinflüsse. Noch wichtiger ist allerdings, dass sie das Bodenleben aktivieren, sodass die feinen Haarwürzelchen leichter Nährstoffe aufnehmen können.

Sommerblumen

Anzucht mit Vorkultur

T I P P

Verrottende Töpfe
„Bio-Töpfe", die mit ausgepflanzt werden, dürfen nicht trocknen, sonst hindern sie die Wurzeln daran, in der umgebenden Erde Fuß zu fassen. Es käme zu Kümmerwuchs. Man sollte sie deshalb vor dem Auspflanzen einreißen oder mit dem Finger durchbohren.

Die Samen der Marienglockenblume (Campanula medium) keimen erst nach Frost- bzw. Kälteeinwirkung

Licht

Reicht die Lichtmenge in den Wintermonaten nicht aus, fehlt es den Jungpflanzen an Blattgrün. Sie „vergeilen", das heißt, sie werden anfällig, dünn-, schwach- und langtriebig. Hier können spezielle Leuchtstoffröhren Abhilfe schaffen. Die im Fachhandel erhältlichen Leuchten liefern genau das richtige Licht für gesundes Pflanzenwachstum. Mit Hilfe einer Schaltuhr werden sie zu gleichen Zeiten ein- bzw. ausgeschaltet.

Es gibt eine ganze Menge von **Lichtkeimern,** die auf dem Substrat nicht abgedeckt werden dürfen. Damit die Samen nicht austrocknen, wird eine Klarsichtfolie oder Glasscheibe über das Saatgefäß gelegt. Während der Mittagsstunden kann leichtes Schattieren unter Seidenpapier oder weißer Schattierfolie angebracht sein. Andere Samen dürfen nach dem Aussäen nur hauchdünn mit Substrat abgedeckt werden. Die **Faustregel:** nur etwa so dünn, wie die Samenkörner dick sind. Doppelt so dick wie die Samenkörner werden einige wenige Sommerblumen nach der Aussaat abgedeckt. Diese und andere Ausnahmen von der genannten Faustregel sind im nebenstehenden „Info"-Kasten aufgeführt.

Dunkelkeimer vertragen kein Licht nach der Aussaat. Sie werden mit Substrat, Sand, Papier oder, falls

Löwenmäulchen (Anthirrinum majus) sind Lichtkeimer, die Samen dürfen also nicht abgedeckt werden

Wärme

Die richtige Luft- und Bodenwärme ist für die Vermehrung so wichtig, dass es ohne Thermometer nicht geht. Während der Anzucht brauchen Jungpflanzen mehr Wärme als später, dies vor allem stets gleich bleibend.

Frostkeimer sind Sommerblumen, deren Keimhemmung erst durch Kälteeinwirkung aufgehoben wird. Die flachen Aussaatschalen werden reichlich angegossen und im Garten leicht schattig so aufgestellt, dass sie vor Verdunstung geschützt sind, entweder unter einer dünnen Humusauflage oder Folie.

Genaue Hinweise zu den Wärmeansprüchen – auch zu eventuellen Temperaturänderungen während der Anzucht – geben die Porträts ab S. 410.

> **TIPP**
>
> **Frostkeimer**
> Die Samen von Frostkeimern kann man auch in den Kühlschrank legen, aus hygienischen Gründen in eine Plastiktüte fest eingewickelt. Die „Eiszeit" soll mindestens 4 Wochen dauern. Bis zur Aussaat müssen die Samen leicht feucht gehalten werden.

Algen oder Schimmel zu befürchten sind, mit feinem Koksgrus abgedeckt. Manche Arten sind so lichtempfindlich, dass sie mit dunkler Folie abgedeckt werden müssen, auch wenn sie unter Substrat liegen. Zu tief sollte man nie säen, weil die Keimlinge sonst zu wenig Luft bekommen und zu viel Kraft verbrauchen, um an die Oberfläche zu gelangen.

Luft und Anzuchthilfen

Die Luft über den Aussaaten darf nicht stickig werden, um Fäulnis und Schimmel zu vermeiden. Frische Luft ist wichtig, weil die grünen Pflanzenteile Kohlendioxid (CO_2) verbrauchen, um daraus Stärke zu gewinnen. Nur 0,03 % CO_2 sind in der normalen Atemluft enthalten. Sauerstoff wird ebenfalls gebraucht, weil die Blätter ihn bei Dunkelheit aufnehmen. Deshalb werden Folien gelöchert und Glasscheiben auf schmale Hölzchen gelegt. Über einzelne Töpfe stülpt man ein Einkoch-

Sommerblumen

Anzucht mit Vorkultur

INFO

Keimung unter Klarsichtfolie oder Glas (Lichtkeimer)

Antirrhinum majus, Begonia semperflorens, Digitalis purpurea, Dorotheanthus bellidiformis, Impatiens walleriana, Lobelia erinus, Lobularia maritima, Nicotiana x sanderae, Petunia, Verbena

Keimung unter hauchdünnem Substrat

Ageratum houstonianum, Callistephus chinensis, Celosia argentea, Chrysanthemum paludosum, Cobaea scandens, Eccremocarpus scaber, Gazania splendens, Gypsophila elegans, Impatiens balsamina, Papaver nudicaule, Papaver rhoeas, Phlox drummondii, Portulaca grandiflora, Senecio bicolor

Keimung unter etwas dickerer Substratschicht

Chrysanthemum carinatum, Chrysanthemum segetum, Chrysanthemum x spectabile, Humulus scandens

Keimung mit Lichtschutz (Dunkelkeimer)

Delphinium consolida, Myosotis sylvatica, Viola-Wittrockiana-Hybriden

therm-Vermehrungsbeete mit den Grundmaßen 40 x 20 cm bestehen aus Hartplastik mit 300-W-Bodenheizung und einer 20 cm hohen Klarsichtkuppel mit verstellbaren Lüftungsöffnungen. Verbesserte Modelle verfügen über automatische Thermostate. In die Schale werden 3–5 cm Sand gefüllt, um die Kabel zu schonen. Darauf werden die Anzuchtgefäße gestellt. Es ist nicht empfehlenswert, das Substrat direkt in die beheizte Schale zu füllen, denn man braucht die hohen Bodentemperaturen nur bis zur Wurzelbildung. Danach wachsen die Pflanzen besser ohne Heizung. So können recht bald die nächsten Aussaaten auf der Wärmefläche platziert werden.

Aussaattechnik

Säen heißt, die Samen im Substrat so zu verteilen, dass sie im richtigen Abstand liegen. Das feuchte Substrat wird bis knapp unter dem Rand eingefüllt, glatt gestrichen und angedrückt. Die Samentüte so aufschneiden, dass die untere Seite etwas vorsteht. Die Unterseite knifft man in der Mitte leicht ein, sodass die Samen genau zu sehen sind, während sie einer nach dem anderen nachrutschen. So lässt sich am besten kontrollieren, ob sie gleichmäßig und in der richtigen Verteilung fallen. Damit sie langsam aus der Tüte kommen, wird diese behutsam seitlich mit einem Finger beklopft. Wo die Samen dennoch zu dicht gefallen sind, kann man sie mit den Fingerspitzen nachträglich etwas besser verteilen. Sehr feine Sämereien mischt man vorher halb und halb mit trockenem Sand, der auf dem nassen Substrat besser zu sehen ist. Zum Schluss mit feiner Brause angießen und je nach Bedarf (Licht-/Dunkelkeimer) abdecken.

glas oder eine durchsichtige Plastiktüte. Über größere Pflanzschalen steckt man gebogene Drähte, legt darüber hauchdünne Folie und steckt sie unter dem Gefäß fest. Mini-Frühbeete für die Fensterbank gibt es in zahllosen Spielarten, zum Teil schon mit besamten Quelltöpfen, sodass nur etwas Wasser eingefüllt werden muss. Die einfachen Plastikschalen sind auf Außenheizung angewiesen.

Thermalbeete besitzen Heizdrähte in Schaumstoff, die, an das Stromnetz angeschlossen, ca. 100 Watt pro Quadratmeter verbrauchen. Flora-

Aussaat in Kisten: 1. Samen auf das zuvor geglättete Substrat gleichmäßig ausstreuen und mit Holzbrettchen andrücken

2. Dunkelkeimer werden mit Erde übersiebt, Lichtkeimer bleiben dagegen offen liegen; in beiden Fällen gründlich anfeuchten

3. Wichtig ist ein Verdunstungsschutz, der nach Aufgang der Keimlinge zum Belüften immer stärker angehoben wird

Pikieren: 1. Sämlinge zwischen Daumen und Zeigefinger nehmen, mit Pikierholz heraushebeln

2. Mit Hilfe des Holzes einsetzen; die Wurzel muss genügend Platz haben und darf nicht geknickt werden

3. Substrat um den Sämling gut, aber behutsam andrücken, anschließend Substrat überbrausen

Pikieren

Sämlinge stehen immer zu dicht, weil sie nicht zu viel von dem kostbaren Platz beanspruchen sollen. Sie wachsen schnell, berühren sich bald mit den Keimblättern und müssen auseinandergepflanzt werden. Gärtner nennen das „Pikieren" (vom französischen „piquer": stechen, pieken), weil dazu ein Loch in die Erde gestochen wird. Pikiert wird auch, damit die Hauptwurzel abreißt und zur Bildung von Seitenwurzeln angeregt wird. Falls das nicht von selbst geschieht, kneift man die längste Wurzel unten mit dem Fingernagel ab.

In der Saatschale werden die Wurzelballen mit einem kleinen Stöckchen gelockert, vorsichtig herausgehoben und in die vorgebohrten Löcher in dem Substrat der Pikierkiste oder einzeln in kleine Töpfe gesetzt. Der Abstand sollte so groß sein, dass die Pflanzen mehrere Wochen ungestört wachsen können, also etwa 3–5 cm. In die Löcher stellt man die Keimlinge senkrecht so tief hinein, wie sie vorher gestanden haben. Mit dem Pikierholz wird seitlich von der Pflanzstelle eingestochen und das Wurzelloch zugedrückt. Dabei sollte kein neues Loch entstehen, das voll Wasser laufen würde. Anschließend überbraust man die Schale gründlich, damit sich das lockere Substrat gleichmäßig setzt. Bis zum Anwachsen, das einige Tage dauert, hält man die Pikierschale geschlossen und vermeidet Zugluft. Bevor die Sonne mittags zu heiß brennt, wird eine Schattierfolie übergelegt.

Später muss mit viel frischer Luft dafür gesorgt werden, dass die Temperaturen sinken und die Pflanzen rechtzeitig abgehärtet werden. Sie sollen kurz, kräftig und gut bewurzelt sein, wenn sie ausgepflanzt werden. Nur solche Setzlinge wachsen stockungsfrei, zügig und gleichmäßig weiter, wenn sie auf die Beete oder in ihre Endtöpfe umgepflanzt werden.

Auspflanzen

Vorgezogene Jungpflanzen mit Topfballen lassen sich jederzeit verpflanzen, mit erdelosem Wurzelwerk jedoch nur im Frühjahr. Dafür sucht man sich einen Tag mit bedecktem Himmel und sanften Niederschlägen aus. Aus der Gärtnerei oder dem Versandhandel kommend, ist die Pflanzware oft ziemlich trocken, sodass sie sich in einem Gefäß mit Wasser erst einmal so richtig satt trinken muss. Auch Ballenpflanzen werden getunkt, falls sie trocken geworden sind. Bis zum Einpflanzen deckt man sie zusätzlich mit feuchten Tüchern ab und braust über, solange die Luft trocken ist.

Den gründlich vorbereiteten Boden einige Zeit ruhen lassen, damit er sich setzt. Dann nimmt man den Setzling in die linke Hand, während die rechte das Pflanzloch aushebt. Danach verteilt man die Wurzeln gleichmäßig im Boden und schaufelt das Loch zu. Während die linke immer noch die Jungpflanze festhält, drückt die andere Hand die Erde so an, dass die Pflanze etwa so tief steht wie zuvor.

Damit die Wurzeln guten Bodenschluss finden, wird unabhängig von der Bodenfeuchtigkeit einmal kräftig angegossen. Sind die folgenden Tage sonnig und trocken, öfter mit feiner Brause anfeuchten. Gegen pralle Mittagssonne wird ein Sonnenschirm aus Leinentuch oder Schattierfolie aufgespannt. Solarfolien sind weiß eingefärbt, um viel Sonne zu reflektieren. Helle Schattierfolien sind meist geschlitzt, damit Gieß- und Regenwasser durchlaufen kann.

Genauso wird mit den winterharten **zweijährigen Sommerblumen** verfahren, die im Juni, Juli oder August auf ein Saatbeet ins Freiland kommen. Dieses Beet an geschützter, halbschattiger Stelle oder im leer gewordenen Frühbeet feinkrümelig und ohne Dünger vorbereiten. Im September sollten die Jungpflanzen umgesetzt sein, damit sie rechtzeitig vor dem ersten Bodenfrost an ihrem endgültigen Standort fest verwachsen sind. Einige lassen sich auch erst im nächsten Frühjahr verpflanzen, während sie bereits blühen. Die meisten jedoch blühen dann schwächer.

Freilandsaat

Viele einjährige Sommerblumen sind so robust, dass sie in sonniger Lage direkt ins Freiland gesät werden können. Der Boden wird nicht mehr tief gelockert, sondern nur noch glattgeharkt und feinplaniert, damit die Winterfeuchtigkeit erhalten bleibt. Mit der Vorbereitung des Saatbeets kann begonnen werden, sobald keine Krume mehr kleben bleibt, wenn man einen Stock hineinstößt. Als Starthilfe werden 30 g blauer Volldünger pro m² ausgestreut. Eine dünne Lage Kompost oder Humusdünger überzieht die Fläche nach der Aussaat.

Härtegruppen

Die Freilandsaaten von gröberen Arten wachsen nicht weniger schnell als vorgezogene, die zur gleichen Zeit ausgepflanzt werden. Das einjährige Steinkraut *(Lobularia maritima)* z. B. braucht gerade 6 Wochen bis zur Blüte. Nach ihrer Wetterfestigkeit sind die Sommerblumen in drei Härtegruppen eingeteilt worden. Die Einteilung orientiert sich an den Aussaatterminen.

> **I N F O**
>
> **Erste Härtegruppe: Aussaat März**
> Beispiele: *Calendula* (noch einmal im August), *Callistephus* (bis Mai), *Centaurea*-Arten (bis April, auch im September), *Chrysanthemum segetum* (auch im Oktober), *Gypsophila* (bis Juni), *Matthiola*
>
> **Zweite Härtegruppe: Aussaat April/Mai**
> Beispiele: *Campanula macrostyla, Chrysanthemum carinatum* und *Chrysanthemum coronarium, Cuphea, Dimorphotheca, Felicia, Gaillardia, Lathyrus, Lavatera trimestris, Lobularia maritima* (bis Juni), *Papaver rhoeas, Sanvitalia*
>
> **Dritte Härtegruppe: Aussaat ab Mai**
> Beispiele: *Brachycome, Helichrysum, Portulaca, Tropaeolum*

Mindestabstände

Auf den Blumenbeeten ist Reihensaat vorzuziehen, weil sich die jungen Pflanzen so leichter vom gleichzeitig keimenden Unkraut unterscheiden lassen. Je nach Größe der Samen werden die Rillen entlang der Pflanzschnur etwa 2–5 cm tief gezogen.

Dazu genügt eine Ecke des Rechens, aber man kann auch einen auf richtigen Reihenabstand eingestellten Rillenzieher oder jeden anderen kleinen Schargrubber verwenden. In der Reihe dürfen die Abstände allgemein etwas enger sein, aber selbst mittlere Größen brauchen 25 cm Distanz. Für das gleichmäßige Ausstreuen der Samenkörner im richtigen Endabstand gibt es kleine, handliche Sägeräte, die nicht allzu teuer sind. Anschließend wird die Reihe mit dem Harkenrücken zugeschoben und leicht angedrückt. Ganz feine

Die robusten Levkojen (Matthiola incana), hier mit Stiefmütterchen, können im März direkt ins Freiland gesät werden

Pelargonien verlangen etwas höhere Düngerdosierungen als die meisten anderen Sommerblumen

Samen mit Komposterde zusieben. Lichtkeimer bleiben offen liegen, werden aber beschattet und ohne Unterbrechung feucht gehalten. In den folgenden Tagen darf die Erde nie völlig austrocknen; schon wenige sonnig warme Tage können den Sämlingen schaden. Eine dünne Bodendecke aus lockerem Humus ist der beste Verdunstungsschutz in trockenen Frühlingswochen. Sie hält die Erdkruste weich, sodass die Keimlinge leichter durchstoßen können. Eine mäßige Volldüngergabe folgt, wenn die Jungpflanzen sich langsamer strecken.

Wo die Samen trotz aller Mühe zu dicht gefallen sind, muss ausgedünnt werden, sobald sich die Blätter berühren. Nimmt man die Pflänzchen vorsichtig an einem regnerischen Tag mit möglichst unversehrtem Wurzelballen aus der Erde, lassen sie sich nahezu stockungsfrei verpflanzen. Die stärksten bleiben stehen und werden durchdringend gegossen, damit die Erde wieder an die etwas gelockerten Wurzeln gespült wird.

Düngung

Zur vollen Schönheit wachsen Sommerblumen heran, wenn sie zusammen mit den Wassergaben langsam steigende Volldüngergaben erhalten. Die Mengen sind je nach Pflanzenart unterschiedlich und liegen bei 1–4 g bzw. cm³ je Liter Gießwasser. Damit der Salzgehalt auch für Starkzehrer nicht zu hoch wird, düngt man stets dieselbe Grundmenge, nur in kürzeren Zeitabständen.

Im Frühjahr fängt man bei den meisten Sommerblumen mit 2 Wochen an und verkürzt je nach Wachstum bis auf einmal in der Woche, möglichst immer am selben Wochentag, damit es nicht so leicht vergessen wird. Vor dem Düngen wird stets gründlich gewässert. Beim Gießen der Düngerlösung Blätter und Triebe nicht benetzen.

Rückschnitt

Jungpflanzen von einjährigen Sommerblumen werden gestutzt, damit sie buschiger aufwachsen: Auf gut 6 cm Höhe *Cuphea, Phlox drummondii, Salvia;* auf knapp 10 cm *Antirrhinum, Chrysanthemum, Heliotropium* und *Impatiens.*

Cosmos nimmt man die ersten Blütenknospen weg, bevor sie sich geöffnet haben, damit sich der Strauch dichter verzweigt. Viele blühen länger und reicher, wenn man eifrig Blüten für die Vase schneidet.

Nach einem frühen Rückschnitt auf ein Drittel der Höhe folgt eine Nachblüte bei *Iberis, Lobelia, Lobularia, Antirrhinum, Sanvitalia* und anderen. Samenanlagen müssen abgenommen werden, bevor sie ausreifen, besonders aber von *Dorotheanthus* und *Gaillardia, Petunia, Sanvitalia* und *Lathyrus,* damit sie weiterhin Blütenknospen ausbilden.

Rechts: Ziertabak (im Vordergrund) dankt es mit guter Nachblüte, wenn man den verblühten Flor regelmäßig entfernt

1) Leberbalsam, Ageratum houstonianum
2) Löwenmäulchen, Anthirrinum majus
3) Eisbegonien, Begonia-Semperflorens-Hybriden
4) Begonia-Semperflorens-Hybride 'Gustave'
5) Blaues Gänseblümchen, Brachycome iberidifolia

Einjährige Sommerblumen

Jede Sommerblume ist auf ihre Art schön. Deshalb kann es bei dieser Auswahl nicht um eine Schönheitskonkurrenz gehen. Aus der großen Zahl der Sommerblumen werden hier die bekanntesten und markantesten Arten und Sorten vorgestellt. Damit man alle wesentlichen Merkmale und Kulturdaten auf einen Blick findet, sind diese in jeweils wiederkehrenden Absätzen zusammengefasst. Besondere Eignungen für bestimmte Standorte und Verwendungszwecke, z. B. als Schnitt- und Trockenblume, als Pflanzenschutz- und Heilmittel, sind bei den Artmerkmalen verzeichnet.
Da die allermeisten Sommerblumen einen sonnigen Platz brauchen, erübrigen sich hier Licht-/Schattensymbole bei den Porträts. Die wenigen Ausnahmen lassen sich den Kurzbeschreibungen entnehmen.

Ageratum houstonianum
Leberbalsam, Blausternchen

Im tropischen Mittel- und Südamerika wächst dieser Korbblütler *(Compositae)* halbstrauchig, bei uns im Freiland nur einjährig, weil er nicht winterhart ist. Im Sortiment findet sich nur die eine Art *A. houstonianum*, die stellenweise noch als *Ageratum mexicanum* bezeichnet wird.
Merkmale: Von dieser Stammart haben sich zwei Zuchtlinien entfernt, die niedrigen Beet- und die hohen Schnittblumen. 'Blue Blazer' steht am frühesten in Blüte, 15 cm hoch und hellblau; 'Blaue Donau' blüht früh und kompakt, mittelblau, 15–20 cm hoch; 'Schneeball' ist eine neue rein weiße Sorte, blüht früh, reich und dicht, 15–20 cm hoch;

'Pacific' ist purpurviolett und 20 cm hoch. Für die Vase gibt es hohe Sorten wie 'Schnittwunder' und 'Blue Horizon', großdoldig und langstielig, mittel- oder dunkelblau; 'Weißer Schnitt' blüht großblumig und rein weiß. Alle sind 60 cm hoch.

Anbau im Garten: Leberbalsam wird zwischen Januar und März bei 18–21° C in Einheitserde P ausgesät, keimt nach 7 bis 14 Tagen, wird einmal pikiert und danach trockener, kühler, hell und luftig gehalten. Alle 2 Wochen gibt es 0,2%igen stickstoffarmen Volldünger. Nach 12 bis 13 Wochen sind die Jungpflanzen bereit zum Auspflanzen in humosen, nicht zu schweren Boden. Sie bevorzugen Sonne oder lichten Schatten. Deshalb sind die bodendeckenden Sorten gut geeignet für die Grabbepflanzung.

Antirrhinum majus
Löwenmäulchen

Das Löwenmäulchen ist ein Rachenblütler (*Scrophulariaceae*). Ursprünglich war es eine Staude, die im südlichen Europa und Nordafrika verbreitet war. Die heutigen Gartensorten werden ausschließlich einjährig kultiviert.

Merkmale: Seit über 5 Jahrhunderten ist das Löwenmäulchen ein Liebling deutscher Gärtner; denn es blüht in fast allen Farben von Juni bis in den hohen Sommer hinein, gleich wirkungsvoll auf Beeten wie in der Vase. So kommt es, dass von dieser einen Art eine Fülle von Sorten gezüchtet wurde. Das 'Grandiflora'-Sortiment wird 80–100 cm hoch und eignet sich besonders zum Schnitt. Ausgesprochene Beetsorten, die ebenfalls für den Schnitt geeignet sind, umfasst die Gruppe 'Nanum Grandiflorum' mit 40–60 cm Höhe. Die kleinsten sind als 'Pumilum' zusammengefasst, 15–20 cm hoch, gleich gut auf Rabatten wie an Beeträndern. Hinzu kommen hyazinthenblütige Sorten mit sehr dicht stehenden Blüten und frostharte Züchtungen in vielen Farben.

Anbau im Garten: Ausgesät wird von Januar bis März bei 15–20° C und dann einmal pikiert. Ins Freiland setzt man die abgehärteten Jungpflanzen ab April (sie vertragen leichte Nachtfröste) an eine sonnige bis halbschattige Stelle. Der Boden sollte normal gedüngt, feucht, aber nicht nass sein. Dort blühen sie ab Mai, bis es im Herbst stärker friert.

Begonia-Semperflorens-Hybriden
Begonie, Eisbegonie

Ausgerechnet *B. semperflorens*, die immerblühende Begonie, ist strikt einjährig in der sonst ungeheuer ausdauernden riesigen Gattung, die einer ganzen Familie den Namen gegeben hat, den Begonien- oder Schiefblattgewächsen (*Begoniaceae*). In der gärtnerischen Praxis gehören heute *B.-Semperflorens*-Hybriden zu den wichtigsten Sommerblumen im Garten und auf dem Balkon.

Merkmale: Im modernen Sortiment gibt es halbhohe Party-Begonien für große Gartenbeete, Ampeln und Mischpflanzungen mit anderen Einjahrsblumen sowie riesenblütige F_1-Begonien über kompaktem, kaum 30 cm hohem Wuchs; sie sind für Container und Garten geeignet. Großblumige, niedrige F_1-Hybriden sind ein neuer Begonientyp. Er vereinigt die Blütengröße der hohen Sorten mit dem geschlossenen Wuchs der niedrigen.

Bewährte niedrige F_1-Hybriden zwischen 15 und 20 cm Höhe sind: 'Scarletta', mit tiefscharlachroten Blüten und bronzegrünem Laub, reich blühend, hat sich besonders in kühlen, regenreichen Ländern bewährt; 'Linda', dunkelrosa mit Lachsschimmer, grünes Laub, früh und reich blühend; 'Heterosis Derby', korallenlachsrosa mit heller Mitte, frischgrünes Laub, kräftiger Wuchs; 'Heterosis Organdy', Mischung vom Tausendschön-Typ aus zehn verschiedenen Farben.

Anbau im Garten: Die ersten Aussaaten im Haus beginnen im Dezember bis Februar bei 20–22° C. Die Samen legt man auf lockere, humose Erde (pH 5,5–6,5), ohne die Samen abzudecken. Sie werden als Lichtkeimer behandelt wie auf S. 404 beschrieben. Falls die Winterwolken zu dunkel sind, muss notfalls ein Zusatzlicht im Abstand von 60 cm eingeschaltet werden. Danach langsam an die Sonne gewöhnen.

Brachycome iberidifolia
Blaues Gänseblümchen

Das Blaue Gänseblümchen hat in den vergangenen Jahren großen Anklang gefunden. Der Korbblütler (*Compositae*) stammt aus Australien und ist dort ausdauernd.

Merkmale: In zahlreichen blauen Farbtönen, von Lila, Violett und Rosa bis Weiß steht das Blaue Gänseblümchen von Juni bis September voller Blüten auf Freilandbeeten und in Balkonkästen, 20–30 cm hoch über kompakten Laubbüscheln. 'Blauglanz' ist gemischt aus blauen und violetten Farben, die 'Mischung von Benary' blüht Blau, Weiß und Violett.

Anbau im Garten: Ausgesät wird von Februar bis April bei 20–22° C, Keimdauer 1 bis 2 Wochen. Pikiert wird nach 3 bis 4 Wochen, am besten

---

Sommerblumen

Einjährige Arten

1) Pantoffelblumen, Calceolaria-Hybride
2) Ringelblumen, Calendula officinalis
3) Sommeraster, Callistephus chinensis 'Blue Moon'
4) Zwerg-Sommeraster 'Comet Yellow'
5) Gefüllte Kornblumen, Centaurea cyanus
6) Mutterkraut, Chrysanthemum (Tanacetum) parthenium

in 8- bis 10-cm-Töpfe bei 18–20° C und dann weiter bei 16–18° C kultiviert. Von April an kann auch direkt an Ort und Stelle in volle Sonne gesät werden. Danach auf 20 cm vereinzeln. Der Boden sollte locker und durchlässig sein, der pH-Wert bei 6,0 liegen.

Calceolaria-Hybriden
Pantoffelblume

Die meisten Pantoffelblumen sind aus Chile zu uns gekommen. Aus zahlreichen Kreuzungen zwischen den ursprünglich strauchigen Arten sind die einjährigen *C.*-Hybriden entstanden, Rachenblütler *(Scrophulariaceae)*, die ursprünglich allein als Topfpflanzen geschätzt wurden, jetzt aber mehr und mehr als Beetpflanzen im Freiland zum Einsatz kommen.

Merkmale: Neuere Züchtungen haben großblumige Hybriden wie 'Memory' und mittelgroßblumige wie die 'Bikini'-Klasse hervorgebracht. Beide Sortengruppen wachsen auf kompakten, von unten dicht verzweigten Büschen gedrungen und kleinlaubig. Sie blühen früh und reich in vielen leuchtenden Farben, hauptsächlich in gelben und roten Tönen. Pantoffelblumen sind apart gezeichnet an weit ausladenden Schirmen voller großer, dicker „Pantöffelchen".

Anbau im Garten: Die Blumen wachsen an sonnigen Stellen, wenn sie vor Regen und Wind einigermaßen geschützt sind, auch noch halbschattig. Sie brauchen humose, nicht zu feste Böden. Ausgesät wird tief im Winter bei 18° C und bei 12–14° C weiterkultiviert. Nach etlichen Wochen in 10- bis 12-cm-Töpfe und schwach gedüngtes Substrat pikieren, pH-Wert 5,5–6,0.

Sommerblumen

Einjährige Arten

Calendula officinalis
Ringelblume

Ringelblumen wachsen von Süd- bis Mitteleuropa immer noch verbreitet wild. Die heutigen Gartenringelblumen erhielten ihren botanischen Namen *C. officinalis* aufgrund ihrer Heilkräfte, die schon an dem starken Duft zu erkennen sind.
Merkmale: Auf den kompakten Büschen mit kantigen Trieben öffnen sich von Juni bis Oktober meist gelb getönte Blüten, oft gefüllt. Für die Gruppenpflanzung in der Rabatte eignen sich noch besser Sorten mit spitzen Kronblättern in leuchtendem Orange. Früh blühende Zwergsorten bietet die Gruppe 'Gitana', kompakt und nur 30 cm hoch; ihre Blüten sind cremegelb bis orange, meist mit dunkelbraunem Korb.
Anbau im Garten: Nur frühe Aussaat ab Januar bei 15 °C bringt erste Blüten ab Mai; noch im Juni oder Juli gesäte Ringelblumen schmücken den frühherbstlichen Garten mit leuchtenden Farben. Obwohl sie keine hohen Ansprüche stellen, wachsen sie am besten, wenn der Boden nahrhaft und nicht zu trocken ist. Sie gedeihen vollsonnig ebenso gut wie im Halbschatten, ohne deswegen zu verblassen oder weniger zu blühen. Um die Blühfreude zu erhalten, sollte man verblühte Blumen abschneiden, bevor sie Samen bilden können.

Callistephus chinensis
Sommeraster

Die einjährige Sommeraster ist vor über 250 Jahren aus Fernost zu uns gebracht worden und hat sich seitdem zu einem riesigen Sortiment von Beet- und Schnittastern aufgefächert. Diese Korbblütler *(Compositae)* sind nicht mit den heimischen Staudenastern verwandt.
Merkmale: Die modernen Sortengruppen blühen von Juni bis zum Winter in allen Farben, neuerdings auch gelb. Sie können 10–100 cm hoch werden. Um einen Begriff von der Überfülle des Sortiments zu geben, seien hier nur einige Hauptgruppen vorgestellt.
Es beginnt mit den 20–30 cm hohen Zwerg-Teppich-Astern, Tausendschön-Astern, Zwerg-Königin- und Love-me-Astern. Frühwunder-Astern sind die frühesten aller im Juni und Juli, mit edlen Blüten, reich gefüllt, stabil im Schnitt, 50 cm hoch. Sehr beliebt als Schnittblumen sind die Liliput-Astern, aufrecht und buschig, 50–60 cm hoch, kleinblumig, reich blühend, dicht gefüllt.
Anbau im Garten: Mitte März wird ins warme Frühbeet oder im April in den kalten Kasten ausgesät. Bevor die Setzlinge nach den letzten Maifrösten an einen sonnigen Platz ins Freiland ausgepflanzt werden, sollte der Boden gut gelockert sein. Der Pflanzabstand hoher Sorten beträgt 50 cm, bei halbhohen 40 cm und bei Zwergastern 30 cm. Sie alle brauchen sonnigen Stand in humosem Boden. Sie müssen während des Sommers gut gewässert und einmal wöchentlich flüssig gedüngt werden.

Centaurea
Flockenblume

Die einjährigen Flockenblumen wie *C. moschata* und die gefüllten Kornblumen (*C. cyanus* und *C. americana*) sind Korbblütler *(Compositae)*, die teils in Europa heimisch waren, teils aus Nordamerika eingeführt wurden.
Merkmale: Flockenblumen sind durchweg moderne Garten-, Topf- und Schnittblumen, die sich lange in der Vase frisch halten. Getrocknet sind die Samenstände nahezu unbegrenzt haltbar. Aus den ursprünglich hohen Sorten wie 'Blauer Junge', tiefblau, 90 cm hoch, und 'Jolly Joker', lilarosa, 100 cm hoch, sind dicht verzweigte Kompaktsorten gezüchtet worden, die reich gefüllte Blüten von 3 cm Durchmesser nur 35 cm hoch tragen, z. B. 'Florence Pink' und 'Florence White'.
Anbau im Garten: Flockenblumen der hohen Sorten brauchen etwa 4 Monate Vorkultur unter Glas bei 18 °C, wenn sie im Mai blühen sollen. Die neuen Kornblumen für den Beetrand können direkt ab April ins Freiland gesät werden: Reihenabstand 25 cm, 15 cm Pflanzabstand. Auf humosem, nahrhaftem Boden in voller Sonne gedeihen Kornblumen am besten.

Chrysanthemum
Wucherblume

Unter diesen hübschen Korbblütlern findet man Stauden wie Einjährige. Wie bei den mehrjährigen Wucherblumen (vgl. S. 349) bereits erwähnt, kam es bei einigen der Arten zu neuen botanischen Zuordnungen. So heißt das Mutterkraut streng genommen nicht mehr *Chrysanthemum*, sondern *Tanacetum parthenium*. Ursprünglich eine Staude, wird es bei uns einjährig gezogen. Das gilt auch für viele Züchtungen der Winteraster, *C. indicum*, die jetzt unter *Dendranthema* läuft, sowie für manche Hybriden der Sommermargerite, *C. maximum* (neue Gattungsbezeichnung: *Leucanthemum*). „Echte" Einjährige und nach wie vor als *Chrysanthemum* eingestuft sind *C. carinatum*, die Sommerchrysantheme, und *C. segetum*.

1) Schmuckkörbchen, Cosmos bipinnatus
2) Schmuckkörbchen, Cosmos sulphureus
3) Ackerrittersporn, Delphinium consolida
4) Gartennelken, Dianthus caryophyllus
5) Bartnelken, Dianthus barbatus
6) Kapkörbchen, Dimorphotheca sinuata 'Tetra Goliath'

Merkmale: Die F_1-Hybriden von *C. maximum* sind gerade mal 20 cm hoch, rundlich kompakt gewachsen mit großen weißen Blüten. Die weißen Töne überwiegen auch bei den Sorten von *C. parthenium*, doch sie werden durchweg höher, bis zu 60 cm. Bunter geht es bei den Sommerchrysanthemen und Winterastern zu.

Anbau im Garten: Sommerchrysanthemen und Winterastern lassen sich ab Januar bei 15–18°C im Haus, ab Februar auch im Freien aussäen und brauchen 3 bis 5 Monate bis zur Blüte. Ausgepflanzt werden sie in sonniger Lage auf humosen Boden mit 30–40 cm Abstand. Eine Ausnahme machen nur die kleinen *C. maximum*, die bei 20–25°C in 10 bis 14 Tagen keimen. Sie sind Lichtkeimer und brauchen für die Maiblüte 30 bis 40 Tage lang je 16 Stunden Zusatzlicht.

Cosmos
Kosmee, Schmuckkörbchen

Die beiden Schmuckkörbchenarten *C. bipinnatus* und *C. sulphureus* sind Korbblütler *(Compositae)* aus den tropischen Ländern Amerikas zwischen Mexiko und Brasilien.

Merkmale: Beide Arten werden speziell für den Schnitt einjährig gezogen, *C. bipinnatus* in Mischungen wie 'Frühwunder', 100 cm hoch, großblumig in schönen, edlen Farben und extra früh von Juli bis September. Andere hohe Sorten sind 'Karminkönig', leuchtend blutrot; 'Gloria', rosa mit rotem Ring; 'Unschuld', rein weiß. 'Sonata' wächst kompakt, wird nur 60 cm hoch und blüht weiß. Noch niedriger bleiben Sorten von *C. sulphureus* wie 'Lichterfest', hellgelb bis tief orangefarben, und zahlreiche andere.

Anbau im Garten: Da Kosmeen Kurztagspflanzen sind, also erst im Spätsommer richtig anfangen zu blühen, wenn es nicht mehr länger als 14 Stunden hell ist, kann man sich die Anzucht leicht machen. In 2 bis 3 Monaten sind sie nach Aussaat ins Freiland bereit zu blühen. Im Haus legt man im Februar oder März bei 18° C die Samen in Schalen, nach 1 bis 2 Wochen keimen sie. Im April werden sie pikiert und im Mai auf humosen Boden gepflanzt.

Delphinium
Rittersporn

Als Wildkraut im Getreide wächst in Europa und Kleinasien verbreitet *D. consolida,* der Kandelaber- oder Ackerrittersporn. Weiter im Süden auf dem Balkan bis nach Asien gedeiht der Kaiserrittersporn *D. orientale*. Ebenfalls einjährig hat sich in Mitteleuropa *D. ajacis,* der Gartenrittersporn, eingebürgert. Die große Familie der Hahnenfußgewächse (*Ranunculaceae*) ist ansonsten meist ausdauernd.

Merkmale: Alle einjährigen Rittersporne sind anspruchslose Sommerblumen mit 80–120 cm hohen Blütentrauben. Sie sind dicht besetzt mit einfachen oder halb gefüllten Spornblüten, ursprünglich blau oder violett, in Züchtungen auch lila, rosa oder weiß. Die früh blühenden hohen und niedrigen Typen der hyazinthenblütigen Rittersporne blühen ab Juli violett in lockeren Trauben auf sparrig verzweigten Trieben, 30–40 cm hoch. 'Early Bird Mixed' von *D. ajacis* blüht ab Juni/Juli auf 80 cm hohen Stängeln pastellfarben: dunkel- oder hellblau, rosa oder weiß. Etwas höher wird 'Blue Cloud' von *D. consolida,* leuchtend blau auf lockeren Rispen.

Anbau im Garten: Sommerrittersporn wird ab März oder April entweder in den Kasten oder direkt ins Freiland gesät. Bei 10° C keimen die Samen in 20 bis 25 Tagen. Auf einen Quadratmeter streut man 2 g Samen und vereinzelt später auf 20 x 15 cm. Bevorzugt wird ein geschützter, vollsonniger Standort auf nahrhaftem, tiefgründigem Boden.

Dianthus
Nelke

Drei einjährige Nelken-Arten schmücken den Sommergarten. Allein die Garten- oder Landnelken *D. caryophyllus,* die seit Hunderten von Jahren nur noch in Kultur bekannt sind, umfassen so große Gruppen wie die Chabaud- und Chornelken, Edel- und Hängenelken, Malmaison- und Margaretennelken, Remontant- und Rivieranelken. Hinzu kommen die Nelkengewächse (*Caryophyllaceae*) *D. barbatus* und *D. chinensis* mit den Kaiser- und Hedwigsnelken.

Merkmale: Es gibt Liliput-Nelken von allen Gruppen, die wie Polsterpflanzen eine Handbreit über dem Boden blühen, und hohe Riesen-Chabaud-Nelken, nahezu 100%ig gefüllt blühende Schnittnelken auf 50 cm langen Einzelstielen, die von August bis Oktober blühen. Bartnelken erreichen 40–60 cm, die Blüten zeigen rote Töne mit Weiß. Auch sie sind gute Schnittblumen.

Anbau im Garten: *D. barbatus* keimt bei 15° C in 14 Tagen, wenn im Februar oder März in normale Erde gesät wird. Im April pikiert man einmal und pflanzt nach den Eisheiligen auf 25 x 30 cm in volle Sonne. *D. chinensis* wird stets zwischen Januar und April unter Glas vorgezogen, ausgesät in nährstoffreiches Substrat, in dem der pH-Wert nicht unter 6,5–7,0 absinkt; Temperatur 18–24° C. Zwischen Februar und Mai wird einmal pikiert, danach sollte die Temperatur auf 16–12° C absinken. *D. caryophyllus* wird bei 15° C ab Januar ausgesät in lockere, schwach gedüngte Aussaaterde. Pikiert wird einen Monat später, ausgepflanzt im April; denn ein Nachtfrost schadet den abgehärteten Pflanzen nicht. Im Garten wünschen Nelken einen sonnigen Platz, mit humosen, stets gleichmäßig feuchtem Boden.

Dimorphotheca
Kapkörbchen, Kapringelblume

Deutsche Namen wie Kapringelblume oder Kapkörbchen machen klar, dass *D. sinuata* aus Südafrika stammt. Es ist eine echte Einjahrsblume aus der Familie der Korbblütler (*Compositae*).

Merkmale: Die Blüten ähneln weit mehr Gazanien als Ringelblumen, denn sie haben breite Blütenblätter um eine dunkle Mitte, bei 'Sommermode' pastellig gelb, weißlich, lachs- und orangefarben. Die Pflanzen werden im Juli/August 30 cm hoch. Sie sind bestens schnittgeeignet. Rein weiße Blüten mit blauschwarzer Mitte öffnen sich von Juli bis September bis zu 40 cm hoch bei *D. pluvialis* 'Polarstern'. Bis zu 50 cm hoch reckt sich 'Tetra Goliath' mit orangefarbenen Blütenblättern um eine braune Mitte.

Anbau im Garten: Die abgeriebenen Samen keimen bei 15° C in 1 bis 2 Wochen in leichtem Substrat. Besser sät man jedoch ab April direkt ins Freiland. Auch dort bevorzugen die „Südafrikaner" einen leichten, dränierten Boden in sonniger Lage.

Sommerblumen

Einjährige Arten

Dorotheanthus bellidiformis
Mittagsblume

Mittagsblumen, heute *Dorotheanthus bellidiformis*, sind noch kürzlich als *Mesembryanthemum* gehandelt worden. Die Eiskrautgewächse *(Aizoaceae)* stammen vom Kap der Guten Hoffnung, doch man kann rund ums Mittelmeer kaum einen Schritt tun, ohne auf sie zu treten.
Merkmale: An den flach auf der Erde liegenden, sukkulent verdickten Trieben und Blättern öffnen sich bei Sonnenschein die strahlendsten Blüten in vielen Pastellfarben.
Anbau im Garten: Mittagsblumen werden direkt auf nährstoffarmen, trockenen und sandigen Boden gesät. Sie brauchen volle Sonne. Man kann sie auch ab März bei 18° C unter Glas keimen lassen und bei 10 bis 12° C weiter vorziehen.

Fuchsia-Hybriden
Fuchsie

Nachdem es eine Zeit lang um die Fuchsien recht ruhig geworden war, erhielten sie Mitte der 90er-Jahre durch neue Züchtungen wieder Auftrieb. Diese Nachtkerzengewächse *(Onagraceae)* kommen aus Süd- und Mittelamerika und wachsen hier erst als Stauden, manche später als Halbsträucher in Buschform oder auf Hochstämmchen.
Merkmale: Die häufigste Art ist *F. magellanica*, die Scharlachfuchsie, eine der zierlichsten und zugleich härtesten mit dunkelroten Zweigen, an denen von Juni bis zum Herbst ungezählte Blüten hängen, meist mit scharlachfarbener Krone und violettblauen Kronblättern. Von ihr stammen alle modernen Sorten ab. Insgesamt sind aus den annähernd 100 bekannten botanischen Arten

1) Mittagsblume, Dorotheanthus bellidiformis
2) Scharlachfuchsie, Fuchsia magellanica
3) Fuchsia-Hybride 'Schwabenland'
4) Fuchsia-Hybride 'Checkerboard'
5) Kokardenblumen, Gaillardia-Hybriden
6) Mittagsgold, Gazania-Hybriden
7) Schleierkraut, Gypsophila elegans

mehr als 2000 Kreuzungen entstanden. Einzelnennungen aus dem Riesensortiment wären hier wenig sinnvoll. Unterschieden wird in Formen mit aufrechtem und hängendem Wuchs sowie in halb hängende Sorten mit waagerecht ausgebreiteten Zweigen. Die so genannten Sommersorten brauchen 12 bis 14 Stunden Licht am Tag, um zur Blüte zu kommen, die Wintersorten blühen erst, wenn die Tage kürzer werden. Bei den Blütenfarben findet man – oft in zweifarbigen Kombinationen – die verschiedensten Rosa-, Rot- und Violetttöne, außerdem Weiß, Blau und mittlerweile auch Orange. Die Blüten können einfach, ganz oder halb gefüllt sein. Manche Sorten haben buntes Laub zu bieten.

Anbau im Garten: Die neuen samenechten Sorten wie 'Florabelle' geben Hobbygärtnern die Chance, Fuchsien selbst auszusäen. Die Samen werden nur dünn abgedeckt, damit sie feucht bleiben. Sie keimen zwischen 21 und 24° C und brauchen 6 bis 7 Wochen, bevor sie in 10-cm-Töpfe umgepflanzt werden. Nach 10 bis 12 weiteren Wochen bei 20° C blühen sie auf und können in Ampeln oder Kästen gepflanzt, halbschattig aufgehängt oder -gestellt werden. Einfacher ist es immer noch, im Spätsommer halbreife Stecklinge zu schneiden und diese ohne Wachstumspause zu überwintern.
Den Winter verbringen Fuchsien bei 5–10° C im Haus. Umgetopft werden sie im Februar. Die Temperatur wird langsam auf 12° C erhöht, die Töpfe werden heller, luftig aufgestellt und zunehmend gegossen. Erst nach den Eisheiligen stellt man sie draußen zunächst an eine schattige Stelle. Den meisten Fuchsien ist pralle Mittagssonne nicht angenehm. Sie brauchen weiterhin viel Wasser, ohne stehende Nässe. Am besten werden sie öfter eingesprüht. Gedüngt wird ab April bis zur Blütezeit jede Woche einmal mit Grünpflanzendünger, während der Blüte statt dessen mit Blühdünger. Alles Verblühte sollte man laufend einkürzen und die Triebe vor dem Winter stark zurückschneiden. Die Temperaturwünsche der Fuchsien sind von Herbst bis Frühjahr nicht leicht zu erfüllen, sodass es trotz guten Willens immer wieder auf die einjährige Kulturdauer hinausläuft.

Gaillardia-Hybriden
Kokardenblume, Malerblume

Die Kokardenblume aus den östlichen Staaten Nordamerikas gehört zu den Korbblütlern *(Compositae)*.

Merkmale: Aus der Stammart sind zahlreiche Kreuzungen hervorgegangen, die von Juni bis in den September hinein dicht bedeckt sind von ein- oder zweifarbigen, meist gelben und roten Blüten. Sie stehen etwa 40–60 cm hoch an den Spitzen der Stiele und passen großartig in Sommersträuße.

Anbau im Garten: Gesät werden Kokardenblumen Ende April direkt ins Freiland und auf 25–35 cm vereinzelt. Ab März unter Glas vorgezogene Setzlinge werden ab April in humose Erde an sonniger Stelle ausgepflanzt. Wenn regelmäßig nachgedüngt wird, lässt der Blütenflor bis in den Herbst hinein nicht nach.

Gazania-Hybriden
Mittagsgold

Aus Kreuzungen verschiedener Arten sind Hybriden entstanden, die Mittagsgold genannt werden. Sie gehören zur großen Familie der Korbblütler *(Compositae)*.

Merkmale: Zu den schönsten Gazanienzüchtungen gehört die vielfach prämierte Sortengruppe 'Mini Star'. Schon vor der Blüte sind die 20 cm hohen Pflanzen mit ihrem dekorativen Laub, das unterseits silbergrau bereift ist, eine Zierde für das Blumenbeet. Die kurz gestielten und aufrecht stehenden, bis zu 8 cm breiten Blüten öffnen sich unmittelbar über der Laubrosette. Sie eignen sich mit ihrem leuchtenden Sonnengelb, Orange bis Rosa oder Weiß mit dunklen Flecken und den intensiv braunroten Tönen zur Einzelstellung wie zur flächigen Beetpflanzung.

Anbau im Garten: Die Samen keimen schnell, wenn zwischen Februar und April bei 18° C ausgesät wird. Nach 2 Wochen in nährstoffreichem Substrat pikieren und die Temperatur auf 16–10° C senken. Ausgepflanzt wird erst nach den Eisheiligen in humose Gartenerde an sonnigen Standort.

Gypsophila
Gipskraut, Schleierkraut

Das einjährige Gipskraut der Arten *G. elegans* und *G. muralis* hat sich vom Kaukasus aus über den Balkan nach Europa ausgebreitet und hier eingebürgert. Es gehört wie *Dianthus* zur Familie der Nelkengewächse *(Caryophyllaceae)*.

Merkmale: Die großen Blüten von 'Maxima Alba' ('Covent Garden') stehen im Juni und Juli rein weiß auf 50 cm hohen Stielen; dazu gibt es eine Ergänzungssorte mit rosafarbenen Blüten. Kleiner bleiben die Mauerblümchen wie 'Garden Bridge' bei 20–25 cm, die kissenartig wachsen. Sie zeigen sich reich verzweigt mit dünnen Trieben. Ihre kleinen zartrosa Blütchen sind dunkel geädert und viel länger haltbar.

Sommerblumen

Einjährige Arten

Anbau im Garten: Die Samen legt man im März in nicht zu feuchte, kalkhaltige Erde. Sie keimen bei 15° C und werden im April pikiert. Die Pflanzen lieben im Freiland einen sonnigen Standort auf kalkreichem Boden.

Helianthus
Sonnenblume

Die einjährige Art *H. annuus* ist als unsere größte Sommerblume wohl der bedeutendste Zierpflanzenimport aus Amerika. Der Korbblütler (*Compositae*) wurde sogar zum Symbol einer politischen Partei.
Merkmale: Die hohen Sorten erreichen bis zu 3 m, einzelne Blüten bis zu 60 cm im Durchmesser. Die größte Art heißt *H. giganteus* mit Sorten wie 'Californicus', deren gelbe Blüten gefüllt sind. Wichtiger sind die halbhohen Sorten wie 'Schnittgold', 1,60 m, mit einem schmalen, goldgelben Kranz um die tiefschwarze Scheibe, eine eindrucksvolle Schnittblume. Die kleinsten Sonnenblumen sind sogar Topfpflanzen, wie 'Dwarf Sungold' ('Teddybär'), goldgelb gefüllt, leicht verzweigt, 40 cm hoch.
Anbau im Garten: Im April werden einzelne Samen an eine sonnige Gartenstelle gelegt, wo die Pflanzen in gutem Boden problemlos gedeihen.

Helichrysum bracteatum
Strohblume

Die Strohblume ist ein Korbblütler (*Compositae*) und kommt ursprünglich aus Australien. In Kultur wird sie bei uns einjährig gezogen. Aufgrund der besonderen Beschaffenheit ihrer Blüten eignen sich Strohblumen ideal zum Trocknen.

1) Sonnenblume, Helianthus annuus 'Schnittgold'
2) Strohblume, Helichrysum bracteatum
3) Sonnenwende, Heliotropium arborescens 'Marine'
4) Fleißiges Lieschen, Impatiens walleriana
5) Bechermalve, Lavatera trimestris
6) Männertreu, Lobelia erinus

Merkmale: Die niedrigsten Auslesen wachsen als kugelrunde Büsche 30 cm hoch, wie z. B. die 'Bikini'-Sorten rot, rosa, gelb, weiß und bunt gemischt. Diese Klasse ist mit ihrem Zwergwuchs als Beetpflanze besonders wertvoll. Die 'Riesen'-Sorten bis zu 60 cm sind eher zum Trocknen geeignet, wobei sie ihre starken Farben nicht verlieren.
Anbau im Garten: Die Samen werden ab März bei 18°C unter Glas ausgelegt und die Sämlinge nach den Spätfrösten auf 20–25 cm Abstand ausgepflanzt. Auch die Aussaat an Ort und Stelle ist möglich, wo der Boden nicht zu feucht und nährstoffreich ist.

Heliotropium arborescens
Sonnenwende

Sonnenwende, Vanilleblume oder Heliotrop sind die deutschen Namen für *H. arborescens*, das zu den Borretschgewächsen *(Boraginaceae)* zählt.
Merkmale: In der einjährigen Kultur hat sich noch kein großes Sortiment entwickelt. Es ist praktisch nur Benarys Spezialstamm 'Marine' im Angebot, 50 cm hoch, von Juli bis Oktober mit großen dunkelblauen Dolden über dunklem Laub. Davon gibt es eine 'Mini Marine', 30 cm hoch, und 'Margerite' mit weißem Auge.
Anbau im Garten: Die Samen werden von Januar bis März bei 18°C in Schalen gesät, als Lichtkeimer bleiben sie unbedeckt. Die Sämlinge kommen unregelmäßig nach 2 bis 3 Wochen heraus und werden zu zweit oder zu dritt in 9- bis 10-cm-Töpfe pikiert. Danach hält man sie kühler und entspitzt sie in 10 cm Triebhöhe, damit sie noch buschiger wachsen. Ausgepflanzt wird an eine geschützte, sonnige Stelle.

Impatiens walleriana
Balsamine, Fleißiges Lieschen

Balsamine oder Fleißiges Lieschen sind wahlweise die volkstümlichen Namen für *I. walleriana*, ein Springkrautgewächs *(Balsaminaceae)* aus dem tropischen Ostafrika.
Merkmale: Die Sortenfülle der Gartenbalsaminen ist überwältigend, Jahr für Jahr kommen neue spektakuläre Blütenfarben und Muster hinzu. So bietet allein die Serie 'Bellizzy' gegenwärtig 21 Sorten, im Farbspektrum zwischen roten und weißen Tönen, mit und ohne Sterne. In ihren Wuchsformen und -höhen sind sich die größten Sortengruppen ähnlich: um die 20 cm hoch, hübsch gleichmäßig und kompakt.
Anbau im Garten: Ab Januar kann bei 18–22°C ausgesät werden, ohne abzudecken (Lichtkeimer). Die Sämlinge beim Pikieren tief setzen, damit sie größere Wurzelballen bilden. Die Samen kann man auch direkt in den Topf auf humose, lockere, frische und nahrhafte Aussaaterde mit einem pH-Wert von 5,5–6,5 legen. Im Garten werden die Pflanzen an einen sonnigen bis halbschattigen Platz gesetzt und stickstoffarm gedüngt, weil sich die Blüte sonst nur lückenhaft zeigt.

Lavatera trimestris
Bechermalve

Eine Fülle deutscher Namen bezeichnen das Malvengewächs *(Malvaceae)* *L. trimestris* aus dem Mittelmeerraum; zahlenmäßig scheint sich „Bechermalve" durchzusetzen.
Merkmale: Die modernen Sorten wachsen kompakt und buschig, windfest und robust. Sie werden 50–60 cm hoch und sind außergewöhnlich reichblütig. Bei guter Pflege, also flüssig gedüngt und gleichmäßig feucht gehalten, sind die Pflanzen von Juli bis in den Herbst bedeckt von rosafarbenen oder weißen Blüten.
Anbau im Garten: Im Mai kann ausgesät werden. Einen Vorsprung gewinnen bei 15°C im Haus gesäte Setzlinge, die bei 8–10°C vorgezogen werden. Mit dem Auspflanzen warten, bis keine Frostgefahr mehr besteht!

Lobelia
Lobelie, Männertreu

Mehrere Lobelienarten werden einjährig kultiviert, vor allem Männertreu (*L. erinus*) und einige Sortengruppen dieser Glockenblumengewächse *(Campanulaceae)* mit dem Sammelnamen *L.* x *speciosa*.
Merkmale: Unter den Sortengruppen von *L. erinus* gibt es nicht nur die Polster bildenden Früh- und Standardsorten, sondern auch hängende für Ampeln, Balkonkästen und Container. Die beste Balkonsorte ist 'Pendula Saphir': tiefblaue Blüten mit weißem Auge an langen Ranken, von Mai bis Oktober. Die Sortenfülle der Kompaktsorten zeigt überwiegend blaue Töne, neben vereinzelt Weiß und neuerdings Rosa. Die höheren Männertreusorten sind hervorragende Schnittblumen. Sie bilden eine lange, dicht besetzte Blütentraube mit 2–4 cm breiten Einzelblüten, die von Juli bis zum September 70–75 cm hoch wachsen.
Anbau im Garten: Die Lichtkeimersamen werden ab Januar auf sandig-leichtes Substrat ausgelegt und angedrückt. Sie keimen bei 18°C in 1 bis 2 Wochen. Im Februar wird pikiert und die Temperatur auf 14–10°C abgesenkt. Jungpflanzen sind salzempfindlich, nur wenig düngen.

Sommerblumen

Einjährige Arten

1) Steinkraut, *Lobularia maritima*
2) Levkoje, *Matthiola incana*
3) Ziertabak, *Nicotiana alata*
4) Becherblume, *Nierembergia hippomanica* 'Purple Robe'
5) Klatschmohn, *Papaver rhoeas*
6) Zonalpelargonie, *Pelargonium-Zonale-Hybride*

Lobularia maritima
Steinkraut, Duftsteinrich

Lange ist das einjährige Steinkraut bzw. der Steinrich botanisch als *Alyssum* eingeordnet gewesen und wurde auch im Deutschen vielfach so benannt. *L. maritima*, der Kreuzblütler *(Cruciferae)*, ist im wärmeren Südeuropa verbreitet.

Merkmale: Das mittelgrüne Laub der 5–15 cm hohen Pflanze ist in vollsonniger wie halbschattiger Lage vom Frühsommer bis in den Herbst dicht von unzähligen weißen, rosa oder violetten Blüten bedeckt.

Anbau im Garten: 10 Wochen nach der Aussaat beginnt bereits die Blüte. Deshalb wird im Februar oder März bei 18–20°C ausgesät; nach 8 bis 14 Tagen gehen die Sämlinge auf. Dann in Töpfe pikieren und bei 12°C im Hellen weiterkultivieren. Man kann auch ab April direkt ins Freiland säen, wenn es 12°C warm ist. Bodendeckende Polster entstehen in sonniger Lage, im Halbschatten verdünnt sich die Blütenfülle etwas. Die Blume ist für Ampeln, Balkonkästen und andere hoch gestellte Gefäße geeignet.

Matthiola incana
Levkoje

Die Garten- oder Sommerlevkojen sind Kulturformen von *M. incana*, einem Kreuzblütler *(Cruciferae)*. Man findet sie an den felsigen Küsten Kleinasiens, Nordafrikas und der Kanarischen Inseln. Der Halbstrauch wird dort bis zu 1 m hoch.

Merkmale: Aus *M. incana* wurde eine Fülle einjähriger Sorten geschaffen. Die Pflanzen wachsen niedrig und hoch und entwickeln Trauben einfacher und gefüllter Blüten, die einen veilchenähnlichen Duft ausströmen und weiß, gelb, rosa, rot, blau oder lila leuchten. Es wird zwischen Sommer-, Herbst- und Winterlevkojen unterschieden.

Anbau im Garten: Im April wird draußen auf kalkhaltigen Lehmboden in voller Sonne gesät. Jungpflanzen aus Vorkultur werden Mitte Mai im Abstand von 25–30 cm ausgepflanzt, die Freilandsaat entsprechend ausgedünnt. Reichliche Wassergaben und bis zur Blüte wöchentlich einmal flüssige Düngung sorgen für Dauerblüte bis in den September.

Nicotiana alata
Ziertabak

Der Ziertabak aus Südamerika wird hier einjährig als Beet- und Topfpflanze gezogen. In seiner Heimat wächst das mehrjährige Nachtschattengewächs (*Solanaceae*) sehr hoch.

Merkmale: Die erste F_1-Hybride 'Crimson Rock' wurde bereits ausgezeichnet für ihren kompakten, stämmig-buschigen Wuchs. Sie wird nur 45 cm hoch. Die zahlreichen karmesinroten Blüten stehen waagerecht, teilweise aufrecht. Mittlerweile gibt es neue Farbtöne im Sortiment: pastellig Rosa und Weiß, wie eine Apfelblüte. Eine neuere, sehr attraktive F_1-Hybride heißt deshalb 'Havana Appleblossom'.

Vorsicht: Die Pflanze ist in allen Teilen giftig.

Anbau im Garten: Jungpflanzen werden normalerweise beim Gärtner gekauft, doch die neuen Sorten können jetzt ohne weiteres auf dem Fensterbrett ausgesät werden. Die Samen keimen im Februar unbedeckt bei 18° C. Die Sämlinge werden in 10-cm-Töpfe pikiert, sobald ihre Blätter sich berühren, und wachsen bei gleicher Wärme bis zur ersten Blüte 80 bis 90 Tage weiter.

Nach dem letzten Nachtfrost werden sie auf 25 x 25 cm an eine sonnige Stelle in nahrhaften, nicht zu leichten Boden gepflanzt. Wo es warm genug ist, gedeihen sie auch im Halbschatten.

Nierembergia hippomanica
Becherblume

Ein Nachtschattengewächs (*Solanaceae*) aus Argentinien, das noch vor wenigen Jahren hier kaum jemand kannte, hat plötzlich Medienrummel ausgelöst. *N. hippomanica* gewann verschiedentlich höchste Auszeichnungen.

Merkmale: Herausragend ist die Sorte 'Mont Blanc' von Takii aus Japan. In allen Tests hat sich der hohe Wert dieser dunkelgrünen, kompakt gewachsenen Einjahrsblume mit den riesigen, schneeweißen, glockenförmigen Blüten bestätigt. Sie eignet sich – nur 13 cm hoch und 20 cm breit – für Einfassungen im Garten, für Gruppen und kunstvolle Figuren. In Ampeln und Balkonkästen kommt ihr ausladender Wuchs am besten zur Geltung. Weitere interessante Sorten: 'Königsmantel' mit purpur-violettblauen Blüten, 20 cm hoch; 'Purple Robe', weinrote Blüten, 15 cm hoch; 'Regale Robe', leuchtend violette Blüten, auch 15 cm hoch.

Anbau im Garten: Die Becherblume ist problemlos heranzuziehen. Für die Frühjahrsblüte im Mai bereits im September säen, wenn die Jungpflanzen bei 6–8° C hell und luftig überwintern können. Die feinen Samen dürfen nur sehr dünn abgedeckt werden. Nach Märzsaat blühen sie 3 bis 4 Monate später bis zum Herbst. Am besten kommen sie mit sonnigen Lagen und lehmig-humosen Gartenböden zurecht.

Papaver
Mohn

Es gibt einjährige Mohnarten (*Papaveraceae*), deren Anbau in Deutschland nach dem Betäubungsmittelgesetz nicht verboten ist, darunter vor allem der Islandmohn (*P. nudicaule*) und der heimische Klatschmohn (*P. rhoeas*).

Merkmale: Von Mai bis in den Sommer malen die einjährigen Mohnarten gelbe, weiße, rosa- und orangefarbene Tupfer auf die Blumenbeete, besonders abwechslungsreich der Islandmohn. Die Stammart ist 30–40 cm groß, bisweilen behaart, trägt blaugrüne, wuchtig gefiederte Blätter und einzeln stehende, breit schalenförmige Blüten von gelber Farbe. Der einfache Seidenmohn (*P. rhoeas*) blüht einfach und gefüllt im Juni und Juli, bis 75 cm hoch. Der Milchsaft von Mohn ist schwach giftig.

Anbau im Garten: Alle einjährigen Mohnarten werden ab Januar oder Februar bei 12–14° C ausgesät (Lichtkeimer), damit sie im Mai anfangen zu blühen. Je drei Sämlinge in 9- bis 10-cm-Töpfe pikieren. Ausgepflanzt werden sie an einen kühlen, aber luftig-hellen Platz und in durchlässigen Boden mit gutem Kalk- und Nährstoffgehalt.

Pelargonium-Hybriden
Pelargonie

Die „Geranien", wie sie fälschlich, aber verbreitet genannt werden, stehen noch immer ganz oben unter den klassischen Sommerblumen für den Balkon. Diese große Gattung der Storchschnabelgewächse (*Geraniaceae*) stammt mit einer einzigen Ausnahme aus dem südlichen Afrika, vorwiegend dem Kapland. Sie sind

Sommerblumen

Einjährige Arten

1) Hängepelargonien, Pelargonium-Peltatum-Hybriden
2) Petunie, Petunia-Hybride
3) Sonnenhut, Rudbeckia hirta
4) Salbei, Salvia farinacea 'Victoria'
5) Feuersalbei, Salvia splendens
6) Husarenknopf, Sanvitalia procumbens

auch bei uns mehrjährig, kommen jedoch mangels geeigneter Überwinterungsräume in der privaten Praxis fast nur einjährig vor.

Merkmale: Alte und neue Sorten sorgen für überquellende Blütenfülle, bieten aufrecht hohen, dicht kompakten oder hängenden Wuchs. Es sind vorwiegend die aufrecht wachsenden Zonale-Hybriden, die schon mehrfach hohe Auszeichnungen erhielten. Bekannt wurden Sortengruppen wie 'Elite', 'Orbit' und 'Multibloom' mit großen Dolden und zahlreichen Blütenfarben: rot, rosa- und lachsfarben, weiß, violett und rot mit weißem Auge. Die erste rein orangefarbene Sämlingspelargonie 'Orange Appeal' erhielt bereits 1991 eine Goldmedaille für ihren neuen Farbton in großen, warm leuchtenden Blütendolden, nur 25–30 cm hoch und kompakt gewachsen. Die großdoldige, scharlachrote 'Red Elite' erhielt für ihren guten, niedrigen Wuchs und frühe, sehr reiche Blüte ebenfalls eine Medaille der Fleuroselect, genauso wie 'Scarlet Diamond' und *P. peltatum* 'Summer Showers', die schnell zur Blüte heranwächst, ohne dass sie gestutzt werden müsste. Die großen Dolden von 8–10 cm Durchmesser stehen ab Mitte Mai über dem glänzend grünen Laub mit brauner Mitte in zahlreichen Farben wie Weiß, Rosa, Rot, Lila, Violett.

Anbau im Garten: Früher war für die Jungpflanzenanzucht über Winter ein geheiztes Gewächshaus nötig; denn von der Aussaat bis zur Blüte dauerte es ein halbes Jahr. Die neuen Züchtungen lassen sich in 100 bis 120 Tagen aus Samen ziehen. Wenn bei etwa 24° C zwischen November und Februar ausgesät wird, dauert es nur 7 bis 10 Tage, bis die ersten Keimspitzen erscheinen. Bald darauf wird in 9- bis 11-cm-Töpfe pikiert

und die Temperatur auf 18–16 °C gesenkt. Zum Eintopfen wählt man ein kräftig gedüngtes Substrat von pH 5,5–6,5.
An einem hellen Platz sollen die heranwachsenden Pelargonien mäßig feucht gehalten werden. Sie blühen am besten in voller Sonne, wenn sie regelmäßig Wasser und Blumendünger erhalten. Verwelkte Blüten zupft man alsbald heraus, damit sich bis zum Oktober pausenlos immer neue Blütenknospen bilden und öffnen.

Petunia-Hybriden
Petunie

Für die modernen Hybriden hat P. violacea die meisten guten Gene beigesteuert. Die Nachtschattengewächse (Solanaceae) stammen aus Südamerika.
Merkmale: Obwohl Petunien bisher nicht besonders regenfest sind, haben sie sich doch zu einer der klassischen Beet- und Balkonblumen entwickelt, weil ihre großen, farbstarken Blüten weithin leuchten. Aus diesem Grund hat man für feuchtkühle Gebiete die kleinblütigen Multiflora-Typen eingeführt, z. B. die geprüfte Sorte 'Lavender Storm'. Die Pflanzen wachsen dicht, nur 30 cm hoch. Ihre lavendellila Blüten stehen von Mai bis November etwa 9 cm breit offen.
Das P.-Hybriden-Sortiment ist unübersehbar reich an Blüten aller Farben, außer Gelb. Die Blüten zeigen sich sternförmig weiß gemustert, mit hellem Rand oder heller Mitte, meist einfach, glatt oder gekräuselt, aber auch mit dicht gefüllten Blütenbällen wie etwa bei der 'Glorius'-Prachtmischung.
Anbau im Garten: Ausgesät und aufgezogen werden Petunien ab Januar bei 21 °C, als Lichtkeimer nicht abgedeckt. Auspflanzen kann man nach dem Frost an eine sonnige Stelle auf 30 x 40 cm in durchlässigen Boden, der nicht zu stark gedüngt wird.

Rudbeckia hirta
Sonnenhut

Der einjährige Sonnenhut, ein Korbblütler (Compositae), gehört zu den beliebtesten Sommerblumen und ist sehr anpassungsfähig.
Merkmale: Die Pflanzen verzweigen sich gut, bleiben mit 60 cm Höhe niedriger als die mehrjährigen Rudbeckien, halten sich geschnitten lange in der Vase und lassen sich trocknen. Die Sorte 'Goldilocks' trägt vom Juli bis zum Frost 8–10 cm große, gefüllte und halb gefüllte Blüten in sattem Goldgelb. Nur 20–25 cm hoch wächst die kompakte Sorte 'Toto'. Auf den dicht verzweigten Trieben stehen sehr lange, 5 cm breite, runde und leuchtend goldgelbe Blüten.
Anbau im Garten: Zwei oder drei Samen werden zwischen Februar und April zusammen in einen Topf bei 16 °C an einem hellen Standort ausgesät. Einen leichten Nachtfrost vertragen sie ohne Schaden. Spätere Aussaaten können an Ort und Stelle gelegt werden.

Salvia
Salbei

Eine große Zahl von Salbei-Arten aus der Familie der Lippenblütler (Labiatae) ist rund um den Erdball verbreitet. Es gibt einjährige schnittfeste Sorten von S. farinacea, S. patens und S. viridis.
Merkmale: Ebenso vielgestaltig wie das genetische Ausgangsmaterial sind die einjährigen Zuchtformen. Es begann mit einer ganz neuen Linie von S. farinacea mit Namen 'Victoria', die eine Blütenrispe mit violettblauen, lavendelähnlichen Blüten 45 cm hoch streckt. Sie bietet eine durchgehende Blütezeit von Juni bis zum ersten Frost, erträgt Regen gut und ist robust gegen Krankheiten. An einem warmen, sonnigen Platz in guter, reicher Gartenerde gedeiht die Pflanze am besten. Ihre Blüten halten sich geschnitten sehr lange und können getrocknet werden, wobei die Farbe erhalten bleibt. Die neuen Sorten von S. coccinea und S. splendens sind dagegen zwergwüchsig, 20–30 cm hoch. 'Lady in Red' begeistert mit ihrer einzigartigen, hell scharlachroten Blütenfarbe.
Anbau im Garten: Die Samen werden zwischen Februar und April bei 18–24 °C in leichtes Substrat mit wenig Humus und Nährstoffen ausgesät. Auf dem Beet halten die Pflanzen 25–30 cm Abstand, damit sie sich gut verzweigen und dadurch reichlich blühen. Im Topf beanspruchen sie 9-12 cm im Durchmesser.

Sanvitalia procumbens
Husarenknopf

Wie winzige Sonnenblumen sehen die Blüten von S. procumbens aus. Sie gehört zu den Korbblütlern (Compositae).
Merkmale: Der überreich blühende Bodendecker mit 20–30 cm Höhe hat sich dennoch als schnittfähig für kleine Gebinde erwiesen. Die Blütezeit reicht von Mai bis Oktober. Im Freiland steht die Pflanze am besten auf lockerer, durchlässiger Erde.
Anbau im Garten: Für den Schnitt kann direkt ins Freiland gesät werden. Die Blumen brauchen Sonne oder Halbschatten und lockere Erde.

Sommerblumen

Einjährige Arten

1) **Studentenblumen, Tagetes-Patula-Hybriden**
2) **Eisenkraut, Verbena-Hybriden**
3) **Zinnia elegans, Farbmischung**
4) **Stockrosen, Alcea rosea**
5) **Maßliebchen, Bellis perennis**

Unter Glas dauert es ab März bei 16–20°C 2 Monate, bis die Setzlinge pflanzfertig sind. Sie schmücken Beete, Rabatten und Gräber genauso gut wie Schalen und Balkonkästen.

Tagetes
Studentenblume

Aus den alten Studentenblumen *T. erecta* und *T. patula* aus Mexiko ist ein riesiges Sortiment moderner Hybriden entstanden. Sie zählen zu den Korbblütlern *(Compositae)*.

Merkmale: Die besten Eigenschaften beider Arten haben sich in Hybriden vereinigt, die zu den wichtigsten Beet-, Topf- und Schnittblumen geworden sind. Viele sind flach und gedrungen, 15–30 cm hoch, dicht überwölbt von leuchtend gelben und orangefarbenen Blüten bis zu 6 cm Durchmesser. Spezielle Schnittsorten der *Erecta*-Typen sind die 70 cm hohen 'Riesen Perfecta' mit hellgelben und orangefarbenen Blüten bis zu 13 cm Durchmesser. Unter den härtesten Klimaschwankungen von Schweden bis Süditalien erwies sich 'Orange Jacket' als eine der besten gefüllten Sorten. Es ist eine niedrige, großblumige und skabiosenblütige *Tagetes*. Die Pflanzen sind 25–30 cm hoch und den ganzen Sommer über von einer großen Zahl Knospen und von leuchtend orangefarbenen, 5 cm breiten Blüten bedeckt.

Anbau im Garten: Die Selbstanzucht aus Samen gelingt leicht ab Februar bei 18°C in nahrhaftem, durchlässigem Substrat von pH 5,5–6,5. Nur sehr dünn abdecken und keinesfalls zu feucht halten.
Spätere Sätze überstehen die Aussaat im Freiland, solange sie vor Frost geschützt werden. Ihr liebster Platz ist sonnig, hell und luftig, in nahrhafter, durchlässiger Erde.

Verbena
Eisenkraut

Das einjährige oder einjährig gezogene Eisenkraut ist in ganz Europa heimisch geworden. Die meisten Arten der Eisenkrautgewächse (Verbenaceae) sind aus Mittel- und Südamerika eingeführt worden.
Merkmale: Es gibt Riesen mit auffallend sparrigem Wuchs, bis zu 120 cm hoch und mit lila Blüten von Juni bis Oktober. Alle anderen bleiben mit 20–30 cm niedrig und sind so dicht mit Blüten bedeckt, dass die Blätter nicht mehr zu sehen sind. 'Showtime Belle' hat dafür bereits eine Auszeichnung erhalten. Sie blüht vom frühen Sommer bis zu den ersten Nachtfrösten purpurrot. 'Polaris' brachte die neue Farbe Zartporzellanblau ins Sortiment. Aus einer Kreuzung zweier Arten ist eine neue Gartenverbene hervorgegangen: Die 'Imagination' wächst in Rabatten, Balkonkästen und Ampeln, aus denen sie den ganzen Sommer lang leuchtend violettblau herabhängt. Die Sorte 'Peaches and Cream' ist für ihr pastellfarbenes Korallenrosa, das sanft über Gelb in Orange übergeht, hoch geehrt worden.
Anbau im Garten: Gartenverbenen kommen auf nährstoffarmen Böden gut voran und eignen sich deshalb besonders gut als Nachbarn von Wildkräutern in der Blumenwiese. Sie können ab Februar vorgezogen werden, nur leicht mit Sand abgedeckt und nach dem Angießen eher trocken gehalten. Ihr Standort im Garten: hell und luftig in durchlässigem Humusboden.

Zinnia
Zinnie

Eine Reihe verschiedener Arten dieser schmucken Korbblütler (Compositae) ist aus Mittelamerika in unsere Gärten gekommen.
Merkmale: Es gibt niedrige Liliput- oder Pompon-Zinnien, die mit 15–30 cm klein bleiben und dennoch schon 3 Wochen nach der Aussaat anfangen, reich zu blühen (z. B. 'Thumbelina'). Die wichtigste Gruppe sind die 60–80 cm hohen dahlienblütigen Zinnien mit zahlreichen Namenssorten (15 cm Blütendurchmesser). Ebenso verbreitet sind die kalifornischen Riesenzinnien und F_1-Hybriden. Einen neuen Weg gehen die F_3-'Sunshine'-Sorten mit riesengroßen Blüten, ähnlich Kaktusdahlien, auf mittelhohen Pflanzen. Schließlich empfehlen sich Pumila-Zinnien, einfach blühende und Frühwunder-Zinnien, skabiosenblütige Zinnien und die Crispa-Mischung.
Anbau im Garten: Ausgesät werden Zinnien Anfang April bei 20°C, je zwei Samenkörner in einen kleinen Topf, oder Anfang Mai direkt ins Freiland. Ausgepflanzt wird erst Ende Mai in lockeren, nahrhaften Boden, warm in voller Sonne. Kühles Wetter und kalten Boden vertragen die Jungpflanzen nicht.

Zweijährige Sommerblumen

Das Sortiment der zweijährigen Freilandblumen ist nicht annähernd so reichhaltig wie das der ein- und mehrjährigen Arten. Der Grund ist einfach: Zweijährige müssen erst einen Winter im Freien überstehen, ohne unter die Erde einzuziehen, bevor sie zur Blüte kommen.

Alcea rosea
Stockrose

An der Spitze aller Malvengewächse (Malvaceae) steht die Stockrose, auch bekannt als Stockmalve.
Merkmale: Die Pflanzen erreichen nicht selten bis zu 2,5 m Höhe. Ihre Blüten öffnen sich nacheinander von unten nach oben, und zwar von Juli bis September. Sie sind allein oder paarweise in den Blattachseln angeordnet und oft zu einer meterlangen, dichten Ähre gereiht. Die Gartenformen sind äußerst bunt: weiß, gelb, rosa, rot, purpur bis violett; es gibt tiefe Töne in Schwarzrot und -braun, dazu gesprenkelte, geflammte und gestreifte Kronblätter, einfache, halb und ganz gefüllte Blüten.
Anbau im Garten: Stockmalven pflanzt man Mitte August mit 60 bis 80 cm Abstand an windgeschützte, sonnige Stellen am Zaun in nährstoffreichen, frischen Boden. Sie sind bei Trockenheit anfällig für Rostpilze. Zeigen sich „rostige" Stellen, müssen die befallenen Pflanzen herausgerissen und außerhalb des Gartens entsorgt werden. Besonders schöne Sorten können mit Stecklingen und Laubsprossen vermehrt werden. Die so gezogenen Topfpflanzen werden im Frühjahr mit Ballen ausgepflanzt.

Bellis perennis
Maßliebchen, Tausendschön

Das Tausendschön oder Maßliebchen ist mehr als nur ein vergrößertes Gänseblümchen. Die kleinen Korbblütler (Compositae) sind in ganz Europa heimisch.
Merkmale: Die Züchter bieten zahlreiche breit wachsende Sorten an, 12–15 cm hoch, in den Hauptfarben

---

Sommerblumen

Zweijährige Arten

1) Marienglockenblume, Campanula medium
2) Goldlack, Cheiranthus cheiri
3) Silberling, Lunaria annua
4) Vergissmeinnicht, Myosotis sylvatica
5) Stiefmütterchen, Viola-Wittrockiana-Hybriden

Weiß, Rosa und Rot. Einige davon sind herausragend, z. B. 'Robella', lachsrosa, schon früh von März bis Juni völlig überdeckt von dicht gefüllten, geröhrten Blüten mit 5 cm Durchmesser. Dies ist die einzige Sorte, die dann tatsächlich bis in den Sommer hinein weiterblüht.

Anbau im Garten: Maßliebchen bilden nach dem Abblühen in feuchten Jahren eine kräftige Rosette. Doch es lohnt nicht, sie zu überwintern, denn die Blüte im dritten Jahr wäre nur kümmerlich. Ausgesät wird für das Freiland im Juni oder Juli, für Töpfe im August oder September in humose Erde mit pH 5,5–6,5. Die Samen nur dünn abdecken, da sie Lichtkeimer sind. Bis zum Keimen werden sie schattiert und feucht gehalten. Nach 5 bis 6 Wochen können die Pflanzen an den endgültigen Platz in volle Sonne und humosen Boden, der ruhig etwas lehmig sein darf, gepflanzt werden.

Campanula medium
Marienglockenblume

Keine Glockenblume reicht in Pracht und Wirkung an *C. medium*, die Marienglockenblume, heran. Das Glockenblumengewächs *(Campanulaceae)* stammt von der europäischen Seite des Mittelmeers.

Merkmale: Die kräftigen zweijährigen Pflanzen wachsen knapp 1 m hoch. Ihre großen Blüten hängen im Juni und Juli in lockeren Trauben. Sie sind weiß, rosa und blau. Bisweilen zeigen sich die Blüten becherförmig, aber auch einfach oder gefüllt.

Anbau im Garten: Ausgesät werden Glockenblumen zwischen Mai und Juli in den kalten Kasten oder unter Folie bei 15–20°C. Nur dünn abdecken und schattig halten. Schon im August lassen sich die Setzlinge an den endgültigen Standort im Abstand von 25–30 cm verpflanzen. Die großen Sorten brauchen guten, humosen Gartenboden mit 80–100 g organischem Volldünger auf den Quadratmeter. Vor dem Winter deckt man die gut eingewurzelten Pflanzen leicht mit Fichtenreisig ab, um Temperaturschwankungen zu mildern. Kneift man die verwelkten Blütenglocken frühzeitig ab, bilden sich in den Blattwinkeln noch einmal Blüten für späte Sommertage.

Cheiranthus cheiri
Goldlack

Der Goldlack ist ein schöner Kreuzblütler *(Cruciferae)* aus Südeuropa.
Merkmale: An den meist wenig verzweigten Stielen sitzen dicht an dicht wohlriechende Blütentrauben in vielen samtenen Farbtönen: Gold und Bronze, Violett oder Schwarzbraun, mal einfarbig, gestreift oder geflammt. Heute finden sich daneben interessante Rot- und Rosatöne. Noch bemerkenswerter sind die unterschiedlichen Wuchsformen neuer Züchtungen. Die Samen der Pflanzen sind giftig.
Anbau im Garten: Der echte Goldlack wird im Garten zweijährig gezogen, das heißt, Ende Mai bis Juli sät man im Kasten aus und lässt die Sämlinge ohne Fenster heranwachsen. Im Herbst werden sie in 12-cm-Töpfe eingetopft, um sie vor starken Frösten unter Glas schützen zu können. Von Ende Januar an können die Temperaturen langsam erhöht werden, bis die Pflanzen bei 8–10° C im Frühjahr zu blühen beginnen. Dann können sie wieder ausgepflanzt werden. In milden Gegenden kann man sich das sparen und die Jungpflanzen unter Frostschutz im Freien überwintern.

Lunaria annua
Silberling

Der Silberling *L. annua* (früher *L. biennis*) ist ein- bis dreijährig, wird jedoch seit dem Mittelalter in den bäuerlichen Gärten zweijährig kultiviert. Der Kreuzblütler *(Cruciferae)* kam vom Balkan zu uns.
Merkmale: Die Pflanzen werden 30–100 cm hoch, ihre Blüten öffnen sich purpurviolett im Mai und Juni. Sie sind nicht sehr auffällig, dafür verströmen sie während der Nacht einen veilchenartigen Duft. Die Samenschoten wachsen flach, breit und elliptisch. Wenn die Fruchtschalen und Samen abgefallen sind, bleibt die durchscheinende Mittelwand stehen und wirkt dann höchst dekorativ.
Anbau im Garten: Anzucht und Pflege sind einfach. Wo sie sich wohl fühlen, vermehren sich die Pflanzen ohne Nachhilfe, selbst an schattigen Plätzen. Aussäen kann man zwischen März und Juli bei 18° C. Ausgepflanzt wird auf 20 x 20 cm in durchlässigen, humosen und ungedüngten Boden.

Myosotis sylvatica
Vergissmeinnicht

Das heimische Ackervergissmeinnicht ist von jeher bei uns einjährig gewachsen. Die Hybriden von *M. sylvatica* werden zweijährig angebaut, die botanischen Importe dieser Borretschgewächse *(Boraginaceae)* sind überwiegend mehrjährig.
Merkmale: Die Blütenfarbe ist einheitlich blau, bei den Namenssorten tiefblau, dunkelblau oder leuchtend blau. Es gibt außerdem Sorten in Rosa und Weiß. Die Pflanzen werden 15–30 cm hoch und blühen von März bis Mai.
Anbau im Garten: Wo die Pflanzen sich einmal angesiedelt haben, muss höchstens ausgelichtet werden, bevor sie den Frühlingsflor überwuchern. Die Hybriden und neuen Sorten werden Mitte Juni bis Ende Juli direkt ins Freiland gesät, nicht zu dicht, damit es bessere Jungpflanzen gibt, und nicht abdecken, sondern nur schattieren. Bei sehr starkem Frost muss abgedeckt werden.

Viola-Wittrockiana-Hybriden
Stiefmütterchen

Das Stiefmütterchen ist, geht man nach der Zahl der alljährlich abgesetzten Jungpflanzen, mit weitem Abstand am beliebtesten. Dabei ist dieses Veilchengewächs *(Violaceae)* noch gar nicht lange heimisch bei uns. In der Form, die Gartenstiefmütterchen genannt wird, existiert es seit 150 Jahren. Es ist eine Kreuzung aus *Viola tricolor*, *Viola lutea* und *Viola altaica*.
Merkmale: Jeder kennt die farbenprächtigen Blütengesichter. Die Fülle der Spielarten ist unüberschaubar groß. Multiflora-Sorten kamen auf und großblütige, fünfeckige mit gewellten Kronblättern sowie orchideenblütige in besonders zarten Farben. Außerordentlich frühe und gegen Frost wie Hitze widerstandsfähige Spielarten folgten. Neue Sortengruppen sind industriefest und winterhart. Im Winter blühen die leuchtend- und weinroten 'Eskimo'-Hybriden und 'Weseler Eis' in blauen, roten und gelben Tönen, die zum Frühjahr hin heller werden.
Anbau im Garten: Je nach Blütezeit, Rasse oder Sorte wird im Juli ausgesät und im August an den endgültigen Platz gepflanzt. Stiefmütterchen wachsen sonnig oder halbschattig in nahrhaftem Humusboden.

Sommerblumen

Zweijährige Arten

1) Glockenrebe, Cobaea scandens
2) Zierkürbis, Cucurbita pepo
3) Schönranke, Eccremocarpus scaber
4) Japanischer Hopfen, Humulus scandens 'Variegatus'
5) Prunkwinde, Ipomoea tricolor

Kletterpflanzen

Eine selbstständige Gruppe unter den ein- und zweijährigen Sommerblumen sind die Klimmer, Schlinger und Ranker. Ihr übereinstimmendes Merkmal ist, dass sie ihre volle Höhe nur mit fremder Hilfe erreichen. Sie brauchen Kletterhilfen, an denen sie emporwachsen können. Dafür haben sie Techniken entwickelt wie den windenden oder spreizenden Wuchs oder sie halten sich mit Spross-, Blüten- oder Blattstielranken, Haftwurzeln oder Haftscheiben fest. Wo sie keinen Halt in der Höhe finden, lassen sich einige aus Ampeln oder Balkonkästen herabhängen. Ob auf- oder abwärts, sie fügen dem flachen Blumenbeet eine dritte Dimension hinzu, meist an den Grenzen zum Sitzplatz im Freien, zum Haus oder zum Nachbarn. Sie bieten neben der schönen Blüte und den oft ebenfalls schmückenden und teilweise essbaren Früchten zusätzlich Sichtschutz und Schatten, bessern das Kleinklima und machen den Balkon oder die Terrasse wohnlicher.

Cobaea scandens
Glockenrebe

In ihrer mexikanischen Heimat wächst die Glockenrebe mit verholzenden Trieben bis zu 10 m hoch. Hier kann das Sperrkrautgewächs (*Polemoniaceae*) auf der Terrasse oder dem Balkon nur einjährig gezogen werden.
Merkmale: Die Triebe haben zwei- oder dreipaarig gefiederte Blätter, die in ihrer Jugend meist rötlich gefärbt sind. Vom Juli bis in den Oktober schmücken sie sich mit vielen Glockenblüten, die an 15–25 cm langen Stielen zwischen zwei Laubblättern erscheinen. Sie sind zuerst grün

gefärbt, dann bläulich-violett und messen bis zu 7 cm im Durchmesser.
Anbau im Garten: Mitte März sät man bei 18–22° C aus, am besten immer 3 bis 5 Samen in einen Topf mit nahrhafter, tonhaltiger Einheitserde. Nach den Eisheiligen, Mitte Mai, pflanzt man die Jungpflanzen warm und hell nach draußen, gibt frühzeitig Rankhilfe, gießt und düngt reichlich.

Cucurbita pepo
Zierkürbis

Der ganz normale Gartenkürbis aus Mittelamerika (*Cucurbita pepo*) hat einige nicht essbare Zierformen entwickelt. Die Kürbisse bilden eine eigene Familie, die Kürbisgewächse (*Cucurbitaceae*).
Merkmale: Einjährig bedecken die dicht belaubten, bis zu 10 m langen Triebe in fabelhafter Eile grüne Wände. Von Juli bis Oktober blühen sie gelb oder weiß, bevor die kuriosen Früchte entstehen. Es gibt Warzen-, Birnen-, Apfel- oder Apfelsinenkürbisse, Schwarzfrüchtige, grün gefärbt mit weißen Streifen, sind länglich; mehr eiförmig die Zitrull- oder Eierkürbisse, der Schildkürbis ist in zehn Rippen gegliedert. Trocken und luftig aufbewahrt, bleiben sie monatelang unverändert.
Anbau im Garten: Ausgesät werden Zierkürbisse wie Speisekürbisse Anfang Mai in 10-cm-Töpfe, zunächst unter Glas bei 18° C, später kühler bei 13° C. Bei Freilandsaat ab Mitte Mai sind sie 2 bis 3 Wochen später dran. Sie brauchen keine pralle Sonne, Früchte bilden sich auch in leicht schattiger Lage. Platz brauchen sie allerdings, ausreichende Feuchtigkeit und regelmäßig Volldünger. Der Boden sollte durchlässig sein, damit die Wurzeln nicht in stauender Nässe stehen. Zu schwere Früchte müssen einzeln abgestützt, stellenweise die Triebe aufgebunden werden.

Eccremocarpus scaber
Schönranke

In Chile ist die Schönranke ein ausdauernder Halbstrauch. In unseren Breiten kann das Trompetenbaumgewächs (*Bignoniaceae*) nur einjährig gedeihen.
Merkmale: Die Schönranke ist eine der schönsten Kletterpflanzen überhaupt. Bis zu 5 m hoch kann sie wachsen. Die Blattranken aus den Spitzen der doppelt gefiederten Blätter halten sich an den Spalierstäben fest. Die ersten Blütenrispen erscheinen bei den 'Tresco'-Hybriden nach Februarsaat im Juli gelb, orange-, karmesin- oder purpurrosafarben. Sonst zeigen sich die Farbsorten einfarbig goldgelb, karmin- oder dunkelrot.
Anbau im Garten: Die schöne Ranke wird ab Februar oder März bei 18° C aus Samen gezogen, dann in kleinen Büscheln in 10-cm-Töpfe pikiert und bei 12–15° C an einem Stab hochgezogen. Ab Mitte Mai kann an eine sonnige, fruchtbare Stelle oder in Balkongefäße ausgepflanzt werden. Der Boden darf nicht zu trocken werden, aber auch Staunässe ist schädlich.

Humulus scandens
Japanischer Hopfen

Der Japanische Hopfen (*H. scandens* oder *H. japonicus*) ist nah verwandt mit der Bierwürze (*H. lupulus*), aber nur einjährig in Kultur. Das Maulbeergewächs (*Moraceae*) stammt aus dem Fernen Osten.
Merkmale: Ein Draht oder Bindfaden genügt der schnell wachsenden Schlingpflanze, um sich leicht bis zu 6 m hochzuwinden. Die grünlichen Blüten sind ziemlich unscheinbar. Der eigentliche Wert dieser Sommerblume besteht daher im Laub, das schnell eine dichte Wand bildet. Hübsches, unregelmäßig weiß und hellgrün gescheckstes Blattwerk schmückt die Sorte 'Variegatus'.
Anbau im Garten: Damit sich das Laub kräftig ausfärbt, muss der Japanische Hopfen in der Sonne stehen, und wenn der Boden zu feucht und zu fruchtbar ist, vergrünen die Blätter. Ausgesät werden im März bei 18–20° C je zwei oder drei Samenkörner in einen 10-cm-Topf. Bei etwa 12° C sollten die Sämlinge hell stehen, damit sie nicht lang, blass und schwächlich wachsen. Sie müssen frühzeitig gestäbt werden.

Ipomoea tricolor
Prunkwinde, Trichterwinde

In den Ursprungsländern Mittelamerikas wächst die Prunk- oder Trichterwinde mehrjährig, für unser Klima hat das Windengewächs (*Convolvulaceae*) nicht genug Winterhärte.
Merkmale: Die dünnen Triebe mit den glanzvollen weißen, roten, blauen und zweifarbigen Riesenblüten (bis zu 10 cm Durchmesser) winden sich an Drähten schnell bis zu 3 m hoch. Die Pflanze blüht von Juli bis Oktober. Im Sortiment gibt es eine besonders frühe, sehr großblumige 'Glamour'-Mischung in Pastelltönen vieler Farben. Die Pflanze ist in allen Teilen giftig.
Anbau im Garten: Im März oder April werden 3 bis 5 Samenkörner in einen 10-cm-Topf gelegt. Sie keimen bei 18° C in 2 Wochen und brauchen

Sommerblumen

Kletterpflanzen

1) Flaschenkürbis, Lagenaria siceraria
2) Wohlriechende Wicke, Lathyrus odoratus
3) Schwarzäugige Susanne, Thunbergia alata
4) Kapuzinerkresse, Tropaeolum peregrinum
5) Kapuzinerkresse, Tropaeolum-Hybriden

dann nur noch 12–15° C bis zum Auspflanzen Ende Mai. An sonnig geschützter Stelle kann man direkt ins Freiland säen. Regelmäßige Dünger- und Wassergaben sorgen für zügiges, üppiges Wachstum.

Lagenaria siceraria
Flaschenkürbis

Der afrikanische Flaschenkürbis ist aus dem Nutzgarten von den riesenwüchsigen Kürbisgewächsen *(Cucurbitaceae)* verdrängt worden. Aber im Ziergarten hält er sich.
Merkmale: Die weißen Blüten an den bis zu 3 m langen Ranken öffnen sich von Juni bis September zwischen den lappigen Riesenblättern. Der eigentliche Reiz liegt jedoch in den bauchig geformten Früchten mit langem Hals. Die Kalebassen werden getrocknet schon seit Urzeiten für viele praktische und dekorative Zwecke genutzt.
Anbau im Garten: Flaschenkürbisse werden am besten gleich zu zweit oder zu dritt in Töpfe gesät, sie keimen bei 18° C und werden langsam bis zur Pflanzzeit, Mitte Mai, abgehärtet. Anfangs müssen die Triebe angebunden werden, später halten sie sich an ihren Sprossranken selber fest. Für ihr wuchtiges Wachstum brauchen sie an geschützter Stelle viel Wärme in voller Sonne, reichlich Nährstoffe und Wassergaben.

Lathyrus odoratus
Wohlriechende Wicke

Die wohl beliebteste rankende Sommerblume ist die Wohlriechende Wicke aus Italien. Das beweisen schon die überaus zahlreichen Zuchtformen dieses Schmetterlingsblütlers *(Leguminosae)*.

Merkmale: Wie zierliche Schmetterlinge aus dünner Seide öffnen sich die geflügelten Blüten von Juni bis zum Ende des Sommers in zarten Pastellfarben. Auch als Schnittblumen geschätzt werden die Riesenblüten der Freilandrasse 'Royal' in Blutrot, Dunkelblau, Frischrosa und Lavendel. Die besten Sorten für den Frühanbau sind die 'Mammuts' mit langen, starken Stielen. Bis zu sechs Blüten auf einem Stiel tragen die vielblumigen Riesen-Treibsorten, vornehmlich rosafarben. Die besten Zeugnisse erhalten immer wieder die 'Zvolaneks' für sehr große Blüten, ebenfalls an langen, starken Stielen, sowie die 'Cuthbertson'-Wicken, die sich durch große Blütenmengen und Wetterfestigkeit auszeichnen.

Anbau im Garten: Wicken sind ungewöhnlich harte Einjahrsblumen, die schnell bis zu 2 m hoch wachsen, wenn ihre Blattranken an Drähten oder Bindfäden Halt finden. Obwohl sie ohne weiteres im April an Ort und Stelle ausgesät werden können, ist es besser, im Februar bei 18°C in 8-cm-Töpfe zu säen, sodass im April schon mit Topfballen ausgepflanzt werden kann. Sobald das zweite oder dritte Blattpaar ausgebildet ist, wird die Triebspitze gekappt, damit sich mehr Triebe und Blütenstände bilden. Am Spalier setzt man die Jungpflanzen zu zweit oder zu dritt im Abstand von 20 cm zwischen den Gruppen oder einzeln 15 cm auseinander. Blühen lässt man die Pflanzen erst, wenn sie 75 cm groß geworden sind und wenn erste Blütenstängel mit vier Knospen erscheinen. Alle verblühten Blumen werden entfernt, bevor sie Samen ansetzen können, denn auch nur eine reife Schote beendet die Blütenbildung unwiderruflich. Sollte der nährstoff- und kalkhaltige, tief gelockerte Humusboden an sonnigen Stellen austrocknen, ist es – wie so oft – besser, in längeren Abständen ausgiebig zu wässern als oft und nur oberflächlich.

Thunbergia alata
Schwarzäugige Susanne

In Südostafrika wächst die Schwarzäugige Susanne ausdauernd, hier wird das Akanthusgewächs (*Acanthaceae*) einjährig meist in Kübeln gehalten.

Merkmale: Den deutschen Namen verdankt die Pflanze dem dunklen Punkt in der Mitte der Blüten, die in reicher Zahl von Juni bis September an den bis zu 1,5 m langen Trieben geöffnet werden. Die Blüten waren ursprünglich gelb, bei Sorten mit meist botanisch klingenden Namen wie 'Aurantiaca' sind sie orangefarben, bei 'Dodsii' bräunlich; ohne Auge bei 'Bakeri' weiß, bei 'Lutea' gelb; oder mit weißer Mitte bei 'Fryeri'. Sie verblühen schnell, der Flor ist aber überaus zahlreich, wenn die Samenkapseln alsbald entfernt werden.

Anbau im Garten: Es lohnt sich nicht, die verblühten Pflanzen zu überwintern und stark zurückgeschnitten neu treiben zu lassen. In 2 Monaten ist die Februar- bzw. Märzaussaat bei 18°C genauso weit. Die Sämlinge werden nach 4 Wochen in 10-cm-Töpfe oder Ampeln pikiert, aus denen sie malerisch herabhängen. Sind die Pflanzen rechtzeitig entspitzt worden, verzweigen sie sich reich. Im Freiland brauchen sie einen geschützten Platz in voller Sonne und fruchtbarem Boden.

Tropaeolum
Kapuzinerkresse

Eine der vielseitigsten Sommerblumen mit langen Trieben ist die Kapuzinerkresse aus Südamerika. Sie ist als Blattsalat, Knollengemüse, Kapernersatz, Würzkraut und Heilpflanze ebenso beliebt wie als Bodendecker zur Unkrautbekämpfung sowie als Kletter- und Ampelpflanze. Aus Südamerika kamen mehrere botanische Arten der Kapuzinerkressegewächse (*Tropaeolaceae*), aus denen Hybriden ganz unterschiedlicher Wuchsformen gezüchtet wurden.

Merkmale: Die trichterförmigen Blüten öffnen sich von Juli bis zum Frost gelb bis rot, einige sind auch halbgefüllt. Die kurztriebigen Sorten werden auf Beeten gerade mal 25 cm hoch, die rankenden bis zu 4 m lang. An Zäunen und anderen dünnen Kletterhilfen halten sie sich mit ihren Blattstielen fest. Die Kapuzinerkresse verträgt keinen Frost.

Anbau im Garten: Kletternde Arten werden im Haus vorgezogen, und zwar genügt es hier, im April drei oder vier Samenkörner in einen 8-cm-Topf zu legen. Innerhalb von 4 Wochen sind die Jungpflanzen nach den Eisheiligen auspflanzbereit. Damit sie nicht von rauem Wetter geschockt werden, hält man sie vorher schon recht kühl bei etwa 10°C, außerdem hell und nicht zu feucht. Auch im Freiland düngt man sie nicht zu stark, weil mastiger Wuchs die Blühfähigkeit beeinträchtigt. Man pflanzt sie an einen sonnigen bis halbschattigen und windgeschützten Platz mit 20 cm Abstand.

Sommerblumen

Kletterpflanzen

Der Gartenteich
Der Steingarten
Der Bauerngarten
Der Naturgarten

BELIEBTE GARTENBEREICHE, BESONDERE GARTENFORMEN

Der Gartenteich

Gut geplant ist halb gebaut. Dieser kluge Ausspruch lässt sich nicht nur für den Hausbau verwenden. Auch diejenigen, die sich entschlossen haben, einen Gartenteich anzulegen, sollten sich diese Worte zu Herzen nehmen. Denn es gibt sehr viel zu bedenken, bevor der erste Spatenstich getan wird. Einmal gemachte Fehler sind nur schwer zu beheben, und wenn das Wasser erst einmal eingelaufen ist, sind Verbesserungen oder Änderungen mühsam und sehr arbeitsaufwendig.

Planung eines Gartenteichs

Zuerst muss geklärt werden, ob ein Naturteich mit Sumpf- und Flachwasserzone oder ein „Goldfischteich" angelegt werden soll.
Der Naturteich macht am wenigsten Arbeit. Ist er erst einmal angelegt, lässt man den Dingen am besten freien Lauf und greift so wenig wie möglich in das Geschehen ein. Wenn der Teich den Kleingewässern in der freien Natur nachgestaltet wird, dann gehören eine Sumpf- und eine Flachwasserzone unbedingt dazu, keinesfalls jedoch Goldfische und technische Wasserspielereien.
Anders verhält sich das bei Zierteichen. Hier darf man seiner Phantasie freien Lauf lassen und es bedarf nicht unbedingt der oben genannten Zonen. Erlaubt ist, was gefällt, angefangen vom Einsetzen der beliebten Goldfische über bunte Seerosen, Wassertreppchen bis hin zu Wasser speienden Figuren. Kröten und Frösche werden sich jedoch nicht ansiedeln, denn sie halten sich kaum in einem Teich, der mit Fischen besetzt ist. Auch Libellen schlüpfen nur, wenn ihre Larven nicht den gefräßigen Fischmäulern zum Opfer fallen. Viele Gartenfreunde, die nicht auf Fische verzichten wollten, sind auf die Idee gekommen, zwei verschiedene Teiche anzulegen. Dies ist eine Platz- und Geldfrage. Ein kombinierter Teich ist nur möglich, wenn die gesamte Wasseroberfläche größer als 15 m² und das Gewässer mindestens 100 cm tief ist.
Im flachen Uferbereich kann dann eine ruhige Zone für Amphibien geschaffen werden, die dort ohne Risiko ablaichen. Es ist aber darauf zu achten, dass die Kaulquappen nicht in den Tiefteil abwandern können, um dort doch noch von den Fischen verspeist zu werden.

Die Platzfrage

Ganz entscheidend ist also die Frage, wie viel Platz für eine Teichanlage vorhanden ist. Sind es nur 2 m², dann reicht es gerade für eine größere Vogeltränke oder für einen Mini-Teich. Bei 3–5 m² lässt sich schon ein Kleinteich mit 60–80 cm Wassertiefe anlegen. Stehen 8 m² zur Verfügung, ist eine Tiefe von 100 cm möglich, ohne dass die Wände zu steil abfallen. Es ist unbestreitbar, dass ein größerer Gartenteich viele Vorzüge hat. Er lässt sich vielfältiger gestalten, enthält mehr Sauerstoff, ist pflegeleichter, da das natürliche Gleichgewicht stabiler ist, und nicht zuletzt finden Tiere, die sich gegenseitig nicht mögen (Fressfeinde), bessere Versteckmöglichkeiten.
Aber was ist ein „größerer" Gartenteich? Wie groß ist ein „mittlerer" und wie groß ein „kleiner"? Gartenteiche zwischen 3 und 5 m² kann man zu den „kleinen" rechnen. Zwischen 5 und 15 m² groß sind die „mittleren", und als „größere" werden gewöhnlich Gartenteiche ab 15 m² Wasseroberfläche bezeichnet. Wassertiefe und Oberfläche müssen im ausgewogenen Verhältnis zueinander stehen, das heißt, je größer die Wasseroberfläche, desto tiefer darf der Teich sein.

Ein Zierteich mit Goldfischen verlangt etwas mehr Aufwand und Vorkehrungen als ein naturnahes Kleingewässer

Fertigteichhersteller haben darauf geachtet und dieses richtige Verhältnis von Tiefe und Wasseroberfläche genau berechnet. Falls man sich dazu entschließt, einen Folienteich anzulegen, muss man diese Maße beachten. Mehr darüber steht im Kapitel „Folienteich" (siehe S. 443).

Wohin mit dem Aushub?
Man muss auch vorweg planen, wo man die vielen erdbeladenen Schubkarren ausleeren kann, die je nach Größe des geplanten Teichs anfallen. Falls der Garten noch nicht angelegt ist, ist das kein Problem. Die ausgehobene Erde kann beispielsweise für einen Steingarten verwendet oder auf dem Land verteilt werden, die oberste, humose Schicht auf die Gemüsefläche kommen.
Einen Teil der Erde muss man für den Bodengrund des Teichs und für die Randbefestigung zurückbehalten. Für den Bodengrund verwendet man am besten jene Erde, die ganz zum Schluss ausgehoben wird. Sie enthält wenig Nährstoffe und ist auch für Pflanzkörbe geeignet, in die später Wasserpflanzen eingesetzt werden. Sehr dekorativ wirkt es, wenn man den Erdaushub an einer Stelle in der Nähe des Uferrands aufschüttet und dort einen mit Natursteinen befestigten Wall bildet. Hier finden Molche und anderes Getier gut Unterschlupf. Die Zwischenräume werden mit Steingartenpflanzen und Gräsern bepflanzt. Diese Pflanzen dürfen nicht gedüngt werden, wenn die Möglichkeit besteht, dass heftige Regengüsse den Dünger in den Gartenteich spülen.
Wenn man überhaupt keine Gelegenheit hat, die Erde selbst unterzubringen, sollte man sich umhören. Muttererde ist gefragt und teuer, es findet sich bestimmt jemand, der sie abholt.

Wer einen größeren Gartenteil für das Element Wasser reserviert, kann sowohl gut einsehbare als auch „unberührte" Teich- und Bachbereiche schaffen

Der Gartenteich

Planung eines Gartenteichs

Standort und Umgebung
Wer viel von seinem Gewässer haben möchte, sollte es dort anlegen, wo sich die Familie am meisten aufhält. Etwa in der Nähe der Terrasse oder dort, wo es von einem Fenster aus am besten zu beobachten ist. Allerdings werden seltene Tierarten ausbleiben, wenn zu viel Unruhe in der Nähe des Teichs herrscht.
Wünscht man eine Ansiedlung dieser Tiere, ist es vielleicht besser, ein stilleres Fleckchen im Garten für den Teich auszusuchen und durch gute Bepflanzung sowie Stein- und Reisighaufen in der Umgebung für Unterschlupfmöglichkeiten zu sorgen. Eine ganz schlechte Lage für Gartenteiche ist die in unmittelbarer Nähe von Straßen und Wegen. Bald verunzieren Papierfetzen, Brotreste, Flaschen und Zigarettenkippen die Wasseroberfläche, und statt Freude gibt es nur Ärger.

Wie steht es mit den Nachbarn? Verwenden sie giftige Spritzmittel? Dann ist es ratsam, den Teich nicht gerade in unmittelbarer Nähe des Nachbargrundstücks anzulegen, denn schnell weht der Wind diese Giftstoffe auf die Wasseroberfläche und die Fische verenden. Es gibt auch sehr empfindliche Nachbarn, die jeden Mückenstich auf das Konto des teichliebenden Gartenfreundes verbuchen, sobald der Teich angelegt ist. Dass vorher schon Mücken vorhanden waren, scheinen sie zu ignorieren. Die idealsten Brutstätten für Stechmücken sind nämlich Regentonnen und andere Gefäße, die zum Sammeln von Gießwasser benutzt werden. Dort finden die Mückenlarven keine Feinde und können sich ungestört entwickeln. Natürlich kann es vorkommen, dass im ersten Jahr vermehrt Stechmücken auftreten. Bald aber, wenn sich im Teich das biologische Gleichgewicht einstellt (das heißt auch, dass sich dann natürliche Feinde der Mückenlarven im Wasser befinden), wird von einer „Mückenplage" nicht mehr die Rede sein. Falls sich trotzdem noch Mückenschwärme über der Wasseroberfläche tummeln, handelt es sich meist um Zuckmücken, die nicht stechen. Ein aufklärendes Gespräch beruhigt den Nachbarn.

Anders ist es mit Froschkonzerten. Damit waren schon etliche Rechtsanwälte und Gerichte beschäftigt. Übel kann es für den Teichbesitzer ausgehen, der noch nie Kröten oder Frösche in seinem Garten hatte, diese Tiere aber nach dem Anlegen des Teichs einsetzt. Es kann passieren, dass er die Amphibien einfangen und aus dem Garten entfernen muss.

Für Gartenteiche besteht keine Genehmigungspflicht von behördlicher Seite, und oft ist es auch so,

I N F O
Naturschutz beachten

Auch wenn man noch so gern bald einen belebten Teich hätte – Amphibien und sonstige Wassertiere dürfen nicht der freien Natur entnommen werden. Sie würden sowieso nicht lange bleiben und auf der Suche nach ihrem ehemaligen Biotop überfahren werden oder auf andere Art umkommen.

dass sich der Nachbar an dem schönen Anblick mitfreut und vielleicht sogar selbst einen Gartenteich anlegt. Wer ein größeres Gewässer plant (Fischzucht), sollte sich mit der Gemeindeverwaltung in Verbindung setzen.

Wer Seerosen pflegen möchte, wird seinen Teich dort anlegen, wo mindestens 5 Stunden am Tag die Sonne hinscheint. Andernfalls werden die Seerosen kümmern und kaum zur Blüte kommen.

Um festzustellen, wie das Licht-Schatten-Verhältnis an dem für den Gartenteich vorgesehenen Platz ist, wird die Planung möglichst in jene Monate verlegt, in denen Schatten spendende Bäume und Sträucher belaubt sind. Teiche direkt unter laubabwerfenden Bäumen anzulegen ist von großem Nachteil. Nach kurzer Zeit sinkt das Laub auf den Grund und bildet dort Faulstoffe, die sich ungünstig auf die Wasserqualität und das ganze Gartenteichklima auswirken. Vorsicht, auch Koniferen verlieren Nadeln, die das Wasser übermäßig ansäuern. Entweder man muss im Herbst laufend die Teichfläche abfischen oder durch ein übergespanntes Netz das fallende Laub oder die Nadeln auffangen. Leider ist das Netz keine gute Lösung, denn schon oft haben sich Kröten, Igel und Vögel darin verfangen. Wenn schon ein Netz, dann muss man es mehrmals täglich kontrollieren und die gefangenen Tiere befreien. Am besten ist es aber, man plant von vornherein so perfekt, dass diese ganzen Maßnahmen gar nicht notwendig werden.

Schließlich ist bei der Planung auch darauf zu achten, dass der Teich zum Süden hin offenen Einblick gewährt. Es dürfen dort nur kleinwüchsige Pflanzen angesiedelt werden. Die Nordseite wird am besten mit einem

Zwangsansiedlungen von Amphibien wie den Erdkröten schlagen häufig fehl und sind zudem verboten

Windschutz aus Koniferen, Hecken oder hoch wachsenden Stauden und Sträuchern bepflanzt. Wegen des Laubs ist eine Entfernung vom Teichrand von etwa 3 m vorteilhaft. Vielleicht befindet sich an der Nordseite schon eine Mauer, die geschickt mit Kletterpflanzen verschönert werden kann. Für die erforderlichen Pflanz- und Pflegemaßnahmen ist es günstig, wenn die Teichrandregion von allen Seiten gut erreichbar bzw. begehbar ist. Auch dieser Punkt ist bei der Planung nicht unwesentlich. Gartenfreunde, die auf Wasserspiele und andere Technik am und im Gartenteich nicht verzichten möchten, tun gut daran, sich bereits vor dem Teichbau zu informieren, wie und wo die Anschlüsse am besten zu verlegen sind. In diesem Fall wird sicherlich die Entfernung zum Wohnhaus bei der Planung eine Rolle spielen. Man sollte von der Verlegung der Leitungen Fotos anfertigen. Man weiß dann immer, wo man aufgraben muss, falls es einmal notwendig sein sollte. Wichtig ist auch die Überlegung, ob ein Pumpenschacht, eine Sickergrube und Abflussrohre nötig sind.

Größere Gehölze bilden eine schöne Teichkulisse, das Gewässer sollte jedoch nicht direkt unter laubabwerfenden Bäumen angelegt werden

„Form"-Fragen

Schließlich und endlich bleibt noch die Frage, welche Form der Gartenteich haben soll. Rund, oval, rechteckig, viereckig – fast alles ist möglich, aber nicht immer passend. Richtungsweisend wird die Art und die Form des Gartens sein und nicht zuletzt der Platz, der zur Verfügung steht. Ist schon ein ausgesprochener Naturgarten mit Blumenwiese und Wildpflanzen vorhanden, wird sich am besten ein Teich eingliedern, der den Kleingewässern in freier Natur nachgebildet wird. Also wählt man keine strengen Linien mit eckigen Kanten, sondern weiche Formen mit sanft auslaufenden Rändern. Dass ein Naturteich mitten zwischen Kohlköpfen und Radieschen völlig deplatziert ist, dürfte wohl klar sein. Von ganz anderer Art ist ein rechteckiger Springbrunnenteich, der sich sehr gut an eine Terrasse angliedern, wenn nicht sogar in den Terrassenbau mit einbeziehen lässt.

Wie nun lässt sich am besten feststellen, welche Form die passendste und welcher Platz der geeignetste für den Gartenteich ist? Es ist sehr praktisch, wenn man mittels einer langen Schnur oder eines Gartenschlauchs auf dem vorgesehenen Platz jene Form auslegt, die der Teich einmal

Für Wasserspiele sind Installationen nötig, die bereits bei der Planung bedacht werden müssen

„Trockenübung" durch Auslegen einer Schnur: So kann man nicht nur verschiedene Teichformen und -größen ausprobieren, sondern auch feststellen, wie lange der Standort im Laufe des Tages beschattet wird

Eltern von Kleinkindern sollten sich vor dem Anlegen eines Teichs gut überlegen, ob sie die Nervenstärke und vor allem die Zeit aufbringen können, spielende Kinder in Teichnähe laufend zu beaufsichtigen. Auch ein eingezäunter Gartenteich ist für Kinder oftmals kein Hindernis, ganz abgesehen davon, dass der Teich durch eine Umzäunung viel von seiner natürlichen Schönheit einbüßt. Netze, über oder unter der Wasserfläche angebracht, sind auch nicht der Weisheit letzter Schluss. Allerdings kann man statt dessen ein Gitter einsetzen. Dazu lässt man sich nach den Maßen des Teichs ein verzinktes oder kunststoffummanteltes Baustahlgitter mit 5–10 cm haben soll. Es lässt sich dann sehr leicht beurteilen, wie sich das Gewässer in den Garten einfügen wird und auch, wie viel Sonne und Schatten der Teich im Laufe des Tages haben wird. Die Teichform mit Pfählen abzustecken ist auch eine Möglichkeit, macht aber mehr Mühe und ergibt ein weniger klares Bild. Bei der Standortwahl muss man auch die Eigenschaft des Wassers, nähere Objekte widerzuspiegeln, einplanen. Es wird kaum Freude bereiten, wenn man in der Spiegelung einen alten Schuppen oder gar Wäscheleinen mit bunten Wäschestücken erblickt.

Sicherheit für Kinder

Noch ein paar Worte zur Sicherheit: Nicht nur Tiere, sondern auch Kinder werden vom Wasser magisch angezogen. Leider ist es schon geschehen, dass Hunde in Gartenteichen mit steilen Wänden den Tod fanden oder im Winter, auf dünnem Eis eingebrochen und vor Kälte erstarrt, ertrunken sind.

Kindersicherung mit Baustahlgitter. Das Gitter lässt sich durch Einsetzen von Wasserpflanzen fast „unsichtbar" machen

Maschenweite zuschneiden bzw. anfertigen. Dieses wird kippsicher auf Steinen 8 cm unter der Wasserfläche aufgelegt. Wasserpflanzen, selbst Seerosen, wachsen ohne Beeinträchtigung durch die Maschen des Gitters hindurch. Auch bei nicht eingezäunten Grundstücken sollte man den Teich auf diese Weise sichern. Mündliche Verbote oder Verbotsschilder reichen nicht; wenn ein Kind auf dem Grundstück zu Schaden kommt, haftet der Besitzer trotzdem.

Bei abgeschlossenem Grundstück kann man natürlich auch warten, bis die Kinder größer sind und sich bis dahin vielleicht mit einem kleinen Springbrunnen oder einem Feuchtbeet zufriedengeben.

Gartenteiche in Hanglage

Der Einbau eines Fertigteichs in Hanglage wirft insofern Probleme auf, als dass sich jener Teil des Teichs, der nicht auf fest gewachsenem Boden aufsitzt, irgendwann einmal senken wird. Der Hang muss also so weit ausgeschachtet werden, dass man eine feste Unterlage herstellen kann. Den aus dem Aushub anfallenden Boden kann man in jedem Fall zur Randauffüllung verwenden.

Am besten stellt man aus Palisaden oder Zementsteinen eine Stützmauer her, die das Abrutschen der Randauffüllung verhindert. Bei der Verwendung von Palisaden benötigt man eine Dränageschicht. Dazu hebt man die Erde etwa 20 cm tiefer aus und füllt mit Kies auf. Dann werden die Palisaden eingepasst und mit einer angehefteten Latte fixiert. Anschließend füllt man die Erde ein und stampft sie gut fest. Bei stark sandiger Erde sollte im zweiten Drittel der Aufschüttung eine Magerbetonschicht eingebracht werden, um den Boden zu stabilisieren. Auch das

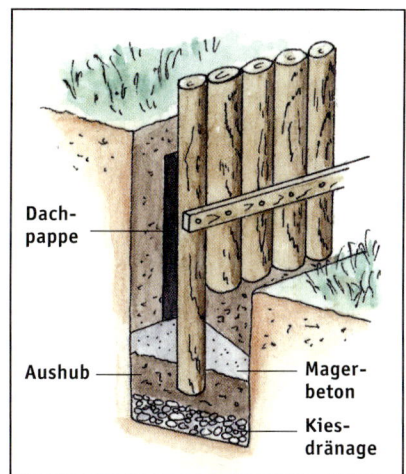

Befestigung der tiefer liegenden Hangseite durch eine Palisadenstützmauer

Anbringen von Dachpappe oder Folie, auf der Hangseite an die Palisaden geheftet, verhindert ein Ausschwemmen oder Durchrieseln der Erde.

Falls man einen Folienteich an einem Hang einrichten möchte, wird dies bei Sand- und Humusböden nicht ganz einfach sein. Lehmböden geben einen besseren Halt für die notwendigen Aufschüttungen. Der Aushub sollte schon im Herbst vorgenommen werden. Die niedrigere Seite wird mit Lehmwällen und Grasnarben befestigt. Diese Aufschüttung ruht über den Winter, damit Grasnarben und Boden verwachsen und somit ein besserer Halt entsteht.

Es ist unbedingt darauf zu achten, dass überschüssiges Wasser problemlos abfließen kann. Bei einem durchtränkten Rand besteht Abrutschgefahr. Es ist also vorteilhaft, mit einem Abflussrohr überschüssiges Wasser an eine ca. 100 cm entfernte Stelle, z. B. einer Sickergrube, zu leiten.

Überlauf und Sickergrube

Oft wird die Frage gestellt, ob überhaupt ein Überlauf benötigt wird. Ob ja oder nein hängt von der Art des Teichs und dessen Standort ab. Ist das Gewässer einem Naturteich nachgestaltet, so wird das überschüssige Wasser in die Sumpfzone und von dort in die Feuchtzone, wenn es eine gibt, abfließen oder übertreten und im Boden versickern. Schon beim Anlegen des Teichs muss darauf geachtet werden, dass die Feuchtzone etwa 5–10 cm tiefer liegt als die Teichoberfläche, damit sich kein Rückstau bildet und das Wasser – nun mit unerwünschten Nährstoffen angereichert – zurück in den Teich fließt. Befindet sich der Teich unmittelbar in Hausnähe, muss ein Überlauf vorhanden sein, insbesondere wenn der Teich noch zusätzlich mit Wasser aus einem Regenfallrohr gespeist wird. Andernfalls können die Grundmauern des Hauses durch stauende Nässe Schaden nehmen.

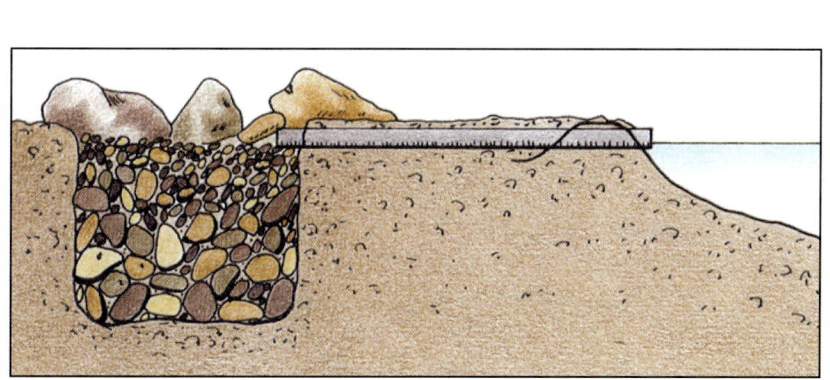

Überschüssiges Wasser wird durch ein Rohr vom Teichrand aus in eine Sickergrube geleitet, die man mindestens 100 cm vom Teich entfernt anlegt

Überschüssiges Wasser wird durch ein Rohr vom Teichrand aus in eine Sickergrube geleitet. Diese sollte mindestens 100 cm vom Teich entfernt angelegt werden, damit bei Folienteichen die Folie nicht unterspült wird. Bei Fertigteichen muss diese Entfernung nicht eingehalten werden, denn diese liegen durch den Wasserdruck und das kaum verformbare Material des Teichs fest in ihrer Grube.

Fertigteiche werden in der Regel von den Herstellern ohne Überlauf geliefert. Es ist aber durchaus möglich, dass man sich dort, wo man den Teich gekauft hat, einen Überlauf einbauen lässt; denn nicht jeder ist so geschickt, um am oberen Teil des Fertigteiches ein Stück für den Überlauf auszuschneiden.

Selbstverständlich lässt sich ein Überlaufrohr auch in Folienteiche einsetzen. Man schneidet ein Loch in die Folie, steckt das Überlaufrohr hindurch und verschließt mit Dichtungsringen und Verschraubungen. Sicherheitshalber werden die Ränder noch mit Silikon-Kautschuk abgedichtet. Überlaufrohre, Abdichtringe, Verschraubungen sowie Silikon-Kautschuk sind im gut sortierten Fachhandel erhältlich.

Eine Sickergrube zur Aufnahme des überschüssigen Wassers ist relativ einfach herzustellen. Selbst bei undurchlässigem Boden reicht eine Grube von 1 m³ aus, um auch größere Fluten nach lang anhaltenden Regenfällen aufzunehmen. Wichtig ist, dass nach dem Ausheben der Erde die Grube mit dicken Steinen, Schotter und Grobkies aufgefüllt wird. Bei stark sandigen Böden ist vor dem Auffüllen eine zusätzliche Stabilisierung der Grubenwände durch Betonringe (Baustoffhandel) empfehlenswert. Auch Kunststofffässer, natürlich ohne Boden, sind gut geeignet. Mit etwas Geschick lässt sich die Sickergrube durch aufgelegte Trittsteine, Natursteine oder Blumenschalen gut verbergen. Erfahrungen haben allerdings gezeigt, dass viele Teichbesitzer ohne Überlauf und Sickergrube auskommen und trotzdem nie bedrohliche Überschwemmungen erlitten. Diese Einrichtungen sollten also nicht überbewertet werden. In vielen Fällen kann man auf sie verzichten.

Teichleerung

Durch die Herstellung von Fertigteichen und Folien aus winterfesten Materialien ist ein Entleeren des Teichs vor Wintereinbruch heutzutage völlig überholt. Insofern kann auch eine Abflussanlage entfallen. Sollte es einmal notwendig sein, den Teich aus irgendeinem Grunde zu entleeren, auch nur teilweise, ist dies bei kleinen Teichen mit Eimer oder Gießkanne möglich. (Das Wasser eignet sich vorzüglich zum Gießen der Gartenpflanzen.)

Größere Teiche werden mit einer elektrischen Pumpe geleert. Ist keine Pumpe vorhanden, genügt ein Gartenschlauch. Mit seiner Hilfe leitet man das Wasser zu einer Stelle, die unter dem Niveau des Teichbodens liegt. Das eine Ende des Schlauchs wird an die tiefste Teichstelle gelegt, das andere an den Wasserhahn angeschlossen. Dann lässt man den Schlauch voll Wasser laufen, damit die Luft entweicht, schließt den Hahn, schraubt den Schlauch ab und legt ihn an die Stelle, die für die Aufnahme des Wassers vorgesehen ist. Das Wasser fließt nun ohne weiteres Zutun ab.

Ein Netz oder Perlonstrumpf, vor die im Wasser liegende Schlauchöffnung gebunden, verhindert, dass Fische und andere kleine Lebewesen mit abgesaugt werden.

Wenn man das absaugende Ende des Schlauchs nicht direkt auf den Teichboden, sondern in einen dort eingebrachten kleinen Kunststoffeimer legt, wird das Netz oder der Perlonstrumpf während des Absaugens nicht mit aufwirbelndem Mulm oder Bodenschlamm verstopft. Bei eventuell anfallenden Reinigungsarbeiten im Frühjahr werden höchstens zwei Drittel des Wassers abgelassen, um überwinternde Larven und Winterformen von Wasserpflanzen (Hibernakel) am Leben erhalten zu können.

Fertigteiche

Zum Anlegen von kleinen bis mittleren Gartenteichen bis zu 400 cm Länge bzw. Breite sind vorgefertigte Becken, so genannte Fertigteiche, sehr zu empfehlen. Bei den derzeit auf dem Markt befindlichen Fertigteichbecken haben sich drei Werkstoffe durchgesetzt: ABS (Acryl-Butadien-Styrol), PE (Polyethylen) und GFK (glasfaserverstärkter Kunststoff). Die aus diesen Werkstoffen hergestellten Gartenteiche sind frostfest, UV-beständig, bruchsicher und widerstandsfähig gegen Wurzeldruck. Diese Fertigbecken sind frei von umweltschädlichen Weichmachern. Man kann sie leicht transportieren. Die Zahl der neu angelegten Gartenteiche steigt jährlich, und so lassen sich Fertigteichhersteller immer wieder Neuheiten einfallen, die vielfältige Möglichkeiten bieten.

Eine Besonderheit sind Fertigteiche im Baukastensystem. Sie bestehen aus drei Grundformen und lassen sich zu vielen verschiedenen Teichformen zusammenschrauben, wobei Dichtungsmaterial zwischen die einzelnen Beckenteile eingebracht wird.

Der Gartenteich

Fertigteiche

Viele Teichtypen lassen sich gruppieren und durch PVC-Rohre miteinander verbinden. Gummimanschetten sorgen für die Abdichtung der Anschlüsse, die an einigen Teichtypen serienmäßig vorhanden sind. Bei der Gestaltung kann man seiner Phantasie freien Lauf lassen. Es ist sogar möglich, einen Wasserfall anzulegen, indem man die Teiche auf unterschiedlichem Niveau einbaut. Zur Gestaltung treppenförmiger Wasserfälle bietet der Fachhandel vorgefertigte Teile an, die je nach Bedarf, miteinander verbunden werden. Das Wasser fließt über stufenartig angeordnete Terrassenschalen in den Gartenteich.

Viele Fertigteiche haben an der Innenseite rundum in 30–35 cm Tiefe einen Absatz, der es ermöglicht, Wasserpflanzenschalen aufzustellen. Leider haben sich die geraden, steilen Wände vieler Fertigteicharten als Todesfalle für Tiere erwiesen. Igel, Mäuse, Vögel, Eidechsen und andere Kleintiere fallen hinein und können sich nicht retten. Auf der Wasseroberfläche schwimmende Holzbrettchen sind nicht die ideale Lösung. Auch ein kleines Treppchen am Rand reicht nicht aus, um ein Tier vor dem Ertrinken zu retten. Befindet sich nämlich nur ein Ausstieg an einer Seite des Gartenteichs, so erreicht das in Panik geratene Tier nur selten die rettende Stelle, wenn es an der dem Ausstieg gegenüberliegenden Seite ins Wasser gefallen ist. Auch hier haben Gartenteichhersteller Abhilfe geschaffen, indem sie den Teichrand seichter auslaufen lassen und so eine lebensrettende, einem natürlichen Ufer entsprechende Randzone schafften.

Nicht nur in verschiedenen Formen, sondern auch in unterschiedlichen Tiefen – zwischen 30–80 cm – werden Fertigteiche angeboten. Becken unter 40 cm sind nur für Flachwasser, also für Sumpf- und Moorbeete geeignet. Falls man Fische pflegen möchte, muss man eine Mindesttiefe von 60 cm wählen.

Man sollte auf schalenförmige Teichböden achten. Flache Böden mit tief gehenden Pflanzmulden – meist in der Mitte – erschweren den Einbau und verhindern eine naturgemäße Wasserzirkulation. Dadurch bilden sich in diesen extrem vertieften Teichstellen schnell unerwünschte Faulstoffe, die sich ungünstig auf das biologische Gleichgewicht auswirken.

Nach guter Randgestaltung und dem Anwachsen der Pflanzen ist vom Fertigbecken nichts mehr zu sehen

TIPP

Sumpfbeet für Fertigteiche
An ältere Fertigteiche ohne flache Sumpfzone lassen sich nachträglich Sumpfbeete anbauen. Es handelt sich um 25 cm tiefe Fertigbecken, 90 x 60 cm groß. Diese im Fachhandel erhältlichen Becken werden durch ein spezielles Transportsystem mit Wasser aus dem Teich versorgt.

Wichtig für dieses Gleichgewicht sind die Gesamtmaße der Teiche. Sie sind von den Fertigteichherstellern meist so berechnet, dass das Verhältnis von der Wassermenge zur Wasseroberfläche ausgeglichen (etwa 350 l Wasser/m^2 Oberfläche) und ein gesundes Klima für Tiere und Pflanzen gewährleistet ist. Dadurch wird eine zu starke Erwärmung des Wassers im Sommer mit den nachteiligen Folgen des Sauerstoffmangels verhindert.

Die meisten Fertigteiche sind schwarz und erdbraun, es werden aber auch grüne und blaue Becken angeboten. Diese grellen Farben wirken unnatürlich und die Teiche sehen immer etwas verschmutzt aus, wenn sich an den Wänden Algenablagerungen bilden. Schwarze Teiche bringen außerdem eine herrliche Spiegelung der Randbepflanzung und sie bestechen durch eine unergründlich scheinende Tiefe. Es ist wichtig zu wissen, dass ein Fertigteich wesentlich kleiner wirkt, wenn er eingebaut ist. Dies sollte man bei der Auswahl berücksichtigen. Für welches Modell man sich schließlich entscheidet, ist eine Frage des persönlichen Geschmacks, des Geldbeutels und nicht zuletzt des Standorts, der für den Einbau vorgesehen ist. Sollte der Fertigteich trotzdem zu klein geworden sein, kann man ihn einfach mit Teichfolie erweitern. Mit ihrer Hilfe lässt sich ein nahtloser Übergang zu einem Sumpfbeet gestalten. Fertigteich und Folie werden an den Übergangsstellen mit Silikon-Kautschuk abgedichtet. Fertigteiche haben gewöhnlich keine Abflussvorrichtung. Wie man einen Überlauf installiert, ist auf S. 440 beschrieben. Verdunstetes Wasser wird mit Hilfe des Gartenschlauchs ersetzt. Muss das Becken gereinigt werden, entleert man es mit einer Pumpe oder lässt das Wasser durch einen Schlauch abfließen.

Einbau eines Fertigteichs
Ein Fertigbecken einzugraben, das ist die bequemste Weise zu einem Gartenteich zu kommen. Aber der Einbau ist doch nicht so einfach, wie er immer wieder geschildert wird. So können Probleme entstehen beim Einbau eines Beckens, das mit unterschiedlichen tiefen Pflanzmulden ausgestattet ist.
Hersteller raten, den Boden der Teichform entsprechend auszuschachten. Dies hört sich einfach an und ist es auch bis zum gewissen Grad bei Fertigteichen mit einheitlicher Tiefe.
Am besten stellt man dazu das Becken auf den dafür vorgesehenen Platz und zeichnet die Form auf dem Untergrund nach. Dann hebt man die Grube aus. Da das Fertigbecken auf einem Sandbett ruhen muss, muss man an allen Seiten etwa 15–20 cm tiefer bzw. breiter ausheben. Man gräbt und passt abwechselnd ein. Dies ist nicht allzu schwierig, denn Fertigteiche sind verhältnismäßig leicht. Wurzeln und Steine sind sämtlich zu entfernen.
Wenn man mit den Grabarbeiten fertig ist, wird 15–20 cm hoch Sand auf den Grund aufgebracht. Diesen muss man sorgfältig verdichten (feucht zusammenpressen), damit sich das Becken nicht einseitig setzt. Wie überaus wichtig dieser feste Halt ist, wird man verstehen, wenn man bedenkt, dass 1000 Liter Wasser bereits 1 Tonne wiegen.
Um den Teich in die Waagerechte zu bringen, wird mit der Wasserwaage gearbeitet. Diese legt man auf eine Latte, die über dem Boden liegt. Die Oberkante des Beckens sollte mit der Erdoberfläche abschließen bzw. leicht überstehen. Steht das Becken schließlich waagerecht auf der verdichteten Sandschicht, wird Sand zwischen die Beckenwände und das umliegende Erdreich gefüllt und gut eingeschlämmt. Dies ist wichtig, weil sich dadurch die Hohlräume zusetzen.
Um ein Ausbeulen der Wände nach innen zu vermeiden, muss gleichzeitig zur äußeren Sandeinfüllung und zum Einschlämmen Wasser ins Becken gefüllt werden. Am besten lässt sich eine Verformung nach außen oder innen vermeiden, wenn man die Höhe des Wasserspiegels nach der Höhe des Sandbetts richtet. Während des Einbaus muss die waagerechte Lage ständig mit der Wasserwaage kontrolliert werden. Ein schief sitzender Gartenteich ist ein Ärgernis. Wenn man die Gewissheit hat, dass das Becken in der Waage sitzt, arbeitet man wie beschrieben weiter.
Bevor der Teich etwa zu einem Drittel mit Wasser gefüllt ist, kann der Bodengrund eingebracht und, nachdem sich die Erde gesetzt hat, die Bepflanzung vorgenommen werden. Damit die Pflanzen später nicht aufschwimmen, wird mit feinem, gewaschenem Kies abgedeckt. Und dann arbeitet man Zug um Zug weiter. Man bringt in gleicher Höhe von außen Sand ein, wie von innen das Wasser zuläuft. Der scharfe Strahl des Wassers wird am besten durch einen in den Teich gestellten Eimer abgeschwächt. Schließlich folgt die Randgestaltung.

Fertigteich im Querschnitt; auf den Stufen kann man Pflanzen in Körben aufstellen und dabei die verschiedenen Wassertiefen berücksichtigen

Folienteiche

Wenn man sich für einen Folienteich entscheidet, kann man Form, Tiefe und Größe selbst bestimmen. Standardplanen werden fast in jedem Gartencenter angeboten, meist in den Größen, die je nach Teichtiefe (60–80 cm) eine Wasseroberfläche von 4–40 m² gewährleisten.
Es besteht auch die Möglichkeit, Großanlagen mit Teichfolie von Spezialfirmen direkt auf seinem Grundstück anlegen zu lassen. Falls die Standardplanen in den angebotenen Größen nicht zusagen, muss man die erforderliche Foliengröße selbst bestimmen oder nach dem Ausmessen der Teichgrube vom Fachhändler ausrechnen lassen.
Eine oft praktizierte Messmöglichkeit ist das Ausmessen der Grube mit zwei Schnüren. Man legt eine Schnur der Länge nach und eine der Breite nach in die Teichgrube (nicht die Überlappung von etwa 50 cm an den Teichrändern vergessen!). Mit den Messschnüren geht man zum Fachhändler; er findet dann die richtige Größe.
Es ist empfehlenswert, zuerst die Grube auszuheben, um ein exaktes Maß für die Folie zu finden. Andernfalls misst man mit dem Zollstock von Oberkante zu Oberkante die Länge und die Breite des vorgesehenen Teichs und zählt jeweils zweimal 30 cm für den Rand und zweimal die vorgesehene Tiefe hinzu. Falls Pflanzmulden für die Sumpfzone vorgesehen sind, muss die Foliengröße noch etwas großzügiger berechnet werden. Es ist besser, ein Stück Folie abzuschneiden oder umzuschlagen, als später feststellen zu müssen, dass die Folie zu kanpp bemessen wurde. Viel Arbeit macht es, wenn man die Folienbahnen selbst verschweißt.

> **I N F O**
> **Berechnungsbeispiel**
> Man möchte einen Teich mit den Maßen 450 cm x 350 cm bei einer Tiefe von 65 cm anlegen.
> Materialberechnung:
> 450 cm (Länge) + 2 x 65 cm (Tiefe) + 2 x 30 cm (Rand) = 640 cm
> 350 cm (Breite) + 2 x 65 cm (Tiefe) + 2 x 30 cm (Rand) = 540 cm
> Sie müssen also 640 cm x 540 cm Folie bestellen.

Man unterscheidet die Quell- und die Thermoschweißung. Für erstere benötigt man Quellschweißmittel, Flüssigfolie, Spritzflasche, Silikonroller und Spezialpinsel. Man legt die zu verschweißenden Bahnen ca. 5 cm übereinander. Die Ränder bestreicht man mit Hilfe des Spezialpinsels mit dem Quellschweißmittel. Durch sofortiges kräftiges Zusammendrücken mit dem Silikonroller verbinden sich die Bahnen fest miteinander. Man muss sehr sorgfältig arbeiten, damit keine undichten Stellen durch mangelnde Verschweißung entstehen. Die Verarbeitungstemperatur liegt bei 15° C. Mit Flüssigfolie aus der Spritzflasche versiegelt man nach dem Eintrocknen die Nähte. Es ist allerdings nicht möglich, mangelhaft verschweißte Nähte mit der Flüssigfolie dicht zu machen. Wer sich das Verschweißen nicht zutraut, sollte sich für eine fertig verschweißte Folie entscheiden (der Aufpreis für die Schweißnähte ist sehr gering). Außerdem erhält man eine Garantie für dichte Nähte. Die Thermoschweißung mit einem Industrieföhn wird meist nur bei sehr großen Teichen angewendet, bei denen die Folie direkt in der Teichgrube verschweißt werden muss, weil die gesamte Folie sonst zu schwer zu verarbeiten wäre.
Leider werden immer wieder – meist aus Kostengründen – Gartenteiche aus Folien hergestellt, die nicht für diesen Zweck gedacht sind. Da werden Folien aus Polyethylen (aus diesem Werkstoff werden Einkaufstragetaschen hergestellt) und Dichtungsplanen verwendet, die meist schon nach einem Jahr einreißen oder durch die ultravioletten Strahlen der Sonne an den Rändern brü-

Der Teichbau mit Folie macht jede gewünschte Größe und Form möglich. Wichtig: das richtige Verhältnis von Wasseroberfläche und Tiefe beachten

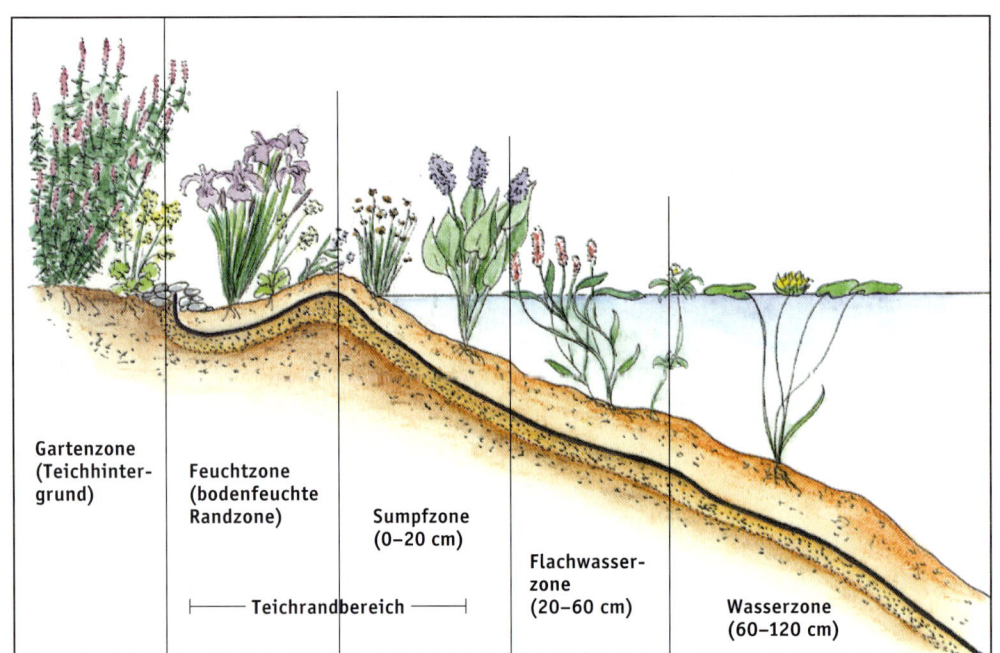

Beim Modellieren der Grube schafft man verschiedene Tiefenzonen, die möglichst sanft ineinander übergehen sollten (in Klammern die jeweilige Wassertiefe über der Folie)

chig werden. Dann ist der Ärger groß. Man hat die doppelte Arbeit und letztendlich doch nichts gespart. Doch welche Folie ist die richtige? Allgemein denkt man, die stärkste Folie wäre auch die haltbarste. Es ist aber in der Praxis so, dass eine 0,5-mm-Folie haltbarer sein kann als eine 1,5-mm-Folie. Den Ausschlag geben nämlich die Art und Weise der Herstellung und die verwendeten Materialien. Außerdem ist eine Folie von mehr als 1,5 mm kaum noch zu verlegen.

Eine gute Teichfolie muss folgende Eigenschaften haben: chemisch neutral; giftfrei; hochfrequenzverschweißt und damit schweißnahtbeständig; verrottungsbeständig; UV-beständig; frostbeständig.

Die derzeit angebotenen Gartenteichfolien bestehen meist aus unterschiedlichen PVC-Mischungen. Dieser Werkstoff hat sich für die Fertigung von Teichfolien am besten bewährt. Gartenteichfolien werden in schwarzer, dunkelgrüner und erdbrauner Farbe angeboten. Bei einer guten Randgestaltung ist von der Folie nichts mehr zu sehen. So wirkt der Teich sehr natürlich.

Für höchste Ansprüche wird auch eine Folie aus Synthese-Kautschukmaterial angeboten. Sie ist zwar etwas teurer, hält aber größten Belastungen stand und lässt sich selbst bei Frost problemlos verlegen. Bis –60 °C bleibt sie kältebruchsicher. Hersteller gewähren für diese Folie eine 30jährige Vollgarantie mit Folgeschädenhaftung.

Spezial-Teichvlies

Normalerweise reicht zur Anlage eines Folienteichs ein Sandbett (oder nur ein Vlies) aus. Wenn aber beim Ausschachten immer wieder Steine in den Wandungen sichtbar werden, obwohl die erforderliche Größe für den Teich längst ausgehoben ist, muss die Folie unbedingt noch einen besonderen Schutz gegen Verletzungen erhalten.

Es ist möglich, dass Steine im Laufe der Zeit im Erdreich wandern, und sie machen auch vor einem Sandbett nicht halt. In solchen Problemfällen kann Sand allein die erforderliche Schutzfunktion nicht erfüllen. Die Lösung dieses steinigen Problems heißt „Spezial-Teichvlies". Dieses preiswerte und zugleich langlebige Vlies ist leicht und lässt sich ohne Mühe verlegen. Der besondere Vorteil des Vlieses besteht darin, dass es sich überall problemlos und gleichmäßig verlegen lässt. Das Vlies ist nur wenige Millimeter dick, elastisch und trägt nicht auf.

Die Hersteller gewähren eine 10jährige Garantie auf Verrottungsbeständigkeit. Man sollte nicht „irgendein Vlies" kaufen, sondern beim Fachhändler nach dem unverrottbaren Spezial-Teichvlies fragen. Es wird dort sicherlich in passenden Abmessungen von der Rolle angeboten. Man kann jedoch auch ausschließlich das Vlies als Folienschutz verwenden. Z. B. gibt es sehr oft Schwierigkeiten, den Sand mit einem Fahrzeug an die Teichbaustelle zu bringen. Oft möchte man auch nicht extra für die Sandlieferung eine Baufirma beauftragen. Dann ist das Spezial-Teichvlies sehr hilfreich, denn es schützt den Gartenteich perfekt.

Außerordentlich gut verwendbar ist das Vlies für Bachläufe. Meist wird zum Anlegen von Bachläufen die geschmeidige, leicht verlegbare 0,5-mm-Folie verwendet. Mit einer Vliesunterlage kann man sicher sein, dass das Bachbett belastungsfähiger wird und auch viele Jahre dicht bleibt. Das Vlies wird vor dem Verlegen der Folie ausgebreitet und verschwindet wie diese später völlig unauffällig unter der umgebenden Bepflanzung.

Böschungsmatten
Steile Teichwände mit nachrutschender Erde haben schon so manchen Gartenteichbesitzer verärgert. Unschön fallen auch jene Folienränder auf, die durch Verdunstung des Teichwassers plötzlich sichtbar werden. Dieser Ärger muss nicht sein. Auch steil abfallende Teichränder können mit Hilfe der im Fachhandel erhältlichen „Böschungsmatte" natürlich aussehend bepflanzt werden. Dabei ist es unwichtig, ob es sich um einen neuen oder schon länger bestehenden Teich handelt; die Böschungsmatte kann auch noch im Nachhinein angebracht werden. Die Matten bestehen aus einem unverwüstlichen, dunkelbraunen, lockeren Kunststoffgeflecht oder aus natürlichen Materialien wie Jute und Kokosfaser. In die Matten können feiner Kies oder nährstoffarme Erde eingebracht werden. Diese Stoffe bieten Ufer- und Wasserpflanzen Nahrung und Halt. Der sich bildende Pflanzenteppich ist gegen Abrutschen gesichert. Somit ist eine geländeunabhängige, natürliche Gestaltung des Gartenteichs und seines Rands möglich. Die Teichfolie wird zusätzlich gegen Verletzungen geschützt, besonders dort, wo der Randbereich häufig begangen und bearbeitet wird.

Die Böschungsmatte bietet einen hervorragenden Puffer gegen mechanische Beschädigungen. Kleintiere können nicht mehr ertrinken, denn die Struktur der Matte bietet ihnen einen sicheren Halt beim Hinausklettern.

Das Verlegen der Böschungsmatte ist einfach. Man legt die Matte am Rand so weit in den Teich hinein, dass sie im Randbereich etwa 35 cm überlappt. In Abständen von 50 cm drückt man Befestigungshaken in das Erdreich. Vorsicht: Die Befestigungshaken dürfen nicht durch die Teichfolie gestoßen werden!
Nun werden Folie und Böschungsmatte im Uferbereich mit dem Pflanzsubstrat bedeckt. Der Teil der Böschungsmatte, der in den Teich hineinreicht, wird mit sandiger oder feinkiesiger Erde angefüllt. Auch Torf oder fein bröckelnder Lehm sind geeignet. Mehrmaliges vorsichtiges Einschlämmen sichert ein ausreichend tiefes Eindringen des Substrats. Nun kann mit der Bepflanzung begonnen werden. Gut geeignet sind Pflanzen mit kriechendem oder überhängendem Wuchs.
Bei **Kokosböschungstaschen** ist der untere Bereich taschenförmig ge-

Böschungstaschen lassen sich einfach mit Teicherde befüllen

näht. Die Taschen – mit Gartenteicherde befüllt – gestatten eine dauerhafte Bepflanzung im Randbereich des Teichs und an steilen, glatten Wänden. Das Bepflanzen durch die Maschen hindurch ist einfach und bereits nach kurzer Zeit wird das Geflecht durch ein reichhaltiges Pflanzenwachstum bedeckt. Die Befestigung der Taschen erfolgt jenseits des Teichs mit Befestigungshaken, die in den Boden gerammt werden. Die Naturböschungsmatte schützt besonders Folienteiche an den Rändern vor mechanischen Beschädigungen und bietet ins Wasser gefallenen Tieren sicheren Halt beim Ausstieg.

Böschungsmatten helfen bei unschönen Folienrändern ebenso wie bei steilen Teichwänden

Der Gartenteich

Folienteiche

Bau eines Folienteichs

Nachdem man die Teichform festgelegt hat, kann man mit den Ausgrabungsarbeiten beginnen. Eventuell anfallende Grassoden werden an einer schattigen Stelle abgelegt und feucht gehalten. Sie lassen sich später gut zur Gestaltung des Teichrands verwenden.

Man muss alle Steine, Wurzeln, Scherben und andere spitze Gegenstände entfernen. Damit der Teich im Winter nicht bis zum Grund durchfriert, benötigt er eine Mindesttiefe von 60 cm. Ausschachten aber muss man wesentlich tiefer. 10 cm werden für ein Sandbett, wenige Millimeter bei Verwendung eines Vlieses zum Schutz der Folie hinzugerechnet und etwa 20 cm für den Bodengrund zum Einsetzen der Wasserpflanzen. Man muss beim Ausschachten beachten, dass der Sumpfteil mindestens ein Viertel der Gesamtoberfläche mit einer Tiefe von 20–40 cm und die Breite der Randzone etwa 20–50 cm betragen sollte. Steil abfallende Wände sind zu vermeiden. Mehr als 45° Neigung dürfen die Wände, wenn möglich, nicht haben. Ist es bautechnisch nicht machbar, das Ufer an allen Seiten flach auslaufen zu lassen, empfiehlt sich die Verwendung von Böschungsmatten. Der eingebrachte Teichboden findet durch die Verwendung dieser Matten auch an den steilen Stellen Halt und kann nicht abrutschen.

Bei kleinen Teichen kann und muss man mit der Wasserwaage kontrollieren, ob die Teichränder waagerecht sind. Es darf nicht geschehen, dass der Teich an der einen Seite überläuft, an der anderen aber noch ein ganzes Stück des folienbedeckten Rands zu sehen ist. Am besten prüft man den Teichrand mit einer geraden, langen Holzlatte. Dieses so genannte Richtscheit wird über die Grube gelegt, darauf legt man dann die Wasserwaage.

Bei größeren Teichen misst man mit einer Schlauchwaage. Sie besteht aus einem Gartenschlauch, der so lang ist, dass er vom einen Teichrand über den Teichgrund zum anderen Rand reicht. An beiden Enden bringt man durchsichtige Röhrchen an. Diese Röhrchen benötigt man nicht, wenn man einen durchsichtigen Plastikschlauch verwendet, der im Aquarienhandel preiswert erhältlich ist. Nachdem der Schlauch mit Wasser gefüllt wurde, dürfen keine Luftblasen mehr zu sehen sein. Andernfalls kann es zu Ungenauigkeiten kommen. Die Wasserhöhe muss in beiden Schlauchenden übereinstimmen. Sie wird sich in dem am besten von zwei Personen u-förmig gehaltenen Schlauch auf beiden Seiten genau einpendeln und dadurch eine exakte Bestimmung des Teichrandniveaus ermöglichen.

Ist die Teichschale gut planiert und geglättet, kann das Sandbett oder das folienschützende Vlies eingebracht werden. Torf eignet sich nicht. Er wird nicht nur stark zusammengedrückt, sondern er zersetzt sich im Laufe der Zeit, die Folie verliert ihre Polsterung und muss unnötige Dehnungen aushalten. Es ist wichtig,

Beim Ausheben der Grube werden die Tiefenzonen modelliert; mit Latte und Wasserwaage prüft man immer wieder auf waagerechte Lage

Sandschicht und/oder Spezial-Teichvlies polstern die Folie nach unten. Nach Höhenkorrekturen der Ränder füllt man Bodengrund ein und lässt langsam Wasser zulaufen

dass die Folie ausreichend Spielraum besitzt, um sich durch den Wasserdruck fest an die Teichform anpassen zu können.

Nun wird die Teichfolie eingelegt. Die Folie ist schwer und bei größeren Teichen ist es angebracht, diese Arbeit nicht allein vorzunehmen. Durch die Faltenbildung muss man sich nicht verunsichern lassen. Wenn das Wasser erst einmal eingelassen ist, wird man von den Falten bald nichts mehr sehen.

Ein einfacher Überlauf als Schutz gegen Überschwemmungen wird durch eine etwas niedriger gestaltete Stelle am Teichrand erzielt (dem sich z. B. ein Sumpfbeet anschließt). Diese lässt sich noch herstellen, bevor die richtige Gestaltung des Teichrands, die letzte Arbeit des Folienteichbaus, vorgenommen wird. Nachdem man den Bodengrund etwa 20 cm hoch eingebracht und gleichmäßig verteilt hat, kann vorsichtig Wasser eingelassen werden. Um nicht zu viel Erde aufzuwirbeln, geschieht dies mit gebremstem Strahl, das heißt, das Schlauchende wird in einen Eimer gelegt und von dort rinnt dann das Wasser in den Teich.

Wenn er teilweise gefüllt ist und sich die Schwebestoffe etwas gesetzt haben, kann mit der Bepflanzung begonnen werden.

Seerosen und stark wuchernde Pflanzen werden in Behälter gesetzt, um ihr Wachstum unter Kontrolle zu halten. Vorher befreit man die Pflanzen von allen fauligen und geknickten Blättern und kürzt die Wurzeln etwas ein. Zum Schluss deckt man die bepflanzten Stellen mit Sand, Kies oder kleinen Steinen ab, um das Aufschwimmen zu verhindern, wenn der Teich dann endgültig bis zum Rand aufgefüllt wird. Nun folgt die Gestaltung des Teichrands.

Gestaltung des Teichrands

Die Wirkung eines Gartenteichs hängt von der Randgestaltung ab. Der Rand bildet den Übergang vom Wasser zum Land und es gibt sehr viele gute Möglichkeiten, die Folienränder zu verdecken. Leider findet man sehr oft Teichanlagen, die viel von ihrer Schönheit und Natürlichkeit einbüßen, weil an etlichen Stellen die Folie zu sehen ist.

Besondere Überlegungen erfordert die Trennung von Feucht- und Trockenzone, wenn man die Sumpfzone nicht in eine feuchte Wiese übergehen lassen möchte. Hier ist eine Kapillarsperre angebracht. Ohne diese Sperre wird durch die feinen Poren bzw. Haarröhrchen (Kapillaren) des angrenzenden trockenen Bodens Wasser aus dem Teich abgezogen. Die Zeichnung zeigt, wie man durch eine bestimmte Verlegung der Folie eine Kapillarsperre erreichen kann.

Bei ganz flach auslaufenden Teichen kann man die Folie auf der trockenen Uferzone mit einer dicken Lage Kies bedecken und mit locker gruppierten Natursteinen beschweren. Man sollte darauf achten, dass die größten Steine von der Seite des Betrachters aus nach hinten auf die gegenüberliegende Uferseite zu liegen kommen. Eine sehr flach auslaufende Randzone ist nur bei größeren Teichen machbar bzw. wenn es der Platz im Garten zulässt.

Sehr natürlich wirkt es, wenn man die überstehende Folie in einen rings um den Teich schräg ausgehobenen Graben steckt. Der Graben wird mit Erde aufgefüllt und dann mit bodendeckenden Pflanzen besetzt. Sie werden schnell die hie und da noch sichtbare Folie überwuchern. Baumwurzeln und Findlinge, auch kleine Steinburgen, wirken auflockernd und werden von Kleintieren gerne als Unterschlupf benutzt.

Der Gartenteich

Folienteiche

Wo der Teich mit dem angrenzenden Erdreich in Verbindung steht, kann das Wasser über die Bodenporen abgesaugt werden

Durch Hochziehen der Folie knapp über die Erdoberfläche entsteht eine Kapillarsperre, die auch die Bodenfeuchtigkeit am Teichrand bewahrt

Wurzelstubben oder Findlinge lockern den Teichrand auf und harmonieren gut mit der Bepflanzung

> **INFO**
> **Bahnschwellen als Einfassung**
> Vorsicht bei alten Bahnschwellen! Sie werden immer wieder gerne verwendet, enthalten aber schädliche Stoffe. Diese dürfen weder mit der PVC-Folie in Berührung kommen noch in das Teichwasser hineingespült werden.

Es ist davon abzuraten, die im Fachhandel in verschiedenen Größen angebotenen so genannten „Rheinkiesel" wie Perlenschnüre um den ganzen Teichrand zu legen. Eine solche Randgestaltung wirkt viel zu wuchtig und das Wasser kann nicht mehr dominieren. Wenn schon Rheinkiesel, dann besser mit Unterbrechung durch größere Findlinge und eine schöne Bepflanzung.

Auch Baumwurzeln eignen sich gut zur Auflockerung des Steinkranzes, besonders, wenn man sie teilweise in das Wasser hineinragen lässt. Sie ziehen Feuchtigkeit aus dem Teich und an schattigen Stellen bildet sich an den Wurzeln ein Moospolster, das gerne von Libellen zur Eiablage aufgesucht wird.

Falls der Teich von Rasen umgeben ist, sticht man die Grassoden etwa 8–10 cm tief aus, sodass sich die Folienränder unterschieben lassen. Wichtig ist bei allen Randgestaltungen, dass sie ein leichtes Gefälle zur Gartenseite hin aufweisen, damit kein umliegendes Erdreich oder Dungstoffe in den Teich gespült werden.

Wer strenge Geometrie liebt, kann nach dem Eingraben der Folienüberstände die Randgestaltung mit Gehplatten, Holzplanken oder Holzscheiben vornehmen. Ein Nachteil der Holzwege: Sie werden nach längerem Regen meist glitschig und man kann leicht ausrutschen, wenn man nicht vorsichtig ist.

Bei der Verwendung von Steinplatten dürfen diese niemals über die Wasserfläche hinausragen, sonst sind es Todesfallen, denn sie verhindern, dass sich ins Wasser gefallene Tiere retten können. In jedem Fall müssen die Platten in ein Sandbett verlegt werden, damit der Frost sie nicht hochheben kann. Hierfür wird je nach Stärke der Steine ein Bett ausgegraben, die überstehende Folie eingelegt und mit Sand fixiert. Auf den fest gestampften Sand wird eine dünne Schicht Zement aufgebracht und die Platten werden mit einem leichten Gefälle nach der vom Teich abgewandten Seite verlegt.

Unschöne und kahle Stellen am Teichrand müssen nicht sein. Schnell lassen sie sich durch Pflanzen mit hängendem Wuchs oder Bodendecker verdecken. Bei steil abfallenden Wänden ist eine Bepflanzung durch die Verwendung von Böschungsmatten ratsam (siehe S. 445).

Für welchen Teichrand man sich schließlich entscheidet, bleibt jedem selbst überlassen. Man sollte aber bedenken, dass Teiche mit einer Sumpflandschaft und natürlich gestalteten Ufern zu den schönsten gehören, denn die Formen und Blüten der Sumpfpflanzen sind in ihrer Vielfalt kaum zu überbieten.

Bevor man aber mit der Randgestaltung beginnt, muss man der Folie einige Tage Zeit geben, sich zu „setzen", das heißt, sie wird sich in dieser Zeit unter dem Wasserdruck eng an die Bodenform anschmiegen und noch vorhandene Hohlräume ausfüllen. Wer den Rand sofort gestaltet, wird in Kauf nehmen müssen, dass die Folie unter eine starke Zugbelastung gerät, die sich nachteilig auf die Haltbarkeit auswirken könnte.

Bachlauf

Ein kleiner Bach oder Wasserfall erfreut nicht nur das Auge, sondern er sorgt auch an heißen Sommertagen für Abkühlung und verbessert das Gartenklima. Kombiniert mit dem Gartenteich, bringt das lebendige Wasser eine zusätzliche Sauerstoffanreicherung, die den Pflanzen und Tieren zugute kommt.

Der Gartenteich
Bachlauf

Ein Quellstein (großer, durchbohrter Findling), ein Mühlstein oder eine als Quelle gestaltete Steingrotte lassen sich leicht zum Ausgangspunkt für einen Bachlauf machen. Der Wasserzuleitungsschlauch wird geschickt unter den Steinen verborgen. So entsteht der Eindruck, dass es sich um eine natürliche Quelle handelt.
Es hängt von den Möglichkeiten ab, die man in seiner Gartenanlage hat, ob man das Bächlein zuerst über einige Steinstufen oder in Windungen fließen lässt oder ob es geradewegs in den Gartenteich münden soll. Auf jeden Fall benötigt man für den Wasserumlauf eine Elektropumpe, die das Wasser durch eine gut verdeckte Schlauchleitung aus dem Gartenteich zur Quelle fördert. Vielleicht verfügt man über genügend Raum, um einen längeren Bach mit unterschiedlich tiefen Stufen zu gestalten. Auch wenn die Pumpe nicht in Betrieb ist, wird in den tieferen Stellen Wasser stehen bleiben und Vögel zum Trinken und Baden einladen. Stellenweise können auch Vertiefungen bepflanzt werden, ohne ein Ausspülen der Erde befürchten zu müssen. Zum besseren Halt der Pflanzen wird die Erde mit einer dicken Kiesschicht abgedeckt. Bepflanzte Bachläufe sollten am Anfang nur vorsichtig geflutet werden. Nach etwa 3 bis 4 Wochen haben sich die Pflanzen fest verankert. Dann kann der Bach endlich voll in Betrieb genommen werden. Falls man das Bachbett mit verschieden tiefen Stufen anlegen und bepflanzen möchte, muss die Erde 40–50 cm tief und etwa 150 cm breit ausgehoben werden. Für die Nach-

Stetiger Wasserzufluss aus dem Bach reichert den Teich mit Sauerstoff an

bildung eines Gebirgsbachs, das heißt für ein nicht bepflanztes, sondern nur mit Kies und Steinen ausgelegtes Bachbett genügen 30 cm Tiefe.
Ist ein Überlauf vorhanden, kann auch mit dem daraus abfließenden Wasser ein kleiner Bach, der zur Sickergrube hinführt, angelegt werden. Bei schwachem Gefälle wird die Erde etwa 40 x 40 cm ausgehoben und mit Teichfolie ausgelegt. Pflanzen und Steine verdecken die überstehenden Folienränder und bei geschickter Bepflanzung des eingebrachten Bodengrundes haben wir bald einen natürlich wirkenden Wassergraben. Bei länger anhaltender Trockenheit wird sich in diesem Graben immer noch genügend Feuchtigkeit befinden, um Pflanzen und Tiere bis zum nächsten Regen am Leben zu erhalten.
Wenn man einen Bachlauf mit geringem Gefälle anlegt, benötigt man keine große Pumpenleistung. Ein höheres Gefälle verlangt eine höhere Pumpenleistung. Das Verhältnis von Förderleistung zur Förderhöhe wird von den Pumpenherstellern angege-

Ist der Wunsch nach einem Teich erfüllt, fängt so mancher an, von einem Bächlein zu träumen ...

ben. Welche Pumpe am geeignetsten ist, hängt ganz davon ab, was man mit ihr erreichen will.

Die Grube für den Bachlauf wird zuerst von allen Steinen und Wurzeln befreit und gut fest gestampft. Dann wird sie mit Spezial-Teichvlies und anschließend möglichst faltenfrei mit der Teichfolie ausgelegt. Das Vlies verhindert eine Verletzung der Folie von unten und wirkt außerdem als Puffer für die Steine, die in das Bachbett eingebracht werden. Die eingelegte Folie sollte etwas tiefer als das sie umgebende Erdreich abschließen. Dies hat den Vorteil, dass das Erdreich außerhalb der Folie durch Kapillarwirkung von der Feuchtigkeit des Bachs profitiert. Allerdings ist der Wasserverlust, der durch Versickerung und Verdunstung entsteht, zu berücksichtigen und bei Bedarf auszugleichen. Der Boden rechts und links des Bachbetts darf nicht gedüngt werden. Ein Bach, der mit einem Gartenteich verbunden ist, darf keine Düngestoffe in den Teich einspülen.

Natürlich ist es auch möglich, die Folie an den Rändern so zu verlegen, dass eine Kapillarsperre entsteht, die einen Wasserentzug aus dem Bachbett verhindert (siehe Zeichnung S. 447). Die Folie an den Bachrändern wird, je nach Geschmack, mit Findlingen, Baumwurzeln, bodendeckenden Pflanzen und Grasnarben verdeckt.

Wer geschickt ist, zimmert vielleicht über einen breiten Bachlauf einen Holzsteg oder ein kleines, begehbares Brückchen. Auch durch einen großen, abgeflachten Findling, der mitten in das Bachbett gelegt wird, lässt sich ein Übergang gestalten. Obwohl die Folie schon durch das untergelegte Vlies geschützt ist, empfiehlt es sich doch, unter größere Findlinge im Bachbett eine etwa 1 cm starke Styroporplatte zu legen. Damit der künstliche Bach so natürlich wie möglich wirkt, sollte man Stilbrüche wie das Anpflanzen von Rosen, Dahlien, Nelken und anderen nicht zur Bachflora passenden Pflanzen unbedingt vermeiden.

Eine kleine **Auswahl von Pflanzen** für die feuchte Zone am Bachlauf: Sumpfdotterblume *(Caltha palustris)*, Sumpfiris *(Iris kaempferi)*, Binse *(Juncus)*, Pfennigkraut *(Lysimachia nummularia)*, Blutweiderich *(Lythrum)*, Gauklerblume *(Mimulus)*, Sumpfvergissmeinnicht *(Myosotis palustris)*, Kupferknöterich *(Polygonum affine)*, Trollblume *(Trollius europaeus)* und Bachbunge *(Veronica beccabunga)*.

Mit weniger feuchtem bis trockenem Boden nehmen vorlieb: Gräser, Seggen, Taglilien, Himmelsschlüssel, Schneeglöckchen, Farne, Primeln, Veilchen und Bergenien.

Das Wasser

Wie schnell sich das biologische Gleichgewicht, das heißt ein ausgeglichenes Verhältnis zwischen Wasser, Tier und Pflanze, im neu angelegten Teich einstellt, liegt nicht zuletzt an dem Wasser, das man zur Erstbefüllung verwendet. Leider kann man heutzutage niemandem mehr mit ruhigem Gewissen den Rat geben, den Teich mit Regenwasser zu füllen. Unser Regenwasser ist fast überall mit Schadstoffen belastet; das fällt zwar beim Gießen der Gartenpflanzen nicht ins Gewicht, die Qualität, die für den Teich nötig ist, kann es jedoch nicht bieten. Gegen das Auffangen von Teichwasser aus dem Regenfallrohr spricht auch die Tatsache, dass man lange warten müsste, bis man einige tausend Liter Wasser gesammelt hat, um den Teich zu füllen. Falls man die Möglichkeit hat, Fluss-, Bach- oder Brunnenwasser abzuleiten, ist auch hier Vorsicht angebracht. Wir wissen alle, in welchem Maße öffentliche Gewässer durch chemische Produkte, die sich in den Industrieabwässern befinden, verunreinigt werden. Außerdem ist in der Regel eine Genehmigung vom zuständigen Wasserwirtschaftsamt nötig. Ein eigener Brunnen hilft Wasserkosten zu sparen. Doch dieses Wasser kann

Mit Hilfe von Pflanzkörben und Wasserpflanzenbeuteln kann man den Bachlauf auch im Böschungsbereich gut bepflanzen

schädlich für Fische und Pflanzen sein. Daher ist vor der Verwendung eine Wasseranalyse erforderlich. Dazu wendet man sich an das Wasserwerk oder an ein staatliches Untersuchungsamt.

Grundsätzlich ist gegen Leitungswasser nichts einzuwenden. Was für Menschen gut ist, müsste wohl auch für Tiere und Pflanzen gut sein. Allerdings muss man kein „Wasserchemiker" sein, um zu wissen, dass unser Trinkwasser zum unbedenklichen Genuss aufbereitet werden muss. Das heißt, wir finden Zusätze (z. B. Chlor). Auf die zarten Schleimhäute der Fische können sich diese Zusätze schädlich auswirken. Chlor entweicht als Gas in die Luft, wenn man das Wasser gelüftet (z. B. durch Wasserbewegung) einige Zeit stehen lässt. Aus diesem Grund sollte man mit dem Einsetzen der Fische einige Wochen warten.

Doch damit wird die Geduld auf eine harte Probe gestellt. Am liebsten würde der Wassergartenfreund schon am ersten Tag dem munteren Spiel der Fischlein zuschauen. Hier hat der Fachhandel Abhilfe geschaffen. Mit speziellen Wasseraufbereitungsmitteln ist es möglich, das Wasser schneller „fischgerecht" zu machen. Um die Wasserpflanzen braucht man sich nicht zu sorgen. Ihnen schadet das Leitungswasser nicht. Allerdings reagieren sie empfindlich, wenn man später verdunstetes Wasser mit scharfem Strahl aus dem Schlauch ersetzt.

Der Wunschtraum eines jeden Gartenteichliebhabers ist kristallklares Wasser. Je weniger wir eingreifen, desto schneller wird sich das Wasser „klären". Aber es ist auch naturbedingten Einflüssen unterworfen. Damit man seinen Teich besser „verstehen lernt", werden im Folgenden einige wichtige Kriterien für die Wasserqualität erläutert.

> **T I P P**
> **Wasser einfüllen**
> Wasserpflanzen und Fische sollten keinen krassen Temperaturunterschieden ausgesetzt werden. Daher lässt man das Leitungswasser nur langsam zurieseln, damit es sich erwärmen kann. Außerdem verflüchtigt sich durch diese Methode ein Teil des Chlors.

Sauerstoff

Viele Bakterien, die dafür sorgen, dass Kot, absterbende Pflanzenteile und tote Kleinlebewesen abgebaut werden, benötigen Sauerstoff. Besonders im Fischbecken muss darauf geachtet werden, dass niemals Sauerstoffmangel eintritt. Fische brauchen Sauerstoff zum Atmen. Sie nehmen ihn über die Kiemen auf. Durch den Oberflächenkontakt des Wassers mit der Luft erfolgt die größte Sauerstoffanreicherung. Lang anhaltende Sonneneinstrahlung erhöht die Temperatur des Wassers, der Sauerstoffgehalt verringert sich. Deshalb kann es, besonders in weniger tiefen Teichbecken, durch eine schnelle Erwärmung zu einem für Fische lebensgefährlichen Sauerstoffmangel kommen. Man bemerkt diesen spätestens, wenn die Fische nach Luft schnappend an der Wasseroberfläche hängen. Aber nicht nur an heißen Tagen, wenn die Wassertemperatur über 20° C ansteigt, sondern auch in den darauf folgenden Nächten ist die Gefahr groß. Die tagsüber Sauerstoff produzierenden Wasserpflanzen stellen ihre Produktion bei Dunkelheit ein und verbrauchen nun ihrerseits den bereits knappen Sauerstoff. In akuten Fällen hilft nur eine sofortige Durchlüftung mittels Luftpumpe und Ausströmerstein. Auch Sauerstofftabletten erhöhen den Sauerstoffgehalt.

Springbrunnen, Sprudelsteine und kunstvoll angelegte Wasserfälle sind nicht nur ein schöner Blickpunkt, sondern auch für Fischteiche durchaus von Vorteil. Das Wasser wird umgewälzt und dadurch laufend mit dem notwendigen frischen Sauerstoff angereichert.

Eine sichere Sauerstoffversorgung während des ganzen Jahres, auch bei großer Kälte und geschlossener Eisdecke, bietet der **Oxydator**. Dessen

Wasserqualität – ein besonders heikles Thema, wenn der Gartenteich Fische beherbergen soll

Ob Wasserfall, Springbrunnen oder Bachlauf – bewegtes Wasser beugt Sauerstoffmangel im Teich vor

Betriebsstoff, das Wasserstoffperoxid, ist praktisch in jeder Apotheke, abgepackt in Literflaschen, erhältlich. Eine der Besonderheiten dieses Oxydators besteht darin, dass er ohne Kabel und Schlauchverbindungen arbeitet. Es werden also keine Steckdosen benötigt. Die Vorzüge der Wasserstoffperoxidzugabe bei akutem Sauerstoffmangel, bei Fäulnisbildung und dadurch auftretender Wassertrübung im Becken und überhaupt für ein besseres Wohlbefinden der Fische sind seit langem bekannt.

Der Oxydator bietet eine kontinuierliche und kontrollierte Dosierung von Wasserstoffperoxid, mit dem Vorteil, dass die Wasserqualität für Fische grundsätzlich verbessert wird und damit die oben genannten Probleme nicht entstehen. Die Menge des freigesetzten Sauerstoffes richtet sich nach dem mit steigender Temperatur zunehmenden Bedarf eines belebten Gewässers. Eine Temperaturerhöhung von 8 °C bewirkt eine Verdoppelung der erzeugten Menge. Das Gerät ist so konstruiert, dass es nach Verbrauch der Peroxidlösung aufschwimmt.

Schließlich bleibt noch die Frage, wie man den Sauerstoffgehalt seines Teichs ermittelt. Man benötigt dazu keine teure Ausrüstung. In jeder Fachhandlung für Aquarienzubehör werden preiswerte „Mini-Labors" angeboten. Man gibt etwas Wasser und einige Tropfen der Testreagenz in eine kleine Küvette. Anhand der Verfärbung kann man dann den Sauerstoffgehalt bestimmen. Mit diesem Testset kann man auch weitere Werte wie die Wasserhärte, den Säuregrad und den Nitrit-/Nitrat-Gehalt des Teichwassers messen.

Wasserhärte und pH-Wert

Die Wasserhärte wird in „Härtegraden" angegeben. Entscheidend für die Gesamthärte (GH) ist im Wesentlichen der im Wasser vorhandene Kalzium- und Magnesiumgehalt. Diese Elemente finden wir als Salze vor.

Die Karbonathärte (KH) ist der Anteil der Salze, die als Karbonate, Salze der Kohlensäure, vorliegen. In der Bundesrepublik weisen die Leitungswässer sehr unterschiedliche Härtegrade auf (dH = deutscher Härtegrad). Sie liegen etwa zwischen 0,3–37° dH. Weiches Wasser hat eine Gesamthärte von etwa 4–7° dH, hartes Wasser etwa 18–30° dH. Der Idealwert für Gartenteiche bewegt sich zwischen 8–12° dH.

Die pH-Messzahl (pH = pondus Hydrogenii) gibt den Säuregrad des Wassers an (vgl. auch S. 19). Er ergibt sich aus den im Wasser gelösten sauren und basischen Stoffen. Das sind Stoffe, die das Wasser ansäuern oder alkalisch werden lassen. Je mehr Säuren, desto stärker sinkt der pH-Wert; je mehr Basen, desto stärker steigt der pH-Wert. Etwa 3 Wochen nachdem man seinen Teich angelegt hat, empfiehlt es sich, die Wasserqualität mit einem „Mini-Labor" zu prüfen. Der pH-Wert wird sich auf einen Wert zwischen 7,0–8,0 eingependelt haben. Das Wasser ist dann weder zu sauer noch zu alkalisch. Sollte sich dieser Wert nicht eingestellt haben, gilt immer, bevor man zu Hilfsmitteln greift, das Gebot: den Teich in Ruhe lassen. Man muss die Geduld aufbringen, bis sich das natürliche Gleichgewicht einstellt. Chlor und andere für Fische und Pflanzen ungünstige Zusätze bauen sich nach kurzer Zeit meist von selbst ab.

Wie schon erwähnt, ist Wasser aus dem öffentlichen Versorgungsnetz für den Gartenteich am besten geeignet. Sollte es zu starken alkalischen Reaktionen kommen, kann man den pH-Wert durch Zugabe von Torfextrakten (Fachhandel) regulieren.

Nitrat, Nitrit und andere Salze

Mit dem bereits erwähnten Mini-Labor kann man auch den Gehalt des Nitrats (NO_3) und den des giftigen und für Fische sehr schädlichen Nitrits (NO_2) messen. Exkremente von Fischen und anderen Wassertieren, unverzehrtes Fischfutter, Laub und Blütenstaub, also tierische und pflanzliche Reste, sind der natürliche Nährboden für Bakterien und Pilze. Sie bauen diese Nahrung zu anorganischen Mineralsalzen ab, zu Nitriten, Nitraten, Chloriden, Sulfaten und Phosphaten. Diese Mineralsalze bilden die Nährstoffe für das Pflanzenwachstum. Die Pflanzen wiederum werden von Tieren verzehrt

Unterwasserpflanzen verwerten überschüssige Nährstoffe und sorgen so nachhaltig für klares Nass

und der Kreislauf schließt sich. Ein Überangebot an Nährstoffen stört das biologische Gleichgewicht und schafft ungesunde Verhältnisse für Fische und Pflanzen. Besonders Nitrit, die zweite Stufe im Stickstoffabbau, ist sehr giftig. Vorsicht also vor übermäßiger Fischfütterung, vor einem zu hohen Fischbesatz und vor Düngung der Wasserpflanzen, die in einem natürlichen Gewässer sowieso überflüssig ist.

Ein Überangebot an Nährstoffen begünstigt auch das Algenwachstum. Ein teilweiser Wasserwechsel schafft kurzfristig Abhilfe, aber bald darauf kann eine erneute Trübung einsetzen. Chemische Bekämpfungsmittel helfen zwar vorübergehend, indem sie die biologischen Abbauprozesse unterstützen, sie können aber keinesfalls die Ursache der Überdüngung beseitigen.

Algenfeindliche Unterwasserpflanzen, Wasserflöhe und andere Kleinlebewesen sind natürliche Mittel, um ein Überangebot an Mineralsalzen abzubauen. Im Übrigen kann man vorbeugen, indem man schon bei der Zusammenstellung des Bodengrunds keine gedüngte Erde verwendet.

Der Bodengrund

Über die Frage des Bodengrunds wurde schon viel diskutiert und geschrieben und es ist für den Laien verwirrend, dass fast jeder Fachmann seine „eigene Mischung" für die beste hält. Alle sind sich aber darin einig, dass die Erde für den Bodengrund Lehm enthalten sollte. Lehm besitzt die Eigenschaft, jene Nährstoffe zu speichern, die für das Gedeihen der Wasserpflanzen notwendig sind. Wenn der Teichaushub aus lehmhaltiger Erde besteht, sollte man die Erde, die zum Schluss ausgehoben wird, für den Bodengrund verwenden. Sie ist nährstoffarm, was der Algenbildung vorbeugt. Für sandige Gartenerde ist eine Mischung aus ⅓ Teichaushub (von der tiefsten Stelle), ⅓ Lehmerde und ⅓ Torf (ungedüngt) empfehlenswert. Sehr gute Erfahrungen wurden auch mit der Mischung aus ⅔ Lehm und ⅓ ungedüngtem Torf gemacht. Feiner Sand ist als Bodengrund ungeeignet. Bereits nach kurzer Zeit verdichtet er, wird hart wie Stein und ist weder für den Fischbesatz noch für die Pflanzen von Vorteil. Auch Torf allein darf nicht als Bodengrund verwendet werden. Er neigt dazu, giftigen Schwefelwasserstoff zu erzeugen und bildet durch den Wasserdruck bald eine feste, luftundurchlässige Masse. Ebenso wenig empfehlenswert ist gedüngte Gartenerde. Sie ist die beste Nahrungsquelle für viele Algenarten, die sich in Massen vermehren, und weder Schnecken noch Wasserklärungsmittel bringen dann

Kois: beliebt, begehrt, aber auch für kräftiges Erdaufwühlen berüchtigt

Die Bepflanzung

Vielfalt und Ausdruckskraft der Sumpf- und Wasserpflanzen macht sie im Garten zu einem besonderen Erlebnis. Durch sorgfältige Auswahl der Arten und Sorten kann man große Unterschiede in Höhe, Form und Farbe in die Gestaltung einbeziehen. Die Belohnung für diese Mühe ist eine bunte Pflanzenwunderwelt vom Frühling bis in den Herbst hinein.

Leider wird der Rückgang dieser Pflanzen in der freien Natur immer bedrohlicher. Die meisten stehen unter Naturschutz und dürfen nicht aus ihrem Lebensraum entnommen werden! Wir wenden uns also in jedem Fall an Wassergärtnereien oder Fachgeschäfte, um unseren Bedarf an Sumpf- und Wasserpflanzen zu decken. Durch die üppige Vegetation dieser Gewächse benötigen wir oftmals nur eine Pflanze der gewünschten Art und bemerken schließlich mit Staunen, wie schnell sie sich bei guten Lebensbedingungen ausbreitet.

Natürlich kann man die Bepflanzung des Teichs und der Randzonen nach Phantasie und Geschmack vornehmen, und es dürfte nicht unbedingt als „Stilbruch" zu werten sein, wenn in einem Naturteich bunte Seerosen die Wasseroberfläche schmücken, obwohl sie in einen Naturteich streng genommen nicht hineingehören. Ein Sammelsurium von einheimischen und exotischen Wasserpflanzen wirkt allerdings nicht ästhetisch und sollte vermieden werden. Da das Wasser dominieren soll, darf die Wasseroberfläche höchstens zur Hälfte mit Pflanzen bedeckt sein. In einen 6 m² großen Teich können z. B. ein bis zwei Seerosen, fünfzehn Unterwasserpflanzen und etwa zehn Sumpfpflanzen eingesetzt werden.

nennenswerte Abhilfe. Auch die veraltete Gärtnerregel, beim Einsetzen von Seerosen die Pflanzerde mit Kuhmist zu vermischen, kann viel Schaden anrichten und das biologische Zusammenspiel gefährden.

Für Fischteiche ist es sinnvoll, Kies in einer Körnung zwischen 0,3 und etwa 2,5 cm ca. 5 cm hoch als Bodenbelag einzubringen.

Bestimmte Fischarten, besonders die beliebten Kois, gründeln sehr stark. Sie wühlen die Erde auf, wenn sie den Boden nach Nahrung absuchen, und man sieht in dem trüben Wasser selten Fische, wohl aber braune, aufgewirbelte Erdwolken.

Selbst die oft empfohlene Kiesauflage über der Bodenschicht bedeutet für Kois und etliche andere Fischarten kein Hindernis. Es ist für sie eine Kleinigkeit, die Kieselsteine solange umzuwühlen, bis sie an die Erde gelangen. Dies sollte man bedenken, wenn man solche Fische halten möchte.

Für Wasserpflanzen ist es von Vorteil, wenn sie in Schalen oder Kunststoffpflanzkörbe eingesetzt werden, falls sie für einen Fischteich vorgesehen sind. Sie finden dann in der Wasserpflanzenerde genügend Nahrung, die sie entbehren müssten, wenn sie in eine Kiesauflage ohne Bodengrund gesetzt würden. Im Übrigen werden im Laufe der Zeit durch Wind und Wetter genügend organische Substanzen in den Teich eingespült, sodass nach einiger Zeit auch Wasserpflanzen, die ihre Nahrung nicht nur aus dem Wasser beziehen, genügend Nährstoffe bekommen.

Für Aquarianer ist es eine Selbstverständlichkeit, den Kies vor der Verwendung einige Male gründlich auszuwaschen. Leider wird man sich dieser Mühe ebenfalls unterziehen müssen, falls man Kies als Bodengrund verwendet. Man weiß nie, wo er gelagert und mit welchen schädlichen Substanzen er in Verbindung gebracht wurde.

Wenn man den richtigen Bodengrund für seinen Teich gefunden hat, wird er, von der Mitte des Teichs ausgehend, nach außen hin vorsichtig verteilt und so wenig wie möglich festgetreten. Da alle Wasserpflanzen Flachwurzler sind, genügt es, den Bodengrund etwa 20 cm hoch auszubringen.

Der Gartenteich

Bepflanzung

Bepflanzungsvorschlag für einen 550 cm langen und 350 cm breiten Teich:
① und ② Zwergseerosen (Nymphaea-Hybriden), ③ Krebsschere (Stratiotes aloides), ④ Wassernuss (Trapa natans), ⑤ Pfeilkraut (Sagittaria sagittifolia), ⑥ Rohrkolben (Typha minima), ⑦ Froschlöffel (Alisma plantago-aquatica), ⑧ Sumpfdotterblume (Caltha palustris), ⑨ Froschbiss (Hydrocharis morsus-ranae), ⑩ Tannenwedel (Hippuris vulgaris), ⑪ Lampenputzergras (Pennisetum alopecuroides), ⑫ Chinaschilf (Miscanthus sinensis 'Zebrinus'), ⑬ rotlaubiger Fächerahorn (Acer palmatum), ⑭ Primel (Primula rosea)

Stark wuchernde Gewächse pflanzt man in Behälter, um sie am übermäßigen Ausbreiten und Wegdrängen von schwächeren Arten zu hindern. Gitterartige Kunststoffbehälter sind auch in halbrunder Form erhältlich. Sie passen sich besser als viereckige an die Rundungen ovaler Fertigteiche an.

Eine natürliche Alternative bietet sich mit Kokosfaserkörben. Das ohne irgendwelche Zusätze hergestellte Kokosfasergeflecht überdauert im Wasser etliche Jahre. Bei schwankendem Wasserstand wirkt es wie ein Feuchtepuffer. Die Körbe halten das Substrat, ermöglichen aber guten Luftaustausch. Es gibt sie in verschiedenen Größen, der Rand kann nach Bedarf umgeschlagen werden.

Wasser- und Sumpfpflanzen werden vorwiegend in Containern geliefert und so ist es möglich, vom Frühjahr bis zum Herbst zu pflanzen. Allerdings dürfen die Pflanzen niemals mit dem Container in das Wasser gestellt werden. Vorsichtig wird der Topf entfernt und die Erde etwas aufgelockert. Abgebrochene oder faulende Blätter oder Wurzeln müssen abgeschnitten werden, um einer unnötigen Fäulnisbildung vorzubeugen. Dann wird sofort in den Teichboden, in Schalen oder in Körbe gepflanzt. Gitterartige Gefäße werden mit Ballentuch oder Netzen ausgelegt, bevor die Wasserpflanzenerde eingefüllt wird. Eine Schicht gewaschener Kieselsteine verhindert das Aufschwimmen von Erde und Pflanzen. Falls die Pflanzen direkt in den Bodengrund gesetzt werden, muss man auch hier die Erde ringsum mit Kieselsteinen abdecken.

Sicherlich wird jedem Gartenfreund sein Teich nach der Bepflanzung etwas kahl vorkommen. Dies ist genau das Stadium, das viele dazu verleitet, da und dort noch etwas zuzupflanzen. Aber aufgepasst, man muss mit der ungeheuren Wuchsfreudigkeit der Sumpf- und Wasserpflanzen rechnen. Spätestens nach 2 Jahren bedrängen sich die einzelnen Arten und man muss mit dem Auslichten beginnen.

Folgende Pflanzen bilden besonders viele Ausläufer oder neigen zum Wuchern: Kalmus (Acorus calamus), Sumpfschachtelhalm (Equisetum palustre), Tannenwedel (Hippuris vulgaris), Wasserschwertlilie (Iris pseudacorus), Binse (Juncus), Pfennigkraut (Lysimachia nummularia), Gauklerblume (Mimulus), Sumpfvergissmeinnicht (Myosotis palustris), Seekanne (Nymphoides peltata), Wasserknöterich (Polygonum amphibium), Zungenhahnenfuß (Ranunculus lingua), Pfeilkraut (Sagittaria), Simsen (Scirpus), Igelkolben (Sparganium), Rohrkolben (Typha) und Bachbunge (Veronica beccabunga).

Kokosfaserkörbe haben aufgrund ihrer natürlichen Materialeigenschaften Vorteile und sind viele Jahre haltbar

Man kann die Pflanzen für den Wassergarten durch eine Versandgärtnerei beziehen. Die Sendung kommt per Schnellpaket und es ist wichtig, dass man sich eventuelle Transportschäden vom Postboden bestätigen lässt. Andernfalls erhält man keinen Ersatz. Bei Ankunft des Pakets werden die Pflanzen sofort ausgepackt. Vorsicht, dass die Etiketten mit den Pflanzennamen an den entsprechenden Pflanzen bleiben, sonst besteht Verwechslungsgefahr. Wenn möglich, sollte man sofort pflanzen; notfalls bewahrt man die Pflanzen schattig und feucht auf.

Unterwasserpflanzen werden am besten ohne Verzug in den Teich eingebracht. Sie werden zwar in wassergefüllten Kunststoffbeuteln verschickt, sind aber sehr zart und druckempfindlich.

Im Sommer ist die große Zeit der Seerosen. Sie blühen je nach Art und Sorte von Juli bis August/September

Seerosen

Wer möchte sie nicht im Gartenteich haben, diese geheimnisvolle, sagenumwobene Pflanze? Man kann es kaum erwarten, bis sich die anfangs unscheinbare Unterwasserknospe endlich zum Sonnenlicht emporreckt. Seerosen sind Kinder des Lichts. Mindestens 5 Stunden am Tag möchten sie die wärmenden Strahlen der Sonne genießen, um sich uns dann in ihrer ganzen Pracht zu zeigen. Die einzelnen Blüten öffnen sich etwa nur 3 bis 5 Tage lang und sinken dann wieder in die Tiefe. Zum guten Gedeihen benötigen Seerosen pro Pflanze eine Wasseroberfläche von 1–2 m². Nur Zwergzüchtungen kommen mit weniger Platz aus. Denken Sie beim Einkauf daran – weniger ist mehr! Haben die Seerosen nicht genügend Platz zur Verfügung, bilden sich nur Blätter, die bald hoch über die Wasseroberfläche ragen, aber keine Blüten.

Falls man neu erworbene Seerosen nicht sofort einpflanzen kann, ist es ratsam, die Pflanzen an einem schattigen Platz feucht zu halten. Sie vertragen es nicht, lange auf ihr nasses Element verzichten zu müssen. Vor

Seerosenpflanzung in Körbe: ① Vor dem Einsetzen werden die Wurzeln eingekürzt. ② Korb zu zwei Drittel mit Erde befüllen, das Rhizom leicht schräg einsetzen. ③ Restliche Erde auffüllen, leicht andrücken; anschließend gesamte Erde gründlich durchnässen

Der Gartenteich

Seerosen

Seerose 'Pöstlingberg', eine große Sorte, die wenigstens 60 cm Wassertiefe braucht

Die Sorte 'Froebeli' kommt mit einer mittleren Wassertiefe zwischen 40–70 cm zurecht

Die Zwergseerose 'Helvola' eignet sich gut für Miniteiche im Kübel; da nicht frosthart, wird sie im Haus überwintert

dem Einpflanzen prüft man den Wurzelstock auf eventuelle Schäden. Faulige Stellen werden abgeschnitten und die Schnittfläche möglichst mit Holzkohlen- oder Aktivpuder bestreut, um ein weiteres Faulen zu verhüten. Man muss auch alle abgeknickten Blätter entfernen.

Die Wurzelfäden werden eine Handbreit unter dem Rhizom eingekürzt. Es ist möglich, das Rhizom direkt in den Bodengrund zu pflanzen, wenn dieser eine Höhe von 20 cm aufweist. Einige Steine hindern die fleischige Wurzel am Aufschwimmen. Besser ist es, Seerosen in Körbe zu pflanzen. Wenn man später vielleicht einmal den Wurzelstock teilen möchte, ist es einfacher, den Korb heraufzuholen, als mit viel Kraft und Mühe den ganzen Bodengrund aufzuwühlen. Seerosenkörbe werden in verschiedenen Größen angeboten. Für große Sorten sind Körbe mit 45–60 cm Durchmesser und einer Tiefe von etwa 25 cm angebracht. Damit keine Erde ausgeschwemmt wird, legt man vor dem Einfüllen den Korb sorgfältig mit Sackleinen oder mit einem Nylongewebe aus. Als Pflanzsubstrat ist eine Mischung aus 2/3 Lehmerde und 1/3 Torf, beides ungedüngt, empfehlenswert. Das Rhizom wird etwas schräg in eine Mulde gedrückt und nur wenig mit Erde bedeckt. Zu tiefes Pflanzen kann ein Kümmern der Seerose zur Folge haben. Kies oder Steine verhindern das Aufschwimmen des Rhizoms. Bepflanzte Behälter müssen vor dem Einsetzen gut durchfeuchtet werden, um ein Ausspülen der Seerosenerde zu verhindern. Nasse Erde hat eine sehr viel bessere Haftung. Normalerweise sollten nur etwa 20 cm Wasser über der frisch gesetzten Seerose stehen, damit die Pflanze nicht übermäßig viel Kraft aufbringen muss, um die Wasseroberfläche zu erreichen. Man stellt die Körbe anfangs an seichte Stellen oder legt Steine darunter, die man dann langsam nach und nach wegnimmt, bis der Korb auf dem Bodengrund steht und die Blätter ganz oben schwimmen. Es besteht auch die Möglichkeit, den Wasserspiegel eines noch nicht ganz gefüllten Teichs nach dem Wachstum der Seerose zu richten und allmählich zu erhöhen.

Sicher findet man irgendwann einmal eine ganz besonders schöne Seerose, die man noch nachträglich einpflanzen möchte. Hier ist es ratsam, durch zwei Seiten des bepflanzten Seerosenkorbes eine lange, starke Kordel zu ziehen. Dann wird der Korb mittels dieser Kordel von zwei Personen, die sich an den gegenüberliegenden Seiten des Teichs aufstellen, angehoben und vorsichtig in die Tiefe gesenkt.

Etliche tropische Seerosen benötigen nährstoffreichen Boden. Es ist angebracht, Spezial-Seerosendünger zu verwenden, der in Tablettenform angeboten wird. Ansonsten sind Düngemittel in einem biologisch einwandfrei funktionierenden Teich nicht notwendig.

Selbst wenn man keinen Gartenteich besitzt, braucht man nicht auf die Freude an einer Seerosenblüte zu verzichten. Es gibt inzwischen viele **Zwergsorten**, die in kleinen Kübeln und Betonschalen gut gedeihen. Im Winter werden die Schalen hereingenommen und in einem hellen, frost-

TIPP

Keine Dauerberieselung!
Man darf Seerosen niemals in unmittelbarer Nähe von Wasserspeiern oder Springbrunnen setzen. Keine Seerose liebt es, laufend einer Wasserberieselung ausgesetzt zu sein. Sie wird ihre schönen Blüten niemals öffnen.

freien Raum untergebracht. Man darf nicht vergessen, den Wasserstand hin und wieder zu prüfen, damit die Pflanze nicht austrocknet. Um unsere Seerosen im Teich müssen wir uns im Winter nicht sorgen. Die meisten Sorten sind winterhart und bei einem Wasserstand von 60 cm besteht keine Gefahr für die Pflanzen. Bevor der Teich in die Winterruhe geht, zwickt man am besten die absterbenden Seerosenblätter so tief wie möglich ab. Eine übermäßige Fäulnisbildung ist damit ausgeschaltet. Es ist natürlich nicht immer leicht, an die Blätter heranzukommen. Mit einer Astschere am langen Stiel ist es meist ganz einfach, die Seerosenstiele tief im Wasser abzuknipsen. Der Fachhandel bietet für solche Zwecke auch spezielle Teichscheren an. Bei kleineren Teichen hilft ein von Rand zu Rand übergelegtes Brett. Es muss natürlich stark genug sein, um das Gewicht der Person auszuhalten.

Seerosen können immer gepflanzt werden, sofern die Wasserfläche nicht zugefroren ist. Allerdings ist die Wuchsfreudigkeit besser, wenn sich das Wasser schon etwas erwärmt hat.

Es ist möglich, dass man beim Kauf der Seerosen einen **Schädling** einschleppt, den man unbedingt bekämpfen muss. Käfer und Larven des Seerosenblattkäfers schädigen Knospen, Blätter und Blüten. Eine bräunliche Larve, nur wenige Millimeter groß, schabt furchenartige, gebogene Rillen in die Blätter der Seerose. Erst daran erkennt man, dass die Pflanze befallen ist. Man bekämpft diesen Schädling, indem man die Larven von den Blättern abliest und vernichtet.

Wenn am Rand der Seerosenblätter plötzlich kleine Stücke fehlen – meist geschieht es im Juli/August –, wird

Teichbewohner wie der Seefrosch wissen Schwimmblattpflanzen sehr zu schätzen

diese sicher der Seerosenzünsler heimgesucht haben. Auch hier bringt das Ablesen der Raupen Erfolg. Man muss auch unter den Blättern nachschauen. Die Fische gehören zu den natürlichen Feinden dieses Schädlings. Man sollte auf Chemikalien zur Schädlingsbekämpfung verzichten. Sie könnten alle Lebewesen im Teich gefährden.

Weitere Schwimmblattpflanzen

Der größte Teil der Schwimmblattpflanzen befindet sich meist über Wasser. Frei auf der Wasseroberfläche schwimmende Pflanzen – wie etwa Muschelblumen und Wasserlinsen – entnehmen ihre lebensnotwendigen Nährstoffe direkt dem Wasser. Andere schicken ihre Wurzeln bis zum Teichgrund, wo sie sich locker verankern. Wurzelnde Schwimmblattpflanzen, z. B. Seerosen und Mummeln, beziehen ihre Nährstoffe aus dem Boden. Da Seerosen wohl an erster Stelle der beliebtesten Wasserpflanzen stehen und für ihr Gedeihen etliche wichtige Faktoren zu beachten sind, wurden sie und ihre Pflege im vorherigen Abschnitt gesondert behandelt.

In fischbesetzten Gartenteichen, die während des ganzen Tages von der Sonne beschienen werden, sollten Schwimmblattpflanzen keinesfalls fehlen. Durch das auf dem Wasser liegende Blattwerk spenden sie Schatten und Fische, Frösche und anderes Getier halten sich in der heißen Jahreszeit gern unter den Blättern auf.

Meist sind die Blätter der Schwimmblattpflanzen von lediger Beschaffenheit mit wachsartiger Oberfläche. Zwar fließen Wassertropfen von dieser Oberfläche schnell ab, doch reagieren Schwimmblattpflanzen nachteilig, wenn sie laufend, etwa durch einen Springbrunnen, von oben benässt werden. Es ist also darauf zu achten, dass besonders Schwimmblattpflanzen mit Blüten ein ruhiges Plätzchen zugewiesen bekommen.

Unterwasserpflanzen

Leider messen viele Gartenfreunde beim Anlegen ihres Teichs den überaus wichtigen Unterwasserpflanzen zu wenig Bedeutung bei. Für Tiere des Wassers sind gerade die Unterwasserpflanzen von großer Bedeutung. Sie produzieren den zur Atmung nötigen Sauerstoff und wirken außerdem wasserreinigend und algenhemmend. Auch bieten sie vielen kleinen Wassertieren Nahrung und Versteckmöglichkeiten. Ein biologisch gesunder Teich ist ohne Unterwasserpflanzen nicht denkbar. Sie leben völlig untergetaucht und nur selten schicken sie ihre Blüten über den Wasserspiegel. Durch ungeschlechtliche (vegetative) Vermehrung können Pflanzenteile, z. B. von Hornkraut oder Wasserpest, neue Bestände bilden.

Schwimmblattpflanzen im Überblick

Deutscher und botanischer Pflanzenname	Blüte-zeit	Blüten-farbe	Höhe in cm	Wasser-stand in cm	Standort	Hinweise
Wasserähre, *Aponogeton distachyos*	VI–X	weiß	5–10 (Ober-wassertrieb)	15–20	○	frostfrei und hell überwintern
Großer Algenfarn, *Azolla filiculoides*	–	–	–	schwimmen lassen	○–◐	algenhemmend; sehr wuchsfreudig
Wasserhyazinthe, *Eichhornia crassipes*	VII–IX	blau	20–30 (Blütenstand)	schwimmen lassen	○	algenhemmend; nicht frosthart, schwer zu überwintern
Froschbiss, *Hydrocharis morsus-ranae*	VII–VIII	weiß	5	schwimmen lassen	○–●	algenhemmend
Kleine Wasserlinse, *Lemna minor*	–	–	–	schwimmen lassen	○–●	algenhemmend; sehr wuchsfreudig
Dreifurchige Wasserlinse, *Lemna trisulca*	–	–	–	schwimmen lassen	○–●	algenhemmend; sehr wuchsfreudig
Gelbe Teichrose, Mummel, *Nuphar lutea*	VI–VIII	gelb	–	40–120	○–●	wuchsfreudig, für größere Teiche
Seekanne, *Nymphoides peltata*	VII–VIII	gelb	5	10–100	○–◐	Gefäßpflanzung oder Rückschnitt bei starker Ausbreitung
Muschelblume, *Pistia stratiotes*	VII–VIII	unschein-bar	10	schwimmen lassen	○	im Haus überwintern
Wasserknöterich, *Polygonum amphibium*	VI–IX	rosarot	20	0–30	○–◐	starke Verbreitung über Ausläufer
Wasserhahnenfuß, *Ranunculus aquatilis*	VII–VIII	weiß	20	10–100	○–●	in lehmigem Boden wuchernd
Wassernuss, *Trapa natans*	VI–VIII	unschein-bar weiß	–	schwimmen lassen	○–◐	algenhemmend; Vermehrung durch Selbstaussaat

Wasserhyazinthe, Eichhornia crassipes

Seekanne, Nymphoides peltata

Wassernuss, Trapa natans

Unterwasserpflanzen im Überblick

Deutscher und botanischer Pflanzenname	Blütezeit	Blütenfarbe	Höhe in cm	Wasserstand in cm	Standort	Hinweise
Wasserstern, *Callitriche palustris*	VI–IX	grün	50	10–50	◐	wintergrün
Hornkraut, *Ceratophyllum demersum*	–	–	–	Schwimmpflanze	◐	gelegentliches Auslichten nötig
Nadelsimse, *Eleocharis acicularis*	VI–IX	braun	kriechend	0–100	◐	bietet Wassertieren Versteckmöglichkeiten
Wasserpest, *Elodea canadensis*	–	–	100	20–300	◐	wintergrün; Auslichten möglich
Wasserfeder, *Hottonia palustris*	V–VI	rosa	bis 20 (Oberwassertrieb)	10–40	◐	nicht für kalkhaltiges Wasser
Tausendblatt, *Myriophyllum*-Arten	VI–VIII	rosa, grünlich	10–20 (Oberwassertrieb)	10–150	◐	sehr gute Wasserreiniger
Laichkraut, *Potamogeton*-Arten	VI–VIII	grünlich braun	–	10–200	◐	fördert Wassertiere
Flutender Hahnenfuß, *Ranunculus fluitans*	VI–VIII	weiß	–	Schwimmpflanze	◐	benötigt fließendes Wasser (Bachlauf)
Krebsschere, *Stratiotes aloides*	VI–VIII	weiß	–	Schwimmpflanze	◐	erhebt zur Blütezeit 40 cm lange Blätter übers Wasser
Großer Wasserschlauch, *Utricularia vulgaris*	VI–VIII	gelb	–	Schwimmpflanze	◐	kann mit Fangbläschen Wassertiere erbeuten

Wasserstern, Callitriche palustris

Tausendblatt, Myriophyllum spicatum

Krebsschere, Stratiotes aloides

Fadenartige Wurzeln dienen meist nur der Verankerung. Die Nahrung wird durch die dünne Oberfläche der Pflanzen direkt aus dem Wasser bezogen. Einige Unterwasserpflanzen bilden Winterknospen (Hibernakel), die sich im Herbst von den Pflanzen lösen, auf dem Teichboden überwintern und im Frühjahr neue Pflanzen entwickeln.

Stark wuchernde, im Bodengrund wurzelnde Unterwasserpflanzen, z. B. die Wasserpest, können durch Ausreißen dezimiert werden.

Unterwasserpflanzen können auch noch eingebracht werden, wenn der Teich schon angelegt ist. Man bindet die Pflanzstängel und einen Stein zusammen und wirft das Ganze ins Wasser. Wurzelbildende Pflanzen werden sich dort schnell verankern.

Sumpfpflanzen

Die Sumpfpflanzenvegetation ist nicht weniger reizvoll als die Seerosenblüte. Leider wird der Rückgang dieser Pflanzen in der freien Natur immer bedrohlicher; die meisten stehen unter Naturschutz und dürfen nicht aus ihrem Lebensraum entnommen werden. Daher sollte man sie unbedingt in Wasserpflanzen- bzw. Staudengärtnereien oder im Gartencenter kaufen.

Hin und wieder muss man den Sumpfteil auslichten, damit sich die Pflanzen nicht gegenseitig den Lebensraum wegnehmen. Falls man beim Folienteichbau die Sumpfzone angeschlossen hat, braucht man sich um die erforderliche Feuchtigkeit nicht zu kümmern. Diese Zone wird durch den Teich stets mit genügend Wasser versorgt. Nur bei lang anhaltender Trockenheit, wenn der Wasserspiegel des Teichs stark absinkt, ist eine zusätzliche Bewässerung notwendig.

Sumpfpflanzen im Überblick

Deutscher und botanischer Pflanzenname	Blütezeit	Blütenfarbe	Höhe in cm	Wasserstand in cm	Standort
Kalmus, *Acorus calamus*	VI–VII	gelb	50–100	10–30	○–●
Froschlöffel, *Alisma plantago-aquatica*	VI–IX	weiß	30–100	0–30	○–◐
Blumenbinse, *Butomus umbellatus*	VII–VIII	rosa	60–150	0–30	○–◐
Sumpfcalla, *Calla palustris*	VI–IX	weiß	20–30	0–20	◐–●
Sumpfdotterblume, *Caltha palustris*	IV–VI	gelb	30	0–10	○–◐
Zypergrassegge, *Carex pseudocyperus*	VI–VII	grün	40–80	0–10	○–◐
Zypergras, *Cyperus alternifolius*	VII–VIII	weißlich braun	150	0–30	○–◐
Sumpfschachtelhalm, *Equisetum palustre*	–	–	15–60	bis 40	○–◐
Bunter Wasserschwaden, *Glyceria maxima* 'Variegata'	VII–VIII	bräunlich	50–100	0–20	○–◐
Tannenwedel, *Hippuris vulgaris*	–	–	10–40	10–50	○–◐
Wasserschwertlilie, *Iris pseudacorus*	V–VII	gelb	60–100	0–30	○–◐
Flatterbinse, *Juncus effusus*	VII–VIII	braun	30–80	0–10	○–◐
Zwergbinse, *Juncus ensifolius*	VI–VII	braun	30	5	○–◐
Sumpflobelie, *Lobelia siphilitica*	VII–IX	hellblau	80–100	0–5	○
Scheincalla, *Lysichiton americanus*	IV–V	gelb	50	0–5	◐
Fieberklee, *Menyanthes trifoliata*	V–VI	rötlich weiß	bis 30	5–20	○–◐

Sumpfpflanzen im Überblick (Fortsetzung)

Deutscher und botanischer Pflanzenname	Blütezeit	Blütenfarbe	Höhe in cm	Wasserstand in cm	Standort
Sumpfvergissmeinnicht, *Myosotis palustris*	V–IX	blau	20–40	0–15	◐–●
Echte Brunnenkresse, *Nasturtium officinale*	V–VIII	weiß	20–40	0–30	◐–●
Goldkeule, *Orantium aquaticum*	V–VI	goldgelb	20–40	10–30	○
Schilf, *Phragmites*-Arten	VIII–IX	braun	100–150	0–50	◐–●
Hechtkraut, *Pontederia cordata*	VII–IX	blau	30–100	20–30	◐–●
Pfeilkraut, *Sagittaria sagittifolia*	VI–VII	weiß	50–70	10–50	◐–●
Teichsimse, *Scirpus lacustris* 'Zebrinus'	VI–VIII	hellbraun	120	10–30	◐–●
Ästiger Igelkolben, *Sparganium erectum*	VII–VIII	grün	60–100	0–40	◐–●
Kleiner Rohrkolben, *Typha minima*	VII–IX	braune Kolben	30–80	0–30	◐–●

Blumenbinse (siehe S. 461)

Hechtkraut, *Pontederia cordata*

Tannenwedel (siehe S. 461)

Sumpfdotterblume (siehe S. 461)

Igelkolben, *Sparganium erectum*

Pflanzen für den Feuchtbereich

Es gibt Pflanzen, die gern „feuchte Füße" haben, aber nicht im Wasser stehen möchten. Man kann dem Sumpfteil eine Feuchtzone angliedern, indem man einfach eine Teichfolie etwa 40 cm tief in den Boden eingräbt, 20 cm mit Kies und den Rest mit Erde auffüllt. Es schadet den Feuchtpflanzen dieser Gruppe nicht, wenn die Oberfläche einmal einige Tage austrocknet. Der Wasservorrat an den Wurzeln reicht meist bis zum nächsten Regen. Ein großer Teil äußerst dekorativer Pflanzen steht für diesen feuchten Lebensraum zur Verfügung. Wegen der außergewöhnlichen Vielfalt ist es im Rahmen dieses Buchs unmöglich, alle vorzustellen; die nachfolgende Übersicht kann nur eine kleine Auswahl zeigen.

Pflanzen für den Feuchtbereich im Überblick

Deutscher und botanischer Pflanzenname	Blütezeit	Blütenfarbe	Höhe in cm	Standort
Sumpfschafgarbe, *Achillea ptarmica*	VII–IX	weiß	30–90	○–◐
Morgensternsegge, *Carex grayi*	V–VI	grün	60–100	○–●
Sumpfweidenröschen, *Epilobium palustre*	VII–VIII	rosa	15–50	○–◐
Wollgras, *Eriophorum angustifolium*	IV–V	weiß	30	○
Wolfsmilch, *Euphorbia palustris*	V–VI	gelb	50–150	○–◐
Mädesüß, *Filipendula ulmaria*	VI–VII	gelb-weiß	bis 150	○–◐
Schachbrettblume, *Fritillaria meleagris*	IV–V	weiß, purpur	20–30	○–◐
Pfennigkraut, *Lysimachia nummularia*	V–VII	gelb	flach wachsend	○–◐
Felberich, *Lysimachia vulgaris*	VI–VIII	gelb	60–120	○–◐
Blutweiderich, *Lythrum salicaria*	VII–IX	rosarot	bis 200	○–●
Wasserminze, *Mentha aquatica*	VII–VIII	bläulich	30–100	○–●
Gauklerblume, *Mimulus luteus*	VI–VIII	gelb, rot, orange, violett	20–60	○–◐
Sumpfherzblatt, *Parnassia palustris*	VI–IX	weiß	20–25	○–◐
Sumpffarn, *Thelypteris palustris*	–	–	40–60	◐–●
Trollblume, *Trollius europaeus*	V–VI	gelb, orange	30–50	○–◐
Bachbunge, *Veronica beccabunga*	V–IX	blau	20–50	○–◐

Wollgras, *Eriophorum angustifolium*

Trollblume, *Trollius europaeus*

Bachbunge, *Veronica beccabunga*

Stauden für den erweiterten Randbereich

Der erweiterte Randbereich eines Gartenteichs muss genauso sorgfältig angelegt werden wie die Teichregion selbst. Hier bietet sich eine große Auswahl von blühwilligen und besonders anpassungsfähigen Stauden an. Zwischen großblättrigen, hohen Pflanzen wie Mammutblatt, Bärenklau oder Schaublatt finden sich überall noch sonnige, halbschattige oder schattige Stellen, die zur Auflockerung mit bunt blühenden Stauden besetzt werden können. Die gute Entwicklung der Stauden hängt vom richtigen Standort ab. Aus diesem Grund ist zu unterscheiden zwischen Halbschatten-, Schatten- und Sonnenstauden. Wenn ihnen der Standort zusagt, erfreuen sie uns oft jahrzehntelang. Zwischen den einzelnen Stauden sollte die Erde stets locker und unkrautfrei gehalten werden. Eine sorgsame Bodenvorbereitung vor der Pflanzung ist ausschlaggebend für ein gesundes Wachstum. Durch gut durchdachte Bepflanzung kann man mit einer Blütenfülle während vieler Monate rechnen. Im Frühjahr beginnen Primeln, Maiglöckchen, Trollblumen und Buschwindröschen den bunten Reigen, gefolgt von den leuchtenden Farben blühender Astilben, dem imposanten blauen Eisenhut, dem Rittersporn und den eleganten Funkien. Herbstanemonen, Prachtscharten, Krötenlilien und viele andere Blumen bringen auch noch im Herbst mit ihrer Blütenpracht bunte Farbtupfer in den Wassergarten.
Die nebenstehende Tabelle zeigt im Überblick ein paar besonders gut geeignete Stauden für die Teichumgebung. Darüber hinaus sind mehrere Arten geeignet, die im Kapitel „Stauden" (ab S. 334) beschrieben werden. Auch Gräser, Farne und Bodendecker, nachfolgend kurz vorgestellt, sollte man nicht vergessen. Sie runden das Bild des Wassergartens sehr schön ab.

Zierde für die nähere Teichumgebung: Funkie und blaue Dreimasterblume, unterstützt vom Gelb des Goldfelberich

Zierende Gräser

Ein wichtiges Gestaltungselement im Wassergarten ist die Gruppe der Gräser. Unter den rund 10 000 Arten befinden sich Exemplare von mehreren Metern Höhe, aber auch kleinwüchsige, die nur eine Höhe von wenigen Zentimetern erreichen. Wo immer es möglich ist, empfiehlt es sich, sie zur Zwischenpflanzung oder auf Plätzen, die für andere Pflanzen nicht geeignet sind, zu verwenden. Nicht nur zur Blütezeit, sondern auch im Herbst und im Winter wirken Gräser attraktiv. Sie sind winterhart und besonders der herbstliche Raureif lässt ihre Schönheit noch einmal voll zu Geltung kommen. Aus diesem Grund ist zu beachten, dass Gräser niemals schon im Herbst geschnitten werden. Die hohen Halme sollten nicht nur wegen des schönen Anblicks bis zum Frühjahr stehen bleiben, sondern auch als Schutz gegen Staunässe, die zum Abfaulen der Gräser führen kann.
Außer Sumpfgräsern mögen die meisten Arten keinen zu feuchten Boden. Wenn für ausreichenden

Stauden für den erweiterten Randbereich

Deutscher und botanischer Pflanzenname	Blütezeit	Blütenfarbe	Höhe in cm	Standort
Bärenklau, *Acanthus mollis*	VI–VIII	weißlila	80–300	○
Frauenmantel, *Alchemilla mollis*	VI–VII	grüngelb	20–50	◐
Waldgeißbart, *Aruncus dioicus*	VI–VII	weiß	bis 200	◐–●
Astilbe, *Astilbe*-Hybriden	VI–IX	rosa, rot, weiß, lila	40–120	◐–●
Bergenie, *Bergenia cordifolia*	IV–V	rosa, rot, weiß	20–60	○–●
Schildblatt, *Darmera peltata*	IV–V	rosa	80	○–◐
Mammutblatt, *Gunnera tinctoria*	VII–VIII	rötlich	200–400	○–○
Taglilie, *Hemerocallis*-Hybriden	V–IX	gelb, rosa, rot, orange	40–120	○–○
Funkie, *Hosta*-Arten	VI–IX	weiß, violett	20–100	◐–●
Goldkolben, *Ligularia przewalskii*	VII–VIII	gelb	120–150	○–◐
Indianernessel, *Monarda didyma*	VII–IX	rot	100	○–○
Lungenkraut, *Pulmonaria*-Arten	III–V	blau, rot, weiß	25–30	◐–●
Medizinalrhabarber, *Rheum palmatum*	V–VII	dunkelrot	200	○–○
Schaublatt, *Rodgersia aesculifolia*	VI–VII	weiß	150	○–○
Dreimasterblume, *Tradescantia-Andersoniana*-Hybriden	V–IX	weiß, blau, rosa	30–40	○–◐
Krötenlilie, *Tricyrtis*-Arten	VIII–X	weißrosa	50–80	◐–●

Mammutblatt, Gunnera tinctoria

Krötenlilie, Tricyrtis hirta

Wasserabfluss gesorgt wird, eignen sich viele Gräser gut für die erweiterte Teichrandzone (vgl. S. 466). Auch für Stein- und Heidegärten und als so genannte „Lückenfüller" finden die dekorativen Gräser Verwendung. Mit ihren unterschiedlichen Höhen und Formen überbrücken sie Zeiten, in denen im Garten nicht viel blüht. Sie sind immer ein Blickfang; mit den Halmen lassen sich auch Trockensträuße binden.

Dekorative Gräser für den Randbereich

Deutscher und botanischer Pflanzenname	Höhe in in cm	Zierde	Standort
Pampasgras, *Cortaderia selloana*	200–300	eleganter Wuchs, silbrigweiße Blütenfahnen	○
Rasenschmiele, *Deschampsia cespitosa*	50/150	sattgrüne Grashorste, erst grüne, dann gelbe Blütenrispen	○―●
Riesenstrandhafer, *Elymus racemosus*	150	blau bereifte Halme, gelbe Blütenähren	○
Regenbogenschwingel, *Festuca amethystina*	50	blaugrüne Halme, Blätter mit kupfernen bis violetten Farbtönen durchsetzt	◠
Blauschwingel, *Festuca cinerea*	20	bläuliche Horste, silberbraune Blüten	○
Bärenfellschwingel, *Festuca scoparia*	10	sattgrüne Horste, gelbgrüne Blüten	◐
Zwergblauschwingel, *Festuca valesiaca*	15–20	blau bereifte Halme und Blätter	○
Blaustrahlhafer, *Helictotrichon sempervirens*	50–60	bläuliche Horste, gelbe Blüten; immergrün	○
Chinaschilf, *Miscanthus sinensis*	200	grüne, eindrucksvolle Horste, silbrige Blüten	○―◐

Chinaschilf (*Miscanthus sinensis*) bereichert die Teichszenerie mit eindrucksvollem Grashorst in sattem Grün

Farne

Farne sollten an keinem Gartenwasser fehlen. Es sei aber geraten, diese schönen Pflanzen nicht einfach von einem Waldspaziergang mit nach Hause zu nehmen. Zum einen stehen Farne unter Naturschutz und dürfen nicht ausgegraben werden, zum andern würden sie das Umsetzen nicht gut vertragen.

In jeder Wasserpflanzen- und Staudengärtnerei sind Farne in großer Auswahl erhältlich; selbst jene, die in der freien Natur kaum noch zu finden sind.

So variabel die Arten und Sorten der winterharten Freilandfarne sind, so unterschiedlich ist auch ihre Größe. Da gibt es Winzlinge mit einer Wuchshöhe von nur 10 cm, aber auch stattliche Pflanzen von mehr als 1 m Höhe. Die meisten Farne benötigen einen schattigen Gartenplatz und humusreichen Boden. Ob zwischen Gehölzen und unter Bäumen, am künstlichen Bach oder an der Vogeltränke – überall dort, wo Wasser in die Gartengestaltung einbezogen ist, wirken Farne ganz besonders reizvoll.

Der Gartenteich

Stauden für den erweiterten Randbereich

Farne für die Teichumgebung

Deutscher und botanischer Pflanzenname	Höhe in in cm	Merkmale, Hinweise
Rippenfarn, *Blechnum spicant*	20	rippenartig gefiederte Wedel, wintergrün; auffallende Fruchtwedel
Breitwedelfarn, *Dryopteris dilatata*	80–150	dunkelgrüne, bogig überhängende Wedel; wintergrün
Wurmfarn, *Dryopteris filix-mas*	80–140	gefiederte, eingekerbte Wedel; stattlich und anspruchslos
Straußfarn, *Matteuccia struthiopteris*	80	bildet schlanke Trichter; Ausläufer bildend, deshalb größerer Platzbedarf
Perlfarn, *Onociea sensibilis*	40–50	doppelt gefiederte Wedel; flacher Wuchs, als Bodendecker geeignet
Königsfarn, *Osmunda regalis*	200	doppelt gefiederte Wedel, hübsche Herbstfärbung; ansehnliche Solitärpflanze
Hirschzungenfarn, *Phyllitis scolopendrium*	40	lederartige Blätter, auch Zuchtformen mit gewellten und gekräuselten Rändern; wintergrün
Tüpfelfarn, *Polypodium vulgare*	30–40	ledrige, dunkelgrüne Wedel, wintergrün; bodendeckend
Weicher Schildfarn, *Polystichum setiferum*	40–100	fein gefiederte Wedel; mehrere Sorten erhältlich
Adlerfarn, *Pteridium aquilinum*	200	gefiederte Wedel mit kupferfarbener Herbstfärbung

Tüpfelfarne, Polypodium vulgare

Adlerfarn, Pteridium aquilinum

Bodendeckende Pflanzen

Blühende Teppiche zwischen höher wachsenden Uferstauden, dichtes Blattwerk auf beschatteten Bodenpartien, hübsch überwallte Teichränder: Bodendecker lassen sich vielfältig einsetzen und runden die Bepflanzung ab.

Für eine harmonische, natürlich wirkende Gestaltung der Teichumgebung sind Bodendecker fast unentbehrlich. Neben verschiedenen Stauden kann man hierfür den Efeu verwenden, der mit seinen immergrünen Ranken auch Findlinge oder große Kiesel überzieht. Günsel und Haselwurz haben im Winter ebenfalls grüne Blätter zu bieten. Bei einigen Bodendeckern, vor allem beim Günsel, muss man ein wenig aufpassen, dass die zahlreichen Ausläufer nicht andere Pflanzen überwuchern. Ansonsten sind diese Pflanzen sehr pflegeleicht.

Bodendeckende Pflanzen für die Teichumgebung

Deutscher und botanischer Pflanzenname	Blütezeit	Blütenfarbe	Höhe in cm	Standort
Kriechender Günsel, *Ajuga reptans*	V–VI	blau	10	○–◐
Haselwurz, *Asarum europeum*	IV–V	braun	10	●
Elfenblume, *Epimedium* x *youngianum* 'Niveum'	IV–V	weiß	30	◐–●
Waldmeister, *Galium odoratum*	V–VI	weiß	20	◐–●
Efeu, *Hedera helix*	IX–X	unauffällig	flach kriechend oder kletternd	◐–●
Pfennigkraut, *Lysimachia nummularia*	V–VII	gelb	5	○–◐
Schneckenknöterich, *Polygonum affine*	VI–IX	weißrosa, rot	25	○–◐

Kriechender Günsel, Ajuga reptans

Waldmeister, Galium odoratum

Pfennigkraut, Lysimachia nummularia, mit Orchideenprimel, Primula vialii

Pflege des Gartenteichs

Durch die Erde, die beim Einlassen des Wassers aufgeschwemmt worden ist, wird der neu angelegte Teich 1 bis 2 Tage lang etwas trüb aussehen. Doch bald setzen sich die Schwebestoffe und das Wasser wird so klar werden, dass man bis auf den Grund sehen kann. Nur kurze Zeit darf man sich an diesem Idealzustand erfreuen. Eines Tages wird man unter Umständen vor einer grünlichen, trüben Brühe stehen. Dies ist der Zeitpunkt, an dem man sicherlich etwas in Panik geraten wird. Viele Gartenteichneulinge versuchen dann durch Wasserwechsel oder Zugabe von chemischen Klärungsmitteln die grüne Brühe wieder in glasklares Wasser zu verwandeln. Es ist aber wichtig zu wissen, dass diese Teichtrübung ein ganz natürlicher Zustand ist, der zur Entwicklung des Teichs einfach dazugehört.

Keine Angst vor Algen

Durch den Teichgrund werden – selbst wenn er ungedüngt ist – viele organische Nährstoffe mit eingebracht, es kommt zu einer kurzzeitigen Überdüngung und einer daraus resultierenden Algenbildung. Da Algen sauerstoffreiches, hartes Wasser lieben – und das haben wir ja in unserem Teich, besonders wenn er mit Leitungswasser befüllt wurde –, fühlen sie sich in neu angelegten Teichen besonders wohl. Man muss nun Geduld haben, bis sich das natürliche Gleichgewicht von selbst einstellt. Das heißt, der Teich wird wieder klar, wenn nicht mehr Nährstoffe anfallen, als von den Wasserpflanzen aufgenommen werden können. Auch die im Wasser befindlichen Bakterien helfen mit, organische Substanzen abzubauen. Man sollte niemals auf Wasserschnecken verzichten. Sie sind die beste Gesundheitspolizei für den Wassergarten und reinigen auch veralgte Beckenwände. Durch einen ausreichenden Besatz mit Unterwasser- und Schwimmblattpflanzen, die den Algen Nahrung und Licht entziehen, hat man die besten Maßnahmen getroffen, um die Algenentwicklung wirkungsvoll zu behindern.

Wenn man beim Einfüllen des Teichwassers gleich einige Torftabletten (Fachhandel) zugibt, wird das Wasser angesäuert und die Algenbildung abgeschwächt. Haben sich die ersten Algen entwickelt – meist sind es Fadenalgen, die in einer Nacht bis zu 30 cm lang werden können –, fischt man sie einfach mit der Hand, einem Rechen oder einer für solche Zwecke angebotenen Teichzange heraus. Es ist nur darauf zu achten, dass keine Wasserpflanzen mit herausgezogen werden. Libellenlarven, Wasserasseln und andere kleine Teichbewohner, die sich gerne in den Algen aufhalten, sollte man vorsichtig ablesen und ins Wasser zurückgeben. Lässt die starke Algenbildung mit der Zeit nicht nach, liegt das vielleicht daran, dass man zu viele Fische eingesetzt hat und diese übermäßig füttert. Eine biologische Klärung wird durch das immer währende Überangebot an Nährstoffen nicht mehr möglich sein. Außerdem entstehen giftige Gase, die Tiere und Pflanzen schädigen. Um es erst gar nicht so weit kommen zu lassen, sind ein maßvoller Fischbesatz und sparsames Füttern unabdingbar.

Ausreichender, gut abgestimmter Wasserpflanzenbewuchs – das A und O des biologischen Gleichgewichts im Teich

Wasserpolizei: Posthornschnecken räumen unter Algen auf

> **INFO**
>
> **Wattealgen**
>
> Hellgrüne Wattealgen, die sich in einem gut funktionierenden Teich in kleinen Ecken oder zwischen Wasserpflanzen in der Verlandungszone bilden, sind eine durchaus natürliche Erscheinung. Wenn sie nicht überhand nehmen, ist eine Bekämpfung nicht notwendig.

Wenn keine Fische im Becken sind, dürfte die starke Algenbildung durch einen hohen Kalkgehalt des Wassers hervorgerufen werden. Falls man in einer Gegend wohnt, in der das Leitungswasser mehr als 15° dH aufweist, sollte man verdunstetes Teichwasser möglichst nur mit dem weicheren Regenwasser auffüllen.
Der Fachhandel bietet zur Wasseransäuerung auch Schwarztorfsäckchen an, die eine Zeit lang in das Becken gehängt werden.

Pflegearbeiten im Frühjahr

Fälschlicherweise wird immer wieder angenommen, ein Gartenteich mache viel Arbeit. Wenn sich nicht bereits beim Anlegen des Teichs Fehler eingeschlichen haben, dürfte sich die ganze Arbeit nur auf einige routinemäßige Pflegemaßnahmen beschränken.
Die „Generalreinigung" erfolgt am besten im Frühjahr, wenn das Eis geschmolzen ist. Spätere Reinigungsarbeiten würden sich nur störend auf das Leben im Teich auswirken. Abgestorbene, erreichbare Wasserpflanzenteile muss man vorsichtig abzupfen, wobei man sich keine Gedanken um die Pflanzen machen braucht, die man nicht erreicht; schließlich befinden sich im Teich viele Kleinlebewesen, für die verrottende Pflanzenteile lebensnotwendig sind.

Blätter, die der Wind im Laufe des Winters in den Teich geweht hat, lassen sich im Frühjahr sehr gut mit einem am langen Seil befestigten Netz herausfischen. Nachdem man auch in der Sumpfzone abgestorbene Pflanzenteile abgeschnitten oder abgezupft hat, zieht man vorsichtig einen kleinen Handrechen zwischen den einzelnen Pflanzen hindurch, um alte Blätter und anderes totes Pflanzenmaterial von der Oberfläche zu entfernen.
Schließlich erhalten die Ziergräser am Uferrand ihren „Frühjahrsschnitt", denn sie werden im Herbst nicht geschnitten, um das Innere der Horste vor dem Verfaulen durch Staunässe zu schützen.
Falls man ein Mini-Labor besitzt, ist ein Wassertest im Frühjahr vorteilhaft, besonders im „zweiten Lebensjahr" des Gartenteichs. Im Laufe der Zeit lernt man seinen Teich kennen und es wird jedem schnell auffallen, wenn mit dem Wasser einmal etwas nicht stimmt. Auch dann hilft ein Wassertest, um eventuelle Störungen im biologischen Gleichgewicht festzustellen.

Eine spezielle Teichzange erleichtert das Abfischen von Algen

Das Teilen der Wasserpflanzen oder andere Veränderungen im Pflanzenbereich sollte man dann ebenfalls im Frühjahr vornehmen.
Ab 10° C Wassertemperatur dürfen Fische, die im Teich überwintert haben, wieder Futter erhalten.

Pflegearbeiten im Sommer

Jetzt darf man sich so richtig an seinem Gartenteich erfreuen. Wasser- und Sumpfpflanzen stehen in voller Blütenpracht und die Arbeit besteht lediglich darin, stark wachsende Schwimmblattpflanzen etwas auszulichten, bevor sie die ganze Wasserfläche zuwuchern und den Unterwasserpflanzen das lebensnotwendige Licht wegnehmen.
Sollten sich Algen bilden, müssen sie hin und wieder herausgefischt werden. Kurzfristige Wassertrübungen während eines plötzlichen Wetterumschlags oder bei Gewitterneigung sind nicht beunruhigend und in der Regel nur von kurzer Dauer.
Bei lang anhaltender Trockenheit kann es zu einem Wasserstandsverlust von etwa 3 cm täglich kommen. Das Wasser verdunstet und besonders Folienteiche, die ohne Kapillarsperre angelegt worden sind, verlieren durch die Randbepflanzung noch mehr Wasser. Wenn es erforderlich ist, Wasser nachzufüllen, so sollte dies langsam und mit äußerster Vorsicht getan werden. Empfindliche Wasserpflanzen können sehr leicht einen Schock durch das kalte Leitungswasser erleiden.
Im Sommer kann es zu der so genannten „Wasserblüte" kommen, resultierend aus einer Überproduktion mikroskopisch kleiner Algen. Diese Wasserblüte entsteht auch bei natürlichen Teichen durch ein Überangebot von Phosphaten und Nitraten während der Sommermonate. Zufuhr von Frischwasser schafft

Hechtkraut setzt hier dem sommerlichen Gartenteich violettblaue Farbtupfer auf; den Teichrand zieren die zarten Blütchen der Bachbunge

Abhilfe, das grüne Wasser klärt sich wieder. Man kann auch die nächsten Regentage abwarten.
Sollten Seerosen oder andere in Körbe gesetzte Wasserpflanzen kümmern, darf man vorsichtig mit Spezial-Wasserpflanzendünger für Nährstoffzufuhr sorgen.

Pflegearbeiten im Herbst

Es ist wichtig, die im Herbst auf die Wasserfläche gewehten Blätter abzufischen, bevor sie auf den Grund sinken und dort übermäßige Faulstoffe bilden. Sollte der Gartenteich in unmittelbarer Nähe von großen, laubabwerfenden Bäumen angelegt worden sein, wird es erforderlich, Vogelnetze über die Teichfläche zu spannen. Andernfalls müsste man viele Stunden damit zubringen, immer wieder Blätter abzufischen. Bevor man also in seiner Verzweiflung wegen der Laubmassen den Baum absägt, sollte man lieber auf die preiswerten Vogelnetze zurückgreifen, die in verschiedenen Größen erhältlich sind. Es ist darauf zu achten, dass sie nicht direkt auf der Wasserfläche aufliegen, denn es ist leider schon vorgekommen, dass sich Kröten und Frösche darin verfangen haben. Die Netzränder können durch eine durchgezogene Schnur verstärkt werden, sodass sie beim Spannen nicht einreißen. Doch nicht nur Amphibien könnten ein Opfer des Maschenwerks werden: Der Netzrand sollte etwa 20 cm Abstand vom Boden haben, damit auch Igel und andere Kleintiere entkommen können, falls sie unter ein Netz geraten sind.

Man muss außerdem ständig kontrollieren, ob sich an den Rändern Vögel oder Igel verfangen haben! Nachdem der Laubabwurf beendet ist, wird das Netz entfernt.
Um den Bodengrund während des Winters so wenig wie möglich mit faulendem Material zu belasten, werden Seerosenblätter vor dem ersten Frost so tief wie eben erreichbar abgeknipst.
Mit zwei praktischen Geräten, nämlich mit Teichzange und Teichschere, lassen sich zu lang gewordene oder abgestorbene Pflanzenteile ohne Mühe entfernen. Beide Geräte sind im Fachhandel erhältlich.

Pflegearbeiten im Winter

Wenn die Nächte kühler werden und der Winter naht, richten sich auch die Tiere am und im Gartenteich zur Winterruhe ein. Kröten und Molche suchen schützende Verstecke auf. Hier kann man helfend eingreifen, indem man viel Laub in ausgehöhlte Baumstämme schichtet und Steinburgen anlegt, deren Zwischenräume mit Laub und Moos ausgepolstert werden. Die Tiere werden dort sicher überwintern und den Gartenteichbetrachter im nächsten Frühjahr wieder erfreuen.

Die Fische stehen still in der Nähe des Grunds und zeigen sich kaum noch an der Wasseroberfläche. Hier und da finden wir noch eine Seerosenknospe, die aber nicht mehr zur Blüte kommt.

Unzählige winzige Wassertröpfchen erfüllen die Luft, setzen sich an den Pflanzen ab und die Kälte lässt sie zu kleinen Eiskristallen erstarren. Raureifzauber verändert das Gesicht jedes Wassergartens. Wenn die Wassertemperatur unter 10° C abgesunken ist, werden die Fische nicht mehr gefüttert. Wie andere Wasserbewohner stellen auch sie ihren Kreislauf und Stoffwechsel auf die niedrigen Temperaturen ein. Falls der Gartenteich eine Tiefe von 60 cm und mehr aufweist und mit wintergrünen, Sauerstoff spendenden Unterwasserpflanzen, z. B. Wasserpest und Zungenhahnenfuß, besetzt

Immergrüne Unterwasserpflanzen wie der Wasserhahnenfuß setzen auch im Winter Sauerstoff frei

Ein Eisfreihalter gewährt selbst bei gefrorener Wasserfläche den nötigen Gasaustausch

ist, braucht man sich um die Fische nicht zu sorgen. Allerdings muss man Abzugsmöglichkeiten für gefährliche Sumpfgase schaffen, die im Winter durch Fäulnisvorgänge auf dem Beckenboden entstehen können.
Am besten eignet sich dafür der im Fachhandel erhältliche **Eisfreihalter**. Er besteht aus Spezial-Styropor, ist preiswert und energieunabhängig. Die an den Rändern des Eisfreihalters eingekerbten Schlitze sichern bei zugefrorenen Teichen bis zu Temperaturen von −20°C die Zufuhr von Sauerstoff und das Abziehen der Faulgase. Sobald mit den ersten Nachtfrösten zu rechnen ist, wird der Eisfreihalter auf den Teich gelegt und mit zwei an den Seiten herabhängenden Schnüren, an denen Sandsäckchen befestigt werden, auf der Wasseroberfläche gehalten. Aufragende Schilf- und Binsenhalme sowie Rohrkolben dürfen im Herbst nicht abgeschnitten werden, denn auch durch sie werden winzige Luftaustauschkanäle frei, die das Abziehen der Faulgase ermöglichen.
Ein Sauerstoffvorrat im Gewässer entsteht, wenn man unter der bereits gebildeten Eisdecke dem Teich Wasser entzieht, bis der Abstand zur Eisdecke etwa 10 cm beträgt. Die daraus resultierende Luftschicht isoliert, schützt allerdings bei lang anhaltenden, strengen Wintern nur kurzfristig. Es wird sich bald eine zweite Eisdecke bilden, wenn das Wasser mit der kalten Außenluft in Berührung kommt.
Der schon im Kapitel „Das Wasser" (siehe S. 451) empfohlene **Oxydator** dürfte wohl eine der besten Lösungen sein, die Fische vor Sauerstoffmangel und Faulgasbildung im Wasser zu schützen. Faulgase entstehen bei der Zersetzung organischer Stoffe durch verschiedene Mikroorganismen.
Die Entwicklung giftiger und stinkender Faulgase im Winter wie im Sommer kann zuverlässig verhindert werden, indem man dem Wasser ausreichend Sauerstoff zuführt. Genau das tut der Oxydator. Das Gerät verliert auch unter einer geschlossenen Eisdecke nichts von seiner Wirksamkeit.
Transportable Mini-Wassergärten überwintert man am besten im Haus in einem hellen, frostfreien Raum.
Man darf nicht vergessen, nach dem Wasserstand zu schauen! Die Wasserpflanzen dürfen nicht austrocknen. Gefäße, die sich wegen ihres hohen Gewichts nicht transportieren lassen, erhalten einen Winterschutz aus Styroporflocken oder einer Luftpolsterfolie. Zusätzlich legt man eine Bretterschicht auf und lässt einige Ritzen für den Gasabzug frei. Fische und Schnecken werden vorher entfernt und im Haus überwintert. Die Außenseiten der Gefäße schützt man gegen den Frost mit einer dicken Lage Torf, Laub und Styroporflocken. Man sollte diese Schutzschicht mit Folienbahnen umwickeln, damit sie nicht davongeweht werden kann. So bringt man auch die im Kübel besonders gefährdeten Mini-Seerosen sicher über den Winter.
Vor Einbruch der Frostperiode müssen Installationen geschützt werden. Es ist wichtig und für die Haltbarkeitsdauer von Vorteil, Unterwasserpumpen richtig zu überwintern. Sie dürfen niemals den Winter über trocken gelagert werden, denn Schmutz und Kalk verhärten an der

> **INFO**
>
> **Ungeeignete Winterschutzmaßnahmen**
> Von folgenden Hilfsmitteln und Vorkehrungen wird abgeraten; zumindest wenn Fische im Teich sind, können sie eher negative Folgen haben:
> - Teichheizung
> - Belüftungspumpe
> - Ausströmerstein
> - Hacken von Löchern in die Eisdecke
> - Strohbündel an der Wasseroberfläche

Naturnah angelegte und bepflanzte Teiche erfordern keine besonderen Wintervorkehrungen

Welle. Zum Überwintern legt man sie in einen mit Wasser gefüllten Eimer.

Steilwandige Betonteiche, bei denen die Gefahr besteht, dass sie im Winter einreißen, müssen entleert werden. Seerosen und Sumpfpflanzen erhalten den bereits erwähnten Winterschutz. Auch hier muss darauf geachtet werden, dass die Pflanzen nicht völlig austrocknen.

Einen winterfesten Gartenteich vor Einbruch der kalten Jahreszeit völlig zu entleeren, den Bodengrund zu entfernen und einen größeren „Teichputz" vorzunehmen ist nur dann sinnvoll, wenn im Laufe der Jahre zu viel totes Pflanzenmaterial, Blätter und Tierkot den Teich regelrecht „verschmutzen" und der Bodengrund so sehr anwächst, dass

Damit's auch im nächsten Sommer wieder blüht, sollten Miniteiche im Kübel vorm Winter ins Haus gebracht werden

ein großer Teil des Wasservolumens verloren geht. Das Ausräumen des Teichs ist immer ein nachhaltiger Eingriff in die natürlichen Abläufe. Vielleicht haben sich schon Amphibien auf dem Teichgrund zur Winterruhe begeben, und auch die Überwinterungsknospen (Hibernakel) vieler Wasserpflanzen, die sich im Herbst bilden und auf dem Teichgrund überwintern, würden durch das Entfernen des Bodengrunds vernichtet.

Reine Naturteiche ohne Fischbesatz belassen wir im Winter so, wie sie sind. Sie erhalten, wie die Gewässer in der freien Landschaft, keinerlei Winterschutz. Unsere einheimischen Sumpf- und Wasserpflanzen sind alle winterfest und erleiden keinen Schaden.

Der Steingarten

Früher versuchten Wissenschaftler und Botaniker, die Gebirgswelt naturgetreu „en miniature" nachzustellen. Die Berge wurden ebenso nachgeahmt wie die verschiedenen Standorte, z. B. Urwiesen und Geröllfelder. Selbstverständlich musste auch die Bepflanzung dem Vorbild entsprechen. Für unsere Hausgärten muss dies nicht unbedingt so sein. Eine ganze Reihe untypischer Pflanzen hat Einzug gehalten. Verschiedenste Sommerblumen blühen zwischen Enzianzüchtungen, Tulpen neben Alpenglockenblumen. Um allerdings erfolgreich die Gewächse in einem Steingarten oder auf einer Trockenmauer zu pflegen, müssen einige Grundregeln beachtet werden – nicht nur beim Bau, sondern auch bei der Bepflanzung. Nicht jede Pflanze wächst an jedem Standort. Boden, Lichtverhältnisse und natürlich die Pflege müssen stimmen.

Steingartenformen und -elemente

Es gibt vielfältige Möglichkeiten, einen Steingarten zu gestalten. Natürliche Hänge sind besonders gut geeignet. Man kann auch auf einem flachen Gartenstück einen Teil des Bodens abtragen und zu beiden Seiten anhäufen. Es entsteht ein tiefer gelegener Weg, von dem aus sich die Steingartenpracht bewundern lässt. Steht von anderen Baumaßnahmen überflüssiges Erdreich zur Verfügung, können damit Hänge aufgeschüttet werden.
Ferner lassen sich Natursteintreppen und Plattenwege mit dazwischen gesetzten Blütenstauden oder Blumenzwiebeln zum Blühen bringen. Auch eine Trockenmauer, die z. B. den Steingartenhang nach unten begrenzt, ist eine der vielen Gestaltungsideen, die jeden Garten beleben können.

Manche Fachautoren unterscheiden zwischen dem natürlichen und dem architektonischen oder regelmäßigen Steingarten. Ersterer orientiert sich an der Natur, beim Letzteren wird aus dem Material der Natur eine Architektur geschaffen. Diese unterschiedlichen Herangehensweisen zeigen sich sowohl in der Pflanzenwahl als auch in der formalen Gestaltung. Drei Grundregeln für die Anlage **natürlicher Steingärten** sind: möglichst naturnah bepflanzen; die Steine so legen, als wären sie nie von Menschenhand berührt worden; keine gerade verlaufenden Wege gestalten. Beim **regelmäßigen Steingarten** richtet sich die Gestaltung und Pflanzenwahl stärker nach den individuellen Wünschen der Gartenbesitzer. Neue Züchtungen mit grell gefärbten Blüten werden bei Gefallen genauso gepflanzt wie die meist unscheinbareren „natürlichen" Steingartenpflanzen. Die Gartenwege können gerade bzw. im rechten Winkel verlaufen.
Wie Ihr Steingarten letztendlich aussieht, bleibt ganz Ihrem persönlichen Geschmack überlassen. Planen Sie jedoch sorgfältig, denn gefällt der Gartenteil nach der Bepflanzung nicht, müssen die schweren Steine wieder bewegt und die Gewächse an andere Stellen verpflanzt werden. Das kostet Zeit, Schweiß und Nerven und ist bei ausreichender Planung völlig überflüssig.

Besondere Gestaltungsmöglichkeiten
Geröllbeet: Für die Anlage eines Geröllbeets verteilt man auf einem flachen Gartenstück mit einer durchlässigen Unterlage, z. B. einer Schotterschicht mit Erde, abgerundete Findlinge und größere Kiesel. Durch eine sparsame Bepflanzung mit Gewächsen, die diesen kargen

Wo gerade Wege und rechtwinklige Formen die Anlage prägen, kann man von einem „architektonischen" Steingarten sprechen

„Wüstenboden" vertragen, erwacht die kahle Fläche zum Leben. Die danach noch freien Erdflecken werden mit Kieseln oder Schotter abgedeckt.

Blühende Treppen und Wege: Alte Steintreppen mit erdgefüllten Zwischenräumen kann man einfach beleben, indem in diese kleinen Erdflecken anspruchslose Pflanzen eingebracht werden. Dasselbe gilt für Steinwege, die in Ritzen und Spalten Stauden und Zwiebeln aufnehmen und binnen kurzer Zeit in den herrlichsten Farben erstrahlen. Dabei ist das Erdreich bzw. das eingebaute Substrat entsprechend abzumagern, z. B. durch Untermischen von Sand (Körnung 0/2) oder Basaltsplitt.

Erhöhte Beete am Wegrand: Wenn kein Hang zur Verfügung steht, kann man einfach erhöhte Beete schaffen und sie wie einen Steingarten anlegen. Natürlich kommen dafür nur kleinere Flächen infrage. Auch hier muss für einen guten Wasserabzug gesorgt werden. Steinanordnung und Bepflanzung ähneln der eines Steingartenhangs mitunter sehr. Eine gelungene Kombination ergibt sich, wenn man die Erhöhung mit Hilfe einer niedrigen Trockenmauer schafft. Die Steinfugen können dann bepflanzt werden. In Verbindung mit dem Steingartenbeet wirkt die ganze Anlage – und sei sie auch noch so zierlich – wie ein kleines Paradies.

Terrassen-Steinbeete: Diese Beete werden gestaltet, indem man auf der Terrasse einfach einige Steine entfernt, den Untergrund lockert, für einen guten Wasserabzug sorgt, das Erdreich entsprechend verbessert und dann das Fleckchen Erde wie einen Mini-Steingarten bepflanzt. Auch in diesem Fall kann man eine niedrige Trockenmauer aufbauen und ein erhöhtes Steingartenbeet errichten.

Natürliche Steingärten wirken durch Bepflanzung und Steinplatzierung tatsächlich so, als befände man sich in der freien (Gebirgs-)Landschaft

Der Steingarten

Steingartenformen und -elemente

Eigenwillige Elemente im Steingarten: Hier sollen nur einige kurze Hinweise gegeben werden. So kann man beispielsweise einen großen Muschelkalkstein in Einzelstellung setzen und eine Halbsäule aus dem Stein heraushauen bzw. dies von einem Steinmetz durchführen lassen.

Auch japanische Stilelemente, die häufig angeboten werden, wie z. B. Lampen oder große Steinplatten mit Motiven, können einen Garten bereichern, wenn sie in der richtigen Umgebung ihren Platz finden. Ein Gesteinslehrpfad gibt der Anlage einen besonderen Anstrich: Ein Weg durch den Steingarten führt an den unterschiedlichsten Steinen und der dazugehörigen Vegetation vorbei. Dabei ist es wichtig, dass der Wechsel langsam bzw. durch kleine Zwischenwege getrennt vonstatten geht. Ein solcher Pfad lässt sich allerdings nur im großen Garten anlegen.

Die Trockenmauer

Eine Trockenmauer wird ohne Mörtel aufgebaut; darauf bezieht sich die Bezeichnung „trocken", nicht etwa auf die Eigenschaften als Pflanzenstandort. Bekannt sind die alten, trocken aufgesetzten Mauern in den Weinbergen, die oft Höhen von 2,50 m und mehr aufweisen. Heute sind viele dieser Mauern vom Einsturz bedroht. Fällt eine zusammen, machen sich die Besitzer meist nicht mehr die Mühe, sie neu aufzubauen. Dabei sind sie wertvolle Wohnstätten für allerlei Getier und die verschiedensten, oft selten gewordenen Pflanzen. Im Garten lassen sich Trockenmauern relativ einfach errichten. Allerdings ist viel Muskelarbeit erforderlich, um die doch recht schweren Steine zuzuschlagen, aufeinander zu schichten und entsprechend zu hinterfüttern. Wir können damit jedoch wichtige Biotope selbst in kleineren Hausgärten schaffen. Bald stellen sich Kleintiere und viele Vertreter aus der Insektenwelt ein und belohnen uns für die harte Arbeit.

Oft werden Trockenmauern als Abstützung an einen Hang angelehnt. Daneben gibt es die Möglichkeit, frei stehende Trockenmauern zu errichten, die im Hinblick auf die Stabilität besondere Sorgfalt verlangen. Wir kennen außerdem die Trockenmauerwälle (siehe S. 488). Trockenmauern zählen zu den Extremstandorten. In den kleinen Rissen, Spalten und Hohlräumen finden die Pflanzenwurzeln nur wenig Erdreich, aus dem sie Nährstoffe und Wasser aufnehmen können. Jedoch spielt bei dieser Betrachtung auch der Standort innerhalb der Mauer eine wichtige Rolle. Grob lassen sich **drei Bereiche** für die Bepflanzung unterscheiden: Mauerkrone, Mauerritzen und Mauerfuß. Am Fuß herrschen meist die günstigsten Wachstumsbedingungen.

Zauneidechsen lieben warme Steine und Trockenmauern; sie dezimieren Insekten und Schnecken

Der Boden ist ausreichend hoch und nährstoffreich, die Wasserversorgung gut. Die Mauerritzen bieten den extremsten Standort. Den Gewächsen steht nur wenig Erdreich und Feuchtigkeit zur Verfügung. Auf der Krone sind die Bedingungen wieder etwas besser. Wichtig ist daher die Auswahl der richtigen Stauden und Gehölze für die entsprechenden Bereiche!

Sand- und Kalksteine eignen sich hervorragend für eine Trockenmauer. Bei Natursteinfirmen kann man verschiedene Steine kaufen. Schauen Sie sich das Material vor Ort an und wählen Sie die Ihnen zusagende Qualität.

Es gibt unbehauene und in die richtige Form gesägte oder geschlagene Steine im Fachhandel. Letztere sind um einiges teurer, haben aber den Vorteil, dass die Trockenmauer wesentlich schneller aufgebaut ist und einiges an Arbeit gespart wird. Allerdings besitzen diese Steine oft keine genügende Tiefe, sodass es schwer ist, eine ausreichende Stabilität zu erreichen. Dann hilft nur noch die Mauer hinterzubetonieren. Wer das nicht will, muss die Steine selbst in die richtige Form schlagen.

Die **Mauerschräge** oder Dosierung, wie man das in der Fachsprache nennt, muss 10–15 % (auch etwas mehr) betragen. Meist erreicht man das durch den schrägen Einbau der einzelnen Steine in das Erdreich. Fachleute unterscheiden grundsätzlich das regelmäßige Schichtmauerwerk vom unregelmäßigen Schichtmauerwerk oder Wechselmauerwerk. Beim ersten sind die Einzelsteine einer Schicht immer gleich hoch, jedoch innerhalb der Mauer unterschiedlich. Beim Wechselmauerwerk baut man häufig Wechsler ein; das sind Steine, bei denen die Steinhöhe geändert (gewechselt) wird.

Es ist ausgesprochen wichtig, dass genügend **Binder** eingebaut werden. Binder sind Steine, die weit ins dahinter liegende Erdreich hineinragen. Sie geben der Mauer Stabilität. Etwa ein Drittel bis ein Viertel aller Mauersteine sollten deshalb Binder sein.

Trockenmauern werden häufig angelegt, um einen Hang zu stützen – und nebenbei auch ansprechend zu gestalten

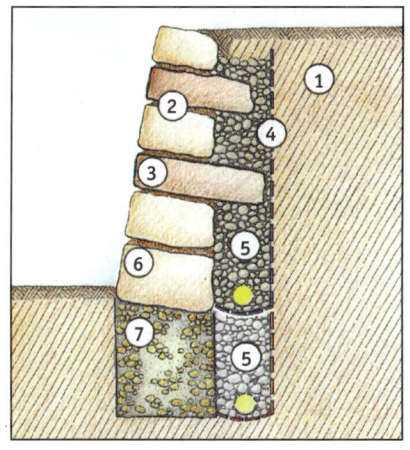

Prinzip des Trockenmaueraufbaus an einem Hang: ① anstehendes Erdreich, ② abgemagerte Gartenerde (Fugenfüllung), ③ Binder, ④ Vlies, ⑤ Dränageschicht mit -rohr (gelb), ⑥ unterste Lage aus schwereren Steinen, ⑦ Fundament

Die oberste Lage besteht aus gleich hohen Steinen. Sie dürfen nicht zu klein sein. Größere Abschlusssteine sorgen für eine stabile Mauerkrone. Hinter den Mauersteinen wird eine Dränageschicht aus Kies und eventuell einem Vlies aufgetragen. Kurz unterhalb der Mauerkrone endet die Dränage. Zusätzlich kann man Dränagerohre verlegen. Das ist allerdings nur in einem ausgesprochen regenreichen Gebiet nötig oder aber dann, wenn Wasser führende Erdschichten von der Mauer angeschnitten werden (Schichtenwasser). Über die Einzelheiten beim Trockenmauerbau informiert das entsprechende Kapitel ab S. 485.

Steine als Bau- und Gestaltungsmaterial

Um die verschiedenen Gesteinsarten etwas besser kennen zu lernen, sollen hier vorweg einige grundsätzliche Begriffe erklärt werden. Fachleute teilen die Gesteine nach ihrer Entstehung in drei Gruppen ein:

- Magmatite oder Erstarrungsgesteine
- Sedimente oder Ablagerungsgesteine
- Metamorphite oder Umwandlungsgesteine

Magmatite: Diese Gesteine sind bei der Erstarrung der flüssigen Gesteinsmassen, des so genannten Magmas, entstanden. Nach dem Ort der Entstehung unterscheidet man Tiefen-, Gang- und Ergussgesteine. Die beiden wichtigsten Vertreter sind Granit, ein Tiefengestein, und Basalt, ein Ergussgestein. Sie sind hart und verwitterungsstabil.
Im Harz, im Fichtelgebirge und im Schwarzwald sind Granite, im Vogelsberg und in der Rhön Basalte weit verbreitet.

> **I N F O**
> **Höhen und Fundament**
> Trockenmauern ohne betoniertes Fundament vor einem Hang sollten nicht höher als 1 m errichtet werden, damit sie hinreichend stabil sind. Die Breite des Mauerfußes beträgt etwa ein Drittel der Höhe, die der Krone wiederum zwei Drittel vom Mauerfuß. Frei stehende Mauern ohne Fundament baut man höchstens 40 cm hoch. Bei höheren Mauern muss ein labiles Fundament gebaut werden. Labil heißt, dass es sich wieder setzen kann, falls es durch Frosteinwirkung angehoben wird.

Sedimente: Diese Gesteine entstanden durch die Verwitterung der Magmatite. Zu den lockeren Sedimenten gehören Ton, Sand und Lehm, wichtige Vertreter der verfestigten Sedimente sind Sand- und Kalkstein. Letztere kommen für Steingärten und Trockenmauern infrage. Unter den Sandsteinen sind besonders die des Buntsandsteins, des Keupers und der Kreide bekannt. Buntsandstein ist unter anderem im Solling, Reinhardswald, Hessischen Bergland, Spessart, östlichen Odenwald, Pfälzer Wald und im Nordschwarzwald weit verbreitet. Keupersandsteine kommen im Steigerwald

Der Steingarten

Steine als Bau- und Gestaltungsmaterial

Magmatite wie Basalt entstanden durch Abkühlen mineralischer Schmelzflüsse

Sandstein, ein verfestigtes Sediment, ist in vielen Regionen weit verbreitet

Tuffsteine lassen sich aufgrund ihrer porösen Oberfläche gut bepflanzen

sowie in der Frankenhöhe, die Kreidesandsteine im Elbsandsteingebirge sowie im Hils, Osning und Deister vor.

Es gibt Sandsteine mit verschiedenen charakteristischen Färbungen. Beispielsweise kennen wir den ockerfarbenen Rätsandstein aus dem Raum Tübingen oder den roten Buntsandstein aus anderen Gegenden.

Unter den **Kalk-** oder **Karbonatgesteinen** sind der Muschelkalk aus Mitteldeutschland, Jurakalke aus Süddeutschland und Trias- sowie Jurakalke aus dem Alpengebiet bekannt. Ausgesprochene Plattenkalke sind für unsere Zwecke weniger zu empfehlen, da sie schnell verwittern und zerfallen. Mehr örtliche Bedeutung haben der Travertin, ein ockerfarbener Süßwasserkalk aus dem Raum Stuttgart und der Gauinger Travertin aus Zweifalten, ein graubrauner Süßwasserkalk. Zuletzt soll der Tuffstein genannt werden. Diese kalkhaltigen Steine erfreuen sich allgemeiner Beliebtheit, da sie in natürlichen oder künstlich geschaffenen Vertiefungen Pflanzen aufnehmen können. Sie werden damit zu „lebenden" Steinen. Viele Steinbrüche für diesen Tuffstein sind heute leider nicht mehr in Betrieb. Allerdings führen einige Natursteinhandlungen dieses interessante Material.

Metamorphite: Hierbei handelt es sich um Gesteine, die durch Druck- und Temperatureinwirkungen aus Magmatiten und Sedimenten entstanden sind. Sie treten z. B. in den Alpen, im Schwarzwald, Odenwald, Spessart, im Bayerischen und im Thüringer Wald sowie im Rheinischen Schiefergebirge auf. Wichtige Vertreter sind die Gneise, die auch oft von Natursteinfirmen angeboten werden. Auch Schiefergesteine gehören zu dieser Gruppe.

> **INFO**
> **Praxisgemäße Einteilung**
> Hinsichtlich der Bearbeitbarkeit und der Kosten ist es für Gärtner und Landschaftsarchitekten sinnvoller, eine Einteilung in Hart- und Weichgesteine vorzunehmen. Granit und Basalt gehören zu ersteren, Kalk- und Sandsteine zu letzteren.

Transport, Kosten und Bezugsquellen

Man sollte sich keine falschen Vorstellungen über das Gewicht der Steine und die dafür anfallenden Kosten machen. Daher wird empfohlen, Material aus der Nähe zu beziehen. Das senkt zum einen erheblich die Transportkosten, außerdem wirken ortsfremde Gesteine im eigenen Garten nur wenig.

Viele Firmen liefern Ihnen die ausgewählten Steine direkt in den Garten, manche tun das nicht. Man muss dann eine Mulde bestellen, die bei der Natursteinhandlung beladen und später von der Transportfirma zum Grundstück gefahren wird. Einige Firmen lassen sich den Transport auf Stundenbasis vergüten, andere nehmen einen Pauschalpreis, der sich nach Gewicht und Weg berechnet. Ganz billig ist der Transport in keinem Fall. Über die genauen Kosten müssen Sie sich vor Ort erkundigen.

Große Gesteine lassen sich selbst mit vielen starken Händen nicht bewegen. So wiegt z. B. ein Großkiesel aus Granit mit ca. 80 cm Durchmesser etwa 800 kg, einer mit 70 cm ungefähr 500 kg und einer mit 40 cm immer noch 100 kg. Sehr große Steine werden von der Natursteinfirma oder einem Landschaftsgärtner gesetzt. Man muss diese Hilfe dann in Anspruch nehmen, wenn kein eigenes Hebefahrzeug zur Verfügung steht. Das Setzen durch die Firma verursacht zusätzliche Kosten, die durch eine exakte Standortplanung der Großsteine vermindert werden können.

Auch das Gestein selbst ist nicht billig. Bei Trockenmauern wird meist nach Ansichtsfläche bezahlt, man muss dabei mit mehreren Hundert DM pro m² rechnen, je nach Gesteinsart und Firma. Für Kiesel und große Steinbrocken richten sich die Preise nach Gewicht und/oder Durchmesser. Über die Kosten für das Material und den Transport erkundigt man sich am besten direkt bei den Firmen. Im Branchentelefonbuch finden Sie unter den Rubriken „Naturstein" und „Steinbrüche" Adressen in Ihrer Nähe. Suchen Sie ruhig verschiedene Firmen auf und vergleichen Sie Steinqualität, -farbe und Preise.

Die Steinauswahl

Die Geschmäcker sind verschieden und letztendlich muss Ihnen der Steingarten bzw. die Trockenmauer gefallen. Es herrscht die allgemeine Meinung vor, dass die Steine so angeordnet werden müssen, dass sie „wie von der Natur hingelegt" aussehen. Doch es gibt gewiss auch Menschen, die einen hochkant aufgestellten, dünneren, exotisch wirkenden Stein reizvoller finden.

Hier einige grundlegende **Kriterien,** die bei der Anordnung im Steingarten zu beachten und für die Auswahl der Steine daher von Bedeutung sind:

- Man sollte keine zu unterschiedlichen Steine verwenden. Das wirkt unnatürlich und fremd. Auch in der Natur wechseln die Gesteine nicht innerhalb weniger Meter.
- Ein Stein mit rötlicher Färbung sollte nicht inmitten grauer liegen.

- Besitzt ein Stein einen farbigen Streifen, sollte dieser sich in der Trockenmauer durch angrenzende Steine fortsetzen. Bei solchen „Steinbändern" handelt es sich um den Einschluss verschiedener Mineralien.
- Mischen Sie runde (Fluss-)Findlinge nicht mit kantigen (Bruch-) Steinen.

Steine für Trockenmauern

Sand- und Kalksteine sind für den Bau von Trockenmauern zu empfehlen. Sie besitzen Schichten, die nach natürlichem Vorbild auch im Steingarten waagerecht verlaufen sollten.

Die verschiedenen Firmen bieten unbehauene und in die richtige Form zugesägte oder gehauene Steine an. Letztere können bis zu 100 % teurer sein, haben allerdings den Vorteil, dass die Trockenmauer wesentlich schneller gebaut ist. Ein Nachteil kann sein, dass das Mauerwerk später zu regelmäßig wirkt. Das größte Manko liegt aber darin, dass diese Steine oft nicht tief genug sind und daher zu wenig in die dahinter liegende Erde reichen. Dadurch ist die Stabilität nicht gewährleistet, sofern man die Mauer nicht hinterbetoniert. Es ist am besten, wenn man sich die Steine vor Ort anschaut und sich dann für die eine oder andere Möglichkeit entscheidet.

Der richtige Boden

Das A und O ist die gute Wasserdurchlässigkeit des Erdreichs. Nicht nur der Untergrund soll diese Eigenschaft aufweisen, sondern der gesamte Boden. Außerdem muss er ausreichend Humus und genügend Nährstoffe enthalten. Früher hieß es, dass Steingartenpflanzen ein aus-

Für den Bau von Trockenmauern werden aus gutem Grund gern Sandsteine verwendet

> **TIPP**
>
> **Kriterien für Steingartenböden**
> - durchlässig; schweren Boden mit Splitt oder Sand mischen
> - guter Humusgehalt, genügend Nährstoffe
> - pH-Wert zwischen 5 und 6,5
> - für Kalk fliehende Pflanzen spezielle käufliche Erden beimischen

gesprochen mageres Erdreich benötigen, um wachsen und gedeihen zu können. Das stimmt sicherlich für viele unserer Hochgebirgspflanzen, nicht aber unbedingt für alle Gewächse, die wir in unsere Steingärten setzen. Heutzutage sehen die Gärtner die Steingartenbepflanzung sowieso nicht mehr so streng wie die Alpinengärtner. „Normale" Zwiebelblumen wie Tulpen wachsen genauso zwischen den Steinen wie Edelweiß- und Enzianzüchtungen. Ein lockerer, guter Gartenboden ist für eine vielfältige Steingartenpflanzung gut geeignet.

Bestimmte Pflanzen verlangen ein spezielles Erdreich, z. B. Rhododendren. Darauf muss man Rücksicht nehmen. Der überwiegende Teil der Steingartengewächse kommt mit einem pH-Wert von 5 bis 6,5 gut zurecht. Nur wenige, wie z. B. der Herbstenzian (Gentiana sinoornata) und einige Heidekrautgewächse, brauchen einen sauren Boden. Andere, etwa das Adonisröschen (Adonis vernalis), bevorzugen kalkhaltige Erde. Eines muss man in diesem Zusammenhang noch wissen: Je humusreicher und durchlässiger ein Standort ist, umso toleranter sind die Steingartenpflanzen gegenüber dem Säuregehalt.

Erdreich für Steingärten

Es ist sehr schwer, auf jeden einzelnen Gartenboden speziell einzugehen. Deshalb hier ein paar Faustregeln für die Beurteilung: Sie sollten bei der Erdmischung das Gefühl haben, dass es sich um gute, lockere Gartenerde handelt, die allerdings nicht ganz so schwer ist wie normal. Bei viel Feuchte darf der Boden nicht

**Bodenvorbereitung:
1. Unkräuter samt Wurzeln müssen ebenso sorgfältig entfernt werden wie „unerwünschte" Steine**

2. Sehr leichter oder zu schwerer Boden wird durch Einarbeiten entsprechender Zuschlagstoffe (Kompost oder Lehm bzw. Sand und Splitt) verbessert

Erdmischung für Trockenmauern

Für Fugen und Spalten bzw. für den Trockenmauerkopf wird magereres Substrat empfohlen als für Steingärten. Vorhandene Gartenerde wird mit Splitt abgemagert und eventuell mit altem, reifem (gut vererdetem!) Kompost etwas aufgewertet. Als grobe Richtlinie für die Mischung gilt: Gartenerde, Splitt und Kompost im Verhältnis 3:1:1 verwenden.

Planung von Steingärten und Trockenmauern

Einen Steingarten anzulegen oder eine Trockenmauer zu bauen, das bedeutet harte Arbeit. Eine gute Planung hilft, die Muskelarbeit möglichst gering zu halten und vor allen Dingen nach der Fertigstellung auch das zu erhalten, was man sich vorgestellt hat. Daher muss rechtzeitig mit einer sorgfältigen Planung begonnen werden. Dazu gehört auch, sich über die anfallenden Arbeiten sehr genau bewusst zu werden und sich zu fragen, ob man das wirklich durchhält. Sonst sollte lieber ein Fachbetrieb beauftragt werden.

Ein paar Wochen Zeit für die Planung ist durchaus angemessen. Hat man nämlich erst einmal stundenlang tonnenweise Steine durch die Gegend geschleppt, wird man kaum Lust verspüren, einen schlecht platzierten Brocken umzusetzen oder gar einen anderen zu kaufen. Gepflanzte Gehölze und Stauden sollten tunlichst auch nicht am nächsten Tag schon einen anderen Platz erhalten. Einige Pflanzen werden bei solchen Aktionen eingehen oder große Anwachsschwierigkeiten haben.

Es empfiehlt sich, einen oder mehrere Helfer zu haben, die besonders beim Setzen der großen Felsbrocken

zusammenkleben. Er muss eine dunkle Färbung aufweisen. Wichtig ist auch, dass man alle Unkrautwurzeln, Bauschutt- und groben Holzreste entfernt. Ist das vorhandene Erdreich undurchlässiger Lehm- oder Tonboden, dann wird es mit Sand, Kies oder Splitt vermischt. Mit altem, reifem Kompost kann man die Mischung aufwerten. Sehr leichte Sandböden werden mit Lehm- bzw. Gartenerde und altem Kompost etwas bindiger. Teilweise wird statt Kompost gut vererdeter Rindenhumus als Zusatz empfohlen. Doch gehen hier die Meinungen der Fachleute auseinander.

Bei der **Bodenvorbereitung** geht man folgendermaßen vor:
1. Vorhandenes Erdreich von Unkrautwurzeln, Bauschutt- und Holzresten usw. befreien.
2. <u>Schweres Erdreich</u> mit Splitt und Sand lockern und alten, reifen Kompost untermischen. <u>Leichten Sandboden</u> mit altem, reifem Kompost, Lehm- bzw. Gartenerde bindiger machen.
3. Eventuell Rinderdünger oder andere organische Dünger untermischen.
4. Bei Pflanzen, die sauren Boden verlangen, dem Pflanzloch Spezialerde hinzufügen.

helfen. Allein kann man das nicht bewerkstelligen, falls man nicht gerade „motorisiert" ist.

Standort und Größe

Zuerst muss ein geeigneter Standort im Garten gefunden werden. Steingartenpflanzen sind Sonnenkinder. Einen ganztags schattigen Platz dürfen weder eine Steingartenanlage noch eine Trockenmauer erhalten. Ist der Platz ausgewählt, wird er einige Tage lang beobachtet. Am besten schreibt man sich auf, wie lange er von der Sonne beschienen wird und vermerkt Stellen, die im Schatten liegen. Aufgrund dieser Angaben kann später die Bepflanzung vorgenommen werden.

Wenn nur ein flaches Gartenstück zur Verfügung steht, aber ein Steingartenhang gewünscht wird, sind Überlegungen nötig, wie der Hügel ausgebildet werden soll. Auch ist festzulegen, woher die aufzuschüttende Erde kommt. Beispielsweise kann man eine Art Hohlweg gestalten und die abgetragene Erde zur Hangausbildung benutzen. Manchmal steht auch vom Hausbau oder einem Teichaushub Erdreich zur Verfügung. Der Boden muss jedenfalls durchlässig sein!

Die Länge und Breite des Steingartens oder der Trockenmauer sollten festgelegt und notiert werden. Das ist für den späteren Pflanzen- und Steinkauf ausgesprochen wichtig.

Plan zeichnen

Es empfiehlt sich, eine genaue Skizze der gewünschten Anlage zu zeichnen. In diese Skizze werden Himmelsrichtungen, Steinverteilung und Bepflanzung eingetragen.

Der Steingarten

Planung von Steingärten und Trockenmauern

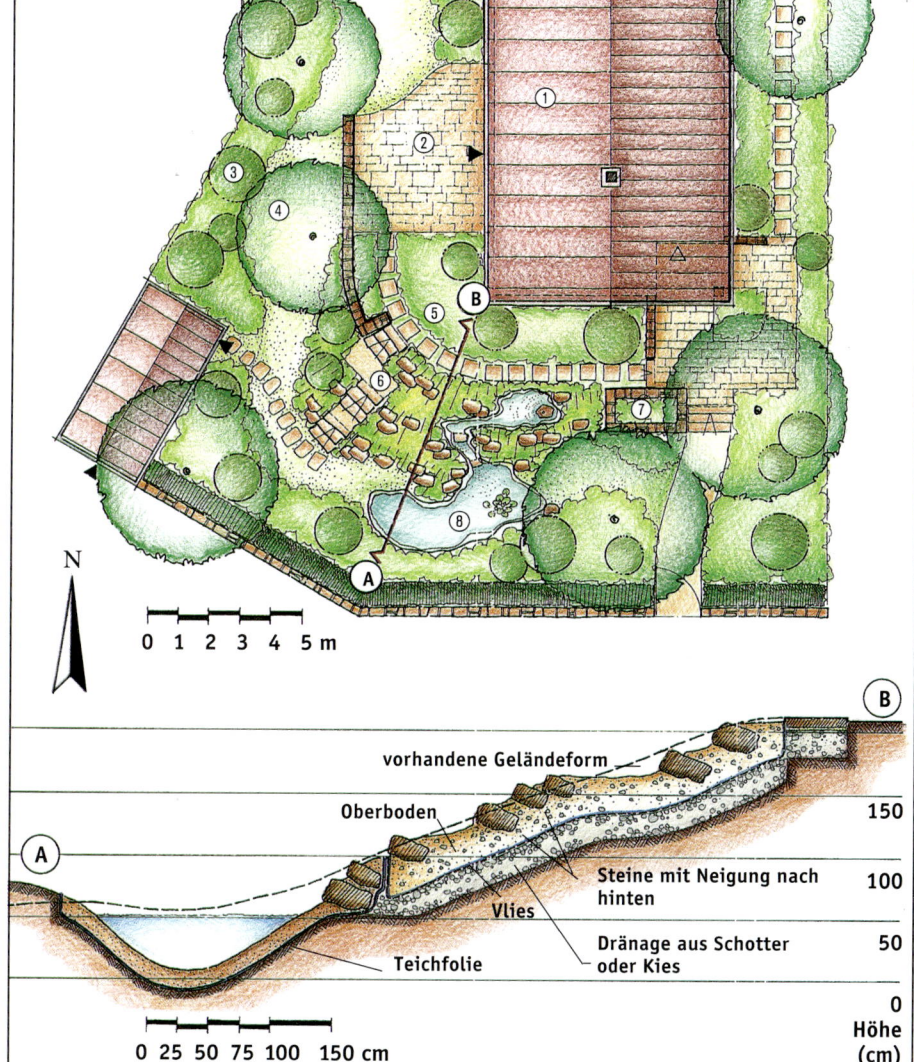

Ratsam ist eine möglichst genaue Skizze der geplanten Anlage, in der Himmelsrichtungen, Umfeld, Steinverteilung und Bepflanzung festgehalten werden.

Das Beispiel zeigt, südwestlich vom Haus gelegen, einen Steingarten am Hang, der von einem Wasserlauf mit Teich unterbrochen wird. Das Gestaltungselement Steingarten setzt sich dann in einer pflanzenbesiedelten Trockenmauer fort, die zum Teil als Terrassenbegrenzung dient:
① Wohnhaus, ② Terrasse, ③ Solitärgehölz, ④ Laubbaum, ⑤ Trockenmauer, ⑥ Treppe, ⑦ Hochbeet, ⑧ Wasserlauf mit Teich
Untere Abbildung: vergrößerter Querschnitt durch die Anlage (Linie A–B)

Ein Plan hat den Vorteil, dass sich schnell kontrollieren lässt, ob für die Gewächse ein pflanzengerechter Standort gewählt wurde. Außerdem kann hinterher leicht eine Pflanzen- und eine Materialliste (Steine) für den Kauf angefertigt werden.
Wenn eine Quelle oder ein Bach mit Teich gewünscht wird, muss auch das mit in den Plan. Bei aufwendigeren Anlagen ist es dringend anzuraten, einen Gartenarchitekten oder Gärtner um Rat und Hilfe zu bitten.

Erdarbeiten vorbereiten

Ist ein geeigneter Standort für den Steingarten gefunden, muss der Boden überprüft und ggf. verbessert werden. Auch der Unterboden muss getestet werden. Handelt es sich um undurchlässige Schichten, dann ist eine Dränage nötig. Alles, was man für die Bodenverarbeitung und -verbesserung benötigt, wird in eine Materialliste eingetragen.
Sind größere Erdbewegungen vorgesehen, muss eventuell eine Firma bzw. ein Baggerfahrer gesucht werden.

Material-, Werkzeug- und Pflanzenliste

Bevor man nun loszieht, um sich alles Nötige zu besorgen, sollten Listen aufgestellt werden. Anhand des Plans und der Aufzeichnungen bei der Erdüberprüfung lässt sich leicht zusammenstellen, was man braucht. Bei den Steinen kann es allerdings noch zu Veränderungen kommen, wenn Sie sich vor Ort große Brocken auswählen. Vielleicht entscheiden Sie sich z. B. für einen auffälligen Felsen anstatt vieler kleiner Steine.
In die Liste gehört ferner, wie viel Kies man braucht, ob eine Dränage, organische Bodenverbesserungsmittel und Ähnliches nötig sind. Daneben muss geprüft werden, ob noch besonderes Werkzeug zu besorgen ist. Vergessen Sie nicht die Schutzkleidung, stabile Arbeitshandschuhe und Schuhe mit Stahlkappen – für alle, die mitbauen. Die Schutzschuhe sind besonders beim Bau einer Mauer aus großen Steinen und für das Setzen von schweren Felsbrocken zu empfehlen.

> **TIPP**
> **Checkliste für die Planung**
> ■ Standort prüfen
> ■ Größe (plus Höhe bei einer Trockenmauer) festlegen
> ■ Plan zeichnen
> ■ Erdaufschüttungen oder Einebnungen nötig?
> ■ Dränage nötig?
> ■ Erdreich verbessern?
> ■ Wenn ja, womit?
> ■ Muss eine Erdmischung hergestellt werden?
> ■ Wenn ja, was ist dazu nötig?
> ■ Was braucht man für die Erdmischung?
> ■ Material- und Werkzeugliste aufstellen
> ■ Pflanzenliste zusammenstellen

Eine zweite Liste gibt Aufschluss über die gewünschten Pflanzen. Anhand des Plans lassen sich leicht alle Gewächse feststellen. Mit diesen Listen kann der Einkauf dann relativ schnell bewältigt werden.

Bau eines Steingartens

Der Standort ist gefunden, Steine und Felsen liegen bereit – genauso wie das Werkzeug. Alle „Steinbauer" sollten Schutzschuhe mit Stahlkappen und Schutzhandschuhe tragen. Außerdem sind die Pflanzen ausgewählt und vielleicht schon gekauft. Nun gehts an den eigentlichen Bau, bei dem viel Muskelarbeit nötig ist. Einige Helfer erleichtern nicht nur die schwere Arbeit, sondern die Stimmung ist oft besser, die Erfolgserlebnisse kommen schneller.

Bauanleitung

Im Folgenden wird der Bau eines Steingartens Schritt für Schritt beschrieben. Suchen Sie sich ganz nach Bedarf und Ausgangssituation

Was später so natürlich anmutet, will im Vorfeld sehr sorgfältig geplant und vorbereitet sein

Der Steingarten

Bau eines Steingartens

> **TIPP**
>
> **Unfälle vermeiden!**
> Bitte denken Sie schon in der Planungsphase daran, dass die Bauarbeiten nicht ganz ungefährlich sind. Nehmen Sie sich genügend Zeit für den Bau Ihres Steingartens und organisieren Sie ggf. Helfer oder für sehr schwere Arbeiten eine Firma.
> Sie sollten auf keinen Fall weiterarbeiten, wenn Sie die Kraft verlässt. Beim Steintransport muss man ausgeruht und gestärkt bei der Arbeit sein, damit nichts passiert. Meist geschehen Unfälle dann, wenn man unkonzentriert arbeitet. Das gilt auch für die Steinbearbeitung.

Anlage eines Steingartens: 1. Eventuell vorhandener Rasen wird in quadratische Stücke zerteilt und abgehoben

2. Ist der anstehende Untergrund ① undurchlässig, baut man eine 20–30 cm hohe Dränageschicht ② aus Kies oder Schotter ein, bevor der Oberboden aufgetragen wird

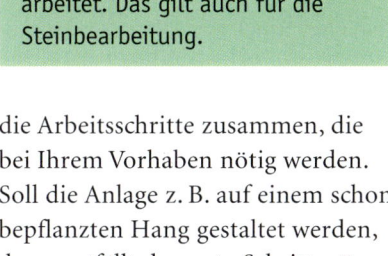

3. Über die Dränageschicht kommt ein Vlies als Zwischenlage; nach dem Ausbringen des Oberbodens werden Hügel und Vertiefungen modelliert

4. Große Steine kann man mit Hilfe einer selbst gezimmerten Steintrage transportieren. Dabei nicht übernehmen und: Vorsicht beim Steinesetzen!

die Arbeitsschritte zusammen, die bei Ihrem Vorhaben nötig werden. Soll die Anlage z. B. auf einem schon bepflanzten Hang gestaltet werden, dann entfällt der erste Schritt, nämlich Rasen abheben.

Rasen abheben: Zuerst muss vorhandener Rasen abgenommen werden. Man sticht ihn am besten in quadratischen Stücken (20 x 20 cm bis 30 x 30 cm) ab. Die Rasensoden können dann zur Ausbesserung an anderern Stellen im Garten verwendet werden. Was man nicht benötigt, kommt auf den Kompost.

Dränageeinbau: Eine Dränage muss dann eingebaut werden, wenn der Untergrund undurchlässig ist und relativ schweres Erdreich darüber liegt. Zuerst hebt man den Oberboden 30–40 cm hoch ab und lagert ihn seitlich. Diese Erde wird später wieder gebraucht. Dann gräbt man weitere 20–30 cm tief auf und baut eine 20–30 cm hohe Dränageschicht aus Kies und Schotter ein. Der weniger gute Füllboden dient zum Abmagern des Substrats oder zur Bodenmodellierung.

Bodenmodellierung: Wenn „künstliche" Hügel oder Hänge bzw. Pfade und Hohlwege geplant sind, ist nun die Bodenmodellierung an der Reihe. Erdreich wird dort angeschüttet, wo Erhebungen gewünscht sind, und da abgehoben, wo z. B. ein Hohlweg entstehen soll. Man muss darauf achten, dass der Boden überall locker und durchlässig ist, denn nichts ist für Steingartenpflanzen ungünstiger als Staunässe.

Bodenvorbereitung: Über die Dränageschicht bzw. die „künstlichen" Hügel und Hänge wird 30–40 cm hoch der beiseite gelegte Oberboden geschüttet und etwas angetreten. Als Zwischenlage dient ein Vlies, das die

Dränage funktionsfähig hält. Wenn keine Dränage und Bodenmodellierung nötig sind, gelten trotzdem die folgenden Arbeitsschritte.

Ist der Oberboden zu schwer und zu lehm- bzw. tonhaltig, dann muss er mit Sand gelockert werden. Zu leichtes Erdreich wird mit gut verrottetem Kompost und Garten- bzw. Lehmerde etwas bindiger.

Es ist wichtig, dass Sie – egal ob eine Dränage eingebaut wird oder nicht – die obere Bodenschicht bis etwa 30–40 cm Tiefe lockern. Das Erdreich kann später ggf. mit organischem Material angereichert werden. Alles Unkraut muss man sorgfältig entfernen. Seien Sie mit dieser Arbeit penibel, da diese nicht gewünschten Pflanzen später allzu leicht unsere oft schwachwüchsigen Steingartenschönheiten überwuchern.

Steine setzen: Zunächst bringt man die größten Felsen an ihren Standort. Sie werden z. B. mit einer stabilen Steintrage, die man aus kräftigen Holzlatten selbst zusammenzimmern kann, oder besser mit einer Sackkarre auf ausgelegten Brettern bewegt. Weniger große Steine lassen sich auf Brettern zum späteren Standort rollen. Unbedingt vorsichtig zu Werke gehen.

Die Großsteine müssen auf verfestigtem Erdreich liegen, damit sie im Laufe der Zeit nicht zu stark einsinken. Hohlräume zwischen Gestein und Boden werden mit Erde aufgefüllt.

Einige **Richtlinien** fürs Steinsetzen:
- Lieber wenige Steine als zu viele einbauen
- Keine bunte Mischung aus runden Findlingen und kantigen Felsen
- Die Steine nach Möglichkeit so lagern, wie sie in der Natur vorkommen
- Ein Stein mit rötlicher Färbung sollte nicht inmitten grauer liegen

Frühjahrsblüher wie die Traubenhyazinthen werden im Herbst gepflanzt

- Nicht nur einen Stein mit einer bunten Ader einbauen, sondern mehrere, die den farbigen Streifen fortführen (wie in der Natur)
- Größere Steine nach hinten geneigt ins Erdreich einbauen. Die Vorderseite bleibt frei und zeigt die schönste Ansicht bzw. Partie.

Pflanzvorbereitung: Die durch Schritte und Steine verdichtete Erde muss nun tiefgründig gelockert werden. Falls nötig, harkt man organisches Material oder Dünger unter. Es dürfen nicht zu viele Nährstoffe eingebracht werden, da sich dies auf die Steingartenpflanzen ungünstig auswirkt. Verlangen bestimmte Pflanzen ein spezielles Erdreich, z. B. saures, müssen die dafür vorgesehenen Standorte entsprechend vorbereitet werden.

Wenn der vorhandene Boden für eine Bepflanzung völlig ungeeignet ist, dann stellt man eine Erdmischung her (siehe S. 480) und deckt damit etwa 20–30 cm hoch ab. Doch bedenken Sie, dass hierfür große Erdmengen erforderlich sind.

Unkraut, das noch zum Vorschein kommt, entfernt man. Fugen und Spalten werden mit Sand und Schotter aufgefüllt. Darüber kommt das auf die Pflanzen abgestimmte Erdreich. Die Steine, die schräg nach hinten in den Boden eingesetzt wurden, bettet man in Erde ein, wenn das noch nicht geschehen ist.

Bepflanzung

Als erstes werden die größten Gewächse gepflanzt. Laubgehölze kommen an die für sie vorgesehenen Plätze, die Koniferen ebenfalls. Danach werden die Stauden und später die Sommerblumen gesetzt. Frühjahrsblühende Zwiebel- und Knollengewächse kommen meist im Herbst in die Erde. Achten Sie auch während der Pflanzung auf die Standortansprüche. Ein Steinkraut wird sich im Schatten eines Japanahorns kaum wohlfühlen. Ein Farn dagegen gehört in den Halbschatten. Werden die Gewächse im Topf gekauft, muss man verfilzte Ballen vorsichtig lockern, bevor man sie setzt. Alle Pflanzen werden gut angegossen. Auch in den nächsten Wochen ist eine ausreichende Wasserversorgung das A und O eines erfolgreichen Anwachsens. Gewässert wird nach Bedarf morgens und/oder abends, niemals aber in der prallen Mittagssonne.

Wenn man die Pflanzen am Fensterbrett oder im Gewächshaus selbst angezogen hat, dann müssen die Gewächse vor der Pflanzung an die Außenbedingungen gewöhnt werden. Am besten stellt man sie an einem trüben Tag ohne Abdeckung nach draußen – natürlich nicht gerade an eine windige Stelle. Nach wenigen Tagen haben sich die Gewächse dann meist schon an die stärkere Sonnenstrahlung im Freiland gewöhnt.

Bau einer Trockenmauer

Für eine Trockenmauer, die nicht höher als 100 cm werden soll, benötigt man ein labiles Fundament (vgl. S. 477) von 40–50 cm Tiefe. Bei höheren Mauern muss man, wie erwähnt, ein frostfreies (in der Regel über 80 cm tiefes) Betonfundament bauen. Mauern unter 40 cm Höhe brauchen gar kein Fundament.

Fundament und erste Steinlage

Für den Bau eines labilen Fundaments hebt man einen 50–60 cm tiefen Graben aus und füllt ihn 40–50 cm hoch mit Schotter (Mineralbeton) von 0/32 bis 0/55 Körnung an. Als Untergrund muss gewachsener Boden vorhanden sein. Ist das nicht der Fall, muss er vor dem Fundamentbau mit einem Vibrationsstampfer verdichtet werden.
Direkt auf das Fundament legt man dann die erste Steinreihe. Sie sollte 5–10 cm tief in die Erde reichen und etwas über die Bodenoberfläche herausragen. Für die unterste Lage wählt man sehr große und schwere Steine, damit die Stabilität gewährleistet ist. Als Faustregel gilt: Die Mauerstärke am Mauerfuß beträgt etwa ein Drittel der Mauerhöhe, mindestens aber 30 cm.

Aufschichtung

Man unterscheidet zwischen regelmäßigem und unregelmäßigem Schichtmauerwerk. Letzteres wird auch Wechselmauerwerk genannt. Trockenmauern können natürlich genauso aus großen Steinbrocken gebaut werden. Dann setzt man allerdings nur wenige Schichten übereinander. Der rustikale Charakter einer Mauer aus grob gebrochenen Steinen fügt sich jedoch nicht in jeden Garten ein. Für eine solche Mauer lässt sich ein regelmäßiges oder unregelmäßiges Schichtmauerwerk nicht verwirklichen. Die Regeln für einen stabilen Mauerbau muss man dennoch beachten.

Regelmäßiges Schichtmauerwerk: Bei dieser Art der Aufschichtung sind die Steine einer Lage immer gleich hoch. Folgende Grundregeln müssen unbedingt beachtet werden, wenn die Stabilität der Mauer gewährleistet sein soll.
- Die Fugen zwischen den einzelnen Lagen (Lagerfugen) liegen immer waagerecht.
- Die Überbindung (= Überlappung) der einzelnen Steine aufeinander liegender Schichten muss mindestens ein Drittel betragen.

Trockenmaueraufbau: Bis zu einer Höhe von 100 cm reicht ein labiles Schotterfundament ① mit 40–50 cm Tiefe. Die Hinterfütterung aus Kies ② kann bis zum Mauerfuß (a) oder zum Fuß des Fundaments (b) reichen und durch ein vorher eingebrachtes Vlies ③ ergänzt werden. Bei sehr schwerem Erdreich sollte man zusätzlich ein Dränagerohr (gelb) am unteren Ende der Hinterfütterung einbauen. Sehr wichtig für die Stabilität: mindestens ein Viertel der Steine sollten Binder ④ sein

Bau einer Trockenmauer: 1. Zunächst wird ein 50–60 cm tiefer Graben für das Fundament ausgehoben

2. Als labiles Fundament wird Schotter (Mineralbeton; Körnung siehe Text) eingebracht und verdichtet

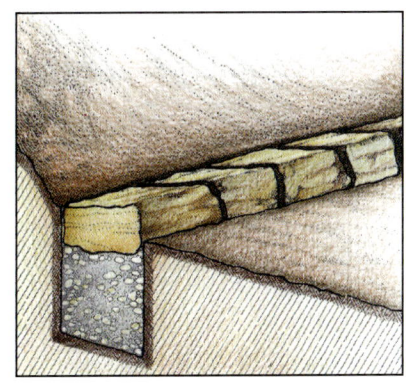

3. Für die erste Steinreihe nimmt man die größten Steine. Sie werden 5–10 cm tief, mit leichter Neigung nach hinten, in die Erde gelegt

Regelmäßiges Schichtmauerwerk: Die Steine einer Lage sind immer gleich hoch

Unregelmäßiges Schichtmauerwerk (Wechselmauerwerk): ① Wechsler, ② Lagerfuge, ③ Stoßfuge

Auch beim Wechselmauerwerk müssen die Steine der obersten Lage gleich hoch sein

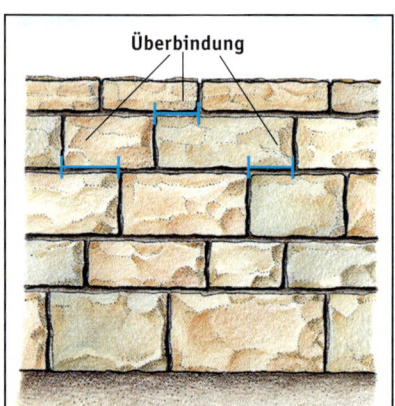
Die Überbindung aufeinander liegender Steine beträgt mindestens ein Drittel der Steinlänge

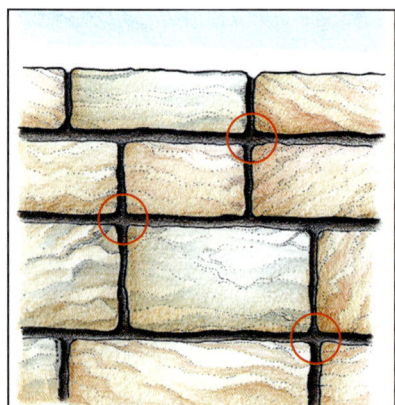
Kreuzfugen, hier rot markiert, dürfen beim Bau der Mauer nicht entstehen; sie gefährden die Stabilität

- Es dürfen beim Bauen keine Kreuzfugen entstehen.
- Stehende Steine sollten nie, quadratische höchstens ausnahmsweise eingebaut werden.

Wechselmauerwerk (unregelmäßiges Schichtmauerwerk): Hier werden im Abstand von höchstens 2 m Länge so genannte Wechsler eingebaut. Das sind Steine, an denen die Schichthöhe wechselt. Für das Wechselmauerwerk gelten dieselben Grundregeln wie beim regelmäßigen Schichtmauerwerk. Außerdem ist zu beachten:

- Die längste Lagerfuge sollte höchstens 2 m betragen.
- In der obersten Schicht müssen alle Steine gleich hoch sein.

Die **Schräge** oder **Dosierung** der Trockenmauer, wie die Fachleute dazu sagen, muss etwa 15 % (auch etwas mehr) betragen. Das heißt, auf 1 m Höhe „fällt" das Mauerwerk um 15 cm nach hinten gegen den Hang oder bei einem Wall bzw. bei frei stehenden Mauern gegen die andere Wall- bzw. Mauerseite. Dieses Gefälle wird durch einen schrägen Einbau der Steine erreicht.

Eine ausreichende Einbindtiefe bestimmter Steine, der so genannten **Binder,** ist für eine gute Stabilität äußerst wichtig. Die Binder sind länger als die übrigen Mauersteine. Sie durchbinden die gesamte Mauerstärke, reichen in das dahinter liegende Erdreich und geben der Mauer dadurch Halt. Als Faustregel gilt, dass etwa ein Viertel aller Steine Binder sein sollten.
Es ist wichtig, dass Steine zur Verfügung stehen, die genügend tief sind. Mauersteine mit gesägten oder zurecht gehauenen Fugen bekommt man oft nicht in entsprechender Tiefe. Bei zu geringer Einbindtiefe hilft nur eine Hinterbetonierung.
Fugen und Bepflanzung: Stoß- und Lagerfugen werden mit einem durch Schotter abgemagerten Erdgemisch (siehe S. 480) direkt während des Baus ausgefüllt bzw. bedeckt. Wenn die Steine sehr eng aneinanderstoßen, sollten die Fugen unter Umständen auch gleich während des Baus der Trockenmauer bepflanzt werden. In große Spalten und Fugen kann man die Gewächse auch noch nach der Fertigstellung einsetzen.

Hinterfütterung

Eine Trockenmauer, die einen Hang oder ein Beet begrenzt, braucht eine Dränage zum dahinter liegenden Erdreich, damit keine Verspülungen vorkommen. Dazu baut man Kies oder kleine Steinreste zwischen Mauer und Boden. Manchmal wird zusätzlich ein Vlies empfohlen, das man vor dem Kies verlegt. Einige Gärtner bauen ein Dränagerohr hinter den Mauerfuß ein, der das überschüssige Wasser in andere Gartenteile ableitet. Dies ist nur dann nötig, wenn man in einem ausgesprochen niederschlags- und wasserreichen Gebiet lebt.

Werkzeuge für die Steinbearbeitung

Für den Bau einer Trockenmauer benötigt man verschiedene Werkzeuge und Gerätschaften. Sie sind nachfolgend aufgelistet und mit Anmerkungen versehen.

Fäustel: Ein Fäustel ist ein Hammer mit abgerundeten Kanten. Man kann ihn in verschiedenen Größen und Gewichten kaufen.

Bossierhammer: Dieses Werkzeug besitzt eine scharfe senkrechte Schneidefläche und eine hohl geschmiedete Bahn. Es ist für schwerere Arbeiten geeignet. Mit der Schneide arbeitet man Lager nach.

Vorschlaghammer: Diesen schweren Hammer benötigt man zum Spalten großer Brocken, die zu einer Trockenmauer aufgeschichtet werden sollen.

Spitzmeißel: Er dient zur Bearbeitung der Lager. Man setzt ihn im spitzen Winkel an und schlägt gleichmäßig.

Flachmeißel: Er ist auch unter den Bezeichnungen Schlagmeißel oder Schlageisen bekannt. Er besitzt eine flache Kante. Man bearbeitet damit Kanten und auch Lager.

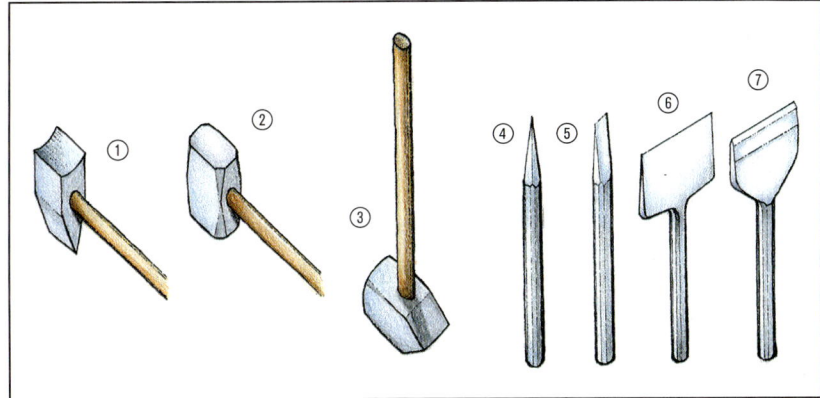

Werkzeuge für die Steinbearbeitung: ① **Bossierhammer**, ② **Fäustel**, ③ **Vorschlaghammer**, ④ **Spitzmeißel**, ⑤ **Flachmeißel**, ⑥ **Scharriereisen**, ⑦ **Preller**

Scharriereisen: Dieses Werkzeug kann man als Meißel mit einer breiten, kantig abgeschrägten Bahn bezeichnen.
Bei der Steinbearbeitung setzt man das Scharriereisen gleichmäßig auf der gesamten abgeschrägten Bahn auf und schlägt senkrecht von oben. Ecken und Kanten dürfen mit diesem Werkzeug nicht abgeschlagen werden, da so die „Schneide" ruiniert wird. Dafür benutzt man den Flachmeißel. Beim Scharriereisen dehnt sich der Schlagdruck im Gegensatz zum Preller nach allen Seiten gleichmäßig aus.
Mit dem Scharriereisen lassen sich Steine spalten, die für die Mauer zu hoch sind. Dazu schlägt man mit kurzen, festen Schlägen eine Linie an der vorgesehenen Spaltstelle ein. Dann wird diese Trennlinie so lange mit gleichmäßigen Schlägen bearbeitet, bis sich die Teile trennen. Steine, die eine natürliche Schichtung besitzen (z. B. Sandsteine), lassen sich sehr einfach entlang dieser Schichtung teilen.

Preller: Der Preller wird auch Setzer oder Stemmer genannt. Man kann ihn als Scharriereisen mit verschieden stark abgekanteten Seiten bezeichnen. Dadurch kommt es zu einer anderen Kraftübertragung. Die breitere Seite stemmt stärker gegen das Gestein als die flachere. Dementsprechend wird das Werkzeug eingesetzt. Der Preller bewährt sich auch bei härterem Gestein.
Es ist ganz wichtig, dass man bei der Arbeit gleichmäßig senkrecht von oben auf das Werkzeug schlägt und die gesamte Kante auf den Stein aufsetzt.

Achtung, unbedingt Schutzkleidung tragen und konzentriert arbeiten!

Sonstige Gerätschaften: Neben diesen speziellen Werkzeugen wird eine Schubkarre, eine kleine Schaufel zum Aufbringen der Erdmischung und eine große zum Anrichten der Erde benötigt. Fürs Angießen braucht man einen Schlauch oder eine Gießkanne.

T I P P

Steinbearbeitung
Wenn man auf einen möglichst engen Mauerverband Wert legt, dann sollten die Steine nach hinten konisch zulaufen. Dadurch lassen sich die Mauersteine eng aneinander legen.

Aufbau eines Trockenmauerwalls: ① Mauerkrone mit abgemagerter Erde, ② Wallkern aus Schotter und Steinresten, ③ Fundament, 40–50 cm tief

Bau eines Trockenmauerwalls

Einen Trockenmauerwall (auch frei stehende Trockenmauer genannt) baut man im Prinzip wie eine Trockenmauer – nur werden hierbei sozusagen zwei Mauern gegeneinander gelehnt. Der Wall ist am Fuß bis zu 2 m breit, an der Krone bis 1 m. Auch hier muss wieder eine Mauerschräge von 15 % (auch etwas mehr) eingehalten werden, damit die Stabilität ausreicht. Den Wallkern füllt man mit Schotter und Steinresten auf. Das sorgt für die nötige Dränage. Zuletzt schüttet man abgemagerte Gartenerde auf.

Ein Trockenmauerwall lässt sich gerade wie ein Festungswall gestalten. Eleganter und reizvoller wirkt allerdings eine leicht geschwungene Form.

Pflanzplan und Pflanzenauswahl

Exakte Planung und durchdachte Auswahl der Pflanzen ist eines der Geheimnisse eines schönen Steingartens. Nehmen Sie sich also Zeit dafür.

Es ist ratsam, eine Skizze des Steingartens oder der Trockenmauer anzufertigen und auf dieser die gewünschte Bepflanzung einzutragen. Auf diesem Plan kann man leicht korrigieren, wenn man z. B. merkt, dass nebeneinander stehende Gewächse zu unterschiedliche Ansprüche besitzen.

Auf der Skizze werden auch die Himmelsrichtungen vermerkt. Man prüft vor dem Pflanzenkauf, ob für die gewählten Gewächse auch der artgerechte Standort vorgesehen wurde. Ein Sonnenanbeter, wie z. B. das Hungerblümchen, wird im Schatten eines Strauchs auf keinen Fall prächtig blühen und gedeihen. In diesem Zusammenhang sind auch Überlegungen notwendig, wie der Steingarten in einigen Jahren aussehen wird. Sonnenliebende Pflanzen dürfen nicht so nah an Gehölze gepflanzt werden, dass sie in ein paar Jahren im Schatten eines groß gewachsenen Strauchs oder Baums stehen. Auch müssen Sie beachten, wie viel Platz Sie zur Verfügung haben. Die in den nachfolgenden Übersichten vorgestellten Pflanzen müssen entsprechend der Anlagengröße ausgewählt werden. Das heißt, in kleine Steingartenanlagen gehören keine Pflanzen, die viel Platz benötigen. Dasselbe gilt für Mauerkronen, -ritzen und Tröge.

Die Blütezeit der Steingartenpflanzen reicht von März bis September, die Mehrzahl der Gewächse blüht allerdings im Frühjahr. Bei schlechter Planung bzw. Beschränkung auf Frühjahrsblüher kann es dann passieren, dass ab Juli ganze Teile des Steingartens einen wenig schönen Anblick bieten. Die Pflanzen müssen also so geschickt miteinander kombiniert werden, dass im Steingarten – außer im Winter – immer etwas blüht.

Glockenblumen (*Campanula*) und Nelken (*Dianthus*) sorgen dafür, dass der Steingarten auch im August noch Farbe zeigt. Herbstastern beginnen mit der Blüte sogar erst im August. Auch *Astilbe chinensis* var. *pumila*, eine Zwergastilbe für schattige Plätze, und das kleine Mädchenauge, *Coreopsis lanceolata* 'Rotkehlchen', setzen noch im Herbst farbige Akzente. Es gibt noch viele andere Pflanzen, die im Spätsommer und Herbst blühen. An dieser Stelle sei darauf hingewiesen, dass die in diesem Kapitel angegebenen Blütezeiten einen „Mittelwert" darstellen. Nicht für alle Klimate gelten diese Termine exakt. In besonders milden Gegenden blühen Pflanzen bekanntlich früher als in kühlen oder in Hochlagen. Es handelt sich um Verschiebungen bis zu einigen Wochen. Man kann sich vor Ort in Gärtnereien darüber erkundigen.

Ein weiterer wichtiger Punkt bei der Auswahl ist, dass die Gewächse, die zusammenstehen, auch ähnliche Bodenansprüche haben sollen. Einige Pflanzen, wie beispielsweise die meisten Mitglieder der Heidekrautgewächse (*Ericaceae*) oder der

Der Steingarten

Pflanzplan und Pflanzenauswahl

Blaukissen (Aubrieta) wie Küchenschelle (Pulsatilla, hier eine weiß blühende Sorte) bevorzugen kalkhaltigen Boden und lassen sich somit gut kombinieren

Pflanzen für die Mauerritze:
1. Der Wurzelballen muss eventuell durch Drücken oder Zerkleinern in „Passform" gebracht werden

2. Anschließend stopft man die Pflanze in die Spalte, füllt Hohlräume mit Erdmischung und Splitt und drückt die Pflanze bzw. den Erdballen gut an

3. Schließlich wird vorsichtig angegossen. Ein Verkeilen der Pflanze mit kleinen Steinen verhindert das Ausschwemmen der Erde

Herbstenzian *(Gentiana sinoornata)* sind sogenannte Kalkflieher. Sie verlangen eine saure Bodenreaktion, das heißt, einen pH-Wert bis höchstens 5,5. Andere, wie beispielsweise Sorten des Blaukissens *(Aubrieta)* und fast alle Nelkenarten *(Dianthus)*, lieben kalkhaltigen Boden und somit einen höheren pH-Wert.
Alle ausgewählten Gewächse zeichnet man in die Skizze ein. Sie ist später bei der praktischen Pflanzung eine unentbehrliche Hilfe. Die Gewächse stellt man nach Plan an die entsprechenden Plätze und pflanzt sie ein.
Die Pflanztermine richten sich auch im Steingarten nach den allgemeinen Empfehlungen für Ziergehölze, Stauden, Zwiebel- und Knollenblumen sowie Sommerblumen. Diese finden sich, ebenso wie Hinweise zum richtigen Platz, in den speziellen Zierpflanzenkapiteln dieses Buchs.

Naturschutzbestimmungen beachten!
Die Liste derjenigen Pflanzen, die in ihrem Bestand gefährdet oder stark gefährdet bzw. vom Aussterben bedroht sind, wird immer länger. Zum Schutz dieser Arten wurden in den meisten Ländern sowie auf internationaler Ebene Gesetze erlassen, die die weitere Vernichtung natürlicher Pflanzenvorkommen verhindern sollen. Alle geschützten Arten dürfen dem natürlichen Lebensraum nicht entnommen werden, genauso wenig Früchte und Samen oder andere Pflanzenteile.

Das ist verboten und wird geahndet. Graben Sie am besten überhaupt keine Pflanzen der freien Natur aus, auch dann nicht, wenn das Gewächs nicht geschützt ist und Sie es im eigenen Steingarten weiterpflegen wollen. Kaufen Sie Ihre Pflanzen unbedingt in den entsprechenden Fachgeschäften. Diese Gewächse sind für unsere Gärten gezüchtet worden und entwickeln sich gut. Pflanzen, die Sie von irgendwoher mitbringen, gehen unter Umständen ein, da sie in der neuen Umgebung nicht die geeigneten Lebensbedingungen vorfinden. Im Übrigen dürfen auch keine geschützten Tiere aus der freien Natur entnommen werden. Das ist zum einen verboten, zum anderen meist völlig sinnlos. Tiere bleiben in der Regel nicht an den Orten, die man ihnen aufzwingt.

Pflanzenkauf

Man kann auf verschiedenen Wegen an die Pflanzen kommen, die später im Garten wachsen sollen. Es gibt eine ganze Reihe Versandgärtnereien, die teilweise auf Steingartenpflanzen (auch Wasserpflanzen) spezialisiert sind und z.B. in Gartenzeitschriften inserieren. In ihren Katalogen findet man oft auch seltenere und ausgefallenere Arten und Sorten.

Pflanzen, die mit der Post kommen, müssen sofort ausgepackt und gewässert werden. Falls sie mit zu wenig Erde geliefert wurden, helfen Sie diesem Fehler ab: Gewächse ohne Wurzelballen kommen in der Regel zuerst in einen Eimer mit Wasser und nach wenigen Stunden bis zur endgültigen Pflanzung in ein vorbereitetes Erdbeet. Eine andere Möglichkeit, die gewünschten Gewächse zu erhalten, ist der direkte Kauf bei einer Gärtnerei oder einem Gartencenter. Hier kann man sich vor Ort über das Angebot informieren und zwischen mehreren Exemplaren auswählen.

Vielleicht gibt es in Ihrer Nachbarschaft aber auch einen begeisterten Steingärtner, der von dem, was bei ihm zu viel wächst, gern etwas abgibt.

Laubgehölze für den Steingarten

Wenn es an die Steingartenpflanzung geht, denkt man zunächst kaum an Gehölze, vielleicht abgesehen von einigen Zwergkoniferen. Doch für viele niedrig bleibende Laubsträucher findet sich selbst in kleineren Steingärten ein Platz. Manche lassen sich sogar auf die Mauerkrone einer Trockenmauer pflanzen. Durch späte Blüte, Fruchtschmuck oder prächtige Herbstfärbung sorgen Laubgehölze dafür, dass sich der Steingarten auch nach der sommerlichen Staudenpracht sehen lassen kann. Immergrüne schmücken die Anlage selbst im Winter, Klettergehölze ranken reizvoll über Boden und Felsen. Mit den nachfolgend genannten größeren Gehölzen kann man Hintergrund und Umgebung der Anlage passend gestalten, in größeren Steingärten können sie auch als Solitär, als einzeln stehender Blickfang, platziert werden.

Laubgehölze für den Steingarten

Deutscher und botanischer Pflanzenname	Höhe in m	Wuchs, Zierde	Standort, Hinweise
Japanischer Ahorn, *Acer japonicum* 'Aconitifolium'	3–5	Baum oder Strauch; attraktives Laub, rote Herbstfärbung; Blüte purpurfarben, V	○–◐, am besten geschützte Lage, keine Staunässe; Solitärgehölz, braucht Platz
Gemeine Bärentraube, *Arctostaphylos uva-ursi*	0,2–0,3	wertvoller immergrüner Bodendecker mit bis zu 1 m langen Trieben; Blüte weiß oder rosa, IV–V	◐, Winterschutz nötig, für Mauerkrone
Buchsblättrige Berberitze, *Berberis buxifolia* 'Nana'	bis 0,4	kugeliger, immergrüner Strauch; Blüte orangegelb, V, schwarzrote Früchte	○–◐, Winterschutz nötig; auch für Mauerkrone
Thunbergs Berberitze, *Berberis thunbergii* in Zwergformen	0,3–0,4	breitwüchsige Zwergsträucher, Sorten mit rotem Laub; schöner Fruchtschmuck	○–◐, keine besonderen Ansprüche
Zwergbirke, Polarbirke *Betula nana*	0,5–1	Strauch mit hübschen zierlichen Blättern; eiförmige Kätzchen	○, frischer Boden

Laubgehölze für den Steingarten (Fortsetzung)

Deutscher und botanischer Pflanzenname	Höhe in m	Wuchs, Zierde	Standort, Hinweise
Schmetterlingsstrauch, *Buddleja alternifolia*	2–4	Strauch; Blüte purpur lila, IV–VI, je nach Sorte; duftend	○, geschützter Stand, keine Staunässe
Bartblume, *Caryopteris* x *clandonensis*, *C. incana*	bis 1	Sträucher; Blüte blau bis violett, VIII–IX	○, leichter Boden, Winterschutz nötig
Alpenwaldrebe, *Clematis alpina*	2–3	Kletterpflanze; Blüte violett, V–VI	○–◐, Beschattung im Wurzelbereich, nahrhafter, frischer Boden; Ranken überziehen Felsen
Mongolische Waldrebe, *Clematis tangutica*	3–5	Kletterpflanze; Blüte goldgelb, VI–VII; zierende behaarte Früchte	○–◐, Beschattung im Wurzelbereich, kalkhaltiger Boden; auch für Böschungsbegrünung
Perückenstrauch, *Cotinus coggygria*	3–5	Strauch; wollige Fruchtrispen, VI–VII; orangefarbene bis rote Herbstfärbung	○, kalkhaltiger Boden; Solitärgehölz, braucht Platz
Fächerzwergmispel, *Cotoneaster horizontalis*	bis 1	Strauch mit 3 m Breitenwuchs; Blüte weiß oder rosa, V–VI; hellrote Früchte; rote Herbstfärbung, halb immergrün	○–◐, anspruchslos; während der Blütezeit hervorragende Bienenweide; auch Sorten mit kriechendem Wuchs im Angebot
Frühlingsmispel, *Cotoneaster praecox*	0,5–0,8	Strauch mit bis 1,5 m Breitenwuchs; Blüte rosa, V–VI; rote Früchte; leuchtend rote Herbstfärbung	○–◐, anspruchslos; hervorragende Bienenweide, Vogelnährgehölz (Früchte)
Ginster, *Cytisus* x *beanii*	0,6–0,8	niederliegender bzw. kriechender Strauch; Blüte gelb, V	○, absolut winterhart; auch für Mauerkrone
Frühlingszwergginster, *Cytisus decumbens*	0,2	Zwergstrauch; Blüte gelb, V–VI	○, trockene, kalkhaltige Hänge; Winterschutz nötig; auch für Mauerkrone
Rosmarinseidelbast, *Daphne cneorum*	0,1–0,4	immergrüner Zwergstrauch; Blüte dunkelrosa, IV–V, duftend	○–◐, kalkhaltiger bis neutraler, steiniger Boden; auch für Mauerkrone

Der Steingarten

Geeignete Laubgehölze

Berberitze, Berberis thunbergii

Bartblume, Caryopteris incana

Waldrebe, Clematis tangutica

Laubgehölze für den Steingarten (Fortsetzung)

Deutscher und botanischer Pflanzenname	Höhe in m	Wuchs, Zierde	Standort, Hinweise
Schneeheide, *Erica carnea*	0,2–0,4	immergrüner Zwergstrauch, dunkelgrüne, gold- oder bronzefarbene Blättchen; Blüte rosa, rot oder weiß, XII–IV (je nach Sorte)	○–◐, kalktolerant; immer in Gruppen pflanzen; auch für Mauerkrone; zahlreiche Sorten
Balkanginster, *Genista lydia*	bis 0,5	halbkugeliger Zwergstrauch; Blüte goldgelb, V–VI	○, leichter, durchlässiger, auch magerer Boden, Winterschutz nötig
Efeu, *Hedera helix*	2–3 (bis 30 m lange Triebe)	immergrüne Kletterpflanze, auch am Boden kriechend, hübsches Laub, bei Sorten teils zweifarbig gemustert; schwarze Beeren	◐–●, recht anspruchslos; überwächst Felsen und Böschungen; für Steingarten schwachwüchsige, kleinblättrige Sorten verwenden
Johanniskraut, *Hypericum calycinum*	0,3	immergrüner Zwergstrauch; Blüte gelb, VII–X	○–●, geschützter Standort; stark wuchernd (Ausläufer), nur für größere Anlagen
Johanniskraut, *Hypericum* 'Hidcote'	1,5	Strauch; Blüte gelb, VII–X	○–●, geschützter Standort; anders als *H. calycinum* nicht wuchernd
Japanische Stechpalme, *Ilex crenata*	2–3	immergrüner Strauch; zierende Blätter, bei Sorten mit unterschiedlicher Form und Färbung; schwarze Beeren	○–◐ (-●), windgeschützte Lage, Schutz vor Wintersonne; für Steingarten kleinere Sorten empfehlenswert, z. B. 'Convexa', 'Golden Gem'
Echter Lavendel, *Lavandula angustifolia*	bis 0,6	immergrüner Halbstrauch; Blüte blau bis violett, VI–VIII; Sorten mit graugrünem oder silbergrauem Laub	○, durchlässiger, leicht kalkhaltiger Boden; auch für Mauerkrone und Trogbepflanzung
Fingerkraut, *Potentilla fruticosa*	bis 1,5	Strauch; Blüte in Gelbtönen, Orange oder Weiß, V–X (je nach Sorte)	○–◐, durchlässiger Boden, trockenheitsverträglich; hervorragende Bienenweide

Rosmarinseidelbast (siehe S. 491)   Balkanginster, *Genista lydia*

Laubgehölze für den Steingarten (Fortsetzung)

Deutscher und botanischer Pflanzenname	Höhe in m	Wuchs, Zierde	Standort, Hinweise
Zwergmandel, *Prunus tenella*	bis 1	Strauch; Blüte rosarot, IV–V	○, trockener Boden; Sorte 'Firehill' rot blühend, trockenheitsresistent, auch für Tröge
Rostblättrige Alpenrose, *Rhododendron ferrugineum*	bis 1	immergrüner Strauch, breitrunder Wuchs; Blüte dunkelpurpurrosa, V–VI	◐, saurer, humoser Boden, Winterschutz ratsam, giftig!
Almenrausch, *Rhododendron hirsutum*	bis 1	Strauch, gedungener Wuchs, Blüte rosa bis hellrot, VI	○–◐, saurer, bevorzugt trockener Boden, giftig!
Zwergalpenrosen, *Rhododendron-Impeditum-*Hybriden	bis 1	immergrüne Sträucher, kompakter bis kissenförmiger Wuchs; Blüte in Violett-, Blau- oder Rosatönen, IV–V	○–◐, saurer Boden, frosthart; Sorten teils unter 50 cm Wuchshöhe
Zwergalpenrosen, *Rhododendron-Repens-*Hybriden	bis 1	immergrüne Sträucher, breit bis niederliegend wachsend; Blüte in verschiedenen Rottönen, IV–V (je nach Sorte)	◐, saurer, humoser Boden, frosthart; Sorten teils unter 50 cm Wuchshöhe
Wollweide, *Salix lanata*	0,8	Strauch; gelbe Blütenkätzchen ab V	○, anspruchslos, jedoch nicht für extreme Trockenlagen; Bienenweide, Vogelschutzgehölz
Kriechweide, *Salix repens* ssp. *argentea*, *Salix repens* ssp. *rosmarinifolia*	bis 1	Sträucher; hübsches Laub, ssp. *argentea* mit zierenden Blütenkätzchen vor dem Austrieb	○, ssp. *argentea* auf trockenem Boden, ssp. *rosmarinifolia* auf normalem bis feuchtem Boden, beide anspruchslos
Zwergweide, *Salix x simulatrix*	0,8	Strauch mit kriechendem Wuchs; hübsches Laub, gelbe Blütenkätzchen	○, anspruchslos

Der Steingarten

Geeignete Laubgehölze

Zwergmandel, Prunus tenella

Zwergweide, Salix x simulatrix

Nadelgehölze für den Steingarten

Neben wenigen prägnanten Gestalten wie Zuckerhutfichte und Sadebaum spielen im Steingarten vor allem kleinwüchsige oder sich flach ausbreitende Nadelsträucher eine Rolle. Hier können nur einige Beispiele für die vielen Zwergformen genannt werden, die sich oft auch für eine Trogbepflanzung eignen. Wie die immergrünen Laubgehölze sorgen sie auch im Winter für zierendes Grün im Steingarten. Und ebenso wie bei diesen darf man nicht vergessen, sie zum Herbstende sowie an frostfreien Wintertagen zu wässern. Im Frühling und Sommer setzen die Nadelgehölze mit ihren grünen oder bläulichen Zweigen und der oft kugeligen bzw. kegelförmigen Wuchsform Akzente zwischen den blühenden Stauden.

Nadelgehölze für den Steingarten

Deutscher und botanischer Pflanzenname	Höhe/Breite in m	Wuchs, Benadelung	Standort, Hinweise
Balsamtanne, *Abies balsamea* 'Nana'	0,5/1–1,5	halbkugelig, langsam wachsend; Nadeln dunkelgrün, leicht duftend	○–◐, tiefgründiger, feuchter Boden; empfindlich gegen Trockenheit, Hitze und höhere Salzkonzentrationen im Boden
Zwergsawara-Scheinzypresse, *Chamaecyparis pisifera* 'Nana'	0,5/1,5	flachkugelig; Nadeln blaugrün, an zierlichen Zweigen	○–◐, anspruchslos
Irischer Säulenwacholder, *Juniperus communis* 'Hibernica'	3–4/1–1,5	Säulen- oder Kegelform; Nadeln bläulich grün	○–◐, kalkverträglich, keine besonderen Bodenansprüche; nur für größere Anlagen
Teppichwacholder, *Juniperus communis* 'Hornibrookii'	0,5/2	kriechend mit leicht ansteigenden Zweigspitzen; Nadeln hellgrün, im Winter etwas bräunlich verfärbt	○–◐, kalkverträglich, keine besonderen Bodenansprüche; toleriert auch innerstädtisches Klima und Schadstoffe
Kriechwacholder, *Juniperus communis* 'Repanda'	0,5/2–3	kriechend, langsam wachsend; Nadeln dunkelgrün mit silbrigen Streifen	○–◐, kalkverträglich, keine besonderen Bodenansprüche

Balsamtanne, *Abies balsamea* 'Nana'

Chamaecyparis pisifera 'Nana'

Nadelgehölze für den Steingarten (Fortsetzung)

Deutscher und botanischer Pflanzenname	Höhe/ Breite in m	Wuchs, Benadelung	Standort, Hinweise
Männlicher Sadebaum, *Juniperus sabina* 'Mas'	1–1,5/1,5–2	aufrecht mit ausgebreiteten Zweigen; Nadeln bläulich grün, im Winter bronze- bis rotbraun getönt	○–◐, durchlässiger, humoser Boden, kalkverträglich; giftig!
Tamariskenwacholder, *Juniperus sabina* 'Tamariscifolia'	0,5/1,5	flach ausgebreitet; Nadeln bläulich grün bis grau	○–◐, durchlässiger, humoser Boden, kalkverträglich; toleriert Trockenheit, Hitze sowie innerstädtisches Klima und Schadstoffe, giftig!
Igelfichte, *Picea abies* 'Echiniformis'	0,2–0,5/0,8	kugelig bis kissenförmig, langsam wachsend; Nadeln gelb- bis graugrün	○–◐, frischer, nährstoffreicher Boden, kalkverträglich, keine extreme Trockenheit; auch für Tröge
Kissenfichte, *Picea abies* 'Little Gem'	0,3/1	flach kugelig, mit nestartiger Vertiefung in der Mitte	wie Igelfichte (*P. abies* 'Echiniformis')
Nestfichte, *Picea abies* 'Nidiformis'	0,8/1,5	flach kugelig, mit nestartiger Vertiefung in der Mitte, Nadeln hellgrün	wie Igelfichte (*P. abies* 'Echiniformis')
Maxwellfichte, *Picea abies* 'Maxwellii'	1/1–2	rundlich, kissenförmig; Nadeln grün	wie Igelfichte (*P. abies* 'Echiniformis')
Blaue Zwergfichte, *Picea abies* 'Pumila Glauca'	0,6/2	flach kugelig bis breit kegelförmig; Nadeln bläulich grün	wie Igelfichte (*P. abies* 'Echiniformis')
Gnomenfichte, *Picea abies* 'Pygmaea'	0,5–1/2	kugelig bis breit kegelförmig	wie Igelfichte (*P. abies* 'Echiniformis')
Zuckerhutfichte, *Picea glauca* 'Conica'	3–4/1–1,5	kegelförmig; Nadeln im Austrieb hellgrün, später bläulich dunkelgrün; Sorte 'Laurin' ähnlich, aber schwachwüchsiger	○–◐, durchlässiger, nicht zu trockener Boden; kalk-, aber nicht salzverträglich; 'Laurin' auch für Tröge

Juniperus sabina 'Tamariscifolia'

Zuckerhutfichte, Picea glauca 'Conica'

Nadelgehölze für den Steingarten (Fortsetzung)

Deutscher und botanischer Pflanzenname	Höhe/ Breite in m	Wuchs, Benadelung	Standort, Hinweise
Zwergkiefer, *Pinus mugo* 'Gnom'	2/2	kugelig bis kegelförmig, dicht; Nadeln dunkelgrün	◐, anspruchslos, kalkverträglich
Zwergkiefer, *Pinus mugo* 'Mops'	0,5–1/1,5	kugelig bis kissenförmig; Nadeln dunkelgrün	wie *P. mugo* 'Gnom'
Bergholzkiefer, *Pinus mugo* ssp. *mugo*	2–4/4–6	breitbuschig mit teils niederliegenden Ästen; Nadeln kräftig grün	○, humoser Boden; kalk-, aber nicht salzverträglich
Bergholzkiefer, *Pinus mugo* ssp. *pumilio*	0,8–1,5/1,5	kugelig, flach oder kissenförmig; Nadeln dunkelgrün	○, humoser Boden, der kalkhaltig oder sauer sein kann
Zwerg-Weymouthskiefer, *Pinus strobus* 'Nana'	1–2/1,5–2,5	halbkugelig, dicht; Nadeln grün bis bläulich grün, ca. 9 cm lang	◐, durchlässiger Boden, empfindlich gegen Hitze und Trockenheit
Tafeleibe, *Taxus baccata* 'Repandens'	0,8/2–4	flach ausgebreitet, kissenartig; Nadeln dunkelgrün, sichelförmig gebogen	◐, normaler Gartenboden, kalkverträglich; giftig!
Zwergeibe, *Taxus cuspidata* 'Nana'	1/3	breit ausladend, langsam wachsend; Nadeln tiefgrün	◐, humoser, durchlässiger Boden, kalkverträglich; giftig!

Pinus mugo ssp. pumilio

Zwergeibe, Taxus cuspidata 'Nana'

Stauden für den Steingarten

Blühende Polster, großblumige Schönheiten, Winzlinge für Mauerfugen – bei den Stauden kann man ganz aus dem Vollen schöpfen. Für den natürlichen Steingarten wird man züchterisch wenig bearbeitete Arten und Formen wählen, die vor allem der heimischen Gebirgsflora entstammen.

Doch auch manche Art, die man aus dem Staudenbeet kennt, fügt sich gut in das Bild des Steingartens ein. Bei diesen hat man ebenso wie bei einigen typischen Steingartenpflanzen die Wahl zwischen zahlreichen Sorten. Es lohnt sich, im Fachhandel bzw. in einer Staudengärtnerei das Sortenangebot zu studieren. Häufig gibt es nicht nur Unterschiede in der Blütenfarbe, sondern auch in der Wuchshöhe. Im Steingarten sollte man meist niedrigeren Formen den Vorzug geben. Einige der nachfolgend kurz vorgestellten Pflanzen sind im Kapitel „Stauden" (ab S. 334) etwas ausführlicher beschrieben, als es hier möglich ist. Nahezu alle Steingartenstauden brauchen unbedingt einen durchlässigen Boden, der keinesfalls zu Staunässe neigen darf. Speziellere Bodenansprüche werden in der Rubrik „Standort" der nachfolgenden Übersichten aufgeführt.

Rechts: Bei aller Schönheit vieler Blütenstauden sollte man auf die reizvollen Formen und Gestalten der Sempervivum-Arten (Hauswurz) nicht verzichten

Stauden für den Steingarten

Deutscher und botanischer Pflanzenname	Höhe in cm	Blütezeit	Blütenfarbe	Standort, Hinweise
Adonisröschen, *Adonis vernalis*	25	IV–V	gelb	○, kalkhaltiger, sandiger Boden; giftig!
Steinkraut, *Alyssum saxatile*	35	IV–V	gelb	○, auch magerer Boden; Polster bildend; auch für Mauerkrone und -ritzen
Mannsschild, *Androsace sarmentosa*	10	V–VII	rosa	○–◐; oberirdische Ausläufer; auch für Mauerkrone
Katzenpfötchen, *Antennaria dioica*	15	V–VII	rosa	○; kann schnell größere Flechen bedecken
Akelei, *Aquilegia vulgaris, A. discolor, A. alpina*	15–50	V–VI	blau, rosa, weiß u. a.	○–◐, nicht zu trockener Boden; *A. vulgaris* ist giftig!
Gänsekresse, *Arabis caucasica*	10–25	III–IV	weiß, auch rosa u. a.	○; Polster bildend, auch für Mauerkrone und -ritzen
Sandkraut, *Arenaria montana*	10	VI–VI	weiß	○, kalkhaltiger Boden; Polster bildend, auch für Mauerkrone
Grasnelke, *Armeria maritima*	25	VI–IX	weiß, rosa, rot	○; Polster bildend, auch für Mauerkrone
Junkerlilie, *Asphodeline lutea*	120	V–VI	gelb	○, nährstoffreicher Boden, Winterschutz nötig; zierende Fruchtstände
Alpenaster, *Aster alpinus*	20–30	V–VI	weiß, rosa, violett	○, sandiger, nicht zu trockener Humusboden; auch für Mauerkrone
Kissenaster, *Aster dumosus*	25–50	VIII–X	weiß, rosa, rot, violett	○, humoser, nicht zu trockener Boden; zahlreiche Sorten; gute Bienenweide
Blaukissen, *Aubrieta*-Hybriden	5–10	IV–V	blau, rot, violett	○, kalkhaltiger Boden; Polster bildend, gut geeignet für Mauerkronen und -ritzen
Karpatenglockenblume, *Campanula carpatica*	15–40	VI–VIII	weiß, blau, violett	○–◐, frischer, humoser Boden; auch für Mauerkrone; zahlreiche Sorten
Zwergglockenblume, *Campanula portenschlagiana*	10–15	VI–VIII (IX)	blau, violett	○–◐, sandig-lehmiger Boden; auch für Mauerkrone

Adonisröschen, *Adonis vernalis*

Alpenaster, *Aster alpinus*

Blaukissen, *Aubrieta*-Hybriden

Stauden für den Steingarten (Fortsetzung)

Deutscher und botanischer Pflanzenname	Höhe in cm	Blütezeit	Blütenfarbe	Standort, Hinweise
Silberdistel, *Carlina acaulis*	15	VII–IX	silbrig grau	○, trockener, kalkhaltiger Boden
Hornkraut, *Cerastium tomentosum*	15	V–VI	weiß	○; Polster bildend, auch für Mauerkrone und -ritzen
Bleiwurz, *Ceratostigma plumbaginoides*	15–20	VIII–X	blau	○–◐; kalkhaltiger, auch magerer Boden, Winterschutz nötig; Polster bildend, rotbraunes Herbstlaub
Heidennelke, *Dianthus deltoides*	10–15	VI–VIII	rot, rosa, weiß	○, kieselhaltiger Boden; Polster bildend
Pfingstnelke, *Dianthus gratianopolitanus*	7–25	V–VI (IX)	rot, blau, rosa, weiß	○, sandig-lehmiger Boden; Polster bildend; zahlreiche Sorten
Federnelke, *Dianthus plumarius*	25–30	V–VI (VII)	weiß, rosa, rot	○; Polster bildend, auch für Mauerkrone
Gemswurz, *Doronicum orientale*	40	IV–V	gelb	○–◐, frischer, nährstoffreicher Boden
Hungerblümchen, *Draba bruniifolia*	5	IV–V	gelb	○, sandiger Boden; Polster bildend, gut geeignet für Mauerkrone und -ritzen, Tröge, Tuffsteine
Silberwurz, *Dryas octopetala*	10	ab VI	elfenbeinfarben	○, humoser Boden; auch für Mauerkrone
Steppenkerze, *Eremurus stenophyllus*	120	VI–VII	gelb	○, tiefgründiger, nährstoffreicher, eher trockener Boden; Winterschutz nötig; gute Bienenweide
Alpendistel, *Eryngium alpinum*	50–70	VII–VIII	silbrig blau	○, tiefgründiger, trockener Boden zwischen Steinen
Stengelloser Enzian, *Gentiana acaulis*	10	V–VIII	blau	○, frischer, nahrhafter Boden, je nach Sorte kalkverträglich oder -fliehend; Polster bildend, auch für Tröge

Glockenblume, Campanula carpatica

Silberwurz, Dryas octopetala

Stengelloser Enzian, Gentiana acaulis

Stauden für den Steingarten (Fortsetzung)

Deutscher und botanischer Pflanzenname	Höhe in cm	Blüte-zeit	Blüten-farbe	Standort, Hinweise
Sommerenzian, *Gentiana septemfida* var. *lagodechiana*	30	VIII–IX	blau mit Weiß	○–◐, durchlässiger, lehmig-humoser Boden
Herbstenzian, *Gentiana sinoornata*	15	IX–X	blau	○–●; frischer, humoser, kalkfreier Boden, Winterschutz nötig
Storchschnabel, *Geranium dalmaticum*	10–15	VI–VII	rosa, weiß	○; Polster bildend, auch für Mauerkrone; rötliches Herbstlaub
Blutstorchschnabel, *Geranium sanguineum*	20–30	V–IX	rot, rosa, weiß	○–◐; Polster bildend, auch für Mauerkrone, schöne Herbstfärbung
Kriechendes Schleierkraut, *Gypsophila repens*	15	V–VI	rosa, weiß	○, bevorzugt kalkhaltiger Boden; auch für Mauerkrone und -ritzen
Sonnenröschen, *Helianthemum*-Hybriden	20	VI–VIII	gelb, rot, orange, rosa, weiß	○, Winterschutz ratsam; auch für Mauerkrone; zahlreiche Sorten
Schleifenblume, *Iberis saxatilis*	10	IV–V	weiß	○, sandig-humoser Boden, Winterschutz ratsam; Polster bildend, gut geeignet für Mauerkrone, Tröge, Tuffsteine
Alpenedelweiß, *Leontopodium alpinum*	20	VI–VII	weiß bis gräulich	○, frischer Boden; gut geeignet für Mauerkrone und Tröge
Bitterwurz, *Lewisia cotyledon*, *L.*-Hybriden	20	VI–VIII	weiß, gelb, orange, rosa, rot	○–●, kalkfreier Schotterboden mit gutem Wasserabfluss, Winterschutz nötig; auch für Mauerkrone und größere Ritzen; zahlreiche Hybridsorten
Goldflachs, *Linum flavum*	30	VI–VII (VIII)	gelb	○; Winterschutz ratsam
Lein, *Linum perenne*	60	VI–VIII	blau	○; auch für Mauerkrone
Nachtkerze, *Oenothera missouriensis*	10–20	VI–IX	gelb	○; auch für Mauerkrone
Islandmohn, *Papaver nudicaule*	40	VI–IX	weiß, gelb, rot	○; starke Ausbreitung durch Selbstaussaat, deshalb Blüte vor Samenreife abschneiden
Polsterphlox, *Phlox subulata*	15	IV–V	rot, rosa, weiß, blau	○, nahrhafter Boden; Polster bildend, auch für Mauerkrone; zahlreiche Sorten
Alpenaurikel, *Primula auricula*	10	IV–V	gelb	○–◐, humoser, kalkhaltiger, auch feuchter Boden; auch für Mauerkrone
Kugelprimel, *Primula denticulata*	30	ab III	rot, violett, weiß	◐, feuchter, nährstoffreicher, humoser Boden
Küchenschelle, *Pulsatilla vulgaris*	25	ab III	rot, violett, bräunlich, weiß	○, leichter, kalkhaltiger Boden; zierende Fruchtstände, zahlreiche Sorten; giftig!
Seifenkraut, *Saponaria ocymoides*	15	V–VII	rot, rosa, weiß	○, sandig-lehmiger Boden; Polster bildend, auch für Mauerkrone

Stauden für den Steingarten (Fortsetzung)

Deutscher und botanischer Pflanzenname	Höhe in cm	Blütezeit	Blütenfarbe	Standort, Hinweise
Moossteinbrech, *Saxifraga-Arendsii*-Hybriden	15–20	V	weiß, rosa, rot, gelblich	◐, frischer Boden; rasenartiger Wuchs, auch für Mauerkrone; zahlreiche Sorten
Rosettensteinbrech, *Saxifraga cotyledon*	50	V–VI	weiß, rosa	◐–●, kalkarmer, nicht zu trockener Boden; auch für Mauerkrone und Tröge
Mauerpfeffer, *Sedum acre*	5–10	VI–VII	gelb	○, sandige, offene Plätze und Hänge, Felsen, Mauerkronen und -ritzen; rasenartiger Wuchs, wuchernd
Weißer Mauerpfeffer, *Sedum album*	15	VI–VIII	weiß, rosa	○, sandiger, auch sehr magerer Boden; Polster bildend, gut geeignet für Mauerkrone und -ritzen, Tuffsteine; auch Sorten mit rötlichen Blättern
Fetthenne, *Sedum floriferum*	20	VII	grünlich gelb	wie Weißer Mauerpfeffer (*S. album*)
Teppichsedum, *Sedum spurium*	10–15	VII–VIII	weiß, rosa, rot	○–◐, sonst wie Weißer Mauerpfeffer (*S. album*)
Spinnwebhauswurz, *Sempervivum archnoideum*	3–10	VII–VIII	rot, weiß	○, sandiger, trockener, magerer Boden; gut geeignet für Mauerkrone und -ritzen, Tröge und Tuffsteine; Blattrosetten in verschiedenen Farben
Hauswurz, *Sempervivum ciliosum*	3–10	VI–VII	gelb	wie Spinnwebhauswurz (*S. archnoideum*)
Dachhauswurz, *Sempervivum tectorum*	30	VI–VIII	rosa, rot	wie Spinnwebhauswurz (*S. archnoideum*)
Leimkraut, *Silene maritima*	20	VI–VIII	weiß, rosa	○–◐, kalkhaltiger, sandiger Boden; breitwüchsig mit niederliegenden Trieben
Alpenglöckchen, *Soldanella montana*	20–30	IV–V	lilablau	◐, humoser, frischer Boden, steht gut am dränierten Fuß einer Trockenmauer

Kugelprimel, Primula denticulata

Mauerpfeffer, Sedum acre

Dachhauswurz, Sempervivum tectorum

Stauden für den Steingarten (Fortsetzung)

Deutscher und botanischer Pflanzenname	Höhe in cm	Blütezeit	Blütenfarbe	Standort, Hinweise
Wollziest, *Stachys byzantina*	30	–	unscheinbar	○, trockener, auch magerer Boden; Zierde durch weiße, wollig behaarte Blätter; flächige Ausbreitung, Bodendecker
Edelgamander, *Teucrium chamaedrys*	30–40	VI–VIII	purpur	○, trockener Boden, kalkverträglich; gut geeignet für Mauerkrone
Feldthymian, *Thymus serpyllum*	10	VI–X	rosa, rot, weiß	○, auch magerer Boden; Teppiche bildend, gut geeignet für Mauerkrone, zahlreiche Sorten
Ehrenpreis, *Veronica spicata* ssp. *incana*	30	VI–VII	blau, rotblau	○, sandiger Boden; Polster bildend, gut geeignet für Mauerkrone; silbrig weißes Laub, zahlreiche Sorten
Hornveilchen, *Viola cornuta*, *V.-Cornuta*-Hybriden	25	VI–VIII	weiß, gelb, rot, blau, violett	○–◐, Winterschutz ratsam; zahlreiche Sorten
Wulfenie, *Wulfenia carinthiaca*	30	VI–VIII	blau	◐, kalkarmer, frischer bis feuchter Boden, windgeschützter Stand
Palmlilie, *Yucca filamentosa*	150	VIII–IX	weiß, weißgrün	○, sandig-humoser Boden, bevorzugt Sommertrockenheit, Winterschutz ratsam; nur für größere Anlagen

Farne für den Steingarten

Auch wenn man bei Farnen zuallererst an Wald denkt, passen doch einige sehr gut in den Steingarten und seine Umgebung. Die *Asplenium*-Arten sind sogar ausgesprochene Spezialisten für die Besiedlung von Trockenmauerfugen. Aber auch sie dürfen keinesfalls der prallen Sonne ausgesetzt sein. Alle Farne brauchen einen halbschattigen bis schattigen Platz, z. B. unter Gehölzen, oder sollten an die absonnige Seite einer Trockenmauer oder eines großen Steins gesetzt werden. Der Boden muss humos und hinreichend feucht sein.

Links: Wulfenie, Wulfenia carinthiaca

Farne für den Steingarten

Deutscher und botanischer Pflanzenname	Höhe in cm	Merkmale	Hinweise
Pfauenradfarn, *Adiantum pedatum*	50	handförmige Wedel auf dunklen, drahtigen Stielen	empfehlenswerte Zwergsorte: 'Imbricatum' 20–25 cm hoch, grazil
Mauerraute, *Asplenium ruta-muraria*	10	dunkelgrüne Wedel mit dreieckig-ovalen Blättchen	kalkverträglich; für Trockenmauern, Spalten und Mauerfugen
Braunstieliger Streifenfarn, *Asplenium trichomanes*	15	dunkelgrüne Wedel mit runden Blättchen, rot- bis schwarzbraune Stiele	für Trockenmauer, Spalten und Mauerfugen
Frauenfarn, *Athyrium filix-femina*	70	bis 100 cm lange, hellgrüne, fein gefiederte Wedel	mehrere, teils kleinere Sorten mit unterschiedlicher Blattform
Japanischer Regenbogenfarn, *Athyrium niponicum* 'Metallicum'	60	Rippen und Adern rötlich bis purpurn gefärbt	brüchige Wedel, vorsichtig pflanzen
Rippenfarn, *Blechnum spicant*	20	glänzend grüne Wedel mit derben Blättchen, wintergrün	kalkarmer Boden
Hirschzungenfarn, *Phyllitis scolopendrium*	40	ungefiederte, breit lanzettliche, sattgrüne Wedel, immergrün	auch für schattigen Mauerkronenbereich; mehrere Sorten mit unterschiedlicher Höhe und Blattform
Großer Tüpfelfarn, *Polypodium interjectum*	60	einfach gefiederte, bis 15 cm breite Wedel, immergrün	auch für schattigen Mauerkronenbereich; mehrere Sorten mit unterschiedlicher Höhe und Blattform
Tüpfelfarn, Engelsüß, *Polypodium vulgare*	40	einfach gefiederte, leicht überhängende Wedel, wintergrün	auch für schattigen Mauerkronenbereich
Glanzschildfarn, *Polystichum aculeatum*	80	leicht überhängende Wedel, einen breiten Trichter bildend	ausgesprochen langlebig
Weicher Schildfarn, *Polystichum setiferum*	40–100	eindrucksvolle Wedel, einen breiten Trichter bildend	mehrere Sorten mit unterschiedlicher Höhe und Blattform
Wimperfarn, *Woodsia obtusa*	30	grüne, gefiederte Wedel, Stiel am Grund rötlich gelb gefärbt	verlangt sorgfältige Pflege, Liebhaberpflanze

Frauenfarn, Athyrium filix-femina

Tüpfelfarn, Polypodium vulgare

Gräser für den Steingarten

Für eine vielseitige, harmonische Steingartenbepflanzung sind Ziergräser sehr empfehlenswert, ja fast unverzichtbar.

Die manchmal zarten, manchmal eindrucksvollen Horste lockern jede Pflanzung auf und passen sehr gut zum Gestaltungselement Stein. Besondere Blatt- und Halmfärbungen sowie zierende Blütenähren oder -rispen zeichnen manche der hier vorgestellten Arten ganz besonders aus. Einige sind immergrün und bieten auch in der sonst kargen Winterzeit einen schönen Anblick.
Wie bei den anderen Stauden gilt auch hier: Der Boden sollte stets durchlässig sein.

Gräser für den Steingarten

Deutscher und botanischer Pflanzenname	Höhe in cm	Zierde	Standort, Hinweise
Herzzittergras, *Briza media*	40–60	herzförmige, nickende Blütenährchen, V–VI	◐, humoser Boden; nach Blüte zurückschneiden
Fuchsrote Segge, *Carex buchananii*	50	rote, elegant überhängende Halme	○, nicht zu trockener Boden; Winterschutz ratsam
Knäuelgras, *Dactylis glomerata* 'Variegata'	30	schmale, weiß gestreifte Blätter	◐, feuchter bis mäßig trockener Boden
Blauschwingel, *Festuca cinerea*	15–20	halbkugelige Horste mit bläulichen, schmalen Blättern, Blütenrispen, V–VI	○, trockenheitsverträglich; regelmäßig durch Teilung verjüngen
Schafschwingel, *Festuca ovina*	20	immergrün, Blattfärbung grün bis bläulich, je nach Sorte; grazile Blütenrispen, VI–VII	◐, magerer, auch trockener Boden; auch für Mauerkrone
Bärenfellschwingel, *Festuca scoparia*	10	immergrüne dichte Polster mit feinen, hellgrünen Blättern, gelbgrüne Blütenrispen ab V	◑, sandiger, eher magerer Boden; auch für Mauerkrone

Herzzittergras, Briza media

Rechts: Blauschwingel, Festuca cinerea

Gräser für den Steingarten (Fortsetzung)

Deutscher und botanischer Pflanzenname	Höhe in cm	Zierde	Standort, Hinweise
Blaustrahlhafer, *Helictotrichon sempervirens*	50–60	immergrün, bläulich graue Blattfärbung; grazile Blütenrispen, VII–VIII	○, humoser, kalkhaltiger Boden
Blaukammschmiele, *Koeleria glauca*	40	aufrechte Horste mit grau- bis blaugrünen Blättern; grünliche Rispen, VI	○, sandiger, eher magerer Boden
Schneemarbel, *Luzula nivea*	40	immergrün, bewimperte Blätter; schneeweiße Blütenrispen, VI–VII	◐–●, humoser Boden; gut geeignet für Gehölzunterpflanzung
Wimperperlgras, *Melica ciliata*	60	graugrüne Blätter; zierende Blütenrispen, V–VI, später gelblich	○, kalkhaltiger Boden
Hechtblaues Rispengras, *Poa glauca*	10	polsterförmiger Wuchs, blaugrüne Blätter; Blütenrispen, VI–VII	○, trockener Boden; auch für Mauerkrone und Tröge
Blaugras, *Sesleria caerulea*	25	Horste mit schmalen, blau bereiften Blättern; Blütenähren, IV–IV	○, kalkhaltiger Boden; auch für Mauerkrone
Reiherfedergras, *Stipa barbata*	80	lange, schmale Blätter; silberseidige, bogig überhängende Blütenrispen, VII–VIII	○, kalkhaltiger, trockener Boden; auch für Mauerkrone
Büschelhaargras, *Stipa capillata*	100	schmale, aufrechte Blätter; silbrige lang begrannte Blütenrispen, VI–VII	○, kalkhaltiger, trockener Boden
Federgras, *Stipa pennata*	60	Blütenstände mit langen, überhängenden, federartigen Grannen, VI–VII	○; auch für Mauerkrone

Der Steingarten

Geeignete Gräser

Schafschwingel, Festuca ovina

Blaugras, Sesleria caerulea

Federgras, Stipa pennata

Zwiebel- und Knollenblumen für den Steingarten

Die Palette der Blütenstauden wird durch die Zwiebel- und Knollenblumen erweitert und bereichert. Es kommen nicht nur hübsche Farben und Formen hinzu, auch die Blütezeit im Steingarten lässt sich mit Hilfe dieser Gewächse ausdehnen. Sehr zeitig kündigen Winterling, Krokus und Zwiebeliris den Frühling an. Und wenn der Sommer längst vergessen ist, kann man sich immer noch an blühenden Alpenveilchen und Sternbergien erfreuen. Einige Arten verwildern bzw. breiten sich von selbst aus, was meist gern gesehen wird und kaum Probleme bereitet.

Weitere Informationen zur Pflanzung und Pflege sowie zu einigen der hier genannten Arten finden sich im Kapitel „Zwiebel- und Knollenblumen" (ab S. 382).

Sie brauchen wie die anderen Steingartenpflanzen unbedingt durchlässiges Erdreich. Manche benötigen im Frühjahr etwas höhere Feuchtigkeit, vertragen dann im Sommer aber Trockenheit.

Zwiebel- und Knollenblumen für den Steingarten

Deutscher und botanischer Pflanzenname	Höhe in cm	Blütezeit	Blütenfarbe	Standort, Hinweise
Gelber Lauch, *Allium flavum*	20–40	VI–VIII	gelb	○, im Pflanzjahr Winterschutz nötig; Selbstausbreitung
Goldlauch, *Allium, moly*	20–30	V–VI	gelb	○–◐, Winterschutz nötig; Selbstausbreitung
Strahlenanemone, *Anemone blanda*	15	II–IV	rosa, blau, violett, weiß	○, humoser, kalkhaltiger Boden, Winterschutz nötig
Schneestolz, *Chionodoxa sardensis*	15	IV	blau	○–◐, frischer, humoser Boden
Krokus, *Crocus chrysanthus*	5–8	II–IV	gelb, violett, blau, orange, weiß	○–◐, im Frühjahr feuchter Boden
Alpenveilchen, *Cyclamen hederifolium*	10–15	VIII–XI	rosa, weiß	◐, humoser, kalkhaltiger Boden, Winterschutz ratsam

Goldlauch, Allium moly

Alpenveilchen, Cyclamen hederifolium

Zwiebeliris, Iris reticulata

Zwiebel- und Knollenblumen für den Steingarten (Fortsetzung)

Deutscher und botanischer Pflanzenname	Höhe in cm	Blüte-zeit	Blüten-farbe	Standort, Hinweise
Alpenveilchen, *Cyclamen purpurascens*	10–15	VII–X	rosa, weiß	◐, humoser, kalkhaltiger Boden; giftig!
Winterling, *Eranthis hyemalis*	10	II–III	gelb	◐–●, frischer, humoser Boden; giftig!
Schwertlilie, *Iris danfordiae*	10–15	III	gelb	○, sandiger Boden
Zwiebeliris, *Iris reticulata*	10–20	II	blau, violett, purpur	○, sandiger Boden
Traubenhyazinthe, *Muscari armeniacum*	25	IV	blau	○–◐; angenehmer Blütenduft
Stern von Bethlehem, *Ornithogalum umbellatum*	bis zu 25	IV–V	weiß	○, bevorzugt trockener Boden; Selbstausbreitung; Blüten öffnen sich zwischen 10 und 15 Uhr
Sternbergie, Goldkrokus, *Sternbergia lutea*	25	IX–X	gelb	○, nährstoffreicher Boden, keinesfalls Vernässung, Winterschutz nötig; giftig!
Tulpen, *Tulipa-Greigii*-Hybriden	25	IV–V	gelb bis rot, auch gestreift	○, Frühjahrsfeuchte
Tulpen, *Tulipa-Kaufmanniana*-Hybriden	bis zu 20	III–IV	weiß, gelb, rot	○, Frühjahrsfeuchte, Winterschutz ratsam

Der Steingarten

Geeignete Zwiebel- und Knollenblumen

Sternbergie, *Sternbergia lutea*

Rechts: Tulpen, *Tulipa-Kaufmanniana*-Hybriden

Sommerblumen für den Steingarten

Bei den Steingärtnern alter Schule ist es verpönt, gärtnerische Züchtungsprodukte in der Anlage zu tolerieren. Auch Sommerblumen haben dort überhaupt nichts zu suchen. Ein Steingarten muss getreu der Natur nachgeahmt sein und hier gilt die Flora der Gebirgswelt als Vorbild. Im Hobbygarten sind diese sehr strengen Vorgaben wohl überzogen, zumal sich jeder in seinem eigenen grünen Reich das schaffen sollte, was ihm gefällt. Manche Universitätsinstitute forschen sogar über neue Sommerblumen für den Steingarten. Außerdem besitzen diese Gewächse zwei große Vorteile. Zum einen bringen sie Farbe während der üblicherweise blütenarmen Monate in die Anlage (ab Juli), zum zweiten lassen sich Lücken, wie sie beispielsweise durch früh einziehende Knollen- und Zwiebelpflanzen entstehen, ausgleichen.

Bei der Auswahl der richtigen Pflanzen muss man allerdings behutsam vorgehen. Nicht jede Sommerblume gehört in den Steingarten. Von Tagetes und Zinnien oder gar Eisbegonien ist z. B. abzusehen. Außerdem dürfen nicht zu viele dieser bunten Gewächse in die Anlage „gepackt" werden. Nachfolgend wird eine kleine Auswahl von sieben Sommerblumen vorgestellt, die sich für Steingärten eignen und alle einen sonnigen Standort wünschen. Diese Liste erhebt keinen Anspruch auf Vollständigkeit. Und wie bereits gesagt, sollte man die Pflanzen setzen, die Freude machen und besonders gefallen.

Sommerblumen für den Steingarten

Deutscher und botanischer Pflanzenname	Höhe in cm	Blütezeit	Blütenfarbe
Blaues Gänseblümchen, *Brachysome iberidifolia*	30	VI–IX	blauviolett, weiß, rot
Mutterkraut, *Chrysanthemum parthenium*	20–60	VI–IX	weiß, gelb
Kapaster, *Felicia bergeriana*	15	VII–VIII	leuchtend blau
Duftsteinrich, *Lobularia maritima*	5–15	VI–IX	weiß, rosa, violett
Sterntaler, *Melampodium paludosum*	30–40	V–X	orangegelb
Portulakröschen, *Portulaca grandiflora*	15	VI–VIII	weiß, gelb, orange, rot, violett
Goldrandblume, Husarenknopf, *Sanvitalia procumbens*	20–30	V–X	gelb mit schwarzer Mitte

Sterntaler, Melampodium paludosum

Portulakröschen, Portulaca grandiflora

Hinweise zur Düngung

In einigen Büchern heißt es, dass Steingartenpflanzen keinen zusätzlichen Dünger benötigen. Als Grund wird oft angeführt, dass unsere Gewächse in den Alpen auch ohne Zusatznahrung auskommen. Doch zum einen stimmt das in dieser Form nicht, und zum anderen liegen in der freien Natur völlig andere Bedingungen vor. Das Klima in den Bergen führt zu einer wesentlichen Steigerung der Bodenorganismentätigkeit – viele Nährstoffe werden so pflanzenverfügbar. Nicht zuletzt bringen auch die Ausscheidungen von Wild und Vieh die gewünschten Nährstoffe für die Gewächse.
Bei uns im Garten ist das anders. Außerdem wollen wir, dass es überall im Steingarten prächtig grünt und blüht. Es ist eine Tatsache, dass richtig ernährte Pflanzen nicht nur schöner gedeihen und reichaltiger blühen, sondern auch widerstandsfähiger gegen Krankheiten und Schädlinge sowie Frost und andere ungünstige Klimaeinflüsse sind.
Lässt also die Blütenpracht zu wünschen übrig oder kümmern einige Pflanzen dahin, dann kann dies an fehlenden Nährstoffen liegen. Allerdings muss vorher geprüft werden, ob der Standort pflanzengerecht gewählt wurde und kein Befall durch Schädlinge oder Krankheiten vorliegt. Einige Gewächse kümmern auf Böden mit zu hohem Kalkgehalt, sie benötigen saures Erdreich. Andere wiederum verlangen einen hohen pH-Wert, also viel Kalk im Boden, um ihre Pflanzenpracht entfalten zu können. Wichtig ist in allen Fällen, dass die Erde durchlässig ist und keine Staunässe, auch nicht zeitweise, auftritt.

Nicht alle Steingartengewächse sind solche „Hungerkünstler" wie die Küchenschelle, die man am besten gar nicht düngt

Organisch oder mineralisch?

Der meist geringe Nährstoffbedarf der Steingartenpflanzen lässt sich mit organischen wie mit mineralischen Düngern decken. Unterschiede, Vor- und Nachteile beider Düngerformen sowie entsprechende Düngemittel sind ab S. 82 näher beschrieben.
Es soll hier weder ausschließlich für die eine Art der Düngung noch für die andere gesprochen werden. Mineralische Dünger sind oft Retter in der Not, da sie sofort Abhilfe schaffen. Allerdings muss deutlich gesagt werden, dass die regelmäßige Versorgung unserer Böden mit organischen Materialien die Voraussetzung für eine anhaltende Bodenfruchtbarkeit ist. Mit einer ausschließlichen Mineraldüngung zerstören wir auf Dauer die Bodenstruktur. Das Bodenleben verarmt und der Humusgehalt sinkt. Daher tut jeder gut daran, durch Einbringen von organischem Material für einen ausreichenden Humusgehalt zu sorgen. Bei guter Bodenfruchtbarkeit ist mit einem Kümmern der Pflanzen nicht zu rechnen. Auch hier gilt der Grundsatz: Vorbeugen ist besser als – mit schnell wirkendem Dünger – heilen.

Düngungspraxis

Grundsätzlich sollte man möglichst wenig düngen. Zum einen brauchen Steingartenpflanzen keine großen Nährstoffgaben, zum anderen sind kompakte Polster und Pflanzen viel attraktiver als große, mastige, ins Kraut schießende.
Es ist anzuraten, mindestens alle 2 Jahre organisches Material in den Steingarten zu bringen. Dadurch kann man auch ausgewaschene Erde ersetzen. Z. B. ist eine Mischung aus Gartenerde und reifem Kompost zu empfehlen, die am besten im Herbst (Oktober/November) um die Pflanzen herum gestreut und leicht eingearbeitet wird.

Pflege rund ums Jahr

Frühling

Winterschutz entfernen: Ab März muss nach und nach der Winterschutz entfernt werden. Man nimmt zuerst bei den Pflanzen die Fichten- oder Tannenzweige weg, bei denen die Knospen bereits sprießen. Wenn stärkere Nachtfröste drohen oder empfindliche Pflanzen kultiviert werden, kann man abends die Zweige wieder auflegen.

Generalreinigung: Alles Vertrocknete und alle stehen gelassenen Blütenstände werden entfernt. Erfrorenes schneidet man in der Regel bis ins lebende Holz zurück.

Neu gepflanzte Stauden: Im Herbst gepflanzte Stauden werden im Winter durch den Frost oft hochgehoben. Diese Pflanzen drückt man im Frühjahr wieder richtig fest.

Nachpflanzungen: Sind z. B. durch Mäusefraß, Fäulnis oder Frost Gewächse eingegangen, kann jetzt nachgepflanzt werden.

Umpflanzen: Mit Beginn der Vegetationsperiode können Stauden umgepflanzt werden. Ausnahme bilden die sehr früh blühenden Stauden. Sie werden nach der Blüte verpflanzt.

Wässern: Immergrüne und Koniferen sollte man an frostfreien Tagen wässern, damit sie nicht vertrocknen. Dasselbe gilt für neu gepflanzte Stauden.

Düngen: Wenn die Pflanzen deutlich zu wachsen beginnen, kann gedüngt werden. Im Frühjahr gibt man stickstoffbetonten Dünger. Bringen Sie nicht zu viele Nährstoffe ein, damit Unkraut und auch die Steingartenpflanzen nicht mastig und üppig wachsen. Bei einem gut mit organischem Material versorgtem Boden ist eine Düngung oft nicht nötig.

Unkraut entfernen: Keimendes Unkraut sollte man sofort und gründlich entfernen.

Verblühtes entfernen: Am Ende des Frühjahrs schneidet man von großen Zwiebelpflanzen wie Narzissen und Tulpen alles Verblühte ab, damit die ganze Kraft für die Ausbildung der Zwiebel verwendet werden kann. Kleine Zwiebelpflanzen wie Krokus kann man zur Samenreife kommen lassen. Sie säen sich dann selbst aus, können allerdings unter Umständen zur Plage werden. Auch bei Rhododendren muss immer alles Verblühte entfernt werden. Am besten bricht man die Blüten mit der Hand aus. Vorsicht: Die neuen Knospen befinden sich direkt unterhalb des alten Blütenstands, sie dürfen nicht aus Versehen mit entfernt werden. Bei Blaukissen, Steinkraut und Sonnenröschen schneidet man die welken Blüten mit einer Schere aus. Dadurch kommt es nicht zur unkontrollierten und massenhaften Vermehrung dieser Pflanzen, außerdem erreicht man dadurch eine längere Blütezeit.

Gehölzschnitt: Vorfrühlings- und Frühlingsblüher werden unmittelbar nach der Blüte zurückgeschnitten.

Sommer

Wässern: In Trockenperioden sollte man besonders neu gepflanzte Gewächse morgens und/oder abends wässern. Auch Trockenmauern und bewachsene Tuffsteine dürfen nicht vergessen werden. Man kann dabei auch recht gut mit einem Wasserzerstäuber arbeiten.

Düngen: Ab Juni wird phosphor- und kaliumbetont, aber stickstoffarm gedüngt. Doch tun Sie nicht zu viel des Guten. In einem gut versorgten Steingartenboden ist eine Düngung oft gar nicht nötig. Hat man für genügend organischen Nachschub im Frühling bzw. Herbst gesorgt, ist eine zusätzliche Nährstoffgabe meist überflüssig.

Unkraut entfernen: Achten Sie darauf, dass das Unkraut regelmäßig und vollständig ausgerissen wird. Auch nicht gewünschte Pflanzen, die

Nach den Frühlingsarbeiten das Vergnügen: **Blaukissen, Steinkraut, Tulpen & Co.** danken gute Pflege mit reicher Blüte im April

sich selbst ausgesät haben, sollten sofort beseitigt werden.

Verblühtes entfernen: Wie bereits beim Frühjahr beschrieben, muss auch im Sommer weiterhin das Verblühte regelmäßig abgeschnitten oder ausgebrochen werden.

Stark wuchernde Pflanzen stutzen: Günsel und Gedenkemein sind beispielsweise Gewächse, die regelmäßig geschnitten werden müssen, da sie sonst den Boden und ihre Pflanzennachbarn überwuchern. Am besten hebt man diese Gewächse hoch und entfernt einige untere Triebe an der Basis.

Samenstände abschneiden: Falls Sie keine Samen ernten wollen und auch keine Selbstaussaat wünschen, müssen die Samenstände regelmäßig entfernt werden, bevor sie zur Ausreife kommen.

Samenstände ernten: Wenn Sie an einer eigenen Samenernte Interesse haben, müssen Sie ab Juli mit dem Sammeln beginnen. Kurz vor der Vollreife werden die Fruchtstände geerntet und anschließend getrocknet. Später löst man die Samen einzeln heraus und bewahrt sie bis zur Aussaat trocken auf (keine Plastiktüten, besser offene Papiertüten verwenden).

Herbst

Wässern: In Trockenperioden gießt man morgens und/oder abends. Ab Ende Herbst müssen die Immergrünen und Koniferen durchdringend gewässert werden. Da sie auch im Winter über die Blätter viel Feuchtigkeit verdunsten, können sie ohne diese Maßnahme vertrocknen. Es ist ihnen nicht möglich, aus dem gefrorenem Boden Wasser aufzunehmen.

Düngen: Jetzt darf auf keinen Fall mehr Stickstoff gegeben werden; dieser kann vor allem bei den Gehölzen noch einen späten Wachstumsschub

Für Sommerflor bis zum August sorgen Sonnenröschen (Helianthemum-Hybriden). In rauen Lagen sollte man ihnen ab Ende Herbst Winterschutz geben

bzw. Austrieb fördern. Solche neuen Triebe reifen bis zum Winter nicht genügend aus und sind besonders frostgefährdet.

Bodenverbesserung: Es wirkt sich im Allgemeinen positiv auf das Pflanzenwachstum und die Blühfreudigkeit aus, wenn im Herbst (Oktober/November, mindestens alle 2 Jahre) eine Mischung aus Gartenerde und gut verrottetem Kompost, eventuell vermischt mit Gesteinsmehl, um die Pflanzen gestreut wird. Dadurch bringt man Nährstoffe und organisches Material in den Steingarten und sorgt für eine dauerhafte Bodenfruchtbarkeit. Für Gewächse mit speziellen Bodenansprüchen (z. B. Rhododendren) wird die entsprechende Mischung hergestellt und ausgestreut. Ausgewaschenes bzw. fehlendes Erdreich wird durch diese Maßnahme ersetzt, besonders in senkrechten Mauerfugen, aber auch auf der Mauerkrone.

Unkraut entfernen: Auch im Herbst müssen Unkraut sowie unerwünschte Pflanzen, die sich selbst ausgesät haben, ausgerissen werden.

Stark wuchernde Pflanzen stutzen: Wie bereits beim Sommer beschrieben, müssen wuchernde Pflanzen so weit eingedämmt werden, dass sie die Nachbarpflanzen nicht verdrängen.

Winterschutz anbringen: Ende Herbst wird es Zeit, empfindlichen Pflanzen – besonders an Südhängen – einen Winterschutz aus Fichten- und Tannenzweigen zu geben.

Trogsteingärten: Transportable, bepflanzte Tröge und Kästen werden vor Frosteintritt an ihren Überwinterungsort in Schuppen, ins Treppenhaus oder ins Frühbeet eingeräumt. Nicht transportierbare deckt man winterfest ein bzw. ummantelt sie.

Winter

Wässern: An frostfreien Tagen werden Immergrüne und Koniferen sowie neugepflanzte Stauden gewässert, damit keine Trockenschäden auftreten.

Gehölzschnitt: Sommer- und herbstblühende Gehölze werden in der Ruhezeit – allerdings nicht bei Frost – geschnitten.

Schnee abschütteln: Von den Immergrünen und Koniferen sollte man den Schnee abschütteln, wenn durch große Massen Astbruch droht. Bedenken Sie, dass nasser Schnee sehr schwer ist.

Aussaat von Frostkeimern: Wenn man selbst Pflanzen aussäen will, muss man das oft im Winter tun. Die Samen vieler Steingartenpflanzen benötigen Frosteinwirkung, um keimen zu können.

Winterschutz wegnehmen: Ende des Winters müssen Fichten- und Tannenzweige entfernt werden, unter denen bereits die Knospen sprießen. Nachts kann man den Winterschutz wieder auflegen, wenn stärkere Nachtfröste drohen und empfindliche Pflanzen kultiviert werden.

Der Bauerngarten

Auch im Gartenbereich gibt es Moden und Trends, neben Vorlieben, Notwendigkeiten und Geschmackssachen natürlich. Seit sich der Mensch auch zu seiner Freude und nicht nur aus nützlichen Erwägungen ein Stückchen Land einfriedet, um darin schöne Stunden und Erholung zu erleben, gestaltete er sich diesen Flecken als Garten nach seinem und dem Geschmack der Zeit. Das war im alten China so, in der Antike, im Mittelalter, und heute ist es nicht anders.

Vielleicht als Antwort auf unsere technisierte Welt, auf eine unpersönliche, nüchterne Umgebung, auf Hektik und Stress, wird die Sehnsucht nach Romantik, Begegnung und Berührung, Ausgleich und Ruhe immer stärker. Nicht jeder findet den Weg in die Natur, die ja auch schon lange nicht mehr das Gefühl einer heilen Welt vermittelt. Der Garten wird zur grünen Oase, in der die Menschen ihr eigenes Stückchen Natur verwirklichen wollen.

Nach dem Zweiten Weltkrieg gebot es die Notwendigkeit, Kartoffeln, Kohl und Rüben anzubauen. Mit dem Wirtschaftswunder kam der Wohlstand. Kohl und Kartoffeln kaufte man fortan im Laden. Teure ausländische Pflanzen zogen in die Gärten ein, akkurater Rasen dokumentierte Ordnungssinn. Die Natur endete draußen vor dem möglichst hohen Zaun.

Der Trend zu Exoten wurde abgelöst vom Trend zur Natur. Wild- oder Naturgärten nervten die ordentlichen Nachbarn, die nach wie vor jedem Wildkraut mit der Giftspritze zu Leibe rückten. Gerichte wurden bemüht und mussten entscheiden, ob Margeriten und andere Blumen auf einem zur Wiese umfunktionierten Rasen wachsen durften. Nicht der Geschmack spielte die Hauptrolle, sondern der Umweltschutz. Er war plötzlich in aller Munde und wurde tatsächlich auch in einigen Gärten praktiziert.

Doch wie das immer so ist: Aus Trends werden Moden. Heute sind Naturgärten in, auch der ordentliche Nachbar lässt gelegentlich ein Gänseblümchen zu und findet sogar Gefallen am Löwenzahn. Der Stil heißt Natürlichkeit, gebändigt und gezähmt auf Beeten und Rabatten. Von naturnahen Gärten ist die Rede. Die romantischen Naturen unter den Naturgärtnern mit der geheimen Sehnsucht nach einem natürlichen Leben auf dem Lande erfüllen sich ihre Träume wenigstens zum Teil, indem sie sich einen Bauerngarten anlegen. Das alte Fachwerkhaus ist sicherlich der schönste Hintergrund, aber keine Notwendigkeit. Bauerngärten liegen heute voll im Trend. Oder sind sie vielleicht schon zur Mode geworden?

Auf den folgenden Seiten finden Sie einige Anregungen und Hinweise, wie sich Bauerngartenträume im eigenen Garten verwirklichen lassen.

Lage und Größe

Der beste Standort ist natürlich die Südseite des Grundstücks. Stehen der Sonne Hindernisse im Wege, muss die zweitbeste Lösung gefunden werden. Man weicht dann ein wenig nach Westen oder Osten aus. Schließlich können das Haus des Nachbarn oder das eigene, ein schöner großer Baum oder eine Hecke nicht einfach verschwinden. Liegen diese „Hindernisse" auf der Nord- oder Ostseite, können sie für den Garten nur von Vorteil sein. Sie schützen die Anlage vor kalten, stürmischen Winden.

Es muss nicht gleich ein Gehöft mit Fachwerkbauten sein – Elemente der Bauerngartengestaltung lassen sich fast überall umsetzen

Der Bauerngarten

Lage und Größe

Der Platz an der Sonne ist ein Muss; sonst wird man weder mit Gemüse noch mit Sommerblumen viel Freude haben

Für die Bauerngärten früherer Zeiten stellte sich das Standortproblem weit seltener. Die Häuser waren niedrig, die Grundstücke größer, die Bebauung in den Siedlungen längst nicht so dicht wie heute, wobei es allerdings auch starke regionale Unterschiede gab. Die hohen Schatten spendenden Obstbäume standen mit dem lieben Vieh auf der Wiese, damit Kühe, Schweine und Pferde vor der Sonne Schutz fanden. Andere Bäume waren in den Gärten unbekannt. Vor dem Anwesen wuchs normalerweise der Hausbaum, meistens ein Nussbaum. Um den Wind und naschhafte Haustiere von dem Gemüse fern zu halten, umgab früher ein dichter Flechtzaun jeden Garten. Kletterpflanzen schmückten die Einfriedung. Hohe Pflanzen wie Bohnen und Sonnenblumen fanden ihren Platz ebenfalls am Zaun. Ließ es die Gartengröße zu, standen am Rand auch Beerensträucher.

Die Fülle der Farben und Pflanzen, die so sehr bewunderte Üppigkeit eines Bauerngartens, entwickelt sich wirklich nur in der Sonne. Man darf nicht vergessen, dass viele Pflanzen aus wärmeren Regionen stammen, aus dem Mittelmeerraum, aus Kleinasien, Südamerika und Afrika. Dazu gehören z. B. die meisten Küchenkräuter. Sie bekommen ihr volles Aroma nur dann, wenn sie in der Sonne wachsen. Spaziert man an einem warmen Tag durch seinen Bauerngarten, ist die Luft von ihrem würzigen Duft erfüllt. Und es ist ja nicht nur der Geschmack, den wir an den Würzpflanzen schätzen. Sie enthalten auch wertvolle Inhaltsstoffe, die unserer Gesundheit gut tun. Schließlich waren die meisten von ihnen schon als Heilkräuter bekannt, lange bevor sie in den Suppentopf wanderten.

Auch unter den Gemüsen gibt es Sonnenanbeter. Sie sind uns so vertraut, dass wir ihre ursprüngliche Heimat fast vergessen haben. In verregneten Sommern oder an einem schattigen Standort hat man z. B. mit Tomaten nicht viel Glück. Schließlich stammen sie aus Südamerika. Auch das Allerweltsgemüse Porree braucht Wärme. Vermutlich breitete es sich schon in der Antike vom östlichen Mittelmeerraum in andere Länder dieser Region aus – so ganz genau weiß man das nicht. An einem warmen Standort gedeihen auch viele heimische Gemüse und Kräuter besser.

Ähnliche Ansprüche haben die Blumen, ohne die ein Bauerngarten recht traurig aussehen würde. Denken wir nur an Kapuzinerkresse und Dahlien, deren Heimat Südamerika ist, an Tulpen und Lilien, die aus dem Nahen Osten zu uns kamen oder an das Löwenmäulchen, das wahrscheinlich über Spanien aus Nordafrika einwanderte.

Sicherlich haben sich all diese Gäste inzwischen bei uns recht gut eingelebt. Auch leisteten die Pflanzenzüchter einen großen Beitrag dazu, dass viele Pflanzen einen Teil ihrer Empfindlichkeiten verloren.

Den Appetit auf Sonne hat man ihnen allerdings nicht abgewöhnen können. Ein warmer Standort bedeutet auch gleichzeitig eher trockenen Boden: eine weitere Voraussetzung für das gute Gedeihen vieler Pflanzen aus wärmeren Klimazonen. Niemals waren die Gärten allzu weit vom Haus entfernt. Schließlich wollte die Bäuerin nicht immer über das ganze Grundstück laufen müssen, um die tägliche Ration an frischen Kräutern oder Salat für die Familie zu ernten. Auch gestaltete sich die Pflege, vor allem das Gießen, einfacher. Ein Brunnen oder eine Pumpe waren oft die einzige Wasserquelle auf dem Hof – der Gartenschlauch wurde erst viel später erfunden.

Eine bestimmte maximale oder minimale Größe für Bauerngärten gibt es nicht. Geradezu bezaubernd können sehr kleine Anlagen sein, die einen staunen lassen, was alles auf der winzigen Fläche wächst. Oft liegen diese idyllischen Oasen in einem windgeschützten, sonnigen Winkel

Ein Rondell in der Mitte und Einfassungsbuchs prägen das klassische – aber nicht zwingende – Bild des Bauerngartens

dicht beim Haus. Die Größe hängt auch davon ab, was man pflanzen kann oder will. In höheren, rauen Lagen der Gebirge gedeihen viele Pflanzen nicht mehr und schon aus diesem Grund fallen die Gärten kleiner aus. Auch sind dort ebene Flächen oft schon von Natur aus nicht sehr groß. Welche Pflanzen in heutigen Bauerngärten wachsen, hängt natürlich auch ganz einfach vom eigenen Geschmack ab. Wohlhabende Bauern mit großen Höfen legten natürlich auch große Bauerngärten an, vorausgesetzt die Topographie des Geländes und das Klima ließen das zu. Man hatte meist Gesinde für die Pflege, auch mussten wohl viele Mäuler gestopft werden. Im Laufe der Geschichte wandelten sich die Bauerngärten von reinen Nutzgärten in dekorative Schmuckstücke. Möglicherweise wollte der eine oder andere reiche Landwirt mit einer besonders großen und ansprechenden Anlage den Wohlstand und seinen guten Geschmack dokumentieren. Warum sollten die Bauern andere Motive haben als der Adel? Dem ging es bei den großartigen Gartenanlagen ja schließlich auch vor allem ums Renomee.

Soll der Garten eine vierköpfige Familie mit Gemüse und Kräutern versorgen, muss er mindestens 200 m² groß sein. In diesem Fall dürfen reine Zierpflanzen nur etwa 20 % der Fläche in Anspruch nehmen. Mit schönen Blüten warten jedoch auch viele Küchenkräuter auf. Bedenken muss man bei der Größe, dass Bauerngärten nicht gerade pflegeleicht sind. Was da so reich und üppig wächst und blüht, so ungezähmt und natürlich ausschaut, ist bis ins Detail geplant. Fehlt die regelmäßige Betreuung, verwandelt sich die schöne Vielfalt bald in ein struppiges Durcheinander. Kommt es auf die Versorgung der Familie nicht so an, steht also die Freude am Gärtnern und an der Wunderwelt der Pflanzen im Vordergrund, sind etwa 100 m² eine gut zu bewältigende Größe.

Typische Bauerngartenformen und -elemente

Zwei Gegensätze verbinden sich in der Anlage eines Bauerngartens. Einerseits machen die Gärten den Eindruck von Natürlichkeit und freier Entfaltung der Pflanzen, auf der anderen Seite hat alles seine genau umgrenzte Ordnung. Eine strenge Struktur bändigt die bunte Pflanzengesellschaft. Die Pflanzen wachsen an den ihnen zugewiesenen Stellen. Nicht Gartenarchitekten mit ihrem Sinn für Schönheit und Ästhetik haben sich die Formen der Bauerngärten ausgedacht. Diese entsprachen vielmehr dem Ordnungssinn der Mönche und der Bäuerinnen und waren ganz einfach praktisch. Man kam überall mit Hacke und Rechen gut hin, auch mit den Händen, wenn es ans Ernten ging. Deshalb sind die Beete auch nie viel breiter als 1 m. Später dann wurden die strengen Gestaltungselemente der kleinen Bauerngärten von den Gartenkünstlern übernommen und in veränderter Form auf die großen Gartenanlagen der Schlösser übertragen.

Die einzig wahre Form des Bauerngartens gibt es nicht. Die äußeren Grenzen richten sich nach dem Grundstück, sind rechteckig oder quadratisch. In diesem Raum nimmt das Bauerngärtchen den dominierenden Platz ein. Seine äußeren Begrenzungen sind ebenfalls rechteckig oder quadratisch. Erlaubt sind natürlich auch andere geometrische Formen.

Traditionelle Anlagen haben einen Mittelpunkt, meistens ein Rondell, mit Blumen bepflanzt, oder ein Wegkreuz. Im Mittelpunkt war früher auch häufig der Brunnen. Es gibt einen oder bei größeren Anlagen mehrere Hauptwege, die mindestens 50 cm breit sein sollten. Schließlich muss man mit einer Schubkarre durchfahren können. Ein Weg um den Bauerngarten herum erleichtert die Arbeit. Man kann jedoch auch die Rasenfläche bis zur Einfassung führen. Doch Vorsicht beim Mähen, nur zu leicht werden Teile der kleinen Hecke mit abgeschnitten. Gelegentlich sind die von einer Einfassung umgebenen Beete größer und werden durch schmale „Trampelpfade" unterteilt. Auch diese Pfade sollten mindestens 25 cm breit sein. Um das Zentrum herum oder beiderseits eines Hauptweges werden die Beete symmetrisch angelegt. Die Linien, gemeint sind die Einfassungen der Beete und die Wege dazwischen, können rechtwinklig verlaufen oder auch geschwungene Formen haben, je nach Geschmack der Gartenbesitzer.

Einfassung der Beete

Die Beeteinfassungen sind das charakteristische Merkmal der Bauerngärten. Sie bändigen die Pflanzenfülle und verhindern, dass der Regen die Erde von den Beeten auf die Wege schwemmt. So niedrig sie auch sind, sorgen die dicht nebeneinander stehenden Pflanzen für ein gutes Kleinklima auf dem Beet. Sie bremsen den Wind.

Am besten passen zu einem Bauerngarten lebende Einfassungen. Von allen Möglichkeiten ist die geschnittene Buchsbaumhecke die schönste. Dazu verwendet man den so genannten Einfassungsbuchs, die langsam wachsende Sorte *Buxus sempervirens* 'Suffruticosa'. Wenn man zweireihig versetzt pflanzt, jeweils 15 cm Abstand zwischen den Pflanzen und 10 cm zwischen den Reihen, hat man schon nach 3 bis 4 Jahren eine schöne Hecke. Lässt es der Geldbeutel zu, können auch gleich größere Pflanzen genommen werden. Die Pflege beschränkt sich auf das jährliche Schneiden im Juli/August.

Es gibt aber auch Alternativen zum Buchsbaum. Sehr schön sind Lavendelhecken mit ihren herrlich duftenden Blüten. Sie werden allerdings nicht ganz so dicht. Der regelmäßige Schnitt im Frühjahr verhindert, dass die Pflanzen verkahlen. Empfehlenswert sind die Sorten 'Hidcote Blue' (dunkelviolett), 'Munstead' (violett) und 'Rosea' (rosa).

Eine gewisse Ähnlichkeit mit Buchsbaum, aber größere Blätter hat der bis zu 40 cm hohe, immergrüne Gamander (*Teucrium chamaedrys*). Im Spätsommer erscheinen hübsche purpurfarbene Blüten. Gamander schneidet man im Frühjahr.

Reizend sehen auch die Blütenpflanzen als Einfassung aus. Ob man sich für eine Art und Farbe entscheidet, jedem Beet einen andersfarbigen Rahmen gibt oder eine blauweiße oder rotgelbe Bordüre wählt, bleibt dem Geschmack überlassen. Es eignen sich alle niedrigen Blumen, die möglichst lange blühen. Stauden sind etwas Dauerhaftes, man muss aber darauf achten, dass die Pflanzen

Hübsche Einfassungspflanze: Gamander, ein Halbstrauch, der im Spätsommer duftende Blüten entfaltet

Erprobt, bewährt, hübsch anzuschauen: Studentenblumen (Tagetes) als Beeteinfassung

mit den Jahren nicht zu groß und zu üppig werden. Viele niedrige Arten neigen dazu, sich nach allen Seiten auszubreiten. Hübsch sehen unter anderem Mutterkraut und Nelken aus. Zweijährige Blumen, wie Maßliebchen, Stiefmütterchen oder Vergissmeinnicht, muss man jedes Jahr neu pflanzen und eventuell sogar selber aussäen. Bei der Menge, die man für die Einfassung braucht, lohnt sich die Mühe. Von den einjährigen Arten haben Ringelblumen und Studentenblumen schon Tradition als Einfassung. Astern, Salvien und Zinnien sind ebenfalls sehr dekorativ.

Nicht für die Dauer, noch nicht einmal für eine Saison, aber als Anfang recht originell, z. B. als Einfassung des Rondells, sind verschiedenfarbige Salatköpfe. Vielleicht soll die Hecke ja erst im nächsten Jahr gepflanzt werden.

Zu dauerhaften Lösungen kommt man auch mit Holz oder Stein. In Baumärkten werden Halbpalisaden angeboten, oft als 2 oder 2,5 m lange „Kette". Sie lassen sich problemlos rund um die Beete in die Erde eingraben. Auch volle kleine Palisaden eignen sich für diesen Zweck. Jede Form von Balken kann verwendet werden. Man muss nur darauf achten, dass das Holz mit einem pflanzenverträglichen Mittel imprägniert wurde. Einen eigenwilligen Charakter verleihen Einfassungen aus Natursteinen dem Bauerngarten. Man findet diese Alternative gelegentlich in den Mittelgebirgen oder im Alpenvorland. Mit der Zeit wachsen kleine Pflanzen in diese niedrigen Steinwälle hinein, gewollt oder ungewollt. Ab und an wird dann dort für Ordnung gesorgt, sonst ist von den Steinen bald nichts mehr zu erkennen.

Schöne Beläge für die Wege

„Hauptsache natürlich", lautet die Devise im Bauerngarten. Das gilt auch für die Wege zwischen den Beeten. Sie dürfen auf keinen Fall mit Betonplatten oder einem vergleichbaren Material versiegelt werden. Am einfachsten ist gar kein Belag, sondern festgetretene Erde. So waren die Wege früher in den alten Bauerngärten. Wildkräutern sollte man regelmäßig und beizeiten zu Leibe rücken, aber nicht mit der Giftspritze, sondern mit der Hacke. Bei Regenwetter kann der Boden allerdings leicht matschig und glitschig werden. Bretter oder Holzroste verhindern eine Rutschpartie.

Sehr angenehm in jeder Beziehung ist eine 5 cm dicke Schicht aus Rindenmulch. Man geht weich und federnd darauf und kniet man sich bei der Gartenarbeit hin, ist der Mulch richtig warm. Die Rindenschnitzel duften angenehm nach Wald und unterdrücken die Wildkräuter. Das Material muss jedes Jahr erneuert werden, weil es allmählich verrottet. Es lohnt sich, vor dem Ausbringen im Frühjahr gründlich zu jäten. Holzabfälle als Wegebelag im Bauerngarten sind nicht neu. Früher streute man zerkleinerte Gerberlohe aus, die zum Gerben verwendete Eichenrinde.

Feiner Kies ist eine weitere gute Möglichkeit, die Wege trittfest zu machen. Die Schicht sollte wenigstens 3 cm dick sein. Der meist helle Belag bildet einen schönen Kontrast zu dem dunklen Grün einer Buchsbaumhecke und unterstreicht die Begrenzung der Beete. Kies wirkt eleganter als Rindenmulch oder festgetretene Erde. Zwar unterdrücken die kleinen Steinchen ebenfalls die ungebetenen Gäste wie Gräser, Quecken, Giersch oder Hahnenfuß, allerdings kommt mit der Zeit doch so manches hartnäckige Wildkraut durch. Um den schönen Anblick zu erhalten, sollte man immer gleich den Anfängen wehren.

Sehr urig sehen mit Flusskieseln gepflasterte Wege aus. Sie erinnern an alte Dorfstraßen. Manchmal kann man eine Fuhre dieser Pflastersteine günstig erstehen, wenn irgendwo so eine alte Straße aufgerissen wird, um einem neuen, autogerechten Belag Platz zu machen. Wenn zwischen den schönen, unregelmäßigen, rötlichen oder gelblichen, dunkleren oder helleren Steinen ein paar Gräser und andere Pflänzchen sprießen, verstärkt das den romantischen Eindruck. Überwuchern sollte der Weg allerdings nicht. Wer sich schon die Mühe macht, die Wege zu pflastern, sollte noch einen Schritt weiter gehen und für einen guten Unterbau sorgen. Eine 10–20 cm dicke Schotterschicht bewirkt, dass das Wasser gut versickert. Auch das Wildkräuterproblem wird so fast vollständig gelöst.

Zwar kein traditionelles, aber dennoch ein geeignetes Material ist rundes oder eckiges, hochdruckimprägniertes Holzpflaster. Man bekommt es seit einigen Jahren in den Holzabteilungen der Baumärkte. Es wird wie Flusskiesel verlegt, am besten auf eine Splittschicht, die oberhalb der Schotterschicht ausgebracht wird. In größeren Anlagen kann man die Wege auch mit Tonziegeln pflastern. Lebhaft und abwechslungsreich sehen Sorten aus, die unterschiedliche Farben haben. Die Ziegel lassen sich in schönen Mustern verlegen, am besten in einem Sandbett. In den nicht zu schmalen Ritzen siedeln sich allmählich Moose an und nach kurzer Zeit schon sieht der Weg sehr schön „alt" aus.

Zäune gehören dazu
Die Zäune rund um die Bauerngärten hatten früher die Funktion, das Gemüse vor gefräßigem Federvieh und anderen Haustieren, aber auch vor dem Wild zu schützen. Diese Einfriedungen waren nicht sehr hoch, man konnte auf jeden Fall darüber hinweg in den Garten sehen. Schließlich war man stolz auf die blühende Pracht und zeigte sie gern her. Zäune waren jedoch auch schon vor 1000 Jahren ein Gegenstand des Rechts. Nur das umfriedete Stück Land stand unter einem besonderen Schutz und ermöglichte es dem Gericht, Gemüsediebe zu bestrafen – so man ihrer habhaft wurde. Die Schutzfunktion ist geblieben. Heute sind Zäune aber auch Grenzen und Barrieren, möglichst dicht und hoch, am besten stabile Mauern, hinter denen sich die Menschen verstecken und abschotten. Diese Einstellung mag hin und wieder ihre Notwendigkeit und Berechtigung haben. Zu einem Bauerngarten passen jedoch eher niedrige Zäune.

Der Bauerngarten

Typische Formen und Elemente

Rindenmulch ist ein passender, angenehmer Wegbelag, muss aber jährlich neu ausgebracht werden

Damit der Zaun nicht beim ersten Sturm umkippt, sollten die tragenden Pfosten tief eingegraben oder in einem Betonsockel verankert werden. Wer sich diese Arbeit nicht zutraut und einen Fachbetrieb damit beauftragen will, sollte vorher verschiedene Angebote einholen. Die Preise differieren ganz erheblich.
Flechtzäune sind die älteste Zaunform. Holz hatte man im Überfluss, es war preiswert und leicht zu beschaffen. Die schönen, meist aus Weidenruten geflochtenen Zäune sind sehr selten geworden, man sieht sie eigentlich nur noch in Freilichtmuseen. Dabei sind sie gar nicht so schwierig herzustellen. In ländlichen Gegenden findet man vielleicht jemanden, der noch die Kunst des Zaunflechtens beherrscht.
Holzzäune werden in allen möglichen Variationen angeboten. Sie bestehen aus Latten, Palisaden, Halbhölzern oder so genannten Schwartlingen. Das sind die ersten und die letzten Bretter, die von einem Stamm gesägt werden. Sie haben eine glatte und eine gewölbte Seite. Ob man sich für längs oder quer verarbeitete Holzteile, für helles oder dunkles Holz entscheidet, ist Geschmackssache. Weiß gestrichene Zäune treten sehr in den Vordergrund und machen den Pflanzen unnötige Konkurrenz.
Zäune aus Schmiedeeisen sind edel und teuer. Mit ihren verspielten Schnörkeln unterstreichen sie den nostalgischen Charakter eines Bauerngartens. Es sieht zauberhaft aus, wenn Blumen hindurchschauen und Kletterpflanzen sich bemühen, die eleganten Spitzen zu erreichen.
Maschendrahtzäune sind wohl ein notwendiges Übel, haltbar und vergleichsweise preiswert. Man sollte sie ganz schnell hinter rankenden oder hohen Blütenpflanzen verstecken.

Ein einfacher, nicht zu hoher Holzzaun eignet sich gut als Bauerngartenbegrenzung – und als Kulisse für bunte Sommerblumen

Das mit grünem Kunststoff ummantelte Netz ist dann nach kurzer Zeit kaum noch zu sehen, sodass auch ein solcher Zaun seine Reize entwickeln kann.

Pflanzenbogen schmücken den Eingang
Den Eingang zum Bauerngarten schmückt oft ein herrlicher Rosenbogen. Er wirkt einladend und heißt den Gast willkommen. Früher wurden diese runden Konstruktionen aus Holz hergestellt, später dann kunstvoll geschmiedet aus Eisen. Heutzutage erfüllt kunststoffummantelter stabiler Draht den gleichen Zweck. Auch ein eckiges Holzgestell, wie es oft in Baumärkten angeboten wird, eignet sich dafür. Wichtig sind solide Fundamente aus Beton, schließlich soll die Konstruktion einige Jahre halten.
Heute findet man schöne Rosenbogen häufig an der Eingangspforte zum Grundstück. Im Fachhandel gibt es eine Fülle von verschiedenen Kletterrosen, sodass die Entscheidung, welche Kletterrosensorte man pflanzen soll, nicht leicht fällt.

Neben den üppig blühenden und duftenden Kletterrosen bieten sich auch Jelängerjelieber *(Lonicera caprifolium)* und Clematis als Rankgewächse für solch einen Bogen an.

Ein Platz zum Ausruhen
Wer fleißig arbeitet, hat auch das Recht, sich auszuruhen und den schönen Anblick seines blühenden Gartens zu genießen. Eine Bank am Rande oder in einem versteckten Winkel lädt zum Verweilen und Träumen ein. Meistens blickt man ja von einer Terrasse aus in den Garten. Es ist deshalb sehr reizvoll, an einem zweiten Sitzplatz seine grüne Oase aus einer anderen Perspektive zu betrachten. Zum Lieblingsplatz kann auch die Bank an jener Hauswand werden, von der sich am Abend die Sonne zuletzt verabschiedet. Noch lange strahlt die Wand die Wärme des Tages ab.
Es sollte eine Holzbank sein, denn Kunststoff passt nun wirklich nicht in einen Bauerngarten – sei er auch noch so pflegeleicht. Bänke gibt es streng und gerade, mit schön geschwungenen Rücken- und Arm-

Ländliche „Gebrauchskunst" Flechtzaun: Da kann kein noch so raffiniertes Produkt aus dem Baumarkt mithalten

Freundlicher Willkommensgruß: Ein Rosenbogen über der Eingangspforte leitet stilvoll in den Bauerngarten

lehnen, aus Brettern, Vierkanthölzern oder rustikalen Ästen und Halbstämmen. Sehr elegant, im Stile alter englischer Gartenmöbel, sind die zierlichen, mit Metall kombinierten Holzbänke. Manchmal hat man das Glück, eine wirklich alte Hausbank in einem Antiquitätenladen zu erstehen. Diese Geschäfte findet man gelegentlich auch in ländlichen Gegenden.

Aus vielerlei Gründen ist es nicht immer möglich, die Terrasse auf der sonnigsten Seite des Hauses anzulegen. In diesen Fällen haben ein Sitzplatz oder eine Laube auf dem sonnigsten Platz im Garten alle Pluspunkte für sich – vorausgesetzt, das Grundstück ist groß genug. Schöne Lauben werden als Bausatz angeboten und lassen sich mit ein wenig heimwerkerlichem Geschick leicht zusammensetzen. Dem Sitzplatz verleihen hohe Flechtzaunelemente oder eine berankte Pergola Intimität und Gemütlichkeit.

Gestaltungsbeispiele

Ein Bauerngarten ist wie ein schönes Bild. Buchsbaum und all die anderen Einfassungspflanzen zeichnen Linien in den Garten. Es gibt unendlich viele Variationen dieser geometrischen und zu einer Mittelachse symmetrischen Muster: verspielte oder strenge Formen, Kombinationen aus geraden und geschwungenen Elementen. Ebenso abwechslungsreich ist das Angebot an Pflanzen, die auf den Flächen zwischen den Hecken wachsen. Stauden, Sommerblumen, Kräuter und das Gemüse sind die Farben in diesem Bild. Und schließt man die Augen, dann kommt die Nase auf ihre Kosten. Ein paar Beispiele dafür auf den folgenden Seiten...

Der Bauerngarten

Gestaltungsbeispiele

Aromatisches für die Küche aus dem Kräutergärtchen vor der Haustür

Der Kräutergarten

Die würzigen Gesellen sollten in der Nähe des Hauses wachsen, damit der Weg von der Küche nicht so weit ist. Besonders bei schlechtem Wetter ist der Gang durch den Garten für ein paar Blättchen Thymian, ein Sträußchen Petersilie oder ein bißchen Schnittlauch lästig. Ein Kräutergärtchen braucht nicht viel Platz und sieht sehr dekorativ aus, ein weiterer Grund, ihn in Sichtweite der Terrasse anzulegen.

Die Beete sollten klein sein, damit man die Pflanzen gut erreichen kann, und sei dürfen klein sein, weil man für einen normalen Haushalt von den meisten Gewürzkräutern nur ein oder zwei Exemplare für die Küche braucht. Die Pflanzen müssen so angeordnet werden, dass die mehrjährigen, hohen, buschigen Arten nicht nach einigen Jahren die niedrigen in den Schatten stellen.

Reservierte Plätze brauchen auch die Einjährigen (man sollte vorgezogene Pflanzen kaufen) und der Dill, der in jedem Frühjahr wieder ausgesät wird. Die zweijährige, meistens nur einjährig kultivierte Petersilie muss in jedem Jahr an einem anderen Standort wachsen, weil sie mit sich selbst unverträglich ist.

Ihre würzigen Eigenschaften entfalten die Kräuter nur an einem für sie günstigen Standort und wenn die Pflege stimmt. Es ist sinnvoll, jene Arten, die keinen Dünger vertragen, zusammen auf ein Beet zu setzen. Unbedingt Sonne brauchen Thymian, Bohnenkraut, Pimpinelle, Beifuß, Kümmel, Ysop, Lavendel, Majoran, Zitronenmelisse, Basilikum, Oregano, Portulak, Rosmarin, Salbei und Bergbohnenkraut.
Ein wenig Schatten vertragen Schnittlauch, Kerbel, Estragon, Borretsch, Liebstöckel, Pfefferminze, Petersilie und Sauerampfer.

Bepflanzungsvorschläge:
① Salbei, Borretsch, Kamille
② Estragon, Petersilie, Dill
③ Bergbohnenkraut, Origano, Majoran
④ Thymian, Pimpinelle, Basilikum
⑤ Schnittlauch, Kerbel, Zitronenmelisse; dazwischen auf den Segmenten Ringelblumen (Calendula officinalis)

Der Bauerngarten

Gestaltungsbeispiele

Größe: 2,5 x 2,5 m
Hecke: Buchsbaum

Die klassische Mischung

Die Kombination von Blumen und Nutzpflanzen stellt für uns heute die typische Pflanzengesellschaft in einem Bauerngarten dar. Sie entspricht nicht mehr den rein nützlichen Gesichtspunkten früherer Notwendigkeiten und macht den Bauerngarten sozusagen salonfähig – er wird zur Attraktion.

Vom Frühjahr bis in den Herbst sind bunte Blüten zu sehen, dazwischen wachsen Salate, Möhren, Zwiebeln, Radieschen und andere feine, kleine Gemüse. Die heutigen Sorten sehen zum Teil sehr dekorativ aus, man denke nur an die vielen bunten Salate. Es kommt natürlich auch auf die Anordnung der Pflanzen an. Für das so genannte Grobgemüse wie Kohlköpfe und Kartoffeln sind die Beete in einem Bauerngarten meist zu klein.

Die Blumen sollten so im Garten verteilt werden, dass auf den Beeten

Erntefreuden und Augenweiden: Im Bauerngarten geht das gut zusammen

immer etwas blüht. Im Frühling erfreuen unter anderem Zwiebelblumen, dann kommt der große Reigen der Sommerblumen, gefolgt von Dahlien und Astern. Abgesehen von allen optischen Aspekten spielen bei der Anordnung der Pflanzen auch praktische Erwägungen eine Rolle. Gemüse sollte an den Rand der Beete. Es macht wenig Sinn, wenn z. B. außen herum hohe Blumen wachsen und dahinter die kleinen Radieschen.

Hat die Anlage ein Rondell im Wegkreuz, muss es der strahlende Mittelpunkt sein. Rosen bieten sich an oder Feuerbohnen, die an zeltförmig zusammengestellten Stangen emporklettern. Das Rondell kann jedoch auch ebenso gut für südländische Kräuter reserviert werden, die es an Zierwert mit vielen Zierpflanzen aufnehmen können.

Bepflanzungsvorschläge:

① Stachelbeer-, Johannisbeer-hochstämmchen
② Möhren, Zwiebeln, Schnittlauch
③ Porree, Sellerie, Salate
④ Buschbohnen, Bohnenkraut
⑤ Radieschen, Cocktailtomaten, Petersilie
⑥ Spinat, Rettich
⑦ Pastinake
⑧ Zucchini
⑨ Kohlrabi, Salate
⑩ Rote Bete, Pflücksalat
⑪ Gurken
⑫ Mangold
⑬ Fenchel, Zwiebeln, Salbei
⑭ Radieschen, Rettich, Salate
⑮ Schalotten, Karotten
⑯ Sellerie, Tomaten
⑰ Zuckererbsen
⑱ Wegbegrenzungen: Studentenblumen (Tagetes), Kapuzinerkresse (Tropaeolum-Hybriden)

Größe: 3 x 8 m
Hecke: Gamander (Teucrium chamaedrys)

Der Bauerngarten

Gestaltungs-beispiele

Sommerblumen statt Gemüse – den Betrachter freut's

jährige Sommerblumen, die dem Garten in jedem Jahr ein anderes Gesicht geben. Sind die Farben der Pflanzengesellschaft auf der kleinen Anlage so richtig bunt gemischt, ist der Eindruck geradezu sensationell. Bei jeder Pflanzenauswahl gilt es, bestimmte Kriterien zu berücksichtigen. Welchen Standort brauchen die Pflanzen? Wie hoch und breit werden sie? Welche Farbe haben die Blüten? Wann blühen sie? Handelt es sich um ausdauernde, ein- oder zweijährige Arten? Wichtig ist vor allem, dass die Pflanzen in ihren Ansprüchen an die Beschaffenheit des Bodens, an die Versorgung mit Wasser und Nährstoffen sowie in ihrem Lichtbedarf übereinstimmen.

Sommerblumen und Stauden

Es geht auch ohne Gemüse. Man kann die kleinen Flächen natürlich auch nur mit Blumen füllen. Das wesentliche optische Merkmal eines Bauerngartens sind ja sowieso die geometrischen, eingefassten Beete. Es macht auch keinen Unterschied, ob der Garten auf dem Land oder in der Stadt liegt.

Bei einem reinen Blumengarten sehen Hecken aus Buchsbaum oder Gamander am schönsten aus. Sie bilden den grünen Rahmen. Zu einer Dauerbepflanzung aus Stauden gesellen sich ein- und zwei-

Der Bauerngarten

Gestaltungsbeispiele

Bepflanzungsvorschläge:
① **Pfingstrosen (Paeonia officinalis), Rittersporn (Delphinium-Hybriden)**
② **Buchskugeln**
③ **Niedrige Pflanzen, z. B. Pechnelken (Lychnis viscaria), Begonien (Begonia semperflorens), Ringelblumen (Calendula officinalis), Tagetes, Kapuzinerkresse (Tropaeolum-Hybriden), Kamille, Ziest (Stachys officinalis), Salvien (Salvia, ein- und mehrjährige Arten), Levkojen (Matthiola incana), Stiefmütterchen (Viola-Wittrockiana-Hybriden), Zwiebelblumen**
④ **Halbhohe Pflanzen, z. B. Iris (Iris germanica), Margeriten, Wucherblumen (Chrysanthemum, ein- und mehrjährige Arten), Flammenblume (Phlox-Paniculata-Hybriden), Tränendes Herz (Dicentra spectabilis), Fingerhut (Digitalis purpurea), Schmuckkörbchen (Cosmea), Indianernessel (Monarda-Hybriden), Dahlien, Lupinen (Lupinus polyphyllus), Prachtspieren (Astilbe-Hybriden), Mohn (Papaver), Löwenmäulchen (Antirrhinum majus)**

Größe: 6 x 10 m
Hecke: Buchsbaum

Der duftende Bauerngarten

Wenn Würzkräuter, Heilpflanzen und duftende Blumen sich in einem Bauerngarten ein Stelldichein geben, mag man diesen Ort des Wohlbehagens gar nicht mehr verlassen. Die Düfte der Natur sind zur Zeit in aller Nasen. Ätherische Öle, die Träger der Wohlgerüche, haben Hochkonjunktur und verbreiten in den Stuben über Duftlampen eine angenehme Atmosphäre. Viele der aromatischen Pflanzen sind beliebte Gäste in unseren Gärten.

Zumindest ein Teil der Einfassung eines Duftgärtchens sollte ebenfalls gut riechen. Lavendel, Thymian und Oregano bieten sich neben anderen Pflanzen an. Bordüren aus niedrigen Nelken oder Phlox (Flammenblumen) sind ebenfalls Nasen- und Augenweiden.

Prächtige Blüten mit intensivem Duft hat die Madonnenlilie zu bieten

Bepflanzungsvorschläge:
① Pfingstrosen (Paeonia-Lactiflora-Hybriden), Lavendel
② alle möglichen Würzkräuter und Duftpflanzen, je nach Wunsch-Duft; in unserem Beispiel Madonnenlilien (Lilium candidum), Flammenblumen (Phlox-Paniculata-Hybriden), Federnelken (Dianthus plumarius), Salvien (Salvia officinalis S. splendens)
③ Rosen

Der Bauerngarten

Gestaltungsbeispiele

Durchmesser: 8 m,
mit Anschluss an Terrasse
Hecke: Buchsbaum

Zauberhafte Vorgärten

Leider führen viele Vorgärten immer noch das traurige Leben vernachlässigter Stiefkinder. Ein liebloser Zaun, etwas Rasen, ein viel zu großer Rhododendron, immergrüne Koniferen oder einfach nur Sträucher – das ist dann auch schon alles. In den Vorgärten lassen sich kleine Bauerngärten der ganz besonderen Art anlegen, mit Pflanzen, die nicht gerade zu den Klassikern gehören. Meistens liegen die Vorgärten auf der Schattenseite des Hauses. Unter den schattenverträglichen Pflanzen gibt es Schätze, die an einem normalen Gartenplatz gar nicht gedeihen, weil ihnen dort zuviel Sonne zu schaffen macht. Dem ohnehin genügsamen Buchsbaum macht der „ungünstige" Standort im lichtarmen Vorgärtchen nichts aus.

Hortensien mögen's halbschattig und etwas geschützt

Der Weg zum Haus bildet in vielen Vorgärten die Mittelachse, zu deren Seiten sich ein oder mehrere Beete mit geraden oder geschwungenen Einfassungen anschließen.

Im Vorgarten eignet sich Rindenmulch nicht so sehr als Wegbelag. Am besten pflastert man die Wege mit einem passenden Material.

Der Bauerngarten

Gestaltungsbeispiele

Bepflanzungsvorschläge:
① **Funkien (Hosta)**
② **Farne, Bergenien (Bergenia-Hybriden)**
③ **Stauden für Halbschatten, z. B. Eisenhut (Aconitum), Prachtspieren (Astilbe-Hybriden), Akelei (Aquilegia), Tränendes Herz (Dicentra spectabilis), Gemswurz (Doronicum orientale); Gehölze, z. B. Hortensie (Hydrangea macrophylla), Schneeball (Viburnum)**

Größe: 4 x 12 m,
Mittelweg führt zum Hauseingang
Hecke: Buchsbaum

Der Naturgarten

Garten, Natur- und Wildgarten, Wildnis

Ob man von „Naturgarten", „naturnahem Garten" oder „Wildgarten" spricht – interessierten Gartenbesitzern geht es um Gärten, die einerseits noch als Gartenanlagen erkennbar sind, andererseits aber auch dem Anspruch der Naturnähe gerecht werden. Jeder Naturliebhaber und jede Naturgärtnerin ist damit vor ein Problem gestellt, das am Ende die persönliche Entscheidung verlangt. Es ist nun einmal nicht allgemeingültig festgelegt, was denn nun ein Naturgarten oder ein Wildgarten wirklich ist und wie er aussehen muss.

Eines von vielen Merkmalen ist die Auswahl vor allem heimischer Pflanzen. Heimisch bedeutet, dass die Pflanzen möglichst aus dem europäischen Raum stammen und sich ohne unser weiteres Zutun aus eigener Kraft behaupten oder sogar vermehren. Eine andere Gruppe, die eingebürgerten Pflanzen, kann man auch dazu rechnen. Sie kommen ursprünglich nicht aus dem europäischen Raum, haben hier aber durch Anpflanzungen Fuß gefasst und können ohne menschliches Eingreifen bestehen und sich vermehren. Beispiele sind die Kornblume und der Sommerflieder. Den Einbürgerungsgrad einer Pflanze kann man nur nach zeitlichen Kriterien bestimmen. Eine einjährige Art kann schon nach ca. 25 Jahren selbstständigen Bestehens als eingebürgert gelten, Bäume brauchen dafür entsprechend länger. Unter Fachleuten gibt es zum Thema „heimische Pflanzen" noch andere Gesichtspunkte. Standorttypisch und regional ansässig sollen demnach die heimischen Pflanzen sein. Außerdem sollte eine naturnahe Gartenanlage nicht zur Florenverfälschung beitragen, also keine fremden Pflanzen in ein Gebiet einschleppen, die sich dann eventuell von selbst ausbreiten.

Unter einem Garten versteht man zunächst meist ein irgendwie begrenztes Stück Land, das von Menschenhand angelegt wurde und von Zeit zu Zeit der Pflege bedarf. Der Unterschied zwischen einem „normalen Garten" und einem naturnahen Garten (Natur- und Wildgarten) besteht in der Pflanzenauswahl und in der Haltung der Gärtner zu den natürlichen Wachstums- und Entwicklungsprozessen. In jedem Garten zeigt sich eine gewisse Ordnung, die von den Besitzern durch Anlage, Gestaltung und Pflege zum Ausdruck gebracht wird. In naturnahen Anlagen greift der Mensch nun etwas zurückhaltender ein und die für den Standort typischen Pflanzen breiten sich ihren Ansprüchen entsprechend aus. Die äußerst schwierige Abgrenzung zwischen den Polen „normaler Garten" und „naturnaher Garten" bleibt aber letztlich jedem selbst überlassen. Wie viele ordnende Eingriffe hält man für nötig? Ab wann erscheint einem der Garten als Wildnis? Wildnis bedeutet ja nichts anderes, als der Natur ihren freien Lauf zu lassen, wie es häufig in Naturschutzgebieten möglich ist. Da aber nur wenige Gärten einsam und allein in der Landschaft liegen, wird man mit seinen Gartenvorstellungen sicherlich auch von den umliegenden Anlagen beeinflusst.

Fazit: Am Ende wird ein Natur- oder Wildgarten stets Ausdruck der Lebensanschauung der Besitzer sein, die ihn so naturnah gestalten, wie es ihren Vorstellungen von Natur und Ordnung entspricht. Natürlich spielen auch die Einflüsse der unmittelbaren Umgebung (Landschaft, Nachbarn) eine Rolle.

Eingebürgert: Die in Südosteuropa beheimatete Kornblume (Centaurea cyanus) ist fast weltweit verbreitet

Ausgewildert: Die Sigmarswurz (Malva alcea) konnte aus Gartenbeständen in freier Natur Fuß fassen

Naturgartenecke mit kleinem Teich. Hier darf es ruhig etwas „wilder" zugehen, umso mehr Tierleben stellt sich in der Umgebung ein

Abgesehen davon muss ja nicht gleich der ganze Garten dem Prädikat „naturnah" entsprechen. Wer statt einer Magnolie einen Apfelbaum oder statt hochgezüchteter Edelrosen ein Staudenbeet mit heimischen Arten einplant, der hat schon ein paar Schritte in Richtung Naturnähe getan.

Vielleicht ist es auch nicht immer im Sinne der Natur, wenn z. B. alte Baumbestände wie Edeltannen und Blaufichten nur deshalb entfernt werden, weil sie so gar nicht „naturnah" und „heimisch" sind. Auf solchen Gehölzen können z. B. Eulen nisten, die durch die gut gemeinte Umgestaltung ihren Lebensraum verlören. Es ist also nicht alles „schlecht", was zu den gezüchteten und ausländischen Pflanzen zählt. Und wer weiß, was in einigen hundert Jahren bei uns heimisch sein wird, vielleicht sogar Bambus!

Zum Schluss noch ein paar Worte zum Spannungsverhältnis der Begriffe „Ordnung" und „Naturgarten". Sicherlich wird kaum jemand ein Gelände als Naturgarten bezeichnen, auf dem beispielsweise nur wilde Brombeeren wachsen. Die Struktur der meisten Naturgärten ergibt sich dadurch, dass viele verschiedene Naturgartenelemente in einer Anlage integriert werden, z. B. Blumenwiesen, Trockenmauern, Teiche etc. Um einen solchen Garten zu planen und später auch zu erhalten, ist allerdings die ordnende Hand eines Gärtners notwendig. Man sollte sich in diesem Punkt nie durch den schönen, „wilden" Eindruck täuschen lassen, den solch ein Garten im Sommer macht.

Planungsfaktoren

Die Leitlinien der Gartenplanung und -anlage, wie sie im einleitenden Kapitel dieses Buchs (ab S. 12) dargelegt sind, gelten grundsätzlich auch für den Naturgarten. Hier sollen kurz die verschiedenen Planungs- und Standortfaktoren unter dem Gesichtspunkt einer naturnahen Gestaltung betrachtet werden. Natürlich bestimmen vor allem heimische oder eingebürgerte Pflanzen das Bild des Naturgartens.

Die Bepflanzung soll den Garten möglichst auf Dauer schmücken. Damit sich die Gewächse gut entwickeln können, müssen sie jeweils die richtigen Standortbedingungen vorfinden. Dabei sind wir gefragt, die wir die Pflanzen auswählen, pflanzen, pflegen und regulieren. Welches Gärtnerherz schlägt nicht höher, wenn diese Aufgabe gelingt und der Garten uns mit üppigem Wachstum, bunten Blüten und prächtigen Früchten belohnt?

Kaum beeinflussbar und doch für jeden Garten prägend sind die Geländefaktoren, also all das, was man auf dem vorhandenen Grundstück vorfindet: Untergrund und Boden, Geländeform (z. B. Hügel, Ebenen, Hänge), Besonderheiten des Kleinklimas, wie Wind, Sonneneinstrahlung, Schattenwirkungen und Niederschlagsmengen, und der vorhandene Bewuchs mit alten Pflanzen. Auch was in der Nähe des Gartenareals wächst, ist wichtig. So grenzen manche Gärten z. B. direkt an den Wald. Nicht zu vergessen sind die bestehenden Grenzen zu Nachbarn, Straßen und Wegen und die gängigen Grenzbebauungen wie Zäune, Hecken oder Mauern.

Auf dem eigenen Grundstück kann man auch mit baulichen Maßnahmen wirkungsvoll gestalten. Bauliche Teile sind Wege, Sitzplätze, Treppen, Trockenmauern, Pergolen und Sichtschutzbauten. Der Bau von Gartenhäuschen, Geräteschuppen und Spielplätzen gehört ebenso dazu. In diesem Zusammenhang werden oft auch Bodenstruktur und Geländeform beeinflusst. Beim Bau von Teichen und Wassergräben, der Anlage von Hügeln und Wällen wird viel Boden bewegt und neue Flächen entstehen.

Alle genannten Elemente, wie Pflanzen, Geländefaktoren und bauliche Maßnahmen, ergeben dann den Garten. Selbstverständlich ist jede Gartenanlage mehr als die simple Summe ihrer Teile. Erst ein stimmiges Gestaltungskonzept, also z. B. die reizvolle Zusammenstellung von Formen und Farben, verleiht dem Garten einen eigenen Charakter.

Eine Hecke bietet nicht nur Sicht-, sondern auch Windschutz und kann den Planungsfaktor „Kleinklima" beeinflussen. Im Naturgarten wird sie bevorzugt frei wachsend und aus verschiedenen Gehölzen angelegt

Boden

Der Boden ist die Lebensgrundlage allen Wachstums. Entsprechend ausführlich wird er in den einleitenden Kapiteln dieses Buches behandelt (ab S. 18 und S. 72). Bei der Planung eines Naturgartens ist es besonders wichtig, die Bodenverhältnisse im eigenen Garten gut zu kennen, denn die Bepflanzung soll möglichst standortgerecht danach ausgerichtet werden. Entscheidend sind dabei die Bodenart, also ob es sich um leichten Sand-, mittelschweren Lehm- oder schweren Tonboden handelt, sowie der pH-Wert bzw. Kalkgehalt (S. 19). Diese Bodeneigenschaften, die auch innerhalb ein und desselben Grundstücks variieren können, bestimmen die Auswahl der Pflanzen im Naturgarten. Man möchte dort, ohne große Bodenveränderungen vorzunehmen, standorttypische, heimische Pflanzen ansiedeln, die sich auf Dauer wohl fühlen. Und kein Boden ist „besser" oder „schlechter", sondern er stellt eine natürliche Voraussetzung dar, auf die man Rücksicht nehmen sollte. Hinweise auf die Bodenverhältnisse am jeweiligen Standort geben auch verschiedene Wildkräuter, die manchmal in größeren Mengen an bestimmten Plätzen wachsen. Eine Reihe dieser so genannten Zeigerpflanzen sind in der nebenstehenden Übersicht zusammengestellt.

Im Naturgarten werden zwar keine „gewaltsamen" Bodenveränderungen vorgenommen, es spricht jedoch nichts dagegen, den Boden durch

Zeigerpflanzen

Deutscher und botanischer Name	trockener Boden	feuchter Boden	kalkreicher Boden	kalkarmer Boden	nährstoffreicher Boden
Scharfgarbe, *Achillea millefolium*	■				
Kriechgünsel, *Ajuga reptans*		■			
Hundskamille, *Anthemis cotula*	■				
Zittergras, *Briza media*	■				
Zaunrübe, *Bryonia dioica*			■		■
Ackerkratzdistel, *Cirsium arvense*					■
Ackerwinde, *Convolvulus arvensis*					■
Ackerschachtelhalm, *Equisetum arvense*		■			
Klettenlabkraut, *Galium aparine*					■
Kleines Löwenmaul, *Linaria vulgaris*	■				
Kuckuckslichtnelke, *Lychnis flos-cuculi*		■			
Blutweiderich, *Lythrum salicaria*		■			
Sauerklee, *Oxalis fontana*		■		■	
Klatschmohn, *Papaver rhoeas*			■		
Spitzwegerich, *Plantago lanceolata*					■
Schlangenknöterich, *Polygonum bistorta*		■			
Kleine Brennnessel, *Urtica urens*					■

Der Naturgarten

Planungsfaktoren

Die Kuckuckslichtnelke (Lychnis flos-cuculi) zeigt Bodenfeuchte an

Wild wachsende Bestände des Klatschmohns (Papaver rhoeas) sind Indizien für kalkhaltigen Boden

Kompost und Mulchen zu verbessern und so auch Nährstoffe zuzuführen. Auch der Einsatz von organischen Düngern oder Gesteinsmehlen kann z. B. bei Stauden und Gehölzen nötig werden, um auf Dauer gesundes Wachstum zu gewährleisten. Andernfalls müsste man sich auf kargen Standorten auf wenige, völlig anspruchslose Arten beschränken oder die „Bepflanzung" auf das reduzieren, was sich dort von selbst ansiedelt.

Geländeform

Jeder Garten zeigt ein bestimmtes Geländeprofil. Es gibt Hänge, Mulden, Hügel oder eine bestimmte Höhenstaffelung. Diese Vorgaben können bei der Gestaltung und Anlage hervorgehoben und sinnvoll genutzt werden. An einem Südhang lassen sich schöne Trockenmauern errichten, in einer Wasser haltenden Mulde kann ein kleines Feuchtgebiet einen Platz bekommen. Beim Bau von Teichen, Wegen und Plätzen fällt meist Erdmaterial an, das dann in Form von Hügeln oder Wällen eingeplant werden kann.
Es bleibt aber stets die Frage, ob im Naturgarten solch große Erdverschiebungen sinnvoll sind, vor allem dann, wenn der Boden gut eingewachsen ist. Obwohl man heute ohne große Probleme Mutterboden (Oberboden) verschieben, anfahren und auffüllen kann, braucht es viele Jahre, bis sich die vom Menschen aufgesetzten Bodenschichten durchwachsen und wieder eine lebendige Einheit bilden. Boden ist mehr als nur „Dreck und Matsch". Er bildet vielmehr einen regelrechten Lebensraum für viele Millionen Kleinstlebewesen.

Klima

Die Bepflanzung eines Gartens hängt auch stark vom Klima ab. So gedeihen z. B. in Küstennähe Grasdächer als Dachbegrünung hervorragend. Im kontinentalen Klima des Binnenlandes würde ein solcher Dachbewuchs Probleme machen. Ursache hierfür sind die sehr unterschiedlichen Niederschlagswerte.
Auch die Planung bestimmter Gestaltungselemente kann von klimatischen Faktoren beeinflusst werden. So wird man an besonders windigen Stellen sinnvollerweise eine Hecke setzen, um einen natürlichen Windschutz zu bekommen.
Um die Bewertung der klimatischen Situation bei der Gartenplanung systematisch angehen zu können, arbeitet man am besten mit den Begriffen „Großklima" und „Kleinklima" bzw. Makro- und Mikroklima (vgl. auch S. 16). Zum Großklima gehören zunächst die Jahresdurchschnittstemperatur, die Niederschlagsmengen und deren Verteilung im Jahreslauf. Die milden Lagen entlang der großen Flusstäler bieten den Naturgärtnern ganz andere Möglichkeiten als raue, windige Mittelgebirgsregionen. Die kleinklimatischen Verhältnisse können sich dagegen von Garten zu Garten ändern. So wird man einen nordwestlich gelegenen Garten ganz anders gestalten als eine von der Sonne verwöhnte Anlage in südlicher Lage.

Grenzen

Ein Garten wird in der Regel von Gebäuden, Straßen, Wegen, Zäunen oder Mauern begrenzt. Diese Faktoren bestimmen natürlich auch ganz wesentlich die Gestaltung. Ganz häufig begegnet man dem Wunsch, einen Sichtschutz oder einen Lärmschutz mit einzuplanen. Gegen zu tiefe Einblicke werden dann Hecken oder berankte Zäune eingesetzt. Gehölzanlagen auf Wällen und Mauern sind Möglichkeiten, den Lärm, z. B. von einer angrenzenden Straße, etwas zu reduzieren.
Folgende Pflanzen können mit ihrem Laubkleid besonders gut Lärm filtern: Bergahorn, Gewöhnlicher und Immergrüner Schneeball, Hainbuche, Flieder und Stechpalme. Wichtig ist es, gegen die Schallquelle einen möglichst geschlossenen Laubschirm aus Sträuchern oder Bäumen einzusetzen.
Auch die Planung und Gestaltung von Sitzplätzen hängt oft von den Grenzverhältnissen im Garten ab. Je nachdem, wo der Sitzplatz des Nachbarn liegt, bewirkt vielleicht der Wunsch nach Ruhe und Abgeschiedenheit eine ganz spezielle Lösung. Dies dürfte jedoch eher auf etwas ältere Gartenanlagen zutreffen, wo sich bestimmte Gewohnheiten schon eingespielt haben. In ganz neu angelegten Gärten hat man diese Erfahrungswerte nicht. Man wird dort den Sitzplatz mehr nach Gefühl anlegen. Vor allem in kleinen Gartenanlagen bietet es sich an, Grenzen gemeinsam zu gestalten. So genügt z. B. eine einzige Hecke, um zwei Grundstücke zu trennen. Wenn man die Grundstücksgrenze als Feuchtgraben gestaltet, wirken die beiden getrennten Grundstücke jeweils größer, weil der Feuchtgraben keine Blickbarriere bildet.

Bauliche Elemente

Der Naturgarten ist wie jeder andere Garten nicht nur zum Betrachten da, sondern dient als Aufenthaltsort zum Verweilen, Entspannen, Wohlfühlen. So gehören auch hier selbstverständlich Elemente dazu, die großteils bereits an anderen Stellen in diesem Buch vorgestellt wurden: Sitzplatz, Pergola, Laube, Terrasse,

Der Naturgarten

Planungsfaktoren

Zäune und Mauern, Wege und Treppen, Teich und Bachlauf oder auch praktische Einrichtungen wie etwa Kleingewächshaus und Regenwasserzisterne.

Eins haben all diese baulichen Teile gemeinsam: Sie gliedern und ordnen den Garten, sie schaffen Räume und setzen Grenzen; sie bilden sozusagen das Gerüst jeder Gartenanlage. Damit können sie neben den Pflanzen zu prägenden Gestaltungselementen werden. Deshalb sollten sie unbedingt so ausgewählt werden, dass sie zum Charakter des Gartens und der Bepflanzung passen.

Im Naturgarten wird man in der Regel bemüht sein, Materialien einzusetzen, die einerseits natürlich wirken, andererseits aus der unmittelbaren Umgebung stammen. Man sollte in diesem Punkt allerdings nicht streng dogmatisch sein, da man ansonsten auf viele reizvolle Gestaltungsmöglichkeiten verzichten muss. Außerdem müssen alle Materialien auch Kriterien wie Zweckmäßigkeit, Stabilität und Haltbarkeit genügen.

Als Materialien für befestigte Wege und Flächen bieten sich Natursteine, Granitpflaster, Ziegel, Klinker oder Betonsteine an. Holz, Kies und Splitt sind damit gut kombinierbar. Heute werden von vielen Ländern und Gemeinden bereits recht hohe Abgaben für versiegelte Flächen verlangt, weil durch die zunehmende Be- und

> **TIPP**
> **Baumaßnahmen zuerst**
> Bauliche Gartenelemente müssen stets vor der Bepflanzung einer Anlage fertiggestellt werden. Dies gilt vor allem für Wege, Terrassen, Treppen, Pergolen, Sichtschutzwände, Abstellplätze und große Teichanlagen.

Geschwungene Wegführung und Natursteinplatten als Belag – so fügen sich Pfade sehr stimmig in „halbwilde" Bereiche ein

Verbauung immer mehr Regenwasser über die Kanalisation ablaufen muss. Deshalb sollte man als Gartenbesitzer nur dort mit festen Belägen arbeiten, wo es unbedingt erforderlich ist. Seit einiger Zeit werden vermehrt Pflaster angeboten, die Wasser einsickern lassen. Außerdem besteht die Möglichkeit, das Pflastermaterial, z. B. unregelmäßige Natursteine, mit größeren Fugenbreiten zu verlegen, was nebenbei eine reizvolle Fugenbepflanzung erlaubt. Anstatt durchgehender Wegbeläge kann man häufig auch Trittsteine bzw. -platten (siehe S. 134) einsetzen.

Für Mauern als Sichtschutz oder Befestigung kommen z. B. behauene oder unbehauene Natursteine, Ziegel, Schiefer oder auch Betonsteine infrage. Besonders gut passt in den Naturgarten eine Trockenmauer (S. 475, S. 485). Wenn Sicht- oder Windschutz gewünscht wird, aber eine Mauer zu wuchtig wäre, sind Zäune die richtige Lösung. Im Naturgarten greift man meist auf Holz- oder Metallzäune zurück. Wer

Schon bei der Planung an den Platzbedarf denken: Wildgehölze wie der Sanddorn entfalten eine beachtliche „Breitenwirkung"

unbehandelte Staketenzäune mit Rindenteilen verwendet, bietet sogar noch Insekten einen wertvollen Unterschlupf. Denn Totholz ist in freier Natur oft Mangelware. Ein Zaunersatz kann z. B. auch mit aufgestapelten Stammteilen geschaffen werden. Die „natürlichste" Alternative zu Mauer oder Zaun ist selbstverständlich eine Hecke, sofern genügend Platz für eine solche Anpflanzung bleibt.

Bepflanzung

Nachdem die baulichen Maßnahmen abgeschlossen sind, wird der Boden gelockert und vorbereitet. Nun ist es Zeit für die Pflanzung. Mit den Pflanzen bestimmt man einen weiteren wichtigen Aspekt des Gartens, sozusagen seinen Charakter. Es ist nicht die Menge, die wirkt, sondern vielmehr die Zusammensetzung der Pflanzen und Pflanzengruppen. Man ist allzu leicht verführt, zunächst Pflanzen zu kaufen, deren Reiz man spontan erliegt, wenn man sie in Gartenmärkten, Gärtnereien oder im Katalog sieht. Sie müssen später aber in den Gesamtrahmen des Gartens passen. Deshalb sollte man viel Arbeit in die Planungsphase stecken, um dann mit einem regelrechten Einkaufszettel die Pflanzen besorgen zu können.

Im Naturgarten verwendet man, wie erwähnt, vor allem einheimische und eingebürgerte Pflanzen. Die Gewächse sollen außerdem zum vorhandenen Standort und Boden passen. Erst dann entfalten sie ihre optische Wirkung. Wenn man die verschiedenen Gestaltungsvorstellungen der Gartenbesitzer berücksichtigt, wird man allerdings nicht immer ausschließlich heimische Arten verwenden können. Sollen z. B. schöne Rosen während des ganzen Sommers in einem Gartenteil blühen, wird man im Juni zwar heimische Arten, aber ansonsten nur die Kartoffelrose als eingebürgerte Art zur Verfügung haben. Ergänzend können dann rustikale Bodendeckerrosen und vielleicht Englische Rosen und Strauchrosen dazukommen. Wesentlich ist allerdings das Gesamtbild. Heimische und nicht heimische Pflanzen müssen in Wuchsform und Farbe harmonieren.

Die Pflanzenauswahl sollte auch zum Charakter der Umgebung passen und sich dort harmonisch einfügen. Ein großer Vorteil bei der Verwendung heimischer Pflanzen ist der Nutzen für die Tierwelt. An Weiden laben sich z. B. viele Schmetterlinge: der Große Fuchs, das Abendpfauenauge, das Rote Nachtpfauenauge, der Große Schillerfalter und der Trauermantel. Für viele Gartenbesitzer sind die heimischen Arten auf der anderen Seite erst gewöhnungsbedürftig. Das Gesamtbild eines Naturgartens ist anders als das eines klassischen Ziergartens. Der dekorative Wert ist gegenüber einem Garten mit gezüchteten Ziersträuchern geringer, die Einzelblüten verschiedener Pflanzen sind unscheinbarer. Andererseits ist die Wuchskraft von heimischen Büschen oft stärker als die von dekorativen Ziersträuchern. Deshalb sollte man Naturgewächsen wirklich Platz zur Entfaltung und Ausbreitung geben.

Leider können im Rahmen dieses Buchs die Pflanzen für den Naturgarten nicht im Einzelnen vorgestellt werden. Statt dessen finden sich zahlreiche infrage kommende Arten in den nachfolgenden Gestaltungsbeispielen. Viele werden auch in den Kapiteln „Ziergehölze" (ab S. 277), „Stauden" (ab S. 334), „Der Gartenteich" (ab S. 434) und „Der Steingarten" (ab S. 474) beschrieben.

Filigrane Zierde für feuchte Bereiche: Mädesüß (Filipendula ulmaria), begleitet von gelbem Hornklee

Der Naturgarten
Bepflanzung

Im Naturgarten brauchen die eher „wild wachsenden" Pflanzen ganz besonders einen optischen Halt. Man erreicht das durch klar abgegrenzte **Räume und Flächen.** Wer nicht gleich den ganzen Garten als Naturgarten anlegen möchte, kann auf bestimmten Flächen einzelne Elemente einfügen, wie z. B. eine Hecke oder eine Trockenmauer. Nach Größe und Ausbreitung kann man die Pflanzen in folgende **Gruppen** einteilen:

- Bäume
- Sträucher und Hecken
- Kletterpflanzen
- Bodendeckende Pflanzen
- Stauden und Blumen
- Rasen- und Wiesenflora

Im Garten wird man bei der Planung den verschiedenen Gruppen eine bestimmte Fläche zuordnen. Um die Flächen wirkungsvoll zu gestalten, sucht man jeweils die Fixpunkte bzw. die auffälligsten Plätze heraus und ordnet diesen besonders attraktive oder auffällige Pflanzen zu. Solche Fixpunkte können auch untereinander in Beziehung stehen. Pflanzen für solche Punkte nennt man auch **gerüstbildende Arten.** Sie heben sich durch ihre Größe und ihr Aussehen aus dem Gesamtbild hervor. Das können große Buchsbäume in einem Wildstaudenbeet sein oder zwei nebeneinander stehende Sandbirken in einem größeren Garten, die sich mit ihrer Rinde und dem zarten Laub über die darunter gesetzten Büsche erheben. Neben Pflanzen besonderer Art können auch dekorative Elemente wie frostfeste Vasen, Skulpturen, Sitzmöbel oder Bogen und Tore verschiedene Fixpunkte bilden. In den meisten Fällen beginnt man mit der Gestaltung dieser Punkte zuerst und fügt später entsprechende Pflanzen und untergeordnete Gruppen dazu.

Wie in der Gesamtanlage kann auch in kleinen Beeten und Pflanzenanlagen mit dieser Reihenfolge gearbeitet werden: erst die gerüstbildenden Pflanzen einzeln oder in kleinen Gruppen, dann die Gruppenpflanzen mit drei bis acht Pflanzen einer Art und am Ende die bodendeckenden Vertreter in größeren Verbänden. Nur bei Blumenwiesen, Trockenmauern und bei geschnittenen Hecken wird dieses Prinzip nicht angewendet. Hier steht die Einheitlichkeit im Vordergrund.

Nach dem Festlegen dieser Rangordnung wählt man **Pflanzengemeinschaften** aus, die an dem Standort und in der jeweiligen Kombination gut passen. Solche Lebensgemeinschaften gibt es z. B. für Schatten und Sonne oder für feuchte und trockene Böden. In der entsprechenden Gruppe wählt man nach Blütezeiten, -farben und Wuchsstrukturen nochmals geeignete Zusammenstellungen. Um deutliche Farbtupfer zu schaffen, sollte man bei Blütenpflanzen in größeren Gruppen denken. So wie in einer Blumenwiese einzelne Blüten wenig wirken, sind auch im Garten kleine Blütenkleckse nur schwer zu erkennen.

Um sich selbst eine **Übersicht** über Blütezeiten und Blütenfarben im eigenen Garten zu verschaffen, bietet sich eine einfache Tabelle an. Am linken Rand fasst man von oben nach unten die Blütenmonate in Gruppen zusammen: Februar bis März, April bis Mai, Juni bis Juli, August bis September und Oktober. Man schreibt sie in fünf Zeilen untereinander. Im Tabellenkopf werden die Blütenfarben in sieben Spalten eingetragen: Weiß, Gelb, Orange, Rot/Rosa, Blau, Violett, Braun. Nun trägt man einfach die gewählten bzw. vorhandenen Gartenpflanzen in die passende Spalte ein, z. B. die Hundsrose unter

„Rot/Rosa" und der Blütezeit „Juni bis Juli". Möchte man dazu farblich passend eine schöne Unterpflanzung, kann man z. B auf Glockenblumen in Violett zurückgreifen. Anhand der Tabelle ist ersichtlich, was wann und in welcher Farbe im Garten blüht und Ergänzungen sind recht einfach möglich.

Gestaltungsbeispiele für naturnahe Gartenteile

Gelegentlich werden in einem Garten Flächen und Plätze frei, ein Umbau schafft neue Räume, alter Gartenbestand muss weichen und plötzlich steht man vor der Frage: „Was passt dort hin?" In älteren Gärten ist die Frage der optischen Verbindung zum Vorhandenen die wichtigste Komponente. Liegt die frei gewordene Fläche in einem gut sichtbaren Teil des Gartens oder in der Nähe einer Terrasse, werden sicher ganz besonders ansprechende Lösungen gewählt. Bunte Blumenwiesen, Staudenbeete, verschiedene Sichtschutzvarianten und Trockenmauern bieten sich hierfür an.

Die Verbindung zum Gewachsenen kann in Harmonie erfolgen oder auf Kontrasten beruhen. Harmonisch würde sich beispielsweise ein Schattenstaudenbeet neben einem neu gepflasterten Sitzplatz unter älteren Bäumen und Sträuchern einfügen. Kontrastreicher wäre ein Feuchtgraben in der Nähe einer sonnigen Terrasse. Die Balance zu halten zwischen optischen Nuancen und Kontrasten, bis hin zum Kitsch, ist die Kunst der Gartengestaltung. Natürlich empfinden jede Gartenliebhaberin und jeder Gartenfreund unterschiedlich, was noch harmonisch und was schon zu viel ist. Und doch spazieren wir durch manche Gärten und Parks und denken zuweilen intuitiv: „Das ist schön und fast vollendet."

Auch im eigenen Garten können wir Schönes schaffen. Zunächst wird das Neue im eingewachsenen Gärtchen Zeit der Gewöhnung brauchen.

Bald sind aber schon die Pflanzen gewachsen, die neuen Mauern, Steine und baulichen Teile integriert, und dann ist die beste Zeit, durch Beigaben die einzelnen Stellen noch etwas aufzuwerten. Das können Skulpturen, alte Vasen, Krüge und Fässer sein, Urlaubserinnerungen wie ein schöner Stuhl oder besondere Steine, Wurzeln oder Körbe.

Aller Anfang ist schwer: neue Gärten

Vor einer besonders anspruchsvollen Aufgabe stehen Besitzer eines nagelneuen Gartens. Sie müssen auf leerer Fläche erst einmal Räume und Einteilungen des Ganzen schaffen. Meist sind bei kleineren Gärten und Reihenhausgärten zunächst nur Rasen und eine Umrandung mit Hecken zu sehen. Langsam entwickelt sich dann ein Rahmen auf grünem Teppich, in den Obstbäume, eine Gemüseecke, Staudenbeete, Wasserflächen und Plätze zum Spielen eingefügt werden. Je kleiner die Gartenfläche ist, umso mehr ist die Beschränkung auf das Wesentliche gefordert. Das bedeutet, sich einen Aspekt herauszusuchen und die anderen unterzuordnen. Wer z. B. in einem Garten in Südlage die Terrasse mit Trockenmauern einfassen möchte, kann dieses Element noch deutlicher ins Blickfeld setzen. Dazu muss die Mauer nur über das Terrassenende hinaus bis in die Gartenmitte verlaufen. Anstatt also auf kleiner Fläche eine Vielzahl von Gartenelementen wie etwa Wildhecken und Blumenwiesen zu integrieren, genügt es schon, einen Schwerpunkt zu betonen.

Auf den folgenden Seiten sind einige Beispiele für solche Schwerpunkte bzw. für bestimmte Gartenteile und ihre Ausgestaltung zusammengestellt.

Bei den eher zarten Blüten vieler Wildstauden ist Gruppenpflanzung besonders wichtig, um eine gute Gesamtwirkung zu erzielen

Der Naturgarten
Gestaltungsbeispiele

Umsetzen von Gartenplänen in die Praxis

Wenn einem eine bestimmte Gestaltungsidee gefällt, beginnt eigentlich schon im Kopf und dann eventuell auf dem Papier das Umsetzen in die Praxis.

■ **Standort bewerten:**
Zunächst werden Standort- und Bodenfragen zu beantworten sein. Es wird natürlich nicht viel Freude bringen, einen Gemüsegarten im tiefen Schatten anlegen zu wollen, und die Trockenmauer entfaltet ihre Farbenpracht mit den entsprechenden Stauden erst am sonnigen oder zumindest halbschattigen Platz.

■ **Passende Pflanzengruppen wählen:**
Die vorgestellten Beispiele sind für bestimmte Standorte und Bodenarten zusammengestellt worden. Wenn die jeweilige Gestaltungsidee gefällt, können die Pflanzen nach Plan übernommen werden, falls die Bedingungen ähnlich sind. Sollten diese abweichen, ändert man die Pflanzenauswahl unter Berücksichtigung der Größen.

■ **Größe festlegen und räumliche Vorstellung entwickeln:**
Eine der größten Unsicherheiten beim Umsetzen von Plänen in die Praxis liegt in der räumlichen Vorstellung der Idee in Bezug auf den real bestehenden Garten. Ähnlich wie beim Umzug in eine neue Wohnung kann die Idee auf einem maßstabsgerechten Gartenplan eingezeichnet werden oder man schiebt eigens hergestellte Flächen, die die einzelnen Gartenelemente symbolisieren, auf dem Gartenplan hin und her. So entsteht eine Draufsicht (Grundriss) des eigenen Gartens und die Dimensionen werden wesentlich deutlicher. Ein Beispiel: Auf einem Gartenplan mit dem Maßstab 1 : 100 ist eine einreihige und frei wachsende Wildfruchthecke mit 3 m Breite und 5 m Länge einzuplanen. Das bedeutet auf dem Papier, einen Streifen mit 3 cm Breite und 5 cm Länge auf einen Gartenplan zu legen. Bei Hochstammbäumen wären Kreise mit ca. 4–5 cm Durchmesser nötig, um den Baum in seiner späteren Größe (4–5 m Kronendurchmesser) darzustellen.

Eine ganz andere Möglichkeit ist das Streuen mit Sand oder Kalk. Auf dem Gartengelände selbst wird die spätere Größe der Gartenidee, wie z. B. der Trockenmauer oder der Bäume und Hecken, mit Linien aus Sand, Kalk oder Sägespänen „aufgezeichnet". Diese Methode im „Maßstab" 1 : 1 ist für viele Gärtner sicherlich die günstigste.

■ **Material und Pflanzen auswählen:**
Jetzt ist die Vorarbeit erledigt und es geht an die praktische Umsetzung. Entsprechend den Planungen werden Material und Pflanzen gewählt, Pflanzlisten erstellt und Pflanztermine geplant, benötigte Stückzahlen und Materialmengen ermittelt bzw. geschätzt.

■ **Erst bauen, dann pflanzen:**
In jedem Fall ist diese Reihenfolge zu empfehlen. Allein durch das Arbeiten und den Transport der Materialien können Pflanzen, die in unmittelbarer Nähe sind, beschädigt werden. Eine Ausnahme macht die Trockenmauer. Hier werden die Pflanzen während des Baus gleich mit eingepflanzt.

In der Umsetzungsphase können sich noch Änderungen ergeben, die natürlich genau zu bedenken sind. Weicht man allerdings sehr stark von der ursprünglichen Planung ab, wird dies eine Reihe von Nacharbeiten zur Folge haben. Würde man z. B. eine Teichgrube spontan einfach doppelt so groß wie geplant ausbaggern lassen, kann das im Moment durchaus interessant wirken. Allerdings ist es dann auch möglich, dass plötzlich die Proportionen von Teich und Garten nicht mehr stimmen. Spontane Ideen haben also ihre Tücken.

Eine Obstwiese bereichert jeden Naturgarten; der Frühlingsreigen von Obstbaumblüte und Löwenzahn wird hier durch eine Pflanzgruppe von Narzissen abgerundet

Obstgarten mit Blumenwiese

Der Obstgarten war schon vor Jahrhunderten ein wichtiger Bestandteil eines bäuerlichen Anwesens, weil er, lange vor dem Aufkommen des Honigs, die einzige Quelle für zuckerhaltige Nahrung darstellte. Deshalb war er auch „umgertet", das heißt umzäunt, und galt allerorten als besonders schützenswert. Man pflanzte vor allem Hochstämme, weil darunter die Kühe und Schafe fressen konnten.

Heute sind solche Obstgärten noch vor allem am Stadtrand und in ländlichen Gebieten zu finden, aber viele naturbewusste Menschen legen heute wieder Streuobstwiesen und sogar Obstalleen an. In unserem Beispiel geht es allerdings eher um einen Privatgarten, der außerhalb von Siedlungsgebieten oder am Rande eines größeren Grundstückes liegen kann. Dieser eingezäunte Obstgarten dient einer Familie zur Versorgung mit Frisch- und Lagerobst. Der Standort ist sonnig, etwas windgeschützt, der Boden mittelschwer und im nördlichen Bereich etwas steiniger. Auf einen Sitzplatz wurde verzichtet, denn der Garten wird nur für den Obstanbau genutzt. Ein geschlängelter Weg führt nach hinten zum Kompostplatz, und ansonsten bleibt der Boden einer Blumenwiese vorbehalten.

Wer gerne alte Obstsorten in seinen Garten zurückholen möchte, kann diese vorher einmal bei Veranstaltungen von Obst- und Gartenbauvereinen ansehen und vielleicht auch probieren. Aber Vorsicht: Nicht alle alten Sorten sind auch besonders robust. Aus der Sicht der Naturgartenidee kann man Obstsorten einmal von der Robustheit her wählen oder die alten Sorten an sich werden in den Vordergrund gestellt. Viele Obstsorten sind natürlich auch züchterisch bearbeitet.

In unserem Obstgartenbeispiel wurden verschiedene Stammhöhen (vgl. auch S. 223) gewählt, sodass die einzelnen Bäume unterschiedlich viel Platz einnehmen. Die Süßkirsche ist der größte unter ihnen.

In vielen Fällen ist die Wiese bereits vorhanden, bevor ein Obstgarten entsteht. Häufig ist sie nährstoffreich und die vorhandene Blumen- und Gräserauswahl lässt Rückschlüsse zu auf die Nährstoffbilanz, die Feuchtigkeit und den Kalkgehalt des Bodens. Es kann sich also um eine Feuchtwiese mit Wiesenschaumkraut und Kuckucksblume handeln, oder sie ist etwas trockener und Schafschwingel, Thymian und Dost breiten sich darin aus. In die jeweils vorhandene Wiese wird man dann noch passende Wiesenblumen dazu pflanzen oder säen.

Man sollte darauf achten, dass die Wiese etwa zwei- bis sechsmal im Jahr gemäht wird und dass die Flächen unter und neben den Bäumen und Sträuchern zur Erntezeit schön kurz geschnitten sind. Das Mähgut muss entfernt werden und kann, gemischt mit anderem Material, gut kompostiert werden. Die Blütenpracht wird sich also vor allem auf den Frühling und vielleicht auf den Frühherbst konzentrieren.

Der Naturgarten

Gestaltungsbeispiele

1. Speierling
2. Birnenhalbstamm, Sorte 'Gute Luise'
3. Birnenhalbstamm, Sorte 'Köstliche aus Charneu'
4. Quitte, birnenförmig, Sorte 'Champion'
5. Apfel, Spindelbusch, Sorte 'Jonathan'
6. Apfel, Spindelbusch, Sorte 'Luisenapfel'
7. Apfel, Spindelbusch, Sorte 'Goldparmäne'
8. Stachelbeeren, Büsche, Sorten 'Rokula', 'Invicta'
9. Haselnuss, Büsche, Sorte 'Webbs Preisnuss'
10. Haselnuss, Büsche, Sorte 'Lange Zellernuss'
11. Johannisbeere, weiß, Sorte 'Weiße Versailler'
12. Johannisbeere, rot, Sorte 'Jonkheer van Tets'
13. Johannisbeere, schwarz, Sorte 'Wellington'
14. Rhabarber-Pflanzen, Sorte 'Holsteiner Blut'
15. Himbeeren, Sorte 'Schönemann'
16. Sauerkirsche, Sorte 'Schattenmorelle'
17. Süßkirschen-Hochstamm, Sorte 'Hedelfinger'

Wildsträucher- und Baumgarten

Dieser Garten bringt heimische Früchte hervor, die entweder frisch, gekocht oder geliert genossen werden können. Außerdem ist die Verarbeitung zu Mus, Saft, Wein oder Likör möglich. Die Pflanzen sind robust und widerstandsfähig gegen Krankheiten und Schädlinge. Sie brauchen alle ein sonniges Plätzchen, um einen üppigen Fruchtbehang anzusetzen.

Das hier vorgestellte Beispiel ist vielleicht nicht oft direkt zu übertragen, aber es zeigt Kombinationen von heimischen Sträuchern und Bäumen, die auch auf kleinerem Gartenraum genügend Platz finden können. Am Sitzplatz betont die große Eberesche den Charakter dieser reizvollen Stelle, der Schwarze Holunder und der Weißdorn fügen sich als markante Großsträucher in das Bild ein. Die Echte Mispel bekommt einen geschützten Platz in voller Sonne, Schlehe und Berberitze sind am Rand angefügt.

Ein anderer Platz in diesem mit einer alten Mauer umsäumten Gelände ist den großen Wildobstarten vorbehalten, die gut und gerne die Größe von stark wachsenden Hochstammobstarten im herkömmlichen Sinne erreichen. Direkt an der

Der Naturgarten

Gestaltungsbeispiele

Ziegelmauer steht z. B. eine Holzbirne, die im September kleine runde und recht herb schmeckende Früchte trägt. Daneben steht ein Holzapfel, dessen Früchte hart sind, ebenfalls herb schmecken und erst nach dem ersten Frost genießbar werden. Auf trockenen und kalkreichen Bodenarten kann man als großen Baum auch den Speierling dazugesellen, dessen Früchte bei der Herstellung von Apfelwein und Most Verwendung finden. Genießbar sind die Speierlingfrüchte erst im Spätherbst.

Recht mächtig wird die Wildkirsche, die die Großform unserer bekannten Süßkirsche ist. Sie findet nur in großen Gärten ausreichenden Raum. Die Früchte reifen im Juli heran, sind dann schwarz gefärbt und schmecken herrlich süß. Wildkirschen wachsen auf tiefgründigen Lehmböden und bilden reich verzweigte Ausläufer. Mit etwa 10 m Höhe ist die Traubenkirsche eine kleinere Vertreterin der Wildkirschen. Die schwarzen Früchte reifen an rot gestielten Trauben und werden ab August verwertbar. Die Traubenkirsche kann trotz ihrer Größe auf Stock gesetzt werden, schlägt dann allerdings mit zahlreichen Ausläufern stark aus.

Zu den großen Baumarten passt ganz gut die Haselnuss als Großstrauch. Wird sie zu ausladend, schneidet man sie einfach ca. 30 cm über dem Boden ab, damit sie sich von unten wieder neu verzweigt.

In der Gartenmitte des gezeigten Beispiels ist Platz für Büsche und Ranker, die allesamt Dornen und Stacheln ausbilden und sich gerne durch Ausläufer ausbreiten: ein männlicher und ein weiblicher Sanddorn, zwei Hundsrosen und eine wilde Brombeere. Da sie für sich allein stehen, lassen sie sich ganz gut eingrenzen.

Zur linken Seite schließt sich ein trockener Bodenabschnitt mit Steinhaufen an, der für Wacholdereinzelpflanzen wunderbar geeignet ist. Die Beeren des Wacholders sind ein beliebtes Gewürz, allerdings sind sie roh nicht genießbar. Wegen seines Lichtbedarfs lässt sich Wacholder kaum mit anderen Wildsträuchern kombinieren.

① **Holzbirne** (Pyrus pyraster)
② **Holzapfel** (Malus domestica)
③ **Haselnuss** (Corylus avellana)
④ **Himbeere** (Rubus idaeus)
⑤ **Kornelkirsche** (Cornus mas)
⑥ **Brombeere** (Rubus fruticosus)
⑦ **Hundsrose** (Rosa canina)
⑧ **Sanddorn** (Hippophaë rhamnoides)
⑨ **Eingriffeliger Weißdorn** (Crataegus monogyna)
⑩ **Gemeine Berberitze** (Berberis vulgaris)
⑪ **Eberesche** (Sorbus aucuparia)
⑫ **Echte Mispel** (Mespilus germanica)
⑬ **Schwarzer Holunder** (Sambucus nigra)
⑭ **Schlehe** (Prunus spinosa)
⑮ **Gemeiner Wacholder** (Juniperus communis)

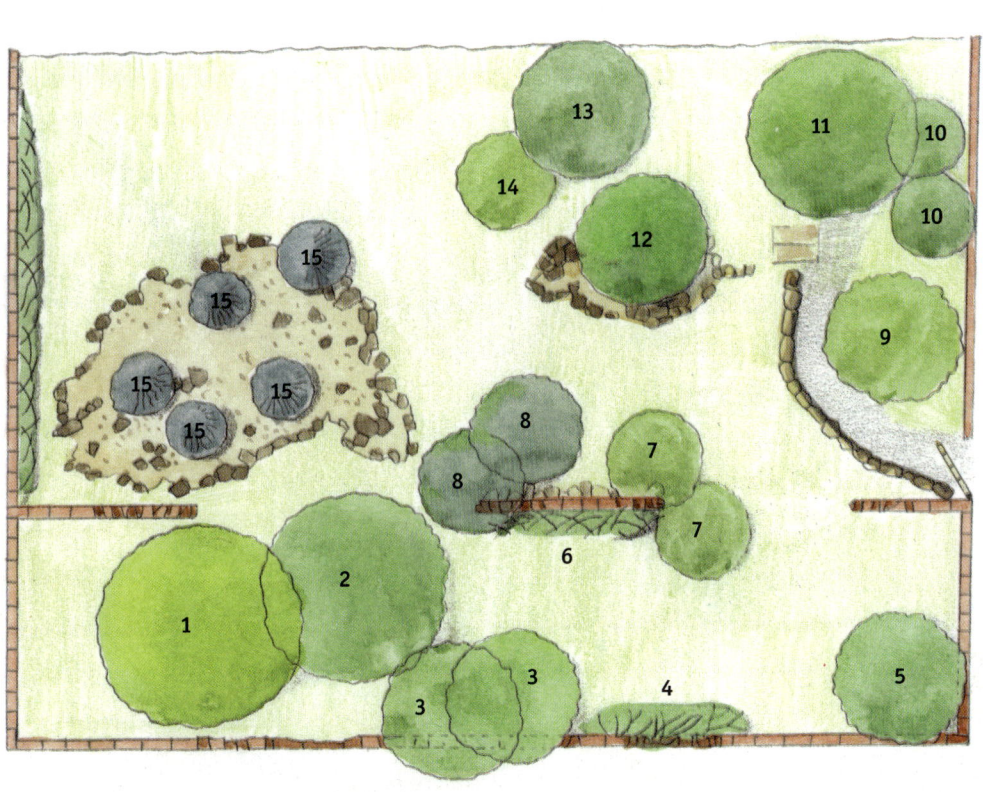

Wildrosenhecke mit Staudensaum

Wer kann sich schon dem Zauber der Rosenblüte entziehen und wer möchte nicht auch im Naturgarten einigen Wildrosen ein Plätzchen einräumen? Dieses Beispiel einer Hecke mit den unterschiedlichsten Rosenarten ist für einen vollsonnigen Platz in einem großen oder kleinen Garten gedacht, von dem zur Blütezeit ein süßer Rosen- und Lavendelduft ausgeht. Im Spätsommer erscheinen die ersten Hagebutten mit ihrem herrlichen Rot und laden ein zum Pflücken und Verarbeiten zu Hagebuttenmarmelade, Gelee oder Wein. Ansonsten bleiben sie den Tieren als Nahrungsvorrat für den Herbst und den Winter vorbehalten.

Die im Beispiel gezeigte Hecke ist zum Süden hin mit einem Band aus pflegeleichten und trockenheitsverträglichen Stauden gesäumt. Die blaue Zwergiris und die rosafarbene Grasnelke blühen im Frühling, während die Herbstfetthenne, ebenfalls in Rosa, den Blütenreigen im Herbst abschließt. Hier passen auch noch Frühlingsblumenzwiebeln dazwischen, wie Traubenhyazinthen, Wildtulpen, Osterglocken oder Schneeglöckchen.

Das Rosenbeet wird an der Rückseite durch einen 1,50 m hohen Bretterzaun begrenzt, den in der Mitte ein rosenumranktes Spalier unterbricht. Ein Schotter- oder Kiesweg grenzt das Beet nach vorne ab. Diese deutlich betonten Grenzen geben dem Gartenbild mehr Ruhe, denn Rosen sind in dieser Vielfalt schnell ein willkürliches buntes Vielerlei. Der Weg lässt die nicht allzu hohen Stauden im Vordergrund besser zur Geltung kommen.

Wer auf einen Weg und die Stauden verzichten möchte, kann den Gartenvorschlag nur mit den Rosen und den Gehölzen übernehmen.

Einen weiteren Ruhepol dieser Rosenhecke bilden die Immergrünen, die besonders im Herbst und Winter mit ihrem kompakten Wuchs und mit frischem Grün den vielen Ranken und Trieben der sie umgebenden Rosen einen optischen Rahmen verleihen. Ausgewählt wurden Buchsbaum, der hier als kleiner Baum und als Hecke wachsen darf,

und Eibe, die sowohl geschnitten als auch ungeschnitten in dieses Arrangement passt. Die immergrünen, graufilzigen Lavendelpolster sind vor den Rosen angeordnet. Sie bereichern das Beet das ganze Jahr hindurch mit Farbe, Blüten oder Duft.

① **Hundsrose** (Rosa canina)
② **Hechtrose** (R. glauca)
③ **Filzrose** (R. tomentosa)
④ **Bibernellrose** als Bodendecker (R. pimpinellifolia repens)
⑤ **Essigrose** (R. gallica)
⑥ **Kartoffelrose** (R. rugosa)
⑦ **Vielblütige Rose** (R. multiflora)
⑧ **Stacheldrahtrose** (R. omeiensis var. pteracantha)
⑨ **Damaszenerrose** (R. damascena)
⑩ **Apfelrose, gefüllt blühend** (R. villosa 'Duplex')
⑪ **Eibe** (Taxus baccata)
⑫ **Buchsbaum,** größer wachsend, z. T. geschnitten (Buxus sempervirens var. arborescens)
⑬ **Buchsbaumhecke,** ca. 30–40 cm Höhe (Buxus sempervirens 'Suffruticosa')
⑭ **Lavendel** (Lavandula angustifolia)
⑮ **Herbstsedum** (Sedum telephium)
⑯ **Zwergschwertlilie** (Iris pumila)
⑰ **Grasnelke** (Armeria maritima)

Der Naturgarten

Gestaltungsbeispiele

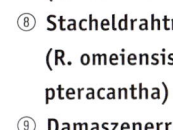

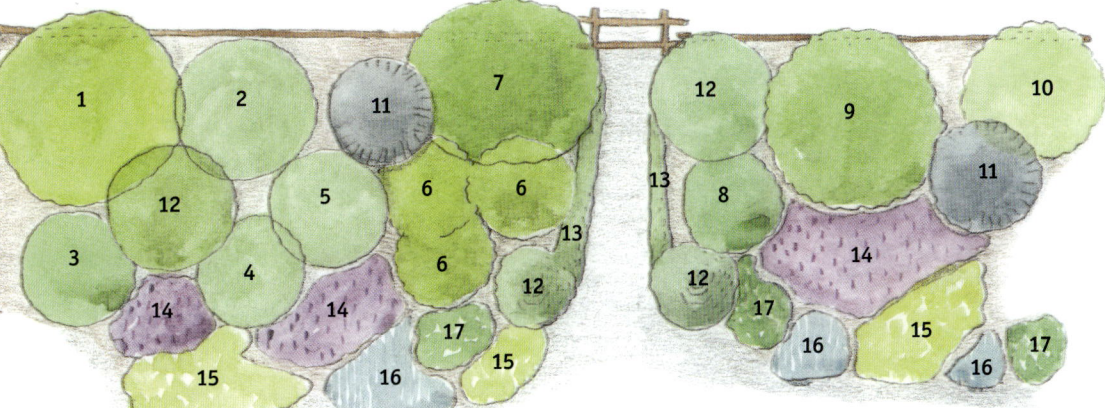

Feuchte Gräben und Mulden in bunten Farben

Ein feuchter Graben unterscheidet sich von der feuchten Senke oder Mulde nur durch die Wasserführung. Im Graben fließt gelegentlich ganz langsam etwas Wasser, in Senken und Mulden dagegen steht das Wasser. In beiden Fällen wird das Niederschlagswasser kaum oder gar nicht nach unten abgeleitet und überwiegend von Sumpfpflanzen verwertet oder es verdunstet einfach. In vielen Gärten findet man solche tiefer gelegenen Stellen, an denen es ewig nass zu sein scheint. Liegt diese Stelle in der Sonne, sind von Natur aus die besten Möglichkeiten für ein kleines Feuchtgebiet gegeben. Gelegentlich entstehen solche Naturfeuchtgebiete in Gärten mit schwerem Boden und undurchlässigen Tonschichten. Natürlich sind ein Feuchtgraben oder eine Feuchtmulde auch „künstlich", also von Menschenhand herstellbar. Es stellt sich gerade im Naturgarten dann aber die Frage, ob ein Feuchtgebiet auch zur Umgebung passt und ob es am Ende nicht sehr fremdartig wirkt. Ein Feuchtgraben in einem reinen Sandboden oder auf felsigem Untergrund beispielsweise ist in der Natur nicht vorzufinden. Vielleicht würden hier eher Teichbecken oder große Kübel mit Wasser passen. Auf felsigem Untergrund kann z. B. auch ein Bach hinunterplätschern.

Mit Hilfe von moderner Technik lässt sich natürlich auch auf einem Hügel ein Teich bauen. Dabei müssen aber die Kosten und die Folgen für die Natur einkalkuliert werden. So trocknet eine feuchte Senke in einem Sandboden sehr rasch aus und unmittelbar am Rand der Senke müssen sich die Pflanzenarten schon von feucht auf trocken umstellen. Das hier vorgestellte Feuchtgebiet wird über die ganze Vegetationsperiode Farbe zeigen und braucht einen sonnigen Platz, um sich gut zu entfalten. Die Pflanzen- und Tierwelt ist mit dem Uferbereich eines Teichs zu vergleichen. Die Pflanzen leuchten mit ihren oft recht intensiven Farben und die Tiere des wechselfeuchten Lebensraumes (Frösche, Kröten) werden sich hier wohl fühlen. Das feuchte Areal liegt am günstigsten im Blickfeld eines gemütlichen Sitzplatzes, will aber nicht zu häufig betreten werden.

Für manche Naturgärtner und Naturgärtnerinnen wird die Anlage eines sumpfigen Grabens vielleicht die erste Erfahrung mit Wasseranlagen sein. Familien mit kleinen Kindern wählen diesen Einstieg ins Wassergärtnern, weil den Kleinen durch die geringe Wassertiefe kaum Gefahr droht.

Der Naturgarten

Gestaltungsbeispiele

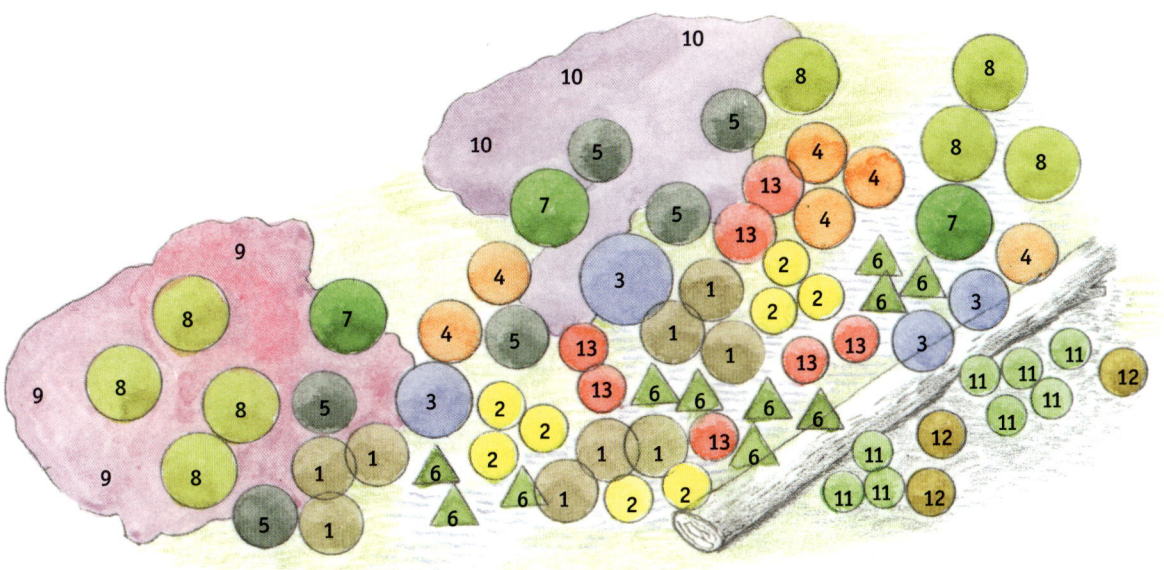

Je nach Wunsch kann der Graben nach ein paar Jahren zu einem Teich oder Bachlauf erweitert werden. Die ersten Erfahrungen sind ja bereits gemacht, der Grundstock an Pflanzen ist vorhanden.

Manche Reihenhausbesitzer haben die Idee des feuchten Grabens aufgegriffen, um die Grenze zweier Gärten als Feuchtgebiet zu gestalten. Ein geschlängelter kleiner Graben trennt die Anwesen, das Hin- und Hergehen ist erschwert und trotzdem wirkt jeder Garten großräumiger, als das mit einer gewöhnlichen Begrenzung aus Hecken oder Zäunen der Fall wäre.

① **Sumpfvergissmeinnicht** (Myosotis palustris)
② **Sumpfdotterblume** (Caltha palustris)
③ **Sumpfbaldrian** (Valeriana officinalis)
④ **Blutweiderich** (Lysimachia salicaria)
⑤ **Sumpfschafgarbe** (Achillea ptarmica)
⑥ **Sumpfbinsen** (Scirpus lacustris)
⑦ **Kohldistel** (Cirsium oleraceum)
⑧ **Mädesüß** (Filipendula ulmaria)
⑨ **Balkanstorchschnabel** (Geranium endressii)
⑩ **Kuckuckslichtnelke** (Lychnis flos-cuculi)
⑪ **Falsche Kamille** (Matricaria maritima)
⑫ **Huflattich** (Tussilago farfara)
⑬ **Gefleckte Kuckucksblume** (Dactylorhiza maculata)

Ein prächtiger Vorgarten

Etwa 7,50 m breit und sehr lang gezogen (25 m) präsentiert sich dieser Vorgarten, der in der Mitte durch einen geschwungenen Weg geteilt wird. Damit gehört er sicherlich nicht mehr zu den kleinen Vorgärten und doch lässt sich die unterschiedliche Bepflanzung links und rechts des Wegs problemlos auf einen Vorgarten kleineren Maßstabs übertragen. Um möglichst viele Ideen und Vorschläge zeigen zu können, ist dieser Beispielgarten bewusst so groß gestaltet worden.

Der Naturgarten vor dem Haus liegt zwar hell, es scheint aber nur in der Frühe und abends etwas Sonne auf die Bepflanzung. Der Boden ist mittelschwer und aufgrund des halbschattigen Standortes trocknet er nicht so schnell aus. Da dieser Vorgarten keinen festen Zaun bekommt, wird hier Wert darauf gelegt, keine stark giftigen Pflanzen aufzunehmen. Um dem Garten trotzdem eine optische Grenze zu geben, wurde eine originelle Idee mit Holzpfosten verwirklicht, die mit einem dünneren Tau verbunden sind. Das Holz der Pfosten und des Spaliers am Eingang sollte vom gleichen Gehölz stammen, zumindest von ähnlicher Färbung sein.

Die Kunst der Gartengestaltung besteht in der harmonischen Verbindung von architektonischen Elementen und verschiedenen Materialien mit der Bepflanzung. Wichtig ist dabei eine interessante Linienführung. In diesem Beispiel wurden zunächst die Wege und der Zugang zum Haus geplant und ausgeführt. Auf der Garageneinfahrt kommen große Platten mit breiten Fugen zum Einsatz, auf den Gehwegen Kleinpflaster aus Granit.

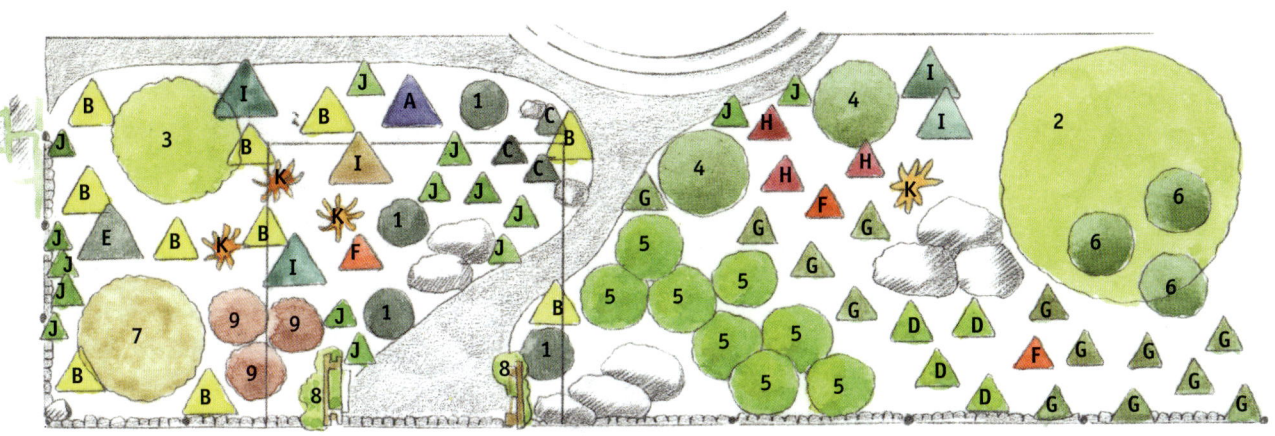

Der Naturgarten

Gestaltungsbeispiele

In den Pflasterfugen darf ruhig auch mal Gras wachsen, was die Struktur etwas auflockert. Einen weiteren Kontrast zum rauen Granitpflaster bildet das Hauptthema des Vorgartens: die großen Findlinge, die von ihrer Struktur her glatt und rundlich sind und sich harmonisch in verschiedenen Gruppen in den Garten einbetten.

Gehölze

① Krummholzkiefer
   (Pinus mugo ssp. mugo)
② Sandbirke, hängende
   (Betula pendula 'Youngii')
③ Haselnuss
   (Corylus avellana)
④ Stechpalme
   (Ilex aquifolium)
⑤ Kartoffelrose
   (Rosa rugosa)
⑥ Alpenheckenrose
   (Rosa pendulina)
⑦ Schmetterlingsstrauch
   (Buddleja davidii)
⑧ Geißblatt
   (Lonicera caprifolium)
⑨ Berberitze
   (Berberis vulgaris)

Stauden

Ⓐ Knäuelglockenblume
   (Campanula glomerata)
Ⓑ Frauenmantel
   (Alchemilla mollis)
Ⓒ Christrose, Nieswurz
   (Helleborus foetidus)
Ⓓ Frauenfarn
   (Athyrium filix-femina)
Ⓔ Waldgeißbart
   (Aruncus dioicus)
Ⓕ Türkenbundlilie
   (Lilium martagon)
Ⓖ Immergrün
   (Vinca minor)
Ⓗ Jakobsleiter
   (Polemonium caeruleum)
Ⓘ Herbstanemone
   (Anemone hupehensis),
   nicht heimisch
Ⓙ Bärenfellschwingel
   (Festuca scoparia),
   nicht heimisch
Ⓚ Pfeifengras
   (Molinia altissima)

Register

Halbfette Seitenzahlen verweisen bei mehreren Angaben auf eine ausführliche Erläuterung zum Stichwort. *Kursive* Seitenzahlen weisen auf Abbildungen hin.

Abies 127, **305-306**
– *balsamea* 305, *494*
– *concolor* 304, 305
– *koreana* 306, *306*
– *lasiocarpa* 306
– *procera* 306
Ableger 124, 213, 257
Abrisse 122, *122*
Absenker 123–124, *123*
Acaena 274
– *microphylla* 274
Acanthus mollis 465
Acer 127, 287, 288
– *campestre* 299, 329, 332
– *ginnala* **288**, 332
– *griseum* 288
– *japonicum* 288, *288*, 490
– *negundo* 34, 289
– *palmatum* 279, *288*, 289, *455*
Achillea 129, **346**, 400
– *filipendulina* 346, *346*
– *Hybriden* 346
– *millefolium* 220, *341*, 346, *346*, 533
– *ptarmica* 346, 463, *547*
Achnatherum calamagrostis 377
Ackerkratzdistel 533
Ackerrittersporn **400**, 414, 415
Ackerschachtelhalm 533
Ackerwinde 533
Aconitum x arendsii 362, 363
– *cammarum* 363
– *carmichaelii* 363
– *henryi* 363
– *lamarckii* 363
– *napellus* 342, 363
Acorus calamus 455, 461
Actinidia arguta 325
– *chinensis* 324
– *kolomikta* 324, 325
Adiantum pedatum 380, 381, 503
Adlerfarn *467*, 467
Adonis amurensis 362, **363**
– *vernalis* 498
Adonisröschen 116, *128*, 362, **363**, 498, *498*
ADR 314
Adventivwurzel **120**, 125, 179
Aesculus parviflora 277, 288, **289**
Ageratum houstonianum 405, **410-411**, *410*
– *mexicanum* 410
Agropyron magellanicum 377
Agrostis capillaris 263
Ahorn 116, 127, 278, 287, **288-289**, 288
– Japanischer *288*, 490
Akarizide 94
Akelei 337, *342*, **364**, 365, 380, 498
Ajuga reptans 274, 468, *468*, 533
Alcea rosea 396, 397, 400, *424*, **425**
Alchemilla mollis 274, 337, *342*, 362, **363**, 465, *549*
Älchen **100**, **101**
Algen 453, **468-469**, 470, *470*
Algenfarn 459
Alisma plantago-aquatica 455, 461
Allelopathie 170
Allerheiligenchristrose 371
Allium caeruleum 384
– *cepa* 129
– *cernuum* 384
– *christophii* 384
– *flavum* 384, 506
– *giganteum* 384, *384*
– *karataviense* 384
– *moly* 384, 506, *506*
– *rosenbachianum* 384
Alnus viridis 299
Alyssum 274, 420
– *saxatile* 498
Alpenaster *346*, 347, 498, *498*
Alpenaurikel 500
Alpendistel 499
Alpenedelweiß 500

Alpenglöckchen 501
Alpenjohannisbeere 332
Alpenrose 127, 493, s. auch Rhododendron
Alpenveilchen 506, *506*, 507
Alpenwaldrebe 325, 491
Alternanz 233
Ameisen 97
Amelanchier 278, **289**
– *laevis* **289**, 330
– *lamarckii* 288, 289
– *ovalis* 299
Anbauplanung 167-170
Androsace sarmentosa 498
Anemone **364-365**, 380
– *blanda* 364, 365
– *hupehensis* 342, 365, *549*
– *Japonica-Hybriden* 364, 365
– *nemorosa* 335, 364, *364*
Angelica archangelica 220
Angelikastrauch 277
Anhäufeln 179, *179*
Anis 219
Anlehngewächshaus 145, **147**, *147*
Antennaria dioica 274, 498
Anthirrinum majus **404**, 405, 408, 410, **411**
Antibiotika 94
Anzuchterde 109, 176
Anzuchtgefäß 401-402, *402*
Anzuchthilfen 404-405
Anzuchtkasten 176, *176*
Apfel 122, **232-236**, *232*, 233, 234, 235, 236, *541*
Apfelbeere 123
Apfelhochstamm 223
Apfelspindel 224
Aponogeton
– *distachyos* 459
Aprikose 224, **239-240**, *239*
Aquilegia 337, *342*, **364**, 365
– *alpina* 498
– *Caerulea-Hybride* 365
– *discolor* 498
– *vulgaris* 498
Arabis caucasica 274, 498
Aralia mandshurica 277, 287, *288*, **289**
Aralie 287, 288, **289**
Arctostaphylos uva-ursi 274, 490
Arenaria montana 498
Armeria maritima 498, *545*
Aromastoffe 214, 215, 217
Artemisia stelleriana 274
Artischocke **204**, 205, 338, *350*, **351**
Aruncus dioicus 338, *342*, **364**, 365, 465, *549*
Arundo donax 377
Asarum europaeum 274, *274*, 362, 468
Asphodeline lutea 498
Asplenium ruta-muraria 503
– *trichomanes* 380, **381**, 503
Assimilation 161
Aster **347**, 516
– *alpinus* 346, *347*, 498, *498*
– *amellus* 340, 345, *346*, **347**
– *dumosus* 347, 498
– *ericoides* 347
– *frikartii* 347
– *novae-angliae* 340, 347
– *novi-belgii* 340, 346, 347
– *tongolensis* 347
Astilbe **365**, 465
– *Arendsii-Hybriden* *364*, 365, 465
– *Japonica-Hybriden* 342, 365
– *Simplicifolia-Hybriden* 342, *364*, 365
– *Thunbergii-Hybriden* 342, 365
Astring 231
Astschere 69, *69*
Athyrium filix-femina 380, 381, **503**, *503*, *549*
– *niponicum* 503
Atlasschwingel 378
Aubergine 173, 174, 175, *202*, **203**
Aubrieta-Hybriden 274, **489**, *489*, 498, *498*
Aufbauschnitt 286, *286*
Auge 119
Ausdünnen 232
Ausgeizen *201*, 202
Aushub 435
Ausläufer 122-123, *123*, 213, 257, *257*, 282
Auspflanzen 177, 406-407
Aussaat 117, **175-177**, *177*, **405**, *405*
Aussaaterde 403

Außenschattierung 162
Azalee 310-313, s. auch Rhododendron
– Japanische 310, **312**
Azolla filiculoides 459

Bachbunge 450, 455, 463, *463*, 471
Bachlauf 45-47, *46*, **448-450**, *449*
Bärenklau 400, 465
Bärlauch 220
Bakterienkrankheiten 103
Balkanginster 492, *492*
Balsamine 419
Balsamtanne 305, *494*
Bambus 128, 337, 376
Bärenfellschwingel 378, *378*, 466, 504, *549*
Bärentraube 274, 490
Bartblume 282, 284, **290**, **291**, 491, *491*
Bartfaden 129
Bartiria 356 357, *340*, 356
Bartnelke 396, 397, 399, 400, 414
Basilikum 116, 209, 212, *212*, 213, 214, 217, **218**, 219
basisch 19
Bauerngarten **512-529**, *512*, 513
– Gestaltungsbeispiele 520-529
– Lage 512-514
Bauerngartenelemente 515-519
Baumaßnahmen 26-30, **134-142**, 535
Bäume 284, s. auch Obstgehölze, Ziergehölze
Baumformen s. Obstbaumformen
Baumsäge 69, *69*
Baumschnitt s. Obstgehölzschnitt
Baumwürger 282, 287, *324*, 325
Becherblume *420*, 421
Bechermalve *418*, 419
Beerenobst 166, 230, **246-259**
Beetanlage 175, *175*, 399
Beetaufteilung 50-51, *51*
Beeteinfassung 209, 515
Beetgestaltung 40-42
Beetrosen 315, *315*, **321-322**, *322*
Beetstauden 337
Befruchtung 111
Befruchterbaum 49
Begonia-Knollenbegonien-Hybriden 392, 393
Begonia semperflorens 405, *410*, **411**
Begonie 411, s. auch Eisbegonie, Knollenbegonie
Beifuß 209, 220
Beinwell 115, 213, 222, *222*
Beizmittel 115
Bellis perennis 221, 397, 400, *424*, **425-426**
Beleuchtung 30-31, 161-162
Belüftung 163
Berberis 286, **289**
– *buxifolia* 123, 490
– *x frikartii* *300*, **301**
– *gagnepainii* 332
– *julianae* 332
– *x ottawensis* 289, 332
– *thunbergii* 288, **289**, 490, *491*
– *vulgaris* 329, 543, *549*
Berberitze 123, 278, 279, 286, **289**, *300*, **301**, 332, 333, *491*, *549*
– Buchsblättrige 490
– Gemeine 329, *543*
– Thunbergs *288*, **289**, 289, 490
Bergaster 340, 345, *346*, **347**
Bergbohnenkraut 209, 213, **222**
Bergenia-Hybriden 274, 337, 366, *366*, 465, *529*
Bergenie 274, 337, 366, *366*, 450, 465, *529*
Bergflockenblume 345, **348**, *348*
Bergkiefer **308**, 309
Berglorbeer *302*, 303
Bergminze 213
Bergsegge 377
Bergwaldrebe 325
Berufkraut 353
Besenginster 329, *329*
Besenheide *300*, 301
Bestäubung 111
Betula x fennica 290
– *humilis* 290, *290*
– *jaquemontii* 290
– *nana* 290, 490
– *pendula* 290, *549*
Bienenschutz 94
Binder 149, *149*, 476, **485**, **486**
Bindesalat *180*, 181
Binse 450, 455

550

Register

Abies
Dianthus

Birke 290
Birne 224, **237-239**, *237*, *238*, *541*
Birnengitterrost *102*, 103
Bitterwurz 500
Blankglas 152
Blasenfüße (Thripse) 96, *96*
Blattgemüse 180-185
Blattläuse 92, *96*, **96-97**
Blattpetersilie *190*, 191
Blattsellerie 191
Blasenstrauch *290*, 291
Blaublattfunkie 372
Blaugras 505, *505*
Blaukammschmiele 378, 505
Blaukissen 274, 337, 489, *489*, 498, *498*
Blaulauch 384
Blauregen 287, 327
Blauschwingel 378, 466, 504, *504*
Blaustern 386, 387, *390*
Blausternchen 129, 334, 391, 410
Blaustrahlhafer 378, 466, 505
Blautanne 305, 309
Blauzungenlauch 384
Blechnum spicant 380, *381*, 467, 503
Bleichsellerie *190*, 191
Bleichspargel 206, *206*, *207*
Bleiwurz 499
Blumenbinse 461, *462*
Blumenhartriegel 292, *292*
Blumenkohl 169, *186*, **187**
Blumenrohr, Indisches **394**, *394*
Blumenwiese 36, **38**, *38*, **270**, 400
– Aussaat 270
– Pflege 271
Blutblume 129
Blüte, Aufbau *111*
Blütenhecke 330
Bluthasel 299
Blutstorchschnabel 500
Blutjohannisbeere 284, *296*, **297**, 330, *331*
Blutmehl 85
Blutweiderich 450, 463, 533, *547*
Boden **18-20**, **72-76**, 82, 167, 479-480, 532-534
– basischer 19, 20
– leichter 19-20, 74
– saurer 19, 20
– schwerer 19-20, 74, 175
– verdichteter 20
Bodenarten 74
Bodenbearbeitung 75, 175
Bodenbearbeitungsgeräte 66-67, 68-69
Bodenbedeckung s. Mulchen
Bodendecker 36, **39**, 255, **272-276**, 468
Bodengrund 435, **453-454**
Bodenlebewesen 72, 82
Bodenmodellierung 483
Bodenschichten 72
Bodenuntersuchung 19, *19*, 74, *74*, 86, 231
Bodenverbesserung 20, **75-81**, 511
Bodenzustand, Zeigerpflanzen 533
Bohne 169, 170, 176, 177, 179, **198**, 199
– Dicke **198**, 199
Bohnenkraut 209, 212, 213, **219**
Bohnenlaus 209
Bor 82, 84
Borretsch 209, 212, **218**, *218*
Böschungsmatte **445**, *445*, 446, 448
Böschungstasche 445, *445*
Botrytis 103-104
Bouteloua oligostachia 377
Boysenbeere 250
Brachycome iberidifolia 397, 410, **411-412**, 508
Braunelle 276
Braunfäule 104, *105*, 170
Breitblattsegge 377
Breitwedelfarn 467
Brennnessel 222, 533
Brennnesseljauche 87
Briza media 377, 504, *504*, 533
Brokkoli *186*, 187
Brombeere 124, **250-252**, *250*, *251*, *543*
Bromus erectus 400
Brunnenkresse 221, *221*, 462
Brunnera macrophylla 274, *342*, **366-367**, *366*
Brutknolle 130
Brutzwiebel 129-130, *129*
Buchenfarn 362
Buchsbaum 123, 127, 279, *300*, **301**, *332*, 521, *525*, *527*, *529*, *545*

Buddleja 127, 278, 282, **290**
– *alternifolia* 290, 330, 491
– *davidii* 278, 286, *287*, 290, *290*, 549
Bulbe 130, *130*
Buschbaum 223, *224*
Buschbohne 168, 170, **198**, *198*
Büschelfedergras 379
Büschelhaargras 505
Buschtomate 201
Buschwindröschen 335, 364, *364*
Butomus umbellatus 461
Buxus sempervirens 123, 127, **301**, 332, 333, 515, *545*

Calamagrostis x acutiflora 377, *377*
Calceolaria-Hybriden 412, *412*
Calendula officinalis 400, *412*, 413, *521*
Calla palustris 461
Callicarpa bodinieri 121, *290*, **291**
Callistephus chinensis 396, 405, *412*, **413**
Callitriche palustris 460, *460*
Calluna vulgaris 127, 274, 300, **301**
Caltha palustris 450, 455, 461, *547*
Campanula **274**, **367**, 400
– *carpatica* 498, *499*
– *glomerata* 367, *549*
– *lactiflora* 366, 367
– *latifolia* 367
– *medium* 404, **426-427**, *426*
– *persicifolia* 366, 367
– *portenschlagiana* 274, 498
– *trachelium* 367
Campsis radicans 324, 325
Canna-Indica-Hybriden 394, *394*
Carex
– *buchananii* 377, 504
– *grayi* 377, 463
– *humilis* 377
– *montana* 377
– *morrowii* 377
– *muskingumensis* 377
– *pendula* 377
– *plantaginea* 377
– *pseudocyperus* 461
– *umbrosa* 377
Carlina acaulis 129, 499
Carpinus betulus 299, 329, 332
Caryopteris x clandonensis *290*, 291, 491
– *incana* 491, *491*
– *x pallidus* 291
Catalpa bignonioides 277, *290*, **291**
Ceanothus x delilianus 286, *290*, **291**
Celastrus orbiculatus 282, 287, *324*, **325**
Celosia argentea 405
Centaurea 348, 400, **413**
– *americana* 413
– *cyanus* 348, 396, *412*, 413, *530*
– *dealbata* *341*, 348
– *hypoleuca* 348
– *macrocephala* 348
– *montana* 345, **348**, *348*
– *moschata* 413
Cerastium tomentosum 274, 499
Ceratophyllum demersum 460
Ceratostigma plumbaginoides 499
Chamaecyparis lawsoniana **306**, *306*, 331
– *nootkatensis* 306, 307
– *obtusa* 307
– *pisifera* 307, *494*, **494**
Cheiranthus cheiri 396, **426**, **427**
Chicorée 182, *182*
Chinakohl 188, *188*
Chinaschilf 376, 378, 455, 466, 466
Chionodoxa
– *gigantea* 385
– *luciliae* 384, 385
– *sardensis* 385, 506
Chlorophyll 161
Choenomeles 122, 125, 272, 278, **291**
– *japonica* 290, 291, 330
– *speciosa* 291
– *x superba* 291
Christrose *370*, **371**, *549*
Chrysantheme 349
Chrysanthemum 349, 400, 408, **413-414**
– *arcticum* 349
– *carinatum* 405, 413
– *coccineum* 348, 349
– Indicicum-Hybriden 348, 349, 413
– *leucanthemum* 349, 413
– *maximum* *341*, 348, 349, 413, **414**, *414*

– *paludosum* 405
– *parthenium* **412**, 414, 508
– *segetum* 405, 413
– *x spectabile* 405
Chrysopogon nutans 377
Cimicifuga 337, 338, **367**
– *dahurica* 367
– *racemosa* 366, 367
– *simplex* 367
Clematis 122, 278, *287*, *324*, **325**
– *alpina* 325, 491
– Hybriden 325
– *x jackmanii* 325
– *montana* 325
– *tangutica* 325, 491, *491*
Cobaea scandens 405, **428-429**, *428*
Cocktailtomate 200, 203
Colchicum autumnale 130, *384*, **385**
– Hybriden 385
– *speciosum* 385
Coleostephus 349
Colutea arborescens *290*, 291
Containerpflanzen 280
Convallaria majalis 128, **274**
Coreopsis grandiflora 350
– *lanceolata* *341*, **350**, 351
– *tripteris* 351
– *verticillata* 351
Cornus 122, 127, 278, 287, **292**
– *alba* 292, 330
– *canadensis* 123, **274**
– *controversa* 277, 292
– *florida* 292, *292*
– *kousa* 292
– *mas* 49, 284, **299**, 332, *543*
– *sanguinea* 329
Cortaderia selloana 376, 377, 466
Corylopsis pauciflora 292, 293
Corylus 286, **299**
– *avellana* 279, **299**, *543*, *549*
– *maxima* 299
Cosmos 408, **414-415**
– *bipinnatus* 414, *414*
– *sulphureus* 414, *414*
Cotinus coggygria 122, 124, 287, *292*, **293**, 491
Cotoneaster 122, 279
– *.dammeri* 273, 275, **302**, *302*
– *horizontalis* 491
– *monogyna* 332
– *multiflorus* 292, 293
– *praecox* 491
Crataegus monogyna **300**, *300*, 332, *543*
Crocus 130, **385**
– *chrysanthus* 384, **385**, 506
– *speciosus* 384, 385
Cucurbita pepo 205, **428**, 429
x Cupressocyparis leylandii **306**, **307**, 331
Cyclamen hederifolium 506, *506*
– *purpurascens* 507
Cynara scolymus 205, 338, **350**, **351**
Cyperus alternifolius 461
Cytisus beanii 491
– *decumbens* 491
– *x praecox* 292, 293
– *scoparius* 329, *329*

Dachhauswurz **501**, *501*
Dachneigungswinkel **146**, 148, *149*
Dactylis glomerata 504
Dahlia-Hybriden 129, 394
Dahlie 129, 393, **394-395**, *394*, *395*
Daphne cneorum **302**, *302*, 491
– *mezereum* 292, 293
Darmera peltata 465
Delphinium 345, **351-351**, 400, 525
– *ajacis* 396, 415
– Belladonna-Hybriden **350**, 351
– *consolida* 405, 414
– Elatum-Hybriden *340*, *341*, **352**
– *orientale* 415
– Pacific-Hybriden **352**, *352*
Dendranthema 413
– *x grandiflorum* 349
Deschampsia cespitosa 378, *378*, 466
Deutzia 122, 127, 286, **293**, 330
– *gracilis* 292, 293
– *x hybrida* 293
– *x kalmiiflora* 293
Deutzie 122, 127, 284, 286, *287*, *292*, **293**, 330
Dianthus 275, 400, **415**, 489
– *barbatus* 396, 397, 400, *414*, **415**

551

– *caryophyllus* *414*, 415
– *chinensis* 415
– *deltoides* 499
– *gratianopolitanus* 499
– *plumarius* 352, 353, 499, *527*
Dicentra 345, **368**
– *eximia* 368
– *formosa* 368
– *spectabilis* 337, *342*, **368**, *368*
Dichternarzisse 391
Dicke Bohne *198*, 199
Dickmaulrüssler 93, *96*, **97**
Digitalis **369**, 400
– *ferrugenia* 369
– *grandiflora* 369
– *purpurea* 368, **369**, 405
Dill 212, 217, **218**
Dimorphoteca pluvialis 415
– *sinuata* *414*, 415
Direktsaat 177, *177*
Doldenprimel 373
Doronicum orientale 128, *342*, *368*, **369**, 499
– *plantagineum* 369
Dorotheanthus bellidiformis 405, 408, **416**, *416*
Douglastanne 127
Draba bruniifolia 499
Drahtwürmer *96*, **97**
Dränage 210, 483, 487
Dreiecksmessung 21
Dreimasterblume *464*, 465
Dryopteris affinis 381
– *dilatata* 381, 467
– *filix-mas* *380*, **381**, 467
Dryas octopetala 499, *499*
Duchesnea indica 275, *275*
Duftgarten 24, **526**, *526-527*
Duftsteinrich **420**, 508
Duftveilchen 276
Düngemittel 19, **84-86**, 90
Düngetorf 76
Düngung **52-87**, 89, *85*
– der Obstgehölze 231
– des Rasens 265
– im Steingarten 509
– mineralisch 82-83, *84*
– organisch 82-83, *85*
– von Ziergehölzen 282-283
Dunkelkeimer 116-117, 404, *405*

Eberraute 209, **220**
Echinacea purpurea 352, 353
Echinops 125, **353**
– *bannaticus* 353
– *ritro* 352, 353
– *sphaerocephalus* 353
Eberesche 278, *300*, **301**, 329, *543*
Eccremocarpus scaber 405, **428**, 429
Edaphon 74
Edelrosen 279, **316**, *316*, 321
Edelweiß 500
Efeu 127, 272, 275, 287, *326*, **327**, 468, 492
Ehrenpreis 276, 337, *360*, **361**, 502
Eibe 127, 305, **308**, **309**, 332, *545*
Eichhornia crassipes 459, *459*
Eierfrucht 203
Einfassungsbuchs **301**, *333*, **514**, 515
Einfrieren 216
Einheitserde 109
Einjahrsblumen **396**, s. auch Sommerblumen
Einlegegurken *202*, 203
Einzeldünger 84-85
Eisbegonie *410*, 411
Eisen 82, *84*, 85
Eisenhut 116, 334, *342*, **362**, 363
Eisenkraut *424*, 425
Eisfreihalter **472**, *472*
Eisheilige 175, 177, **178**
Eissalat *170*, *180*, 181
Eleagnus multiflora 330
Eleocharis acicularis 460
Elfenbeinginster *292*, 293
Elfenblume 275, **368**, **369**, 468
Elodea canadensis 460
Elymus racemosus 378, 466
Endivie *180*, 181
Engelsüß 503
Engelwurz 209, **220**, *220*
Enzian 116, 499, *499*, 500
Epikotyl *108*, *108*
Epilobium palustre 463

Epimedium 275, **369**
– *grandiflorum* **368**, 369
– *perralderianum* 369
– *pinnatum* 369
– x *rubrum* 369
– x *versicolor* 369
– x *youngianum* 369, 468
Equisetum arvense 533
– *palustre* **455**, 461
Eranthis hyemalis *384*, **385**, 507
Erbse 169, 177, **200**, *200*
Eragrostis curvala 378
Erdarbeiten 482
Erdbeere 123, 174, **255-258**
Erdbeere, Indische **275**, *275*
Erdflöhe *96*, **97**
Erdgewächshaus 147–148, *148*
Erdraupen **97**
Erdspross *108*
Eremus-Hybriden *384*, 385-386
– x *isabellinus* 386
– *stenophyllus* 386
Erhaltungsschnitt 229, 286-287, *287*
Erica 127, **303**, 335
– *carnea* *302*, 303, 492
– *cinerea* 303
Erigeron-Hybriden *341*, 352, 353
Eriophorum angustifolium 463, *463*
Erle 279
Ernte 214
Eryngium alpinum 499
Erythronium 130
Erziehungsschnitt 228-229, *229*
Eschenahorn 34, 289
Essigbaum 123, 278, 287, **296**, **297**
Estragon 213, *217*, *217*, 220
Etagenprimel 373
Euonymus 125, 286
– *alata* *292*, 293
– *europaea* **300**, *300*
– *fortunei* **326**, *326*
– *planipes* 330
Euphorbia palustris 463

F1-Hybriden 113
Fächerahorn 279, **288**, 289, *455*
Fächerzwergmispel 491
Fackellilie 128, 345, **356**, **357**
Fadenwürmer 101
Fagus sylvatica 279, 332
Fallopia aubertii 282, 287, **326**, *326*
Farbgestaltung 339, 398-399
Farbkreis *398*, 399
Fargesia murielae 376
Farne 128, 279, 335, 337, **380-381**, 450, **467**, **503**, *529*
Faservlies 174
Faulbaum 299
Faulgase 472
Felicia bergeriana 508
Felberich 463
Federgras **505**, *505*
Federmohn 338
Federnelke 352, 353, 499, *527*
Feinstrahl *341*, 352, **353**
Feldahorn 299, 328, 329, 332
Feldsalat 81, 169, 177, *182*, **183**
Feldthymian 209, 276, 502
Felsenbirne 278, **289**, 330
– Gemeine 299
– Kahle 289
Felsengebirgstanne 306
Fenchel 170, *170*, **192**, 213, 214, 221, s. auch Knollenfenchel
Fertigteich 45, 440-442, *441*, *442*
Festuca amethystina 378, 466
– *cinerea* 378, 466, **504**, *504*
– *mairei* 378
– *ovina* 504
– *rubra* 263
– *scoparia* 378, *378*, 466, 504, *549*
– *valesiaca* 378, 466
Fetthenne 501
Feuchtgraben 534, **546-547**, *546-547*
Feuchtpflanzen 463
Feuchtwiese 48
Feuchtzone 444
Feuerahorn **288**, 332
Feuerbohne *198*, 199
Feuerbrand 94, *102*, **103**, 233
Feuerdorn 127, 272, **304**, *304*, 330, 332

Feuerlilie 389
Feuersalbei 131
Fichte 127, **307-308**, *308*, 332
– Serbische *308*, 331
Fieberklee 461
Filigranfarn 381
Filipendula ulmaria 125, 463, *537*, *547*
Fingerhut 334, 340, *368*, **369**, 400
– Großblütiger 369
– Rostfarbiger 369
– Roter **369**
Fingerkraut 122, 276, 492
Fingerstrauch **296**, *296*, 330
Fische 434, 451, 453, 454, 469, 471
Fisole 198
Flächenkompostierung 80
Flachwasserzone 444
Flammenblume *340*, 359, *527*
Flaschenbürstengras 378
Flaschenkürbis **430**, *430*
Flatterbinse 461
Flechtzaun **518**, *519*
Fledermäuse 90
Fleischkraut 183
Fleißiges Lieschen 117, 272, 393, *418*, **419**
Flieder 122, 124, 127, *285*, **298**, *298*, 330
Flockenblume *341*, 348, 400, *413*
Florfliegen 90, *91*, **91**, 92
Flügelspindelstrauch *292*, 293
Flüssigdüngung 403
Folienabdeckung 173–174
Foliengewächshaus 147, **154-155**, *155*
Folienteich 45, 443, **446-447**, *446*
Folientunnel 174, *174*
Forsythia 122, 127, 286, **294**, 330
– x *intermedia* 294, *294*
Forsythie 122, 127, 284, 286, 287, **294**, *294*, 330, *331*
Frangula alnus 299
Frauenfarn *380*, **381**, 503, *503*, *549*
Frauenhaarfarn *380*, 381
Frauenmantel 274, 337, *342*, 362, **363**, 465, *549*
Freilandaussaat 117
Fritillaria imperialis 130, **386–387**
– *meleagris* 129, **386**, *386*, 463
Froschbiss *455*, 459
Froschlöffel *455*, 461
Frostgare 175
Frostkeimer 116, 404
Frostschaden 88
Frostspanner *96*, 97-98
Frosttrocknis 284
Frostwarnung 159
Fruchtgemüse 177, **201**
Fruchtfolge 168
Fruchtholz **227**, *227*
Fruchttrieb 227
– falscher 240
– wahrer 240
Fruchtwechsel 101, 168
Frühbeet 52, **142**, *142*, 173
Frühjahrsastern 347
Frühkartoffel 168, **194**, *194*
Frühlingsmargerite 349
Frühlingsmispel 491
Frühlingsschneerose 371
Frühlingstamariske 298
Frühlingszwergginster 491
Fuchsia-Hybriden **416-417**, *416*
– *magellanica* **416**, *416*
Fuchsie 131, 398, **416-417**
Fugenbepflanzung 486, **489**
Fundament 138, 149-150
– labiles 477, 485, *485*
Fungizide 94
Funkie 275, 334, 338, *338*, **371**, *464*, 465, *529*

Gaillardia-Hybride 354, *354*, 408, 416, **417**
Galanthus nivalis **386**, 387
Galium odoratum 221, 468, *468*
Gallmilben 98, *98*
Gallmücken 92, 98
Gallwespen 98
Gamander 502, 515, *515*, 523
Gänseblümchen 221, 334, 400
– Blaues 397, *410*, **411-412**, 508
Gänsekresse 274, 498
Garten, kindgerechter 60-61
Gartenaurikel 374
Gartenbambus 376

Gartenbeleuchtung 30-31
Gartenboden s. Boden
Gartenchrysantheme 348, 349
Gartengeräte 60-71
Gartengestaltung 23, 338-342. s. auch Farbgestaltung
– Beispiele 54-63
– Farbkombinationen 40-42
– Grundlagen 14-31
– mit Kräutern 209-210
Gartenhortensie 295, **295**
Gartennelke 414, 415
Gartenplanung
– Beispiele 54-63
– Pflegeaufwand 24-25
– Vorgehen 21, 32, 539
Gartensandrohr 377, *377*
Gartenschere 69
Gartenspritze 70-71
Gartenteich s. Teich
Gartenwiesel 68, 69
Gärtnermesser 70, *70*
Gauklerblume 450, 455, 463
Gazania elegans 416, *417*
– *splendens* 405
Gedenkemein 275
Gehölze s. auch Obstgehölze, Ziergehölze
– am Teichrand 436-437
– bodenbedeckende 272-276
– Düngung 83
– industriefeste 35
– laubabwerfende 288-299
– sommergrüne 288-299
– Vermehrung 126-127
Gehölzgruppe 34-35, *35*
Gehölzrand 362
Gehölzschnitt 284-287, s. auch Obstgehölzschnitt
Geißblatt 122, 272, 287, **327**, 330, *549*
Geländeform 534
Gelenkblume 358, *359*
Gemswurz 128, 340, 342, 368, **369**, 499
Gemüse 131, 513-514, *522*
– Aussaat 175-177
– Nährstoffbedarf 169
– Pflanzung 177-178
– Pflegearbeiten 178-179
– Vorziehen 176
Gemüsearten, mehrjährige 205-207
Gemüsebeet 175
Gemüsefenchel 192
Gemüsefliegen 99
Gemüsegarten 17, 208
– Planung 50-53, 167-170
– Standort 166-167
Gemüsepaprika 202, *203*
Genista lydia 492, *492*
Gentiana acaulis 499, *499*
– *septemfida* 500
– *sinoornata* 489, 500
Geranium 125, 275, **369**-370, 400
– *dalmaticum* 500
– *endressii* 342, 369, *547*
– *grandiflorum* 3780
– *himalayense* 370
– x *magnificum* 368, 370
– *pratense* 370
– *sanguineum* **273**, 500
Geräte s. Gartengeräte
Gerätepflege 69
Geranie 421
Geröllbeet 474
Gespensterbuche 279
Gesteine 477-479
Gesteinsmehl 77, 84, **86-87**
Geum 345, 370-371, *370*
– *chiloense* 371
– *coccineum* 371
Gewächshaus 52, 102, 103, **143-163**, *172*
– Baugenehmigung 145-146
– Belüftung 163
– Heizung 158-161
– Schattierung 162-163
– Standortwahl 144-145
– temperiertes 159
– unbeheiztes 158
Gewächshauseinrichtung 157-158
Gewächshauskonstruktion 149-151, *149*
Gewächshausmaterialien 151-156, *157*
Gewächshaustypen 146-148
Gewürzkräuter s. Kräuter

Gewürzpaprika 202, *203*
Gießen 179, 210-211
Gießkanne 68
Giftklassen 93
Ginster 491
Gipskraut 417
Gladiole **394**, *395*, 395
Gladiolus-Hybriden **394**, 395
Glanzschildfarn 381, 503
Glashaus 148
Glattblattaster 340, 346, *347*
Glockenblume 117, 274, 366, **367**, 400, *499*
– Pfirsichblättrige 367
Glockenprimel 373, *374*
Glockenrebe 428-429, *428*
Glyceria maxima 461
Glyzine 17, 127, 282, **283**, *327*
Gnomenfichte 495
Goldbartgras 377
Goldbandlilie 389
Golderdbeere 276, *374*, 375
Goldfelberich 464
Goldglöckchen 294
Goldjohannisbeere 122, 246
Goldkolben 465
Goldlack 334, 426, **427**
Goldlauch 384, 506, *506*
Goldnessel 272, 275
Goldrandblume 508
Goldregen 294, 295, 329
Goldrute 334, 337, *360*, 361
Grabegabel 67, *67*, 75, *75*
Gräser s. auch Staudengräser, Ziergräser
– für den Steingarten 504-505
– für die Teichumgebung 464-466
Grasnelke 498, *545*
Grasschnitt 265
Graublattfunkie *370*, 371
Grauheide 303
Grauschimmel *102*, 103-104, 256
Grenzabstand 224, 277
Grubber 68, *68*
Grunddüngung 86
Gründüngung 20, **80-81**, *81*
Grünerle 299
Grünfläche 36-39
Grünkohl *186*, 187
Grünspargel 206, *207*
Guano 85
Gunnera manicata 338
– *tinctoria* 465, *465*
Günsel s. Kriechgünsel
Gurke 168, 169, 170, 172, 173, 174, 175, 176, 177, 179, **203**, 209
Gypsophila elegans 405, 416, *417*
– *paniculata* 129, *354*, **355**
– *repens* 500

Haarmarbel 378
Hacke *67*, 67-68
Hacken 179
Haemanthus 129
Hahnenfuß 400
– Flutender 460
Hainbuche 299, 329, 332, *332*
halbschattig 17
Halbstamm 223, *224*
Halbsträucher 334, 398
Hamamelis japonica 294
– *mollis* 294*294*
– *virginiana* 295
Hängepelargonie 29, *422*
Hanglage *18*, 144, 439, 476
Harke *67*, 67
Hartriegel 127, *127*, 278, 287, **292**, 330
– Roter 329
– Tatarischer 292
Haselnuss 225, 245-246, *245*, 286, **299**, 328, *541*, 543, *543*, *549*
Haselwurz 274, *274*, 362, 468
Hasenglöckchen 387
Häuptelsalat 180
Hauptkultur 169
Hauptnährstoffe 82, **83-84**
Hausbaum 34, 49, 278
Hauswurz *497*, 501
Hechtkraut 462, *462*, *471*
Hecke 33-34, 166, 209, **328-333**, *532*
– frei wachsende 34, 330
Heckenkirsche 329, 332
Heckenpflanzung 333, *333*

Heckenschere 70, *70*
Heckenschnitt 333, *333*
Hedera helix 127, 272, 275, 287, 326, **327**, 468, 492
Heidekraut 127, 272, 274, **303**, 334, 335
Heidekrautgewächse 280, 488
Heidelbeere 122, **254-255**, *254*
Heidenelke 499
Heidetamariske 298, *299*
Heiligenkraut 334
Heilkräuter s. Kräuter
Helenium 337, *354*, **355**
Helianthemum-Hybriden 275, 335, 500, *511*
Helianthus annuus 337, 396, **418**, *418*
– *giganteus* 418
Helichrysum bracteatum **418-419**, *418*
Helictotrichon sempervirens 378, 466, 505
Heliopsis helianthoides var. *scabra* 337, *341*, **355**
– *scabra* 354, 355
Heliotropium arborescens 408, *418*, **419**
Helleborus foetidus 549
– *niger* 370, 371
Hemerocallis 338, *354*, **355-356**, *356*, 465
Hemlocktanne 308, *309*
Hepatica nobilis 335, 370, 371
Heracleum 400
Herbizide 88, **94**, 263
Herbstanemonen 365, *549*
Herbstastern 347
Herbstenzian 489, 500
Herbstkopfgras 379
Herbstrübe 193
Herbstzeitlose 130, 384, **385**
Herzblattlilie 371
Herzblume 368
Herzkirsche 245, *245*
Herzzittergras 377, 504, *504*
Hexenring 268, *268*
Hibiscus 286, **295**
– *rosa-sinensis* 295
– *syriacus* 294, 295
Himalajabirke 290
Himbeere **252–253**, *252*, *253*, *541*, 543
Himbeerkäfer 253
Himmelsschlüssel 450
Hinterfütterung 487
Hippe *70*
Hippophaë rhamnoides 49, 122, 123, **300**, *300*, *543*
Hippuris vulgaris 455, *455*, 461
Hirschkolbensumach 297
Hirschzungenfarn 380, 381, 467, 503
Hochbeet 22, 51-52, *52*, *172*, *173*
Hochstamm 223, *224*
Holunder 34, 122, **301**
– Schwarzer **300**, *301*, 328, 543
Holzapfel 329, 543, *543*
Holzbirne 543, *543*
Holzpflaster 517
Holzschutz 141
Holzzaun 518, *518*
Hopfen, Japanischer 428, 429
Hornkraut 274, 460, 499
Hornmehl 85
Hornveilchen 345, *374*, 375, 502
Horstsaat 177, *177*
Hortensie 122, 127, 282, 287, 294, **295**, 528
Hosta 338, 371, *372*, 465, 529
– *crispula* 371
– *elata* 371
– *fortunei* 370, 371
– *lancifolia* 371
– *sieboldii* 342, 372
– *undulata* 372, *372*
Hottonia palustris 460
Huflattich 547
Hügelbeet 51-52, **171-172**, *171*, *172*
Hülsenfrüchte 197-201
Humulus scandens 405, 428, 429
Humus **74**, 171
Hundskamille 533
Hundsrose 543, *545*
Hundszahn 130
Hungerblümchen 499
Husarenknopf 422, **423-424**, 508
Hyacinthoides hispanica 386, 387
– *non-scripta* 387
Hyacinthus orientalis 130, *386*, **387**
Hyazinthe 130, *386*, **387**
Hybriden 113

553

Hydrangea 122, 127
– *anomala* ssp. *petiolaris* 326, 327
– *macrophylla* 294, **295**
Hydrocharis morsus-ranae 455, 459
Hygromull 77
Hymenostemma 349
Hypericum 272, 286, **303**, 492
– *calycinum* 272, *302*, **303**, 492
Hypokotyl 108, *108*
Hystrix patula 378

Iberis 335, 408
– *amara* 396
– *saxatilis* 500
– *sempervirens* 275
Igel 90, 91
Igelfichte 495
Igelkolben 455, 462, *462*
Ilex 279, 287, **303**
– *aquifolium* 302, **303**, 332, *549*
– *crenata* 492
Immergrün **305**, 334, 380, *549*
– Großes 272, *304*, **305**
– Kleines 276, **305**
Impatiens 272, 405, 408, **419**
– *balsamina* 405
– *walleriana* 405, *418*, **419**
Indianernessel 372, 373, 465
Insektizide 91, 93, **94**
Instandhaltungsschnitt 229-230, *229*
Internodien 119
Ipomoea tricolor 428, 429-430
Iris 128
– Barbata-Elatior 340, 356, 357
– Barbata-Medium 356, 357
– Barbata-Nana 356, 357
– *danfordiae* 507
– *germanica* var. *germanica* 356-357
– *kaempferi* 450
– *pseudacorus* 455, 461
– *pumila* 545
– *reticulata* 506, 507
Islandmohn 421, 500
Isolierglas 153, 157

Jakobsleiter *549*
Japananemone 364, 365
Japansegge 377
Jasminum nudiflorum 326, 327
Jelängerjelieber *326*, **327**
Jiffy-Pots 402, *402*
Johannisbeere 122, **246-249**, *541*
– Rote 246-248, *247*
– Schwarze 248-249, *248*
– Weiße 246-248, *247*
Johannisbeergallmilben 98, 99
Johanniskraut 272, *272*, 275, 282, 286, *302*, **303**, 492
Jonquilla-Narzisse 391
Jostabeere 249-250, *249*
Juncus 450, 455
– *effusus* 461
– *ensifolius* 461
Jungfernfrüchtigkeit 237
Jungfernrebe 327
Jungpflanzenanzucht 173, 176
Juniperus **307**k
– *chinensis* 306, 307
– *communis* 306, 307, 494, *543*
– *horizontalis* 307
– *sabina* 103, 495, *495*
Junkerlilie 498

Kaiserkrone 130, 334, **386-387**
Kalibrierung 114
Kalium 84
Kalk 19, 76, **84**, 85
Kalkflieher 489
Kalkstein 476, *478*
Kallus 120
Kalmia latifolia 302, 303
Kalmus 455, 461
Kalthaus 159
Kaltkeimer 116
Kalzium s. Kalk
Kamille 116, 218, *218*, 270, *270*, *547*
Kapaster 508
Kapillarsperre 447, *447*, 450
Kapkörbchen 414, 415
Kapringelblume 415
Kapuzinerkresse 212, 219, *219*, *430*, 431, *523*

Karotte 190
Karpatenglockenblume 498
Kartoffel 131, *168*, 169, 170, 179, **194**, *194*
Kartoffelkäfer 98, 99
Kartoffelrose 545, *549*
Kastanie 277
Kasten, kalter 173
Katzenminze 275
Katzenpfötchen 274, 498
Kaukasusvergissmeinnicht 274, *342*, **366-367**, *366*
Keimblatt 108, *108*, 176, *176*
Keimfähigkeit **112**, 114
Keimförderung 115-117
Keimprobe 112-113
Keimung 108, *108*
Kerbel 212, 218
Kernobst 232-239
Kerria japonica 286, **294**, **295**, 330
Kerrie 286, **295**, 330
Kiefer 127, **309**
Kiesbeet 43
Kieserit 85
Kiesweg 135, *135*, 516
Kinder 22, 51
– Garten für 60-61
– Sicherheit 438-439
Kirschfruchtfliegen 98, 99
Kirschlorbeer 304
Kirschpflaume 122
Kissenaster 347, 498
Kissenfichte 495
Kissenprimel 373
Kiwi **258-259**, *258*, 324
Klarglas 153
Klatschmohn 270, *270*, 420, 421, 533, *533*
Kleinklima s. Mikroklima
Klettenlabkraut 533
Klettererdbeere 256
Klettergehölze 282, **324–327**
Kletterhilfe 141
Kletterhortensie *326*, 327
Kletterpflanzen, einjährige **428-431**
Kletterrosen 318, *318*, 322
Kletterspindel 326, *326*
Klettertrompete 325
Klima 16-17, 18, 534
Knäuelglockenblume 367, *549*
Knäuelgras 504
Kniphofia 128, 345, 356, **357**
Knoblauch 131, 170, 196, **197**, 220
Knochenmehl 85
Koeleria glauca 378, 505
Knöterich 122, 400
Knofel 197
Knolle 109
Knollenbegonie 392, 393
Knollenblumen **382-395**, 382-393, s. auch Zwiebel- und Knollenblumen
– für den Steingarten 506-507
– winterharte 382-393
Knollenfenchel 192, *192*
Knollengemüse 189-195
Knollengewächse 335
Knollensellerie 190, 191
Knollenteilung 129, *129*
Knorpelkirsche 245
Kohlfliege 98, 99
Kohlgallrüssler 104
Kohlgemüse 168, 170, 173, 178, 179, **185-188**
Kohlhernie 81, **104**, *104*
Kohlkragen 99
Kohlrabi **188**, 189
Kohlweißling 98, 99, 209
Königsfarn 380, 381, 467
Königskerze 334, 400
Königslilie 388, 390
Kois 454, *454*
Kokardenblume 354, *354*, 416, 417
Kolkwitzia amabilis 330
Koloradotanne 304, 305
Kompost 75, **77-80**, *78*, 85-86, 178, 211
Kompostplatz 31, 77
Koniferen 117, 283, **305**, s. auch Nadelgehölze
Konkurrenztrieb 227, 228
Kopfdüngung 86, 185
Kopfgras 379
Kopfsalat 168, 170, *170*, **180**, *180*
Kopfzichorie 183

Koreatanne **305**, **306**, *306*
Koriander 218
Korkenzieherhasel 279, 299
Korkenzieherrobinie 279, 297
Kornblume 270, *270*, 348, 396, *396*, 412, **413**, 530, *530*
Kornelkirsche 49, 122, 284, **299**, 332, *543*
Kosmee 414
Krachsalat 181
Krankheiten 103-105, 170, 212
– im Anzuchtbeet 126
– im Rasen 268-260
Kräuselkrankheit **104**, 105, 241
Kräuter 131, **208-223**, 513
– ausdauernde 220-222
– einjährige 218-219
– Ernte 214
– Konservierung 214-217
– mehrjährige 220-222
– Pflege 210-213
– Standortansprüche 210
– Überwinterung 213
– zweijährige 219
Kräuterbeet 209-210
Kräutergarten 52-53, **208-210**, 520-521, *520-521*
Kräuterspirale 62, 209, 210
Krauskohl 187
Krautfäule **104**, 105, 170
Krebsschere 455, **460**, *460*
Kresse 212, 218
Kreuzfuge 486, *486*
Kriechgünsel 274, 468, *468*, 533
Kriechwacholder 307, 494
Krötenlilie 465, *465*
Krokus 130, 334, *334*, 384, **385**, 506
Kronenaufbau 227
Krummholzkiefer 309, *549*
Kuckuckslichtnelke 400, 533, *533*, *547*
Kultivator 68
Küchenkräuter s. Kräuter
Küchenschelle **489**, 500
Küchenzwiebel 195
Kümmel 212, 214, **219**
Kugeldistel 125, *352*, 353
Kugelprimel 373, 374, 500, *501*
Kulturfolge 169
Kupfer 82, 84
Kupferfelsenbirne 288, 289
Kürbis 169, 176, **205**

Laburnum anagyroides 329
– x *watereri* 294, 295
Lagenaria siceraria 430, *430*
Lagerfuge 486, *486*
Laichkraut 460
Lamiastrum galeobdolon 275
Lamium maculatum 275, *275*
Lampenputzergras, australisches 379, *379*, 455
– orientalisches 379
Landnelke 415
Larix 127
Lärche 127
Lärmschutz 31, 534
Lathyrus odoratus 408, **430-431**, *430*
Laube 29
Laub im Teich 471
Laubgehölze 33
– für Schnitthecken 332
– für Steingärten 490-492
– immergrüne 280, 283, 284, **301-305**
– Vermehrung 126-127
– wintergrüne 301
Lauch 196, s. auch Zierlauch
Lavandula angustifolia 221, 492, *545*
Lavatera trimestris 418, 419
Lavendel 208, 209, 212, 213, **221**, 272, 334, 492, 515, *527*, *545*
Lavendelheide 302, 303
Lebensbaum 127, **308**, **309**, 330
Leberbalsam **410-411**, *410*
Leberblümchen 334, 335, *370*, **371**
Leguminosen 197
Lehmboden 74
Leimkraut 501
Leimring 97-98
Leimtafel 93, 99
Lein 500
Leitast 227, *227*
Leitstauden 341

Lemna minor 459
– *trisulca* 459
Leontopodium alpinum 500
Leucanthemum x superbum 349
– *vulgare* 349
Leucojum vernum 386, 387
Levkoje 407, 420-421
Lewisia cotyledon 500
Leylandzypresse 306, **307**, 331, 333
Liatris spicata 340
Lichtausnutzung 146
Lichtkeimer 116-117, 271, 404, 405
Lichtverhältnisse 17, 362
Liebesgras 378
Liebstöckel 209, 210, 213, **221**, *221*
Ligularia 338, *373*
– *dentata* *372*, 373
– *x hessei* 373
– *przewalskii* *373*, 465
– *stenocephala* 373
Liguster 121, 332
Ligustrum 121, 122
– *ovalifolium* 332
– *vulgare* 329, 332
Lilie 116, 130, *334*, 387-390
Lilienhähnchen *98*, 99
Lilienschweif 385-386
Lilium 387-390
– *auratum* 389
– *bulbiferum* 389
– *candidum* 388, 389, *527*
– *hansonii* 389
– *henryi* *388*, 389
– *longifolium syn. tigrinum* 389
– *martagon* 388, **389**, *549*
– *regale* *388*, 390
– *speciosum* 390
Linde 277
Linum flavum 500
– *perenne* 500
Lobelia 408, **419**
– *erinus* 405, *418*, 419
– *siphilitica* 461
– *x speciosa* 419
Lobularia maritima 405, 407, 408, *420*, *420*, 508
Lochfolie 174
Löffelkraut 219
Löwenmäulchen 117, *404*, *410*, 411, 533
Löwenzahn 222
Lonicera 122, 287, **327**, 330
– *caprifolium* *326*, 327, *549*
– *henryi* 327
– *x tellmanniana* 327
– *xylosteum* 332
– *xylosteum* 329
Lorbeer 213
Lorbeerkirsche 279, 304, *304*, 331, 332
Luftschadstoffe 14, 20-21
Lüftungsfläche 163
Lunaria 400, **427**
– *annua* *426*, 427
Lungenkraut 276, 335, *374*, 375, 465
Lupine 81, *334*, 356, 357, 400
Lupinus-Polyphyllus-Hybriden 356, 357-358
Luzula nivea 378, 505
– *pilosa* 378
– *sylvatica* 275, 378
Lychnis 400
– *flos-cuculi* *533*, 533, 547
Lysichiton americanus 461
Lysimachia nummularia 275, 450, 455, 463, 468, *468*
– *salicaria* 547
– *vulgaris* 463
Lythrum salicaria 450, 463, 533

Mädchenauge 337, *341*, **350**, *350*
Mädesüß 125, 463, *537*, *547*
Madonnenlilie 388, 389, *526*, *527*
Magnesium 82, 84, 85, 283
Magnolia 124, *124*, 127, **295**
– *x soulangiana* *294*, 295
– *stellata* *124*, 295
Magnolie 124, 127, 294, **295**, *302*, 303
Mahonia aquifolium *302*, 303
Maianthemum bifolium 275
Maiglöckchen 128, 274, 380
Mairübe *192*, 193
Majoran 212, 213, *214*, 219
Makroklima 16-17

Malus 122, 294, **295**, 330
– *domestica* 543
– *moerlandsii* 295
– *x purpurea* 295
– *sylvestris* 329
Malva alcea 530
Mammutblatt 338, 465, *465*
Mangan 82, 84
Mangold *184*, 185
Männertreu *418*, 419
Mannsschild 498
Margerite 349, 400
– Bunte *348*, 349
Marienglockenblume *399*, *404*, 426-427, *426*
Marienkäfer 90, 91, *91*
Markerbse 201
Märzbecher **386**, *387*
Maschendrahtzaun 518
Maßliebchen *424*, **425-426**, 516
Maßstab 21
Matteuccia struthiopteris 467
Matthiola incana 407, **420-421**
Mauer 18, 30, **138**, 166, 535, s. auch Trockenmauer
Mauerbau 138-139, *139*
Mauerpfeffer 501, *501*
Mauerraute 503
Mauerschräge 476, 486
Maulwurf *98*, 99-100, 269, *269*
Maulwurfsgrillen 100, *100*
Medizinalrhabarber 465
Meerrettich 125, 131, **220**, *220*
Mehltau, 233
– Echter *104*, 105
– Falscher 105
Mehrnährstoffdünger 84
Melampodium paludosum 508, *508*
Melica altissima 378
– *ciliata* 378, *379*, 505
– *nutans* 378
– *transsilvanica* 378
Melisse s. Zitronenmelisse
Melone 171, 461
Melonenkürbis *204*, 205
Mentha aquatica 463
Menyanthes trifoliata 461
Mespilus germanica 49, 299, *543*
Messer 70
Meterstamm 223
Mikroklima 16-17
Mikroorganismen 72
Mimulus luteus 450, 455, **463**
Mineraldünger 82, **84**, 509
Mini-Frühbeet 405
Mini-Wassergarten 472, 473
Minze 209, 210, s. auch Pfefferminze, Poleiminze
Mirabelle 224, **241-242**, *242*
Miscanthus floridulus 379
– *sacchariflorus* 379
– *sinensis* 376, 379, 455, 466
Mischkultur 99, 101, 169-170
Mispel 49, **50**, 299, *543*
Mistbeet 142, 173
Mittagsblume 416, *416*
Mittagsgold 117, *416*, 417
Mitteltrieb 227, *227*
Mittelzehrer 169
Mohn 117, 129, 337
– einjähriger 421
– Türkischer 358, 359
Möhre 168, 169, 177, **190**
Möhrenfliege 99, 170
Molinia altissima 549
– *caerulea* 379
Monarda-Hybriden *372*, 373
– *didyma* 465
Monatserdbeere 256
Monilia-Spitzendürre 243
Moos 269
Moosrose 321
Moossteinbrech 501
Morgensternsegge 377, 463
Moskitogras 377
Motorgeräte 71
Mottenschildläuse 102
Mückenplage 436
Mulchen **80-81**, *80*, 178-179, *178*, 211, 226, 257
Mulchfolie 174
Mulchmaterial 80

Mummel 459
Muscari armeniacum 390, 391, 507
Muschelblume 459
Muschelzypresse 307
Mutterkraut *412*, 508, 516
Myosotis palustris 400, 450, 455, **462**, *547*
– *sylvatica* 405, *426*, **427**
Myriophyllum 460
– *spicatum* 460
Myrtenaster 347

Nachbarrecht 280
Nachkultur 169
Nachtkerze 400, 500
Nacktsamer 108
Nadelfall, natürlicher 89
Nadelgehölze 33, 114, 280, 283, 284, **305-309**
– für den Steingarten 494-496
– für Hecken 331
– Krankheiten 88
– Vermehrung 127
Nadelsimse 460
Nährstoffbedarf 169
Nährstoffe 82-84
Nährstoffüberangebot 453
Narcissus 129, 391
– *cyclamineus* *390*, 391
Narzisse 129, 271, 334, *390*, **391**
Naturhecke 328-329
Naturgarten 62-63, 223, 400, **530-549**
– Bepflanzung 536-538
– Gestaltungsbeispiele 540-549
– Planung 531-536
Naturteich 434, 473
Nektarine 240
Nelke 275, 400, *414*, **415**, 516
Nelkenwurz 345, 370-371, *370*
Nematoden 93, *100*, **101**
Nestfichte 495
Nesselglockenblume 367
Neuseeländer Spinat *184*, 184
Nicotiana alata 397, 420, **421**
– *x sanderae* 405
Niederstamm 223, *223*, 224
Nierembergia hippomanica 420, 421
Nieswurz 116, *549*
Nitrat 83, 453
Nitrit 453
Nordlandmargerite 349
Nörpelglas 153
Nüsse 245-246
Nuphar lutea 459
Nutka-Scheinzypresse *306*, 307
Nutzgarten 25, **50-53**, 58-59, **166**, 209
Nützlinge 90-92
Nützlingseinsatz 92-93
Nymphaea-Hybriden 455
Nymphoides peltata 455, 459, *459*

Oberkohlrabi 189
Obst, Befruchtung 49
Obstbaum, Kronenaufbau 227, *227*
Obstbaumformen 223-225, *224*
Obstbaumkrebs *104*, 105
Obstbaummilben 233
Obstgarten 540-541
– Planung 48-50
Obstgehölze,
– Düngung 231
– Pflanzung 225-226, *226*
Obstgehölzschnitt 226-231
Ohrwürmer 90-91
Ölrettich 81, 101
Ölweide 330
Oenothera missouriensis 500
Omorikafichte 308
Omphalodes verna 275
Onociea sensibilis 467
Orantium aquaticum 462
Orchideenprimel 375, 468
Oregano 209, 210, 213, *214*, **221**
Ornithogalum umbellatum 507
Osmunda regalis 380, 381, 467
Oxalis acetosella 276, *276*
Oxydator **451-452**, 472

Pachysandra terminalis 273, 286
Paeonia Lactiflora-Hybriden 340, 358-359, *358*, *527*
– *officinalis* 525
Pagodenhartriegel 277, 292

Register

Hydrangea

Pagodenhartriegel

555

Palerbse 201
Palisaden 516
Palmlilie 502
Palmwedelsegge 377
Pampasgras 376, 377, 466
Panicum virgatum 379
Pantoffelblume 412, *412*
Papaver 129, 421
– *nudicaule* 405, 421, 500
– *orientale* 358, *359*
– *rhoeas* 405, *420*, 421, 533, *533*
Päonie 358-359
Pappel 122
Paprika 168, 173, 174, 175, **203**
Paradeiser 201
Parkrose 321
Parnassia palustris 463
Parthenocissus 122, 287, **327**
– *quinquefolia* 327
– *tricuspidata* 326, 327
Parthenokarpie 237
Patisonkürbis 205
Pelargonie 131, 398, **408**, 421-423
Pelargonium-Hybriden 420, 421-423, *422*
– *peltatum* 422
Pendelhacke 67, 68
Pennisetum alopecuroides 379, *379*, 455
– *orientale* 379
Penstemon 129
Pergola 29, **139-140**, *139*
Pergolabau 140-141, *140*
Perlfarn 467
Perlgras 378
Perückenstrauch 122, 124, 287, **292**, 293, 491
Petersilie 170, 172, **191**, 212, 213, 219
Petunia 405, 408, **422**, **423**
Petunie 117, 393, **422**, **423**
Pfaffenhütchen **300**, *300*, 328
Pfauenradfarn 503
Pfefferminze 131, 221, 213
Pfahlrohr 377
Pfahlwurzel *334*
Pfeifengras 379, *549*
Pfeifenstrauch 122, 286, **296**, *296*, 330
Pfeifenwinde *324*, 325
Pfeilkraut 455, *455*, 462
Pfennigkraut 275, 450, 455, 463, **468**, *468*
Pfette 139, *140*, 149, *149*
Pfingstnelke 499
Pfingstrose **334**, *334*, 340, **358-359**, *358*, 525, 527
Pfirsich 224, **240-241**, *240*
Pflanzen,
– eingebürgerte 530
– einhäusige 111
– einkeimblättrige 108
– gerüstbildende 537
– heimische 530
– zweihäusige **111**, 118
– zweikeimblättrige 108
– zwittrige 111
Pflanzenauswahl 14, 16-18, 25, 33, 89
Pflanzenbehandlungsmittel, biologische 92
Pflanzenbeleuchtung 161-162
Pflanzenbogen 518
Pflanzenerde 109
Pflanzengemeinschaften 537
Pflanzenjauche 87, 92
Pflanzenkrankheiten s. Krankheiten
Pflanzenschädlinge s. Schädlinge
Pflanzenschutz 88-95, 212
– biologischer 92-93
– mechanischer 93
Pflanzenschutzmittel, s. auch Fungizide, Insektizide
– Anwendung 94
– chemische 93, 212
– Einteilung 94
– Giftklassen 93, *94*
– systemische 93
– Wartezeiten 94
Pflanzenzubereitungen 92
Pflanzschnitt 225, **228**, *228*, 282
Pflaume 122, 224, **241-242**, *241*
Pflaumenwickler *100*, 101
Pflegeaufwand 24-25
Pflücksalat 177, *180*, **181**
pH-Wert **19**, 74, 77, 109, 310, **452-453**, 489
Phacelia 81, *81*
Phalaris arundinacea 379
Philadelphus 122, 286, 296, **296**, 330

Phlox 334, 399
– *drummondii* 405, 408
– *subulata* 500
Paniculata-Hybriden 340, 341, 358, 359, 527
Phosphor 84
Photosynthese 33, 161
Phragmites 462
Phyllitis scolopendrium 380, 381, 467, 503
Phyllostachys 376
Physostegia virginiana 358, 359
Picea 127, **307-308**
– *abies* 272, 307, **308**, 331, 495
– *glauca* 308, 495
– *omorika* **308**, *308*, 331
– *pungens* 308
Pieris floribunda 303
– *japonica* 302, 303
Pikieren 109, 117, **176**, *176*, **406**, *406*
Pilzkrankheiten 103-105, 211, 226
Pimpinella anisum 219
Pimpinelle 222
Pinus 127, **309**
– *densiflora* 308
– *mugo* 308, **309**, 496, *496*, 549
– *parviflora* 309
– *strobus* 496
– *sylvestris* 309
Pistia stratiotes 459
Planskizze 21, 481-482
Plantago 400
Planungsfaktoren 531-536
Plastiktopf 401, *402*
Platane 122
Plattährengras 379
Poa glauca 505
– *pratensis* 263
Polarbirke 490
Poleiminze 209
Polemonium caeruleum 549
Pollen 111
Polsterphlox 500
Polsterstauden 337
Polygonatum
– x *hybridum* 372, 373
Polygonum 122, 400
– *affine* 276, 450, 468
– *amphibium* 455, 459
Polypodium interjectum 503
– *vulgare* 467, **467**, 503, *503*
Polystichum aculeatum 380, 381, 503
– *setiferum* 381, 467, 503
Pontederia cordata 462, *462*
Porree 169, 172, 179, *179*, **196**, *196*
Portulaca grandiflora 405, 508, *508*
Portulak 212, *218*, **219**
Portulakröschen 508, *508*
Potamogeton 460
Potentilla 122, 330
– *alba* 276
– *fruticosa* 296, **296**, 492
Prachtfedergras 379
Prachtkrokus 384
Prachtlilie 390
Prachtspiere *342*, 365
Prachtstauden 337, 341
Präriekerze 129
Preiselbeere **255**, *255*, 276
Primel 334, **373-375**, 450, 455
Primula 373-375
– *auricula* 500
– *beesiana* 374
– *Bullesiana-Hybriden* 374
– *bulleyana* 374
– *denticulata* 374, 500, *501*
– *Elatior-Hybriden* 374
– *florindae* 374
– *japonica* 374
– *Juliae-Hybriden* 374
– *polyneura* 374, *374*
– *pruhoniciana* 374
– *pubescens* 374
– *rosea* 375, *455*
– *sieboldii* 375
– *sikkimensis* 375
– *veris* 375
– *vialii* 375, *468*
– *Vulgaris-Hybriden* 375
Prunella grandiflora 276
– *tenella* 493
Prunkbohne *198*, 199
Prunkwinde *428*, 429-430

Prunus 330
– *cerasifera* 122
– *domestica* 122
– *laurocerasus* 279, **304**, *304*, 332
– *serrulata* 35, 296, **296**
– *spinosa* 122, 299, 543
– *tenella* 493, *493*
Pseudotsuga menziesii 127
Pteridium aquilinum 467, *467*
Puffbohne *198*, 199
Pulmonaria 276, 335, **375**, 465
– *angustifolia* 374, 375
– *officinalis* 375
– *rubra* 375
– *saccharata* 375
Pulsatilla vulgaris 489, 500
Punktfundament 150, *150*
Pyracantha 127, 272, **304**, *304*, 330, 332
Pyrus pyraster 513

Quellstein 47
Quelltopf 402, *402*
Quetsche 241
Quick-Sticks 112
Quitte 122, **239**, *239*, 541

Rabatte 40-42, *41*, **338-342**, 399
Radicchio 182, 183
Radieschen 169, *169*, 170, 177, *188*, **189**
Rainweide 329, 332
Rankgerüst 141
Ranunculus 130, 400
– *aquatilis* 459
– *fluitans* 460
– *lingua* 455
Ranunkel 130
Ranunkelstrauch **294**, 295
Rapunzel 183
Rasen 36-38, 262-269
– Aussaat 262-264, *263*
– Beregnung **265**, 266
– Bodenansprüche 262-263
– Düngung 83, 265
– Pflege 264-266
Rasenmäher 266-267, *266*
Rasenschäden 268-269
Rasenschmiele 378, 466
Rasensprenger 267
Rasentypen 263-264
Raublattaster **340**, 347
Raubmilben 91, 102
Raubwanzen 91
Raupen s. Erdraupen, Kohlweißlinge, Pflaumenwickler
Raupenbekämpfung 92-93
Rechen 67, *67*
Regenbogenfarn 503
Regenbogenschwingel 378, 466
Regenwurm 73, *73*, 269
Regner 267, *267*
Reifekompost 178
Reihenhausgarten 54-55
Reihenpflanzung 178
Reihensaat 177
Reiherfedergras 379, 505
Reneklode 224, **241**
Rettich 168, 169, 177, *188*, **189**
Rhabarber 131, *206*, **207**, 541
Rheum palmatum 465
Rhizom 108, *109*, 334, **456**, 457
Rhizomteilung 128-129
Rhododendren 76, *76*, 124, 272, 279, *279*, 280, 285, **310-313**, *310*
– Bodenvorbereitung 310
– großblumige 311
– Hybriden 288, 311
– sommergrüne 313
– Winterschutz *311*
Rhododendron 127, **310–313**
– *ferrugineum* 493
– *hirsutum* 493
– *Impeditum-Hybriden* 493
– *Repens-Hybriden* 493
Rhus typhina 123, 287, **296**, **297**
Ribes 122
– *alpinum* 332
– *aureum* 122, 246
– *sanguineum* 284, **296**, **297**, 330
Ribisel 246
Riesenlauch 384, *384*
Riesenschilf 377

Riesenschleierkraut 338, *354*, **355**
Riesenstrandhafer 378, 466
Rindenhumus 76
Rindenmulch 76, 516, *517*
Ringelblume 209, **400**, *412*, **413**, 516, *521*
Ringlotte 241
Rippenfarn **381**, 467, 503
Rippenkraut *380*
Rispengras, Hechtblaues 505
Rittersporn 116, 334, 337, *340*, *341*, 345, *350*, **351-352**, *352*, *525*
– einjähriger 396, **400**, *414*, 415
Robinia hispida 296, 297
– *pseudoacacia* 279, 297
Robinie *296*, 297
Rodgersia aesculifolia 465
Rohkompost 178
Rohrglanzgras 379
Rohrkolben **455**, 455, 462
Rollkrümler *68*, 69
Römischer Salat 181
Rondell 514, *515*
Rondinikürbis 205
Rosen 209, 272, 282, **314-323**, 338, *527*,
  s. auch Wildrosen
– Alte 320
– bodenbedeckende 319, *319*
– englische 321
– Standortwahl 314
– Winterschutz 322, *322*
Rosenbogen 518, *519*
Rosenprimel 375
Rosenschnitt 321-322
Rosenkohl *186*, 187
Rosenrost *104*, 105
Rosettensteinbrech 501
Rosmarin 209, 212, 213, **222**
Rosmarinseidelbast 302, *302*, 491, *492*
Rostpilze 268
Rotbuche 332, *332*
Rote Bete, s. Rote Rübe
Rote Rübe 168, 172, *192*, **193**
Rote Spinnen 92, **100**, 101-102
Rotfichte *127*, 307
Rotkiefer *308*
Rotkohl *170*, **186**, *186*
Rotschwingel 263
Rübstiel 193
Rudbeckia 337, 345, **360**, *423*
– *fulgida* var. *sullivantii* *340*, 360, *360*
– *hirta* **422**, *423*
– *laciniata* 360
– *nitida* *340*, 360
– *purpurea* 353, 360
Rundgewächshaus *147*, 147
Rutenhirse 379

Saatbänder 112
Saatgut 111-114
– inkrustiertes 115
– kalibriertes 112
– pilliertes 112, *112*, 177
– Selbstgewinnung 113-114
Saatgutbeizung 114-115
Saatgutformen 112
Saattiefe 177
Säckelblume 284, 286, *287*, *290*, **291**
Sadebaum 103, 495
Säge *69*, 69
Säulenwacholder *306*, 307, 494
Sagittaria sagittifolia **455**, 462
Salat 169, 172, **180-183**
Salatgurke 203, *204*
Salbei 131, *208*, 209, 210, 212, 213, 217, **222**, 345, **361**, 397, **422**, 423
Salix 122
– *caprea* 296, 297, 299
– *lanata* 493
– *repens* ssp. *argentea* 493
– *repens* ssp. *rosmarinifolia* 493
– x *simulatrix* 493, *493*
Salomonssiegel *372*, 373
Salvia **361**, 400, 408, **423**
– *coccinea* 423
– *farinacea* 397, *422*, **423**
– *nemorosa* *340*, 345, *360*, 361, 397
– *officinalis* 222, 361, *527*
– *splendens* 131, 423, *527*
– *viridis* 423
Salvie 516, *527*
Salweide *296*, 297, 299

Sambucus nigra *300*, 301, *543*
– *racemosa* 329, *329*
Samen, Keimfähigkeit 112, 115
Samenband 177
Samenernte 216, 511
Samenkeimung s. Keimung
Samenlagerung 112, 114
Samenteppich 112
Sand *19*, 74
Sandbirke *290*, *549*
Sandboden 74
Sanddorn 49, 122, *300*, **300**, *536*, *543*
Sandkraut 498
Sandstein 476, **477-478**, *477*, 487
Sanguisorba minor 222
Santolina 334
Sanvitalia procumbens 408, *422*, **423-424**, 508
Saponaria ocymoides 500
Satteldachgewächshaus 146, *146*
Saubohne 199
Sauerampfer 222
Sauerkirsche 224, 243-244, *243*, *541*
Sauerklee 362, 533
Sauerstoffgehalt des Wassers 451-452
Säuregrad *19*, 74, 452, s. auch pH-Wert
Sauzahn *68*, 68, 75, *75*
Säwagen 264
Saxifraga 276
– Arendsii-Hybriden 501
– *cotyledon* 501
Säzwiebel 177, 196
Scabiosa 400
Schachbrettblume 129, **386-387**, *386*, 463
Schadstoffbelastung 20-21, 35
Schadstoffe 166
Schädlinge 96-103, 170, 209, 212
– im Anzuchtbeet 126
Schafgarbe 129, 220, 337, *341*, **346**, *346*, *360*, *400*, 533
Schafschwingel 504
Schalennarzisse *390*, 391
Schalerbse 201
Schälgurke 203
Schalotte *194*, 195
Scharlachfuchsie 416, *416*
Schatten 17, 145, 380
Schattenblume 275
Schattenglöckchen 303
Schattengrün *273*, 276
Schattenmorelle 243
Schattenrabatte 342
Schattensegge 377
Schattenstauden 335
Schattierfarbe 162, *162*
Schaublatt 465
Schaufel 67
Schaumblüte 276, *342*, 374, 375
Scheinakazie 297
Scheincalla 461
Scheinhasel *292*, 293
Scheinquitte 121, 122, 125, *291*
Scheinzypresse *20*, **306-307**, *306*, 331
Schere *69*, 69
Schichtmauerwerk 476
– regelmäßiges 485-486, *486*
– unregelmäßiges 486, *486*
Schildblatt 465
Schildfarn 380, **381**, 467, 503
Schildläuse **100**, 101
Schilf 462
Schlehe 122, 299, *543*
Schleierkraut 129, *416*, 417, 500
Schleifenblume 275, 335, 396, 500
Schlingknöterich 282, 287, **326**, *326*
Schluff 74
Schlupfwespen 91, 92, 103
Schlitzfolie 174
Schlüsselblume 375
Schmetterlingsstrauch 278, *290*, 330, 491, *549*
Schmuckkörbchen **414-415**, *414*
Schnecken *100*, **101**, 179
Schneckenknöterich 276, 468
Schneeball *127*, 278, **298**, **299**, *304*, 305, 330
– Gemeiner 122, 124, 329
– Japanischer 299
– Runzeliger 305
Schneebeere 122
Schneeglanz *384*, 385
Schneeglöckchen 334, *384*, *386*, **387**, 450

Schneeheide *302*, 303, 492
Schneemarbel 378, 505
Schneerose 371
Schneeschimmel 268
Schneestolz 385, 506
Schnitt s. Gehölzschnitt
Schnitthecke 33, **330-332**, *331*, *332*
Schnittlauch **196**, **197**, 213, *213*, 220
Schnittsalat 177, *180*, 181
Schnittsellerie *190*, 191, 218
Schnitttechnik 230-231, *231*
Schnittwerkzeuge 69
Schönfrucht 121, *290*, **291**
Schönranke *428*, 429
Schorf 233
Schubkarre 68
Schwachzehrer 169
Schwarzäugige Susanne **430**, 431
Schwarzkümmel 400
Schwarzwurzel *192*, 193
Schwebfliegen 91
Schwertlilie 507
Schwimmblattpflanzen 458-459
Scilla 129, 391
– *siberica* **390**, 391
– *siberica* var. *taruica* 391
Scirpus lacustris 455, **462**, *547*
Sedum acre 501, *501*
– *album* 501
– *floriferum* 501
– *reflexum* 222
– *spurium* 276, 501
– *telephium* 545
Seekanne 455, 459, *459*
Seerose 436, 447, 454, **456-458**, *456*, *457*
Seerosenpflanzung 456-457, *456*
Seerosenschädlinge 458
Seggen 377
– Fuchsrote 377, 504
Seidelbast *292*, 293, 302
Seidenmohn 421
Seifenkraut 500
Selbstaussaat 397
Sellerie 168, 169, 172, **191**
Sempervivum archnoiderum 501
– *ciliosum* 501
– *tectorum* 501, *501*
Senecio bicolor 405
Senf 219
Sesleria autumnalis 379
– *caerulea* 505, *505*
– *heufleriana* 379
Sicherheitsvorschriften 145
Sichtschutz 31, 534
Sickergrube 439-440, *439*
Silberährengras 377
Silberblatt 400
Silberdistel 129, 499
Silberhemlocktanne 309
Silberkerze 337, 338, **367**
Silberling 400, **426**, **427**
Silberraute 274
Silbertanne 306
Silberwurz 499
Silene maritima 501
Simsen 455
Sinarundinaria murielae 376
Sitzplatz 28, 278, 518-519, 534
Skimmia 272
Solarhaus 148, *148*
Soldanella montana 501
Solidago-Hybriden **360**, 361
Solitär 279
Solitärgehölz 34
Solitärstaude 338
Sorbus aucuparia *300*, 301, 329, *543*
Sommeraster 347, *412*, 413
Sommerblumen 131, **396-431**, 524
– Anzucht 401-407
– einjährige 396, **410-425**
– Freilandsaat 407-408
– für den Steingarten 508
– Gestaltung 398-400
– Pflanzung 406-407
– Pflege 408
– zweijährige 334, **425-427**
Sommerenzian 500
Sommerflieder *127*, 284, 286, *287*, **290**, 530
Sommermargerite 337, *341*, *348*, 349
Sommerphlox 337, *358*, **359**, *341*
Sommersalbei *340*, *360*, 361

Sommerschnitt 230
Sommertamariske 298, 299
Sommerwicke 81
Sonnenauge 337, *341*, *354*, **355**
Sonnenblume 337, 396, **418**, *418*
Sonnenbraut 336, 337, *354*, **355**
Sonnenhut 336, 337, *340*, *345*, **360**, *422*, 423
– Roter *352*, 353
Sonnenröschen 275, 335, 500, *511*
Sonnenwende *418*, 419
Spaghettikürbis 205
Spalier 224, 237, *237*
Spalierobst 230
Spanischer Pfeffer 203
Sparganium erectum 455, 462, *462*
Spargel 131, **206**
Spargelkohl 187
Sparre *140*, 141
Spartina pectinata 379
Spaten 66-67, *67*
Spatengabel 67
Speicherorgane *334*
Speierling *541*, 543
Speiserübe *192*, 193
Speisezwiebel 195
Spielrasen 264
Spierstrauch 122, 284, 286, *296*, **297**, 330, 332
Spinat 81, 169, 172, 177, **183**, *184*
Spindel 223, *224*, 230
Spindelstrauch 125, 278, 286, 330
Spinnmilben 101-102
Spinnwebhauswurz 501
Spiraea 122, **297**, 330
– Bumalda-Hybriden 278, 286, **297**, 332
– *japonica* 297
– *nipponica* 296, 297
Spitzkohl 185
Spitzmäuse 90, 91
Spitzwegerich 533
Spritzgeräte 70-71
Sprosse 149, *149*, 151
Sprossenkohl 187
Sprossknolle 109, *109*, *334*
Spurenelemente 82, 84
Squash *204*, 205
Stachelbeere 122, **249**, *249*, *541*
– Chinesische 258
Stachelnüsschen 274, *274*
Stachys byzantina 276, 502
Stammrosen **320**, *322*, *323*
Stammverlängerung 227
Standortfaktoren **16-20**, *16*
Stangenbohne 168, 177, *198*, **199**
Stangensellerie 191
Starkzehrer 169, 172
Stauden 40-42, **334-381**, *397*, *524*
– bodendeckende 272-276
– für den Steingarten 496-502
– für den Teichrand 464-465
– für sonnige Standorte 346-361
– Gestaltung 338-342
– Lebensdauer 334
– Pflanzung *343*, 343-344
– Pflege 344-345
– schattenverträgliche 335-336, **362-375**
– Standortwahl 335
– Vermehrung 128-129
Staudenbeet 40-42, **338-342**, *339*
Staudengräser *128*, 335, 338, **376-379**
Staunässe 19
Stechfichte 308
Stechpalme 279, 287, *302*, **303**, 332, 492, 549
Steckholzvermehrung 120-122, *121*
Stecklingsvermehrung 118-120, *118*, 213
Steckzwiebel 168, *194*, 195, **195**
Stegdoppelplatte 154, *154*
Steighöhe 136
Steiltrieb 227
Steinauswahl 478-479
Steinbeet 43, 44
Steinbrech 276, 501
Steine setzen 484
Steinfeder 381
Steingarten 25, 42-44, *43*, 209, **474-511**
– architektonischer 42, 44, 474, *474*
– Bau 482-484, *485*
– Bepflanzung 484, **488-490**
– natürlicher 43, 44, 474, *475*
– Pflege 510-511
– Planung 480-482
– Standort 481

Steingartenboden 479-480
Steingartenformen 474-477
Steingartenpflanzen 44, 335, **488-509**
– Düngung **509**, 510, 511
Steingartenstauden 337, 496-502
Steinkraut 274, 337, 407, 420, *420*, 498
Steinobst 230, **239-245**
Steppenkerze *384*, 385-386, *499*
Stern von Bethlehem 507
Sternbergia lutea 507, *507*
Sternfräse *68*, 69
Sternmagnolie 295
Sterntaler *508*, 508
Stickstoff 83, 185
Stiefmütterchen 334, 396, *396*, 407, 426, *427*, 516
Stielmus 193
Stipa barbata 379, 505
– *capillata* 379, 505
– *gigantea* 379
– *pennata* 505, *505*
– *pulcherrima* 379
Stockmalve 400, 425
Stockrose 340, 396, *424*, 425
Storchschnabel 125, 275, *342*, *368*, **369-370**, 400, 500
Strahlenanemone 364, 506
Strahlengriffel 258, *324*, 324
Stratifikation 115-116, *116*
Stratiotes aloides 455, 460, *460*
Strauchbirke 290, *290*
Straucheibisch 294, 295
Sträucher s. Obstgehölze, Ziergehölze
Strauchkastanie 277, **289**, *288*
Strauchrosen **317**, *317*, 321, *321*
– einmal blühende 321
Straußfarn 467
Straußgras 263
Streifenfarn *380*, **381**, 503
Streifenfundament 149, *149*
Strohblume 418-419, *418*
Stromanschluss 30-31
Stromleitung 145
Studentenblume 101, 396, *424*, 424, 516, *516*, *523*
Stützpfahl 282
Styromull 77
Substrat 109, 176, 403
Süßkirsche 224, 244–245, *541*
Sumpfbaldrian 547
Sumpfbeet 48, 441
Sumpfbinse 547
Sumpfcalla 461
Sumpfdotterblume 450, *455*, 461, 462, 547
Sumpffarn 463
Sumpfherzblatt 463
Sumpfiris 450
Sumpflobelie 461
Sumpfpflanzen 335, 454, 455, **461-462**, 546
Sumpfprimel 375
Sumpfschachtelhalm 455, 461
Sumpfschafgarbe 463, *547*
Sumpfvergissmeinnicht 450, 455, 462, *547*
Sumpfweidenröschen 463
Sumpfzone 444, 447
Symphoricarpos 122
Syringa 122, 124, 127, 330
– *vulgaris* 124, **298**

Tafeleibe 496
Tagetes 101, 396, *424*, 516, *523*
– *erecta* 424
– *patula* 424, *424*
Taglilie 334, 337, 338, *354*, **355**, *356*, 450, 465
Tamariske 122, **298**, *298*
Tamariskenwacholder 495
Tamarix parviflora 298, *298*
– *ramosissima* 299
– *tetranda* 298
Tanacetum 349
– *parthenium* 413
Tanne 127, **305-306**
Tannenwedel 455, *455*, 461, 462
Taubnessel 275, *275*
Tausendblatt 460, *460*
Tausendschön 334, 397, 400, **425-426**
Taxus 127, 305
– *baccata* 308, **309**, 332, 496, 545
– *cuspidata* 496, *496*
Taybeere 250
Teich 45, 279, 337, **434-473**

– Bepflanzung 454-456, *455*
– in Hanglage 439
– Kindersicherung 438-439, *438*
– Pflege 467-473
– Planung 434-439
– Reinigungsarbeiten 470
– Wasserqualität 450-453
– Winterschutz 471-473
Teichbepflanzung 447
Teichboden 453-454
Teichfolie 443-444
Teichgröße 434-435
Teichrand 441, 447-448, *448*
Teichrose, Große 459
Teichsimse 462
Teichstandort 435-436
Teichtiefe 434, 443
Teichtrübung 469
Teichvlies 444-445
Teichzonen 444
Teilung 123, *123*, 213
Teltower Rübchen 193
Temperatur 18
Teppichhartriegel 123, 274
Teppichphlox 276
Teppichsedum 276, 501
Teppichwacholder 494
Teppichzwergmispel 275, 302, *302*
Terrasse 28, 278-279
Terrassen-Steinbeet 475
Teucrium chamaedrys 502, 515, *523*
Thelypteris palustris 463
– *phegopteris* 362
Thuja 127, 333
– *occidentalis* 308, **309**, 331
Thripse 96, *96*
Thunbergia alata 431
Thymian 116, 131, **208**, 209, 210, 212, 213, 217, **222**, *222*
Thymus serpyllum 209, 276, 502
Tiarella cordifolia 276, *342*, 374, 375
Tigerlilie 389
TKS 109
Tomate 168, 169, 170, 172, 173, 174, 175, 177, 179, *200*, **201**, 209
Ton 19, 74
Tonboden 74
Tonmehl 86
Tontopf 401, *402*
Torf 19, 76, 109, 281
Torfkultursubstrat 109
Tradescantia-Andersoniana-Hybriden 465
Trapa natans 455, 459, *459*
Traubenholunder 127, 329, *329*
Traubenhyazinthe *390*, 391, *484*, 507
Traubenkirsche 543
Trauerrose 320, *320*
Treibhaus 148
Treibhauseffekt 143, *143*
Treppe 28, 136
Treppenformel 136, *136*
Trichterwinde 429-430
Tricyrtis hirta 465
Tripmadam 209, **222**
Trittsteine *17*, *27*, **134**, *134*
Trockenmauer 475-477, *476*
– Bau 485-487, *477*, *485*
– Erdmischung 480
– Fundament 477
– Planung 480-482
Trockenmauerwall 43, 488, *488*
Trockenschaden 88, *89*
Trocknung 214-216, *215*, *216*
Troggarten 43, 44
Trollblume 116, 450, 463, *463*
Trollius europaeus 450, 463, *463*
Trompetenbaum 277, *290*, **291**
Trompetenblume 324, *325*
Trompetennarzisse 391
Tropaeolum 431
– Hybriden *523*
– *majus* 219
– *peregrinum* 430
Tsuga canadensis 308, *309*
– *mertensiana* 309
Tüpfelfarn 467, *467*, 503, *503*
Türkenbundlilie 388, **389**, *549*
Tuffstein 477, *478*
Tulipa 129, 392-393
– Greigii-Hybriden 507
– Kaufmanniana-Hybriden 507, *507*

Register

Palerbse

Sommersalbei

Riesenschleierkraut 338, *354*, **355**
Riesenstrandhafer 378, 466
Rindenhumus 76
Rindenmulch 76, 516, *517*
Ringelblume 209, **400**, *412*, **413**, 516, *521*
Ringlotte 241
Rippenfarn **381**, *467*, 503
Rippenkraut 380
Rispengras, Hechtblaues 505
Rittersporn 116, 334, 337, **340**, *341*, 345, *350*, **351-352**, *352*, *525*
– einjähriger 396, 400, **414**, 415
Robinia hispida 296, 297
– *pseudoacacia* 279, 297
Robinie 296, 297
Rodgersia aesculifolia 465
Rohkompost 178
Rohrglanzgras 379
Rohrkolben **455**, 455, 462
Rollkrümler *68*, 69
Römischer Salat 181
Rondell **514**, 515
Rondinikürbis 205
Rosen 209, 272, 282, **314-323**, 338, *527*,
  s. auch Wildrosen
– Alte 320
– bodenbedeckende 319, *319*
– englische 321
– Standortwahl 314
– Winterschutz 322, *322*
Rosenbogen 518, *519*
Rosenprimel 375
Rosenschnitt 321-322
Rosenkohl **186**, 187
Rosenrost *104*, 105
Rosettensteinbrech 501
Rosmarin 209, 212, 213, **222**
Rosmarinseidelbast 302, *302*, 491, 492
Rostpilze 268
Rotbuche 332, *332*
Rote Bete, s. Rote Rübe
Rote Rübe 168, 172, *192*, **193**
Rote Spinnen 92, *100*, **101**-102
Rotfichte *127*, 307
Rotkiefer *308*
Rotkohl *170*, **186**, *186*
Rotschwingel 263
Rübstiel 193
Rudbeckia 337, 345, **360**, **423**
– *fulgida var. sullivantii* **340**, 360, *360*
– *hirta* **422**, 423
– *laciniata* 360
– *nitida* **340**, 360
– *purpurea* *353*, 360
Rundgewächshaus *147*, 147
Rutenhirse 379

Saatbänder 112
Saatgut 111-114
– inkrustiertes 115
– kalibriertes 112
– pilliertes 112, *112*, 177
– Selbstgewinnung 113-114
Saatgutbeizung 114-115
Saatgutformen 112
Saattiefe 177
Säckblume 284, 286, *287*, **290**, **291**
Sadebaum *103*, 495
Säge *69*, 69
Säulenwacholder *306*, 307, 494
Sagittaria sagittifolia **455**, 462
Salat 169, 172, **180**-**183**
Salatgurke 203, *204*
Salbei 131, *208*, 209, 210, 212, 213, 217, **222**, 345, **361**, 397, **422**, 423
Salix 122
– *caprea* 296, 297, 299
– *lanata* 493
– *repens ssp. argentea* 493
– *repens ssp. rosmariniflora* 493
– *x simulatrix* 493, *493*
Salomonssiegel *372*, 373
Salvia **361**, 400, 408, **423**
– *coccinea* 423
– *farinacea* **397**, *422*, **423**
– *nemorosa* **340**, 345, **360**, 361, 397
– *officinalis* 222, 361, *527*
– *splendens* 131, 423, *527*
– *viridis* 423
Salvie 516, *527*
Salweide *296*, 297, 299

Sambucus nigra **300**, 301, *543*
– *racemosa* **329**, *329*
Samen, Keimfähigkeit 112, 115
Samenband 177
Samenernte 216, 511
Samenkeimung s. Keimung
Samenlagerung 112, 114
Samenteppich 112
Sand *19*, 74
Sandbirke 290, *549*
Sandboden 74
Sanddorn *49*, 122, 300, **300**, 536, *543*
Sandkraut 498
Sandstein 476, **477-478**, *477*, 487
Sanguisorba minor 222
Santolina 334
Sanvitalia procumbens 408, **422**, **423-424**, *508*
Saponaria ocymoides 500
Satteldachgewächshaus 146, *146*
Saubohne 199
Sauerampfer 222
Sauerkirsche 224, 243-244, *243*, *541*
Sauerklee *362*, 533
Sauerstoffgehalt des Wassers 451-452
Säuregrad *19*, 74, 452, s. auch pH-Wert
Sauzahn *68*, *68*, *75*, *75*
Säwagen 264
Saxifraga 276
– *Arendsii-Hybriden* 501
– *cotyledon* 501
Säzwiebel 177, 196
Scabiosa 400
Schachbrettblume 129, **386-387**, *386*, 463
Schadstoffbelastung 20-21, 35
Schadstoffe 166
Schädlinge 96-103, 170, 209, 212
– im Anzuchtbeet 126
Schafgarbe 129, 220, 337, *341*, **346**, *346*, 360, 400, 533
Schafschwingel 504
Schalennarzisse **390**, 391
Schalerbse 201
Schälgurke 203
Schalotte **194**, 195
Scharlachfuchsie 416, *416*
Schatten *17*, 145, 380
Schattenblume 275
Schattenglöckchen 303
Schattengrün *273*, 276
Schattenmorelle 243
Schattenrabatte 342
Schattensegge 377
Schattenstauden 335
Schattierfarbe 162, *162*
Schaublatt 465
Schaufel 67
Schaumblüte 276, *342*, **374**, 375
Scheinakazie 297
Scheincalla 461
Scheinhasel 292, 293
Scheinquitte 121, 122, 125, **291**
Scheinzypresse *20*, **306-307**, *306*, 331
Schere *69*, 69
Schichtmauerwerk 476
– regelmäßiges 485-486, *486*
– unregelmäßiges 486, *486*
Schildblatt 465
Schildfarn 380, **381**, *467*, 503
Schildläuse *100*, 101
Schilf 462
Schlehe 122, 299, *543*
Schleierkraut 129, **416**, *417*, 500
Schleifenblume *275*, 335, 396, 500
Schlingknöterich 282, 287, **326**, *326*
Schluff 74
Schlupfwespen 91, 92, 103
Schlitzfolie 174
Schlüsselblume 375
Schmetterlingsstrauch 278, *290*, 330, 491, *549*
Schmuckkörbchen **414-415**, *414*
Schnecken *100*, **101**, 179
Schneckenknöterich 276, 468
Schneeball *127*, 278, **298**, **299**, *304*, 305, 330
– Gemeiner 122, 124, 329
– Japanischer 299
– Runzeliger 305
Schneebeere 122
Schneeglanz *384*, 385
Schneeglöckchen 334, *384*, *386*, **387**, 450

Schneeheide 302, *303*, 492
Schneemarbel 378, 505
Schneerose 371
Schneeschimmel 268
Schneestolz *385*, 506
Schnitt s. Gehölzschnitt
Schnitthecke *33*, **330-332**, *331*, *332*
Schnittlauch 196, **197**, 213, *213*, 220
Schnittsalat 177, *180*, 181
Schnittsellerie 190, 191, 218
Schnitttechnik 230-231, *231*
Schnittwerkzeuge 69
Schönfrucht *121*, 290, **291**
Schönranke **428**, 429
Schorf 233
Schubkarre 68
Schwachzehrer 169
Schwarzäugige Susanne **430**, 431
Schwarzkümmel 400
Schwarzwurzel *192*, 193
Schwebfliegen 91
Schwertlilie 507
Schwimmblattpflanzen 458-459
Scilla 129, 391
– *siberica* **390**, 391
– *siberica var. taruica* 391
Scirpus lacustris 455, **462**, *547*
Sedum acre **501**, *501*
– *album* 501
– *floriferum* 501
– *reflexum* 222
– *spurium* 276, 501
– *telephium* 545
Seekanne 455, **459**, *459*
Seerose 436, 447, 454, **456-458**, *456*, *457*
Seerosenpflanzung 456-457, *456*
Seerosenschädlinge 458
Seggen 377
– Fuchsrote 377, 504
Seidelbast 292, 293, 302
Seidenmohn 421
Seifenkraut 500
Selbstaussaat 397
Sellerie 168, 169, 172, **191**
Sempervivum archnoiderum 501
– *ciliosum* 501
– *tectorum* **501**, *501*
Senecio bicolor 405
Senf 219
Sesleria autumnalis 379
– *caerulea* **505**, *505*
– *heufleriana* 379
Sicherheitsvorschriften 145
Sichtschutz 31, 534
Sickergrube 439-440, *439*
Silberährengras 377
Silberblatt 400
Silberdistel 129, 499
Silberhemlocktanne 309
Silberkerze 337, 338, **367**
Silberling 400, *426*, **427**
Silberraute 274
Silbertanne 306
Silberwurz 499
Silene maritima 501
Simsen 455
Sinarundinaria murielae 376
Sitzplatz *28*, 278, 518-519, 534
Skimmia 272
Solarhaus 148, *148*
Soldanella montana 501
Solidago-Hybriden **360**, 361
Solitär 279
Solitärgehölz 34
Solitärstaude 338
Sorbus aucuparia **300**, 301, *329*, *543*
Sommeraster 347, *412*, 413
Sommerblumen 131, **396-431**, *524*
– Anzucht 401-407
– einjährige 396, **410-425**
– Freilandsaat 407-408
– für den Steingarten 508
– Gestaltung 398-400
– Pflanzung 406-407
– Pflege 408
– zweijährige 334, **425-427**
Sommerenzian 500
Sommerflieder *127*, 284, 286, *287*, **290**, 530
Sommermargerite 337, *341*, *348*, 349
Sommerphlox 337, *358*, **359**, *341*
Sommersalbei **340**, 360, 361

557

Sommerschnitt 230
Sommertamariske 298, 299
Sommerwicke 81
Sonnenauge 337, 341, 354, **355**
Sonnenblume 337, 396, **418**, *418*
Sonnenbraut *336*, 337, 354, **355**
Sonnenhut *336*, 337, 340, 345, **360**, *422*, 423
– Roter *352*, 353
Sonnenröschen 275, 335, 500, *511*
Sonnenwende *418*, 419
Spaghettikürbis 205
Spalier 224, 237, *237*
Spalierobst 230
Spanischer Pfeffer 203
Sparganium erectum 455, 462, *462*
Spargel 131, **206**
Spargelkohl 187
Sparre *140*, 141
Spartina pectinata 379
Spaten 66-67, *67*
Spatengabel 67
Speicherorgane *334*
Speierling *541*, 543
Speiserübe *192*, 193
Speisezwiebel 195
Spielrasen 264
Spierstrauch 122, 284, 286, *296*, **297**, 330, 332
Spinat 81, 169, 172, 177, **183**, *184*
Spindel 223, *224*, 230
Spindelstrauch 125, 278, 286, 330
Spinnmilben 101-102
Spinnwebhauswurz 501
Spiraea 122, **297**, 330
– Bumalda-Hybriden 278, 286, **297**, 332
– *japonica* 297
– *nipponica* *296*, 297
Spitzkohl 185
Spitzmäuse *90*, 91
Spitzwegerich 533
Spritzgeräte 70-71
Sprosse *149*, *149*, 151
Sprossenkohl 187
Sprossknolle 109, *109*, *334*
Spurenelemente 82, 84
Squash *204*, 205
Stachelbeere 122, **249**, *249*, *541*
– Chinesische 258
Stachelnüsschen *274*, *274*
Stachys byzantina 276, 502
Stammrosen **320**, 322, *323*
Stammverlängerung 227
Standortfaktoren **16-20**, *16*
Stangenbohne 168, 177, **198**, **199**
Stangensellerie 191
Starkzehrer 169, 172
Stauden 40-42, **334-381**, *397*, *524*
– bodendeckende 272-276
– für den Steingarten 496-502
– für den Teichrand 464-465
– für sonnige Standorte 346-361
– Gestaltung 338-342
– Lebensdauer 334
– Pflanzung *343*, 343-344
– Pflege 344-345
– schattenverträgliche 335-336, **362-375**
– Standortwahl 335
– Vermehrung 128-129
Staudenbeet 40-42, **338-342**, *339*
Staudengräser 128, 335, 338, **376-379**
Staunässe 19
Stechfichte 308
Stechpalme 279, 287, *302*, **303**, 332, 492, 549
Steckholzvermehrung 120-122, *121*
Stecklingsvermehrung **118-120**, *118*, 213
Steckzwiebel 168, *194*, 195, **195**
Stegdoppelplatte *154*, *154*
Steighöhe 136
Steiltrieb *227*
Steinauswahl 478-479
Steinbeet 43, 44
Steinbrech 276, 501
Steine setzen 484
Steinfeder 381
Steingarten 25, 42-44, *43*, 209, **474-511**
– architektonischer 42, 44, 474, *474*
– Bau 482-484, *485*
– Bepflanzung 484, **488-490**
– natürlicher 43, 44, 474, *475*
– Pflege 510-511
– Planung 480-482
– Standort 481

Steingartenboden 479-480
Steingartenformen 474-477
Steingartenpflanzen 44, 335, **488-509**
– Düngung **509**, 510, 511
Steingartenstauden 337, 496-502
Steinkraut 274, 337, 407, 420, *420*, 498
Steinobst 230, **239-245**
Steppenkerze 384, 385-386, 499
Stern von Bethlehem 507
Sternbergia lutea 507, *507*
Sternfräse *68*, 69
Sternmagnolie 295
Sterntaler 508, *508*
Stickstoff 83, 185
Stiefmütterchen 334, 396, *396*, 407, *426*, 427, 516
Stielmus 193
Stipa barbata 379, 505
– *capillata* 379, 505
– *gigantea* 379
– *pennata* 505, *505*
– *pulcherrima* 379
Stockmalve 400, 425
Stockrose 340, 396, *424*, 425
Storchschnabel 125, 275, *342*, 368, **369-370**, 400, 500
Strahlenanemone 364, 506
Strahlengriffel 258, *324*, *324*
Stratifikation 115-116, *116*
Stratiotes aloides 455, 460, *460*
Strauchbirke 290, *290*
Straucheibisch *294*, 295
Sträucher s. Obstgehölze, Ziergehölze
Strauchkastanie 277, **289**, *288*
Strauchrosen **317**, *317*, 321, *321*
– einmal blühende 321
Straußfarn 467
Straußgras 263
Streifenfarn *380*, **381**, 503
Streifenfundament *149*, *149*
Strohblume 418-419, *418*
Stromanschluss 30-31
Stromleitung 145
Studentenblume 101, 396, **424**, *424*, 516, *516*, *523*
Stützpfahl 282
Styromull 77
Substrat 109, 176, 403
Süßkirsche 224, 244–245, *541*
Sumpfbaldrian 547
Sumpfbeet 48, 441
Sumpfbinse 547
Sumpfcalla *455*
Sumpfdotterblume 450, *455*, 461, *462*, 547
Sumpffarn 463
Sumpfherzblatt 463
Sumpfiris 450
Sumpflobelie 461
Sumpfpflanzen 335, 454, 455, **461-462**, 546
Sumpfprimel 375
Sumpfschachtelhalm *455*, 461
Sumpfschafgarbe 463, *547*
Sumpfvergissmeinnicht 450, 455, *462*, *547*
Sumpfweidenröschen 463
Sumpfzone *444*, 447
Symphoricarpos 122
Syringa 122, 124, 127, 330
– *vulgaris* 124, **298**

Tafeleibe 496
Tagetes 101, 396, **424**, *516*, *523*
– *erecta* 424
– *patula* *424*, *424*
Taglilie 334, 337, 338, *354*, **355**, *356*, 450, 465
Tamariske 122, **298**, *298*
Tamariskenwacholder 495
Tamarix parviflora 298, *298*
– *ramosissima* 299
– *tetranda* 298
Tanacetum 349
– *parthenium* 413
Tanne 127, **305-306**
Tannenwedel 455, *455*, 461, *462*
Taubnessel 275, *275*
Tausendblatt 460, *460*
Tausendschön 334, 397, 400, **425-426**
Taxus 127, 305
– *baccata* 308, *309*, 332, 496, 545
– *cuspidata* 496, *496*
Taybeere 250
Teich 45, 279, 337, **434-473**

– Bepflanzung 454-456, *455*
– in Hanglage 439
– Kindersicherung 438-439, *438*
– Pflege 467-473
– Planung 434-439
– Reinigungsarbeiten 470
– Wasserqualität 450-453
– Winterschutz 471-473
Teichbepflanzung 447
Teichboden 453-454
Teichfolie 443-444
Teichgröße 434-435
Teichrand 441, 447-448, *448*
Teichrose, Große 459
Teichsimse 462
Teichstandort 435-436
Teichtiefe 434, 443
Teichtrübung 469
Teichvlies 444-445
Teichzonen *444*
Teilung 123, *123*, 213
Teltower Rübchen 193
Temperatur 18
Teppichhartriegel 123, **274**
Teppichphlox 276
Teppichsedum 276, 501
Teppichwacholder 494
Teppichzwergmispel 275, 302, *302*
Terrasse 28, 278-279
Terrassen-Steinbeet 475
Teucrium chamaedrys 502, 515, *523*
Thelypteris palustris 463
– *phegopteris* 362
Thuja 127, 333
– *occidentalis* 308, *309*, 331
Thripse *96*, *96*
Thunbergia alata 431
Thymian 116, 131, 208, 209, 210, 212, 213, 217, **222**, *222*
Thymus serpyllum 209, 276, 502
Tiarella cordifolia 276, *342*, 374, 375
Tigerlilie 389
TKS 109
Tomate 168, 169, 170, 172, 173, 174, 175, 177, 179, *200*, *201*, 209
Ton 19, 74
Tonboden 74
Tonmehl 86
Tontopf 401, *402*
Torf 19, *76*, 109, 281
Torfkultursubstrat 109
Tradescantia-Andersoniana-Hybriden 465
Trapa natans 455, 459, *459*
Traubenholunder 127, *329*, *329*
Traubenhyazinthe *390*, 391, 484, 507
Traubenkirsche 543
Trauerrose 320, *320*
Treibhaus 148
Treibhauseffekt 143, *143*
Treppe 28, 136
Treppenformel *136*, *136*
Trichterwinde 429-430
Tricyrtis hirta 465
Tripmadam 209, **222**
Trittsteine *17*, *27*, **134**, *134*
Trockenmauer 475-477, *476*
– Bau 485-487, *477*, *485*
– Erdmischung 480
– Fundament 477
– Planung 480-482
Trockenmauerwall 43, 488, *488*
Trockenschaden 88, *89*
Trocknung 214-216, *215*, *216*
Troggarten 43, 44
Trollblume 116, 450, 463, *463*
Trollius europaeus 450, 463, *463*
Trompetenbaum 277, *290*, **291**
Trompetenblume *324*, 325
Trompetennarzisse 391
Tropaeolum 431
– Hybriden *523*
– *majus* 219
– *peregrinum* 430
Tsuga canadensis 308, *309*
– *mertensiana* 309
Tüpfelfarn *467*, *467*, 503, *503*
Türkenbundlilie *388*, **389**, 549
Tuffstein 477, *478*
Tulipa 129, 392-393
– Greigii-Hybriden 507
– Kaufmanniana-Hybriden 507, *507*

Tulpe 116, 129, **392**, *392*, 507, *507*
– botanische 393
Tulpenbaum 295
Typha minima 455

Überdüngung 211
Überlauf 439-449
Ulme 122
Umgraben 75, *75*, 175, 225
Uniola latifolia 379
Unkraut 269
Unkrautbekämpfung 345
Unkrautvernichtungsmittel 88
Unterlage 224
Unterwasserpflanzen 454, 456, **458**, **460**, 471
UV-Licht 155
UV-Strahlen 152
Vaccinium corymbosum 122
– *vitis-idaea* 276

Vanilleblume 419
Veilchen 129, 276, 334, 375, 380, 450
Verbandpflanzung 178
Verbascum 400
Verbena 405, **424**, **425**
Veredelungsstelle 282, *282*
Vereinzeln 117
Vergissmeinnicht 400, *400*, **426**, **427**, 516
Verjüngungsschnitt 287, *287*
Vermehrung
– aus Pflanzenteilen 108-109, **118-127**
– aus Samen 108
– generative 108, **111-117**
– geschlechtliche 108
– vegetative 108-109, **118-127**
– von Gehölzen 126-127
– von Stauden 128-129
– von Zwiebel– und Knollenpflanzen 129-130
– ungeschlechtliche 108-109
Vermehrungserde 109
Veronica austriaca 360, 361
– *beccabunga* 450, 455, 463, *463*
– *longifolia* 360, 361
– *spicata* ssp. *incana* 502
– *spicata* ssp. *spicata* 361
Verrottung 79
Vertikutieren **266**, 267-268
Vertikutierer **267-268**, *268*
Viburnum 127, **299**, 330
– x *bodnantense* **298**, 299
– x *burkwoodii* **304**, 305
– *opulus* 122, 124, 329
– *plicatum* 299
– *rhytidophyllum* 305
Vinca 334
– *major* 272, **304**, **305**
– *minor* 273, 276, **305**, *549*
Viola 129, 276, 375, 396
– *cornuta* 502
– Cornuta-Hybriden 345, *374*, 375, 502
– *odorata* 276, 375
– Wittrockiana-Hybriden 405, **426**, **427**
Viren 96
Vliesabdeckung 173, 174
Vögel 90, 91
Vogelbeere 301
Vogelkirsche 328
Vogeltränke 48
Vorgarten 528, *528-529*, 548-549, *548-549*
Vorkeimen 194
Vorkultur 117, 169, 212, 401-407
Vorratsdüngung 86
Vorziehen 117

Wacholder **306**, *307*, 543, *543*
Waldgeißbart *364*, **365**, 465, *549*
Waldgeißblatt 338, *342*
Waldglockenblume 367
Waldmarbel 375, 378
Waldmeister 221, **468**, *468*
Waldrebe 122, 287, 325, *491*
– Mongolische 325, 491
Waldsauerklee 276, *276*
Waldsteinia 276, 375
– *geoides* 375
– *ternata* *374*, 375
Walnuss 225, 246, *246*
Wanderkasten 142
Wärmeeinsparung 153
Wärmeleitung 143, 152

Wärmestrahlen 143, 152, 155
Warmhaus 159
Wartezeiten 94
Wasserähre 459
Wasseranschluss 30, 51
Wasserblüte 470
Wasserfeder 460
Wasserhärte 452
Wasserhahnenfuß 459
Wasserhyazinthe 459, *459*
Wasserknöterich 455, 459
Wasserleitung 30
Wasserlinse 459
Wasserminze 463
Wässern 179, 210-211
Wassernuss 455, 459, *459*
Wasserpest 460
Wasserpflanzen 335, 454-456
Wasserpflanzenkörbe 455
Wasserschlauch 460
Wasserschnecken 469, *469*
Wasserschwaden 461
Wasserschwertlilie 455, 461
Wasserstandsverlust 470
Wasserstern 460, *460*
Wassertiefe 434
Wassertrübung 470
Wechselmauerwerk 476, 486, *486*
Weg 26-27, 50-51 **134-136**
Wegbau 135, *135*
Wegbelag 27, *27*, 135, 516-517, 535
Wegbreite 26, **135**
Wegeführung 26
Wegerich 400
Weichgestein 478
Weichsel 243-244
Weide 122, 279
Weigela 122, 286, **298**, **299**, 330
– *florida* 299
Weigelie 122, 286, *298*, *299*, 330
Weinbauklima 16
Weinraute 209, **222**
Weinrebe 122
Weißanstrich 245
Weißdorn **300**, *300*, 332, *543*
Weiße Fliegen 92, **102**, *102*
Weißkohl 184, 185
Weißrandfunkie 342, 372
Wellblattfunkie 372, *372*
Werkzeug s. Gartengeräte
Werkzeug für Steinbearbeitung 487, *487*
Wermut 209, **220**
Werren 100, *100*
Weymouthskiefer 496
Wicke, Wohlriechende 430-431, *430*
Wiese s. Blumenwiese
Wiesenkümmel 400
Wiesenmargerite 349
Wiesenrispe 263
Wiesenstorchschnabel 370
Wildblumen 270
Wilder Wein 122, 287, *326*, 327
Wildgarten 530-531
Wildgehölze **299-301**, 542-543
Wildkräuterwiese 209
Wildobst 49-50, 542-543
Wildrosen 34, 122, **321**, *321*, 330
Wildrosenhecke 544-545, *544-545*
Wildstauden 337, **538**
Wildtulpen 393
Wimperfarn 503
Wimperperlgras 378, *379*, 505
Windröschen *342*, 364
Winteraster 349, 413
Winterjasmin *326*, 327
Winterknospen 460
Winterling 129, **384**, **385**, 507
Winterportulak 218
Winterrettich 189
Winterschutz 283-284
– bei Rosen 322
Winterspargel 193
Winterwicke 193
Winterzwiebel 195
Wirsingkohl *186*, 187
Wisteria 127, 282, 287, 327
– *floribunda* 327
– *sinsensis* 327
Wistarie **327**
Wolfsmilch 463
Wollgras 463, *463*

Wollweide 493
Wollziest 276, 502
Wucherblume 349, **413-414**
Wuchsstoffe 122
Wühlmaus 102, **103**, 172, 173
Wulfenia carinthiaca 502, *502*
Wundverschluss 227, 231
Wurmfarn 380, **381**, 467
Wurzelausscheidung 170
Wurzelgemüse 173, **189-195**
Wurzelknolle 109, *109*
Wurzelpetersilie *190*, 191
Wurzelschnittlinge 125, *125*

Ysander 273
Ysop 131, 209, 212, 213, *220*, **221**
Yucca filamentosa 502

Zaubernuss 124, **294**, *294*
Zaun 29, 29-30, **136-138**, 517-518, 535-536
Zaunerrichtung 137-138, *137*
Zaunmaterialien 136-137, 517–518
Zaunrübe 533
Zeigerpflanzen 530
Zeitlose 385
Zichorie s. Chicorée
Zierapfel **294**, **295**, 330
Ziergarten 58-59
– pflegeleichter 56-57
Ziergehölze 32-36, 277-333
– Bewässerung 283
– Düngung 282-283
– Gestaltung 32-36, 277-279
– Pflanzentermine 280
– Pflanzung 281-282, *282*
– Pflanzware 280
– Schnitt 284-287
– Winterschutz 283-284
Ziergräser 344, **376-379**
Zierkürbis **428**, 429
Zierlauch **384**
Zierrasen 263
Zierkirsche **296**, *296*, 330
Zierquitte 272, 278, **290**, **291**, 330
Ziertabak 117, 397, 409, **420**, *421*
Zimtahorn 288
Zink 82, 84
Zinn 82
Zinnia elegans 396, **424**, 425
Zinnie 396, *424*, **425**, 516
Zitronenmelisse 209, 213, **221**
Zittergras 533
Zonalpelargonie *420*
Zucchini 169, 172, 174, 175, 176, 204, **205**
Zuckererbse 201
Zuckerhutfichte 308, **495**, *495*
Zuckerhutsalat *182*, 183
Zungenhahnenfuß 455
Zweijahresblumen 334, **396-397**
Zwergalpenrose 493
Zwerg-Fadenzypresse 307
Zwergbinse 461
Zwergbirke 290, 490
Zwergblauschwingel 378, 466
Zwergeibe 496
Zwergfichte 495
Zwergglockenblume 498
Zwergkiefer 496
Zwergmandel 493, *493*
Zwergmispel 122, 273, 278, *292*, 293, 302, 332
Zwergrosen 320, *320*, 455
Zwergsauerkirsche 244
Zwergseerosen 457-458, *457*
Zwergsträucher 334
Zwergweide 493
Zwetsche 224, **241-242**
Zwiebel 109, *109*, 129, 131, 170, 194, **195**, *334*
Zwiebel– und Knollenpflanzen
– Pflanzung 382, *382*
– Vermehrung 129-130
Zwiebelblumen 271, 340, **382-395**
– für den Steingarten 506-507
– winterharte 382-393
Zwiebelfliege 99, 170
Zwiebelgemüse 168, 169, **195**
Zwiebelgewächse 335
Zwiebeliris *506*, 507
Zypergras 461
Zypergrassegge 461

Register

Sommerschnitt

Zypergrassegge

Dieses Buch wurde auf chlorfrei gebleichtem und säurefreiem Papier gedruckt.

Der Text dieses Buches entspricht den Regeln der neuen deutschen Rechtschreibung.

ISBN 3 8094 1692 4

© 2005 by Bassermann Verlag, einem Unternehmen der Verlagsgruppe Random House GmbH, 81673 München
© der Originalausgabe by Falken Verlag, einem Unternehmen der Verlagsgruppe Random House GmbH, 81673 München
Die Verwertung der Texte und Bilder, auch auszugsweise, ist ohne Zustimmung des Verlags urheberrechtswidrig und strafbar. Dies gilt auch für Vervielfältigungen, Übersetzungen, Mikroverfilmung und für die Verarbeitung mit elektronischen Systemen.
Umschlaggestaltung: kraxenberger konzept & design, München
Layout: Horst Bachmann
Redaktion: Redaktionsbüro Joachim Mayer, Partenheim
Redaktion für diese Ausgabe: Herta Winkler
Fotos: FALKEN Archiv/ hapo: 51, 81 r., 84, 91 l. o., 96 (2, 5, 6, 7), 98 (1, 2, 4), 100 (4, 6), 102 (3, 5), 104 (1, 2, 6), 106/107, 169 r., 170, 175, 180 (1, 2, 5), 182 (4), 184 (1), 186 (2), 188 (3, 4), 190 (3, 4), 192 (3), 198 (1, 2, 3), 200 (1, 2, 3), 202 (1, 2), 204 (2), 206 (1, 2, 3), 212, 234 l., r., 235 l., r., 236 l., r., 238 l., M., r., 239 l., 240 u., o., 241, 242, 244 l., r., 245 o., 247 l., M., r., 248, 249 o., u., 252 o., u., 253, 273 u., 275 r., 290 (4), 296 (4, 8), 298 (4), 300 (1, 5), 302 (8), 304 (2), 321, 324 (5), 329 u., 354 (3), 366 (2), 368 (1), 379 r., 394 (1), 412 (2), 418 (5), 420 (5), 422 (2) / G. Röhn: 124, 190 (6), 218 l., 219 r., 221 l., 222 l., 288 (3–6), 290 (1, 2, 3, 5, 6, 7), 292 (2, 4, 5, 6, 7, 8), 294 (3, 5, 7), 296 (1, 5, 6, 7), 300 (6, 7, 8), 302 (1, 2, 3, 6), 304 (3, 4), 306 (1, 2, 5), 308 (5, 7), 311 l., 311 r., 312 r., l.u., 313 l., r.o., 324 (2, 4), 326 (3, 6, 7, 8), 346 (4), 348 (1, 2, 4), 354 (1), 356 (5), 366 (3, 4), 368 (2), 370 (1), 374 (2, 5, 6), 376, 378 l., 380 (4), 416 (6), 491 l., M., 492 l., 493 r., 494 l., r., 495 l., r., 496 o., u., 498 l., M., 499 l., M., r., 504 l., M., 505 l., M., 506 l., M., r., 507 l.; **Archiv für Kunst und Geschichte,** Berlin: 8; **Ursel Borstell,** Essen: 4, 5 o., 6, 7, 10, 11, 54, 260/261, 497; **Ellen Henseler, Die Grüne Fotoagentur,** Bonn: 89 u., 96 (1, 3, 4), 98 (3, 5–7), 100 (1–3), 102 (4), 104 (4, 5, 7); **Bildagentur ipo,** Linsengericht-Altenhaßlau: 14 r, 75 r., 91 u., 93, 115, 158 l., r., 268, 326 (1), 401, 402 u. l., u. M., u. r., 434, 435, 436, 437 u., 438, 441, 445 u., o., 448, 449 o., 451, 452, 453, 454, 455, 456, 457 l., M., r., 459 l., M., r., 460 l., M., r., 462 l.o., l.u., r.o., M., r.u. 463 l., M., r., 469 o., u., 470, 472 l., r., 473 u., o., 477 l., M., r.; **Friedrich Jantzen,** Arolsen: 102 (1), 104 (3), 128 o., 180 (3), 182 (1, 3), 184 (2, 4, 5), 188 (1, 2), 190 (1, 2, 5), 194 (2), 196 (2, 3, 4), 198 (4), 204 (1, 4), 216, 217 u., 218 r., 220 M., r., 226, 254 o., 255, 276 r., 346 (3, 5), 350 (3), 352 (1, 2), 354 (2), 356 (2, 3), 366 (5), 368 (3, 5), 372 (3, 5), 384 (2), 386 (2, 4, 6), 392 (3), 394 (2), 396 r., 404 l., r., 410 (1, 3, 5), 412 (5), 414 (3, 4, 5, 6), 416 (3, 7), 418 (2), 422 (5, 6), 424 (2, 5), 426 (2, 3, 4), 428 (4, 5), 468 l.o., 501 l., r., 503 l., 508 l., 533 l.; **Wolfgang Redeleit,** Bienenbüttel: 2/3, 15, 23, 24, 27 l., 29 u., 30, 37, 40, 41, 45, 49 o., 55, 58 o., 60, 62 u., 66, 71, 72, 73, 75 l., M., 79, 86, 87, 88, 117, 131, 138, 139, 144, 146, 147 o., 148 o., u., 150, 151, 153, 154 o., u., 155, 156, 157, 159, 162 l., r., 163, 176, 178, 233, 262, 265, 269 o., u., 271, 278, 279, 281, 318 r., 323, 331 o., 402 o., 443, 479, 482, 512, 514, 517, 519 o., 520, 522, 532, 535, 539; **Reinhard-Tierfoto,** Heiligkreuzsteinach-Eiterbach: 17, 18, 27 r., 29 o., 32, 33, 34 r., 43, 44, 48, 50, 56, 58 u., 62 o., 64/65, 77, 82, 83, 89 o., 90, 91 r. o.–95, 98 (8), 100 (5), 102 (7), 114, 127 l., M., r., 128 u., 134 l., 142, 166 l., r., 168, 172, 174, 180 l., 182 (2), 186 (1, 5, 6), 192 (1, 4), 194 (3), 202 (3), 204 (3), 208, 210, 211, 212, 213, 214, l., r., 215, 217 o., 218 M., 219 l., 223, 232, 239, r., 243, 245 u., 246, 250, 254 u., 256, 258, 273 o., 274 l., 275 l., 276 l., 283, 285, 288 (1, 2), 290 (8), 292 (1, 3), 294 (2, 8), 296 (2, 3), 298 (1, 3, 5, 6, 7), 300 (2, 3, 4), 302 (7), 304 (1, 5), 306 (4, 6), 308 (2, 3, 6), 310, 313 r. u., 314, 315 l., r., 316 l., r., 319 l., 320 l.o., r.o., 324 (3), 326 (4, 5), 329 o., 332 o., u., l.u., 335, 336, 338, 339, 344, 346 (2), 348 (3), 350 (4), 352 (4), 354 (4, 5), 356 (4), 358 (4, 5), 360 (1, 2, 3, 4, 5), 362 o., (1, 3), 364 (2, 4, 6), 366 (1), 368 (4), 370 (2, 3), 372 (2, 4), 374 (1, 3, 4), 377, 379 l., 380 (1, 3, 6), 383, 384 (1, 3, 4, 5, 6), 386 (1, 5), 388 (1, 2, 4), 390 (1, 4), 392 (1, 2, 4), 394 (3, 4, 5), 396 l., 399, 400 r., 407, 408, 409, 410 (2, 4), 412 (1, 3 ,4, 6), 414 (1, 2), 416 (1, 2, 4, 5),418 (1, 3, 4), 420 (1, 2, 3, 4, 6), 422 (1, 3, 4), 424 (1, 3, 4), 426 (1, 5), 428 (1, 2, 3), 430 (1, 3, 4, 5), 458, 465 r., 467 l., r., 468 l.u., 471, 475, 476 o., 491 r., 492 r., 493 l., 498 r., 501 M., 502, 505 r., 507 l., 508 r., 510, 515, 516, 518, 519 u. 524, 526, 530 l., r., 533 r., 536, 537, 538; **Nils Reinhard,** Heiligkreuzsteinach-Eiterbach: 5 u., 12/13, 132/133, 164/165, 306 (3), 308 (1), 346 (1), 350 (1), 352 (3), 364 (5), 397, 418 (6), 430 (2), 513; **Manfred Ruckszio,** Taunusstein: 14 l., 31 l., 34 l., 47, 76, 126, 135 o.–270, 284, 312 l.o., 319 r., 320 u., 328, 331 u., 378 l., 380 (5, 7, 8), 386 (2), 432/433, 449 u., 466, 489, 504 r., 511, 528; **Bildarchiv Siegfried Sammer,** Neuenkirchen: 1, 22, 25 l., 28, 31 r., 35 o., 38, 39, 42, 46, 52, 53, 134 r., 136, 141, 173 , 237, 264, 272, 277, 318 l., 337, 437 o., 464, 468 r., 474, 476 u., 531; **Gitte und Siegfried Stein,** Vastorf: 80, 81 l., 110, 112, 113, 116, 147 u., 152, 161, 167, 169 l., 180 (4), 184 (3), 186 (3, 4), 192 (3), 194 (1, 4), 196 (1), 202 (4), 209, 220 l., 221 r., 222 r.; **Max F. Wetterwald,** Offenburg: 20, 35 u., 92, 130 r., 274 r., 294 (1, 4, 6), 298 (2), 302 (4, 5), 308 (4), 317 l., r., 324 (1), 326 (2), 350 (4), 352, 356 (1, 6), 358 (1, 2, 3), 362 (2), 364 (1, 3), 370 (4), 372 (1), 380 (2), 384 (7), 388 (3), 390 (2, 3, 5), 400 l., 465 l., 484, 503 l., 509
Zeichnungen: FALKEN Archiv/P. Beckhaus: 16, 55, 57, 59, 61, 63, 136 / U. Farkas-Dorner: 520/521, 522/523, 524/525, 526/527, 528/529/ G. Hampel: 286, 287, 439 o., 444, 446, 447, 450, 455, 456 / G. Hampel, koloriert von M. Weber: 438, 439 u./ U. Hoffmann: 108, 109, 112, 116, 118 l., 122, 123 l.o., 405, 406 (1–3) / R. Holzner: 151/ H. Lünser: 67 l., 68 o., 69 o., 70 u., 71, 120, 121, 123 r., 129 o., u., 135 u., 137, 139, 140, 141, 142, 177 u., 179, 200, 201, 207, 224, 251, 253, 257, 259, 263, 267, 268, 311, 393, 395 / G. Ohnesorge: 540/541, 542/543, 544/ 545, 546/547, 548/549 / G. Scholz: 78, 85, 118 r. o., 18 r. u., 176, 177, 333 o., 345 o., 345 u., 398 / E. Stegeman: 111, 231 l., r., 282 u., o., 321, 322, 333 u., 334, 340, 341, 342, 343, 382 o., 382 u., 477, 481, 483 l.o., 485, 486, 487, 488, 489; Matthias Weber, Baden-Baden: 19, 21, 26, 36, 39, 41, 52, 68 u., 69 u., 70 o., 74 o., M., u., 123 l. u., 125, 130 l., 143, 149, 225, 227, 228, 229, 263 (2–4), 266, 442, 480, 483 (2–4), 485 r.o.

Die Ratschläge in diesem Buch sind von den Autoren und vom Verlag sorgfältig erwogen und geprüft, dennoch kann eine Garantie nicht übernommen werden. Eine Haftung der Autoren bzw. des Verlags und seiner Beauftragten für Personen-, Sach- und Vermögensschäden ist ausgeschlossen.

Satz: Grunewald Satz & Repro GmbH, Kassel
Druck: Neografia, a. s., Martin
Printed in Slovakia

076000101X 817 2635 4453 6271